国家科学技术学术著作出版基金资助出版

中国自然地理系列专著

中国自然地理总论

主　编　郑　度

副主编　杨勤业　吴绍洪

科学出版社

北　京

内 容 简 介

本书系《中国自然地理系列专著》第一分册，也是本系列专著的综述。由郑度院士主编。内容包括 5 篇 21 章。第一篇，中国自然地理环境概述。综合分析了中国自然环境的主要形成因素。分章阐述了气候、地貌、海洋、地表水与地下水、土壤地理、植物地理、动物地理等自然地理要素的特点和分布规律，以及各要素之间的相互联系与作用。第二篇，中国综合自然地理区划。论述了中国综合自然地理区划的方案与系统。第三、四、五篇，为东部季风区、西北干旱区和青藏高寒区，综述了不同区域的自然环境、发展方向、治理途径与生态环境保护等。书中附有丰富的图表资料。

全书总结了我国 20 世纪自然地理研究的精华，纳入了 21 世纪我国自然地理研究的新理论、新方法、新思想以及新数据、新资料，代表了我国现阶段自然地理研究的最高学术水平。可供科研、教学、生产部门与政府决策部门的相关读者阅读参考。

审图号：GS（2015）178 号

图书在版编目（CIP）数据

中国自然地理总论/郑度主编. —北京：科学出版社，2015.8
（中国自然地理系列专著）
ISBN 978-7-03-045397-6

Ⅰ. 中… Ⅱ. 郑… Ⅲ. ①自然地理—中国 Ⅳ. P942

中国版本图书馆 CIP 数据核字（2015）第 186474 号

责任编辑：吴三保 朱海燕 万 峰 / 责任校对：张小霞 赵桂芬
责任印制：赵 博 / 封面设计：黄华斌 陈 静

科学出版社 出版

北京东黄城根北街 16 号
邮政编码：100717
http://www.sciencep.com

北京建宏印刷有限公司印刷
科学出版社发行 各地新华书店经销

*

2015 年 8 月第 一 版 开本：787×1092 1/16
2024 年 5 月第七次印刷 印张：49 1/2
字数：1 136 600

定价：597.00 元
（如有印装质量问题，我社负责调换）

总　序

自然地理环境是由地貌、气候、水文、土壤和生存于其中的植物、动物等要素组成的复杂系统。在这个系统中，各组成要素相互影响、彼此制约，不断变化、发展，整个自然地理环境也在不断地变化和发展。

从20世纪50年代起，为了了解我国各地自然环境和自然资源的基本情况，中国科学院相继组织了一系列大规模的区域综合科学考察研究，中央和地方各有关部门也开展了许多相关的调查工作，为国家和地区有计划地建设，提供了可靠的科学依据。同时也为全面系统阐明我国自然地理环境的形成、分异和演化规律积累了丰富的资料。为了从理论上进一步总结，1972年中国科学院决定成立以竺可桢副院长为主任的《中国自然地理》编辑委员会，并组织有关单位和专家协作，组成各分册的编写组。自1979年至1988年先后编撰出版了《总论》、《地貌》、《气候》、《地表水》、《地下水》、《土壤地理》、《植物地理》(上、下册)、《动物地理》、《古地理》(上、下册)、《历史自然地理》和《海洋地理》共13个分册，在教学、科研和实践应用上发挥了重要作用。

近30年来，我国科学家对地表自然过程与格局的研究不断深化，气候、水文和生态系统定位观测研究取得了大量新数据和新资料，遥感与地理信息系统等新技术和新方法日益广泛地引入自然地理环境的研究中。区域自然地理环境的特征、类型、分布、过程及其动态变化研究方面取得了重大进展。部门自然地理学在地貌过程、气候变化、水量平衡、土壤系统分类、生物地理、古地理环境演变、历史时期气候变迁以及海洋地理等领域也取得许多进展。

20世纪80年代以来，全球环境变化和地球系统的研究蓬勃发展，我国在大气、海洋和陆地系统的研究方面也取得长足的进展，大大促进了我国部门自然地理学的深化和综合自然地理学的集成研究。我国对青藏高原、黄土高原、干旱区等区域在全球变化的区域响应方面的研究取得了突出的成就。第四纪以来的环境变化研究获得很大的发展，加深了对我国自然环境演化过程的认识。

90年代以来，可持续发展的理念被各国政府和社会公众所广泛接受。我国提出以人为本，全面、协调、可持续的科学发展观，重视区域之间的统筹，强调人与自然的和谐发展。无论是东、中、西三个地带的发展战略，城市化和工业化的规划，主体功能区的划分，还是各个区域的环境整治与自然保护区的建设，与大自然密切相关的工程建设规划和评估等，都更加重视对自然地理环境的认识，更加强调深入了解在全球变化背景下地表自然过程、格局的变动和发展趋势。

根据学科发展和社会需求，《中国自然地理系列专著》应运而生了。这一系列专著共包括 10 本专著：《中国自然地理总论》、《中国地貌》、《中国气候》、《中国水文地理》、《中国土壤地理》、《中国植物区系与植被地理》、《中国动物地理》、《中国古地理——中国自然环境的形成》、《中国历史自然地理》和《中国海洋地理》。各专著编写组成员既有学识渊博、经验丰富的老科学家，又有精力充沛，掌握新理论、技术与方法的中青年科学家，体现了老中青的结合，形成合理的梯队结构，保证了在继承基础上的创新，以不负时代赋予我们的任务。

《中国自然地理系列专著》将进一步揭示中国地表自然地理环境各要素的形成演化、基本特征、类型划分、分布格局和动态变化，阐明各要素之间的相互联系，探讨它们在全球变化背景下的变动和发展趋势，并结合新时期我国区域发展的特点，讨论有关环境整治、生态建设、资源管理以及自然保护等重大问题，为我国不同区域环境与发展的协调，人与自然的和谐发展提供科学依据。

中国科学院、国家自然科学基金委员会、中国地理学会以及各卷主编单位对该系列专著的编撰给予了大力支持。我们希望《中国自然地理系列专著》的出版有助于广大读者全面了解和认识中国的自然地理环境，并祈望得到读者和学术界的批评指正。

2009 年 7 月

前　言

　　自然地理学的研究对象是自然地理环境，是研究地球或某一特定区域的自然综合体，包括地貌、气候、水文、土壤和生活于其中的植物、动物等要素组成的庞大物质体系。在自然地理这个物质体系中，各组成要素相互影响、彼此制约、不断变化和发展。其中还包括过去和现代人类活动对这个体系及其要素的影响。

　　中国地域辽阔，人口众多，长期以来人类活动与自然地理环境，即人 – 地关系密切交织在一起。研究中国自然地理环境及其组成要素的形成、发展、结构和区域差异有助于掌握中国的自然环境状况，摸清自然资源家底，为国家建设与发展提供必要的基础科学资料。由于中国人口占全球人口总数的23%，领土面积占全球陆地总面积的6.5%。加之，中国是一个有数千年历史的悠久文明古国，因而这种研究也是全球自然地理环境研究的重要组成部分。随着研究的深入亦必将促进全球自然地理环境研究水平的提高和发展。

　　中国自然地理环境研究有着悠久的历史。远在公元前5世纪，就有《尚书·禹贡》一书，它总结了当时全国的自然条件，划分为"九州"，分别阐述其山川、湖泊、土壤、物产。大约在同时代出现的《周礼》则把全国土地划分为5类：山林、川泽、丘陵、坟衍、原隰。战国时期的《管子·地员篇》，进一步对全国的土地做了系统的划分和评价，按照地形把土地划分为平原、丘陵和山地3大类，再按土质和地面组成物质细分为25类。这些都是全球最早的自然地理环境研究著作。其后，中国地理学长期与历史学和地方志密切结合，得到不断发展。先后又有《汉书·地理志》、《元和郡县志》、《大唐西域记》、《徐霞客游记》、《大清一统志》、《天下郡国利病书》、《读史方舆纪要》等一系列优秀地理学著作。历代正史中都有较翔实的地理志，而各省、府、县还编写了大量具有地理学内容的地方志。粗略估计，仅地方志，中国已经编撰出版了近万种之多。

　　19世纪中叶以后，近代地理学进一步发展，并逐渐传入中国。但受种种制约，长期发展缓慢。直至20世纪50年代以后，随着中华人民共和国的建立，国家的发展和社会主义建设需要对自然条件和自然资源有更多的了解。因而，组织开展了大规模的自然资源综合考察、自然区划和流域规划等工作。期间，国家制定了1956～1967年全国农业发展纲要。根据纲要和1956年、1963年两次全国科学规划会议的要求，明确了地理学为农业服务的方向。1953～1958年中国科学院自然区划委员会组织编写了一套《中国自然区划（初稿）》，包括《中国地貌区划（初稿）》、《中国气候区划（初稿）》、《中国水文区划（初稿）》、《中国动物地理与中国昆虫地理区划（初稿）》、《中国土壤地理区划（初稿）》、《中国植被区划（初稿）》、《中国潜水区划（初稿）》和《中国综合自然区划（初稿）》，较全面地总结了20世纪50年代以前的研究成果，并对中国自然地理环境及其组成要素进行了以地域分异为中心的基础研究。1978年全国科学技术发展规划和全国自然科学规划，以及 1979 年全国农业自然资源和农业区划会议再一次为地理学的发展开辟了前景。中国科学院《中国自然地理》编辑委员会从 1973 年开始组织编著《中国自然地理》系列专著，亦是中国自然地理环境研究的又一次较为系统全面的总结。该系列专著包含总论、地貌、气候、地表水、地下水、土壤地理、植物地理（上、下册）、动物地理、古地理（上、下册）、历史自然地理、海洋地理 13 个分册。总论是系列中的一本。1986 年，《中国自然地理》系列专著获中国科学院科技进步一等奖。1987 年，《中国自然地理》系列专著与《中国自然区划》、《中华人民共和国自然地图集》共同构成《中国自然环境及其地域分异的综合研究》获国家自然科学二等奖。

早在 20 世纪 50 年代，黄秉维先生就提出要分别研究地表物理的、化学的和生物的自然过程，然后加以综合，从更广阔的视野看三个方向存在着外延部分叠合的关系，可以将不同尺度的研究结合在一个统一的体系之中，并将导致对地理环境中现代过程及其地域分异秩序的全面了解。从 1983 年至 1992 年钱学森先生先后发表文章倡导建立和发展陆地表层学，美国国家航空与宇航管理局顾问理事会任命的"地球系统科学委员会"提出的地球系统科学，均强调将地球的大气圈、水圈、岩石圈、生物圈作为一个相互联系的系统，研究作用于该系统内的物理的、化学的和生物的过程，着重探讨十年至几百年的变化及其与人类生活和活动的相互关系，提出制约、改变和适应这些变化的措施。现代自然地理学更为注重自然地理要素的动态变化。近几十年的研究突出表现为：由定性的鉴别向定量实验发展；由单个过程研究向过程的综合研究发展；由中小尺度的局地地理过程向全球尺度地理环境过程研究发展；由单纯认识自然地理过程向预测预报其动态趋势的方向发展。当前，在传统的野外调查、考察基础上，实验分析、定位观测和模拟实验发展迅速，遥感和地理信息系统技术得到普遍应用，自然地理学已不再是纯经验的科学。自然地理的综合研究工作也不断拓展和深入。

20 世纪 70 年代以来，中国自然地理学研究取得显著的成就，主要表现在自然地理环境的整体、各组成要素及其相互间的结构功能、物质迁移、能量转换、动态演变和地域分异规律等诸多方面。30 多年来中国地学工作者对中国自然环境的研究取得了许多新成果，地表自然过程与格局的研究不断深化，气候、水文和生态系统定位观测研究取得了大量数据和资料，数理化生等新技术和方法的引进，遥感与地理信息系统的发展，都对中国自然地理环境的研究发挥了重要作用；部门自然地理学领域都有许多新进展；同时，全球环境变化和区域可持续发展对自然地理学的发展带来新的机遇和挑战，也提出了新的要求。因此，编撰新的《中国自然地理系列专著》应运而生。《中国自然地理总论》是全书的第一分册。

本分册主要包括：第一篇中国自然地理环境概述。综合分析中国自然环境的主要形成因素。分章阐述气候、地貌、海洋、地表水与地下水、土壤地理、植物地理、动物地理等自然地理要素的特点和分布规律，以及各要素之间的相互联系与相互作用。这是其他分册的综合概述。第二篇中国综合自然地理区划。第三篇东部季风区、第四篇西北干旱区和第五篇青藏高寒区，是自然地理区域综述。在自然区划的基础上，分别论述中国各自然地区和自然区的特征、地域分异和生态与环境保护问题。

本书是以各分册的科学内容及大量国内研究成果为依据的，是一项集体成果。参与执笔的人员较多，完成的时间先后不一。虽经一再努力，内容和体例上仍存在参差不齐。加之，自然地理学涉及面极其广泛和受到我们学识的限制，本书存在问题，甚至可能是错误的地方，在所难免，我们殷切希望学术界的同行和广大读者给予批评指正。

在本书编辑过程中，科学出版社、中国科学院资源与环境科学技术局、中国科学院地理科学与资源研究所等单位领导与同仁给予大力支持和帮助，特此深表感谢。

本书由郑度（主编）、杨勤业（副主编）、吴绍洪（副主编）、戴尔阜（副主编）负责编辑和修订。郑度、杨勤业最终审定。王兆锋参与了第六章的编辑整理。高歌、任国玉对第二章的编写做出了贡献。

插图由朱澈绘制。各章主要执笔人如下：

总序
前言　　　　　　　　　　　　　　　　　　杨勤业、郑度、戴尔阜

第一篇　中国自然地理环境概述
第一章　中国的自然地理环境　　　　　　　杨勤业、郑度、戴尔阜、尹云鹤
第二章　中国气候　　　　　　　　　　　　郑景云、郝志新、尹云鹤
第三章　中国地貌概况　　　　　　　　　　尤联元
第四章　中国海洋　　　　　　　　　　　　朱大奎
第五章　中国的地表水和地下水　　　　　　周成虎
第六章　中国土壤地理　　　　　　　　　　黄荣金
第七章　中国植被地理　　　　　　　　　　郭柯、孙航
第八章　中国陆栖脊椎动物地理　　　　　　张荣祖

第二篇　中国综合自然地理区划
第九章　中国综合自然地理区划——理论、方法与实践
　　　　　　　　　　　　　　　　　　　　郑度、杨勤业、戴尔阜、吴绍洪

第三篇　东部季风区　　　　　　　　　　杨勤业
第十章　寒温带/温带湿润半湿润地区　　　　杨勤业、吴正方
第十一章　暖温带湿润/半湿润地区　　　　　杨勤业、张祖陆、李双成
第十二章　北亚热带湿润地区　　　　　　　尹云鹤
第十三章　中亚热带湿润地区　　　　　　　邓先瑞、蔡运龙、陈国阶、戴尔阜
第十四章　南亚热带湿润地区　　　　　　　董玉祥、郑达贤、戴尔阜
第十五章　热带湿润地区　　　　　　　　　吴绍洪、戴尔阜

第四篇　西北干旱区　　　　　　　　　　伍光和
第十六章　温带半干旱地区　　　　　　　　伍光和
第十七章　温带干旱地区　　　　　　　　　伍光和、胡汝骥
第十八章　暖温带干旱地区　　　　　　　　胡汝骥、伍光和

第五篇　青藏高寒区　　　　　　　　　　郑度
第十九章　自然特征和自然地域分异规律　　郑度、赵东升
第二十章　高原亚寒带自然地区　　　　　　郑度、王秀红、申元村
第二十一章　高原温带自然地区　　　　　　郑度、申元村、赵东升

目　　录

第一篇　中国自然地理环境概述

第二篇　中国综合自然地理区划

第三篇　东部季风区

第四篇　西北干旱区

第五篇　青藏高寒区

第一篇
中国自然地理环境概述

第一章　中国的自然地理环境

中国位于欧亚大陆东南部，太平洋西岸，是一个海陆兼备的国家。

中国的国土，北起黑龙江省漠河附近的黑龙江江心（北纬约53°34′），南至南海南沙群岛南缘的曾母暗沙（北纬3°58′），南北跨纬度49°36′，直线距离约5 500km；西起新疆维吾尔自治区乌恰县西缘的帕米尔高原（东经73°40′），东至黑龙江省抚远县境黑龙江与乌苏里江汇合处（东经135°05′），东西跨经度约61°25′，距离约5 200km（图1.1）。

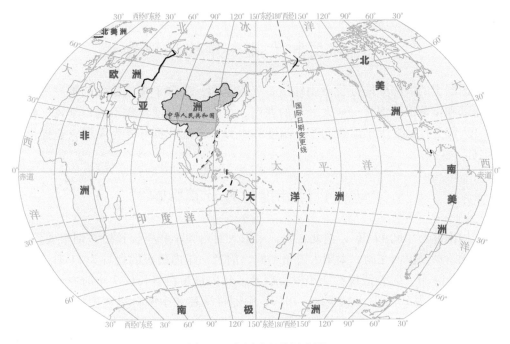

图1.1　中国地理位置略图

中国的陆地边界长约2.28万km，与中国接壤的邻国有14个，自东北起依次为朝鲜、俄罗斯、蒙古国、哈萨克斯坦、吉尔吉斯斯坦、塔吉克斯坦、阿富汗、巴基斯坦、印度、尼泊尔、不丹、缅甸、老挝和越南。中国陆疆临界的省（区）有辽、吉、黑、内蒙古、甘、新、藏、滇、桂9省（区）。其中，新疆与毗邻国家的陆地边界线最长，约5 660km，毗邻的国家最多，有蒙古国、俄罗斯、哈萨克斯坦、吉尔吉斯斯坦、塔吉克斯坦、阿富汗、巴基斯坦、印度8国。与中国隔海相望的国家有韩国、日本、菲律宾、文莱、印度尼西亚、马来西亚、新加坡等。

中国的陆地面积约为960万km²，约占全球陆地总面积的6.4%，居世界第三位。

除广袤的陆地外，中国还是一个海洋十分广阔的国家，有广袤的海域和众多的岛屿。中国东部濒临渤海、黄海、东海、南海及台湾以东太平洋海区，在本章中简称中国海。中国海介于亚欧大陆与太平洋之间，外缘有一系列岛弧环绕，整个中国海跨温带、亚热带和热带，海洋环境丰富多彩。

中国也是世界上岛屿数目最多的国家之一。1990 年代普查，中国海域岛屿近万个。面积大于 $200km^2$ 的岛屿有 8 个（台湾岛、海南岛、崇明岛、舟山岛、东海岛、平潭岛、长兴岛、东山岛）；面积大于 $500m^2$ 的岛屿共有 6 500 多个；其余为面积小，甚至是隐伏于海面下，偶尔出露的礁、滩与暗沙。岛屿岸线长达 1.4 万 km，岛屿总面积 75 400km²，占国土面积的 0.8%（王颖，2013）。

中国的海岸线，北起中朝交界的鸭绿江口，南至中越边境的北仑河口，大陆岸线长达 1.8 万 km（蔡运龙，2007；赵济，2006）。

第一节　中国自然地理环境的基本特征

一、中纬度和大陆东岸的地理位置

中国国土的大部分地方位于中纬度，气候温和，又位于全球最大陆地——欧亚大陆的东部和全球最大海洋——太平洋的西岸，西南面距印度洋也不远，季风气候十分发达。大部分地区夏半年雨热同季，温度和水分条件配合良好，为发展农业提供了优越条件。

（一）经纬度位置及其影响

中国南北跨纬度 49°36′，南北之间，太阳入射角大小和昼夜长短差别很大。例如，海南岛琅玡湾与漠河之间，太阳入射角不同，前者一年内最短的白昼为 11 时 2 分，最长为 13 时 14 分，时差值仅约 2 小时；后者一年内最短白昼长仅 7 小时左右，最长达17 小时，差值为 10 小时（黄秉维，1989；中国科学院《中国自然地理》编辑委员会，1985）。

由于太阳入射角的不同，引起了气候（主要是辐射能和温度，特别是冬季的温度）、植被、土壤等因素沿纬度作带状分布的地区差异，一般称之为"纬度地带性"。以日温 ≥10℃ 持续期间的天数和活动积温的总和为主要参考指标，从南而北，把全国（青藏高原不考虑在内）划分为 6 个温度带（表 1.1）（黄秉维，1959；Zheng Du，1999；杨勤业等，1999；郑度等，2008；傅伯杰等，2013）。

表 1.1　中国主要温度带的基本特征

温度带	纬度大致分布	≥10℃的天数/天	≥10℃积温/℃	主要特征
赤道带	北纬 15°以南	365	9 500 以上	终年暑热，雨林，砖红壤
热带	北纬 15°~23°	365	8 000~9 000	最冷月 16℃以上，季雨林，一年三熟，砖红壤

温度带	纬度大致分布	≥10℃的天数/天	≥10℃积温/℃	主 要 特 征
亚热带	北纬22°~34°	220~365	4 500~8 000	最冷月0~16℃, 季雨林和常绿阔叶林, 一年两熟, 红壤和黄壤
暖温带	北纬32°~43°	171~220	3 200~4 500	最冷月-8~0℃, 落叶阔叶林, 二年三熟
中温带	北纬36°~52°	100~170	1 700~3 200	最冷月-8~-24℃, 针叶林与落叶阔叶混交林, 一年一熟
寒温带	北纬50°以北	100以下	1 700以下	最冷月-24℃以下, 暗针叶林, 勉强可种植春小麦

中国的疆土约有98%位于北纬20°~50°之间, 因此亚热带和温带 (包括暖温带、中温带和寒温带) 所占面积特别广大, 各占全国土地总面积的26.1%和45.6%。温带在行星风系上多属西风带, 在中国华北及东北地区, 往往在大气层下部1~2km高度内, 盛行冬夏迭换的季风, 其上则覆以西风为主。因此, 当地主要天气系统往往自西而东运行 (黄秉维, 1989)。

中国海的气温和海水表层温度分布受太阳辐射、海陆位置和地形、洋流等因素的影响。由于海水和大气之间时刻进行着热量交换, 因此, 气温和表层水温变化在长周期中几乎是同步的。海温高值和低值出现的时间比陆上推迟, 在海岸带, 日气温最高值不在午后, 而是推迟到下午或傍晚, 这是水温影响气温的结果。

中国近海气温分布的特点是: 北方海域冬冷夏暖, 四季分明; 南部海域终年炎热, 长夏无冬; 北方海域冬季气温东高西低, 出现很强的温度梯度; 夏季陆地和洋流的影响减弱, 等温线近于纬向。

由于纬度的差异, 引起地转偏向力的不同。在北半球, 愈向北, 一切流动的物体向右偏的程度愈大。从中国的曾母暗沙到最北的漠河, 衡量偏向程度的科里奥利力 (简称科氏力) 逐渐增加, 两地相差10.44倍。这对风、河流、洋流等均有显著影响 (黄秉维, 1989; 中国科学院《中国自然地理》编辑委员会, 1985; 王颖等, 2013)。

中国的经度位置对自然地理环境的影响, 远不如纬度位置所起作用的明显, 其主要作用在于计时方面, 每15°经度, 时差即达1小时, 从中国最西到最东, 时差达4小时以上。中国国土领域占有世界标准时区的东五区至东九区, 共五个时区 (中国科学院《中国自然地理》编辑委员会, 1985)。

(二) 海 陆 分 布

中国位于全球最大陆地与最大海洋之间, 西南境内又有全球最高高原 (青藏高原) 的隆起, 季风气候异常发达。季风在一年内的交替与进退, 对中国自然地理环境的形成及地域差异, 起着非常重要的作用。又由于大气中的水汽, 主要来自暖湿的海洋季风, 因而全国降水量的分布大致与距海远近成正比: 距海越远, 降水量越少, 气候越干旱; 反之, 降水量越多, 气候越湿润。以干燥度为主要指标, 年降水量为参考指标, 从东南向西北, 划分全国为四类地区: ①湿润地区 (距海最近), 干燥度 K (即蒸发量与降水量的比值) <1.0, 降水量大于蒸发量, 天然植被为森林, 占全国土地总面积的

32.2%（其中寒温带1.2%，中温带2.5%，暖温带0.8%，亚热带26.1%，热带1.6%）；②半湿润地区，$K=1.0\sim1.5$，降水量大致与蒸发量平衡，天然植被为森林草原，占全国土地总面积14.5%（其中中温带4.4%，暖温带6.9%，青藏高原东南部3.2%）；③半干旱地区，$K=1.5\sim2.0$，蒸发量超过降水量，天然植被为干草原，旱作农业不稳定，占全国土地总面积的21.7%（其中中温带5.9%，暖温带2.5%，青藏高原13.3%）；④干旱地区（距海最远），$K>2.0$，蒸发量远远超过降水量，不灌溉即不能农耕。天然植被为荒漠草原（$K=2.0\sim4.0$）和荒漠（$K>4.0$），占全国土地总面积的30.8%（其中中温带13.1%，暖温带8.3%，青藏高原9.4%）（黄秉维，1989；中国科学院《中国自然地理》编辑委员会，1985；郑度等，1997，2008）。

中国大陆东海岸的地理位置，使得西风带海洋性气候影响微弱，再加上地球偏转力作用，冬季时沿海台湾暖流（黑潮）对大陆海岸的调节作用也不显著，因而，即使在东部季风区，大陆性气候也有所表现：夏季较世界各地同纬度地区要热，而冬季远较同纬度地区为冷。

由于海陆分布而引起的强烈季风活动，也使中国东部季风区各纬度的年总辐射分布特点，存在着与全球同纬度地区颇为不同的表现。从北纬25°~37.5°之间，中国东部地区的年总辐射量比其他同纬度地区为小，从北纬37°5′~45°之间，则又较大。在西北干旱区，由于季风影响甚弱，各纬度的总辐射分布趋势，即与全球同纬度地区相一致（黄秉维，1959，1989）。

中国东部季风气候区优越的光、热、水条件，无论在历史上还是对于现代社会经济的发展，都是极为重要的条件。位于中纬度和大陆东岸的地理位置，是中国大区域发展和生态与环境建设差异的最重要的前提条件。

二、起伏多山的地形与青藏高原隆升的深刻影响

中国地形以山地和高原为主体，由西向东逐级下降。在地质构造、气候条件及地面组成物质的综合作用下，地貌多样而特殊。号称"世界屋脊"的青藏高原雄踞西部，其上耸立着多条著名的高大山系；位于西南边境的喜马拉雅山脉，是地球上最新隆起的年轻山系之一，地势高耸，主峰珠穆朗玛峰有"地球之巅"之称；中国西北部是高山与巨大盆地相间分布地区，山体上部均有现代冰川发育，深陷的盆地内大部分是极端干旱的荒漠，其中塔克拉玛干沙漠是世界上最大的沙漠之一，吐鲁番盆地的盆底则低落在海平面之下；中国东部分布着纵横交错的山系，其间为高原、盆地和平原，其中黄土高原与云贵高原分别是世界上黄土地貌和喀斯特地貌发育最典型、类型最齐全的地区，而盆地与平原乃是中国最主要的农业生产地区；此外，沿海地区岛屿众多，海岸类型多样，还有宽阔的大陆架和浅海（任美锷等，1992）。

（一）地势较高，起伏显著

中国山地和丘陵约占全国陆地面积的2/3，西部山地海拔多数在3 000m以上，占全国面积将近1/4的青藏高原平均海拔4 000~4 500m以上。据量算，海拔3 000m以上

的面积占全国陆地总面积的 26%，海拔 500~3 000m 的占 46.9%，海拔 100~500m 的占 17.6%，海拔 100m 以下的仅占 9.5%（表 1.2）。全球超过 8 000m 的山峰共 14 座，中国即有 7 座；而世界最高峰——珠穆朗玛峰（8 844.43m），就在中国与尼泊尔的国境线上。因此，中国陆地平均海拔较世界大陆平均海拔（875m）高 125m，这反映了多山、多高原的地形特点（任美锷等，1992；黄秉维，1989，1993；中国科学院《中国自然地理》编辑委员会，1985）。

表 1.2　中国领土面积按海拔高度分配的比例

海拔高度/m	<100	100~500	500~1 000	1 000~2 000	2 000~3 000	>3 000
占全国面积/%	9.5	17.6	15.6	24.3	7.0	26

中国地势起伏十分显著。就全国而言，珠穆朗玛峰海拔 8 844.43m，东部平原海拔大部分在 50~100m 以下，新疆吐鲁番盆地内艾丁湖湖面竟低于海平面 155m。局部地区的巨大高差更为壮观，喜马拉雅山东端的南迦巴瓦峰，海拔高达 7 782m，在其南部雅鲁藏布江谷地内墨脱附近的海拔只有 700m，两地水平距离相差约 40km，相对高差竟达 7 000m，形成了十分强烈的垂直地带性分布：该地雅鲁藏布江河谷为炎热多雨的热带景观，生长着茂密的热带森林，与中国云南省的西双版纳及广东省的海南岛相似；可是在不远的高山上，却是万年积雪的冰冻世界。这种由于相对高度的急剧改变，出现了在平原地区从南向北应在几千千米水平距离内才能出现的这种景观变化，实属世上罕见。即使在中国东部沿海，台湾山地最高峰玉山海拔为 3 950m，而邻近的台南平原海拔却低于 100m，山势亦甚高峻。显著起伏的地表，在各地形成不同类型的山地垂直景观，从而使中国自然地理环境更加复杂（任美锷等，1992；黄秉维，1989）。

（二）自西向东逐级下降的地形阶梯

中国地形的总轮廓是西高东低，自西向东逐级下降，形成一个由三大地形阶梯构成的大陆斜面（尤联元等，2013）。

最高一级地形阶梯是青藏高原，其平均海拔达 4 000~4 500m，高原内部分布有一系列山脉，海拔均在 5 000~6 000m 以上，主要有可可西里山、巴颜喀拉山、唐古拉山、冈底斯山、念青唐古拉山等。在这些山脉之间，分布着地势和缓的宽浅洼地和湖盆，以及大片沼泽地，成为长江、黄河等著名的亚洲大河发源地。高原周围耸立着高大的山系，南侧是世界最高的喜马拉雅山脉，平均海拔在 6 000m 以上，超过 8 000m 的高峰有 7 座；北侧有昆仑山、阿尔金山和祁连山，东边为龙门山、岷山、横断山脉等。

青藏高原外缘至大兴安岭、太行山、巫山和雪峰山之间，为第二级地形阶梯，主要由广阔的高原和大盆地组成，其间也有许多高大山地。与青藏高原西北部毗邻的是塔里木盆地，海拔只有 1 000m 左右；再往西北是准噶尔盆地，海拔已在 1 000m 以下；在这两大内陆盆地之间是中国西北地区最高大的山地——天山，海拔在 4 000~5 000m 或以上。高原东北侧与祁连山北麓相接的是河西走廊和阿拉善高原，海拔在 1 500~2 000m 之间。龙门山、横断山脉以东，海拔在 1 000~2 500m 之间，包括内蒙古高原、鄂尔多斯高原、黄土高原、云贵高原等；高原上的山地有六盘山、吕梁山、太行山、巫山、大娄山、武陵山、苗岭等，海拔大多在1500~2500m之间，部分高峰在2500~3000m或以上；四川盆地是一个长期稳定拗陷的构造盆地，海拔降至500m以下。

中国东部宽广的平原与丘陵是最低一级地形阶梯，由海拔不及200m的东北平原、黄淮海平原、长江中下游平原，以及江南广大地区海拔普遍不超过500m的丘陵所构成。在这些平原与丘陵以东为北北东走向的狭长山地，包括长白山、千山山脉、鲁中山地，以及浙闽沿海的仙霞岭、武夷山、戴云山等，海拔为500~1500m之间。在这些沿海丘陵山地外侧，紧接着宽阔的大陆架，实际上是大陆向海洋平缓扩展的部分，水深不超过200m，宽度一般为400~600km，长江口外大陆架宽约450km。大陆架边缘，除了属于西太平洋岛弧的台湾岛上矗立着高峻的山地以外，均以陡急的斜坡落入深海盆地。

从西向东逐级下降的大陆斜面，对中国水系分布起着重要的作用。一般来说，以大兴安岭、阴山、贺兰山、巴颜喀拉山、念青唐古拉山和冈底斯山一线为界，将中国分为内流区与外流区两大部分。内流区包括蒙新干旱地区和青藏高原内部，占中国领土面积的36.2%，气候干燥，降水少，水网并不发育，依赖高山冰雪融水的河流水源比较丰富，但出山以后沿途蒸发与渗漏，水量迅速减少，消失于荒漠盆地内部的沙漠与戈壁之中，大部分地区的河网密度为0.05~0.10km/km^{2}以下，甚至还有大片无流区。广大的外流区，处于季风地区，降水丰沛，水源充足，水系相当发育，秦岭、淮河以南河网密度多数在0.5km/km^{2}以上，长江三角洲与珠江三角洲更高达1~2km/km^2，是中国河网密度最大的区域；淮河以北，大多在0.5km/km^{2}以下，东北平原、华北平原和黄土高原则在0.1~0.2km/km^2，东北平原的嫩江下游还不到0.05km/km^2。外流区河流源地集中于上述三大地形阶梯，其干流沿大陆斜面自西向东或向南流，注入海洋。发源于最高一级阶梯的河流源远流长，都是亚洲大陆上著名的巨大江河，长江、黄河向东流入太平洋，在入海口处形成大面积的三角洲平原，是中国经济发达的地区；澜沧江、怒江、雅鲁藏布江等向南急流直泄注入印度洋，蕴藏着极为丰富的水能资源尚待开发。发源于大兴安岭、冀晋山地、豫西山地、云贵高原等第二级地形阶梯的河流，主要有黑龙江上游的额尔古纳河，以及嫩江、辽河、滦河，海河、淮河、西江和元江等，其长度和水量均次于发源于青藏高原东缘的大河，但仍为国内重要的河流。导源于第三级地形阶梯东部的长白山地、山东丘陵、东南沿海丘陵山地的河流，主要有松花江、图们江、鸭绿江、沂沭河、钱塘江、瓯江、闽江、九龙江、韩江、东江和北江等，由于源地已靠近海洋，流路短、流域面积不大，但因处于降水丰沛的沿海地带，水量则相当丰富，其中上游拥有可资开发利用的水能资源，是中国水电建设的重点地带。

中国地形的总轮廓决定着大部分干流自西向东流的格局，这在中国水文地理上有其重要意义。由于中国雨带略呈东西向自南向北推进，基本上与干流相平行，从而当雨带移至或停滞于某一流域时，往往上、中、下游同时接受大量降水，各河段之间缺乏调节能力，水量迅速增加形成洪峰，雨带过境后全流域则同时减少流量，增加了河川径流年内分配的集中程度，使中国季风区域的河流更明显地反映了大陆性河流水文动态的特点。

高度位置有时成为影响局部地区自然地理面貌的重要条件。太阳辐射能的收入，随着海拔的增大而增大（表 1.3）。

表 1.3 青藏高原南部山区太阳辐射能的垂直变化

地 点	海 拔/m	直接辐射/(cal/cm² · min) *	太阳高度/(°)	纬 度/(°)
樟木	2 200	1.318	53.8	28.0
拉萨	3 700	1.455	54.8	29.1
绒布寺	5 000	1.632	52.3	28.2
东绒布冰川	6 325	1.729	51.5	28.0
大气上界（太阳常数）	—	1.940	—	—

* 为原始单位，暂予保留。

随着高度的增加，空气密度减低，大气压力下降，地面向外界的长波辐射数量加大，因而能量收支平衡的结果，其辐射平衡值是很小的，有时可呈负值，因而表现出气温随着高度增加而减小的趋势（黄秉维，1989；中国科学院《中国自然地理》编辑委员会，1985）。

高度位置除对能量（辐射能）和物质（空气、水）进行再分配这一基本作用外，在自然地理过程中，它对能量物质的流通尚有屏障作用、分支作用及阻滞作用等。所谓屏障作用是指高耸的地势对物质和能量的通过所起的阻挡作用。如中国著名的东西向山脉秦岭和南岭，对于冬季的西伯利亚冷空气南下即有明显的屏障作用。山脉的绝对高度和相对高度的综合效应，使得它的两侧气温悬殊。中国古代《泳瘦岭梅》诗中称："南枝向暖北枝寒，一种春风有两般"，就形象地概括了屏障作用的实际意义。秦岭以南的安康，1 月份平均气温比岭北的西安高出 4.2℃，而极端最低气温比后者高出 11.1℃；但在中国东部平原同纬度的蚌埠和徐州之间，因为没有山脉的阻隔，前者 1 月平均气温仅比后者高出 1.6℃。再如青藏高原的屏障作用更为明显，它阻挡了从印度洋来的西南季风气流，使高原南北两侧空气中的水汽含量差异甚大。云南的腾冲和甘肃的酒泉，基本上位于同一经度，分隔于青藏高原的南北两侧，前者的绝对湿度在各个高度层上均比后者大 1~3 倍，相对湿度的大小也相差 1 倍以上。

此外，物质流与能量流常可穿行山脉的空缺部分（山口、峡谷等）深入腹地，从而起到流通与分支的作用。至于山脉的阻滞作用，则主要因地面起伏变化大、切割程度高，增加了下垫面的粗糙程度，对于在其上物质与能量的运动，明显地起到摩擦阻滞作用，消耗掉相当一部分能量。例如台风登陆后，随着地面摩擦力的增大，风速迅即锐减，这就是阻滞作用的表现。中国巨大的青藏高原块体，加上一系列巨型山脉如天山、祁连山、贺兰山、昆仑山、喜马拉雅山、横断山等的存在，对于气流运行的阻滞作用是相当可观的。

（三）山地、高原为主体的地表结构

中国地貌的基本类型，按形态可分为山地、高原、丘陵、盆地和平原五大类型，其中以山地和高原的面积最广，其次是盆地，丘陵和平原所占的比例都较少（表1.4）。山地和高原是构成中国地貌基本轮廓的主体，尤其是纵横交错的山系构成了巨地貌轮廓的基本骨架，控制着盆地、平原与丘陵空间分布的格式。

表1.4　中国主要地貌类型占全国陆地面积的比例

地貌类型	山地	高原	盆地	平原	丘陵
占全国面积/%	33	26	19	12	10

中国众多的山系，受地质构造控制，在空间分布上按一定的方向呈有规律的排列，且表现出具有一定的区域性。中国中部是南北走向山地集中分布的地区，自北而南主要是贺兰山、六盘山以及著名的横断山脉等。川西、滇北的横断山脉由一系列平行的高山所组成，主要有高黎贡山、怒山、宁静山、沙鲁里山、大雪山、邛崃山等，海拔大多在4 000m以上，其间为沿断裂发育的大河，包括怒江、澜沧江、金沙江、雅砻江、大渡河等，河谷深切，谷底海拔1 500～2 000m，形成高差极大的纵向平行岭谷地貌。至北纬26°以南，山脉逐渐散开，形成滇南帚形山系，山岭高度也逐渐降低，只有少数高峰在海拔3 000m以上，与其间河谷的高差不足1 500m，并在河谷内分布着许多宽谷盆地，为发展热带经济作物提供了种植场所。

在中国西部，主要是北西向和近东西向的高大山系。在昆仑山、阿尔金山和祁连山一线以北，分布着北西向的阿尔泰山和近东西向的天山，在这两大断块山系之间是准噶尔盆地，因受北东、北西和近东西向断裂的控制，为一三角形的断块盆地，分布着古尔班通古特沙漠；介于天山与昆仑山、阿尔金山之间为塔里木盆地，在北西西、北东东与近东西向山前断裂的限制下，表现为菱形断块盆地，其长轴略呈东西方向，地面向东倾斜，东端为罗布泊，地势最低，整个盆地气候极端干旱，风蚀作用特别强烈，形成著名的塔克拉玛干沙漠；天山本身是由一系列断块上升山地与山间断陷盆地或断裂谷所组成，南北宽约250～300km。其中分布着断裂深陷的吐鲁番盆地。昆仑山、阿尔金山、祁连山一线以南属青藏高原部分，高原上的巨大山系、盆地沿北西、北西西方向展布，高原北侧的祁连山是比较典型的北西向山系，由许多狭窄的块断山与较为宽阔的断陷谷所组成，其中哈拉湖－青海湖盆地是以向斜构造为基础发育的断陷湖盆；介于昆仑山、阿尔金山与祁连山之间的柴达木盆地，同样受到周围山地断裂带的约束，呈不规则的菱形盆地，海拔2 600～3 000m，具有荒漠景观特点，分布有大片风沙地貌；突立在青藏高原上的昆仑山、喀喇昆仑山、可可西里山、唐古拉山、冈底斯山和念青唐古拉山等均为北西或北北西走向的大型山系，大多是向南逆冲的块断山，山地南侧均存在深断裂，如雅鲁藏布江谷地为沿冈底斯山南侧的断裂发育而成；高原南侧是新构造运动强烈抬升的喜马拉雅山脉，呈弧形向南突出，其东端在察隅附近突然向南转折，成为横断山脉。由于西部地区海拔高，气候特别寒冷，绝大部分山地均有现代冰川发育，现代雪线高度约在海拔4 000～5 000m或以上，较大的山谷冰川内冰舌可下降到海拔3 000m左右，在海拔2 800～4 000m的山地上广泛分布着第四纪冰川遗迹，冰川地貌相当发育。在缺乏冰雪覆盖的地方，寒冻风化作用强烈，地表裸露岩石冻裂崩解，在谷坡上形成倒石堆和石流，春夏积雪溶解时，尤其是在暴雨的影响下，往往形成泥石流，猛烈冲向山麓，造成危害。中国现代冰川集中分布在西部地区，北起阿尔泰山，南至喜马拉雅山和滇北玉龙山，西抵喀喇昆仑山乔戈里峰和昆仑山西端的慕士塔格山，东到川西贡嘎山，总面积达 57 000km²。现代冰川主要是山谷冰川和冰斗冰川两类，按其物理性质可分为海洋性冰川和大陆性冰川，两者大致以念青唐古拉山为界，分别以念青唐古拉山东段与西昆仑山为分布中心。

中国东部的山系大多数按北东或北北东向排列，并有东西向山系分布。东西向的山系主要有三条，北部是阴山山脉，构成了内蒙古高原的边缘，为与华北地区的地貌分界线；中部是秦岭、大别山和淮阳山地，是长江、黄河、淮河之间的分水岭，其中秦岭是中国南方与北方分野的重要自然地理界线；南部是南岭，因受北东向构造线干扰，山体比较零乱，但总体上仍以东西向山地为主，它是长江与珠江的分水岭，也是华南与华中地区的分界，在自然地理上同样有其重要意义。北东或北北东向的山系控制着中国东部地区的地貌格局，自西向东可分为三列：西列山系包括大兴安岭、太行山、吕梁山、巫山、武陵山、雪峰山等，即第二级地形阶梯的东部界线；东列山系北起长白山，经辽东、山东丘陵山地，向南伸延至浙、闽、粤沿海山地，其中局部拗陷地段则形成苏北平原及黄海南部海底；外列山系主要是指台湾山脉，其走向以北北东为主，实际上是西太平洋岛弧的组成部分，构成中国东部最高的山地。同时，在西列山系与南北向山系之间为一系列海拔较低的高原与盆地相间的地貌带，主要有内蒙古高原及其呼伦贝尔盆地，黄土高原、鄂尔多斯高原与汾渭断裂盆地、四川盆地，云贵高原及其滇中盆地等；东、西两列山系之间主要是平原，包括东北平原、渤海盆地、黄淮海平原、长江中游平原和北部湾；东列山系以东，与台湾山脉之间主要是黄海、东海和南海盆地。在燕山运动时期，中国东南部西列山系以东广大地区构造作用非常活跃，褶皱、断裂、岩浆活动都很强烈，沿着北东向断裂带产生了许多不同规模的构造盆地，盆地内普遍堆积着中生代陆相红色地层，主要是在炎热干燥环境下形成的山间盆地河湖相沉积，由红色砾岩、砂岩和页岩组成，总厚度可达数千米，故称红层盆地。在喜马拉雅运动的影响下，地面抬升，盆地内红层发生变形倾斜；同时，由于气候转向湿润，流水活动加强，红层不断经受侵蚀切割，形成各种形态的丘陵与阶地，盆地内部地表起伏显著。这种红层丘陵式盆地，在华中与华南地区颇为常见，如湖南的长沙、衡阳盆地，江西的吉安、赣州盆地，浙江的金衢盆地，广东的韶关盆地等，成为中国东南部丘陵地区的农业和人口分布中心。

各种类型的地貌形态，几乎都是内外营力共同作用于地表，通过地表组成物质的长期侵蚀与堆积塑造而成。因此，地表物质的物理、化学性质对于地貌形态的细节有着深刻的影响，不同岩性所反映的地貌形态特征各有特色。一般来说，巨大的花岗岩体因垂直节理特别发育，往往形成奇峰林立、陡峻高耸的雄伟山地，如陕西华山、安徽黄山等著名的旅游胜地；但在中国湿热的南方，花岗岩球状风化和层状剥落进行迅速，以致许多山地的形态浑圆，缺少尖陡的山脊，如福建武夷山、浙江天台山、湖南衡山、广西大容山等。大面积玄武岩熔岩流通常形成熔岩高原、熔岩台地、堰塞湖等，例如内蒙古高原锡林郭勒盟，张北与集宁之间，东北长白山地，雷州半岛与海南岛北部，以及小兴安岭德都附近的五大连池和牡丹江上的镜泊湖等。古老的结晶岩都比较坚硬，具有较强的抗蚀力，通常构成褶皱山系的核心部分，成为高峻的山地，如天山、昆仑山、祁连山、阴山、秦岭等山系，以及五台山、泰山等著名山峰。中生代红色岩层固结性较差，易受侵蚀，多构成波状起伏的丘陵地貌，如华中、华南的红岩丘陵，四川盆地中部丘陵等；在红层中砾岩和砂砾岩单层厚度大的地区，由于出露的地层胶结坚固，垂直节理发育，往往形成红层峰林状地貌，这以广东仁化县的丹霞山为代表，故常称此为"丹霞地貌"，在福建崇安、永安一带也非常典型。此外，在干旱地区，地表缺乏植被覆盖，洪冲积物在强大风力作用下形成流动沙丘，这不仅在西北干旱内陆盆地内颇为常见，在雅鲁藏布江中上游河谷两岸亦有出现。中国境内受地表组成物质控制而形成的大面积特殊地貌，有华北的黄土地貌和西南的喀斯特地貌。

大致在昆仑山，秦岭和大别山以北，温带荒漠地区的外缘，呈东西向带状分布着大片第四纪黄土和黄土状沉积物，总面积约 60 万 km^2，其中尤以甘肃中部和东部，陕西北部及山西高原的黄土高原最为著名，其面积约 39 万 km^2，这是世界上最大的黄土高原。在黄土集中分布的地区，黄土覆盖厚度约 100~200m，最大厚度达 400m 左右，构成独特的黄土地貌区。第四纪黄土的颗粒成分具有高度的均一性，以粉砂为主，粗、细砂含量极少，且具有从西北向东南逐渐变细的分布规律，表现黄土物质是由风力从西北荒漠地区吹送而来的。黄土堆积后的地面，在先前的地表形态基础上而成为黄土塬和黄土丘陵，黄土塬的古地面是高原面，地势极为平坦，如泾河中游的董志塬和洛河中游的洛川塬；黄土丘陵的下伏地面是起伏的切割丘陵地，在黄土覆盖后经受流水切割成为黄土梁和黄土峁，地面非常破碎，沟谷密度大，可达 10km/km^2 以上。由于黄土质地疏松，遇水容易分散，抗蚀能力差，故水土流失极为严重，黄河泥沙 90% 来自黄土高原地区，为华北平原的形成提供了丰富的物质来源。发源或流经黄土地区的河流均具有很高的含沙量（表 1.5），黄河的平均含沙量高达 37.7kg/m^3，为世界各大河之冠。其他河流的含沙量也极高，如泾河为 171kg/m^3，祖厉河更高达 476kg/m^3。尤其是一些较小的河沟内，在黄土重力侵蚀参与下，当地河流最大含沙量竟达 700~1 000kg/m^3，1958 年泾河张家山站测得最大日含沙量为 1 430kg/m^3，窟野河温家川站测得最大日含沙量更高达 1 700kg/m^3。

表 1.5　黄河流域各河的含沙量（中国科学院《中国自然地理》编辑委员会，1981）

河 名	站 名	集水面积 /km^2	多年平均含沙量 /（kg/m^3）	多年平均输沙量 /亿 t
黄河	陕县	687 869	37.7	16.0
湟水	民和	15 342	10.5	0.203
祖厉河	郭城驿	5 473	476.0	0.378
窟野河	温家川	8 645	174.0	1.36
无定河	川口	30 217	138.0	2.12
汾河	河津	38 728	29.9	0.498
泾河	张家山	43 216	171.0	3.06
渭河	华县	106 498	42.8	4.06
北洛河	狱头	25 154	118.0	0.913

中国碳酸盐岩分布面积约有 130 万 km^2，占全国总面积的 14%。尤其是广西、贵州和云南东部碳酸盐岩面积均占这些地区总面积的 50% 以上，在湿热气候条件下，喀

斯特地貌非常发育，各种类型均可见到，且十分典型。因此，中国是喀斯特类型最齐全，喀斯特面积最大的国家。由于气候等自然环境条件的不同，喀斯特地貌类型有着比较明显的地域差异：两广地区热带峰林普遍，尤以广西桂林的峰林更为驰名；贵州和云南东部也有峰林存在，但大部分是锥状峰丛，仅在石林彝族自治县境内保存着新近纪炎热时期的古峰林，即著名的"路南石林"。从云贵高原边缘向广西盆地过渡地段，可见到峰丛、峰林、孤峰、残丘等形态，是近代喀斯特作用最强烈的地区。在亚热带华中地区，主要是丘陵、洼地与漏斗为主的喀斯特地貌，但在四川兴文、福建永安还残存"路南式石林"景观。华北地区缺乏大型的洼地、暗河等形态，而以喀斯特泉与干谷为其特色。在青藏高原，因受强烈寒冻风化作用的影响，碳酸盐岩在山坡上剥露，形成断壁残垣式的石墙，相对高差仅 10～20m，这是高海拔地区的冰缘喀斯特现象。在大面积碳酸盐岩分布地区，由于大量地表水渗入地下，地下暗河发育，从而形成了特殊的水文网与水文特征。在中国西南喀斯特地区，径流深在 200mm 以下，是长江以南最明显的低径流区；地表河网不发育，云贵高原河网密度大多在 0.5km/km^{2}以下，大部分河流的地下水补给量占 30%～40%。因此，全年径流过程比较缓和，洪峰滞后现象明显，年径流变率系数一般在 0.2～0.3 以下，而且河流含沙量也很小，大都在 0.3kg/m^3 以下。有些地区，暴雨后地下水涌出地表，使洼地积水成湖，久淹不干；但也有些喀斯特湖突然消失湖水而成干涸的洼地，反映了喀斯特地区特殊的水文现象，形成独特的自然景观。

（四）青藏高原隆升的巨大影响

由于喜马拉雅造山运动而剧烈隆起的青藏高原，对中国现代季风气候以及整个自然地理环境的形成产生了巨大的影响。根据最近科学考察和考古发掘资料，在新近纪中新世青藏高原开始隆起之前，中国基本上是一个广阔的、准平原化的低平大陆，盛行行星风系，而以东北信风为主。到了晚上新世，青藏高原已隆升到海拔 1 000m 左右，现代的蒙古－西伯利亚高气压中心仍未形成，只在拉萨附近（北纬30°）出现一个弱高压中心。新近纪末，青藏高原及其周围山地剧烈上升，达到海拔 3 000m 左右，弱高压中心得到加强，并向北推移到北纬 40°左右的塔里木盆地南部，中国现代季风系统可能开始出现；到了全新世初，青藏高原及其周围山地再度剧烈上升，达到现有海拔 4 000m 以上，现代的蒙古－西伯利亚高气压中心（北纬 55°左右）以及中国季风气候系统全面形成，中国整个自然地理环境也发生了三大区（东部季风区、西北干旱区和青藏高原区）的分化（黄秉维，1989；中国科学院《中国自然地理》编辑委员会，1985；孙鸿烈、张荣祖，2004）。

青藏高原从热力和动力两个方面影响中国各地的气候。首先在热力方面，青藏高原与同高程自由大气之间的温度差异，类似于陆、海之间的温度差异。冬季在高原上出现冷高压，夏季出现热低压，周围的同高程自由大气则分别为相对的低气压和高气压。这种气压分布形势产生了独特的高原季风现象：冬季时，高原东侧平原的上空产生东北风，从而加强了由于海陆分布而引起的东北季风；夏季时，青藏高原热低压长轴所在的平均位置在北纬32°附近，这就大大破坏了亚热带高压带，加强了高空东侧上空的西南季风，并增加了东部地区的降水。高原季风的存在，对西北地区干旱气候的继续加深也有重要作用。除了高原本身阻碍了印度洋水汽往北输送以外，夏季高原季风的北界正好位于新疆、甘肃荒漠地带的中心，是青藏热低压上空向四周流出气流下沉的地区，从而加剧了这些地区的干旱程度（黄秉维，1989；中国科学院《中国自然地理》编辑委员会，1985）。

其次，青藏高原的动力影响主要表现在对气流的屏障和分流作用上。冬季西风气流经过高原时，在高原西侧停滞并分为南、北两支绕过青藏高原，到高原东侧又汇合在一起，再向东流出；这种分流作用实际上使西风带向南扩展了5~10个纬度。夏季时，西风带北移，高原南侧的南支西风也就消失。青藏高原对于对流层低空气流的屏障作用还使蒙古高原一带在冬季受暖平流影响较少，有利于当地冷空气的堆积和蒙古-西伯利亚冷高压的加强；夏季则保护了印度半岛不受冷空气南下的影响，有利于印度热低压的维持（黄秉维，1989）。

三、季风气候及其特色

中国幅员广阔，各地所处的地理位置不同，自然地理环境颇有差异，其最主要的基本气候特征是季风气候。即一年中盛行风向的季节变换十分明显，并随着风向及其气压系统的变换产生显著的季节气候变化，表现为冬干冷、夏湿热，雨量集中于夏季的气候特点。在大兴安岭、阴山、贺兰山、乌鞘岭、巴颜喀拉山和昆仑山一线西北的内蒙古、青海柴达木和新疆等地，虽然一年中也有盛行风向季节变化现象，但终年受大陆性气团控制，且处于夏季风影响范围之外，无明显的雨季和旱季之分，气候干燥，实属非季风气候区（丁一汇等，2013）。

中国的季风（除青藏高原地区以外），主要是由海陆分布、大气环流和地形等因素共同影响综合作用的结果。东亚海陆分布所产生的热力差异，强烈地破坏了对流层低层行星风带的分布，建立了强盛的季风环流，故海陆分布的热力差异是中国季风形成的根本原因。太阳高度角季节变化引起高空行星风带的季节位移，以及青藏高原地形所产生的热力和动力作用，是加强季风现象的发展，并使其发生复杂变化的重要因素。在这强盛的海陆季风影响范围内，大致以四川、滇东等地为界，以东属东亚季风区，冬季由极地大陆气团控制，多偏北气流，夏季受来自太平洋的热带海洋气团影响，为东南季风，且冬季风强于夏季风；以西属印度季风区，冬季处于极地大陆冷高压南缘，且受地形的阻挡，南下的冷气流势力有所减弱，夏季为西南季风，为来自印度洋的热带海洋气流，并受"热带季风"影响而加强，夏季风强于冬季风，降水主要由夏季风控制。

相对于青藏高原四周同高度的自由大气来说，冬季高原近地层是冷源，形成青藏冷高压，为反气旋性环流；夏季是热源，产生强大的青藏热低压，为气旋性环流。这种环流系统的季节变换，主要是随着行星风系季节位移，受高原地面热力作用的结果。在成因上，这与海洋季风不同，但它导致高原地区盛行风向、天气和气候发生显著的季节变化，在性质上却符合季风的概念，为高原季风类型，应划属中国季风气候区。

中国季风风向和气候的季节变换，主要受蒙古高压、阿留申低压、太平洋高压和印度低压四个东亚大气活动中心的盛衰、消长所控制，而季风的强弱、稳定性和影响范围则与这些高低气压中心的势力和位置的年变化有关。

冬季，蒙古高压影响着整个亚洲大陆，这是北半球冬季最强大的冷高压，为秉性干燥而寒冷的极地大陆气团源地。蒙古高压中心经常爆发出南下的冷气流，形成长时间的严寒，以及寒潮、偏北大风、霜冻和降雪等，影响着中国冬季气候和天气的变化。此时，北太平洋北部存在着一个较深厚的阿留申低压，其势力强盛时可扩展到北纬32°左右的地区吸引寒潮东流，减弱时则使南下的寒潮和冷气流频率增大。因此，中国季风区冬季天气和气候的变化主要受控于蒙古高压与阿留申低压中心势力强弱与消长的影响。

春季是气压形势变换的过渡季节。随着地面和空气层的温度不断增高，中高纬度地区的蒙古高压和阿留申低压的势力明显减弱，而副热带地区的北太平洋高压逐步加强，其中心扩张至太平洋西部，这时印度低压也具雏形，四个东亚大气活动中心都参加春季大气环流活动，形成以河套为中心的鞍形气压场。因此，春季南北气流交换复杂，气旋活动频繁，天气变化急剧，风向也不稳定，造成华北一带多大风和沙尘天气。由于中国东南沿海地区南风机会增多，低层湿度显著增大，偏南气流与来自河套地区的东北气流在华中地区辐合，形成一个比较稳定的辐合带，使江南丘陵地区出现多阴雨天气。

夏季的气压场分布形势与冬季完全相反，亚洲大陆已成为印度低压控制的热低压区，而中国东面的太平洋上是一个强盛的太平洋副热带高压。此时影响中国天气的主要是热带海洋气团和赤道海洋气团，都是夏季降水的重要水汽来源。热带海洋气团源出于太平洋副热带高压，性质湿热而稳定，移动时表现为东南季风，若在它稳定的单一控制下天空则是晴朗少雨，从而造成长江中下游酷热天气。赤道海洋气团发源于南半球副热带高压，越过赤道洋面后仍具高温重湿性质，但不甚稳定，即使在单一控制下也会形成雷雨天气，向中国移动时表现为西南季风。印度大陆热低压的出现，主要是促使气流向大陆辐合上升，造成雷暴雨，并支配着西部高原地区的风向。

秋季是夏季环流型转向冬季环流型的过渡季节。蒙古高压在中亚地区迅速建立，且可南侵至较低纬度，但由于对流层中高层仍有副热带高压维持在较高的纬度，从而使这种重合现象形成稳定的大气层结构，大部分地区出现秋高气爽的稳定天气。此时，中国西南地区仍受西南气流影响，多阴雨天气。随着西南季风撤离大陆，川黔上空东风环流转为西风环流，形成"华西秋雨"。尔后，副热带高压迅速南撤，印度半岛北部已由气旋环流转为反气旋环流，中国大陆上秋高气爽的季节结束，华西秋雨停止，标志着夏季环流型已转变成冬季环流型。此时，阿留申低压开始加强扩张，印度热低压退出大陆，太平洋高压中心显著衰弱并向东南退缩。11月上旬后，蒙古高压笼罩大陆，又形成冬季气压形势，干燥寒冷的冬季风控制中国全国各地。

青藏高原的存在，对于上述季风环流形势的加强起着重要的作用。冬季，青藏冷高压的建立，在高原以东的平原上空产生东北风，使来自蒙古高压的冬季风势力增强，扩大其影响范围；夏季，青藏热低压的形成，其长轴所在的平均位置处在北纬32°附近，使高原东侧的西南季风加强，并影响太平洋副热带高压脊向西伸延，从而加强了东南季风的势力，增加中国东部地区的降水。而且，高原的屏障作用使得蒙古高原一带冬季受暖平流影响少，有利于蒙古高压迅速发展；夏季则庇护了印度半岛不受冷空气南下影响，有助于印度低压维持。同时，高原地形使西风带气流在其西端受阻而发生分支现象，在高原南北两侧形成两支强西风气流。南支西风气流的存在，实际上扩大了西风带向南影响范围，使冬季风到达更南的纬度，并阻滞了西南季风向北前进。因此，随着西风带北移，南支西风气流的消失，西南季风以突然爆发的形式迅速北上，东南季风在江南丘陵地区停留后开始向北跃进，中国东部长江中下游地区梅雨开始，在江淮地区出现一条稳定的雨带。此外，由于冷空气受高原地形的阻挡和挤压，迫使冬季风在中国东部地区加强移动，从而推进至更南的纬度。总之，青藏高原的热力作用和动力作用对于中国季风环流形势的加强起着极为重要的作用，使中国季风现象更为明显和复杂。

就北半球行星风系来说，按中国所处的纬度位置，大致在北纬30°以北为西风带，北纬30°以南为副热带高压带和东北信风带。由于一年中太阳赤纬的变化，地球上受热冬夏不同，因此行星风系也有季节性的位移，冬季偏南，夏季偏北。在东西风气流交界处（北纬25°~35°），基本气流的季节变化最为明显，冬季受西风气流支配，夏季则东风气流可影响到这里。行星风系的这种季节性位移配合而因海陆冷热源作用所引起的季节性风系的变化，使中国成为世界上著名的季风气候区。由于冬季受北半球最强大的蒙古高压影响，中国各地温度较同纬度地区明显偏低，1月平均温度在东北北部偏低14~18℃，黄河流域偏低10~14℃，长江以南偏低8℃左右，甚至华南沿海一带还偏低约5℃；夏季受强盛的太平洋副热带高压控制，各地气温又较同纬度其他地方为高，7月平均气温在东北地区偏高约2.5℃，长江中下游地区偏高1.5~2.0℃，但至华南沿海则几乎相等，仅偏高0.5℃左右。中国季风气候具有的明显大陆性特点，与欧亚大陆西部中、西欧地区显著不同，与澳大利亚大陆的情况也有很大差别。中国的季风气候特点大致可归纳为冬、夏控制中国天气的气团和基本气流截然不同，主要雨带的位置与夏季风的进退紧密相关和雨热同季。

四、辽阔的海域

海洋是自然环境，也是自然资源（王颖，2013）。前已述及，中国是一个海洋十分广阔的国家。中国东部濒临渤海、黄海、东海、南海及台湾以东太平洋海区，合并简称中国海。中国海介于亚欧大陆与太平洋之间，外缘有一系列岛弧环绕，整个中国海跨温带、亚热带和热带，海洋环境类型多样（图1.2）。

不包括台湾以东太平洋海区面积，中国海面积473万 km²。渤海与黄海的分界线是辽东半岛南端的老铁山，经庙岛群岛至山东半岛北端的蓬莱角；黄海与东海的分界线是以长江口北角至济州岛东南角的连线；东海与南海的分界线是福建省东山岛南端沿台湾浅滩南侧至台湾南端的鹅銮鼻，台湾海峡归于东海范围；台湾以东太平洋海区是指台湾东岸至太平洋洋底（即水深4 500m），南北界于琉球群岛与巴士海峡。

中国海底地势总的轮廓，大体自西北向东南倾斜，地形的起伏及复杂化也有自西北向东南渐趋增加之势。大体自中国海南岛至台湾到日本一线为界，该线西北为浅海大陆架，渤海黄海的全部、东海的2/3及南海的1/2为浅海大陆架，宽度在100n mile（海里）以上；该线东南地形复杂，有大陆架、大陆坡、海槽和深海盆。

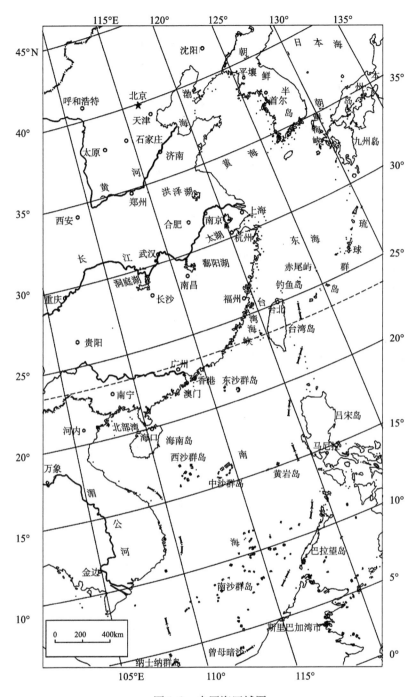

图 1.2　中国海区域图

　　黄海、东海有宽阔的大陆架，它们是中国大陆向海的自然延伸部分。黄海是一浅海，全部在大陆架上，海面宽度最大达 378n mile，面积 38 万 km²，平均坡度 0.43‰，平均水深 44m，最大水深 140m。东海开阔，呈扇形，西部为大陆架，占东海面积的2/3多。东海南北长约 700n mile，东西最宽约 400n mile，总面积 77 万 km²。台湾海峡北部宽约 93 n mile，南部宽 200 n mile，长 150 n mile，大部分水深小于 60m，都位于大陆架上。南黄海与东海大陆架宽度大、坡度小，受长江、黄河影响深刻。海区北界大致相当于琉球群岛的先岛群岛，南界为巴士海峡与菲律宾的巴坦群岛相隔，东界为大陆坡麓，太平洋底水深为1 000~4 000m处。台湾以东太平洋海区地形起伏大，地貌类型多样，有大陆架、大陆坡、大洋盆地，构造地貌显著。地质构造复杂，为欧亚板块与太平洋板块的复杂接触带，是几个构造带的交汇处。南海是西太平洋最大的边缘海之一，面积约350km²，大体为呈NE向的菱形海盆，平均水深1 000~1 100m，最深点在马尼拉海沟南端，水深5 377m。南海地形从四周向中央倾斜，四周大陆架面积168.5万km²（占南海总面积的48.15%），大陆坡面积126.4万km²（占36.11%），中央海盆水深4 000~5 000m，面积55.11万km²（占15.74%）。南海大陆架主要分布在南海的北、西、南面，是亚洲大陆向海的延伸部分。北部大陆架的构造及地貌与中国华南陆地关系密切，受华南河流补给沉积物，其宽度100~150 n mile，在沿岸河口如韩江、珠江、南流江、汉阳江、漠阳江、鉴江等均有明显的水下三角洲。

中国海北方海区冬冷夏暖，四季分明；南部海区终年炎热，长夏无冬。北方海区冬季气温东高西低，出现很强的温度梯度；夏季陆地和洋流的影响减弱，等温线近于纬向分布。中国海降水量为北半球同纬度较多的地区之一，由于近海南北狭长，各地距离海岸远近不同，空气中水汽含量有异，使得海区之间降水量差异悬殊，季节分配不均。同时由于东亚季风的年际变异较大，致使中国近海降水量年际变化也非常显著。中国海降水量分布的基本态势是：南多北少，沿岸多于海中。渤海年降水量为500~600mm。南黄海降水量多于北黄海，黄海东部多于西部，西部为800~900mm，东部为1 000mm左右。渤海、黄海降水量均集中在夏季7~8月。东海西部年降水量为900~1 300mm，东部琉球群岛由于黑潮暖流影响降水量超过2 000mm。南海年降水量为1 500~3 000mm。

中国海海水温度分布，自北向南逐渐递增，其年较差却由北向南逐渐减小。中国海的沿岸海域，多为江河入海径流所形成的低盐水系，外海则为黑潮及其分支带来的高盐水系，这两种性质不同水系的消长运动，构成了上述海域盐度空间分布的特点：表层低，深层高；近岸低，外海高；河口区最低，黑潮区最高。

中国海岛总面积7.54万km²，约占国土面积的0.8%。其中有人居住的岛屿400多个，人口约3 500万。海岛分布南北跨越约38个纬度，东西跨越17个经度。东海的岛屿4 200个，主要分布于海岸带及大陆架上，如崇明岛、舟山群岛、台湾岛、澎湖列岛，而钓鱼岛、赤尾屿、彭佳屿、黄尾屿位于大陆架边缘；南海岛屿约1 600个，海南岛、万山群岛、涠洲岛及东沙群岛分布在海岸带及大陆架上，西沙群岛、中沙群岛、南沙群岛主要位于大陆坡海域以及南部的巽他大陆架上；黄海岛屿约433个，渤海岛屿约272个，均分布在大陆架及海岸带；台湾以东太平洋海域海岛约22个。

五、历经演变的自然环境

自然地理环境的组成，不但包括纬向、经向与垂直方向（海拔）这三度空间的综合，还不可分割地包含时间因素在内。现代的中国自然地理环境，也是自然历史复杂过程的产物，既不能忽视它所具有的延续性及继承性，也要善于区别它所具有的进展因素与残存因素。从板块学说来看，中国基本上属于欧亚板块，而南面与印度板块相接，东面则邻接太平洋板块与菲律宾板块。中国地理环境的自然历史，就是欧亚板块之内的中国陆台与其周围地槽褶皱带互相作用的过程，也是印度、太平洋、菲律宾等板块分别向欧亚板块推进撞击的过程。中国的山脉大都经历多次造山运动，具有多旋回性。板块之间的接触带以及板块之内的深断裂带则是地壳运动最活跃的地带，也是地震、火山最多、地热最强的地带。

中国大陆是一个由多个陆块拼合而成的大陆（张兰生等，2012）。根据现有资料，大约在 25 亿年前，特别是从吕梁运动（距今 19 亿~17 亿年）和晋宁运动（距今约 10 亿年）以来，就已在华北、西北、东北等地逐步形成了一个前震旦纪陆台，东部以地台为主，西部以地槽为主。在震旦纪以前，现有中国领域内，海洋面积远远超过陆地，整个古生代则是一个海域不断缩小，陆地不断扩大的过程。经过加里东运动和海西运动之后，这种趋势更为明显。到了古生代末，海水退到古昆仑山、古秦岭以南、古雪峰山以西的地区（称为古地中海），当时除四川盆地、鄂西、粤北、湘赣地区分别从古地中海和古太平洋伸进一股海湾以外，其余广大东部及北部地区均已成为陆地。但是，中生代以前历次地壳运动，与现代地貌一般已很少有直接联系，只是通过岩石性质和褶皱程度等间接影响现代地貌的发育。例如中国西南地区的岩溶地貌，与古生代石灰岩沉积相关，现代的秦岭、祁连山、天山等的走向，则继承了加里东与海西运动的褶皱带。

中生代初期的中印造山运动，是中国大陆形成的关键。从此以后，中国全境基本连成一整块大陆，古昆仑山、古秦岭等进一步抬高，古地中海再一次向西南退缩。中生代后期（从晚侏罗世末到白垩纪）的燕山运动对中国自然地理环境形成的影响更为巨大，它使中国大地构造轮廓基本定型，对宏观地貌格局的形成具有决定性意义。这时，中国地台东部发生了剧烈的褶皱和断裂，伴随大量的岩浆活动；陆地也更加扩大，除喜马拉雅山、台湾和塔里木盆地西南部仍为海侵地区外，其余均已成陆。中国山文的几个主要方向也均奠定基础；华中和华南地区的许多红岩盆地也都形成。

燕山运动之后至古近纪初，为一个相对宁静阶段，中国和全球地表均经受长期剥蚀与夷平作用，地势显得平坦和低矮。气候也较温暖，亚热带北界比现在向北推移达 7°~10° 之多，当时气候属于行星风系大气环流性质，现代的季风系统尚未建立。纬度地带性十分明显，东北、华北北部与内蒙古北部属暖温带；华北及内蒙古南部属亚热带干湿季交替过渡带；长江流域及西北地区为广阔的信风盛行带，具有旱生化亚热带稀树草原和荒漠草原景观；华南则为热带干湿季交替过渡带。这时所发育的广泛而深厚的红色风化壳，作为残留因素，迄今从南向北，直至大兴安岭仍可见到。

新生代是地球岩石圈构造发生巨大变动的时期，这一时期称为喜马拉雅构造阶段。喜马拉雅运动对中国现代巨地貌形态和地理环境的形成，具有特别重大和直接的意义。在这一过程中，现代中国陆地与海洋的格局最终形成，中国现代地形的基本格局得以奠定（张兰生等，2012）。这个巨大的地壳运动主要有两幕：第一幕发生于渐新世晚期到中新世中期；第二幕从上新世晚期到更新世初期，是最剧烈的、垂直升降幅度最大的一幕，也是形成目前中国地势差异的最重要因素。

喜马拉雅运动形成了喜马拉雅褶皱带和台湾褶皱带，除在这两个褶皱带中有岩浆侵入外，还在其他一些地方造成玄武岩喷溢，而造成的断裂活动则几乎遍及全国。古地磁和地质资料证明，从古地中海发展成喜马拉雅山，为宽达100km的海底沉积隆起，升高达8 000~9 000m。按照板块学说，则是印度板块向欧亚板块顶撞而形成的，前者以很小的角度斜插于后者之下，两者重叠，形成了西藏地区的巨厚地壳（厚达70km以上）及高耸的地势。台湾岛山地以及东亚大陆沿海边缘弧又是太平洋板块和菲律宾板块以较大角度斜插于欧亚板块之下而造成的。由于海洋板块厚度很小，在中国东部没有形成巨厚的地壳和高峻的地势。

喜马拉雅运动在燕山运动已造成的基本骨架上，进一步作用于中国的陆地。但这种运动的升降幅度是有差异的，自西向东由强而弱，可以分为三个地带，与中国目前大陆上地势的梯级分布相适应。在喜马拉雅运动的作用下，亚欧大陆的地理环境有了巨大的变化：古地中海消失了；亚欧大陆连成一片；巨大的青藏高原崛起，成为世界屋脊，并由于高原阶段性上升对大气层所产生的日益强大的热力作用与动力作用，从而削弱和改变了低层行星风带的结构，加强了东亚季风环流。在夏季，大陆热低压破坏了副热带高压低层结构，导致了湿热的海洋气流深入大陆，使中国东半部变得更为湿润；在冬季，强大的大陆冷高压改变了西风环流低层结构，干冷的极地气流长驱南下，使中国东部地区尤其是东南地区变得较为寒冷干燥；西北地区，则由于青藏高原的屏障作用，阻挡了夏季的海洋气流，导致了更为干燥的自然地理环境；青藏高原本身，虽处于较低的纬度，但因地体高耸从而由热带亚热带的自然地理环境变为高寒的自然地理环境。

这样，在中国除了相当于1月平均最低气温0℃等值线以南地区（大致为自长江口西延，穿过皖南山地、鄱阳湖口、洞庭湖南岸、四川盆地北缘到云南西北部），在较大程度上继承了第四纪以前的热带、亚热带自然地理环境，塑造地貌的地表营力中化学淋滤作用得以继续进行，红色风化壳、红层地貌与岩溶地貌得以较好保存并继续发展外，其余广大地区，地表营力和地貌形态都有了新的变化，西部高原山地出现了高山冰川，发育了冰川冻土地貌；西北内陆由于干燥少雨，扩大了沙漠和戈壁，加强了干旱区的自然地理特征；在陕、甘、宁、晋地区，则堆积了巨厚的黄土，发育了黄土高原独特的自然地理面貌。这些，均是自然历史过程对自然地理环境所施加的作用下最后形成的。

六、人类活动对自然环境的巨大影响

在当今世界环境与发展的诸多问题中，脆弱性是焦点问题之一。对于脆弱性，目前存在不同的理解和认识。人们认识论的取向不同和随之而来的方法论运用的不同，是造成脆弱性概念千差万别的主要原因。当然，研究主题的不同，研究区域的差异等，也影响脆弱性概念的含义。我们认为，脆弱性应该有三层含义：它表明存在内部的不稳定性；对外界的干扰和变化比较敏感；在外来干扰和外部环境变化的胁迫下，容易遭受损害而难以复原。自然地理环境的脆弱性，往往在海陆交界、河流变迁的交界、农牧交错、山地和平原的过渡、城乡交接、沙漠和绿洲的边缘等地带出现。

中国的自然地理环境是脆弱的。自南而北，我国跨越不同的温度带。自东而西，又跨越不同的干湿地区。特殊的地理位置，加上 65% 左右的国土是山地和丘陵，使水平地带性、垂直地带性和非地带性交织在一起，形成复杂多样的环境条件，构成多样的生态系统类型。但是，多山地丘陵和干旱荒漠面积广大，构成了中国自然地理环境先天脆弱性的基础。中国的地理位置处于全球两个地质构造最活跃的活动带，即环太平洋地质活动带和喜马拉雅地质活动带之间，其结果是地质构造复杂，地震、滑坡等地质灾害频繁（表 1.6）。从全球海陆分布来看，北半球的陆地面积比南半球几乎大 1 倍，因此，被称为陆半球。东半球的陆地面积又是西半球陆地面积的两倍多，后者亦被称为水半球。北半球的东半壁，陆地面积是西半壁的 3 倍多。我国恰好处于北半球的东半壁，其直接影响是面对太平洋，背靠广袤的亚欧大陆，大陆性气候特别强烈，水资源的空间分配、季节分配和年际间的分配都极不均匀。在东亚季风的强烈影响下，加上青藏高原耸立在我国的西南部所产生的影响，使自然灾害十分频繁，20 世纪后半叶，每年因自然灾害所造成的损失都占国民生产总值的 3% ~5%，在自然灾害特别严重的年份达到 8% 左右。直至最近几年才逐渐降到 3% 以下。

表 1.6　20 世纪中国的地震灾害

项　目	数　据
6.0~6.9 级地震次数	380 次
7.0~7.9 级地震次数	65 次
8 级以上地震次数	7 次
8.5 级以上地震次数	2 次
死亡人数	59 万人
伤残人数	76 万人
倒塌房屋	600 余万间
总的直接经济损失	约数百亿元
总的间接经济损失	约数千亿元

我国东南部受季风影响，年降水量的 60% ~80% 多集中分布在 6~9 月，其中最大降水，又往往占全年降水的 30% ~50%。每年大陆干燥气团和海洋湿润气团的中心位置、相对强弱以及消长的时间不尽相同，由此造成年际之间和一年之内降水量极不稳定，降水分配强度和降水量的多寡都不相同。最大洪峰流量与多年平均最大洪峰流量之比，在北方达到 5~10 倍，在南方达到 3~5 倍。这往往成为我国东部地区发生暴雨洪水（表 1.7）的主要原因。雨少又容易形成旱灾，尤其是容易出现春旱。在过去的半个多世纪里，我国平均每年干旱发生 7.5 次，受旱农田面积约为 2 000 万 hm²，成灾面积 670 万 hm²，近 30 年因旱灾损失的粮食占全国粮食损失总量的 50%。1997 年全国受旱农作物面积 3 351 万 hm²，相当全国耕地面积的 63%。西北和华北地区是旱灾的频发区域。黄淮海平原是我国范围最广、强度最大、灾情最重的干旱中心，受灾面积常占我国全国受灾面积的 50% 以上，因灾损失的粮食往往占全国的 30% 以上。1990 年代末的几年，内蒙古、山西、陕西和河北的北部连续干旱，由此造成的

损失也是很大的。

表 1.7　全国暴雨洪涝灾害灾情（1952～1997 年）（范宝俊，1998）

年份	水灾受灾面积/（万 hm²/a）	水灾成灾面积/（万 hm²/a）	水灾成灾率/%
1952～1959	789.7	496.3	62.8
1960～1966	942.0	585.4	62.1
1970～1979	535.7	224.3	41.9
1980～1989	1 042.5	552.8	53.0
1990～1997	1 522.9	854.4	56.1

　　良好的自然地理环境是人类得以延续和发展的前提与基础。但是，人类活动的增加对自然界的干预越来越强，导致生态系统发生一系列变化，如水土流失、沙漠化、土地退化等，从而对人类的生存与发展构成极大的威胁。

　　中国自然地理环境非常脆弱的一个直接结果是灾害频繁。我国灾害之多、灾种之全、强度之大、范围之广举世闻名。一般年份，全国农作物受灾面积约 4 000 万 hm²；倒塌房屋 300 多万间，受灾害影响的人口约 2 亿人。根据不完全统计，从公元前 206 年到 1949 年的 2 155 年间，中国发生较大水灾 1 092 次，较大旱灾 1 056 次，几乎每年都有一次较大的水灾或旱灾，而且愈近现代，区域开发愈强，灾害发生的频率和灾害的损失就愈大（表 1.8）。因自然灾害，全国平均每年减产粮食数字见表 1.9。1990 年代前半期，平均直接经济损失（折算成 1990 年价格）就达 1 360 亿元以上（表 1.10）。

表 1.8　全国因自然灾害造成的人畜伤亡（范宝俊，1998）

时段	年均成灾人口/万人	年均死亡人数/人	年均受伤人数/人	年均死亡牲畜/万头	年均倒塌房屋/万间
1950 年代	4 834	9 878	—	14.0	355
1960 年代	8 948	6 664	—	2.4	559
1980 年代	19 877	7 047	43 310	179.0	241
1990～1994 年	23 749	7 014	118 496	174.0	362

表 1.9　全国平均每年因自然灾害粮食减产数（1952～1997 年）（范宝俊，1998）

年份	每年因灾害粮食减产数/万 t	每年粮食总产量/万 t	损失量占总产量比重/%
1952～1959	379.49	18 025.125	2.1
1960～1966	612.26	17 386.143	3.5
1970～1979	662.72	27 612.400	2.4
1980～1989	1 595.12	27 699.000	4.2
1990～1997	2 302.87	46 138.875	4.99

表 1.10　1990 年代前半期我国各年因自然灾害造成的直接经济损失（范宝俊，1998）

年份	直接经济损失/亿元	占当年国民生产总值的百分比/%
1991	1 215.5	6.1
1992	854.0	3.5
1993	993.0	3.3
1994	1 876.0	4.3
1995	1 863.0	3.7
平均	1 360	—

由于区域经济发展水平的不同，从而导致不同区域灾害损失的差异。大体上，东部约占 52% 以上，中部占 25% 以上，西部占 18% 以上。上述自然灾害的发生与人类活动对自然环境的干扰所造成的负面影响有千丝万缕的联系。例如，由于滥垦、滥伐、超载过牧，使我国土地退化严重。

应该指出，自然地理环境的脆弱性是相对的，绝对稳定的自然地理环境也是不存在的。即使是相对稳定的自然地理环境也还存在脆弱因子和造成脆弱的因素。稳定的自然地理环境与脆弱的自然地理环境之间并不存在一条不可逾越的鸿沟，随着人类活动的规模和强度的愈来愈增大，稳定的系统功能失调，发生退化，也会转变成为脆弱的系统。

造成自然地理环境脆弱的各种因素有其自身的运动和变化规律。它们之间又相互联系和相互作用着。其中任何一个环节和链条都可能受到来自不同方面和不同程度的这样或那样的干扰，一旦这种干扰超过了系统本身的承受能力和抗干扰能力的极限（阈值），系统就会产生破坏性影响，导致出现退化或失调。所以，对任何一个自然地理系统脆弱性的分析，首先都要深入研究在自然和人为共同作用下可能导致或影响整个系统脆弱的因子出发，需要在综合指导下分析，在分析基础上综合，只有这样，才能真正了解造成脆弱的原因所在。就我国的自然环境而言，西北干旱区形成的主导因素是干旱，这也是环境脆弱形成的主导因素。在青藏高原区，主导因素是由于海拔高而导致的高寒。东部季风区，自然环境脆弱的主导因素是由于季风每年来临的强弱和迟早以及持续时间的长短，导致降水量在年际之间、年内不同季节以及地区之间差异引起的水分分配不均匀所造成的。人为活动的影响在这三个区域也存在极大的差异，其中以东部季风区受人类活动的影响最大。但是，在西北干旱和青藏高原区，人类活动的影响处于一直持续增加的势头。

我国环境的退化对于经济发展，具有长期的和本质的意义，与人类强度又有密切的关系。人类活动强度加大，必然会对资源、环境、粮食、能源等问题提出严峻的挑战。当然，人类活动强度既与人口（包括数量和质量）本身有关，又与自然基础有关，如宁夏、甘肃等省区。还与经济活动的强度和类型有关，如北京、上海，以及长江三角洲、珠江三角洲等，既包括系统质量的下降，又包括环境质量的下降。因此，自然地理环境的改善既要建立在人口的改善上，还必须建立在经济活动上，尤其是从以单纯农业性的生产活动转向以现代工业为主的生产活动时，会对环境产生深刻的，甚至是不可挽回的影响。

人类是自然历史过程的产物，又是现代自然地理过程的重要影响因素，在长期的人类经济活动作用下，自然界发生了深刻变化。随着社会生产力和科学技术的发达进步，人类在自然地理环境变化过程中已成为最活跃的因素，并通过对其他自然环境要素的改造使自然环境面貌发生巨大的变化，形成了人类自然环境。

（一）人类活动对自然环境的有利影响

根据对浙江河姆渡、陕西半坡村等地的考古工作以及同位素分析，人类最重要的生产活动——农事活动，已分别进行了7 000年左右及6 000年左右之久。到了公元2年，据较可靠的全国首次统计，人口为5 960万人，耕地为5.7亿多亩。几千年以来，中国劳动人民以农事活动为中心，将中国东部平原大片沼泽地改变成连绵分布的肥沃良田，在广大的丘陵山地上修筑了层层梯田，内蒙古高原、青藏高原和西部高山地区的天然草原被利用成为辽阔的牧场，沿湖、沿海地区修塘筑堤围垦了大片淤积滩涂，甚至在极端干旱的西北内陆盆地也利用附近高山冰雪融水建立了许多绿洲，以及营造防护林、修建水库、城镇交通建设等，几乎所有可以利用的土地都被改造利用，自然面貌大为改观。据统计，除了沙漠、戈壁、沙漠化土地、高山冰雪地带、裸露岩石地表以及部分灌丛草坡地无法利用外，中国现有耕地约20亿亩（1 亩 = 1/15hm^2），已经利用的牧场约33亿亩，人工营造和更新的林地约12亿亩，经济林、竹林和果园地等约1.6亿亩，包括水库在内的内陆水面4亿亩，城镇道路和工矿用地约10亿亩，由于不合理开垦而引起沙漠化土地和荒山草坡地约4亿亩，共计约84.6亿亩，几乎占全国可利用土地面积的72.2%，相当于全国总土地面积的58.8%。因此，原始天然植被已基本不复存在，全国到处都显示着人类改造利用自然的巨大痕迹（黄秉维，1985；任美锷，1992）。

农业活动的实质，就是开辟农田，栽培作物，通过光合作用，转化和积累太阳能的过程。几千年来，中国劳动人民在农田开辟、作物栽培和牲畜饲养以及水利建设等方面做出了突出的贡献。

1. 中国历代劳动人民披荆斩棘，艰苦劳动，在全国各地大量开垦农田

目前，中国以占世界耕地总面积7%的农田，养育着占世界23%左右的人口，每年粮食总产量也占世界第1位，农业生产成果是十分巨大的。只是中国人口多，农业人口所占比例大，加上山区多，平地少，扩大耕地的制约因素很大，人均和农业人口人均占有的耕地数量都很小，每个农业劳动力年产粮食也不过1t左右。因此，控制总人口，大力提高单产及单位农业劳动力的产量，是当今中国农业现代化的关键。

2. 中国是许多农作物的起源地，又是许多农作物的重要产地

早在新石器时期，中国已有黍、粟（小米）、小麦、水稻、高粱、麻、桑等作物的栽培。中国一直是全世界最大的水稻生产国。华南地区的沼泽地，除大量播种水稻外，又发展了多种适于食用和菜用的块茎植物，例如慈姑、芋、菱、睡莲、莲藕、白菖、茭白、荸荠等。农业栽培改变了土壤中矿物质的自然转移过程，也改变了土壤耕作层的理化性质,特别是翻土、施肥、灌水等耕作技术措施和土壤改良措施,加强了土壤中物质循环转化过程,从而创造了各种耕作土壤,如水稻土、黄潮土、娄土、黑垆土、灌淤土、海绵土等。经过 8 000 年来的农业开发,很多野生植物得到了驯化和利用。据统计,现在中国已有 1 000 多种用材树、4 000 多种药用植物、300 多种浆果植物、500 多种淀粉植物、600 多种油料植物和 80 多种蔬菜被驯化和利用(黄秉维,1989;任美锷,1992;中国科学院《中国自然地理》编辑委员会,1985;蔡运龙,2007)。

中国劳动人民对野生动物的驯养和利用,也有悠久的历史和丰富的经验。旧石器时代就驯化了狗,新石器时代又驯化了猪以及羊、牛、马、鸡、鸭、牦牛、骆驼等。殷商时代(公元前 16～11 世纪)马、牛、羊、鸡、犬、豕(猪)即号称"六畜",进行了较大规模的饲养。对野生动物的狩猎、利用和驯化,《尚书·禹贡》(约公元前 5 世纪)一书已有记载,近百年来中国野生动物毛皮等产品的出口,一向在世界市场上占有重要地位,毛皮兽达 70 多种,占中国兽类总数 15% 以上。1950年代后,对野生动物有计划地进行利用和改造,主要有三方面:①对有害动物的消灭和抑制,例如黄河下游堤岸和内蒙古草原的消灭鼠害以及广大牧区的打狼运动等;②对有益动物合理利用和驯养,积极推行"护、养、猎"并举的方针,对马鹿、梅花鹿、白唇鹿、水鹿、麝、水貂、紫貂、水獭、果子狸、大灵猫、小灵猫、河狸和一些猴类进行人工饲养;③对珍稀动物进行重点保护。例如梅花鹿、驼鹿、东北虎、丹顶鹤、白鹤、白头鹤、白枕鹤以及大、小天鹅等(中国科学院《中国自然地理》编辑委员会,1985)。

3. 重视农田水利是中国农业的优良传统之一

华北地区的农田灌溉,在《诗经》(公元前 781～771 年)中即有记载;位处太行山麓的郑国,公元前 563 年就利用自然水道筑渠灌溉。春秋战国时代,又有楚国在淮河流域发展灌溉事业;秦国在关中及成都平原大兴水利,其中都江堰灌溉枢纽,可能是当时(公元前 4 世纪)全世界最大的水利工程,两千多年来继续发展,使四川成为沃野千里的"天府之国"。长江三角洲在吴越时代开始筑渠,南宋以后,更是"塘"、"泾"、"坞"并举,建成了河渠相望的水乡泽国,是目前全世界生产潜力最高的农田生态系统之一。江汉平原千余年来人工排水围田,构成阡陌纵横的水稻田,使湖水缥缈的古云梦泽,变成了"两湖熟、天下足"的农业基地。江浙沿海,也从秦汉以来修塘筑堤,既抵御海潮入侵,又围垦了大片淤积滩涂。此外,新疆和河西绿洲建立坎儿井、兴安灵渠运河、大运河等沟通南北的重要人工水道等,以及黄河大堤、范公堤等都是历史上著名的水利工程建设。尤其是 1950 年代以来,进行了一系列的大规模水利工程建设,兴修了大量的防洪、除涝、治碱、灌溉、航运、供水和发电等工程,共建大中小型水库 8.6 万座,塘坝 640 万处,总库容达 4 500 亿 m^3;水闸 2.5 万座,机电排灌站 43 万处,机电排灌动力设备装机达到 7 000 多万马力(1 马力 =735.499W),使有效灌溉面积发展到 7 亿亩左右。此外,共整修、新建堤防、圩垸、海塘等 20 万 km 余,以及整治了排水河道,并进一步扩挖了海河和淮河流域的排水出路及独流减河入海工程,使原有 3.4 亿亩的易涝面积得到了初步的治理,原有 1.1 亿亩盐碱地将近一半以上取得了改善。上述水利工程建设，使中国许多地区的天然水系发生了新的调整，改变了河川径流过程。例如，海河的入海水量，在大量水利工程建设之前，1952 年为 50.7 亿 m^3，工程建设以后水量相同的 1968 年只有 3.47 亿 m^3，将近减少了 93% 的入海水量。同时，西北干旱地区引水灌溉和南方大面积的水稻种植，大大地扩大了蒸发面积，若以每亩耗水量 400 m^3 计算，则 7 亿亩的灌溉农田耗水达 2 800 亿 m^3，相当于长江流量（9 793.53 亿 m^3）的 28.6%，全国径流总量（26 000 亿 m^3）的 1/10 强。今天，中国农田灌溉面积已近 8 亿亩，占全国耕地总面积 45% 左右，占世界总灌溉面积的 1/4 左右（黄秉维，1985；中国科学院《中国自然地理》编辑委员会，1985；任美锷等，1992；蔡运龙，2007）。

（二）人类活动对自然环境的不利影响

人类在开发利用自然资源和改造自然过程中，由于对自然系统的发生发展演变过程缺乏全面的认识，多少带有一定的盲目性，甚至掠夺式的开发利用，使天然生态系统的稳定性结构遭受破坏，从而导致自然环境的恶化，人类社会的生产与生活受到威胁，人口、资源、环境已成为当今世界各国政府所关注的重大社会问题。一般来说，生态与环境的恶化主要是不合理利用自然资源所造成的，因为生态与环境是由地貌、气候、土壤、动物和植物等自然要素组成的综合体，这些要素通常可被利用来为人类社会创造财富，因此，就这个意义来说可把它们称为自然资源。所以生态与环境实际上就是各种类型自然资源的综合体，其中任何一种自然资源遭受破坏时，必然会引起其他自然资源发生变化，从而导致自然环境结构的稳定性发生变化，也就是生态失调。

中国人类活动对自然环境的不利影响主要表现在：

（1）森林面积减少。由于长期乱砍滥伐，森林遭受严重破坏。明末清初全国森林覆盖率还在 20% 以上，经过 300 年左右的时间，到 20 世纪中叶，全国森林覆盖率已经不到 10%。其后，经过不断的努力，特别是 1990 年代以后加大了恢复力度，森林覆盖率才得到一定的增长，2005 年 1 月 18 日，国家林业局宣布，中国森林面积达到 1.75 亿 hm^2，森林覆盖率为 18.21%，人工林面积居世界首位。据调查，中国林业用地面积约 40 亿亩，但有林地面积仅 18.3 亿亩，林业用地利用率仅为 46%。由于有林地面积不大，覆盖率在 12% 左右，木材总蓄积量约 100 亿 m^3，加之中国人口众多，每人平均林地不足 1.8 亩，木材蓄积量每人仅 9 m^3 左右，属于森林资源非常不足的国家。

（2）水土流失严重。水土流失严重是森林面积大量减少的必然结果。几千年来，许多地区由于滥垦、滥牧、滥伐等掠夺性利用方式，引起森林、牧场和耕地的破坏以及剧烈水土流失的蔓延。据估算（水利部、中国科学院、中国工程院，2010），21 世纪初，中国水土流失总面积为 356.92 万 km^2，占国土总面积的 37.18%。其中，强度以上水土流失面积 112.22 万 km^2，占水土流失总面积的 31.4%，较 1980 年代中期增长了 8.7%。虽然进行了大量水土保持工作，也取得了一些成绩，但水土流失严重地区面积仍然很大，水土流失的强度仍然远远高于土壤允许流失量，未能改变水土流失严重的状况。

（3）在干旱及半干旱地区，土地沙漠化问题突出。地处干旱与半干旱地区鄂尔多斯高原与陕北黄土高原之间的毛乌素沙地，是"沙漠南移"，或"人造沙漠"的一个突出例子。在这里，人类活动的遗迹可追溯到新石器时期，并反映时代的顺序性，从东南向西北，汉代遗迹向沙地延伸最远，唐代次之，宋代又次之，明代遗迹则已退到沙地的东南边缘。毛乌素沙地的沙漠化过程，从唐代以来，延续达 1 000 多年，纵横达 100km 余，并由西北向东南逐步推进，如以明代长城为界线，长城西北的沙漠化发生于 9～15 世纪，长城沿线以及东南近 60km 宽的流沙带则是明代中叶至 1950 年代前约 300 年左右的产物。

在中国北方干旱、半干旱地区的沙漠化土地面积共达 34.4 万 km²，其中已形成沙漠化的土地面积为 17.6 万 km²，占沙漠化土地面积的 53.7%，有潜在沙漠化危险的土地面积为 15.8 万 km²，占沙漠化土地面积的 47.3%，加上原始的沙漠、戈壁，沙漠总面积达到 150 万 km²，占全国国土面积的 15.5%。这些沙漠化土地共影响到 12 个省（自治区）的 212 个县（旗）的近 3 500 万人口，威胁到 7 500 万亩农田，7 400 万亩草场和 2 000 多千米的铁路（蔡运龙，2007）。

从 1950 年代末到 1970 年代末，沙漠化土地从 13.7 万 km² 增加到 17.6 万 km²，20 多年增加了 3.9 万 km²（约 6 000 万亩），平均每年扩大 1 560km²（孙鸿烈，2011）。

（4）土壤盐碱化和次生盐碱化。这既是干旱地区和沿海地区的一个自然过程，也由于不合理地灌溉所造成或加剧。

中国土壤盐渍化问题突出。盐渍土面积之大，分布之广，世界罕见。早在春秋战国时期，《禹贡》即记载冀州（华北平原的北部）"厥土惟白壤"。这种内陆盐碱土首先出现在太行山麓扇缘或扇间洼地，一部分原因即由于这里灌溉事业发展最早，不合理灌水（过多）引起了次生盐碱化。干旱地区的绿洲内外，特别是内蒙古后套地区、新疆塔里木河中下游等灌溉定额偏大（一般每亩每年灌水 1 000～1 500m³ 以上，水稻更高，达 3 000～4 000m³）的新老灌区，土壤盐碱化及次生盐碱化现象更为严重，地表往往结成盐壳，寸草不生（任美锷等，1992）。

除滨海半湿润地区的盐渍土外，全国盐渍土大致分布在沿淮河—秦岭—巴颜喀拉山—唐古拉山—喜马拉雅山一线以北广阔的半干旱、干旱和漠境地区，总面积为 3 455 万 hm²（孙鸿烈，2011）。另据研究，包括潜在盐渍化土壤在内，全国盐渍土总面积为 9 913 万 hm²，其中现代盐渍化土壤为 3 693hm²，残余盐渍化土壤为 4 487 万 hm²，余为潜在盐渍化土壤（王遵亲等，1993）。

（5）水资源过度利用与水污染。自 1954 年以来，长江中下游水系的天然水面减少了 12 000km²，其中鄱阳湖面积减少了 36%，约合 18 万 hm²；洞庭湖被围去湖面 17 万 hm²；太湖仅在 1969～1974 年就被围去了 1 万 hm²。江汉平原上面积大于 50km² 的湖泊，在 1980 年代比 1950 年代减少了 49.36%，总面积减少了 43.67%。尤其在华北和西北等干旱半干旱地区，不合理的过量引用地表水已导致河湖干涸。例如，塔里木河和罗布泊的干涸就是典型的例子。此外，新疆的玛纳斯湖 1958 年以前的面积为 550km²，湖水深 5～6m，现在也全部干涸。艾比湖由 1958 年的 1 070km² 变为目前的 500km² 多；北疆的布伦托海由于乌伦古河大量引水灌溉，使入湖河水量急剧减少，湖水位下降，面积由 1960 年代的 827km² 下降为 1990 年代的 793km²。有些湖泊由于排水不当，水质变咸。如博斯腾湖由于上游将大量农田灌溉排水泄入湖内，每年带入湖内的盐分达 63.7 万 t，湖水的矿化度由 1958 年的 0.25~0.4g/L 上升到 1980 年的 1.6~4.6g/L，此湖已由淡水湖变为微咸水湖（蔡运龙，2007）。

在中国北方干旱和半干旱地区，由于降水较少和水量集中，使可利用的地表径流量十分有限，生产、生活主要依赖地下水源。据 1992 年资料，在中国 181 个大中城市中，33% 的城市以地下水作为主要供水水源，22% 的城市是地表水与地下水兼用；在华北的 27 个主要城市中，地下水供水量占城市总用水量的 87%。由于城市用水过于集中，用水量增长速度过快，加上供水设施落后等原因，城市用水显得特别紧张。据调查，全国有 220 多个城市缺水，每年缺水总量估计为 32 亿 m³，尤以北方大城市更为严重。近 20 多年来，中国城市用水量增加了 1 倍，北京市自来水供应量自新中国成立以来增加 27 倍，但人均用水水平仅为发达国家首都的 1/3，每年枯水季节用水特别紧张。城市及其附近大量汲取地下水的结果，往往产生下降漏斗，并不断扩大，目前在东北平原南部、华北平原北部、汾渭谷地，以及沿海一些大中城市附近，地面不断下沉，其中唐山、天津、北京、德州等下降漏斗面积约在 1 000km² 以上，天津、上海、西安等地下降漏斗中心最大下沉量已达 1m 以上。山东省的沿海城市，因大量汲取地下水引起海水向内陆入侵 1~2km（任美锷等，1992；蔡运龙，2007）。

城市工业与居民生活污水排入江河，使河水遭受严重的污染。据估算，目前全国每天排放的废水、污水量已达 7 000 万 t 以上，其中工业废水占 81%，生活污水占 19%。这些废水和污水基本上未作处理，致使地表水与地下水均受污染。在全国 500 多条河流的抽样调查中，约有 82% 的河流受到不同程度的污染，其中长江流域接受污水量最大（每天达 2950 万 t），海河次之（850 万 t）。长江由于水量大，自净稀释能力强，污染相对较轻，仅在上海、南京、武汉和重庆等大城市附近河段污染比较明显。但辽河、海滦河等北方河流，由于水量相对较少，污染就比较严重，若以污水量占年径流量来计算，海河达 11%，辽河为 5.4%，而南方的珠江只有 0.5%。此外，在北京、天津、太原、沈阳、郑州等许多城市附近，地下水污染亦比较严重，酚、氰、铬、汞、氨、氮等含量在不同程度上均有超过饮用水标准的情况。严重的水质污染必然引起鱼虾等水生生物受到危害，甚至有些珍贵的品种濒于灭绝。例如第二松花江流域，由于上游工矿企业排放大量含汞废水和污染物，水系受到严重污染，甚至沿干流一直影响到哈尔滨，水体中生物数量大量减少，某些江段鱼虾绝迹，沿江渔民已有轻度受害病症。

（6）人类活动对生物多样性的不利影响。首先是盲目杀害野生动物，以至于不少动物种类在自然界绝灭或濒于绝灭；其次是农垦、伐木等生产事业也给动物界带来巨大间接影响。历史时期人类活动促使某些动物种类在中国自然界消失的例子，首推四不像（麋鹿，*Elephurus davidianus*），更新世初期它们曾在华北平原和长江中下游谷地广泛分布，全新世仍是北方动物群的主要代表之一，但在历史时期由于人类的捕猎和农垦活动，渐归毁灭，1894 年左右尚有最后一群残存于北京南苑的猎苑内，后也为八国联军所盗走。又如祁连山地古时产白貂，是一种临近雪线生活的珍贵毛皮兽，公元 11 世纪时曾被列为贡品，现已绝迹。祁连山地古时多野牛，清代陶保廉在《丁卯待行记》一书中记载："祁连山中野牛出没，为数以千计"，现已不见踪迹，徒有野牛山、野牛沟等一些空名。在人类活动影响下，动物分布区缩小或呈间断分布的事例更多，例如东部季风区的大熊猫（*Ailurogoda melanoleuca*）、猕猴（*macaco mulatta*）、金丝猴（*Rhinopithecus* spp.）、松鼠（*Sciusus vulgasis*）、梅花鹿（*Cervus nippon*）、獐（*Hydropotec inermis*）等，其分布区随着森林面积的缩小而缩小，并呈断裂分布。西北干旱区和青藏高原区的黄羊、野马、野驴、野骆驼、麝等野生动物，近百年来均遭大量屠杀，数量减少甚多，有的已濒于绝迹（中国科学院《中国自然地理》编辑委员会，1985；张荣祖，2011）。

第二节　中国自然地理环境的国际比较

一般来说，只有在更大的土地面积上，才可能出现非常丰富的自然环境和自然资源。在世界各国中，中国的陆地面积仅次于俄罗斯和加拿大，居世界第三位（表1.11），相当于除俄罗斯以外的欧洲各国的总和，为中国丰富多样的自然环境提供了最基本的条件。俄罗斯和加拿大的领土虽然比中国大，但是它们基本上位于高纬度地区，气候寒冷，自然地理环境远没有中国这样丰富多彩。

表 1.11　中国陆地面积与一些国家的比较

国家	陆地面积 / 万 km²	与中国比较 / 倍	占世界陆地面积 / %
俄罗斯	1 707.5	1.78	11.46
加拿大	995	1.04	6.7
中国	960	1	6.4
美国	936	0.98	6.3
巴西	851	0.89	5.7
澳大利亚	770	0.80	5.2
印度	295	0.31	2.0
沙特阿拉伯	240	0.25	1.6
印度尼西亚	190	0.20	1.3
法国	55	0.06	0.37
日本	37	0.04	0.25
英国	24	0.03	0.16

中国疆域的亚热带、暖温带、中温带和寒温带所占的面积占全国国土面积的80%以上，是中外学者公认的"一块宝地"。与世界同纬度相比，中国长江以南，纬度相当于北非撒哈拉沙漠地区，黄河流域相当于欧洲地中海一带。在行星风系上，亚热带在世界其他地区多属于回归线信风带，雨量稀少，往往形成广阔的荒漠，如西亚、中东、北非和美国西部地区等；但在中国，由于海陆分布和青藏高原隆升的巨大影响，季风在亚热带占据主导地位，水分和温度条件都较好，不但没有"回归线荒漠"的产生，

反而成为中国最重要的农业生产基地（邓先瑞等，1998；杨勤业等，2006）。中国华北和东北地区，往往在大气层下部一二千米的高度内，以盛行冬夏更替的季风，其上再覆以西风为主。因此，当地主要天气系统往往自西而东运行。由于中国的夏季风是来自低纬度太平洋和印度洋的暖湿气流，空气中的水汽含量丰富，而冬季风来自中、高纬度的寒冷干气流，因此中国绝大部分地区的降水都集中在夏半年。这与同纬度的大陆西海岸冬湿夏干、水热条件不甚协调的地中海气候绝然不同。夏季是中国的高温季节，恰逢多雨季节，所谓雨热同期。这种气候特点为中国的农业生产提供了良好的条件，中国重要的粮棉油生产基地——杭嘉湖平原、江汉平原及成都平原都在这一带，使中国成为世界上主要的水稻产区之一。其他作物的种植北界也比世界其他地区偏北得多，如水稻在中国最北可以种植到最北端的漠河，即达北纬53°30′。从东北的一年一熟，华北、华中的两年三熟、一年两熟，以至华南的一年三熟，无不受惠于这种气候特点。

中国的地理位置处于亚欧大陆的东部。而亚欧大陆西部的欧洲大部分位于西风带的范围内，西风从大西洋上吹来，使欧洲的气候深受海洋影响。再加上其他因素，如大陆轮廓和洋流的影响，致使欧洲位置虽然偏高，但冬天的温和多雨却很突出。可以设想，假如亚洲的西面没有欧洲，那么现在位于欧亚大陆中央的中部亚洲干旱区，就会由于受到大洋上吹来的西风影响而具有冬季温暖、夏季凉爽、降水丰富的海洋性气候；另一方面，欧洲的东面如果没有亚洲而是一个大洋，那么今天的东欧将具有大陆东岸的气候特征，其东南就不可能像现在那样具有半荒漠及草原景观。中国的亚热带位置，比北半球亚热带西岸偏南5~8个纬距，比中东、西亚的亚热带偏北6~7个纬距。面积远较美国的亚热带辽阔。假如把中、美两国的版图叠置在一起，可以看出，中国北纬30°以南是辽阔的亚热带以及热带地区，而美国在这个范围内除佛罗里达州和西南部有一片干旱区外，其余都是海域。

海陆分布及其与水分条件的关系，中国与北美大陆与大西洋之间、西部有高山高原耸立的美国有许多相似之处，只是北美大陆和大西洋的规模都分别比欧亚大陆和太平洋小，美国西部的高山高原也远比不上青藏高原宏大，因此，美国东部湿润区的季风不是十分发达，西部干旱区大陆性和干旱程度也不极端。另一方面，美国西部毗邻海洋，西海岸有一狭长地中海气候的形成，这是中国所没有的。

再以中国与印度次大陆相比较。虽然两者都属于季风区，但是，中国西北部接近亚欧大陆的中心，冬季蒙古－西伯利亚高气压是全球最大的高压中心，因而干寒的西北大陆季风在中国境内的势力极强；而印度次大陆，北面有青藏高原和喜马拉雅山的屏障，南面又面对印度洋，因而，海洋季风的势力较强。

中国大陆东海岸的地理位置，使西风带海洋性气候影响微弱，再加上地球偏向力的作用，冬季沿海台湾暖流对大陆海岸的调节作用也不明显，因而即使在东部季风区，大陆性气候也有一定程度的表现。如夏季比世界同纬度的地区要热，而冬季又较同纬度的其他地区冷。与位于欧亚大陆西岸、海洋性气候发达而墨西哥湾暖流影响显著的西欧各国相比较，中国黑龙江省的呼玛附近，纬度与英国首都伦敦近郊相当（北纬51°~52°），但是，伦敦1月平均气温为3.7℃，冬季长青，与中国的上海、杭州等地（北纬30°~31°）的冬天相仿；而呼玛1月平均气温－27.8℃，俨然极地风光。天津的纬度与葡萄牙首都里斯本都在北纬39°附近，天津1月平均温度为 -4.1℃，极端最低达 -22.9℃，而里斯本分别为9.2℃和 -1.7℃。

由于海陆分布而引起的强烈季风活动，也使中国东部季风区各纬度的年总辐射分布特点，存在着与全球同纬度地区颇为不同的表现。从北纬25°到37.5°之间，中国东部地区的年总辐射量比其他同纬度地区小；从北纬37.5°到45°之间，则又较大。在西北干旱区，由于受季风的影响很弱，各纬度总辐射的分布趋势与全球同纬度地区大体一致。

包括半干旱区在内的中国干旱区，面积约占国土总面积的30%，与全球干旱区占世界陆地总面积之比相近。但中国陆地面积广大，因此干旱区的总面积就相当于英国或罗马尼亚面积的12倍以上。如果包括青藏高原上的干旱和半干旱地区在内，则干旱区面积占全国国土总面积的52%。在行政区划上，包括新疆、宁夏、内蒙古等3个自治区的全部以及甘肃、青海、陕西、山西、河北等省的部分地区。在这样广袤的地区内，有沙漠63.7万 km²、戈壁45.8万 km²，两者之和占全国国土面积的1/9。美国西部也分布着面积较广大的干旱区，夏季酷热，冬季干暖。但中国的西部地区背靠广大的亚欧大陆腹地，气候的干旱程度要更大一些，冬季受西伯利亚寒流的影响气候更寒冷。同时，美国西部干旱区的人口密度要远小于中国西部干旱区，因此人类活动的破坏也较小。

中国的山体多东西走向，对来自东南部暖湿气流和西北部的干冷气流都有明显的阻滞作用，因此，在中国的东半壁，南北之间年平均温度和最冷月平均温度都有很大的差别。东南沿海和西北内陆之间年平均降水量也明显有别，从而呈现出一定的地带性分布规律。相比之下，美国的山体多南北走向，逶迤千里的落基山是美国西部地区的主要山脉，它南北狭长达5 000km多，纵贯全美，把全国分成东西两部分。加上美国东海岸有一条大致与大西洋海岸平行的阿巴拉契亚山，使美国在地质构造上大致是东西两侧高而中部宽广低平，没有东西走向的横向山脉，冬季的冷空气可以长驱直入，封冻美国大片土地。但是，美国的东南部和墨西哥湾沿岸受墨西哥湾暖流的巨大影响，温暖湿润，春、夏两季多雨水，秋季干燥，冬季多风雪。其西海岸面临太平洋，冬夏两季的温度变化不大。这些特点与中国东南部的季风气候形成明显对照。

中国和欧洲同处在亚欧大陆，面积相近，但是由于地理位置和自然条件的不同，其河川径流有较大的差异。欧洲水系分布较中国均匀密集，80%的流域面积属于外流水系。中国有1/3的流域面积为内陆水系，大多深居内陆。占流域面积64%的外流河流，河流长大，水量也较丰沛。但是欧洲年降水量大于中国，河川径流资源比中国丰富。欧洲大部分地区为丰水区或多水区，但热量条件稍差，所以农业利用不够。相比之下，中国的丰水区和多水区的水热条件配合较好，给农业生产带来实惠。但中国少水和缺水的面积比欧洲大得多。不仅如此，欧洲径流量的年内变化和年际变化都比中国小或平缓，洪涝灾害和干旱缺水带来的损失也远比中国小（表1.12～表1.13）。

表 1.12　中国与世界陆地水文循环要素比较*

水量平衡要素	降水量/mm	径流量/mm	蒸发量/mm	径流系数	蒸发系数
中国	630	270	360	0.43	0.57
世界	730	260	471	0.36	0.64
中国外流区	896	403	493	0.45	0.55
世界外流区	873	320	553	0.37	0.63
中国内陆区	164	0	164	0	0
世界内陆区	231	0	231	0	0

* 见本书第五章。

表 1.13　中国与欧洲水量平衡值比较（孙鸿烈，2011）

水量平衡要素	中国	欧洲
降水总量/km³	6 189	8 290
平均降水量/mm	645	790
径流总量/km³	2 712	3 210
平均径流深/mm	283	3.6
蒸发总量/km³	3 477	5 080
平均蒸发量/mm	362	484
外流流域与内陆流域降水量的比值	4.55	1.48
外流流域与内陆流域径流量的比值	13.68	2.44
外流流域与内陆流域蒸发量的比值	2.98	1.16
平均径流系数	0.44	0.39
外流流域径流系数	0.46	0.41
内陆流域径流系数	0.17	0.25

在世界各国中，中国的水资源总量（28 405 亿 m³）低于巴西（51 912 亿 m³）、加拿大（31 200 亿 m³）、美国（29 702 亿 m³），排名第四，但人均占有量（约 2 300m³）只相当于世界人均占有量的 22%。预计到 2030 年中国人口增加到 16 亿，人均水资源占有量将下降到 1 760m³。按照国际上所采用的一般标准，如果一个国家所拥有的可更新淡水供应量在每人每年 1 700m³ 以下，那么这个国家就会定期或经常处于少水的状况。中国总体上属于水资源不丰富的国家。缺水是中国普遍存在的问题，不仅在缺水的西北，而且缺水问题也出现在湿润的东南部地区。不仅农业缺水，而且城市缺水严重。缺水的重要原因之一是资源性缺水。缺水严重影响了中国经济的发展与人民生活水平的提高，同时还产生了不良的环境效应（表 1.14）。根据 1996 年对世界 149 个国家与地区的调查，中国人均水资源占有量仅排名在 109 位。可见，中国的水资源并不丰富（表 1.15），未来的水资源形势严峻。

表 1.14　中国与欧洲径流地带特征比较（孙鸿烈，2011）

径流带及洲（国）别		地理位置	气候与植被带	作物及农牧业
丰水带	中国	东南沿海、南部及西藏南部	热带、亚热带，常绿阔叶林	水稻等热带亚热带经济作物
	欧洲	斯堪的纳维亚半岛西部，大不列颠半岛西部，冰岛南部	环极地，冷温带，阔叶林、针叶林、草地	不利于农业，仅有牧业
多水带	中国	淮河以南长江中下游地区	北、中亚热带，混交林与常绿阔叶林	水稻、冬小麦等，为主要农产区
	欧洲	北纬 55°以北的中、东欧平原，东经 15°~20°以西的广大地区	湿润海洋气候，森林苔原、针阔叶林	森林，黑麦带，南部有亚热带作物
过渡带	中国	黄淮海平原、东北大部、四川西北及西藏东部	湿润、半湿润暖温带，落叶阔叶林、森林草原	小麦主要产区
	欧洲	北纬55°~北纬50°间中、东欧地区，地中海北岸、伊比利亚半岛中部	湿润大陆气候，阔叶林、混交林，森林草原	小麦、燕麦、甜菜、土豆等，主要农产区
少水带	中国	东北西部、内蒙古、甘肃、宁夏、新疆西部及北部、西藏西部	温带，草原、半荒漠	主要牧区，灌溉农业发达
	欧洲	东欧东南部、伊比利亚半岛东南部	草原、半荒漠	北部小麦、玉米，东部为牧草地及牧区
缺水带	中国	内蒙古部分地区，甘肃、宁夏沙漠地区，青海、新疆内陆地区	暖温带，荒漠	大片沙漠
	欧洲	黑海西北沿岸及里海西北部低地	半荒漠、荒漠	牧场及放牧地

表 1.15　中国农业和重点城市的缺水量（孙鸿烈，2011）

分　区	农业缺水量/亿 m^3	重点城市缺水量/亿 m^3
全国总计	772	253.71
东北地区	70	36.10
华北地区	181	54.96
西北地区	65	18.81
西南地区	187	23.26
东南地区	269	120.58

第三节　全球气候变化对中国自然地理环境的影响

大气温室气体浓度大幅度增加及由此引起的以气候变暖为标志的气候变化已经并

将继续产生影响。全球气候变化不仅是气候和自然环境领域的问题，而且也是涉及人类社会和经济发展领域的重大问题，已成为当今世界关注的焦点。陆地表层生态及自然环境特征复杂多样，最显著的特点是它在空间分布上具有区域差异性，服从地域分布规律。目前，全球气候变化的科学基础、影响、适应和减缓等研究已经取得了丰硕成果，为认知气候变化对自然环境的可能影响提供了科学依据。

以下分别从历史时期、20 世纪和未来三个时间段来分析全球气候变化对自然环境格局的影响。历史时期的自然环境格局变迁是由自然界气候本身的变化引起，而过去几十年和未来 21 世纪的自然环境格局变化主要由人类活动排放温室气体造成。

一、历史时期自然环境格局的演变

根据考古、孢粉和历史记载等资料，历史时期以来，中国自然环境格局曾发生过多次较大幅度的迁移。竺可桢（1972）指出，过去 5 000 年来中国桔、竹等亚热带植物类型分布的位置发生明显变迁。龚高法等（1987）研究表明，在距今约 8 000 ~ 3 000 年之间的全新世中期气候最适宜时期，普遍较现今温暖，中国东部地区年平均温度比现在高 2 ~ 3℃ 左右，相应的气候带的位置比现在偏北；中国东北地区当时普遍生长以阔叶林为主的阔叶 – 针叶混交林，其中含有许多喜温的阔叶树种；亚热带气候几乎控制了华北平原大部分地区；京津地区已接近亚热带北缘，燕山山脉南麓处于由暖温带向亚热带气候过渡地带。整个历史时期，在最温暖时期亚热带北界曾北移 5 ~ 6 个纬度，达到黄河以北的华北平原，在寒冷时期曾南移约 2 个纬度，移至长江以南，现代（20 世纪）亚热带平均位置处于比历史时期以来平均位置偏南，但较明清小冰期偏北。

在 18 000 ~ 15 000 a B. P. 的末次冰期最盛期，中国东部松嫩平原已无森林，北方针叶林带在中国北方较现代南移 4 ~ 10 个纬度，在欧洲南移 16 ~ 17 个纬度，森林迁移后则由草原、草甸或苔原所代替。全新世气候最适宜期，中国东北、北欧、北美的泰加林又重新占据了以前的苔原带或森林苔原带；青海湖畔分布松、云杉和冷杉，为半湿润气候；藏南羊卓雍错湖畔有桦、栎林；苔原带从西伯利亚北部消失（崔之久，1991）。在气候最适宜时期，华北平原北部分布的是暖温带落叶阔叶林，京津地区及冀中、冀南平原有一些亚热带植物种属，华北平原中南部分布有北亚热带落叶阔叶与常绿阔叶混交林及一些喜暖乔灌木种属，与现代地带性植被分布状况存在明显差异。在距今 3 000 年前的西周初期，全球气候出现一次寒冷期，在中国东部地区，亚热带北界南移，甚至越过淮河，向南移了约 1 个纬度，华北平原北部曾出现过的一些亚热带植物种属消失，华北平原中南部的自然植被已不再具有北亚热带森林性状，而大部分地区变为暖温带落叶阔叶林（朱士光，1994）。

二、20 世纪气候变化对自然环境格局的影响

决定自然环境格局的主要因素是温度条件和干湿状况差异，两者对多数自然现象和过程都有影响，并且其变化可能引起一系列生态与自然环境变动。温度是决定陆地

表层大尺度差异、影响作物与植被生产生长的重要因素（黄秉维，1993）。一定界限的温度，尤其是日平均气温为 10℃ 以上时期的活动积温及其持续日数在自然区域划分中是一个非常重要的指标。通过对比 1981～1999 年和 1951～1980 年的日平均气温 ≥10℃ 期间的积温和持续日数的变化幅度，发现在气候变化的影响下，中国东部中亚热带、北亚热带、暖温带、中温带和寒温带普遍北移，其中北亚热带和暖温带北移明显；中国西部地区除了滇西南、青藏高原和内蒙古西部所处的各温度带有北移或上抬趋势外，其他地区变化不大或略有南压和下移（沙万英等，2002）。根据 1950 年代至 1990 年代初期逐年青藏高原各地日均温 ≥10℃ 期间日数、最暖月气温和最冷月气温的时空变化规律，发现高原各气候带过去 40 年的总体变化特征为动态稳定，各个冷暖期的气候带界线稍有变动，但气候带的性质基本稳定（赵昕奕等，2002）。

自然格局的长期演变可通过 CRU（Climatic Research Unit）过去百年气候数据集来分析。受资料限制，温度带的划分指标体系简化如下：

热带北界：1 月均温 ≥18℃，7 月均温 ≥24℃

亚热带北界：1 月均温 0～4℃，7 月均温 ≥18℃

暖温带北界：1 月均温 -12～0 ℃，7 月均温 ≥18℃

中温带北界：1 月均温 -30～12 ℃，7 月均温 ≥16℃

寒温带北界：1 月均温 < -30 ℃，7 月均温 ≥12℃

高原温带：1 月均温 -10～0 ℃，7 月均温 12～18℃

高原亚寒带：1 月均温 -10～0 ℃，7 月均温 <12℃

或　1 月均温 -18～-10 ℃，7 月均温 12～18℃

高原寒带：1 月均温 <10℃，7 月均温 <12℃

干湿格局划分指标体系见表 1.16。湿润指数 I_{dw} 由降水和潜在蒸散的比值计算。

表 1.16　中国区域过去百年干湿格局划分指标体系

干湿地区	I_{dw} 指标下限	I_{dw} 指标上限
极端干旱	0	0.05
干旱	0.05	0.2
半干旱	0.2	0.5
半湿润	0.5	1
湿润	1	1.5
潮湿	1.5	2
过湿润	2	10

从 1901～1925 年段到 1926～1950 年段，中国区域温度带的变化不是十分明显。但是在西南地区的南亚热带北界，后一阶段明显比前一阶段偏北；东北地区寒温带的范围后一阶段也比前一阶段小。1951～1975 年间，部分地区温度带界线又往南有所回缩；而 1976～2000 年，大部分地区温度带界线开始北移，如亚热带北界、热带北界、寒温带等，尤其寒温带的范围最小（图 1.3）。

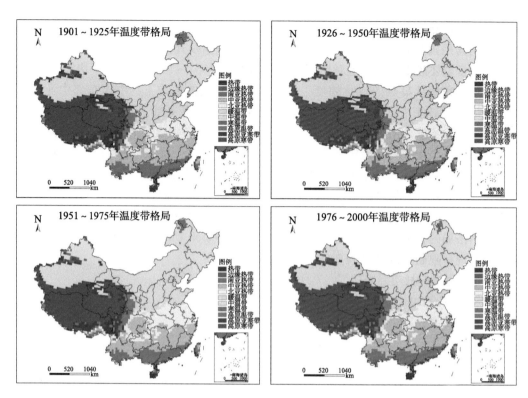

图 1.3　基于 CRU 的过去百年（1901~2000 年）中国温度带格局变化

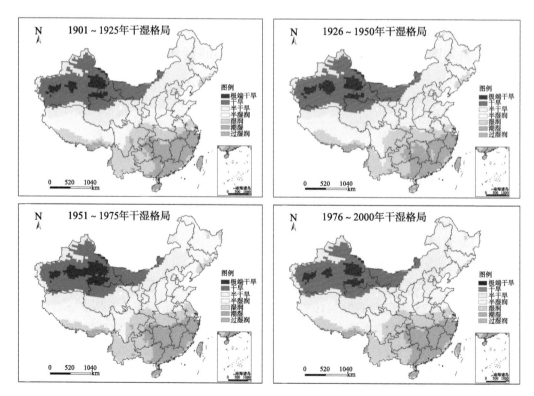

图 1.4　基于 CRU 的过去百年（1901~2000 年）中国干湿格局变化

1951～1975 年时段中国西北地区极端干旱区域范围最广，1976～2000 年时段明显缩小，这与中国西北部分区域降水有所增加是密切关联的。20 世纪四个时段中，干旱区的范围变化不明显；1976～2000 年时段，半干旱区的范围明显扩大；四个时段里，湿润地区的范围从第一个 25 年到第二个 25 年先缩小，到第三阶段扩大，而到第四阶段又开始缩小。过去百年干湿格局的总体变化特征是极端干旱区范围缩小，而湿润区的范围也缩小（图 1.4）。

三、未来气候变化对自然环境格局的可能影响

黄秉维（1993）曾按照 IPCC 估计的 2100 年全球增温 3℃，预估未来中国寒温带大部分变为中温带，中温带大部分变为暖温带，暖温带有一半变为北亚热带，北亚热带全部变为中亚热带，中亚热带小部分变为南亚热带，南亚热带全部变为边缘热带，边缘热带一部分变为中热带。干湿地区较气候变暖前的分布差异减少，从而缓和了自东向西水分急剧减少的趋势（赵名茶，1995）。随着温室气体的增加，全国范围内气候变干的趋势明显存在，极端干旱区和亚湿润区增加的幅度较大，半干旱区增加的幅度较小，干旱区的面积基本上变化不大（慈龙骏等，2002）。

利用区域气候模式系统 PRCIS（Providing Regional Climates for Impacts Studies）模拟分析中国未来 21 世纪的区域气候变化（分辨率为 50km×50km），在 IPCC 的《排放情景特别报告》（SRES）中的 B2 情景，未来中国大部分区域将是升温的趋势，与基准时段（1961～1990）相比，B2 情景下中国 2011～2020 年将平均增温 1.16℃，2041～2050 年为 2.20℃，2071～2080 年为 3.20℃（许吟隆，2004）。SRES B2 情景与 IPCC 最新发布的 RCP 6.0（representative concentration pathway）情景对未来 21 世纪气温的预估相近（Rogelj et al.，2012）。

基于 PRECIS 系统的区域气候变化，分析了生态地理区域对未来气候变化可能的响应范围。未来中国的生态地理区域温度带将产生显著变化，根据图 1.5，未来温度带将可能普遍北移，寒温带很可能从中国消失，热带、亚热带、暖温带和高原温带预估面积扩大；寒温带、中温带和高原亚寒带预估面积缩小。未来远期（2051～2080 年）相对于基准期（1961～1990 年），暖温带北界、亚热带北界和高原温带北界北移最大幅度分别为 6.6 个纬度、5.3 个纬度和 3.1 个纬度（Wu et al.，2010）。

全球气候变化的影响研究是一个极其复杂的地球系统科学问题。由于对气候系统理解方面的局限性、社会经济情景和温室气体排放情景分析的不确定性，以及气候模式系统不够完善等原因，造成气候变化和区域响应研究结果存在一定的不确定性。

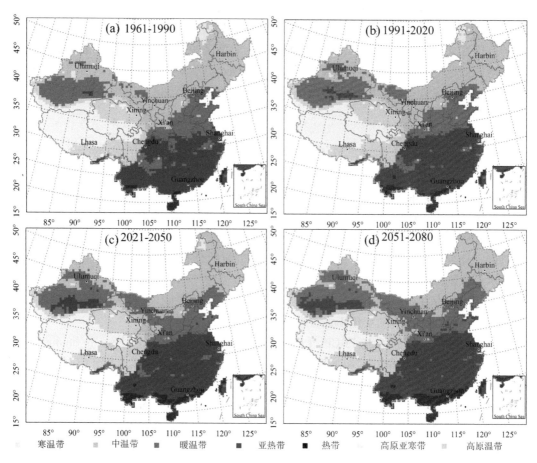

寒温带　　中温带　　暖温带　　亚热带　　热带　　高原亚寒带　　高原温带

图 1.5　未来 SRES B2 情景下中国温度带变化

参 考 文 献

蔡运龙 . 2007. 中国地理多样性与可持续发展 . 北京：科学出版社

慈龙骏，杨晓晖，陈仲新 . 2002. 未来气候变化对中国荒漠化的潜在影响 . 地学前缘，9（2）：287 ~ 294

崔之久 . 1991. 冷圈·气候变化·温室效应 . 第四纪研究，11（3）：70 ~ 78

邓先瑞，刘卫东，蔡靖芳 . 1998. 中国的亚热带 . 武汉：湖北教育出版社

丁一汇 . 2013. 中国自然地理系列专著·中国气候 . 北京：科学出版社

范宝俊 . 1998. 中国自然灾害与灾害管理 . 哈尔滨：黑龙江教育出版社

傅伯杰 . 2013. 中国生态区划研究 . 北京：科学出版社

龚高法，张丕远，张瑾瑢 . 1987. 历史时期我国气候带的变迁及生物分布界限的推移 . 历史地理，第五辑：1 ~ 10

环境保护部 . 2009. 2008 中国环境公报

黄秉维 . 1993. 如何对待全球变暖问题——在没有把握的问题中寻求可以把握的东西 . 见：黄秉维文集编辑小组 .
　　自然地理综合工作六十年——黄秉维文集 . 北京：科学出版社：470 ~ 484

黄秉维 . 1959. 中国综合自然区划草案 . 科学通报，18：594 ~ 602

黄秉维 . 1984. 关于大气中二氧化碳含量问题 . 自然辩证法通讯，第二期

黄秉维 . 1989. 中国综合自然区划纲要 . 地理集刊，21：10 ~ 20

黄秉维 . 1993. 中国综合自然区划 . 第一章总论 . 见《黄秉维文集》编辑小组编 . 自然地理综合工作六十年——黄
　　秉维文集 . 北京：科学出版社：93 ~ 112

陆大道等 . 2003. 中国区域发展的理论与实践 . 北京：科学出版社

任美锷，包浩生 . 1992. 中国自然区域及开发整治 . 北京：科学出版社

沙万英，邵雪梅，黄玫 . 2002. 20 世纪 80 年代以来中国的气候变暖及其对自然区域界线的影响 . 北京：中国科学，D 辑，32（4）：317~326

水利部，中国科学院，中国工程院 . 2010. 中国水土流失防治与生态安全 . 北京：科学出版社

孙广忠等 . 1990. 中国自然灾害 . 北京：学术书刊出版社

孙鸿烈，张荣祖 . 2004. 中国生态环境建设地带性原理与实践 . 北京：科学出版社

孙鸿烈 . 2011. 中国生态环境问题与对策 . 北京：科学出版社

王颖 . 2013. 中国自然地理系列专著·中国海洋地理 . 北京：科学出版社

王遵亲 . 1993. 中国盐渍土 . 北京：科学出版社

许吟隆 . 2004. 由于 Hadley 中心 RCM 发展中国高分变率区域气候情景 . 气候变化通讯，3（5）：6~7

杨勤业，李双成 . 1999. 中国生态地域划分的若干问题 . 生态学报，19（5）：596~601

杨勤业，张镱锂，李国栋 . 1992. 中国的环境脆弱形势与危急区 . 地理研究，11（4）：1~6

杨勤业，郑度，吴绍洪 . 2002. 中国的生态地域系统研究 . 自然科学进展，12（3）：287~291

杨勤业，郑度，吴绍洪 . 2006. 关于中国的亚热带 . 亚热带资源与环境学报，1（1）：1~10

尤联元 . 2013. 中国自然地理系列专著·中国地貌 . 北京：科学出版社

张兰生 . 2012. 中国自然地理系列专著·中国古地理——中国自然环境的形成 . 北京：科学出版社

张荣祖 . 2011. 中国自然地理系列专著·中国动物地理 . 北京：科学出版社

赵济等 . 2006. 中国地理 . 北京：高等教育出版社

赵名茶 . 1995. 全球 CO_2 倍增对我国自然地域分异及农业生产潜力的影响预测 . 自然资源学报，10（2）：148~157

赵松乔 . 1983. 中国综合自然区划的一个新方案 . 地理学报，38（1），1~10

赵昕奕，张惠远，万军 . 2002. 青藏高原气候变化对气候带的影响 . 地理科学，22（2）：190~195

郑度，杨勤业，吴绍洪等 . 2008. 中国生态地理区域系统研究 . 北京：商务印书馆

郑度，杨勤业，赵名茶等 . 1997. 自然地域系统研究 . 北京：中国环境科学出版社

中国科学院《中国自然地理》编辑委员会 . 1981. 中国自然地理·地表水 . 北京：科学出版社

中国科学院《中国自然地理》编辑委员会 . 1985. 中国自然地理·总论 . 北京：科学出版社

中国科学院可持续发展研究组 . 1999. 中国可持续发展战略报告 . 北京：科学出版社

朱士光 . 1994. 历史时期华北平原的植被变迁 . 陕西师大学报（自然科学版），22（4）：79~85

竺可桢 . 1972. 中国近五千年来气候变迁的初步研究 . 考古学报，2（1）：15~38

Rogelj J, Meinshausen M, Knutti R. 2012. Global warming under old and new scenarios using IPCC climate sensitivity range estimates. Nature Clim. Change, 2（4）：248~253

Wu SH, Zheng D, Yin YH, et al. 2010. Northward – shift of temperature zones in China's eco – geographical study under future climate scenario. Journal of Geographical Sciences, 20（5）：643~651

Zheng Du. 1999. A study on the eco – geographic regional system of China. FAO FRA2000 Global Ecological Zoning Workshop, Cambrige, UK, July 28~30

第二章 中国气候

第一节 中国气候的主要环流背景

中国气候是全球气候的一部分。气候的形成不仅是大气运动产生的，还是大气圈、水圈、冰雪圈、陆面和生物圈等共同作用的结果。一般认为，决定一地气候的基本要素主要包括太阳辐射、下垫面、大气环流和人类活动。这四个要素既有各自特有的作用，又具有密切的联系。其中太阳辐射是大气运动和下垫面各种活动过程的根本能量来源，也是决定大气环流的一个基本因素；下垫面（特别是地理位置、地势地形及下垫面的其他物理特征与陆面生物地球化学过程等）是决定不同地区吸收与反射辐射的主要因素，是影响大气环流的另一个基本要素；人类活动既受气候的影响与限制，又通过排放热量、改变大气成分和下垫面等过程来影响其他几个要素；而大气环流作为地球上不同区域之间热量与水分的主要搬运者，既起着联系这四个要素的纽带作用，又直接控制着各地的天气与气候特征，是控制中国气候特征的最直接背景因素。

一、影响中国的大尺度环流成员及其基本特征

在影响中国气候的全球环流系统中，最直接的部分是东亚大气环流。由于中国背靠世界上最大的陆地——欧亚大陆，东临世界上最大的海洋——太平洋，且耸立着世界上最大的高原——青藏高原，因此从大气环流特征看，东亚大气环流作为全球大气环流的一个组成部分，不但具有全球大气环流的共同特征，而且具备自身的特点。

（一）环流的季节性突变明显

北半球大气环流的季节转换存在明显的突变特征。其中在每年的6月中旬，北半球的大气环流会在很短的时间内由冬季环流型转变为夏季环流型。每年10月中旬又会在很短的时间内由夏季环流型转变为冬季环流型。东亚大气环流亦不例外。

在北半球，1月份（代表冬季），整个亚洲大陆几乎全部被巨大的西伯利亚高压所控制，其东部的太平洋则被阿留申低压所控制。西伯利亚高压的中心位于蒙古国西部（因而也称蒙古高压），中心最高气压达1 035hPa以上，是北半球海平面最强的一个冷高压系统；阿留申低压则几乎盘踞着整个北太平洋，其中心最低气压只有1 000hPa。春季以后，随着北半球的大气环流由冬季环流型转变为夏季环流型，东亚大气环流也随

之出现了突变。7月份（代表夏季），亚洲大陆几乎被印度低压所控制，这一低压中心位于印度西北部至巴基斯坦和阿拉伯半岛一带，最低气压为998hPa，东部的太平洋则维持一个强大的高压系统。

在对流层中部的500hPa高度上，尽管北半球行星环流已较为平直，且少了许多闭合圈，但在冬季，中、高纬度仍存在三个明显的低压槽区：一在亚洲大陆的东岸（140°E附近），称东亚大槽；二在北美东岸（70°~80°W附近，称北美大槽）；三在欧洲东北部（称欧洲槽）。而在三个低压槽之间有三个高压脊，它们围绕整个北半球的副热带组成了一条高压带，称副热带高压带。冬季，东亚大槽是控制东亚地区天气气候的主要环流系统。而夏季，随着副热带高压的向西、向北扩张，东亚大槽从亚洲大陆东岸被挤压到贝加尔湖地区；此时，整个亚洲大陆的北部被西风带所盘踞，南部则分别被西太平洋副热带高压和印度上空的低压所控制。在500hPa高度场上，自冬至夏，西太平洋副热带高压脊线位置存在明显的突变特征，其中冬季副高脊线位于15°N以南，4月移至15°N附近，5月则推进至15°~20°N之间，6月在20°N附近维持。但至7月，副高脊线位置会突然北跳至30°N附近（最北位置甚至可达35°N），并在此位置上一直维持至8月份。9月开始，副高脊线明显南退至25°N附近维持。10月份再次南退至20°N以南。

在对流层上部的100hPa高度上，尽管在冬季仍可看到北半球的三槽环流形势，但由于西风带范围较对流层中层大，因此整个亚洲地区基本为西风环流所控制；而在夏季，对流层上部的副热带高压（称南亚高压）又非常强大，因此整个亚洲地区基本被一闭合的高压所盘踞。从多年平均看，南亚高压最早在4月出现，但那时只覆盖在中南半岛上空。至6月，南亚高压范围显著扩大、强度显著增强，中心也移到了青藏高原上空（约30°N）。直至9月，南亚高压中心几乎一直维持在30°N附近，但不同的月份该中心在东西向的位置存在显著的移动，且范围大小也有变化。其中7月是南亚高压最强的月份，在100hPa高度场上，1680等位势什米线则几乎控制了自北非至中国东部沿海的整个亚洲大陆。

此外，在欧亚大陆上空（中心在200hPa附近）有狭窄的强风带，称为急流。冬季（以1月代表）西风极为强大，中心（称急流轴）位于27°~32°N，最大风速可达65m/s以上。受青藏高原影响，这一风速中心在亚洲上空被分割为南北两支，分别称为南支急流和北支急流。其中南支急流在120°E以西地区大致位于25°~31°N，北支急流在高原北侧的40°~65°N之间，且自西北向东南倾斜，最后在亚洲大陆东岸（约140°E）与南支急流汇合（任雪娟等，2010）。夏季（以7月为代表），随着副热带高压的迅速北移和扩张，西风急流中心也迅速北移，7月到达最北位置（约40°~42°N），最大风速也减至25m/s左右；同时约在30°N以南地区盛行东风，并形成一支明显的东风急流，这支东风急流的中心位置7月在15°~20°N，且较高一些（在100hPa以上），最大风速也高达30m/s以上。同时，西风急流轴位置的季节变化也是以突变形式出现的，自冬至夏，特别是在4~5月西风急流轴从29°N附近北跳至42°N附近时，更是在很短的时间内以突变的形式来完成。

（二）控制中国气候的基本气流冬夏季明显不同

控制中国气候的基本气流在冬、夏两季明显不同。冬季，中国主要受北半球强大的西风环流系统所控制。夏季，不但受印度低压与副热带高压的控制，同时也受西风环流与热带地区环流的共同影响。这种基本环流形态随季节的变化现象称为季风环流。其中在地面上，冬季中国的大部分地区处在蒙古冷高压的南部气流控制之中，同时又受到其东面阿留申低压的影响，因此，主要盛行西北、北和东北风。夏季，中国的大部分地区处在印度低压的东部和西太平洋副热带高压的西部，因此除西北部（盛行西风）外，大多数地区盛行南风、东南风和西南风。冬季，在高空的对流层中部（特别是500hPa高度上），中国的西侧为高压脊，东面为东亚大槽。因此，大部分地区被西北或偏西的气流所控制。夏季，中国西靠印度低压，东部被北进西伸的西太平洋高压所笼罩。同时40°N附近的以北区域又位于西风环流的控制之下，这使得40°N以南区域一般被东南、偏南和西南气流所控制。40°N以北区域主要为偏西气流。在对流层上部，冬季主要为西风气流。夏季以30°N为界，30°N以北区域为西风气流，30°N以南则基本为东风气流。

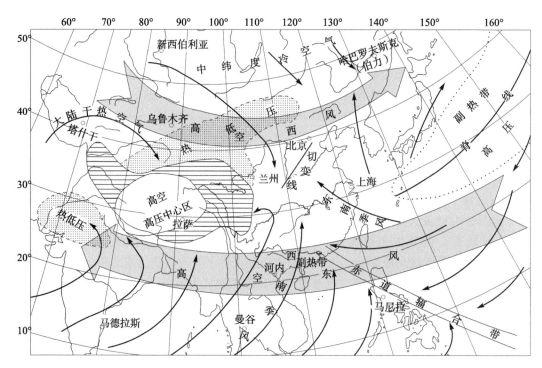

图2.1 夏季控制中国的高、低空基本气流示意图
（中国科学院《中国自然地理》编辑委员会，1985）

从整个对流层看，由于在高空，中国西侧冬季为一明显的高压脊、东面沿海为一强大的低压槽，槽后的冷空气不断南下又会加强地面的蒙古冷高压，因此，由极地而来的大陆冷高压及其相伴随的极锋或次冷锋成为控制中国冬季天气气候的主要系统。特别是夏秋以后，随冷高压的每次南侵与东移，其后都常会伴有一明显的冷锋；当其

波动在中国东海发展成气旋时，会再一次诱导冷高压的南侵。中国冬季的天气过程就是这样一次又一次地重复发生，仅每次强度和影响范围有所不同。这使得中国大多数地区的冬季都极为干冷。而夏季的环流形势则几乎相反。由于在对流层中下层中国西侧为低压、东面沿海为高压，对流层中上层基本上为高压，因此大陆的大部分地区分别被副热带、热带海洋性气团（大陆中东部）和热带大陆性气团（青藏高原）所控制，气流也较冬季复杂得多。这时，除了极地冷空气及其相伴随的冷锋仍可以影响中国西北与华北外，大陆热低压（即印度低压）、西太平洋副热带高压、热带低压及高空的东风急流等成为影响中国大陆的主要系统（图2.1），为中国带来丰沛的水汽和降水，这使得中国大多数地区的夏季较同纬度的其他地区更为温暖湿润。

（三）青藏高原对基本气流的影响极为显著

中国的西南部耸立着世界上最高的高原——青藏高原，其面积巨大，且平均高度接近对流层的1/3，它的存在对中国的基本气流有显著的影响。这一影响不但包括强烈的动力作用，而且还存在巨大的热力作用（其中冬季为冷源，夏季为热源）。特别是高原动力与热力作用的相互交织，改变了北半球行星环流的应有位置，使冬季控制亚洲地区的地面冷高压中心从30°N移至了45°N西伯利亚地区，加深了冬季控制亚洲的东亚大槽，导致了高原季风的形成，加强了中国东部因海陆热力差异所引发的季风环流，使得中国的冬、夏季风更为显著。此外，在夏季由于高大的高原还对气流有直接的阻挡作用，因而使得其北侧的新疆、甘肃和内蒙古西部等地在夏季得不到夏季风的惠顾，直接导致了这些地区夏季的炎热与干燥；而在冬季，它又成为北方冷空气南侵和中低层西风气流东移的巨大屏障，迫使南侵的冷空气移动路径明显东移，从而使位于高原南面的南亚地区，以及位于高原东南侧的中国云、贵、川，特别是四川盆地较同纬度其他地区温暖，并导致中国除此之外的多数地区成为世界上同纬度地区冬季最冷的地方。

二、影响中国的其他重要环流成员

除上述大尺度环流系统外，还有一些环流成员也对中国的气候具有重要的影响作用。这些环流成员虽然较上面所述的环流系统空间尺度小，稳定性也相对差一些，但由于它们大多发生在中国境内或周边地区，因而它们对中国气候的影响，尤其是对一些区域性气候的作用往往不亚于那些大尺度环流系统；特别是当这些系统与大尺度环流系统相互配合时，其所起的作用则更为显著。从地理位置看，这些系统主要包括中高纬度的气旋、反气旋及锋面和中国南部及其邻近地区的热带天气气候系统两部分。

（一）中高纬度的气旋、反气旋与锋面

1. 主要气旋和反气旋

气旋和反气旋是指在低层大气中的移动性低压和高压。与阿留申低压、西伯利亚

高压相比，气旋和反气旋的范围要小得多，而且中心位置也是移动的。单个气旋或反气旋稳定性较差，对单个气旋或反气旋活动的研究属于天气学范畴，但其多年平均的时空分布却相对稳定，亦具有极为重要的气候学意义。

从环流结构看，气旋与反气旋是西风带气流扰动在地面及低层大气的具体表现。中国大陆在冬、春及秋季后期均位于西风带范围内，夏季 40°N 以北地区也处在西风带中。西风气流在自西向东传播时，由于青藏高原的存在，西风气流（特别是中低空气流）被分隔为南北分支；由于西风气流自身就常伴有振幅大小不一的扰动，同时在受到大地形影响时，槽（即低气压槽）、脊（即高气压脊）形态又会进一步得到加强，因此便会在地面及低空形成大小不一的气旋与反气旋。

影响中国的气旋，除部分直接源于东北、黄河、江淮和东海等地区外，还有部分生成于青藏高原东部（包括青海和西南地区）与中国境外的贝加尔湖及其附近地区和蒙古国东部等地；也有少部分来自印度和孟加拉湾一带，虽然它们在进入中国西南地区时会明显减弱，甚至消失，但由于地形的作用，当它们移动到中国东部以后便会再次得到发展和加强。

气旋和反气旋的总数在全年相差不大，约平均 3 天有一个气旋，平均 4 天就有一个反气旋。从季节变化看，以春季最多，这主要与春季是大气环流自冬向夏的调整季节，容易形成一些中小空间尺度的移动性系统有关。夏季的气旋活动主要出现在 6 月，特别是梅雨期间，江淮气旋的活动更为频繁。秋季又是一个气旋与反气旋活动相对频繁的季节，因为与春季一样，秋季也不是大尺度环流活动中心的最强盛时期；然而由于 9~10 月间，极锋尚不很强大，因而气旋也不多见，只是到了 11 月才进入一个活跃期，但秋季的气旋与反气旋活动总数不及春季。冬季是中国气旋活动最少的一个季节，这与控制中国的大尺度系统不但较为强盛，而且也较为稳定有关。中国气旋生成源地和移动路径决定了中国的气旋活动以东北最多（占 44.7%），江淮居次（占 25.9%），东海占 21.4%，华北最少，仅占 8.0%（表 2.1）。

表 2.1　中国气旋与反气旋活动的年频数（次/年）（张家诚，1991）

类别		时段				
		春	夏	秋	冬	年
反气旋		26	21	24	20	91
气旋	东北	16	10	16	8	50
	华北	1	4	2	2	9
	江淮	10	12	3	4	29
	东海	9	1	6	8	24
	总计	36	27	27	22	112

东北气旋主要源于北支西风气流的槽波动。它们大多产生于俄罗斯的贝加尔湖一带、蒙古国和中国内蒙古等地，也有少数直接源于东北。其中源于贝加尔湖一带和蒙古国的气旋一般沿西北 - 东南方向移动，然后进入中国东北地区；源于中国内蒙古的气旋一般也多向东或东北方向移动而进入东北。这些气旋是中国降水的主要来源

之一。

华北气旋也源于北支西风气流扰动。但由于这支北支西风波动在东移进入中国华北地区时，已受到帕米尔、天山和青藏高原北部的阻碍，强度一般会大大减弱，因而到达华北时多不足以形成气旋。因此，较之东北和江淮，华北气旋的总数要少许多。华北气旋也有少数直接生成于内蒙古或黄土高原，这类气旋的强度往往要强一些。华北气旋是影响华北地区降水的重要系统，而且东移时还会给东北地区带来降水。

江淮气旋是在南支西风气流波动配合下，由江淮静止锋上的波动或大陆上空高压东移出海时在高压后部有锋生作用时所形成的，它们多直接生成于长江和淮河中下游地区。江淮气旋以春夏季最为多见，常伴有强降水。在其发展并东移入海时，还常伴有大风。

东海气旋也是在南支西风气流波动作用下形成的，由于这里东临太平洋，冬春季节的大陆冷空气与海洋上的暖空气在这里交汇，为锋面气旋的产生创造了极为有利的条件，因此东海气旋多发于冬春季。

除源于贝加尔湖一带和蒙古国的气旋在生成阶段从西北向东南移动外，上述四类气旋在从中国向境外移动时，多沿东北方向行进。因此，这四类气旋的基本路径都是从其发生的地理位置出发，沿东北方向外移并向阿留申低压方向辐合。

影响中国的反气旋源地相对单一，其中主要生成于西伯利亚和蒙古高原，只有少量源于中国的北部地区。蒙古高原是一个最为重要的汇聚区。经过蒙古高原后，主要向东和东南方向移动。

由于每个气旋一般都有锋面系统相伴随，因而其所经过的地区都或多或少出现降水。而伴随气旋活动所出现的反气旋则往往伴有晴好天气。

2. 静止锋

静止锋由较大范围的冷空气南下时与暖空气相互作用而形成。由于它们或是静止的或移动极慢，持续时间长，因此具有极重要的气候意义。

一般情况下，当中国遇寒潮或较强冷空气（特别是在冬季）南下时，它的前锋常常横贯中国东部；由于其后的南下寒冷气流较强，因此其前锋会逐步向南推进，但在推进过程中因其会不断地被暖空气所削弱，因此这种锋面会在移动过程中逐步减弱，直至消失。然而，当南下冷空气强度不太强，但持续时间又较长时（特别是在春秋等过渡季节），南下的冷空气移动在进入黄河以南地区遇到较强的暖空气时，或会明显减慢移动速度，或会停止下来。这时由于其北面有源源不断的冷空气南下，南面又有不断的暖空气北上，因而锋面便会持续处于准静止状态，并维持较长的时间。

静止锋在黄河以南地区一年四季都可以出现，它们的北侧一般都伴随一个范围较大的雨区，并以出现在春季和初夏的华南静止锋和江淮静止锋（也称梅雨锋）的维持时间最长，对中国气候特征的影响最为明显。其中由于华南静止锋的存在，使中国江南地区的春季常常出现连阴雨天气，而江淮静止锋的出现与维持则同长江中下游地区的早梅现象紧密相连。

3. 切变线

中国的大多数地区都处在中高纬度和低纬度环流系统的共同影响下。当西风带的高空槽向东推进时，在其前部一般会遭遇自西南向东北输送的暖湿气流，因而导致原本南北向的高空槽线出现南部移动慢、北部移动快的情形，即造成槽线沿顺时针方向旋转，从而使得槽线南面的气流变成东北或东南气流，这些气流与其南面的西南或偏西气流相交汇，通常会在其西面形成一个弱的反时针涡旋。当这种情形出现在夏季或其他偏暖季节时，由于从北面来的气流或已经过地面温度极高的干旱地带和平原地区，或本就从西风槽后的暖西风脊而来，因而其低层气流温度已比较高。此时，北面的偏东气流与南面的西南气流因没有足够的温度梯度而无法形成锋面，从而也就蜕变成了一条"暖—暖"气流交汇线，这就是所谓的切变线。在切变线上温度梯度虽然很小，但由于西南气流往往湿度很高，因此当湿空气在沿切变线上升时，便会形成强大对流云，并导致降水。

切变线主要出现在中国江淮地区，且多在春夏之交或夏季出现。此时，如果副热带高压足够强盛，切变线南面便会有源源不断的暖湿气流输送，由于切变线的气层结构并不稳定，且对流作用往往很强烈，因此常常会出现暴雨。由于切变线北面的暖高压（脊）在东移入海时，切变线会逐渐向北推进，因此其降水区会逐步向北扩展，从而给淮河流域甚至黄河流域带来较大的降水。另外，在夏季，副高北跳以后，华北与东北也可出现切变线，并形成较为丰沛的降水。

4. 西南低涡

西南低涡是影响中国西南地区降水重要的天气气候系统，它是副热带西风气流扰动、中纬度西风气流高空槽及中国西南特殊地形相结合的产物，也属于气旋性质，但其空间尺度较上述的中高纬度气旋小。西南低涡一般形成于川西高原或青藏高原地区，但在形成之前常有云团或云系从印度东北部移来，这些云团或云系的尺度一般为300 ~ 400km，在进入中国以后，与从西方移来的高空槽结合，便形成一个具有相当厚度的低压涡旋。由于这时低空往往有强盛的水汽输送，因此西南低涡常伴有大、暴雨。

西南低涡在每年的4~9月均可生成，平均3~4天便可出现一次，但以5、6月最为频繁。然而由于其空间尺度相对较小，因此只有59%的西南低涡移出源地并有所发展，而41%的西南低涡在移出四川盆地前就会消失。西南低涡移出西南地区后的主要路径有三条：其中最常见（约占总数的2/3）的是偏东路径，即经长江中游，沿江淮流域东移入海。当西南低涡出现在梅雨时节，并沿偏东路径移动时，往往会与梅雨锋相互配合，从而给这一地区带来大、暴雨。二是东北路径，即经汉水上游和黄河中、下游，移向华北与东北地区，有些较强的涡旋甚至可以一直移到朝鲜和日本海。这类路径约占总数的1/4。还有约1/10的西南低涡向东南方向移动，即经川南、滇东北和贵州，然后沿25° ~ 28°N地区向东移动，直至在闽浙一带消失或入海。从季节分布看，4~6月西南低涡的移动一般以偏东路径为主，影响长江中下游地区；7~8月则以东北路径居多，从而给华北的一些省份带去降水；9月的西南低涡大多在四川及其临近地区就会消失掉。

（二）热带主要的天气气候系统

1. 赤道辐合带与跨赤道气流

赤道辐合带（简称 ITCZ）是夏季影响中国南方地区的重要环流系统之一。它由北半球副热带高压南部的东北气流与南半球副热带高压北部的东南气流在赤道附近相遇而形成。冬季一般是北半球的东北气流跨越赤道成西北气流与南半球的东南气流辐合；夏季则是南半球的东南气流跨越赤道成西南气流与北半球的东北气流辐合。辐合带虽都在赤道附近，但具有很大的季节性摆动。其中在南海及其临近的太平洋上，赤道辐合带 1 月时位置最南（约 10°S）；7 ~ 8 月时位置最北，平均达 18° ~ 19°N，最北时甚至可达 26°N，而这时也正是夏季风最强盛的季节。但赤道辐合带的强度和位置常常出现较大变化，因而即使是在同一月份内，它也很少处于该月份的平均位置。

强盛的赤道辐合带上常常可以导致两个或两个以上的气旋形成，这与辐合带上或其北面的东风气流中的扰动有关，也与南面赤道西风中的扰动或印度辐合带上的小扰动东移有关。特别是当这两种扰动相遇汇合在一起时，中低层大气极易产生暖性涡旋，并迅速发展。

赤道辐合带中、低层气流是辐合的，且伴有对流云发展，因而会造成雷雨和暴雨，两侧的雨区范围可达 200 ~ 800km。特别是在辐合带气旋性环流强的部分，或有热带气旋发生、发展的地方，日雨量通常可达 100mm 以上。

赤道辐合带在向中国大陆推进的过程中，大陆上低层气流可以出现较大的变化。低纬高湿气流随热带气旋向大陆长时间输送水汽。当其与中纬度的气流相互作用时，可以产生范围与强度都很大的降水，长江以南经常受其影响，有时甚至可以影响华北与东北地区。

近来的研究（秦大河，2005）还证实，完整的东亚季风环流系统除南海 – 西太平洋的赤道辐合带（其中南海部分常称南海季风槽）外，在低空还应包括东亚地区（105°E 或 125° ~ 130°E）的低空跨赤道气流，南半球的澳大利亚高压、马斯克林高压及其相伴的索马里急流等南半球的环流系统，在高空还有由南支东风急流形成的自北向南的跨赤道气流。另外，从经圈环流看，东亚季风环流系统包括自赤道辐合带上升气流向副高区下沉的 Hadley 环流和自赤道辐合带上升到南半球反气旋下沉的季风经圈环流。

2. 热带气旋

热带气旋是一种发生在热带或副热带海洋上的强烈涡旋，也是影响中国气候、特别是中国南方气候的重要环流成员之一。由于它的到来常伴有狂风、暴雨、巨浪和风暴潮等灾害，因而也被认为是一种对人类生活和生产具有重大影响且具有极强破坏力的气象灾害。世界气象组织按气旋中心附近的风力大小将其分为热带低压（平均最大风力达 7 级，即风速 13.9 ~ 17.1m/s）、热带风暴（平均最大风力 8 ~ 9 级，即风速 17.2 ~ 24.4m/s）、强热带风暴（平均最大风力 10 ~ 11 级，即风速为 24.5 ~ 32.6m/s）

和台风（平均最大风力达 12 级或 12 级以上，即风速在 32.6m/s 以上）等 4 个级别。而在中国以往通常都将热带风暴、强热带风暴及台风统称"台风"。

影响中国的热带气旋主要生成于西太平洋的台湾及菲律宾以东洋面与南海两个海区，其中生成于中国台湾及菲律宾以东洋面的占绝大部分（80% 以上）。但由于热带气旋的能量巨大，其活动范围很广，因而一些生成于孟加拉湾的热带气旋也可以影响中国西藏的部分地区。

生成热带气旋需要两个条件：一是要有足够的能量；二是环流背景（张家诚，1991）。从能量来源看，引发热带气旋的能量主要源于潮湿炎热空气上升凝结所释放的巨大潜热。由于大洋有充足的水分，大气中的水汽含量主要取决于洋面温度，当海水温度达到一定程度（通常认为约 27.5℃）时，就具备生成台风的第一个条件。北太平洋西南部 7~9 月海面温度很高，一般都保持在 28℃ 以上，因而热带气旋生成的频率也最高。从环流背景看，引发热带气旋需要在低层中存在辐合气流，因为气流辐合能导致大量空气上升而释放潜热，所以赤道辐合带也就成为热带气旋的孕发区。当副高南侧的东风波随东风气流自东向西移动时，便形成一个东北 - 西南向的倒槽，由于东风波极为深厚（即使在 500hPa 高度上也非常明显），移动速度也较快（每天约 500km），因而很容易带动中低层气流形成强低压涡旋。

影响中国的热带气旋活动范围很广，其活动路径也具有较大的不确定性。从西太平洋强热带气旋（即包括热带风暴、强热带风暴和台风，下同）的历史资料统计看，其活动路径因季节不同而存在明显差异。从季节变化看，5~12 月，热带风暴、强热带风暴和台风等强热带气旋均可能在中国沿海地区登陆，但其中主要集中在 7~9 月（表2.2）。在地理分布上，以华南及东南沿海省份最多，其中广东居首，平均每年有近 3 个；台湾、海南、福建分别居 2~4 位，平均每年 1~2 个；浙江、广西低一些，平均 2~3 年一遇；而其他省份登陆频率较低，山东、辽宁平均 5~10 年一遇，江苏、上海平均 15 年左右一遇。

表 2.2 中国 1951~2000 年各省份各月强热带气旋登陆次数统计（徐良炎，2005）

登陆地	5月	6月	7月	8月	9月	10月	11月	12月	合计	年平均
广东（含香港、澳门）	4	19	39	31	37	11	4	1	146	2.92
台湾	2	7	23	26	26		2		86	1.72
海南	3	7	12	15	21	12	4		74	1.48
福建		2	15	30	23	2			72	1.44
浙江			9	13	4	1			27	0.54
广西	2	3	3	2	5	1			16	0.32
山东			4	5					9	0.18
辽宁			1	5					6	0.12
江苏			1	2					3	0.06
上海			1	1	1				3	0.06
全国合计	11	38	108	130	117	27	10	1	442	8.84

注：同一个强热带气旋分别在不同省份多次登陆时，按实有登陆次数统计。

强热带气旋登陆中国后在陆地的路线与行程是决定其影响大小的一个重要因素。据统计，登陆中国的强热带气旋，平均伸入内陆的行程为 500km 左右，最长者可达 1 500km，因此，热带气旋所造成的影响不仅仅局限于上述沿海省份，对中国内陆省份的影响也非常严重。在过去 50 年中，中国有 25 个省份受到不同程度的影响（徐良炎、高歌，2005）。其中内陆省份湘、赣两省及皖南常受强热带气旋及其暴雨的袭击；其次为鄂、豫、黔、云、陕和晋。中国许多地区的特大暴雨记录都与强热带气旋有关：如"75·8"河南特大暴雨（24 小时最大降水量 1 062mm，河南林庄，1975 年 8 月 7 日），便是由"7503"号台风所造成的；河北南部的"63·8"特大暴雨（24 小时最大降水量 950mm，河北獐獏，1963 年 8 月 4 日）也是由"6308"号台风的外围风系所引发的。中国东部和南部 15 个省份的最大暴雨记录中，有 80% 是由于强热带气旋所造成的（蔡则怡，1990）。这类暴雨由于雨量大、雨势猛，不但常发生洪涝，而且还会诱发山体滑坡与泥石流等地质灾害。

虽然热带气旋带来一定灾害，但当 7～8 月中国的主要雨带移到淮河以北地区之后，中国南方广大地区便处在副热带高压控制之中，这时热带气旋可给这一区域（特别是华南地区）带来大量的降水，因而它同样具有很大的益处。

第二节　中国气候的主要特征

受地理位置特殊、地形地貌复杂、大气环流系统独特、幅员辽阔及下垫面多样等因素的共同影响，中国气候的主要特征是气候类型多样、季风气候明显、大陆性强、年际变幅大、气象气候灾害频繁。

一、气候类型多样

中国复杂的地貌与大气环流系统相互配合，不但造就了中国气候明显的水平地带性与垂直地带性，而且还因此形成了多样的气候类型。其中含有全球典型的季风气候，还有一半以上的国土面积被干旱气候和高寒气候所覆盖。中国自北向南跨越寒温带、中温带、暖温带、北亚热带、中亚热带、南亚热带、边缘热带、中热带和赤道热带等多个温度带，还涵盖高原寒带、高原温带、高原亚热带等典型的高原气候带。自东南向西北跨越潮湿、湿润、半湿润、半干旱、干旱和极干旱等多种干湿气候类型。丰富的温度带与干湿气候类型，又与垂直气候分异相结合，使得中国境内的气候纷繁复杂、类型极为多样。这种气候类型的多样性，为中国的工、农业生产的广泛性和社会经济发展的多种需求提供了重要的资源条件。

二、季风气候明显

中国季风气候特征极为明显，具有干冷同期、雨热同季，冬季南北气候差异大、夏季差异小，雨带进退明显三大特点。

(一) 干冷同期、雨热同季

中国的冬季风来自中、高纬度的寒冷干气流，冬季不但寒冷，而且降水量少、气候干燥；而夏季风来自低纬度太平洋与印度洋的暖湿气流，这种暖湿气流中含有丰富的水汽，再加上中国夏季炎热、地形复杂，气流的对流作用强，因此中国的绝大部分地区的降水都集中在夏季或夏半年。这和同纬度大陆西岸冬湿夏干的地中海气候迥然不同。这种干冷同期、雨热同季的气候特点，为中国的社会经济发展，特别是农业生产充分利用气候资源提供了重要条件。

高温和沛雨相互配合，使中国北至黑龙江、南至海南岛均可种植水稻，成为世界上水稻的主要产区之一；致使中国的复种指数较高，从东北的一年一熟、华北的两年三熟与一年两熟，到淮河以南地区的一年两熟，以至华南地区的一年三熟；物产丰富，世界上能见到的各种粮、棉作物及各类瓜果蔬菜，大多都能在中国栽培与生产。这些都无不受惠于中国这种雨热同季的季风气候特点。

(二) 冬季南北气候差异大、夏季差异小

每年10月，随着北半球的大气环流从夏季环流型转变为冬季环流型，冬季风便开始在中国逐渐盛行，北方的冷空气就频繁地从西伯利亚等地入侵中国北方地区，而且强度一次比一次大，影响范围也逐步向南扩展，至1月达到全年的最鼎盛时期；1月之后，冷空气强度又随着时间的推移逐步减弱，影响范围也渐渐北缩。然而，在每次冷空气向南移动的过程中，其强度也自北向南不断减弱，因而在北国处在千里冰封之时，南方地区到处仍郁郁葱葱。以1月份为例，当中国最北端的漠河平均温度处在 $-30℃$ 以下之时，海南岛的温度却保持在 $20℃$ 左右，南沙群岛仍处在 $25℃$ 以上；南北温度差异达 $50℃$ 以上。而进入春季以后，随着冬季风的逐步减弱，中国各地开始逐步升温，但升温速度北方大于南方，因而到了4月，中国的南北温度梯度便明显减小。夏季，北半球的大气环流从冬季环流型转变为夏季环流型，这时中国大部分地区都被夏季风所控制；至7月，除个别海上岛屿外，全国各地气温均达到最高值，温度的南北梯度也达到最小。7月份除青藏高原的部分地区和个别高山地区外，月平均温度最低的地方也达 $18℃$ 左右，全国大多数地方的温度都处在 $20\sim30℃$ 之间。其中秦岭—淮河一线以北地区温度大多在 $20\sim28℃$ 之间，而秦岭—淮河以南也几乎都只有 $28\sim30℃$，即使是海南的海口也只有 $28.7℃$。

冬季南北气候差异大、夏季差异小的特点不仅体现在上述温度特征上，而且在降水上也基本如此。以日降水量 $\geqslant0.1\text{mm}$ 日数计，整个冬季中国北方地区几乎都在20日以下，黄河流域及华北的大多数地区更是只有 $5\sim10$ 日，平均 $10\sim20$ 日左右才有一个雨（雪）日；而此时中国南方地区雨日却大多都在20日以上，特别是江南地区几乎都在 $30\sim40$ 日以上，平均3天左右就有1个雨（雪）日；台湾岛的一些地区甚至达60日以上。而在夏季，除西北干旱区及青藏与云贵高原外，南北各地的雨日大多都在 $40\sim50$ 日之间，差异很不明显。

(三) 雨带进退明显

尽管降水受到地形、下垫面物理性质等许多局地因素的影响，但中国主要降雨带的移动是同每年的冬夏季风进退与交替紧密相连的，具有与季风同步进退的特点，特别是一地集中降水的时段（通常称雨季）与夏季风的建立及进退是几乎同步发生的。

在中国东部季风区，夏季风建立之前的冬季及初春阶段，降水区主要集中在江南，华南及长江以北的大部分地区较少出现降水天气。此时，中国大部分地区受冬季风控制，江南地区的中高空处在西风带的南支气流控制之中，因而从孟加拉湾移来的高空气流不断地给这一地区带来暖湿空气，它们与主要控制该地区的中低空寒冷气流相互作用，形成源源不断的降水，雨（雪）量虽不大，但雨（雪）日却较多。进入 4～5 月，西太平洋副热带高压（脊线位置维持 15°N 附近）开始西进北移，这时中国的华南地区已经处在西太平洋副热带高压的北侧气流影响之中，它与冬季风相互作用，致使华南地区降水突然增多，华南和江南（仍有西风带南支气流降水），特别是华南成为中国的主要雨区。这一时段华南地区的降水可占到全年降水量的 40%～50%（张家诚，1991），出现第一次汛期（也称前汛期）。5 月～6 月上中旬，随着西太平洋副热带高压（脊线位置维持在 15°～20°N 间）在中国影响范围的不断扩大，江南地区的雨量也明显增多，此时华南和江南成为中国的雨带分布区。

6 月中旬，北半球的大气环流由冬季环流型转变为夏季环流型，西风带的南支气流消失，西太平洋副热带高压（脊线位置在 20°～22°N 附近）出现第一次北跳，中国的主要雨带也随之北移至长江流域及江淮地区，并一直维持到 7 月上旬，这便是梅雨时节。此时，不但广大的北方地区降水较少，就连华南和江南南部地区的降水也明显减少，而高温天气却明显增多。

至 7 月上旬以后，随着西太平洋副热带高压（脊线位置维持在 30°N 附近，最北位置甚至可达 35°N 以北）的再次北跳，中国的主要雨带也在 7～8 月移到淮河以北的广大地区，华北、西北东部及东北地区在夏季风的控制下出现了连续的降水，进入了主汛期。此时，长江流域被副热带高压所控制，除热带气旋等热带环流系统及局地对流系统可给这一区域的部分地区带来降水外，基本上没有明显的降水发生，进入了高温闷热的伏旱季节。但在华南，热带环流系统（特别是赤道辐合带）开始明显影响这一区域，带来大量降水，形成一条新雨带，该地区也再次进入汛期（称为主汛期）。

8 月底 9 月初，随着西太平洋副热带高压的迅速南退，中国的夏季风雨带也随之迅速南退。西太平洋副热带高压南退速度非常快，一般在 9 月一个月之内即可退出中国大陆，这时中国东部地区除了部分年份因西太平洋副热带高压撤退较慢而在江淮地区留下一个短暂的秋雨时段（一般在 9 月中下旬）外，大多数地区均秋高气爽。9～10 月，青藏高原热低压（在高空为印度低压的一部分）仍很强劲，仍有西南气流不断沿青藏高原东侧向华西地区输送，同时从北方南下的冷空气也开始活跃，冷暖空气交汇在华西地区形成一条静止锋，从而在甘肃南部、陕西中南部、四川、重庆、贵州及两湖西部地区形成持续性降水，这便是华西秋雨。10 月中下旬以后，青藏高原热低压消失，华西秋雨也随之结束，全国的夏季风雨带也随之消失。

尔后，随着北半球在 10 月中下旬由夏季环流型转变为冬季环流型，控制中国的冬季风系统也因此确立，高空上的南支西风气流再次形成，江南地区的冬雨带也随之建立。中国的主要雨带的季节性进退就是因此周而复始的。

三、气候大陆性强

因海洋对调节气温的季节、昼夜及纬向变化有着巨大的作用，故在有海洋调节的地区，气候冬暖夏凉，昼夜温差小，称海洋性气候；而在没有海洋调节的大陆地区，却是冬冷夏热，昼夜温差大，称之为大陆性气候。但海洋性气候与大陆性气候是相对而言的，一般采用大陆度指标作为划分依据。其中表征气候大陆度大小的主要指标通常为温度的年较差和日较差。由于季风气候的作用，中国大多数地区与同纬度其他地区相比，具有更大的温度年较差和日较差，因而也就具有更大的大陆度，故中国的季风气候也常被称作大陆性季风气候。

从地理分布看，中国只有华南沿海地区和四川盆地的气候具有海洋性气候特征，而广大的西北内陆地区则为显著的大陆性气候（林之光等，1985）。在华南沿海地区海洋性气候和西北内陆地区大陆性气候之间存在两条过渡带：一是海洋性过渡气候带，包括长江中下游地区和云贵与西藏东南部的部分地区，以及北方的滨海地区；二是大陆性气候过渡带，包括华北大部、东北东部以及川西与藏东及雅鲁藏布江上游等地。

对于人类生活而言，虽然大陆性气候可能不如海洋性气候舒适，但对大多数植物和农作物而言，大陆性气候却比海洋性气候有更大的益处。世界上同纬度森林界线最北和林线最高的地区恰恰出现在大陆性气候最强的西伯利亚和中亚地区；夏热使谷类作物可在西伯利亚地区分布到北极圈之内。中国西藏地区的森林分布上限可达 4 000m 以上，农作物可以在海拔 3 500m 以上的地区生长，很大程度上是由于这些地区气候具有较强的大陆性。大陆性气候的夏热对于喜温作物的生长极为有利。在中纬度地区，中国可以生长水稻、棉花等喜温作物，而同纬度其他海洋性气候强的地区只能种植麦类和马铃薯等适应温凉气候的作物。此外，大陆性气候强还可使植物积累更多的光合产物。在日平均气温相同的情况下，只要夜间不出现有害低温，日较差较大的地方植物白天的光合作用较日较差小的地方强，夜间的呼吸作用又较日较差小的地方弱，这使得植物可以积累更多的光合作用产物，从而可提高作物的产量和品质。中国的西北地区瓜果甜美，新疆地区可以生产优质的长绒棉，中国北方地区谷物中的蛋白质含量也较同纬度的海洋性气候地区高，主要也是得益于这些地区的气候大陆性强所赐。但在低纬度地区，由于冬季寒冷，使得中国的热带和亚热带北界较世界其他地区偏南，并较易导致亚热带和热带植物发生霜冻等灾害，这是大陆性季风气候的不足之处。

四、主要气候要素年际变率大、气象气候灾害多发

控制中国气候系统的环流成员（特别是夏季）极为复杂，其中任何一个要素的异

常都可能导致整个系统产生异常。因此，与同纬度其他大部分地区相比，中国的季风气候具有较大的变异性，这也使得中国的主要气候要素比同纬度其他地区具有较大的变率。从中国气温与降水这两个主要气候要素的年际波动稳定性的地理分布看，中国气温是南高北低，北方地区的年平均气温标准差明显大于南方，即北方地区温度年际变化幅度大，长江以南地区温度年际变化幅度相对较小。年降水量是东南高、西北低，但年降水距平百分率的标准差却是自东南向西北逐渐增大。这种温度、降水及其变率大小的空间格局，使得中国北方地区容易发生干旱、雪灾、低温冷冻等灾害，而南方则容易发生雨涝、季节性干旱及霜冻等。此外，由于中国北方地区全年大多处于西风带控制之中，因此风沙灾害多发；而东南沿海因面临太平洋，是热带气旋及其导致的暴雨与风暴潮多发区。同时，因受地形和下垫面复杂而导致的中、小尺度天气系统较为发达的影响，中国的大多数山地，特别是位于青藏高原和第二级地势阶梯内的大兴安岭、冀晋山地、豫西山地、云贵高原山地等常出现冰雹灾害。

中国气象气候灾害形成的主要原因包括三类：一是由区域气候特点决定的。如西北地区的干旱，青藏高原的寒冷，等等，这些本身就是区域的气候特征，因而从气候学的观点看，它们并不是灾害。二是由气候要素平均值决定的。如北方地区春季的风沙灾害（包括沙尘暴），华北地区的春旱、秋旱与春末夏初的干热风，长江中下游地区的伏旱，东部季风区春夏季的暴雨，东北地区的低温冷害，南方地区的春季低温连阴雨，江淮地区的寒露风，华西地区的秋季低温连阴雨与秋寒，沿海地区夏秋季节的台风灾害，等等，这些灾害几乎在多数年份都会发生，只是范围和程度有所不同而已。三是由气候要素年际波动不稳定引起的。如在中国东部的湿润与半湿润地区，一年四季都可能由于降水异常而引发季节性干旱灾害；在半干旱地区由于降水极端异常而发生洪涝；由于冷空气活动异常，在南方地区春秋季节出现霜冻，在华南地区冬季出现冻害；等等。这些灾害的发生主要是因气候要素的年际波动异常造成的。这几个基本因素的结合，造成中国气象气候灾害具有多发的基本特征。

中国春季气象气候灾害发生种类多、频率高，其中主要灾害包括干旱、干热风、雨涝、冻害、低温连阴雨和冰雹等。中国的春旱几乎在全国范围都常有发生，其中以秦岭—淮河一线以北的华北与西北东部地区最为常见，发生频率可达65%～90%，故有"十年九春旱、春雨贵如油"之说。另外，西南与华南等地也较常发生春旱。与春旱相伴随的还有常发生在华北、关中、皖北和苏北等地的干热风，它对冬小麦的灌浆和成熟有较大影响，也是几乎10年八九遇，只是有些年份程度轻，有些年份严重。春季中国雨区主要集中在江南，因此长江中下游和华南地区易发低温连阴雨灾害，其中以江苏南部和浙江北部的发生频率最高，可达80%～90%；广西西南部的低温连阴雨灾害发生频率也高达70%左右。雨涝也主要分布在江南和华南等地，其中广东东部发生频率最高，达27%～30%。冻害主要发生祁连山山前以及秦岭—淮河以北地区，其中以关中、晋南、豫西北等地最为多见，发生频率达50%～60%；而江南和华南地区大范围的霜冻灾害较为少见，约10年一遇，但局地霜冻却较多发。此外，冰雹也是中国春季较常见的灾害之一，但主要发生在云贵高原和江南山地。

夏季是中国气象气候灾害发生最为频繁的季节，其中干旱、暴雨洪涝、台风、冰雹及低温冷害等最为多见。夏旱几乎遍布全国，其中多发区主要集中在两大地带上：

一是长江中下游地区，发生频率为40%～50%；二是秦岭至黄河下游以北、阴山以南的地区，发生频率约40%。暴雨洪涝主要发生在于中国的东部、南部。其中多发区主要集中在长江中下游、黄淮海和华南沿海地区，发生频率为25%～40%。台风灾害主要发生在南方沿海各省份，以台湾、广东、福建和海南登陆次数最多。冰雹主要发生祁连山麓、贺兰山麓、阴山、吕梁山、太行山山麓、云贵高原以及中东部山区。夏季低温冷害主要发生在东北北部、东部和松嫩平原，频率为20%～30%。

秋季中国的气象气候灾害主要为干旱、雨涝、寒露风、连阴雨和冻害。秋旱分布范围最广，其中以华南和长江中下游地区最为易发，几乎为两年一遇。秋涝主要分布在东部沿海和华南沿海等地，发生频率为10%～20%；皖北、陕南以及川渝北部也偶有秋涝，发生频率约10%。寒露风主要分布于长江中下游及华南等地，发生频率达40%～70%。秋季连阴雨主要发生在两大区域：一是甘肃南部、陕西中南部、四川、重庆、贵州及两湖西部等华西地区，发生频率高达70%～80%；二是江淮及浙西北、赣西和湖南北部等地，发生频率为50%左右。秋季冻害分布于东北中北部和冀北、晋北、晋中、陕北、内蒙古南部、宁夏及河西走廊等地，发生频率一般为40%～60%，但最高的地方可达70%以上；江南和华南地区大范围的霜冻灾害虽较少见，但局地霜冻却也时有发生。

冬季中国的主要气象气候灾害为干旱、冻害和牧区的雪灾。其中干旱主要发生在西南和华南地区。川南、滇北为冬旱高发区，基本上为两年一遇；其次为华南地区，发生频率约为43%。冬季冻害主要发生在长江以南地区，其中南岭山区冻害发生频率最高，可达40%左右，其他地区一般为20%～30%。雪灾主要发生在内蒙古大兴安岭以西至阴山以北、新疆天山以北以及青藏高原等广大牧区，其中有3个多发区：一是内蒙古锡林郭勒盟的东乌珠穆沁旗、西乌珠穆沁旗、苏尼特右旗、阿巴嘎旗等；二是新疆天山以北的塔城、富蕴、阿勒泰、和布克塞尔、伊宁等地；三是青藏高原东北部巴颜喀拉山脉附近的玉树、称多、囊谦、达日、甘德、玛沁一带。

第三节　主要气候要素的地理分布

一、云量、日照和辐射

云量与日照反映一地的阴晴状况，亦是影响地面接受太阳辐射的重要因素，从而也间接影响降水、温度和湿度等气候要素的地理分布。

（一）云量与日照

1. 总云量和低云量

总云量的地理分布：中国阿尔金山、祁连山、兰州、临汾到青岛一线以北大部分地区，以及青藏高原西部年平均总云量在5成以下，内蒙古北部和西藏西南部的狮泉河等地不足4成，是中国年平均总云量最少的地区；青藏高原东坡到秦岭、淮河一线以南的大部分地区年平均总云量超过6成，四川盆地、贵州、湖南西部和广西西部和北部超过8成，是中国年平均总云量最多的地区。

低云量的地理分布：中国西北的年平均低云量在0~3成，塔里木盆地到甘肃北部少有低云；青藏高原东部、西南地区和长江中下游以南大部分地区的年平均低云量都在4成以上，贵州和广西北部普遍在7成以上，安顺等地接近8成，是中国年平均低云量最多的地方。贵州和四川盆地的年平均总云量都接近8成，但贵州的总云量中低云量占80%以上，部分地区超过90%，而四川盆地总云量中低云量的比例多在50%~70%，因此贵州地区的天气比四川盆地要阴沉得多。东北和华北的大部分地区年平均低云量在1~2成，长白山等地为3成。

各地云量的季节变化：从哈尔滨、北京、南昌、广州、昆明、贵阳和吐鲁番等各区域代表站的云量年变化（表2.3）看，东北和华北地区的总云量以夏季最多、冬季最少，春季多于秋季；这两个地区低云量最多的时间也集中在夏季，而冬季各月低云量均不超过1成。长江中下游地区云量的季节变化情况不同：2~6月总云量最多，其中2~4月是全年当中最阴沉的季节，低云量在5~6成；总云量11~12月最少，而伏旱的7月和8月是这一地区最晴好的季节，低云量为全年当中最少。华南地区以2~8月总云量最多，10~12月最少，全年各月均以低云为主。以昆明为代表的西南季风区云量最多的是6~9月，最少的在1~3月。而川黔地区终年总云量在8成左右，低云量在6~8成。西北干旱区总云量与东北和华北地区相差不大，以4~7月最多，10~11月最少，但西北地区低云很少，除夏季外全年均不到1成。

表2.3 中国各区域代表站点的总云量和低云量年变化（单位：成）

区域	代表站	云量	1	2	3	4	5	6	7	8	9	10	11	12月	年平均
东北	哈尔滨	总云量	2.8	3.3	3.8	5.1	5.7	6.3	6.5	5.7	4.6	4.1	3.7	3.4	4.6
		低云量	0.4	0.5	1.1	2.1	2.8	3.7	4.0	3.3	2.7	1.9	1.2	0.6	2.0
华北	北京	总云量	2.7	3.7	4.6	4.7	5.2	5.9	6.7	6.1	4.6	3.9	3.4	2.9	4.5
		低云量	0.8	0.8	1.3	1.5	1.9	2.5	3.9	3.5	2.1	1.7	1.6	0.9	1.9
长江中下游	南昌	总云量	7.0	7.7	8.0	7.8	7.5	7.7	6.5	6.8	5.9	5.8	5.6	5.3	6.8
		低云量	5.2	5.7	6.1	5.5	4.9	4.8	3.1	3.2	3.4	3.6	3.5	3.4	4.4
华南	广州	总云量	6.6	7.9	8.5	8.7	8.4	8.3	7.4	7.5	6.7	5.7	5.2	5.0	7.2
		低云量	6.0	7.5	8.2	8.1	7.5	7.3	5.6	5.8	5.3	4.5	4.0	4.3	6.1
西南季风区	昆明	总云量	3.4	3.4	3.3	4.6	6.3	8.4	8.7	8.2	7.9	6.8	5.3	3.9	5.9
		低云量	2.8	2.5	2.5	3.2	4.9	6.9	7.2	6.9	7.1	6.2	4.6	3.4	4.9
川黔地区	贵阳	总云量	8.7	8.7	8.2	8.3	8.4	8.5	8.0	7.2	7.5	7.9	8.1	7.9	8.1
		低云量	8.5	8.4	7.8	7.6	7.5	7.3	6.6	5.9	6.7	7.2	7.5	7.6	7.4
西北干旱区	吐鲁番	总云量	3.7	4.0	4.9	5.2	5.4	6.0	5.3	4.5	3.6	2.9	3.3	3.7	4.4
		低云量	0.2	0.1	0.1	0.4	0.6	1.4	1.6	1.2	0.6	0.2	0.1	0.2	0

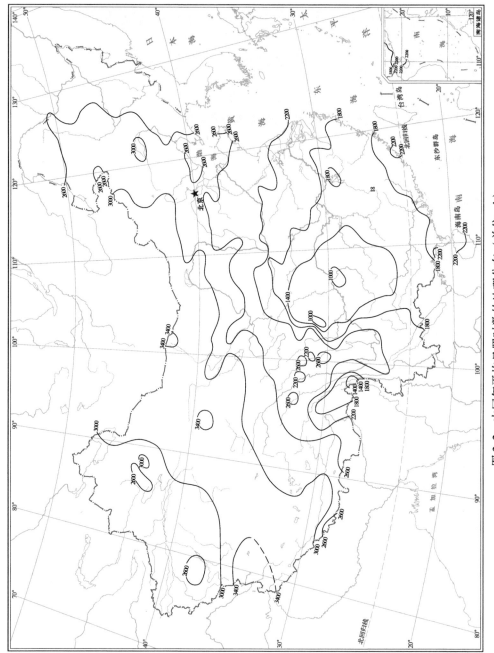

图 2.2 中国年平均日照时数的地理分布（单位：h）

（丁一汇，2013）

2. 日照时数及日照百分率

日照时数是当地日照时间长短的绝对量值，而日照百分率则反映因天气原因造成日照时间减少的程度。

中国年日照时数的分布形势与云量相反，东南部地区日照少，西北部和北部日照多。其中锡林浩特、包头、银川、都兰到拉萨一线以东、以南地区的年日照时数均不足3 000h（小时），特别是35°N以南、青藏高原和云贵高原东坡以东地区，以及藏东南的雅鲁藏布江大峡谷地区年日照时数在2 200h以下，四川盆地和贵州不足1 400h，都江堰和彭水等地不足1 000h，是中国日照最少的地区；而该线以西、以北，除新疆西部略少外，年日照时数均在3 000h以上，新疆东部戈壁、柴达木盆地西部、阿拉善高原和青藏高原东南部等地在3 200h以上，是中国年日照时数最多的地区，青藏高原东南部的狮泉河年日照时数超过了3 500h（图2.2）。

日照百分率的地理分布与日照时数略有不同。其中中国东部35°N以南、青藏高原和云贵高原东坡以东地区年日照时数百分率均在50%以下，四川盆地和贵州等地是中国年日照时数百分率最小的地区，在30%以下；哈尔滨、锦州到榆林一线的西北地区年日照百分率在60%以上，仅东北北部和东部由于云量较多降至50% ~ 60%；西部除青藏高原东部外大部分地区都超过60%，新疆东部戈壁、柴达木盆地西部、阿拉善高原及青藏高原西南部年日照百分率超过70%，是中国年日照百分率最高的地区。

（二）辐　　射

1. 太阳辐射

太阳辐射是大气一切物理过程或现象形成的根本动力，也是地球和大气几乎唯一的能量来源。到达地面的太阳辐射由两部分组成：一部分是太阳辐射通过大气直接到达地表面的平行光线，称为直接辐射；另一部分则是太阳辐射被大气中空气分子和浮游的灰尘散射后的来自天空各个部分的光线，称为散射辐射。直接辐射和散射辐射的总和，称为总辐射。

1）太阳直接辐射

全球的太阳直接辐射基本呈纬向分布，但受中国地势西高东低和季风气候影响，中国太阳直接辐射纬向分布并不明显[①]。其中，中国太阳直接辐射的高值区位于青藏高原南部，年均太阳直接辐射通量密度超过170W/m²，以此为中心至河西走廊、内蒙古及横断山脉，全年接收到的太阳直接辐射均较强，仅青藏高原东南部和横断山脉的迎风坡地区（因水汽充沛且常年降水较多）及塔里木盆地（因海拔相对较低且沙漠地区大气混浊度较大）相对较低。低值区主要分布在四川盆地及其周边地区直

[①]　目前气象上的辐射观测站还很少，且站点空间分布也不均匀，因此除有辐射观测资料的站点外，其他站点一般采用气候学的计算方法估算。

到整个长江中下游一带，其中四川盆地为低值中心，年均太阳直接辐射通量密度小于$40W/m^2$。

从全国平均看，太阳直接辐射夏多冬少、春强秋弱，其中最大值出现在5月份，最小值出现在12月，但不同地区略有差异。其中东北（如哈尔滨）、西北（如银川）6月最高，12月最低；华北（如北京）5月最高，12月最低；长江中下游地区（如武汉、上海）8月最高，1月最低；华南地区（如广州）7月最高，3月最低；长江上游地区（如成都）8月最高，12月最低；云贵高原（如昆明）4月最高、7月最低；青藏高原大部（如拉萨）全年呈明显双峰型，5月、9月最大，8月、12月、1月最低。

2）太阳散射辐射

中国太阳散射辐射的分布，总体表现为南多北少，西高东低。北方地区自南向北逐渐递减，纬向分布比较明显；南方地区纬向分布不明显。其中太阳散射辐射最高的区域出现在塔里木盆地与四川盆地（年均太阳散射通量密度中心极值均超过$90W/m^2$），低值区位于东北、新疆北部地区和长江中下游地区，一般小于$70W/m^2$。太阳散射辐射的季节分布全国均较为一致，其中最大值出现在6～8月，最小值在12～1月。

3）太阳总辐射

中国年总辐射的分布总体表现为高原大于平原、内陆大于沿海、干燥区大于湿润区（图2.3）。其中青藏高原是年总辐射最大的区域，高值中心在雅鲁藏布江流域一带，年均太阳总辐射通量密度最大值超过$220W/m^2$，由此至河西走廊、内蒙古高原形成了一个东北—西南走向的总辐射高值带，年均太阳总辐射通量密度达$180～220W/m^2$。四川盆地及贵州一带总辐射最低，年均太阳总辐射通量密度一般不足$120W/m^2$；由此至长江中下游及其以南地区，年均太阳总辐射通量密度为$120～140W/m^2$。

受天文辐射季节变化的控制，中国的总辐射夏季最高、冬季最低，但最高值和相对低值的出现时间随季风、雨带的迁移而变化。其中东北（哈尔滨）和西北（银川）地区6月最高，12月最低；华北（北京）地区5月最高，12月最低；长江上游地区（成都）6～8月最高，12～1月最低；长江中下游地区（武汉、上海）7月最高，1月最低；华南（广州）7月最高，2～3月最低；云贵高原4月最高，10～11月最低；青藏高原6月最高，12月最低。

2. 大气长波辐射与地表有效辐射

到达地面的总辐射有一部分被地面所反射，另一部分则被地面所吸收。地面吸收太阳辐射而增暖，成为热辐射源向大气辐射，称为地面长波辐射或地面射出辐射。大气吸收地面长波辐射的同时，又以辐射的方式向外放射能量，大气这种向外放射能量的方式，称为大气辐射，由于大气本身的温度低，辐射能的波长较长，故也称为大气长波辐射。其中由大气到达地面的那部分长波辐射叫做大气逆辐射，地面长波辐射与地面吸收的大气逆辐射之差，为地面有效辐射。

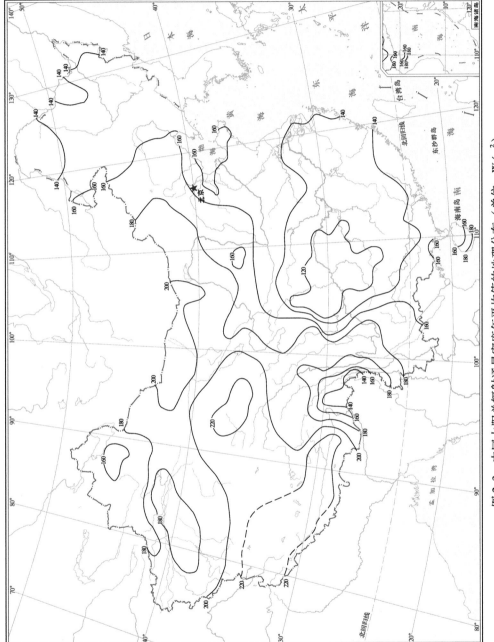

图 2.3　中国太阳总辐射通量密度年平均值的地理分布（单位：W/m²）

（丁一汇，2013）

1）大气逆辐射

中国大气逆辐射在东部地区具有东北—西南走向的分布特点，在其他地区则与地形高度关系密切。其中青藏高原为大气逆辐射的低值区，中心位于青藏高原南部，年均辐射通量密度小于240W/m²；西北地区和东北地区大部的逆辐射也比较弱，年均辐射通量密度一般小于300W/m²，仅塔里木盆地略高。东部、南部地区的大气逆辐射较高，普遍超过320W/m²，尤以华南及海南最高，通常超过400W/m²。

大气逆辐射的季节变化比较简单，全国绝大多数地区的年变化均呈单峰型，最大值和最小值一般出现在7月份和1月份。

2）地表有效辐射

中国地表有效辐射呈西高东低分布（图2.4）：青藏高原至内蒙古高原及横断山脉为一高值区，高值中心年均地表有效辐射通量密度超过130W/m²；塔里木盆地边缘地带为另一高值区；而整个东部和南部地区的地表有效辐射均较低，其密度一般小于60W/m²，其中华南部分地区最低，仅40W/m²。

中国各地地表有效辐射的季节变化差别较大，按照最大值出现的季节大致可分为6种类型：①春季型：主要分布在云贵高原（如云南思茅），由于这里春季相对干燥且气温较高，因而春季地表有效辐射最强；而夏季为雨季，冬季受准静止锋影响而云量较多，因而有效辐射均较小。②夏季型：主要分布在北方广大的内陆地区（如新疆乌鲁木齐），这些地区夏季地表有效辐射最大，春、秋季次之，冬季最小。③春秋双峰型：主要分布在松辽平原、华北平原及山东半岛一带（如黑龙江哈尔滨），这些地区夏季多雨带，冬季寒冷，因而使得春秋季地表有效辐射高，而夏、冬季低。④秋季型：主要分布在东南、华南沿海一带（如广东广州），因这些地区春夏多阴雨，冬季气温相对较低，而秋季晴朗少云且气温较高，因而地表有效辐射达年中最高。⑤冬季型：主要分布在干湿季交替极为明显的青藏高原东南部及横断山区（如云南腾冲），冬季地表有效辐射最大，夏季反而最低，这与这些地区云和干湿状况的季节变化有关。⑥均匀型：主要分布在四川盆地（如四川成都）及长江中下游一带，地表有效辐射季节变率较小，均匀少变。

3. 地表辐射平衡

地表吸收的太阳辐射量和地表有效辐射量之差称为地表辐射平衡，也称净辐射。从年均地表净辐射的地理分布（图2.5）看，华南和云南为高值区，这些区域辐射通量密度一般达70～100W/m²，其中云南南部、海南、广东雷州半岛和广西南部超过80W/m²，海南西南部甚至高达100W/m²；华北、黄淮及内蒙古高原中部、青藏高原南部雅鲁藏布江河谷地带为次高值区，辐射通量密度一般为70～80W/m²；青藏高原西部、新疆以及内蒙古东北部、黑龙江北部净辐射普遍较小，辐射通量密度一般只有40～60W/m²，局部地区甚至不足40W/m²。此外，四川盆地及贵州一带由于全年云、雾较多，地面接收到的太阳辐射较少，也是一个净辐射的低值区。

中国各地地表净辐射的季节变化与地表吸收的太阳总辐射季节变化基本相似。其

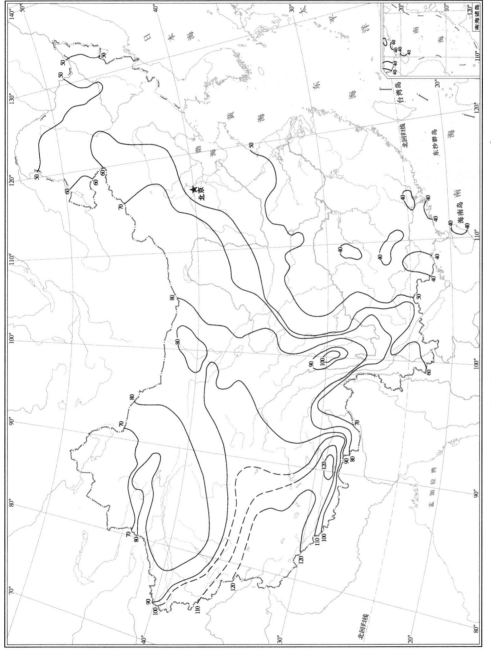

图 2.4 中国地表有效辐射通量密度年平均值的地理分布（单位：W/m²）

（丁一汇，2013）

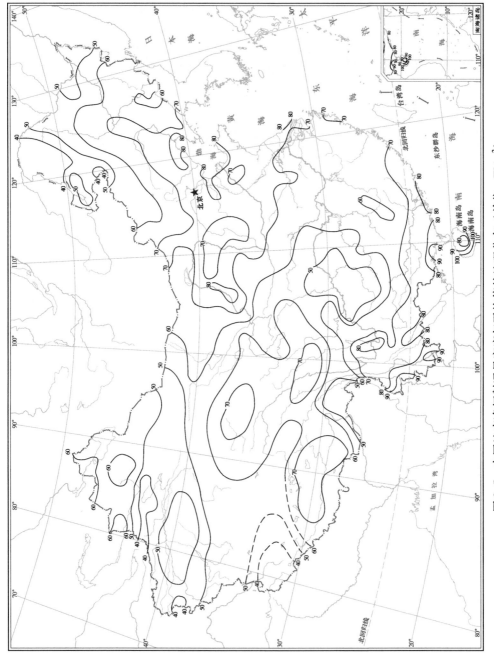

图 2.5 中国地表净辐射通量密度年平均值的地理分布（单位：W/m²）

（丁一汇，2013）

中在东部、东北（如哈尔滨）和华北（如北京），地表净辐射最大值出现在 6 月份，最小值出现 12～1 月，东北北部冬季的地表净辐射为负值；华东地区（如上海）最大值出现在 7 月份，最小值出现 12～1 月；华南地区（如广州）最大值出现在 7 月，最小值出现在 2 月。在西部，西北内陆（如银川）和西南腹地（如成都）等地，地表净辐射最大值出现在 6～7 月，最小值出现在 12～1 月；青藏高原大部分地区（如拉萨），最大值出现在 7 月，最小值出现在 12 月；西南南部（如昆明）最大值出现在 5 月，最小值出现在 12 月，这与这一地区夏季多雨有关。

二、温　度

（一）平　均　气　温

1. 年平均气温

中国年平均气温的地理分布主要受纬度和地势影响，东部气温自南向北逐渐递减，西部地区随地势变化呈闭合圈状（图 2.6）。年平均气温 10℃ 线大致呈东北—西南走向，东起辽宁鞍山，经河北怀来、山西太原、陕西绥中一带后折向西南，沿青藏高原东侧通过，直至云南北部后，再向西延伸至藏南的喜马拉雅山南麓。其中该线以西、以北的内蒙古和黑龙江的北部年平均气温低于 0℃，东北和华北北部大部分地区在 10℃ 以下；青藏高原大部以及阿尔泰山、天山和祁连山的高山地区年平均气温也都在 0℃ 以下，雅鲁藏布江河谷一般为 5～10℃；仅塔里木盆地和吐鲁番盆地因海拔较低，达 10～14℃。该线以东、以南的华北大部分及西北地区东南部年平均气温为 10～14℃；淮河流域为 15～16℃；长江以南多为 16℃ 以上；25°N 以南的华南地区大多超过 20℃，但云贵地区因受地势影响而起伏较大，为 12～22℃；海南岛的年平均气温达 24～26℃，西沙群岛及以南地区超过 26℃。

2. 冬、夏平均气温

冬季是中国南北气温差异最大的季节，最北的漠河与海南岛南端的三亚冬季平均气温相差近 50℃。在东部，等温线基本呈纬向分布，0℃ 等温线位于 35°～36°N 附近，10℃ 等温线位于 25°N 附近。其中东北北部在 −20℃ 以下，内蒙古东部和东北中南部为 −10～−20℃，辽宁南部、华北北部为 −10～−5℃，晋、冀中南部、豫北及山东大部为 −5～0℃；35°N 以南至长江以北地区一般为 0～5℃，长江以南至南岭以北为 5～10℃（其中四川盆地和长江中游谷地因受地形作用而较其东面的同纬度其他地区更为温暖一些），南岭以南地区达 10℃ 以上；广东、广西、台湾南部及海南岛超过 15℃，海南南部超过 20℃。在西部，等温线受地势影响较大，其中内蒙古高原多在 −10℃ 以下，关中及黄土高原为 −10～0℃，祁连山地、河西走廊及北疆地区多在 −12℃，天山山地在 −15℃ 以上，但塔里木、吐鲁番等盆地为 −8℃ 以上；青藏高原北部为 −10℃ 以下，中部为 −5～−10℃，南部为 −5～0℃，仅喜马拉雅南麓的雅鲁藏布江河谷及藏东南的其他一些河谷地区达 0℃ 左右；而在云贵高原，贵州及云南北部多为 5～10℃，高山地区低于 5℃，云南中南部为 10～15℃，南部部分河谷地区达 15℃ 以上。

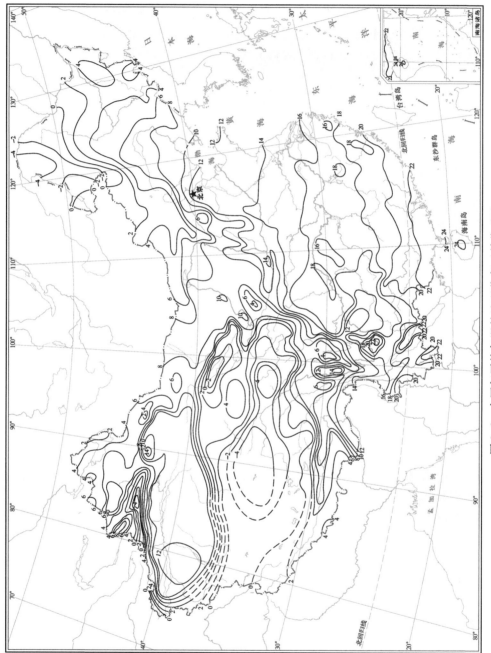

图 2.6 中国年平均气温的地理分布（单位：℃）

（丁一汇，2013）

夏季是中国南北温差最小的季节，且纬向分布特征极不明显。在东部，即使是在东北、内蒙古东部，大部分地区的夏季平均气温也可达 18 ~ 22℃，仅大兴安岭北部低于 18℃，而东北平原多高于 22℃；40°N 以南，除云贵高原外的大部分地区均在 24℃以上，其中秦岭—淮河一线以南，除一些高山外的大部分地区均达 26 ~ 28℃，甚至连豫东、冀南、鲁西南等也达 26℃以上；而云贵高原因地势悬殊使得夏季平均气温垂直差异较大，其中河谷与山间盆地多在 24℃以上，高原面上一般为 20 ~ 24℃，高山地区则低于 20℃。在西北，夏季平均气温除南北有差异外，主要受地势与下垫面的影响，其中内蒙古高原、黄土高原及北疆地区一般为 18 ~ 22℃，而祁连山、天山等山地一般低于 18℃，但海拔较低的沙漠、沙地、戈壁地区通常达 22℃以上，巴丹吉林沙漠腹地达 24 ~ 26℃，塔里木盆地和吐鲁番盆地中心地区甚至超过 28℃。而青藏高原大都低于 16℃，其中三江源地区低于 10℃，仅柴达木盆地和喜马拉雅南麓及藏东南的部分河谷地区高于 16℃。

3. 最冷、最热月的平均气温

1 月是中国全年最冷的月份，也是南北温度梯度最大的月份。其中在东部，等温线呈纬向分布，−10℃等温线大致位于 40°N 附近，0℃等温线在 34°N 附近，10℃等温线绵延于 25°N 附近的闽南和南岭地区。东北地区最北部的漠河等地 1 月平均气温接近 −30℃，大小兴安岭在 −20℃以下；长城以南至淮河以北为 −10 ~ 0℃；江淮地区及长江流域一般为 0 ~ 5℃，但受地形对冬季冷空气活动的屏障作用，四川盆地 1 月的平均气温比同纬度的东部地区明显偏高，达 3 ~ 8℃；长江以南至南岭以北地区多为 4 ~ 8℃；南岭以南则多在 10℃以上；海南南部达 20℃以上，南沙群岛最南部达 23.5℃。在西部，大部分地区 1 月平均气温低于 −10℃，其中北部的阿尔泰山和天山部分高山地区更是低于 −20℃，但塔里木盆地因有北面天山山脉对冷空气的阻挡，1 月平均气温在 −10℃以上；此外，西藏南部的雅鲁藏布江河谷也达 −10℃以上，其中墨脱更达 0℃以上。

7 月是中国除沿海岛屿外各地最热的月份。在东部，东北地区的大兴安岭北段、长白山天池以及华北西北部的冀北高原和五台山等地，7 月平均气温为 20℃以下；其他地区均达 20℃以上，其中自辽宁锦州、河北张家口、山西临汾到陕西汉中一线以南地区 7 月平均气温均在 24℃以上，黄淮海地区及东部沿海各地一般为 26 ~ 28℃，华中平原、华南地区及南海诸岛超过 28℃。在西部，7 月平均气温地理分布主要受地势高低控制，其中海拔较低的准噶尔盆地、塔里木盆地和吐鲁番盆地 7 月平均气温均超过 24℃，吐鲁番甚至高达到 32.2℃，成为 7 月份中国平均气温最高的地方；而除此之外的高原和山区 7 月气温多在 20℃以下，仅云贵高原面可达 20 ~ 24℃，青藏高原大部分地区在 16℃以下，部分高海拔地区甚至在 10℃以下。7 月也是中国南北温差最小的月份，其中最北端的漠河达 18.4℃，而最南端的南沙也仅有 29℃左右。

（二）极 端 气 温

1. 极端最高气温

中国极端最高气温东西差异显著。其中东部除个别山区外，极端最高气温均达

36℃以上，且南北差异较小；40℃以上的区域主要位于内陆平原与丘陵地区，河南中部的郑州、开封一带，四川盆地东部的重庆、万县等地，以及辽西朝阳至内蒙古宝国图一带的极端最高气温甚至超过42℃。西部地区因地势差异很大，极端最高气温差异也十分显著。其中北部的沙漠、盆地和戈壁地区极端最高气温一般都在40℃以上，部分腹地达42℃以上，吐鲁番曾达47.7℃，为中国1971～2000年间所观测到的气温最高值；天山、阿尔泰山和祁连山区则低于36℃；青藏高原的极端最高气温一般都在28℃以下，其中部分地区低于24℃，仅有雅鲁藏布江谷地超过28℃。

2. 极端最低气温

与极端最高气温相反，中国极端最低气温是东部差异大，西部差异小。其中东部，中国最北端漠河的极端最低气温为 -49.6℃，最南端的南沙群岛为16.5℃，二者相差66.1℃；且自北向南逐渐升高，东北北部和长白山天池等地低于 -40℃，内蒙古高原、黄土高原和东北大部低于 -28℃，而长城以南至35°N以北的其他地区多为 -20 ~ -24℃之间；华东和华中的大部分地区为 -8 ~ -20℃；四川盆地和25°N以南的大部分地区为 -4℃以上；闽东南沿海、粤桂南部、云南西南端的河谷地区及台湾的大部分地区在0℃以上；雷州半岛南端及海南岛大部在4℃以上。在西部，新疆山地的极端最低气温一般低于 -40℃，但准噶尔盆地高于 -36℃；祁连山区及以北地区一般为 -28 ~ -32℃，而塔里木盆地、吐鲁番盆地和柴达木盆地多为 -20 ~ -28℃；青藏高原大部的极端最低气温一般低于 -32℃，部分地区低于 -40℃，藏东南地区却普遍在 -24℃以上。

（三）气温日较差与年较差

气温日较差反映一地气温的日变化程度；年较差指示一地气温的年变化程度。它们主要受地理纬度、地形、地表性质影响；其中气温日较差还随季节而变化，冬季大而夏季小。

1. 气温日较差

中国年平均气温日较差的东西部差异明显。在东部，秦岭至黄淮间以北地区的年平均气温日较差一般达10℃以上，其中黄土高原至太行山、燕山以北地区除东北平原和三江平原外为12 ~ 14℃，东北平原和三江平原为10 ~ 12℃，大兴安岭北部达14 ~ 16℃；秦岭至黄淮间以南地区的年平均日较差一般在10℃以下，其中长江以南地区及四川盆地均低于8℃，沿海及其岛屿地区多小于8℃，如黄海北部的千里岩为4.4℃，东海北的嵊泗岛为5℃，中部的大陈岛为4.2℃，中南部的台山3.9℃，南海西沙群岛的珊瑚岛为4.2℃，北部湾的涠洲岛为5.2℃。而西部地区气温日变化普遍较大。除天山以北、藏东南和云南等地外，年平均气温日较差一般都达14℃以上，其中塔里木盆地、吐鲁番盆地和柴达木盆地以及青藏高原部分地区均超过16℃，塔克拉玛干沙漠边缘的安德河和柴达木盆地小灶火的年平均日较差分别达到17.7℃和17.5℃，是中国气温日较差最大的地方。

2. 气温年较差

中国气温年较差基本呈纬向分布，自北向南逐渐减小。气温年较差最大的区域出现在中国的最北端，达46℃以上；最小的区域出现在海南南部，不足10℃。其中东北北部和新疆中部的气温年较差达40℃以上；至38°N左右，气温年较差降至30℃；长江流域气温年较差为24～26℃，江南地区低于24℃，华南和云南则低于18℃。

三、降　水

（一）降　水　量

受距海远近的影响，中国年降水量由东南沿海向西北内陆递减，等雨量线大致呈东北－西南走向（图2.7）；400mm等雨量线自东北大兴安岭西侧起，经内蒙古东部、吉林西部、河北北部、山西北部、陕西北部、宁夏南部、甘肃东南部、青海南部、西藏东南部，至喜马拉雅山南麓止，将中国大致分为湿润区和干旱区两大部分。该线以东、以南降水相对丰沛，为中国主要农业区；其中东北大部年降水量为400～600mm，小兴安岭达600mm以上，长白山东南部更达800mm以上；华北北部及汾、渭流域年降水量多为400～600mm，黄河以南区域年降水量一般大于600～800mm；秦岭山地及淮河流域为800～1 000mm；四川盆地至长江中下游流域为1 200mm左右；云贵高原受地形影响，降水垂直差异大，河谷地区降水量一般为800～1 000mm，山地一般为1 200～1 600mm，高原南部甚至达1 600mm以上；东南和华南沿海及丘陵地区年降水量为1 600～2 000mm，广东、广西和海南的部分地区年降水量超过2 000mm，广东的阳江、广西的东兴和海南的琼中超过2 400mm，是中国大陆年降水量最多的地区。

该线以西除一些高山降水稍多外，降水匮乏，以牧业为主。其中内蒙古高原以东、河套、甘肃中部、青海中部及唐古拉山西段、冈底斯山及喜马拉雅山中段年降水量多为200～400mm，仅雅鲁藏布江大峡谷地区达600mm以上；祁连山地、天山的部分山地为400mm左右；新疆天山以北地区为100～300mm，以南（包括昆仑山）多不足100mm，塔里木盆地、吐鲁番盆地和其东面的柴达木盆地中心年降水量不足50mm。

此外，降水分布还明显受地形影响，使得中国大多数多雨中心一般都位于与海洋有一定距离的山地丘陵区的迎风坡，如闽浙赣交界的武夷山区、广东云开大山的南坡、广西十万大山的东南坡、海南五指山的东部、台湾山脉的东部，均为中国的高降水中心。

中国大部分地区的降水都集中在夏季风盛行期，不但降水的季节分布极不均匀，而且不同地区的各季降水量所占比例也有较大差异。其中在春季，东北大部、华北和西北中部的春季降水量仅占全年的10%～15%；青藏高原大部地区不足10%；长白山区、秦岭淮河一带、新疆西部和西藏东南部占20%～30%；伊犁河谷、塔克拉玛干沙漠西部边缘及雅鲁藏布江大峡谷等地占25%～35%；长江中下游以南地区占25%～45%（其中两湖盆地、武夷山区和南岭地区达35%～45%），是中国春季降水量占全年降水量比例最高的地区。

夏季是中国绝大部分地区降水量最多的季节。东北、华北和西部大部分地区夏季

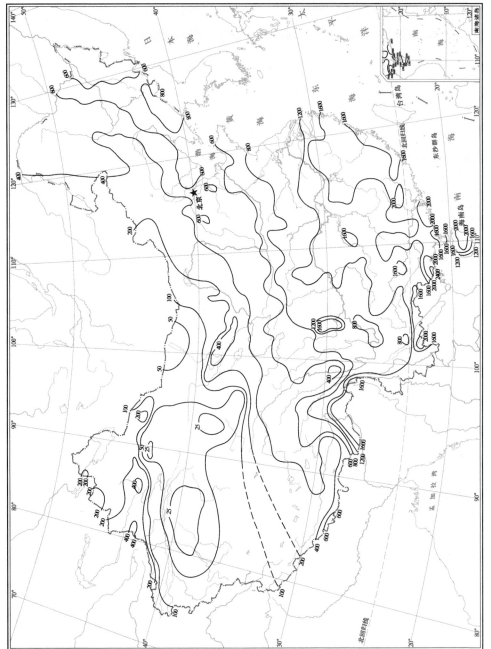

图 2.7 中国年降水量的地理分布（单位：mm）

（丁一汇，2013）

降水占年降水量的比例达 60% 以上，其中大兴安岭、渤海湾附近以及西部的中部地区超过 70%，仅新疆西北部低于 40%；长江以南地区也不足 40%；而拉萨以西、雅鲁藏布江以南的部分谷地却超过 80%。

秋季，受夏季风撤退的影响，中国东南季风区的秋季降水占年降水量的比例普遍不足 20%；北疆和青藏高原东部亦不足 20%，塔里木盆地甚至不足 10%；但由于西南季风撤退较晚，华西（包括四川、贵州、云南、甘肃东南部、陕西关中和陕南及湖南西部、湖北西部等）秋雨比例较大，一般占年降水量的 20%~30%；受台风雨影响，中国海南岛及其以南地区秋季降水量与夏季降水量基本相当，占年降水量的 30%~45%。

冬季，是全国大部分地区降水量最少的季节。除东南部地区、新疆大部和青藏高原西部冬季降水占年降水量高于 5% 外，其余各地均在 5% 以下。其中天山以北、塔里木盆地西缘冬季降水较多，主要因山脉阻挡来自北冰洋的冷空气所致；长江中下游及其以南地区的冬季降水，则是由于南下冷空气与南支暖湿气流在此交绥，从而带来较多降水而致。

（二）降 水 变 率

降水变率反映一地降水的稳定程度，是影响一地旱涝灾害的主要指标之一。衡量降水变率有多种指标，但以降水相对变率（即一地降水偏差的多年平均值与降水量多年平均值的百分比）最为通用。一般情况下，降水量多的地区相对变率小，而降水量少的地区相对变率反而大。中国除西北干旱区外，大部分地区年降水相对变率为 10%~30%。其中，长江以南、四川和西藏东部是中国年降水相对变率最小的地区，大多为 10%~20%；东南沿海、海南岛及南海诸岛因受台风降水影响，年降水相对变率反而较大，多为 20%~30%。中国北方广大地区的年降水相对变率一般为 20%~30%，其中河北中南部是一个高值中心，达 30%~40%，是中国东部季风区降水相对变率最大的地方。西北干旱区因降水量小，年降水相对变率较大，一般为 30%~70%，其中塔里木盆地部分地区年降水相对变率超过 70%，是中国年降水变率最大的地区。青藏高原的年降水变率多为 20% 左右。

（三）降水日数与暴雨

1. 年降水日数

中国年降水日数（即日降水量 ≥0.1mm）的地理分布与年降水量大体一致，也是由东南沿海向西北内陆递减。其中，北方地区以东北降水日数最多，大、小兴安岭和长白山区年降水日数达 100 天以上，长白山部分地区甚至超过 150 天；东北西南部和河北大部的年降水日数不足 75 天；西北干旱区的大部分地区年降水日数少于 75 天，柴达木盆地、塔里木盆地和吐鲁番盆地年降水日数不足 25 天。而 34°~35°N 以南地区除西藏西部外，降水日数均超过 100 天，其中藏东南、四川中部、滇西南和长江中下游以南的大部分地区年降水日数均在 150 天以上，雅鲁藏布江大峡谷、四川岷江流域、贵州西北部等地超过 175 天，部分高山地区甚至超过 200 天，如四川峨眉山气象站观测的降水日数多年平均达 255.6 天, 是中国大陆气象站所观测到的降水日数最多的气象站。

2. 日最大降水量与年暴雨日数

暴雨是影响一地洪涝灾害的重要因子, 衡量暴雨的主要指标: 一是日最大降水量, 它反映一地可能出现的最大降水强度; 二是暴雨日数, 它反映强降水的出现频率。

中国日最大降水量主要出现在夏季, 且东高西低, 东部地区的日最大降水量一般均超过 50mm, 而西部除藏东南及北疆个别地点外基本上均小于 50mm (图 2.8)。其中自漠河经乌兰浩特、大同、银川、天水、康定至腾冲一线以东地区, 日降水量一般都达 100mm 以上; 淮河流域、四川盆地、长江中下游以及东南沿海地区日最大降水量一般均超过 200mm, 东北南部及华北大部也偶可出现日最大降水量超过 200mm 的特大暴雨; 广西东南部、广东雷州半岛和海南岛等地的日最大降水量甚至超过 400mm。

中国暴雨 (即日降水量≥50mm) 日数的地理分布特征, 与日最大降水量的地理分布基本相似。西部除北疆个别地点及雅鲁藏布江流域外, 没有暴雨发生; 而东部地区暴雨则较多见。其中自沈阳经大同、运城、康定到德钦以东以南地区, 平均每年至少出现一次暴雨; 长江中下游流域以及东南沿海地区平均每年的暴雨日数达 4~8 天; 广东和广西沿海是中国大陆暴雨最多的地区, 平均每年达 8~10 天以上, 其中中越边境的广西东兴年均暴雨日数高达 15.4 天。从暴雨的季节分布看, 东北和华北主要集中在7 月和 8 月, 6 月和 9 月也偶有出现; 黄淮流域 4~10 月均可出现暴雨, 但以 7 月最多; 长江中下游地区 2~11 月均有暴雨发生, 但以 6 月前后最多; 华南地区全年各月均可出现暴雨, 但主要发生在 4~10 月; 西南地区则主要集中在 5~8 月。

四、地　面　风

风既是大气中热力与动力作用的产物, 又是大气中水汽、烟、尘等物质的输送载体。近地面风不仅受气压形势的支配, 还受地形和人类活动等因子的影响。

(一) 风向和平均风速

中国冬季和夏季地面风场明显不同。其中冬季全国多数地区盛行西风、北风; 夏季东部多数地区盛行偏南风, 西部地区则盛行偏西风或西南风。但受地形影响, 不同地区或同一区域不同地点之间的风向往往也存在较明显差异。如冬季 (特别是 1 月), 自西北至长江以北的广大北方地区多盛行西北与北风, 但东北中部却盛行西南风。云南直至长江以南地区盛行西南风, 但贵州地区却以东、东南风为主。夏季 (特别是 7 月), 整个中国大陆基本为热低压区, 因而东南沿海地区基本盛行东南风, 内陆地区虽多盛行偏南风, 但不同内陆地区的风向却又不同, 其中华南盛行南风, 云南盛行南至西南风, 长江中游盛行西南风, 黄河流域盛行南风, 东北地区盛行南至西南风。

中国地面平均风速地理分布的基本特点是北方风大, 南方风小; 沿海风大, 内陆风小; 高原、山地风大, 盆地、谷地风小。其中阴山以北、沿海和青藏高原大部地区年平均风速一般都达 3m/s 以上, 内蒙古中部、新疆西北部及沿海部分地区年平均风速

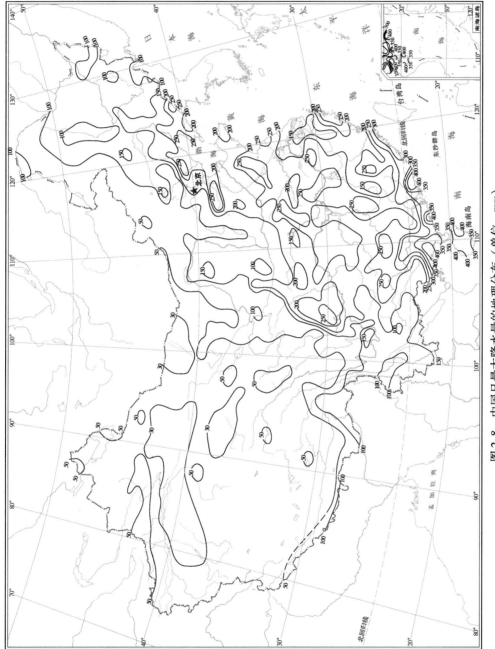

图 2.8 中国日最大降水量的地理分布（单位：mm）

（丁一汇，2013）

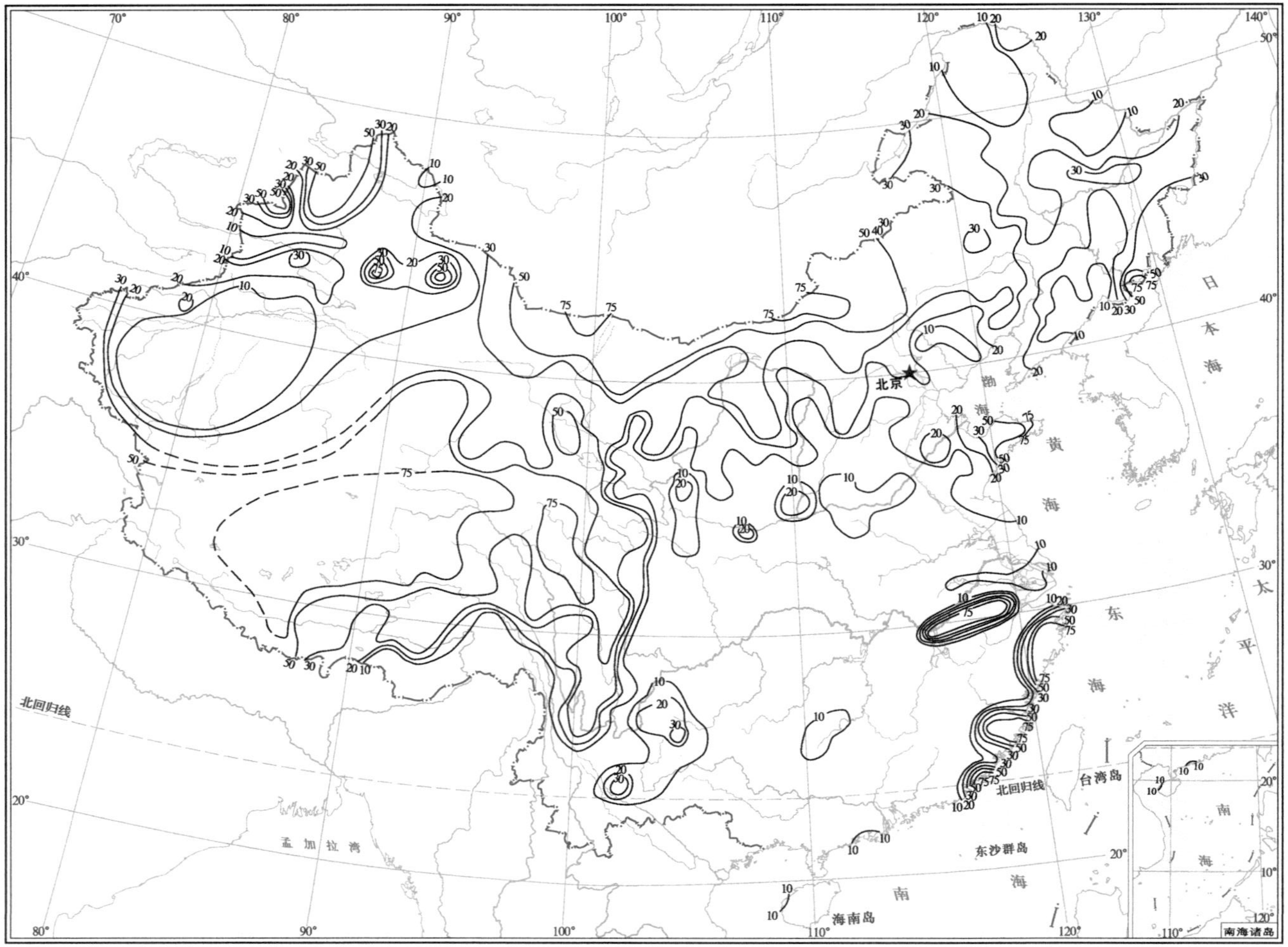

图2.9 中国年大风日数的地理分布（单位：天）

（丁一汇，2013）

甚至超过 4m/s。而 40°N 以南的大部地区年平均风速较小，多在 2m/s 以下。四川盆地和云南南部地区风速最小，且全年静风日数超过 40%，局部地区甚至达 70%。中国大部分地区春季是一年风速最大的季节，其次分别是冬季和夏季，秋季风速最小。

（二）大风日数

大风指测站瞬时风速 ≥ 17.0m/s 或目测风力 ≥ 8 级的风。凡一日中出现过大风现象，就记作一个大风日。

中国年大风日数有 3 个高值区：一是青藏高原大部，年大风日数多达 75 天以上，是中国大风日数高值区最多的地区；二是内蒙古中北部和新疆西北部地区，年大风日数达 50 天以上；三是东南沿海及其岛屿，年大风日数也多达 50 余天以上（图 2.9）。此外，还有一些山地隘口及孤立山峰处，受地形影响也多出现大风。

春季是中国大风出现最频繁、范围最广的季节。其中青藏高原及东北两地的大部分地区与及内蒙古、新疆的部分地区春季大风日数达 10 天以上，局部地区甚至超过 30 天；淮河流域至关中及其以南大部地区与塔里木、准噶尔盆地一般在 5 天以下。夏季，青藏高原大部、西北大部、华北中北部、东北西部及东南沿海一带大风日数为 3 ~ 10 天，部分地区甚至超过 15 天；而全国其他地区一般仅有 1 ~ 3 天。秋季是中国大风出现日数最少、范围最小的季节，其中青藏高原、华北、东北、西北大部和东南沿海地区大风日数为 1 ~ 7 天，仅西藏西北部和内蒙古、青海、四川、新疆等省区的部分地区超过 10 天，而全国其他地区多不足 1 天。冬季，青藏高原大部及青海、内蒙古、甘肃、新疆、黑龙江等省区的部分地区季大风日数一般为 5 ~ 10 天，其中西藏中西部、青海南部等地超过 20 天，而中国其他大部地区均在 3 天以下。

五、湿　度

湿度表示空气的潮湿程度，可用水汽压、相对湿度、混合比、比湿、绝对湿度、露点温度、饱和差等多个指标表征，其中以水汽压和相对湿度最为常用。

（一）水　汽　压

水汽压指湿空气中由水汽所产生的分压强。中国年平均水汽压的分布基本呈现东南高西北低的态势，与降水量分布大体一致。其中东北北部、内蒙古、西北地区及青藏高原大部地区一般低于 8hPa，青藏高原中西部水汽压更低，仅 2 ~ 4hPa；东北平原、华北平原北部、西北地区东南部、四川中部、西藏东南部一般为 8 ~ 12hPa；黄淮、江淮、汉水流域及四川盆地西北部、贵州大部、云南北部为 12 ~ 16hPa；长江中下游及其以南大部地区、四川盆地及云南南部一般大于 16hPa，福建南部及两广中南部一般为 20 ~ 24hPa，雷州半岛及海南岛达 24 ~ 26hPa，南海及南海诸岛达 28hPa 以上。

中国四季平均水汽压的地理分布与年分布基本相似。其中春季，水汽压高值区位于华南地区，为 18～28hPa；低值区位于青藏高原、河西走廊、内蒙古一带，不足4hPa。夏季是中国各地一年中水汽压最高的季节，高值区位于东南地区，其中华南南部达 30～33hPa，华南北部、东南沿海地区、江南中部、江汉平原水汽压达 28～30hPa；低值区位于青藏高原中北部，仅有 4～8hPa。秋季平均水汽压的地理分布基本与春季一致，但各地的水汽压均较春季略高，仅海南岛较春季略低。冬季是中国各地一年中水汽压最低的季节，且纬向分布较其他季节更为明显。其中海南岛、雷州半岛为高值区，一般达 16～20hPa；东北大部、华北北部、内蒙古、西北大部及青藏高原为低值区，一般低于 2hPa。

（二）相 对 湿 度

相对湿度指空气中实际水汽压与同温度空气饱和水汽压的百分比，可直接反映空气距离水汽饱和的程度。其分布受空气含水量、温度、海拔、坡向等因子的共同影响。一般而言，海拔高、气温低、云雾多的地区，空气相对湿度高，反之则低；迎风坡湿而背风坡干；但相对湿度的高低差异有明显的季节变化，通常是春、夏季节山顶比山麓湿、秋、冬季节则相反。

中国年平均相对湿度的地理分布大致与水汽压相似，由东南向西北逐渐递减。相对湿度小于 50% 的地区，大致分布在新疆塔里木和准噶尔盆地、内蒙古中西部、甘肃西部、青海的西北部、西藏的中西部，其中的沙漠、戈壁地区及西藏西部地区气候干燥，相对湿度低于 40%，最低处青海冷湖为 29%。华北中北部、河套地区及内蒙古东南部、吉林和辽宁的西部、青海西南部和东北部、西藏东北部、新疆天山及其以北地区为 50%～60%，大兴安岭的北部、东北大部、华北南部、黄淮北部、陕甘南部以及四川中部、西藏东南部一带相对湿度为 60%～70%，淮河流域及秦岭以南大部地区相对湿度超过 70%，其中从四川东南部、重庆大部、贵州大部、湖南东北部和西南部、江西中部至福建北部一带、两广南部及海南岛和云南最南部、华东沿海等部分地区，年平均相对湿度超过 80%（图 2.10）。

中国四季相对湿度的地理分布差异较大。春季，中国广大地区（包括新疆南部、西藏中西部、青海大部、甘肃中西部、内蒙古大部、宁夏大部、陕西北部、山西和河北的北部、吉林和辽宁的西部、黑龙江的西南部等）的相对湿度均低于 50%，其中内蒙古、新疆和青海的沙漠、戈壁地区不足 30%；北疆相对湿度为 50%～60%；大兴安岭北部、东北东部、华北南部、黄淮、陕甘南部及四川中西部、云南大部、西藏东南部相对湿度达 50%～70%；秦岭淮河及其以南大部分地区相对湿度达 70% 以上，其中江南大部、华南相对湿度达 80%～90%。

夏季，中国东部和西南地区相对湿度一般达 60%～80%，其中华南、江南、江淮、云贵高原大部、山东与辽宁的沿海地区及吉林东部等地更达 80%～90%；其他地区相对湿度不足 60%，其中新疆大部、西藏的西北部、青海的西北部、甘肃西部、内蒙古西部低于 50%，内蒙古额济纳地区相对湿度最低，不足 30%。

秋季相对湿度地理分布与春季大体一致，但数值均较春季高。其中黄河以南大部分地区相对湿度普遍达 70%～80%，海南岛、四川盆地、重庆大部及云贵高原更是超

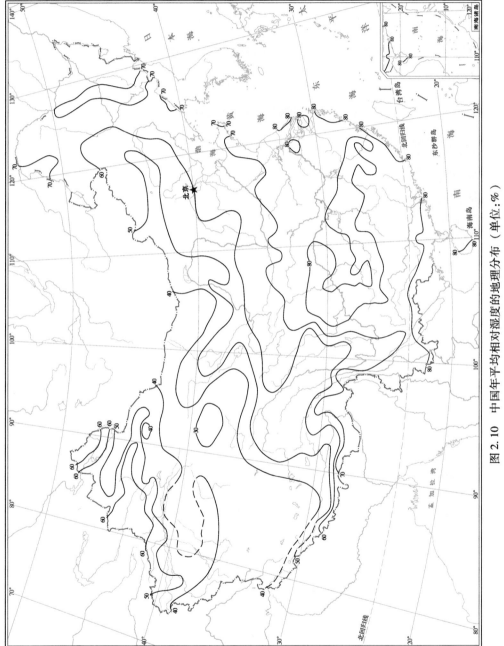

图 2.10　中国年平均相对湿度的地理分布（单位：%）

（丁一汇，2013）

过 80%；东北大部、华北大部、河套地区、河西走廊、青藏高原东部及新疆天山以北地区为 50%~70%；新疆南部、西藏西部、青海西北部、甘肃西部、内蒙古西部小于50%；青海冷湖附近相对湿度最低，不足 30%。

冬季，秦岭淮河以南大部分地区相对湿度达 70%~80%；四川盆地及重庆、贵州西北部、海南等地甚至超过 80%；北方的北疆及黑龙江西北部、内蒙古东北部相对湿度也达 70%~80%；新疆南部、青藏高原大部、四川西部、甘肃中西部、内蒙古西部、河北东北部、内蒙古东南部、辽宁西部的相对湿度小于 50%，其中西藏西部相对湿度最低，不足 30%。

六、潜 在 蒸 散

潜在蒸散指在水分充足条件下，下垫面可能达到的最大蒸发蒸腾量，代表理想状况下大气的蒸发能力。潜在蒸散受气温、相对湿度、风速、辐射等众多因子影响，是综合表征气候干湿状况的重要因子。在气候学中通常用降水量与潜在蒸散的比值来描述气候的干燥与湿润程度。目前潜在蒸散计算有多种方法，其中较新的有联合国粮农组织（FAO）修订的 Penman - Monteith 潜在蒸散模型（Allen et al.，1998）；但这一模型需要根据中国地理环境特点进行净辐射计算参数的修订（吴绍洪，2005）。以这一方法计算，中国 1971~2000 年的年潜在蒸散量大致为 400~1 500mm，其中约有 85% 的区域为 600~1 000mm，全国平均值约为 800mm。从年内变化看：晚春及夏季（5~8 月）是中国潜在蒸散量最大的时段，各月的潜在蒸散量全国平均皆在 100mm 之上，7 月份更是达 120mm 以上；而冬季是中国潜在蒸散量最低的时段，12~2 月的各月潜在蒸散量全国平均值均为 20mm 左右。

中国潜在蒸散地理分布（图 2.11）的基本特征是：东北和天山山地为低值区，其年潜在蒸散量一般低于 600mm；其中东北的大兴安岭北部年潜在蒸散量小于 500mm，小兴安岭和长白山地区大致为 500~600mm；天山山地亦大致为 500~600mm。东北西部、华中西部和青藏高原东部，以及新疆的塔城、阿尔泰山地等为次低值区，年潜在蒸散量一般在 600~800mm 之间；华北、华东、华南、青藏高原西部、西北部为次高值区，年潜在蒸散量一般在 800~1 000mm 之间；而塔里木盆地到柴达木盆地、额济纳到二连浩特地区、横断山干旱河谷及东部的大多数地区、青藏高原腹地以及海南岛西部等为高值区，年潜在蒸散量一般都在 1 000mm 以上，其中塔里木盆地、额济纳以及横断山的部分干旱河谷与海南岛西部等是高达 1 200mm 以上。

第四节　中国气候区划

气候区划是从系统角度揭示气候的区域分异规律，亦是综合自然地理区划的基础与重要组成部分。气候区划的理论依据是气候具有地带性分异特征和非地带性分异特征。进行气候区划一般需遵循地带性与非地带性相结合、发生同一性与区域气候特征相对一致性相结合、综合性和主导因素相结合、自下而上和自上而下相结合、空间分布连续性与取大去小 5 个基本原则。

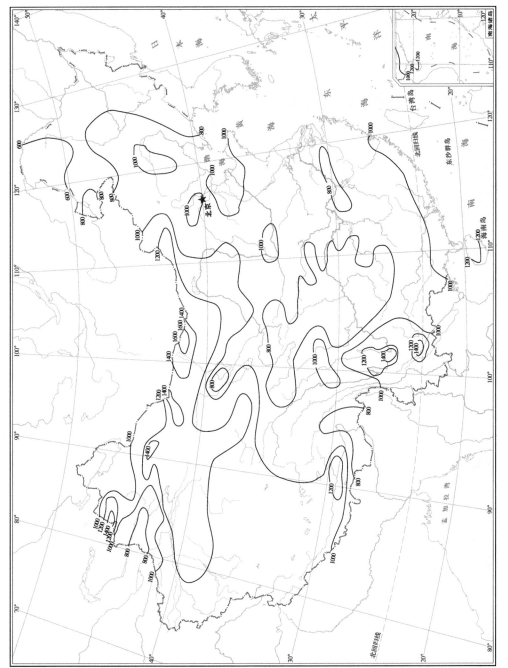

图 2.11 中国年潜在潜散量的地理分布（单位：mm）

中国气候区划工作已开展多次，基本方法已较为成熟。本次工作在充分吸纳过去有关区划工作（中国科学院自然区划工作委员会，1959；中央气象局，1979；丘宝剑等，1980；陈咸吉，1982；丘宝剑，1986；李世奎等，1988）的基础上，以全国600多个气象站1971～2000年的日气象观测数据为基础资料，参照1985年《中国自然地理》编辑委员会所制定的中国气候区划方法与指标体系，对中国气候进行重新区划。

一、气候区划的指标体系

本区划按三级体系进行气候区划分，其中一级为温度带，二级为干湿区，三级为气候区；但在青藏高原，因具有连续30年以上观测记录的气象站点相对稀少，且分布不均匀，故暂不作第三级区划。各级区划指标和划分标准见表2.4～表2.6。

表2.4 划分温度带的指标体系及其划分标准

温度带	主要指标	辅助指标		参考指标	
	日平均气温稳定≥10 ℃的日数/d	1月平均气温/℃	7月平均气温/℃	日平均气温稳定≥10 ℃期间的积温/℃	年极端最低气温多年平均值/℃
寒温带	<100	< −30		<1600	< −44
中温带	100～170	−30 至 −12～−6		1 600 至 3 200～3 400	−44～−25
暖温带	170～220	−12～−6 至 0		3 200～3 400 至 4 500～4 800	−25～−10
北亚热带	220～240 210～225（云贵高原）[①]	0～4		4 500～4 800 至 5 100～5 300 3 500～4 500（云贵高原）	−14～−10 至 −6～−4
中亚热带	240～285 225～285（云贵高原）	4～10		5 100～5 300 至 6 400～6 500 4 000 至 5 000（云贵高原）	−6～−4 至 0 −4 至 0（云贵高原）
南亚热带	285～365	10～15 9～10 至 13～15（云南高原）		6 400～6 500 至 8 000 5 000 至 7 500（云南高原）	0～5 0～2（云南高原）
边缘热带	365	15～18 >13～15（云南高原）		8 000～9 000 7 500～8 000（云南高原）	5～8 >2（云南高原）
中热带	365	18 至 24		9 000～10 000	8～20
赤道热带	365	>24		>10 000	>20
高原[②]亚寒带	< 50	−18 至 −10～−12	<11		
高原温带	50～180	−10～−12 至 0	11～18		
高原亚热带山地	180～350	>0	18～24		

①指在云贵高原用该标准划分中亚热带，其他括号含义同；②高原范围据张镱锂、李炳元、郑度（2002）的《论青藏高原范围与面积》一文确定。

<table>
<tr><td colspan="3" align="center">表 2.5 划分干湿区的指标及其标准</td></tr>
</table>

干湿状况	主要指标 年干燥指数	辅助指标 降水量
湿 润	≤1.00	>800~900mm >600~650mm（东北、川西山地）
半湿润	1.00~1.50	400~500mm 至 800~900mm 400~600mm（东北）
半干旱	1.50~4.00 1.50~5.00（青藏高原）	200~250mm 至 400~500mm
干 旱	≥4.00 ≥5.00（青藏高原）	<200~250mm

表 2.6 气候区划分指标及其标准

气候区	7 月平均温度/℃
Ta	≤18
Tb	18~20
Tc	20~22
Td	22~24
Te	24~26
Tf	26~28
Tg	≥28

二、气候区划方案

依据上述指标体系和分区等级系统，本书气候区划方案将中国划分为 12 个温度带、24 个干湿区、56 个气候区（图 2.12 和表 2.7）。

表 2.7 中国气候（1971~2000 年）区划结果

温度带	干湿区	气候区编码	气候区名称
Ⅰ 寒温带	A 湿润区	ⅠATa	大兴安岭北部区
Ⅱ 中温带	A 湿润区	ⅡATc-d	小兴安岭长白山区
	B 半湿润区	ⅡBTc-d	三江平原及其以南山地区
		ⅡBTb-c	大兴安岭中部区
		ⅡBTd	松辽平原区
	C 半干旱区	ⅡCTd-e	西辽河平原区
		ⅡCTc-d	大兴安岭南部区
		ⅡCTb-c1	呼伦贝尔平原区
		ⅡCTb-c2	内蒙古高原东部区
		ⅡCTb-c3	黄土高原西部区
		ⅡCTd	鄂尔多斯与东河套区
		ⅡCTb	阿尔泰山地区
		ⅡCTc	塔城盆地区
		ⅡCTa-b	伊犁谷地区
	D 干旱区	ⅡDTd-e	西河套与内蒙古高原西部区
		ⅡDTc-d1	阿拉善与河西走廊区
		ⅡDTc-d2	额尔齐斯谷地区
		ⅡDTe-f	准噶尔盆地区
		ⅡDTb-c	天山山地区

温度带	干湿区	气候区编码	气候区名称
Ⅲ 暖温带	A 湿润区	ⅢATd	辽东低山丘陵区
	B 半湿润区	ⅢBTe	燕山山地区
		ⅢBTf	华北平原与鲁中东山地区
		ⅢBTe–f	汾渭平原山地区
		ⅢBTc–d	黄土高原南部区
	C 半干旱区	ⅢCTd	黄土高原东部与太行山地区
	D 干旱区	ⅢDTe–f	塔里木与东疆盆地区
Ⅳ 北亚热带	A 湿润区	ⅣATf	大别山与苏北平原区
		ⅣATg	长江中下游平原与浙北区
		ⅣATe–f	秦巴山地区
Ⅴ 中亚热带	A 湿润区	ⅤATg	江南山地区
		ⅤATf	湘鄂西山地区
		ⅤATd–e	贵州高原山地区
		ⅤATe–f	四川盆地区
		ⅤATb–c	川西南滇北山地区
		ⅤATc–d	滇西山地滇中高原区
Ⅵ 南亚热带	A 湿润区	ⅥATg1	台湾北部山地平原区
		ⅥATg2	闽粤桂低山平原区
		ⅥATd–e	滇中南山地区
		ⅥATc–d	滇西南山地区
Ⅶ 边缘热带	A 湿润区	ⅦATg1	台湾南部山地平原区
		ⅦATg2	琼雷低山丘陵区
		ⅦATe–f	滇南山地区
Ⅷ 中热带	A 湿润区	ⅧATg	琼南低地与东、中、西沙诸岛区
Ⅸ 赤道热带	A 湿润区	ⅨATg	南沙群岛珊瑚岛区
HⅠ 高原亚寒带	A 湿润区	HⅠA	若尔盖高原亚寒带湿润区
	B 半湿润区	HⅠB	果洛那曲高山谷地高原亚寒带半湿润区
	C 半干旱区	HⅠC1	青南高原亚寒带半干旱区
		HⅠC2	羌塘高原湖盆亚寒带半干旱区
	D 干旱区	HⅠD	昆仑高山高原亚寒带干旱区
HⅡ 高原温带	A 湿润区	HⅡA	横断山脉东、南部高原温带湿润区
	B 半湿润区	HⅡB	横断山脉中北部高原温带半湿润区
	C 半干旱区	HⅡC1	祁连青东高山盆地高原温带半干旱区
		HⅡC2	藏南高山谷地高原温带半干旱区
	D 干旱区	HⅡD1	柴达木盆地与昆仑山北翼高原温带干旱区
		HⅡD2	阿里山地高原温带干旱区
HⅢ 高原亚热带	A 湿润区	HⅢA	东喜马拉雅南翼高原亚热带山地湿润区

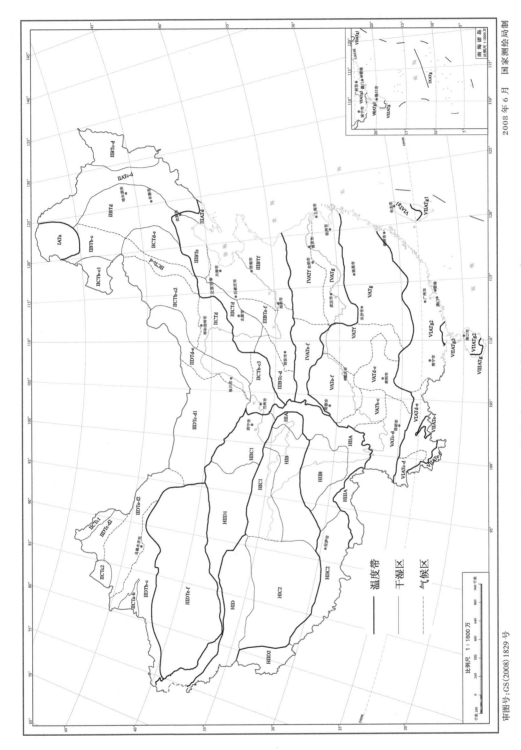

图 2.12 中国气候区划示意图（1971～2000 年）

与 1985 年《中国自然地理·气候》（中国科学院《中国自然地理》编辑委员会，1985）的气候区划结果（当时采用的气候资料为 1951 ~ 1970 年）相比，1970 年代以后中国的气候区域的总体格局并未发生明显变化，但一些气候界线却出现了一定程度的移动。其中变化较为明显的是亚热带北界、暖温带北界，它们均出现了不同程度的北移；北方地区半湿润与半干旱的干湿分界线也出现了不同程度的东移与南扩；其余的气候区划界线虽也都有所移动，但总体变化趋势并不显著。

三、分区气候简要特征

（一）温　带

中国淮河（北）—秦岭—青藏高原北缘一线以北的广大北方地区均属温带。中国温带的主要气候特征是：冬季较同纬度地区寒冷，夏季却较同纬度地区温暖，且昼夜温差较大；虽然温带地区的四季也较为分明，但春秋季节相对较短。

中国的温带从北到南可划分为寒温带、中温带和暖温带三个温度带。其中寒温带范围较小。温带内东西干湿状况差异明显，其中东部夏季多雨湿润，冬季少雨干燥；而西部由于距离海洋较远，冬夏降水均较小，因而全年气候皆干燥。从温度带与干湿区的匹配看，除寒温带为湿润区外，中温带和暖温带从东到西均分布有湿润区、半湿润区、半干旱区和干旱区。

1. 寒温带

中国的寒温带位于大兴安岭北部地区，地处中国最北端，范围较小，仅包括大兴安岭北部寒温带湿润区（IATa）1 个气候区。本区日平均气温稳定 ≥10℃ 的日数和积温分别小于 100 天和 1 600℃，生长季仅有 3 个月；年平均温度为 -3℃ 左右；夏季凉爽，最热月温度在 19℃ 以下；冬季严寒，最冷月平均温度在 -26℃ 以下，有气象记录以来的极端最低气温达 -52.3℃（漠河站，1969 年）；年降水量为 450mm 左右，干燥度小于 1.0，气候湿润。

2. 中温带

中温带范围很大，位于中国北部，从东北一直向西伸展到新疆西部的国境线，其南界东起自丹东北部，经沈阳附近至彰武，然后折向西南，经赤峰南、张家口北、大同南、子长、西峰南、通渭、渭源至岷县，再折向西北，沿青藏高原东缘山地祁连山北侧、疏勒河东向北至博格达山—天山南侧，再向西直至乌恰西的国境线。

中温带内日平均气温稳定 ≥10℃ 的日数与积温分别为 100 ~ 170 天及 1 600 ~ 3 200℃，生长季为 3.5 ~ 5.5 个月；年平均气温为 -4 ~ 9℃，但气温年较差大、冬冷夏暖。本区最冷月平均气温多在 -25 ~ -5℃ 之间，其中西部的准噶尔盆地和阿拉善高原冬季常为冷高压所控制，是中国寒潮的主要通道之一，因而最冷月平均气温都在 -20℃ 以下，富蕴的极端最低气温更低达 -51.5℃；本区最暖月平均气温一般都达 18℃ 以上，个别地区（特别是沙漠与戈壁地区）甚至超过 25℃。

中温带内干湿状况变化明显，自东至西湿润程度逐渐减少，干旱程度不断加剧，包括中温带湿润、半湿润、半干旱、干旱4个干湿区。带内的降水差异也极为明显，东部湿润区降水量一般可达600mm以上，半湿润地区降水量为400~600mm，且60%~70%集中在夏季；东中部半干旱区降水为200~400mm，中西部干旱区一般都在200mm以下，其中黄河河套以西至准噶尔盆地的大部分地区年降水量多在100mm以下。

带内地势高差大、地貌多变、下垫面复杂，因而中温带气候类型的空间分布也较为复杂，是中国干湿区最齐全、含有气候区最多的气候带，共包括18个气候区。

中温带湿润区位于东北地区东部，东界自鹤岗向南，经牡丹江至延吉，西界大致在小兴安岭南麓、张广才岭、长白山西麓向南至沈阳北一带；本区包括小兴安岭长白山（IIATc-d）1个气候区。中温带半湿润区位于东北地区东部和中部，受局地地形的影响，区内各地气候仍有差异，本区共包括三江平原及其以南山地（IIBTc-d）、大兴安岭中部（IIBTb-c）和松辽平原（IIBTd）3个气候区。中温带半干旱区含东北西部、内蒙古东部、山西北部、陕西北部及新疆西北部，包括西辽河平原（IICTd-e）、大兴安岭南部（IICTc-d）、呼伦贝尔平原（IICTb-c1）、内蒙古高原东部（IICTb-c2）、黄土高原西部（IICTb-c3）、鄂尔多斯与东河套（IICTd）、阿尔泰山地（IICTb）、塔城盆地（IICTc）和伊犁谷地（IICTa-b）共9个气候区。中温带干旱区含内蒙古中西部、宁夏大部、甘肃北部及新疆北部，包括西河套与内蒙古高原西部（IIDTd-e）、阿拉善与河西走廊（IIDTc-d1）、额尔齐斯谷地（IIDTc-d2）、准噶尔盆地（IIDTe-f）和天山山地（IIDTb-c）5个气候区。

3. 暖温带

暖温带位于淮河（北）—秦岭—青藏高原北缘一线以北，中间被祁连山地及其北面的河西走廊和山地所割，分为东西两段：东段主要包括华北平原、太行山脉、山西高原和黄土高原东部及其以南的山地与谷地；西段主要在新疆南部，包括塔里木盆地和吐鲁番盆地等。

暖温带内日均气温稳定≥10℃时期多为170~220天，其间年积温多为3200~4500℃，个别地方（如吐鲁番盆地）因夏季炎热甚至可以超过5300℃。暖温带年平均气温为8~14℃，气候冬冷夏热，昼夜温差较大（一般达10~20℃）；特别是气温在季节上的差别很明显，其中最热月气温达20~27℃，最冷月气温基本上均在0℃以下，西部的塔里木盆地甚至达-10℃左右。暖温带西部年太阳总辐射量大多达6000MJ/m²，是中国仅次于青藏高原的光能资源较丰富的地区。

暖温带受西风带与夏季风共同影响，仅在盛夏季节才有较多降水。暖温带东西水分差异明显：东段盛夏时节受夏季风影响强烈，但时段较短，多为半湿润区，大部分区域年降水量达500~800mm；其中沿海有小部分区域降水较为丰沛，年降水量可达600~900mm，气候湿润；但黄土高原东部与太行山地降水较少，年降水量多在400mm以下，为半干旱气候。而西段主要受西风带影响，年降水量多在100mm以下，为干旱气候。

位于辽东半岛的辽东低山丘陵（IIIATd）气候区是暖温带仅有的一个湿润区。受海洋影响，这里气候湿润。暖温带半湿润区位于淮河以北，其西北界大致沿华北平原北部西界，向西南经阳泉和临汾，再折向西至延安，包括燕山山地（ⅢBTe）、华北平原与鲁中东山地（ⅢBTf）、汾渭平原山地（ⅢBTe-f）和黄土高原南部（ⅢBTc-d）4个气候区。黄土高原东部太行山地（ⅢCTd）气候区是暖温带唯一的一个半干旱区。暖温带干旱地区位于新疆南部的荒漠地区，包括塔里木盆地和吐鲁番盆地等，称塔里木与东疆盆地（ⅢDTe-f）气候区，大部分地区为沙漠覆盖，气候干旱，且差异较小。

（二）亚 热 带

中国亚热带位于淮河（北）—秦岭以南、青藏高原以东、雷州半岛与云南南缘地区以北的广大地区，并包括台湾省。亚热带是东亚季风盛行的地区，年均温多在16~25℃左右。每当冬季中国北方有冷空气南下时，便常常导致这里气温急剧降低，因而也经常出现大范围的雨雪天气。中国亚热带最冷月均温一般大于0℃，但不论是整个冬季、还是1月份，其气温都低于地球上其他同纬度地区。这里夏季温度高、湿度大，尤其是初夏，由于此时北方冷空气仍能入侵本地区，它们与南来的暖气流在此相遇，因而极易形成连续性的强降雨，即梅雨。

亚热带从北向南又可划分为北亚热带、中亚热带和南亚热带。这3个温度带降水量均较丰富；一般情况下，多年平均降水量均大于潜在蒸散量，均属湿润区。

1. 北亚热带

北亚热带位于中国秦岭—淮河（北）以南，其南界东起于浙闽山地北部，向西经长江中游平原南缘向西北经宜昌后继续向西，沿大巴山南缘经广元、绵阳西，至都江堰西与青藏高原东界相接。

北亚热带气候的基本特征是热量条件较优，水热同季，四季分明。这里日均气温稳定≥10℃时期达220~240日，其间积温为4 500~5 100℃。北亚热带年平均温度约为14~17℃，气温年较差相对较大，其中最冷月平均气温大多在0℃以上，但冬季极易受北方冷空气入侵（仅西段因有秦岭的阻隔作用，不易受一般强度的北方冷空气侵扰）影响；特别是冬季有强冷空气南下时，不但全区性降温剧烈，温度较低，而且还时常伴有大风和冰雪天气。而盛夏又受副热带高压的控制，最热月平均气温大多达26℃以上，特别是在长江下游沿岸地区可高达29℃。

中国北亚热带气候湿润，与世界其他副热带高压带控制下的干燥气候区（如非洲大陆西岸的撒哈拉地区）有明显不同。本带年平均降水量多在800~1 500mm之间，但季节分配不均，其中70%以上的降水量集中在4~9月份，夏季6~8月的降水量一般占全年总降水量的40%以上，是防汛的重要时期。因夏季风的强弱、进退年际差异显著，降水量年际变率也较大，旱涝灾害均较为频繁。

初夏的梅雨是北亚热带湿润区（即长江中下游）最有特色的气候现象之一。梅雨期是降水的主要集中期，长江中下游地区梅雨季节常在6月中旬至7月上旬，暴雨多、雨区广、雨时长。但因夏季风年际变率较大，故一些年份的梅雨可提早到6月上旬初甚至5月下旬末就入梅，而有些年份结束期也会推迟至7月底，甚至8月初才出梅。梅雨结束以后，这里主要受太平洋副热带高压控制，进入少雨伏旱季节，因此这里也极易出现伏旱。但由于这里夏季空气湿度较大，因而也极易出现局地性的雷雨，同时也会常受热带气旋或其外围风系的影响，7~8月的降水量也仍占较大比重，这对适当缓解伏旱具有极为重要的作用。

北亚热带湿润区再分为大别山与苏北平原（IVATf）、长江中下游平原与浙北（IVATg）和秦巴山地（IVATe-f）3个气候区。

2. 中亚热带

中亚热带主要包括北亚热带以南至南岭以北的江南丘陵山地、四川盆地和云贵高原及横断山脉南段等，其南界东起福州北，向西大致经九仙山、韶关、蒙山至罗甸，再折向南至云南广南，然后再向西经玉溪至腾冲一线。

中亚热带日均气温稳定≥10℃的日数多为240~285天，其间积温多在5 000℃以上、6 500℃以下，但云贵高原因受海拔影响，积温普遍较低，多数地区仅有4 000~5 000℃；中亚热带无霜期多大于260天；大部分地区年平均气温为12~19℃，最冷月平均气温约在4~10℃之间，最热月平均气温东部地区多在28℃以上，仅西部的云贵高原因受海拔影响相对较低，一般为19~25℃。

中亚热带是北方强冷气团与南方暖湿气团交绥最为频繁的地区，因而这里的降水量也较为丰富，但因受不同地形影响，区内降水差异很大，最多的地区年降水量可达1 800mm以上，最少的地区则仅有800mm左右，二者相差达1 000mm以上；且降水的年内与年际变率均较大，不但旱涝灾害较多发，还常常是一年之内旱涝灾害交替发生。

中亚热带湿润区气候仍存在较显著的区域差异，故再分为江南山地（VATg）、湘鄂西山地（VATf）、贵州高原山地（VATd-e）、四川盆地（VATe-f）、川西南滇北山地（VATb-c）和滇西山地滇中高原（VATc-d）6个气候区。

3. 南亚热带

南亚热带位于中国云南南部以及南岭以南的地区与台湾省，其南界被海洋和国界线割断，因而在中国陆境内分为三段。其中东段在台湾岛，东起新港，西至台南北部，呈"V"形走向；中段在广东和海南省，其南界位于雷州半岛北部；西段在云南省，其东起河口瑶族自治县东部，经元阳北、江城北向南折向勐腊北部，然后折向西北沿景洪北、澜沧南、至孟定西北至国界。

南亚热带日均气温稳定≥10℃日数为285~365天，其间积温多在6 000~8 000℃之间，仅云南少数地区因海拔较高而低于6 000℃；南亚热带的无霜期多在350天以上，但多数年份仍有霜冻灾害发生。南亚热带年平均气温为18~23℃，其中多数地区最热月平均气温多为28~29℃以上。南亚热带冬季不明显，因为最冷月平均气温多可达13~15℃；但云南南部山地因海拔较高，因而各月气温均相对较低，其中最热月平均气温仅有22~26℃。

南亚热带不但季风降水多，且多数地区还常受台风影响，因而雨量丰沛。大部分地区年降水量为1 100~2 200mm，其中台湾北部年降水量多大于2 100mm。本区除云南南部外，其他地区较易遭台风及其相伴的暴雨袭击，沿海地区还常因此发生风暴潮。

台风虽可给本地带来充足的降水，但同时也是严重的气象灾害，常给当地带来巨大经济损失；本带存在 2 个汛期：一是 5~6 月初，主要因季风降水而致；二是 7~8 月，因台风降水而致。

南亚热带湿润区自东至西又可分为台湾北部山地平原（VIATg1）、闽粤桂低山平原（VIATg2）、滇中南山地（VIATd-e）和滇西南山地（VIATc-d）4 个气候区。

（三）热　带

热带位于中国的最南部，包括云南南部边缘的瑞丽江、怒江、澜沧江、元江等河谷与山地以及雷州半岛、台湾岛南部、海南岛、澎湖列岛及南海诸岛等。热带典型的气候特征是全年温暖、无冬无霜、雨多湿度大、四季不分明。尽管以陆地面积计，中国热带仅约 8 万 km^2，不足全国国土面积的 1%；且多呈块状、岛状分布，并不成带，但因其南北跨度大，仍可划分为边缘热带、中热带和赤道热带 3 个温度带。

1. 边缘热带

边缘热带包括台湾岛南部、雷州半岛、海南岛中北部、云南南部边缘的瑞丽江、怒江、澜沧江、元江等河谷山地地区等。

边缘热带气温较高，降水充足，但水热条件存在较明显的东西差异。边缘热带西段的滇南山地日平均气温稳定 ≥10℃ 日数基本接近 365 天，其间积温为 7 800℃ 左右，年平均温度为 21~24℃，其中最冷月平均温度 15~18℃，最热月平均温度为 24~29℃；东段的雷州半岛、海南岛中北部及台湾岛南部的日平均气温稳定 ≥10℃ 日数均为 365 天左右，其间积温达 8 000~9 000℃，年平均温度为 22~25℃，最冷月平均温度 15~18℃，最热月平均温度为 28~29℃。边缘热带偶尔也会受强寒潮影响，出现一定程度霜冻。

尽管这里均多雨湿润，但因受局地地形的影响，降水区域差异较大。其中，滇南山地降水量多为 1 400~1 600mm。雷州半岛虽位于沿海湿润区，但年降水量仅有 1 400mm 左右，且因蒸散量大，因而也常会出现春旱和秋旱。海南岛雨量充沛，年降水量多为 1 600mm 以上，且干湿分明，其中每年 5~10 月是多雨季，雨量占全年降水量的 70%~90%，海南多雨中心在五指山东坡，因地处迎风坡，年降水量可达 2 000~2 400mm。台湾南部年降水量较充沛，多在 1 700~2 300mm 之间，且多出现大雨和暴雨。边缘热带中东部易受热带气旋的影响，台风频发，其中 7 月至 9 月是台风侵袭最频繁的季节，台风登陆一般都会带来强降水，常造成洪涝灾害等，还会造成沿海地区出现风暴潮。

边缘热带湿润区又分为台湾南部山地平原（VIIATg1）、琼雷低山丘陵（VIIATg2）和滇南山地（VIIATe-f）3 个气候区。

2. 中热带

中热带位于中国海南岛西南端和东、中、西沙诸群岛。主要特征是热量充足，季节差异不明显，降水丰富。全年日平均气温均 ≥10℃，且其间积温达 9 000~10 000℃。

这些地方年平均温度均在24℃以上，即使是最冷月，平均温度也达20℃，但最热月平均温度也只有28～30℃上下。中热带年降水量多在1 500～2 000mm之间。海南岛西南部因地处背风坡和受干热风的影响降水较少，年降水量仅有1 000mm左右，春秋季节也较易出现季节性干旱。中热带湿润区仅有琼南低地与东、中、西沙诸岛（VIIIATg）1个气候区。

3. 赤道热带

赤道热带位于中国南沙群岛，主要特征是全年高温高湿。这里日平均气温均大于10℃，全年积温达10 000℃以上。各月气温差异较小，最冷月平均气温在24℃以上，最热月平均温度也仅28℃多；这里年均降水量为1 500～2 000mm，且年内分配也较为均匀，因而没有干湿季之分。赤道热带湿润区仅有南沙群岛珊瑚岛（IXATg）1个气候区。

（四）高原气候带

高原气候带西部以帕米尔高原和喀喇昆仑山脉为界，南部以喜马拉雅山脉南缘为界，北界为昆仑山，阿尔金山和祁连山北缘，与塔里木盆地及河西走廊相连，东界南起横断山脉东缘，向北为西倾山、秦岭山脉西段的迭山，大致在文县—武都—岷县—康乐一线和中秦岭、黄土高原相衔接。

高原气候带海拔大多在3 000m以上，因而其气温远比同纬度平原地区低，同时由于空气稀薄、太阳辐射强、日照充足，因而气温的日变化较大。

高原气候带可进一步划分为高原亚寒带、高原温带和高原亚热带。其中高原亚寒带和高原温带还包括湿润至干旱4种干湿类型，而高原亚热带因降水较多，气候湿润。带内具有连续30年以上观测记录的气象站点相对稀少，且分布不均匀，因此不再进行第三级气候区的划分。

1. 高原亚寒带

高原亚寒带位于青藏高原中部，东起若尔盖湿地，西至喀喇昆仑山西段，北以昆仑山脉北缘—阿尼玛卿山为界，南到冈底斯山南缘—念青唐古拉山，主要包括果洛、玉树、那曲和阿里中、北部地区。

高原亚寒带海拔较高，气候寒冷，植物生长期短，农业以粗放型的游牧为主。这里日均气温稳定≥10℃的日数多在50天以下，其间积温多在500℃以下，年平均气温大多在0℃以下，且最冷月平均气温低达－17～－10℃；而最暖月平均气温只有5～10℃，仅个别河谷地区能达10℃以上。

本气候带内降水大致从东向西递减，因而又可进一步划分为高原亚寒带湿润区、半湿润区、半干旱区和干旱区。除高山上降水较多外，高原面上年降水量一般小于700mm，且降水多集中于5～10月。

高原亚寒带湿润区（HIA）位于若尔盖高原，西界沿河南、玛曲经久治至班玛。本区年平均气温为0℃左右，1月平均气温为－10℃左右，7月平均气温为10℃左右，年降水量为 600~700mm，气候寒冷，潜在蒸散量低，气候相对湿润。

高原亚寒带半湿润区（HIB）位于果洛那曲地区，为高山谷地，其北界大致沿兴海西，向西南经曲麻莱至安多北，其南界大致沿色达南，向西南经囊谦、嘉黎至当雄。本区年平均气温为 -4~3℃，1 月平均气温为 -14~-10℃，7 月平均气温为 8~10℃，年降水量为 400~600mm，属典型的高寒半湿润气候。

高原亚寒带半干旱区位于青南高原的长江、黄河源头至羌塘高原一带，其北、东界大致为昆仑山支脉阿尼玛卿山西段—布尔汗布达山南缘至布喀达坂峰—藏色岗日，向西直至班公错东北部一线，南界为冈底斯山。本区年平均气温多在 0℃ 以下，1 月平均气温为 -17~-10℃，7 月平均气温为 5~10℃，年降水量为 200~400mm，属高寒半干旱气候。本区又可进一步划分为青南高原（HIC1）和羌塘高原湖盆（HIC2）2 个气候区。

高原亚寒带干旱区（HID）位于羌塘高原北部和昆仑山脉中、西段。本区无系统的常规气象观测资料，依海拔和自然景观推断，本区年平均气温应在 -2℃ 以下，1 月平均气温为 -17~-15℃，7 月平均气温为 3~5℃，年降水量低于 200mm，为高寒干旱荒漠区。

2. 高原温带

高原温带呈环带状分布于高原亚寒带周围地区。高原温带气候较温和，但垂直差异明显。多数地方日均气温稳定 ≥10℃ 日数都在 50 天以上，其间积温大多可达 500℃ 以上，可基本满足青稞种植热量要求；谷地条件好的地方日均气温稳定 ≥10℃ 日数甚至可接近 180 天，其间积温接近 3 000℃。因气候垂直差异明显，故本带内的气温随高度变化差异极大。一般年平均气温为 0~13℃，最暖月气温达 8~20℃，最冷月气温为 -16~3℃。

高原温带干湿状况空间差异很大，其中东部为湿润、半湿润区，北部和南部为半干旱和干旱区。湿润区年降水量多在 600~1 000mm 之间，半湿润区年降水量在 450~650mm 之间，半干旱区在 200~450mm 之间，干旱区则在 200mm 以下。

高原温带湿润区（HIIA）位于横断山脉东部和南部。年平均气温为 5~13℃，1 月平均气温为 -6~3℃，7 月平均气温为 13~20℃；年降水量为 500~1 000mm；称横断山脉东、南部高原温带湿润区。

高原温带半湿润区（HIIB）位于横断山脉中北部，其西界大致位于怒江西侧一线，东界大致从色达东南，向南经道孚、理塘至稻城一带。年平均气温在 3~8℃，1 月平均气温为 -6~-1℃ 以下，7 月平均气温为 13~16℃，年降水量为 450~650mm，称为横断山脉中北部高原温带半湿润区。

高原温带半干旱区分别位于青藏高原的东北部和青藏高原西南部。年平均气温多为 0~8℃，1 月平均气温为 -13~0℃，7 月平均气温为 8~18℃，年降水量为 200~500mm。根据地理位置与地域单元差异。本区进一步划分为祁连青东高山盆地（HIIC1）和藏南高山谷地（HIIC2）2 个气候区。

高原温带干旱区分别位于青藏高原北部的柴达木盆地和西南部的阿里地区。区内系统的常规气象观测资料较少，结合海拔和自然景观推断，本区年平均气温约 0~6℃，最暖月平均气温可达 10 ~ 18℃，但冬季较寒冷，最冷月平均气温仅有 - 16 ~ - 9℃；本区年降水量一般均低于 200mm，仅山地的中上部年降水量可达 300 ~ 400mm。根据地理位置与地域单元差异，本区划分为柴达木盆地（HIID1）与昆仑山北翼、阿里山地（HIID2）2 个气候区。

3. 高原亚热带

高原亚热带位于青藏高原东南部的喜马拉雅山南翼—横断山西南缘地区，北界东部始于贡山，向西北经察隅北至雅鲁藏布江大拐弯，再折向西南直至错那南。这里峡谷深切，垂直高差大，谷地海拔多在 2 500m 以下，高地达 5 000m 以上。

高原亚热带气候温暖湿润，日均气温稳定≥10℃日数多在 180 天以上，年平均气温大于 11℃，最热月平均气温一般也高于 18℃；由于地形闭塞，一般无寒潮冷空气直接侵入，最冷月气温一般不低于 0℃。喜马拉雅山南坡属于西南季风的迎风坡，年平均降水量较大，通常达 800mm 以上，气候湿润。高原亚热带湿润气候区（HIIIA）称东喜马拉雅南翼气候区。

参 考 文 献

蔡则怡. 1990. 中国台风灾害. 见孙广忠主编. 中国自然灾害. 北京：学术书刊出版社，103 ~ 116

陈咸吉. 1982. 中国气候区划新探. 气象学报，40（1）：35 ~ 47

丁一汇. 2013. 中国自然地理系列专著. 中国气候. 北京：科学出版社，327 - 418

冯丽文，郑景云. 1994. 我国气象灾害综合区划. 自然灾害学报，3（4）：49 ~ 56

李世奎，侯光良，欧阳海等. 1988. 中国农业气候资源和农业气候区划. 北京：科学出版社，1 ~ 341

林之光，张家诚. 1985. 中国气候. 上海：上海科学技术出版社，124

秦大河. 2005. 中国气候与环境演变，上卷：气候环境的演变及预测. 北京：科学出版社，400 ~ 405

丘宝剑. 1986. 中国农业气候区划新论. 地理学报，41（3）：202 ~ 209

丘宝剑，卢其尧. 1980. 中国农业气候区划试论. 地理学报，35（2）：116 ~ 125

任雪娟，杨修群，周天军等. 2010. 冬季东亚副热带急流与温带急流的比较分析：大尺度特征和瞬变扰动活动. 气象学报，68（2）：1 ~ 11

吴绍洪，尹云鹤，郑度等. 2005. 近 30 年中国陆地表层干湿状况研究. 中国科学（D 辑），35（3）：276 ~ 283

徐良炎，高歌. 2005. 近 50 年台风变化特征及灾害年景评估. 气象，31（3）：41 ~ 45

徐良炎. 1996. 影响我国的台风及其危害. 见黄荣辉主编. 中国气候灾害的分布和变化. 北京：气象出版社，170 ~ 176

张家诚. 1991. 中国气候总论. 北京：气象出版社，5 ~ 77，84，94 ~ 101

张镱锂，李炳元，郑度. 2002. 论青藏高原范围与面积. 地理研究，21（1）：1 ~ 8

中国科学院《中国自然地理》编辑委员会. 1985. 中国自然地理·气候. 北京：科学出版社，26，73 ~ 74，151 ~ 161

中国科学院自然区划工作委员会. 1959. 中国气候区划（初稿）. 北京：科学出版社，1 - 323

中央气象局. 1979. 中华人民共和国气候图集. 北京：地图出版社，1 - 226

Allen R G, Pereira L S, Raes D, et al. 1998. Crop Evapotranspiration – guidelines for Computing Crop Water Requirements. FAO Irrigation and Drainage Paper 56. Rome：Food and Agriculture Organization of the United Nations. http://www.fao.org/docrep/X0490E/x0490e00.htm

第三章　中国地貌概况

第一节　陆地地貌基本特征

中国陆地地貌最明显的特点是西高东低，山地多，平地少。据统计，山地、丘陵和高原的面积占全国土地总面积的69%，平地不足1/3（表3.1）。

表3.1　中国陆地领土面积按海拔高度分配的比例

海拔高度/m	<200	200~500	500~1 000	1 000~2 000	2 000~4 000	4 000~6 000	>6 000
面积/万 km²	150.77	112.60	154.30	234.31	115.94	190.85	1.23
占全国总面积/%	15.70	11.73	16.07	24.41	12.08	19.88	0.13

注：不同海拔高度的面积数据来源于国家1:100万数字高程模型（DTM）数据库（以下相关海拔高度面积表的数据来源同此）。

在总体结构上，中国的陆地地貌呈现有如下的一些基本特征。

一、三大地貌阶梯

按海拔的差别，中国陆地地貌可以分成明显的三级阶梯（图3.1）。

（一）第一级（最高的）阶梯

平均海拔在4 000m以上，面积广达230万 km²，形成了号称"世界屋脊"的青藏高原。高原上横亘着几条近乎东西向的山脉，自北而南依次为昆仑山脉－祁连山脉、唐古拉山脉、冈底斯山脉－念青唐古拉山脉，山脊线海拔大都在6 000m以上。在南沿有高耸入云的喜马拉雅山脉，山脉主脊海拔平均在7 000m左右，世界第一高峰——珠穆朗玛峰就位于它的中东部，海拔达8 844.43m。青藏高原西端与帕米尔高原相接，北面和东面地势从海拔4 000m以上急剧地下降到海拔1 000~2 000m的下一级高原和盆地，南面更急剧降到海拔仅几十米的印度、孟加拉国境内的恒河平原（图3.1）。

（二）第二级阶梯

介于青藏高原与大兴安岭—太行山—巫山—雪峰山之间，其中包括内蒙古高原、黄土高原、云贵高原和塔里木盆地、准噶尔盆地和四川盆地等大的地貌单元。海拔一般在1 000~2 000m左右，惟横亘于塔里木盆地和准噶尔盆地之间的天山较高，平均海

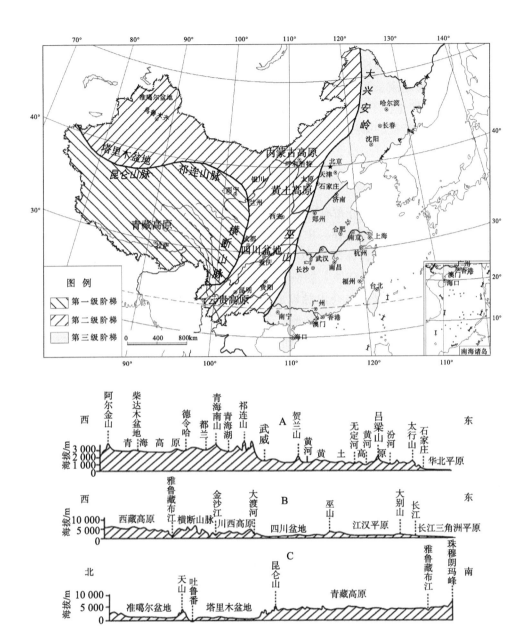

图 3.1　中国地貌的三大阶梯及其剖面

A. 青海高原至华北平原；B. 西藏高原至长江三角洲平原；C. 青藏高原至准噶尔盆地

拔超过 4 000m；四川盆地较低，仅 500m 上下。

（三）第三级（最低的）阶梯

　　大兴安岭—太行山—巫山—雪峰山一线以东的部分为第三级阶梯。其地形面由于受到后期构造运动的（断裂切割、侵蚀、隆起和沉降等）强烈破坏，地面高低起伏不平。近海的沉降地带成为广大的平原，而隆起受侵蚀、切割的地带则成为丘陵、山地。自北向南，有海拔200m以下的东北平原、华北平原、长江中下游平原；有江南广大地区平均海拔数百米的许多丘陵、盆地；还有海拔500～1000m的辽东半岛丘陵、山东半岛丘陵、东南沿海丘陵、两广丘陵等。此外，海拔超过3000m的台湾山地和水深不足200m的浅海大陆架也位于第三级阶梯的范围内。三大地貌阶梯构成了中国地貌的宏观格局，是中国地貌特征的第一层次。

二、近东西向和北东向或北北东向交叉的山文结构

在中国广袤的领土上，分布有许多长大的山脉及被这些山脉所围绕或隔开的大型地貌单元。这种围绕或分隔具有一定的规律，即以近东西向和北东向或北北东向，两大主要地貌走向的交叉。具体表现为：在贺兰山、六盘山、龙门山、哀牢山以西的中国西部，昆仑山以南的青藏高原上的高山，如唐古拉山脉、冈底斯山脉－念青唐古拉山脉和喜马拉雅山脉，以及昆仑山脉以北、阿尔金山－祁连山脉以南的柴达木盆地、昆仑山脉和天山山脉围绕的塔里木盆地、天山与阿尔泰山围绕的准噶尔盆地、祁连山脉以北的河西走廊和阿拉善高原，它们的排列方向都近乎东西向。而在中国东部，则情况有所不同，包括大兴安岭、太行山脉、山西高原、四川盆地、鄂西－云贵高原、广西盆地、东北平原、华北平原、山东山地、东南沿海山地，以及台湾岛和海南岛，它们的排列方向主要为北东和北北东，其中还穿插有从昆仑山脉向东延伸的秦岭山脉，

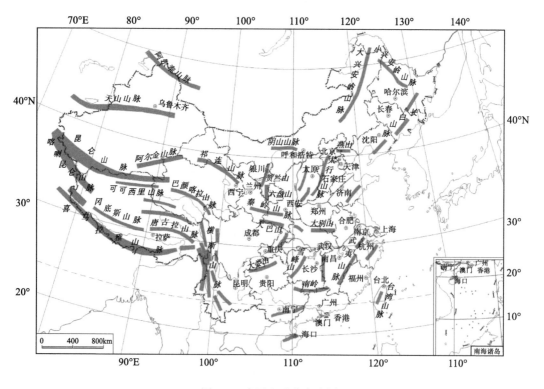

图3.2　中国山系分布略图

以及位于北方的阴山山脉。这样就形成了近东西向和南北（华夏向）向两大主要方向的交叉，它们构成了中国地貌的骨架（图 3.2）。这是除三大地貌阶梯之外中国地貌特征的第二层次。

形成中国三大地貌阶梯和近东西向与北东或北北东向地貌交叉这两大特征的根本原因是地质构造，它们都是经过上新世以来构造变动所突现出来的构造形态，是顺应地质构造的结果。

三、海岸线轮廓

现代海岸线构成了中国陆地的轮廓。目前的形状主要是区域性的新华夏构造体系及 X 型断裂构造和世界性的洋面变化两者的控制和相互作用的结果。

如前所述，中国东部有一系列北东—北北东向呈雁行式排列的隆起带和沉降带，这些隆起带和沉降带的相间排列，确定了中国沿海的平原与山地、丘陵，以及海域上的海盆与岛屿的分布格局。以杭州湾为界，杭州湾以北海岸线穿过几个隆起带和沉降带，由于它们在地质构造上的差异，反映在海岸地形上为上升的山地丘陵海岸与下降的平原海岸交错分布。而杭州湾以南的海岸，整个海岸线基本上处于同一隆起带内，呈现为山地丘陵海岸，海岸线的走向也与构造带的走向基本相吻合（陈吉余等，1989）。而伴随此种构造带的形成，又产生了北北东—北东和北北西—北西向两组断裂体系，它们的存在进一步加深了地质构造对海岸线走向的控制作用。

第四纪冰期与间冰期的更替导致了全世界洋面的升降，从而影响到海岸线的前进与后退。更新世间冰期的最高洋面大致不超过现在洋面 10 m，而末次冰期的低海面低于现代海面 130 m 左右（陈吉余等，1989），如此大的升降幅度对海岸线的进退和调整带来影响，不同地段的变化情况也不一样。

第二节　地貌外营力的地域差异和地貌基本类型

一、地貌外营力的地域差异

地质构造亦即内营力决定着第一和第二两个层次的宏观地貌结构，而地貌形态上的差异，以及所形成的各种不同的类型及其组合则主要由外营力所决定。外营力属性受自然地理地带性的控制。按照黄秉维的中国综合自然区划方案（1959 年），全国分为东部季风区、西北干旱区和青藏高原区三个大的自然区，每个大区又可以分为若干个自然带，每个区域和地带内的温度、水分条件均不一样，从而外营力的属性及其组合状况也各异。

（一）东部季风区

东部季风区降水充沛，河流众多，许多大河，如长江、黄河、珠江、黑龙江等主要河流均流经本区，具有很强的侵蚀、搬运和堆积能力，故流水的侵蚀和堆积地貌在本区占绝对优势。一般说来，侵蚀地貌发生在长期隆起的地区，构成了不同高度和切割深度的山地和丘陵，甚至高原面也受到了侵蚀；而堆积地貌则发生在长期拗陷的地区，构成了不同规模的平原。由于本区南北跨 5 000km，温度、水分条件相差颇为悬殊，纬度地带性十分明显，加之南北的地质条件也相差颇大，因此同样是以流水作用为主，其活动方式和程度也并非一致。秦岭—淮河一线以南属于亚热带和热带的湿润地区，流水作用异常活跃，但同时地面的化学风化作用与碳酸盐岩的喀斯特作用亦在进行。在具有深厚风化壳的花岗岩丘陵区和红色盆地中的红色页岩斜坡上，现代侵蚀相当强烈。秦岭—淮河一线以北直至阴山—燕山以南的华北地区，属于暖温带的湿润和半湿润地区，蒸发旺盛，年降水量相对较少，而年降水量又有一半以上集中在夏季和秋季，流水作用的季节特点比南方更为突出，特别是由于多暴雨，使得雨季时的地面侵蚀、河流泥沙的搬运和堆积作用十分强烈。本区内黄河中游的黄土高原，由于岩性疏松，在暴雨洪水季节，坡面和沟谷侵蚀剧烈，成为全球地表侵蚀最强烈的地区。大量泥沙被河流带到下游，使黄河下游成为举世闻名的地上"悬河"。燕山以北的广大东北地区，属于中温带和寒温带的湿润地区。位于东南部的长白山山区，降水量比较丰富，流水作用强烈；而位置偏北的大、小兴安岭地区，由于温度低，冻土与冰缘地貌相当普遍。至于平原地区，仍以流水作用为主，但由于排水不畅，出现不同程度的沼泽化。

（二）西北干旱区

降水少、风力大、蒸发旺盛是本区的气候特点，加上植被稀疏使得本区内广大内陆盆地和高原成为大面积的戈壁和沙漠、沙地。温度年较差和日较差大，使得岩石机械崩解强烈，风力作用和干燥剥蚀作用成为重要的地貌外营力。本区幅员辽阔，从东到西、从南到北都有很大的跨度，温度条件和干旱程度还存在一定差异。新疆的塔里木盆地、吐鲁番盆地和哈密盆地，以及甘肃河西走廊的瓜州－敦煌盆地等，地理位置偏南，热量充足，属于暖温带干旱区，但因深居内陆，极度干旱，"雅丹地貌"和沙漠分布广泛，沙漠内部广泛分布高大而密集的沙丘群体。这些盆地在地质历史时期曾广泛堆积了河湖相的疏松地层，随着时间的推移，水网不断衰退，砾石戈壁先后出现，荒漠面积也随之扩大。由于不当的人类活动，这种情形近几十年来仍有不断扩大的趋势。内陆盆地外围的高山，其下段处于干燥剥蚀作用带，但随着海拔升高，水汽增多，流水作用尚称活跃，海拔继续升高，还可以有冰雪的积累，发育现代冰川。本区中的内蒙古高原、鄂尔多斯高原、阿拉善高原、河西走廊和新疆的北部地区，因地理位置偏北，温度低于位置偏西、偏南的暖温带地区，属于中温带干旱区。随着水分条件和植被覆盖状况从东向西逐步变差，风力作用和干燥剥蚀作用相应地从东向西方向加强。东部多沙地，大部分为固定或半固定沙丘，沙丘之间还有水分状况较好的洼地。向西到阿拉善高原和新疆北部的准噶尔盆地，以风力作用和干燥剥蚀作用占优势，分布着以流动沙丘为主的巴丹吉林沙漠和以固定和半固定沙丘为主组成的古尔班通古特沙漠。

（三）青藏高原区

本区面积广大，大部分位于 26°~39°N 之间，虽然纬度较低，但高原面平均海拔 4 000~5 000m，高山更超过 6 000m，东南季风和西南季风都难以进入高原内部，因此形成一个位于中纬度地带的高寒而干燥的特殊环境。广大高原面上冻融作用强烈，广泛出现各种各样的冰缘现象，冰缘地貌分布广泛，冻土连续分布。耸立于高原面上的高山，以其巨大的海拔高度而导致低温，但能摄取大气中的水汽，从而发育了现代冰川，其性质属于大陆性的山谷冰川，由此也产生了各种冰川地貌形态。本区东南部的横断山脉地区，海洋季风可以沿着一些大河的河谷深入，降水量增加，流水作用居于相当显著的地位。

二、地貌基本类型

内外营力的属性、强度在空间上的分布十分不均匀，在它们的相互作用下，地表呈现出丰富多彩的各种不同地貌类型，它们分属于不同的层次，其中一些是基本类型，另一些则是从属类型。这里主要论述陆地和海底地貌基本类型。

（一）陆地地貌基本类型

本书采用形态成因统一原则和内外营力兼容原则来划分中国陆地地貌的基本类型，这是因为地貌形态和成因是因果关系的统一体，每一种形态包含一定的成因意义，如最基本的山地、平原就反映了两种不同的内营力地貌和经受不同的外力地貌过程。山地反映了新构造的上升，各类堆积平原则反映了新构造的沉降作用。山地的海拔高度和平原堆积物的厚度以及地貌的起伏高度反映了新构造运动的升降幅度，同时也在一定程度上反映了外营力的性质和强度，因而海拔高度也应该是划分地貌基本类型的一个重要指标。按照中国地貌的实际情况，具体分为低海拔(<1 000m)、中海拔（1 000~2 000m）、亚高海拔（2 000~4 000m）、高海拔（4 000~6 000m）和极高海拔（>6 000m）5 类。以平原和山地两种基本地貌形态为基础，结合不同的海拔高度，全国可以划分为 28 种陆地地貌基本类型（表 3.2）（李炳元，2008）。

每种基本地貌类型受到不同种类外营力的作用，由此而进一步划分出各种次一级的陆地地貌成因类型（中国科学院地理科学与资源研究所等，1987），它们分别是：海岸地貌、流水地貌、湖成地貌、干燥地貌、风成地貌、黄土地貌、喀斯特地貌、冰川地貌、冰缘地貌、重力地貌、构造地貌（包括火山、熔岩地貌）和人为地貌等地貌成因类型。

表 3.2 中国陆地基本地貌类型

地貌类型 \ 海拔/m	低海拔 <1 000	中海拔 1 000~2 000	亚高海拔 2 000~4 000	高海拔 4 000~6 000	极高海拔 >6 000
平原 平 原	低海拔平原	中海拔平原	亚高海拔平原	高海拔平原	
平原 台 地	低海拔台地	中海拔台地	亚高海拔台地	高海拔台地	
山地 丘陵（<200m）	低海拔丘陵	中海拔丘陵	亚高海拔丘陵	高海拔丘陵	
山地 小起伏山地（200~500m）	小起伏低山	小起伏中山	小起伏高中山	小起伏高山	
山地 中起伏山地（500~1 000m）	中起伏低山	中起伏中山	中起伏高中山	中起伏高山	中起伏极高山
山地 大起伏山地（1 000~2 500m）		大起伏中山	大起伏高中山	大起伏高山	大起伏极高山
山地 极大起伏山地（>2 500m）			极大起伏高中山	极大起伏高山	极大起伏极高山

　　基本地貌类型组合呈现有十分明显的区域分异规律，是构成中国区域地貌分异的决定性因素。

　　极高海拔地貌：包括中起伏、大起伏、极大起伏极高山，除天山最高峰托木尔峰（海拔7 435m）外，全部集中在第一级地貌阶梯——青藏高原上。

　　高海拔地貌：高山也主要分布于第一级地貌阶梯青藏高原上，构成高原大山系的主体。极大起伏高山主要分布于高原边缘山地，第二级地貌阶梯的天山、阿尔泰山友谊峰（4 374m）以及高原东南外缘的小相岭、螺髻山和点苍山等也是超过4 000m极大起伏的高山。大起伏高山是青藏高原主要的基本地貌类型，成为高原东部、中部山脉的主要组成部分，邻近青藏高原的第二级地貌阶梯西部也有零星分布。中、小起伏高山和高海拔丘陵，主要分布于青藏高原内部，江河源地区、羌塘高原和高原宽谷湖盆地区。高海拔平原、高海拔台地全部分布于青藏高原腹地的高原面上。

　　亚高海拔地貌：极大起伏亚高山仅在青藏高原东南缘分布。大起伏亚高山除青藏高原东、东北边缘部分山地外，主要分布于第二级地貌阶梯，构成第二级阶梯主要山脉之主体，如阿尔泰山、部分天山山脉、阴山山脉、秦岭、大巴山、无量山、哀牢山、大凉山、太行山、吕梁山、六盘山、贺兰山等山脉，以及第三级阶梯上长白山主峰白头山和台湾玉山。中起伏亚高山、小起伏亚高山和亚高海拔丘陵，以及亚高海拔平原、亚高海拔台地等主要分布于青藏高原东北部海拔较低的柴达木盆地、共和盆地、若尔盖等亚高海拔盆地边缘以及高原内河流溯源侵蚀到达的各大河中游宽谷盆地，在第二级地貌阶梯西部的云南高原、滇西山地、天山山地等也有零星分布。其中，中起伏亚高山还交叉分布于大起伏亚高山两侧。

中海拔地貌：大起伏中山主要分布于第二级阶梯东部边缘山地，有太行山、武陵山、雪峰山、伏牛山、巫山等。第三级阶梯内的主要山地亦为大起伏中山，如长白山、张广才岭、武夷山、罗霄山脉、燕山、大别山、南岭以及海南岛五指山等。中、小起伏中山分布在上述山地外围，以及第二级阶梯的大兴安岭、云贵高原东部等。中海拔平原、中海拔台地和中海拔丘陵分布很广，主要分布于第二级阶梯北部的内蒙古高原、西北河西走廊、新疆东部、塔里木盆地和准噶尔盆地以及南部的云贵高原等。

低海拔地貌：中、小起伏低山与低海拔丘陵主要分布在大别山以南的广大地区，此外长白山地、燕山山地北部、山东半岛分布也较广。低海拔平原、低海拔台地和低海拔丘陵分布在第二级地貌阶梯的低洼盆地中，如汾渭盆地、四川盆地、塔里木河下游平原、吐哈盆地、天山北麓平原和呼伦贝尔平原等。第三级阶梯中低海拔平原、低海拔台地，在北部平原区分布最广，如三江平原、松辽平原、华北平原、华东平原等；在中、南部有长江中下游平原（包括洞庭湖平原、鄱阳湖平原）以及其他许多河谷盆地及河口三角洲平原等。

（二）邻区海域海底地貌基本类型

海陆地壳构造运动造成了海底地貌基本类型。在中国近海及邻区海域，存在大陆架、大陆坡、大陆起坡（也称大陆基）和深海盆地4种海底地貌基本类型（中国科学院、国家计划委员会地理研究所，1994）。

大陆架是大陆边缘被海水淹没的部分，自陆向海自然伸展，和缓倾斜，水深小于200m。渤海、黄海、东海为世界上最宽的大陆架之一，南海周围的大陆架南北较宽，东西较窄，台湾岛架东部很窄。陆架上分布有多种次一级的地貌类型，残留有许多陆上和古海岸的堆积和侵蚀地貌。如长江、黄河和珠江等大河口外即有现代的水下三角洲，也有多级古代的水下三角洲。大部分近海地区都普遍有宽广的潮间浅滩、水下堆积平原，在黄海、东海地区有不同年代的古海岸线和海退时期形成的古长江、古黄河和古海河、辽河古河道。大陆架前缘分布有二至四级水下台地，台地上有水下贝壳堤和浅滩等。

大陆坡是陆架外缘、水深在100～3 200m、坡度为3°～6°的斜坡地带。地貌类型较为复杂。东海前缘形成规模较大的冲绳海槽，槽底为断裂盆地，盆地内有海岭、水下洼地和地堑裂谷。南海大陆坡较为宽缓，但呈现有多级断裂台阶，大陆坡上广泛发育珊瑚岩礁。此外，还有少量海底火山分布。

大陆起坡为大陆坡与深海平原之间的过渡性缓坡地带，坡度在1/2 000左右，较陡的可达1/100。水深开始于1 400～3 200m的大陆坡底部止于深海平原边缘。大陆起坡在东海前缘缺失，在南海盆地西北部分布较广。大陆起坡上有海底浅沟、海丘、海岭分布。

深海盆地，又称为深海平原，是大洋盆地中平坦的部分，水深超过3 000～4 000m，其上有海岭、海底丘陵和洋底山脉等次一级地貌类型。

第三节 中国地貌发育过程概述

一、中生代构造变动及其地貌后果

地质构造决定着第一、第二级大地貌单元的宏观轮廓，然而，中生代以前的历次地壳构造运动年代久远，一般已很少与现代地貌有直接联系，仅通过出露在地表的岩石性质、走向、褶皱程度等产生一定影响。只是到了中生代中、晚期时的燕山运动才奠定了与现代宏观地貌轮廓相对应的大地构造骨架。

燕山运动贯穿侏罗纪直至白垩纪，以贺兰山、六盘山、龙门山、哀牢山一线为界的中国东部和西部在地貌上有很大差别，就是在该时期形成的。在此线以东，形成了一系列北东—北北东向山地，山地之间的内陆拗陷盆地，以及山地内部的小型断陷盆地，它们大致呈现为雁行式相间排列的形式。大兴安岭、太行山－吕梁山、大娄山是一列，在此列山地以西，从东北到西南，分布有呼伦贝尔－巴音和硕盆地、鄂尔多斯盆地、四川盆地、滇中盆地等一连串大型盆地，一直到白垩纪以后才转为上升，遭受剥蚀、夷平和切割。在此列山地以东，也有一连串大型内陆盆地，地质构造上属于松辽、黄淮海拗陷，分布在松辽、黄淮海及长江中下游地区。这些盆地内接受堆积的时间更长，整个白垩纪都在持续进行，范围也更广，直到新生代时才从原来比较分散的凹地发展成为连片的大平原。

在中国西部，燕山运动使原来属于古生代褶皱带的昆仑山、阿尔泰山、天山、祁连山等重新又经受了褶皱和断裂作用，形成以断块上升为主的长大山系，在山系内部则普遍产生了一些与构造线一致的狭长断陷盆地，如天山的吐鲁番－哈密盆地、伊犁盆地、焉耆盆地以及祁连山的哈拉湖－青海盆地等。在昆仑山以南的广大地区，中生代以来，海水逐步南退，陆域逐渐增大。白垩系普遍为陆相红色碎屑岩。到古近纪初，仅西藏南部和塔里木盆地西部尚有海水，整个青藏地区已基本成陆，而且以后逐步隆升。

二、古近纪到新近纪地貌演进

（一）古近纪早期的准平原化过程

燕山运动之后，地壳构造运动进入相对宁静期，中国绝大多数地区高地不断受到侵蚀剥蚀，侵蚀剥蚀下来的碎屑物在低处堆积，总的地势趋向和缓，高程也向着总侵蚀基准的海平面逼近，呈现为准平原化。只是由于后来构造运动的重新活跃，准平原又被抬升到高处或被破坏、或被变形，原来的地形面今天已很难辨认，一般仅在目前地形的最高部位以夷平面或山顶面的形式出现，面积不大，甚至仅仅残存为山顶高度相近的"峰线"。在中国地貌界，人们常用"地文期"来命名这些高地上的夷平面，以说明该地区地貌的发育阶段和历史。

古近纪早期，作为地貌形成、发育的内外营力与今天的情形有很大不同。首先，内营力在经历了燕山运动之后，地壳构造运动进入了相对平静的时期，升降运动的幅度均很小。其次，外营力就全球而论，古近纪早期的极地位置与现今不同，纬线方向与目前成一定交角，极地的冰盖也不存在。总的气候比今天要温暖得多，温带的位置在北半球比今天要向北推移 15 ~ 20 个纬距。从中国所处纬度看，流水活动应该是最主要的外营力，较高地面上的风化物质，不断受到流水的冲刷、搬运，堆积到地势低平的盆地和谷地里，以河湖相沉积为主的古近系，在许多地方都达到数百米甚至几千米。在这样的内外营力作用下，在古近纪早期的古新世时期，地表呈现大面积的准平原化，不过此后又逐渐开始分化。

古新世（65 ~ 54 MaB. P. ）时期华北地区呈现为大片的准平原。但今天只在一些高山，如五台山和小五台山山顶才有所保存，称为"北台期准平原"。准平原面上有风化壳发育，在由石灰岩组成的地面上，还进行着溶蚀作用。自始新世始，华北地区准平原开始分化、瓦解。华北地区山地抬升，盆地则继续下降。原来的北台期准平原也开始抬升并逐渐组成山地的顶部而成为山地夷平面。在经历了始新世的抬升和随之而发生的侵蚀和剥蚀之后，到了大约 23 MaBP 的渐新世末期，华北地区山地除了五台山 – 小五台山以外的地区又都达到了准平原的状态，称为甸子梁期夷平面（吴忱等，1997）。推测当时的地面海拔，太行山、燕山地区的甸子梁面在 70 ~ 100m 间，北台面在 150 ~ 300m 间；五台山 – 小五台山地区的甸子梁面在 300 ~ 600m 间，北台面在 800 ~ 1 000m 间（吴忱等，1999）。

古近纪早期的青藏高原，也只是在北部与中部上升并受到剥蚀，但远未形成为高原。在东北、内蒙古及新疆的阿尔泰等地区，构造运动总体和缓，地形高低差异不显著。东北东部的山地、山东山地以及新疆北部的阿尔泰山均十分低缓，处在被剥蚀、夷平的过程中；天山和阿尔泰山均存在古近纪的夷平面（王树基，1995）；现今的松辽平原地区下沉幅度也不大；内蒙古尚未抬升到高原的程度；处在亚热带干燥气候条件下的长江流域、黄河上游以及柴达木和新疆的大部分地区，地势起伏都比较和缓。长江三峡地区可以见到有两级夷平面，高的一级今天海拔约 1 700 ~ 2 000m，被称为"鄂西期地面"，就是这一时期的产物（谢世友等，2006）。低的一级海拔 1 200 ~ 1 500m，形成时代为上新世，表现为喀斯特丘陵和洼地组合地貌。两广、云贵以及西藏南部濒临古地中海的地区，处在热带湿润气候条件下，地势同样低平，在准平原状的地面上进行着强烈的化学风化作用，许多地方形成了热带红色风化壳。

流水作用是当时的主要外营力，但当时的河流、水系组合及流域形态与今天却大相径庭。中国西部，塔里木西部和藏南地区当时被古地中海所占据，天山、昆仑山以及塔里木的相当一部分河流都属于外流水系；渤海、东海和南海当时也都处于陆相剥蚀与堆积的环境，从而使中国东部河流的流域范围与入海地点与今天完全不同。长江、黄河、珠江、黑龙江等大河都尚不具备今天的水系平面结构。

（二）古近纪晚期到新近纪的构造变动和夷平作用

古近纪晚期到新近纪的地貌过程有两个明显的特点，即从早期（渐新世到中新世初期）的隆起、沉降，地表起伏增大，逐渐转变为晚期（中新世到上新世初）的剥蚀、堆积，地面被夷平。

在经历了古近纪早期大规模的剥蚀、夷平和堆积之后，从渐新世晚期到中新世中期又发生了强烈的地壳运动，即喜马拉雅期的第一幕运动。内营力重新占据主导地位，导致在全国范围内引起地势高低的分异，改变了海陆分布的轮廓。

渐新世晚期，印度板块、太平洋板块分别向北和西北方向运动，与亚洲大陆发生挤压、碰撞，南方古地中海地带和中国东南沿海地带受冲击最剧烈，其结果是：喜马拉雅地槽完全褶皱成山，中国西藏地区与印度次大陆相连；位于西太平洋边缘的台湾地槽一度褶皱隆起成山，而此后又在玉山和中央山脉两侧发生强烈凹陷。在中国东部海域，原来在古近纪早期属于陆地的黄海盆地南侧的隆起带，转而发生沉降（中国科学院《中国自然地理编辑委员会》，1980），渤海、黄海、东海等盆地则大幅度下沉，台湾海峡也进一步断陷扩大，台湾岛与大陆第二次分离（第一次在古新世）（黄镇国等，1995）。本次构造变动，使原来古近纪早期的准平原状地面发生了相当大的改变。总的趋势是，山地、高原抬升，盆地、平原相对沉降，扩大了堆积范围，现代地貌单元的平面组合已经出现，只是地势高差较小而已。

在经过了渐新世晚期到中新世中期的较强构造运动之后，地壳又一次相对稳定，全国范围内地表又开始了大规模的剥蚀和夷平过程。原先古近纪早期的夷平面，在经受断块抬升之后，重新处在剥蚀、夷平环境，并成为新的一期夷平面，在全国不同区域它们被赋予了不同的地文期名称。在华北地区称为"唐县期"，它在整个华北山地区有着广泛的分布。在大兴安岭地区称为"布西期"。南方四川、云南、贵州、湖北等地区则称为"山盆期"或"山原期"，也就是长江三峡地区的低一级夷平面。台湾岛上有称为"雪山期"的中新世夷平面，今天表现为山顶面，在中央山脉为 3 000 ~ 3 300m，雪山山脉为 3 000 ~ 3 600m（黄镇国等，1995）。在青藏高原，地表也遭受广泛的剥蚀和夷平，形成了所谓"主夷平面"，其今天高度已达到 5 000m（中央主体部分）和超过 4 000m（周边部分）。其形成时代开始于 20MaBP，并延续了很长时间，还可以见到有发育很好的古喀斯特地貌（崔之久等，1996；潘保田等，2002）。与古近纪早期形成的夷平面相比，新近纪（主要是中新世）所形成的夷平面规模较小，又受到后来上新世晚期以来的块断运动的位移影响，往往发生严重的解体或变形，甚至形成海拔高度不同的多层梯级面。

三、上新世晚期到更新世以来的营力变化及其地貌后果

上新世晚期以来，塑造地貌的内外营力均发生了重大变化，并且变化的强度和幅度均超过以前的地质时期。其中，最主要的首先是在欧亚、太平洋、印度三大板块的相互作用下，发生了强烈的差异性升降运动，使喜马拉雅山和青藏高原大幅度抬升，台湾山地褶皱隆起，全国地势出现大规模的高低分异，水系的流路发生重大改变与调整。同时，也由于青藏高原的抬升，影响了大气环流，东亚季风形成，进一步扩大了中国东西部外力作用的特性和差异；其次，进入第四纪以后，发生了全球性的气候变化，以及随之而来的冰期与间冰期的交替，从而导致了各种外营力在地域上的重新分

配。正因为如此，在全国范围内，原先的地貌被破坏，新的地貌开始形成。

（一）强烈地壳构造运动引起的地貌地域分异

从上新世晚期一直到更新世初期发生了喜马拉雅第二幕的地壳构造运动。本次运动的强度大，影响的范围也广，其后果是在全国范围内沿着那些长期存在的活动性断裂带，发生差异性的断块升降，大规模的拱曲与拗陷、掀斜以及褶皱等不同方式的运动，使地面发生了大幅度的构造变位和变形，原来的夷平面被解体或抬升，形成了不同高度的山地和高原，地势也呈现出巨大的高差。

在中国东部，地面沿着北东、北北东、北西及近东西向等主要方向的断裂带，发生差异运动。东北地区，大兴安岭东侧沿着北北东向的断裂发生自东向西的掀斜运动，与其西邻的内蒙古高原呈现出地貌上的差异；长白山–千山以及向南延伸的山东山地，以断块上升为主，其间的渤海海峡和长白山山地东北端的三江平原则是上新世末，特别是第四纪以来的下沉地区。在华北地区，山西高原发生块断性的拱曲抬升，在其内部还出现了晋中大断裂谷。鄂尔多斯高原继续抬升，而其边缘的银川、河套及渭河谷地的断陷则进一步加深，其中的第四系厚度可超过1 000m。构造线近东西向的阴山–燕山山地和秦岭–淮阳山地断块抬升，它们的隆起成为中国东部陆上的重要自然地理分界。被这一系列山系和高原所包围的华北平原则持续沉降，有深厚的古近系–新近系和第四系沉积。秦岭–淮阳山地以南的南方广大地区，整体上以上升为主，同时出现许多断陷盆地，如江汉平原、鄱阳湖平原，以及其他许多存在于山间的较小断陷谷地或盆地。云南高原从上新世末以来共上升了大约500～1 000m，高原面上同时存在许多断陷盆地或湖盆，俗称为"坝子"。海南岛与大陆之间的"雷琼拗陷"和台湾岛与大陆之间的台湾海峡，上新世末期以来都经历了不同程度的下沉，台湾岛与大陆第三次分离，而台湾岛本身却褶皱隆起成为中国东部最高的山地。

该时段的中国西北地区已完全发展成为内陆，整体上为上升的广袤内陆高原，如阿拉善高原、内蒙古高原。而由于差异性的升降，又呈现有许多断块上升的山地和差异性下沉的大型内陆盆地。阿尔泰山和天山都是高大的断块山系，前者经过断块作用，在其西南侧从山顶至山麓，形成三级阶梯式断裂，使原来的夷平面发生构造变位。天山的强烈断块上升及其南北两侧的差异性下沉，不仅造成了自身高大的山体，而且也促成了其南北两侧的塔里木和准噶尔两大内陆盆地。

青藏高原是受该时段强烈地壳构造运动影响最为深远的地区。在经过了中新世中期到晚期的长时间剥蚀、夷平之后，青藏高原及其周边的喜马拉雅山经受了它们地质发展历史中速度最快和幅度最大的隆起。隆起开始时的青藏高原地面海拔仅在1 000m左右，喜马拉雅山也只有3 000m，而今天它们的海拔已分别达到了4 000～5 000m和7 000m以上。昆仑山、唐古拉山、冈底斯山–念青唐古拉山等近东西向的山地，构成了高原上岭谷相间的地貌，而宽阔的构造谷地往往由于横向隆起而被分隔成一连串的断陷湖盆，如柴达木盆地就是其中最大的一个。具体的隆起可分为第一幕（3.6MaB. P.）、第二幕（2.6MaB. P.）和第三幕（1.7MaB. P.）3个阶段（李吉均等，2001）。隆起的速度随着时间的演进而愈来愈快，喜马拉雅山区的上升速度在早期为

0.07~0.31mm/a，中期为0.13~1.14mm/a，晚期为1.6~4.67mm/a，近期为4.5~14.19mm/a（施雅风等，2006）。

差异性的地壳升降运动对水系的发育也带来影响。中国的一些大河，如长江、黄河、珠江、黑龙江等在上新世末更新世初的强烈构造变动过程中，都有一个重新寻求地势上的适应过程，或改变流向，或移动流势，直到下切到一定深度时，具体流路才相对固定下来。长江原来分成多段，东西间也不贯通。大量研究表明，长江三峡河段的贯通应该发生在上新世末到更新世初期，从山原期夷平面上开始下切。依据对长江口地层中 EMP 独居石 Th（U）Pb 的年龄测定，更是精确到 2.58MaBP 前后（范代读、李崇先，2007）。黄河在 1.2MaBP 之前发源于祁连山，以湟水和大通河为源，在 1.2MaBP 发生构造运动（被称为"昆仑——黄河运动"，属于该阶段隆起中的第三幕）时大幅度下切，终于切开了积石峡而流入临夏和兰州盆地。其下游的三门峡也差不多同时期被切通，从而形成一条贯通东西的大河。此后（0.15MaBP）又发生共和运动，黄河继续溯源侵蚀西进，切穿了龙羊峡，进入了共和盆地。

总之，上新世晚期一直到更新世初期发生强烈地壳构造运动，导致中国地貌的宏观地域分异，并最终确定了中国三大地势阶梯的形成；同时，它也影响到大气环流，导致中国最高层次的自然景观、外营力特性和作用方式的分异，由此对地貌的形成、发育带来影响。

（二）冰期与间冰期交替引起的地貌过程响应

出现全球性的气候变化，特别是冰期的来临是第四纪更新世以来所发生的最重要事件，它深刻地影响了地貌发育过程。冰期时，中纬度甚至低纬度地区的一些高山上也发育了规模不等的山谷冰川，雪线大大下降。气温降低、冰雪范围的扩大使得自然地理纬度地带性和山地垂直分带都引起很大的变动，随之而来的是各个地带上的地貌营力、地貌发育的重大变化。然而，冰期与间冰期交替出现，两者情况正相反，地貌过程呈现出反方向的响应，从而增加了地貌发育的复杂性。

中国的第四纪存在五次冰期与间冰期的交替（施雅风等，2006）。由于中国境内广大的山地与高原均处在中、低纬度，在第四纪冰期期间发育的都是山谷冰川，即使在高寒的青藏高原也未形成统一的大冰盖。绝大多数的山谷冰川分布在中国西部的喜马拉雅山、喀喇昆仑山、羌塘高原与冈底斯山、唐古拉山、昆仑山、祁连山、天山、阿尔泰山、念青唐古拉山以及横断山系等地。在中国东部，总的自然环境并不允许冰川的发育，但在一些高山仍可有小规模的冰川发育。主要地点有：四川西南部的山地，如螺髻山、小相岭，云南西部和北部的山地，华北的太白山，东北的长白山，以及台湾的玉山、雪山、南湖大山等。其中台湾山地虽然已位于北回归线附近，但因其海拔高（超过 3500m），仍有冰川发育（施雅风等，2006）。与冰川活动一样，冰缘作用的范围也随冰期、间冰期的交替而消长。中更新世最大冰期时，中国 39~40°N 以北皆为冰缘范围，古冻土南界较今要南移至少 10 多个纬距，目前已发现的中国第四纪的古冰缘遗迹大多集中在中国华北和西北地区。

第四纪冰期、间冰期交替引发了世界范围的水体交换，从而导致海平面的升降变动。冰期时，海平面下降，发生海退；间冰期时，海平面上升，发生海侵。通过多种研究，大多数人都认为，中国东部海域晚更新世以来的冰期与间冰期的海面升降幅度可达到120～130m。

中国东部平原沿海地带和宽阔的浅海大陆架地区，曾多次经历了海水的进退，特别在大运河以东的地区，地表沉积呈现有明显的海陆相的交替。渤海湾西岸的华北平原上发现有三个海相地层，说明至少已经历了三次海侵，它们的年代分别为85kaB. P.（沧州海侵）、35kaB. P.（献县海侵）和6～5kaB. P.（黄骅海侵）。其中沧州海侵的时间最长，范围也最大，当时的渤海湾远在今天的大运河以西。而到了晚更新世的冰期时，中国的渤海、黄海、东海和南海大陆架出现大片陆地。中国海当时大致的总面积约为310万 km²，相当于现在总面积470万 km² 的2/3。当时黄、渤海已基本消失，只剩下东、南两海（汪品先，1990）。23kaB. P. 的古海岸线达到东海大陆架边沿现代水深110m的位置，20 kaB. P. 又后退到水深136m的位置，最后14.78kaB. P. 在水深155m的位置，海岸线已经远离现代海岸600km（施雅风等，2006）。

这时的长江奔流在东海大陆架上，因侵蚀基面的下降而溯源侵蚀刷深河床，其中下游的水位至少要比目前低20～45m（杨达源，2004）。冰期时气候总体干冷，风力作用加强，强风将从广大内陆沙漠所扬起的沙尘源源不断地搬运到外围地区堆积下来，形成为黄土堆积。冰期最盛时，辽东半岛、庙岛列岛以及蓬莱县一带、南京一带的下蜀土和硬黏土都成为黄土堆积的地区（董光荣，1990）。而间冰期的间隔又使得黄土堆积的复杂化，从早更新世到晚更新世，可以划分出多期黄土堆积。各期黄土之间，或有属于沉积间断的侵蚀面、或有河湖沉积层相随，反映了黄土堆积期之间出现过流水作用活跃、地表水分状况较好，甚至出现过有湖泊的湿润时期，显然这与冰期与间冰期交替引起气候波动有密切关系。

中国南方长期处于湿热环境，早在第四纪以前就发育了红色风化壳。第四纪冰期时，中国东部的红土化作用有所南退，但在长江以南广大地区的松散沉积物上，红土化作用仍在继续进行，年代越老的沉积物，风化程度越深。南方的云南、贵州和广西等省区，地面普遍分布碳酸盐岩，喀斯特作用在新近纪时已经广泛进行，一部分已达到喀斯特夷平面，有的已达到了喀斯特峰林阶段。第四纪期间，随着地面上升与河流的下切，发育了成层的溶洞、地下暗河，并以垂直和水平的通道构成了复杂的水文网。

四、全新世的地貌变化过程

全新世时期中国地貌发展总的特点是：在原先已分异的三大地貌区域的基础上，强烈的构造升降运动继续进行；随着冰后期全球性的气候转暖，外营力有了较大的改变；进入人类历史时期以后，人类活动对地貌发育的影响也越来越显著。

（一）地壳构造运动的继承性

全新世以来，中国的地壳构造运动继承着更新世时期的特点，即在印度板块向北移、太平洋板块向西北移动，以及东亚大陆向南和向东南移动的水平运动背景下，沿着原先的一些主要断裂带，不断地进行着差异性的垂直运动，由此进一步加强了全国三大地貌地域的分异。所有山地和高原都有不同程度的抬升，达到了目前的高度；而拗陷与盆地也有规模不等的沉降，扩大到今天的堆积范围；海平面回升，海岸轮廓演进到现今的位置。

中国东部，在秦岭－大别山以北，全新世时的差别升降运动相当突出。东北平原和华北平原，除了山麓地带以外，都是继续下沉区，华北平原全新世堆积了 20～50m 的河湖相沉积。在继续上升的山西高原与鄂尔多斯高原中，原先的一些断陷地带，在全新世初期间部分继续下沉，如银川平原和河套平原；部分晚更新世以来却有抬升的趋势，如汾渭地堑。在秦岭－大别山以南，全新世时期基本上保持新近纪以来的上升趋势，但也有局部地区，如洞庭湖、鄱阳湖地区，有较小幅度的下沉。台湾山地和雷琼拗陷都有大幅度的上升，后者还伴有火山喷发。

中国内陆区，阿尔泰山、天山、昆仑山、阿尔金山等山地在全新世时期继续断块上升，山地高度增大，而在其山前的拗陷地带和山间盆地则继续差异性沉降，更加衬托出两者之间的高差。断陷很深的吐鲁番盆地的堆积地面已降到海平面以下。准噶尔盆地的沉降中心仍在艾比湖和玛纳斯湖一带。塔里木盆地东端的罗布泊也有相当的沉降。柴达木盆地的沉降中心在盆地的东南部，这里的海拔只有 2 600m，低于邻近的高山达 2 000 多米。

昆仑山以南的青藏高原，全新世以来继续呈大幅度的整体隆升，终于成为今天平均海拔 4 500m 以上的高原面，高原面上的山地上升到海拔 6 000～7 000m。珠穆朗玛峰地区是上升的中心，全新世以来已上升了大约 1 200m（李吉均等，1979），近 30 年来的上升速率更是达到 37mm/a（施雅风等，2006）。四川、云南和西藏接壤地区的横断山地，地势由北向南倾斜，其上升受密集的近南北向大断裂的控制。

（二）气候变化的地貌后果

全新世世界气候普遍转暖，其最直接后果之一就是陆上冰川的消融和后退。中国东部的一些高山，如秦岭太白山和台湾山地的玉山、雪山等高峰的晚更新世冰川完全消失。西部的高山冰川也大为退缩，位置显著升高，不少山地的现代雪线比晚更新世末冰期雪线升高了 1 000～1 200m。这一过程一直在继续，并且随着近年来的全球变暖而越演越烈，研究表明，从 15～19 世纪的小冰期到今天，全国冰川面积加速减少了 23%（施雅风等，2006）。在冰川消退、雪线升高的同时，冰缘作用的范围也缩小了，东北地区多年冻土的南界由晚更新世的 42°～43°N，退到现在的 47°N 附近。原来为冻土占领的松嫩平原和三江平原在距今 7 000～6 000 年的气候暖湿时期发育了黑土和泥炭层。西部高山冰缘作用带的下限向上移动了好几百米，有的甚至达到上千米。

气候转暖的另一个直接后果是海平面大幅度回升。中国沿海，由末次冰期时的低海面到距今大约 6 000 年前的高海面（略高于现在海面 3m 左右），其变幅约为 120～130m。原先在冰期低海面时所堆积的渤海、黄海、东海和南海大部分大陆架上的平原，及在其上发育的古河道、古三角洲、古湖沼，都被海水淹没，台湾岛和海南岛成为与大陆分离的岛屿。全新世海侵的最大边界，在渤海湾西部平原，可到达海拔 3～5m 的无棣、孟村、青县、天津、宝坻、玉田、丰南、唐海、乐亭南一线（吴忱，1992）；在苏北平原，到达新海连、泗洪、洪泽湖、高邮湖一带；在长江三角洲平原，当时的长江河口在镇江、扬州附近，海岸线达到仪征、常熟、太湖一线；杭州湾以南的沿海山地，海水侵入到先前的许多河口，形成峡湾相间的曲折海岸。全新世高海面以后，虽然海平面稍微有所下降，但来自陆上河流的物质，源源不断地输送到海滨堆积下来，海岸线仍不断向外推进。在渤海湾西岸至少有3列贝壳堤。一直到唐宋时代（渤海湾西岸）和明末清初（渤海湾北岸）才处于现代的位置。苏北平原在范公堤两侧也有几列沙堤。长江口北岸沙嘴由泰州与泰兴之间向东南延伸到如皋一带，南岸沙嘴由常熟向东南延伸到太仓、松江。地势较低的苏北里下河洼地和苏南太湖洼地逐渐淤积成陆地。

全新世时期总体气候转暖，但仍有次一级的冷暖、干湿的变化，这也直接对地表水文网的发育带来影响。7 000～6 000aB. P. 是最为温暖湿润的时期，地表水文网发育良好。在华北平原的地表遍布湖泊和沼泽，甚至有面积很大的湖沼群，如河北境内的宁晋泊、大陆泽，豫东鲁西的大野泽、菏泽、雷夏泽等。由于包括自然和人为的多种原因，这些湖泊到今天有的已经消失，有的也大大缩小。长江中下游平原上的古云梦泽，以及洞庭湖、鄱阳湖两大湖盆，今天也因泥沙的不断淤积而缩小，或仅有局部的残存。由气候变化所引起的河流水位、水量的改变对河流的发育也带来了影响，研究表明，长江三峡河段的河流阶地就是由流量与水位及其变幅差异，同时结合地壳构造运动而形成的（杨达源，1988）。

（三）人类活动对地貌发育的影响

全新世是人类文化迅速发展的时期，各种人类活动对自然界产生了深刻地影响。人类活动作为一种特殊的外营力，改变着原有的地貌形态和过程，造成了许多新的地貌类型。其中有些活动规模大，强度也大，如黄河下游的堤防工程，贯穿黄淮海平原及长江下游平原的京杭大运河，成都平原、关中平原、河套平原上所发展起来的大型农田灌溉工程，山地丘陵坡面上的梯田以及沿海地带的海塘工程等。黄河下游堤防的修建以及与之密切相关的多次大改道，是人类活动影响地貌过程的一个典型的例子。有史以来，黄河下游已发生了5次（一说6次）大的改道，这固然有自然的原因，而人类活动的干预也是重要因素。人们为了防止黄河洪水决口泛滥和控制黄河河道流路，在河道两侧修建了大堤，而堤防的修建虽然使河道流路得到控制，但河道淤积却比原来可以自由摆动的情况下更快，从而无形中加大了河道决口泛滥的风险；另一方面，5次大改道中其实有的完全是人为所致，一些统治者企图将黄河作为战争制胜的武器而人为地决口放水，终于造成大的灾难。黄河大改道的结果不仅影响黄河河道本身，而且还造成了两岸广大地区内平原微地貌形态的改变，水盐运动规律的改变，甚至是整个自然环境的重大改变。

在较早的历史时期，由于对自然界的认知有限，人类活动对地貌带来了更多的负面影响。例如，大规模地开垦山区坡地、砍伐森林加剧了水土流失，如黄土高原的情形；围湖造田使得湖泊面积缩小，蓄洪调洪能力减弱，洞庭湖就是一个典型；20世纪中期，在黄河干流上修建三门峡大型水利枢纽工程后，原有的生态、环境被破坏，对上下游带来不利影响。所有这些都有着深刻的教训。当然，也有不少带来正面影响的人类活动，如都江堰水利工程历久不衰，就是充分认识自然规律的结果；近年来的许多工程地貌措施，如梯田的修建、淤地坝工程、河道整治等都有很好的实效。

人类社会发展到今天，人类活动越来越多样，也更加复杂，人类活动与地貌过程之间的相互影响和作用不可避免，如何正确认识、掌握地貌过程的规律，扩大正面影响，消除负面影响，达到人与自然的和谐统一，这是我们应当研究的任务。

第四节　中国地貌分区

一、地貌分区原则

根据地貌综合标志的差异，在空间范围上对地貌状况进行区域划分，称为地貌分区，或称为地貌区划。每一个地貌区内的地貌综合特征具有一致性或相似性。各种地貌综合标志是划分地貌区域的依据，一般包括构造、新构造地层与岩性、松散堆积物的成分、成因与时代、地貌形态特征、成因与组合、地貌发育历史和现代地貌过程等，其中地貌成因和形态特征尤为重要。

地貌分区通常可以有多个等级，高一级区域涵盖了低一级区域的特性，而低一级区域则体现了更细微、更具体的地貌综合特征差异。中国地域辽阔，地貌类型多样，地貌组合复杂，各种地貌类型及其组合的规模差异很大，地貌区域性变化很大，因而在讨论全国区域地貌特征时通常采用多级分区，如 3～4 级分区，即大区、区和地区，或加小区，分别表示第一级地貌区至第四级地貌区。通常情况下，地质构造和新构造运动特性，亦即内营力的情况，被用作划分高级区域的依据（中国科学院地理研究所，1959），这是因为大的地貌形态或类型往往由大地构造的特性所决定，而低级地貌区域则更多地考虑地貌的形态特征、成因及其组合，亦即外营力的情形。但这样的划分标准也不是绝对的，因为内外营力只是地貌形成的原因和条件，而不是地貌本身，形成地貌的营力主要通过地貌形态和组成物质来确定，因而地貌分区需要对区域地貌形态、地表组成物质、新构造运动为主的内营力过程、剥蚀堆积作用所反映的外营力过程，以及地貌形成演变历史等研究为基础，综合研究涉及区域地貌的各个方面，综合分析基本地貌类型及其组合区域差异，是地貌分区的主要依据。

二、中国地貌分区

现有的全国范围内的地貌分区成果并不多，沈玉昌等主编的《中国地貌区划》（中国科学院地理研究所，1959），是早期最权威的著作。较晚有尹泽生等编制的《中国地貌区域》（尹泽生，1993）和公布于《中华人民共和国自然地图集》中由李炳元等编制的"中国地貌分区"（李炳元等，1999）。后两者都是进行了两级分区，但划分标准和界线有所不同。本章采用国家自然地图集中的中国地貌分区，并由原作者作了少量修改。其具体划分的原则和标准是：地貌大区（一级地貌区），主要是大山地、大高原、大山原、大盆地、大平原等一级规模基本地貌类型，属于受内营力控制的巨型构造单元，反映了内营力造成的中国第一级巨地形轮廓的地貌差异。它们从宏观上控制了外营力作用的分异，空间规模上一般是100万 km^2 级。共划分了6个一级地貌大区。

地貌区（二级地貌区）：在地貌大区内根据内营力作用造成的较大规模山地、高原、山原、盆地、平原等次级基本地貌类型组合、地貌形态（包括海拔高度和起伏高度），也有大面积岩性和外营力不同造成地貌的区域差异，如黄土、沙漠、喀斯特和干旱荒漠气候等。在地貌大区内再划分，其空间规模一般是10万 km^2 级或接近这一级的若干个地貌区。

具体的中国地貌分区见表3.3和图3.3（据《中华人民共和国自然地图集》，地貌区划图，原作者李炳元（1999）2009，年稍有修改）。

表3.3 中国地貌分区表

地貌大区	地貌区	代码	地貌大区	地貌区	代码
I. 东部低山平原大区	A. 完达三江低山平原区	ⅠA	IV. 西北高中山盆地大区	A. 蒙甘新丘陵平原区	ⅣA
	B. 长白山中低山地区	ⅠB		B. 阿尔泰亚高山区	ⅣB
	C. 山东低山丘陵区	ⅠC		C. 准噶尔盆地区	ⅣC
	D. 小兴安岭中低山丘陵区	ⅠD		D. 天山高山盆地区	ⅣD
	E. 松辽平原区	ⅠE		E. 塔里木盆地区	ⅣE
	F. 燕山－辽西中低山地区	ⅠF	V. 西南亚高山地大区	A. 秦岭大巴山亚高山区	ⅤA
	G. 华北华东平原区	ⅠG		B. 鄂黔滇中山区	ⅤB
	H. 宁镇平原丘陵区	ⅠH		C. 四川盆地区	ⅤC
II. 东南低中山地大区	A. 浙闽低中山区	ⅡA		D. 川西南滇中亚高山盆地区	ⅤD
	B. 淮阳低山区	ⅡB		E. 滇西南亚高山区	ⅤE
	C. 长江中游低山平原区	ⅡC	VI. 青藏高原大区	A. 阿尔金山祁连山高山区	ⅥA
	D. 华南低山平原区	ⅡD		B. 柴达木－黄湟亚高盆地区	ⅥB
	E. 台湾平原山地区	ⅡE		C. 昆仑山极高山高山区	ⅥC
III. 中北中山高原大区	A. 大兴安岭低山中山区	ⅢA		D. 横断山高山峡谷区	ⅥD
	B. 山西中山盆地区	ⅢB		E. 江河上游高山谷地区	ⅥE
	C. 内蒙古高原区	ⅢC		F. 江河源丘状山原区	ⅥF
	D. 鄂尔多斯高原与河套平原区	ⅢD		G. 羌塘高原湖盆区	ⅥG
	E. 黄土高原区	ⅢE		H. 喜马拉雅山高山极高山区	ⅥH
				I. 喀喇昆仑山极高山区	ⅥI

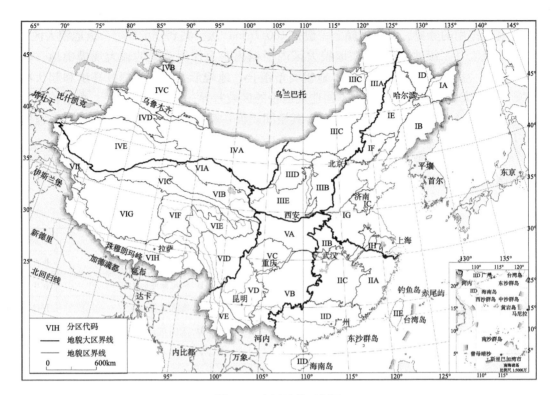

图 3.3 中国地貌区划图

三、东部低山平原大区（Ⅰ）

东部低山平原大区位于中国东部，西界大致在黑龙江边大兴安岭与小兴安岭的交汇处，沿大兴安岭往南到燕山山地的北缘（亦即被称为"坝上"的内蒙古高原南缘），然后沿太行山东缘和南缘，过黄河后再沿桐柏山和大别山，越长江往东，沿安徽南部和浙江东部山地直至于大海；东界在北部为国界，南部则是海岸线，南北跨纬度约21°，东西最大跨经度24°，面积约140万 km²（图3.3）。

东部低山平原全部位于中国地貌的第三级阶梯，总体而言，地势最低，地面起伏也较小，中国最主要的平原，从北到南有三江平原、穆棱－兴凯平原、松辽平原、华北平原、苏北平原，以及江浙冲积三角洲平原（长江中下游平原的一部分）等都位于本区内，海拔绝大部分低于200m，总面积超过80万 km²。除平原以外，还有一部分低山和丘陵，主要是小起伏到中起伏的低海拔（＜1 000m）和中海拔（1 000～2 000m）的丘陵和山地，局部山地属于高中海拔（2 000～4 000m）的高中山，如东北的长白山，以及位于华北地区的燕山内的个别高峰，但面积都很小。山地和丘陵位于平原的周围，位于东北三江平原和松辽平原周边的是西侧的大兴安岭，北侧的小兴安岭和东侧的完达山、长白山、千山山地；华北平原的北侧是燕山山地，西侧是太行山，南侧是伏牛山、桐柏山和大别山，东面的一小部分与山东低山丘陵接壤；长江中下游平原的南边则是宁镇山地和浙江东部山地。

地质构造是确定本区地貌宏观格局的根本原因。平原部分全都位于构造上的拗陷和盆地区，长期保持沉降特性。华北平原大地构造上属于华北拗陷，自白垩纪以来一直以沉降为主，新生代沉积物厚度达 1 000 ~ 3 500m，其中第四纪以来就有 500 ~ 600m（中国科学院地理研究所，1985）；东北平原主要属于松辽拗陷，白垩系沉积深厚，新生代沉降幅度较小，但新近纪和第四纪的沉积厚度也超过 300m[①]；主体位于苏北拗陷的苏北平原区，第四纪期间沉降约 300m；长江下游三角洲平原区倾斜沉降，第四纪期间的沉降幅度自西向东为 30 ~ 300m。在长期持续沉降的过程中，由黑龙江、松花江、辽河、海河、黄河、淮河和长江等大河挟带来的大量泥沙发生沉积，以至于形成了广大的平原。位于平原周边的山地丘陵区则是构造隆起区，形成了以北北东—南南西向为主的大小兴安岭、长白山 - 千山、山东低山丘陵、太行山、东南沿海山地，以及位于华北平原南部近东西向的伏牛山、桐柏山和大别山等一系列的山地。

流水活动是本区主要的外营力，其中各条大河的作用更是巨大。黄河中游流经黄土高原，由于黄土质地疏松，极易被侵蚀，大量泥沙被黄河带到下游堆积，特别是由于黄河下游河道本身的特性，在大范围内频繁地来回摆动，为华北平原的形成做出了特别的贡献；海河上游也有相当一部分为黄土高原，同样有许多泥沙带至下游；淮河挟带的沙量较少。三条大河，再加上其他河流的共同合力，在历经沧桑之后，终于形成了今天的华北平原，也称为黄淮海平原，总面积超过 30 万 km²。黑龙江、松花江、乌苏里江和辽河以及它们的各级支流是形成东北平原的主要因素。整个东北平原又可分成三个相对独立的部分：位置最北面的是三江平原和穆兴平原，面积约 5.5 万 km²，系由黑龙江、松花江、乌苏里江、挠力河、穆棱河，以及兴凯湖等共同作用形成。位置较南的松辽平原，以铁岭附近东西向横亘的分水丘陵为界，又分成为两个部分，北面的是松嫩平原，因松花江及其最大支流嫩江流经于此而得名，地势在 120 ~ 250m 之间，嫩江下游地区地面广泛分布有沼泽和当地称为"泡子"的大大小小众多湖泊。分水岭以南是辽河平原，地势较松嫩平原更低，主要是由辽河水系冲积而成的三角洲低平原。

海洋动力（波浪、潮汐、各种海流）也是本区沿海地带重要的地貌外营力，与地体升降、海平面升降和流水的侵蚀、堆积作用结合在一起，在海陆变化、海岸线进退、海岸地貌发育中起着很大的作用。

按照地貌发育的区域差异情形，本区可以进一步划分为完达三江低山平原区（IA）、长白山中低山地区（IB）、山东低山丘陵区（IC）、小兴安岭中低山丘陵区（ID）、松辽平原区（IE）、燕山 - 辽西中低山地区（IF）、华北华东低平原区（IG）和宁镇平原丘陵区（IH）8 个二级区。

（一）完达三江低山平原区（IA）

完达三江低山平原区位于东部低山平原大区最东北部，北至黑龙江、东至乌苏里

---

① 中国 1:100 万地貌图编辑委员会审定、中国科学院地理研究所主持编定，中国 1:100 万地貌图说明书，齐齐哈尔幅，1987。

江与俄罗斯相接，南界为东起兴凯湖中俄国界向西抵鸡西、鸡东—林口一线再向西至牡丹江，沿江而下至大罗密，西界为大罗密—汤原—鹤岗—萝北一线以西的小兴安岭东麓。行政上属黑龙江省东北部。地处 129.08°～135.10°E 与 45.08°～48.40°N 之间，东西跨约 385 km、南北跨约 454 km，面积约为 9.77 万 km²。本区包括 3 个组成部分，三江平原（4.56 万 km²）、穆棱–兴凯平原（1.4 万 km²）和完达山地（3.8 万 km²）。

1. 三江平原

三江平原在地质构造上属于新华夏系第二巨型隆起带中东北端的一个拗陷带，长期处于沉降过程中，新生代堆积物厚达 1 000m 以上，平原中第四纪沉积物一般厚120～200m（中国科学院地理研究所，1959），在抚远凹陷的北部最厚达284m，黏土层分布十分广泛，还有不少沼泽相灰黑色腐泥和泥炭堆积，通过对同江县勤得利（84 – 2 号钻孔）泥炭层底界和上界年代的测定，可知该地泥炭的年平均堆积速率为 0.204mm/a。

三江平原地貌具有以下的基本特征：

（1）是一个沼泽低湿的冲积平原，平原低平辽阔，只有少数孤山、残丘散立其间。地势自西南向东北缓倾斜，平原西半部海拔 60～80m，东半部海拔 40～60m，至平原的东北角为抚远三角地带，海拔最低，为 34m。松花江、挠力河、内外七星河、别拉洪河、浓江等河流顺应总坡向而发育，在广阔的河漫滩上蜿蜒曲折，弯曲系数最大达2.83；除松花江、挠力河外，一般中、小河流多无明显河身，河间地区无分水岭，一些发源于小兴安岭、阿尔哈倭山的河流，如都鲁河、梧桐河、鹤立河、柳树河、安柳河、小黄河等流入平原，形成无固定河床的沼泽性河流。

（2）构成三江平原主体的地貌类型为一级冲积阶地和高低河漫滩。沿山前地带为古冲积扇和扇状的山前倾斜平原。这些基本地貌类型皆以完整的大面积分布。其中一级阶地面积 11 557.19km²，占三江平原总面积的 25.44%。二级阶地分布零星，在平原东半部埋藏在一级阶地之下，仅到寒葱沟以东出露地面。虽然不同地貌类型间也有 4～10 m 的高差，但是它们之间多呈和缓过渡，而且在同一类型中的地面起伏较小，一般仅 0.5～2m，所以，从整体上看，平原地貌十分平坦。

此外，河漫滩十分宽阔，包括古河道的河漫滩共有 21 307.28km²，占三江平原总面积的 46.9%。除主要分布在各大河流沿岸外，还沿着黑龙江、松花江的古河道，呈大面积分布，一般宽 10～20km，最宽达 50～60km。低河漫滩高出河床正常水位0.5～3m，高河漫滩高出正常水位 4～6m。三江平原江河的一般水位变幅为 4～12m，河漫滩常被洪水淹没，在开发利用三江平原时，治理河漫滩上的洪水和内涝是重要攻关难题。

（3）在河漫滩抑或阶地上，尤其是在高河漫滩抑或阶地上，形成有许多微坡起伏的洼地，呈现岗、洼相间的微地貌景观。这些洼地按其形态、成因的不同，可分碟形洼地、线形洼地和不规则形洼地三大类。碟形洼地中的小碟形洼地，面积小于 1km²，其形态有的呈浅碟形，有的呈圆形眼珠状，当地称鱼眼泡。大碟形洼地，面积大于1km²，呈多边形碟状。线形洼地呈带状或树技状，其宽度一般小于 1km，宽者达数千米，与河流连通。此外，滩面还有一些形态不规则的洼地。

（4）平原地貌类型主要为流水地貌，其中又以流水堆积地貌为主，此外，还有流水侵蚀、湖成、火山等地貌类型。河漫滩占平原总面积51.3%，一级阶地占25.4%，台地占7.8%，构成平原的主体地貌类型。黑龙江、松花江和乌苏里江在古代经历了多次水文网变迁，在航空像片，遥感图像和地形图上，以及实地调查中，清楚地显示出三江平原上有几条规模宏大的古河道遗迹（图3.4）。表明自晚更新世以来黑龙江、松花江、乌苏里江的河道不断地自南向北、自西向东迁移、改道。遗留下的黑龙江古河道一般宽7~14km，松花江的古河道宽2~10km，乌苏里江的古河道宽2~5km。这些古河道带中微地貌复杂，形成大片沼泽湿地（裘善文等，2008）。

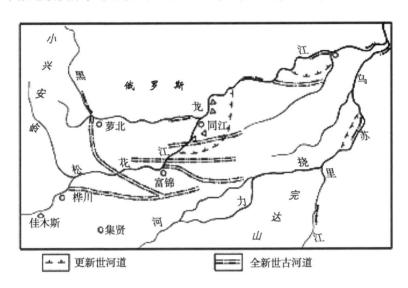

图3.4　三江平原古河道变迁略图
（裘善文，1984）

2. 穆棱－兴凯平原

穆棱－兴凯平原在大地构造上属亚洲东部巨型新华夏系第二隆起带的北段，系由新生代断陷而成的内陆断陷盆地，盆地内堆积了厚达1 000m的新生代含煤碎屑岩。新构造运动以间歇性、差异性运动为主，第四纪晚近时期间歇性上升，湖面逐渐缩小，正是这些特性影响着穆棱－兴凯平原水系的变迁、兴凯湖的演变和地貌的发育。

穆棱－兴凯平原总的地势是西高东低、缓倾斜，坡降1/600~1/10 000，平原海拔一般为50~75m。区内除中部为丘陵、台地外，其余均为广阔而低平的冲积平原及少部分的湖积平原。河漫滩、台地和湖积平原是构成穆棱－兴凯平原的主体地貌类型。其中高河漫滩面积为4 729.61km²，占平原总面积16.41%；剥蚀侵蚀台地为452.69km²，占4.42%；湖积平原为372.89km²，占4.73%。

河漫滩和一级阶地上，沼泽洼地普遍分布，微地貌复杂，在河间地区及松阿察河以西地区，高差0.5~2m，主要为碟形洼地和线形洼地。前者面积小于1km²，积水深20~30cm。在七虎林河、阿布沁河流域，线形洼地呈条带状断续延伸和碟形洼地交错分布，但都为闭流洼地，有的积水成湖，一般水深10~20cm，最深达60cm。

穆棱－兴凯平原南部有兴凯湖以及围绕湖周围的湖积平原，自承紫河大队—刘家六队—四分场二队长林子—四疙瘩—荒岗—南岗以南的湖积平原，宽15.5km。主要由河湖滩、小湖、洼地和湖成阶地组成。兴凯湖东北部于龙王庙有一出口，为松阿察河的河源。兴凯湖北岸有小兴凯湖，有一条宽大的沙堤将两者隔开，在晚第四纪时期，大、小兴凯湖发生湖退，湖水面逐渐缩小。今天兴凯湖北部平原分布着五道湖成沙堤，有四道沙堤形态完整、清晰、易认，其中两道沙堤是支堤，这五道沙堤自湖岸向离湖一侧呈同心弧状平行排列（图3.5）。

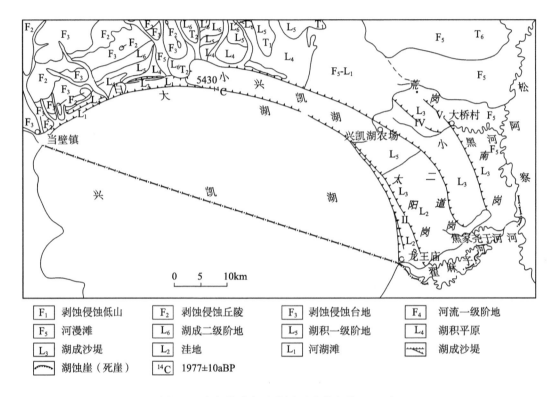

图3.5　兴凯湖北部地貌图（裘善文等，1988）

第Ⅴ道沙堤是离现今湖面最远的一道沙堤，在沙堤1.15m深处取样，测得热释光年龄为距今63 900±3 190a。第Ⅰ道沙堤，即现在湖滨沙堤，在沙堤剖面2.01m深处测得热释光年龄距今12 190±610a。其堤的顶部考古发掘^{14}C测年为5 430aB.P.。它们是自晚更新世以来在新构造运动和气候变迁双重作用下兴凯湖演变的重要见证。

3. 完达山山地

北临三江平原，东南为穆棱－兴凯平原，近北东走向。山地包括完达山及其西南丹哈达岭和水平岗，延绵约400km。海拔一般300～500m，主峰神顶山海拔831m，耸立于平原之上。以小起伏低山为主，其次为低海拔丘陵和中起伏中山，逶迤于挠力河与乌苏里江及其支流穆棱河之间，完达山被其支流切割侵蚀为宽缓河谷盆地。完达山西北侧的三江平原之间以断层崖过渡。

（二）长白山中低山地区（IB）

长白山中低山地区西侧为松辽平原，北侧为三江平原和小兴安岭低山，东抵国界，南达渤海和黄海，南北长约1 300km余，东西宽400km，总面积大约243 400km²。

区内地貌表现为呈北北东或北东向排列的平行山脉和宽广的山间河谷盆地。在本区的北部，中间是平均海拔超过1 000m的张广才岭，属小起伏的中山地貌，西南是吉林哈达岭，其海拔较低，属于小起伏的低山或丘陵。

本区中部是长白山熔岩高原、台地与中山，总面积约4.5万km²，地势明显高出于本区的其他部分，最高点将军峰海拔2 749.2m（位于朝鲜一侧，中国一侧白云峰海拔2 691m），是中国大陆东部的最高峰，峰顶上有一火口湖，称为天池。白垩纪以来在本区共有三次大规模的玄武岩喷发，形成大面积熔岩流，熔岩流阻塞河道形成堰塞湖，牡丹江上的镜泊湖是最著名的一个，湖面海拔约300m，北侧出口形成两个落差约20～25m、宽40～43m的瀑布。

本区的最南部是千山山脉，俗称辽东小起伏低山丘陵。南、西、东三面环海，仅东北部与长白山相连。北东—南西走向的千山纵贯于辽东半岛的中部，地势较高，山脊线上的个别山峰甚至超过1 000m，属低山范畴。千山将辽东半岛分成为西北和东南两个斜面，地势明显降低，地貌类型以丘陵为主。

（三）山东低山丘陵区（IC）

山东低山丘陵区北、西、南三面均为华北平原所包围，其中，北界大致沿胶济铁路；西界是京杭大运河鲁西南的湖群带；南界则是微微向南倾斜的剥蚀平原，最后没入黄淮冲积平原。东部以半岛形式突出于渤海和黄海之间。断块构造分隔了山地，将本区划分成为三个不同的地貌类型区域：①胶东低山与丘陵，具有准平原特征的侵蚀低山丘陵，是这里的主要地貌特征。丘陵分布的面积最大，大部分海拔在200m以下。低山拔出于高度大致相齐的丘陵地面上，犹如一个个岩岛，海拔500～1 000m，最高的崂山为1 132.7m。②鲁中南低山与丘陵，南、西、北三面都为华北平原所围绕，东北为胶莱平原，东南为黄海。在宏观地貌特征上，本区可以看成为一个被打碎了的盾状隆起，位于本区北半部的泰山和鲁山一带是隆起的中心，泰山最高峰海拔1 532.7m，已属于中海拔级的中山。许多宽谷呈放射状分布于山间，使山地显得比较破碎。③胶莱剥蚀冲积平原，夹于上述两个地貌类型的中间，地质构造上属于拗折下陷区，形成为一个并不很完整的盆地。全区海拔都在50m以下，地貌形态比较单调。

（四）小兴安岭中低山丘陵区（ID）

小兴安岭中低山丘陵区东南接三江平原，东北抵黑龙江，西南与松辽平原接壤，西面和北面以嫩江—黑河一线与大兴安岭为邻。地处125.26°～130.95°E与46.03°～51.10°N之间，东西跨约470km，南北跨约530km，面积约为10.91万km²。

小兴安岭山体总体地势不高，一般山峰海拔均在 1 000m 以下，最高山峰仅为 1 221m。整个山地外貌和缓，河谷宽大，即使在分水岭部位也呈现为波状起伏。大致以铁力—嘉荫一线为界，南北两侧的地貌有较大的差别。此线以北海拔一般超过 500m，其西南部地势较低，仅 300m 余，向东北逐渐增高，到分水岭附近可达 500～800m，过分水岭后又逐渐下降，至黑龙江边已降至 400m 左右。因地表普遍覆盖有洪积层，切割又很轻微，故外貌呈现为丘陵性的台地。河谷宽而平坦，一般宽 500～600m，最宽达 1 000m 余，由于本区纬度较高，河谷底部可以见到有岛状分布的冻土层。以小兴安岭分水岭为界，分水岭以东河流入汇于黑龙江，以西的河流则属于松花江水系。

区内在沾河中游以北至逊河河谷，有大片玄武岩分布，地貌上呈现为台地，相对高差约 80m。

铁力—嘉荫一线以南地区的地貌有两大类型：低海拔的低山和低海拔的丘陵。低山位于本区中部，由花岗岩组成，北自伊春往南到松花江边，西自鸡岭至青黑山均为低山范围。海拔大多在 1 000m 以下，仅个别山岭高于 1 000m。相对高度在 100～200m 间，一般坡度在 20°～30°左右。丘陵分布在山地的外围，大致围绕低山呈一弧形，北部沿黑龙江的丘陵地面积较大，最宽处（萝北至青黑山）达 80km，南部沿松花江的面积较小。丘陵相对高度 30～50m。

（五）松辽平原区（IE）

俗称"东北大平原"，位于东北的中心。三面环山，南临渤海，呈马蹄形朝南敞开。东为东北的东部山地，北为小兴安岭，西为大兴安岭，西南为燕山山脉的余脉努鲁儿虎山和医巫闾山，南为渤海的辽东湾。大约跨纬度 8°20′（41°～49°20′N），经度 9°（119°～128°E），东西宽 400km 余，南北长达 1 000km 以上，面积近 30 万 km²。以松辽分水岭为界，以北称松嫩平原，以南为辽河平原。

松辽平原是自晚更新世以来，由松花江和辽河及其支流的作用而形成的冲积平原。平原的周边多为剥蚀侵蚀和冲积洪积或黄土堆积台地，只有辽河下游呈一缺口。在大兴安岭东麓因受新构造运动明显抬升，形成了侵蚀剥蚀台地。平原地势四周高，中心低。平原内部中高，南、北低。中部松辽分水岭，海拔一般 200～300m。北部松嫩平原海拔一般 200～250m，南部下辽河平原海拔仅 10m 余。自第四纪以来松辽平原西部不断沉降，东部缓慢上升，哈尔滨—齐齐哈尔—白城一带的三角形地区及下辽河的盘山、牛庄一带均是新构造运动明显的沉降区，致使嫩江中、下游和辽河下游地区的河口地带成溺谷，形成大片沼泽湿地。

松花江和辽河是松辽平原上的两大水系。松花江发源于长白山天池，流经与嫩江的汇合口的三岔河，这段河流称第二松花江。三岔河以下至同江入黑龙江段称第一松花江。第一松花江流经的全是平原河段，沿江发育有一、二级阶地，哈尔滨附近一级阶地相对高度 10～20m，二级阶地相对高度 70～80m，均为堆积阶地，表层均为黄土状亚砂土、亚黏土组成。第二松花江，在吉林市以上，河谷切于火成岩中，除松花湖外，谷形较窄，沿江出现有三级阶地。吉林市以下河谷放宽，自舒兰县的法特出山地进入松嫩平原，河谷更宽，前郭尔罗斯蒙古族自治县至哈尔滨以西段松花江，曲流发育，沼泽广布，沿江两岸发育两级阶地。

松花江的最大支流嫩江，发源于大兴安岭北部的伊勒呼里山，自北向南流至大安，折向东流汇入松花江。在讷河至拜泉一线以北的小兴安岭山前地带有嫩江的三级阶地分布，与山前倾斜平原连成一体。嫩江左岸有宽广、完整的两级堆积阶地，河漫滩亦很发育；而嫩江右侧第二级阶地保存不完整。嫩江中下游河漫滩宽广，曲流极其发育，尤其在富裕以下，曲流带宽度可达 7km，弯曲系数约 1.50。在第二松花江汇合口以上的嫩江下游为湖沼平原。

辽河上游有东西两源。西辽河发源于大兴安岭南端的内蒙古高平原的边缘。在大兴安岭以东，地势平坦，河流纵比降很小，流量季节变化很大，堆积作用大于侵蚀作用。东辽河发源于东部辽源一带山地，中上游比降较大，流量比西辽河丰富。两河在双辽以下呈倒插相汇，折向南流，流经法库、铁岭一带的基岩山丘，河谷呈窄谷型，过此后即流经冲积平原，至营口入辽东湾。辽河下游有宽阔的河漫滩，涨潮时河面宽达 2.5km，河床弯曲，多浅滩与沙洲，泓道变化无常。河流输沙量很大，流至沿海河口呈溺谷，河口三角洲逐渐向外伸展，形成冲积、海积的沿海平原。

松辽平原湖泊（当地称"泡子"）分布普遍，尤其松嫩平原湖泊星罗棋布。据初步统计，面积在百亩以上的湖泊约 7 378 个，总面积约为 4 176km^2（裘善文，1990；吕金福，1998）。按湖泊的成因可分为河成湖、风成湖、残迹湖和堰塞湖四类。著名的五大连池湖泊总面积达 18.4km^2，为中国第二大火山堰塞湖松辽平原西部、西南部风沙地貌发育，沙丘、沙垄成群分布，形成广大的沙丘覆盖的冲积平原，以及科尔沁沙地和松嫩沙地。沙漠化的范围更大，共约 70 286.6 km^2，占土地总面积 22.24%。其中科尔沁沙地沙漠化面积 62 431.29km^2，松嫩沙地面积 7 849.31km^2。自 1950 年代至 1980 年代末，土地沙漠化面积扩大了 4 倍（裘善文，2004，2007，2008）。

松辽分水岭与松嫩平原北部有火山地貌分布，尤其是后者，著名的五大连池火山群就分布在这里。

（六）燕山－辽西中低山地区（IF）

燕山－辽西中低山地区，东至松辽平原和渤海湾，西至内蒙古高原，南至华北平原，北至西辽河南岸，实际上是介于内蒙古高原与华北及东北平原之间的一个宽广的斜坡，地面向东南方向倾斜，海拔从 1 800～2 000m 逐渐下降，最后以 300～400m 的丘陵地与平原相连接。地貌类型从西北向东南大致可分为两个不同的区域，地理位置偏于东北一侧的是辽西丘陵台地，偏西南一侧的是燕山大、中起伏的中低山地。本区总面积约 8.99 万 km^2。

辽西丘陵台地西北部地貌形态呈现为受切割的破碎高原。大部分海拔为 1 000～1 500m，山岭部分可达 1 500～2 000m，成为大兴安岭南部和阴山东部的最高山地。其余部分地势总体向东倾斜，海拔在 1 000m 上下。沿海有一条狭窄的受侵蚀的冲积平原，宽为 10km 左右。

燕山大、中起伏中低山地西北侧与内蒙古高原相邻，界线清楚，即被称为"坝头"的一线，此线以西北即是"坝上"，南界则是华北平原。地貌特征呈现为峰谷参差，地面非常破碎。大部分山地海拔超过 1 000m，已属于中山范围，最高峰为北京市最东端与河北省交界处的雾灵山，海拔达到 2 116m。全区的平地很少，仅在滦河、潮河等一些河谷内有小块零星分布。

（七）华北华东低平原区（IG）

华北华东低平原区面积广大，其范围北起燕山中低山地，西界太行山东麓，西南至伏牛山、桐柏山和大别山，南到宁镇丘陵、安徽南部和浙江东部山地，东达于海以及鲁东低山丘陵，包括三个组成部分：华北平原；苏北平原；江苏浙江冲积三角洲平原。其中华北平原是主体，三者总面积约 43.15 万 km²。

1. 华北平原

华北平原主要由黄河、淮河、海河和其他许多河流合力堆积、营造而成。其范围主要部分即是上述华北华东低平原的边界，唯南部除至于伏牛山、桐柏山和大别山山麓外，往东先是沿长江淮河之间的低分水岭一线延伸，再往东与苏北平原之间则缺乏明显的界线，习惯上大致以淮河新入海河道来区分，也有人直接将苏北平原纳入黄淮海平原的范畴（龚国元，1985）。包括苏北平原在内的华北平原总面积接近 40 万 km²。

华北平原地貌类型多样，但地貌结构层次分明，具有如下的显著特点：

（1）地貌结构呈现为阶梯状：华北平原的边缘为低山丘陵，然后下降为丘陵和台地，在山前地带地貌类型为坡积洪积平原、洪积平原、洪积冲积平原、冲积扇平原，自此以下，逐渐过渡为冲积平原、湖积冲积平原、湖积平原、三角洲平原、海积冲积平原、海积平原等。

（2）平原上岗、坡、洼地貌发育显著：广大平原在周围山地丘陵的夹峙下，为一个开阔的地区，直接与渤海、黄海大陆架相衔接，总的地势是西高东低。在不同水系控制下，平原上岗、坡、洼地貌形态较为突出，这种正负地形带状分布的规律十分显著。

（3）海岸迅速扩展：华北平原的沿海地带由河口三角洲和海湾组成的堆积海岸，全新世冰后期以来，由于河流带来泥沙的不断堆积，尤其是黄河所带来的巨量泥沙，促使渤海缓慢地退缩和平原面积不断地扩张。

华北平原地貌形成、发育是多方面营力的控制和相互作用的结果。

首先，大地构造确定了现代地貌宏观格局，华北平原所在地构造属于华北拗陷，其周围的燕山、太行山、泰山、伏牛山、桐柏山和大别山等则是断块隆起，自白垩纪以来山地强烈上升和被侵蚀，拗陷区处于强烈下沉和堆积，正是这种地质构造格局对于本区阶梯状地貌的发育起着严格的控制作用。

其次，水系变迁与地貌建造有着密切的关系。建造华北平原地貌的外营力主要是河流泥沙的搬运和堆积作用。华北平原上的较大河流有黄河、海河、淮河和滦河。其中流经黄土高原的黄河是含泥沙最多的河流，平均每年输沙量达 16 亿 t，大部分泥沙均沉积在平原上，不仅大于拗陷盆地的沉降速率，而且还迫使渤海面积日益收缩。

黄河下游河道在近数千年来，由于泥沙淤积强烈，决口改道十分频繁，地域上遍及河北、山东两省大部分地区。黄河所到之处，普遍遗留下古河道高地、古河道洼地、决口扇、天然堤等各种微地貌，是形成华北平原上岗、坡、洼地貌结构的主要因素。

海河水系各河流的上游，大多属于松散的黄土状物质堆积区，河流的含沙量亦较大，对于河北省境内平原地貌的塑造，以及对黄河的改道起了很大的作用。太行山东麓（南至安阳，北到北京）一带的洪积冲积扇连缀起来的平原，主要为漳河、滹沱河和永定河等河流泥沙的堆积而成。黄河历史时期早期的禹河故河道曾沿着山麓地形较低的地带流动，后来随着漳河和滹沱河两个冲积扇的发育，才迫使河道南迁。

海洋动力和海面变化也参与了地貌塑造，潮流、波浪以及沿岸流与河流动力一起，对于渤海和黄海淤泥质海岸的发展起着重要作用。历史时期黄河摆动于河北和江苏之间，其中70%以上的时间由河北、山东进入渤海。在黄河行水、河口三角洲发展时期，海岸外伸，形成堆积海岸，而一旦黄河改道以后，原来的三角洲在波浪、潮流的侵蚀下，海岸线后退，并发育沙堤或贝壳堤。第四纪冰期和间冰期的交替导致海平面的升降变化，海面升高，海岸线后退，反之，海岸线前伸，这在华北平原是非常明显的。

2. 苏北平原

苏北平原位置，大体为西至洪泽湖、高邮湖湖泊群，京杭大运河穿越而过，北邻废黄河故道，南抵于长江，大致在扬州、泰州、海安、南通一线，东止于黄海。平原地势低平，特别是在盐城龙岗、大岗、东台一线以西，京杭大运河以东一片，被称为里下河地区的所在，平均海拔仅 2～3m。里下河地区以东地势略高，有两列岗地顺海岸线方向延伸，海拔 3～5m，都是古代海岸线变迁的残存。

晚更新世以来伴随着海平面的波动，本区经历了河湖环境与浅海、海滩环境的交替变化，并在地表留下了痕迹。今日地面所见沿盐城龙岗、大岗、东台一线延伸的沙堤就是全新世高海面时期（6 000～5 600aBP）的产物（陈万里，1998）。此后，海平面略有下降，大约在新石器时代晚期（3 800a＋70a）海岸线淤涨到阜宁沟墩、上岗至东台一线，也就是东侧的另一条贝壳沙堤（朱诚等，1998），两条沙堤之间相距约 10～20km。北宋时修建的防潮堤（范公堤）即建在沙堤上，说明当时海岸线确实就在于此。淮河原来是独自入海的河流，入海口在阜宁云梯关附近，公元 1128 年黄河夺淮，带来了大量泥沙，淮河入海受阻，下泄不畅，使淮河以南的零星小湖水面逐渐扩大，连成一片，形成了洪泽湖，它完全是一个由人类作用造成的湖泊。同时，里下河地区的古代潟湖也相互贯通，成了现在的高邮、宝应、界首等较大的湖泊群（任美锷，2002）。1855 年以后，黄河重新北归，废黄河三角洲遭受侵蚀，被侵蚀下来的泥沙源源不断地南下，使得范公堤以东的苏北沿海一直不断地向海淤进，形成了南北长约 130 km（阜宁—琼港）、东西平均宽约 50km 的广阔沿海平原。

3. 江苏浙江冲积三角洲平原

本区范围不大，北界即扬州、泰州、海安、南通一线，东止于黄海、东海，西邻浙江、安徽东部的小起伏低山，南接浙江低山地的北缘，包括杭州湾北岸的平原。

全区地势低平，除局部丘陵外，绝大部分在海拔10m以下。平原主要部分由长江和钱塘江冲积而成，平原的中央为太湖碟形洼地，是江南河网中心。湖泊作用是该地重要的地貌外营力。本区东临大海，海洋动力也参与地貌的塑造。多种营力形成了三角洲平原、冲积平原、湖滩与湖积平原、湖积冲积平原、海积平原和海积湖积平原等多种地貌类型。其中湖积冲积平原区域范围内发育有中国第三大淡水湖——太湖，面积 2 428km^2。

（八）宁镇平原丘陵区（IH）

本区范围很小，大致是以南京为中心的周边地区，主要山地系列有：宁镇山脉，近东西向从南京延伸至镇江以东；茅山，由镇江以南，近南北向延伸；宜溧山地，为分布于苏、浙、皖交界处的一系列低山地；安徽滁州境内的一些丘陵等。此外，还有一些散布的火山，如南京南面江宁境内的"方山"，长江以北六合境内的灵岩山等。所有这些虽然名为山地，但实际高度都很低，海拔在 300m 左右，最高峰位于宜溧山地的黄塔顶，海拔 611m，介于低山和丘陵之间或本身就是丘陵。除去这些山地丘陵之外都是低平原。

四、东南低中山地大区（Ⅱ）

东南低中山地大区的西界即是中国地貌三大阶梯中第二阶梯与第一阶梯的分界，分界线大致沿豫西山地、巫山山脉、雪峰山脉直到南岭西段，北界是桐柏山、大别山、越长江往东，沿安徽南部和浙江东部山地与东部低山平原相邻，东侧和南侧达于大海。行政区划包括福建、台湾、广东、海南、江西省的全部，湖北、湖南、广西、浙江等省区的大部，以及安徽省南部一部分，全区面积约 115 万 km^2。

区内地貌错综复杂，除洞庭湖、鄱阳湖等湖盆平原和大河两旁的冲积平原外，其余大部分地区均是中低海拔的低山和丘陵，也有少数坚硬岩层及花岗岩侵入体构成的中海拔中山，突出于低山丘陵之上，如湖南西部的雪峰山、江西西北部的武功山、安徽南部的黄山、浙江西部的天目山、福建西部的武夷山、海南的五指山以及部分南岭山地等，它们的海拔在 1 000～1 500m 之间，个别山峰达 1 900m 余。台湾地区由于受新生代喜马拉雅运动的影响，形成有亚高海拔的中、高山地，最高峰玉山海拔 3 952m，是东亚地区第一高峰。受制于大地构造特性，除南岭外的所有的山地走向均为东北—西南或北北东—南南西，南岭走向则近乎于东西。

本区地貌的另一特点是广泛分布于湖南、江西、福建、浙江等省山地和丘陵之间的山间盆地，盆地中遍布红色地层，因此也称为红色盆地，如江西的赣州盆地、吉安盆地、宜春盆地，湖南的衡阳盆地、零陵盆地，浙江的江山－玉山盆地，福建的建瓯盆地、永安盆地等，它们原来都是中生代的古湖盆，由于气候炎热干燥，周围侵蚀下来的物质充分氧化而成为红色沉积，目前红色盆地就是当日古湖盆底部沉积物的残留。在这些红色盆地中，低矮砂页岩丘陵区冲蚀形成的暴流地形十分发育，常成为水土流失严重的地区。如果红色盆地中的红色地层很厚，则常发育丹霞地貌（曾昭璇，1985）。

本区进一步划分为浙闽低中山区（ⅡA）、淮阳低山区（ⅡB）、长江中游低山平原区（ⅡC）、华南低山平原区（ⅡD）和台湾平原山地区（ⅡE）5个二级区。

（一）浙闽低中山区（ⅡA）

福建省与广东省和江西省的边界、浙江省与江西省和安徽省的边界是浙闽低中山区的西界，包括福建省的全部和浙江省的大部，面积约为25.32万km²。

以位于本区西部的武夷山和天目山为隆起中心，向沿海逐渐降低，从中山、低山、丘陵逐步过渡到海岸台地，最后达于各独立小河入海处的小型冲积平原。地貌上有几个重要特点：河流急而短、深切入山地和丘陵；多火成岩组成的山地和丘陵；广泛分布山间红色盆地。该区由于武夷山的隆起，促使山溪、河流，如钱塘江、闽江、瓯江等，成四散辐射状分流入海，这些河流均为山地峡谷急流，沿岸平原普遍狭小，河口又受强潮影响。本区内火成岩分布普遍，福建省的火成岩面积占全省面积的一半以上，其中流纹岩和花岗岩大约各占1/3（曾昭璇，1985）。流纹岩地区地势较高，多为低山和高丘陵，著名的括苍山海拔1 875m。山地起伏于500~1 000m之间。花岗岩区则大多分布在断陷盆地地区，地貌上呈现为丘陵和红色盆地。由于长期受到山上暴流和沟谷散流的冲蚀，花岗岩表面形成一层厚厚的风化壳，沿节理冲刷的流水又把花岗岩体分解成巨大的岩块，这样就形成了特有的"石蛋"地貌，厦门的万石岩和鼓浪屿的日光岩最负盛名。山间红色盆地内是丹霞地貌充分发育所在，浙江永康的"方岩"，福建泰宁的"笔架山"和"猫儿山"，武夷山的"玉女峰"等都成为旅游胜地。

（二）淮阳低山区（ⅡB）

北和东界为桐柏山、大别山，西界鄂西山地（巫山），南界江汉平原北缘。行政区域包括湖北省大部和安徽省的一部分，面积约为9.52万km²。

本区内除个别山峰海拔超过1 500m以外，大多都是500m以下的低海拔、小起伏低山和丘陵，地形比较破碎，山间的河谷都很宽坦。桐柏山、大别山是长江流域和淮河流域的分水岭，是江、淮、汉（汉江）等大河支流的发源地。本区可分成三个次一级单元：最西部是唐白河冲积平原，地势自东北向西南微微倾斜，大部分地区的海拔不超过50m；大洪山低山丘陵，位于湖北省中部，是唯一受燕山运动影响的褶皱断裂山地，大洪山主峰高1 636m；大别山低山丘陵，位于河南、湖北、安徽三省交界处，大别山主峰九峰尖1 616m，桐柏山主峰1 385m，其余山地海拔均在500m以下。

（三）长江中游低山平原区（ⅡC）

淮阳低山以南，南岭以北，武夷山、天目山以西的广大地区属于本区，包括湖南的大部，湖北的一部和安徽的一小部分，面积约为34.08万km²。

本区实际包含两个地貌单元，位于北部的长江河谷平原和位于南部的湘赣两省低山丘陵。长江河谷平原是中国主要平原之一，为长江中下游平原的重要组成部分，大致包括长江以北的江汉平原和长江以南、湖南境内的洞庭湖平原和江西境内的鄱阳湖平原。江汉平原地质历史上长期是一个古湖盆，湖盆内沉积了巨厚的沉积物，今天地面仍有大量湖泊残留，是中国天然湖泊分布最多的地区。除局部地点外，海拔均在200m以下，中部和沿长江一带，海拔尚不足35m。长江和汉水（江）分南北两侧流动在江汉平原上，成为营造平原的主要力量。由于泥沙的淤积，该段长江河道（荆江）高出两岸地面，洪水威胁十分严重，"万里长江，险在荆江"，说的就是这里。三峡工程修建后，洪水威胁已大大降低。洞庭湖平原在地质构造上是一个断陷盆地，第四纪以来盆地总体长期沉降，泥沙堆积，逐步形成了洞庭湖及其周围的湖积、冲积平原。在全新世时期，随环境变化，洞庭湖曾有6次扩张、缩小交替的演变过程（张晓阳等，1994）。最后的一个阶段是从19世纪中叶直到现在。一方面，地质构造保持沉降，使洞庭湖湖盆得以长期维持；另一方面，从长江来的泥沙源源不断地涌入，使湖盆面积不断缩小（李景保等，2008），后者的效果甚至超过了前者，因此湖泊面积总体在减小。特别是1990年代以来，不断地围垦湖面，与湖争地，使得湖盆面积和容积加速缩小（姜加虎等，2004）。洞庭湖面积和容积的缩小造成了防洪压力的增加，所幸近年来已注意及此，长江三峡工程的修建使进入洞庭湖的泥沙明显地减少，使洞庭湖区的泥沙淤积率由70.3%减少到39.39%～53.6%。形成于中生代侏罗—白垩纪的鄱阳湖盆地也是一个构造盆地，第四纪以来沉降活动逐渐形成了鄱阳湖及其周围的湖积冲积平原。赣江等五条河流汇入鄱阳湖，带来了大量泥沙，虽然数量不像进入洞庭湖之多，但泥沙淤积速率远大于地壳沉降速率，超过了地壳沉降的补偿作用，再加上围湖造田，1954～1995年，鄱阳湖面积缩小了1 300km^2，容积减小了80亿m^3，使湖盆对洪水的调蓄能力减少了20%（马逸麟等，2003）。1998年以后，执行退田还湖政策，情况已有所改善。

湘赣两省低山丘陵包括湖南、江西两省的大部分。低山、丘陵以及处于其中的一系列山间盆地是该地区的主要地貌特征。低山主要位于本区的周边。区内湖南、江西两省交界处的山脉，大多呈东北—西南向排列。湘赣边界的山脉从北到南有：幕阜山、九岭山、峰顶山、蒙山、武功山、陈山，一般海拔都在1 000m以上，山峰超过1 500m。庐山和黄山是其中的两座名山，前者南北长25km，东西宽10km，位于江西省北部长江南岸，最高点大汉阳峰海拔1 473.4m。庐山实际上是一个东北—西南走向的短轴褶皱山地，有不少彼此平行的背斜山和向斜谷，后来在西北和东南两侧受断层作用而抬升，从而形成高峻的陡坡，如五老峰下深1 000m的断崖。后者位于安徽省南部丘陵区中，是一个巨大的花岗岩侵入"岩株"，当四周的软岩层被侵蚀剥去之后就形成为高耸入云的山体，最高峰莲花峰海拔1 864.8m。海拔高，寒冻风化剧烈，加上花岗岩多垂直方格状节理，冻裂作用、流水侵蚀沿节理进行，逐步形成千姿百态的怪石奇峰。广大的湘赣两省腹地则主要被丘陵和盆地所占据。湖南境内有：长沙-浏阳盆地、湘潭-湘乡盆地、永兴茶陵盆地、零陵盆地等；江西境内有：吉安盆地、泰和盆地、永丰盆地、赣州盆地等。这些盆地都是沉积古近系的红层盆地，是重要的农业区。洞庭湖水系的湘、资、沅、澧诸水，鄱阳湖水系的赣、抚、修、信、昌诸水贯穿于丘陵盆地之中，将这些盆地串连起来。区内还有一些花岗岩侵入体，成为突出于丘陵、盆地之上的低山，以南岳衡山最为著名，海拔1 211m。

（四）华南低山平原区（ⅡD）

南岭以南，包括海南岛在内的广大地区是一片广阔的低山、丘陵和平原交错分布的地区，面积约为 42.59 万 km²。粤东有东北—西南向排列的莲花山、玳瑁山、罗浮山、九连山、青云山，一般海拔 1 000m 左右，山峰 1 200~1 300m，山间则是宽广的谷地和盆地，如兴宁盆地、梅县盆地。从广东西部到广西东部，主要是一片低山和丘陵，自东向西依次有兴恩阳山地、云开大山、大容山、六万大山、罗阳山、十万大山等，海拔均在 1 000m 左右。同样，山间也分布有红色岩系和石灰岩的宽谷、盆地。与粤东地区不一样的是这里的地貌更加破碎。再往西广西境内大面积分布喀斯特（石灰岩）低山和丘陵，成为典型的地貌景观，喀斯特峰林、峰丛、洼地、大小溶洞到处可见，是中国也是世界上喀斯特地貌最为发育的地区之一。除去位于山间的小规模盆地和谷地外，珠江三角洲和韩江三角洲（潮汕平原）是两个重要的平原，前者面积 1.1 万 km²，地表河汊纵横，是一个网河状平原，同时也有许多丘陵散布其间。后者面积约 1 200km²，是一个呈扇形展开的平原，潮州、汕头等城市位居于此。

华南低山丘陵地处热带、亚热带，风化作用、特别是化学风化特别强烈，形成深厚的红色风化壳，由于红土层不透水，散流和暴流冲刷极易进行，所以本地区的水土流失也颇为严重。喀斯特地貌发育地区的土壤侵蚀同样严重，溶蚀作用和水分的渗漏常使地表成为"石漠化"的荒山。

丹霞地貌在本区内也颇为发育。丹霞地貌最早就在广东北部仁化丹霞山发现，并以此山命名。

海南岛地貌具有层状结构，中间的五指山最高（海拔 1 867m），属于中山，外层为低山，低山外层是丘陵，丘陵外层是台地和平原，级级相绕。山地占全岛总面积的 26% 强，丘陵占 10%，台地占 54% 强，平原仅 10%（曾昭璇，1985）。海南岛北部有一大片玄武岩台地，同时分布有许多死火山锥体。该台地与隔海相望的雷州半岛玄武岩原来是一个整体，后来由于地壳沉陷、海面上升才分离，形成了琼州海峡。

（五）台湾平原山地区（ⅡE）

台湾岛地貌可以划分为山地、丘陵台地和平原三个不同单元，三者的面积比为 3:4:3（王鑫，1993），总面积约为 3.60 万 km²。山地纵贯台湾中部，呈南北方向延伸，包括中央山脉、雪山山脉、玉山山脉、阿里山山脉、海岸山脉等。山势挺拔高峻，海拔均超过 1 500m，属于中海拔中山，一部分超过 2 000m 甚至 3 000m，分别占台湾全岛面积的 10.3% 和 10.9%，（王鑫，1993），已属于亚高海拔的中山和高山。山地直接濒临太平洋边，形成壁立万仞的断崖海岸，以清水断崖最为著名。丘陵和台地分布在山地外围，主要在西部，但并不完全连续，从北而南有飞凤山丘陵、竹东丘陵、竹南丘陵、苗栗丘陵、嘉义丘陵、新化丘陵、恒春丘陵等。平原主要分布于北部和西部的河流下游地区，绝大多数海拔低于 100m，主要的平原有：台北盆地、新竹冲积平原、台中盆地、嘉南平原、屏东平原。东海岸有宜兰的兰阳平原、台东三角洲平原、花莲海岸平原等，但面积均较小。

台湾的河流普遍短小，但水量丰富，携带的泥沙也多，上述这些平原的形成与河流的冲积有密切关系。河流穿行于高山之中，形成险峻峡谷，立雾溪塑造的太鲁谷峡谷，深切入大理石岩层之中，成为驰名中外的观光胜地。在台湾北部还分布有基隆和大屯两个火山群。

五、中北中山高原大区（Ⅲ）

中北中山高原大区的东界在大兴安岭、燕山山地西侧、太行山，南界为秦岭，西界为贺兰山、青藏高原东缘，北边则达于国界，总面积约 142.43 万 km²。

本区地处中国地貌三大阶梯中的第二级阶梯，地势普遍较高，绝大部分海拔均在 1 000 m 以上，中高山地和高原是主要的地貌类型，少部分为河谷平原。由于地理位置偏北偏西，降水逐渐减少，气候比较干燥。除流水作用外，风力作用也占有重要地位，形成沙漠和沙地，中国 14 个沙漠和沙地中有 6 个位于本区。

本区进一步划分为：大兴安岭低山中山区（ⅢA）、山西中山盆地区（ⅢB）、内蒙古高原区（ⅢC）、鄂尔多斯高原与河套平原区（ⅢD）和黄土高原区（ⅢE）5 个二级区。

（一）大兴安岭低山中山区（ⅢA）

本区东界松辽平原，向南顺努鲁儿虎山与燕山－辽西山地相接，西南在林西与内蒙古高（平）原为邻，其余均为国界，面积约为 40.54 万 km²。大兴安岭是本区内最重要的山脉，呈东北—西南向，延伸 800km 多，东西宽约 200～300km，是中国地貌第二级和第三级阶梯的天然分界线。大兴安岭山势总体不高，且起伏比较和缓，中心区宽 40～160km，山脊海拔一般 1 000～1 400m，最高峰黄岗梁海拔 2 029m，属于中山。大兴安岭东侧是范围广阔的低山，宽 40～240km。越过分水岭向西，相对高差明显变小，山地与高平原之间没有明显的低山和丘陵地。在本区的最北边，即伊勒呼里山以北地区直至黑龙江边为一面积不大的台原，尽管地面比较破碎，但山顶尚保存有平坦面。

本区的东南部分布有科尔沁沙地，面积 5.044 万 km²。

（二）山西中山盆地区（ⅢB）

本区东界太行山，西界吕梁山，南以中条山和黄河河谷与秦岭山地分开，北边则是燕山山地与内蒙古高原的分界，即称为"坝头"的一线。包括山西省的大部和河北省、内蒙古自治区的一小部分，面积约为 19.59 万 km²。本区总的地势较高，海拔普遍在 1 500m 左右。分布有多条北北东—南南西和东北—西南向的山脉，从南到北有：恒山、五台山、太岳山、霍山、中条山，以及纵贯于东西两侧的太行山和吕梁山，它们的山顶高度普遍超过 2 000m，五台山主峰海拔 3 052m，是华北地区最高峰。山脉和山脉之间是地质构造上相对沉降的地带，普遍发育了谷地和盆地。位置最北的是大同盆地，长 120km，宽 20~40km。向南依次为有朔州盆地、忻定盆地、太原盆地、临汾盆地、长治盆地等。其中太原盆地面积最大，长 150km，宽 40~50km。一些大河流经或贯穿于谷地和盆地之中，汾河将太原、临汾、侯马诸盆地联结成一体，永定河的上游桑干河流经朔州盆地和大同盆地，忻定盆地内有滹沱河的上游等。

需要指出的是，本区与黄土高原紧邻，地面已经有黄土分布，也有人将本区的部分地区划归到黄土高原。另外，本区山地的植被覆盖普遍较差，雁北大同一带的土石山区，水土流失比较强烈。

（三）内蒙古高原区（ⅢC）

大兴安岭是内蒙古高原区的东部边界，阴山山脉是其南界，西界大致是贺兰山、狼山的北延线，北界达蒙古国边界，东北端有一小部分与蒙古国交错，总面积约为 37.28 万 km²。

内蒙古高（平）原地表起伏不大，总体地势由南向北逐渐降低，南部西段的阴山山脉海拔 1 500~2 000m，主峰 2 338m。东段的"坝头"海拔 1 500m 左右，但到了"坝上"的张北降低到 1 200m 左右，再往北到锡林浩特仅 1 000m 多，低洼处不足 1 000m。内蒙古高（平）原由于气候干燥，河流较少，风力作用强劲，因此草地被破坏后的地表，在吹蚀作用下形成沙地，甚至是"戈壁"。位于本区东南部的浑善达克沙地面积 2.922 万 km²，二连附近的"瀚海盆地"实际上就是大戈壁，盆地内分布有许多风蚀洼地。其他零星分布的戈壁还有许多。

本区东北端与蒙古国所交错的部分称为呼伦贝尔高平原。该处地势较内蒙古高（平）原的主体部分略低，海拔在 700mm 左右。其地貌类型比较复杂，有侵蚀和剥蚀的台原、玄武岩高地、冲积平原、湖积平原，早先的冲积和湖积平原经后期风力改造而形成为沙地，新月形沙丘随处可见。呼伦湖是一个断层湖，湖面最低海拔 560m，是全区最低处。湖泊面积随气候变化而扩大、收缩，高水位时面积达 1 100km²，最大水深 8m。贝尔湖面积约 610km²，与呼伦湖之间有河道相通。两湖的存在调节了气候，使本区成为可牧也可农的地方。

（四）鄂尔多斯高原与河套平原区（ⅢD）

鄂尔多斯高原与河套平原是两个单独的地貌单元，具有海拔较高、地面平坦、起伏小的共同特点，且地域相邻，故合并成为一个区，总面积约为 16.81 万 km²。

鄂尔多斯高原位于黄河以南，南界大致是在长城一线。地质构造上属于古老的地台，覆盖有较厚的沉积盖层，因此地面也较平坦，平均海拔 1 100~1 500m。中部、西北部和东北部较高，南部稍低。本区地处内陆，以风力作用下的干燥剥蚀和堆积过程居主导地位。形成了两片重要的沙地和沙漠。位于北部的是库布齐沙漠，面积 1.73 万 km²，沙漠内的新月形沙丘高达 12~30m。位于南部的是毛乌素沙地，面积 3.21 万 km²，沙丘活动程度较库布齐沙漠略低。毛乌素沙地的范围长期以来不断扩大、南侵，其中有自然因素的原因，但更多的是与人类过度放牧、开垦有关。此问题近年来已得到重视，情况有所改善。

河套平原介于阴山山脉（北侧）、贺兰山（西侧）与鄂尔多斯高原之间，地质构造上是一个沉降盆地，平均海拔 900~1 200m。黄河在这里穿行而过，其所带来的大量泥沙堆积、塑造成了高原面上的河谷冲积平原。这里的土层深厚，又可引黄河灌溉，所以成为整个内蒙古高原大范围内自然条件最好的地区，"黄河百害，惟富一套"说的就是这里。

河套平原可分成两部分：分别是位于上游的银川平原和位于下游的河套平原。银川平原南北长 280km，东西宽约 50km，海拔 1 100~1 200m，面积 0.78 万 km²。下游的河套平原又可细分为前、后套两部分：位于西侧的后套平原，东西长 210km，南北宽60 km，海拔 1 100m，面积 1 万 km²；位于东侧的前套平原（也称为土默川平原），海拔在 1 000m 左右，面积 0.7 万 km²。

河套平原的西北角风沙从贺兰山和狼山之间的缺口入侵，乌兰布和沙漠直接濒临黄河。2 000 多年前，这里还曾是一片沃野，但由于气候变干、人为滥垦，终于发展成为 1 万 km² 的沙漠（曾昭璇，1985）。

沙漠、沙地分布在黄河两岸，由风带入黄河的泥沙也相当可观，据估算黄河干流沙坡头至河曲段入黄的风成沙为 1 500 万 t/a（杨根生，1987）。

（五）黄土高原区（ⅢE）

本区范围为吕梁山以西，长城和腾格里沙漠以南，秦岭以北，达坂山以东，涵盖了黄土高原的绝大部分，面积约为 28.20 万 km²。地表被厚层第四纪黄土覆盖是本区的重要特征。黄土堆积厚度一般 30~200m，最厚达到 500m（甘肃靖远）（雷祥义，1995）。黄土有自己的特性，颗粒细，孔隙大，垂直节理发育，富含碳酸盐，吸水后易湿陷与崩解，极易为流水所侵蚀，正是这些特性，形成了以"塬"、"梁"、"峁"为典型，地表千沟万壑、支离破碎的独特黄土地貌。"塬"表面比较平坦，侵蚀活动尚处在早期，现存的"塬"已不多，且还在进一步缩小之中。"梁"外形呈长条状，"峁"的形状不规则，它们都是侵蚀活动进一步发展的产物，"峁"比"梁"更加破碎。黄土高原多暴雨，天然情况下这里的土壤侵蚀非常严重，而无序的人类活动，如乱砍滥伐、盲目开垦、不合理的耕种更加速了土壤侵蚀。研究结果表明，由人类活动引起的土壤加速侵蚀量随时间不断增加，到 1940 年代大致在 2.5 亿 t/a 左右，1990 年代已达 4 亿 t/a（叶青超，1985）。目前许多地方侵蚀模数超过 1 000t/（km²a）。甚至 20 000t/（km²a）（图 3.6），被侵蚀下来的泥沙大量进入黄河，给下游带来一系列环境问题。20 世纪 90年代以来，黄土高原的水土流失问题受到重视，通过政策和理念的调整，以及大力开展水土保持工作，目前黄土高原的土壤侵蚀已有所改善。1970 年代以来，每年减少流失泥沙 3.07 亿 t（汪岗、范昭，2002）。

黄土高原地表除了被黄土覆盖以外，还有一些海拔较高、突出于黄土之上的基岩山地，位置偏西的是六盘山，山脊海拔一般超过 2 500m，主峰米缸山 2 942m。中部的是子午岭，最高海拔 1 687m，东侧的是吕梁山，山脊海拔超过 2 000m。

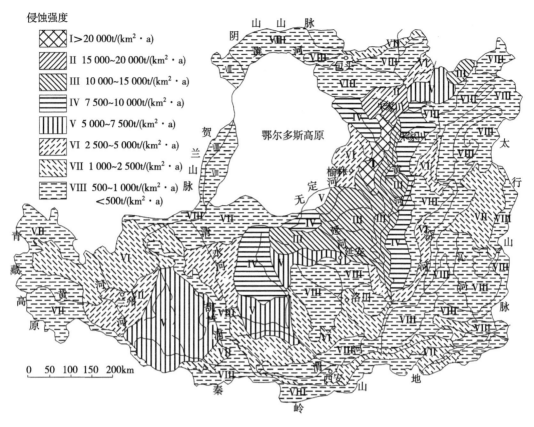

侵蚀强度

- ⊠ I >20 000t/(km² · a)
- ⊠ II 15 000~20 000t/(km² · a)
- ⊠ III 10 000~15 000t/(km² · a)
- ⊟ IV 7 500~10 000t/(km² · a)
- ⊟ V 5 000~7 500t/(km² · a)
- ⊟ VI 2 500~5 000t/(km² · a)
- ⊟ VII 1 000~2 500t/(km² · a)
- ⊟ VIII 500~1 000t/(km² · a) <500t/(km² · a)

0 50 100 150 200km

图 3.6　黄土高原侵蚀强度分布图

六、西北高中山盆地大区（Ⅳ）

西北高中山盆地大区位于贺兰山以西，祁连山、阿尔金山、昆仑山以北，东北和西北均至国界，总面积约 178.6 万 km²。

东西向或接近东西向排列的高大山脉，喀喇昆仑山、昆仑山、天山、阿尔金山、祁连山，以及位于它们之间的大型盆地，是本区最主要的地貌特征。本区地理位置偏西偏北，干旱气候居主要地位，风力作用成为重要的地貌外营力，沙漠、戈壁广泛分布。而在高山之上，由于海拔高，气候寒冷，冰川和冰缘地貌也十分发育。

本区可进一步划分成蒙甘新丘陵平原区（ⅣA）、阿尔泰亚高山区（ⅣB）、准噶尔盆地区（ⅣC）、天山高山盆地区（ⅣD）和塔里木盆地区（ⅣE）5 个二级区。

（一）蒙甘新丘陵平原区（ⅣA）

内蒙古自治区的西部、甘肃的河西走廊、新疆维吾尔自治区的东南部，即天山向东延展的库鲁克山与北天山之间的部分，均属于本区范围，面积约 58.27 万 km²。从天山往东有一列北西西—南东东向延伸的低山，如马鬃山、合黎山、龙首山，统称为走廊"北山",其最高点海拔2791m(马鬃山主峰)。但本区海拔1000m左右的低地面积超过了山地,是一个相当标准的准平原化地区(中国科学院地理研究所,1959)。北山以北是广大的阿拉善高平原,高平原内部有不少起伏100~500m的干燥剥蚀丘陵和低山,将整个高平原分割成若干内流盆地。风沙广泛覆盖地表,位于东南部的是腾格里沙漠,面积4.232万km^2,位于西部的是巴丹吉林沙漠,面积5.051万km^2。沙漠中流沙活动十分活跃,其中巴丹吉林沙漠普遍分布着巨大的沙山。

北山的南侧是河西走廊,是一个南北宽不足100km的狭长地带,西界与塔里木的罗布泊洼地相通,界线并不明显。地貌类型以冲积洪积倾斜平原为主,自东至西分别为武威平原、张掖-酒泉平原、疏勒河平原,海拔在800~2600m之间。河西走廊主要问题是缺水,只有少数依靠祁连山高山冰雪融水补给的河流。由于缺水,河西走廊地区也分布有若干面积较小的沙地。著名的敦煌鸣沙山、月牙泉就在这里。

(二)阿尔泰亚高山区(ⅣB)

阿尔泰亚高山区位于新疆维吾尔自治区东北角一隅,与蒙古国相邻,面积约为2.9万km^2。阿尔泰山是一条古老的褶皱断块山,西北—东南走向,全长2000km多,中国境内长约450km,山脊海拔3000m以上,主峰中蒙边境的友谊峰海拔4374m。由于所处纬度较高,山坡迎着西风,水汽亦较为丰富,海拔3000m以上有现代冰川发育。

(三)准噶尔盆地区(ⅣC)

准噶尔盆地介于阿尔泰山和天山两大山系之间,轮廓呈不等边的三角形,面积为31.46万km^2。地势东高西低,东部最高海拔在1000m以上,西部的艾比湖附近海拔仅190m。盆地内地貌有如下的几个特点:①有中国第二大沙漠古尔班通古特沙漠,位于盆地的中央,面积51130km^2,沙漠中以固定、半固定沙丘占绝对优势。这是因为准噶尔盆地西部和西北部各山口可使湿润的西风气流长驱而入,给沙漠带来较多的降水,冬季有降雪,春季融化后可形成50~60cm厚的湿沙层。同时,春雨和气温转暖同步,为植物生长发育提供了良好气候条件。②戈壁滩和山前平原,分布于准噶尔盆地周围山地的山脚下,天山北麓宽约15~80km。③湖泊洼地,分布在盆地的西部,有玛纳斯湖、艾比湖、乌伦古湖等。④盆地西部有许多谷地,伸入山地,成为著名的风口,如阿拉山口、老风口、额尔齐斯河谷口等,它们成为中亚沙漠吹送黄土进入盆地的通道(曾昭璇,1985)。

(四)天山高山盆地区(ⅣD)

天山是横亘于亚洲中部的巨大山系。中国境内的天山,纬向横亘于新疆维吾尔自治区中部,地处73.92°~95.08°E、39.46°~45.37°N之间,东西跨约1800km、南北宽约250~350km,面积约为23.17万km^2。山地耸立于准噶尔与塔里木盆地之间,海拔多在4000m以上。位于西段的托木尔峰是天山山脉的最高峰,海拔7435.3m;东段的高峰是博格达峰，海拔5 445m。北坡雪线3 500m，南坡4 500m，雪线以上普遍发育冰川，汗腾格里峰（意为天山之王）是冰川最为集中的地区，这里分布有现代冰川1 357条，面积4 093km²，估计冰储量424km³（刘潮海等，2000）。

山脉由一系列大致平行的北天山、中天山和南天山所组成，山体之间夹有许多宽谷与盆地。位于中天山西部的伊犁河洪积冲积平原，东西长300km，宽度在东部仅几千米，到西部达80km以上。伊犁河自东向西流经该平原中部，土地肥沃，水源丰富，是新疆富饶地区之一。位于东部的是哈密盆地和吐鲁番盆地，前者海拔一般500～1 000m，最低处低于250m；后者东西长200km，南北宽80km，地势十分低洼，低于海平面的面积有3 470km²（曾昭璇，1985），其中艾丁湖是全国陆地的最低点，位于海平面以下154.31m。气候干燥是两个盆地的共同特点，因此普遍发育干燥剥蚀地形。除上述盆地以外，天山内部还有许多山间盆地，如特克斯盆地、博斯腾湖山间盆地、大小尤尔都斯谷地等。

（五）塔里木盆地区（ⅣE）

为昆仑山、帕米尔高原和天山环绕的塔里木盆地是中国最大的盆地，大致位于36.08°～42.74°E、74.43°～93.93°N，南北最宽处达710km，东西长约1 640km，面积约62.87万km²。盆地地势向北向东缓缓倾斜，从海拔1 400m下降到罗布泊的700米。塔里木盆地具有圈状分布的地貌特征。环绕天山、昆仑山的山前地带是山前的洪积冲积扇，以及它们的联合体——洪积冲积平原。地下潜水的出露和高山冰雪融水的补给形成盆地周边的绿洲带，著名的绿洲有：疏勒（面积8 000km²）、莎车（2 600km²）、阿克苏（1 650km²）、和田（1 600km²）、库车（1 170km²），称为五大绿洲。从山前地带向内，就进入到中国第一大沙漠——塔克拉玛干沙漠，该沙漠面积36.5万km²，占全国沙漠总面积的45%。沙漠内流动沙丘占绝对优势，沙丘高大、形态复杂。在沙漠东部罗布泊洼地的西部和北部，风蚀形成的"雅丹地貌"最为典型。在塔克拉玛干沙漠中心，也到处有风蚀地貌分布。古代的塔克拉玛干沙漠可能不如现在之荒凉，历史上有许多古城位于这里，但如今古城都已湮没，说明沙漠有发展和扩大的趋势。

塔里木盆地有中国最长的内陆河流——塔里木河，全长2 137km。河水主要依靠高山冰雪融水补给。由于盲目扩大引水灌溉，曾一度引起塔里木河下游断流，使下游地区生态与环境严重恶化。近年来已引起各有关方面的重视，采取了多种措施，情况有所缓解。

七、西南亚高山地大区（V）

西南亚高山地大区北界为秦岭，东部以巫山、雪峰山与东南低中山地为界，西界为青藏高原，南抵于国界，总面积约121万km²。

本区全部处于中国地貌的第二阶梯上，地势普遍较高，绝大多数地面海拔超过1 000m，分布着许多海拔超过2 000m的亚高山，如横断山脉（南段）、秦岭、大巴山等都分布于此。地势高峻、地面破碎的云贵高原也占有很大的面积。唯一例外的是夹在山地中间的四川盆地，呈现为平原、丘陵、低山的交错组合。本区划分为：秦岭大巴山亚高山区（VA）、鄂黔滇中山区（VB）、四川盆地区（VC）、川西南滇中亚高山盆地区（VD）、滇西南亚高山区（VE）5个二级区。

（一）秦岭大巴山亚高山区（VA）

陕西省的秦岭及秦岭以南、湖北省的西部，以及四川盆地的北缘山地以北均是本区范围。秦岭是区域内最重要的山脉，横贯中国中部，东西长约1 600km多，南北宽数十至二三百千米不等，面积约25.96万 km²。秦岭山脊平均海拔2 000~3 000m，西高东低，主峰太白山海拔3 767m，可见到第四纪古冰川作用的遗迹。西岳华山也是秦岭的组成部分，高2 154.9 m。大巴山位于秦岭之南，呈北东东—南西西向延伸，西段为米仓山，中段称大巴山，向东一直延伸至神农架山脊，海拔普遍在2 000m左右，最高点大神农架3 105.4 m，有"华中第一峰"之称。秦岭是长江流域和黄河流域的分水岭，而大巴山则是长江与其大支流汉水（江）之间的分水岭。秦岭与大巴山之间是汉水河谷谷地，包括一些小型盆地，如汉中盆地、安康盆地。

（二）鄂黔滇中山区（VB）

长江川江段、包括三峡段以南，云南与贵州省界线以东的广大地区属于本区范围。行政区划上包括贵州省绝大部分和云南、湖北、湖南、四川和广西等省区的一小部分，面积约为38.77万 km²。这是从中国西部高山到东部低山间的一个过渡地区。崇山峻岭、地面起伏不平，但海拔又不是很高，是本区地貌的主要特征。谚语"贵州地无三尺平"就是最好的写照。位于北部的主要山脉有：巫山、武陵山、佛顶山、大娄山，均近似东北—西南向；位于南部的是苗岭，近东西向延伸。这些山脉大部分海拔在1 500~2 000m，高峰超过2 000m，如梵净山高2 494m，大娄山主峰风吹顶高2 251m。山间分布有一系列小盆地，大的面积可以达50km²，贵阳盆地最大，南北长20km，东西宽8km。

本区石灰岩分布相当普遍，喀斯特地貌十分发育，峰林、溶洞、暗河、瀑布随处可见。中国最大瀑布黄果树瀑布就是一个喀斯特瀑布。

（三）四川盆地区（VC）

四川盆地区西界为青藏高原东侧的岷山、龙门山、邛崃山，北界米仓山、大巴山，东界巫山，南界大娄山。行政区划上包括四川省的东部和重庆市的大部分，面积约为15.07万 km²。

四川盆地形成于1.8亿年以前的侏罗纪时期，沉积物多为含铁质较多的红色岩系，因气候炎热，铁质易氧化呈红色，所以成为一个红色盆地。盆地内地形可以分为西部成都平原、中部丘陵和东部平行岭谷区3部分。成都平原由岷江、沱江、大渡河、青衣江等冲积而成，平均海拔450~750m，总面积23 000km²。2 200多年前建成的都江堰水利工程至今仍在发挥着巨大的作用。这里人口稠密、物产丰富，"天府之国"指的就是这里。中部丘陵有两种类型：一种是普通的高丘陵，海拔大致在 800m 左右，起伏度在 100~200m；另一种是特有的"方山丘陵"，为顶部平坦，四周陡峭的桌子状山丘，一般海拔 300~400m，高出江面约 100m。古代在山顶建有"寨子"。平行岭谷区位于渠江以东，有大小 20 余条东北—西南向的平行褶皱山带，山脉走向与构造线一致，长者可达 300km，短者也有 20km 余。山岭海拔一般 700~800m，相对高差 500~700m。最高的华蓥山主峰海拔 1 800m。岭谷间平行排列的向斜谷内分布着丘陵和平原，是比较富庶的地区。

　　盆地地形决定了本区的河流发育成为向心状水系，长江贯穿于本区，处于地形上的最低点，北侧有岷江、沱江、嘉陵江汇入，南侧有乌江汇入。

（四）川西南滇中亚高山盆地区（VD）

　　川西南滇中亚高山盆地区包括四川省的西南部、云南省的中东部，面积约为 25.66 万 km²。海拔较高的亚高山和广泛分布着山间小盆地，是主要的地貌特点。但实际上，川西南与滇中这两部分仍存在一定差异。

　　川西南是一片以亚高山为主的区域，山脉有峨眉山、大小凉山、大小相岭以及横断山脉大雪山、沙鲁里山的东南延伸部分等，大多呈近似南北或东北—西南向排列，山顶海拔普遍在 2 000~3 000m，高峰甚至超过 4 000m，如大相岭主峰轿子顶高 3 552m，小相岭主峰高达 4 791m。山岭之间为河谷所占据，如雅砻江、理塘河、安宁河、大渡河等，从北向南汇入长江。上段河谷较狭，峡谷为主，下段河谷逐渐放宽。在靠近云南省的南部地区，也有一些山间盆地出现，如西昌盆地、盐源盆地。

　　云南中部景观与川西南不同，断裂、破碎的高原面是其主要特征。高原面上有许多外形浑圆的丘陵和低山，相对高度一般在 100~300m，最大高度约 500~600m。低山、丘陵之间分布着面积较大的盆地，当地称为"坝子"，如昆明、安宁、元谋、禄丰、楚雄、南华、祥云等，云南省境内共有坝子 1 200 多个。低陷的坝子内往往积水成湖，"滇池"是最大的一个，湖面海拔 1 886m，面积 298km²。抚仙湖水深 150m，是中国第二大深水湖。

　　厚度达 1 000m 的石灰岩是组成云南高原的重要地层，当上覆的风化壳被剥蚀以后，石灰岩出露就很容易发育喀斯特地貌，其中石林彝族自治县境内的石林最负盛名。

（五）滇西南亚高山区（VE）

　　滇西南亚高山区地处云南省西半部，北界大致为云南省德庆藏族自治州的区界，东界则是玉龙山、点苍山和哀牢山，面积约为 15.87 万 km²。山高岭陡、深切的峡谷是本区地貌主要特征，在本区的西北部表现尤为突出。属于横断山脉的高黎贡山、怒山、云岭和玉龙雪山在经过长距离南北向平行延伸之后，逐渐散开，形成哀牢山、无量山、邦马山、老别山等诸多山脉，山脊高度一般在 2 000m 左右，高峰可达 3 000m 以上，属亚高山范畴。往南高度逐渐降低，海拔 2 000m 以下。山间分别被怒江、澜沧江、元江

（红河）以及它们的支流切开，形成许多宽广的谷地。

本区西部的腾冲一带火山地貌发育，共有火山 70 多座，明朝成化、正德、嘉庆、万历年间均有火山喷发的记载。

八、青藏高原大区（Ⅵ）

西起帕米尔高原，东及横断山脉，北界昆仑山、阿尔金山、祁连山，南抵喜马拉雅山的青藏高原，是中国最大的高原，也是世界上最高的高原，平均海拔在 4 500m 以上，面积为 261.94 万 km²（含喜马拉雅山南翼的喜马拉雅高山中山区）。

新构造运动的强烈抬升是造成青藏高原地势特别高峻的主要原因。直到中新世末期青藏高原地面海拔仍为 1 000m 左右，但经过上新世以来的快速抬升已达到或接近今天地面的高程。正是由于青藏高原的大规模快速隆起，从而极大地改变了中国的地貌景观，也给整个中国、乃至世界的自然地理环境带来重大的影响。

青藏高原的抬升在地域上存在差异，除去较为平坦的高原面外，还分布着多条巨大的山脉，如喀喇昆仑山、喜马拉雅山、冈底斯山、念青唐古拉山、唐古拉山、昆仑山、巴颜喀拉山、阿尼玛卿山、阿尔金山和祁连山等，高度都在 5 000~6 000m 以上，高峰超过 7 000~8 000m。由于地势高，冰川十分发育，古冰川遗迹和现代冰川广泛分布。也正是由于地势高，青藏高原成为亚洲大陆许多大河的分水岭和发源地，长江、黄河、澜沧江 - 湄公河、怒江 - 萨尔温江、雅鲁藏布江 - 布拉马普特拉河，以及印度的恒河、印度河等都发源于此。

本区可划分为阿尔金山祁连山高山区（ⅥA）、柴达木 - 黄湟亚高盆地区（ⅥB）、昆仑山极高山高山区（ⅥC）、横断山高山峡谷区（ⅥD）、江河上游高山谷地区（ⅥE）、江河源丘状山原区（ⅥF）、羌塘高原湖盆区（ⅥG）、喜马拉雅山高山极高山区（ⅥH）和喀喇昆仑山极高山区（Ⅶ）9 个二级区。

（一）阿尔金山祁连山高山区（ⅥA）

位于青藏高原的东北边缘，西端是阿尔金山，面积约为 19.061 万 km²。东部是祁连山。阿尔金山大致呈北东东向延伸，全长 720km，最宽处超过 100km。阿尔金山地势西高东低，一般海拔 3 500~4 000m，最高峰为尤苏巴勒塔格，海拔 6 161m。山体南北两翼极不对称。北坡相对高度可达 2 500m 以上，南坡地势缓和，高差较小。祁连山由一系列北西西走向平行的山脉与谷地组成，山脉高度均超过 4 000m，不少山段超过 5 000m，最高峰团结峰，海拔 6 305m。山间谷地发育了相当宽展的冰碛、洪积 - 冲积平原，高度不等，最高的哈拉湖盆地高达 4 300m，而一些低谷地尚不足 2 000m。阿尔金山地理位置偏西，气候十分干燥，现代雪线高达 5 000m 以上，终年积雪的山峰较少，而祁连山位置偏东，特别是它的东部和北部比较湿润，现代雪线在 4 000m 左右，海拔 3 600m 以上就是现代冰川作用区，海拔 3 600~3 000m 可见古冰川作用的遗迹。祁连山冰川融水是河西走廊地区重要的水源。

（二）柴达木－黄湟亚高盆地区（ⅦB）

本区包括柴达木盆地的全部和从该盆地向东延伸、包括青海湖在内的青海省东部地区，北界阿尔金山和祁连山，南界为昆仑山和阿尼玛卿山的北麓。柴达木盆地是中国四大盆地之一，东西长850km，南北宽350km，面积约25万km²。这是青藏高原上地势最低的一个特殊区域，为地壳断陷沉降而形成为盆地。然而青藏高原整体地势高亢，2 600～3 000m的盆地地面高程不同于一般的盆地，故被称之为"亚高盆地"。盆地内具有环状的地形结构，周围是山麓平原戈壁带，往里是河湖冲积平原带，最后是湖泊和沙漠。柴达木盆地的气候十分干旱，盐湖、盐滩分布十分广泛，其中察尔罕盐湖面积达5 800km²。柴达木盆地内的沙漠是中国分布高度最高的沙漠，面积共1.494万km²，各类沙丘、戈壁、盐湖和盐土平原相互交错，盆地的西北部大柴旦到茫崖一带还广泛发育了风蚀雅丹地貌。柴达木盆地往东的地区地形比较破碎，海拔3 000～4 000m的山地与它们之间的谷地、盆地相互交替出现。青海湖和哈拉湖地区是两个最大的盆地。青海湖面海拔3 194m，面积4 500km²余，为断层陷落而形成的构造湖，也是中国最大的咸水湖。黄河在本区的东端流过，湟水、大通河支流主要流经本区。河谷平原成为重要的农业耕作区。

（三）昆仑山极高山高山区（ⅦC）

本区东西狭长，包括昆仑山及其向东延伸的阿尼玛卿山。昆仑山横贯中国西部，西起帕米尔高原东部，东到柴达木河上游谷地，全长2 500km余，南北宽150～350km，面积为31.744万km²。山势宏伟峻拔，构成中国山文结构中的脊柱。昆仑山分为东西两段，西昆仑绵亘于新疆和西藏边境，平均海拔5 500～6 000m，山脉北部与塔里木盆地的高差为3 500～4 500m，南部与高原的高差500～1 500m。主峰公格尔山（7 719m）和慕士塔格山（7 546m），前者的冰川面积为300km²，有20余条冰舌向下散射；后者的冰川面积898km²。东昆仑山在青海省境内，地势略低于西昆仑山，平均海拔4 500～5 000m，6 000m以上的山峰有4座，雪线高度5 800m。阿尼玛卿山山顶海拔在5 000m以上，顶峰玛卿岗日，海拔6 282m，现代冰川发育。

（四）横断山高山峡谷区（ⅦD）

横断山高山峡谷区含西藏自治区伯舒拉岭以东，昌都—甘孜—马尔康一线以南，四川邛崃山以西，中缅（甸）边境山区以北的区域，面积约30.81万km²。一系列近似南北向的高山纵贯本区，自西至东分别是：伯舒拉岭、他念他翁山（云南境内称为怒山）、宁静山（云南境内为云岭）、沙鲁里山（云南境内为玉龙雪山）、大雪山和邛崃山，山脊海拔一般超过5 000m，高峰超过6 000m甚至更多，大雪山主峰贡嘎山高7 556m，为横断山系最高峰，由于水汽丰富，现代冰川发育良好。围绕主峰和其主山脊两侧，分布有现代冰川74条，面积255.1km²，冰储量为24.667 2km³，是横断山主要的，也是中国最东端的冰川作用中心。梅里雪山高 6 740m，是云南省境内最高峰。山岭之间大河奔流，自西向东依次为怒江、澜沧江、金沙江、雅砻江和大渡河，它们深切入于高山之中，并且随着水量的增加，到下游云南境内越切越深，河深常达 1 000 ~ 2 000m 也不足为奇。金沙江、澜沧江和怒江三条江彼此之间相距很近，最近处直线距离仅 76km，自北向南平行流动几百千米，形成"三江并流"的奇观，称为"香格里拉"。

（五）江河上游高山谷地区（ⅦE）

江河上游高山谷地区位于横断山高山峡谷区的上游，大致界线西部以念青唐古拉山与喜马拉雅高山极高山分开，北部为巴颜喀拉山，实际上可看成是南部横断山脉与北部青海高原的过渡地区，面积约 21.62 万 km²。本区地势依然高峻，但起伏远比位于下游的横断山脉区为小，山岭海拔在 5 000m 上下，从北向南逐渐降低。长江、黄河、澜沧江和怒江上游均贯穿本区，在高原面上下切成为河谷，但下切深度远小于下游的横断山脉地区，长江上游通天河峡谷深度大致在 500m 左右，更有一些较宽的河段相间分布，两旁有河流阶地发育。巴颜喀拉山主峰 5 267m，是长江和黄河两大流域的分水岭。

（六）江河源丘状山原区（ⅦF）

江河源丘状山原区位置较江河上游高山谷地区（ⅦE）更加往西和往北，长江、黄河等大河的发源地均在此地，面积约 21.87 万 km²。由于地壳差异性的升降运动，一些隆起的地方成为山岭，一些相对沉降的地方就保持了原来的高原面或者成为盆地。长江、黄河等大河流动在高原面上和盆地里，这些大河还很年轻，没有来得及下切，因此也没有明显的河谷形态，地平坡缓，保持了高原面原来形状是这里最重要的地貌特征。长江和黄河河道在这里都发育成为辫状河型，在冲积平原上任意游荡、摆动，地面到处散布着草滩、沼泽和大大小小的湖泊群。鄂陵湖和扎陵湖是黄河流域两个最大的淡水湖，面积分别有 600km² 余和 500km² 余。河流两旁近侧大多都是外形浑圆的山丘，高差不过几百米。高原面上呈现有几条近东西向延伸的隆起山岭，从南到北分别是：念青唐古拉山的东段、唐古拉山东段、可可西里山和巴颜喀拉山。除巴颜喀拉山稍低外，其余山脉山脊海拔超过 6 000m，长江发源的唐古拉山主峰——各拉丹冬，海拔 6 621m，山顶现代冰川发育。

（七）羌塘高原湖盆区（ⅦG）

昆仑山以南，冈底斯山、念青唐古拉山以北的西藏内陆广大地区，习惯上称为"羌塘"高原，是青藏高原的主体部分，面积 59.84 万 km²。浑圆的丘陵、宽坦的盆地和众多的湖泊是这里的最大特色。

羌塘高原是整个青藏高原上整体地势最高的部分，地势北高南低，北部海拔 4 900 ~ 5 000m，南部盆地降低到 4 400 ~ 4 600m。唐古拉山横亘在本区东部的中央地带，南北宽

150km，山脊海拔超过 6 000m，但相对高度一般只有 500 ~ 1 000m。雪线高度在 5 300m 左右，山顶有现代冰川发育。

羌塘高原湖泊众多，湖泊面积占全国湖泊面积的 2/5（曾昭璇，1993）。湖泊与湖泊之间以低矮的丘陵为分水岭相互分开，湖区周围可以看到一道道的沙堤，反映了湖泊的变化、退缩过程。纳木错是西藏最大的咸水湖，面积近 1 900km²，湖面海拔 4 718m，是世界上海拔最高的大湖。最近研究表明，由于气候变化和人类活动，纳木错湖面处在收缩过程中（吴艳红等，2007）。

上新世以前，青藏高原原来的地面很低，气候也很温暖湿润，一些地方可以见到有古喀斯特地貌发育的遗迹，以后随着地壳抬升，气候变冷，冰川出现。羌塘高原上还保存了很多古冰川遗迹。

（八）喜马拉雅山高山极高山区（ⅦH）

喜马拉雅山高山极高山区，北面冈底斯山和念青唐古拉山的北麓与羌塘高原相邻，东界伯舒拉岭，西、南两侧均抵于国界，面积 48.06 万 km²。本区地貌比较简单，两山夹一谷。位于南侧的喜马拉雅山是世界上最年轻、最高大的山脉，由若干条平行的山带组成，西北—东南向延伸近 2 500km，宽 50 ~ 90km。山体平均海拔 6 000m 以上，数十个高峰超过 7 000m，8 000m 以上高峰有 11 座，位于中尼边境的世界第一高峰珠穆朗玛峰高达 8 844.43m。喜马拉雅山现代冰川十分发育，南坡平均雪线为 5 500m，北坡平均雪线升至海拔 6 000m，最高达 6 200m。在上述范围内分布有现代冰川 827 条，面积 2 131.77km²，冰储量 249.85km³。其中面积大于 20km² 的冰川 15 条。位于珠穆朗玛峰地区的绒布冰川是北坡面积最大的一条树枝状山谷冰川，由中、西绒布冰川汇合而成，长 22.4 km、面积 85.4 km²，冰舌末端海拔 5 154m。冈底斯山和念青唐古拉山位于北侧，是西藏印度洋外流水系与藏北内流水系的主要分水岭。前者东西延伸 900km，海拔一般 5 500 ~ 6 000m，主峰冈仁波齐 6 656m。后者情形与冈底斯山大致相同，主峰高达 7 111m。喜马拉雅山和冈底斯山之间为长条状的雅鲁藏布江谷地，雅鲁藏布江全长 2 900km，中国境内为 2 507km，沿程河谷宽狭相间（中国科学院青藏高原综合科学考察队，1983）。雅鲁藏布江东端流向由东西转为南北，形成一个马蹄形大拐弯，河道右侧是喜马拉雅山东段最高峰南迦巴瓦峰，海拔 7 782m，左侧是佳拉白垒峰，两峰夹峙，形成了长达 504.6km 的雅鲁藏布大峡谷，峡谷内有巨大的瀑布群。

（九）喀喇昆仑山极高山区（ⅦI）

喀喇昆仑山极高山区位于中国最西端，西邻克什米尔分界线，面积约 4.84 万 km²。喀喇昆仑山脉呈西北—东南延伸，长约 800km，宽约 24km，平均海拔超过 5 500m。拥有 8 000m 以上高峰 4 座，主峰乔戈里峰高 8 611m，为世界第二高峰。喀喇昆仑山是世界山岳冰川最发达的高大山脉之一，冰川覆盖度占山地全部面积的 23.42%。位于喀喇昆仑山主山脊北侧的音苏盖提冰川，长 41.5 km，面积 380km²，为中国已知最长的冰川。海拔 5 570m 的喀喇昆仑山口为印度与中国新疆之间的传统商道。

参 考 文 献

陈吉余等.1989.中国海岸发育过程和演变规律.上海：上海科学技术出版社，18~48

陈万里，顾洪群，张道政.1998.江苏第四纪海侵及近代史海岸变迁研究.江苏地质，22.增刊：45~50

崔之久，高全洲，刘耕年等.1996.夷平面、古岩溶与青藏高原隆升.中国科学（D辑），26（4）：378~386

董光荣.1990.晚更新世以来我国北方沙漠地区的气候变化.第四纪研究，3：214~222

范代读，李崇先.2007.长江贯通时限研究进展.海洋地质与第四纪地质，27（2）：121~131

龚国元.1985.黄淮海平原范围的初步探讨.见：左大康主编.黄淮海平原治理和开发.第一集.北京：科学出版
    社，1~8

国家地图集编纂委员会.1999.中华人民共和国国家自然地图集.地貌区划图.北京：中国地图出版社

黄秉维.1993.中国自然区划（草案）.见：黄秉维.自然地理综合工作六十年.北京：科学出版社，78~90

黄镇国，张伟强，钟新基等.1995.板块构造与环境演变.北京：海洋出版社

姜加虎，黄群.2004.洞庭湖近几十年来湖盆变化与冲淤特征.湖泊科学，16（3）：210~215

雷祥义.1995.靖远曹砚黄土的形成时代及显微结构特征.地理学报，50（6）：521~531

李炳元，李钜章等.1999.中国地貌区划图.见：《中华人民共和国国家自然地图集编纂委员会》.中华人民共和国
    国家自然地图集.北京：科学出版社

李炳元，潘保田，韩嘉福.2008.中国陆地基本地貌类型及其划分指标探讨.第四纪研究，28（4）：535~543

李吉均，方小敏，潘保田等.2001.新生代晚期青藏高原强烈隆起及其对周边环境的影响.第四纪研究，21（5）：
    380~390

李吉均，文世宣，张青松.1979.青藏高原隆起的时代、幅度和形式的探讨.中国科学，（6）：608~616

李景保，尹辉，承志.2008.洞庭湖区的泥沙淤积效应.地理学报，63（5）：514~523

刘潮海，丁良福.1988.中国天山冰川区气候和降水的初步估算.冰川冻土，10（2）：151~159

吕金福等.1998.松嫩平原湖泊的分类与分区.地理科学，18（6）：524~530

马逸麟，熊采云，易文萍.2003.鄱阳湖泥沙淤积特征及发展趋势.资源调查与环境，24（1）：29~37

潘保田，高红山，李吉均.2002.关于夷平面的科学问题——兼论青藏高原夷平面.地理科学，22（5）：521~526

裘善文，秦小光.2007.东北西部沙地格局与演变.见：刘嘉麒主编.东北地区自然环境历史演变与人类活动的影
    响研究（自然历史卷）.北京：科学出版社，86~177

裘善文，孙广友，李卫东.1979.三江平原松花江古水文网遗迹的发现.地理学报，34（3）：265~273

裘善文，万恩璞，汪佩芳.1988.兴凯湖北部湖岸线的变迁及松阿察河古河源的发现.科学通报，（12）：937~940

裘善文，张柏，王志春.2004.东北平原西部沙漠化现状、成因及其治理途径研究.中国沙漠，24（2）：124~128

裘善文.2008.中国东北地貌与第四纪研究与应用.长春：吉林科学技术出版社

裘善文.1990.松嫩平原湖泊的成因及其环境变迁.见：裘善文主编.中国东北平原第四纪自然环境形成与演化.
    哈尔滨：哈尔滨地图出版社，146~154

任美锷.2002.黄河——我们的母亲河.北京：清华大学出版社，暨南大学出版社

施雅风，崔之久，苏珍.2006.中国第四纪冰川与环境变化.石家庄：河北科学技术出版社

孙鸿烈，张荣祖.2004.中国生态环境建设地带性原理与实践.北京：科学出版社，30~33

汪岗，范昭.2002.黄河水沙变化及其影响的综合分析报告.见：水利部国际泥沙研究培训中心编.黄河水沙变化
    研究.第二卷.郑州：黄河水利出版社，103~106

汪品先.1990.冰期时的中国海——研究现状与问题.第四纪研究，（2）：111~124

王树基.1995.亚洲中部山地梯级地貌初步研究.干旱区地理，18（3）：51~52

王鑫.1993.台湾的地形景观.台北：渡假出版社有限公司，20~23

吴忱，马永红，张秀清等.1999.华北地区山地地形面地文期与地貌发育史.石家庄：河北科学技术出版社.180~189

吴忱，张秀清，马永红.1997.再论华北山地甸子梁期夷平面及早第三纪地文期.地理学与国土研究，13（3）：39~46

吴忱.1992.华北地区平原四万年来自然环境演变.北京：中国科学技术出版社.105~114

吴艳红，朱立平.2007.纳木错流域近30年来湖泊－冰川变化对气候的响应.地理学报，62（3）：301~311

谢传礼，蒯知潜，赵全鸿等.1996.末次冰盛期中国海古地理轮廓及其气候效应.第四纪研究，2：1~9

谢世友，袁道先，王建力等.2006.长江三峡地区夷平面分布特征及其形成年代.中国岩溶，25（1）：40~45

杨达源.1988.长江三峡的起源与演变.南京大学学报，24（3）：466~474

杨达源.2004.长江研究.南京：河海大学出版社

杨根生，史培军.1987.黄河沿岸风成沙入黄沙量估算.科学通报，（13）：101~102

叶青超，景可，杨毅芬等.1983.黄河下游河道演变和黄土高原侵蚀的关系.见：第二次河流泥沙国际学术讨论会
　　组织委员会编.第二次河流泥沙国际学术讨论会论文集.北京：水利电力出版社，597~607

尹泽生.1993.第一章 中国地貌基本特征.见：杨景春主编 中国地貌特征与演化.北京：海洋出版社，1~18

张晓阳，蔡述明，孙顺才.2004.全新世以来洞庭湖的演变.湖泊科学，6（1）：13~21

曾昭璇.1985.中国的地形.广州：广东科技出版社

中国科学院国家计划委员会地理研究所（李炳元等）.1994.中国地貌图（1：4 000 000）.北京：科学出版社

中国科学院《中国自然地理》编辑委员会.1980.中国自然地理·地貌.北京：科学出版社.

中国科学院地理研究所.1959.中国地貌区划（初稿）.北京：科学出版社

中国科学院地理研究所等.1987.中国1：1 000 000 地貌制图规范（试行）.北京：科学出版社

中国科学院地理研究所地貌研究室.1985.黄淮海平原地貌图（1：500 000）及说明书.济南：山东省地图出版社

中国科学院青藏高原综合科学考察队.1983.西藏地貌.北京：科学出版社

朱诚，程鹏，卢春成.1996.长江三角洲及苏北沿海地区7 000年以来海岸线演变规律分析.地理科学，16（3）：
　　207~214

第四章 中国海洋

第一节 中国海地质地貌

一、中国海地理概况

如前所述，中国是一个海洋十分广阔的国家。中国东部濒临渤海、黄海、东海、南海及台湾以东太平洋海区，在本章中简称中国海。中国海介于亚欧大陆与太平洋之间，外缘有一系列岛弧环绕，整个中国海跨温带、亚热带和热带，海洋环境类型多样。

不包括台湾以东太平洋海区面积，中国海面积473万km^2。渤海与黄海的分界线是辽东半岛南端的老铁山，经庙岛群岛至山东半岛北端的蓬莱角；黄海与东海的分界线是以长江口北角至济州岛东南角的连线；东海与南海的分界线是福建省东山岛南端沿台湾浅滩南侧至台湾南端的鹅銮鼻，台湾海峡归于东海范围；台湾以东太平洋海区是指台湾东岸至太平洋洋底（即水深4 500m），南北界于琉球群岛与巴士海峡。

中国海底地势总的轮廓，大体自西北向东南倾斜，地形的起伏及复杂化也有自西北向东南渐趋增加之势。大体以海南岛至台湾到日本一线为界，该线西北为浅海大陆架，渤海、黄海的全部，东海的2/3及南海的1/2为浅海大陆架，宽度在100n mile；该线东南地形复杂，有大陆架、大陆坡、海槽和深海盆。

二、渤海海底

渤海为山东半岛、辽东半岛所环抱，以渤海海峡与黄海相通，是深入中国陆地的内海，南北长约300n mile，东西最宽187n mile，面积7.8万km^2，海岸线长5 800km（包括岛屿岸线），大于500m^2的海岛共有268个。平均水深18m，最深处在渤海海峡老铁山水道，水深86m。海底平缓，平均坡度0.14‰。渤海由五部分组成：辽东湾、渤海湾、莱州湾、中央盆地和渤海海峡（图4.1）。海底表层被现代沉积物所覆盖，大多为河流沉积物质，仅渤海海峡由于海流冲刷有前寒武纪变质岩及中生代花岗岩出露。

（一）渤海海底地质

渤海是一个中生代–新生代的沉降盆地，中生代、新生代的隆起与拗陷都明显地受到基底构造和古地貌控制。

渤海基底是前寒武纪变质岩，沉积了下古生界海相碳酸盐岩层、中石炭统474m厚的海陆交互相砂页岩、二叠系为80～500m厚的陆相砂页岩。中生界，侏罗系为厚约

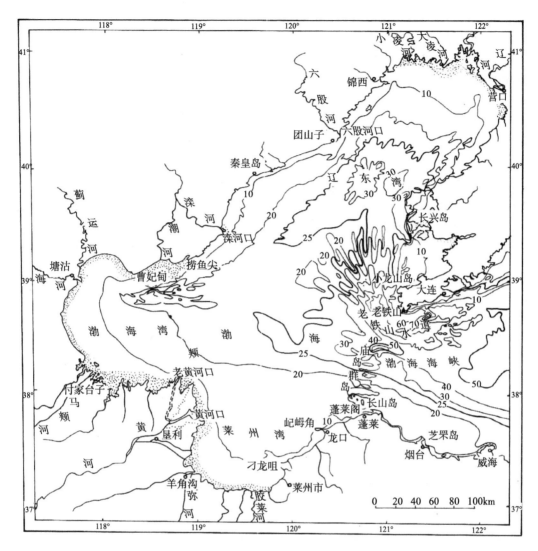

图 4.1　渤海海底地形图

（秦蕴珊等，1985）

42～818m 的陆相凝灰质砂岩、凝灰岩，夹有泥岩、油页岩的砂砾岩，以及玄武岩、石膏等夹层。因此，中生代渤海周围地区为上升隆起区，渤海开始相对下降。

新生代，古近纪时，渤海地区断陷作用形成分割的凹陷，在凹陷内，沉积了厚2 000～4 000m 的灰绿、灰白色砂砾岩及灰绿、深灰、紫红、紫褐色泥岩及鲕状灰岩、生物灰岩及油页岩。砂岩泥岩分选性好，分层清晰，具微层理，主要是湖相沉积。沉积相表明古近纪早期，渤海可能由于断裂凹陷而形成低地、湖泊。古近纪中期，构造活动强烈，经历了数次玄武岩的喷发，沉积层很不稳定，为泥岩，夹有数层玄武岩、凝灰岩。古近纪沉积与下部基底为不整合接触，与上部古近纪沉积亦非连续接触。

古近纪时，渤海全区急剧地拗陷下沉，与周围陆地明显地分开，沉积中心由渤海边缘向渤海湾与中央部分转移，新近系厚约2 000～5 000m，主要是灰绿和棕红杂色的泥岩、砂岩或粉砂岩，其粗细韵律交替明显，具良好微层理，为湖相沉积。上部为有透镜体分布的棕黄或灰黄色砂岩，并具有一定分选性及不同磨圆度的砂岩、泥岩的河流相沉积。还夹有含海相介形虫的海相沉积。在上新世地层中，曾发生数次玄武岩喷发。因此，在古近纪与新近纪，渤海为遍布着河流和湖泊的下沉拗陷环境，沉积了厚层的河流相堆积物，其中夹有海相与火山物质。

第四纪沉积厚约 300~500m，其中更新世沉积厚 219~415m。第四纪时，渤海地区曾经发生数次海进海退，沉积海陆交互层，也有过数次火山喷发，有数层火山岩。第四系亦未成岩，上覆现代海相层，与古近系与新近系逐渐过渡。表明新近纪以来的下沉运动，经第四纪持续至今。

渤海主要是 NNE 与 NEE 两组构造，先是 NNE 断裂，而后 NEE 断裂的拉张，形成渤海盆地的雏形。NNE 向郯庐断裂切穿地壳深入到地幔，它的左旋扭张，促使渤海中部地幔上升，地壳减薄至 29km，造成 NEE 向的正断层，促使渤海断陷盆地内部破裂与升降，第四纪海侵多次扩大，最终使渤海由河湖环境转变为内陆海盆（范时清、秦蕴珊，1959；秦蕴珊，1963）。

（二）渤海海底地貌

1. 渤海海峡

渤海海峡位于辽东半岛南端老铁山与山东蓬莱之间，宽 57n mile，庙岛群岛罗列其中，使海峡分割成若干水道。老铁山水道为主要潮流通道冲刷槽，水深 86m。在冲刷槽北端有指状水下沙脊——辽东浅滩，包括 6 条大型沙体及一些小沙体，由海峡口向 NNW—NNE 呈指状展开，单个沙体宽 2~4km，长 10~36km，槽脊高差 10~24m，脊间宽 10km。南部庙岛海峡水深 18~23m，为长条形槽谷，谷底堆积粗大砾石，砾石表面附有瓣鳃类底栖生物，表明砾石已久停海底，少有活动。南北若干水道，水深 > 20m，水底有基岩出露，有砾石、沙礓结核堆积。

2. 辽东湾

辽东湾湾顶与辽河平原相连，水下地形平缓，沉积了辽河相物质，湾顶为淤泥，外侧为细粉砂。东西两岸分别与千山山脉、燕山山地相邻，水下地形坡度较大，近岸坡度可达 5‰，−8m 以深坡度为 1‰。河口有水下三角洲，有的被改造成水下沙脊，如六股河口，三道水下沙堤，沙堤高 9~15m，长 7~13km，宽 2~5km。辽东湾中部为一洼地，由 −30m 等深线圈闭，面积约 1 790km²，主要是粉砂，两侧边缘较粗，杂以砾石、贝壳，分选较差。据研究，该洼地曾为河口、海岸环境，后为薄层现代沉积物所覆盖。

辽东湾底有 −2m 与 −8m 二级水下侵蚀阶地，岸滩宽 500m，坡度 5‰，表面参差起伏，砾石丛生。在河口与沙质海岸外围则为二级水下阶地。辽东湾海底有数条水下河谷，大凌河 - 辽河口外水下河谷最明显，在 40°30′N 有 −10m 等深线圈出，每条水下谷地宽 2~3km，长 105km（辽河）、112km（大凌河）。目前，水下谷地仍为辽河入海径流及潮流通道，未被沉积物充填，保持了明显的谷地形态。滦河水下河谷出现于滦河三角洲外海底，长 112km，六段河水下河谷，长 27km。

3. 渤海湾

渤海湾是一弧形浅水湾，构造上与沿岸地区同为一拗陷区，目前仍处下沉过程，水下地形平缓单调，海湾水深一般小于20m。渤海湾以堆积地貌为主，蓟运河、海河、黄河物质输入，沉积物为泥质粉砂、粉砂黏土及黏土等细粒物质，海底坡度仅0.16‰。

渤海湾北部有东西向20m深水谷地，自蓟运河口向东经曹妃甸沙岛与老铁山水道相连，这是沿断裂构造发育的古河谷，沉溺海底，后受冲刷改造，成为潮流进入渤海的主要通道。海河口处亦有一东西向海底谷地，也汇集到北部蓟运河口—曹妃甸—老铁山的水下谷地中。在水下谷地以北曹妃甸一带，分布有数条水下沙脊，北东走向，高出海底11～18m，沙脊由磨圆度良好的中细砂及大量的贝壳碎屑组成，有较多的牡蛎、刀蛏、镜蛤等河口浅滩生物遗骸。按物质组成，其泥沙来自滦河及邻近海底，是老滦河水下三角洲受波浪、潮流冲刷向岸搬运堆积而成。黄河入海泥沙，主要是粉砂黏土，向西沿岸运移，达到渤海湾湾顶歧口附近，物质细，海底水下坡度最小，为0.16‰。歧口以北沿岸主要是海河泥沙，也有部分黄河物质参与。

4. 莱州湾

海湾开敞，水深大都在10m以下，水下地形单调，坡度平缓，约0.16‰。东部山东半岛北岸，花岗岩山地风化的砂砾，在蓬莱以西形成大片沙质浅滩与海岸沙坝、沙嘴、连岛沙坝及水下沙堤。

蓬莱湾以西是黄河三角洲，1990年代以前，黄河入海径流量多年平均379亿m³，输沙量9.47亿t。黄河巨量泥沙，使三角洲岸线迅速外移，1855年以前，三角洲顶点在孟津，至1954年顶点下移至宁海，增加陆地面积5 400km²，平均造陆23km²/a，岸线淤长0.15km/a。1954～1972年，顶点移至渔洼，面积为2 200km²，平均造陆23.5km²/a，岸线向海增长0.42km/a。巨量黄河泥沙营造了三角洲平原，并建造了巨大的水下三角洲，水下三角洲前缘一直达到水深－15m处。黄河入海泥沙，除在口门堆积外，大部分以悬移方式向三个方向扩散。主要向东、向南进入莱州湾，其次从河口直射中央深水区，以及沿岸向北，进入渤海湾沿岸，成为渤海湾重要的泥沙来源。

5. 渤海中央盆地

渤海中央盆地是北窄南宽近似三角洲的海底洼地，水深20～25m，为浅海堆积平原，主要是平静的海底环境。但亦受到渤海海峡入内的潮流作用，使海底物质时有粗化，细粒被潮流带走留下细砂，这使渤海中央盆地的中心为细砂，周围是粉砂。

渤海中央全新世以来沉积速率约为50cm/ka，中央盆地向东，靠近渤海海峡处，沉积速率为20～30cm/ka，向西至黄河水下三角洲边缘，沉积速率将>100cm/ka（王颖，1996）。

三、黄海与东海海底

黄海、东海有宽阔的大陆架，它们是中国大陆向海的自然延伸部分，自海岸带低潮线向海坡度平缓，约 $1'10'' \sim 1'20''$，至水深 $140 \sim 180m$ 为一坡度转折，陡然增加坡度为 $1°10'$，经大陆坡进入冲绳海槽。

黄海是一浅海，全部在大陆架上，海面宽度最大达 378n mile，面积 38 万 km^2。平均坡度 0.43‰，平均水深 44m，最大水深 140m，出现在朝鲜半岛济州岛北侧。

东海开阔，呈扇形，西部为大陆架，占东海面积的 2/3 多，东部为向太平洋过渡的大陆坡、冲绳海槽、琉球岛弧等，约占东海面积的 1/3。东海南北长约 700n mile，东西最宽约 400n mile，总面积 77 万 km^2。台湾海峡北部宽约 93n mile，南部宽 200n mile，长 150n mile，大部分水深小于 60m，都位于大陆架上。

黄海、东海在地质构造上位于新生代环太平洋构造带的西部边缘，为 NNE 向构造。古生代以来历次地壳运动对黄海的构造有深刻的影响，形成其构造格局。即有几列互相平行的隆起带与拗陷带，有规律地相间分布。从西向东，它们是渤海拗陷盆地、胶辽隆起带、南黄海 – 苏北拗陷带、浙闽隆起带、东海陆架拗陷带、东海大陆架边缘隆褶带、冲绳海槽张裂带、琉球岛弧 – 海沟系。这些 NNE 向大致相互平行的隆起带，成为一个个堤坝，分隔着一个个凹陷盆地，使进入凹陷盆地的沉积物在其中堆积成巨厚的沉积层。这为大陆架油气田的形成提供了良好的物质基础（秦蕴珊等，1987）。

（一）黄海北部区

通常用山东成山角与朝鲜半岛长山的连线将黄海划分为南北两部分。亦有以海州湾北为黄海北部区的。黄海北部区的海底平缓开阔，东部坡度较陡峭为 0.7‰，西部较缓为 0.4‰，深水轴线偏近朝鲜半岛，水深大多在 $60 \sim 80m$，是一水下洼地，为东海进入黄海的暖流通道。在鸭绿江口与大同江口之间，分布着 NE 向的沙脊群，沙脊高 $7 \sim 30m$，脊间距 $1.4 \sim 8km$，是河流入海沙质堆积受强潮流改造形成。辽东半岛沿岸河流少，堆积体小，多港湾、岛屿、礁石及岛屿间海峡深槽。山东半岛沿岸有 $-20m$、$-25m$ 与 $-30m$ 几级水下阶地，其中 $-20m$ 水下阶地分布广，保存完好。

黄河物质通过渤海海峡进入黄海，亦有历史时期黄河注入黄海的物质，使黄河细粒泥沙覆盖了黄海北部大部分海底，形成浅海堆积平原。黄海海底有众多埋藏古河道系统。

（二）南黄海与东海大陆架

本海区的特点是：大陆架宽度大、坡度小，受长江、黄河影响深刻。

1. 南黄海辐射沙脊群

南黄海辐射沙脊群分布于江苏岸外，是由 70 多条沙脊以及沙脊之间的潮流通道组成，南北长 200km，东西宽 140km，面积 2.8 万 km²，是规模巨大、世界上罕见的海底潮流沙脊群，是大陆架特有的大型沙体组合。南黄海有两个潮波系统：一是来自太平洋的前进潮波，通过东海自南向北进入黄海；另一个是东海潮波受山东半岛阻挡，形成反时针的旋转潮波，自北向南推进。这两个潮波在江苏弶港岸外辐合相会，辐合潮波能量集中，振幅、潮差增大，潮波向弶港辐合后，落潮时又自沿岸向外海呈放射状辐散。这个辐合潮波系统塑造了水下浅滩（古长江水下三角洲堆积），使浅滩呈辐射状沙脊群。这些沙质堆积体个体巨大，长期处于陆海相互作用的环境，沙体中储存着海岸演变、河口环境、海面变化、气候变化以及各种海洋环境信息，是研究陆海相互作用、区域与全球变化的理想载体。现代沙脊沙体的研究也可提供一种大陆沙体沉积模式，有助油气勘探。沙脊群出露海面为沙洲，是潜在的巨大的土地资源。利用沙脊之间主要的潮流通道，可开辟深水航道建设深水港口（王颖，1998）。

2. 水下三角洲、古河谷与古海滨

南黄海至东海广泛分布水下三角洲。更新世时，长江曾有长时期在江苏入海，形成巨大的三角洲平原，其外缘是现在的 60m 等深线。组成物质主要是石英、长石的粉砂、淤泥质粉砂，具河流沉积特点的交错层理。其北部又叠置另一水下三角洲，前缘水深为 -20 ~ -25m，形成于更新世末期及历史时期黄河在江苏入海的物质。

南黄海海底有一系列埋藏的古河谷系统，其中最明显的一条古河道贯穿整个南黄海中央浅谷，被认为是更新世的古黄河。在东海大陆架古长江水下三角洲上，发现多处埋藏古河道。其中一条自长江水下三角洲向东南，至嵊泗列岛呈一深谷，到浪岗列岛向东南扩展，谷形宽浅，至水深 100m（29°N、125°E）处转向东，至大陆架边缘，以峡谷形式进入冲绳海槽。另外一条古河谷自 31°15′N、124°E，沿着低洼海底向东南至 30°30′N、127°45′E，古河道区域有分选好的厚砂层，夹有若干薄层、粉砂黏土层，有砾石、植物碎屑富集层，具有明显的河流相沉积特征。

东海大陆架有两列古海岸遗迹，水深 50 ~60m 处地势平缓，为宽广的砂质沉积带，它北起朝鲜海峡，南至台湾海峡，再南至南海大陆架，砂质沉积带为石英、长石细砂、中细砂，砂粒磨圆度好，有些地方有砾石粗砂。砂砾沉积中含有丰富的贝壳碎屑、有孔虫及珊瑚、有机质等。这一沙带是冰期低海面的沉积以及冰后期海进的海岸沉积。

舟山群岛以东 27° ~31°N、123° ~124°E，水深 60 ~80m 海区分布着梳状沙脊群。沙脊单体高 12m，长 55 ~75km。该潮流沙脊是 1.2 万年的古海岸堆积体（李凡等，1998；李从先，1988；刘振夏等，1990）。

东海大陆架 -100 ~ -160m 海区，发现众多具有河口三角洲特征的沉积物，有大量海滨生物化石、海滨盐生草本植物的孢粉，及一些淡水湖泊的盘星藻等藻类化石。在 -160m 有古海岸沙坝沉积、淡水贝类及陆生大型哺乳动物骨骼等，是 1.8 万 ~1.5 万年前的古海岸线（朱永其等，1979）。

（三）东海大陆坡与冲绳海槽

东海大陆架外缘有一明显的坡度变化，进入大陆坡即冲绳海槽的西坡。坡度转折

处在 28°N 以北为水深 150～160m，向南在水深 160～192m 处。大陆坡水深介于 140～1 000m 之间，平均坡度 1°5′，宽度 40～60km。

东海大陆坡 NNE 走向，坡面呈阶梯状，有海底峡谷横切大陆坡，有大陆坡边缘沟谷，宽数百米至数千米，平行大陆坡可延伸数百千米，有沿大陆坡的平顶海山，高差 150m。NNE 向延伸长 190km。这些海底地貌均为断裂构造形成，又受海底浊流侵蚀改造。

冲绳海槽是一 NE—SW 向弧形海槽，南北长约 1 000km，平均宽 150km，北部深 600～800m，南部深 2 500m，最大水深在台湾东北，深 2 719m，是东海大陆架与琉球群岛岛缘大陆架的天然分界线。冲绳海槽沿槽底的轴线是一槽底地堑，南北长 550km，宽 20km，下陷高差 100m，是断裂地堑谷。在水深大于 1 000m 的冲绳海槽底部有众多海底山、海丘，其山丘顶部水深小于 1 000m，最浅的仅为 530m，这些多为海底张裂喷发的火山。冲绳海槽是一巨型张裂构造，陆壳张裂，谷底地壳减薄，有地幔物质上冲（金翔龙，1987）。

冲绳海槽东侧是日本九州，琉球群岛岛弧，岛弧的大陆架宽度不大，九州处为 30～50n mile，琉球群岛仅 2～20n mile，地形复杂，各岛多为水下峡谷分隔，有三个水深 1 000～2 000m 的海峡与太平洋相通。

（四）台 湾 海 峡

台湾海峡北界为福建平潭岛至台湾北端的富贵角，相距 93n mile，南界是福建的东山岛到台湾岛最南端的鹅銮鼻，宽约 200n mile。海峡地貌可依台湾浅滩为界，浅滩以北属东海大陆架，浅滩以南与南海大陆架相连。海峡水深较小，大部分海底水深小于 60m，平均深度为 80m。

澎湖列岛在海峡中部，由 64 个小岛组成，是由更新世玄武岩海蚀后形成纷繁奇异的海蚀地貌，岛屿外围发育各种珊瑚，是著名的旅游区。台湾海峡中部，由台湾浅滩、南澎湖浅滩、北澎湖浅滩及台西浅滩共同构成一个连接大陆与台湾之间的浅滩带。

台湾浅滩是整个海峡中最浅的部位，位于东山岛与澎湖之间，东西长 110n mile，南北宽 50n mile，平均水深 20m，最浅处水深仅 10m，由 NE—SW 向数列潮流沙脊组成，单个沙体长 5km，高差 6～20m，走向与潮流流向一致。

台湾海峡海底分布着水下谷地。闽江口处有马祖谷地，为 V 形谷地，深 80m。澎湖谷地，为 U 形谷地，NW—SE 走向，上游水深 70m，宽 8km，下游深 150m，宽 10km，是九龙江向海的延伸部分。

四、台湾以东太平洋海底

该海区北界大致相当于琉球群岛的先岛群岛，南界为巴士海峡与菲律宾的巴坦群岛相隔，东界为大陆坡麓，太平洋底为水深 1 000～4 000m 处。

该海区地形起伏大，地貌类型多样，有大陆架、大陆坡、大洋盆地，构造地貌显著。地质构造复杂，为欧亚板块与太平洋板块的复杂接触带，是几个构造带的交汇处。

海底沉积以深海半深海细颗粒沉积为主，在岛屿近岸有砂砾沉积。

海底地质构造。西太平洋边缘，发育着一系列岛弧－海沟构造带，台湾岛弧是琉球岛弧构造带与吕宋岛弧构造带的交汇枢纽，是西太平洋活动大陆边缘的重要地区。

琉球岛弧是双列岛弧。内弧位于琉球群岛与冲绳海槽之间，是由上新世—第四纪火山岩组成的火山弧。外弧即琉球群岛，由古生代、中生代变质岩、花岗岩、辉长岩、新生代石灰岩等组成，有现代火山活动。菲律宾吕宋岛弧，在台湾以南，北部构造线向西凸出，即凸向南海；南半部突向东北，即凸向太平洋。这也是一些相互平行的构造线，即西海岸中科迪勒拉山中央山脉变质岩带、卡加延河谷古近系和新近系沉积物拗陷带、东部马德雷火山岩带。这些构造延伸至台湾以东海区，交汇成为拗陷－隆起交替分布的构造。

台湾构造。台湾平面上是向西突出的弧形，称"反向弧构造"。有一系列大致平行的构造，靠太平洋的是东海岸山脉晚喜马拉雅褶皱带、台湾山脉褶皱带、台东纵谷断裂带等。台湾纵向上，属于西太平洋海沟－岛弧－边缘海盆系的枢纽部位。在横向上，东海大陆架的边缘，是中国大陆的海岸山脉，周边海域散布着许多第四纪火山岛。岛内构造主要是 NNE 向，南北两端伸入海域，并分别被巴士断裂、菲律宾海盆断裂所错断。

台湾以东海底特点是：大陆架非常狭窄，基岩裸露，大陆坡窄而陡，直伸入海沟、洋底。可分北、中、南三段。北段，为三貂角至苏澳南面的乌石鼻，深 600～1 000m，大陆架较宽，约 5.4～8.6～4.3n mile，坡度为 20‰～12.5‰～25‰，地貌单一，主要是大陆坡。中段，乌石鼻至三仙台，海岸为断崖峭壁，大陆架宽度仅 1～2n mile，大陆坡大于 10°。花莲岸外 19n mile 处水深即达 3 700m。南部，自大陆坡急剧下降，至水深大于 6 000m 的琉球海沟。南段即台湾东南海域，有二岛链。西部水下岛链是台湾山脉向海的延伸，向南至吕宋岛西南的南北向海岭。东部水下岛链是中国火烧岛、兰屿向南延伸至吕宋岛东部的马德雷山。在这二岛链之间是一南北向的深海槽，谷坡陡峭，谷底深度大于 5 000m（王颖，1996）。

五、南海海底

南海是西太平洋最大的边缘海之一，面积约 350km^2，大体为呈 NE 向的菱形海盆，平均水深 1 000～1 100m，最深点在马尼拉海沟南端，水深 5 377m。南海地形从四周向中央倾斜，四周大陆架面积 168.5 万 km^2（占南海总面积 48.15%），大陆坡面积 126.4 万 km^2（占 36.11%），中央海盆水深 4 000～5 000m，面积 55.11 万 km^2（占 15.74%）（图 4.2）（王颖，1996；冯文科，1982）。

（一）南海地质

南海的基底较复杂，主要有前寒武纪、加里东、印支、燕山等构造期的褶皱基底及大洋玄武岩基底。而海底主要是喜马拉雅期构造层。南海的轮廓受基底构造所控制。

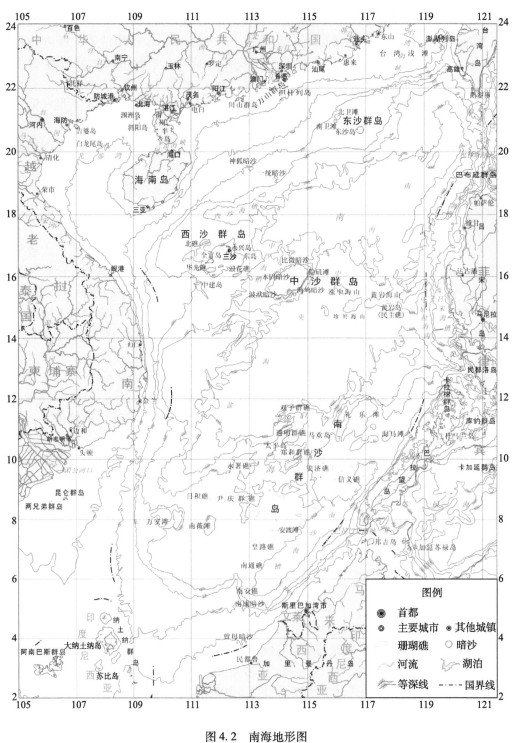

图 4.2　南海地形图

（王颖，2012）

　　南海周边为 NE 向的断裂及 SN 向断裂，这两组大断裂控制了南海海盆的轮廓，内部为锯齿状断裂。NE 向断裂，发生于新近纪以来，曾多次强烈活动，具多继承性、多旋回的特点。

南海中央海盆为 NE 向拉开断裂，因地壳的均衡补偿作用，地幔物质上隆，海盆南部热流值为 2.66 ~ 2.84HFU，北部为 1.48 ~ 2.84HFU。海盆基底岩层属大洋型地壳的玄武岩物质，为厚约 2 000 ~ 4 000m、纵波速度 6.6km/s 的第三层；上覆 1 000 ~ 2 000m 厚层，纵波速度为 4.3 ~ 4.5km/s 或 3.7 ~ 3.9km/s 的第二层，可能属于火山喷发物、块状珊瑚和固结沉积岩。顶层为厚约 1 000m、纵波速度 2.1km/s 的松散沉积层即第一层。第三层下即为莫霍面，海盆地壳厚度北部一般为 5 ~ 7.8km，南部 6.5km，西北部 4.4km，东北部 8.5km。

中央海盆的南北两侧是沉降的块断构造带，北为西沙 – 中沙构造带，走向 NE，向东北延伸至东沙、台湾浅滩、澎湖列岛，水深 900 ~ 1 100m，其上有 30 多座珊瑚礁岛、暗礁及火山岛，中新世为隆起，上新世断块有不同幅度的沉降，晚更新世以来又隆起回升。南部为南沙断块构造带，断块面水深 1 800 ~ 2 000m，与中央海盆高差 1 500m。基底上覆上新世至第四纪的海相沉积物，晚第四纪为断陷下沉，第四纪隆起为海底高原。

南海的东部，从台湾岛到菲律宾群岛、巴拉望岛，有吕宋海槽、马尼拉海沟、巴拉望海槽等一系列海槽、海沟。在海槽中，新生代沉积在更新世至全新世时褶皱隆起，形成南北向平行的构造脊，它们向北一直伸到台湾岛，与台湾山脉相连接。

（二）南海大陆架

南海大陆架主要分布在南海的北、西、南面，是亚洲大陆向海的延伸部分。北部大陆架的构造及地貌与中国华南陆地关系密切，受华南河流补给沉积物，其宽度 100 ~ 150 n mile，在沿岸河口如韩江、珠江、南流江、汉阳江、漠阳江、鉴江等均有明显的水下三角洲。河口外有沉溺的古河谷，如珠江口外有埋藏的古溺谷，于水深小于 40m 处，古河谷被水下三角洲所覆盖，水深 >40m 古河谷显露海底，随水深增加，古河谷更趋明显。华南岸外有四级水下阶地：15 ~ 25m、40 ~ 60m、80 ~ 100m、100 ~ 130m，其中 80 ~ 100m 水下阶地分布最广，南北宽 55 ~ 80km，东西长 300km。阶地面坡度比邻近大陆架坡度要小，在 0.3‰ ~ 0.4‰ 之间。西部大陆架，从北部湾至湄公河口，紧依越南海岸，平均宽 40 ~ 50km，坡度 3.0‰ ~ 4.0‰，外缘水深 150 ~ 200m。南部大陆架，是沙捞越、纳土纳群岛和昆仑群岛所环绕的水深小于 150m 的大片浅海区，宽度一般超过 300km，在卢帕河口外宽度 405km，是著名的巽他陆架的一部分，坡度仅 0.4‰ ~ 0.5‰，其上分布着 20 ~ 40m、50 ~ 70m、100 ~ 120m 水下阶地。湄公河口有水下谷地，向海延伸 300km 多。南沙群岛的南屏礁、南康暗沙、立地暗沙、八仙暗沙和曾母暗沙等水深小于 30m 的珊瑚礁，位于该大陆架上，该处大陆架宽度约 150n mile。

（三）南海大陆坡

1. 南海大陆坡

水深介于 150 ~ 3 600m 之间，呈阶梯状下降，有多级断陷台阶：①水深 300 ~

400m，如东沙、中沙上台阶；②水深 1 000 ～ 1 500m，珠江河口处及西沙群岛西沙台阶；③水深 1 500 ～ 2 000m，如南沙台阶，在块断的大陆坡上发育着一系列高差数百米的构造脊、海山、海丘及深海槽等构造地貌。

2. 南海深海平原

周围为大陆坡所包围，东面有水深 2 000m 的巴士海峡与菲律宾海相通。深海平原平均坡度 1‰ ～ 1.3‰，海盆中央坡度 0.3‰ ～ 0.4‰，水深 >4 000m。在海盆中部有弧形的海底山，为高达 3 400 ～ 3 900m 的海底山群。深海平原有 27 座高 1 000m 的海山，20 多座高度 400 ～ 1 000m 的海丘。从地貌结构看，南海深海平原是亚洲大陆边缘经拉开分裂引起深部玄武岩补偿性上升形成。另外，沿 NE 向大断裂有一系列火山岩流的喷发活动。

第二节　中国海洋气候[*]

本节简述中国海的气温、降水和主要风系。

一、中国海的气温

中国海的气温和海水表层温度分布受太阳辐射、海陆位置和地形、洋流等因素的影响。由于海水和大气之间时刻进行着热量交换，因此，气温和表层水温变化在长周期中几乎是同步进行的。海温高值和低值出现的时间比陆上推迟，在海岸带，日气温最高值不在午后，而是推迟到下午或傍晚，这是水温影响气温的结果。

中国海气温分布的特点是：北方海区冬冷夏暖，四季分明；南部海区终年炎热，长夏无冬；北方海区冬季气温东高西低，出现很强的温度梯度；夏季陆地和洋流的影响减弱，等温线近于纬向分布。

（1）平均气温。自高纬向低纬，年平均气温从 6℃ 升至 28℃ 左右，温度梯度平均为 0.5℃/纬距。

（2）气温百年来的变化。1920 年代至 1940 年代及 1980 年代是中国海近百年的两个暖期。暖期之间是温度偏低的时期。中国近海的温度变化与中国大陆气温变化具有大致相同的趋势。

黄海近百年的温度为两个暖期和两个冷期。两个暖期之中，1980 年代以后的暖期为百年来最暖，且气温和海温变化同步。气温次暖期为 1930 ～ 1940 年代，较海面温度超前。第一个冷期为 1920 年代之前，第二冷期为 1960 年代中期至 1970 年代。

东海近百年有 3 个暖期（1896 ～ 1916 年、1952 ～ 1962 年和 1985 年以后）和两个冷期（1924 ～ 1936 年、1963 ～ 1976 年），其中 1985 年以后的暖期为百年最暖，1924 ～ 1936 年为百年最冷。

南海气温于 1940 年代前为冷期，1950 年代缓慢上升，1960 年代出现第一个暖期，

---

　* 本节根据李克让（1993，1996）、阎俊岳（1993）等著作编写。

70年代至80年代初又出现低温，但较前一冷期要暖得多，无论气温或是海温，90年代末升温最迅速（李克让，1993，1996）。

二、中国海的降水

中国海降水量为北半球同纬度较多的地区之一。由于近海南北狭长，各地距离海岸远近不同，空气中水汽含量有异，使得海区之间降水量差异悬殊，季节分配不均。同时由于东亚季风的年际变异较大，致使中国近海降水量年际变化也非常显著。

中国海降水量分布的基本态势是：南多北少，沿岸多于海中。渤海年降水量为500~600mm。南黄海降水量多于北黄海，黄海东部多于西部，西部为800~900mm，东部为1 000mm左右。渤海、黄海降水量均集中在夏季7~8月。东海西部年降水量为900~1 300mm，东部琉球群岛由于黑潮暖流影响超过2 000mm。南海年降水量为1 500~3 000mm。

渤海和黄海北部为夏雨型，降水量集中在夏季7~8月，两个月降水量占年降水量的50%。南海热带海区也属夏雨型，降水集中在夏季5~9月，雨季降水量占年降水量的60%~75%，故称为湿季，12至次年4月降水量占年降水量的5%~10%，称为干季。东海和南海北部降水主要受极锋影响，由于极锋一年两次通过海区，因此出现两个雨季，即春雨期（5~6月）和秋雨期（9月）。夏季的热带气旋也可以带来丰富的降水，但大部分时间在副热带高压控制下，降水量相对较少；冬季受黑潮暖流影响，可以出现阴雨蒙蒙天气，降水量不大。6°N以南赤道海区，各月降水量都很大，而冬季相对更多，称为冬雨型。

中国海降水的相对变率为12%~27%，变率较大的海区为渤海海峡、黄海北部、台湾海峡、南海中北部（李克让，1993，1996）。

三、中国海主要风系

中国海为东亚大陆边缘海，处于世界最大的大陆亚陆大陆和最大的海洋太平洋之间，由海陆热力差异引起的气温梯度和气压梯度比其他任何海区都显著，因此中国海区是冬季风与夏季风很明显的季风风系。

冬季最强的偏北风由西伯利亚侵入中国，然后南下黄、渤海，经东海和西太平洋转向为东北风并经南海在苏门答腊岛至加里曼丹岛间（105°E）附近越过赤道，转向为南半球热带西北季风。夏季来自南半球马斯克林高压北侧的气流在索马里处越过赤道，在北半球地转偏向力的作用下依次穿越阿拉伯海、印度半岛和孟加拉湾至中国南海，构成了南亚季风和东亚季风。另外，南半球澳大利亚高压北侧的气流也在105°E处穿越赤道，与西太平洋副热带高压西侧东南气流一起影响中国近海的天气和气候。东亚季风与南亚（印度）季风相比，气流来源要复杂得多，风向呈现出多样性。

冬季风在中国海是由北向南逐步推移的，它始于8月底和9月初，正是大陆高压首次加强的时候。这时对流层底层的冷空气突然爆发，9月底冬季风即可到达南海北部19°N附近。10月初则遍及15°N以北海区，10月下旬可扩展到10°N，而5°N附近11月才能稳定。12月冬季风遍及整个中国海，甚至跨越赤道侵入南半球。因此，就中国而论，8月还盛行夏季风，9月一个月冬季风就到达台湾海峡，行进了20个纬距。

夏季风的开始是在4月中旬以后，这时蒙古高压变弱并收缩，印度及中国大陆热低压明显发展，冬季风衰减，夏季风开始出现。4月主要出现在马六甲海峡附近海域，5月偏南风向北推进至15°N左右，6月偏南风遍及整个中国海及日本海。7月份为夏季风的最盛时期。夏季风持续时期也随海区而异：南海南部海区为5~10月，南海北部和台湾海峡为6~8月，苏禄海南部及苏拉威西海为5月中至9月，黄海北部和渤海为7月至8月。

1. 南海西南季风爆发

每年5月中旬前后，南海海面持续近2个月的东南风突然转向为西南风，稳定、晴朗、少云的天气转为湿热、多云、多雨天气。由于这个过程转变迅速，常被称为西南季风"爆发"。西南季风爆发是一个季节转折，也是一次强烈的天气过程。伴随着风向的突然变化，风速、云量、降水、湿度、太阳辐射、海面温度等大气、海洋水文要素都发生迅速的变化，并通过一系列反馈机制影响南海及东亚天气气候。南海季风爆发后，其前沿和季风雨带向北推进，相应地从低纬移至高纬，东亚夏季风占领整个近海。

西南季风爆发前风向偏东，风速一般稳定于3~4m/s，季风爆发后风向转为西南，风速增大，不断出现大风过程。西南季风爆发前总云量多为3~5成，季风爆发之后，增加到8~10成。爆发前低云量仅为1~2成，爆发之后增加至3~6成，降水时达7~10成。海面辐射通量也明显变化，太阳短波辐射、海面净辐射约为季风爆发前的2/3，强对流降水、连续性降水时段更少。季风爆发时在射出长波辐射场、垂直速度及湿度场上均有明显的反映。大气结构的突然变化，不仅反映了低层环流的变化，而且是整层大气环流调整的结果。

南海夏季风爆发后，其前沿和季风雨带相应地从低纬移至高纬，在此过程中季风雨带和季风前沿一样也经历了静止阶段和突然北跳。主雨带的第一个静止期一般持续到6月上旬，其后迅速移至长江流域。第二个静止阶段从华中梅雨开始，其时间跨度平均近一个月（6月10日~7月10日）。梅雨带位于30°N附近的华东地区，呈NEE—SWW走向，朝着朝鲜半岛和日本方向倾斜。准静止锋（中国的梅雨锋）经常从气旋低压中心向W—WS方向伸出，而低压中心本身则向东或NEE方向运动，最强降水大部分与沿锋面东移的中尺度至天气尺度的扰动有关。7月第2候至第3候副热带高压脊线伸入长江中游，强对流区推进到黄河流域，长江中下游梅雨结束，黄海、日本和韩国处于梅雨的全盛期。7月下旬以后，日本梅雨期结束，西太平洋副高伸展到日本，日本进入酷热季节。8月第3、第4候是热带西北太平洋夏季风达到最北时期。8月第5、第6候北方地区夏季风开始撤退，但在印度季风区和热带西北太平洋季风区对流活动仍很活跃。

2. 风向和风速

图4.3是根据COADS船舶观测资料统计绘制的1、7月合成风图，可以清楚地看出

近海海面风场的变化：1月自北而南气流呈顺时针方向改变，黄渤海吹西北风或北风，东海南部转为东北风，南海则为一致的东北气流。图上合成风速在东海为5~7m/s，台湾海峡及南海中部达8~9m/s，赤道缓冲带内较小，只有3~4m/s。由冬季风向夏季风过渡长达两个月之久。4月热带辐合带移至赤道附近，中国近海的风向纬向分量增强，渤海、北部湾及泰国湾出现了东南风，5月越过赤道向北的气流到达南海北部，黄海转为东南风；东海西部仍保持一定频率的东北风，但在台湾岛的东面，已盛行副热带高压南侧的东南向气流。

夏季风持续时间比冬季风短约3个月，稳定度也比冬季风差。7月，赤道缓冲带位于5°N附近，越赤道气流在此转向为西南风，与西南季风气流汇合，向北达到18°N左右。在此以北海区盛行东南信风气流。南海中部合成风速最强为6~7m/s，在18°N辐合带附近，合成风速仅2~3m/s。9月下旬，冬季风爆发，风向首先在台湾海峡明显改变，此后北风向南推进，9月中旬到达15°N附近，10月达南海南部，但7°N以南地区西南风仍占优势。

就平均风速而言，中国近海各月变化于3~12m/s之间，最大值出现在11~12月份台湾海峡和巴士海峡西部，最低值出现在4~5月赤道附近。全年平均，黄、渤海风速小于南海，近岸风速小于开阔洋面。1月，济州岛附近、日本九州岛以西向南经台湾海峡至中南半岛以东为大于8m/s的高值区，高值中心分别在台湾海峡、巴士海峡及越南东南面。它们的形成都与狭管效应、气流辐合有关。黄海中部、北部湾风力稍弱，风速为7~8m/s，南海南部，大陆沿岸风速为5~7m/s，台湾岛西南部、吕宋岛西面背风区风速<5m/s。台湾海峡及巴士海峡平均风速为6~7m/s，南海大部区域为4~5m/s。

7月，由于西南季风增强，越南东南方出现全区风速最大值（7m/s），自此向东北穿过巴士海峡至台湾以东洋面、东海及黄海中部，平均风速为6~7m/s，越南东北方、黄海东部由于陆地影响，风速小于5m/s。9月开始，夏季风向冬季风转换，南海风力降低，而台湾海峡风速首先增强，11~12月达到最强（12m/s）。

平均风速的年变化大约以20°N为界，以北风速年变化呈单峰型，以南呈双峰型。该线正好与热带季风和亚热带季风的分界线对应。20°N以北，渤海及黄海北部，平均风速高值出现在12月或1月，低值出现在7月，年平均风速为5~6m/s。从黄海东南部至东海及南海北部（台湾海峡除外）平均风速最大值提前到11月，最小值也因7~8月台风及对流性天气过程增多而提前至5~6月。台湾海峡5~6月仍盛行东北风，7~8月风向不稳定，风力较弱，故最小值仍在7月。该区平均风速为6~7m/s。

20°N以南，平均风速呈双峰型变化，12~1月及7~8月出现高值及次高值，4~5月及10月出现低值和次低值。年平均风速也有差异：8°~20°N年平均风速达6~7m/s，这里正好是热带季风区，8°N以南为赤道季风区，年平均风速降为4~5m/s或以下。

3. 大风日数和大风极值

中国近海是同纬度海面较强风区之一，由于季风充分发展，特别是冬季大陆高压强大，使得风力较同纬度洋面偏大，而且冬季风强于夏季风。中国近海的大风发生在冷空气活动、温带气旋、热带气旋等天气过程中，大风区多与地形有关，当气流通过宽窄不一的海峡地带时，因狭管效应使风速增强，如冬季台湾海峡及南海中南部风大、浪高、流急就是例证。

根据10个海拔较低、代表性较好的岛屿站与沿岸站阵风≥8级风的大风日数统计：渤海中部全年大风日数80天，海峡区及黄海北部为120～130天，11月至次年1月最高，平均每月15～16天。黄海中部年平均110～120天，11月至次年1月每月平均14～15天。黄海南部、东海西部全年约140天，12月至次年4月较多，每月平均13～15天。台湾海峡大风日数全年约170天，10月至次年3月平均每月14～15天。南海北部年平均约45天，11～12月平均每月6天，南海南部全年仅有4天。

中国近海的大风主要表现为黄、渤海的偏北大风和西南大风，东海的偏北大风和偏东大风，台湾海峡的东北大风，南海北部的偏北大风和西南大风，南海中部和南部的西南大风。夏、秋热带气旋也是东海、南海重要的大风系统。台风的大风极值在南海为55～70m/s，东海65～85m/s，黄、渤海30～40m/s。沿岸站（海洋站）、岛屿站的观测资料表明，香港瞬时风速达72.1m/s，汕尾极大风速为60.4m/s；琼海、厦门和湛江曾因风速太大损坏了仪器，计算的极大风速也达到60～65m/s；宫古岛上观测的台风风速为60.8m/s，极大风速达85.3m/s（李克让，1993，1996；阎俊岳，1993）。

四、灾害性天气系统

影响中国海的主要灾害性天气系统有寒潮、温带气旋以及热带气旋（台风），它们产生大风、大浪、暴潮、暴雨、低温、海冰等灾害。

1. 寒潮

强大的冷高压入侵中国海时，常带来大量冷空气，使气温急剧下降，达到一定强度的冷空气活动称作寒潮。中国海区大约每3～5天就有一次冷空气活动。按冷空气过程前后降温5℃以上，同时伴有6级以上大风定为中等强度冷空气；降温10℃以上，同时伴有8级以上大风定为寒潮。根据统计，渤海及北黄海，中等以上强度的冷空气年平均总次数为29.6次，南黄海及东海年平均总次数为27.4次。

冷高压出海后移速常减慢，春季冷高压在内蒙古时移速为每1 050km/d，在黄河下游为800km/d，在黄、渤海为500km/d。冷高压的前沿有一条强烈的冷锋，冷锋过后，黄海及渤海多为西北大风，东海为北到东北大风，风力一般为8级左右，黄海有时可达10级。冷锋过后常有阵性降水，降水频率和时间多受海陆分布形势的影响。

中国沿海，特别是成山头附近海域进入冬季后，北方强大的冷空气南下，自北向南相继出现强烈的偏北大风和气温骤降现象。因受地形影响，气流运动速度增大。由此，经常在黄、渤海海面造成8级以上偏北大风和巨浪。强冷空气南下引起的大风位于冷高压外围密集等压线区域，风向自西北向东北顺时针变化。寒潮的冷锋过境时，水平气压梯度剧增，风力加大，一般为6～8级，最大可达12级以上。大风持续时间1～2天，有时会超过2天。强冷空气与高风速几乎向同一个方向持续吹拂，引起强大波浪。它所覆盖的范围相当广阔，有时甚至影响整条航线。不同方向的风产生的波浪互相碰撞，易产生金字塔形的三角浪，对航行船舶构成很大的威胁。如 2005 年 12 月 4 ~ 5 日，受寒潮冷高压天气系统的大风影响，多艘船舶在渤海、黄海、东海海域遇险；1999 年 11 ~ 12 月，因寒潮大风的影响，导致大舜轮和新珠江轮的沉没。

2. 温带气旋

按气旋中心入海位置，温带气旋可分为东海气旋、黄海气旋和渤海低压。

东海气旋四季都可出现，但以春季 4、5 月最多，1 ~ 3 月次之，夏、秋两季最少。东海气旋生成后的两天，中心常向东北偏东方向移动，移速在 40km/h 以上，中心强度平均每小时加深 6 ~ 10hPa，到了日本南部黑潮上空，加深程度更加显著，移动方向也转为东北向。东海气旋生成初期，大风范围较小，在气旋加深过程中，常在舟山群岛海面造成局部强风，在冷锋附近常有降水。

黄海气旋以春季和初夏较多，秋冬较少。该气旋除造成沿海地区大范围的降水、平流雾，使江浙和上海沿海的能见度变坏外，入海后还经常加深，在黄海南部造成大风，其风向在气旋西部为西北风，东部为偏南风。当气旋发展时，风力可达 8 级，且常常在偏南大风过后，西北大风随之来临，因而使海上产生大浪和大涌。

黄海、东海气旋波移速约为 75km/h，主要为 ENE—NE 方向，气旋近中心最大风速 14 ~ 22m/s，极值最大风速为 22m/s。

渤海低压为进入渤海的气旋，以春、夏季较多，秋、冬季较少。出现后多向东北偏北或西北偏东方向移动。当移近渤海时常使海上产生偏东大风，风力可达 7 级。随着暖区的到达而出现南向大风，当它移到东北境内时，渤海和黄海北部的偏南大风加大，在其移动过程中常有大雨和暴雨，在其暖区内和冷锋后的风沙常使海上能见度降低。据统计，2001 年中国海灾害性海浪（4m 以上）过程出现次数为 34 次左右，其中台风浪出现次数约 16 次，冷空气及温带气旋引起的灾害性海浪次数约 18 次。灾害性海浪主要发生在南海、东海和台湾海峡。

2007 年 3 月 4 ~ 5 日受强冷空气和江淮气旋的共同影响，莱州湾沿海地区出现了 8 ~ 9 级东北风，阵风达 11 级，同时伴随强降水。在天文大潮的叠加作用下，一场罕见的特大温带气旋风暴潮袭击了山东省北部沿海。据昌邑下营水文站观测，最高潮位 5.7m，浪高达 7m，多数船只被损坏，防潮堤被摧毁，海洋渔业、养殖业和沿岸基础设施遭受严重损失，直接经济损失逾 3 174.5 万元。

3. 热带气旋（台风与热带风暴）

按国际规定，热带气旋中心附近的平均最大风力小于 8 级称为热低压，8 ~ 9 级称为热带风暴，10 ~ 11 级称为强热带风暴，12 级或以上称为台风。太平洋台风的源地集中在三个海域：关岛的西南方；南海中部和东部；马绍尔群岛附近。

1）南海

南海是台风、热带风暴最多的海区，全年各月都受热带气旋影响，6 ~ 11 月为盛期，占全年总数的 88%，8 ~ 9 月最多，约占全年总数的 42%。两次 80m/s 的最强风速

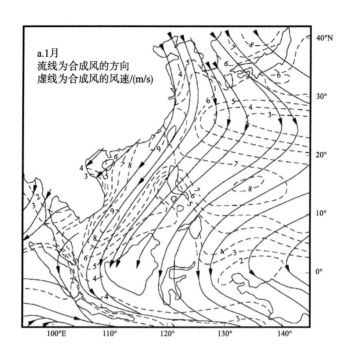

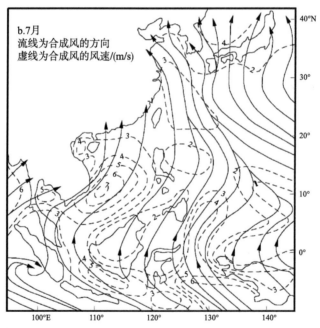

图 4.3　中国近海的海面合成风图（NOAA，1986）

都出现在巴士海峡，时间为 1954 年 8 月 28 日和 1957 年 6 月 24 日。南海内部最大风速为 65～70m/s（表 4.1）。南海台风源地有二：一是菲律宾以东太平洋上，西行或西北行进入南海，最南位置约 8°N，最北位置约 22°N；二是南海生成的台风。与西北太平洋移来的台风比较，南海台风一般水平范围小，垂直高度低，强度也稍弱。但有两种情况值得注意：一种是小而强的台风，范围小，发展快，移动也快，具有较大的破坏力；另一种是"空心"台风，外围风力比中心风力大，台风发展移动较慢，但受冷空气影响后外围风力陡增，往往难以预报。

表 4.1　中国海各海区热带气旋的统计（个）

海区	热带风暴	强热带风暴	台　风			合计	年平均
			32.7~45m/s	50~70m/s	75~85m/s		
渤海		6				6	0.13
黄海	15	20	13			48	1.20
东海	13	44	73	64	4	198	4.95
南海	63	125	164	54	4	410	10.25
合计	91	194	250	118	8	661	16.53
百分比/%	14	29	38	18	1	100	

2）东海

东海出现的热带气旋数量稍次于南海。东海受热带气旋影响的时间为 4~12 月，7~9 月占总数的 82%，其中 7~8 月占总数的 66%。东海台风均由西太平洋或南海移来，较强的台风多转向东北。热带风暴及强热带风暴多向西北移动登陆，登陆后的热带低压经常减弱消失。相当数量的路径在一定海区打转、回旋。进入东海在 50m/s 以上的强台风占较大的比例，最强风速达 85m/s，出现在东海南部宫古岛附近，时间为 1959 年 9 月 15 日。

3）黄海

出现的热带气旋按其路径特点可分为四种类型：一是登陆出海型，由福建、浙江、上海等地登陆后转向东北进入黄海，入海地点在上海至连云港之间；二是北上型，热带气旋中心由东海移向西北正面袭击山东半岛或辽东半岛；三是转向型，由东海进入黄海后在黄海南部转向东北；四为西行型，少数台风由东海北部西行入黄海，极少数可越过朝鲜半岛西行入黄海。移入黄海的热带气旋的平均风速，南部为 27~30m/s，中部为 24~26m/s。中心最大风速极值为 25~40m/s，36°N 以北为 25~30m/s，以南为 35~40m/s。

4）渤海

热带气旋中心进入渤海的数量较少，1949~1988 年仅有强热带风暴 5 次，未有台风进入渤海，但渤海受台风影响的情况很多。据统计，1884~1986 年进入 35°N 以北、125°E 以西的热带气旋共 93 次，平均每年不到 1 次，但有的年份多达 4 次（1926 年）。

历史上影响渤海的台风主要集中在 7~8 月，以 7 月最多，占总数的 45%。影响渤海的热带气旋路径一般是由东海进入黄海登陆山东半岛。

5) 登陆中国的热带气旋及灾害

据统计，1949～1987年登陆中国的热带气旋共287个，平均每年9.6个，占整个西北太平洋热带气旋的1/4。登陆时仍达到台风强度的3.4个，热带风暴和强热带风暴的3.6个，热带低压的2.6个。1949～1987年间，登陆热带气旋最多的是1952年，达16个，最少的是1982年，仅4个。就历年登陆热带气旋的频数分析，20世纪50年代和60年代初偏多，60年代中期以后偏少，它大约具有3.5年和4.9年的周期。1949～2006年平均每年登陆的热带气旋9个，其中台风3个。热带气旋登陆中国的时间是5～12月，其中以8月最多，7～9月占登陆总数的77.7%。登陆时达台风强度的峰值在9月，达热带风暴和强热带风暴的峰值在7月，热带低压的峰值在8月（李克让，1993，1996；阎俊岳，1993）。

第三节　海　洋　水　文*

一、潮汐和风暴潮

（一）中国海潮波

中国近海的潮汐主要是由西北太平洋传入的潮波。太平洋潮波从东南方向进入日本与菲律宾之间洋面后，分南北两支进入中国海。北支进入东海，主要潮波越过东海北上，通过黄海，进入渤海。进入东海的潮波，有一部分向浙闽海岸及台湾海峡推进。南支从台湾以南吕宋海峡进入南海，向广东海岸、北部湾及中南半岛推进。

太平洋潮波经东海以前进波形式北上，至山东半岛受阻挡而反射向南，成自北向南反时针旋转，这一反向潮波与东海前进潮波，在南黄海江苏岸外相遇，呈辐聚辐散的辐合潮波，辐合潮波使能量集中、潮差增大、流速加快，特殊的潮波结构造成特殊的辐射状水下地形——海底辐射状沙脊群。

（二）潮　　差

中国海潮差的一般特征是：近岸潮差大，外海潮差小；旋转潮波系统的中心潮差小，无潮点潮差几近为零，向外围潮差增大；在海湾港湾中，从湾口向湾顶潮差增大；按潮波传播方向，右岸的潮差大于左岸的潮差；中国海，黄海潮差最大，其次是东海、渤海及南海。

渤海，最大潮差为2～5m，其中渤海中央为1.5～2m，岸边为2～4m。如秦皇岛最大潮差2m，龙口2.2m，而在湾顶营口为5.4m，塘沽为5.1m。黄海，在朝鲜半岛海岸因港湾曲折地形复杂及地球偏转力影响，潮差最大，仁川港达10m，西朝鲜湾、江华湾可达8m。而黄海江苏岸外因有辐射沙脊群地形及辐合潮流系统，使潮汐能量集中，

潮差增大，在东沙站平均潮差 5.44m，长沙港北为 6.45m。而小洋口外黄沙洋水道中实测最大潮差 9.28m，成为中国最大的潮差记录。东海，潮差从太平洋外海向西逐渐增大，琉球群岛仅 1.5m，浙闽沿岸为 4~7m。如石浦 6.9m，闽江口 5.2m，厦门 4.9m。杭州湾澉浦达 8.93m，是中国最大潮差地区。南海，潮差较小，吕宋海峡最大潮差仅 1~2m，汕头—深圳 1.5~2m，深圳—雷州半岛为 2~3m，海南岛东海岸 1~2m。南海南部湄公河口、加里曼丹岛的西北，最大潮差可达 4~5m。泰国湾湾顶可达 4m，马来半岛东岸、巴拉望岛最大潮差 2m。中国沿岸最大潮差 >8m 的有 4 处：江苏小洋口外 9.28m，杭州湾澉浦 8.93m，浙江乐少清湾 8.30m，福建三都澳 8.54m（薛鸿超，1995）。

（三）潮　　流

渤海 M2 分潮最大流速为 20~60cm/s，其中渤海湾、辽东湾流速较强，辽东湾的长兴岛绥中斜塔附近、渤海湾南堡的老黄河口附近均为强潮流区，达 60cm/s。而莱州湾潮流较弱，在 10~20cm/s。黄海东岸朝鲜半岛是强潮区，江华湾流速 100cm/s。而黄海江苏沿岸辐射沙脊区，亦是强潮流区，流速均大于 60cm/s，有些水道流速达 150~200cm/s。东海，潮流从东向西逐渐增大，浙闽沿岸为 40cm/s，杭州湾一般在 100~120cm/s，东海中央海域最大潮流流速为 20~40cm/s，东海黑潮区潮流最弱，一般为 10cm/s。台湾海峡为强潮流区，东侧达 60~80cm/s，西侧 40~60cm/s，在台湾浅滩 M2 分潮最大流速达 100cm/s。南海 M2 分潮最大流速一般均在 10cm/s 左右，一些海峡港湾稍大，约 20~40cm/s。中国 6 个沿岸最大流速大于 100cm/s 的海域有：河北南堡—曹妃甸海域，流速可达 160cm/s；渤海湾口老铁山水道及成山头岸外，流速可达 150~300cm/s；黄海江苏岸外辐射沙脊区，最大流速大于 150cm/s；杭州湾潮流流速可达 300~350cm/s；琼州海峡是强潮流区，最大流速达 300cm/s；海南岛莺歌海岸外可达 250~300cm/s。

（四）风　暴　潮

中国沿岸都受热带风暴的风暴潮作用，其中温带气旋风暴潮，主要在长江以北黄、渤海沿岸，且渤海沿岸低地平原，常是受温带气旋风暴潮影响的严重区域。

热带风暴风暴潮，可以 6903 号台风引起的风暴潮为典型案例。初振阶段，于 1969 年 7 月 28 日 04 时以前，当时台风远在外海，岸边验潮站开始记录到长周期波动的增减水现象，其振幅为 20~50cm。主振阶段，7 月 28 日 04~18 时，共 14 小时，这是台风过境时，海面直接受到风暴影响海面水位迅速上升，在台风登陆前后几小时达最高水位。余振阶段，台风已过境，水位的主峰已过，但风暴潮并不稳定地下降，而是逐渐地恢复到正常状态。余振阶段可达 2~3 天。

温带气旋风暴潮，主要是由西风带天气系统引起的，有冷锋型、冷峰配合低压型及弧立温带气旋型。冷锋型多发生在冬季，西伯利亚或蒙古高压东移南下时，南面没有低压，只有冷锋穿越渤海，造成渤海东北大风，使渤海的莱州湾发生风暴潮。此类风暴潮增水幅度一般为 1~2m，成灾机会较小。此类横向冷锋继续南移越过海州湾时，也会造成海州湾偏北大风，及海州湾出现风暴潮。冷锋配合低压型出现在过渡季节，为北方冷高压和南方气旋的交接，辽东湾至莱州湾 3~4 月都吹东北大风，在此风场下，海水涌向渤海湾、莱州湾，若遇天文大潮很易造成渤海湾、莱州湾的风暴潮灾害。如 1969 年 4 月 22~25 日莱州湾羊角沟增水 3.55m，超过警戒水位 1.73m，3m 以上增水持续 3 小时，使冲溢海岸线长达 70km，向内陆浸水 27km，是中国近几十年来最强一次温带气旋风暴潮。孤立温带气旋型，是没有明显的冷高压与温暖湿气流相配合，主要发生在春季、初夏及秋季，主要发生在莱州湾山东南岸及江苏海岸，增水一般 1m，最大记录 2.19m（1973 年 5 月 7 日，羊角沟记录）（苏纪兰，2005；孙湘平，2006；薛鸿超，1995）。

台风风暴潮在中国的分布。据统计，西北太平洋生成的热带风暴约占全球总数的 1/3，每年大约有 20 个影响到中国海区，其中大约有 8 个登陆中国沿海。其中在广东、海南登陆约占一半，登陆台湾占 20%，登陆福建占 16%，在浙江、广西登陆各占 4%。

黄渤海沿岸最大台风增水值为 109~304cm，其中渤海沿岸较大，羊角沟为 304cm，黄骅、塘沽分别为 236cm，216cm。黄海辽东、江苏沿岸增水较小，青岛 109cm，大连 116cm。

东海沿岸台风最大增水值为 130~502cm 之间，变幅较大。其中杭州湾风暴潮强度最大，澉浦 502cm，乍浦 434cm，温州 383cm，瑞安 294cm，鳌江 276cm。福建沿岸相对较小。

南海沿岸台风增水值为 111~594cm，变幅也大，其中雷州半岛东海岸是中国台风风暴潮增水最大的区域，如南渡 594cm，湛江 497cm；增水值最小出现在海南的三亚榆林，为 112cm。

中国是受台风风暴潮灾害严重的国家，由台风及温带气旋等产生的 1m 以上的风暴潮，平均每年 14 次，2m 以上严重的风暴潮每年 2 次，造成重灾的每两年 1 次。严重的风暴潮往往同时影响到几个省份（表 4.2）。

表 4.2　中国沿岸严重的台风风暴潮实例（1949~2000 年）

日期 （年 - 月 - 日）	测站	最高风暴潮 /cm	最高潮位 /cm	影响区域	台风编号
1956 - 08 - 01	澉浦	502	437	杭州湾等	5612
1965 - 07 - 15	南渡	287	333	雷州湾等	6508
1969 - 07 - 18	汕头	302	328	韩江口等	6903
1969 - 09 - 27	梅花	199	457	闽江口等	6911
1974 - 08 - 20	尖山	224	609	杭州湾等	7413
1980 - 07 - 22	南渡	594	593	雷州湾等	8007
1981 - 09 - 01	吕四	203	439	长江口等	8114
1986 - 07 - 21	石头埠	117	396	广西沿海	8619
1986 - 09 - 05	南渡	352	337	雷州湾等	8616

日期 (年 - 月 - 日)	测站	最高风暴潮 /cm	最高潮位 /cm	影响区域	台风编号
1989 - 07 - 18	三灶	176	275	珠江三角洲	8908
1989 - 09 - 15	海门	146	467	浙江台州湾等	8923
1990 - 09 - 08	温州	241	387	温州湾等	9018
1991 - 08 - 16	南渡	384	270	雷州湾等	9111
1992 - 08 - 30	瑞安	203	430	浙江飞云江口等	9216
1993 - 09 - 17	灯笼山	162	262	珠江三角洲	9316
1994 - 08 - 21	温州	269	488	温州湾等	9417
1996 - 07 - 31	梅花	220	456	闽江口等	9608
1997 - 08 - 18	健跳	261	527	浙江三门湾等	9711

二、波　　浪

波浪的基本要素是：波高（h）——相邻波峰与波谷的垂直距离；波长（L）——相邻两个波峰或波谷的水平距离；周期（T）——通过一个波长所需的时间。海洋波浪主要有风浪、涌浪及近岸浪三类。风浪是风直接作用于海面所产生的波浪，它由风力强度、风区长度与风时决定风浪的强弱。涌浪是风浪传向风区以外，在无风海区传播的波浪，其外形平缓，峰顶浑圆，二坡对称。近岸浪是外海的波浪（风浪或涌浪）传向海岸，受水下地形摩擦变形，波速波长减小，波峰线折射，与岸线平行，能量集中，波高增大，最后发生破碎。风暴海浪以巨大的波速与波高袭击海船与海上建筑物，造成海洋灾害。据统计，世界海难事故中，有 60% ~ 80% 是由大风巨浪造成的，全球已有 100 多万艘海船，因遭遇风浪而沉没海中。

1. 中国海盛行波向

波向是指波浪的来向，与风向的含义相同。波向与波高、周期是描述区域海洋时的基本特征。中国是季风区域，冬季为北风，夏季为南风，因此，中国海的波向也受季风控制，冬季为北向浪，夏季为南向浪。

中国海风浪的波向基本特征（图4.4）：①大体有冬夏春三个类型。秋季的波向大体相同于冬季。②冬季主要是偏北向风浪。渤海多西北向与北向浪，黄海为北向、西北向浪居多，东海、台湾以东海区以北和东北向风浪为主。而至南海风浪方向均转为东北向。总的趋势均是北向浪，大体由北向南顺时针旋转。③夏季风浪方向正好与冬季相反，南海多西南向、南向浪，东海与台湾以东海区为南向和东南向波浪，黄海为东向与东南向浪，渤海多为东南向浪，即在夏季总体为偏南向风浪的背景下，有逆时针方向旋转的趋势。④春季的波浪方向比较凌乱，渤海、黄海多东南向、南向浪，东海及台湾以东海区多东南向、东向风浪，南海北部多东南向浪，中部、南部多南向浪。

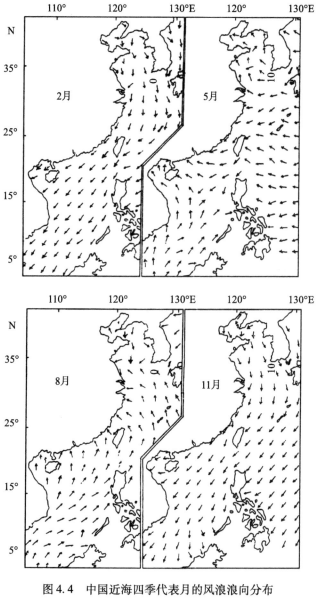

图 4.4 中国近海四季代表月的风浪浪向分布

(陈达熙，1992；廖克，1999)

中国海 11 月的波向分布，与冬季相似，表明夏季风浪转为冬季风浪仅需 1~2 个月，即完成转向。

中国海涌浪的波向，与风浪的波向基本相同。亦为冬季北向浪，夏季南向浪。至黄海北部及渤海海区受四周陆地所限，外海大洋传入的涌浪受诸多限制阻碍，其涌浪传播方向亦较凌乱、少规律性（苏纪兰，2005；孙湘平，2006）。

2. 中国海波高与周期

中国海的风浪，以南海的波高为最大，其次为东海、黄海，渤海为最小。周期波浪按季节分，秋季风浪的波高最大，其次为冬季、夏季，春季最小。通常，波高大的波浪，对应着大的周期，也即具有大周期波浪的海域，才有波高大的波浪。

渤海风浪的波高约 1~1.5m，最大波高 5.0~7.5m，风浪的平均周期 2.5~3.5s，最大周期 9.0~11.0s。在渤海中央及渤海海峡附近，风浪最大，波高与周期均大。

黄海风浪波高的分布大体与海岸线平行，平均波高 0.5~1.9m，最大波高 5~11m，平均周期 2~7s，最大 8~11s，黄海中部、海州湾外及济州岛附近，为风浪的高值区域。秋冬季的风浪明显较大。

东海及台湾以东海区风浪波高的分布是东侧紧靠外海大洋，风浪较西侧为大，台湾海峡因狭管效应而风浪较大，是中国海风浪波高的高值区之一。东海平均波高 1~1.2m，最大 5~9m，平均周期 2.1~4.0s，最大 8~14s。台湾以东海区平均波高 1~1.9m，最大波高 9m，平均周期 4s，最大周期 10~14s，较东海为大。

南海波高分布，是从东北向西南波高值逐渐降低。吕宋海峡是南海风浪最高的海区。南海平均波高 0.4~1.8m，最大波高 1.0~6.5m，平均周期 3.1~8.6s，最大周期 7.0~23s。而吕宋海峡平均波高为 1.8~2.2m，最大波高 8.0~8.5m，平均周期 6.0s，最大周期达 21s。

3. 特殊天气系统的波浪

1）台风型波浪

台风区内的波浪，是包括风浪与涌浪的混合浪。台风波浪的强弱，取决于台风风场强度，同时也与台风的移动方向、移动速度和路径有关。当台风移动速度较慢时，风浪得到充分成长，风浪大，风区范围也大；当台风移动速度较快时，风浪得不到充分发育，风浪小，风区范围也小；当台风转向及转向后，海上的风浪和涌浪都会减小。台风区的中心，风力较小，但台风区的波浪都向中心汇集，使中心区波浪很大，能出现最大波陡的三角浪。台风区的外围是涌浪区，涌浪的波高，随离台风距离的增加而减小，而涌浪的周期随离台风中心距离的增加而加大。台风的波长很长，传播速度比台风移动速度快 2~3 倍，故在台风来到之前 2~3 天，在东南沿海就可见到大的涌浪，可以为台风到来前作好准备。

据 1976~1985 年资料统计，波高≥4m 的台风波浪，在渤海的影响频率为 0.1%，相当于每年平均 0.4 天；黄海的频率为 1.8%，相当于年平均 6 天；东海为 4.9%，年平均约 18 天；台湾海峡为 5.7%，年平均约 21 天；南海为 8.8%，年平均约 32 天。

2）冷高压型波浪

中国冬季，当强冷空气暴发或寒潮南下时，往往带来大幅度降温和大风天气，陆上风力达 6~7 级，海上达 8~9 级，大风持续时间 2~3 天。寒潮经过渤海、黄海，多北、东北和西北向大风，东海、南海为东北向大风。受陆地限制，黄、渤海波高较小，一般 2~4m。至东海波高增至 5~8m，南海增大至 4~6m。据 1976~1985 年资料统计，≥4m 的冷高压波浪，在渤海的影响频率为 4.4%，相当于年平均 17 天；黄海的频率为 12.2%，相当于年平均 45 天；东海 15.8%，年平均约 57 天；台湾海峡为 7.4%，年平均约 28 天；南海为 20.5%，年平均约 74 天。

3）气旋型波浪

中国海几乎全年均受气旋影响，春季初夏（3～7月）渤海、黄海受温带气旋影响尤甚，在渤、黄、东海，较弱的气旋产生的波浪，其波高为2～4m；中等强度气旋产生的波浪为4～6m；最强的气旋产生的波浪波高为6～9m。如1983年4月25～28日，渤、黄海的强气旋天气，产生11级大风及6.7m的巨浪。1976～1985年资料统计，波高≥4m的气旋波浪，在渤海的影响频率为0.6%，相当于年平均2.3天；黄海的频率为4.2%，相当于年平均15天；东海3.8%，年平均约14天；台湾海峡为3.0%，年平均约11天；南海为2.2%，年平均约9天。

气旋与高压配合型波浪气旋与高压共同影响的天气系统，主要出现在初春、秋末和冬季。气旋入海后即有南下的冷高压与之配合形成的波浪。它比气旋型波浪更强大一些，在黄海、渤海和东海北部常形成波高4m以上波浪，最大波高可达10m，仅次于台风形成的波浪。

据1976～1985年资料统计，波高≥4m的气旋与高压配合型波浪，在渤海的影响频率为1.3%，相当于年平均5天；黄海的频率为4.7%，相当于年平均17天；东海的频率为5.5%，年平均约20天；台湾海峡的频率为2.6%，年平均约10天；南海为2.5%，年平均约10天（苏纪兰，2005；孙湘平，2006）。

4. 中国海灾害性波浪

海上波高大于6m的波浪即为灾害性波浪。主要由热带气旋、温带气旋与寒潮大风形成，称为台风浪、气旋浪与寒潮浪。

据1966～1990年统计资料，25年中波高大于6m的狂浪有700次，其中，台风浪286次，寒潮浪329次，气旋浪85次。平均每年狂浪28次，相当于13天发生一次。25年中出现波高大于9m的狂涛146次，相当于两个月出现一次。波高大于4m的巨浪频率为12.5%，相当于每年45天。波高大于3m的大浪频率为15.1%，相当于每年55天。①渤海灾害性波浪：3～4m以上的大浪—巨浪平均每年25天，6m以上狂浪，每年0.9次。②黄海灾害性波浪明显增多，3～4m以上的大浪—巨浪平均每年95天，6m以上狂浪，每年5.9次。③东海灾害性波浪次数更多，3～4m以上的大浪—巨浪平均每年125天，6m以上狂浪，每年9.8次。台湾海峡灾害性波浪频率较大，3～4m以上的大浪—巨浪平均每年90天，6m以上狂浪每年6.1次。冬季，北风—东北风时，常有大浪—巨浪。④南海灾害性波浪：面积辽阔，具有大洋波浪的特点，产生大浪—巨浪最多，6m以上狂浪每年14.1次，是受台风作用最严重的海区（苏纪兰，2005；孙湘平，2006；薛鸿超，1995）。

三、海流与流系

（一）近海环流

渤海、黄海、东海的环流主要有两大流系：一是外来洋流系统，黑潮及其分支，是高温、高盐的暖流系统；二是当地生成的海流，沿岸流和风海流，是低盐低温的沿岸流系。总的环流趋势是外海流系北上，沿岸流系南下，构成一个气旋式环流。渤、黄、东海的环流，是由两大流系作用消长而成，而外海流系（暖流系统）起主导作用。

南海自海面至100m水层，受季风影响，冬季东北风时，大部分海域的海流为西南向流，夏季西南风期间，大部分海域的海流为东北向流，且环流较强。冬季，从台湾海峡、巴士海峡开始，海水南流，经广东近海、中南半岛和巽他大陆架，通过卡里马塔海峡和加斯帕海峡而进入爪哇海，呈气旋式环流。冬季向南的海流在海南岛以南分出一支流进入北部湾，构成北部湾逆时针的环流。至中南半岛南端又分出一小支进入泰国湾，构成泰国湾逆时针的环流。夏季，从爪哇海开始，海水北流，经卡里马塔海峡和加斯帕海峡而进入巽他大陆架，然后沿中南半岛海岸北上，经海南、广东沿岸，进入台湾海峡、巴士海峡，呈反气旋式环流。西南季风海流在流动过程中，也分出小支流在马来半岛以北，分出一支向西进入泰国湾，构成泰国湾顺时针的环流。在海南岛以南有一支海流进入北部湾，构成北部湾逆时针的环流。这一南海流系图式，反映了季风在南海所起的作用。

（二）中国沿岸流

中国沿岸流受陆地及河流影响较大，具有低盐的特征。

渤海沿岸流：有辽东沿岸流与渤莱沿岸流两支。辽东沿岸流是辽东湾内环流的一支，黄海暖流经渤海海峡进入渤海，向西到西海岸，遇海岸陆地受阻分成南、北两支，北支进辽东湾，与辽河、大凌河等入海河水混合，沿辽东湾东岸南下，构成辽东湾顺时针的环流。夏季，河流入海径流剧增，辽东湾东岸盛行东南风，而西岸是东北风，迫使径流混入的低盐水沿西岸南下，而黄海暖流沿东岸北上，构成反时针的环流。渤莱沿岸流流动在渤海湾、莱州湾，黄海暖流在渤海湾西岸受阻分出南支，沿渤海湾西岸至莱州湾流动，构成反时针的环流。渤莱沿岸流环流很稳定，终年向南、向东流出渤海，流速6月为10cm/s，3月只有5cm/s。

黄海沿岸流：主要指沿山东半岛、江苏海岸南下的低盐低温的水流，其流速在山东成山头达30cm/s，至江苏岸外为25cm/s。黄海沿岸流冬季与夏季在成因上有区别。冬季是低盐度水受北风作用，在山东半岛北岸堆积而成，是盐度差形成的坡度流和密度流的混合。夏季，该流处在黄海冷水团的边缘，是温度差形成的密度流与风海流的混合。黄海沿岸流与东海沿岸流在长江口外相汇。冬季，苏北沿岸低盐水向南在长江口以北与东海沿岸流相汇。另有黄海北部沿岸流，从鸭绿江口向西流至渤海海峡，它是几种海流的混合，冬季是密度流与风海流的混合，流速较小、流幅宽；夏季是密度流与坡度流的混合，流速强、流幅窄，它受鸭绿江径流及风的季节变化影响。黄海北部沿岸流表层流速为15~30cm/s。在朝鲜半岛西海岸有一沿岸流，是沿20~40m等深线向南的一股低盐海流。

东海沿岸流是沿浙江海岸南下，由长江、钱塘江的入海径流与海水混合而成，沿途又有瓯江、闽江的淡水汇入。它的特征是盐度特低、含沙量大、透明度低、水文年变幅也大。东海沿岸流流层浅，受风影响季节变化明显，冬季，长江、钱塘江等河流径流量大减，盛行偏北风，沿岸流紧贴海岸南流，流速大，约为 10～30cm/s。夏季，盛行南向风，沿岸流顺海岸向东北方向流动，这时长江、钱塘江的入海径流量最大，径流与海水混合后，形成一个巨大的淡水舌，流向东北，在长江径流量大时，低盐水舌能达济州岛海域。夏季，东海沿岸流流幅宽，流层厚度仅 5～15m，流速在长江口外为 25cm/s，舟山群岛为 20cm/s。春季与秋季季风交替，风向不稳定，表层流向也多变。

南海沿岸流主要指广东、北部湾、中南半岛等西岸的沿岸流。广东的沿岸流主要是珠江、韩江等河流入海径流与海水相混而成。盐度达 10～33，除了夏季由西向东流以外，常年是沿岸向西流，流速 15～30cm/s，冬季可达 25～40cm/s。珠江冲淡水沿粤西漂流，渔民在海上表面取之，甚至可用来饮用。北部湾沿岸流受季风影响明显，具有风海流的特点，另外，淡水径流主要来自越南沿岸，使北部湾西部海域盐度低（＜24），北部湾北岸流速 15～20cm/s，西岸 20～30cm/s。

（三）黑　　潮

黑潮是来自赤道向北的暖流，沿太平洋西边北流，水色深蓝，似一黑色水带而得名。黑潮具有流速强、流量大、流幅狭窄、延伸深邃、高温高盐等特征。黑潮是中国人早在公元前 4 世纪发现的。那时，中国人曾航行到日本沿岸并发现那里有着强大的表面海流和显著的水温差异。这即被后人称之为黑潮的海流。

黑潮是由太平洋北赤道流在菲律宾群岛以东向北流动的一个分支延续而来。其起源于中国台湾省东南和巴士海峡以东海域，沿台湾东岸北上，通过苏澳和与那国岛之间的水道流入东海。主轴指向东北，在大陆架外缘和大陆坡之间流动。当它在奄美诸岛西北分出对马暖流分支后，转向东流，通过吐噶喇海峡北部流出东海，进入日本以南的太平洋海域，再沿日本诸岛沿岸流向东北，约至 165°E 处再延伸为北太平洋流。

黑潮的流速，吕宋岛以东，北向最大流速约 80～100cm/s，在巴士海峡和台湾岛南端及东岸最大流速约 150cm/s。

台湾以东，黑潮流幅约 125～170km，向北流幅逐渐变窄；离岸距离为 60～100km。流轴上最大流速平均约为 95cm/s。流量的年际变化在 1 900 万～4 200 万 m³/s 之间，东海断面测得 600 万～3 500 万 m³/s。黑潮的表层最大流速可达 190cm/s 以上，流轴（流速＞50cm/s）宽约 125km，深约 600m。在东海测得流速 80～120cm/s。黑潮南北两侧区域出现西向逆流，伸展深邃，几乎可达 4 000m 深处。其流量约为 7 100 万 m³/s。深底层则出现与上层流向相反的逆流。例如，日本四国外方在深度为 3 200±200m 层处测得流向西南的黑潮逆流，流速约 4.9±2.0cm/s，流量约 640 万 m³/s。

黑潮的温度与盐度。南部 200～300m 深度处有一薄的温度近乎为 18～19℃ 的均匀层。温度随深度增大而下降，最低温度出现在 3 500m 附近处，约 1.5℃。由此往下，水温略有回升。盐度分布大致是：100～300m 层间为高盐的副热带水，最高盐度约 34.85；400～800m 深层间为低盐的北太平洋中层水，最低盐度约 34.2；2 000m 层以下的深层水，盐度均匀，约为 34.60～34.68（苏纪兰，2005；孙湘平，2006）。

（四）对马暖流、黄海暖流、台湾暖流

对马暖流：黑潮向东北分出对马暖流，通过对马海峡进入日本海。黑潮向西北分出黄海暖流，经东海北上，至黄海、渤海。对马暖流在济州岛向东北，有相当稳定的东北向流。对马暖流水文复杂，它是黑潮和黄海、东海水团及长江夏季冲淡水等混合而成，其流速 20～35cm/s，流幅宽度 20～60km，流量 180 万～350 万 m³/s。冬季，表层盐度 34.6 以上，与黑潮表层水相近。夏季，长江淡水给对马暖流源区 20m 以浅的表层带来重大影响。夏季温度约 28～29℃，盐度在 34.4～34.75。中层之下的各水层，其温、盐特征与同层次的黑潮水一致。

黄海暖流：是黑潮西北向分支，经东海黄海至渤海，它在北上过程中受陆地径流及气象等影响，使暖流的温度、盐度降低。现通常把黄海中部盐度 >32.0 的等值线定为黄海暖流的界线。黄海、渤海是中国的强潮区，而黄海暖流的流速很弱，仅 5～6cm/s，最大为 10～15cm/s，是渤海潮流的 1/10。黄海暖流这一高盐水流从渤海海峡北部进入渤海，而渤海海水是从渤海海峡南部流入黄海。黄海暖流有明显的季节变化。冬季，黄海暖流北上，低温低盐的黄海沿岸流南下，构成冬季黄海环流；夏季，黄海暖流较弱，主要是黄海冷水团密度流与黄海沿岸流构成的黄海环流。

台湾暖流：台湾暖流系指长江口以南浙江福建沿岸外侧自西南流向东北的海流，具有高温、高盐性质，其流向终年偏北，流速较大，为 25～40cm/s，冬季弱（平均 13cm/s，最大 28cm/s），夏季强（平均 17cm/s，最大 40cm/s）。台湾暖流的流量为 150 万～300 万 m³/s。冬季受黑潮影响较大，高温高盐；而夏季台湾以北海区的上层水为高温低盐，其盐度在年中是最低的，这时受大陆冲淡水和台湾海峡水的影响较大（苏纪兰，2005）。

四、中国海海水的温度、盐度与密度

（一）海水温度

中国海温度状况受大陆气候及河流影响显著，海水温度的季节变化较大。黄海南部和东海，沿岸流系和外海流系交汇明显，温度状况受海流影响较大；南海具热带海洋的特征，终年高温，地区差异和季节变化都小。因此，中国海海水温分布，自北向南逐渐递增，其年较差却由北向南逐渐减小。中国海水温度分布，可分为冬季型、夏季型和春秋过渡型。渤、黄、东海，冬季型出现在 12 月至翌年 3 月，这时太阳辐射最弱，为全年温度最低季节，表层水温高于气温，沿岸陆地气温低于海上气温，沿岸水温低，外海水温高，等温线密集，水平梯度大，等温线分布大体与岸线平行，暖水舌与海流路径一致。冬季正值干冷强劲的偏北季风盛行，对流、涡动混合最强，使大陆架浅水区温度垂直分布呈上下均一状态。夏季型 6～8 月，太阳辐射最强，使表层海水水温普遍升高，为全年水温最高值，但气温高于水温，沿岸水温高于外海水温，使表层水温的地理分布较均匀，水平梯度小，等温线分布规律不明显，水温南北地区差异小。因表层增温快，深层增温慢，加之夏季对流、涡动混合弱，使水温垂直分布出现

较强的层化现象。尤其是黄海，这时水温垂直分布为三层结构：上层为高温暖水，深层为低温冷水，中间层为温跃层。春秋过渡型是4～5月和9～10月的季节交替时期，其中，春季为增温期，秋季为降温期，其特点是温度复杂多变，不稳定，规律性差。在水温垂直分布方面，增温期间出现微弱的垂直梯度，有弱的分层现象；降温期间，温度垂直梯度减弱，上均匀层厚度增大，温跃层厚度下沉，温跃层遭到破坏（苏纪兰，2005）。

图4.5为渤海、黄海与东海春、夏、秋、冬代表月的海水表层温度分布。冬季2月

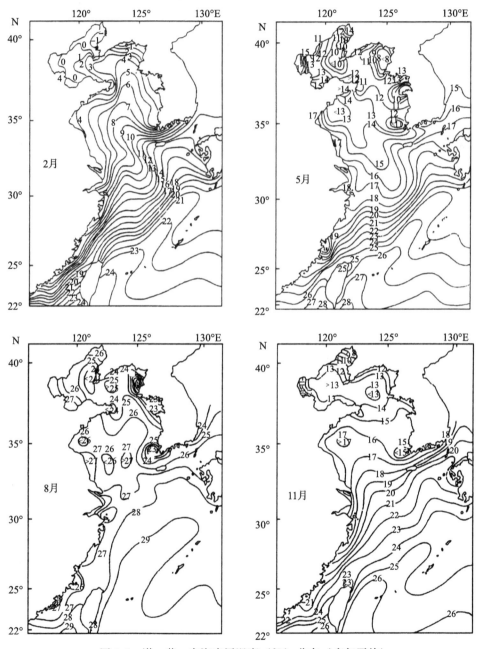

图4.5　渤、黄、东海表层温度（℃）分布（多年平均）

(陈达熙，1992)

渤海及黄海北部海水温度为 0 ~ 3℃，其中辽东湾最低，海水温度为 -1℃，是中国海海水温度最低的海区，冬季有海冰。渤海湾与莱州湾沿岸水温 0℃，也有海冰。至东海及台湾海峡，水温增至 21 ~ 23℃，明显地受到黑潮的影响。而夏季，渤海及黄海北部的海水温度为 24 ~ 27℃，东海及台湾海峡水温也只有 27 ~ 28℃，水温变化受南北纬度影响不大，普遍受陆地影响升温，而黑潮暖流影响不明显。渤海、黄海与东海的海水底层温度分布与表层不同，在辽东湾、渤海湾及莱州湾均有冷水团，在黄海、东海底层均为冷水层。

南海的特点是，冬季表层水温较高，一般在 20 ~ 28℃之间。大致以 17°N 为界，该线以北，水温低而水平温差大；该线以南，水温高而温差小。东、西向同一纬度比较，西低东高。北部大陆架浅水区及北部湾，易受陆地及气象因子影响，水温较低，一般为 18 ~ 23℃。等温线密集，走向大体与海岸平行，温度由岸向外递增。南海北部，表层水温分布形势是：南高北低，西低东高。珠江口以东至汕头一带，温度更低，约 16 ~ 18℃。粤东沿岸水外缘等温线密集，温度锋明显。粤西沿岸水外缘海南岛东部，也有较弱的温度锋。北部湾水温南北地区差异悬殊，为 17 ~ 23℃，由南向北递减。湾口暖水舌向湾内伸展，与外海水入侵的路径一致。南海中部水温达 24 ~ 26℃，因受东北季风漂流的影响，那里的等温线并不与纬度平行，而与越南海岸呈一交角，呈东北—西南走向，并向西南倾斜。南海南部距赤道较近，水温高达 27 ~ 28℃，为中国近海水温最高的海域。南海东侧的巴拉望岛以西海域，存在一片水温高于 27℃的暖水区，中心水温在 28℃以上。这可能就是所谓的"南海暖水池"。

南海的深层水温、盐度分布都比较均匀，地区差异不显著。如 500m 深层，南海海盆水温为 8.5℃左右；1 000m 深层，水温为 4.2℃左右。因此，在叙述南海水温平面分布时，主要讨论表层和混合层以下 100m 深层的情况。春季北部湾的底层水温几乎被一低温水所控制，中部出现一个闭合的冷水块，位于白龙尾岛东侧，暂定名为"北部湾冷水团"。冷水团的中心温度低于 21℃，比周围温度低 3.4℃，这个冷水团的位置各月略有变动。该冷水团与南部湾口的底层冷水并不沟通，而是独立存在的，可见这个冷水团是在北部湾有利地形条件下当地形成的。在南部湾口附近，仍有外海深层冷水以舌状形式伸入的情形，但势力较弱，低温水舌水温为 23℃。

夏季，南海表层水温都较高，北部为 27 ~ 29℃，中部、南部为 29 ~ 30℃，等温线分布均匀但比较凌乱。北部湾北岸、西岸浅水区，水温超过 30℃。唯有莺歌海近岸，水温比较低，约 28 ~ 29℃。总的趋势是：四周高，中央低。北部湾底层水温分布与春季的不同，而有些像冬季底层水温的形式。湾内均被低温冷水所控制，外海深层冷水舌从南部湾口向北伸，一直可伸至 20°30′N 附近，温度由南向北和自湾的中央向沿岸递增。此时，南部湾口底层水温低于 21℃，中央区底层水温为 23 ~ 28℃。而沿岸附近底层水温达 30℃左右。春季出现在北部湾的底层冷水团，此时不明显，成为外海深层冷水的一个体系。

南海沿岸和外海局部海域，上升流十分活跃，导致沿岸和局部海域出现低温现象。如珠江口以东、汕头至台湾浅滩一带、海南岛东北部、东沙群岛西南等，均为上升流区。尤以越南芽庄附近最明显，表现为小于 27℃的低温区。该冷水区在表层并不夺目显眼，但到了 100m 深层，这个冷水块呈半圆形舌状向外伸展，冷中心水温小于 17℃，比周围水温低 3.4℃。北部湾底层水温的分布与表层相似。但南部，底层水温仍有外海低温水伸入的残余存在，其前锋伸至 19°N 附近，比夏季时南退了许多，表明外海深层冷水势力大减，冷水范围也缩小。南海 100m 深层的温度分布是，南海海盆四周均为高温（21~23℃），中央为相对低温（18~19℃），成为一个封闭的冷水区，形成四周高、中央低的格局。

（二）中国海海水的盐度

海水中的元素有 80 多种，其中主要元素（含量在 1mg/L 以上的）有氯、硫、碳、溴、硼、钠、镁、钙、钾、锯、氟 11 种，它们占海水中溶解盐类的 99% 以上。盐度的分布与变化，取决于海区的盐量平衡状况。外海或大洋，影响盐度的是蒸发与降水之差值、环流的强弱以及水团的消长等。对于近岸海域，还有江河入海径流量这一重要因素。

中国海的沿岸海域，多为江河入海径流所形成的低盐水系，外海则为黑潮及其分支带来的高盐水系，这两种性质不同水系的消长运动，构成了上述海域盐度空间分布的特点：表层低，深层高；近岸低，外海高；河口区最低，黑潮区最高。

渤海为中国海盐度最低的海区，年平均值为 30.0 左右。渤海沿岸受沿岸水控制，中部及东部受黄海暖流余脉高盐水支配，其盐度分布为：中央、东部高，有向北、西、南三面递减的形势。

冬季天气干燥，风强、蒸发大，降水及河川径流量小，沿岸水势力很弱，表层盐度达全年最高。辽东湾盐度最高，表、底层约为 30.5，无水平差异。渤海湾，表、底层盐度分别为 29.0~31.0 和 29.5~31.0，等盐线分布与该湾岸线平行。莱州湾盐度最低，表层为 26.0~29.0，底层为 27.0~29.0，并有明显的水平梯度。渤海中央及海峡附近，盐度为 31.5~32.0 之间。

黄海表层盐度为 30.0~34.0，由南向北逐渐递减。高盐水舌海域内的盐度明显高于两侧。冬季强烈地对流、涡动混合，使渤海、黄海盐度垂直分布呈现为均匀一致状态。东海表层盐度为 19.0~34.7 之间，东、西向地区差异悬殊。西岸沪、浙、闽沿岸一带等盐线分布密集，水平梯度大，等盐线分布顺着海岸呈南北向。盐度为 20.0~32.0，杭州湾最低，盐度为 19.0。由于长江冲淡水顺岸南流，导致这一带沿岸的盐度反而比夏季的要低。台湾海峡的盐度分布仍是由近岸向远岸递增，等盐线分布与海峡走向一致。台湾以东海区，表层盐度在 34.50~34.75 之间，等值线分布几乎与台湾东海岸线平行。冬季海面冷却，对流混合强，浅海海域垂直混合可达海底，强烈地混合，使盐度垂直分布呈现为上下一致的均匀状态。

夏季盛行偏南风，但风速较小，蒸发弱。又正值是年内降水集中、雨量最多的季节，江河入海径流量最大，致使表层盐度全年最低，尤其渤海表层盐度在 30.5 以下。在表层，31.0 等盐线在渤海已不存在，相对高盐区由 30.0 等盐线所包围的范围代替。同时，外海高盐水舌入侵渤海的方向也有改变，由原先的西伸转变成北伸进入辽东湾，并在辽东半岛西岸附近出现一个闭合的相对高盐区，盐度为 30.5。渤海中央及海峡附近的表层盐度为 30.5，比冬季降低 1.0~2.0。辽东湾表层盐度为 20.0~30.0。渤海湾和莱州湾的表层盐度分别为 23.0～28.0 和 24.0～28.0，水平盐度梯度都比较强，等盐线分布几乎皆呈经向分布。底层盐度，渤海中央及海峡附近的盐度为 31.0～31.5，辽东湾为 25.0～30.0，渤海湾为 25.0～29.0，莱州湾为 26.0～29.0。

黄海表层盐度在 31.0 左右，分布均匀，鸭绿江口至长山群岛（辽南沿岸）为一低盐带，这就是辽南沿岸水，最低盐度为 26.0。苏北沿岸水和长江冲淡水相连成片。但 10m 深层以下，在垂直方向上，深层水是低温高盐的黄海冷水团。在冷水团的顶界附近出现明显的盐跃层。

东海，表层盐度受长江淡水影响，冲淡水涉及黄海南部和东海北部，长江入海淡水流向东北，直至济州岛。长江冲淡水降盐作用很强，使河口及沿岸表层盐度为 5.0～12.0，厚度约 6m 左右，从 10m 水层以深盐度即达 26.0。夏季台湾海峡盐度一般在 33.0～34.0。

夏季盐度随深度增加在某深度内出现突变递增现象——强盐跃层。海水垂直分布呈现为三层结构：表层盐度低，下层盐度高，中间水层盐度出现不连续层。在具体的海洋测量断面，海水盐度垂直分布现象更加清晰。黄海夏季海水垂直分布盐度，表层为 ＜31.0，底层 ＞32.0，而冬季表层和底层盐度是一致的。东海冲绳海槽断面，底层冬夏盐度一致，而夏季表层盐度 25.0～30.0，这是受长江淡水影响所致。

南海冬季时北部表层盐度在 31.0～34.5 之间。珠江冲淡水自珠江口向西南方向扩散，使珠江口以西海域成为低盐区，最低盐度在 30.0 以下。汕头外海也是盐度小于 31.0 的低盐区。东沙群岛北面，有一个大致与高温相伴随的低盐中心，可能是这里海水辐合下沉的迹象。北部湾盐度在 31.0～34.0 之间，等盐线分布与等深线分布趋势一致。外海高盐水舌由南部湾口向北伸展，盐度由南向北和自东向西递减。高盐水（以等盐线 34.0 为例）的核心在湾口的东侧，核心盐度大于 34.0。低盐度在西岸，表层盐度在 31.0～32.0 之间，尤以海防、拜子龙群岛一带为最低，盐度小于 31.0。东岸的盐度为 32.0～33.0 之间。

南海中部和南部，表层盐度在 33.5 左右，唯有加里曼丹岛的马都—巴罗一带，出现为表层 33.5 的低盐区。在 100m 深层，盐度分布比较均匀，无明显地区差异，其盐度在 34.0～34.5 之间。

南海夏季时表层盐度北部近岸海域最低。如珠江口为 25.0，粤西沿岸 30.0，北部湾 26.5。南海另两个低盐海区是，湄公河口盐度为 31.5，文莱近海盐度小于 32.0。

南海深层盐度分布差异甚微，如 500m 深层盐度为 34.40～34.45 之间；到了 1 000m 深层，盐度为 34.50～34.55 之间。且冬季夏季均其接近。

（三）中国海海水的密度

海水密度是指单位体积中海水的质量，单位为 g/cm^3 或 kg/m^3。它是温度、盐度、压力（深度）的函数。对于表层来讲，密度又只是温度和盐度的函数，它随盐度的增加而增大，随温度的增高而减小，或者是温度、盐度两者的综合效应。

冬季水温最低、盐度最高、海水密度也最高。渤海表层密度在 21.0～25.0，黄海表层密度比渤海的要高，为 23.0～26.0，鸭绿江口及苏北辐射沙洲区密度最低，为

23.0。东海表层密度值为 15.0~26.0，长江口、杭州湾附近，表层密度为 15.0~20.0，是东海表层密度最低的海域；浙、闽沿岸表层密度为 21.0~23.0 之间；东海东北部表层密度最高，达 25.0~26.0。台湾海峡为 22.0~24.0，台湾以东海区表层密度为 23.0 左右。冬季渤海、黄海、东海底层密度的分布趋势与表层相同。

南海表层密度比渤海、黄海、东海的要低，是中国近海表层密度最低的一个海区。密度分布的总趋势是，由北往南逐渐递减：南海北部为 21.0~24.0，北部湾为 21.0~23.5，南海中部为 22.0，南海南部为 21.0~22.0。南海北部表层密度分布与同季表层盐度分布趋势相近，中部和南部与温度分布趋势相似。南海深层的密度变化甚微，如 500m 深层密度为 26.70~26.85；1 000m 深层密度为 27.30~27.40（苏纪兰，2005；孙湘平，2006）。

参 考 文 献

范时清，秦蕴珊. 1959. 中国东海与黄海南部底质的初步研究. 海洋与湖沼，2（2）：82~85

冯文科，鲍才旺，陈俊仁等. 1982. 南海北部海底地貌的初步研究. 海洋学报，4（4）：462~472

国家海洋局. 2008. 中国海洋统计年鉴. 北京：海洋出版社

金翔龙. 1987. 冲绳海槽构造特征与演化. 中国科学，（B 辑），（2）：196~203

李从先，陈刚，孙和平. 1988. 中国南北方三角洲体系沉积特征的对比. 沉积学报，6（1）：58~69

李凡等. 1998. 黄海埋藏古河道及灾害地质图. 济南：济南出版社

李克让. 1993. 中国近海及西太平洋气候. 北京：海洋出版社

李克让，阎俊岳，林贤超. 1996. 海洋气候. 见：王颖主编. 中国海洋地理. 北京：科学出版社

刘振夏，夏东兴，王揆洋. 1990. 中国陆架潮流沉积体系和模式. 海洋与湖沼，29（2）：141~147

秦蕴珊. 1963. 中国陆架的地形及沉积类型的初步研究. 海洋与湖沼，5（1）：71~85

秦蕴珊等. 1987. 东海地质. 北京：科学出版社

苏纪兰. 2005. 中国近海水文. 北京：海洋出版社

孙湘平. 2006. 中国近海区域海洋. 北京：海洋出版社

孙湘平等. 1981. 中国沿岸海洋水文气象概况. 北京：科学出版社

王颖，2012. 中国区域海洋学·海洋地貌学. 北京：海洋出版社

王颖，朱大奎，周旅复等. 1998. 南黄海辐射沙脊群沉积特点及其演变. 中国科学（D 辑），28（5）：386~393

王颖. 1996. 中国海洋地理. 北京：科学出版社

王颖. 2002. 黄海陆架辐射沙脊群. 北京：中国环境科学出版社

薛鸿超，谢金赞. 1995. 中国海岸带水文. 北京：海洋出版社

阎俊岳，陈乾金，张秀芝. 1993. 中国近海气候. 北京：科学出版社

中国科学院《中国自然地理》编纂委员会. 1989. 海洋地理. 北京：科学出版社

周玉兰，山义昌，杨付津等. 2007. 一次莱州湾温带气旋风暴潮的成因分析. 山东气象，110（27）：30~32

朱永其，李承伊，曾成开等. 1979. 关于东海大陆架晚更新世最低海面. 科学通报，24（7）：317~320

第五章 中国的地表水和地下水

　　水是地理系统的重要组成要素，赋存于地球各大圈层，河流、湖泊、海洋是液态水集中存储的地方，地球深部也存留了大量的液态、气态和固态水，它们相互联系、相互转换，共同构成了地球上复杂的水系统。在自然地理系统中，水还是整个系统的能量传递、物质输移的重要载体，为地理景观塑造的重要营力。

　　中国是一个水资源大国，但人均占有水量、亩均占有水量均很低，水资源"南多北少、东多西少、夏多冬少"的时空分布不均匀格局难以改变。当前，水资源短缺、水环境恶化、水生态失衡、水灾害加剧、水管理薄弱等问题，已经对中国经济社会可持续发展构成了严重的威胁。而且，在全球环境变化和经济社会迅速发展的宏观背景下，这些问题将长期存在，其发生和发展的不确定性也将越来越突出。因此，在当前以及今后相当长的一段时期内，水资源将成为制约中国经济社会发展的关键因素之一。

第一节 中国的水文循环与水量平衡

　　水循环泛指水在水圈中的所有循环运动及其过程。水循环研究的尺度大至全球、大洋与大陆，小至陆地上的局部地区。中国水循环是指中国疆域范围内的各种水文要素运动和变化特征，主要包括降水、蒸发和径流等过程。

一、水汽来源与水文循环通量

（一）水汽来源

　　正如气候一章所论述，中国上空大气的水汽主要来自太平洋副热带高压南缘的东南通道、来自印度洋经孟加拉湾进入我国的西南通道和由西风环流进入中国西北地区的一条较弱的西北通道（Murakami，1959；沈如桂，1980；陶杰等，1994；田红，2002）。东南通道来源的水汽主要影响我国东部季风区的降水，其影响范围大致西达贺兰山一线；西南通道来源的水汽主要影响我国滇、黔、川等西南地区和广西以及西藏南部的部分地区；而西风环流带来的大西洋和欧洲大陆水汽主要影响新疆的天山地区和阿尔泰地区的降水。上述三条水汽通道分别体现了东亚季风、南亚季风（或西南季风）和中纬度西风带对我国降水的影响。

（二）水文循环通量

中国大陆的多年平均年降水量为630mm，低于全球陆地平均降水量；年蒸散量为360mm，略低于全球陆地平均蒸散量；年入海径流量仅为270mm，约为全球陆地平均值的60%左右。在外流区流域的水文循环要素中，降水的数量与世界大陆外流区几乎相同，但径流量偏高而蒸散量（陆面蒸发）偏低。中国内陆区靠近欧亚大陆的腹地，区内流域的水量平衡要素值均比世界大陆的内陆区偏低，因此，中国的内陆区显得特别干旱，年降水量甚至可小于25mm，有些地方甚至出现全年无降水的现象，成为欧亚大陆降水量最少、最干旱地区之一。

比较中国的水量平衡要素结构，降水量（P）与蒸散量（R）均比全球大陆的平均值小，而径流量却相对偏高，径流系数（$R/P = 0.43$）比全球大陆（$R/P = 0.36$）大20%（表5.1）。其形成原因与中国的地貌和气候条件有关。中国是一个多山的国家，山地面积大约占全国国土面积的70%。山地蓄水能力差，容易在降雨时形成径流。此外，无论南方，仰或北方，年降水量的60%～80%集中于夏季，雨期暴雨洪水十分频繁，也使径流量增加。中国年平均降水量比全球大陆平均值仅偏低大约4%，但年平均实际蒸散量比全球大陆偏低较多，大约低20%左右。不管是外流区还是内流区，蒸散量均比其外围地区低得多（表5.1）。

表5.1　中国与世界陆地水文循环要素比较

水量平衡要素	降水量/mm	径流量/mm	蒸散量/mm	径流系数	蒸发系数
中国	630	270	360	0.43	0.57
世界	730	260	471	0.36	0.64
中国外流区	896	403	493	0.45	0.55
世界外流区	873	320	553	0.37	0.63
中国内流区	164	0	164	0	1.00
世界内流区	231	0	231	0	1.00

二、降水与蒸发

（一）降水及其分布特征

中国多年平均降水量的空间分布不均，时序上存在一定的周期性和丰枯变化阶段性。在空间上，总趋势是由东南沿海向西北内陆逐渐减少，多年平均等雨量线大致呈东北—西南走向。400mm等雨量线可以作为全国湿润地区和干旱地区的分界线，此线大致沿东北小兴安岭经燕山、太行山、吕梁山向西南到西藏东南部。该线以东受季风影响强烈，降水丰富；线以西降水稀少，气候比较干旱。全国呈现出5个降水带。

（1）丰水带。年降水量大于1 600mm。主要分布在中国东南部，包括台湾、福建、江西、广东省的大部分，浙江、湖南、广西和海南的一部分以及云南、四川和西藏的零星地区。其中浙江、福建、台湾、广东、广西的一些山地及西藏东南喜马拉雅山南坡年降水量可达2000mm以上；台湾省大部分地区降水量超过2000mm，台湾山地达3000~4000mm，位于台北东南不远的火烧寮（海拔420m）平均年降水量可达6500mm以上，是我国降水量最多的地方之一。藏东南雅鲁藏布江下游河谷的巴昔卡，年平均降水量也达到5000mm以上，是大陆上多雨之地（丁一汇，2013）。

（2）多水带。年降水量800~1600mm。主要包括淮河、汉水（江）以南的长江中下游地区和广西、云南、贵州、四川的大部分地区，此外还包括东北长白山东南部。大部分地区降水多于1000mm，淮河流域及秦岭山地南部略低于1000mm，四川盆地年降水量为1000~1200mm左右，盆地中心略低于1000mm。云贵高原除云南北部为800~1000mm外，其他都在1000~1600mm之间。

（3）平水带。年降水量在400~800mm。一般分布在淮河、汉水以北，大致包括黄土高原、华北平原、东北平原、大小兴安岭山地、内蒙古高原东南部和山东，以及青藏高原东南部、四川西北部等广大地区，属于湿润、半湿润地带。

（4）少水带。年降水量在200~400mm。主要分布在青藏高原西北部、内蒙古高原、甘肃中部、宁夏和新疆北部的天山、阿尔泰山山麓地带。

（5）极少水带（或干涸带）。年降水量少于200mm。新疆大部分地区，内蒙古、甘肃河西走廊、青海北部以及西藏北部边缘等西北广大内陆干旱地区，年降水量都在0~100mm之间。年降水量最少的是青海的柴达木盆地、新疆的塔里木盆地和吐鲁番盆地，年降水量都不足50mm，冷湖、茫崖、且末、若羌等地甚至少于20mm。此地带也是欧亚大陆极其干旱的荒漠地区。

中国降水存在显著的季节性变化特征，全国绝大部分地区的降水量主要集中在夏季风盛行的时期，随着夏季风由南向北，再由北向南的循序进退，主要降水带的位置也呈现相应的季节变化（详见第二章中国气候）。

（二）蒸发及其分布特征

中国不同区域的潜在蒸发和实际蒸发差异明显（图5.1）。潜在蒸发（以1960~2001年多年平均φ20cm蒸发皿蒸发量为基本参考量）呈现由东南向西北逐渐增加的趋势。长江中下游地区和东北三省是全国蒸发量最小的两个区域：长江中下游地区的蒸发量一般在1000~1500mm之间，其中川东、湘鄂黔渝交界处皿测蒸发量不到1200mm；东北三省的蒸发量约为1000~1200mm，其中黑龙江北部及东部边缘、吉林东部最小。这两个区域以北以西，皿测蒸发量逐渐增加，东北三省向西至东经115°、长江中下游流域向北至与内蒙古交界处、向西包括青海东南部和藏东及云南地区皿测蒸发量增加到1500~2000mm之间，华南地区潜在蒸发量达到1500~2000mm。西北地区除新疆阿尔泰山、天山部分地区外，皿测蒸发量大多在2000mm以上，其中新疆、内蒙古、甘肃、青海交界处的戈壁地区年皿测蒸发量达到3000mm以上。东北地区潜在蒸发主要受温度控制，华北地区受温度和辐射共同影响，淮河以南地区除受温度和辐射控制外，空气饱和差的季节变化也是影响潜在蒸发的重要原因。

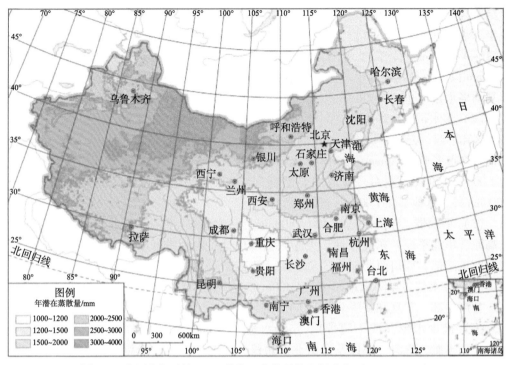

图 5.1　中国多年平均20cm蒸发皿蒸散量的空间分布（1960~2001）

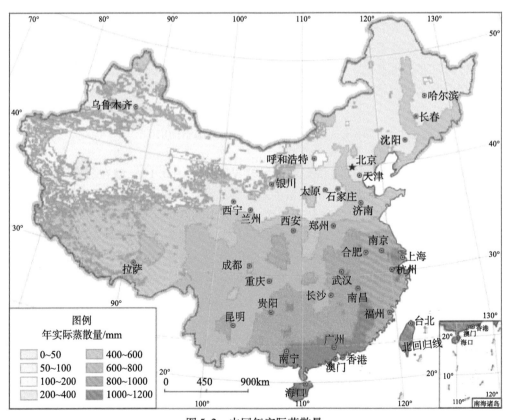

图 5.2　中国年实际蒸散量

中国年实际蒸散量呈现由东南向西北逐渐减少的趋势（图5.2）。东南沿海地区的实际蒸散量最大，包括江、浙、闽、徽、赣、粤、桂、湘、黔以及台、琼，一般在800mm以上，其中华南地区南部和闽赣交界处甚至达到1000mm以上。600mm实际蒸散量等值线大约与800mm降水量等值线近似。此线向西向北实际蒸散量逐渐减少。山东、河北及东北部分地区以及青藏高原实际蒸散量一般在400~600mm之间，西北地区实际蒸散量一般小于100mm，吐鲁番及塔克拉玛干沙漠部分地区甚至小于50mm。

（三）旱涝时空分布格局

中国是世界上旱涝灾害频发和重发的国家之一。1951~2006年，平均每年受旱面积2 175.4万hm²，其中1960年、1961年、1978年、2000年等，年受旱面积超过3 500万hm²；受涝面积975万hm²，其中1991年和1998年受涝面积分别为2 460万hm²和2 229万hm²。

在空间上，中国旱涝灾害呈现"南涝北旱、北涝南旱"的"跳跳板"组合格局。据统计分析，近50多年里夏季出现南涝北旱且华北发生较重干旱的年份有1952年、1968年、1980年、1997年、1999年、2001年和2002年。从1951~2002年平均气候状况来看，出现南涝北旱分布型的概率不高，只有13%。但1990年代后期以来，南涝北旱出现的频次骤增至4次。这种南涝北旱降水分布型集中期的出现，可能是最近期间的一个年代气候特点（孙林海、陈兴芳，2003）。

中国旱灾年代际变化也较为显著，具有明显的阶段性。1951~2006年统计分析表明，1950年代受旱面积较小，1960年代比1950年代有显著的增加，1970年代比1950年代增加了约1倍，1980年代和1990年代基本呈现增长的趋势。受灾面积存在明显三个低值期和四个高值期：1951~1957年、1963~1970年和1982~1984年为3个低值期，年受旱面积一般在2 000万hm²以下；1959~1962年、1971~1982年、1986~1989年和1999~2002年为4个高值期，年受旱面积在2 500万hm²以上。

中国洪涝灾害的年代际变化显著，亦具有明显的阶段性。1951~2006年的统计分析表明，1950年代~1960年代中前期，洪涝灾害比较严重；1960年代中~1980年代初，洪涝灾害相对比较轻；1980年代中前期~1990年代末，洪涝灾害又趋增加，特别是1990年代更为严重；进入21世纪后，洪涝灾害减轻。

中国旱涝灾害及其变化备受全球变化的影响。例如，1997年4月至1998年6月是20世纪最强的厄尔尼诺事件，而1998年6月至2000年8月则是持续两年的强拉尼娜事件，与此相应，1998年长江流域和嫩江流域暴发了流域性特大洪水，而1999年华北、黄淮、华南等大部分地区则又出现了特大旱灾（中国科学院水资源领域战略研究组，2009；马滇珍、张象明，2002）。

三、地表径流及其分布

（一）地表径流及其空间分布

根据中国水资源综合规划统一采用 1956～2000 年 45 年同步水文系列的评价结果，中国地表水资源量为 27 328 亿 m³，折合径流深为 288mm，其中最大年径流量为 1998 年的 34 364 亿 m³，最小年径流量为 1978 年的 23 619 亿 m³；频率为 20% 的丰水年地表水资源量为 29 152 亿 m³；频率为 75% 的枯水年地表水资源量为 25 829 亿 m³；频率为 95% 的极枯水年地表水资源量为 23 826 亿 m³（表 5.2）。

表 5.2　中国水资源一级区地表水资源量（中华人民共和国水利部，2008）

水资源分区	多 年 平 均			不同频率年径流量/亿 m³			
	年径流深/mm	年径流量/亿 m³	占全国/%	20%	50%	75%	95%
松花江区	138.6	1 295.7	4.7	1 606.7	1 256.9	1 015.9	732.1
辽河区	129.9	408.0	1.5	523.8	390.1	302.0	200.6
海河区	67.5	216.1	0.8	288.9	192.4	140.4	96.4
黄河区	74.8	594.4	2.2	701.1	584.8	501.6	397.2
淮河区	205.1	676.9	2.5	888.0	641.7	479.2	303.2
长江区	552.9	9 857.4	36.1	10 834.5	9 812.5	9 036.5	7 995.6
其中太湖流域	437.6	161.5	0.6	204.9	155.1	121.9	83.2
东南诸河区	1 073.3	2 622.8	9.6	3 113.8	2 576.9	2 194.5	1 716.7
珠江区	814.8	4 708.2	17.2	5 325.9	4 667.5	4 179.3	3 545.1
西南诸河区	684.2	5 775.0	21.1	6 347.5	5 748.7	5 294.1	4 684.3
西北诸河区	34.9	1 173.9	4.3	1 260.5	1 166.5	1 098.9	1 013.5
北方地区	72.1	4 365.0	16.0	4 867.4	4 336.9	3 938.5	3 412.9
南方地区	665.8	22 963.4	84.0	24 682.9	22 905.5	21 541.5	19 664.9
全国	287.5	27 328.4	100.0	29 151.8	27 271.6	25 828.6	23 826.0

中国地表径流空间分布的基本特征为"南方多、北方少，东部多、西部少，山区多、平原少"（郭敬辉，1958；中国科学院《自然地理》编辑委员会，1981）。根据中国年径流深空间分布图分析，50mm 等径流深线将中国分为东西两部分，东部地表径流丰富，西部地表径流很少。200mm 等径流深线将中国东部划分为南方和北方两区：南方径流甚为丰富，除个别盆地外，地表径流深度均达 200mm 以上；北方地表径流很少，除少数山地外，地表径流深度都不足 200mm。10mm 等流线将西部地区划分为半干旱和干旱地区：半干旱地区内尚可以产生径流，而干旱地区（山地除外）径流极少甚至无径流产生，形成大片无流区。在全国尺度上，可将中国划分为丰水带、多水带、平水带、少水带和缺水带 5 个径流带（图 5.3）。

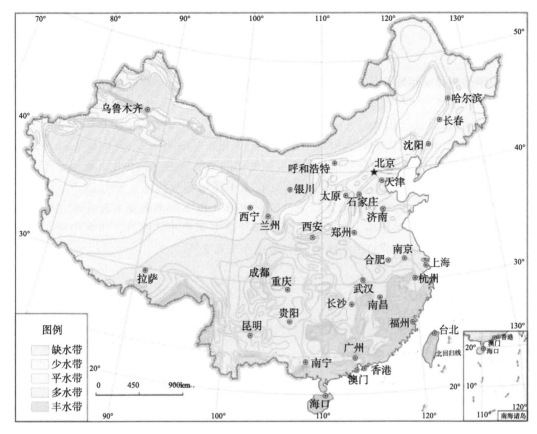

图 5.3　中国年径流深分带

（1）丰水带。年径流深大于 900mm。范围包括广东、福建、浙江、台湾大部、江西、湖南山地，广西南部，云南西南部和西藏东南角。区域自然地带为亚热带和热带常绿林带，主要农作物是水稻以及亚热带和热带经济作物。

（2）多水带。年径流深介于 200～900mm 之间。包括广西、云南、贵州、四川和秦岭—淮河一线以南的广大长江中下游地区。区域自然地带为落叶阔叶林和常绿阔叶林的混交林带，主要农作物为水稻，还有冬小麦、油菜等。

（3）平水带。年径流深介于 50～200mm 之间。包括华北平原、山西、陕西的大部分，四川西部和西藏东部。区域自然地带为落叶阔叶林和森林草原地带，主要农作物为小麦。

（4）少水带。年径流深在 10～50mm 之间。包括东北西部、内蒙古、甘肃、新疆西部和北部以及西藏西部等。区域自然地带为半荒漠和草原地带，为我国的主要牧区。

（5）缺水带。年径流深在 10mm 以下。包括内蒙古大部分地区、腾格里沙漠、巴丹吉林沙漠、青海柴达木盆地、新疆准噶尔盆地和塔里木盆地等。区域自然地带为荒漠地带，除局部地区受过境河流的影响，水草生长较好外，其余大部分地区植被非常稀疏，许多地方地表全为流沙所覆盖。

（二）地表径流的时空变化特征

中国地表径流年际变化存在较大的区域差异（图5.4）。丰水和多水的秦岭、淮河以南的广大地区，年径流变差系数（C_v）比较小，一般为$0.3 \sim 0.4$（即相当于30% ~ 40%，余同），只是在几个少水地区超过0.5，也有几个多水地区小于0.2。C_v值大于0.5的地区中，范围较大的为南阳盆地至长江中下游平原一带，C_v值为$0.5 \sim 0.6$，局部地区甚至超过0.6。海南岛西部，由于台风活动的路径与强弱的变化，暴雨量年际变化很大，C_v值也超过0.5。云贵高原中部处在太平洋与印度洋两个水汽输送系统的分界处，降水变率大，C_v值也在0.5以上。C_v值在0.2以下的滇东南和桂西南一带，因受比较稳定的西南季风影响，年径流量大，年径流变率也小。此外，川西山地、湖南雪峰山以及广东清远一带的多水地区，C_v值也小于0.2。

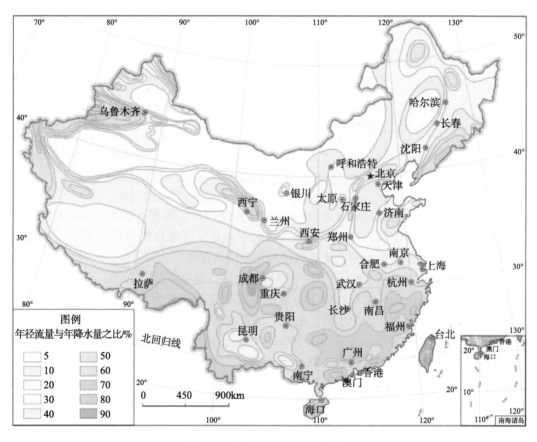

图5.4　中国年径流系数分布图

秦岭、淮河以北的广大地区多处于径流平水（过渡）带、少水带和缺水带内，C_v值增至$0.5 \sim 0.8$。C_v值空间分布十分复杂，高低值相差悬殊。黄淮海平原年径流量少，年降水变率大，是我国年降水最不稳定的地区之一，C_v值在0.8以上，局部地区甚至大于1.0。由黄淮海平原向北到燕山、向西到太行山C_v值逐渐减至0.6。东北的松

辽平原 C_v 值也超过 0.8，向北到大、小兴安岭，向东到长白山，C_v 值逐渐减小到 0.3 ~ 0.4。在黄土高原，年降水量虽与黄淮海平原相近，但因年降水变率较小，同时地下水对河流补给的比重亦较大，故 C_v 值只有 0.4 ~ 0.5。尤其是在以地下水为主要补给来源的无定河上游，C_v 值更小，在 0.2 以下。在甘、新地区，C_v 值变化最大，表现出非常明显的垂直地带性规律。源出西北高山地区的河流，由于以冰雪融水补给为主，C_v 值很小，只有 0.1 ~ 0.2。在山地向盆地的过渡地段，随着雨水补给比重的增加，C_v 值则迅速增大至 0.6 以上。

在青藏高原，除藏北地区 C_v 值在 0.4 以下外，其余大部分地区因年径流较稳定，C_v 值均在 0.3 左右。深居内陆的准噶尔盆地、塔里木盆地、柴达木盆地以及内蒙古广大荒漠区，多数间歇性河流，年径流深不足 10mm，C_v 值在 0.8 以上，塔里木盆地中心甚至超过 1.0。

此外，中国河川径流时域变化呈现出一定的周期性和趋势性变化规律。研究发现：近 50 年来，长江、黄河、珠江、松花江、海河、淮河等大江大河的实测径流量都呈下降趋势（张建云等，2008；刘昌明等，2000）。下降幅度最大的是海河流域，1980 年以来，全流域的径流量比 1980 年以前相对减少了 40% ~ 70%；黄河全流域的年径流量也在减少，特别是黄河下游在 1972 ~ 1998 年的 27 年间有 21 年出现断流，主要支流也发生断流；淮河的三河闸径流量每 10 年减少率约 26.95%；长江的宜昌站径流量每 10 年减少率为 1.01%、汉口站为 1.46%；松花江的径流量每 10 年减少率为 1.65%；下降趋势最小的是珠江，径流量每 10 年减少率为 0.96%（中国科学院水资源领域战略研究组，2009）。

第二节　流域分布与主要河流

一、流域分布与水系特征

（一）外流域与内流域

中国的河流可分为注入海洋的外流河和流入封闭的湖沼或消失于沙漠的内流河（或内陆河）（图 5.5）。内、外流域的分界北起大兴安岭西麓，经阴山、贺兰山、祁连山、日月山、巴颜喀拉山、念青唐古拉山和冈底斯山，而止于青藏高原西南缘，基本上沿东北—西南方向延伸。此线以东的河流基本上属于外流流域，以西多为内陆流域（罗开富，1954）。受局部气候与地形条件的影响，外流流域内包含了小面积的内流区，如嫩江中下游的沿河洼地、鄂尔多斯高原北部以及雅鲁藏布江南侧的一些以封闭湖盆为中心的内陆水系；同样，内陆流域内也出现面积不大的外流区，如新疆南部喀喇昆仑山的奇普恰普查河。在面积对比上，外流流域面积占全国总面积的 64%，内陆流域面积占 36%。

我国的外流河多是以青藏高原为顶点，分别向东、南和北等三个方向奔流入海，分属于太平洋、印度洋和北冰洋三个流域。太平洋流域从青藏高原一直伸展到东部海岸，分布着众多既长又大、东流入海的大河，流域面积约占全国总面积的 56.9%。印

图例

外流区

太平洋流域
1　黑龙江流域
2　绥芬河流域
3　图们江流域
4　鸭绿江流域
5　辽东半岛诸河流域
6　辽河流域
7　辽西与河北沿海诸河流域
8　滦河流域
9　海河流域
10　黄河流域
11　山东半岛诸河流域
12　淮河流域

13　长江流域
14　东南沿海诸河流域
15　珠江流域
16　琼雷及桂东南沿海诸河流域
17　元江-红河流域
18　澜沧江-湄公河流域
　　印度洋流域
19　怒江-萨尔温江流域
20　独龙江-伊洛瓦底江流域
21　雅鲁藏布江-布拉马普特拉河流域

22　森格藏布-印度河流域
　　北冰洋流域
23　额尔齐斯河流域

　　内流区
24　乌裕尔河内流区
25　白城内流区
26　内蒙古内流区
27　鄂尔多斯内流区
28　河西走廊-阿拉善内流区
29　柴达木内流区

30　准噶尔内流区
31　伊犁河内流区
32　塔里木河内流区
33　羌塘高原内流区
34　藏南内流区
35　长江上游内流区
──　内、外流水系流域界
----　大河流域及内流分区界

0　　450　　900km

图 5.5　中国流域分布图

度洋流域的河流分布在青藏高原的东南部、南部和西南一角，东以唐古拉山、他念他
翁山、怒山与太平洋流域为界，占全国总面积的 6.5%。属于印度洋的各河下游都流出
国外，经邻国分别注入印度洋的不同海域。北冰洋流域的河流只有分布在中国西北一
隅的额尔齐斯河，流经西伯利亚注入北冰洋的喀拉海，面积仅占全国面积的 0.6%。北
冰洋流域与太平洋流域、印度洋流域不相连接，中间为内陆流域所隔开。

　　内陆流域主要分布在中国西北广大地区和青藏高原内，北面与蒙古国的内陆流域
相接，西面与俄罗斯的内陆流域毗连，属于欧亚大陆内陆流域的一部分。中国内陆流
域各方距海都很遥远，海洋水汽不易到达，因此干燥少雨，河流稀少，河网极不发育，
甚至出现大片的无流区。

（二）水 系 分 布

中国的水系空间分布不均，绝大多数河流分布在东南部的外流流域，内陆流域河流少而小。河网密度分布具有明显的地带性规律：位于热带的海南岛，其水系密度仅有 0.1km/km²；向北进入亚热带湿润气候区，水系密度有所增加，如长江三峡地区达到 0.35km/km²；再向北，到北亚热带的淮河上游，水系密度略为增加，达到 0.4km/km²；暖温带半湿润的燕山山区、寒温带半湿润的大兴安岭的水系密度分别达到 1.4km/km² 和 3.2km/km²；黄土高原是我国水系密度最大的地区，高达 4~6km/km²；西部内陆地区，水系密度降低，阿尔金山地区仅有 0.1km/km²。从湿润区到干旱区，常流性水道水系密度也呈现逐渐减少的趋势，同时非地带性因素也影响和控制水系密度，如黄土高原的高密度区和西南喀斯特地区的低密度，均受到区域下垫面条件的控制。

中国外流水系的干流主要发源于青藏高原的东南部、大兴安岭—冀晋山地—豫西山地—云贵高原连线，以及长白山山地—山东丘陵—东南沿海山地三个地带；内陆河多发育在封闭盆地的边缘山地，绝大多数河流单独流入盆地，难以形成统一的大水系。依据地理位置、地形、水源补给的不同，内陆流域大致可分为内蒙古、甘新、柴达木和藏北四个大区。

在行政管理体系上，中国共设置了七大流域管理机构。长江水利委员会负责长江流域和澜沧江以西（含澜沧江）区域内的水行政管理，其中长江流域面积达 180 万 km²，水资源总量 9 958 亿 m³；黄河水利委员会负责黄河流域和新疆、青海、甘肃、内蒙古内陆河区域内的水行政管理，其中黄河流域面积 79.5 万 km²；淮河水利委员会负责淮河流域和山东半岛区域内的水行政管理，淮河流域以废黄河为界，分淮河及沂沭泗河两大水系，流域面积分别为 19 万 km² 和 8 万 km²，有京杭大运河、淮沭新河和徐洪河贯通其间；海河水利委员会负责海河流域、滦河流域和鲁北地区区域内的水行政管理，海河流域包括海河、滦河和徒骇马颊河 3 大水系、7 大河系、10 条骨干河流，流域总面积 31.82 万 km²；珠江水利委员会负责珠江流域、韩江流域、澜沧江以东国际河流（不含澜沧江）、粤桂沿海诸河和海南省区域内的水行政管理，其中珠江流域在我国境内面积 44.21 万 km²，另有 1.1 万 km² 余在越南境内；松辽水利委员负责松花江、辽河流域和东北地区国际界河（湖）及独流入海河流区域内的水行政管理，松辽流域总面积 123.80 万 km²，主要河流有辽河、松花江、黑龙江、乌苏里江、绥芬河、图们江、鸭绿江以及独流入海河流等，其中黑龙江、乌苏里江、绥芬河、图们江、鸭绿江为国际河流；太湖流域管理局负责太湖流域、钱塘江流域和浙江省、福建省（韩江流域除外）范围内的水行政管理，其中太湖流域面积 36.89 万 km²。

（三）河 流 类 型

根据河流水分来源、补给及其水情状况，可将中国河流分为雨水补给类、雨水补给兼季节冰雪融水补给类（简称雨水融水补给类）、高山冰雪融水及雨水补给类（简称融水雨水补给类）3 类，并可据径流年内变化情势进一步划分为若干型（表 5.3）。

表 5.3　河流类型及其水情基本特征（廖克，1999）

	河流类型	代表河流	河汛特征	最大流量/年平均流量	最大水月出现月份	连续 3 个月最大水量出现月份
I 雨水补给类	I_1 湘赣型	信江	春汛为主，夏汛其次	10～20	6	4～6
	I_2 江淮型	巴河	夏汛为主，春汛其次	20～100	7	5～7
	I_3 黔鄂型	湘江	夏汛为主，并有春汛、秋汛	20～30	6	5～7
	I_4 秦巴型	后河	秋汛为主，并有春汛、夏汛	30～60	9	7～9
	I_5 东南沿海型	榕江	夏汛为主，并有春汛、秋汛	15～30	9	7～9
	I_6 四川盆地型	安居河	夏汛	30～50	7	7～9
	I_7 滇贵型	龙川河	夏汛为主，秋汛其次	15～25	8	7～9
	I_8 高黎贡型	明光河	夏汛为主，并有春汛、秋汛	5～15	7	6～8
	I_9 琼雷型	万泉河	秋汛为主，夏汛其次	25～45	10	9～11
	I_{10} 台北型	北势溪	四季有汛	11	6	6～8
II 雨水融水补给类	II_1 长白型	浑江	夏汛为主，春汛其次	15～25	8	7～9
	II_2 兴安型	嫩江	春、夏、秋连汛	5～10	9	7～9
	II_3 黄辽型	延河	夏、秋连汛，并有春汛	40～150	8	7～9
	II_4 东祁连型	西营河	夏、秋连汛，并有春汛	10～20	7	6～8
	II_5 华北型	拒马河	夏汛	20～70	8	7～9
	II_6 甘孜型	雅江	夏、秋连汛	3～7	7	7～9
III 融水雨水补给类	III_1 锡林郭勒型	锡林郭勒	春汛	10～20	4	4～6
	III_2 塔城型	卡琅古尔河	春汛	5～10	5	5～7
	III_3 阿尔泰型	哈巴河	春汛为主，夏汛其次	5～10	6	5～7
	III_4 伊犁型	特克斯河	夏汛为主，春汛其次	3～5	7	6～8
	III_5 西祁连型	昌马河	夏汛为主，春汛其次	10～15	8	6～8
	III_6 天山型	玛纳斯河	夏汛	7～10	7	6～8
	III_7 昆仑型	玉龙喀什河	夏汛	10～13	7	6～8
	III_8 藏南型	年楚河	夏、秋连汛	4～6	8	7～9
	III_9 藏北型					

　　雨水补给类型河流分布在秦岭—淮河以南、青藏高原以东地区，位于亚热带和热带气候区内。东部主要受东南季风的影响，西部则受西南季风的影响。这里降水绝大部分都是雨水，有的年份冬季虽然降雪，但融化速度很快，不可能形成大量径流。河水主要靠雨水补给，径流的年内变化主要随降雨的情况而定，汛期集中在雨季，流量涨落迅速，常形成峰高量大的洪水。由于东南季风控制的范围广，各地雨季开始早迟不一，因而各地河流汛期来临也参差不齐。随着雨带向北、向西推进，汛期亦向北、向西推迟。本类河流可进一步分为湘赣型、江淮型、黔鄂型、秦巴型、东南沿海型、四川盆地型、滇贵型、高黎贡型、琼雷型、台北型 10 型。

雨水融水补给类的河流分布在淮河—秦岭以北，贺兰山以东的东北、华北以及内蒙古的广大地区，属温带气候区。河流主要靠雨水补给，融水补给居次要地位。融水一部分来自冬季积雪的融化，另一部分则来源于河冰的解冻。由于融水较少，因而所形成的春汛持续时间短，洪峰也较低（少数河流例外）。夏秋雨水多，所以夏秋汛持续时间长、洪峰高，冬季河流普遍结冰。根据河汛特征，可以进一步分为长白型、兴安型、黄辽型、东祁连型、华北型、甘孜型6型。

融水雨水补给类河流分布在贺兰山以西的阿尔泰山、天山、昆仑山和祁连山，以及青藏高原西北部和南部山区。高山分布有大面积的积雪和冰川，高山冰雪融水是河川径流的重要补给来源，雨水也占有一定比例。径流年内变化主要取决于山地气温的升降，变化过程较前两类缓慢，洪峰不高。可分为锡林郭勒型、塔城型、阿尔泰型、伊犁型、西祁连型、天山型、昆仑型、藏南型和藏北型9型，但主要为前面8型。

二、主 要 河 流

（一）长　　江

长江是中国第一大河、世界第三大河，发源于青藏高原唐古拉山各拉丹冬雪山西南侧，江源为沱沱河（图5.6）。长江干流全长超过6 300km，流域面积约为180万km^2，占全国总面积的18.75%。自江源至湖北宜昌为上游，长约4 500km，流域面积100万km^2。宜昌至江西湖口为中游，长950km余，流域面积68万km^2，其中枝城至城陵矶河段，通称荆江，长约340km，其南岸有松滋、太平、藕池、调弦（调弦口已于1958年封堵）四口分泄江水入洞庭湖，与洞庭湖水系的湘、资、沅、澧汇合后，在岳阳城陵矶汇入长江干流。长江经城陵矶后折向东北，到达武汉时汉水汇入，再向东流至湖口又接纳鄱阳湖的赣、抚、信、饶、修等水系。湖口至长江口为下游，长938km，流域面积约12万km^2。

全流域多年平均降水量1 100mm，折合年降水总量为19 370亿m^3，占全国年降水总量的31%。流域多年平均水资源总量为9 958亿m^3，占全国水资源总量的35%。流域多年产水系数为0.51，产水模数为56万m^3/km^2，均高于全国平均值。长江干流宜昌、汉口和大通站的多年平均径流量分别为4 315亿m^3、7 072亿m^3、8 964亿m^3（1950~2010年），多年平均入海水量为9 192亿m^3。干流洪量组成，以大通站而言，宜昌以上汛期洪量约占50%强，中游约占44%，下游则不及5%；以汉口站而言，宜昌以上约占66%，洞庭湖四水约占23.9%，汉水占7%，清江不及2%。

长江流域年径流的年际变化较大，年内分配不均。近100年来长江流域径流没有呈现明显的趋势变化，仅1990年代以来年径流表现出微弱增加趋势，且地区差异大：上中游径流减少，上中游宜昌和汉口站每10年递减率依次为0.70%和0.21%；下游地区径流增加，大通站每10年增加0.48%。1990年代汛期径流与其他年代同期径流比较，整体上呈轻微增加趋势，上游汛期径流减少，中下游汛期径流增加。汛期径流的增大进一步加大了长江流域紧张的防洪局面（张建云等，2008）。流域内河川径流与降水量分配一致，60%~80%集中在汛期，上游比下游、北岸比南岸集中程度更高。干

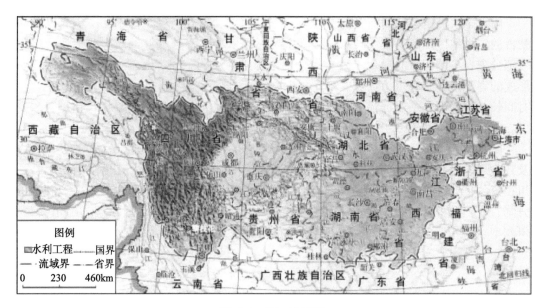

图 5.6　长江流域图

支流控制站最枯三个月径流量占年径流量的比例一般在 5.0% ~ 12.0% 之间。

　　长江含沙量较小，但输沙量较大：宜昌站多年平均年径流量为 4 315 亿 m^3，输沙量 5.01 亿 t；下游控制站大通水沙量分别为 8 964 亿 m^3 和 4.33 亿 t，长江入海年均泥沙通量为 3.70 亿 t。干流多年平均含沙量在 0.5 ~ 1.7 kg/m^3 之间，以金沙江的屏山站 1.76 kg/m^3 为最大，嘉陵江北碚站 1.69 kg/m^3 次之，宜昌站多年平均含沙量为 1.19 kg/m^3，汉口站为 0.573 kg/m^3，受上游水库影响的资水桃江站 0.05 kg/m^3 最小，极值比为 35（范可旭，2008）。

　　长江与北半球的大多数河流相似，是一条典型的碳酸盐型河流，且是北半球大河中 HCO_3^- 相对比例最大的河流。长江流域属于低矿化度水区，水体总硬度低于 250 mg/L，水质较好，局部水域因自然演变和人类活动使矿化作用进程加快，出现较高矿化水（万咸涛、张新宁，2007）。

（二）黄　　河

　　黄河是中国的第二大河，发源于青藏高原巴颜喀拉山北麓海拔 4 500m 的约古宗列盆地。干流全长 5 464km，流域面积 79.5 万 km^2（包括黄河鄂尔多斯内流区 4.2 万 km^2）。其中，黄河河源至托克托（河口镇）河段称为上游，托克托至桃花峪（花园口）河段称为中游，桃花峪以下河段称为下游。上游河段长 3 472km，面积增长率为 111 km^2/km；中游河段长 1 206km，汇入支流众多，面积增长率为 285 km^2/km，下游河段长 786km，汇入支流极少，面积增长率仅为 29 km^2/km（图 5.7）。

　　黄河流域多年平均降水量为 446mm，年平均降水总量约 3 700 亿 m^3（1956 ~ 2000年）。降水的区域分布是自东南向西北递减。年降水量 400mm 等值线的走向，自内蒙古的托克托，经榆林、靖边、环县、定西、兰州绕祁连山过循化、贵南、同德至玛多。此线

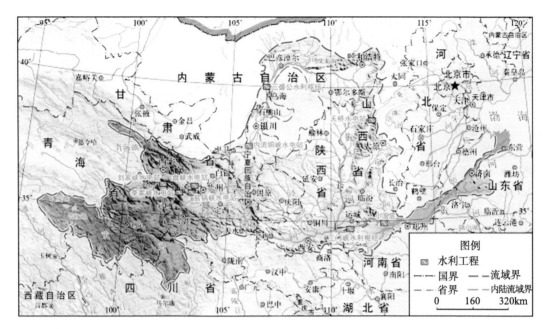

图 5.7　黄河流域概图

西北，年降水量小于 400mm 一侧为干旱、半干旱区；此线东南，年降水量大于 400mm 一侧为湿润、半湿润区。干旱、半干旱区的面积约 25 万 km²，占流域面积的 33%。流域内，年降水量大于 800mm 的高值区分布于秦岭一带和太子山、六盘山、泰山山区，最高达 1 000mm。多年平均降水量小于 150mm 的低值区位于内蒙古后套灌区一带。

受季风气候和地形的影响，黄河流域年降水量的年内分配不均，大部分地区连续最大 4 个月降水量出现在 6~9 月份。这 4 个月份降水量占全年降水量的百分率，由南部的 60% 逐渐向北增加到 80% 以上。7、8 月份是黄河流域降水量最集中的月份。秋季多雨出现在华西秋雨期。黄河流域降水的年际变化也大，而且降水越少的地区，其降水量年际变化越大。最大、最小年降水量的比值变化在 1.7~7.5，大多数在 3.0 以上。如宁夏的石嘴山站 1947 年降水量为 358mm，1965 年降水量仅有 48mm，1947 年降水量是 1965 年的 7.5 倍。

黄河 1956~2000 年多年平均河川天然径流量 647.0 亿 m³，其中汛期（7~10 月）占 58%。20 年一遇的枯水年河川天然径流量为 351.1 亿 m³。5 年一遇的丰水年天然径流量为 636.7 亿 m³。按黄河流域第二次水资源调查与评价结果，黄河流域多年平均分区水资源总量 706.6 亿 m³，产水模数 8.89 万 m³/（km²·a），最大水资源总量 1 185 亿 m³（1964 年），最小 473.1 亿 m³（1997 年）。从干流水量的分布看，河川径流量的大部分产自兰州以上，兰州以上流域面积占全河流域面积的 29.6%，产水量占全河的 52.8%，平均径流深 156.4mm；兰州到河口镇区间，流域面积站全河的 21.7%，产水量占全河的 2.3%，径流深 9.1mm；河口镇至三门峡区间，河流域面积占全河的 40.2%，产水量占全河的 30.6%，平均径流深 66.7mm；三门峡到花园口区间，流域面积占全河的 5.5%，产水量占全河的 9.9%，平均径流深 156.9mm。

黄河是一条典型的多泥沙河流，多年平均入海输沙量约 16 亿 t，下游径流多年平均含沙量为35kg/m³，其输沙量之大、含沙量之高均居世界之首。但是从20世纪末以来，因建水利工程，泥沙量呈急剧减少的趋势。

（三）淮　河

淮河发源于河南省桐柏山北麓，在江苏省中部注入洪泽湖，经洪泽湖调蓄后，分别注入长江和黄海，主流经入江水道至扬州三江营注入长江，干流全长1 000km，总落差200m，流域面积19万km²（图5.8）。豫皖两省交界的洪河口以上为上游，长360km，落差178m，流域面积3.06万km²。洪河口至洪泽湖出口处的三河闸为中游，长490km，落差16m，中渡以上流域面积15.82万km²。中渡以下至三江营为下游入江水道，长150km，落差约6m，三江营以上流域面积为16.51万km²。洪泽湖的排水出路，包括入江水道、苏北灌溉总渠、分淮入沂水道和入海水道。

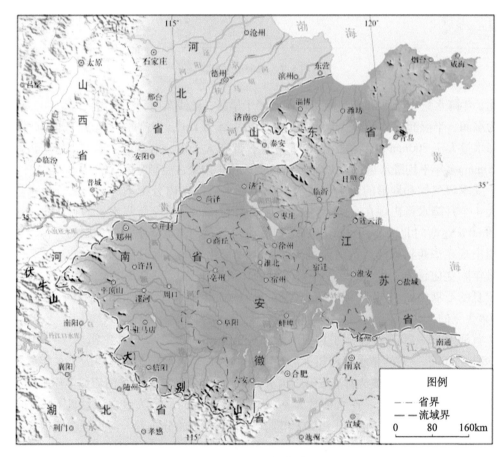

图5.8　淮河流域图

淮河流域多年平均降水量约为838.5mm（1956～2000年），其中淮河水系910.8mm，沂沭泗水系788.4mm，山东半岛677.9mm。降水量在地区分布上不均匀，总体上由南向北递减，同纬度山区多于平原，沿海大于内陆。南部大别山区的年平均降水量达 1 400 ~ 1 500mm；北边黄河沿岸仅为 600 ~ 700mm；东北部沂蒙山区虽处于本流域最北处，但由于地形及邻海缘故，年平均降水量可达 850 ~ 900mm。淮河流域降水量年内分配极不均匀，夏季雨多，冬季雨少。最大月降水量一般发生在 6 ~ 8 月，其中 7 月最大，占 75%；最小月降水多发生在 1 月。淮河上游和淮南地区，雨季集中在 5 ~ 9 月，其他地区集中在 6 ~ 9 月。多年平均汛期（6 ~ 9 月）降水量占全年降水量的 63%。受季风影响，淮河流域降水量的年际变化大，1954 年全流域平均年降水量为 1 185mm，1966 年仅为 578mm，丰水年与枯水年的降水量之比为 2.1。单站最大与最小年降水量之比大多为 2 ~ 5，少数在 6 以上。

淮河流域多年平均径流深约 205mm（1956 ~ 2000 年），其中淮河水系为 238mm，沂沭泗水系为 181mm，山东半岛 134mm。年径流深地区分布与降水类似，南大北小，同纬度山区多于平原，沿海大于内陆。伏牛山、桐柏山、淮南山区、南四湖东山区以及沂沭河中上游地区年径流深大于 300mm，其他地区小于 300mm。径流的年内分配也很不均匀，主要集中在汛期。淮河干流各控制站汛期实测来水量占全年的 60% 左右，沂沭泗水系各支流汛期水量所占比例更大，约为全年的 70% ~ 80%。四季中径流量的分配随雨量大小而变化，季径流占年径流的比例：夏季最大，自南向北递增；秋季次之，也是南小北大；春季第三，南大北小；春季最小，地区差别不大（宁远，2003）。径流的年际变化比降水更显著，年径流变差系数为 0.4 ~ 1.0，南小北大，平原区大于山区；大别山区最小，约 0.4，北部沿黄一带高达 1.0（宁远，2003）。

淮河流域内各河流含沙量为 0.19 ~ 4.59kg/m³，多年平均输沙量 2 184 万 t，各支流年输沙量以沙颍河最大，洪汝河次之，涡河居三，涟河最小，分别为 1 100 万 t，267 万 t，119 万 t 和 33.4 万 t。主要控制站中，淮河鲁台子最大，涟河横排头最小。输沙量年内分配不均，主要集中在汛期。输沙量年际变化也大，鲁台子 1950 年、1960 年、1970 年、1980 年代输沙量分别是 1 710 万 t、1 254 万 t、884 万 t 和 693 万 t（中华人民共和国水利部，2006）。干流输沙量和含沙量均以 1950 年代为最大，往后呈明显递减趋势。含沙量自上游往下游逐渐减少，流域含沙量的变化趋势，汛期大、非汛期小，丰水年大、枯水年小。泥沙颗粒从上游往下游由粗变细。

（四）珠　江

珠江流域位于 102°14′ ~ 115°53′E、21°31′ ~ 26°49′N 之间，北回归线横贯中部，跨越滇、黔、桂、粤、湘、赣 6 省（区）和越南的东北部（左江的上游段）。流域面积 453 690km²（其中 442 100km² 在中国境内，11 590km² 在越南境内），是中国南方流域面积最大、海拔高度最低的河流（珠江水利委员会，1983）（图 5.9）。

流域西北角以乌蒙山脉，北部以南岭、苗岭山脉与长江流域分界；西南角以乌蒙山脉与红河流域分界；南部以云雾、云开、六万大山、十万大山等山脉与桂、粤沿海诸河分界；东部以莲花山脉、武夷山脉与韩江流域分界；东南部为各水系汇集注入南海的珠江口。流域周边分水岭诸山脉的海拔均在 700m 以上，大多在 1 000m ~ 2 000m 之间，最高点乌蒙山达 2 853m。

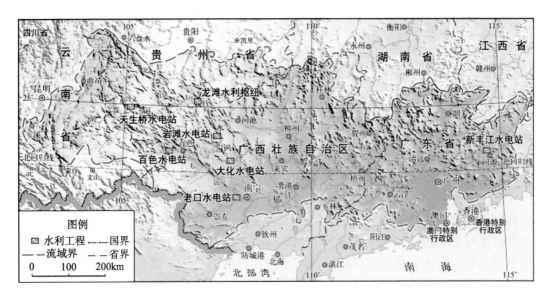

图 5.9　珠江流域图

珠江流域多年平均年径流量 3 366 亿 m^3，其中西江为 2 301 亿 m^3，北江为 510 亿 m^3，东江为 274 亿 m^3，三角洲诸河为 281 亿 m^3（珠江水利委员会，2005a）。径流年内年际变化很大，汛期 4 ~ 9 月径流量约占年径流量的 80%，6 ~ 8 三个月则占年径流量的 50% 以上；年径流变差系数在 0.22 ~ 0.42 之间，以东江最大，北江次之，西江最小。径流的地区分布与降雨的空间分布基本一致。

珠江是我国七大江河中含沙量最小的河流，多年平均含沙量仅为 0.284kg/m^3，但由于径流量大，流域多年平均年输沙量也高达 9 210 万 t。流域各水系含沙量和输沙量不尽相同：西江水系的含沙量较大，梧州站多年平均含沙量为 0.363kg/m^3，多年平均年输沙量为 7 490 万 t；北江干流石角站多年平均含沙量为 0.144kg/m^3，多年平均年输沙量为 597 万 t；东江干流博罗站多年平均含沙量为 0.123kg/m^3，多年平均年输沙量为 288 万 t（珠江水利委员会，2005b）。

珠江河水化学类型属于重碳酸盐钠组或钙组型，主要离子特征成因与流域面积、岩性和降水等有关。西江的淋溶模数或离子径流模数为 67.4t/(km^2·a)。陈静生、何大伟（1999）利用 109 站 1954 ~ 1984 年的资料对珠江水系主要水化学特征作了较为系统的论述：重碳酸盐钠型的东江离子总量最低，重碳酸盐钙型的西江离子总量最高，北江介于二者之间；珠江水系的离子径流模数远高于我国河流平均水平，其中北江最高、西江次之、东江最低，分别是 197.31t/(km^2·a)、130.59t/(km^2·a) 和 67.93t/(km^2·a)。

（五）松花江

松花江是中国七大河流之一，是黑龙江右岸的最大支流。松花江有两个源头，北源发源于大兴安岭伊勒呼里山中段南侧，源头称南瓮河，河源海拔 1 030m，自河源向东南 172km 后，在第十二林场附近与二根河汇合，之后称嫩江，河道全长 1 370km，流域面积 29.85 万 km²；南源发源于长白山脉主峰白头山天池，海拔 2 744m，天池流出的水经闸门外流，成为二道白河，形成第二松花江，河道全长 958km，流域面积 7.34 万 km²。嫩江与第二松花江在扶余三岔河汇合后形成松花江干流，在黑龙江同江附近由右岸注入黑龙江，干流全长 939km，流域面积 18.93 万 km²。松花江总河长，以北源嫩江源计算，为 2 309km，以南源第二松花江天池源计算，为 1 897km。流域总面积 56.12 万 km²（图 5.10）。

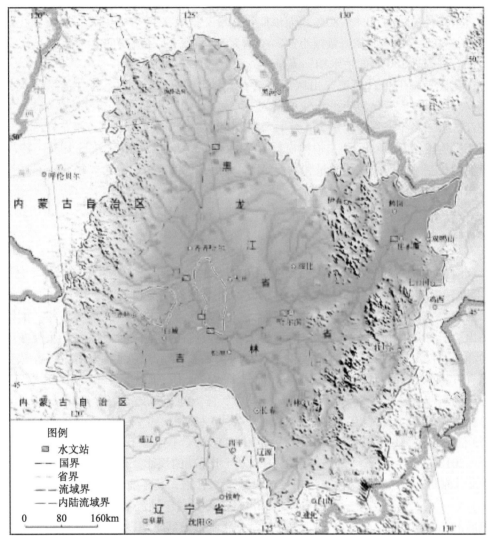

图 5.10　松花江流域图

松花江流域降水分布的总趋势是，山区大、平原区小，南部、中部稍大，东部次之，西部、北部最小，东南部山区可达 700～1 000mm，西部地区只有 400mm。多年平均降水为 537.2mm（1956～2000 年），折合径流量为 1 005.0 亿 m³，其中降水最大的是第二松花江流域，多年平均降水量 695.6mm，嫩江流域降水量最小，仅为 463.8mm。

降水量年际变化体现为周期性和丰枯交替的特征，年际丰枯变化的基本周期为 2～3 年，且丰水期和枯水期呈现一定的周期性。

松花江流域 1956～2000 年系列多年平均径流量为 817.7 亿 m^3，其中松花江干流径流量最大，为 359.7 亿 m^3；嫩江年径流量为 293.86 亿 m^3，径流的变差系数最大；第二松花江径流量为 164.16 亿 m^3，产流模数最大，为 22.4 万 $m^3/(km^2 \cdot a)$（水利部松辽水利委员会，2010）。嫩江和第二松花江汇入松花江干流后，在黑龙江省同江市注入黑龙江，多年平均入黑龙江的河水量为 712.5 亿 m^3。

松花江流域流量变化具有明显的季节特征，每年有春、夏两次汛期，6～9 月径流量约占全年径流量的 60%～80%，而汛期径流量又集中在 7、8 两月，一般占年径流量的 50%～60%；枯水期径流量很小，4～5 月径流量仅占年径流量的 10% 左右。11 月下旬封冻后进入近 150 天的枯水期，流量少，水位低，自净能力差。

松花江是一条少沙河流，山区河流含沙量小于 $1kg/m^3$，呼兰河含沙量最大，为 $2.8kg/m^3$。嫩江大赉站多年平均输沙量 124 万 t，输沙模数为 $5.6t/(km^2 \cdot a)$；第二松花江扶余站多年平均输沙量 255 万 t，输沙模数为 $32.9t/(km^2 \cdot a)$；松花江干流佳木斯多年平均输沙量 1 011 万 t，输沙模数为 $19.1t/(km^2 \cdot a)$。松花江流域 1956～1979 年河流泥沙控制站的实测泥沙含量和输沙量与 1980～2000 年相比，第二松花江呈减少趋势，嫩江和松花江干流均呈增加趋势。

（六）辽　　河

辽河地处我国东北地区西南部，地理位置为 40°31′～45°17′N、116°54′～125°32′E，是我国七大江河之一。其流域范围东以长白山脉与第二松花江、鸭绿江两流域分界；西接兴安岭之南端，并与内蒙古高原大、小鸡林河及公吉尔河流域相邻；南以七老图山、努鲁儿虎山及医巫闾山与滦河、大小凌河流域毗连，濒临渤海；北以松辽分水岭和松花江流域相接。包括辽河和浑太河两大水系，跨越河北、内蒙古、吉林和辽宁四省（区），流域面积 22.96 万 km^2，河长 1 394km（石玉敏等，2010）（图 5.11）。

辽河流域年径流量为 137.21 亿 m^3，其中，浑太河流域为 58.94 亿 m^3，占辽河水系总径流量的 43.03%；辽河中下游地区为 40.43 亿 m^3，占 29.5%；西辽河较少，为 29.59 亿 m^3，占 21.6%；东辽河最少，为 8.25 亿 m^3，仅占 6.0%（水利部松辽水利委员会，2010）。辽河流域径流呈现出由东南向西北递减的规律。辽河流域河水 11～翌年 3 月为封冻期，流域积雪结冰，河川径流靠地下水补给，其径流量占年径流量的 5%～10%；3～4 月份冰雪消融，形成春汛，春汛径流量只占年径流量 5% 左右；5 月份通常是汛前的枯水期，6 月份进入汛期，7～8 月是降水量最盛时期，5～10 月径流量占年径流量 80% 以上，其中 7～8 两月占年径流量 50% 以上（王兵等，2002）。从时间序列看，辽河流域径流量呈下降趋势，其演变具有明显的阶段性特征，且在空间上具有相似性，1973 年以前为流域径流量偏多阶段，1973～2000 年为径流量偏少阶段。近 40 年来，特别是 1980 年以来，全流域的径流量与 1980 年以前相比减少 4～7 成，严重威胁到流域内人们的生产、生活（徐卫丽等，2010）。

辽河也是一条多泥沙河流，辽河干流铁岭站年输沙量为 1 264.4 万 t。辽河泥沙主

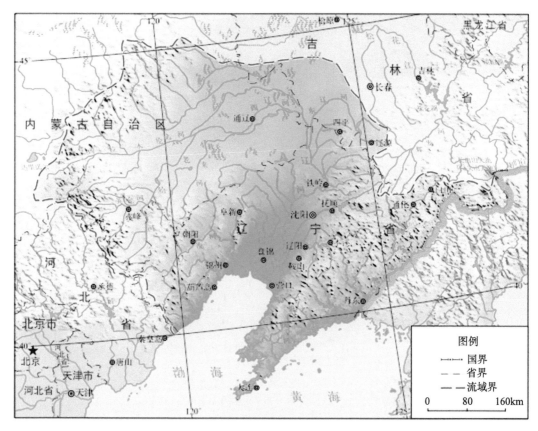

图 5.11 辽河流域图

要来自西辽河和柳河。西辽河通辽站年输沙量为 1 505 万 t，郑家屯站年输沙量为 1 060 万 t，柳河闹德海水库站年输沙量为 1 343 万 t。

（七）海　河

海河流域包括海河、滦河、徒骇－马颊河三大水系，总的地势为西北高、东南低。流域总面积 32.06 万 km^2，占全国总面积的 3.3%，其中山地和高原面积 18.96 万 km^2，约占 59%；平原面积 13.1 万 km^2，约占 4%。流域海岸线长 920km（图 5.12）。根据河流发源地的差异，可将海河流域的河流分为两类：一是发源于太行山、燕山背风坡的河流，如漳河、永定河等，这些河流源远流长，山区汇水面积大，水系集中，比较容易控制，河流泥沙较多。另一种类型的河流发源于太行山和燕山的迎风坡，如卫河、大清河等，其支流分散，源短流急，洪峰高，难以控制。两类河流相间分布，清浊分明。

海河流域地处温带半干旱半湿润季风气候区，流域多年平均降水量为 534.8mm（1956～2000 年），降水量一般变化在 400～800mm 之间，只有局部地区小于 400mm 或大于 800mm。受气候和地形的影响，流域降水存在显著的区域差异性：燕山、太行山迎风坡为多雨地带，多年平均降水量一般为 600～700mm；背风的内陆地区降水量明显

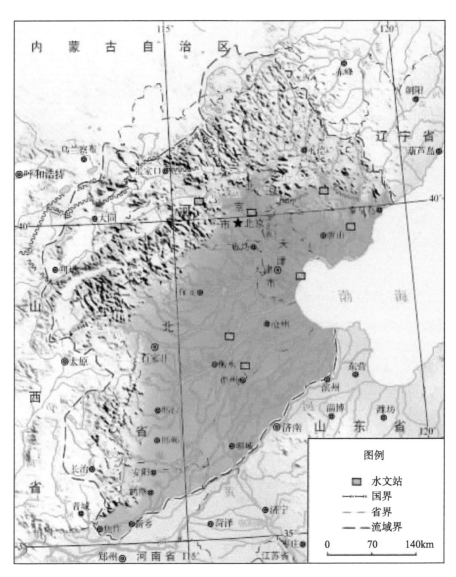

图 5.12　海河流域图

偏少，一般为 400～500mm，桑干河、洋河盆地及滹沱河上游河谷一带年均降水量小于400mm，是流域降水量最少的地区。平原区多年平均降水量一般在 500～600mm 之间，其中东部滨海平原多年平均降水量较大，部分地区多年平均降水量可达 600～650mm。

　　根据 1956～2000 年资料统计，海河流域多年平均地表水资源量为 216.1 亿 m^3，其中山区 158.5 亿 m^3，平原区 57.6 亿 m^3。流域多年平均年河川径流量为 216.1 亿 m^3，折合流域多年平均年径流深为 67.5 mm，产流模数为 6.8 亿 $m^3/(km^2 \cdot a)$。其中山区径流量为158.5 亿 m^3，占流域的 73.3%，径流深 85.2mm，产流模数 8.37 亿 $m^3/(km^2 \cdot a)$；平原径流量 57.6 亿 m^3，占流域 26.7%，径流深 43mm，产流模数 4.49 亿 $m^3/(km^2 \cdot a)$。流域多年平均年径流深的地区分布基本上与流域多年平均降水量等值线的分布一致，沿燕山、太行山脉的迎风山区为一条年径流深大于 100mm 的高值带，其中由北到南分布有河北秦皇岛至河南安阳的 6 个年均径流深大于 300mm 的高值中心，同时在恒山及云中山高山区也各分布有 1 个年径流深大于 100mm 的高值中心；在平原区中部及南部，年径流深不足 50mm，北部及平原区周边年径流深在 50～100mm 之间。背风区多年平均径流深多在 100mm 以下，洋河盆地、大同盆地、坝上高原等地区年径流深小于 50mm，是流域径流深的低值区。

海河流域的泥沙主要来自各河流山区的冲刷侵蚀，平原区则以淤积为主。海河流域山区多年平均产沙总量为 1.815 亿 t，年产沙量约 960 万 t。永定河山区产沙量最多，平均年产沙量达 8 455 万 t，占全流域产沙总量的 52.1%；其次是漳河和滹沱河，多年平均年产沙量分别为 2 366 万 t 和 2 208 万 t，各占全流域的 13.0% 和 12.2%；滦河居第四位，多年平均年产沙量为 1 824 万 t，占全流域的 10.0%。流域内河流输沙量年内分配集中，连续最大 4 个月的输沙量都出现在汛期 6～9 月，6～9 月输沙总量最大的年份要占年总输沙量的 90% 以上。年内最大月平均输沙量则出现在 7～8 月份。多年平均最大一月输沙量也可占多年平均输沙总量的 47.9%。输沙量的年际变化比年径流、年含沙量变化都大。流域内各河最大与最小年输沙量的比值达几十倍甚至上百倍。

流域山区地表水矿化度相对较低，平均矿化度多在 200～500mg/L；西北平原地区地表水矿化度年平均多在 500～1 000mg/L，个别区域高达 1 000mg/L 以上。流域东南沿海平原是该流域矿化度最高地区，矿化度大多高达 1 000mg/L，并且河水水化学类型也从矿化度低的重碳酸盐类水向矿化度高的硫酸盐及氯化物水转化。流域地表水总硬度分布趋势基本与矿化度的分布相一致，滦河、大清河、滹沱河以及石家庄以南太行山部分地区，年平均总硬度为 80～100mg/L，以适度硬水为主。永定河支流桑干河、洋河、御河、十里河以及滏阳河中下游和东南沿海一带总硬度为 170～250mg/L，个别区域总硬度高达 400mg/L。流域地表水水化学类型具有明显的水平和垂直地带性分布规律。从山区到平原及山间盆地，水化学组成由重碳酸盐钙质水依次变化为含有少量的硫酸盐和氯化物的重碳酸盐类水。海河流域地表水绝大部分属于重碳酸盐类水，只有个别区域为硫酸盐类水和氯化物类水。

第三节　湖沼与冰川

一、湖泊分布与主要湖泊区特征

（一）湖泊区域分布

中国湖泊众多，其中天然湖泊面积大于 1km² 以上的有 2 800 多个，湖泊总面积 7.8 万 km²，蓄水量约 700 亿 m³，湖泊率为 0.8%。其中面积大于 1 000km² 的湖泊 11 个，合计面积 22 598km²，占总面积的 32.9%；面积在 500～1 000km² 的 14 个，合计面积 9 291.48km²，占 13.5%；面积在 500～100km² 的 102 个，合计面积 21 553.66km²，占 31.4%；面积在 100～50km² 的 95 个，合计面积 6 733.17km²，占 9.8%；面积在 50～10km² 的 359 个，合计面积 8 495.1km²，占 12.4%。大、中型湖泊个数仅占全国湖泊总数的 0.93%，而面积却占全国湖泊总面积的 79.84%。

（二）主要湖泊区特征

根据中国地貌和气候的基本特征，以及它们在地区上的差异，中国湖泊主要可分为东部平原、东北平原与山地、云贵高原、蒙新高原和青藏高原五大湖区（表5.4）。

表5.4　中国各湖区湖泊面积与贮水量（金相灿等，1990）

湖　区	湖泊面积/km²	占湖泊总面积百分比/%	湖泊贮水量/亿 m³	其中淡水贮量/亿 m³
东部平原	20 842	29.4	700	700.00
东北平原与山地	2 366	3.3	190	188.05
云贵高原	1 108	1.6	288	288.00
蒙新高原	9 411	13.2	697	23.05
青藏高原	36 889	52.0	5 182	1 035.00
其　他	372	0.5	20	15.00
合计	70 988	100.0	7 077	2 250.00

东部平原湖区包括长江中下游平原和黄淮海平原上的大小湖泊，湖泊总面积为20 842km²，约占全国湖泊总面积的29.4%，湖泊率为2.4%，是我国湖泊分布密度最大的地区之一。我国五大淡水湖，鄱阳湖、洞庭湖、太湖、洪泽湖和巢湖都位于本区。区内的长江中下游平原和长江三角洲地区的湖泊多是与新构造断陷或与河床演变有关的构造湖或河成湖，黄淮海平原及大运河沿线的湖泊多是河流演变的产物。此外，在沿海平原低地还保留着一些古潟湖的遗迹。

东北平原与山地湖区的湖泊总面积为2 366km²，约占全国湖泊总面积的3.3%，湖泊率为0.6%。东北平原的湖泊形成大都是因近期地壳下沉、地势低洼、排水不畅，且地下有大面积的不透水层，致使地表积水成湖，也有少数湖泊是古代的残留湖。湖泊具有水浅、面积小和含盐碱成分多的特点，习惯上称之为"泡子"和"碱泡子"。平原周围山地湖泊的成因一般与构造活动和火山活动有关。如镜泊湖是因牡丹江河谷被玄武岩流堵塞而成；五大连池是1720年火山喷发，熔岩堵塞了白河的河道而形成的5个小堰塞湖；兴凯湖为构造陷落湖。

云贵高原湖区包含四川、云南、贵州、广西等省区内的湖泊。主要分布在滇中和滇西地区，湖泊总面积为1 108km²，约占全国湖泊总面积的1.6%，湖泊率为0.3%。本区湖泊以其海拔高、面积不大而湖水较深为主要特征。湖泊水色清澈，冬无冰情，含盐量不高，风景秀丽，如滇池、洱海和抚仙湖等都是名闻中外的旅游胜地。本湖区的极大多数湖泊发育在深大断裂带上，湖泊的长轴与深大断裂的走向基本一致，系构造陷落湖。

蒙新高原湖区包括内蒙古自治区、河北省西北部及新疆维吾尔自治区内的一些湖泊，湖泊总面积为9 411km²，约占全国湖泊总面积的13.2%，湖泊率为0.6%。区内湖泊大致以黑河为界，以西多为构造湖，以东多为风蚀湖，亦有部分构造湖。蒙新地区地处内陆，气候干旱，降水不丰，河流和潜水易向汇水洼地中心积聚，从而发育成众多内陆湖泊，一些大中型湖泊往往成为内陆盆地水系的最后归宿，如罗布泊和居延海等。

青藏高原湖区湖泊总面积为 36 889km², 约占全国湖泊总面积的 52.0%, 湖泊率为 2%, 是地球上海拔最高、数量最多和面积最大的高原内陆湖区。青藏高原湖泊成因多样, 但强烈的构造活动和冰川作用是本区湖泊的主要成因。区内大多数湖泊发育在一些与山脉平行、大小不等的山间盆地或纵形谷地之中。一些大、中型湖泊系在断裂构造基础上发育而成的, 往往沿构造方向排列, 如纳木错和当惹雍错等。分布在山岭峡谷区的一些中、小型湖泊属冰川湖或堰塞湖, 或冰川堰塞湖, 如羊卓雍错和班公湖等。

其他湖区面积占 0.5%。

二、沼泽分布与主要沼泽特征

(一) 沼泽区域分布

中国的沼泽可分为泥炭沼泽和潜育沼泽。据国家林业局主持的全国湿地调查统计, 全国沼泽与沼泽化草甸湿地总面积达 1 360.03 万 hm², 占全国天然湿地总面积的 38%。其中, 黑龙江、内蒙古 (主要分布在大兴安岭山区)、青海、西藏 4 省 (区) 的沼泽湿地面积达 1 162.82 万 hm², 占全国沼泽湿地总面积的 85% (图 5.13)。潜育沼泽主要

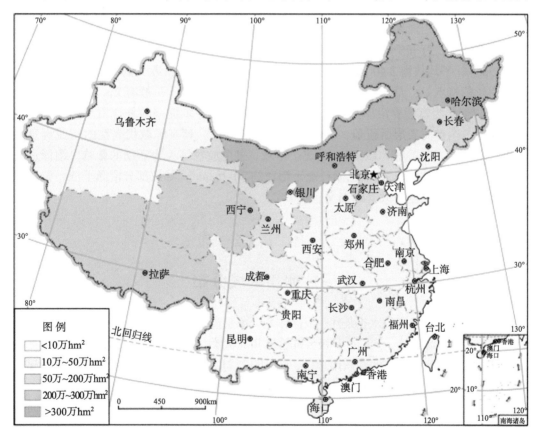

图 5.13 中国沼泽分布示意图

(据国家林业局 2002 年全国湿地调查总报告资料编制)

分布在三江平原、松嫩平原、长江中下游和滨海地区；泥炭沼泽则以冷湿的大、小兴安岭、长白山区和半湿润而高寒的青藏高原东部居多，体现出山地高原多泥炭沼泽，平原多潜育沼泽的特点。东部地区的沼泽类型较丰富，如东北山地不仅有森林沼泽和草本沼泽，还有藓类沼泽，富营养、中营养和贫营养型，沼泽类型俱全；平原地区的草本沼泽类型也较多，不仅有芦苇沼泽，还有各种薹草沼泽。西部地区的沼泽类型则较少，都是富营养的草本沼泽，而且蒙新高原的草本沼泽多为芦苇沼泽，薹草沼泽的面积很小，青藏高原大面积分布的类型则是嵩草、薹草沼泽。

（二）主要沼泽区特征

三江平原和若尔盖高原是中国主要的沼泽分布区。

三江平原是中国最大的沼泽区之一。1949 年沼泽与沼泽化草甸面积约有 490 万 hm²，平原地区的沼泽率达 73.5%；至 2000 年，遥感调查的沼泽面积仅有 90.7 万 hm²（汪爱华等，2002），沼泽率降至 13.6%。东北山地沼泽分布在大兴安岭、小兴安岭和长白山山地，尤其是泥炭沼泽的广泛分布区。大兴安岭北段的沼泽不仅分布在沟谷，而且分布在山麓缓坡和平坦分水岭上，沼泽和沼泽化草甸总面积达 214.6 万 hm²（刘兴土，2005）。长白山地沼泽主要分布在沟谷和熔岩台地区，目前约有 70% 以上的沼泽被开垦。

若尔盖高原沼泽属四川省阿坝藏族自治州若尔盖和红原两县，也就是举世闻名的中国工农红军二万五千里长征时所经过的"草地"。沼泽总面积约 26.96 万 hm²（柴岫等，1965），平均拔海 3 400m 以上，是我国乃至世界上面积最大的高原泥炭沼泽区。该区沼泽的特点是：草本泥炭沼泽发达，泥炭层积累较厚，一般有 2~3m，最厚可达 9~10m，但仍为富营养沼泽。沼泽联结成片，并形成许多统一的复合沼泽体，许多宽阔的支谷，全被泥炭层所覆盖，变成伏流或无流谷地。具有区域代表性的是藏嵩草 - 木里薹草沼泽（柴岫等，1965）。受疏干排水、过度放牧等人为活动的影响，沼泽退化严重。自 1955 年以来，该区已累计疏干沼泽约 20 万 hm²，导致部分沼泽干涸，鼠害严重，沙漠化面积急剧扩大（赵魁义，2003）。

三、冰 川 分 布

（一）冰川区域分布

根据中国冰川发育的水热条件、成冰作用、冰层温度、冰川移动及消融物理特征等，将中国冰川分成海洋性、大陆性和极大陆性冰川 3 大类（施雅风等，1988）。海洋性冰川主要分布在降水比较丰富的藏东南地区，极大陆性冰川主要分布在比较寒冷而又干旱的青藏高原北部，大陆性冰川主要分布在天山、祁连山中东部以及青藏高原中部等区域。

据《中国冰川目录》统计，中国现代冰川面积 59 425km³，占世界山岳冰川总面积的 9%、亚洲冰川总面积的 50% 以上。中国冰川的总储冰量 5 600km³，折合水量为 4 984km³。面积大于 100km² 的冰川有 33 条，分布在乔戈里峰、汗腾格里 - 托木尔峰山汇、昆仑峰、念青唐古拉山东段诸高峰和公格尔峰等冰川作用中心（王宗太、刘潮海，

2001）。天山、喀喇昆仑山、昆仑山、念青唐古拉山和喜马拉雅山 5 座山系的冰川总面积和储量分别占中国相应冰川总量的 79% 和 84%（表 5.5）。

表 5.5　中国各山系的冰川数量（施雅风等，2005）

山系	山地面积 /km²	最高峰 海拔/m	冰川条数		冰川面积		冰储量		平均面积 /km²	冰川覆 盖度/%
			条数	%	km²	%	km³	%		
阿尔泰山	28 800	4 374	403	0.87	280	0.47	16	0.28	0.69	0.97
穆斯套岭	4 400	3 835	21	0.05	17	0.03	1	0.01	0.81	0.38
天山	211 900	7 435	9 035	19.48	9 225	15.52	1 011	18.06	1.02	4.36
帕米尔高原	23 800	7 649	1 289	2.78	2 696	4.54	249	4.44	2.09	11.33
喀喇昆仑山	26 600	8 611	3 563	7.68	6 262	10.54	692	12.36	1.76	23.42
昆仑山	478 100	7 167	7 697	16.60	12 267	20.64	1 283	22.91	1.59	2.57
阿尔金山	56 300	6 295	235	0.51	275	0.46	16	0.28	1.17	0.49
祁连山	132 500	5 827	2 815	6.07	1 931	3.25	93	1.67	0.69	1.46
羌塘高原	441 900	6 822	958	2.06	1 802	3.03	162	2.90	1.88	0.41
唐古拉山	141 300	6 621	1 530	3.30	2 213	3.72	184	3.28	1.45	1.57
冈底斯山	158 300	7 095	3 554	7.66	1 760	2.96	81	1.45	0.50	1.16
念青唐古拉山	110 600	7 162	7 080	15.27	10 700	18.01	1 003	17.91	1.51	9.68
横断山	356 300	7 556	1 725	3.72	1 579	2.66	97	1.73	0.92	0.44
喜马拉雅山	202 500	8 844.43	6 472	13.95	8 418	14.17	712	12.72	1.30	4.15
总　计	2 373 300	8 844.43	46 377	100.00	59 425	100.00	5 600	100.00	1.28	2.50

（二）冰川水资源及其动态变化

中国冰川融水径流相当丰富。据初步估算，中国冰川年径流总量为 604.65 亿 m³（康尔泗等，2000）。西藏约集中了全国冰川融水径流总量的 58%，居首位；其次为新疆，约占 33%；四川、云南二省也有少量冰川融水。从各山系冰川融水径流量来看，念青唐古拉山区最多，约占全国冰川融水径流总量的 35%；其次是喜马拉雅山和天山，分别占 12.7% 和 15.9%；阿尔泰山最小，不足 1%。中国冰川融水径流总量的 60% 左右汇入外流区河流。约 40% 汇入内陆河。但就冰川面积而言，外流区水系仅占全国冰川面积的 40%，而内流区水系却占了 60%。

中国冰川随气候变化和人类活动的影响，发生了巨大变化。通过对航空相片的综合判读和解译，初步估算从"小冰期"盛期到 1950~1980 年代期间，中国西部山区冰川面积减少了 16 013km²，约为"小冰期"时冰川面积的 21.2%，储量减少了 1 373km³，对应的水当量为 12 494 亿 m³。但"小冰期"以来，各地冰川面积变化的幅度差异较大，冰川面积和储量减小比例较大的区域，包括鄂毕河水系的阿尔泰山区、伊犁河流域、中国天山西段、湄公河、怒江和长江流域的横断山脉和雅鲁藏布江下游等流域。青藏高原的周边山地冰川萎缩幅度大，向高原腹地逐步减小。这种格局与冰川类型分布以及不同冰川类型对气候变化响应的敏感程度密切相关。

利用 Landsat TM/ETM + 以及 Terra ASTER 卫星影像，对中国西部各代表性地区1 700多条冰川的近期变化进行遥感分析，结果表明，中国西部各山区近数十年来的冰川变化差异较大，各山区出现大量冰川退缩或消失的同时，也有一定数量的冰川呈前进状态。总体而言，若不考虑那些变化状态不确定的冰川数量，80.8%的冰川处于退缩及消失，仅 19.2% 的冰川呈前进状态。各山区冰川进退变化也具有类似的特点，尤以边缘山地（如祁连山、阿尼玛卿山区、珠穆朗玛峰北坡等）冰川退缩所占比例最大。对中国 5 000 多条冰川变化的最新统计（Ding et al, 2005）结果表明，过去约 40 年来我国冰川平均面积减少约 4%，总体上，青藏高原外围地区冰川退缩较大，而青藏高原内部的极大陆性冰川退缩较小。

第四节　水　文　区　划

一、中国水文区划方案

中国第一个水文区划草案是 1954 年由中国科学院中华地理志编辑部罗开富等拟定的。在这个水文区划草案中，以流域、水流形态、冰情及含沙量为基础，将全国划分为 3 级 9 区。第一级分区标准是内外流域的分水线，第二级和第三级则根据各地的具体情况，采用不同的分区标准。

1956 年开始，中国科学院自然区划工作委员会再一次开展了规模更大的全国水文区划研究。这次水文区划以河流的水文特性和水利条件为指标，将全国划分为 3 级区域。第一级以水量（用径流深度表示）为指标，共划分为 13 个水文区；第二级根据河水的季节变化，划分为 46 个水文地带；第三级根据水利条件，共划分为 89 个水文省。这次区划基本上反映了全国水文区域分异特征，在科研、生产和教学等方面都起到了重要的作用。

1995 年，熊怡等以径流量为主要指标，以河流的补给类型、年径流量与年蒸发量的比值、干燥指数为参证指标，并参照显著的地理特征（山脉、河流等）加以修正，把全国划分为 11 个水文一级区，其中Ⅰ至Ⅵ位于东部湿润半湿润季风区内，Ⅶ至Ⅸ位于西北干旱半干旱区内，Ⅹ至Ⅺ位于青藏高寒区内。根据径流量的年内分配和径流动态，将全国进一步划分为 56 个二级区。

上述的区划方案中，第一个方案过于简单，第二和第三个方案则过于复杂，对于描述中国水文循环特征的区域分异都不尽合适。为此，根据中国水文循环的特点和规律，本书提出将中国分为 3 个水文一级区和 15 个水文二级区（图 5.14）。一级分区根据宏观地形格局和气候类型分为青藏高原区、西北内陆干旱区和东部季风盛行区。青藏高原区作为亚洲大江河的发源地，海拔高，气候和水文特征独特；西北内陆干旱区受季风影响微弱，是我国的主要内流区，具有干旱半干旱的内陆气候和水文特征；东部季风盛行区主要是我国二级阶梯东缘和三级阶梯，深受东亚（东南）季风和南亚（西南）季风影响，具有显著的季风气候和水文特征。二级分区主要考虑水热组合特征，以年干燥度为主要指标，参考热量差异和地形、气候、水文等因素进行划分。

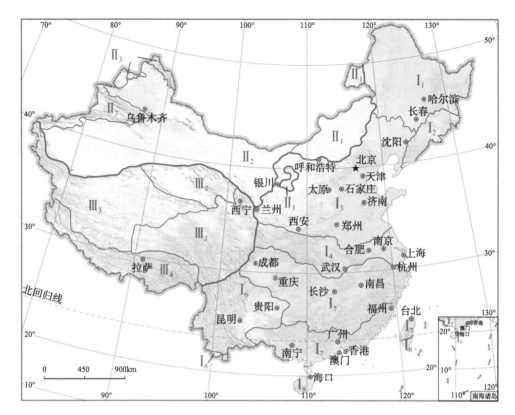

图 5.14 中国水文分区

(各区数字含义见下文)

二、主要水文区的特征

（一）东部季风盛行区（Ⅰ）

本区包括从东北小兴安岭到西南云贵高原一线以东的地区，河流水量变化除云南受西南季风影响外，广大地区主要是东南季风和西南季风盛行的影响。东部季风盛行区包含 8 个区：

Ⅰ₁东北中温 - 寒温带半湿润平水区   区内主要流域是松花江流域与额尔古纳河流域。气候上多属中温带，大兴安岭北部有一小部分属于寒温带。区内年平均降水量多为 400～600mm，干燥指数大多在 1.5 以上，年平均径流深度由平原区 50mm 到山丘区 200mm 左右。冬季低温漫长，河流封冻期长。冬季积雪春季融化补给河流或形成春汛。区内大、小兴安岭森林茂密。东部的三江平原是我国最大的湿地之一。松嫩平原有大片草甸湿地。过去几十年对森林与湿地的大规模开发与利用，不仅导致森林、湿地等生态系统退化，而且也对水文情势带来影响。

Ⅰ₂长白山中温带湿润丰水区   区内长白山贯穿南北，是松花江、鸭绿江与图们江的发源地。气候属于中温带山区，年降水量高达 1 000mm，干燥指数大多接近 1.0。区内不仅年降水量丰沛，而且时有暴雨。长白山的水资源十分丰富，年平均径流深可大于 200mm 以上，为周边河流提供大量的水源，也为经济发达而缺水的辽河中下游地区的水量调配提供条件。

I_3 华北暖温带半湿润半干旱少水区　　本区地处中国华北地区，主要包括海河流域、黄河流域与淮河流域的大部分地区，其中最为重要的是黄、淮、海三河下游的华北平原。气候属暖温带，年平均降水量介于 400～800mm，是半干旱半湿润的过渡地带。干燥指数介于 1.5～4.0 之间。平原与高原年平均径流深都不足 100mm，山区可在 100mm 以上。气温较高，蒸发旺盛，降水偏少，水资源较少。区内人口密集，经济发达，对水资源的需求巨大，目前是我国最为缺水、供需矛盾最大的地区之一。特别是黄淮海平原人均占有的水资源量仅为 300m^3，只相当全国平均的 1/7。也是全国水资源开发利用率最高的地区之一，如海河下游平原水资源开发利用率超过了 100%。由于地表水不足，地下水已被大规模超采，导致大范围地下水位下降，加之本区耗水量大，使河流入海水量大幅度减少。流域水循环垂直方向分量不断加大，引发了一系列与水相关的生态与环境问题，包括表层土地干化、大面积湿地萎缩。出现了"有河皆干、有水皆污"的水危机景象。

I_4 中部北亚热带半湿润平水区　　本区地处我国东中部地区，包括江、淮之间处于秦岭—淮河一线以南和大巴山—长江以北的区域。气候属于北亚热带。年平均降水量多在 800～1 000mm 之间，年降水变差系数（相对变率）为 15%～20%，是易涝易旱的地区。区域干燥指数接近 1.0，平原地区在 1～2 之间。径流深大致介于 200～400mm。区内西部的汉水（江）流域是南水北调中线调水的水源区，东部地区的淮河平原是旱涝灾害频发之地。

I_5 江南亚热带湿润丰水区　　本区主要分布在长江沿岸以南，南岭与武夷山一线以北的地区，包括四川盆地、江汉平原两侧以及长江下游平原。气候上属于亚热带季风气候。年平均降水量大致介于 1 000～1 500mm。干燥指数一般小于 1.0。年径流深一般在 500mm 左右，山区则在 500mm 以上。众多河川汇集于长江形成丰富的水资源，使长江的年径流量占全国河川年径流总量的 37%。由于水汽从南到北与从东到西的推移过程，致使湘、赣的春雨与四川的夏雨此伏彼起，使本区不同地区的汛期由 4 月到 10 月延伸 7 个月之久，但却使长江径流量的月径流分配比较均匀。由于地形与暴雨径流的南北与东西时空的遭遇，因此本区洪涝灾害频发，防治频发的洪水是重大的问题。

I_6 云贵高原亚热带暖湿多水区　　本区地处中国青藏高原的东南部，包括云贵高原大部分地区。主要河流属于长江与珠江的上游以及由云贵出境的国际河流。气候上属于亚热带。大部分地区年平均温度在 14～24℃。水汽来源主要以西南季风带来的孟加拉湾水汽为主，也有大量东南季风带来的水汽和少量的高原季风水汽。区内降水量丰富，大部分地区的年降水量介于 1 100～1 500mm。降水量的空间分布明显呈自东南向西北和由南向北递减的趋势。反映地区水、热条件的干燥指数一般介于 1～2 之间。本区生物多样性十分丰富。但因处于东南季风和西南季风及高原季风三种水汽的交汇区，故本区的降水量变化大，稳定性差，为易旱地区，尤以春旱为甚，如 2010 年的春旱，造成巨大损失。

I_7 岭南亚热带湿润丰水区　　本区地处南岭—武夷山一线以南的华南地区，包括台湾北部与雷州半岛北部。主要河流是珠江，还有浙闽独流入海的河流。气候上属于南亚热带。地区的水汽来自太平洋。由于东南季风强盛，区内降水量丰富。年平均降水量多数在 1 400 ~ 2 000mm 之间，台湾北部山区年降水量甚至到达 5 000mm 以上，成为中国亚热带年降水量最大的地区。区内水循环运动以水平方向为主，水量平衡结构的主成分是降雨和径流，蒸发所占比例不大。蒸发的年际变化很小。本区的干燥指数一般小于 0.5。

I_8 热带及南海海岛湿润多水区　　本区指中国北回归线到赤道的部分领土与领海，按热带的定义分为三类：①边缘热带，主要是云南的西双版纳州、雷州半岛南部、海南岛的中北部以及台湾岛南部；②中热带，是指海南岛的中南部及其以南的东沙、中沙与西沙群岛；③赤道热带，主要是南沙群岛。中国领海面积约为 350 万 km^2，海岛总数接近 7 000 个，其中约有一半分布在南海的热带区。气候上高温、多雨，年降水量估计可达 2 000mm 以上。干燥指数小于 0.5。但众多的小岛由于集水面积小而不能形成河流，多数降水都直接转化成径流入海，因而淡水严重缺乏。发展小岛的雨水利用是解决岛屿淡水供应问题的最主要途径。

（二）西北内陆干旱区（Ⅱ）

本区包括新疆全部、内蒙古中西部干旱区、宁夏和甘肃的部分地区。地处大陆内部，除东部内蒙古的草原地区受到东亚季风的影响，西部山地受西风带作用明显外，其他地区基本不受季风影响。区内除伊犁河和额尔齐斯河为外流河流外，其余都是内陆河流。区内湖泊广布，大多为内陆盐湖。根据地形、景观和水热条件的差异，将西北内陆干旱区划分为 3 个亚区。

$Ⅱ_1$ 内蒙古草原 - 荒漠草原干旱区　　区内河流短小，一般注入尾闾湖泊或消失于荒漠，为典型的内陆水系。地处中温带干旱气候区，年干燥指数在 6 ~ 12 之间，年降水量大部分地区为 100 ~ 300mm，局部地区可达 400mm。降水年内分配不均，多集中于夏季，年际变差大。本区地表径流较少，年径流深一般为 5 ~ 50mm，局部地区可超过 100mm，乌兰察布盟西部、鄂尔多斯高原则不足 5mm。本区河流大都具有春、夏两汛，径流的年际变化较降水剧烈，部分地区径流变差系数可大于 1.0。内陆型湖泊星罗棋布，且多为盐湖，季节性河流和小泡子广布。

$Ⅱ_2$ 内陆沙漠极端干旱区　　本区地处中温带极端干旱内陆气候区，沙漠和戈壁的面积占总面积的 90% 以上，包括中国五大沙漠（塔克拉玛干沙漠、古尔班通古特沙漠、库姆塔格沙漠、巴丹吉林沙漠和腾格里沙漠）。主要河流有塔里木河、黑河、玛纳斯河等，多为山区的冰雪融水和夏季降水补给，具有春夏两汛。发源于山地的小型河流众多，沙漠中广泛分布有沙丘和湖泊。年干燥指数均大于 10，大多数地区大于 16，年降水量大部分地区小于 50mm，塔里木盆地中心甚至小于 20mm，然而山区降水量可达到 400mm，是河流的重要补给水源。降水的年内年际变率极大，盆地的降水基本不能产流。区内山地为径流形成带，而盆地则为径流散失带。

$Ⅱ_3$ 内陆高山冷湿多水区　　本区位于中国西北部，地处远离海洋的欧亚大陆腹地。区内有天山和阿尔泰山等高大山体能截获较多的来自大西洋和北冰洋的水汽，为中亚众多国际河流和中国新疆很多内陆河流的发源地。年干燥指数 2 ~ 12，山区年降水量 800 ~ 1 000mm，在托木尔峰南坡西琼台兰冰川粒雪盆地中年降水量可达 800 ~ 1 500mm。区内许多高山都常年积雪，并发育众多冰川。天山的冰川面积达到 9 195km²，阿尔泰山冰川面积为 293km²。冰川融水是河流的重要补给源。天山北坡中山带夏季降雨较多，冰川融水对河流补给的比重较小，如乌鲁木齐河，冰川融水补给仅占年径流量的 10%。天山南坡西段，冰川规模较大，中低山区又比较干燥，冰川融水补给增加到 50% 以上，其中最多的木扎提河，可达 81%。本区径流分布与降水分布的趋势基本一致，从天山西部托木尔峰到东部的哈尔力克山，径流深从 600mm 以上减少到 50 ~ 200mm。以永久积雪和冰川融水为主要补给来源的河流，径流年际变化小；以季节积雪融水补给为主的阿尔泰山、准噶尔西部山地的河流，春季径流大，径流年际变化也较大；以地下水补给为主的河流，径流年内分配较均匀，径流年际变化不大。

（三）青藏高原区（Ⅲ）

本区包括西藏全部、新疆西南部、柴达木盆地和青海的南部、川西和滇西北海拔大于 4 000m 的地区。作为"世界屋脊"和"地球第三极"，平均海拔在 4 000 ~ 5 000m，区内许多高山都超过 6 000m，而喜马拉雅山脉地区的许多山峰都超过 8 000m。因海拔高，体积大，形成独特的高原季风，其巨大的动力作用和热力作用对东亚和南亚气候系统有重要影响。本区是亚洲众多大江大河的发源地，主要有黄河、长江、澜沧江 - 湄公河、怒江 - 萨尔温江、雅鲁藏布 - 布拉马普特拉河、恒河、狮泉河 - 印度河等七大江河。高原上分布有大面积的冰川、高原湖泊和高原沼泽。本区根据水热特性和季风影响强弱的差异，划分为 4 个亚区。

Ⅲ₁ 东部外流冷湿多水区　本区位于高原东部，高原湖泊和草甸广布，是中国众多大河的发源地。本区年干燥指数大于 2，由东向西递增。气温和气压都较低，大气持水能力低，因而蒸发作用微弱。年降水量为 300 ~ 1 000mm，降水和径流分布均自东南向西北或自东向西减少。东南部林芝地区降水量 600 ~ 1 000mm，径流深 300 ~ 800mm，最大降水可达 1 500mm，最大径流深为 1 200mm，属温带湿润和半湿润气候区。西北部地区降水量减少到 300 ~ 700mm，相应径流深 50 ~ 400mm，为亚寒带半湿润半干旱气候区。由于地形影响，降水和径流也具有随海拔增加而加大的垂直变化规律。该区地表覆盖着深厚的多年冻土层，高山草甸广布，属生态脆弱区和敏感区。主要河流有怒江、澜沧江、金沙江、雅砻江、岷江、大渡河等河的上中游以及黄河上游。这些河流顺地势倾斜自西或西北向东或东南流动，坡度陡，河道平均比降均在 2.0‰ 以上，有些河段最大比降可达 15‰ 以上，东南部的高山峡谷区河流水量大，水能资源丰富。

Ⅲ₂ 柴达木盆地高原荒漠干旱区　本区地处青藏高原北部，包括昆仑山、阿尔金山和祁连山围成的一个狭长三角区域，主要由柴达木盆地及其东部湟水流域组成。属高寒荒漠干旱气候。年干燥指数大于 12，年降水量在 50 ~ 200mm 之间，北部的祁连山区可以达到 500mm，是众多内陆河流的主要补给来源。大部分地区年径流深小于 5 ~ 10mm。盆地内河流主要发源于祁连山和昆仑山，形成向心式水系。注入青海湖的河流主要有布哈河、巴戈乌兰河、倒淌河等。本区东部有发源于祁连山的湟水，外流注入黄河。此外，大型内陆咸水湖泊或盐湖众多，著名的有青海湖和察尔汗盐湖等。

Ⅲ₃西北内陆冷干少水区　　本区位于青藏高原西北部，主要包括冈底斯山、念青唐古拉山以北、昆仑山以南的广大内陆腹地。东以羌塘内陆水系与长江、怒江等外流水系的分水岭为界，西抵国界。大部分属西藏阿里地区，部分属于那曲地区，也包括昆仑山以南的新疆部分地区。海拔平均高度在5 000m左右，地势高亢，四周被高山阻隔，海洋水汽难以进入，因而寒冷干燥，属高原亚寒带、寒带半干旱和干旱气候。年干燥度一般大于8。年平均气温多在0℃以下。降水以固态形式为主，年降水量为100～300mm。降水由东南向西北减少。高原内部低山、丘陵纵横交错，形成许多网格状的盆地，盆地内分布着一个或多个湖泊。四周的河流向湖泊汇集，形成向心式水系，河水不能外泄，成为内流区。区内湖泊星罗棋布，是中国内陆湖泊最集中的地区。据统计，大于1km的湖泊近500个，总面积达21 396km²。在那曲—狮泉河公路以南大湖泊较多，分布大都毗连，而且淡水湖较多；以北海拔较高，湖泊较少，分布比较分散，咸水湖和盐湖较多。湖泊主要由高山冰雪融水补给，夏季冰雪大量融化，湖水丰沛；冬季气温低，冰雪停止融化，湖泊水位降低。区内河流短小，多数河流的流域面积只有几百平方千米，少数达数千平方千米。最大的扎根藏布流域面积16 675km²，河长355km。由于降水稀少，除了流域面积在1 000km²以上的为常流河外，其余大都为季节性河流，仅在大雨或夏季冰雪融化后短时期内才有水流，平时为干涸的河床。

Ⅲ₄南部外流温湿多水区　　本区位于青藏高原南部和西南部，包括冈底斯山和唐古拉山以南，喜马拉雅山以北的狭长区域。受南亚季风影响明显，属于印度洋水系外流区。主要有雅鲁藏布江和狮泉河两大河流，分别向东南和西北流入印度，前者为流入印度的布拉马普特拉河，后者为印度河。本区气候特殊复杂，如从雅鲁藏布江下游河谷到源头杰马央宗冰川，依次有低山热带、山地亚热带、高原温带、高原亚寒带、高原寒带等气候带。年干燥度在东南部的湿润地区小于1，由东向西递增，在最西部的狮泉河流域可以达到8。河流主要受冰雪融水和夏季降水补给。径流的年际变化小，年内分配不均匀。雅鲁藏布江下游巴昔卡一带地区的年径流深可达4 000mm，而上游地区则不足100mm。最西部的狮泉河一带，年径流深小于50mm。

第五节　地下水水文

一、地下水类型及其分布

中国地层、岩性变化十分复杂，加上各地区的地形、气候等自然条件不同，造成中国地下水类型变化多样。根据地下水的埋深、压力水头等特征，地下水可分为浅层地下水和深层承压水两种类型。根据含水层介质的类型及其空隙特性，浅层地下水又可分为松散岩类孔隙水、碳酸盐岩岩溶裂隙溶洞水、基岩裂隙水和多年冻土空隙裂隙水等四种型。

（一）松散岩类孔隙水

松散类孔隙水赋存于第四系松散沉积物和新近系胶结程度低的岩层中，其分布面积约占中国面积的 1/3，主要分布于北部和西北部的巨型拗陷盆地、黄土高原以及山间盆地、大型河谷平原等地区和东部地区的大平原。这些地区都广泛堆积了巨厚的松散沉积物，蕴藏着丰富的地下水，开采价值高。中国平原盆地地下水分布面积 273.89 万 km^2，占全国评价区总面积的 28.86%；地下水可开采资源量 1 686.09 亿 m^3/a，占全国地下水可开采资源总量的 47.79%。

黄淮海平原是中国第一大地下水富集区，地下水可开采资源量为 373.37 亿 m^3/a，占全国地下水可开采资源总量的 10.58%，范围包括北京市南部、天津市大部、河北省东部、河南省东北部、山东省西北部、安徽省北部和江苏省北部地区。东北平原（三江－松辽平原）是中国第二大地下水富集区，面积 34.2 万 km^2，占全国总面积的 3.74%，地下水可开采资源量 306.4 亿 m^3/a，占全国地下水可开采资源总量的 8.68%。范围包括黑龙江省的大部、吉林省西部、辽宁省西部和内蒙古自治区的东北部地区。

准噶尔盆地沙漠南缘东部沙丘覆盖下的第四系冲湖积粉细砂含水层承压水，矿化度小于 1g/L；西部莫索湾一带沙漠下承压水地层为玛纳斯河冲积层，矿化度为 0.34g/L 的重碳酸钙水，单井涌水量小于 1 000m^3/d；北部新近系出露地表，普遍赋存古近系与新近系层间承压水，水量较小，单井涌水量小于 100m^3/d，矿化度 3~6g/L。

黄土高原地区地下水是平原－盆地地下水的一种，是中国的一大特色，主要分布在中国的陕西省北部、宁夏回族自治区南部、山西省西部和甘肃省东南部地区，即日月山以东、吕梁山以西、长城以南、秦岭以北的黄土高原地区。黄土高原地区地下水主要赋存于黄土塬区，在一些规模较大的塬区，地下水比较丰富，具有供水价值。该区面积 17.18 万 km^2，占全国总面积的 1.81%，地下水可开采资源量 97.44 亿 m^3/a，占全国地下水可开采资源总量的 3.0%。

由于沉积物的类型、结构和地貌条件的不同，使得孔隙水的补给、径流、排泄条件也有显著的差异。根据它们的分布、补给和排泄条件，又可进一步分为山前冲洪积平原砂砾石层孔隙水、平原多层状砂层孔隙水、滨海平原孔隙水、山间盆地与河谷平原孔隙水、内陆盆地孔隙水、黄土孔隙－裂隙水、沙漠孔隙水七种亚类。

（二）碳酸盐岩岩溶裂隙溶洞水

碳酸盐岩岩溶裂隙溶洞水（简称岩溶水）赋存于碳酸盐岩的各种裂隙、管道、洞穴之中，其形成与分布，受地质构造、岩性结构、岩层组合关系、地貌条件以及气温和降雨强度等多种因素的控制，有时空分布极不均匀的特点。与其他类型的地下水相比，其赋存状态、径流和排泄条件，取决于岩溶的发育程度和分布特点。中国喀斯特地区地下水分布面积约 82.83 万 km^2，占全国评价区总面积的 8.73%。地下水可开采资源量 870.02 亿 m^3/a，占全国地下水可开采资源总量的 26.7%，开发利用价值非常大。根据中国碳酸盐岩的分布、埋藏状况，碳酸盐岩岩溶裂隙溶洞水又分为裸露半裸露岩溶裂隙溶洞水和隐伏岩溶裂隙溶洞水两个亚类。

碳酸盐岩在中国南方和北方都有广泛分布，但由于南北方的自然条件不同，形成的喀斯特发育程度有很大差异。一般来说，碳酸盐岩质纯，在气温高、降水量大的地区适合于喀斯特发育，中国南方广西、云南、贵州等省和湖北省的西部、湖南省的南部和广东省北部等地区喀斯特发育强烈，蕴藏的喀斯特裂隙溶洞水十分丰富。南方喀斯特地下水主要赋存于地下暗河系统里，地下水补给充沛，但地下水地表水转化频繁，喀斯特地下水难以被很好地开发利用，往往形成"一场大雨遍地淹，十天无雨到处干"的特殊干旱局面。

相对于南方，中国北方地区干燥、寒冷，但由于降水集中在气温较高的 7~9 月，有利于喀斯特发育，因此在碳酸盐岩分布的地区，喀斯特也比较发育。如华北地区的鲁中南地区、太行山山地、燕山山地等地区，在石炭系、寒武系、奥陶系碳酸盐岩分布的地区，喀斯特也比较发育。

（三）基岩裂隙水

基岩裂隙含水层主要包括碎屑岩、岩浆岩、变质岩等，主要出露于山区。中国山地占全国面积的 2/3，除喀斯特水分布区外，均为基岩裂隙水分布。按其所赋存的含水层又可分为碎屑岩裂隙水、岩浆岩裂隙水和变质岩裂隙水等。中国山区地下水分布面积约 574.98 万 km^2，占全国评价区总面积的 60.60%；地下水可开采资源量 971.67 亿 m^3/a，占全国地下水可开采资源总量的 27.54%。

碎屑岩裂隙水主要赋存于碎屑岩类的裂隙中，在中国分布极为广泛，含水层的岩性比较复杂。由于各地区的碎屑岩地层的成因、岩相变化、裂隙发育程度、富水性及水文地质构造特征等不同，造成各地区的碎屑岩含水特征及其分布具有很大的差异。例如，在中国西部的阿尔泰山、准噶尔盆地周边、天山山地等地区，广泛分布古生代和中生代的砂岩、砂砾岩等碎屑岩，主要补给来源为大气降水，地下水富水程度中等，矿化度一般小于 1g/L，个别地区高达 7g/L，地下水排泄于盆地或湖泊中。

岩浆岩裂隙水赋存于侵入岩的裂隙中，中国岩浆岩分布较广，主要为花岗岩类。如分布在大、小兴安岭、长白山等地主要为华力西花岗岩类；分布在昆仑山、祁连山、秦岭、大巴山及太行山等地区的是太古宙及中、新生代花岗岩类；分布在东南沿海丘陵地区、川滇西部及喜马拉雅山地的中、新生代花岗岩类。

变质岩裂隙水主要以赋存于深变质岩类的构造裂隙和风化裂隙中。主要分布于中国的阴山山地、辽东山地、昆仑山、秦岭、太行山、山东半岛、西藏、滇西及武夷山等地。地下水类型主要为潜水，以大气降水补给为主，以地下径流及泉水的形式排泄。

（四）多年冻土孔隙裂隙水

多年冻土区的地下水，是一种特殊类型的地下水。中国多年冻土区主要分布在大、小兴安岭北部、阿尔泰山、天山、祁连山及青藏高原等地区。按其分布地域的不同，多年冻土区的地下水又可分为高纬度地区多年冻土孔隙裂隙水和中、低纬度高原多年冻土孔隙裂隙水两类。高纬度地区多年冻土孔隙裂隙水，主要分布在中国东北的大、小兴安岭和阿尔泰山。地下水以固态形式赋存于冻土的空隙中，它的运动和循环主要决定于热力条件的变化，形成液态和固态水的相互转化。

中、低纬度高原多年冻土孔隙裂隙水，主要分布在天山、祁连山、青藏高原等地区。青藏高原地域辽阔，高原多年冻土的下限南北不同，在祁连山区为 3 500 ~ 3 800m，昆仑山北坡为 4 350m，唐古拉山南坡为 4 700m 以上，喜马拉雅山北坡高达 5 000m 左右。

二、地下水资源量及其分布

（一）地下水资源量及其水质量

根据国土资源部在 2000 ~ 2002 年期间开展的新一轮全国地下水资源评价工作结果，中国全国地下淡水天然资源多年平均为 8 837 亿 m^3，约占全国水资源总量的 1/3，其中山区为 6 561 亿 m^3，平原为 2 276 亿 m^3；地下淡水可开采资源多年平均为 3 527 亿 m^3，其中山区为 1 966 亿 m^3，平原为 1 561 亿 m^3。另外，全国地下微咸水（矿化度 1 ~ 3g/L）天然资源多年平均为 277 亿 m^3，半咸水（矿化度 3 ~ 5g/L）天然资源多年平均为 121 亿 m^3。

中国地下水资源受补给条件、人工开发等因素的影响，地下水资源也在不断发生变化，并呈现如下变化趋势：

（1）北方地下水资源量减少，南方地下水资源量增加。北方地区多年平均天然资源量减少 122 亿 m^3，可开采资源量减少约 56 亿 m^3。南方地区多年平均天然资源量增加 242 亿 m^3，可开采资源量增加约 643 亿 m^3（表 5.6）。

（2）平原区地下水资源量减少，山区地下水资源量增加。平原区多年平均天然资源量减少 228 亿 m^3，可开采资源量减少约 309 亿 m^3。山区多年平均天然资源量增加 348 亿 m^3，可开采资源量增加约 896 亿 m^3（表 5.7）。

（3）单位面积可开采资源量减少，全国适宜开采或引用地下水的地区平均地下水开采模数（每年每 km^2 可开采地下水资源量）已由 15 万 $m^3/(km^2 \cdot a)$ 减少到 6 万 $m^3/(km^2 \cdot a)$。其中：南方平原区为 17.8 万 $m^3/(km^2 \cdot a)$，山区为 6.4 万 $m^3/(km^2 \cdot a)$；北方平原区为 6.6 万 $m^3/(km^2 \cdot a)$，山区不足 2.5 万 $m^3/(km^2 \cdot a)$。

表 5.6　地下淡水天然资源量变化统计表（亿 m^3/a）

分布地区	全国			北方			南方		
	1984 年	2002 年	增减量	1984 年	2002 年	增减量	1984 年	2002 年	增减量
平原	2 503.90	2 275.57	-228.33	1 773.53	1 429.41	-344.12	730.37	846.16	115.79
山区	6 212.93	6 560.91	347.98	1 091.57	1 313.26	221.69	5 121.36	5 247.65	126.29
合计	8 716.83	8 836.48	119.65	2 865.10	2 742.67	-122.43	5 851.73	6 093.81	242.08

表 5.7　地下淡水可开采资源量变化统计表（亿 m^3/a）

分布地区	全国			北方			南方		
	1984 年	2002 年	增减量	1984 年	2002 年	增减量	1984 年	2002 年	增减量
平原	1 870.65	1 561.20	-309.45	1 371.86	1 089.84	-282.02	498.79	471.36	-27.43
山区	1 069.84	1 966.58	896.74	220.84	446.46	225.62	849.00	1 520.13	671.13
合计	2 940.49	3 527.78	587.29	1 592.70	1 536.30	-56.40	1 347.79	1 991.49	643.70

（二）地下水资源分布特征

地下水的形成和分布，受地质、气候、水文等自然因素的控制。中国地下水资源的分布存在明显的区域差异，自西向东的昆仑山—秦岭—淮河一线，既是中国自然地理景观的重要分界线，也是中国区域水文地质条件和地下水区域分布存在明显差异的分界线。此线以南地下水资源丰富，以北地下水资源相对匮乏。

南方地下水资源比北方丰富。南方地区地下淡水天然资源每年为 6 094 亿 m³，占全国地下淡水天然资源的 69%。可开采资源量每年为 1 991 亿 m³，占全国地下水可开采资源量的 56%。北方地区地下淡水天然资源每年为 2 743 亿 m³，占全国地下淡水天然资源的 31%。可开采资源量每年为 1 536 亿 m³，占全国地下水可开采资源量的 44%。

山区地下水资源多于平原区。平原区地下水天然资源量每年为 2 567 亿 m³，可开采资源量每年为 1 561 亿 m³。山区地下水天然资源量每年为 6 668 亿 m³，可开采资源量（主要分布于山间盆地和河谷平原）每年为 1 967 亿 m³（表5.8）。

根据地下水资源的形成和分布的特点，全国地下水资源可分为 26 个区。从各区的地下水资源分布来看，以珠江流域和雷琼地区最为丰富，其地下水天然资源补给模数分别达 32.2 万 m³/(km²·a) 和 41.5 万 m³/(km²·a)；长江流域平均补给模数为 14.8 万 m³/(km²·a)，其中洞庭湖流域达 23.1 万 m³/(km²·a)；华北平原补给模数在 5 万 m³/(km²·a) 左右；西北地区最小，不足 5 万 m³/(km²·a)。

表5.8　地下水天然资源量分布表（亿 m³/a）

分布地区	地下水资源量			地下水可开采量		
	全国	北方	南方	全国	北方	南方
平　原	2 566.81	1 648.90	917.91	1 561.19	1 089.84	471.35
山　区	6 667.91	1 334.25	5 333.66	1 966.59	446.47	1 520.12
合　计	9 234.72	2 983.15	6 251.57	3 527.78	1 536.31	1 991.47

中国各大平原和盆地是地下水资源的富集区。其中松辽平原、三江平原、黄淮海平原、河西走廊、准噶尔盆地、塔里木盆地、柴达木盆地、四川盆地等平原、盆地的地下水天然资源量每年达 2 045 亿 m³，占全国地下水天然资源量的 22%，地下淡水可开采资源量每年为 1 082 亿 m³，占全国地下水可开采资源量的 31%（表5.9）。

表5.9　主要平原和盆地的地下水资源数量表（亿 m³/a）

平原、盆地	松辽平原	三江平原	黄淮海平原	河西走廊	准噶尔盆地	塔里木盆地	柴达木盆地	四川盆地	合计
天然资源量	276.69	81.60	546.04	61.16	296.17	333.39	60.99	389.19	2 045.23
可开采资源量	224.68	68.72	343.59	25.72	90.45	144.43	30.98	153.69	1 082.26

（三）地下水资源开发利用

1949 年以来，全国地下水开采量一直持续增长。地下水年开采量，20 世纪 70 年代平均每年为 572 亿 m^3，80 年代增加到 748 亿 m^3，1999 年达到 1116 亿 m^3。其中北方地区地下水开采量占全国开采量的 76%。从 80 年代到 90 年代期间，开采量增长较快的省份有河南（43 亿 m^3）、湖南（24 亿 m^3）、辽宁（21 亿 m^3）。1999 年开采量排在前三位的省份是河北（149 亿 m^3）、河南（129 亿 m^3）、山东（123 亿 m^3）。

总体上北方开采程度高于南方。北方除青海省外，开采程度均超过 20%。其中天津市、河北省和北京市开采程度超过 100%，开采程度超过或接近 70% 的有山东、河南、山西、辽宁。南方地下水开采程度除上海超过 90%，贵州、江苏、重庆超过 20% 外，其他省份均小于 20%。中国的台湾省超采。

随着社会经济的快速发展和地下水开发技术的不断提高，中国地下水开发正在向"深"、"广"的方向发展，开采层不断加深，开采范围不断扩大。全国 660 个城市中，开采地下水的城市有 400 多个；地下水有效灌溉面积 7.48 亿 hm^2，占全国耕地总面积的 40%；过去东南沿海从不开采地下水的地区，现在也大量开采地下水；华北平原、长江三角洲等地区，因浅层地下水污染，地下水开采大量转向深层地下水。地下水的开发利用，一方面给社会经济发展提供了水源支撑，另一方面不合理超量开采地下水，诱发了许多环境地质问题。特别是以地下水为主要供水水源的北方城市和地区，掠夺式开采现象严重，引发的环境地质问题突出。

三、地热水的区域分布

（一）地热水分布的构造特征

根据全国温泉、钻孔热水水温变化的地域趋势分析，结合区域地质特点，中国地热水分布特点是：

（1）构造运动剧烈的地区，温泉数量多，水温高，80℃ 以上的温泉集中分布，如广东、福建、台湾东南沿海一带和滇藏、川西北、青藏一带。

（2）构造运动最剧烈、运动时代最年轻的地区，有达到沸点的温泉分布，如台湾、滇西、青藏等地区。

（3）地壳运动较弱、很少岩浆活动的所谓地台地区，水温较低，都在 40～60℃，如川（不含川西北）、黔、内蒙古鄂尔多斯等地区。

（4）水温小于 40℃ 的温泉，各地均有分布，但大部分较零星，一般情况下不具区域构造意义。

（二）山地热水的分带性

以热水热量为划分依据，以区域泉温等级和千米埋深处地温作为热量指标，全国山地热水带分为高温带，高、中温带，中、低温带，低温－深埋热水带和高温水－碳酸水富集带：

（1）高温带。包括藏滇高温带和台粤闽高温带。其中藏滇高温带包括高温水汽亚带和高、中温热水亚带。北界唐古拉山，向东呈弧形沿金沙江进入云南。高温水汽亚带延伸较远，向东南沿哀牢山直至国境线，接近沸点的温泉都分布在其西、南侧；台粤闽高温带包括高温水、汽亚带和高、中温热水亚带。总体为北东走向，西界不清，北界大致在福州—衡阳一线，也就是相当于南岭纬向构造带分布的最北部位。台湾弧形岛属大陆边缘，是本带东界。

（2）高、中温带。包括阴山纬向高、中温带，郯城－庐江高、中温带，祁连－青海高、中温带，康定－玉树高、中温带。其中，阴山纬向高、中温带整体走向东西，北界在承德—沈阳一线，向东直到海滨；南界为北京—辽东半岛一线，在这两界线之外，基本上没有温泉分布；西界为北东走向，沿河北怀来、宣化、辽宁省宁城一线，该线以西，温泉逐渐稀少，温度逐渐降低。郯－庐断裂带内已知温泉包括山东临沂温泉（水温56℃）、江苏东海西北部温泉（泉口水温47.5℃）、安徽庐江在孔深百米多处打出水温67℃、自流量 7 000t/d 的承压水。祁连－青海高、中温带的北界为祁连山，南界为积石山北麓，两界线以外温泉较少；东界在甘肃省临夏附近切过秦岭，该线以东温泉稀少，水温较低。康定－玉树高、中温带的温泉沿构造线呈北西40°～50°带状分布，大致相当于呈三角形状的松潘甘孜褶皱带西南边的一段，构造复杂，地震频繁，温泉温度多数在50℃以下。康定和甘孜的90℃～96℃温泉实际上已超过当地沸点，泉口能听到喷汽声响，流量一般较大，单泉可达 3～5L/s，个别达 202L/s。

（3）中、低温带。包括晋北中、低温带，秦岭纬向中、低温带，华蓥－雪峰中、低温带，滇东中、低温带，天山低温带等。晋北中、低温带北界为阴山山脉北缘，东接阴山纬向高中温热水带，西接鄂尔多斯盆地，南界呈东西向由河北省平山县至山西省忻县一线。本带温泉集中在两条北东走向线上：作为东界的五台山（山西）—宁城（辽宁）一线，水温较高，60～80℃及大于80℃的温泉多处出现；稍西，呼和浩特以东至集宁（今乌兰察布）一线，水温为 40～60℃；再西则小于40℃。水质东部为硫酸钠型，西部为重碳酸钠型，南部为氯化钠型。

（4）低温－深埋热水带。包括吉林北部、黑龙江和部分内蒙古地区，温泉极少，水温很低，并有大量碳酸泉分布；热水热量类似的情况出现在南岭纬向构造带的北侧，大致以闽江为界，包括闽北和浙江；同样出现在秦岭纬向构造带的北侧，包括山西南部和山东西部。这些地区 1～2km 深度内不会有较高温度的热水。

（5）高温水－碳酸水富集带。主要分布在台、粤、闽地区，包括4条互相平行排列按北东向展布的条带。最东面的一条，从台北沿台湾山脉西麓纵贯台湾岛南北；向西为第二条，从福州—漳州—莲花山东麓的陆丰以西至宝安，再向西南，可能在阳江之东入海，其东北端已延入浙江境内，在青田，宁波第四纪沉积地层中有所显示；第三条，从武夷山东麓西南—梅县（今梅州市）至定南之间—龙川、河源，再向西南可能经广州附近止于茂名、吴川；第四条，从郴县赣州之间—韶关—怀集—云开大山西北麓，入北部湾。

（三）中、新生代沉积盆地热水分带

中国东部发育三大构造沉降带，第一带为东部海域；第二带北起松辽平原，南到北部湾；第三带北起呼伦贝尔，南到四川盆地。西部各沉积盆地都归为西部盆地。

位置距大陆边缘相对较近的第二沉降带，水温相对高，而内陆的西部盆地水温普遍较低。大量勘探资料表明，第二沉降带内存在总体上东高西低的水温变化趋势。从松辽平原地温等值线图可知，由东向西，水温从60℃降为50℃；华北平原的天津和北京相比较，在相同深度上天津热水千米钻孔孔口水温平均为60℃，而北京同样深度平均为55℃，奥运地热井——奥热1井，深2700m，孔口水温70℃，流量2400t/d。从华北平原300m埋深地温等值线图上也能看到东高西低的同样趋势。从湛江地区埋深200m承压水水温等值线图上可以看出，同深度水温由东向西由33℃渐降为29℃。

第六节　水资源与地带性分布

一、水资源总量及其分布

水资源总量为当地降水形成的地表和地下产水量。水资源总量由两部分组成，第一部分为河川径流量，即地表水资源量；第二部分为降雨入渗补给地下水而未通过河川基流排泄的水量，即地下水资源量中与地表水资源量计算之间的不重复量（水利部水利水电规划设计总院，2002）。

（一）水资源总量

根据1956~2000年资料系列计算，全国多年平均水资源总量为28 405亿 m³，其中地表水资源量为27 328亿 m³，约占水资源总量的96%，地下水资源量中与地表水资源量的不重复计算水量为1 077亿 m³，约占水资源总量的4%。全国来水频率（或来水保证率）为20%的丰水年、频率为50%的平水年、频率为75%的枯水年、频率为95%的特枯水年的水资源总量分别为30 068亿 m³、28 358亿 m³、27 045亿 m³ 及25 208亿 m³（表5.10）。

表5.10　水资源一级区水资源总量*

水资源一级区	降水量/亿 m³	地表水资源量/亿 m³	地下水资源量/亿 m³		水资源总量/亿 m³	不同频率水资源总量/亿 m³				产水系数	产水模数/(万 m³/km²)
			资源量	其中不重复量		20%	50%	75%	95%		
松花江区	4 719	1 296	478	196	1 492	1 839	1 450	1 181	861	0.32	15.96
辽河区	1 713	408	203	90	498	625	481	383	269	0.29	15.86
海河区	1 712	216	235	154	370	470	347	272	199	0.22	11.57

水资源一级区	降水量/亿 m³	地表水资源量/亿 m³	地下水资源量/亿 m³ 资源量	其中不重复量	水资源总量/亿 m³	不同频率水资源总量/亿 m³ 20%	50%	75%	95%	产水系数	产水模数/(万 m³/km²)
黄河区	3 555	594	378	113	707	820	693	605	502	0.20	8.89
淮河区	2 767	677	397	239	916	1 170	878	685	461	0.33	27.77
长江区	19 370	9 857	2 492	103	9 960	10 947	9 914	9 130	8 079	0.51	55.87
其中：太湖流域	434	161	53	16	177	221	172	138	98	0.41	48.07
东南诸河区	4 338	2 623	655	34	2 657	3 155	2 611	2 223	1 739	0.61	108.74
珠江区	8 948	4 708	1 159	15	4 723	5 342	4 682	4 192	3 556	0.53	81.73
西南诸河区	9 186	5 775	1 440		5 775	6 348	5 749	5 294	4 684	0.63	68.42
西北诸河区	5 421	1 174	790	133	1 307	1 405	1 304	1 226	1 120	0.24	3.89
北方地区	19 886	4 365	2 480	926	5 291	5 900	5 257	4 774	4 137	0.27	8.74
南方地区	41 842	22 963	5 746	151	23 114	24 846	23 056	21 683	19 794	0.55	67.02
全国	61 728	27 328	8 226	1 077	28 405	30 068	28 358	27 045	25 208	0.46	29.88

* 水利部水利水电规划设计总院，2004 年 7 月，中国水资源及其开发利用调查评价。

（二）水资源分布

与前述降水量分布基本一致，中国水资源总量呈现南方多、北方少和山区多、平原少的基本格局。北方地区水资源总量为 5 291 亿 m³（其中地表水资源量占 83%），占全国的 19%；南方地区为 23 114 亿 m³（其中地表水资源量占 99%），占全国的 81%。在全国水资源总量中，山丘区水资源总量约占 90%，平原区约占 10%。全国多年平均产水系数（水资源总量与相应降水量的比值）和产水模数（单位面积上的水资源总量）分别为 0.46 和 29.9 万 m³/km²。无论产水系数还是产水模数，北方地区均小于南方地区，南方产水系数为北方的 2 倍，产水模数为北方的 7.7 倍。北方各水资源一级区多年平均产水系数均在 0.35 以下，6 个水资源一级区平均为 0.27，南方各水资源一级区多年平均产水系数均在 0.50 以上，4 个水资源一级区平均为 0.55。北方地区多年平均产水模数为 8.7 万 m³/km²，南方地区达 67.0 万 m³/km²。山丘区多年平均产水模数为 37.4 万 m³/km²，平原区为 10.6 万 m³/km²。

二、气候变化对水资源影响

（一）近 50 年水资源量变化特征

对比 1980～2000 年系列（近期下垫面条件）水资源量计算结果与 1956～1979 年

系列（代表 1970 年代下垫面条件），全国降水总量变化不大。南方与北方地表水资源量和水资源总量各不相同：南方地区河川径流量和水资源总量增加幅度接近 5%；但北方地区水资源量减少明显，以黄河、淮河、海河和辽河区最为显著，4 个水资源一级区合计降水量减少 6%，河川径流量减少 17%，水资源总量减少 12%。其中海河区降水量减少 10%、河川径流量减少 41%、水资源总量减少 25%，淮河区山东半岛降水量减少 16%、河川径流量减少 53%、水资源总量减少 34%。

北方部分地区水资源数量减少的原因是降水偏枯和人类活动对下垫面的影响，且降水量减少是主要影响因素，黄淮海辽 4 个水资源一级区，由于降水偏枯导致的地表水资源量减少约占其总减少量的 75%，其中黄河区约占 60%，淮河区和海河区约占80%。下垫面条件变化对产水的影响也比较明显。据统计，黄淮海辽 4 个水资源一级区中，近期下垫面条件与原来下垫面条件比较，降雨径流关系发生变化的区域面积约占全区总面积的 35%，正常降水条件下径流衰减幅度一般为 10% ~ 20%，降水偏小条件下，其减少幅度一般可达 15% ~ 40%。

地下水资源量的变化除受降水和地表水等补给水源的变化影响外，还受到下垫面条件（主要是地下水埋深及补给来源等）变化的影响。对比 1980 ~ 2000 年系列与 1956 ~ 1979 年系列地下水资源评价成果，全国地下水资源量减少 62 亿 m^3，变幅为 0.75%，但部分区域变化较大。受降水量与渠灌面积增加和地下水埋深增加的影响，辽河平原区和松花江平原区分别增加 7.9% 和 9.9%；黄河平原区地下水资源量两次评价成果基本持平；海河平原区地下水资源量减少 10%，这一方面是由于降水量和灌溉水量减少，另一方面是由于地下水埋深大幅度增加，达到了不利于地下水补给的地下水埋深，从而使地下水补给量减少。淮河平原区地下水资源量减少 6%，主要原因是由于降水量减少。西北诸河平原区因部分荒漠区尚无详细的计算，无完整资料，但估计地下水资源量大约减少 17%。

地表水资源受自然因素和人类活动共同影响。中国部分河流受人类活动影响强烈，其河流实际流量明显减少甚至断流，影响或破坏了河道内的水生态与水环境，特别是河道萎缩，给防洪带来负面影响。据全国主要江河近 600 个代表性河流控制水文站资料分析，约 76% 测站的径流过程不同程度地受到人类取用水等活动的影响，其实测径流量与天然径流量相比明显减小，河流水文情势变化显著，特别是北方地区河流情势变化最为突出。随着北方地区水资源开发利用程度的提高，河流实测径流量占天然径流量的比例，大部分测站 1980 年代以后的比例明显低于 1980 年代以前的比例，且来水越枯、比值越小，用水矛盾十分尖锐。黄河、淮河、海河和辽河区 1980 ~ 2000 年系列多年平均实测径流量占天然径流量的比例一般为 50% ~ 80%，部分河流（段）为20% ~ 60%，个别河流（段）仅 10%，有的河段甚至常年干涸。此外，由于气候干旱、人类活动对产流的影响以及取用水的影响，北方河流入海水量也显著减少，黄淮海 3 个水资源一级区 1990 年代入海水量比 1950 ~ 1960 年代减少了 49%。

内陆河一般出山口以上为产水区，出山口以下为径流散失区。通过对内陆河控制站径流资料的比较及区间用水与耗水量的对比分析，中国西部主要内陆河出山口水文站天然径流量（基本等于实测径流量）1980 ~ 2000 年系列较 1956 ~ 1979 年系列基本没有出现减少的现象，有些河流还有增加趋势，但由于用水增加，流出山前绿洲地区和流入下游尾闾湖泊的河流实际径流量呈显著减少趋势，导致下游天然绿洲退化并引发土地沙化等生态问题。例如，1950 年代，黑河下游的东、西居延海入湖水量分别为 5.3 亿 m³、0.6 亿 m³，1990 年代因无水入湖而干涸；新疆艾比湖的入湖水量由 1950 年代的 15 亿 m³ 减少到 1990 年代的 11 亿 m³，湖泊面积减少了约一半；塔里木河上游的阿拉尔、新其满和中游英巴扎的来水量 1990 年代比 1950 年代分别减少 16%、25% 和 38%，而下游恰拉断面则减少了 80%；石羊河流域由于中游取用水的影响，下游红崖山站河道实际径流量 1990 年代比 1950 年代减少了 74%。由于这些河流下游河段实际径流量和下游尾闾入湖水量显著减少，因此对下游地区天然绿洲带来严重影响。

（二）气候变化对中国水资源影响

在气候变化的条件下，流域的降雨、径流、蒸发及土壤水均将发生变化。对黄河、汉水、赣江、淮河和海河流域径流的敏感性分析表明，在假定的降水变化（0，±25%，±50%）和气温变化幅度（0℃，±1℃，±2℃）的条件下，中国径流对降水的敏感性远大于气温，地表径流受气候变化的影响比总径流更显著；较湿润和较干旱的流域对气候变化的敏感程度小于半湿润半干旱气候区，且由南向北、自山区向平原区显著增加，干旱的内陆河地区和较干旱的黄河上游地区最不敏感，南方湿润地区次之；径流变化最敏感的地区为半湿润半干旱气候区，如松辽流域、海河流域和淮河流域。

同时，在气候变化、人类活动等作用下，水资源系统的结构也将发生变化，水资源的数量减少和质量降低，进一步引发水资源供给、需求、管理的变化和旱涝等自然灾害的发生程度的变化。水利部水资源信息中心根据人口预测模型分析，采用 2050 年人口达到 16.2 亿、2100 年维持在这一水平的中速情景，利用可变下渗能力（VIC）分布式水文模型和 PREIS 50km×50km SERS A2 和 B2 情景嵌套，计算分析了多年平均径流深的变化。分析表明，在未来 50~100 年，全国多年平均气温与多年平均降水量较基准情景年均有所增加，北方部分省份（宁夏、甘肃、陕西、山西、河北等）多年平均径流明显减少，南方部分省份（湖北、湖南、江西、福建、广西、广东和云南等）显著增加。因此，气候变化将可能增加中国洪涝和干旱灾害的发生频率。从人均水资源量看，未来 50~100 年，全国北方地区除天津和辽宁外，气候变化没有从根本上缓解人口与经济社会发展所造成的水资源短缺问题，相反进一步加剧了宁夏、甘肃、青海、新疆、山西、陕西等省（区）的人均水资源短缺现状，减少幅度大约在 20%~40%。

中国未来气候如继续变暖，降水格局可能出现变化。2040 年以前中国年降水量呈波动起伏变化，从 2015 年开始，华北可能逐步转向多雨趋势；南方降水则呈现减少的趋势。在 2040 年以后，降水量可能持续明显增加，到 21 世纪末可能增加 8%~10% 左右，北方降水增加速率更快，降水增加幅度华北地区最大，东北地区次之，而南方降水减少，这将可能使得中国目前夏季降水的南涝北旱形势发生逆转，有利于缓解中国北方水资源供水压力。气候变暖同时可改变降水频率分布，总降水量增大的区域其强降水事件频率很可能有明显增多的趋势，即使总降水量不变甚至减少，强降水事件频次也可能增加（《气候变化国家评估报告》编写委员会，2007）。初步研究表明，中国未来降水日数将增加，北方地区增加显著，南方也将增多；21 世纪后期中国东部大雨和暴雨等强降水事件发生频率可能明显上升。需要指出的是，对未来全球变暖背景下中国降水变化趋势的预测存在一定的不确定性，还需进行更加深入的研究（高歌等，2009）。

参 考 文 献

柴岫. 1990. 泥炭地学. 北京：地质出版社

车涛，李新. 2005. 1993~2002年中国积雪水资源时空分布与变化特征. 冰川冻土，27（1）：64~67

陈刚起，牛焕光，吕宪国. 1996. 三江平原沼泽研究. 北京：科学出版社

陈刚起，张文芬. 1982. 三江平原沼泽对河川径流影响的初步分析. 地理科学，2（3）：254~263

陈隆亨，曲耀光等. 1992. 河西地区水土资源及其合理开发利用. 北京：科学出版社

崔保山，杨志峰. 2006. 湿地学. 北京：北京师范大学出版社

崔丽娟. 2001. 湿地价值评价研究. 北京：科学出版社

邓伟，胡金明. 2003. 湿地水文学研究进展及科学前沿问题. 湿地科学，1（1）：12~20

窦鸿身，姜加虎. 2000. 洞庭湖. 合肥：中国科学技术大学出版社

窦鸿身，姜加虎. 2003. 淡水湖. 合肥：中国科学技术大学出版社

郭东信. 1990. 中国的冻土. 兰州：甘肃教育出版社

国家地图集编纂委员会. 1999. 中华人民共和国国家自然地图集. 北京：中国地图出版社

国家环境保护总局自然生态保护司. 2006. 中国国家级自然保护区. 北京：中国环境科学出版社

国家林业局等. 2000. 中国湿地保护行动计划. 北京：中国林业出版社

国家林业局野生动植物保护司. 2001. 沼泽管理与研究方法. 北京：中国林业出版社

湖南省志编纂委员会. 1962. 湖南省志·地理志. 长沙：湖南人民出版社

黄锡畴. 1982. 试论沼泽的分布和发育规律. 地理科学，2（3）：193~201

金相灿. 1995. 中国湖泊环境，北京：海洋出版社

金相灿，刘鸿亮，屠清瑛等. 1990. 中国湖泊富营养化. 北京：中国环境科学出版社

郎惠卿，祖文辰，金树仁. 1983. 中国沼泽. 济南：山东科学技术出版社

雷昆，张明祥. 2005. 中国湿地资源及其保护建议. 湿地科学，3（2）：81~85

李波，濮培民. 2003. 淮河流域及洪泽湖水质的演变趋势分析. 长江流域资源与环境，12（1）：67~73

李吉均，郑本兴，杨锡金等. 1986. 西藏冰川. 北京：科学出版社

李文华. 2007. 森林与湿地保育及林业发展战略研究. 北京：科学出版社

刘俊峰，杨建平，陈仁升等. 2006. SRM融雪径流模型在长江源区冬克玛底河流域的应用，地理学报，61（11）：1149~1159

刘凯，黎夏，王树功等. 2005. 珠江口近20年红树林湿地的遥感动态监测. 热带地理，25（2）：111~116

刘文，李智录，李抗彬. 2007. RM融雪径流模型在塔什库尔干河流域的应用研究，理论研究，3：43~46

刘兴土. 1997. 中国沼泽综合分类系统的探讨. 地理科学，17（增刊）：389~399

刘兴土. 2005. 东北湿地. 北京：科学出版社

刘兴土. 2007. 三江平原沼泽湿地的蓄水与调洪功能. 湿地科学，5（1）：64~68

刘兴土，邓伟，刘景双. 2006. 沼泽学概论. 长春：吉林科学技术出版社

罗开富. 1954. 中国水文区划草案. 北京：科学出版社

吕娟，周魁一. 1999. 洞庭湖的萎缩：人类围垦是自然淤积的三倍. 中国水利，（12）：46~46

马滇珍，张象明. 2002. 我国地表水资源近期变化趋势. 水利水电科技进展，22（6）：1~3

马学慧. 1982. 我国泥炭性质及发育的探讨. 地理科学，2（2）：106~116

马学慧，牛焕光. 1991. 中国的沼泽. 北京：科学出版社

潘红玺，王苏民. 2001. 中国湖泊矿化度的空间分布. 海洋与湖沼，32（2）：185~191

秦伯强，胡维平，陈伟民等. 2004. 太湖水环境演化过程与机理. 北京：科学出版社

秦毅苏，朱延华，曹树林等. 1998，黄河流域地下水资源合理开发利用. 郑州：黄河水利出版社

邱国庆，黄以职，李作福等. 1983. 中国天山地区冻土的基本特征. 见：中国科学院兰州冰川冻土研究所编辑. 中国地理学会中国土木工程学会第二届全国冻土学术会议论文选集. 兰州：甘肃人民出版社. 21~29

施成熙. 1989. 中国湖泊概论. 北京：科学出版社

孙广友. 1998. 试论沼泽综合分类系统. 地理学报，53（增刊）：141~147

孙林海，陈兴芳. 2003. 南涝北旱的年代气候特点和形成条件. 应用气象学报，14（6）：641~647

汤奇成等. 1988. 中国河流. 北京：科学出版社

万金保，闫伟伟. 2007. 鄱阳湖水质富营养化评价方法应用及探讨. 江西师范大学学报（自然科学版），31（2）：210~214

王洪道，窦鸿身，颜京松等. 1989. 中国湖泊资源. 北京：科学出版社

王洪道，史复祥. 1980. 我国湖泊水温状况的初步研究. 海洋湖沼通报，（3）：21~30

王建，李硕. 2005. 气候变化对中国西北地区山区融雪径流的影响. 中国科学（D辑），35（7）：664~670

王苏民，窦鸿身. 1998. 中国湖泊志. 北京：科学出版社

肖笃宁. 2001. 环渤海三角洲湿地的景观生态学研究. 北京：科学出版社

熊怡，张家桢. 1999. 中国水文区划. 北京：科学出版社

阎百兴，王毅勇，徐治国等. 2004. 三江平原沼泽生态系统中露水凝结研究. 湿地科学，2（2）：94~99

杨锡臣，汪宪枢. 1989. 中国的湖泊与水库. 南京：江苏科学技术出版社

杨永兴. 1988. 三江平原沼泽的生态分类. 地理研究，7（1）：27~35.

杨针娘，胡鸣高，刘新仁等. 1996. 高山冻土区水量平衡及地表径流特征. 中国科学（D辑），26（6）：567~573

杨针娘，刘新仁，曾群柱等. 2000. 中国寒区水文. 北京：科学出版社

姚足金. 1979. 中国地下热水分布的分带. 见：国家地质总局书刊编辑室编辑. 国际交流地质学术论文集（5）水文地质、工程地质. 北京：地质出版社

叶柏生，韩添丁，丁永建. 1999. 西北地区冰川径流变化的某些特征. 冰川冻土，21（1）：54~58

叶柏生，赖祖铭，施雅风. 1996. 气候变化对中亚河川径流的影响. 冰川冻土，18（1）：29~36

尹善春. 1991. 中国泥炭资源及其开发利用. 北京：地质出版社

张家武，金明，陈发虎等. 2004. 青海湖沉积岩芯记录的青藏高原东北部过去800年以来的降水变化. 科学通报，49（1）：10~14

张树清，陈春. 1999. 三江平原湿地遥感分类模式研究. 遥感技术与应用，14（1）：54~58

张宗祜，李烈荣. 2004a. 中国地下水资源. 北京：中国地图出版社

张宗祜，李烈荣. 2004b. 中国地下水资源与环境图集. 北京：中国地图出版社

张宗祜，沈照理，薛禹群等. 2000. 华北平原地下水环境演化. 北京：地质出版社

赵魁义. 1999. 中国沼泽志. 北京：科学出版社

赵魁义，何池全. 2000. 人类活动对若尔盖高原沼泽的影响与对策. 地理科学，20（5）：443~449

赵林，程国栋，李述训等. 2000. 青藏高原五道梁附近多年冻土活动层冻结和融化过程. 科学通报，45（11）：1205~1211

赵运昌. 2002. 中国西北地区地下水资源. 北京：地震出版社

中国科学院《中国自然地理》编辑委员会. 1981. 中国自然地理·地表水. 北京：科学出版社

中国科学院兰州地质研究所. 1979. 青海湖综合考察报告. 北京：科学出版社

中国科学院南京地理研究所. 1965. 太湖综合调查报告. 北京：科学出版社

中国科学院水资源领域战略研究组. 2009. 中国至2050年水资源领域科技发展路线图. 北京：科学出版社

中国科学院长春地理研究所沼泽研究室. 1983. 三江平原沼泽. 北京：科学出版社

中华人民共和国水利部. 2006. 中国河流泥沙公报. 北京：中国水利水电出版社

中国湿地植被编辑委员会. 1999. 中国湿地植被. 北京：科学出版社

中华人民共和国水利部. 2006. 中国河流泥沙公报. 北京：中国水利水电出版社

中华人民共和国水利部. 2008. 中国水资源公报2007. 北京：中国水利水电出版社

第六章　中国土壤地理

土壤是自然地理环境的组成要素之一，是国家的重要资源和农业的基础，在人类生产和生活中起着不可替代的作用。

在自然地理环境中，土壤作为一个独立的圈层处于岩石圈、水圈、大气圈、生物圈和人类智慧圈的界面与相互作用交叉带，是联结自然地理环境各组成要素的纽带。在土壤形成过程中，它与自然地理环境之间通过物质交换和能量转化，不断改变自身的状态而生成发育。土壤是自然地理环境各要素综合作用的产物，同时它对自然地理环境的发展亦产生重大影响。因此，土壤与自然地理环境之间在发生、发展上存在紧密的联系和制约关系。

我国的土壤种类繁多，既有各种自然土壤，又有大面积的人为土壤。可以说，除少数者外，世界上的土壤类型在我国都有分布，而且有些土壤类型还具有我国的特色。我国丰富的土壤资源，为中华民族的繁衍生息提供了有力的保证。我国地域辽阔，繁多的土壤类型、形态特征各异、不同的分布组合，为因地制宜合理利用和保护土壤资源，为区域发展和生态建设提供了基础。以下根据中国土壤系统分类的理论与实践（龚子同，1999），就我国土壤形成与演化、土壤类型性质特征、分布规律和土壤地理分区加以分析探讨，并在此基础上简要阐明土壤资源的保护和合理利用。

第一节　土壤形成与演化

土壤是自然客体，深受多种自然因素和社会因素的制约。我国幅员广大，地形、气候、母质和植被等的空间分布复杂多样，尤其是我国农业耕作历史悠久，人为活动对土壤形成与发展有着深刻的影响。

我国的自然环境特点决定了我国土壤的形成和分布具有明显的地带性或区域性变化。与气候状况相适应，东部地区的土壤大部分属于湿润土壤系列，具有湿润、半湿润土壤水分状况，土壤的分布大体随纬度而变化；西部地区的土壤多属干旱土壤系列，土壤水分状况为干旱和半干旱类型，土壤分布则随距海远近而呈东西排列。不同海拔高度的山地和山体两侧，也由于水热条件的不同，导致土壤形成发育过程和土壤性状的垂直分异。此外，蒸发量与年降水量的比值及其变化，对我国土壤的形成有重大的影响。在南方地区，降水量超过蒸发量，风化作用和成土作用的产物遭到强烈淋洗，土壤中几乎不存在可溶性盐，胶体高度不饱和，富铁铝化过程明显，土壤呈微酸性至强酸性反应；与此相反，北方地区蒸发量多超过降水量，风化产物和成土产物所受的淋溶作用较弱，大部分土壤都富含石灰、石膏和可溶性盐分，盐基高度饱和，土壤呈微碱性至强碱性。越向西北气候越干旱，土壤含盐更为普遍。应该指出，我国东部地区降雨与高温季节是一致的，即所谓"雨热同期"。这对土壤形成过程的发展是有利的。但夏季雨水过于集中，常造成土层滞水而引起季节性潜育作用，使铁、锰等物质还原并随下渗水流和侧流而淋失，形成特有的灰白层（漂白层），这种现象在东北和华东地区比较普遍。

我国的地质构造和母质类型相当复杂，不同岩层及其所形成的风化壳具有不同的特性，对土壤矿质养分含量、胶体品质、土层厚度和机械组成等都有直接的影响，并在一定程度上起着加速和阻滞土壤发育的作用。特别是我国南方地区含碳酸盐岩的母质，因 Ca、Mg 含量丰富，能够不断溶解释放，对淋失的土壤盐基进行补充，富铝化的发展因此受到延缓。

植被的作用与地形、气候和母质等因素相联系，是我国土壤形成的另一个十分重要的影响因素。我国东部季风地区分布着各种类型的森林植被，西北地区主要为草原和荒漠植被，青藏高原又有高山草甸和高山草原植被。不同植被类型进行的生物循环过程有明显的差别，对土壤层和土壤肥力的形成所起的作用也不相同。东北松嫩平原生长茂密的草原草甸植被，每年地上部分参与生物循环的灰分元素每公顷可达 300 ~ 400kg，地上和地下部分每年每公顷有机质的累积量约 14 ~ 18t，受冬季低温限制，大量有机质难以迅速分解，多转化为腐殖质，因而使土壤形成深厚的黑色土层（中国科学院林业土壤研究所，1980）。华南地区热带森林（雨林）植被，每年枯枝落叶的凋落物数量每公顷约在 10t 以上，但其分解迅速，枯枝落叶层的储量和土壤腐殖质累积较少，在土壤淋溶作用占优势的情况下，参与生物循环的各种元素以及风化和成土作用的产物被大量淋失，这为酸性和强酸性土壤的形成创造了条件。在西北荒漠地区，植被覆盖度很低，由小灌木和灌木组成的荒漠植被，地上部分每年干物质的产量每公顷仅 1t 左右，当年枝条上部在越冬时脱落成为凋落物占地上部分的数量不足 1%，虽然荒漠植被具有强大的根系，但每年残根死亡进入土壤的有机质也很有限，况且我国荒漠地区还有一些不毛之地，如嘎顺戈壁和诺敏戈壁，因此，绿色植物在荒漠地区土壤形成中的作用比较微弱。

人类的经济活动在我国土壤形成中的作用，要比农业发展较晚的国家明显，并强烈得多。我国农业已有 6 000 ~ 7 000 年以上的历史，长期以来人们采用各种措施不断地对土壤施加影响。例如，通过灌溉改变土壤水分的自然状况，挖沟排水降低地下水位，改变低洼地土壤潜育化方向（在干旱地区则改变土壤的盐渍化方向）；平整土地、修筑梯田、控制水土流失；施用肥料，向土壤补充有机质和矿质营养元素以及通过不同的耕作措施和轮作倒茬方式，调节土壤水热状况和养分的蓄纳，等等。因此，许多自然土壤，在人为活动的影响下，无论在形态特征上，还是理化性质方面都发生了明显地变化，有些土壤甚至完全改变其原来的面目，以致形成为新的土壤类型。这里首先应提到的是我国南方地区种植水稻的水耕人为土，它是在长期灌水和施用肥料的作用下由其他土壤类型演变而来的；黄土高原东部一种古老的旱作土壤，也是在当地自然土壤的基础上，经过几千年来的施用土粪，在土壤剖面上部创造出一层特殊的熟化层（或称人为堆垫层），厚度达 50cm 左右，覆盖在原来土壤的表土层或黏化层上，上下分界明显而又紧密相接，形似楼房，故群众称之为"墣土"。类似的情况在河西走廊和塔里木盆地的古老绿洲中也可见到，但那里是由于经常灌溉引起泥沙淤积和施用土粪的结果，在土壤表层形成厚达 1m 左右或更厚的灌淤层，从而改变了母土的性质，使之成为肥力较高的土壤。

　　然而，过去人类的经济活动并不是按照预先制定的计划进行，有时由于对自然规律认识不足，不合理利用土壤资源，而产生一些招致土壤肥力下降的不良后果。在我国最为普通和严重的问题是滥伐森林和破坏草场，使许多地方的土壤发生侵蚀和风蚀；有些地方因不合理灌溉，引起土壤沼泽化和盐渍化的发展。

　　在上述自然和人为活动等因素的影响下，我国土壤进行着各种各样的成土过程。这些过程主要包括原始成土过程、黏化过程、灰化过程、富铝化过程、钙积过程、盐化过程、碱化过程、潜育化过程、漂白过程、有机质累积过程和土壤熟化过程（表6.1）。在自然界中，每一种土壤的形成都受一定的成土过程所支配，但是一种土壤的形成不可能只是某一个成土过程的产物，而往往是两个或若干个过程同时作用的结果。例如，在沼泽植被下一般是泥炭累积过程与潜育过程交错在一起，这样就形成了有机土；在草原植被下，腐殖质累积过程与钙积过程同时进行，导致暗沃土的形成；在热带森林植被下，淋溶过程、富铝化过程和有机质累积过程同时并进，形成了铁铝土或富铁土。因此，每一类土壤都有它特有的基本土壤过程的组合，类别相异的土壤，是在不同组合的成土过程作用下形成的。当然，同一种成土过程在不同的土壤类型中的表现形式和进行的强度差别很大。例如，有机质累积过程是土壤形成最普遍的一个过程，几乎每一种土壤都具有，但不同土壤有机质的累计数量大不相同，腐殖质的组成也各异。

表6.1　我国土壤形成的主要过程

过程名称	主要成土作用	代表性土壤
原始成土过程	新露出的沉积物和岩石风化的碎屑物，着生微生物和低等植物进行生物累积和水分蓄纳，产生物理风化层和细土化作用	新成土
黏化过程	原生矿物分解变质形成次生矿物，在原地聚积或向下移动淀积，形成一个黏粒含量相对较高的层次	淋溶土
灰化过程	在酸性的环境下，土壤矿物（原生或次生）遭受破坏，铁铝发生螯合淋溶并淀积于土体下部，二氧化硅在土体上部相对聚积形成一个灰白色的淋溶层，即灰化层	灰土
富铝化过程	在弱碱性环境中矿物分解，使硅酸移动并大量淋失，铁铝物质在土体中残留和聚集，使土体呈现红色，甚至形成铁磐层或聚铁网纹层	铁铝土、富铁土
钙积过程	土壤中含钙矿物风化形成碳酸钙或石膏，就地累积沿剖面移动并发生淀积，生成钙积层或石膏层	暗沃土、干旱土
盐化过程	地表水、地下水和母质中含易溶性盐分，在强烈蒸发作用下，向地表聚积形成盐积层或盐结壳	正常盐成土
碱化过程	在季节性积盐和脱盐频繁交替下，钠离子或镁离子进入土壤胶体并累积起来，形成碱积层	碱积盐成土
潜育化过程	长期水分过饱和，铁锰氧化物在嫌气条件下还原，使土体形成灰蓝色至青灰色层次，或具红棕色锈纹、锈斑和铁锰结核层	潜育土、有机土
漂白过程	季节性上层滞水，使铁锰还原，或随侧向水移动被带出土体外，或在干燥时就地形成结核，以及暗色有机物发生变质脱色或移动，而形成一个淡色层	具漂白层淋溶土

过程名称	主要成土作用	代表性土壤
有机质累积过程	有机物质在土壤表层发生聚积，形成暗色腐殖质层或泥炭层	暗沃土、有机土
土壤熟化过程	在人类活动影响下，自然土壤进行脱盐、脱潜、复钙、复盐基和有机质与磷的累积作用，使土壤向有利于作物高产方向发展，并在剖面上形成了人为表层	人为土

值得指出的是，我国农业区自然土壤的成土过程，已为耕种土壤的熟化过程（或称人为土形成过程）所代替。在人为活动影响下，耕作土壤的形成过程具有鲜明的特点。人们通过各项农业措施，不断地调节和改变不利的成土方向，又充分利用和增强有利于作物发育的成土过程。例如，土壤脱盐化、脱潜育化、复盐基和有机质与磷的累积等，使土壤朝向肥力提高的方向发展。半个多世纪以来，尤其是近 30 年，人为作用对土壤的影响日益受到国内外学者的重视，并加强了这一方面的研究，取得了可喜的成果，但尚不足以揭示人为土壤形成过程的实质，还有待继续探索。

从土壤发生学角度看，土壤不是静止的自然体，而是按照自身内部矛盾的特殊规律，始终处在变化发展之中。在不同地区，不同时期，因自然环境的变化，一种土壤类型可演变成另一种土壤类型或为另一种土壤类型所替代。因此，在自然界中土壤是千变万化的，不仅具有空间上的分异，而且还具有时间上的发展。根据古风化壳和古土壤层的研究，我国有些土壤的发育年龄是相当古老的，现阶段的土壤带是从新近纪末到第四纪初以来，历经各种变化逐渐发展起来的。例如，南方一些富铁铝化土壤类型的形成可以一直追溯到新近纪末期，它的分布范围，在早更新世和中更新世气候暖湿时期北界可达北纬 34°左右，远较现代为广，晚更新世气候干冷时期，它的分布范围显著缩小，北界向南后退至北纬 30°附近，全新世以后随着气候回暖，它的北界又向北延伸到北纬 32°（马溶之，1958；刘东生等，1964）。就一个地区来说，在第四纪历史过程中也因环境的变化而生成不同的土壤。据研究（龚子同等，1989），雷州半岛和海南岛北部，中更新世玄武岩风化壳上部形成的土壤为红壤型、棕红壤型（相当于湿润富铁土），而中更新世下部的古土壤则为棕壤型土壤（相当于湿润淋溶土），晚更新世的古风化壳，风化成土作用较强，形成的土壤已达到砖红壤性红壤阶段（相当于湿润铁铝土）；黄土高原东南部，中更新世的古土壤为褐土型土壤（相当于干润淋溶土）；至晚更新世马兰黄土上则发育为黑垆土型土壤（相当于干润暗沃土）；在青藏高原喜马拉雅山地区，中更新世、晚更新世和全新世三套冰碛物中的古土壤则分别为褐红壤型土壤（相当于干润富铁土）、褐土型土壤（相当于干润淋溶土）和棕毡土型土壤（相当寒冻雏形土）。至于不同地区，近代土壤的演化更是复杂多样。例如，华北平原黄河故道自然堤和老冲积扇，地势较高，因地下水位下降，新成土和潜育土有向雏形土和淋溶土方向发展的趋势；塔里木河南岸，由于河流改道，水分状况急剧恶化，新成土和潜育土则逐渐向干旱土的方向发展；即使是在我国南方沿海一带，随着海岸的上升，滨海的盐成土和潜育土逐渐脱离地下水和地表水的影响，也出现向淋溶土和富铁铝化土壤的演变过程（表 6.2）。

表 6.2　中国古土壤类型对比表（龚子同等，1989）

地质时期	青藏高原高寒区			西北干旱半干旱区			东部季风区		
	冰期和间冰期		古土壤（喜马拉雅山北坡）	雨期和间雨期		古土壤（黄河中游）	沉积期和风化期		古土壤（雷南琼北地区）
全新世（Q_4）	冰后期	现代绒布德小冰期					广海沉积期	桂州沉积期	近期玄武岩发育的初育土
		亚里期	棕毡土型土壤					新会风化期	
								礼乐堆积期	
晚更新世（Q_3）	珠穆朗玛冰期	绒布寺阶段		湿润期（雨期）Ⅳ		马兰黄土中的黑垆土型土壤	华南风化期		晚更新世玄武岩发育的砖红壤性红壤型土壤
		间冰期	褐土型土壤	干燥期（间雨期）Ⅲ			陆丰沉积期		
		基龙寺阶段		湿润期（雨期）Ⅲ			合流风化期		
中更新世（Q_2）	加布拉间冰期		褐红壤型土壤	干燥期（间雨期）$Ⅱ_2$	干燥期（间雨期）Ⅱ	离石黄土上部有7层褐土型土壤	北海沉积期	砂壤沉积期	中更新世玄武岩发育的土壤：上部为红壤型或棕红壤型土壤，下部为棕壤型土壤
				湿润期（雨期）$Ⅱ_2$				海口风化期	
	聂聂雄拉冰期			干燥期（间雨期）$Ⅱ_1$	湿润期（雨期）Ⅱ	离石黄土下部有2层褐土型土壤和10层埋藏土		砾石沉积期	
				湿润期（雨期）$Ⅱ_1$				石康风化期	
早更新世（Q_1）	帕里间冰期			干燥期（间雨期）Ⅰ		午城黄土中有27层埋藏土	湛江沉积期		
	希夏邦马冰期			湿润期（雨期）Ⅰ			涠洲风化期		

第二节　土壤类型及其特征

　　我国土壤类型众多，远在三四千年前就出现了《禹贡》、《周礼》和《管子·地员篇》等世界上最早的土壤分类文献。但我国近代的土壤分类则始于 1930 年代，其后，我国土壤分类经历了三个时期。1950 年前的 20 年间，采用美国马伯特土壤分类，以建立 2 000 多个土系为标志，是我国近代土壤分类的开拓和奠基时期。1950 年后，我国土壤分类转向学习和引用原苏联土壤发生分类，处在一个迅速发展和不断提高的时期。土壤发生分类对我国土壤分类的影响特别深远，至今它在我国土壤科学发展和农业生产实践中，仍然起着重要的作用。但随着土壤科学的进步，土壤发生分类逐渐暴露出一些不足之处，其中尤以土壤分类缺乏定量指标，而与现代信息社会不相适应最为突出。因此，为满足我国农业和科学技术迅速发展的需要，并适应国际土壤分类发展的新趋势，从 1980 年代起，我国开始进行土壤系统分类的研究。在中国科学院南京土壤研究所的主持下，有 200 多位土壤工作者参加，历时 20 多年，在各方面的努力下，经过反复研究，先后提出《中国土壤系统分类（首次方案）》、《中国土壤系统分类（修订方案）》和《中国土壤系统分类检索（第三版）》，并于1999年出版《中国土壤系统分类——理论、方法、实践》专著，初步建成一个以诊断层、诊断特性为基础，土壤发生学理论为指导，面向世界与国际接轨，并充分体现我国特色的中国土壤系统分类（龚子同等，2007）。可以认为，这是我国土壤分类史上的创新时期。

中国土壤系统分类设置11个诊断层，20个诊断表下层，2个其他诊断层，以及25个诊断特性，作为鉴别土壤和进行分类的依据，将全国土壤划分为14个土纲、39个亚纲、138个土类和588个亚类。以下根据中国土壤系统分类检索顺序简要介绍各土纲的分布与特点及其亚纲和土类的续分，并与土壤发生分类进行参比。

一、有　机　土

有机土是以土壤中具有高含量有机碳的有机土壤物质为其诊断特征，即自土表至40cm范围内，有机碳含量随土壤矿质部分黏粒含量在≥600g/kg、<600g/kg或不含黏粒时，分别为≥180g/kg、≥〔120g/kg+（黏粒含量g/kg×0.1）〕和≥120g/kg，这一土纲大体相当于我国以往发生分类的泥炭土（龚子同等，2007）。

有机土在我国分布相当广泛，但面积不大。主要分布在青藏高原东部与北部边缘和西北山地及东北地区的山地与平原，其中以黄河、长江源区和川西北高原以及东北地区的三江平原和松嫩平原最为集中。有机土所处地形部位低洼、水分多、大气湿气大，土壤常年为水分饱和，甚至地表季节性或终年积水，致使土壤强度沼泽化。在嫌气条件下，有机质分解缓慢，累积量大于分解量，从而在土壤剖面上部积累大量有机土壤物质，下部矿质土层则发生还原作用出现潜育特征。我国大部分地区，有机土的有机土壤物质厚度都不很大，一般草甸沼泽化所形成的有机土壤物质厚度多在50~100cm之间，河流、湖泊沼泽化形成的稍厚，可达1~2m，只有若尔盖地区的有机土其有机土壤物质最厚达9m。有机土壤物质的有机碳含量多在200~400g/kg之间，西北地区有机土的有机碳含量略低，一般为200~300g/kg。土壤多呈中性或微酸性，但含游离碳酸钙的有机土，也有呈碱性反应的。代换性阳离子总量较高，可达30~50cmol（+）/kg土，盐基饱和度比较大，在30%~90%之间。

根据土壤温度状况，有机土分为永冻有机土和正常有机土两个亚纲。前者是有机土中具有永冻土壤温度状况，或土表至200cm范围内有永冻层次。这一亚纲多处于有机土壤物质积累时期，造碳植物又有较多难以分解的水藓，加上气温低分解慢，故多以纤维有机土壤物质为主。西北高山地区也有部分半腐有机土壤物质，但未见有高腐有机土壤物质。后者的正常有机土则无永冻土壤温度状况，土表下200cm深内也无永冻层次，它在表层段除部分有纤维、半腐等有机土壤物质外，尚见有高腐有机土壤物质，这在松嫩平原地区的有机土中较为普遍。上述两个亚纲都是以表层段占优势的有机土壤物质种类和分解程度为依据，划分落叶、纤维、半腐等土类，唯正常有机土多分出高腐的土类。

有机土的面积不大，但它是我国重要的土壤资源。三江平原垦区中，有机土占有较大的面积，有些可被开垦作为耕地，青藏高原和西北山地的有机土区是天然牧场，同时有机土丰富的泥炭也是重要的矿产资源。然而，有机土及其环境是个特殊的生态系统，应注意保护，特别是江河源区的有机土更应着力保护（黄锡畴，1996）。

二、人 为 土

人为土是由人类活动深刻影响或者由人工创造出来的，具有明显区别于起源土壤特性的土壤。由于人工搬运、耕种、施肥、灌溉等活动，使原有土壤形成过程加速或被阻滞甚至逆转，形成了独特的有别于同一地带或地区其他土壤的新类型，原有土壤仅作为母土或埋藏土壤存在，其形态和性质发生改变。因此，中国土壤系统分类的建立，明确将人为土作为一个独立的土纲（中国科学院南京土壤研究所土壤分类课题组、中国土壤系统分类课题研究协作组，1991，1995）。这一土纲相当于我国发生分类的水稻土、灌淤土和塿土。

人为土的分布遍及全国，但集中分布于人类耕作活动频繁和农业历史悠久的区域，如水热条件较好的山地、丘陵谷地及河流沿岸、湖泊周围、交通方便的丘陵坡地、干旱地区的绿洲以及城市郊区。从总体上看，我国人为土的分布东部多于西部、南部多于北部、江河中下游多于上游，特别是三角洲地区尤为集中。在人为耕作管理条件下，引起人为土的熟化过程有水耕熟化和旱耕熟化两种形式，其结果是加厚土层、增加土壤养分、改变土壤结构、改善水分供应、去除障碍因素等，并由此塑造人为表层（包括水耕表层、灌淤表层、堆垫表层、肥熟表层）和人为表下层（包括水耕氧化还原层和耕作淀积层）。这些人为诊断层是人为土区别于其他土纲的鉴别特征。

根据土壤水分状况不同，人为土分为水耕人为土和旱耕人为土两个亚纲。

（1）水耕人为土。是人为土中具有人为滞水水分状况的土壤，主要分布在秦岭—淮河一线以南，其中长江中下游平原、珠江三角洲、四川盆地和台湾西部平原最为集中。在长期淹水种植水稻的条件下，水耕人为土的成土过程表现为水耕人为熟化过程，它由水耕有机质累积和水耕淋溶作用两方面组成。土壤剖面构造具有水耕表层和水耕氧化还原层，底土为起源土壤的残留层次。水耕表层包括糊泥化耕作层和紧实的犁底层，厚度在 18~35cm 之间，水耕氧化还原层上界位于水耕表层底部，厚度≥20cm，其特征是存在氧化还原态或有游离氧化铁、锰的淀积。水耕人为土的理化性质因起源土壤和母质的不同而异。表层有机碳的含量多在 20g/kg 左右，但形成于湖积物上的水耕人为土则超过 30g/kg；全氮含量一般在 1~2g/kg 之间，高者超过 2.5g/kg；全磷含量为 1.0~2.0g/kg，发育于砂岩风化物或黄土状轻质沉积物的人为土常低至 0.5g/kg；全钾含量在 10~20g/kg 范围内，而在高度风化母质发育的则低至 5g/kg 左右。土壤质地为黏土或粉质黏土，也有粉壤土或壤土。通常水耕人为土的耕作层质地相对较轻，与其下面犁底层、心土层或底土层相比，黏粒含量呈不同程度减少（表6.3）。阳离子交换量为 10~20cmol（+）/kg，也有一些接近于 25cmol（+）/kg；盐基饱和度除分布在铁铝土和富铁土地区者较低外，都超过 50%。土壤水提取液 pH 大多在 5.5~7.5 之间，受起源土壤影响，pH 有的小于 5.5，有的则高达 9.5。根据水耕氧化还原层形态差异及一些附加成土过程的诊断特性，水耕人为土划分 4 个土类：①潜育水耕人为土，是水

表 6.3　人为土的理化性质（龚子同等，1999）

深度/cm	层次	pH (H₂O)	有机碳 (C)	全氮 (N)	全铁	游离铁	活性铁	晶质铁	铁的游离度	铁的活化度	晶胶比	CaCO₃ 相当物	黏粒 <0.002mm
			g/kg		Fe$_2$O$_3$/g/kg				%			/(g/kg)	/(g/kg)
江苏苏州吴中区（CP-11 剖面），简育水耕人为土													
0~14	AP₁	6.1	24.8	1.75	52.6	23.6	9.4	14.2	44.8	39.7	1.52	—	280
14~23	AP₂	7.0	10.9	1.01	55.5	28.4	13.8	14.6	51.1	48.6	1.06	—	324
23~43	Br₁	7.1	5.5	0.56	53.2	23.1	8.6	14.5	43.4	37.4	1.68	—	298
43~75	Br₂	7.3	5.3	0.56	54.9	26.2	9.2	17.0	44.7	35.0	1.86	—	312
75~105	Bg	7.5	5.2	0.54	52.7	26.1	3.8	22.3	49.6	14.3	5.97	—	336
陕西杨陵（CA-2 剖面），土垫旱耕人为土													
0~20	Aup₁	8.6	8.4	0.94	47.1	12.7	1.1	11.6	26.9	8.5	10.54	62	240
20~30	Aup₂	8.8	5.5	0.71	45.5	13.0	1.3	11.7	28.6	9.8	8.46	53	247
30~63	Aupbb	8.8	4.7	0.67	50.9	14.9	1.1	13.8	29.3	7.0	12.54	54	256
63~76	2A	8.9	4.1	0.54	50.1	15.1	1.0	14.1	29.9	6.4	14.10	37	264
76~103	2Btx	8.8	4.5	0.50	52.3	17.5	1.2	16.3	33.4	6.6	13.58	5	310
103~159	2Bk	8.7	5.7	0.60	57.5	19.6	2.0	17.6	34.0	10.0	8.80	4	379

耕人为土中的矿质土表至60cm范围内部分土层（大于等于10cm）有潜育特征的土类，包括过去的大部分潜育水稻土；②铁聚水耕人为土，是水耕人为土中具有明显的还原淋溶和氧化淀积作用的土类，包括过去大部分潴育水稻土和少部分淹育水稻土；③铁渗水耕人为土，是水耕人为土中在水耕氧化还原层的铁累积亚层之上有明显的铁淋失亚层，包括过去部分渗育水稻土和部分潴育水稻土；④简育水耕人为土，是水耕人为土中铁锰溶淀作用尚不强烈，水耕氧化还原层只具有锈色斑纹或低彩度斑块的土类，包括过去的淹育水稻土及部分渗育和潴育水稻土。

（2）旱耕人为土。是不具有人为滞水水分状况的人为土。全国各地均有分布，但主要分布于西北地区的绿洲、黄河河套平原、黄土高原的汾渭盆地、东部亚热带滨海滩涂地和湖沼地区（如珠江三角洲和杭嘉湖低平地）以及大中城市的近郊。这是在旱地土壤上进行的人为耕作管理影响下，引起的旱耕熟化过程，包括灌淤、堆垫和厚熟等三种主要方式，其共同作用是加厚土层、增加有机质和养分的积累（特别是磷素和钾素）以及消除土壤中的有害物质（如易溶性盐类）等。旱耕人为土的剖面一般分为上下两个层段，剖面上部为灌淤层，或土垫/泥垫层，或肥熟层，厚度多在50cm以上。在塔里木盆地的灌淤层甚至可达1.0~1.5m。在关中平原的土垫表层有的可达90cm或者更厚，又可细分为耕作层、犁底层、耕作淀积层和古耕层。常见有炭片、瓷器、砖块等文化遗物，同时土中动物（特别是蚯蚓）活动频繁。在这些旱耕人为土表层之下为原来的土壤，其形态特点不同起源的土壤虽有差别，但已成为残余特征，只能看到某些痕迹。

旱耕人为土理化性质的基本特点是：土壤有机质和养分含量比起源土壤丰富，表层有机碳含量多在10~20g/kg之间，但变幅较大，低者不足10g/kg，高者可达30g/kg以上；全氮含量一般在1~1.5g/kg范围内；全磷含量为1.5~2.0g/kg，高的可达3~5g/kg；全钾含量大多在20g/kg左右。土壤质地为粉壤土、壤土或粉质黏壤土，珠江三角洲地区则多为粉质黏土或黏土，土壤质地依土层变化不大，黏粒（小于0.002mm）在剖面上部50cm内分布较为均匀（表6.3）；阳离子交换量多在10~15cmol（＋）/kg之间，但少数低的仅5cmol（＋）/kg左右，高的则达20cmol（＋）/kg以上；除具泥垫表层者外，大多数旱耕人为土都含有不同数量的碳酸盐，$CaCO_3$相当物含量变动于1~200g/kg之间；土壤水提液pH因地区不同变化较大，西北地区的旱耕人为土pH为7.5~9.0，珠江三角洲地区为4.0~6.0，杭嘉湖地区则变动于6.0~7.0之间。根据次要成土过程和人为表层表征的差异，旱耕人为土分为4个土类：①肥熟旱耕人为土，具有肥熟表层和磷质耕作淀积层，包括过去的菜园土；②灌淤旱耕人为土，具有灌淤表层，包括过去的绿洲土、灌淤土、灌漠土；③泥垫旱耕人为土，具有水成特点的堆垫表层，存在锈纹、锈斑及含有螺壳贝壳等水生动物残体，包括过去的部分潮土和脱潮土；④土垫旱耕人为土，具有土堆性堆垫表层，包括过去的垆土。

人为土是我国最重要的农用土壤资源，全国耕地土壤的主体和农业生产的基地。但是，如何合理利用和保护这一宝贵的土壤资源，避免土壤退化，面临着巨大的挑战。当前，应严格控制非农业占地，强化对中低产地的改造和防治土壤污染，不断提高土壤的基础肥力，以保证我国农业生产的可持续发展。

三、灰　土

根据中国土壤系统分类的定义，灰土是指具有由螯合淋溶作用形成的上界在矿质土表层至60cm范围内的淀积层，且在矿质土表或具火山灰特性的有机层顶部至60cm范围内或浅于60cm的石质或准石质接触面之间，占有60%或更厚土层中无火山灰特性的土壤。它与我国发生分类中的灰化土和部分漂灰土大体相当。

我国灰土面积较小，主要分布于大兴安岭北端、长白山北坡及青藏高原南缘和东南缘的山地垂直带中，台湾山地也有部分分布。气候以寒冷湿润为其特点。植被主要为苔藓－杜鹃－冷杉林，或杜香、杜鹃－落叶松林和杜香－落叶松林。母质类型复杂，但普遍质地较粗，酸度高，有利于物质的迁移和灰土的发育。

灰土的形成过程主导方面是灰化过程，同时也有漂白过程，尤以青藏高原东南部山地表现更为明显。土壤剖面由下列层次组成：地表为枯枝落叶层，由木本植物凋落物和苔藓类死亡部分构成，厚度约3～10cm；表层为暗灰或暗棕灰的腐殖质层，厚度5～20cm，多为粗腐殖质，有时出现半泥炭化特征；亚表层为灰白色或浅棕灰色的漂白E层，厚度3～15cm，多属细粉砂质，此层有时分布不连续，下界以波状向下过渡；剖面中、下部为灰化淀积层（Bhs），多呈棕色或浅棕色，厚度15～50cm，质地稍黏重，常见有铁锰斑块和胶膜；淀积层向下则逐渐过渡到母质层（C），在基岩上发育的多夹含有较多的半风化岩屑，石块表面也见有铁锰斑块。灰土的有机质在剖面中分布呈不均匀状态，有机碳含量以表层和灰化淀积层上部为高，分别达157～320g/kg和50～124g/kg，漂白层（E）较低，多在18～70g/kg之间，母质层更低，一般不足15g/kg，甚至仅有5g/kg左右；全氮含量较高，表层可达5.1～15.2g/kg，C/N比值很宽（15～30）；土壤呈强酸性反应，水提液pH为3.5～5.5，且以腐殖质层（A）和漂白层最低；盐基高度不饱和，多在40%以下，低者尚不足10%；土壤质地普遍较轻，多为壤土、砂壤土或粉壤土；黏粒含量多在100～220g/kg以下，只有在片岩和石灰岩上发育的其黏粒含量可达220g/kg以上，有些剖面的漂白层，因黏粒被分解破坏，砂粒或粉粒含量相对增多，但黏粒含量并不呈明显下降。土体化学组成显示，SiO_2在漂白层有明显聚积，而铁铝氧化物则在灰化淀积层相对累积，特别是铁的氧化物的累积更为强烈；黏粒的硅铁铝率在剖面中有较大的分异，漂白层（E）为3.0～4.3，灰化淀积层只有1.2～2.9，证明在成土过程中矿物发生了较明显的蚀变。

根据灰化淀积层内部分亚层（≥10cm）中迁移淀积有机碳含量差异，灰土分为两个亚纲：①腐殖灰土，其灰土中灰化淀积层内部分亚层（≥10cm）有机碳含量大于等于60g/kg，集中分布于青藏高原南缘东、中喜马拉雅山南翼及高原东南缘横断山中部，本亚纲只划分一个土类，即简育腐殖灰土；②正常灰土，其灰化淀积层内部分亚层有机碳含量均在60g/kg以下，主要分布在东北的大兴安岭北端和长白山北坡及台湾中部山区，青藏高原南缘也有零星分布，本亚纲之下也只划分简育正常灰土一个土类。

灰土地区生长冷杉、云杉等优质用材林，是我国重要的林业生产基地，但灰土的分布大多已接近山地森林郁闭线，气候寒冷，土层浅薄，土壤酸性强，森林的生态与环境脆弱，林木一旦被采伐或破坏便难以恢复，因此，森林采伐利用要合理，实行间伐与积极抚育相结合，注意水土保持，防止林地退化。

四、火山灰土

发育于火山喷发物母质（包括火山灰以及其他相关的火山喷发物质，如浮石、火山渣等火山碎屑物）上的土壤，并非都是火山灰土，其中能够称之为火山灰土的土壤是指土壤细土部分具有较低的土壤容重，较高含量的草酸浸提铝和铁无定形物，以及较高的磷酸盐吸持量等主要火山灰特性。但我国由于相关研究的薄弱，目前能够用来鉴别火山灰土特性的数据较少（龚子同等，1999）。

我国火山灰土分布面积小且不集中，主要分布在东北、云南和台湾三个地区，青藏高原和海南岛也有分布。火山灰土的形成深受火山喷发物母质的影响，土壤物质风化作用尚处于低级阶段，表现在原生铝硅酸盐或火山玻璃经风化作用和矿物转变作用产生短序矿物（如水铝英石、伊毛缟石等）和铁铝氧化物；但在土壤表层中，由生物根系残体产生的腐殖质被吸附在短序矿物上形成稳定态腐殖酸与矿物的络合物，或受铝饱和，形成更为固定的腐殖质与三氧化二物的螯合物，因而造成稳定态腐殖质积累作用，使之甚至形成为深厚、暗黑色的土层。火山灰土的形态特征比较简单，剖面构型多为 A – Bw – C 或 A – C。腐殖质 A 层的厚度一般 > 30cm，呈黑色高度腐殖化，且具有较高的有机质含量，而火山渣和其他火山碎屑物占有很大的比例；其下为具有火山灰特性的 Bw 层，颜色一般比上层浅，略呈黄棕色，结持也较上层略为紧实，但未见显现黏粒下移特征；再下则为火山渣或其他火山碎屑物的母质层 C。

火山灰土基本的理化性质是：表层（A）常具有高含量的有机质，有机碳含量多在 100 ~ 200g/kg 之间，但变幅很大，高的可达 220g/kg 左右，少的尚不足 30g/kg；全氮和全磷含量比其他土纲高，分别达 8 ~ 15g/kg 与 2.2 ~ 6.4g/kg，而全钾量却较低，变化在 6.8 ~ 14.6g/kg 之间。土壤质地通体较轻，表层多为粉壤土或壤土，心土层和底土层多为砂质壤土，黏粒（< 0.002mm）含量多在 200g/kg 以下，仅有少数超过 200g/kg，含量低的甚至不足 50g/kg，且土体常含有数量不等的砾石（> 2mm）。阳离子交换量因受有机碳及黏粒含量的影响变幅很大，高的可达 68cmol（+）/kg，低的则不足 10cmol（+）/kg。盐基饱和度高低差异悬殊，高的多在 60% 以上，甚至接近 100%，低的尚不足 5%。土壤水提液 pH 多在 5.0 ~ 7.5 范围内，盐提（KCl）液 pH 在 3.6 ~ 6.8 之间，呈微酸性或中性反应。但有资料表明，台湾地区的一些火山灰土水提液 pH 为 3.8 ~ 5.0，盐提液 pH 在 3.6 ~ 4.6，土壤呈强酸性反应。矿物组成以水铝英石、伊毛缟石和水硅铁石为主，并在表层富含铁铝腐殖质络合物。

火山灰土根据土壤温度和水分状况及岩性特征分为 3 个亚纲：①寒性火山灰土，即具有寒性土壤温度状况，少部分有寒冻甚至永冻土壤温度状况，主要分布于东北地区的辽宁宽甸黄崎山、吉林长白山和黑龙江五大连池地区。土壤发育程度低，土层浅薄，大多为 A – C 剖面构型。本亚纲分为两个土类，即寒冻寒性火山灰土和简育火山灰土。②湿润火山灰土，是具有湿润土壤水分状况和热性土壤温度状况的火山灰土，主要分布在海南、云南和台湾等地区。由于水热条件好，它的发育和风化程度较寒冻火山灰土高，表现在土体构型大多为 A – Bw – C 剖面。本亚纲也分为腐殖湿润火山灰土和简育湿润火山灰土两个土类，前者具有腐殖特性，后者则无。③玻璃火山灰土，其诊断特性是土表至100cm深或至石质接触面范围内土层按颗粒含量加权平均质地比粉砂壤更粗。这一亚纲分为干润与湿润两个土类。

火山灰土一般有机质含量高，富含磷素，可作为土壤改良剂，目前在海南、云南等地已开展这方面的应用。同时，火山灰土分布于火山地貌发育地区，往往是风景区，有利于发展旅游业。另外，火山灰土分布区还可能蕴藏重要的矿产资源（如橄榄石、火山砾）和特色资源（矿泉水），具有良好开发前景。但由于火山灰土特殊的发生条件，在开发利用资源的同时，应加强资源与环境保护。

五、铁 铝 土

铁铝土这个土纲名称引自国外，其含义是指由于高度富铁铝化作用，黏粒部分以高岭石类矿物和铁、铝氧化物占绝对优势，粉粒和砂粒部分可风化矿物含量非常少的土壤。其与土壤发生分类的部分砖红壤和赤红壤相当。

我国铁铝土的面积不大，仅分布于南亚热带和热带地区。主要分布在海南、广东、广西、福建、台湾以及云南等省区一些地方。其中，以琼雷地区分布较为集中。气候条件具高温多雨、干湿季交替变化明显的特点。原生植被为热带雨林或热带及亚热季雨林，多由热带科属组成，林木层次复杂，附生及藤本植物很多。土壤形成以铁铝化过程为主导，但同时也表现出了强度的淋溶过程和较明显腐殖质累积过程。在地形平坦，原始植被保存较好的情况下，铁铝土都有明显的剖面发育，地表有时覆盖有 2 ~ 3cm 厚的枯枝落叶层；腐殖质层（A）为暗棕或暗红棕色，厚约 10 ~ 30cm，具有粒状或碎块状结构；其下为铁铝 B 层，厚度 80 ~ 150cm，多呈红棕色或红色，具块状或碎块状结构，下部有时见有铁结核和红黄色斑状网纹，侵蚀严重地段，此层经暴露即结成硬块，底部并形成蜂窝状铁磐层；母质层为暗红色或黄棕色，常夹有半风化岩石碎块。整个剖面厚度很大，有的可达3m左右。在铁铝土形成过程中，原生硅铝酸盐类遭到强烈分解，土体中几乎不存在长石和云母类矿物；碱金属和碱土金属大部分被淋失，硅在矿物分解的初期也被淋失，而铁铝氧化物则相对聚积，尤以 B 层最为明显，其游离氧化铁含量占三酸硝化性铁含量的比例均高达 80% 左右，三酸硝化性硅铝率多在 1.5 ~ 2.0左右，热碱浸提性硅铝率在 0.6 ~ 1.6 之间（表6.4）。黏土矿物以高岭石类、赤铁矿和针铁矿及三水铝矿占绝对优势，几乎全无水云母或蛭石类矿物存在。

通体质地较为黏重，细土部分高含黏粒，B 层黏粒（<0.002mm）含量大多在 400 ~ 700g/kg 之间，细粉粒（0.002 ~ 0.02mm）对黏粒含量的比值多在 0.2 左右，很少超过 0.3。土壤有机质含量一般不高，表层有机碳含量的变幅为 6.3 ~ 23.3g/kg（龚子同等，2007）。全氮含量多在 0.5 ~ 1.0g/kg 范围内，全磷含量偏低，三酸硝化性 P_2O_5 含量仅为 0.3 ~ 0.6g/kg，钾含量（K_2O）也很低，均在 10g/kg 以下，有的甚至不足 1g/kg。土体呈强酸性反应，水提液 pH 为 4.2 ~ 5.1，盐（KCl）提液 pH 在 3.7 ~ 4.1 范围内。阳离子交换量一般都在 10cmol（+）/kg 以下，铁铝层（B）黏粒表观阳离子交换量（CEC7）多在 10cmol（+）/kg 左右，表观实际阳离子交换量（ECEC）则多在 5cmol（+）/kg 左右。盐基高度不饱和，一般饱和度多在 30% 以内，低的尚不足 10%。

表 6.4 铁铝土理化性质（海南岛澄迈县）（龚子同等，1999）

层次	深度/cm	pH H₂O	pH KCl	有机碳(C)	全氮(N)	全磷(P₂O₅)	全钾(K₂O)	阳离子交换量 /[cmol(+)/kg]	盐基饱和度	铝饱和度	游离铁(Fe₂O₃)/(g/kg)	铁游离度/%	CEC₇	ECEC	三酸消化性 SiO₂/Al₂O₃	热碱浸提性 SiO₂/Al₂O₃	<0.002mm黏粒含量/(g/kg)
					g/kg				%				/[cmol(+)/kg黏粒]				
A	0~15	4.3	3.7	22.3	1.07	1.6	0.8	9.50	22.1	36.0	160.0	83.8	15.8	5.4	1.35	0.98	603
AB	15~25	4.5	4.1	6.3	0.43	1.4	0.9	6.22	23.0	18.3	—	—	9.2	2.6	1.21	—	674
B₁	25~50	4.7	4.1	4.9	Tr	1.5	0.8	7.01	21.1	20.1	162.1	80.6	10.1	2.7	1.71	0.61	695
B₂	50~66	4.7	4.0	4.0	Tr	1.4	0.8	6.91	12.9	29.9	—	—	9.9	1.8	1.62	—	701
B₃	66~90	4.7	4.0	3.2	Tr	1.4	0.8	5.92	14.2	31.1	170.5	87.5	8.9	1.8	1.64	1.19	665
B_C	90~105	4.8	4.1	2.4	Tr	1.5	0.8	5.42	21.0	18.6	174.5	83.2	7.1	1.8	1.44	0.70	769

根据铁铝土的土壤水分状况，仅设湿润铁铝土一个亚纲，即铁铝土纲中具有湿润土壤水分状况的土壤。在湿润的铁铝土亚纲之下，根据表征富铁铝化作用的一些特性组合分为3个土类：①暗红湿润铁铝土，为湿润铁铝土中矿质土表至125cm范围内有一半以上土色调比5YR更红，润态明度<4，干态明度稍高，但高不到一个单位，主要分布于海南岛东北部，雷州半岛南部及闽南漳浦一带，母质多为基性火成岩（主要为玄武岩）风化沉积物，全剖面质地黏重，呈高度黏质化；②黄色湿润铁铝土，具有偏向常湿润的湿润土壤水分状况，矿质土表至125 cm范围内有一半以上土层色调为7.5YR或更黄，润态明度≥4，润态彩度≥5，多分布于海南岛东北部及云南东南部的一些地方，在坡度平缓的台地上，由玄武岩或其他母岩风化沉积物发育而成，铁铝层（B）深厚，深者超过1m，土壤中游离氧化铁主要以针铁矿形式存在，致使土壤呈黄色；③简育湿润铁铝土，是湿润铁铝土亚纲中除上述两个土类外的土壤，它分布于海南、广东、广西、福建、云南诸省区的热带、南亚热带地区，母质为酸性火成岩和变质岩及一些沉积岩的强风化沉积物，并包括浅海沉积物和第四纪红色黏土，其铁铝层（B）大多数的色调，不论干态或润态均为5YR，虽有少数润态色调可为2.5YR，但其干态明度>4。

铁铝土随着森林植被砍伐、清除和人为耕种利用，表层土壤有机质含量迅速降低，并引起土壤结构性变坏，阳离子交换量变小，植物养分储量减少，造成作物产量下降。因此，在生产实践中应采取各种措施，维持土壤有机质和氮素含量水平，增施磷肥、钾肥，合理施用石灰调节土壤酸碱性，以提高作物产量水平。

六、变 性 土

变性土是一种黏粒含量高，其矿物组成以蒙皂石（蒙脱石、贝得石和绿脱石）为主，具高胀缩性、高吸附力和大表面活性的黏质土壤。它相当于土壤地理发生分类中的部分砂姜黑土、部分燥红土和浊黏土、艳黏土等。

变性土在我国分布较为分散，主要分布在淮北平原、山东半岛、福建东南部、广西西南部、广东雷州半岛、海南岛北部以及金沙江干热河谷等地，而以淮北平原分布最广。一般认为，变性土是由母质和地形所支配，在干湿气候条件下形成的。其成土母质主要为黏质河湖相沉积物、基性火成岩（如玄武岩）和钙积沉积层（如石灰岩、泥岩、黏土岩）以及黄土性亚黏土等；地形条件多为一些大的河湖平原、河谷平原或河谷阶地等低平地区，以及台地、丘陵的坡麓或低洼地；气候属暖温带、亚热带和热带湿润、半湿润和半干旱地区，干湿季交替明显。变性土的成土过程主要表现为土壤扰动作用，即在季节性干湿条件下，高膨胀性使土壤在干燥时开裂，变湿时裂隙闭合，在土壤开裂－闭合过程中，产生一系列的土壤扰动特征，如表层土壤物质通过裂隙落入心底土，填充于裂隙间或在裂隙壁形成土膜；楔形结构体的形成和结构体表面滑擦面的产生；上下层土壤的翻转、混合或挤压地形的形成等等（龚子同，1999）。

变性土是一种较年轻的土壤，不仅因为它发育的母质年龄一般较轻，而且还因频繁的土壤扰动作用而限制了土层的发育。因此，变性土的剖面通体相对均一，层次分异不很明显，在有机质层（A）或耕作层（AP）之下，常有过渡层或黏淀层，往下则为具有变形特征的 BV 层，多呈棱块状结构，裂隙明显，有大量滑擦面，并有"黑色"自吞土膜，再下为母质层，有的见有钙质结核（砂姜）和具氧化还原特征。变形土的质地比较黏重，为砂黏壤土、或粉砂黏土、或黏壤土或黏土，<0.002mm 黏粒含量多在 400~650g/kg 之间，且在剖面中各层次间变化很小。土壤水提液 pH 在 6.2~8.9 范围内，属中性或微碱性反应。表层有机质含量因土壤水分状况不同而有明显差异，高者有机碳含量多在 22g/kg 以上，甚至超过 32g/kg，低者只有 1.4~3.1g/kg。全氮含量居一般水平。阳离子交换量比较高，剖面上部多达 30~40cmol（+）/kg，在交换性阳离子组成中钙、镁含量丰富，且呈盐基高度饱和状态。

根据土壤水分状况对土壤过程，特别是膨胀收缩性能的影响，变性土分为潮湿、干润和湿润变性土 3 个亚纲。

（1）潮湿变性土。是变性土中具有潮湿水分状况，并且在矿质土表至 50cm 范围内部分土层（≥10cm）有氧化还原特征的土壤。主要分布于淮北平原、山东半岛沂沭河平原、汶泗河平原、小清河以南山前洪积倾斜平原、胶莱河与泽河河谷平原以及南阳盆地和襄樊（阳）平原等地。母质为黄土性河湖相沉积物，一般处在地势低洼地区，地下水位普遍较高，大多在 1~3 m 之间，雨季可上升至 1m 以内。本亚纲之下划分为钙积潮湿变性土和简育潮湿变性土两个土类。前者在矿质土表至 100cm 范围内具有钙质层或钙磐；后者则无钙质层，但在多数情况下，上界位于 100cm 以下存在有"砂姜层"。

（2）干润变性土。是变性土中具有半干润土壤水分状况，并且除灌溉外，大多数年份一年中累计 90 天或更长时间，在矿质土表至 50cm 范围内厚度≥25cm 的全土层中有宽度≥5mm 裂隙的土壤。主要分布于云南金沙江及其支流龙川河谷区的元谋等地和盘龙河谷地的砚山等地，在广西百色和田东盆地的河谷地区也有分布。因分布区多属河谷低地，气候干旱燥热，植被生长极差、生物对成土作用影响很弱，所以土壤腐殖化作用较差，表层有机碳含量不足 4g/kg，比其他亚纲低得多。干润变性土按有无钙积作用或所形成钙积层，划分为钙质干润变性土和简育干润变性土两个土类。

（3）湿润变性土。是除潮湿变性土和干润变性土之外，具有湿润土壤水分状况的土壤。主要分布在福建漳浦、龙海一带的沿海地区玄武岩台地，广西右江的百色和田东盆地泥岩或黏土岩出露地段，以及广东雷州半岛和海南岛北部的玄武岩台地。本亚纲按其次要成土过程所产生的诊断特性差异，划分为腐殖质湿润变性土、钙积湿润变性土和简育湿润变性土 3 个土类。

变性土的利用，因亚纲不同而异，但在土壤管理上存在的限制因素是具有共性的，如质地黏重、耕性差、肥力水平较低、土壤水分季节性过剩和干旱、各季升温慢和固磷能力较强。另外，在工程管理上由于土壤强烈膨胀和收缩常，导致道路、建筑物和堤坝的破坏。因此，不论是农业利用抑或其他方面的利用，都应采取措施改良土壤不良的理化性质。

七、干　旱　土

根据中国土壤系统分类的定义，干旱土是有下列条件的矿质土壤：①干旱表层；②无碱积层；③十年中有六年或六年以上每年在土表至 50cm 范围内无任一层次被水饱和；④上界在土表至100cm范围内有一个或多个土层：黏化层、雏形层、钙质层、超钙积层、石灰磐、石膏层、超石膏层、盐积层、超盐积层或盐磐；⑤呈现碳酸盐在上、石膏居中、易溶盐在下的盐分剖面分异特征。它相当于我国土壤发生分类的灰漠土、灰棕漠土、棕漠土、寒钙土和部分灰钙土与棕钙土。

我国干旱土广泛分布在西北和青藏高原干旱区，以新疆、青海、甘肃、宁夏和内蒙古西部以及西藏的西北部最为集中。所在地区气候干旱，大陆性显著。年降水量多<300mm，不少地区尚不足50mm。温度状况受海拔影响变异大，低海拔地区年均温约7~14℃，较为温暖，高海拔地区（青藏高原）较寒冷，年均温在0℃上下。自然植被以旱生灌木和半灌木为主，属半荒漠和荒漠类型，覆盖度不及20%，甚至小于5%或为不毛之地。干旱土的成土过程主要表现为钙化、盐化和极弱的有机质累积作用，同时风成作用相当频繁。在干旱条件和风蚀堆积作用下，其地表常出现砾幂、沙被、多边形裂隙或光板地等形态，典型土壤剖面的特点是腐殖质层不明显或很少发育，表层为具有多孔状浅灰色结皮层（Ac）和片状鳞片状层（Ad），其下为质地稍黏的紧实层（Bx），常呈褐棕色、浅红棕色或玫瑰红色，碳酸盐岩（石灰）、石膏和易溶性盐在较浅的深度内聚积，以致有时在表层或紧实层之下形成钙积层（Bk）、或石膏层（By）或盐分聚积层（Bz）。再下为母质层（C）或母岩层（R）。整个剖面的厚度通常小于1m，除发育在黄土状母质者外，大部分都含有较多的石砾。干旱土有机质含量很低，表层有机碳含量常低于6g/kg，虽有的表层略高，但多数不超过15g/kg。表层全氮含量多在1g/kg以内，少数可接近1.5g/kg。C/N值小，一般为5~10。

土壤溶液呈碱性至强碱性反应，pH 8.0~9.5；阳离子交换量大多在10cmol（+）/kg以内，低的仅有1~2cmol（+）/kg；盐基高度饱和。由于矿物分解和淋溶作用都很弱，铁铝等元素通常比较稳定，在剖面内无明显变化，黏粒的硅铁铝率约在3~4之间（表6.5），黏土矿物以水云母为主，并有少量绿泥石，有的还有蒙脱石、蛭石或高岭石。一些干旱土中，紧实层呈褐棕色、红棕色，可能是铁以非晶质的胶膜包裹在黏粒和矿物表面所致（龚子同等，2007）。

根据土壤温度状况的不同，干旱土划分为寒性干旱土和正常干旱土两个亚纲。

（1）寒性干旱土。为干旱土中有寒性土壤温度状况者。主要分布在帕米尔高原东缘木吉－塔什库尔干干旱谷地、昆仑山、阿尔金山、祁连山西段、西藏中西部和藏南雨影区等地，海拔多在3 500m以上的高寒荒漠和半荒漠区。由于气候严寒干燥，土壤有机质分解速度缓慢，表层有机碳含量要比低海拔的干旱土高3g/kg左右（中国科学院青藏高原综合科学考察队，1985）。在寒性温度下，土壤$CaCO_3$的淋溶性有所增强，致使许多寒性干旱土表层或全剖面碳酸盐含量都不高；同时石膏和易溶性盐含量也低于正常干旱土。本亚纲之下续分为钙积寒性干旱土（具钙积层）、石膏寒性干旱土（具石膏层或超石膏层）、黏化寒性干旱土（具黏化层）和简育寒性干旱土（除雏形层之外，缺少其他明显的诊断层）4个土类。

（2）正常干旱土。是指无寒性土壤温度状况，但具有热性、温性和冷性温度状况的干旱土。分布在昆仑山－阿尔金山以北，海拔在3 500m以下的温带和暖温带荒漠和半荒漠地区，包括内蒙古高原的西部、阿拉善高原、鄂尔多斯高原西部、准噶尔盆地、塔里木盆地、吐鲁番盆地、哈密盆地、嘎顺戈壁、河西走廊西部以及柴达木盆地的山

表6.5　干旱土的理化性质

深度/cm	层次	pH	有机碳 (g/kg)	全N (g/kg)	C/N	CaCO₃相当物 (g/kg)	石膏 (g/kg)	易溶盐 (g/kg)	阳离子交换量 /[cmol(+)/kg]	黏粒化学组成/[占烘干土/(g/kg)]			黏粒分子率		黏粒<0.002mm /(g/kg)
										SiO_2	Al_2O_3	Fe_2O_3	SiO_2/Al_2O_3	SiO_2/Ar_2O_3	
西藏北部昆仑南麓（TN-23剖面）寒性干旱土															
0~3	AC	8.8	1.95	0.39	5.1	74	—	0.7	4.55	569.8	278.1	44.3	3.98	3.16	156
3~10	A	8.7	4.29	0.63	6.8	52	—	0.6	6.59	576.1	276.1	42.0	3.54	3.23	282
10~16	B	8.8	4.52	0.71	6.3	48	—	0.6	7.63	565.9	279.9	49.8	3.43	3.08	256
16~20	BC	8.7	2.55	0.65	3.9	50	—	0.5	6.86	560.4	280.5	56.0	3.39	3.01	227
新疆北部天山北麓（伊10剖面）正常干旱土															
0~1	AC	8.6	1.74	0.23	7.6	81	2	—	4.71	509.4	208.6	117.2	4.14	3.05	84.6
1~7	B	9.4	1.79	0.17	10.5	97	4	5	9.18	508.4	205.3	111.4	4.22	3.12	267.6
7~13	By	8.2	1.33	0.20	6.7	31	79	12	4.71	534.7	209.1	96.7	4.35	3.36	201.6
13~32	Bc	8.6	1.45	0.13	11.2	35	54	8	—	528.1	212.2	102.7	4.24	3.24	98.0
32~42	C	8.2	—	—	—	25	25	3	—	—	—	—	—	—	73.0

资料来源：TN-23剖面引自中国科学院青藏高原综合科学考察队，1985；伊10剖面引自文振旺，1963（未发表）。

前戈壁等地。土壤发生学性状因所在地区气候干燥程度的不同而有明显的差异。在弱干旱（干燥度 3.5~7.5）条件下，土壤剖面中部多发生碳酸盐聚积，并形成钙积层、超钙积层或钙磐；在干旱（干燥度 15~50）条件下，碳酸盐多残留于表土层，而石膏则在表土以下聚积，形成石膏层或超石膏层；在极干旱（干燥度 50 以上）条件下，土壤基本不发生淋溶作用，由就地风化和风力搬运等进入的各种盐类均被保留在剖面中，其中以 NaCl 为主的易溶性盐常在地表以下 20~40cm 之间聚积，并普遍胶结成坚硬的盐磐，其含盐量一般为 200~300g/kg，高的可达 500g/kg 或更高，这在塔里木盆地南部、吐鲁番盆地北部和嘎顺戈壁常可见到。此外，在一些古老稳定地形表面上，尤其是黄土状母质上发育的正常干旱土，剖面尚见有黏化层；但在较新和不稳定地形表面上则除干旱表层外，仅具有雏形层或显示表淀积黏化或具有碳酸盐下移现象。因此，正常干旱土的类别比较多样，可以划分为钙积、石膏、盐积、黏化和简育正常干旱土 5 个土类。

干旱土在利用上所受的限制因素较多，最主要是土壤干旱和土层薄、大多含有砂砾。目前，大部分被用作牧地，仅有小部分被开垦为农地。为克服干旱和风沙危害，保证农牧业生产的发展，需大力建设水利设施、营造防风固沙林网、防止草地退化和进行土壤改良。

八、盐　成　土

盐成土是指在一定土体深度范围内具有盐积层或碱积层的土壤，相当于发生分类上的盐土和碱土。

我国盐成土分布地域广泛，主要分布在北方干旱、半干旱地带和沿海地区，大致沿淮河—秦岭—巴颜喀拉山—念青唐古拉山—冈底斯山一线以北，以及东部和南部沿海低平原，包括台湾在内的诸海岛沿岸。多集中于地形低平、地面水流和地下径流缓慢、较易汇集的盆地和半封闭的浅平洼地、河流三角洲、干三角洲等地区。

根据诊断层的差异，盐成土划为碱积盐成土和正常盐成土两个亚纲。

（1）碱积盐成土。是指上界在矿质土表至 75cm 范围内有碱积层的盐成土。它极零星地分布在我国北方地区，常与其他土壤类型组成复域，所占面积很小。其特点是土壤剖面上部的碱积层，吸收性复合体中交换性钠的含量占阳离子交换量的 30% 以上。表层土壤含盐量 <5g/kg，但土壤溶液中普遍含有苏打，pH≥9.0。由于土壤无机和有机部分因碱性环境而高度分散，胶粒和腐殖质淋溶下移，粒级较大的细砂、砂和次生无定形 SiO_2 在表层相对聚积，使表层趋于轻质化；而碱积层则较为黏重，在多数情况下形成为柱状或棱柱状结构，湿时膨胀泥泞，干时收缩板结，通透性和耕性很差。碱积盐成土划分为 3 个土类：①龟裂碱积盐成土，具有干旱土壤水分状况，并且地面有宽 ≥1cm、深 1~4cm 的多边形裂隙；②潮湿碱积盐成土，具有潮湿土壤水分状况，或在矿质土表至 100cm 范围内部分土层（≥10cm）有氧化还原特征；③简育碱积盐成土，是指不具有龟裂和潮湿之外的其他碱积盐成土。

（2）正常盐成土。指地表或接近地表的土层中含有大量可溶性盐类，且具有盐积层的土壤。在我国干旱、半干旱区和湿润的滨海地区，从东部至西部，从盆地至高原都有广泛分布。气候干旱，蒸发强烈、地势低洼、含盐地下水离地表近（在滨海地区首先是海水浸渍），是其形成最有利的条件。当然，在某些地区、风力搬运、土壤冻融、盐生和泌盐植物的生理代谢以及大气降水等，对土壤盐分的累积和重新分配也有一定的作用。在正常盐成土形成过程中，除以盐化过程为主导作用外，也常伴随着潜育化和腐殖质的累积过程，后者往往因盐化过程的加强而减弱。土壤剖面形态特征与其发育程度和所在地区条件的不同而有明显的变化，地表通常有白色盐霜，呈斑块状分布，表层为盐分与细土胶结成的盐结皮或盐结壳（厚度＞3cm），在盐结皮或盐结壳之下为盐斑层，常见有锈纹和锈斑以及铁锰小结核；底土有时也出现石灰结核。正常盐成土的盐积层厚度和含盐量变化范围很大，但总的趋势是随气候干旱程度增强，盐积层的厚度愈厚、含盐量愈大（表6.6）。盐分的组成多为氯化物和硫酸盐，在松嫩平原、大同盆地、昆仑山北麓以及西藏高原一些湖盆洼地也见有苏打；而在新疆的吐鲁番盆地还见有硝酸盐，NO_3^- 的含量达 4～10g/kg。正常盐成土划分为两个土类：①干旱正常盐成土，是指具有干旱土壤水分状况，无干旱表层的正常盐成土，多分布在西北地区，以新疆的塔里木盆地、吐鲁番盆地和青海的柴达木盆地最为集中。②潮湿正常盐成土，是指地下水参与土壤现代积盐过程的正常盐成土，分布广泛，几乎遍及有盐成土出现的地区。

表6.6　干燥度与盐积层厚度和含盐量关系（龚子同，1999）

地域	干燥度 /（ET/P）	盐积层厚度 /cm	含盐量 /（g/kg）	盐结皮或盐结壳厚度 /cm	积盐 特点
黄淮海平原	2～4	1～3	10～30	0.1～0.2	斑块
汾渭河谷盆地	3～5	3～10	30～100	0.2～0.5	斑块
宁蒙平原	8～14	5～20	100～300	1～5	连片
青甘新盆地	6～≥15	10～≥30	300～≥600	5～15	连片

我国盐成土因土壤性状不良和受水资源与气候条件的限制，绝大部分为荒芜闲撂之地，但只要采取有效的土壤改良措施，仍有相当大的面积可以开垦利用。总结各地的经验，卓有成效的办法是开沟排水和种植水稻洗盐，在碱积盐成土上必要时可运用石膏和磷石膏等化学改土措施。

九、潜　育　土

潜育土是在地下水或地表水影响下形成的，在矿质土表至50cm范围内出现厚度至少10cm具有潜育特征土层的土壤。它相当于土壤地理发生分类中的沼泽土和部分草甸土。

潜育土分布遍及全国各地，而以东北地区的大兴安岭、长白山山间谷地以及三江平原和松辽平原的河漫滩及湖滨低洼地区最多。在青藏高原和天山南北麓积水处、华北平原、长江中下游平原、珠江中下游及东南滨海地区也有分布。潜育土的形成是与低洼的地形、过量的水分和渗透不良的母质相联系的。土壤形成的主导过程是有机质的累积和潜育化，但在西北干旱地区也常伴随着盐渍化过程。剖面特点是在暗色腐殖质层（A）之下，常有带氧化斑的腐殖质层（Ag）或过渡层，再下为蓝灰色或浅灰色的潜育层（G）。潜育土表层有机质含量变化很大，高者有机碳含量达 250g/kg 以上，低者有机碳含量仅在 12～74g/kg 范围内。有机质分解程度较低，C/N 值多在 11 以上。阳离子交换量较高，表层或亚表层含量在 29～59cmol（＋）/kg 之间，盐基饱和度达 55%～75%，呈盐基饱和状态。土壤剖面中、下部的氧化还原电位（Eh）较低，有的甚至出现负值（龚子同，1999），且常见有以低价形式存在的铁、锰碳酸盐类、硫化物、水化氧化物、磷酸盐及亚铁硅酸盐类矿物。

根据土壤温度状况和水分状况，潜育土分为永冻潜育土、滞水潜育土和正常潜育土 3 个亚纲。

（1）永冻潜育土。是潜育土中土表至 200cm 范围具有永冻层次的土壤，主要出现在大兴安岭北部和青藏高原北部山地。它的形成发育与冻融作用密切相关，当永冻层上部季节融化时，可积累过量土壤水分，导致潜育过程的发生。其特点是全剖面处于还原状态，氧化还原电位均为负值，土体呈灰黑色，在有机质层中有机碳含量高，而下部的潜育层中有机质则锐减，土壤呈酸性反应，pH4.5～5.5。本亚纲根据有无有机表层划分为有机永冻潜育土和简育永冻潜育土两个土类。

（2）滞水潜育土。是由于地表水在弱透水性土层上汇集，使矿质地表至 50cm 深度以内的土层长期被水饱和而形成潜育特性的土壤。多分布在永久性地下水位比较深，对土壤形成没有影响的地表水成涝区域，尤以三江平原较为普遍。土壤剖面的特征是潜育层出现于氧化的表下层之上，结构体表面和土壤基质的彩度随深度增加而增加，还原作用随深度增加而减弱，活性铁与活性锰比例也随深度增加而增大。其土类的划分也根据土表有机质的积累情况，分为有机滞水潜育土和简育滞水潜育土两个土类。

（3）正常潜育土。是典型的具有较高的地下水位，在地下水作用下形成的潜育土。一般出现在平原低洼地或湖泊的周边，地下水位较高，排水困难之处。其剖面构造与滞水潜育土相反，潜育层出现在氧化的表下层之下。因长时间受地下水饱和的影响，土壤有机质分解缓慢，积累较多，表层含有较高的有机碳，全氮含量也高，而全钾含量较低，土体 pH 普遍偏低，呈酸性反应。但在半干润、半湿润地区或者周围土壤母质含有一定的盐分，则在矿质土表至 50 cm 范围内部分土层有盐积现象，土壤 pH 多在 8.0 以上，呈弱碱性或碱性反应。根据有无有机表层或暗沃表层，本亚纲划分为有机、暗沃和简育正常潜育土等 3 个土类。

潜育土的综合利用条件较好，经开沟排水疏干后可以作为耕地，也可作为割草场或放牧地。同时，可以用来发展养殖业，或种植芦苇、席草等工业原料，还可利用其有机表层，用作改良土壤的有机物料。潜育土是我国湿地资源的重要组成部分，在开发利用时，应当慎重，注意保护湿地的生态、环境和生物多样性。

十、暗　沃　土

暗沃土是具有较深厚的暗色表层，同时整个土体盐基饱和度（NH_4OAc 法）≥ 50% 的土壤。它相当于土壤地理发生分类中的黑土、灰黑土、黑钙土、黑垆土，部分为栗钙土和石灰土。

我国暗沃土主要分布在黑龙江、吉林、辽宁、内蒙古、山西、陕西、宁夏、甘肃、青海、新疆等省区，以及亚热带岩溶地区和热带南海诸岛。分布地区的气候、地形和母质复杂多样，自然植被为不同的草本植被或疏林草甸植被或林灌草本植被。暗沃土的成土过程主要表现在草本植物影响下腐殖质的累积作用，和在不同母质和气候条件下的钙化作用（石灰淋溶淀积），并常伴有黏化作用或氧化还原作用。剖面构造由下列层次组成：暗沃表层（A）厚度一般 >20cm，最厚的可 >100cm，颜色较深暗，具有较低的明度和彩度，大部呈粒状或团块状结构，在暗沃表层之下为过渡层（AB）或B层，颜色比上层浅，有时见有暗色腐殖质条痕，再下为碳酸盐聚积层或母质层。在半湿润、半干旱草原环境下发育的土壤于过渡层之下大多具有碳酸盐聚积层，常见有较多的白色斑块状和假菌丝状的石灰新生体，有时也有少量的石灰结核或形成石灰磐。

暗沃土有机质储量丰富、自然肥力较高。表层有机碳含量一般为 10 ~ 50g/kg，高者可 >50g/kg，腐殖质含量在全剖面中的分布上下较为均匀，腐殖质组成以胡敏酸为主，胡敏酸与富里酸比率大于1；全氮含量为 1 ~ 6g/kg，C/N 值变动于 5 ~ 15 之间；土壤水提液 pH 多在 6.5 ~ 8.5 范围内，呈中性至微碱性反应，但有部分水提液 pH 可降至 5.5 ~ 6.5 呈微酸性反应。阳离子交换量一般较大，但依质地和有机质含量不同，其值变化在 10 ~ 66cmol（+）/kg 间，盐基饱和度大于55%，甚至高达95%。土体的化学组成未见铁铝氧化物有明显的移动，黏粒的硅铁铝率为 3.0 ~ 3.5（表6.7）。黏土矿物以蒙皂石及水云母为主，并含有针铁矿、水化氧化铁和少量高岭石。

根据岩性特征和土壤水分状况，暗沃土分为岩性暗沃土、干润暗沃土和湿润暗沃土3个亚纲。

（1）岩性暗沃土。指暗沃土中具有珊瑚岩岩性特征或碳酸盐岩岩性特征的土壤。本亚纲之下划分为富磷岩性暗沃土和黑色岩性暗沃土两个土类。前者土壤中富含磷和石灰，分布于我国东沙、西沙、中沙和南沙等南海诸岛；后者土壤中富含有机质和碳酸盐，广泛而零星地分布于亚热带岩溶地区。

（2）干润暗沃土。是暗沃土中具有半干润土壤水分状况的土壤。主要分布在大兴安岭中南段南侧山麓、大兴安岭北部西坡三河地区和松嫩平原西南部以及呼伦贝尔高原、锡林格勒高原东中部、大青山北麓，新疆阿尔泰山南麓和昭苏盆地，甘肃、陕西、黄土塬区直至青藏高原祁连山地东段南麓河谷山地。根据土壤腐殖质积累程度的不同，本亚纲所属土壤有腐殖质层（A + AB）≥50cm 的暗厚暗沃表层和 <50cm 的一般暗沃表层之分；同时，随着土壤水分状况的变化，碳酸钙的淋洗强度和钙积层出现深度存在差异，有的钙积层在 60cm 或更深处才出现，有的在 30cm 深处即出现。另外，在黄土塬区因人为耕作活动，在土表50cm 内具有堆垫现象，而在祁连山的河谷和山地垂直带中因气候影响，土壤有寒性土壤温度状况。因此，干润暗沃土划分为寒性干润暗沃土、堆垫干润暗沃土、暗厚干润暗沃土、钙积干润暗沃土和简育干润暗沃土5个土类。

（3）湿润暗沃土。指暗沃土具有湿润土壤水分状况的土壤。主要分布在小兴安岭两侧，大兴安岭中北段的东麓和张广才岭山地西缘的山前波状起伏台地（漫岗）以及三江平原西部的高阶地上。其特点是腐殖质层深厚（约 40 ~ 100cm），有机碳含量丰富，表层一般为 11.6 ~ 34.8g/kg；土壤质地比较黏重，多为黏壤土或黏土；全剖面无

表6.7 暗沃土的理化性质

深度/cm	层次	有机碳C (g/kg)	全N (g/kg)	C/N	pH	CaCO$_3$/(g/kg)	阳离子交换量/[cmol(+)/kg]	盐基饱和度/%	土体化学组成/[占烘干土/(g/kg)]			黏粒分子率		黏粒<0.002mm/(g/kg)
									SiO$_2$	Fe$_2$O$_3$	Al$_2$O$_3$	SiO$_2$/R$_2$O$_3$	SiO$_2$/Al$_2$O$_3$	
黑龙江省纳河县（剖面53号）湿润暗沃土														
0~10	A11	55.6	3.7	15.0	6.3	0	42.55	83.14	699.7	56.3	173.4	3.57	4.56	207
10~23	A12	25.9	2.3	11.2	5.9	0	33.81	87.31	694.3	58.0	173.6	3.30	4.13	295
23~45	AB	18.2	1.6	11.4	5.7	0	31.77	77.40	693.4	56.5	182.2	3.27	4.02	327
45~71	B1	10.7	0.9	11.9	5.7	0	28.56	79.97	691.9	58.0	164.1	3.17	3.96	394
71~94	B2	4.6	0.5	9.3	5.7	0	30.46	80.03	679.8	61.0	176.0	3.29	4.13	434
94~105	BC	6.5	0.7	9.4	5.7	0	28.56	81.33	700.6	61.0	168.0	3.51	4.73	416
内蒙古额尔古纳市（剖面呼10）干润暗沃土														
0~15	A1	35.2	3.17	11.1	7.5	0	30.98	—	674.1	59.7	162.7	3.02	3.77	270
15~30	AB	23.3	1.98	11.7	7.4	0	32.37	—	673.0	58.0	171.5	3.04	3.85	279
30~45	BK	13.3	1.20	11.1	8.2	273.0	18.59	—	526.1	47.2	137.1	3.12	3.97	287
45~60	BC	18.8	0.92	20.4	8.4	267.4	18.82	—	527.8	44.4	143.7	3.16	4.05	278

注：剖面呼10引自：中国科学院南京土壤研究所黑龙江队，1982。

石灰反应，常有不同数量球形铁锰结核聚积；盐基高度饱和，土壤呈中性至微酸性反应。本亚纲续分为滞水湿润暗沃土、黏化湿润暗沃土和简育湿润暗沃土3个土类。

暗沃土具有发展农牧业的良好条件，尤其是东北地区的湿润暗沃土自然肥力高，适作农业用地，目前已大部分开垦为农田，盛产大豆、玉米和春小麦，是我国重要的商品粮产区；内蒙古的干润暗沃土许多地方水草丰美，适宜放养牛、羊等牲畜，为我国主要的牧业基地。但在农牧业的利用中，应针对不同土壤类型的特点，积极采取相应的保护措施，注意培养地力，防止土壤退化，以使这一肥沃的土壤资源得到永续利用。

十一、富　铁　土

富铁土是《中国土壤系统分类（修订方案）》新设的一个土纲，系指具有上界在矿质土表至125cm范围的低活性富铁层，但无铁铝层的土壤。主要包括土壤发生分类中的典型红壤，典型赤红壤和典型黄壤，以及燥红土的一部分。

富铁土集中分布于我国热带、亚热带地区的海南、广东、广西、福建、台湾、江西、浙江、湖南、贵州和云南诸省区，以及湖北、安徽省南部的一些地方（龚子同，1999）。在温热气候条件下，其成土过程是以中度富铁铝化作用为主，并有低活性黏粒累积作用。它既不同于具有高度铁铝化作用的铁铝土，又有别于以高活性黏粒累积作用为主要过程的淋溶土，是属于两者之间的一个土纲。在正常情况下，富铁土的剖面发育较为完善，其形态特点是：地表有半分解枯枝落叶覆盖，厚度不一；腐殖质层（A）颜色较暗，呈浊橙至黄棕色，厚约10～20cm，具粒状或核粒状结构；在腐殖质层之下为低活性富铁层（包括黏淀层或风化B层或网纹层），通常为橙色、红棕色或暗红色，水分较多时即为淡黄色或黄色，厚度变化较大，自15cm至1m以上，结持紧实，质地较黏重，呈块状或棱块状结构，在结构面上偶见有黏粒－腐殖质胶膜或铁锰暗色胶膜，再下则逐渐过渡到母质层或母岩层。

富铁土在成土过程中，由于盐基受到强烈淋失作用，土壤酸度较大，B层的水浸提液 pH 多在4～5，黏粒表观阳离子交换量（CEC7）一般在16～24cmol（+）/kg之间，交换性盐基饱和度大多在30%以下。同时，在交换性阳离子组成中，铝饱和度高达60%～90%，黏粒在剖面中显示下移现象，并在B层产生聚积。用三酸硝化分解和用热碱（0.5mol/LNaOH）提取测定，B层的硅铝率分别为<2.6和<2.0，但硅铝率沿剖面变化不很明显。另外，B层的游离铁含量因受母质影响变幅较大，但游离铁占全铁量≥60%，其中有相当多在80%以上，表明富铁土在形成过程中进行着明显的脱硅和铁铝氧化物富集作用（表6.8）。

根据土壤水分状况的差异，富铁土划分为干润富铁土、常湿富铁土和湿润富铁土3个亚纲：

（1）干润富铁土。是富铁土中具有半干润土壤水分状况者。主要分布在海南岛西南部，五指山脉背风坡。自东方至三亚沿海一带，以及云南高原元江、金沙江下切河谷和一些封闭低盆地。其形成与干热气候条件相关，土壤中游离铁因脱水老化，而以赤铁矿占绝对优势，致使土壤颜色呈现深红色调。交换性盐基饱和度在40%以上，但

表 6.8 富铁土的理化性质（龚子同，1999）

层次与深度 /cm	pH H$_2$O	pH KCl	有机碳 (C) g/kg	全氮 (N) g/kg	全磷 (P$_2$O$_5$) g/kg	全钾 (K$_2$O) g/kg	阳离子交换量 /[cmol(+)/kg]	盐基饱和度 %	铝饱和度 %	游离铁 Fe$_2$O$_3$ /(g/kg)	游离铁 Fe$_2$O$_3$ /%	CEC7 /[cmol(+)/kg黏粒]	ECEC /[cmol(+)/kg黏粒]	三酸消化性 SiO$_2$/Al$_2$O$_3$	热碱浸提性 SiO$_2$/Al$_2$O$_3$	<0.002mm 黏粒含量 /(g/kg)
贵州平坝（黔1剖面），常湿富铁土																
A 0~20	5.1	3.9	13.6	1.08	—	—	—	—	—	—	—	—	—	—	—	700
B 125~45	5.6	3.9	5.1	0.68	—	19.1	12.22	11.5	63.9	90.9	—	17.4	5.5	—	0.70	702
B 250~75	5.6	4.0	4.3	—	—	20.0	12.22	7.5	74.7	97.3	—	16.5	4.8	—	0.67	741
B3 100~120	5.8	4.0	3.8	—	—	—	—	—	—	—	—	—	—	—	—	814
江西余江（MS18剖面），湿润富铁土																
A 0~20	4.8	4.0	5.4	0.50	—	—	9.81	10.50	83.6	—	—	24.2	15.9	—	—	405
AB 10~20	5.0	4.1	3.0	0.31	0.5	10.0	8.36	6.6	89.1	34.2	62.3	23.1	14.3	2.28	1.54	406
B1 130~40	5.1	4.1	2.0	0.30	0.7	11.6	10.76	7.0	89.2	43.1	66.2	22.2	14.7	2.60	1.53	485
B1 260~70	5.0	4.1	2.1	0.33	0.7	12.2	11.96	5.8	90.8	49.9	74.1	23.5	15.0	2.56	1.48	508
BC$_1$ 110~120	5.1	4.0	1.7	0.30	0.6	13.5	13.65	4.6	93.1	53.1	69.4	25.7	17.3	2.70	1.62	532
BC$_2$ 150~160	5.0	4.0	—	—	0.6	13.9	14.60	4.5	93.1	57.5	67.6	26.6	17.6	2.72	1.60	548

交换性铝饱和度多<30%，土壤多呈微酸性至中性反应。同时富铝化作用不显著，硅铝率在 2.0 ~ 3.0 之间。本土纲依据其因有无黏化作用表现的诊断层差异，续分为黏化干润富铁土和简育干润富铁土两个土类。

（2）常湿富铁土。即富铁土中具有常湿润土壤水分状况。多分布在贵州高原和华南、滇南山地的一些地方，一般出现在海拔 800 ~ 1 400m 高度范围内，但滇南则出现在 1 700m 以上。它们是在温暖潮湿、云雾多的气候条件下形成的。由于土壤经常保持湿润状态，矿物风化释放的盐基和硅酸几乎同时被淋失，土壤富铝化作用的强度比其他两个亚纲（干润和湿润）更大，黏土矿物组成中有较多高岭石类或三水铝矿或铝间层矿物存在。同时，土壤中游离铁绝大部分以针铁矿和水铁矿方式存在，使 B 层土壤呈 7.5YR 或更黄的色调。根据控制其盐基淋失作用和表现富铝化作用差异及诊断特性，常湿富铁土划分为钙质常湿富铁土、富铝常湿富铁土和简育常湿富铁土 3 个土类。

（3）湿润富铁土。是富铁土中具有湿润土壤水分状况的土壤。其分布范围广阔，跨越我国热带、南亚热带和中亚热带，除在海南、广东、广西、福建、台湾、浙江、江西、湖南、云南等省区外，皖南、鄂东南、川东南及黔南的一些地方也有零星分布。它是在温热湿润并有明显干湿季节变化的气候条件下形成的。土壤中游离氧化铁以赤铁矿以及水铁矿方式并存，B 层土壤一般呈 5YR 色调，有些受母质或母岩影响，赤铁矿占优势则呈 2.5YR 色调。由于盐基元素受强烈淋失，交换性盐基饱和度多在 35% 以下，土壤呈强酸性或酸性反应。B 层的黏土矿物组成中以高岭石为主，并有部分三水铝矿及少数水云母和蛭石，一般不具有富铝特性。依据控制其盐基元素淋失作用，表现富铝化和黏化作用差异的诊断层或诊断特性，湿润富铁土续分为钙质湿润富铁土、强育湿润富铁土、富铝湿润富铁土、黏化湿润富铁土和简育湿润富铁土 5 个土类。

在天然林或人工林覆盖下的富铁土，表层土壤有机质和氮素的含量均较高。但在森林植被遭砍伐破坏后，土壤有机质含量显著降低，氮素也较为贫乏。因此，富铁土开垦后用于种植各种热带或亚热带经济作物和果木或种植粮油作物，应注意增施有机肥，加大氮肥和磷肥的施用量，建立良好的物质循环的农业生态体系。同时，氮、磷肥施用量高或一些需钾的经济作物或果木，还必须增施钾肥，以提高产量；为中和土壤酸度调节 pH 值，可适当施用石灰或白云石或石灰粉，既可减少铝的毒害，又可补充钙、镁营养元素，并增加微量营养元素的有效性，也有利于作物产量的提高。

十二、淋 溶 土

在中国土壤系统分类中淋溶土纲的诊断层和诊断特性是：上界在矿质土表至 125cm 范围内的黏化层或某些部分有达到 0.5mm 或更厚的淀积胶膜的黏磐，同时在土壤黏化 B 层中表观阳离子交换量最低大于 24cmol（+）/kg，但它对盐基饱和度没有明确的要求。因此，淋溶土相当于土壤地理发生分类中的部分暗棕壤、白浆土、棕壤、黄棕壤、褐土、黄壤和石灰土等。

我国的淋溶土主要分布在受夏季风影响的东北、华北和华东等地，在西北山地、青藏高原的东南部和华南西南部等地也有分布。所在地区气候条件变化大，年平均气温最高达 17℃，最低可降至 -1℃，年降水量在 600 ~ 1 800mm 之间，土壤温度从冷性或寒性、温性到热性，土壤水分状况由半干润、湿润至常湿润。自然植被为不同类型的森林植被和灌丛。地形多为山地丘陵和黄土岗地，母质复杂多样。土壤的成土作用主要表现为黏化过程和腐殖质累积过程，有时也伴有弱铁铝化过程、钙积过程、漂白过程和潜育过程。典型剖面特征是：在腐殖质层之下即为黏化层，其下为过渡层或母质层，有的黏化层之上有漂白层（E层），有的则在黏化层之下具有氧化还原特征或潜育现象。淋溶土的表层一般有机质含量较高，在森林与灌木草类下表层有机碳含量可高达 20 ~ 60g/kg，而在次生林或稀疏灌木草类下表层有机碳的含量在 10 ~ 20g/kg 范围，C/N 比值在冷凉湿润环境下达 15 左右，而在干润条件下则 <12。土壤剖面通体大多无石灰反应，仅有部分有数量不等的游离 $CaCO_3$。土壤一般多呈微酸性至酸性反应，而发育在碳酸盐岩风化物或黄土性物质上也有呈中性至碱性反应的。盐基饱和度大部分 >50%，但有少数 <50%（表6.9）。土壤质地因母质种类和土壤水分状况或土壤温度状况不同而有较大差别，但多数土壤质地较黏重，表层以粉壤土、壤土居多，剖面中部多为黏壤土或粉质黏土，黏粒（<0.002mm）含量相应增高，黏粒比一般为 1.3 ~ 3.4，最高 >6.0。黏土矿物组成以 2∶1 型矿物为主，常见的有水云母和蛭石，但因地区和母质不同而有差异。

根据土壤温度和水分状况，淋溶土分为冷凉淋溶土、干润淋溶土、常湿淋溶土和湿润淋溶土 4 个亚纲。

（1）冷凉淋溶土。是有冷性或寒性土壤温度状况和湿润土壤水分状况的土壤。在我国东北地区分布最为广泛，包括黑龙江省的大、小兴安岭以及吉林省的长白山区；另外，在我国西北和西南山地垂直带上也有分布。由于所处地区气候寒冷，本亚纲风化成土作用相对较弱，而有机质分解也较慢，生物累积作用较其他亚纲为强，表层常含有较多的有机碳（达 20 ~ 60g/kg）（龚子同，1999）。依据有无漂白层和暗沃表层，冷凉淋溶土划分为 3 个土类：①漂白冷凉淋溶土，是在黏磐层之上有一漂白层，东北通称为白浆土；②暗沃冷凉淋溶土，是在冷凉淋溶土中具有暗沃表层者；③简育冷凉淋溶土，为除上述两个土类外的其他冷凉淋溶土。

（2）干润淋溶土。是具有半干润水分状况的淋溶土。主要分布在我国暖温带半湿润半干旱地区的低山丘陵和山麓平原，如鲁中、辽西、冀北与冀西、豫西以及晋南和关中等地。在云贵高原腹地及其边缘的亚热带干旱河谷也有分布。所在地区水热状况以冬干夏湿、高温与湿润同时发生为其特点，与其他亚纲比较，土壤矿质风化淋溶作用明显减弱，土体中碱金属和碱土金属元素含量较高，而且有些还出现碳酸盐累积现象，但黏化作用相对较弱，生物循环过程中有机质的累积量较低，表层有机质碳含量大多在 5 ~ 20g/kg 之间。本亚纲分为 4 个土类：①钙质干润淋溶土，是在矿质土表至 125cm 范围内具有碳酸盐岩岩性特征；②钙积干润淋溶土，是上界在矿质土表下 50 ~ 125cm 范围内具有钙积层；③铁质干润淋溶土，是在矿质土表层至 125cm 范围内 B 层具有铁质特性；④简育干润淋溶土，是不具备上述土类特性之外的其他干润淋溶土。

（3）常湿淋溶土。是具有常湿润水分状况，并有热性或温性土壤温度状况的土壤。主要分布在气候比较潮湿的贵州高原，其次是云南高原和南方山地的垂直地带上。土壤形成的主要特点是淋溶作用强，具弱度的富铁铝化作用而且氧化铁的水化作用明显，常以针铁矿、褐铁矿以及多水氧化铁等水化氧化铁的形态出现。本亚纲包括 3 个土类：

表 6.9 淋溶土的理化性质 (龚子同等, 1999)

剖面号及采样地点	土壤名称	深度/cm	pH H₂O	pH KCl	有机碳/(g/kg)	全N/(g/kg)	C/N	阳离子交换量/[cmol(+)/kg]	CEC₇/[cmol(+)/kg黏粒]	交换性盐基总量 cmol(+)/kg	交换性铝量 cmol(+)/kg	盐基饱和度/%	铝饱和度/%	黏粒(<0.002mm)/(g/kg)	黏粒比
91-1-2, 黑龙江省带岭凉水试验场	冷凉淋溶土	0~12	6.5	5.7	58.5	4.87	12.01	40.2	274.0	33.4	0.2	83.1	0.5	146.7	1.00
		12~20	5.7	4.4	17.2	1.28	13.43	21.2	88.7	16.5	1.0	77.8	4.5	239.1	1.63
		20~30	5.5	4.1	10.0	0.87	11.49	17.8	75.7	11.8	1.7	66.3	8.7	234.6	1.56
		30~40	5.6	4.1	6.6	0.54	12.22	18.1	70.2	10.1	1.5	77.1	10.24	186.5	1.27
		40~53	5.7	4.1	3.4	0.35	9.71	10.4	65.5	8.6	1.1	82.7	9.56	158.9	1.08
		53~68	5.7	4.1	2.0	0.27	7.40	8.0	102.7	6.6	0.9	82.5	10.11	77.9	0.53
		68~100	6.0	4.3	1.1	0.18	6.11	7.1	270.1	5.8	0.3	81.7	4.00	26.2	0.18
鲁58, 山东省邹县崇义岭	湿润淋溶土	0~15	6.1	5.2	3.5	0.44	7.95	12.1	76.2	9.89	0.10	81.9	1.00	158	1.00
		15~33	6.4	5.2	2.4	0.26	9.23	12.3	70.8	10.81	0.15	87.6	1.37	175	1.10
		33~45	6.8	5.5	3.3	0.44	7.50	21.0	55.1	20.43	0.13	87.1	0.63	382	2.42
		45~80	6.7	5.7	2.5	0.35	7.14	23.3	63.8	21.99	0.11	94.4	0.50	366	2.31
		80~100	6.7	5.7	0.9	0.24	3.75	17.9	59.1	16.81	0.07	94.1	0.42	302	1.91
		100~120	6.8	5.8	0.9	0.09	10.00	14.4	96.8	14.61	0	92.2	0	131	0.83

①钙质常湿淋溶土，是常湿淋溶土中有碳酸盐岩岩性特征者；②铝质常湿淋溶土，是矿质土表至125cm范围内B层均有铝质特性或铝质现象，相当于山地黄壤和山原黄壤的一部分（有黏化层）；②简育常湿淋溶土，是其他常湿淋溶土不具碳酸盐岩岩性特征和B层不具铝质特性或铝质现象者。

（4）湿润淋溶土。是具有湿润土壤水分状况，但无冷性或寒性土壤温度状况，只有温性和热性土壤温度状况的土壤。主要分布在我国辽东半岛、山东半岛、辽西和冀北山地以及长江中下游两岸低山丘陵地区，在云贵高原和四川盆地周围山地亦有分布。本亚纲分布区处在暖温带和亚热带气候区内，气温南北相差较大，但土壤都具有湿润的水分状况。成土作用的特点为土壤母质的风化程度高于冷凉淋溶土和干润淋溶土，但比常湿润淋溶土低，同时土壤显现的富铁铝化作用也比常湿润淋溶土更弱。本亚纲划分为7个土类：①漂白湿润淋溶土，是在湿润淋溶土中黏磐层之上有一漂白层（E层）；②钙质湿润淋溶土，是湿润淋溶土中具有碳酸盐岩岩性特征的，为红色石灰土的一部分（有黏化层）；③黏磐湿润淋溶土，是湿润淋溶土中在矿质土表至125cm范围内有黏磐（≥10cm）；④铝质湿润淋溶土，是其他湿润淋溶土中在矿质土表至125cm范围内B层均有铝质特性或铝质现象；⑤酸性湿润淋溶土，是湿润淋溶土中在矿质土表至125cm范围内B层pH<5.5和盐基饱和度<50%，为酸性棕壤中有黏化B层者；⑥铁质湿润淋溶土，为其他湿润淋溶土中在矿质土表至125cm范围内B层均有铁质特性；⑦简育湿润淋溶土，是湿润淋溶土中不具上述土类特性者。

淋溶土是我国重要的森林土壤资源，也是重要的农业土壤资源，具有很大的生产潜力，有待进一步开发利用。但在不同亚纲和土类之间存在较大差异，应因土制宜加强管理，采取适当措施，以提高其生产力。

十三、雏 形 土

雏形土是指具有雏形层，或具备下列条件之一的土壤：①矿质土表至100cm范围内有如下任一土层：漂白层、钙积层、超钙积层、钙磐、石膏层或超石膏层；②矿质土表下20~50cm范围内至少一个土层（≥10cm）的 n 值<0.7或细土部分黏粒含量<80g/kg，并且具有有机表层，或暗瘠表层；③永冻层和10年中有6年或更多年份一年中至少一个月在矿质土表至50cm范围内有滞水土壤水分状况。它们无黏化层和黏磐，无低活性富铁层、铁铝层、干旱表层、盐积层、碱积层、灰化淀积层、水耕表层和水耕氧化还原层、肥熟表层和磷质耕作淀积层、灌淤表层和堆垫表层以及无诊断为有机土、火山灰土、变性土、潜育土、暗沃土的特性（龚子同，1999）。因此，在土壤系统分类中，雏形土好似一个大口袋，除了具有诊断特性的土纲和无诊断特性或仅有淡色表层或暗色表层的新成土之外，其余都归入其中。包括土壤发生分类中大部分草甸土、潮土、林灌草甸土、山地草甸土、草毡土、黑毡土、寒钙土以及一些带"性"字的未成熟的地带性土壤（如褐土性土、红壤性土）。

雏形土是我国分布面积最广的一个土纲，从东北的寒温带到华南的亚热带、热带，从西部的干旱、半干旱地区到东部沿海湿润区，从低海拔的丘陵、平原到高海拔山地或高原均有分布。雏形土是在不同气候、地形、母质和植被条件下形成的，土壤发育程度较低。其最重要的发生学特征是矿物风化作用微弱，基本处于初始的成土过程和黏质化过程，黏粒含量除少数受母质影响外，一般在 80 ～ 300g/kg 之间，细粉（0.02 ～ 0.002mm）与黏粒（<0.002mm）比值大多在 0.5 以上，高者可接近 8.0，而且质地普遍较粗，多砂粒和粉粒，并常夹有岩屑。就矿物组成而言，常含有较多的长石、蒙脱石、伊利石、水云母、蛭石等。同时，无物质淋移和淀积，无明显的黏化层形成。其盐基的淋失也很少，表层以下的土层水提液 pH 多在 5.0 ～ 8.0 之间，盐基饱和度常在 40% 以上。在交换性阳离子组成中，交换性盐基离子一般占绝对优势。因土壤风化程度低，黏土矿物以 2∶1 型为主。黏粒的活性很强，B 层黏粒的表观阳离子交换量（CEC7）均大于 24cmol（＋）/kg 黏粒，且多数在 40cmol（＋）/kg 黏粒左右。

雏形土类型繁多，根据土壤温度状况和土壤水分状况划分出寒冻雏形土、潮湿雏形土、干润雏形土、常湿雏形土和湿润雏形土 5 个亚纲。

（1）寒冻雏形土。是雏形土中具有寒性或更冷土壤温度状况的土壤。主要分布在我国东北与西北部的高山带及西南部无林的高原面上，包括大兴安岭北部、长白山和阿尔泰山山地垂直带中寒温性针叶林下，以及青藏高原东南缘、南缘森林带上部与高寒草甸带的过渡地段。这些地区的干冷季长，暖湿季短，土壤冻结期长。因土温低，微生物活动微弱，植物根系或枯枝落叶难以分解，以有机残体或腐殖质形态累积于土壤中或地表，从而形成草毡表层或较厚的枯枝落叶层。与之相应的是土壤成土年龄轻，土体厚度仅 50 ～ 90cm，质地也轻，矿物化学分解程度低，但表层土壤有机碳含量较高（达 30 ～ 350g/kg）。根据次要成土过程或次要控制因素的表现性质，本亚纲之下划分永冻寒冻雏形土、潮湿寒冻雏形土、草毡寒冻雏形土、暗沃寒冻雏形土、暗瘠寒冻雏形土及简育寒冻雏形土 6 个土类。

（2）潮湿雏形土。系指雏形土中具有潮湿土壤水分状况和矿质土表至 50cm 范围内至少一个土层（≥10cm）有氧化还原特征的土壤。主要分布在三江平原、松嫩平原、辽河平原、黄淮海平原、长江中下游平原以及各山间谷地等。分布区地形平坦、母质均为近代河、湖（海）相沉积物。潮湿雏形土总的特点是：土体深厚，性状良好。土壤剖面由腐殖质层及雏形层构成，间有钙积层、潜育特征等其他诊断特性。土壤理化性质因区域条件不同而有差异。在黄淮海平原区的潮湿雏形土，大多为弱碱性，具石灰反应，含有机质少，钾素丰富，局部有盐化现象；在珠江沉积物上形成的土壤，呈弱酸性，有机质含量较多，但钾素不丰；在长江沉积物上形成的土壤，仅含少量石灰，呈中性反应，有机质含量不高，但铜、锌、钴、镍等微量元素含量超过土壤的平均含量。依据其次要成土过程所表现的诊断特性差异，本亚纲续分为叶垫潮湿雏形土、砂姜潮湿雏形土、暗色潮湿雏形土及淡色潮湿雏形土 4 个土类。

（3）干润雏形土。指具有半干润土壤水分状况的雏形土，也包括干旱地区在人为灌溉条件下，使干旱土壤分水状况变为半干润土壤分水状况的雏形土。主要分布在温带和暖温带半湿润和半干旱地区的山地和丘陵的中下部，河谷平原和沿河阶地及干旱区地形平坦、灌溉条件较好的地方，海南岛西南部的沿海平原与云南高原边缘的深切河谷和残丘地带也有分布。由于气候干燥，土壤发育和物质淋溶迁移程度较弱，土体中的石灰性物质淋洗不彻底，土壤呈中性或微酸性反应，盐基饱和度较高；黏粒向下有些迁移，但不明显，黏土矿物风化程度较弱，以水云母、蛭石为主（北方）或兼有高岭石。本亚纲之下进一步分为灌淤干润雏形土、铁质干润雏形土、底锈干润雏形土、暗沃干润雏形土和简育干润雏形土5个土类。

（4）常湿雏形土。指雏形土中具有常湿润土壤水分状况的土壤。它广泛分布在我国热带和亚热带各省区中山的中上部，或低山顶部及高原上。由于所在地区气候温凉，植被生长繁茂，大部分常湿雏形土的剖面上部有机质积累丰富，具有暗沃或暗瘠表层、或腐殖质特性；并且在常湿润土壤水分和丰富有机质的共同影响下，B层大多呈黄色或橙黄色。因风化成土作用较弱，土壤中含有较多长石及云母类原生矿物，黏土矿物组成中除以云母或蛭石为主外，常含有多量1.4nm过渡矿物或绿泥石，伴有少量高岭石类和三水铝石。本亚纲划分为冷凉常湿雏形土、滞水常湿雏形土、钙质常湿雏形土、铝质常湿雏形土、酸性常湿雏形土和简育常湿雏形土6个土类。

（5）湿润雏形土。是指雏形土中具有湿润土壤水分状况的土壤。其分布区域包括东北大、小兴安岭、完达山和长白山，辽东半岛和山东半岛，长江中下游和江南，华南低山丘陵、云南高原及横断山脉。它常与湿润淋溶土交错分布，多处在坡度较陡地段，土层一般较浅薄。大部分湿润雏形土具有明显的有机质累积作用，在生长良好的林地下或灌丛草地上，表层有机碳的含量在20g/kg以上，高者甚至超过50g/kg。有机表层以下的结构B层有的具有铝质特性或铝质现象，或铁质特性，有的盐基饱和度＞50%，有的则在20%以下甚至不足10%。同时，有些湿润雏形土具有碳酸盐岩或珊瑚砂岩或紫色砂页岩岩性特征。因此，湿润雏形土根据表征其主要成土作用发展或控制因素差异的诊断特性，而划分出冷凉湿润雏形土、钙质湿润雏形土、紫色湿润雏形土、铝质湿润雏形土、铁质湿润雏形土、酸性湿润雏形土及简育湿润雏形土7个土类。

雏形土分布广泛，类型繁多，不同土壤类型其特性和水热状况及地形条件差异很大，对农林牧业生产的适宜性各不一样。所以，对雏形土的利用，必须根据具体土壤的条件及其分布区的实际情况，因地制宜，宜农则农，宜林则林，宜牧则牧，合理科学地利用和管理土壤，以充分发挥土壤的生产潜力，并使土壤得到改善和有效的保护。

十四、新 成 土

在中国土壤系统分类中，新成土是只有淡薄表层，但无鉴别其他土纲所需的诊断层或诊断特性的土壤。它大致相当于发生分类中的黄绵土、红黏土、新积土、风沙土、石质土和粗骨土。

新成土在我国分布也十分广泛，但主要分布在大江、大河冲积平原和河口三角洲，干旱区的大沙漠，晋陕甘等省的黄土高原，以及全国各山丘由各类岩石新风化物形成的堆积区。新成土的特点是成土作用的幼年性，土壤没有明显的土层分化，或仅有十分弱度的剖面发育，其性状在很大程度上取决于母质特性。剖面构成一般为A－C或AC－C型。形成新成土这一特点的主要原因是其成土时间短暂，通常是因不利的气候条件，如极端干旱或极端寒冷的气候条件，阻滞了成土作用的深入进行；有的则是因成土母质的抗风化性强，如一些抗风化的石英等，阻滞了土壤的发育；或者由于侵蚀发生后，土壤流失及频繁的沉积和堆积掩埋作用，导致成土过程一再中断而使土壤始终处于幼年状态。此外，人类活动对土壤的扰动作用，打断了土壤的连续发育进程，原有土壤层次和剖面发育急剧变化，使土壤又回到初始发育阶段（龚子同，1999）。

根据新成土诊断特性的不同，在土纲以下分为人为新成土、砂质新成土、冲积新成土和正常新成土4个亚纲。

（1）人为新成土。是在矿质土表至50cm范围内均为人为扰动层次或人为淤积物质的新成土。它是人类为了扩大耕地或进行复垦利用扰动堆积或引洪淤积而快速形成的。这种土壤都是未经过耕作熟化，无人为表层，不属于人为土纲。其主要特点是土壤剖面中人工扰动或人工堆积和淤积的痕迹清晰；除干旱地区部分剖面略显易溶性盐的表聚外，其他物质不显淋溶和淀积特征；除大量施用有机肥使表层有机质含量略高外，有机质含量在剖面中的分布大多没有规律。本亚纲据其具有的诊断特征差异，分为扰动人为新成土和淤积人为新成土两个土类。

（2）砂质新成土。是新成土中发育在风成砂质母质上，具有砂质沉积物岩性特征的土壤。主要分布在我国北部的半干旱、干旱和极端干旱地区的沙地和沙漠中，横跨东北、华北和西北9个省区，面积比较大。其特点是其成土过程常被风蚀作用所打断，处于不断堆积和侵蚀的不稳定状态。土壤剖面发育微弱，只表现为淡薄表层（A）和母质层（C），缺乏明显的淀积层（B），土体结持疏松，常呈单粒状，质地主要为分选良好的细砂，粒径为0.25~0.05mm大小的颗粒占80%以上。根据土壤温度状况和土壤水分状况的不同，划分为寒冻砂质新成土、潮湿砂质新成土、干旱砂质新成土、干润砂质新成土和湿润砂质新成土等5个土类。

（3）冲积新成土。是新成土中具有近代冲积物岩性特征的土壤。它广泛分布于各地河流两岸的低阶地、山丘谷地、坡麓低地、湖滩及滨海滩地，而以东北三江平原、松辽平原、黄淮海平原及汾渭谷地为多，但总面积不大。冲积新成土是在近代流水沉积物上发育的，成土时间短，发育幼年。土体中无明显的因成土风化作用引起细粒物质迁移而形成的土壤发育特征，除在地表由于稀疏植被生长或耕种活动导致略有腐殖质积累的淡薄表层外，大部分土壤具冲积层理，常有埋藏土层；唯洪积物上发育的分选性差，砂质性强。土壤的基本性状与母质特性密切相关。本亚纲之下同样也划分寒冻冲积新成土、潮湿冲积新成土、干旱冲积新成土、干润冲积新成土和湿润冲积新成土5个土类。

（4）正常新成土。是指新成土中由黄土和黄土状沉积物、紫色砂泥岩、红色砂泥岩和北方红土以及各种基岩风化物，在当地特有的成土条件，特别是在干冷、寒冻及侵蚀作用下形成的土壤。在我国分布十分广泛，各地均可见及。正常新成土的成土过程多因侵蚀作用，使土壤发育经常被阻滞，剖面只具有A-R或A-C发生层次结构，即由淡薄表层（A）和母岩层（R）或母质层（C）组成。土体浅薄，具有多量风化岩块及岩屑，或全剖面土层虽厚，但土壤发育仍处幼年阶段。一般A层有机碳含量较低，多在5g/kg以下，母质层的性状因成土物质不同而异，有的含有不等量的碳酸盐、或残留的砂姜及铁锰斑等新生体，由于土壤母质特性的影响，不同正常新土间肥力差异较大。正常新土因具有的诊断特性的不同，划为黄土正常新成土、紫色正常新成土、红色正常新成土、寒冻正常新成土、干旱正常新成土、干润正常新成土和湿润正常新成土7个土类。

新成土在我国各地都有分布，水、热条件较为优越，目前多生长着各种植物，大部分可用作农、林、牧用地，是一种具有很大生产潜力的土壤资源，只要利用得当，可为社会提供丰富的物质产品。但许多新成土的生态、环境比较脆弱，易遭破坏，尤其是易遭土壤侵蚀、盐渍化、风沙和泥石流等危害，因此，要重视生态与环境建设，加强土壤的管护，把兴利与除害密切结合起来，才能保证该类土壤的可持续利用。

第三节　土壤的地理分布规律

土壤与自然环境和人为条件紧密联系并相互影响，因此，随着自然环境和人为条件的改变，各类土壤及其组合也作相应的变化，并占有一定的空间位置。土壤类型在空间上的组合情况，呈现出有规律变化的地理现象，即为土壤地理分布规律或称为土壤空间分异。它具有多种表现形式，一般归纳为水平、垂直、水平－垂直复合等地域分布规律。研究和阐明土壤的地理分布规律，有助于加深对我国土壤空间分布格局的认识。

一、土壤水平分布规律

我国处于欧亚大陆的东南部，生物气候条件深受地表结构和东南季风的影响，由东南向西北呈现有规律的变化。与此相适应，我国土壤的水平分布既具有沿纬度方向变化（即纬度地带性），也有沿经度方向变化（即经度地带性或相性）的特点。

我国东部地区土壤分布与生物气候条件相适应，基本随纬度而变化，由南到北依次出现的主要土壤组合为：湿润铁铝土－湿润富铁土、湿润富铁土－湿润铁铝土、湿润富铁土－常湿淋溶土、湿润淋溶土－水耕人为土、湿润淋溶土－潮湿雏形土、冷凉淋溶土－湿润暗沃土、寒冻雏形土－正常灰土。我国西部地区地处内陆，受海洋季风影响甚微，加上青藏高原和高山的影响，形成的主要土壤类型组合也是随纬度而变化，由南向北依次为：寒性干旱土－永冻寒冻雏形土、正常干旱土－干旱正常盐成土、正常干旱土－干旱砂质新成土。在东部和西部两大土壤系列之间的过渡带，气候为半湿润和半干旱，植被以草原、森林草原或灌木草原为主，土壤分布由西南向东北依次出现干润淋溶土－干润雏形土、黄土干润新成土－干润淋溶土、干润暗沃土－干润砂质新成土等主要土壤组合（图6.1）。

但是，我国土壤的水平分布并非简单地只按上述纬度变化由南向北排列，还有随干燥度由东向西逐渐增加，气候由湿润变为半湿润和半干旱到干旱，植被相应由森林、草原过渡到荒漠，土壤则按经度变化而作东西向排列，这在昆仑山—秦岭—淮河一线以北的温带和暖温带表现尤为明显。例如，在温带地区从东北丘陵平原，经由内蒙古高原至新疆准噶尔盆地，由东而西随经度变化，出现的土壤组合依次为：冷凉淋溶土－湿润暗沃土、干润暗沃土－干润砂质新成土、正常干旱土－干旱砂质新成土；而在暖温带地区，从山东半岛和华北平原，经黄土高原，向西到河西走廊西部而进入塔里木盆地，出现的土壤组合依次为：湿润淋溶土－潮湿雏形土、黄土干润正常新成土－干润淋溶土、正常干旱土－干旱正常盐成土，也是呈东西向排列。

由此可见，土壤水平地带的分布在我国境内展现得比较完整，既不同于欧洲大陆

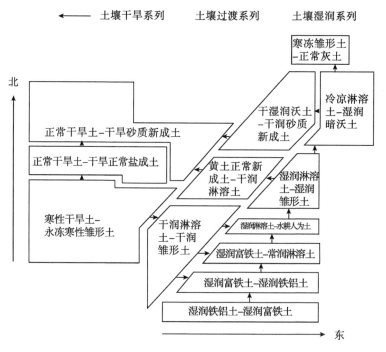

图 6.1　中国土壤分布模式
(据龚子同等，1999 资料改编)

土壤带多沿纬度方向排列，也不同于美洲大陆的土壤带沿经度方向排列，而是两者兼而有之。这从欧亚大陆整体来看颇具特色。

二、土壤垂直分布规律

我国山地多，地形复杂，随着海拔高度的上升、生物气候条件的变化，而出现土壤带的垂直分布，并由此形成一系列的垂直带谱（或土壤垂直带结构）。不同的山地因所处于水平地带土壤（即基带土壤）的不同，土壤垂直带谱的结构存在明显的空间差异，且随山地高度、坡向和山体形态的不同呈现出有规律的变化（龚子同等，2007）。

山体越高，特别是相对高差越大，土壤垂直带谱越完整。例如珠穆朗玛峰，为世界上最高峰，具有最完整的山地土壤垂直带谱。在南侧从山麓到山顶，可以依次见到简育湿润富铁土/雏形土、铁质湿润淋溶土/雏形土、酸性湿润雏形土、漂白暗瘠寒冻雏形土、有机滞水常湿雏形土、草毡寒冻雏形土与有机滞水常湿雏形土、草毡/暗沃寒冻雏形土、永冻寒冻雏形土。但在海拔较低的山地，土壤垂直带谱则比较简单，例如庐山的土壤垂直带分布，自下而上为简育湿润富铁土/雏形土、铝质常湿淋溶土与铁质湿润淋溶土、有机滞水常湿雏形土与有机正常潜育土（图 6.2）。

山地坡向和山体形态对土壤垂直带谱的组成有明显的影响，介于湿润与半湿润分界地区的山地或干旱与半干旱地区之间的山体，其坡向影响尤为明显。前者的例子是呈东西走向的秦岭，其基带土壤南坡属黏磐湿润淋溶土，而北坡属简育干润淋溶土，除基带土壤不同外，作为主要建谱土壤的简育湿润淋溶土，其下限南坡与北坡也有所

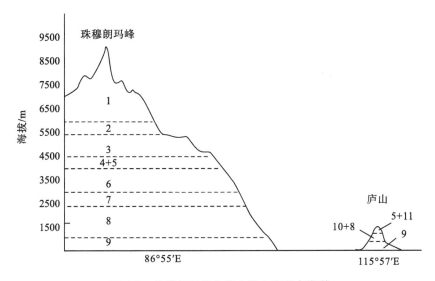

图 6.2　珠穆朗玛峰和庐山的土壤垂直带谱

(熊毅、李庆逵, 1987; 龚子同等, 1996)

1. 冰雪; 2. 永冻寒冻雏形土; 3. 草毡/暗沃寒冻雏形土; 4. 草毡寒冻雏形土; 5. 有机滞水常湿雏形土;

6. 漂白暗瘠寒冻雏形土; 7. 酸性湿润雏形土; 8. 铁质湿润淋溶土/雏形土; 9. 简育湿润富铁土/雏形土;

10. 铝质常湿淋溶土与铁质湿润淋溶土; 11. 有机滞水潜育土

不同, 南坡为 1 300m, 而北坡为 1 500m, 两者相差 200m。后者的例子是处在干旱地区的天山, 也是呈东西走向, 坡向对其垂直带谱的影响更为明显, 北坡垂直带中有暗沃寒冻雏形土、简育干润淋溶土和暗厚干润暗沃土, 而南坡则缺乏简育干润淋溶土和暗厚干润暗沃土, 大部分缺乏暗沃寒冻雏形土, 代之而起的是较为干旱的简育寒冻雏形土, 且干旱的成分占绝对优势, 山地正常干旱土可一直上升到 1 800 ~ 2 000m 以上。

三、土壤水平与垂直复合分布规律

　　青藏高原是我国独特的土壤地理区域, 其土壤分布具有水平与垂直复合分布的特点。在高原面上土壤分布表现为明显的水平地带性, 而耸立在高原面上的一系列山地和高原内部深切河谷则出现正负两种土壤垂直带谱, 这种现象在世界其他地方实属罕见。

　　在高大的青藏高原原面上, 海拔大多在 4 000 ~ 5 000m, 由于高原海拔的高起, 从印度洋西南季风带来的水汽受阻, 而止于喜马拉雅山南翼地区, 仅部分沿雅鲁藏布江河谷向北延伸, 但不能进入高原的中心, 这就决定了高原土壤水平分布的基本格局, 从东南向西北依次出现草毡寒冻雏形土 - 沃寒冻雏形土、简育干润雏形土 - 暗沃土、简育寒冻雏形土 - 寒性干旱土、石膏寒性干旱土 - 冻寒冻雏形土等主要土壤组合 (中国科学院青藏高原综合科学考察队, 1985)。

　　在高原面上的中低山, 土壤垂直分异不明显, 只有高山和极高山才出现土壤垂直分异, 但因相对高度较低, 一般土壤垂直带谱的组成比较简单。例如, 唐古拉山位于高原的中北部, 其基带开始于高原面上的草毡寒冻雏形土 - 暗沃寒冻雏形土, 向上在

5 200m即过渡为永冻寒冻雏形土，附近个别超过5 500m的山岭就有积雪和冰川。其他山地土壤垂直分布，也是随基带土壤的不同与山体高度的差异而呈有规律的变化，但垂直带谱的组成同样都较为简单，大多不超过3~4个土壤垂直带。

在高原内部深切河谷，土壤的分布也具有垂直地带性，但它和一般山地垂直结构的更替和排列不同，不是由下而上记录其垂直带谱，而是以面积广大的高原水平地带土壤为基带，向下作有规律更替的土壤分布，因此，称之为土壤下垂谱或负向垂直谱。例如，雅鲁藏布江在曲水一大拐弯段，高原面海拔3 900~4 100m，在大拐弯段附近地区河谷下切到海拔1 500m，由高原面至谷底土壤的下垂谱依次为有机滞水常湿雏形土—沃冷凉湿润雏形土—白暗瘠寒冻雏形土—育湿润淋溶土/雏形土—质湿润淋溶土/雏形土—质常湿淋溶土/雏形土（龚子同等，2007）。

四、土壤的地域分布规律

土壤的地域分布是在土壤水平分布带的基础上，由于地形、母质、水文地质状况以及人为耕作影响，使土壤发生相应的变异。这就是在局部地域，即中小地域范围内，不同土壤类型镶嵌分布，呈现各种土壤组合和土壤复域的变化规律，从而构成丰富多彩的土被结构类型。例如，江淮丘陵区，可以见到铁质湿润淋溶土与铁聚水耕人为土或潜育水耕人为土和淡色潮湿雏形土交错分布的情况。在华北平原虽以淡色潮湿雏形土为主，但从太行山麓至海滨，随着地形和水文地质条件的变化，可依次出现简育干润淋溶土与雏形土、淡色潮湿雏形土与潮湿正常盐成土，并有弱盐和钠质土壤呈斑状分布。在我国内陆干旱地区，不仅正常干旱土和干旱砂质新成土广布，而且也有各种潮湿雏形土和正常盐成土穿插分布，同时还存在着各种灌淤旱耕人为土，这些土壤类型组合在一起，在不同地域范围内形成模式繁多的土被结构类型，并呈有规律的变化。

第四节　土壤地理分区

土壤地理分区又称土壤分区或土壤区划，系指对土壤群体进行的地域划分，它是综合自然地理区划和农业区划的重要基础。

我国地域辽阔，土壤类型繁多，在地理分布上，如上节所述各种土壤既与地带性生物气候条件相适应，也和基岩、地形和水文地质以及成土年龄等非地带性因素相适应。因此，为全面反映我国丰富的土壤资源及其分布的区域性特征，有必要进行土壤地理分区，以便因地制宜合理利用土壤资源，采取有效的改造和保护措施，达到土壤的可持续利用与发展生产的目的。

从1930年代开始迄今70多年间，我国土壤工作者相继提出多种全国性土壤区划或分区方案。这些方案都是按照分区单位，从高级到低级加以拟定，一般分为3级，也有分至5~6级，各级分区单位的命名和分区数则大同小异（张俊民等，1990；高以信，1998）。在借鉴前人成功经验的基础上，本节土壤地理分区系统采用3级制，即土壤区域、土壤地区和土壤区（图6.3）。各级分区单位划分的原则和依据如下：

（1）土壤区域。为全国土壤地理分区系统的一级单位。根据土纲群体组合结构特

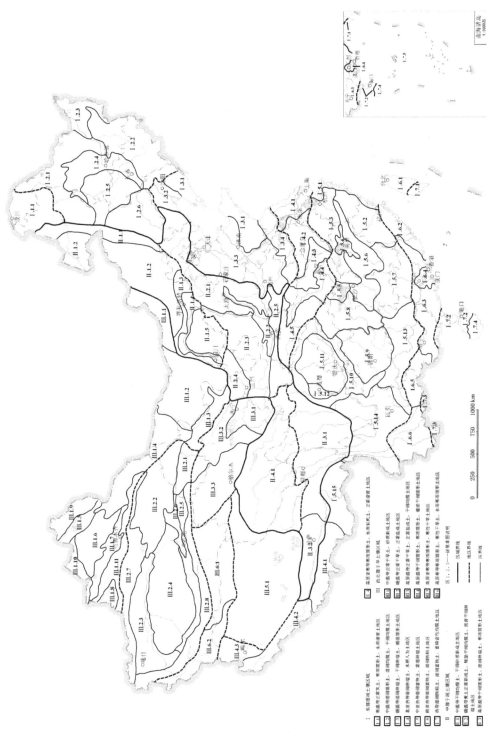

图 6.3 中国土壤地理分区图

点和土壤合理利用与保护方面的重大差异，以及农林牧业生产的不同加以划分。不同的土壤区域其生物气候条件、土纲群体组合成分及其对农牧业生产的适宜性都有显著的差异。据此，从宏观上将全国划分为 3 大土壤区域，即东部季风土壤区域、西北干旱土壤区域和青藏高寒土壤区域。这与我国季风气候干湿、冷热变化以及大地形所引起的自然区域分异大体相一致。

（2）土壤地区。为全国土壤地理分区系统的二级单位。是土壤区域的续分。主要反映土壤区域内由于温度带的不同而引起较大范围土壤亚纲群体组合的差异。同一土壤地区内，热量条件相近，土壤利用和改造方向基本一致。每个土壤地区的界线参照温度带的界线划定，其名称采用亚纲组合，全国共划分 14 个土壤地区。

（3）土壤区。为全国土壤地理分区系统的三级单位。是土壤地区的进一步续分。主要反映土壤地区内部由于地域性因素（如地形、岩性和水文地质条件等）所引起的土类群体组合结构的不同。在同一土壤区内具有比较一致的水热条件、土壤利用方式、生产水平和综合治理途径基本相似。土壤区的命名采用地理名称加主要土类组合。全国共划分 82 个土壤区。

根据上述原则，将全国三大土壤区域分别划分为下列土壤地区和土壤区，并以此作为图 6.3 图例的说明。

1　东部季风土壤区域

1.1　正常灰土、寒冻雏形土地区

1.1（1）大兴安岭北部简育正常灰土、暗瘠寒冻雏形土、有机永冻潜育土区

1.2　冷凉淋溶土、湿润暗沃土地区

1.2（1）大小兴安岭简育冷凉淋溶土、简育湿润暗沃土区

1.2（2）长白山漂白冷凉淋溶土、简育湿润暗沃土区

1.2（3）三江平原暗色潮湿雏形土、漂白冷凉淋溶土、有机正常潜育土区

1.2（4）松嫩平原东部简育湿润暗沃土、暗色潮湿雏形土区

1.2（5）松嫩平原西部暗厚干润暗沃土、暗色潮湿雏形土、潮湿碱积盐成土区

1.2（6）西辽河上游干润砂质新成土、淡色潮湿雏形土、钙积干润暗沃土区

1.3　湿润淋溶土、干润淋溶土、潮湿雏形土地区

1.3（1）辽东、山东半岛简育湿润淋溶土、简育湿润雏形土区

1.3（2）辽河下游平原淡色潮湿雏形土、潜育水耕人为土区

1.3（3）华北平原淡色潮湿雏形土、简育干润淋溶土、潮湿正常盐成土区

1.3（4）淮北平原淡色潮湿雏形土、钙积潮湿变性土区

1.3（5）华北山地简育干润淋溶土、简育湿润淋溶土、简育干润雏形土区

1.3（6）汾渭河谷平原土垫旱耕人为土、淡色潮湿雏形土区

1.3（7）黄土高原中部黄土正常新成土、堆垫干润暗沃土区

1.3（8）秦岭、伏牛山北坡简育干润淋溶土、简育湿润淋溶土区

1.4　湿润淋溶土、水耕人为土地区

1.4（1）长江下游平原潜育水耕人为土、潮湿正常盐成土区

1.4（2）江淮丘陵黏磐湿润淋溶土、铁渗水耕人为土区

1.4（3）大别山、桐柏山铁质湿润淋溶土、简育湿润雏形土区

1.4（4）南（阳）襄（阳）盆地黏磐湿润淋溶土、铁聚水耕人为土、钙积潮湿变性土区

1.4（5）秦巴山区铁质湿润淋溶土、简育湿润雏形土、铁聚水耕人为土区

1.5　湿润富铁土、常湿淋溶土地区

1.5（1）闽浙沿海丘陵简育湿润富铁土、简育水耕人为土区

1.5（2）闽浙山地简育湿润富铁土、铝质常湿雏形土区

1.5（3）江南低山丘陵简育湿润富铁土、铝质常湿淋溶土、滞水常湿雏形土区

1.5（4）鄱阳湖平原铁聚水耕人为土、黏化湿润富铁土区

1.5（5）洞庭湖平原简育水耕人为土、黏化湿润富铁土区

1.5（6）湘赣、金衢丘陵平原黏化湿润富铁土、铁聚水耕人为土、紫色湿润雏形土区

1.5（7）南岭山地简育湿润富铁土、铝质常湿淋溶土区

1.5（8）湘、鄂、桂山地丘陵铝质常湿雏形土、铁质湿润淋溶土区

1.5（9）贵州高原铝质常湿淋溶土、钙质常湿雏形土、简育水耕人为土区

1.5（10）四川盆周山地铝质常湿淋溶土、钙质常湿雏形土、铁质湿润雏形土区

1.5（11）四川盆地丘陵紫色湿润雏形土、铝质常湿润淋溶土、铁渗水耕人为土区

1.5（12）成都平原铁渗水耕人为土、淡色潮湿雏形土、铝质常湿淋溶土区

1.5（13）滇、黔、桂丘陵盆地钙质湿润淋溶土、铁聚水耕人为土区

1.5（14）云南高原富铝湿润富铁土、铁聚水耕人为土、铝质湿润雏形土区

1.5（15）藏东南高山峡谷铝质湿润雏形土、铝质常湿雏形土区

1.6　湿润富铁土、湿润铁铝土地区

1.6（1）台湾中北部山地平原富铝湿润富铁土、铁渗水耕人为土区

1.6（2）闽、粤东南沿海强育湿润富铁土、简育湿润变性土、铁聚水耕人为土区

1.6（3）粤、桂低山丘陵强育湿润富铁土、简育湿润铁铝土、铁聚水耕人为土区

1.6（4）珠江三角洲铁渗/铁聚水耕人为土、泥垫旱耕人为土、简育湿润铁铝土区

1.6（5）滇、桂岩溶山地钙质湿润淋溶土、黑色岩性暗沃土、富铝湿润富铁土区

1.6（6）滇南山原简育湿润富铁土、铁质干润雏形土、简育水耕人为土区

1.7　湿润铁铝土、湿润富铁土、岩性暗沃土地区

1.7（1）台南丘陵平原简育湿润铁铝土、铁渗水耕人为土区

1.7（2）雷琼台地平原暗红湿润铁铝土、铁聚水耕人为土区

1.7（3）滇南河谷坝区黄色湿润铁铝土、富铝湿润富铁土区

1.7（4）琼中南山地丘陵黄色湿润铁铝土、简育湿润富铁土区

1.7（5）南海诸岛富磷岩性暗沃土、湿润正常新成土区

2　西北干旱土壤区域

2.1　干润暗沃土、正常干旱土地区

2.1（1）大兴安岭西侧暗厚干润暗沃土、暗色潮湿雏形土区

2.1（2）内蒙古高原东部钙积干润暗沃土、干润砂质新成土区

2.1（3）内蒙古高原西部钙积正常干旱土、干旱砂质新成土区

2.1（4）阴山、贺兰山钙积正常干旱土、钙积干润暗沃土、简育干润淋溶土区

2.1（5）河套平原灌淤旱耕人为土、潮湿正常盐成土区

2.1（6）鄂尔多斯高原干润砂质新成土、钙积干润暗沃土、钙积正常干旱土区

2.1（7）黄土高原西北部简育正常干旱土、黄土正常新成土区

2.2　正常干旱土、砂质新成土地区

2.2（1）阿拉善高平原干旱砂质新成土、钙积正常干旱土区

2.2（2）河西走廊中东段钙积正常干旱土、灌淤旱耕人为土、干旱正常盐成土区

2.2（3）诺敏戈壁石膏正常干旱土、干旱正常新成土区

2.2（4）北疆两河流域钙积正常干旱土、钙积干润暗沃土区

2.2（5）准噶尔盆地北部干旱砂质新成土、石膏正常干旱土区

2.2（6）准噶尔盆地南部黏化正常干旱土、灌淤旱耕人为土、干旱正常盐成土区

2.2（7）伊犁河谷钙积正常干旱土、钙积干润暗沃土、灌淤旱耕人为土区

2.2（8）阿尔泰山钙积干润暗沃土、漂白冷凉淋溶土、草毡寒冻雏形土区

2.2（9）准噶尔西部山地简育正常干旱土、钙积干润暗沃土区

2.2（10）天山北坡钙积正常干旱土、钙积干润暗沃土/淋溶土、草毡寒冻雏形土区

2.3　正常干旱土、正常盐成土地区

2.3（1）河西走廊西部石膏正常干旱土、灌淤旱耕人为土区

2.3（2）东疆间山盆地石膏/盐积正常干旱土、干旱正常盐成土、灌淤旱耕人为土区

2.3（3）塔里木盆地北部简育正常干旱土、干旱正常盐成土、灌淤旱耕人为土区

2.3（4）塔里木盆地中部干旱砂质新成土区

2.3（5）塔里木盆地南部盐积正常干旱土、灌淤旱耕人为土区

2.3（6）罗布平原干旱正常盐成土区

2.3（7）天山南坡简育正常干旱土、钙积干润暗沃土、草毡寒冻雏形土区

2.3（8）昆仑山、阿尔金山北坡石膏正常干旱土、钙积寒性干旱土区

3　青藏高寒土壤区域

3.1　干润雏形土、湿润淋溶土、寒冻雏形土地区

3.1（1）藏东、川西钙积干润雏形土、简育湿润淋溶土、草毡寒冻雏形土区

3.2　寒冻雏形土、寒性干旱土、旱耕人为土地区

3.2（1）藏南高原谷地草毡寒冻雏形土、钙积寒性干旱土、灌淤旱耕人为土区

3.2（2）藏西南高原钙质寒性干旱土、草毡寒冻雏形土区

3.2（3）藏西高原钙积寒性干旱土、寒冻正常新成土区

3.3　正常干旱土、干润暗沃土、正常盐成土地区

3.3（1）青东南钙积正常干旱土、钙积干润暗沃土、灌淤旱耕人为土区

3.3（2）祁连山钙积正常干旱土、钙积干润暗沃土、草毡寒冻雏形土区

3.3（3）柴达木盆地石膏正常干旱土、干旱正常盐成土、有机正常潜育土区

3.4　寒性干旱土、寒冻雏形土、正常新成土地区

3.4（1）青南藏东北草毡寒冻雏形土、纤维永冻有机土、有机正常潜育土区

3.4（2）羌塘高原钙积寒性干旱土、简育寒冻雏形土

3.4（3）昆仑山南侧简育寒冻雏形土、寒冻砂质新成土、干旱正常盐成土区

3.4（4）喀喇昆仑山钙积寒性干旱土、永冻寒冻雏形土区

第五节　土壤保护与可持续利用

土壤作为自然环境的组成部分和最宝贵的自然资源，它直接关系到一个国家经济和社会的发展。我国是世界上人口最多的国家，土壤资源绝对量大，但人均占有农、林、牧土壤资源的数量远低于世界平均水平。各项建设与农业以及农林牧业之间争地矛盾十分突出，导致不合理开发利用土壤和土壤退化现象日益加剧。因此，分析我国土壤资源的特点，及其利用中存在的问题，寻求保护和有效利用土壤资源的途径，是一项长期的战略任务。

一、我国土壤资源的特点

从土壤资源类型、数量、质量和分布来看，我国土壤资源有以下特点：

（1）土壤资源类型多，生产潜力较大。我国地域辽阔，自然条件复杂，形成了众多的土壤类型。全国有 14 个土纲、39 个亚纲、138 个土类。根据在 1∶1 200 万土壤图量算的结果（龚子同等，2007），我国 14 个土纲中，以西北内陆的干旱土和遍布全国的雏形土的面积最大，分别占全国面积的 23.01% 和 21.51%，有机土、铁铝土和变性土的面积较小，都在 0.5% 以下，火山灰土和灰土的面积则更小，其余土纲的面积占国土面积在 1.0% ~18% 范围内（表 6.10），这些土壤各自具有不同的生产力和对农林牧业发展的适宜性。除少部分新成土、盐成土、干旱土和城市、工矿、交通用地与水体外，约有 75% 的土壤已利用或可用于农、林、牧业生产。我国如此丰富多彩的土壤资源是世界其他国家无法比拟的。

表 6.10　中国主要土纲的面积估算

土纲	占国土面积/%	土纲	占国土面积/%
有机土	0.22	暗沃土	8.67
人为土	4.84	富铁土	8.89
铁铝土	0.44	淋溶土	17.42
变性土	0.33	雏形土	21.51
干旱土	23.01	新成土	9.76
盐成土	3.64	其他土壤	0.04
潜育土	1.24		

（2）山地土壤面积大，适于综合利用。我国是一个多山的国家，据统计山地和丘陵占国土面积 66.4%，平地只占 33.6%[①]，因此，山地土壤资源面积广阔，大多为各

---

① 引自中国科学院、国家计划委员会自然资源综合考察委员会，1989，中国国土资源数据集，第一卷。

种山地、丘陵土壤类型，如雏形土、淋溶土、暗沃土、灰土等等。特别是海拔1 000m以上的山地土壤约占国土面积的30.1%，海拔3 000m以上的高山土壤占14.7%，这些山地土壤生态与环境都比较脆弱，对农业开发利用有很大的限制。但山地土壤垂直分布明显，具有独特的水热条件和拥有丰富的动植物资源，为大农业的全面发展和综合利用提供良好的条件。我国南方大面积的丘陵山地土壤，适于发展多种经济林木和土特产品的综合经营；西北山地和青藏高原的土壤则适于牧业的发展，是我国天然牧场的重要集中区之一。所以，如能合理予以开发利用，山地丘陵土壤资源的生产潜力是巨大的。

（3）宜农土壤资源有限，耕地面积小。我国山地多，又有一半以上国土属于干旱区和高寒区，致使全国可开垦为耕地的土壤资源十分有限。2005年我国耕地面积为1.22亿 hm²，仅占国土面积的12.7%，而可供进一步开垦为耕地的面积也只有661.05万 hm²（张凤荣，2000）。我国是世界上人口最多的国家，平均每人占有耕地仅0.093hm²，不到世界平均水平的60%。同时，在全部耕地中，基本无限制、质量较好、有灌溉设施的耕地只占耕地总面积39.9%，其他耕地都存在各种各样的障碍因素，严重制约着耕地生产力的发挥。因此，在我国土壤资源结构中，宜农土壤资源少、耕地不足、质量不高是最大的矛盾。

（4）土壤资源区域差异明显。我国三大土壤区域由于自然环境不同，农垦历史有长有短，土壤资源组合及其质量有明显差异。东部季风土壤区域，土壤类型主要为淋溶土、富铁土和人为土，质量较好，土壤生产力高，每公顷生物量达1.2~6.7t（石玉林，1990），目前集中了全国约83%的耕地和90%左右的人口，是我国最重要的农区，但众多人口和经济快速增长，给土壤资源造成巨大的压力，生态与环境问题较为突出；西北干旱土壤区域，主要土壤类型为干旱土、新成土（砂质）和盐成土，质量较差，土壤生产力不高，每公顷生物产量仅为1.1t左右，拥有的耕地约占全国耕地面积的11.5%左右，气候干旱，水源缺乏，难以利用的土壤面积大和风砂、盐碱等危害，对农业的发展有很大的影响；青藏高寒土壤区域，土壤类型以寒冻雏形土和干旱土为主，土壤总体质量更差，每公顷生物总产量不到0.5t，由于海拔高，热量不足，无霜期短，农业仅限于局部河谷和湖泊平原，耕地面积还不到800万 hm²，大部分土壤资源都用作天然牧场。我国土壤资源这种区域分布的差异，有利于进行农业布局和实行区域化和专业化生产，应有针对性的采取土壤的防护措施，实现土壤的可持续利用。

二、土壤利用存在的问题

我国农业历史悠久，广大劳动人民在开发利用、保护与整治土壤等方面取得了巨大成就，积累了丰富的经验；但由于我国特殊的自然环境，山多、地形破碎、强风暴雨频率高，加上长期以来不少地区人地矛盾突出，耕地负荷过量、用养失衡、乱砍滥伐森林、陡坡开荒种植，草原盲目开垦、过度放牧超载，以及工业"三废"污染等，导致土壤退化现象日益严重，主要表现在以下几个方面：

（1）土壤侵蚀。据资料，我国在1950年代，土壤侵蚀的面积为1.16亿 hm²，而现在已增至1.79亿 hm²，约占全国土地总面积的18.6%，其中有1/3的耕地受到不同程度的侵蚀，面积达 4 540 万 hm^2（张学雷、龚子同，2003）。土壤侵蚀严重的地区有黄土高原、南方红色土壤山地丘陵、西北紫红色砂页岩丘陵、华北土石丘陵山地、东北的漫岗丘陵。全国每年流失的土壤达 50 多亿 t，被带走约 4 000 万 t 左右的氮、磷、钾等植物营养元素。严重的土壤侵蚀不仅造成土壤肥力下降，土壤资源被毁，而且使江、河、库、塘淤积，洪涝灾害加剧，恶化区域生态与环境，而生态与环境的恶化又加剧了自然灾害的发生，形成恶性循环。

（2）土壤沙化。主要出现在我国西北干旱区和东北、华北的半干旱、半温润区，这是土壤遭受风蚀作用的结果。目前，全国土壤沙化面积为 6 750 万 hm^2，其中耕地沙化面积达 256 万 hm^2，占耕地总面积的 1.4%。我国北方地区土壤沙化面积不断扩大，严重危及农牧业生产和人们的生活。从 1950 年代到 1970 年代末，土壤沙化的速度平均为 15.6 万 hm^2/a，1970 年代中期至 1980 年代中期增至 21.0 万 hm^2/a，1990 年代中期进一步扩大至 24.6 万 hm^2/a，相当于每年损失一个中等县的土地面积。内蒙古的鄂尔多斯草原，由于长期掠夺式经营和粗放耕作，致使土壤沙化面积由 1950 年代的 66.6 万 hm^2 扩展到 1980 年代初的 400 万 hm^2，占该草原面积的 50% 以上。因此，土壤风蚀沙化若不尽快加以遏制，将成为危及中华民族生存与发展的又一严重灾害（孙鸿烈、张荣祖，2004）。

（3）土壤盐碱化。主要出现在北方地区的平原和湖盆洼地以及沿海地带。目前我国盐碱化土壤面积达 3 455 万 hm^2，其中耕地盐碱化面积达 522 万 hm^2。土壤盐碱化有原生的，也有次生的。后者是由于人为活动不当，使原为非盐碱化土壤发生盐碱化或使土壤原有盐碱化的程度加重。全国次生盐碱化耕地面积约 198 万 hm^2，其中西北干旱区所占面积最大，达 70.3%。近几十年来，通过综合治理，我国改造了北方大面积的盐碱化耕地，但据水利部门统计资料，耕地盐碱化仍在发展，1976～1992 年盐碱化耕地又增加了 60 万 hm^2 余，尤其是土壤碱化有新的发展趋势，值得引起重视。

（4）土壤养分贫瘠化。这在耕地土壤表现尤为突出。据全国第二次土壤普查结果，土壤有机质低于 10g/kg 的面积为 2.34 亿 hm^2，占土壤总面积的 26.9%，其中耕地为 2 734.6万 hm^2，占耕地面积 19.8%。土壤缺磷面积达 5.91 亿 hm^2，占土壤总面积 67.6%，其中耕地 6726.6 万 hm^2，占耕地面积的 48.8%；缺钾土壤面积 42.55 万 hm^2，占土壤总面积的 4.8%，其中耕地 1 850.54 万 hm^2，占耕地面积的 13.4%。此外，还有部分土壤缺乏氮素及有效铜、锌、硼、锰等微量元素。因此，土壤养分贫瘠化是一个不可忽视的问题，特别是近年来我国土壤钾素和微量元素缺乏的面积不断扩大，更须予以关注。

（5）土壤污染。这是由于经济的发展，大量工业和城镇废物以及农用化学物质，通过不同途径直接或间接进入土壤造成的。其主要特征是土壤中含有害有毒物质超标。目前全国因污灌不当有 60 万 hm^2 余耕地受到不同程度的污染；因工业"三废"污染危害的耕地面积达 1 000 万 hm^2；由农用化学物质污染的耕地面积也近 860 万 hm^2。在工业集中地区因工业废气、废水排放还引起土壤酸化、碱化和结构破坏等。此外，近年来大面积塑料地膜覆盖，残留地膜造成土壤"白色污染"，通气透水性下降，已成为土壤污染又一大问题。

除以上所述之外，我国土壤资源利用存在的另一重大问题是非农业占地，造成耕地的巨大损失。据估计全国平均每年非农业利用所占的耕地达 40 万 hm^2，而人口每年又在不断地增加，1950 年代全国人均占有耕地 $0.187hm^2$，到 2005 年已下降到 $0.093hm^2$。近年来，乡镇企业发展用地规模扩大，占用耕地更多；沿海经济技术开发区耕地锐减，有的土地利用不合理，盲目征用，实际开发率低；交通用地，基础设施等占地也较为突出（吴巧灵等，2007）。随着工业化和城市化的进程，我国人地的矛盾将变得更为尖锐。

三、土壤保护与可持续利用

我国土壤资源利用绝对数量虽很高，但按人口平均只是世界人口平均数的 25%。我国人均耕地、人均林地、人均草地各相当于世界平均值的 31.5%、14.5%、42.3%，而且我国目前还面临着土壤退化和耕地被挤占等严重问题。因此，合理利用我国的土壤资源和保护土壤资源是直接关系到国计民生的大事，必须坚持科学发展观，开阔视野，以大农业集约经营的理念加以谋略，立足当前，着眼长远，积极采取措施，以保证我国土壤资源的可持续利用。

（1）综合整治，防止土壤退化。我国土壤退化发生区域广，全国各地都发生类型不同、程度不等的土壤退化现象。据统计，全国土壤退化面积达 4.6 亿 hm^2，土壤退化已影响到我国 60% 以上的耕地土壤（赵其国等，2007）。所以，为有效地防止土壤退化应因地制宜采取综合治理措施。如黄土高原应以水土保持为中心，采取工程、生物、耕作措施三结合，坚持沟坡兼治、加强坡面治理；进行改土培肥，提高土壤生产力；陡坡退耕还林还牧，扩大林、草面积，促进农林牧业发展。黄淮海平原进行旱、涝、碱综合治理，应采取以水为中心，消除土壤退化因素与培肥地力相结合等措施。南方丘陵地区在防治水土流失的基础上，大力发展经济作物和果树，实行农林牧全面发展。热带地区应大力绿化荒山荒坡，加强自然保护，着重发展热带作物和经济林木，注意农业立体（垂直）布局和多层多种经营。西北土壤沙化地区，应严禁滥垦过牧，采用乔灌草相结合等措施，对风沙进行治理。此外，防治土壤污染要以防为主，控制和消除"三废"污染源是防治土壤污染的根本措施。对排放"三废"要进行净化处理，减少化学农药的使用，限量、合理施用污泥，避免过量施用化学肥料，对某些有残留毒性的肥料品种，应严格控制施用量。

（2）保护耕地，提高耕地土壤的生产力。耕地土壤资源是农业生产最基本的生产资料，保护耕地就是保护农业生产的基础。我国耕地资源数量短缺，"切实保护耕地，确保农业的稳定，确保十几亿人的吃饭问题，这始终是一个战略问题"。保护耕地最有效的措施，是充分挖掘现有建设用地的潜力，最大限度地压缩非农业建设等占用耕地；制定严格保护耕地法律法规，实行土地用途管制，加强各种非农业建设用地的计划管理（张凤荣，2000）。但是，由于人口增长和经济建设的实际需要，继续占用耕地的现象仍不可避免，必须采取各种"开源节流"的措施，适当开垦一部分宜农荒地，以弥补耕地被占用，保证耕地数量的平衡。同时应投入更大的力量，积极改善现有耕地的生产条件，特别是改造中、低产土壤，消除或减少土壤障碍因素，以提高耕地土壤质量，并通过综合利用和高效利用，扩大复种指数，提高单产，增强耕地的产出能力。

（3）充分开发利用林地土壤资源，扩大森林覆盖率。我国是一个少林国家，全国森林覆盖率21.63%，居世界第120位，人均木材占有量排在世界的末位。但我国有2.67亿 hm^2 林用土壤资源，目前利用率很低，有林地面积仅占43.2%，尚有1亿 hm^2 多宜林的无林地（张万儒，1994）。因此，只要加以充分开发利用，林业生产的发展潜力是巨大的。首先应加强林地的管理，依法保护森林，实行限额采伐和资源有偿使用，严禁乱砍滥伐，尤其是处于重要江河源区的天然林更应限伐甚至禁伐，以保护水源地和森林土壤资源不致遭受破坏。其次是要采取措施迅速恢复已破坏的森林植被，保持林地土壤森林的覆盖度，加大力度改造更新残次林或低价林，强化对中幼林的间伐抚育和管理，以提高林地生产力，增加林木的蓄积量。第三是综合开发利用林地土壤资源，我国森林中拥有丰富的经济植物、动物和真菌资源，其中东北林区的人参、鹿茸、貂皮、猴头、飞龙、元蘑、木耳、蕨菜等林副产品，久已享有盛誉，应合理进行开发利用，以增加林地的收益。另外，利用人工林地进行林粮间作，林药、林参套种等，也就是新近提出的"复合农林业"或"农林复合经营系统"，发展多效林业，这对合理利用林地土壤资源、保持水土、维护土壤肥力都有良好的作用，值得提倡。第四是绿化荒山荒地，提高森林土壤覆盖率。我国有大面积的宜林荒山荒地，可以造林，在大力营造一般人造林的同时，应选择立地条件好的地段重点营造一部分速生丰产林和经济林，并积极发展薪炭林，大力营造防护林，这不仅是发展林业的需要，也是保护、改善生态与环境的需要。

（4）合理利用草地土壤资源，提高草场质量和载畜力。我国草地土壤资源达3.9亿 hm^2，占国土面积的41.5%，超过农用地和林用地两者面积之和。在世界上，仅次于澳大利亚和原苏联，居第三位（陈百明等，1996）。但目前在利用上存在超载过牧、草场退化严重、草场季节不平衡、冬春草场不足以及人工草场面积小等问题，为保证我国草地畜牧业的可持续发展和维护生态平衡，在草地土壤资源利用上应采取以下对策：①强化草地管理与保护，要在全面落实草地使用权、推行草地"有偿"承包使用制度基础上，严格制定和推行草地适宜载畜量的核定与监督，进一步完善草地和强化草地管理体制，并采用现代草地经营管理手段和先进的改造利用措施，管好用好草地土壤资源。②实行草地利用科学化与制度化，根据天然草地类型特点，因地制宜将草地划分为季节牧场，在每个季节牧场内，实施分区轮牧或分段放牧，使之制度化，并推广先进放牧技术，防治草地过牧，引起土壤退化。③综合治理退化草地，提高草地土壤质量，要严禁滥垦乱挖草地；引导农牧民增加草地建设投入，修建牧区道路、发展水利、营造防风护牧林，并采用围栏封育、浅耕翻、松土补播、灌溉和施肥以及防虫、防鼠害等措施，更新复壮退化草地，提高生产力。④发展人工草地，建立基本草场。我国人工草地只占全国草地面积的2.8%，与世界畜牧业发达国家相差数十个百分点。应充分利用我国草地土壤面积大、分布广的有利条件，大力发展人工草地或半人工草地，这对合理利用草地土壤资源、缓解畜草矛盾、稳定畜牧业的发展意义重大，但须严格掌握立地条件，选择适宜草种，避免盲目垦殖，防治土壤风蚀沙化。

参 考 文 献

陈百明，蒋世逵，丁志伟等. 1996. 我国水、土及气候资源与农林牧渔业持续发展潜力. 北京：气象出版社

高以信. 1998. 中国土壤图与中国土壤资源利用改良区划. 北京：科学出版社

龚子同，陈鸿昭，刘良梧. 1989. 中国古土壤与第四纪环境. 土壤学报，26（4）：379~387

龚子同，张甘霖，陈志诚等. 2007. 土壤发生与系统分类. 北京：科学出版社

龚子同等. 1999. 中国土壤系统分类——理论、方法、实践. 北京：科学出版社

黄锡畴. 1996. 我国沼泽研究的进展. 见：《黄锡畴论文选集》编委会主编. 自然地理与环境研究 黄锡畴论文选
　　集. 北京：科学出版社，248~253

刘东生，杨理华，陈承慧等. 1964. 中国第四纪沉积物区域分布特征的探讨. 见：中国科学院地质研究所主编.
　　第四纪地质问题. 北京：科学出版社，1~44

马溶之. 1958. 对第四纪地层的成因类型和中国第四纪古地理环境的几点意见. 第四纪研究，1（1）：70~73

孙鸿烈，张荣祖. 2004. 中国生态环境建设地带性原理与实践. 北京：科学出版社

吴巧灵，韩春建，吴克宁等. 2007. 城市化过程中土地利用变化对土壤功能的影响. 中国农学通报，23（9）：464~467

张凤荣. 2000. 中国土情. 北京：开明出版社

张俊民，蔡凤歧，何同康. 1990. 中国土壤地理. 南京：江苏科学技术出版社

张学雷，龚子同. 2003. 人为诱导下中国的土壤退化问题. 生态环境，12（3）：317~321

赵文君，陈志诚. 1993. 海南岛主要土壤类型鉴别与检索. 见：中国土壤系统分类研究丛书编委会主编. 中国土
　　壤系统分类进展. 科学出版社，91~104

中国科学院林业土壤研究所. 1980. 中国东北土壤. 北京：科学出版社

中国科学院南京土壤研究所土壤分类课题组，中国土壤系统分类课题研究协作组. 1991. 中国土壤系统分类（首
　　次方案）. 北京：科学出版社

中国科学院南京土壤研究所土壤分类课题组，中国土壤系统分类课题研究协作组. 1995. 中国土壤系统分类（修
　　订方案）. 北京：中国农业科技出版社

中国科学院青藏高原综合科学考察队. 1985. 西藏土壤. 北京：科学出版社

中国土壤系统分类课题研究协作组. 2001. 中国土壤系统分类检索（第三版）. 合肥：中国科学技术大学出版社

第七章 中国植被地理

第一节 植物区系的基本特征

中国地域辽阔，生境多样，为生态习性不同的植物提供了生存环境。相对稳定的古大陆和相对剧烈的近代造山运动为物种的繁衍、分化和新物种的形成提供了良好的条件。相对较弱的第四纪冰期的影响，使我国南方，特别是地形复杂且受北方冷空气影响较小的西南地区成为许多古近纪和新近纪植物的避难所。这些因素综合作用，使中国植物区系具有鲜明的特征：种类丰富，为世界上植物种类最丰富的少数几个国家之一；区系地理成分复杂，与周边及全球植物区系的联系广泛；起源古老，多单型和少型的原始类群和孑遗植物；特有类群繁多，既有很多残遗在局部地方的一些古老类群，也有许多适应环境变化而新分化形成的类群（中国植被编辑委员会，1980；吴征镒、王荷生，1983；张宏达，1980，1994；应俊生，2001；吴征镒等，2005）。

一、类群组成及其空间分异

（一）植物科属种组成及其空间分异

中国植物种类极为丰富，据不完全统计，有高等植物约 33 800 种，如果包含亚种和变种，则有近 4 万种之多（表 7.1）。与土地面积和纬度大致相当的欧洲和美国相比，中国种子植物物种数量大约是前者的 3 倍，后者的 1.5 倍，足见其丰富的程度（应俊生，2001）。全世界现存裸子植物的 19 个科中，中国就有 11 个科，属的数量也超过全世界裸子植物属数的一半，物种数量约占全世界裸子植物总种数的 1/4 左右。被子植物中，中国拥有全世界近 60% 的科和 25% 的属，物种数约为全世界的 12%。被子植物物种数较多的大科为菊科（Compositae）、禾本科（Gramineae）、兰科（Orichidaceae）和豆科（Leguminosae），均含有 1000 种以上。其次的大科有蔷薇科（Rosaceae）、毛茛科（Ranunculaceae）、唇形科（Labiatae）、莎草科（Cyperaceae）、玄参科（Scrophulari-aceae）、伞形科（Umbelliferae）、杜鹃花科（Ericaceae）、茜草科（Rubiaceae）、报春花科（Primulaceae）等，它们均含有 500 种以上。单型科有苏铁科（Cycadaceae）、银杏科（Ginkgoaceae）、麻黄科（Ephedraceae）、买麻藤科（Gnetaceae）、杜仲科（Eucommiaceae）、珙桐科（Davidiaceae）等 26 个科。

表7.1　中国高等植物类群组成表

分类群			科	属	种	特有种	特有种比例/%
	苔藓		117	506	2 719	399	14.7
	蕨类植物		64	221	2 446	1 162	47.5
种子植物		裸子植物	11	41	315	127	40.3
	被子植物	双子叶植物	203	2 492	27 511	15 094	54.9
		单子叶植物	44	691	6 567	2 899	44.1
	合　计		439	3 951	39 558	19 681	49.8

注：种的数目包含亚种和变种。资料来源于中国植物名录数据库（China Plant Catalogue），由覃海宁研究员提供。

　　然而，由于生态条件存在的巨大差异，不同地区植物区系组成具有极为明显的区别。全国各地物种丰富程度呈现南多北少、东多西少的总体变化趋势。青藏高原以东的热带和亚热带地区，自然条件优越，地形与地质构造复杂，成为物种组成最为丰富的地区。其中，横断山地区、岭南地区和华中地区被认为是我国生物多样性的三个热点地区，不仅种子植物种类多，而且特有种程度高。青藏高原东缘的横断山地区面积约 50 万 km^2，分布着大约 230 科，1 325 属，近 8 000 种种子植物，特有种达 5 000 多种。岭南地区面积约 41 万 km^2，有约 230 科，1 450 属，7 600 种，特有种约有 4 500 种。华中地区面积约 50 万 km^2，有约 210 科，1 280 属，6 400 种种子植物，特有种约有 4 000 多种（应俊生，2001）。西北干旱荒漠区由于降水稀少，自然条件极为恶劣，裸露的沙漠和戈壁广布，成为全国植物物种组成相对贫乏的地区。据统计，占国土面积约 1/4 的西北干旱区（除湿润的山地外）大约仅有种子植物 82 科，484 属，1 704 种，种数仅占全国植物种数的约 5%（潘晓玲等，2001）。即使在西北干旱荒漠区内部，物种的丰富程度也存在着极大的地域分异现象，以东部和北部较多，亚洲中部荒漠区的塔里木盆地植物种类最少，在约 53 万 km^2 的范围内仅有种子植物约 250 种。

（二）特有、孑遗植物和新分化类群

　　中国所具有的特殊历史地理和气候条件，不仅使其成为冰河时期植物的避难所，让许多古老、孑遗植物得以保存和繁衍，而且使其成为很多新类群分化形成的源地，含有众多特有的类群。据统计，中国有种子植物特有科 5 个，特有属约 247 属，特有种约 18 000 个（中国生物多样性国情研究报告编写组，1998；吴征镒等，2005）。银杏科、珙桐科、杜仲科等均仅含有一个种，是具古老性的著名单型科。苦苣苔科（Gesneriaceae）、菊科、唇形科、十字花科（Cruiciferae）、伞形科、兰科、禾本科分别含有 27、20、12、11、11、11、10 个特有属，占总特有属数目的近 43%；蔷薇科、玄参科、木兰科（Magnoliaceae）、野牡丹科（Melastomataceae）、萝藦科（Asclepiadaceae）分别含有 7、6、5、5、5 个特有属；含 4 个特有属的有 6 个科，含 3 个特有属的有 7 个科，含 2 个特有属的有 15 个科，其余 34 个特有属分属于 34 个科（吴征镒等，2005）。167 属为仅含 1 种的单型属，多为古特有属。云贵高原东部至华中一带的特有类群以古老孑遗种为主，横断山区至青藏高原一带则含有较多新分化形成的特有类群。

二、科属分布区类型

中国种子植物科属的分布区可以划分为 15 个类型（吴征镒等，2003，2006），属的分布区还可进一步划分为 32 个亚型（吴征镒等，2006）。这些类型是：

1. 世界分布
2. 泛热带分布
2 – 1. 热带亚洲，大洋洲（至新西兰）和至南美洲（或墨西哥）间断
2 – 2. 热带亚洲，非洲和至南美洲间断
3. 热带亚洲和热带美洲间断分布
4. 旧世界热带分布
4 – 1. 热带亚洲，非洲（或东非，马达加斯加）和大洋洲间断
5. 热带亚洲和热带大洋洲分布
5 – 1. 中国（西南）亚热带和新西兰间断
6. 热带亚洲至热带非洲分布
6 – 1. 华南，西南至印度和热带非洲间断
6 – 2. 热带亚洲和东非或马达加斯加间断
7. 热带亚洲（印度、马来西亚）分布
7 – 1. 爪哇（或苏门答腊），喜马拉雅至华南，西南间断或星散
7 – 2. 热带印度至华南（特别滇南）
7 – 3. 缅甸、泰国至华西南
7 – 4. 越南（或中南半岛）至华南（或西南）
8. 北温带分布
8 – 1. 环极（环北极）
8 – 2. 北极 – 高山
8 – 3. 北极至阿尔泰和北美洲间断
8 – 4. 北温带和南温带间断（泛温带）
8 – 5. 欧亚和温带南美洲间断
8 – 6. 地中海，东亚，新西兰和墨西哥 – 智利间断
9. 东亚和北美间断分布
9 – 1. 东亚和墨西哥美洲间断
10. 旧世界温带分布
10 – 1. 地中海，西亚（或中亚）和东亚间断
10 – 2. 地中海和喜马拉雅间断
10 – 3. 欧亚和南部非洲（有时还有大洋洲）间断

11. 温带亚洲分布

12. 地中海，西至中亚分布

12 – 1. 地中海至中亚和南部非洲，大洋洲间断

12 – 2. 地中海至中亚和墨西哥至美国南部间断

12 – 3. 地中海至温带 – 热带亚洲，大洋洲和南美洲间断

12 – 4. 地中海至热带非洲和喜马拉雅间断

12 – 5. 地中海至北非，中亚，北美西南，南部非洲，智利和大洋洲间断（泛地中海）

12 – 6. 地中海至中亚，热带非洲，华北和华东，金沙江河谷间断

13. 中亚分布

13 – 1. 中亚东部（或中部亚洲）

13 – 2. 中亚至喜马拉雅和华西南

13 – 3. 西亚至西喜马拉雅和西藏

13 – 4. 中亚至喜马拉雅 – 阿尔泰和太平洋北美间断

14. 东亚分布（东喜马拉雅 – 日本）

14 – 1. 中国 – 日本

14 – 2. 中国 – 喜马拉雅

15. 中国特有分布

三、植物区系分区特征

（一）植物区系分区的原则方法与方案

植物区系分区以植物分类学和地理学的分类单元为基础，根据植物区系成分的组成特点和地区间的相似性与相异性来划分，并特别对植物区系中科、属、种的特有性以及植物区系演化亲缘关系给予充分的考虑。具体来说，高级分区单位的区和亚区，通常除考虑具有一定数量的特有科外，还要考虑有较相似的地质历史和相似的植物区系演化过程；中级分区单位的地区通常考虑特有属以及优势种和建群种的分布及区系成分；较低级分区单位的亚地区，通常以特有种为考量。

然而，由于对物种性质以及植物类群起源等存在不同的认识，划分的结果也常会有变化（应俊生、徐国士，2002）。植物区系分区传统方案，是将我国北回归线以北和北回归线以南部分地区划分为世界上 6 个植物区中最大的一个泛北极植物区，其余划归为古热带植物区，然后再进行细分。近年来，我国学者不断提出新的方案。本系列丛书之一的《中国植物区系与植被地理》一书就将中国划分为 4 个一级区、7 个亚区、24 个地区、49 个亚地区（表 7.2，图 7.1）。以下对各区的植物区系进行简述。

表 7.2　中国植物区系分区系统*

植物区	亚区	地区	亚地区
Ⅰ 泛北极植物区	Ⅰ A 欧亚森林植物亚区	Ⅰ A1 大兴安岭地区	
		Ⅰ A2 阿尔泰地区	
		Ⅰ A3 天山地区	
	Ⅰ B 欧亚草原植物亚区	Ⅰ B4 蒙古草原地区	Ⅰ B4a 东北平原森林草原亚地区
			Ⅰ B4b 内蒙古东部草原亚地区
			IB4c 鄂尔多斯、陕甘宁荒漠草原亚地区
Ⅱ 古地中海植物区	Ⅱ C 中亚荒漠植物亚区	Ⅱ C5 准噶尔地区	Ⅱ C5a 塔城伊犁亚地区
			Ⅱ C5b 准噶尔亚地区
		Ⅱ C6 喀什噶尔地区	Ⅱ C6a 西南内蒙古亚地区
			Ⅱ C6b 柴达木盆地亚地区
			Ⅱ C6c 喀什亚地区
Ⅲ 东亚植物区	Ⅲ D 中国 - 日本森林植物亚区	Ⅲ D7 东北地区	
		Ⅲ D8 华北地区	Ⅲ D8a 辽宁 - 山东半岛亚地区
			Ⅲ D8b 华北平原亚地区
			Ⅲ D8c 华北山地亚地区
			Ⅲ D8d 黄土高原亚地区
		Ⅲ D9 华东地区	Ⅲ D9a 黄、淮平原亚地区
			Ⅲ D9b 江汉平原亚地区
			Ⅲ D9c 浙南山地亚地区
			Ⅲ D9d 赣南 - 湘东丘陵亚地区
		Ⅲ D10 华中地区	Ⅲ D10a 秦岭巴山亚地区
			Ⅲ D10b 四川盆地亚地区
			Ⅲ D10c 川、鄂、湘亚地区
			Ⅲ D10d 贵州高原亚地区
		Ⅲ D11 岭南山地地区	Ⅲ D11a 闽南山地亚地区
			Ⅲ D11b 粤北亚地区
			Ⅲ D11c 粤南亚地区
			Ⅲ D11d 粤桂山地亚地区
		Ⅲ D12 滇、黔、桂地区	Ⅲ D12a 黔桂亚地区
			Ⅲ D12b 红水河亚地区
			Ⅲ D12c 滇东南石灰岩亚地区

植物区	亚区	地区	亚地区
Ⅲ东亚植物区	ⅢE 中国–喜马拉雅植物亚区	ⅢE13 云南高原地区	ⅢE13a 滇中高原亚地区
			ⅢE13b 滇东亚地区
			ⅢE13c 滇西南亚地区
		ⅢE14 横断山脉地区	ⅢE14a 三江峡谷亚地区
			ⅢE14b 南横断山脉亚地区
			ⅢE14c 北横断山脉亚地区
			ⅢE14d 洮河–岷山亚地区
		ⅢE15 东喜马拉雅地区	ⅢE15a 独龙江–缅北亚地区
			ⅢE15b 藏东南亚地区
	ⅢF 青藏高原植物亚区	ⅢF16 唐古特地区	ⅢF16a 祁连山亚地区
			ⅢF16b 阿尼玛卿亚地区
			ⅢF16c 唐古拉亚地区
		ⅢF17 西藏、帕米尔、昆仑地区	ⅢF17a 雅鲁藏布江上中游亚地区
			ⅢF17b 羌塘高原亚地区
			ⅢF17c 帕米尔–喀喇昆仑–昆仑亚地区
		ⅢF18 西喜马拉雅地区	
Ⅳ古热带植物区	ⅣG 马来西亚植物亚区	ⅣG19 台湾地区	ⅣG19a 台湾高山亚地区
			ⅣG19b 台北亚地区
		ⅣG20 台湾南部地区	
		ⅣG21 南海地区	ⅣG21a 粤西–琼北亚地区
			ⅣG21b 潮汕、港澳亚地区
			ⅣG21c 琼西南亚地区
			ⅣG21d 琼中亚地区
			ⅣG21e 南海诸岛亚地区
		ⅣG22 北部湾地区	
		ⅣG23 滇、缅、泰地区	
		ⅣG24 东喜马拉雅南翼地区	

＊据陈灵芝、孙航、郭柯，2015。

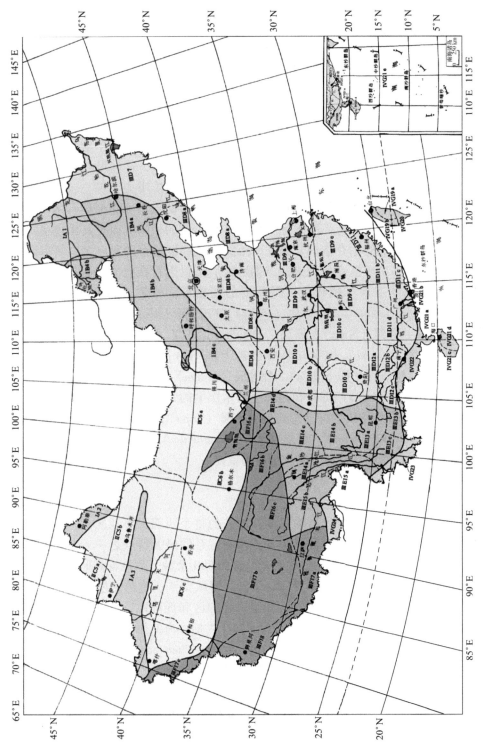

图 7.1　中国植物区系分区系统图（图例见表 7.2）

（二）中国植物区系各分区概述

1. 泛北极植物区

如前所述，这里所指的泛北极植物区与传统上的概念有明显的区别，在我国仅指大兴安岭地区、阿尔泰山地区、天山地区和以蒙古高原为主体的草原区域，前三部分属于该植物区下的欧亚森林植物亚区（天山地区的归属仍存在许多争议，似乎归属于古地中海植物区更为合理），后者是欧亚草原亚区的一部分。该区特有科属很少，因此有人认为它是一个贫瘠化了的白垩纪－古近纪植物区系。但是，从生境的丰富程度来说，高纬度地区是单调的寒冷生境，且该生境类型并非特有，在较低纬度山地也存在相似的类型；从区系交流的方面来说，该区植物区系在地质历史上曾与较低纬度地区的植物区系发生过多次的交融，这些可能是该区特有科缺乏的真正原因。事实上，高纬度地区气候寒冷单一，而低纬度地区不仅适宜喜温热的植物，而且其山地也可以为喜寒冷的植物提供适宜的生存空间，因此，泛北极植物区生存的很多植物可以随地质历史上全球温度的多次反复变化而南迁北撤，最后不仅生存在北方，而且退缩到低纬度地区山地。我国欧亚森林植物亚区最主要的植物科为松科（Pinaceae）和桦木科（Betulaceae）。松属（*Pinus*）、云杉属（*Picea*）、冷杉属（*Abies*）、落叶松属（*Larix*）、桦木属（*Betula*）、柳属（*Salix*）、杨属（*Populus*）、栎属（*Quercus*）、榆属（*Ulmus*）、椴属（*Tilia*）、槭属（*Acer*）植物在森林植被上层中占据较重要的地位，而杜鹃属（*Rhododendron*）、越桔属（*Vaccinium*）、杜香属（*Ledum*）、悬钩子属（*Rubus*）、蔷薇属（*Rosa*）、绣线菊属（*Spiraea*）等植物是林下灌木层中的常见类型。欧亚草原植物亚区最主要的植物科为禾本科和菊科，尤其是针茅属（*Stipa*）、蒿属（*Artemisia*）、赖草属（*Leymus*）、冰草属（*Agropyron*）、芨芨草属（*Achnatherum*）、早熟禾属（*Poa*）和委陵菜属（*Potentilla*）的植物在草原中的作用最为重要。

2. 古地中海植物区

古地中海植物区在我国大致指除青藏高原外的整个西部干旱地区，为中亚荒漠植物亚区的一部分。种类组成相对贫乏是本区植物区系的最大特点之一，尤其是在平原区，高等植物不足 1 000 种。其中，准噶尔盆地约 500 余种，阿拉善高原约 470 种，柴达木盆地约 200 余种，塔里木盆地约 200 余种，诺敏戈壁、嘎顺戈壁与北山一带不过100 种（中国植被编辑委员会，1980）。但是，在山区和低湿地，植物种类仍然比较丰富（郭柯等，1997）。该区植物区系被认为起源于古地中海北岸亚热带干热环境下的古老区系，含有许多耐旱的古特有类群。其中，藜科（Chenopodiaceae）、蒺藜科（Zygophyllaceae）、菊科、柽柳科（Tamariaceae）、麻黄科（Ephedraceae）、豆科、蓼科（Polygonaceae）、禾本科、十字花科、百合科（Liliaceaea）、蓝雪科（Limoniaceae）植物种类最多，在群落中的作用最明显。荒漠中的主要植物基本上都属于地中海－西亚－中亚成分、中亚成分、中亚西部成分、亚洲中部成分。山地上的草原、森林、灌丛和草甸中的植物含有较多温带亚洲成分、欧亚大陆温带成分、北温带成分以及北极－高山成分。在昆仑山、阿尔金山、祁连山及帕米尔高原的高山带还含有较多的中亚山地－

青藏高原成分。在我国，该区包括准噶尔地区（又称为中亚西部）和喀什噶尔地区（又称为中亚东部，或亚洲中部）。天山以北的准噶尔地区以其含有众多春季短命植物和类短命植物而区别于气候更为干旱的喀什噶尔地区。短命植物在这里不仅种类繁多，而且由东向西增多。山地基部则含有较多蒿属植物。本地区植物区系被认为是第四纪初古地中海退出后，逐渐由邻近哈萨克斯坦等地迁移而来，区系较为年轻，许多种分化不明显，尚在发展中。喀什噶尔地区的植物区系组成明显不如准噶尔地区的丰富，但在温度较高以及更干旱的气候背景下发育的植物区系与地中海－西亚一带的植物区系的联系更为密切，反映在共同拥有一些植物区的特有类群上，如裸果木属（*Gymnocarpos*）、锁阳属（*Cynomorium*）、山柑属（*Capparis*）等。另外，本地区特有种类也较丰富，如沙冬青属（*Ammopiptanthus*）、四合木（*Tetraena*）、棉刺（*Potaninia*）等等。耐旱的超旱生木本植物在群落中的作用一般更为明显。

3. 东亚植物区

东亚植物区是1996年吴征镒等人正式提出的（Wu Zhengyi and Wu Sugong，1996），此前一直作为泛北极植物区的一个部分。它包括了我国由东部沿海到西部青藏高原西缘，除北方大兴安岭地区和西北地区以及南方热带外的大部分地区。东亚植物区是裸子植物最丰富的地区，占世界裸子植物19科中的有12科，特有科约31科，特有属超过600属，区系的特有性极为明显，既包含很多原始的类群，也有很多较高级进化类群。东亚植物区包含三个亚区，即中国－日本森林植物亚区、中国－喜马拉雅植物亚区、青藏高原植物亚区。

中国－日本森林植物亚区位于我国东北东部到北回归线附近之间，主要为受太平洋季风影响的东部森林区，向东到朝鲜半岛、俄罗斯远东南部、日本等地，相当于植被区域中的温带针叶与落叶阔叶混交林区域、暖温带落叶阔叶林区域、亚热带常绿阔叶林区域。我国台湾岛植物区系的归属则有较大的争议，有人认为从种的联系上看，应当归属于东亚植物区（应俊生、徐国士，2002）。从植被的类型上看也应当如此，但从植物区系组成中属的性质上看，热带属有742属，温带属有346属。该亚区植物区系丰富，约有植物2万种以上和90个以上的特有属，由于地质历史环境变化较小，保留了很多古近纪和新近纪甚至更古老的孑遗植物，可进一步划分出6个植物地区。东北植物地区约有种子植物116科、575属、1776种，无特有科，特有属也很少，地区特有种约124种，其中属于中国特有种的约为119种，全为温带性质（傅沛云等，1995）。华北植物地区种子植物有151科、919属、3829种，其中约1600种为中国特有种，约200多种为地区特有种（王荷生等，1995，1997）。华东植物地区约有种子植物174科、1180属、4259种，其中约1722种为中国特有种，约425种为华东特有种，有众多的原始被子植物科属（刘妨勋等，1995）。华中地区约有种子植物207科、1279属、约5600种，其中约4035种为中国特有种，约1548种为华中特有种（祁承经等，1995）。岭南山地地区含有较多的热带成分，具有明显的过渡性。物种丰富，但特有性明显不如华中地区和华东地区。地区特有属不及20属，中国特有属约100属。滇黔桂地区广阔古老喀斯特地貌和复杂多样的生境上，发育了丰富而较为特殊的植物区系，苦苣苔科植物在特有植物中尤其明显，热带成分依然占有重要的地位，约有种子植物

248 科、1 454 属、6 276 种。

中国-喜马拉雅植物亚区含有温带、亚热带至热带北缘植物种类 2 万种以上，仅我国云南高原和部分横断山脉地区就有 12 000 种以上，有许多古近纪和新近纪以前的孑遗植物，同时由于环境复杂多变和近代造山运动，许多新分化类群也得以保留。该亚区可进一步划分为 3 个地区：云南高原地区约有种子植物 249 科、1 491 属、5 545 种，基本上为亚热带性质（李锡文，1995），但在山地和高山也分布许多喜温凉的植物，适应干热气候环境的高山栎类植物以及适应山地环境的杜鹃属植物在本地区有较集中的分布，当属该地区的重要特点。横断山脉地区约有种子植物 226 科、1 325 属、7 954 种（李锡文、李捷，1993），南部热带成分尚较多，但北部洮河和岷江流域温带性质已非常明显，山地中上部较丰富的松科植物，尤其是冷杉属和云杉属植物以及由它们组成的暗针叶林是该区的重要特征。东喜马拉雅地区主要含云南西部到西藏东部以及境外缅甸和印度等，植物区系中缺乏特有科属，含有一些较特殊的地区特有种。

青藏高原亚区的植物区系是由周边地区植物随高原隆升而演化形成的一个年轻的适高寒生境特点的区系，缺乏特有科，种类组成也不算丰富。该亚区可以进一步划分为 3 个地区。位于青藏高原东北部的唐古特地区约有种子植物 90 科、520 属、2 050 种，具有明显的温带性质，以含有较多喜湿耐寒的灌丛和草甸植物为特征，特有种很少，南部较重要的有杜鹃属、金露梅属、柳属、嵩草属（Kobresia）、针茅属等，北部较重要的有针茅属、蒿属以及部分山谷中的针叶林和落叶阔叶林或灌丛建群植物。西藏、帕米尔、昆仑地区由藏南延伸到帕米尔高原，位于高原的核心区，植物区系组成物种并不十分丰富，但青藏高原成分在植物区系组成和群落中占有非常重要的地位。在藏南和雅鲁藏布江及其支流谷地，白刺花（Sophora viciifolia）、圆柏属（Sabina）、锦鸡儿属（Caragana）植物是河谷灌丛的优势植物，高山嵩草（Kobresia pygmaea）则在很多地方的高寒草甸中占优势。在羌塘高原，紫花针茅（Stipa purpurea）、羽柱针茅（S. basiplumosa = S. subsessiliflora var. basiplumosa）、青藏薹草（Carex moorcroftii）、扇穗茅（Littledale racemosa）以及多种棘豆（Oxytropis spp.）和黄芪（Astragalus spp.）等在高寒草原中占重要地位。西北部，垫状驼绒藜（Ceratoides compacta）成为高寒荒漠中的重要植物，昆仑山和帕米尔东缘则还分布有少量的针叶林和灌丛。西喜马拉雅地区为一狭长区域，区系性质具有明显的过渡性。

4. 古热带植物区

我国南部沿海至云南南部和喜马拉雅山南坡以南的地区属于古热带植物区的印度-马来西亚植物亚区的北缘，以含有较多典型的热带科属为其特征，包括台湾岛主体、台湾岛南部、南海岛礁、北部湾、滇缅泰和东喜马拉雅南翼 6 个地区。其中，台湾约有种子植物 186 科、1 201 属（包括热带属 742 属、温带属 346 属）、3 656 种，地区特有种丰富，大约占总种数的 40%，新老成分并存，具有明显的亚热带性质，种子植物中约 90% 的属与大陆相同，这表明与大陆植物区系有极为密切的联系。植被组成也以常绿阔叶林为主。因此，许多人认为本地区植物区系应属于东亚植物区系的重要组成部分，而不应作为古热带植物区系（张宏达，1995；应俊生、徐国士，2002）。但是，台湾岛南部的恒春半岛和兰屿、小兰屿、绿岛等小岛上植物区系和植被的热带特征是极为明显的，显示出与菲律宾植物区系的密切联系。南海地区诸岛礁及雷州半岛约有种子植物200科、1 400属、3 600种以上，以海南岛最为丰富，其次为雷州半岛和珠江口，南海中其余岛屿由于面积很小，种类极少。植物区系组成中热带科（含亚洲热带科等）占一半左右，全球性分布的科约占1/3（张宏达，2001），显示出这里植物区系的热带性特点。北部湾地区有大面积喀斯特地貌，植物区系古老复杂并富含特有属、种，仅中国境内约有种子植物255科、1 294属、4 303种，其中中国特有种约2 170种，地区特有种约300种。热带北缘的区系性质明显，龙脑香科（Dipterocarpaceae）、肉豆蔻科（Myristicaceae）、五桠果科（Dilleniaceae）等热带科均以本地区为其分布的北缘。含大量与越南共有的区域特有属，反映出其间的紧密联系。蚬木（*Excentro-dendron hsienmu*）、金丝李（*Garcinia paucinervis*）、肥牛树（*Cephalomappa sinensis*）、假肥牛树（*Cleistanthus petelotii*）、东京桐（*Deutzianthus tonkinensis*）等，为本地区石灰岩山地季节性雨林中最具特征性的种类。滇缅泰地区主体位于泰国、老挝和缅甸北部，我国云南南部为该地区的组成部分。该地区热带季风气候特征明显，多种地貌类型并存，植物区系复杂而具热带北缘性质，仅我国境内约有种子植物248科、1 447属、4 915种，是我国热带雨林（季节性雨林）和季雨林发育最好的地区，龙脑香属（*Dipterocarpus*）、坡垒属（*Hopea*）、望天树属（*Parashorea*）、娑罗双属（*Shorea*）、青梅属（*Vatica*）、榕属（*Ficus*）、番龙眼属（*Pometia*）等属植物是本地区雨林中最具代表性的种类，木棉（*Bombax*）、合欢（*Albizia*）、刺桐（*Erythrina*）等属植物为季雨林或稀树草原中的重要落叶树种。东喜马拉雅南翼地区主要位于印度境内，在我国西藏只有雅鲁藏布江等谷地的局部地方。由于地势结构以及气候的特殊性，这里成为热带植物区的最北界，植物和植被的垂直分布现象极为突出，热带成分主要集中在低海拔的地方，而亚热带和温带的种类占据较高海拔的地方，因此区系组成极为丰富，仅中国境内约有种子植物180科、726属、1 679种（孙航、周浙昆，2002），其中缺少特有科，特有属也极少，而特有种却十分丰富，仅墨脱县境内就有约180种，表明该地区是近代物种剧烈分化的中心之一。

第二节　主要植被类型的基本特点

中国植被分类采用"植物群落学－生态学原则"，主要以植物群落本身特征和群落所处的生态条件作为分类的依据，高级单位偏重群落的生态和外貌，中低级单位偏重群落的种类组成和群落结构以及生态条件。具体的依据包括植物群落的外貌和结构、植物群落的生态地理特征和物种的生态类型、植物群落的物种组成和植物群落的动态特征等几个主要方面。

中国植被分类系统由三级单位，即植被型（高级单位）、群系（中级单位）和群丛（基本单位）组成。在植被型之上根据陆地生态系统大类增设植被型组，在群系和群丛之上根据实际需要增设群系组和群丛组，在植被型和群系之下根据群落的生态差异和实际需要可以分别增设一个辅助单位，即植被亚型和亚群系。中国植被分类系统各级单位划分的具体依据和命名原则可参考《中国植物区系与植被地理》一书。

中国植被可以划分为以下7个植被型组、40个植被型。

一、森　林

森林是以乔木为群落建群种，林冠层由乔木组成，郁闭度在 0.3 以上的植被类型。群落结构比较复杂，林冠层一般还可以划分出 2 个或 2 个以上的亚层，林冠下通常还有灌木层，其中常包含有林冠层乔木树种的幼苗或幼树，冠层下有草本或苔藓层。森林主要分布在东部季风湿润区和半干旱与干旱区的山地，包括 12 个植被型。

1. 落叶针叶林

以落叶针叶树为群落建群种的森林。最主要特点是林冠层集中落叶，导致一年内有明显的生长季和落叶季，天然林内透光通常较好，尤其是冬春季节。根据分布地点的气候特点，中国的落叶针叶林划分为 2 个植被亚型，即以松科落叶松属植物为建群种的寒温性落叶针叶林植被亚型和以松科和杉科的 3 种孑遗植物为建群种的暖性落叶针叶林植被亚型。寒温性落叶针叶林仅有一个落叶松林群系组，大约有 11 个群系，在中国主要分布在属于寒温带的大兴安岭山地，在中温带到亚热带的山地垂直带上也常出现。暖性落叶针叶林有水杉（*Metasequoia glyptostroboides*）林、水松（*Glyptostrobus pensilis*）林和金钱松（*Pseudolarix kaempferi*）林 3 个群系，天然分布范围很小，仅出现在气候温暖湿润的亚热带局部低山。三个建群种都是中国的特有种，是第四纪冰川期残留下来的孑遗植物。

2. 常绿针叶林

以常绿针叶树为群落建群种的森林。建群种和群落类型很多，分布范围广。建群种叶子的寿命一般在 2 年以上，群落外貌终年为绿色或灰绿色，林内透光较差，尤其是在由云杉和冷杉属植物为建群种组成的暗针叶林内。根据这些群落分布的气候特点，划分为 4 个亚型，即寒温性常绿针叶林植被亚型、温性常绿针叶林植被亚型、暖性常绿针叶林植被亚型和热性常绿针叶林植被亚型。寒温性常绿针叶林有冷杉林、云杉林、寒温性松林、圆柏林等群系组，主要分布在寒温带地区和中温带到亚热带地区气候寒冷的山地上。温性常绿针叶林有温性松林、铁杉（*Tsuga*）林、侧柏（*Platycladus orientalis*）林、扁柏（*Chamaecyparis*）林等群系组，主要分布在温带和亚热带的山地。暖性常绿针叶林是分布在亚热带地区低山的常绿针叶林，包括暖性松林、油杉（*Keteleeria*）林、柏木（*Cupressus*）林、银杉（*Cathaya*）林、福建柏（*Fokiania*）林、秃杉（*Taiwania*）林、黄杉（*Pseudotsuga*）林及穗花黄杉（*Amentotaxus*）林等类型和广泛栽培的杉木林。热性常绿针叶林有热性松林和翠柏林 2 个群系组，是热带原始森林反复破坏后形成的次生林，分布面积很小，仅见于广东和广西南部以及海南海拔 800m 以下的丘陵和低山。

3. 针叶与阔叶混交林

以常绿针叶树和阔叶树混交而组成的森林，通常针叶树占据乔木层的上层，之下由较多的阔叶树组成第二层。根据群落物种组成等群落学特性和分布区气候特点划分为两个植被亚型，即分布在中温带的典型针叶与落叶阔叶混交林植被亚型和分布在亚热带的山地针叶与阔叶混交林植被亚型。典型针叶与落叶阔叶混交林仅有"红松（*Pinus koraiensis*）、阔叶树混交林"，分布在东北东部的低山带，在分布区的南部也可出现在海拔 1 000m 左右的中山带。乔木层的上层以红松占优势，高约 20～25m，下层常以槭属、榆属、椴属、桦木属、梣属（*Fraxinus*）、栎属等属的落叶阔叶树占优势。亚热带山地针叶与阔叶混交林以"铁杉（*Tsuga chinensis*）、阔叶树混交林"为代表，主要分布在亚热带潮湿的中山带。乔木层可分为 2～3 个亚层，通常以铁杉为优势种，形成上层，高 20～40m，之下常以栎属、桦木属、槭属、水青冈属（*Fagus*）等落叶阔叶树为次优势种，但林中常混生有很多常绿阔叶树，如木荷属（*Schima*）、青冈属（*Cyclobalanopsis*）等属植物。

4. 落叶阔叶林

落叶阔叶林以落叶阔叶乔木树种为群落建群种，主要作为地带性植被分布在中温带和暖温带湿润地区低山和丘陵，在温带和亚热带山地也作为垂直带植被出现。组成乔木层的物种较多，冬季落叶，群落季相极为分明，冠层之下冬春季光线充足，林下灌木层和草本层通常发育较好。根据群落物种组成特点、优势树种地理分布区域并结合生境的特点，划分为 4 个植被亚型，即寒温性落叶阔叶林植被亚型、温性落叶阔叶林植被亚型、暖性落叶阔叶林植被亚型和荒漠区落叶阔叶林植被亚型。

5. 常绿落叶阔叶混交林

常绿落叶阔叶混交林是落叶阔叶林和常绿阔叶林之间的过渡森林类型。在我国北亚热带地区和亚热带石灰岩山地广泛分布。群落组成物种丰富，由北向南，常绿成分逐渐增加，种类也有替代现象或出现较多喜热常绿成分，优势树种不明显，以壳斗科、桦木科、榆科植物为主。群落结构较复杂，落叶树种通常占据乔木层的上部，所以，季相变化明显，常绿树种在乔木层的下部占相对优势。全国的常绿、落叶阔叶混交林约有 48 个群系，分属于 3 个植被亚型：（地带性）常绿、落叶阔叶混交林；山地常绿、落叶阔叶混交林；石灰岩常绿、落叶阔叶混交林。

6. 常绿阔叶林

以具有小型革质常绿叶片的常绿阔叶树种为群落建群种的植被类型。广泛分布在气候温暖湿润、降水丰沛、北方寒流影响较弱的亚热带地区和北热带北部山地（中国植被编辑委员会，1980）。群落物种组成繁多，由北往南群落组成种类有增加的趋势，主要为常绿植物，优势种不十分明显，以壳斗科、樟科、茶科等植物为主。乔木层高一般在 10～25m 之间，覆盖度一般在 70% 以上，可进一步划分出不同的亚层。上层乔木主要由群落的建群种组成，通常冠幅较大，但株数不多，构成林冠的主要部分。下层乔木冠幅通常较小，但株数较多，并受上层遮蔽程度的影响变化很大。灌木层植物以杜鹃花科、山矾科、紫金牛科、野牡丹科、金粟兰科等科植物为主，但通常较稀疏，高度一般在 2m 以下，其中也包含大量上层乔木幼树。在林冠郁闭的情况下，草本层植物以百合科、莎草科、姜科等和蕨类植物为主，分布零星，都是喜阴湿环境的种类，苔藓零星小片分布在裸露的岩石、树根和树干的基部。藤本和附寄生植物也很普遍。常绿阔叶林分布区域广阔，类型也多种多样，很多类型种类组成和结构以及生境差异较大，中间过渡类型也很多，所以，类型划分比较复杂。根据它们分布区的水热特点，可以划分为4个亚型：暖性常绿阔叶林、暖湿性常绿阔叶林、偏热性常绿阔叶林、偏热湿性常绿阔叶林。

7. 硬叶常绿阔叶林

硬叶常绿阔叶林主要分布在地中海气候环境下，是以耐旱的常绿、中小型硬革质叶阔叶树为建群种的植被类型。我国虽然没有典型的地中海气候区，但在受印度洋季风影响的喜马拉雅及横断山脉地区的西南地区，初夏季风到来以前是一个极为明显的干热季节，因此也分布具有耐旱特征的以10多种高山栎类植物为群落建群种的硬叶常绿阔叶林，通常以阳坡分布为主。比较典型和分布较广的类型有高山栎（*Quercus semicarpifolia*）林（喜马拉雅中部）、川滇高山栎（*Q. aquifolioides*）林（东喜马拉雅到横断山脉中南部）和灌丛状铁橡栎（*Q. cocceiferoides*）林。另外，在我国亚热带地区部分山地干旱的山脊阳坡有时也分布小片以刺叶栎（*Q. spinosa*）或乌冈栎（*Q. phillyraeoides*）等与其他树种为共建种的类型（中国植被编辑委员会，1980；张经炜等，1988；四川植被协作组，1980）。这类森林通常组成树种比较单纯，林冠较矮稀疏，高度一般不足10m，郁闭度较低，但在山坡较缓和土壤深厚的部分地方也有高达20m、郁闭度高达0.8左右的森林类型。

8. 雨林

雨林是指分布在热带全年高温多雨地区由高大常绿乔木为主组成的森林植被。我国热带主要为海洋，因此缺乏典型的热带雨林。台湾、广东、广西、云南南部、西藏喜马拉雅山南侧和海南岛等处于热带北缘，温度和雨量都有明显的季节性差异，主要发育季节性雨林。我国季节性雨林的组成物种丰富，但优势种很不明显，以桑科、大戟科、桃金娘科、梧桐科、山榄科、无患子科、楝科、豆科、藤黄科、茜草科、天料木科、橄榄科、番荔枝科、使君子科植物以及东南亚热带雨林中最常见的龙脑香科、肉豆蔻科和玉蕊科植物较常见。乔木层大多是高30m以上、胸径50~60cm以上的常绿阔叶树木，冠层密闭，林下透光很少，因此，树冠常高耸在干顶，高度参差不齐，可分为几个亚层，高大个体树干基部板根较普遍，中、下层林木老茎生花现象也很常见。灌木层种类较少，分布也不均匀，林窗中覆盖度较大，林下只零星分布，并以上层植物的幼树为多。草本层植物分布稀疏，以喜阴湿的种类居多。藤本植物众多，附寄生植物十分普遍，天南星科、兰科、苦苣苔科、萝藦科、蕨类、苔藓、地衣等最为常见。根据群落的特征和分布生境的差异，我国季节性雨林可以划分为3个亚型，即典型季节性雨林、山地季节性雨林和石灰岩季节性雨林。

9. 季雨林

季雨林是在热带季风气候影响下具有明显干湿季节区域发育起来的一种森林植被。群落季相变化明显，上层林木全部或大部在干季落叶，雨季来临才呈现绿色的外貌。

我国季雨林的分布范围与季节性雨林大致类似，有些是原生性的，有些则是在季节性雨林遭受破坏后因生境退化而出现的次生性类型。乔木层以落叶阔叶树为主，桑科、楝科、无患子科、紫葳科、大戟科、豆科、四数木科、木棉科、马鞭草科、榆科、漆树科、山榄科种类较常见。乔木层高度和郁闭度一般不及雨林的大，高度常在 10 ~ 20m 之间，郁闭度 0.8 左右，林木树干分支较低，板根现象不发达。灌木层种类多，但以上层乔木幼树个体居多。草本层不很均匀，林窗以禾草居多，林下以喜阴蔽的草本植物和蕨类为主。藤本植物无论种类或数量都较雨林的少。树干上的附寄生植物种类和数量也较少（广东省植物研究所，1976）。

10. 红树林

红树林是分布在热带及其毗邻地带海滩和海岸高潮线以下盐渍土壤上发育的一类特殊植被类型。主要由红树科植物和其他如海桑（*Sonneratia caseolaris*）、海榄雌（*Avicennia marina*）、海莲（*Bruguiera sexangula*）等数十种植物组成，群落外貌呈常绿阔叶林、常绿阔叶矮林甚至灌丛状，郁闭度一般比较大。我国天然红树林分布在海南岛、台湾岛、广西北部湾至福建福鼎一带的沿海，群落的高度一般较矮，仅在发育最好的海南岛局部地区可达 15m，在大陆沿海一般为不足 10m 的矮林或丛状。红树林组成植物具有的胎生繁殖现象、适应高盐含量的生理干旱特性、密集交错的支柱根和呼吸根以及厚革质叶片等形态特征，为其适应海滩的特殊环境提供了保证。

11. 珊瑚岛阔叶林（和灌丛）

珊瑚岛阔叶林（和灌丛）是分布在热带海洋珊瑚岛上的一种由常绿阔叶乔木和灌木组成的植被类型。我国珊瑚岛阔叶林和灌丛只分布在南海范围内的珊瑚岛上，物种组成普遍较贫乏，群落低矮、一般不足 10m，层次结构简单，树木分枝低矮，林冠层浓密。林下灌木、草类分布稀疏。灌丛一般高仅 2m 左右，种类组成简单，优势种突出，生长密集，分枝多而低矮，大多为耐盐和抗风强的常绿灌木。

12. 竹林和竹丛

竹林和竹丛是以竹类植物为建群种的植被类型。主要分布在热带和亚热带地区。竹林大多数是在原来森林破坏后发展起来的，物种组成一般较少，大多为纯林，林下植物大多是常绿阔叶林或季节性雨林中的一些植物侵入或原地繁殖起来的。群落结构简单，乔木层通常只由竹类组成，杆高 4 ~ 15m 不等，因物种、个体大小和生境等而异。灌木层和草本层植物的发育情况往往受上层林冠郁闭程度的决定。藤本植物和附寄生植物种类都极少见。竹丛一般生长较矮，是森林破坏以后原来林下就生长的竹类植物获得较好的生长条件而发展起来的次生类型，或于亚热带山地顶部多云雾和大风生境下发育的特殊植被类型。通常结构也极为简单，优势种极为明显，其他灌木和草本植物的发育受以竹类植物组成的层片的影响明显。

二、灌　　丛

灌丛是以中生和中旱生灌木为群落建群种，高度一般在 5m 以下，盖度一般大于

30%的植被类型。群落结构比较简单，通常包含灌木层和草本层，偶尔在浓密的灌丛下也见较多的苔藓植物。天然灌丛主要分布在温度或水分等自然条件不再适合乔木树种生长的湿润和半湿润环境，如森林向草原的过渡区域、湿润区林线以上区域或者为森林破坏后的次生植被类型、干旱区水分相对较好的山地等。中国的灌丛可以划分为5个植被型。

1. 常绿针叶灌丛

由耐寒适低温的中生常绿针叶灌木为建群种组成的群落类型。根据其生境特点可分为高山、亚高山常绿针叶灌丛植被亚型和山地与沙地常绿针叶灌丛植被亚型2个亚型。前者广泛分布于青藏高原和帕米尔高原及其周边山地、阿尔泰山和准噶尔盆地西部山地、秦岭中段和台湾玉山等山地的高山带下段和亚高山带上段。后者分布在我国北方一些山地的中低山石质化较强的阳坡、半阳坡或平缓的山顶和沙地。

2. 落叶阔叶灌丛

以落叶灌木为群落建群种的植被类型。分布地域广阔，生境差异较大，建群种很多，群落类型也很复杂，结构极为不同。落叶阔叶灌丛既有很多原生的类型，也有很多是森林破坏后形成的次生灌丛。群落高度以 1~2m 之间的居多，有些类型的高度可以达4m，或不足1m，覆盖度以30%~70%之间的居多。凡是森林破坏后形成的次生灌丛和沙地阴坡灌丛的草本层一般发育较好，盐生灌丛和沙地蒿属半灌丛的草本层发育一般较差。根据群落和生境特点可划分为7个植被亚型：高寒落叶阔叶灌丛、温性落叶阔叶灌丛、暖性落叶阔叶灌丛、偏热性落叶阔叶灌丛（干热河谷）、盐生落叶阔叶灌丛、沙地落叶阔叶灌丛（半灌木丛）、石灰岩山地落叶阔叶灌丛。

3. 常绿阔叶灌丛

以常绿阔叶灌木为群落建群种的植被类型。主要是热带、亚热带地区森林遭受破坏后所形成的次生植被，为演替过程中的一个相对稳定的阶段。群落一般以常绿乔木幼树和灌木为主所构成，有时也混生一些落叶种类。大部分群落的灌木层高 1~2m，盖度在 60% 以上，但高度和盖度因自然条件和群落发育阶段有较大的变化，刚由草丛演替而来的早期常绿阔叶灌丛的灌木层盖度一般较低，到演替后期较稳定阶段则可以达到几乎完全郁闭的程度。草本层一般发育较好，高1m 以下，盖度受灌木层的影响变化较大。根据优势种的生态特性和生境条件划分为 6 个亚型：暖性常绿阔叶灌丛、暖干性常绿阔叶灌丛、偏热性常绿阔叶灌丛、偏热干性常绿阔叶灌丛、热性常绿阔叶灌丛、热干性常绿阔叶灌丛。

4. 常绿革叶灌丛

由适低温的具常绿革质叶中生灌木为建群种的植被类型。主要分布在青藏高原中东部、云贵高原北部、四川盆地西缘山地、甘南高原、秦岭以及台湾中央山脉的高山带和亚高山带，少数类型见于中山带和亚高山带下段。群落类型较多，可以分为两个亚型：高山、亚高山常绿革叶灌丛植被亚型和山地常绿革叶灌丛植被亚型。前者以杜鹃属植物为建群种，约有 40 个群系，通常分布在高山、亚高山带的阴坡及半阴坡，绝大多数群落为原生类型，少数为森林破坏后形成的较稳定的次生群落。群落种类组成丰富，结构较简单。后者仅有 3 个群系，分布面积也较小，主要出现在中低山地，群落的次生性较强。其中，矮高山栎（*Quercus monimotricha*）灌丛主要分布在青藏高原东南山地阳坡和半阳坡，群落生长密集。太白杜鹃（*Rhododendron purdomii*）灌丛和凹叶杜鹃（*R. davidsonianum*）灌丛分别出现在秦岭太白山中山带和贡嘎山东坡中低山地，多呈片块状出现于阴坡和半阴坡。

5. 肉质多刺灌丛

肉质多刺灌丛是在干热环境下发育的以仙人掌科等肉质植物和其他多刺耐旱植物为主组成的灌丛状植被类型。我国的肉质多刺灌丛分布很少，大多属于次生类型，其分布仅局限于东南沿海和岛屿的海岸沙地和滇川黔桂地区海拔 600～800m 以下的一些干热河谷底部。根据其群落分布生境特点划分为 2 个亚型，即热带海滨沙滩刺灌丛植被亚型和干热河谷肉质刺灌丛植被亚型。前者分布在海滨沙滩上，是海滨沙生草丛向丛林发展的一个演替阶段，群落种类组成和结构变化很大。后者分布在西南地区干热河谷底部石质化较强的地段，其形成与季风气候存在明显的旱季、河谷焚风效应以及土壤持水能力低下有密切的关系。

三、荒　漠

荒漠是以超旱生灌木、半灌木、小半灌木、小半乔木和肉质多汁植物等为主组成的稀疏植被。我国荒漠集中分布在西北内陆地区，属于温带荒漠。建群种以藜科、蒺藜科、菊科、石竹科、麻黄科、豆科等植物为主。群落类型很多，物种组成和群落结构千差万别，包括 8 个植被型。

1. 退化叶小半乔木荒漠

退化叶小半乔木荒漠仅指由梭梭属（*Haloxylon*）植物为建群种的荒漠植被。我国只有梭梭（*Haloxylon ammondendron*）荒漠和白梭梭（*H. persicum*）荒漠两个群系，主要分布于内蒙古西部、甘肃西北部、青海柴达木盆地和新疆。在水分条件较好的固定、半固定沙地（沙漠）和河相与湖相沉积壤质土上，该类荒漠通常发育最好，组成种类较丰富，沙质土上多为沙生植物，盐渍化壤质土上多为盐生灌木、小灌木和小半灌木。

2. 常绿阔叶灌木荒漠

以超旱生常绿革质叶阔叶灌木为主组成的稀疏植被。我国仅有沙冬青（*Ammopiptanthus mongolicus*）和矮沙冬青（*A. nanus*）两个群系。前者为鄂尔多斯西部和阿拉善东部草原化荒漠区特有，常生于山谷、山麓或丘间盆地。后者仅分布在新疆塔里木盆地西南隅南天山西端海拔 1 800～2 500m 之间的石质坡地、冲刷沟边、砾质河漫滩上及沙质古老干河床上。

3. 退化叶灌木荒漠

由退化叶后依靠绿色幼枝条进行光合作用的超旱生灌木为主组成的稀疏植被。我国只有麻黄荒漠和沙拐枣荒漠两个群系组。前者以麻黄属植物为建群种，膜果麻黄（*Ephedra przewalskii*）群系是其中的代表类型，广泛分布在我国西北荒漠区各地砾质戈壁、山前洪积扇、干河床、剥蚀山地和山麓岩屑坡上。后者以沙拐枣属植物为建群种，蒙古沙拐枣（*Calligonum mongolicum*）荒漠为其中的代表类型，广泛分布于西北各沙漠或戈壁覆沙地。

4. 肉质叶（多汁）灌木荒漠

以具有肉质叶片的超旱生灌木为主组成的稀疏荒漠植被。在我国主要有裸果木（*Gymnocarpos przewalskii*）荒漠、霸王（*Sarcozygium xanthoxylon*）荒漠、唐古特白刺（*Nitraria tangutorum*）荒漠、四合木（*Tetraena mongolica*）荒漠、齿叶白刺（*N. roborowskii*）荒漠、泡泡刺（*N. sphaerocarpa*）荒漠等群系组。裸果木荒漠一般零星分布在山前洪积扇砾石戈壁、径流线或石质山坡，群落稀疏，盖度较其他类型低，一般在5%以下。霸王荒漠主要分布在草原化荒漠区沙砾质、沙质、石质等生境。唐古特白刺荒漠，多分布于沙漠边缘固定、半固定沙丘，沙漠湖盆外围沙地或沙丘，干湖盆底部、河谷阶地等生境，往往形成高大的白刺沙堆。齿叶白刺荒漠分布于湖盆盐湿低地和盐化沙地，是盐湿荒漠的代表群系。泡泡刺荒漠分布于排水良好的沙砾质或砾质戈壁高平原上。四合木荒漠，为内蒙古西鄂尔多斯特有群系，分布于西鄂尔多斯至贺兰山之间草原化荒漠带的砂砾质、砾质或石质生境。

5. 旱生叶灌木荒漠

以普通具有旱生叶的超旱生灌木为优势组成的稀疏植被。这类植物叶片一般较小，表皮细胞也小，外壁高度角质化，常有浓密表皮毛。该植被型分布广泛，以水分条件较好的东阿拉善和西鄂尔多斯高原草原化荒漠地区分布较多。其中，鄂尔多斯半日花（*Helianthemum ordosicum*）荒漠为西鄂尔多斯特有群落，生于碎石质丘坡，单独或与木旋花等共同组成群落。绵刺（*Potaninia mongolica*）荒漠为东阿拉善－西鄂尔多斯较广布的特有群落，生于地表有覆沙的较平坦的生境中。藏锦鸡儿（*Caragana tibetica*）荒漠分布于东阿拉善和西鄂尔多斯荒漠草原和草原化荒漠过渡区，发育在地表常有风积沙覆盖的山麓和高平原上。藏锦鸡儿也密集成丛，形成近似垫状的半球形植丛，植丛内再积沙形成沙堆。

6. 肉质叶（多汁）半灌木荒漠

以叶片肉质化的超旱生或盐生半灌木为主组成的植被类型。这是我国荒漠植被型组中类型最多、群落结构变化较大的一个植被型。根据优势植物的生态习性和生境的特点可进一步划分为两个亚型，即发育在极端干旱生境的典型肉质叶（多汁）半灌木荒漠和发育在土壤含盐量较高生境的喜盐肉质叶（多汁）半灌木荒漠。前者主要包括枇杷柴（*Reaumuria*）荒漠、猪毛菜（*Salosla*）荒漠、合头草（*Sympegma*）荒漠、戈壁藜（*Iljinia*）荒漠、小蓬（*Nanophyton*）荒漠、假木贼（*Anabasis*）荒漠、短舌菊（*Brachanthemum*）荒漠等群系组。后者主要有盐节木（*Halocnemum*）盐漠、盐穗木（*Halostachys*）盐漠、滨藜（*Atriplex*）盐漠、碱蓬（*Suaeda*）盐漠、盐爪爪（*Kalidium*）盐漠等群系组，组成植物大多数是高度耐盐或喜盐的多汁半灌木或小半灌木荒漠。这些荒漠类型分布范围和具体的生境条件以及相应的群落结构各不相同，同一个群系在不同的生境也会存在极大的差异。

7. 旱生叶半灌木荒漠

以具有旱生结构叶片的旱生和超旱生半灌木为主组成的植被。分布广泛，但以草原化荒漠区最为集中，常分布于壤质、沙质、沙砾质等生境中。以蒿属植物为建群种的群系组和以绢蒿属（*Seriphidium*）植物为建群种的群系组是该植被型中最重要的类型，包含的群系类型很多，草原化现象很明显。驼绒藜（*Ceratoides latens*）荒漠在我国温带荒漠区域各地带都有较多的分布，甚至在青藏高原北部也分布很多，其主要出现在沙质、沙砾质或覆沙质高平原和山前倾斜平原、山麓等生境。

8. 垫状矮半灌木荒漠

以适应极端大陆性寒旱生境的垫状矮小半灌木为优势组成的特殊荒漠植被，又称高寒荒漠。垫状驼绒藜（*Ceratoides compacta*）荒漠是该类型中分布最广、分布面积最大、群落结构较典型的代表，主要分布在青藏高原西北部到帕米尔高原、阿尔金山和西祁连山等山地，常占据高原干涸古湖盆底部、湖滨、古湖堤、开阔的宽谷、平缓的谷坡、丘岗和缓斜的丘状山顶等部位。此外，还有藏亚菊（*Ajania tibetica*）荒漠、高山绢蒿（*Seriphidium rhodanthum*）荒漠、唐古特红景天（*Rhodiola algida* var. *tangutica*）荒漠等。这些荒漠群系主要分布在帕米尔高原、喀喇昆仑山–昆仑山地区和祁连山高山带和亚高山带。

四、草　　原

草原是以旱生多年生草本植物和半灌木为主组成的植被。我国草原主要分布在内蒙古高原、东北平原西部、黄土高原西北部、青藏高原中部和西北干旱区山地，这些草原属于中温性或寒温性的草原。群落类型很多，物种组成和群落结构也有一定的变化，包括4个植被型。

1. 丛生草类草原

以中温性和寒温性旱生多年生丛生型地面芽植物为建群种的植被，是我国草原中分布最广泛的地带性植被类型。建群种大部分是禾本科针茅属植物，具有适应干旱与冬寒气候的生态特征。按照生态地理环境的差异，丛生草类草原可以区分出丛生草类草甸草原、丛生草类典型草原、丛生草类荒漠草原和丛生草类高寒草原等植被亚型。丛生草类草甸草原主要群系有贝加尔针茅（*Stipa baicalensis*）草原、吉尔吉斯针茅（*S. kirghisorum*）草原、白羊草（*Bothriochloa ischaemum*）草原等，它们分别集中分布在我国东北松辽平原、天山及伊犁地区、黄土高原。丛生草类典型草原主要有分布在内蒙古高原中部的大针茅（*Stipa grandis*）草原、克氏针茅（*S. krylovii*）草原，分布在黄土高原的本氏针茅（*S. bungeana*）草原，分布在新疆山地的针茅（*S. capillata*）草原和中亚针茅（*S. sareptana*）草原，以及羊茅（*Festuca ovina*）草原、沟叶羊茅（*F. sulcata*）草原、三芒草（*Aristida adscensionis*）草原、扁穗冰草（*Agropyron cristatum*）草原、糙隐子草（*Cleistogenes squarrosa*）草原、洽草（*Koeleria cristata*）草原、硬质早熟禾草原等群系。丛生草类荒漠草原具有较多的针茅类草原群系，但分布都比较分散，主要有小针茅（*Stipa klemenzii*）草原、沙生针茅（*S. glareosa*）草原、短花针茅（*S. breviflora*）草原、东方针茅（*S. orientalis*）草原、高加索针茅（*S. caucasica*）草原和戈壁针茅（*S. gobica*）草原等。丛生草类高寒草原以适应高寒干旱气候的针茅属与羊茅属丛生禾草为建群植物，是青藏高原及西北各高山的主要草原类型。代表性群系为紫花针茅（*Stipa purpurea*）草原，其他还有座花针茅（*S. subsessiliflora*）草原、羽柱针茅（*S. subsessiliflora* var. *basiplumosa*）草原、克氏羊茅（*Festuca kryloviana*）草原、假羊茅（*F. pseudovina*）草原、银穗羊茅（*F. olgae*）草原等。

2. 根茎草类草原

是由多年生旱生性地下芽草类为建群种的草原植被型。主要分布在温带半湿润区和半干旱区的一些较特殊的适宜环境中，在气候较湿润的地区分布在地形较开阔和排水良好的丘陵坡地下部或坡麓地段，但在气候较干燥的地区分布在有径流补给水分的生境，与其他草原植被型在时空演替中互补共存。根据生态地理环境的差异，划分为3个亚型：根茎草类草甸草原、根茎草类典型草原和根茎草类高寒草原。根茎草类草甸草原主要分布在水分条件较好、土层通常较松软的地方，主要群系有广布在我国东北和内蒙古东部的羊草（*Leymus chinensis*）草原，主要分布在阿尔泰山和天山等山地中山带的窄颖赖草（*L. angustum*）草原和主要分布在沙质土壤或风沙土上的白草（*Pennisetum flaccidum*）草原等。根茎草类典型草原主要分布在温带草原区域沙质土壤上，主要类型有沙生冰草（*Agropyron desertorum*）草原、根茎冰草（*A. michnoi*）草原等。根茎草类高寒草原主要分布在青藏高原及西北干旱区高山带，特别是气候高寒和地表覆沙的地段，主要类型有青藏薹草（*Carex moorcroftii*）草原、固沙草（*Orinus thoroldii*）草原、青海固沙草（*O. kokonorica*）草原、扇穗茅（*Littledalea racemosa*）草原等。

3. 杂类草草原

指以非禾本科和莎草科等杂类草植物为主组成的植被。按照生态地理特征的差异可以划分为杂类草草甸草原和杂类草荒漠草原2个亚型。线叶菊（*Filifolium sibiricum*）群系是杂类草草甸草原的代表类型，在我国主要分布在大兴安岭东西两麓低山丘陵地带、呼伦贝尔－锡林郭勒高原东部边缘和松嫩平原的丘陵低山坡地。碱韭（*Allium polyrhizum*）群系是杂类草荒漠草原的代表类型，分布在荒漠草原地带以及向典型草原地带过渡的地区，通常呈不连续的块状分布。

4. 半灌木与小半灌木草原

这类草原主要由半灌木和小半灌木为主组成，分布在草原地带中地表石质化较强和地表相对较干燥的地方，或者是草原过度放牧后退化形成的相对稳定的群落。建群种主要为蒿属、亚菊属植物和女蒿（*Hippolytia trifida*）和百里香（*Thymus mongolicus*）等。根据生态地理特征的差异划分为半灌木与小半灌木典型草原、小半灌木荒漠草原和小半灌木高寒草原3个植被亚型。半灌木与小半灌木典型草原，主要有以内蒙古高原为集中分布区的百里香草原和冷蒿（*Artemisia frigida*）草原以及以黄土高原为集中分布区的白莲蒿（*A. sacrorum*）草原和茭蒿（*A. giraldii*）草原等；小半灌木荒漠草原，主要有女蒿（*Hippolytia trifida*）草原、蓍状亚菊（*Ajania achilloides*）草原、灌木亚菊（*Ajania fruticulosa*）草原等，它们主要分布在荒漠草原向戈壁过渡的区域；小半灌木高寒草原，主要有藏沙蒿（*Artemisia wellbyi*）草原、冻原白蒿（*Artemisia stracheyi*）草原、藏白蒿（*A. younghusbandii*）草原等，主要分布在青藏高原草原和荒漠亚区域。

五、草甸和草丛

草甸是以中生或湿生草本植物为群落建群种的植被类型。主要分布在森林带外缘、干旱区山地和不适合木本植物生长的寒冷湿润的高原上，也往往出现在有径流补给的地方或水分和土壤条件较好的坡麓等隐域性生境。在我国南方的一些干热河谷和海岸等相对干旱的生境中，还有次生性的热性稀树草丛。建群种主要为禾本科植物。群落类型较多，结构也有明显差异，包括5个植被型。

1. 丛生草类草甸

以中生多年生丛生草本植物为群落建群种的植被类型。分布范围很广。根据生态地理特征和优势植物的生态特性划分为4个亚型。丛生草类典型草甸，以适低温的典型中生多年生丛生草为优势组成，主要分布于山地和温带森林区外缘地带。建群种主要有鹅观草属（*Roegneria*）、早熟禾属、羊茅属、野青茅属（*Deyeuxia*）、芨芨草属等植物。丛生草类高寒草甸，由耐高寒的中生多年生丛生草本植物为优势组成，广泛分布于青藏高原中东部半湿润地区和其他地区湿润高山带。建群种主要为嵩草属植物。丛生草类沼泽草甸，以耐寒的湿中生多年生丛生草本植物为优势组成，通常分布在地势低洼、排水不畅、土壤潮湿或有浅薄积水、通透性不良的高原湖滨、山间盆地、河滩凹地、山麓潜水溢出带、高山鞍部分水岭两侧平缓的坳坡和冰蚀沟谷等沼泽化地形部位，以青藏高原上类型较多，分布面积最大。建群种主要为嵩草属、发草属（*Deschampsia*）、薹草属植物。丛生草类盐生草甸，以盐中生多年生丛生草本植物为优势组成，主要分布于我国北方半干旱草原区和干旱荒漠区地下水位较高或有地表径流补给的地方，常占据盐渍化的山麓冲积－洪积扇缘地带和平原低地、河漫滩与阶地、干河谷、河流三角洲、湖盆洼地、丘间谷地等地形部位。建群种主要为碱茅属（*Puccinellia*）、芨芨草属、芦苇属（*Phragmites*）、赖草属等植物。

2. 根茎草类草甸

以中生多年生根茎草本植物为优势组成的植被类型。分布范围也很广泛。可划分为4个亚型。根茎草类典型草甸，由典型中生多年生根茎草为建群种组成，建群种主要为禾本科和莎草科植物，如拂子茅属、剪股颖属、薹草属等属植物。根茎草类高寒草甸，由耐寒抗寒的高山多年生中生根茎草本植物为优势组成，建群种全为耐高寒的薹草属植物。根茎草类沼泽草甸，由多年生湿中生根茎草本植物为优势组成，主要类型有沼泽化芦苇草甸、小叶章（*Deyeuxia angustifolia*）草甸、多种薹草属、扁穗草属（*Blysmus*）、荸荠属（*Heleocharis*）和灯心草属（*Juncus*）植物等为建群种的草甸。根茎草类盐生草甸，由适盐、耐盐或抗盐的多年生盐中生根茎草类为优势组成，主要分布在我国北方半干旱草原区和西北干旱荒漠区以及北方沿海地带的盐渍土上，以广布在西北干旱区扇缘带和盐湖周围的芦苇草甸为该亚型的代表。

3. 杂类草草甸

以适低温耐寒冷的多年生中生杂类草为优势的植物群落。主要分布于我国北方地区和青藏高原东部，其群落类型较多，根据生态地理特征和优势种的生态适应性划分为 4 个亚型。杂类草典型草甸，以耐低温的典型多年生中生杂类草为优势种组成，主要分布在林缘、林间空地和沙地丘间低地等，在森林破坏后的迹地上一般也常有分布，尤其是气候冷凉、湿润至半湿润的北方和中山带以上山地，建群种通常不明显，有近50 个群系。杂类草高寒草甸，以适寒冷的高山多年生中生杂类草为建群种组成，主要分布于青藏高原东部和东南部、温带西部高山带，有圆穗蓼草甸、珠芽蓼草甸等约 20个群系。杂类草沼泽化草甸，由适低温的多年生湿中生杂类草为建群种组成，零散分布于局部小地形低洼、土壤过湿或有季节性积水的地段，常见的有水麦冬草甸、海韭菜草甸和酸模叶蓼草甸等。杂类草盐生草甸，主要由适低温盐中生杂类草为建群种组成，零星分布于我国北方干旱和半干旱地区盐渍化土地。

4. 草丛

草丛指分布在我国热带和亚热带地区以中生的禾本科草类或蕨类植物占优势的植被类型。是森林被砍伐以后在连年火烧的情况下才能维持相对稳定的次生植被。在停止人为干扰又有种源保证的情况下，一般会经过灌丛化阶段向森林演替。所以，群落的组成物种和结构因生境和所处演替阶段的不同而存在明显的差异，特别是在顺向演替过程中木本植物数量增加后具有灌草丛的特征，因此，也有称其为"灌草丛"的。草丛可以划分为禾草草丛和蕨类草丛两个亚型。

5. 稀树草丛

稀树草丛主要是指热带干旱地区以耐干旱瘠薄土壤条件的高大草本植物为主，并有耐旱的稀疏落叶乔木点缀的植被。我国没有典型的热带干旱地区，但在季风气候影响下的海南岛西部和滇南、黔南、桂西南海拔 1 000m 以下的干热河谷地区，也有发育稀树草丛的适宜生境。我国的稀树草丛主要是在这些地区季雨林或常绿阔叶林遭到反复强度人为干扰而退化形成的次生植被。稀树草丛草本层通常高达 1m 左右，盖度一般达 60% 以上。组成物种较丰富，主要有扭黄茅（*Heteropogon contortus*）、拟金茅（又称龙须草 *Eulaliopsis binata*）、西南菅草（*Themeda hookeri*）、芸香草（*Cymbopogon distans*）、孔颖草（*Bothriochloa pertusa*）、丈野古草（*Arundinella decempedalis*）等。乔木树冠通常彼此不连续，常见物种有木棉、余甘子（*Phyllanthus emblica*）、金合欢（*Acacia farnesiana*）、阔荚合欢（又称大叶合欢 *Albizia lebbeck*）、粗糠柴（*Mallotus philippinensis*）等。灌木较常见的有车桑子（又称坡柳 *Dodonaea viscosa*）、红花柴（*Indigofera pulchella*）等。

六、高 山 植 被

高山植被特指发育在高山带寒冷气候条件下，主要以一些适应高寒气候和土壤特点的植物，特别是适冰雪植物为群落优势成分的植被类型，包括高山垫状植被、高山冻原和高山稀疏植被。

1. 高山垫状植被

高山垫状植被是指以适寒冷的垫形小半灌木或垫型多年生草本植物为优势的植被。在我国主要分布在横断山脉以西的青藏高原和亚洲中部高山地带，多占据平缓的山坡、山顶、山隘垭口两侧、古老的冰碛丘、冰水平台、阶地和坳地等地形部位，常呈斑块状散布。群落中的垫状植物主要为蚤缀属（*Arenaria*）、点地梅属、黄芪属、棘豆属、风毛菊属（*Saussurea*）、委陵菜属、红景天属（*Rhodiola*）、火绒草属（*Leontopodium*）植物和簇生柔籽草（*Thylacospermum caespitosum*）、四蕊山莓草（*Sibbaldia tetrandra*）等。垫状体或呈圆丘形、或呈不规则的垫片覆盖于地表，大小不一，或疏或密。分布在高山草甸和草原带的群落盖度略高，而位于该带之上流石坡下部的群落植株密度往往很小。

2. 高山冻原

冻原是在寒冷湿润气候条件下由矮小的灌木、草本、苔藓、地衣所组成的植被类型，是北极地区的地带性植被类型。我国没有极地陆地，但在长白山（海拔 1 900m 以上）和阿尔泰山（海拔 3 000m 以上）林线以上的寒冷湿润气候条件下也发育有类似冻原的特殊山地植被，即高山冻原。我国的高山冻原有 4 个亚型：矮灌木、藓类高山冻原；多年生草类藓类高山冻原；藓类高山冻原；地衣高山冻原。它们在长白山均有分布。而阿尔泰山的冻原仅有藓类高山冻原和地衣高山冻原。矮灌木、藓类高山冻原是长白山分布面积最大的冻原类型，主要由杜鹃属、仙女木属（*Dryas*）、越桔属、松毛翠属（*Phyllodoce*）、柳属等矮小灌木和苔藓占优势组成。草类藓类高山冻原分布面积较小，草本植物主要有珠芽蓼（*Polygonum viviparum*）、日羊胡子草（*Eriophorum japonicum*）、嵩草（*Kobresia myosuroides*）、岩茴香（*Tilingia tachiroei*）、大白花地榆（*Sanguisorba sitchensis*）、肾叶高山蓼（*Oxyria digyna*）等，藓类植物主要为砂藓属（*Rhacomitrum*）、垂枝藓属（*Rhytidium*）、曲尾藓属（*Dicranum*）、镰刀藓属（*Drepanocladus*）、金发藓属（*Polystichum*）、灰藓属（*Cratoneurum*）、真藓属（*Bryum*）、丝瓜藓属（*Pohlia*）和泥炭藓属（*Sphanum*）等属的种类。地衣以冷地衣（*Cetraria*）、壳状地衣（*Parmelia*）、石蕊（*Cladonia*）、鹿蕊（*Cladina*）和珊瑚地衣（*Stercocaulum*）为主[1]

---

① 钱宏. 1989. 长白山高山冻原. 博士学位论文. 中国科学院沈阳应用生态研究所。

（李建东等，2001；中国科学院新疆综合考察队、中国科学院植物研究所，1978；中国植被编辑委员会，1980）。

3. 高山稀疏植被

高山稀疏植被指在高山永久冰雪带之下岩屑、碎石坡上由一些耐寒冷的高山植物所组成的稀疏植物群落。群落中的植物个体通常彼此相距较远，没有或仅有十分微弱的相互联系。群落盖度通常不足5%，甚至不足1%。常见的植物以风毛菊属的种类最多和最具代表性，其他还有垂头菊属（*Cremanthodium*）、绵参属（*Eriophyton*）、红景天属、葶苈属（*Draba*）、虎耳草属（*Saxifraga*）、紫堇属（*Corydalis*）、绿绒蒿属（*Meconopsis*）、双脊芥属（*Dilophia*）、扁芒菊属（*Waldheimia*）以及嵩草属、薹草属、早熟禾属植物等。

七、沼泽和水生植被

沼泽和水生植被是以生活在土壤水分过剩环境甚至水体中的湿生植物和水生植物为主组成的植被类型。包括木本沼泽、草本沼泽和水生植被3个植被型。

1. 木本沼泽

发育在常年有积水的低洼地上以灌木或乔木为主的湿地植被。以乔木为主的沼泽在我国主要分布在大、小兴安岭、长白山一带，主要类型有兴安落叶松（*Larix gmelinii*）、泥炭藓沼泽和黄花落叶松（*L. olgensis*）、泥炭藓沼泽，出现在排水不畅而土壤过湿或有积水的浅洼地上。落叶松生长低矮、稀疏，沼泽表面生长着藓类植物和多种薹草，形成草丘，其上生长有喜湿的小灌木，如杜香（*Ledum palustre*）、笃斯越桔（*Vaccinium uliginosum*）等。以灌木为主的沼泽分布范围较广，但主要分布在东北大、小兴安岭、长白山、内蒙古中东部沙地，通常以桦木属、柳属植物为优势，特别是柴桦（*Betula fruticosa*）和沼柳（*Salix rosmarinifolia*）。伴生灌木有杜香、越桔和杜鹃等。草本层优势种以膨囊薹草（*Carex lehmanii*）为主，并有小叶章、多种薹草、羊胡子草以及老鹳草、地榆、沙参等多种杂类草。藓类和地衣构成的地被层或藓丘散生在沼泽中。在滇西北横断山中部的冰蚀湖盆、雪蚀洼地及宽谷分布有大箭竹（*Sinarundinaria chungii*）、泥炭藓沼泽，狭叶杜鹃（*Rhododendron lapetiforme*）、泥炭藓沼泽和多枝杜鹃（*R. franch*）、泥炭藓沼泽。灌木一般都生长在由多种薹草形成的微隆草丘上。伴生草本植物有多种嵩草属、马先蒿属（*Pedicularis*）、虎耳草属（*Saxifraga*）、蓼属、毛茛属（*Ranunculus*）、荸荠属（*Heleocharis*）、驴蹄草属（*Caltha*）等属植物。藓类植物主要生长在灌木下的草丘上。在青藏高原上还分布有很少的川西锦鸡儿（*Caragana erinacea*）、藏北嵩草（*Kobresia littledalei*）沼泽。

2. 草本沼泽

是在地表过湿或积水地段上以湿生的薹草及禾本科植物为主组成的植被。一般占据平原和盆地中的低洼地、河流沿岸和湖滨的低湿地，如分布较集中的三江平原、长江流域各大湖泊周边洼地和青藏高原中东部大部分湖泊的湖滨。群落组成物种一般都较丰富，覆盖度大，生产力高。草本沼泽群落类型很多，可以划分为莎草沼泽、禾草沼泽、杂类草沼泽和苔藓沼泽等类型。莎草沼泽以莎草科植物为优势，是我国沼泽最主要的类型，有薹草沼泽、嵩草沼泽、莎草（*Cyperus*）沼泽、藨草（*Scirpus*）沼泽、羊胡子草沼泽、荸荠沼泽、扁穗草沼泽、克拉莎（*Cladium*）沼泽等群系组，其中又以薹草沼泽群系类型最多。禾草沼泽以禾本科植物为优势，主要有芦苇沼泽、荻（*Miscanthus*）沼泽、甜茅（*Glyceria*）沼泽、菰（*Zizania*）沼泽、黍（*Panicum*）沼泽、李氏禾（*Leersia*）沼泽、拂子茅（*Calamagrostis*）沼泽等群系组，其中芦苇沼泽分布最广，分布面积最大。杂类草沼泽以多年生杂类草为主组成，分布也较广泛，但总面积不大，有香蒲（*Typha*）沼泽、菖蒲（*Acorus*）沼泽、灯心草（*Juncus*）沼泽、田葱（*Philydrum*）沼泽、帚灯草（*Leptocarpus*）沼泽、杉叶藻（*Hippuris*）沼泽、马先蒿（*Pedicularis*）沼泽、木贼（*Equisetum*）沼泽等群系组。苔藓沼泽是以喜湿和酸性环境的苔藓类植物为优势种所组成的植物群落，主要为泥炭藓（*Sphagnum*）沼泽，以东北地区分布为主。另外，在云贵高原还有少量大金发藓（*Polytrichum*）沼泽。

3. 水生植被

水生植被即生长在水域中，由水生植物组成的植被类型。水体中的环境具有特殊性，虽然水分有保证，但因水体的深度、流动性、透明度和光照强度、酸碱度、矿物养分含量和氧气与二氧化碳含量等存在差异，所以，不同生态类型的水生植物也有其各自的适应特点。例如，沉水植物着生于水底，植物没入水面以下，有些仅在开花期将花露出水面；浮水植物的部分植物体，主要是叶片浮于水面，又进一步分为根系固着于水底淤泥的浮叶型植物和整体漂浮在水体中的漂浮型植物；挺水植物直立生长在水中，叶片位于水面以上，仅根系、部分茎和叶柄没于水体。通常这些植物也会在水体中有规律地分布，如自沿岸浅水向深处依次呈带状分布挺水水生植被带、浮水水生植被带及沉水水生植被带。据此，水生植被可划分为沉水植物群落、浮水植物群落和挺水植物群落3个亚型。

第三节　植被分布的地理地带性规律与植被区域基本特征

一、植被分布的地理地带性规律

（一）水平地带性规律

我国东部和南部靠近海洋，受来自海洋的季风影响，降雨丰沛，气候湿润，发育了广阔的森林植被，特别是青藏高原以东的亚热带地区，不仅不存在地球副热带高压带的荒漠植被，而且发育了全世界最广阔的常绿阔叶林；西北内陆地区远离海洋，又受山地和高原的阻挡，绝大部分地区降水稀少，气候干旱，除部分山地有少量森林、灌丛和草甸等喜湿植被外，主要分布着由旱生超旱生植物组成的草原和荒漠；青藏高原面积达国土面积的 1/4 左右，平均海拔高度在 4 500m 以上，年均气温偏低，高寒气候特征突出，发育了全球中纬度带最广阔的高寒植被。

1. 植被水平分布的纬向变化规律

中国植被的纬向变化主要由与纬度相关的热量条件所主导。这种现象在东部季风湿润区表现得尤其明显。由北向南随着热量的增加，依次出现北纬 48°以北大兴安岭地区的寒温带针叶林区域、东北东部的温带针叶落叶阔叶混交林区域、秦岭以北的华北及环渤海地区的暖温带落叶阔叶林带、秦岭－淮河以南到北回归线附近之间的亚热带常绿阔叶林区域、主要位于北回归线以南以及云南南部和喜马拉雅山以南的热带雨林和季雨林区域。其中，寒温带针叶林区域位于北半球泰加林带的南缘，与大兴安岭山地的隆起有一定的关系；温带针叶落叶阔叶混交林区域具有一定的过渡性，混交林也主要分布在山地；热带雨林和季雨林区域仅热带北缘季节性雨林和季雨林发育较多，缺乏典型的热带雨林。

介于东部季风湿润区和西北内陆干旱区之间的温带草原区域，植被的分布明显反映着热量差异所导致的纬向变化规律。大致以阴山山脉和西辽河为界可划分出中温带草原地带（即温带北部草原地带）和暖温带草原地带（即温带南部草原地带）。前者以贝加尔针茅（*Stipa baicalensis*）草原、羊草草原、大针茅草原、克氏针茅草原、小针茅草原等为主；后者以本氏针茅（*Stipa bungeana*）草原、白羊草（*Bothriochloa ischae-mum*）草原、短花针茅草原等为主。

西北内陆温带荒漠区域，热量条件的变化不仅受纬度变化的影响，还与各地理单元的平均海拔高度和地貌类型存在着密切的联系。高原与盆地等地理单元之间存在的海拔差异以及各自所受大气环流背景的不同，使温度随纬度的变化不如东部季风湿润区明显。天山以北的准噶尔盆地和伊犁谷地纬度较高，温度偏低，属于典型的温带荒漠地带。天山主脊以南的南疆和东疆盆地温度较高，属于暖温带荒漠地带。阿拉善高原、河西走廊的热量条件介于温带和暖温带之间，《中国植被》将其作为温带荒漠，但也有将其作为暖温带荒漠的（侯学煜，1988）。柴达木盆地纬度最偏南，但海拔一般在 2 600 m 以上，年平均温度比准噶尔盆地还低，冬季气温与河西走廊一带相当，因此，植被的纬向变化与各地理单元自身的特征联系得更为密切。另外，温带荒漠区域水分成为影响植被的主导因素，所以，相对于温度而言，荒漠中的优势植物对水分条件的敏感性更强。由于在荒漠区域的个别地理单元（如在准噶尔盆地北部）水分条件由南向北明显改善，植被由温带荒漠经荒漠化草原过渡到山地草原。植被的这种纬向变化，与整个中亚地区北部自南向北植被由温带荒漠、温带草原向泰加林过渡的现象一致，也反映出水分梯度的变化。

2. 植被水平分布的经向变化规律

植被经向变化主要与距离海洋的远近和季风活动范围有关，反映的主要是水分梯度的差异。这种现象在我国的温带地区最为明显。从东部沿海的湿润、半湿润区到西部内陆的半干旱、干旱区，植被对应地由森林区经草原区（包括草甸草原、典型草原、荒漠草原）过渡到荒漠区（草原化荒漠、典型荒漠）。以北纬 40°附近为例，晋北恒山以东为暖温带落叶阔叶林区域，恒山向西到鄂尔多斯高原西部为温带草原区域，鄂尔多斯高原以西的阿拉善大部、东疆盆地为温带荒漠区域。这种由森林到草原和由草原到荒漠的变化虽然习惯上称为经向变化，但其界线在北方偏东，在低纬度的南方偏西，实际上是依东北—西南向延伸的。

不考虑青藏高原在内，我国亚热带和热带都处在太平洋季风或印度洋季风强烈影响的范围，气候湿润，地带性植被在亚热带以常绿阔叶林为主，在北热带为季节性雨林和季雨林，植被的经向变化不如温带的明显。但是，由于不同的季风影响以及不同地区季风活动的强度和时间存在一定差异，因此植被还是存在一定的地理分异现象。具体来说，从广西靖西、百色稍偏西北经贵州安顺至四川康定一线以东地区，受太平洋东南季风的影响较强，年降水量1 000～1 800mm，干、湿季不太明显。该线以西的西南地区则主要受印度洋西南季风的影响，而印度洋西南季风只有在高原南翼西风支流于5月中下旬消失后才进入该地区，年降水量1 000mm左右，干、湿季极为明显。由此，该线两侧常绿阔叶林的种类组成也不尽相同，有所谓湿性和干性常绿阔叶林之分，彼此有许多替代种的出现。例如，东部的青冈栎（*Cyclobalanopsis glauca*）、甜槠（*Castanopsis eyrei*）、苦槠（*C. sclerophylla*）、马尾松（*Pinus massoniana*）与西部的滇青冈（*Cyclobalanopsis glaucoides*）、元江栲（*Castanopsis orthacantha*）、高山栲（*C. delavayi*）、云南松（*Pinus yunnanensis*）有一定的对应性。东部山地也有较多喜湿的水青冈（*Fagus* spp.）林分布，而西部地区则未出现。另外，由于西部地区有重重高大山脉对西北寒流的阻挡，对应的植被垂直带也往往较高，且分布更偏北，尤其是在青藏高原的东南缘。

3. 青藏高原植被的地带性

青藏高原处在亚热带纬度范围，其海拔高度由东南向西北升高，平均达4 500m左右，接近对流层的一半，极大地改变了高原周围地区环境和植被的地理格局，致使高原本身的环境和植被分布格局很独特。除了高原四周的高大山脉和柴达木盆地的植被分别属于相邻植被区域以外，在高原上由东南向西北随着降水减少和温度的降低，依次分布着那曲－玉树高寒灌丛、草甸带，羌塘－可可西里高寒草原带，昆仑－喀喇昆仑高寒荒漠带。在中喜马拉雅山脉与念青唐古拉－冈底斯山夹峙的藏南地区和西藏阿里高原西部山地宽谷区，由于海拔较低，又位于背风坡，气候相对温暖干旱，植被分别以温性灌丛和草原、温性荒漠为主。显然，高原上植被的这种分布不同于一般意义上的水平地带。它主要是在海拔4 000～5 000m的辽阔高原面上展布的，与一般山地植被垂直带分布有着重大差别。类型之间在空间上的依次更替，不是山地垂直带谱相关垂直分带的过渡关系，而是水平方向上地域之间生态条件梯度变化的集中表现，呈现出的是高原水平地带性分布，即高原地带性（中国植被编辑委员会，1980；张新时，1978；郑度等，1979）。

（二）垂直地带性规律

1. 东部季风湿润区植被垂直分布规律

东部季风湿润区植被垂直带如图7.2所示。各山地垂直带的基带对应于所在的植被水平地带，横断山地区的稀树灌木草丛或肉质多刺灌丛是干热河谷地形影响下形成的特殊植被类型，虽然也分布在山地的基部，但不属于常规意义上的"基带植被类型"（侯学煜，1988；金振洲，1994）。山地植被各带主要由不同类型的森林所组成，仅个别高大山体山顶存在喜湿冷抗风寒的灌丛、草甸或冻原；由北向南山地植被垂直带谱结构渐趋复杂；对应植被类型分布的海拔高度由北向南、由东向西逐渐升高，大致每向南推进一个纬度，对应植被类型分布的海拔高度上升150m左右（张新时，1994）。由北向南垂直带的上升显然与热量带的分布密切关联；由东向西垂直带的上升则与青藏高原的存在、平均海拔高度、冬季寒流南侵程度和强度以及水热组合特征等相关（方精云等，1999；张新时，1994）。垂直带谱与水平带谱并不完全相同，越是低纬度的高山，其垂直带谱与水平带谱的差异越明显。如亚热带南部和热带的绝大部分山地并不存在典型的落叶阔叶林带，原因是高纬度地区和低纬度高山虽然年平均温度都比较低，但温度、日照时间和太阳辐射强度及它们的年变幅和日变幅都极不相同。山地阴阳坡植被的差异与纬度和山地所处地区的大陆性强度有极大的关系，即纬度越高、大陆度越强、降水年分配越不均匀、旱季越明显的地区，阴阳坡的植被差异越明显。

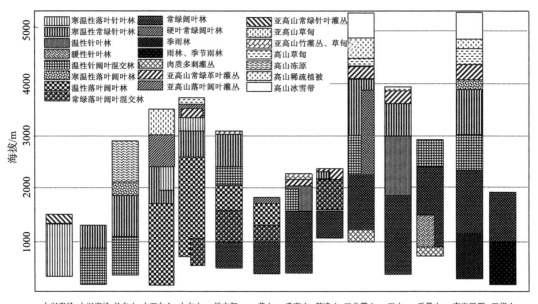

图7.2　我国东部季风湿润区不同纬度主要山地的植被垂直带谱

2. 西北部半干旱和干旱区植被垂直分布规律

对应于植被的水平地带，西北半干旱和干旱区山地植被的基带为草原和荒漠，基带植被的性质主要取决于水分条件。山地植被垂直带分化不仅受山地温度变化的影响，更多的是决定于水热组合效应，而且，山地植被垂直带谱的组成和替代关系在山地下部通常主要由水分条件决定，而在山地上部通常主要取决于温度条件，越是干旱的地区，水分的影响越明显。半干旱和干旱区山地植被垂直带在阳坡和阴坡有较湿润区更明显的差异；越是水分条件好的地区，植被垂直带谱的结构越是比较完整；相邻地方的垂直带谱可能很不同，与水分的主导性和地形因素影响降水空间格局关系密切（图7.3）。

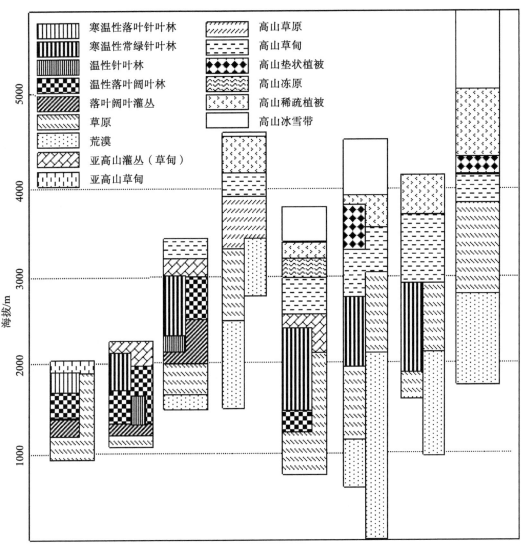

图7.3　我国西北部半干旱和干旱区主要山地植被垂直带谱

3. 青藏高原植被垂直分布规律

青藏高原四周山地基本归属于相邻植被区域。在高原内部，除藏南河谷地区基带为温性草原和阿里南部河谷地区为温性荒漠外，高原面上的山地植被垂直带基带基本上是高寒植被，由东南的高寒灌丛草甸、中部的高寒草原到西北部的高寒荒漠，基带植被的性质主要取决于水分条件，特别是生长季的水分条件由东南向西北递减的趋势以及不同坡向水分和辐射强度的差异，温度对基带植被的影响在坡向上的作用更为明显。由于以高寒植被为基带，垂直带谱中就不存在森林带，垂直带谱极度简化，通常由基带植被直接过渡到高山稀疏植被，或者中间存在一个较基带偏湿的植被带，如高寒草原带之上有时存在一个高寒草甸带（图7.4）。

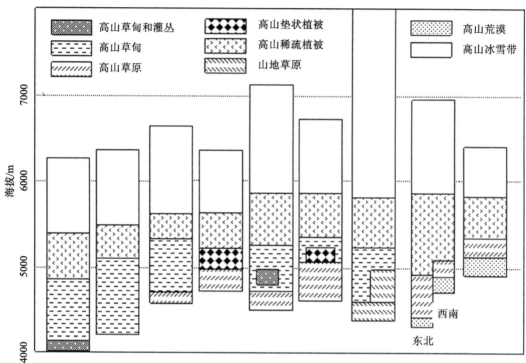

图7.4 青藏高原主要山地植被垂直带谱

二、植被区域基本特征

根据中国植被的分布规律和区域分异特点，《中国植被》将全国划分为以下8个区域（图7.5）。

（一）寒温带针叶林区域

寒温带针叶林区域位于大兴安岭北段，属于东西伯利亚明亮针叶林向南部山地的延伸部分。气候属寒温带气候。植被以兴安落叶松林为主，樟子松（*Pinus sylvestris* var. *mongolica*）林、鱼鳞云杉（*Picea jezoensis* var. *microsperma*）林、红皮云杉（*P. koraiensis*）林和偃松（*Pinus pumila*）矮林等也有少量分布。这些森林破坏后的次生林有蒙古栎（*Quercus mongolica*）林、白桦（*Betula platyphylla*）林、黑桦（*B. davurica*）林以及山杨（*Populus davidiana*）林等。在河岸阶地上分布的河岸林有毛赤杨（*Alnus sibirica*）林、钻天柳（*Chosenia arbutifolia*）林以及甜杨（*Populus suaveo-*

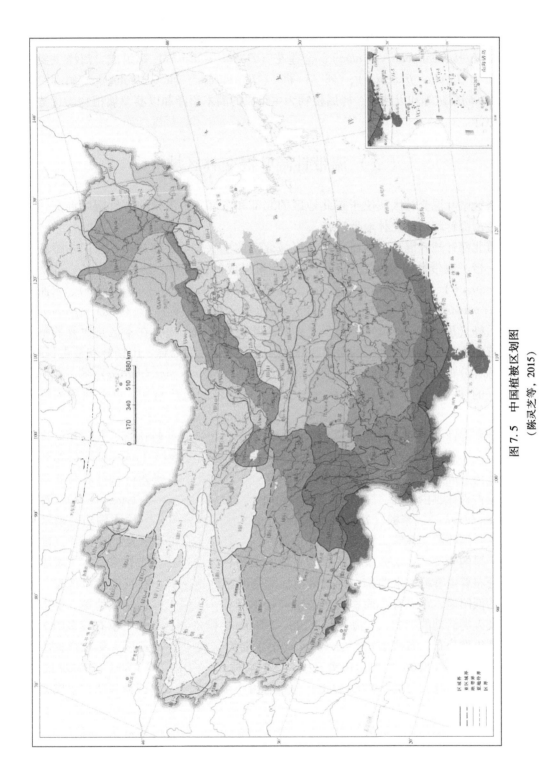

图 7.5　中国植被区划图

（陈灵芝等，2015）

lens）林。灌丛主要有兴安圆柏（*Sabina davurica*）灌丛和次生的榛子（*Corylus hetero-phylla*）灌丛、山杏（*Armeniaca sibirica*）灌丛，以及在河岸边分布的蒿柳（*Salix vimi-nalis*）灌丛。草甸大多为原生植被，主要由小叶樟（*Deyeuxia angustifolia*）、小白花地榆（*Sanguisorba tenuifolia* var. *alba*）、金莲花（*Trollius chinensis*）等组成。沼泽主要有以柴桦（*Betula fruticosa*）、卵叶桦（*B. fruticosa* var. *ovalifolia*）、扇叶桦（*B. middendorfii*）等和以越桔、柳属植物为主组成的灌木沼泽和以薹草属植物为优势种的草本沼泽。

（二）温带针阔叶混交林区域

温带针阔叶混交林区域位于东北地区的北部和东部，由温带北部针阔叶混交林地带和温带南部针阔叶混交林地带组成。

温带北部针阔叶混交林地带位于该区域北部的小兴安岭、完达山、张广才岭和三江平原一带。地带性植被为红松和落叶阔叶树组成的混交林。落叶树种主要有紫椴（*Tilia amurensis*）、枫桦（*Betula costata*）、春榆（*Ulmus davidiana* var. *japonica*）、水曲柳（*Fraxinus mandshurica*）等。山地垂直带上有鱼鳞云杉林和臭冷杉（*Abies nephrolepis*）林以及岳桦（*Betula ermanii*）林出现。兴安落叶松林和樟子松林在本区是次要的植被类型，有的为次生植被。次生的落叶阔叶林，有白桦林、黑桦林、山杨林和蒙古栎林，以蒙古栎林分布最广。在河谷中有水曲柳、胡桃楸（*Juglans mandshurica*）林，在河岸排水良好的冲积砂质土上有春榆林。在三江平原一带的低洼地区，有大面积的沼泽湿地。

温带南部针阔叶混交林地带位于东北的东南部，包括老爷岭南部、长白山、吉林哈达岭、龙岗山南段以及千山北段。地带性植被为红松、沙冷杉（*Abies holophylla*）与落叶阔叶树组成的混交林，目前保存较好的已较少。次生的各类落叶阔叶林分布很广泛，如蒙古栎林、白桦林、黑桦林、山杨林、枫桦林以及以色木槭（*Acer mono*）、糠椴（*Tilia mandshurica*）、紫椴（*Tilia amurensis*）、水曲柳、胡桃楸、春榆不同组合所形成的次生落叶阔叶混交林等。蒙古栎林分布最广，主要分布在低山丘陵向阳山坡及陡坡上比较干旱的生境。在水分条件较好的生境中山杨林和白桦林分布较多。在土壤肥沃的谷地分布着由春榆、水曲柳、胡桃楸组成的落叶阔叶混交林。在河流两岸低湿谷地和积水的低凹地，常见有小面积的黄花落叶松沼泽林，为原生性的隐域植被。受火山爆发以及人类活动的影响，在海拔约 1 100～1 500m 之间广阔台地面上也有较多的次生黄花落叶松林分布，海拔 1 100～1 400m 地带主要为红松＋鱼鳞云杉＋臭冷杉林所占据，海拔 1 400～1 800m 主要为鱼鳞云杉＋臭冷杉林。长白山海拔 1 800～2 000m 地带分布有岳桦矮曲林，海拔 2 000m 以上，分布着由小灌木、草本、苔藓和地衣组成的高山冻原。

（三）暖温带落叶阔叶林区域

暖温带落叶阔叶林区域位于秦岭—淮河一线以北，包括华北平原、淮北平原、辽河平原南部、汾渭平原、黄土高原南部、山东半岛、辽东半岛和燕山山地等。地带性植被为落叶阔叶林。北部的地带性落叶阔叶林由辽东栎（*Quercus wutaishanica*）、蒙古栎、槲栎（*Q. aliena*）、槲树（*Q. dentata*）、麻栎（*Q. acutissima*）、栓皮栎（*Q. variabilis*）等栎属植物和鹅耳枥（*Carpinus turczaninowii*）、核桃楸（*Juglans mandshurica*）、槭树、椴树等为主组成。林下灌木种类很多，最常见的有胡枝子属（*Lespedeza*）、锦带花属（*Weigela*）、虎榛子属（*Ostryopsis*）、杜鹃花属、绣线菊属、蔷薇属、酸枣属（*Ziziphus*）、荆条属（*Vitex*）、黄栌属（*Cotinus*）等属的植物。林下草本层常见的有薹草属、糙苏属（*Phlomis*）、唐松草属（*Thalictrum*）、地榆属、蒿属、菊属（*Dendranthema*）等属的植物。在山区沟谷土壤肥沃和水分条件较好的地段，常见以核桃楸、赤杨和杨属植物为建群种的落叶阔叶林。常见的针叶林主要有分布在北部和西部的油松（*Pinus tabulaeformis*）林、杜松（*Juniperus rigida*）林和分布在辽东半岛的赤松（*Pinus densiflora*）林。在山地有寒温性的针叶林分布，主要有白扦林、青扦林、臭冷杉林和华北落叶松（*Larix principis-rupprechtii*）林。寒温性针叶林带之上和许多2 000m左右的山顶一般分布有亚高山灌丛草甸。南部热量和水分条件较好，优势植被类型以栓皮栎林和麻栎林为主，甚至出现了半常绿的橿子栎（*Quercus baronii*）林。天然植被主要分布在山地和丘陵，在鲁东、苏北一带主要有赤松林、麻栎林等；在鲁中南山地丘陵主要为油松林、麻栎林和栓皮栎林等；在太行山南端和中条山一带低山带主要是栓皮栎、橿子栎林，稍高处为辽东栎、槲栎林以及鹅耳枥林、华山松林等；在秦岭北坡和豫西南山地由下向上主要有栓皮栎林和橿子栎林、槲栎林、锐齿槲栎（*Quercus aliena* var. *acuteserrata*）林、辽东栎林、油松林、华山松（*Pinus armandii*）林、红桦（*Betula albo-sinensis*）林、牛皮桦（*Betula albo-sinensis* var. *septentrionalis*）林等。在秦岭北坡2 400m以上地区还分布有寒温性的云杉林和冷杉林以及太白红杉（*Larix potaninii*）林等。寒温性针叶林之上分布有以柳、杜鹃、绣线菊等属植物为优势种的亚高山灌丛和以嵩草属、薹草属植物为优势种的草甸。

本区域的原生落叶阔叶林已经很少，平原区原有植被已经完全被人工的农业植被所取代，绝大部分低山丘陵地区退化为了次生林、灌丛或灌草丛，有些则被改造成了人工林。人工林和次生林主要有油松林、桦木林、杨树林、榆树林、刺槐林、柏树林、落叶松林、泡桐林等以及果林。主要灌丛和灌草丛类型有虎榛子灌丛、胡枝子灌丛、荆条＋黄背草（*Themeda japonica*）灌草丛、酸枣、绣线菊等。西部地区向阳山坡也常见以白羊草、黄背草等为优势的草丛。

（四）亚热带常绿阔叶林区域

亚热带常绿阔叶林区域位于秦岭—淮河一线以南，大致北回归线以北，西至青藏高原东部的广大地区。地带性植被以常绿阔叶林为主，松林、竹林和竹丛分布普遍。东部夏半年受来自太平洋的暖湿气团影响，高温多雨，冬季则受来自北方的寒流影响，常会发生大风降温。西部夏秋受来自印度洋的西南季风的影响，降雨丰沛，冬季受西部热带大陆干热气团的影响，但很少受北方寒流的侵袭，气候温暖干燥。据此，本区域划分为东、西两个亚区域。

东部亚区域的北部（大约 31°~32°N 以北）为亚热带常绿阔叶林区域向暖温带落叶阔叶林区域的过渡区。地带性植被为以壳斗科的落叶和常绿树种为建群种组成的落叶、常绿阔叶混交林。海拔 1 200m 以上的地区分布有以栎、水青冈、桦、鹅耳枥等属植物为主组成的落叶阔叶林。海拔 2 600m 以上还分布有寒温性针叶林和亚高山灌丛和竹丛。目前，次生或栽培的马尾松林在海拔 800m 以下地区分布广泛。

东部亚区域的中部为该区域的核心部分，地带性植被为常绿阔叶林，群落的类型很多，优势种主要由壳斗科青冈属、栲属、石栎属，山茶科木荷属，樟科润楠属（*Machilus*）、楠木属（*Phoebe*）、樟属（*Cinnamomum*），金缕梅科蕈树属（*Altingia*），杜英科杜英属（*Elaeocarpus*）、猴欢喜属（*Sloanea*），木兰科木莲属（*Manglietia*）、含笑属（*Michelia*）植物等组成。群落通常为多建群种的类型，尤其是在纬度较低的南部。伴生的常绿乔木种类也极为丰富，有时还可见到一些落叶的种类，特别是当受到人为较强烈的干扰以后。在山地一般分布有山地常绿、落叶阔叶林混交林和以水青冈属植物、鹅耳枥属植物和落叶栎类为主组成的落叶阔叶林以及含有铁杉的针阔叶混交林，台湾松（*Pinus taiwania*）林等温性松林在部分山地也有分布。在个别高大的山体上部，如梵净山、元宝山等还分布有零星的寒温性针叶林。暖性的马尾松林广泛分布在海拔 1 000m 以下的丘陵和山地，是目前该地带分布最广的森林植被类型。人工杉木林遍及本区，较常见的还有毛竹林等竹林。桉树林主要分布在南部。森林被破坏后一般退化为灌丛，在连续的强度干扰下退化为以禾本科中生草本植物和蕨类植物为优势的草丛。石灰岩地区发育有独特的石灰岩常绿落叶阔叶林混交林，建群植物主要有石栎属、青冈属、樟属、化香树属（*Platycarya*）、鹅耳枥属、朴属（*Celtis*）、构属（*Broussonetia*）等属植物。这些森林在强度干扰下往往退化为藤本刺灌丛。

位于北回归线附近的东部亚区域的南部，地带性常绿阔叶林具有向北热带季节性雨林过渡的性质，以樟科、壳斗科、金缕梅科、山茶科、杜英科、山矾科、冬青科、茜草科植物为主，其他还有藤黄科、番荔枝科、桃金娘科、桑科、大戟科、梧桐科植物等。但这些地带性植被目前只是零星分布在一些偏远的山区或保护地。马尾松林则分布很多。近年来大量种植桉树，成为该区域重要的用材林。山地有常绿落叶阔叶混交林、山地针阔混交林、亚高山针叶林和高山灌丛等。石灰岩山地的常绿落叶阔叶混交林大多遭受破坏。

西部常绿阔叶林亚区域是我国生物多样性最丰富的地区，植物种类繁多，区系成分复杂。其中，云南中北部到川西南的西部中亚热带常绿阔叶林以滇青冈（*Cyclobalanopsis glaucoides*）、滇栲（*Castanopsis delavayi*）、元江栲（*C. orthacantha*）最具代表性。云南松林广布，与东部亚区域的马尾松成替代关系。干燥的阳坡常分布着由高山栎类植物为建群种的高山栎林，其分布的海拔高度可达 4 000m 以上。在深切河谷，由于焚风效应，气候干热，出现以木棉（*Bombax malabaricum*）为主的稀树灌草丛，甚至在局部有由仙人掌等组成的肉质刺灌丛和白刺花（*Sophora viciifolia*）有刺灌丛等。在海拔 3 000m 左右常分布有云南铁杉（*Tsuga dumosa*）林或云南铁杉与常绿和落叶阔叶树种组成的混交林。海拔 3 200~4 200m，有亚高山针叶林。海拔 4 000m 以上常分布杜鹃灌丛和高山草甸。

西部亚区域的南部，最具有代表性的常绿阔叶林以刺栲（*Castanopsis hystrix*）、印栲（*C. indica*）、小果栲（*C. microcarpa*）、思茅栲（*C. erox*）、蒺藜栲（*C. ribuloides*）、

刺壳石栎（*Lithocarpus echinotholus*）、硬斗石栎（*L. confertifolia*）、瑞丽桢楠（*Machilus shweliensis*）、木莲、银木荷、西南木荷（*Schima waclichii*）等为主组成。思茅松（*Pinus kesiya* var. *langfianensis*）林分布广泛。在石灰岩山地则以圆果化香（*Platycarya longipes*）、桢楠（*Machilus kurzii*）、滇青冈等为主组成的森林，并常有蚬木（*Burretiodendron hsienmu*）分布。在河谷中气候较湿润地段有以滇榄仁等组成的半常绿季雨林片断。干热河谷中发育以扭黄茅（*Heteropogon contortus*）、芸香草（*Cymbopogon distans*）占优势，散生有木棉、毛麻楝（*Chukrasia tafularis* var. *velatina*）、余甘子（*Phyllanthus emblica*）等的稀树灌木草丛。

西部亚区域的西北部延展于青藏高原的东南部，其东界大致为青藏高原的边界，北部和西部界限大致以针叶林的分布范围为界。植被主要为分布在山地或下切河谷侧坡上的针叶林，常出现在阴坡，建群种有多种云杉和冷杉。在针叶林之上或者在针叶林破坏后，通常出现有杨桦林。在阳坡则常为川滇高山栎林、高山松林、西藏圆柏（*Sabina tibetica*）林等，还有少量油松林和华山松林。干旱河谷中有由狼牙刺、白刺花等为主组成的灌丛。海拔 4 000m 以上常分布有以杜鹃属、绣线菊属、鲜卑花属（*Sibiraea*）、柳属植物等组成的各类灌丛和以嵩草属植物为主的高山草甸。

（五）热带雨林和季雨林区域

热带雨林和季雨林区域是我国最南端的一个植被区域，其北界在 100°E 以东地区，基本上位于 22°N 和北回归线之间，但在 100°E 以西的云南西南部和西藏南部明显向北扩展，在雅鲁藏布江河谷一带达 29°N 左右。因陆地主要处在热带北缘，故缺乏典型的大面积热带雨林，地带性植被主要是季节性雨林和季雨林。

在广西百色岑皇老山以东和西沙群岛以北，植被组成种类中热带成分丰富多样，而且同东南亚的植物区系有密切的关系，由青皮（*Vatica mangachapoi*）、狭叶坡垒（*Hopea chinensis*）、台湾肉豆蔻（*Myristica cagayanensis*）、榕（*Ficus* spp.）、厚壳桂（*Cryptocarya chinensis*）、鹅掌柴（*Schefflera octophylla*）、木棉（*Bombax malabarica*）等为主组成的地带性季节性雨林和季雨林，目前只分散分布在个别山区，次生植被或人工植被占据了大部分地区。在桂西南石灰岩山地有以蚬木（*Burretiodendron hsienmu*）、金丝李（*Garcinia paucinervis*）、肥牛树（*Cephalomappa sinensis*）等为主组成的石灰岩季节性雨林。海岸地带热性刺灌丛和草丛及红树林分布很广，组成种类也很丰富。云南和西藏境内，热带季节性雨林主要分布在海拔 1 000m 以下地区的局部湿润生境，通常呈不连续的块片状分布，主要组成物种有绒毛番龙眼（*Pometia tomentosa*）、望天树（*Parashorea chinensis*）、多种龙脑香（*Dipterocarpus* spp.）、多种坡垒（*Hopea* spp.）、仪花（*Lysidice rhodostegia*）、多种娑罗树（*Shorea* spp.）等。在较开阔的盆地和受季风影响强烈的河谷，发育有热带落叶季雨林，主要组成种类有木棉（*Bombax malabaricum*）、楹树（*Albizia chinensis*）、劲直刺桐（*Erythrina stricta*）等。山地植被垂直分布明显，在热带季节性雨林分布地带之上一般分布有偏热性常绿阔叶林和暖湿性常绿阔叶林以及铁杉针阔叶混交林。在南海的西沙群岛、中沙群岛和南沙群岛上，珊瑚岛的面积一般都很小，自然植被受海潮和风浪影响较大，仅个别较大的岛屿上发育有珊瑚岛矮林，其群落组成种类极为贫乏，主要有抗风桐（*Ceodes grandis*）、海岸桐（*Guettarda speciosa*）、草海桐（*Scaevola sericea*）、银毛树（*Messerschmidia argentea*）等。

（六）温带草原区域

温带草原区域位于温带各森林区域和荒漠区域之间，主要包括内蒙古高原东部、黄土高原大部、松辽平原、青海东北部地区以及新疆北部阿尔泰山和萨乌尔山与塔尔巴哈台山一带。其中，位于90°E以东的绝大部分地区属于亚洲中部（中亚东部）草原区，在中国植被区划中划归东部草原亚区域，其地带性植被自东南向西北依次为草甸草原、典型草原和荒漠草原。在松辽平原和大兴安岭中段，以草甸草原、灌丛和森林共存为其突出特点。草甸草原占据绝对优势，其中，羊草（*Leymus chinensis*）草甸草原主要分布在平原和山麓水分条件较好的地段，贝加尔针茅（*Stipa baicalensis*）草甸草原主要分布在丘坡，线叶菊（*Filifolium sibiricum*）草甸草原主要分布在丘顶。低湿地广泛分布着多种类型的草甸和沼泽植被。由蒙古栎、山杨、白桦、黑桦、椴、榆等为主组成的落叶阔叶林和由虎榛子灌丛、毛榛灌丛、二色胡枝子灌丛、山杏灌丛、绣线菊灌丛等组成的灌丛，一般分布在山地阴坡和山麓。在西辽河流域、大兴安岭南部山地和内蒙古高原东部，地带性植被以大针茅草原、羊草草原、克氏针茅草原、退化的冷蒿草原和沙地上的沙生冰草（*Agropyron desertorum*）草原等典型草原为标志。在科尔沁沙地和浑善达克沙地有大面积分布的榆树疏林草原和柳灌丛、差巴嘎蒿灌丛、褐沙蒿（*Artemisia intramongolica*）灌丛、小叶锦鸡儿灌丛等，在沙丘阴坡有小片的山杨林、白桦林、云杉林和虎榛子灌丛、绣线菊灌丛等，阳坡常见山杏灌丛，丘间低湿地发育有多种多样的草甸和沼泽。在苏尼特-乌兰察布高平原地区经蒙古国境内延续到阿尔泰山东部的广大地区，地带性植被是以小针茅（*Stipa klemenzii*）、沙生针茅、戈壁针茅（*Stipa gobica*）、短花针茅等为优势种的荒漠草原。在燕山山脉和阴山山脉以南地区，温度较高，其中，沿暖温带落叶阔叶林区域的西北缘，从冀北辽西山地到兰州附近，以本氏针茅（*Stipa bungeana*）草原为代表，其他分布较多的类型还有以白羊草（*Bothriochloa ischaemum*）、百里香（*Thymus mongolicus*）、白莲蒿（*Artemisia sacrorum*）、茭蒿（*Artemisia giraldii*）等为建群种的群落。丘陵和山地上发育有多种灌丛，在许多山地还分布有落叶阔叶林、温性针叶林和寒温性针叶林等。在黄土高原西部山地和青海湖盆地一带，海拔较高，本氏针茅草原主要分布在黄土丘陵和山地下部，短花针茅草原、克氏针茅草原、大针茅草原主要在丘陵与低山比较干旱的地段出现，紫花针茅草原见于海拔3 000m之上的山地，异针茅草原、座花针茅（*Stipa subsessiliflora*）草原多零散分布，芨芨草草原和青海固沙草（*Orinus kokonorica*）草原则在共和盆地和宽谷中广泛分布。山地阴坡局部分布有阔叶林和少量寒温性针叶林，祁连圆柏疏林分布较广。山地灌丛和亚高山灌丛分布也较多。嵩草草甸在高山带广泛分布。在鄂尔多斯高原东部、阴山山地和宁夏中部黄土高原，地带性植被也以本氏针茅草原为主，羊茅草原、克氏针茅草原、短花针茅草原、沙生针茅草原、百里香草原、白莲蒿草原、茭蒿草原等也分布较多。山地上有多种森林、灌丛、草甸分布。沙地上主要分布着油蒿（*Artemisia ordosica*）灌丛、籽蒿（*A. sphaerocephala*）灌丛和沙地柏灌丛等，丘间低地分布着灌丛和草甸。在鄂尔多斯高原西部、宁夏西北部和陇西黄土高原地区，地带性植被为荒漠草原，主要为短花针茅草原和沙生针茅草原，以冷蒿、箸状亚菊、油蒿等小半灌木为优势的群落类型也有较广泛的分布。沙地上有稀疏的柠条锦鸡儿（*Caragana korshinskii*）、油蒿、籽蒿（*Artemisia sphaerocephala*）、沙拐枣（*Calligonum mongolicum*）生长。

阿尔泰山前90°E以西的新疆北部草原属于黑海－哈萨克草原区的极小一部分，在中国植被区划中划为西部草原亚区域，地带性植被以沙生针茅为主的荒漠草原为代表。山地基带植被主要是由沙生针茅、沟叶羊茅、小蓬、冷蒿、囊果薹草等物种组成的荒漠草原，其中含有很多短命和类短命植物。中山带阳坡主要为山地草原和灌丛，主要类型有针茅（*Stipa capillata*）草原、沟叶羊茅（*Festuca sulcata*）＋针茅草原、吉尔吉斯针茅（*Stipa kirghisorum*）草原、兔儿条绣线菊（*Spiraea hypericifolia*）灌丛、刺玫（*Rosa acicularis*）灌丛等。阴坡有大面积的西伯利亚落叶松（*Larix sibirica*）林和西伯利亚落叶松＋西伯利亚云杉（*Picea obovata*）混交林分布，局部有西伯利亚冷杉（*Abies sibirica*）和新疆五针松（*Pinus sibirica*）林分布。山地草甸、亚高山草甸和高山嵩草草甸有广泛的分布。

（七）温带荒漠区域

温带荒漠区域位于鄂尔多斯高原和贺兰山以西、昆仑山以北的我国西北内陆地区。其中，天山主脊以北、90°E以西的地区降水相对较多，且具有较多冬春降雪，区系组成中中亚西部成分（伊朗－吐兰成分）占有较重要地位，含有大量依赖于春季融雪水分的短命植物和类短命植物，属于西部荒漠亚区域。在准噶尔盆地北部剥蚀台地和河岸阶地上大面积分布着由盐生假木贼（*Anabasis salsa*）等为主组成的小半灌木荒漠。在古尔班通古特沙漠，梭梭（*Haloxylon ammodendron*）荒漠分布于固定沙丘、丘间平沙地和盐化砂壤质或壤质土上，白梭梭（*H. persicum*）荒漠和驼绒藜荒漠分布于流动、半流动或半固定沙丘的中上部和砂壤质土上，多种沙拐枣荒漠分布在沙漠北缘的半流动沙丘，沙蒿（*Artemisia desertorum*）荒漠分布在半固定沙垄顶部和迎风坡中上部（张立运、陈昌笃，2002）。在准噶尔盆地南部古老的细土冲积平原上，主要是枇杷柴（*Reaumuria soongorica*）、假木贼、盐爪爪和低矮稀疏的梭梭为主组成的半灌木荒漠。玛纳斯河等河流沿岸地区分布有胡杨林，湖滨地带在季节性水淹的盐土上一般分布有碱蓬、盐角草（*Salicornia europaea*）等，湖滨外围的湖积平原上分布有芦苇沼泽。在天山山前倾斜平原和准噶尔西部的塔城谷地广泛分布着草原化蒿类荒漠。接近扇缘带的地方常分布有胡杨林和柽柳灌丛等，而在扇缘带还常分布有土壤盐渍化的以芨芨草草甸、芦苇草甸和多汁盐柴类半灌木为优势植物的盐生植被。塔城盆地周围山地上分布有多种针茅、羊茅占优势的山地草原，以及由锦鸡儿、绣线菊、羽衣草、糙苏等属植物组成的山地灌丛草甸，山顶有高山嵩草草甸，局部阴坡分布有片断的森林。伊犁谷地底部的地带性植被为蒿类荒漠。山地植被由下向上有山地草原、山地寒温性针叶林（阴坡）、亚高山草甸、高山草甸、高山垫状植被和倒石堆稀疏植被等。在新源一带河谷南侧山坡上的雪岭云杉林带之下，有野苹果和野杏（*Armeniaca vulgaris*）组成的野果林，呈带状分布。在针叶林分布高度带的较干旱阳坡，往往还分布着匍匐型的天山方枝柏。昭苏盆地内主要分布的是针茅和羊茅草原以及芨芨草草甸。天山北坡植被垂直带由下而上依次为山地蒿属荒漠、山地荒漠草原、山地典型草原、寒温性针叶林、亚高山（灌丛）草甸、高山草甸、高山倒石堆稀疏植被。各带分布的高度在山体的不同区段因受地形的影响存在一定的差异，总体上各带在较湿润的中段分布高度略低，山地寒温性针叶林带的幅度也较宽阔。

天山主脊以南和90°E以东的准噶尔盆地东部降水更稀少，沙漠和戈壁分布面积很大，且沙漠基本上以流动沙丘为主，区系组成中中亚东部（亚洲中部）成分占主要地位，植被主要为超旱生的灌木和半灌木荒漠，属于东部荒漠亚区域。其中，与东部草原区域接壤的东部，主要为枇杷柴、珍珠猪毛菜等半灌木和灌木与多种耐旱草本植物组成的草原化荒漠。覆沙古湖盆或古河道分布有大面积的梭梭灌丛林。低湿地有柽柳灌丛、芨芨草草甸和拂子茅草甸等。盐渍化土壤上常发育有盐化芦苇草甸等。在贺兰山山地上分布有山地草原、山地灌丛、灰榆疏林、油松林、青海云杉林和高山草甸。在阿拉善高原中部、河西走廊大部，植被主要是枇杷柴、珍珠猪毛菜等组成的灌木和半灌木荒漠，群落中草本植物明显较少。巴丹吉林沙漠和腾格里沙漠中有十分稀疏的蒙古沙拐枣群落和籽蒿群落以及片断的沙鞭稀疏群落，丘间湖泊周围普遍分布由芦苇、芨芨草、碱茅等组成的草甸、沼泽。湖盆洼地与盐渍低地分布有盐生荒漠和盐生草甸。祁连山脉东段北坡，由基部到山顶依次分布着山地荒漠带、山地草原带、山地森林草原带、高山灌丛草甸带等。在祁连山西部主要分布着山地荒漠和山地草原，山地草甸很少，高山垫状植被和稀疏植被有较广分布。阿拉善高原西部、诺敏戈壁和柴达木盆地等地区，气候极为干旱，植被极为稀疏，甚至在许多地方是看不到植物生长的大片戈壁。荒漠植被建群植物主要是枇杷柴、膜果麻黄、泡泡刺等。在河道旁、扇缘带和湖泊周围地下水位较浅的地方常分布有柽柳灌丛、胡杨林和盐化草甸。在柴达木盆地，四周山麓线以下洪积倾斜平原为裸露戈壁，盆地中央湖积平原为灌木和小半灌木荒漠、盐生灌丛、盐沼和盐壳等；由东南向西北气候渐趋干旱，荒漠植被也越来越稀疏，十分荒凉，茫崖至冷湖一带几乎见不到植物；四周的山地由下向上有山地荒漠、山地草原、高山草原和草甸等。在东部香日德附近的山沟内，半阳坡和半阴坡还可以见到祁连圆柏疏林，局部山地阴坡还存在小片的青海云杉林。

塔里木盆地和吐鲁番-哈密盆地，以裸露的沙漠、戈壁为主，地带性植被类型为十分稀疏的灌木、半灌木荒漠，扇缘和沙漠腹地丘间低地常分布着柽柳灌丛和盐化草甸，在较大的河流两岸通常分布着大片的胡杨林、灰杨林，罗布泊洼地周围绝大部分地方是荒芜的不毛之地。盆地外围山地基部和山间谷地也主要是由膜果麻黄、霸王、合头草、驼绒藜、枇杷柴、喀什枇杷柴、展枝假木贼（*Anabasis truncata*）、无叶假木贼（*A. aphylla*）、天山猪毛菜（*Salsola junatovii*）、泡泡刺、山柑（*Caparis spinosa*）等为主组成的地带性灌木和半灌木荒漠。在山地上分布有蒿类荒漠、山地草原、杂类草草甸和嵩草高山草甸等。在天山南坡和西昆仑山的中山带阴坡，还分布有以雪岭云杉林和昆仑方枝柏（*Sabina centrasiatica*）与昆仑多子柏（*S. vulgaris* var. *jarkendensis*）为主的针叶灌丛。

（八）青藏高原高寒植被区域

青藏高原高寒植被区域，包括除北部的柴达木盆地、东北部的青海湖盆地、有针叶林分布的东南部和喜马拉雅山主脊以南地区之外的绝大部分青藏高原。地带性植被在东部高寒半湿润气候下为高寒灌丛和高寒草甸，在中南部寒冷半干旱气候下为高寒草原，在西北部寒冷极端干旱气候下为高寒荒漠。

高原东部的高寒灌丛和高寒草甸亚区域主要分布高寒灌丛和草甸。由多种小叶型杜鹃为优势组成的常绿革叶灌丛和由窄叶鲜卑花（*Sibiraea angustata*）、多种高山柳、金露梅、箭叶锦鸡儿（*Caragana jubata*）、高山绣线菊（*Spiraea alpina*）等组成的落叶阔叶灌丛，主要分布于东部较湿润的阴坡和陡坡。香柏（*Sabina pingii* var. *wilsonii*）常绿针叶灌丛少量分布在川西北高原海拔 3 800 ~ 4 600m 的山地阳坡、半阳坡局部地段。由多种嵩草为优势组成的高寒丛生嵩草草甸和由垂穗披碱草（*Elymus nutans*）为主的丛生禾草高寒草甸以及由珠芽蓼、圆穗蓼为优势组成的杂类草草甸，主要分布在湿度较小、地势更高和更开阔的地段。沼泽草甸分布在平浅洼地和宽谷等排水不畅的地方。

高原中部为高寒草原亚区域。其中，冈底斯山 – 念青唐古拉山主脊分水岭以北海拔较高，气候较为寒冷，为高寒草原地带；该线以南河谷地势较低，加上地理位置偏南，气候较温和，为温性草原地带。高寒草原地带包括羌塘高原大部及青南高原的西部和北部，植被主要是由紫花针茅、羽柱针茅、青藏薹草、扇穗茅（*Littledale racemosa*）等为建群种组成的高寒草原（张经炜等，1988；郭柯，1993，1995）。在海拔较高的山坡上常分布着嵩草草甸。垫状植物在这些群落中极为普遍。高寒沼泽草甸和盐生草甸也常可在局地见到。喜马拉雅山和冈底斯山 – 念青唐古拉山之间为温性草原地带，植被主要为喜温的河谷草原和落叶阔叶灌丛，山地上有不连续的常绿针叶灌丛。在雅鲁藏布江中游及其各大支流河谷和侧坡上分布有大面积的西藏狼牙刺灌丛。在海拔较高一些山坡、藏南山原湖盆地区和雅鲁藏布江上游地区，主要分布着以蒿属植物、紫花针茅和固沙草等为优势的高寒草原和以小嵩草、珠峰薹草、圆穗蓼等为主组成的高寒草甸。变色锦鸡儿和小叶金露梅为优势的落叶阔叶灌丛片段地，分布在山麓和冰水冲积扇上。高山垫状植被在高山带分布广泛。在低湿的河滩和湖滨常发育着以藏北嵩草、扁穗草、三角草等为优势的沼泽化草甸等。

高原西北部荒漠亚区域植被，以高寒荒漠和河谷中分布的山地荒漠为主。在喀喇昆仑山 – 藏色岗日及其以北地区广阔的高原面和山间宽谷中，以垫状驼绒藜高寒荒漠为主，属于高寒荒漠地带。其中，在土壤水分略好和含钠盐较高的湖盆周边垫状驼绒藜荒漠的植株密度明显较高，在东帕米尔谷地和叶尔羌河上游谷地主要是以麻黄、驼绒藜等为主组成的山地荒漠，在昆仑山内部的库木库勒盆地的冲积扇上还分布有蒿叶猪毛菜山地荒漠和蒿属荒漠，在个别高原山地上部局部覆沙地还见有块状的青藏薹草高寒荒漠草原和高寒草原，甚至高寒草甸。本地带中西北部的东帕米尔地区具有非常明显的中旱生型垂直带谱特点，即为山地荒漠带—山地荒漠草原带—山地草原带—高山草甸带—亚冰雪带—冰雪带（郑度，1999）。从这样的植被组合可以看出，本区植被与昆仑山北翼植被具有较大的相似性。喀喇昆仑山以南的阿里西部主要是印度河（及其支流萨特累季河）和卡克拉河上游支流马甲藏布溯源侵蚀深入高原的峡谷、宽谷和高原内部湖盆，海拔较低的河谷和干燥山坡上主要分布温性山地荒漠，属于温性荒漠地带。河谷中以驼绒藜、灌木亚菊为主组成的荒漠为主，但在海拔 4 600m 以下的高原面上多为沙生针茅荒漠草原，4 600 ~ 5 000m 的高原面上则以紫花针茅草原为主。高山流石坡稀疏植被遍及本亚区域高山带上部山地和丘陵。

第四节　植被资源的保护与利用

一、植被资源及其保护现状

我国是世界上植被类型最复杂的国家，东部由南到北从热带雨林过渡到寒温带针叶林，中部由东到西由湿润的森林到极端干旱的沙漠和戈壁，西藏南部还有从海拔500多米到8 000多米世界上最为复杂的垂直带。在960万km²的陆域国土上分布有几乎全球各种主要植被类型或者相似的植被类型，植被资源极其丰富（表7.3）。但是，我国也是一个人口众多的国家，农业历史悠久，对植被资源的开发和利用由来已久，长期的农耕活动以及近代人口剧增后的过度利用，致使原始天然林已经保留很少，现仅在极其偏远的地方，如川、滇、藏交错地区等还可见到较多的分布，其他地方多是零星分布。次生林构成了天然林的主体，分布遍及全国各地，尤其是在人口较为密集的东部丘陵和山区不适宜发展速生人工用材林和经济林的地方，如较陡的山坡、土质较差或气候较为干燥的地段。为了满足我国占全球人口约1/5的生活需求，适宜农耕的地段基本上都被开垦为农田，天然草场绝大部分也处在重度和极度利用而退化的状态。所以，相对于我们这样一个人口大国而言，植被资源还是相对稀少和珍贵的，它不仅要为我们生活提供必需品，还要维护我们生存的环境。

表7.3　中国植被资源统计表（中国植被图编辑委员会，2001）

植被型组[①]	植　被　型	面积/km²
针叶林	寒温带和温带山地针叶林	159 612
	温带针叶林	35 802
	亚热带针叶林	464 417
	热带针叶林	73
	亚热带和热带山地针叶林	137 000
针阔混交林	温带针叶、落叶阔叶混交林	16 940
	亚热带山地针叶、常绿阔叶、落叶阔叶混交林	4 719
阔叶林	温带落叶阔叶林	399 953
	温带落叶小叶林	32 141
	亚热带落叶阔叶林	36 453
	亚热带常绿、落叶阔叶混交林	16 707
	亚热带常绿阔叶林	124 216
	亚热带硬叶常绿阔叶林	15 712
	热带季雨林	6 311
	热带雨林	18 581
	亚热带和热带竹林及竹丛	32 771

植被型组[1]	植被型	面积/km²
灌丛	温带落叶灌丛	158 021
	亚热带、热带常绿阔叶、落叶阔叶灌丛	463 036
	热带珊瑚岛肉质常绿阔叶灌丛和矮林	4
	亚热带、热带旱生常绿肉质多刺灌丛	2 092
	亚高山落叶阔叶灌丛	84 876
	亚高山革质常绿阔叶灌丛	165 777
	亚高山常绿针叶灌丛	20 081
荒漠	矮半乔木荒漠	111 205
	灌木荒漠	297 417
	草原化灌木荒漠	22 488
	半灌木、矮半灌木荒漠	565 742
	多汁盐生矮半灌木荒漠	42 160
	一年生草本荒漠	17 946
	垫状矮半灌木高寒荒漠	109 047
草原	温带禾草、杂类草草甸草原	93 613
	温带丛生禾草草原	443 287
	温带丛生矮禾草、矮半灌木荒漠草原	214 731
	禾草、薹草高寒草原	613 035
草丛	温带草丛	56 346
	亚热带、热带草丛	242 333
草甸	禾草、杂类草草甸	121 644
	禾草、薹草及杂类草沼泽化草甸	60 945
	禾草、杂类草盐生草甸	150 847
	蒿草、杂类草高寒草甸	660 821
沼泽	寒温带、温带沼泽	59 417
	亚热带、热带沼泽	1 559
	热带红树林	329
	高寒沼泽	4 072
高山植被	高山苔原	1 223
	高山垫状植被	25 504
	高山稀疏植被	297 184
栽培植被[2]	一年一熟短生育期耐旱作物田	8 589
	一年一熟粮食作物及耐寒经济作物田	401 924
	一年一熟粮食作物及耐寒经济作物田、落叶果树园	236 454
	两年三熟或一年两熟旱作田和落叶果树园	570 071
	一年两熟粮食作物田及常绿和落叶果树园与经济林	278 634
	一年两熟或三熟粮食作物田及常绿果树园、亚热带经济林	476 110
	一年三熟粮食作物田及热带常绿果树园和经济林	89 862

①此处采用的是《中国植被图集》的分类系统，与本书中的分类系统有区别；
②栽培植被的面积包括农区村、镇、城市和道路、水系等用地，比实际耕地面积偏大。

面对人均植被资源贫乏的现实和我国植被资源普遍退化较严重的情况，以及由此带来的一系列突出生态问题，国家长期以来提倡和致力于保护这些珍贵的资源，并开展相关的基础研究。目前，凡是天然林较好的地段都已经划为保护区加以严格管理，天然次生林较好的很多地段也都作为保护地加以保护。进入 21 世纪以来，由于天然林保护工程得以实施，全国的天然林普遍得到了较好的保护，天然次生林也有明显的恢复，取得了可喜的效果。

二、植被资源合理利用

植被是生态系统的主体构成部分，是第一性生产者，在保证生态系统运转过程中发挥着不可替代的重要作用，也是人类赖以生存的基础，提供人类生存所必需的基本物质，改善和维护着人类生存环境的稳定等。植被资源作为可再生性自然资源，与矿产资源、太阳能等其他自然资源具有明显的区别。其自身的发展受环境和人类活动的深刻影响，超出植物承受极限的过度利用具有破坏性，不利于其自身的稳定发展和植被资源的长期可持续利用，最终会降低植被资源的利用效果。因此，正确认识植被的特性并合理利用植被资源极为重要。

植被资源的合理利用必须考虑以下几个方面：

（1）由于植被是生态系统的主体构成部分，在植被资源的合理利用方面就必须从植被在生态系统综合服务价值的角度进行全面考虑，不仅要考虑其直接的利用价值，同时还要考虑其间接的服务价值。

（2）植被资源的开发利用和保护应以人为本，积极挖掘植被资源的潜在用途以应对人们生活需求不断增长的实际需要。例如，新的野生植物资源的开发（沙棘、刺梨等野生植物资源的品质改良与利用），苹果品质资源的开发，杂交水稻的开发等等。

（3）植被资源利用强度与自身发展相适应，杜绝过度利用导致资源再生能力的急剧下降和不可恢复的损失，实现可持续利用。

（4）在充分合理地利用可再生天然植物资源的情况下，还应积极考虑利用现代科技培育新的品种资源，发展高效的人工植被，并合理改造天然植被，引进优良品种，消除外来入侵物种的危害。

参 考 文 献

陈灵芝，孙航，郭柯. 2015. 中国植物区系与植被地理. 北京：科学出版社

方精云，郭庆华，刘国华. 1999. 我国水青冈属植物的地理分布格局及其与地形的关系. 植物学报，41（7）：766～774

傅沛云，李翼云，曹伟等. 1995. 东北植物区系地区种子植物区系研究. 云南植物研究，增刊 VII：11～21

广东省植物研究所. 1976. 广东植被. 北京：科学出版社

郭柯，李渤生，郑度. 1997. 喀喇昆仑山-昆仑山地区植物区系组成和分布规律的研究. 植物生态学报，21（2）：
　　105～114

郭柯. 1993. 青海可可西里地区的植被. 植物生态学与地植物学学报，17（2）：120～132

郭柯. 1995. 青藏高原扇穗茅高寒草原的基本特点. 植物生态学报，19（3）：248～254

侯学煜. 1988. 中国自然地理·植物地理（下册）. 中国植被地理. 北京：科学出版社

金振洲. 1994. 金沙江峡谷至乌蒙山高山植被垂直带谱的特点. 见：植被生态学研究编辑委员会主编. 植被生态
　　学研究 纪念著名生态学家侯学煜教授. 北京：科学出版社，154～159

李建东，吴榜华，盛连喜. 2001. 吉林植被. 长春：吉林科学技术出版社

李锡文，李捷. 1993. 横断山脉地区种子植物区系的初步研究. 云南植物研究，15（3）：217~231

李锡文. 1995. 云南高原地区种子植物区系. 云南植物研究，17（11）：1~14

刘妨勋，刘守炉，杨志斌等. 1995. 华东种子植物区系的研究. 云南植物研究，增刊VII：93~110

潘晓玲，党荣理，伍光和. 2001. 西北干旱荒漠区植物区系地理与资源利用. 北京：科学出版社

祁承经，喻勋林，肖育檀等. 1995. 华中植物种子植物区系的研究. 云南植物研究，增刊VII：55~92

四川植被协作组. 1980. 四川植被. 成都：四川人民出版社

孙航，周浙昆. 2002. 喜马拉雅东部雅鲁藏布江河谷地区的种子植物. 昆明：云南科学技术出版社

王荷生，张镱锂，黄劲松等. 1995. 华北地区种子植物区系研究. 云南植物研究，增刊VII：32~54

王荷生. 1997. 华北植物区系地理. 北京：科学出版社

吴征镒，孙航，周浙昆等. 2005. 中国植物区系中的特有性及其起源和分化. 云南植物研究，27（6）：577~604

吴征镒，王荷生. 1983. 中国自然地理·植物地理（上册）. 北京：科学出版社

吴征镒，周浙昆，李德铢等. 2003. 世界种子植物科的分布区类型系统. 云南植物研究，25（3）：245~257

吴征镒，周浙昆，孙航. 2006. 种子植物分布区类型及其起源和分化. 昆明：云南科学技术出版社

应俊生，徐国士. 2002. 中国台湾种子植物区系的性质、特点及其与大陆植物区系的关系. 植物分类学报，40（1）：1~51

应俊生. 2001. 中国种子植物物种多样性及其分布格局. 生物多样性，9（4）：393~398

张宏达，1994. 再论华夏植物区系的起源. 中山大学学报（自然科学版），33（2）：1~9

张宏达，1995. 台湾植物区系分区. 见：《张宏达文集》编辑组主编. 张宏达文集. 广州：中山大学出版社. 131~147

张宏达，2001. 海南植物区系的多样性. 生态科学，20（1）：1~10

张宏达，1980. 华夏植物区系的起源与发展. 中山大学学报（自然科学版），1（1）：89~96

张经炜，王金亭，陈伟烈等. 1988. 西藏植被. 北京：科学出版社

张立运，陈昌笃. 2002. 论古尔班通古特沙漠植物多样性的一般特点. 生态学报，22（11）：1923~1932

张新时. 1978. 西藏植被的高原地带性. 植物学报，20（2）：140~149

张新时. 1994. 中国山地植被垂直带的基本生态地理类型. 见：植被生态学研究编辑委员会主编. 植被生态学研究 纪念著名生态学家侯学煜教授. 北京：科学出版社，77~92

郑度. 1999. 喀喇昆仑山–昆仑山地区自然地理. 北京：科学出版社

郑度，张荣祖，杨勤业. 1979. 试论青藏高原的自然地带. 地理学报，34（1）：1~11

中国科学院新疆综合考察队，中国科学院植物研究所. 1978. 新疆植被及其利用. 北京：科学出版社

中国生物多样性国情研究报告编写组. 1998. 中国生物多样性国情研究报告（摘要）. 北京：中国环境科学出版社

中国植被编辑委员会. 1980. 中国植被. 北京：科学出版社

中国植被图编辑委员会. 2001. 中国植被图集. 北京：科学出版社

Wu Z Y, Wu S G. 1996. A Proposal for a New Floristic Kingdom (Realm) ——The E. Asiatic Kingdon, its delineation and characteristics. In: Zhang A L, Wu S G eds. Floristic Characteristics and Diversity of East Asian Plants, Proceeding of the First International Symposium on Floristic Characteristics and Diversity of East Asian Plants. Beijing: China Higher Education Press, 3~42

第八章 中国陆栖脊椎动物地理

我国疆域辽阔，自然条件复杂，具备多种多样的动物生活环境。因此，我国的动物种类丰富，区系和生态的地域变化显著。本章限于研究的基础与篇幅，仅就我国的陆栖脊椎动物地理予以简要阐述。

第一节　陆栖脊椎动物地理特征

一、陆栖脊椎动物区系起源和演变概貌

根据现有资料，我国动物的种数，陆栖脊椎动物约有 2 000 余种，约占全世界总种数的 10.2%（表 8.1）。

表 8.1　中国陆栖动物各纲的科属种数与全世界的比较

类别	中　国			世　界			中国所占种属／%
	科	属	种	科	属	种	
两栖类	11	59	325	约 44	446	5 504	5.9
爬行类	24	124	412	44	760	5 500 余	7.5
鸟　类	101	429	1 331	203	2 161	9 721	13.7
兽　类	55	230 余	600 余	153	1 229	5 416	11.1
共　计	191	842 余	2 668 余	约 444	4 596	26 141	10.2

据费梁等（1990，1999），赵尔宓等（1993、2000），郑光美（2002、2005），Dickinson E.（2003），Wilson DE and A M Reeder（2005），王应祥（2003）和张荣祖（1999）资料整理。

在我国所产的 2 000 多种陆栖脊椎动物中，有不少种类为我国所特有，或是主要产于我国，如鸟类中的丹顶鹤（*Grus japonensis*）、马鸡（*Crossoptilon* spp.），兽类中的金丝猴（*Rhinopithecus* spp.）、羚牛（*Budorcas taxicolor*）。还有一些是属于第四纪冰川后残留的孑遗种类，如产于我国横断山脉北部一带著名的大熊猫（*Ailuropoda melanoleuca*）。还有产于我国西北部荒漠地带的野马（*Equus przewalskii*）和野生双峰驼（*Camelus bactrianus*）。前者在野外已经绝灭，后者已很难发现。两栖类中有主要产于华南的大鲵（*Megalobatrachus davidianus*），爬行类中产于长江中下游的扬子鳄（*Alligator sinensis*）等，都是举世闻名的珍贵种类。曾残存于长江下游一带白鳍豚（*Lipotes vexillifer*），是世界仅有白鳍豚 5 种淡水鲸类之一，一直处于岌岌可危的境地，我国传媒曾有对白鳍豚已不复存在的报道。1949 年后，国家对珍贵稀有动物与特产动物进行保护，可分为三个保护等级：Ⅰ类为完全禁止猎取的动物；Ⅱ类为严格限制猎取的动物；Ⅲ类为控制猎

取的动物（表8.2）。

表8.2 中国著名珍贵稀有与特产动物表

（"中国生物多样性保护行动计划"总报告编写组，1994）

中文名	学名	英文名	地理分布	保护类别
兽类				
驯 鹿	*Rangifer tarandus*	Reindeer	东北区	II II
驼 鹿	*Alces alces*	Moose	东北区	II I
狼 獾	*Gulo gulo*	Wolverine	东北区	I
麝	*Moschus* spp.	Muck deer	季风地区	II
紫 貂	*Martes zibellina*	Sable	东北区、华中区	I
梅花鹿	*Ceruus nippon*	Japans deer	季风地区	III
东北虎	*Panthera tigris*	Tiger	东北区	II
青 羊	*Naemorhedus goral*	Goral	东北区	III
黄 羊	*Procapra gutturosa*	Mongolian gazelle	蒙新区	III
猕 猴	*Macaca mulatta*	Rhesus macaque	东北区、蒙新区	I
扫 雪	*Mustela erminea*	Ermine	蒙新区	I
鹅喉羚	*Gazelle subgutturosa*	Goitred gaxelle	蒙新区	I
野 驴	*Equus hemionus*	Asiatic wild ass	蒙新区	I
野 马	*Equus przewalskii*	Wild horse	华中区	III
白鳍豚*	*Lipotes vixillifer*	Chinese river dolphin	华中区	I
毛冠鹿	*Elaphodus cephalophus*	Tufted deer	华中区	I
大熊猫*	*Ailuropoda melanoleuca*	Giant panda	华中区、西南区	I
金丝猴*	*Rhinopithecus* spp.	Golden monkey	华南区	I
华南虎	*Panthera tigris*	Tiger	华南区	I
黑长臂猿	*Hylobates concolor*	Crested gibbon	华南区	I
海南长臂猿*	*Hylobates hainanus*	Hainan gibbon	华南区	I
叶 猴	*Presbytis* spp.	Langur	华南区	I
野 象	*Elephas maximus*	Indian elephant	华南区	I
懒 猴	*Nycticebus coucang*	Slow loris	华南区	I
野 牛	*Bos gaurus*	Gaur	西南区	I
小熊猫	*Ailurus fulgens*	Red panda	西南区	I
羚 牛	*Budorcas taxicolor*	Takin	青藏区	I
白唇鹿*	*Ceruus blbirostris*	White lipped deer	青藏区	II
盘 羊	*Ouis ammon*	Argali sheep	青藏区	I
岩 羊	*Pseudois nayaur*	Blue sheep	青藏区、华北区	II
矮岩羊*	*Pseudois schaeferi*	Lesser blue sheep	青藏区	I
石 貂	*Martes foina*	Stone marten	青藏区	I
藏羚羊*	*Pantholops hodgsoni*	Tibetan antilope	青藏区	I
野牦牛	*Bos brunniens*	Wild yak	蒙新区	I
野骆驼	*Camelus bactrianus*	Bactrian camel	蒙新区	I
普氏原羚*	*Procapra przewalskii*	Przewalski's gazelle	蒙新区	II
河 狸	*Castor fiber*	Beaver	华北区、华中区	II
獐	*Hydropotes inermis*	River	华南区	
海南坡鹿	*Ceruus eldi*	Eld's deer	华中区	I
鸟类				
朱 鹮	*Nipponia nippon*	Crested Ibis	东北区、华北区、蒙新区	II II

中文名	学名	英文名	地理分布	保护类别
天　鹅	Cygnus spp.	Swan	华中区	Ⅱ Ⅱ
丹顶鹤	Grus japonensis	Red crowned crane	蒙新区	Ⅱ
鸳　鸯	Aix galericulata	Mandarin duck	华北区	Ⅱ Ⅱ
大　鸨	Otis tarda	Great bustard	华北区	Ⅰ Ⅰ
长尾雉	Symaticus spp.	Long tailed phasant	华中区	Ⅱ Ⅰ
褐马鸡*	Crossoptilon mantchuricum	Brown eared pheasant	华南区	Ⅱ
角　雉	Tragopan spp.	Tragopan	华南区	
双角犀鸟	Buceros bicornis	Great pied hombill	青藏区	
绿孔雀	Pavo muticus	Green peafowl	青藏区	
藏马鸡*	Crossoptilon crossoptilon	Tibetan eared phasant	青藏区	Ⅱ
黑颈鹤	Grus nigricollis	Black necked crane	华南区	Ⅰ
雪　鸡	Tatraogallus spp.	Snow cock		
两栖类、爬虫类				
大　鲵*	Andrias duvidianus	Great salamander	季风地区中南部地区	
鳄　蜥*	Shinisaurus crocodilurus	Crocodile lizard	华南区	
扬子鳄*	Alligator sinensis	Chinese alligator	华中区	

*为我国特产。

关于我国陆栖脊椎动物区系的起源，根据现有古生物研究（裴文中，1959；周明镇，1964），可追溯至新近纪上新世的三趾马（Hipparion）动物区系。当时该区系广布于欧亚大陆和非洲的大部分地区。在这个广大的分布区内，动物区系的地域分化不明显。在我国范围内，兽类的大部分科和部分属都已出现。在北方以草原动物较丰富，南方则以森林动物占优势。至新近纪末、第四纪初的喜马拉雅造山运动，形成了以青藏高原为主的大面积抬升，使我国的自然环境产生了巨大的变化和区域差异。这对我国动物区系的地域分化起到了重大的作用，形成了在我国南方的巨猿动物区系和北方的泥河湾动物区系，各具现代我国南方东洋界与北方古北界区系的性质。至第四纪更新世中期，这种分化更趋明显，南方巨猿动物区系发展为大熊猫、剑齿象动物区系，分布范围除我国南方外尚包括华北一带，其中一些属在我国现已经绝灭，如猩猩属（Pongo）、鬣狗属（Hyaena）、貘属（Tapirus）等；另一些属在我国境内的分布区现已大为缩小，如象属（Elphas）、长臂猿属（Hylobates）、金丝猴属（Rhinopithecus）、大熊猫属（Ailuropoda）等。北方泥河湾动物区系发展为中国猿人动物区系，至更新世晚期发展为沙拉乌苏动物区系，再进一步分化为分布于我国东北、内蒙古东部、河北北部的猛犸象披毛动物区系，它包括现存的河狸属（Caster）、鹿属（Cervus）、驼鹿属（Alces）、狍属（Capreolus）等；另一支分化为分布在华北一带的山顶洞动物区系，当时气候较现今温暖湿润，森林及草原面积均较现代为大，这一区系中包括有猕猴属（Macaca）、麝属（Moschus）、牛属（Bos）、旱獭属（Marmota）、鼢鼠属（Myospalax）等。到了全新世初期，我国动物区系的地域分化已与现代相似。

现代陆栖脊椎动物分布：在世界范围内依不同地区所具有的特有科或目，并据其间亲缘关系的近疏，划分为古北界、新北界、旧热带界、东洋界、新热带界、澳大利亚界和南极洲界等7个界（图8.1）。根据对我国现代陆栖脊椎动物及昆虫地理分布的研究，我国大陆的动物区系分属于两个界：大致以淮河—秦岭一线为限，以南属东洋界，以北属古北界。这条界限大致与常绿阔叶林带的北界一致，是多种主要分布于热带、亚热带种类的分布北限。

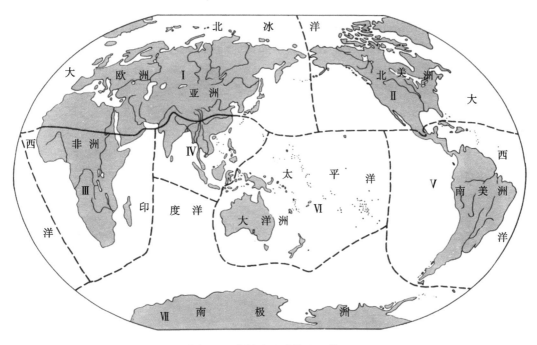

图 8.1 世界陆地动物地理分区
Ⅰ. 古北界；Ⅱ. 新北界；Ⅲ. 旧热带界；Ⅳ. 东洋界；Ⅴ. 新热带界；Ⅵ. 澳大利亚界；Ⅶ. 南极洲界

根据我国范围内的两个界的区域差异（这种差异主要表现为动物对区域气候条件的适应不同，在动物区系中具有不同的科、属或种，或有替代现象），可进一步在各界内划分出若干地理区。而在同一地理区内，由于地形、植被等的地区变化，往往导致动物组成的差别或亚种分化，又可进一步在区内划出相应的地理亚区。根据张荣祖等（1978、1997）制定的全国动物地理区划，将我国范围内划为 7 个区和 19 个亚区（参见图 8.2）。

二、自然条件与动物分布特征

根据我国生态地理区域划分，首先可划分为东部季风区、西北干旱区和青藏高原区三大自然区。各大自然区对动物分布的主要影响，分别表现为湿润、干旱和高寒因素的作用。

东部季风区在气候上受夏季海洋季风的显著影响，温度、湿度均较高。区内动物区系的主要特点是南北两方耐湿动物在本区相互渗透，较少受南北温度差异的影响。因此它是南北方耐湿动物分布扩展的通道和过渡地带。例如，属于热带、亚热带的猕猴（*Macaca mulatta*）、果子狸（*Paguma larvata*），其分布区可延伸至华北；东北虎（*Panthera tigris*）、黑枕黄鹂（*Oriolus chinensis*）更可延伸至黑龙江流域；北方分布的六蟾蜍（*Bufo bufo*）、普通鸸（*Sitta europaea*）和小飞鼠（*Pteromys volans*）也可南伸至整个湿润地带。

本区内特有的动物种类有大熊猫（*Ailuropoda melanoleuca*）、三种金丝猴、长尾雉属（*Symaticus*）、勺鸡（*Pucrasia macrolopha*）、貉（*Nyctereutes procyonoides*）等。生活与湿度密切相关的两栖类，有98%的种类分布于本区内。

本区内南北自然条件的差异，对动物分布的影响，表现为温度、湿度均由南向北递减，至东北地区已成为冷湿中心，形成我国动物地理区划中"东北区"的区系成分的分布中心。东北西部及华北地区是东部季风区内湿度较低的地区，与毗邻的西北干旱区并无明显的地理屏障，因此后者的一些种类向这一地区广泛渗透，形成了动物地理区划中"华北区"，区系成分具有混杂过渡的特点。但除这一地区外，整个东部季风区对耐旱动物的阻限作用都很明显。随着湿度的变化，东洋界区系成分从南向北递减，至暖温带减少最为明显。东部季风区动物向外渗透亦主要取决于邻区毗连地带的湿度条件。例如，狍（*Capreolus capreolus*）的分布区可沿湿润的山地河谷向西伸延至内蒙古及青藏高原，鳖（*Trionyx sinensis*）沿黄河可伸入内蒙古中部水域，猕猴、鹦鹉（*Psittacula* spp.）等南方种类，可沿较温湿河谷进入青藏高原边缘海拔 2 000 ~ 3 000m 的区域。

受到青藏高原的影响，我国温度的地带性变化也只有在东部季风区才表现显著。东部季风区内可划分为五大温度带：寒温带、温带、暖温带、亚热带及热带。我国陆栖脊椎动物，一般按种的分布来说，除典型的热带成分外，大多可跨越两个或更多的温度带，因而各温度带对动物分布的影响，主要表现在它对于北方或南方类群在一定历史时期内的阻限作用。简述如下。

（1）东部季风区。寒温带南界：也即泰加林的南界，通过我国阿尔泰山和东北北部，它是典型寒温带动物分布南限。如兽类中的驯鹿（*Rangifer tarandus*）、驼鹿（*Alces alces*）、狼獾（*Gulo gulo*），又是不少分布于温带或热带种类的极北限；又如两栖及爬行类中的姬蛙科（Micronylidae）、龟鳖目（Testudoformes）、石龙子科（Scincidae），鸟类中的佛法僧目（Coraciiformes）、夜莺目（Caprimulgiformes）、画眉亚科（Timaliinae），兽类中的菊头蝠科（Rhinolophidae）等，反映了寒冷条件对动物分布的阻限作用。

暖温带北界：位于燕山山地北缘和内蒙古高原南缘，天然植被由阔叶落叶树组成。动物分布上是某些典型热带种类北伸的极限。如猕猴、灵猫科（Viverridae）、龟科（Emydidae）等，也是鸟类中鹈鹕科（Pelecanidae）、卷尾科（Dicruridae）繁殖的北限。

北亚热带北界：秦岭、淮河是常绿阔叶林和亚热带植物的北界，界线南北自然条件有显著的差异。上面提到东洋界成分由南至北递减，至此表现得最突出，因此，可作为划分东洋界与古北界的界限。它是不少热带代表性类群分布的北限，如两栖类中的树蛙科（Rhacophoridae），爬行类中的钝头蛇亚科（Pareidae），鸟类中的雉行鸟科（Jacanidae）、鹎科（Pycnonotidae）、啄花鸟科（Dicaeidae），兽类中的豪猪科（Hystricidae）、竹鼠科（Rhizomyidae）和疣猴亚科（Colobinae）等。它又是某些北方类群或其中大部种类分布的南界，如鸟类中的旋木雀科（Certhiidae）、岩鹨科（Prunellidae）、沙鸡科（Pteroclididae），兽类中的蹶鼠科（Zapodidae）、鼠兔科（Ochotonidae）、鼹科（Talpidae）、鼢鼠亚科（Myospalacinae）等。

中亚热带北界：由四川盆地北缘至大巴山地经长江南岸至杭州湾，为常绿阔叶林的北界，此线以南冬季较温暖，夏季炎热。主要是气候及其相联系的栖息条件等因素影响动物的分布。大致以此线为北界的有两栖类的蝾螈科（Salamandridae），爬行类的平胸龟亚科（Platysterninae）、蛇蜥科（Anguidae）、眼镜蛇科（Elapidae），鸟类中的须列鸟科（Capitonidae）、八色鸫科（Pittidae），兽类中的蹄蝠科（Hipposideridae）、穿山甲科（Manidae）等。

南亚热带北界：南亚热带冬季温度较高，大部地区全年无霜，自然条件接近热带，因此许多热带动物的分布不限于热带，可伸至南亚热带。如爬行类中的双足蜥科（Dibamidae）、巨蜥科（Varanidae），鸟类中的和平鸟科（Irenidae）、燕鵙科（Artaidae）、咬鹃科（Trogonidae）及兽类中的狐蝠科（Pteropidae）和树鼩句科（Tupaiidae）等均大致以此为北界。

热带北界：为热带季雨林及东南亚或旧大陆热带所特有动物类群的分布北限。如鸟类中的阔嘴鸟科（Eurylaimidae）、鹦鹉科（Psittacidae）、犀鸟科（Bucerotidae），兽类中的懒猴科（Lorisidae）、长臂猿科（Hylobatidae）、鼷鹿科（Tragulidae）和象科（Elephantidae）等。

（2）西北干旱区。包括东部的半干旱区和西部的干旱区，植被相应从东部的干草原，向西逐渐过渡为半荒漠及荒漠，西部并有大片的戈壁和流沙。其动物组成大多是适应干旱气候的种类，如兽类中的跳鼠科（Dipodidae）、沙鼠亚科（Gerbillinae）中的绝大部分种类，鸟类中的鸨（*Otis* spp.）、沙鸡（*Syrrhaptes paradoxus*），爬行类中的沙蜥（*Phrynocephalus* spp.）等。它们也是本区的特有种类。这些耐旱种类形成了动物地理区划中"蒙新区"的主要区系成分。这一地区对耐湿动物的阻限作用十分明显，只有极少数的种类可沿较湿润的山地河谷伸入至本区。

（3）青藏高原区。是世界上最高的一个高原，平均海拔在4 500m以上，其中包括有海拔8 844.43m的世界最高峰珠穆朗玛峰。气候特点为高寒，空气稀薄。植被亦为高寒类型，植株矮小、稀疏。动物的生活环境十分严酷，只有对高寒环境具有特殊适应能力的种类才能在这里生存，所以本区动物种类贫乏。代表性的种类有鸟类中的黑颈鹤（*Grus nigricollis*）、藏雀（*Kozlowia roborowskii*）、藏鹀（*Emberiza koslowi*），兽类中的藏羚（*Pantholops hodgsoni*）、野牦牛（*Bos grunniens*）等。本区南部高大的喜马拉雅山脉在动物分布上的阻限作用十分明显。一些南方类群，如两栖类中的姬蛙科、树蛙科，爬行类中的龟鳖目，鸟类中的山椒鸟科（Campephagidae）、太阳鸟科（Nectariniidae）、卷尾科，兽类中的灵长目（Primates）、鳞甲目（Pholidota）、灵猫科、豪猪科等，在我国东部均可渗透至秦岭、淮河以北地区，但在西部却不能进入青藏高原。北方的一些类群，如兽类中的鼠兔科（Ochotonidae）、鸟类中的岩鹨科（Prunellidae），亦不能越过喜马拉雅山的高山亚高山带向下分布。

受我国三大自然区各自自然条件的制约，形成了与其相适应的耐湿动物群、耐旱动物群和耐高寒动物群等生态地理动物群。大部分类群或种对各自生存的自然条件均有一定的依赖性，它们的分布范围由于对环境的依赖程度不同，而与一定的自然区或带的界限相一致或近似，但其间又在不同地形、干湿条件所具有的阻限作用下互相渗透。

除受自然环境影响而呈现的分布特征外，由于动物本身适应能力或由于人类或自然历史因素，也形成其他类型的分布现象。如少数适应性很强的世界性广布种类几乎可见于全国各地，如兽类中的狼（*Canis lupus*）、狐（*Vulpes vulpes*）、小家鼠（*Mus musculus*），鸟类中的麻雀（*Passer montanus*）、喜鹊（*Pica pica*）、鸢（*Milvus korschun*）等。另一些类群或种只出现于局部地区，或分布区十分狭窄，如两栖类中的爪鲵（*Onychodactylus fischeri*）只见于川西和云南局部地区，爬行类中的鳄蜥（*Shinisaurus crocodilurus*）仅产于广西瑶山，鸟类中的粟斑渡鸦（*Emberiza jankowskii*）只岛状分布于大兴安岭东麓、乌苏里江地区（和朝鲜）等。这种局部分布的形成，是由于人类的影响，或由于该种处于自然衰退抑或相反处于年龄很轻的状态。另有一些种类的分布呈现间断，相隔甚远，如鸟类中的灰喜鹊（*Cyanopica cyana*），兽类中的刺猬（*Erinaceus europaeus*），目前均分布于我国东部与欧洲。这种现象被认为是由于历史上冰期中受大陆冰川的影响而造成的。

第二节　中国动物地理区划

自 1959 年制订中国动物地理区划（初稿）以来，一直沿用至今。但对个别区划界限，曾进行过修订（1979，1998，2011）（表 8.3，图 8.2）。现将区划内容简要叙述如下。

表 8.3　中国动物地理区划（张荣祖，1998）

0 级区（界）	亚　界	1 级区（区）	2 级区（亚区）
古北界	东北亚界	Ⅰ东北区	Ⅰ A　大兴安岭亚区（附阿尔泰山地） Ⅰ B　长白山地亚区 Ⅰ C　松辽平原亚区
		Ⅱ华北区	Ⅱ A　黄淮平原亚区 Ⅱ B　黄土高原亚区
	中亚亚界	Ⅲ 蒙新区	Ⅲ A　东部草原亚区 Ⅲ B　西部荒漠亚区 Ⅲ C　天山山地亚区
		Ⅳ青藏区	Ⅳ A　羌塘高原亚区 Ⅳ B　青海藏南亚区
东洋界	中印亚界	Ⅴ西南区	Ⅴ A　西南山地亚区 Ⅴ B　喜马拉雅亚区
		Ⅵ华中区	Ⅵ A　东部丘陵平原亚区 Ⅵ B　西部山地高原亚区
		Ⅶ华南区	Ⅶ A　闽粤沿海亚区 Ⅶ B　滇南山地亚区 Ⅶ C　海南岛亚区 Ⅶ D　台湾亚区 Ⅶ E　南海诸岛亚区

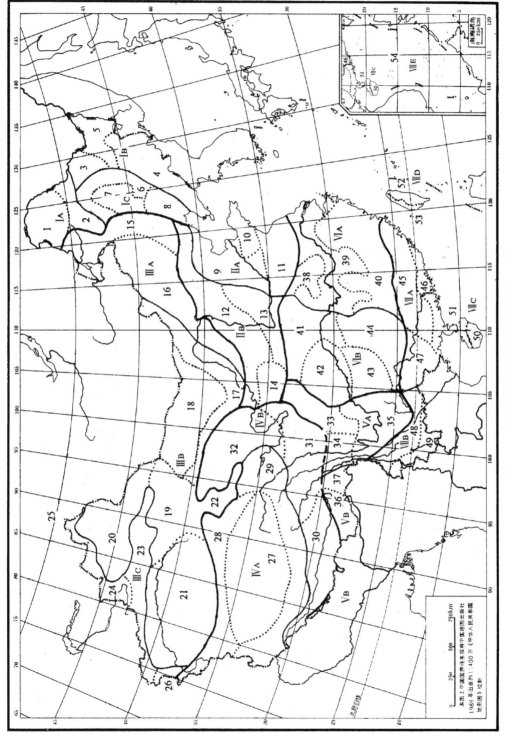

图 8.2 中国动物地理区划（图例见表 8.3）

一、古 北 界

（1）东北亚界。本亚界包括我国华北和东北地区、朝鲜－俄罗斯东西伯利亚及乌苏里地区和日本。主要是针叶阔叶混交林和夏绿阔叶林地带，动物中具有一些温带森林地带的典型种类。本亚界中的大兴安岭，属于欧洲－西伯利亚界的寒温带泰加林的南延部分。

Ⅰ 东北区　　本区包括大、小兴安岭、张广才岭、老爷岭及长白山地、松花江及辽河平原。气候寒温而湿润，大部分地区冬长无夏。在我国古北界中，这个区的动物组成除爬行类外均较复杂，这与本区的自然条件有关。代表种类有东北兔（*Lepus mandschuricus*）、紫貂（*Martes zibellina*）、丹顶鹤、小太平鸟（*Bombycilla japonica*）、细嘴松鸦（*Tetrao urogalloides*）、黑龙江草蜥（*Takydromus amurensis*）、团花锦蛇（*Elaphe davidi*）、黑龙江林蛙（*Rana amurensis*）、粗皮蛙（*R. rugosa*）等。另有一些欧洲－西伯利亚种类，如雪兔（*Lepus timidus*）、林旅鼠（*Myopus schisticolor*）、驼鹿、驯鹿、狼獾、黑琴鸡（*Lyrurus tetrix*）、柳雷鸟（*Lagopus lagopus*）、攀雀（*Remiz pendulinus*）、极北蝰（*Viper berus*）、胎生蜥蜴（*Lacerta vivipara*）、极北小鲵（*Hynobius keyserlingii*）等分布于本区。本区下分三个亚区。

Ⅰ A 大兴安岭亚区：包括大、小兴安岭，相当于寒温带针叶林带，是西伯利亚泰加林的南延部分。动物区系具有明显的东北区与欧洲－西伯利亚区系相混杂的特点。上述的一些泰加林代表成分，如林旅鼠、驼鹿、驯鹿、狼獾、柳雷鸟（*Lagopus lagopus*）、胎生蜥蜴等，大多以本亚区为其分布南限。仅发现在本亚区分布的，迄今所知，仅有兽类中的小艾鼬（*Mustela amurensis*）。

Ⅰ B 长白山亚区：包括自小兴安岭主峰以南至长白山地，气候较大兴安岭亚区暖而湿，植被为针阔混交林。动物区系中以上述东北区成分为主，亦有少数泰加林种类，例如极北小鲵、攀雀、雪兔等，并有不少属于华北区或更南的种类，例如貉、刺猬、豹猫（*Felis bengalensis*）、东北虎（*Panthera tigris*）、豹（*P. pardus*）等。

Ⅰ C 松辽平原亚区：包括松辽平原及其外围山麓地带，天然植被为森林草原。动物区系主要由前两亚区适应于森林草原和沼泽等平原环境的种类组成，例如兽类中的狍、狭颅田鼠（*Microtus gregalis*）、花鼠（*Eutamias sibiricus*）、沼泽田鼠（*Microtus maximowiczii*）、几种鼢鼠（*Myospalax* spp.）、黑线姬鼠（*Apodemus agrarius*），鸟类中的松鸦（*Garrulus glandarius*）、丹顶鹤、灰喜鹊、灰椋鸟（*Sturnus cineraces*）、金翅雀（*Carduelis sinica*），两栖类中有北方狭口蛙（*Kalouda borealis*）、黑龙江林蛙（*Rana amurensis*）、青蛙（黑斑蛙 *R. nigromaculata*）。另外，还有若干种类自蒙新区向东分布至本区，如小沙百灵、毛腿沙鸡（*Syrrhaptes paradoxus*）、达乌尔黄鼠（*Spermophilus daurica*）、三趾跳鼠（*Digus sagitta*）等，而呈现出向蒙新区过渡的性质。

Ⅱ 华北区　　本区北临蒙新区与东北区，南抵秦岭、淮河，西达西侦山，东临黄海和渤海，包括西部的黄土高原、北部的晋冀山地及东部的黄淮海平原。气候属暖温带，冬寒夏热。农业历史悠久，原始植被几乎已全部遭破坏，对动物区系的影响特别显著。动物区系中特有种类少，可举出无蹼壁虎（*Gekko swinhonis*）、山噪鹛（*Garrulax* davidi）、麝鼹（*Scaptochirus moschatus*）、大仓鼠（*Cricetulus triton*）、棕色田鼠（*Micro-tus mandarinus*）和鼢鼠（*Myospalx* spp.）等几种。区系组成中包括有不少东北区及蒙新区的种类。本区下分两个亚区。

ⅡA 黄淮海平原亚区：包括淮河以北、伏牛山、太行山以东、燕山以南的广大地区，几乎全是开阔的农耕景观。动物区系贫乏，主要是适应于农耕环境，包括稀疏林地的种类，如几种仓鼠（*Cricetulus* spp.）、鼢鼠（*Myospalx* spp.）、刺猬、麝鼹、草兔（*Lepus carpensis*）和几种乌鸦（*Corvus* spp.）、喜鹊、麻雀等。

ⅡB 黄土高原亚区：包括山西、陕西和甘肃南部的黄土高原和晋冀山地。高原面的原始植被为森林草原，山地主要为落叶阔叶林。上一亚区常见的动物均可见于本亚区，另有一些北方的种类，如黑琴鸡（*Lyrurus tetrix*）、狍、红背䶄（*Clethrionomys rutilus*），东北区成分的小太平鸟（*Bombycilla japonica*）、原麝（*Moschus moschiferus*），蒙新区的达乌里黄鼠、子午沙鼠（*Meriones meridianus*），热带、亚热带的猕猴、果子狸等，构成南北混杂的特征。鸟类中的褐马鸡（*Crossoptilon mantchuricum*）是本亚区的代表种类。

（2）中亚亚界。本亚界在我国境内包括自大兴安岭以西，喜马拉雅、横断山脉北段和华北区以北的广大干旱、半干旱地区。动物区系主要由蒙新区成分组成，青藏区成分比例较少。其中两栖类贫乏，爬行类中以蜥蜴目占主要地位，鸟类中百灵科（Alaudidae）种类、沙鸡（*Syrrhaptes*）、地鸦（*Podoces*）、雪雀（*Montifringilla*）等属的种类可见于全境。兽类中以有蹄类及啮齿类最多。本亚界在我国境内分蒙新区和青藏区两区。

Ⅲ 蒙新区 本区包括鄂尔多斯高原、阿拉善高原（包括河西走廊）、塔里木盆地、柴达木盆地、准噶尔盆地和天山山地等。区内为典型的大陆性气候，属干草原、半荒漠及荒漠地带。动物种类较贫乏，缺少喜湿种类，广大地区内主要是适应于干草原及荒漠的种类，两栖类很少，且均为外区伸入分布的，如花背蟾蜍（*Bufo raddei*）、绿蟾蜍（*B. viridis*）、大蟾蜍（*B. gargarizans*）。爬行类以沙蜥（*Phrynocephalus*）、麻蜥（*Eremias*）和沙虎（*Teratoseincus*）等属的种类为最多，沙蟒（*Eryx miliaris*）为西部荒漠的代表。鸟类中典型的有大鸨（*Otis tarda*）、毛腿沙鸡、及沙䳭（*Oenanthe isabellina*）及多种百灵（*Melanocorypha*）等。兽类中的野生双峰驼、野马、野驴（*Equus hemion-us*）、几种羚羊（*Gazella* spp.）以及跳鼠科（Dipodidae）、沙鼠亚科（Gerbillinae）的大部种类均为本区的代表种类。本区下分三个亚区。

ⅢA 东部草原亚区：动物区系主要由典型的草原种类所组成。爬行类中的榆林沙蜥（*Phrynocephalus frontalis*），鸟类中的蒙古百灵（*Melanocorypha mongolica*），兽类中的黄羊（*Procapra gutturosa*）、旱獭（*Marmota bobac*）、布氏田鼠（*Lasiopodonmys brand-ti*）和达乌尔鼠兔（*Ochotona daurica*）均为本亚区的代表种类。

ⅢB 西部荒漠亚区：动物区系中特有种类包括兽类中的跳鼠科、沙鼠亚科的许多种类及残存于本区的双峰驼，野生种群已绝灭或几乎绝灭的野马和高鼻羚羊（*Saiga ta-tarica*），以及鸟类中的黑尾地鸦（*Podoces hendersoni*）、沙䳭（*Oenanthe isabellina*）、黑顶麻雀（*Passer ammodendri*）等。柴达木盆地海拔在 3000m 以上，地形上属于青藏高原的一部分，也有一些青藏区的成分，如雪鸽（*Columba leuconota*）、棕头鸥（*Larus bru-nicephalus*）、灰尾兔（*Lepus oiostolus*）、黑唇鼠兔（*Ochotona curzoniae*）等，因而具有向青藏高原过渡的性质。

ⅢC 天山山地亚区：山地环境比较湿润，垂直变化较明显，动物区系跟着有较明显的差别。在山间盆地及山地草原环境中，一些较耐湿种类如灰仓鼠（*Cricetulus migratorius*）、草原兔尾鼠（*Lagurus lagurus*）及一些典型的山地草原种类，如灰旱獭（*Marmota baibacina*）、高山雪鸡（*Tetraogallus himalayensis*）等。森林带还有一些欧洲-西伯利亚种类，如马鹿（*Ceruus elaphus*）、狍、红背䶄、林睡鼠（*Dryomys nitedula*）和旋木雀（*Certhia familiaris*）等。可见，这一亚区的区系组成是比较混杂的。阿尔泰山区亚高山森林带具有泰加林的成分，如岩雷鸟（*Lagopus mutus*）驼鹿、狼獾、黑琴鸡、攀雀（*Remiz pendulinus*）、极北蝰（*Viper berus*）等，有其特殊性。

Ⅳ 青藏区　本区包括青海、西藏和四川西部的整个青藏高原，气候高寒，植被主要为高山草甸、高山草原和高寒荒漠。动物区系中典型的兽类有野牦牛、藏羚、藏野驴（*Equus hemionus*），鸟类中的雪鸡、雪鸽、黑颈鹤和多种雪雀（*Montifringilla* spp.），爬行类的温泉蛇（*Thermophis baileyi*）、西藏沙蜥（*Phrynocephallus theobaldi*）和青海沙蜥（*P. vlangalli*）等。高山蛙（*Nanorana parkeri*）则是高原内部唯一的两栖类。除这些典型的高原成分外，整个区系成分与蒙新区极为相似，其区别大多数为种以下，这说明两个亚区在区系演化上有密切的渊源关系。本区下分两个亚区。

ⅣA 羌塘高原亚区：平均海拔4 500~5 000m，植被为矮小稀疏的高山荒漠草原和高山寒漠，动物区系极其贫乏。上述青藏区的典型种类均为本亚区的主要成分。

ⅣB 青海藏南亚区：自然条件的垂直变化比较明显，高山带以下主要是山地草原，东南部有山地针叶林。动物区系中出现与针叶林、高山灌丛或草甸有关的成分，如白唇鹿（*Cervui albirostris*）、马鹿、马麝（*Moschus sifanicus*）、几种鼠兔（*Ochotona* spp.）、原鼢鼠（*Myospalax fontanierii*）、血雉（*Ithaginis cruentus*）、马鸡（*Crossoptilon* spp.）、雉鹑（*Tetraophasis obscurus*）、灰腹噪鹛（*Garrulax henrici*）、倭蛙（*Nanorana pleskei*）、西藏蟾蜍（*Bofu thibetana*）、几种齿突蟾（*Scutiger* spp.）、绿蟾蜍、喜山鬣蜥（*Agama himalayana*）、喜山滑蜥（*Leiolopisma himalayana*）、泽当沙蜥（*Phrynocephallus zetanensis*）和蝎虎（*Platyurus platyurus*）等。

二、东　洋　界

（3）中印亚界。我国范围内的东洋界属于中印亚界，包括从秦岭、淮河以南的大陆和台湾岛、海南岛及南海诸岛，主要是亚热带和热带森林地区。动物区系中以森林及树栖类型为主，包括一些东南亚热带-亚热带成分及一些主要分布于旧大陆的种类和少数环球热带成分，动物种类丰富，并从北而南越来越丰富。本亚界在我国境内下分为三个区。

Ⅴ 西南区　本区北起青海、甘肃南缘，南抵川西滇北的横断山区，境内遍布高山峡谷，地形起伏很大，自然条件的垂直变化显著。与此相适应，本区的动物分布亦以明显的垂直变化为特征，古北界的种类可见于高处，东洋界种类则见于低处。本区大部分山脉为南北走向，高山部分有利于北方种类的南伸，如岩羊（*Pseudois nayaur*）、喜马拉雅旱獭（*Marmota himalayana*）可伸至云南；而山谷则有利于热带种类的北伸，如鹦鹉、猕猴等可伸入至横断山区北段。因此，在同一地区形成了南北交错混杂现象。

本区北界，亦即古北界与东洋界的界线在横断山区北段很难划分，暂用虚线表示。动物区系组成中，兽类的大熊猫、金丝猴，鸟类中血雉和虹雉是典型的代表种类。此外，特产或主要分布于本区的种类很多，如兽类中的小熊猫（*Ailurus fulgens*）、羚牛，食虫类的许多种类及鸟类中的灰头鹦鹉（*Psittacula himalayanan*）、火尾太阳鸟（*Aethopyga ignicauda*）、多种噪鹛（*Garrulax* spp.）、多种凤鹛（*Yuhina* spp.），两栖类中的多种疣螈（*Tylototriton* spp.）和齿突蟾（*Scutiger*）、齿蟾（*Oreolalax*）、角蟾（*Megophys*）及大蹼蛉蟾（*Bombina maxima*）等。

横断山区为某些类群的集中地，如两栖类中的锄足蟾科（Pelobatidae）和几湍蛙（*Staurois* spp.），鸟类中的画眉亚科和雉科（Phasianidae），兽类中的鼠兔（*Ochotona* spp.）、绒鼠（*Eothenomys* spp.）等，在这里的种类特别多。加以某些类群的相近种或亚种在本区内或其邻近的系统替代现象明显，因而被认为很可能是物种保存中心或形成中心。本区下分两个亚区。

ⅤA 西南山地亚区：指横断山区。由于地形特点的影响，动物种类南北明显混杂，但愈向南，东洋界成分显著增加。各纲中均有为本亚区所特有的种类。如两栖类中山溪鲵（*Batrachuperus pinchonii*），爬行类中的美姑脊蛇（*Achalinus meiguensis*），鸟类中的花背噪鹛（*Garrulax maximus*）、灰胸薮鹛（*Liocichla omeiensis*）、藏马鸡（*Crossoptilon crossoptilom*）、绿尾虹雉（*Lophophorus lhuysii*）、锦鸡（*Chrysolophus* spp.），兽类中的大熊猫、川金丝猴（*Rhinopithecus roxellanae*）、滇金丝猴（*R. bieti*）和羚牛等。

ⅤB 喜马拉雅亚区：包括喜马拉雅南坡针叶林带以下的山区，自然条件的垂直变化现象较上一亚区更为明显，阔叶林带以下的动物区系几乎全为东洋界成分。本亚区内具有不少在我国范围内仅为该地所特有的种类。如两栖类中的喜山蟾蜍（*Bufo himalayanus*）、几种齿突蟾（*Scutiger* spp.），爬行类中的喜山小头蛇（*Oligodon albocinctus*）、喜山钝头蛇（*Pareas monticola*），鸟类中的红胸角雉（*Tragopan satyra*）、棕尾虹雉（*Lophophorus impejanus*）等，兽类中的塔尔羊（*Hemitragus iemlahicus*）、长尾叶猴（*Prebytis entellus*）等，其中有些为印度半岛所特有，故本亚区具有向印度半岛动物区系过渡的特色。

Ⅵ 华中区　　本区相当于四川盆地以东的长江流域，全部属于中、北亚热带。西半部北起秦岭，南至西江上游，地形复杂，主要是山地和高原，东半部为长江中下游流域，并包括东南沿海丘陵的北部，主要是平原和丘陵。总的来说，华中区动物区系是华南区的贫乏化，所有分布于本区各类热带 - 亚热带成分几乎均与华南区所共有，而在本区的中亚热带、热带典型成分减少了约1/3，至北亚热带更减到华南区的一半。本区与华北区共有的动物，大都为广泛分布于我国东部或东洋界的种类，属于本区特有的种类很少。大致限于本区分布的种类，有两栖类中的东方蝾螈（*Cynops orientalis*）、隆肛蛙（*Rana quadranus*），鸟类中的灰胸竹鸡（*Bambusicola thoracica*），兽类中的黑麂（*Muntiacus crinifrons*）、小麂（*Muntiacus reevesi*）和毛冠鹿（*Elaphodus cephalophus*）等。本区下分二个亚区。

ⅥA 东部丘陵平原亚区：指三峡以东的长江中下游流域。境内动物以适应田野生活的为主。两栖类中的黑眶蟾蜍（*Bufo melanostictus*）、虎纹蛙（*Rana tigrina*）、饰绥姬蛙（*Microhyla otnata*），爬行类中的扬子鳄、平胸龟（*Platyternon megacephalum*）、盲蛇（*Typhlops braminus*）、眼镜蛇（*Naja naja*），鸟类中的大拟啄木鸟（*Megalaima virens*）、画眉（*Garrulax canors*）、白颈长尾雉（*Syrmaticus elioti*），兽类中的鼬獾（*Melogale moschata*）、食蟹獴（*Herpestes urva*）、鬣羚（*Capricornis sumatraensis*）、豪猪（*Hystrix hodgsoni*）、竹鼠（*Rhizomys* spp.）和多种家鼠属（*Rattus* spp.）种类，均为本亚区的代表种，但只有扬子鳄和白颈长尾雉限于本亚区分布，其他均为与华南区或西南区所共有。

ⅥB 西部山地高原亚区：包括秦岭，淮阳山地西部，四川盆地，云贵高原的东部和西江上游南岭山地等。自然条件与前一亚区的主要区别是海拔较高，除四川盆地外气候较干寒，森林、灌丛常与农田交错，因此本亚区内的动物区系比上一亚区为复杂。除全区性普遍分布的种类外，尚有一些主要分布于本亚区的种类，如华西雨蛙（*Hyla annectans*）、菜花铁烙头（*Protobothrops jerdonii*）、两种金丝猴（*Rhinopithecus roxellanae* 和 *R. brelichi*）、羚牛（*Budorcas taxicolor*）、豪猪（*Hystrix hodgsoni*）、金鸡（*Chrysolophus pictus*）等。在秦岭南坡分布有大熊猫。另一些鸟兽则与东部丘陵平原所产的有不同的亚种分化，如毛冠鹿，中华竹鼠和画眉亚科的一些种类。

Ⅶ 华南区　　本区包括云南与两广的南部，福建省东南沿海一带，以及台湾岛、海南岛和南海各群岛。大陆部分北部属南亚热带，南部属热带。植物生长繁茂，属热带雨林和季雨林。在我国范围内是动物区系中热带 – 亚热带类型成分最为集中的地区（特别是西部）。在全区广泛分布的热带种类，如两栖类中的花细狭口蛙（*Kalophrynus pleurostigma*）、圆舌浮蛙（*Occidozyga martesii*），爬行类中的巨蜥（*Varanus salvator*）、变色树蜥（*Calotes versicolor*）、长鬣蜥（*Physignathus cocincinus*）、中国壁虎（*Gekko chinensis*），鸟类中的鹇鹧、白鹇（*Lophura nythemera*）、朱背啄花鸟（*Dicaeum cruentatum*）、红头咬鹃（*Harpactes erythrocephalus*）、灰燕鵙（*Artamus fuscus*）、橙腹叶鹎（*Chloropsis hardwickei*），兽类中的棕果蝠（*Rousettus leschenaulti*）、红颊獴（*Herpestes javanicus*）、白花竹鼠（*Rhizomys pruinosus*）、青毛鼠（*Bertlmys bowersi*）和明纹花松鼠等。台湾和海南岛除各具有少数岛屿特有种外，大多数种类与大陆相似，但种类较贫乏或与大陆有亚种的分化。本区下分五个亚区。

ⅦA 闽广沿海亚区：动物区系相当于滇南山地亚区的贫乏化。限于本亚区的种类不多，有两栖类中的红吸盘小树蛙（*Rhilautus rhodoiscus*）、小口拟角蟾（*Ophryophryne microstoma*）、瑶山树蛙（*Rhacophorus yaoshanensis*），爬行类中的鳄蜥、白头盲蛇（*Ramphotyphlops albiceps*），鸟类中的白额山鹧鸪（*Arborophila gingica*）等。

ⅦB 滇南山地亚区：是横断山区南延部分。地势已较低缓，有不少宽谷盆地出现。气候属热带（低山、河谷）和亚热带（高山），植被为常绿阔叶季雨林，天然森林保存尚多，动物栖息条件优越，因之种类之多，为全国之冠。一些典型热带的科，如鸟类中的鹦鹉、蟆口鸱（*Podargidae*）、犀鸟、阔嘴鸟，兽类中的懒猴、长臂猿、象、鼷鹿等科的分布，大部以本亚区为北限。

ⅦC 海南岛亚区：位于 20°N 以南。气候属热带型，东南部山地为热带季雨林，西南部因处于五指山的雨影地区，为热带稀树草原。岛上缺乏大陆上广泛分布的獾（*Meles*）、狼、狐、貉、虎、豹和牛科的种类，又几乎没有古北界的种类。岛上的特有种有两栖类的鳞皮游蟾（*Nectophryne sculptus*）、脆皮蛙（*Rana fragilis*）、海南湍蛙（*Staurois hainanensis*）、海南树蛙（*Buergeria oxycephala*），爬行类的海南闭壳龟（*Cuora hainanensis*）、粉链蛇（*Dinodon rosozonatum*）和海南脆蛇蜥（*Ophisaurus hainanesis*），鸟类的海南山鹧鸪（*Arborophila ardens*）和兽类的海南长臂猿（*Hylobates hainanesis*）、海南兔（*Lepus hainanus*）、海南新毛猬（*Neohyomus hainanensis*）等。岛上还有些热带种类，不见于我国东南沿海却分布于中南半岛、印度和印度尼西亚。例如，东南亚拟髭蟾（*Leptobrachium hasseltii*）、头盔蟾蜍（*Bufo galeatus*）、长棘蜥（*Acanthosaura armata*）、缅甸钝头蛇（*Aareas hamptoni*）、盘尾树鹊（*Crypsirina temnura*）、孔雀雉（*Polyplectron bicalcaratum*）、坡鹿（*Cervus eldi*）等，说明本动物区系更具热带区系的特征。

ⅦD 台湾亚区：气候和植被主要为亚热带雨林（北、东部）和热带雨林（西、南部）。岛上的动物区系类似海南岛，缺乏许多大陆种类，亦缺乏海南岛所具有的一些种类，如长臂猿、叶猴、犀鸟、鹦鹉、阔嘴鸟、太阳鸟、蜂虎（*Nyctyornis athertoni*）等。但却有一些主要分布于古北界或季风区的种类，如黄鼬（*Mustela sibirica*）、日本鬣羚（*Capricornis crispus*）、黑线姬鼠、普通鸭、鹪鹩（*Troglodyes troglodytes*）等。台湾岛的特有种不少，有台湾猕猴（*Macaca cyclopis*）、兰鹇（*Lophura swinhoii*）、黑长尾雉（*Syrmaticus mikado*）、高雄盲蛇（*Typhlops koshunensis*）和台湾小鲵（*Hymbius sonani*）等。

ⅦE 南海诸岛亚区：包括东沙、西沙、中沙和南沙诸群岛。这些岛屿均为远离大陆的珊瑚岛，岛屿上的动物区系主要由海鸟和候鸟组成，但繁殖鸟很少，仅10种，主要是几种海鸟，有红脚鲣鸟（*Sula sula*）、乌燕鸥（*Sterna fuscata*）、白顶燕鸥（*Anous stolidus*）、褐鲣鸟（*Sula leucogaster*）和白斑军舰鸟（*Fregata ariel*）。其他大多为大陆前来的冬候鸟。海岛盛产稜皮龟（*Desmochelys coriacea*）、玳瑁（*Eretmochelys imbricata*）等，岛上发现的黄胸鼠（*Rattus flavipectus* = *tanezumi*）及缅鼠（*Rattus exulans*），可能是随人类活动而迁至岛上的种类。

第三节　中国陆栖脊椎动物生态地理群

陆栖脊椎动物对自然条件的适应，不仅表现在区系分布的特征上，而且也表现在同一环境中各种动物在生态习性上有不同程度的相似性。前述我国三大自然区中的三大生态地理群，反映了动物对大区域自然条件适应的共同性，可视为我国动物生态地理群的最高一级划分。但因我国各气候－植被带各具不同的动物生活条件，所以在各带中动物的组成和生态也各不相同。虽然有些动物适应能力较强，可以分布于几个气候－植被带中，然而每个带都各有一些基本成分，它们对该带环境有较强的适应性，因而具有较高的数量或形成优势。每一动物群中的各个成分，按数量对比可划分为优势种、常见种、少见种和稀有种。一个分布较为广泛的种，在某一环境中为优势种，在另一环境中可能变为常见种或少见种。优势种和常见种对各带动物群的生态地理特征起着决定作用，并与人类经济活动有着最为密切的关系。

我国范围内可划分为八个基本的生态地理动物群（图8.3、表8.4）：

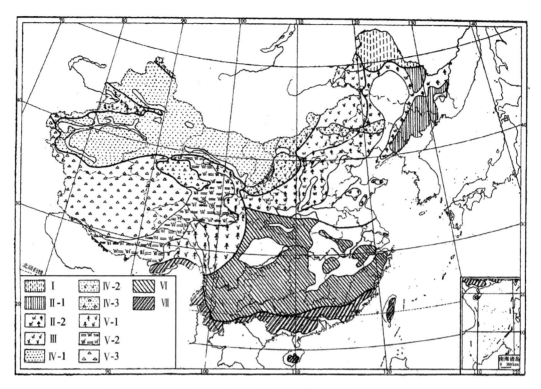

图 8.3　中国生态地理动物群分布图

(张荣祖等, 1997)

Ⅰ. 寒温带针叶林动物群
Ⅱ. 温带森林、森林草原、农田动物群
　　Ⅱ-1　中温带森林、森林草原、农田动物群
　　Ⅱ-2　暖温带森林-森林草原、农田动物群
Ⅲ. 温带草原动物群
Ⅳ. 温带荒漠、半荒漠动物群（包括山地下部）
　　Ⅳ-1　中温带荒漠，半荒漠动物群
　　Ⅳ-2　暖温带荒漠，半荒漠动物群
　　Ⅳ-3　高寒荒漠动物群

Ⅴ. 高地森林草原、草甸草原、寒漠动物群
　　Ⅴ-1　亚高山森林草原、草甸动物群
　　　　　（Ⅴ1-1 北方，Ⅴ1-2 南方，岷山为界）
　　Ⅴ-2　高地草原、草甸动物群
　　Ⅴ-3　高地寒漠动物群
Ⅵ. 亚热带森林、林灌丛、草地动物群
Ⅶ. 热带森林、灌丛、草地动物群
Ⅷ. 农田动物群（图中未显示）

（1）寒温带针叶林动物群；

（2）温带森林-森林草原动物群；

（3）温带草原动物群；

（4）温带荒漠、半荒漠动物群；

（5）高山森林草原-草甸草原、寒漠动物群；

（6）亚热带森林、灌丛、草地动物群；

（7）热带森林、灌丛、草地动物群；

（8）农田动物群。

生态地理动物群与主要依据区系组成而划分的动物区划之间存在着一定的联系
（表8.4），两者的配合，反映了现代生态因素和历史生态因素对我国动物界的影响，也反映了动物区系的发展动态。现将各生态地理动物群分述如下。

表8.4　中国动物地理区划与生态地理动物带的关系

界	区	亚　区	生态地理动物群
古北界	Ⅰ 东北区	ⅠA 大兴安岭亚区（附阿尔泰山地）	寒温带针叶林动物群；农田动物群
		ⅠB 长白山地亚区 ⅠC 松辽平原亚区	温带森林－森林草原动物群； 农田动物群
	Ⅱ 华北区	ⅡA 黄淮平原亚区 ⅡB 黄土高原亚区	
	Ⅲ 蒙新区	ⅢA 东部草原亚区	温带草原动物群；农田动物群
		ⅢB 西部荒漠亚区	温带荒漠、半荒漠动物群；农田动物群
		ⅢC 天山山地亚区	高山森林草原－草甸草原、寒漠动物群； 农田动物群
	Ⅳ 青藏区	ⅣA 羌塘高原亚区 ⅣB 青海藏南亚区	
东洋界	Ⅴ 西南区	ⅤA 西南山地亚区/高山带	亚热带森林、灌丛、草地动物群； 农田动物群
		ⅤB 喜马拉雅亚区/中、低山带	
	Ⅵ 华中区	ⅥA 东部丘陵平原亚区 ⅥB 西部山地高原亚区	
	Ⅶ 华南区	ⅦA 闽广沿海亚区 ⅦB 滇南山地亚区 ⅦC 海南岛亚区 ⅦD 台湾亚区 ⅦE 南海诸岛亚区	热带森林、灌丛、草地动物群； 农田动物群

一、寒温带针叶林动物群

分布于我国最北部，包括东北最北部和新疆最北部，相当于动物地理区划中的东北区大兴安岭亚区及阿尔泰山地。属于寒温带"泰加林"地带，森林茂密，以落叶松和樟子松等针叶树为主，混生少量阔叶树，林下灌木和草本植物繁茂。气候寒冷，冬季长，暖季短，湿润。地势起伏不大。森林中隐蔽条件好，但食料比较单纯，阔叶树枝叶及林下草木和地衣等是动物食料的主要来源。动物组成较简单，但特别适应于此环境的动物种类在数量上却比较丰富，与寒冷相适应的冬眠、冬毛丰满、冬季贮粮、雪地生活等生态特征十分突出。在兽类中以驼鹿、马鹿、麝、狍、野猪（*Sus scrofa*）最为常见。啮齿类中的优势种或常见种为树栖的松鼠（*Sciurus vulgaris*），半树栖的花鼠，地栖的大林姬鼠及两种䶄（*Clethrionomys* spp.），食肉类中的黄鼬、香鼬（*Mustela altaica*）、艾鼬（*M. eversmanni*）、狐、棕熊（*Ursus arctos*）、狗獾（*Meles meles*）等均甚普遍。森林中的鸟类，在东北北部以榛鸡（*Tetrastes bonasia*）、细嘴松鸡（*Tetrao parvirostris*）、黑琴鸡（*Lyrurus tetrix*）较多，均为寒温带鸟类，季节性集群较明显。爬行类中胎生蜥蜴（*Lacerta vivipara*）及棕黑锦蛇（*Elaphe schrenckii*）是北部针叶林典型种类。两栖类的种类，常见有（中华）大蟾蜍（*Bufo gargarizans*）、花背蟾蜍（*B. raddei*）、东北雨蛙（*Hyla japonica*）和极北鲵（*Salmandrella keyserlingii*）等。

阿尔泰山区针叶林完全缺乏我国季风区种类，动物组成更简单，麝、马、鹿较常见，没有大型有蹄类。啮齿类中的松鼠、花鼠、长尾黄鼠（*Spermophilus undulatus*）最多。两栖、爬行类均少，仅有极北蝰（*Vipera berus*）栖息。

二、温带森林、森林草原动物群

分布于东北针叶林带以南至秦岭、淮河一线以北的广大温带季风地区，相当于动物地理区划东北区的长白山地及松辽平原两亚区及全部华北区的范围。气候四季分明，寒冷期自南向北增长，夏热，半湿润。大面积以红松为主的针阔混交林现只存在于小兴安岭南部至长白山。林栖动物仍较丰富，兽类中如狍、野猪、青羊（*Naemorhedus goral*）、梅花鹿、黄鼬、黑熊（*Selenarctos thibetanus*）、貉、青鼬（*Martes flavigula*）、虎、豹、林姬鼠、两种䶄（*Clethrionomys* spp.）、缺齿鼹（*Mogera robusta*）、刺猬（*Erinaceus europaeus*）、鼩鼱（*Sorex araneus*）、东北兔等，均为常见或优势种类。向南，由于森林破坏及农业开垦多已变成灌丛、草地及农田，在这里只有一部分适应于次生林灌的动物，如狍、鼬（*Mustela* spp.）、獾（*Meles meles*）、豹猫（*Files bengalensis*）、岩松鼠（*Sciurotamias davidianus*）、隐纹花松鼠（*Tamiops swinhoei*）等。在旷野以草兔（*Lepus capensis*）、姬鼠、仓鼠、鼢鼠、小家鼠及麝鼹（*Scatochirus moschalus*）等为常见种类。

这一动物群中的鸟类在各地颇不一致，但有共同的优势和常见种，如大山雀（*Parus major*）、沼泽山雀（*P. palustris*）、三道眉草鹀（*Emberiza cioides*）、小鹀（*E. pusilla*）、喜鹊、灰喜鹊（*Cyanopica cyana*）、环颈雉（*Phasianus colchicus*）等。爬行类中广泛见于各地的有虎斑游蛇（*Natrix tigrina*）、黄脊游蛇（*Coluber spinalis*）、赤链蛇（*Dinodon rufozonatum*）、红点锦蛇（*Elaphe rudorsata*）、丽斑麻蜥（*Eremias argus*）等。两栖类中优势种有大蟾蜍、花背蟾蜍（*Bofu raddei*）、青蛙（黑斑蛙 *R. nigromaculata*）、北方狭口蛙（*Kaloula borealis*）、中国林蛙（*Rana chensinensis*）等。

三、温带草原动物群

分布于内蒙古高原东部干草原地带，相当于动物地理区划的蒙新区东部草原亚区的范围。植被主要由中亚型的干草原成分所组成，地势平坦开阔，气候冬寒且长，夏较热，属温带半干旱地区。动物组成较前两个动物群简单。兽类中以草食为主的啮齿类特别繁盛，且大多是群聚性动物，穴居，具有较强的挖掘能力。例如，布氏田鼠、狭颅田鼠（*Microtus gregalis*）、黄鼠、鼠兔、旱獭等。由于降水年变率很大，致使草场丰歉很不均，啮齿类的数量年变率亦很大。有蹄类种类不多，但数量甚多，黄羊是其优势种类，常结成大群逐水草而作长距离迁移。食肉类中以狼、狐、艾鼬、香鼬最为常见，多以啮齿类为食。草原上鸟的种类不多，普遍分布的优势种类有云雀（*Alauda arvensis*）、百灵（*Eremophila* spp.）、䳭（*Oenanthe* spp.）等。爬行类中比较常见的有丽斑麻蜥、榆林沙蜥、白条锦蛇（*Elaphe dione*）、中介蝮（*Gloydius intermedius*）等。两栖类因气候影响，比较贫乏，其中以花背蟾蜍、中国林蛙为常见种。

四、温带荒漠、半荒漠动物群

分布于内蒙古西部至新疆的荒漠、半荒漠地带，亦包括青藏高原的柴达木盆地和境内各山地的山麓地带，相当于动物地理区划蒙新区西部荒漠亚区的范围。植被以旱生的草本或灌木为主，荒漠动物群也以啮齿类及有蹄类繁盛为特征，但由于环境条件较草原差，故集群性不如草原。兽类中以多种跳鼠、沙鼠为常见种类，有蹄类有鹅喉羚（*Gazella subgutturosa*）、野驴等。鸟类比较贫乏，常见的有几种䳭（*Oenanthe* spp.）、凤头百灵（*Galerida cristata*）、角百灵（*Eremophila alpestris*）、白尾地鸦（*Podoces biddulphi*）等。爬行类中适应于沙漠、戈壁环境的种类较多，以多种沙蜥及麻蜥为优势种，蛇类中以沙蟒（*Eryx* spp.）、花条蛇（*Psammophis lineolatus*）较为常见。两栖类的种类和数量均极少，局部地区有绿蟾蜍分布。这一动物群中的许多动物在形态和生态上均具有适应于极端干旱自然条件的高度特化现象，例如沙地穴居、冬眠、冬贮饲料、善于在沙地上奔跑、遁沙、耐旱等。由于荒漠、半荒漠地带所占面积十分辽阔，其中又有几个相对隔离的盆地，因此动物组成有较明显的区域变化，但亦大多局限于上述优势种类的种或亚种的迭换。另一方面，因高原及草原耐旱种类的侵入，故其动物区系组成较草原类群复杂。

五、高山森林草原、草甸草原、寒漠动物群

分布于青藏高原及其周围高山，相当于动物地理区划蒙新区天山山地亚区，青藏区及西南区西南山地亚区的高山带范围。气候高寒，植被主要是高山草甸和高寒荒漠。动物界主要由青藏区成分组成，种类贫乏，数量亦较低，其高原森林草原和草原的动物区系与蒙新区接近，生态特点亦类似，但由于气候严寒，在穴居、冬眠、贮草、迁移等方面又有进一步的强化。这一动物群中兽类的优势成分有藏原羚（*Procapra picticaudata*）、藏羚、黑唇鼠兔、白尾松田鼠（*Pitymys leucurus*）和喜马拉雅旱獭（*Marmota himalayana*）等，鸟类有藏马鸡（*Crossoptilon crossoptilon*）、兰马鸡（*C. auritum*）、黑颈鹤（*Grus nigricollis*）、高原山鹑（*Perdix hodgsoniae*）、雪鹑（*Lerwa lerwa*）、褐背地鸦（*Pseudopdoces humilis*）及多种雪雀等，爬行类有西藏沙蜥（*Phrynocephalus theobaldi*）等。在东南部比较湿润的地区有白唇鹿（*Ceruvs albirostris*）、马麝（*Moschus sifanicus*）形成优势，并有两栖类出现，较常见的有高山蛙。

六、亚热带森林、林灌动物群

分布于云南、广西、广东和福建的北部至秦岭—淮河一线以南的地区，相当于动物地理区划西南区喜马拉雅区的中山及低山带及华中区的范围。气候自北向南逐渐变暖。天然植被为常绿阔叶林，区内农业开发历史悠久，绝大部分山地丘陵均属次生林

灌，平原及谷地成为农耕地区。因而，亚热带动物群的结构已有了很大改变，发展成为次生林灌、草地动物群，其组成较北方各动物群丰富。由于气候的季节变化由北向南逐渐减弱，动物生态的季节规律如冬眠、暖季繁殖以及数量优势及年变化等均趋减弱。兽类中林栖的主要种类有猕猴、藏酋猴（*Macaca thibetana*）、赤腹松鼠（*Callosciurus* spp.）、长吻松鼠（*Dremomys* spp.）、松花鼠（*Tamiops* spp.）等。丘陵次生林地则有小麂（*Muntiacus reevesi*）、毛冠鹿、獐（*Hydropotes inermis*）、野猪、林麝（*Moschus berezovskii*）等。爬行类以游蛇（*Natrix* spp.）、眼镜蛇、烙铁头（*Trimeresurus* spp.）等南方种类最常见，还有蜥蜴类中的北方草蜥（*Takydromus septentrionalis*）、中国石龙子（*Eumeces chinensis*），龟鳖类中的鳖（*Trionyx sinensis*）、乌龟（*Chinemy sreevesii*）等。两栖类中，泽蛙（*Rana limnocharis*）、青蛙、金线蛙（*R. plancyi*）和大蟾蜍等均为常见种类。

堪称本地带代表的熊猫、金丝猴、羚牛、朱鹮、黑麂（*Muntiacus cronifrons*）等，均为在各地动物群落中残留或局地分布的成分。

七、热带森林、林灌动物群

分布于云南、广西、广东、福建等省南部，并包括海南岛及台湾岛，相当于动物地理区划华南区的范围。天然植被属于热带雨林及季雨林和雨林性常绿阔叶林，植物种类繁多，无优势种，花期果期相继在全年出现，故动物食物丰富而稳定，并具有良好的隐蔽条件。这一动物群的主要特点是组成复杂，表现在具有许多特有种，某些广布类群在这里的种类也往往达到高峰。例如，两栖类蛙科达 50% 以上，爬行类游蛇科（Colubridae）达 85% 以上，鸟类啄木鸟科（Picidae）达 90% 以上，兽类鼬科（Mustelidae）达 63% 以上。但由于这里具有复杂而多样的栖息环境及丰富的食物，促使动物的优势现象更趋不明显。另一特点是树栖、半树栖、果食、狭食和专食性种类多，其中树栖的有灵长类、翼手类、食肉类的许多种类以及两栖类的树蛙及多种雨蛙，爬行类的飞蜥（*Draco* spp.）等，狭食种类如专食白蚁的穿山甲（*Manis pentadactyla*），专食性种类有专食某一类植物果实的鸟类以及专食蜜蜂的多种蜂虎（*Merops* spp.）等。其他生态现象如换毛、繁殖、迁移等的季节性变化均不明显。多种动物具有毛色艳丽、斑纹复杂的特征。热带森林的林下阴暗，地面潮湿，完全地栖的种类不多，只有在疏林及林缘，种类才逐渐增多。常见的有几种麂（*Muntiacus* spp.）、水鹿（*Cervus unicolor*）、野猪、豪猪和多种家鼠属鼠类等。森林砍伐后形成的次生林灌和草坡，兽类中地栖动物数量增加，形成优势。鸟类组成则更加复杂，各地常见或优势种类颇不一致。

八、农田动物群

分布在全国各地的农田环境动物群，其成分主要是各地自然群落中适应和依赖于农田栖息条件的种类，如鸟类中的麻雀、大嘴乌鸦（*Corvus macrorhynchus*）、秃鼻乌鸦（*Corvus frugilegus*）、金腰燕（*Hirundo daurica*）、白鹡鸰（*Motacilla alba*）等，均为广泛分布的种类。在上述不同动物群所属的地带内，农田鼠类的优势种类则有差别：

寒温带针叶林带：为黑线姬鼠（*Apodemus agrarius*）、东北鼢鼠（*Myospalax psilurus*）。

温带森林与次生森林草原带：为仓鼠（*Cricetulus* spp.）、姬鼠（*Apodemus* spp.）、鼢鼠（*Myospalax* spp.）、田鼠（*Microtus* spp.）。

温带草原带：为田鼠（*Microtis* spp.）、黄鼠（*Spermophilus* spp.）、沙鼠（*Meriones* spp.）。

温带荒漠带：为沙鼠（*Meriones* spp.）、大沙鼠（*Rhombomys opinus*）、小家鼠（*Mus musculus*）。

高山森林、草原、寒漠带：为藏仓鼠（*Cricetulus kamensis*）、松田鼠（*Pitymys leucurus*）、黑唇鼠兔（*Ochotona curzoniae*）。

亚热带林灌带：为黑线姬鼠，东方田鼠（*Microtus fortis*）、家鼠（*Rattus* spp.）。

热带林灌带：为黄毛鼠（*Rattus losea*）、家鼠（*Rattus* spp.）、板齿鼠（*Bandicota indica*）小家鼠（*Mus* spp.）。

第四节　中国的动物保护

长期以来因人类对动物的捕杀、驯养、保护，有意或无意的传播，或因对动物栖息环境的干扰，一直不断地在改变着动物自然分布的原貌，致使动物分布区缩小、破碎、局地绝灭、消失或扩大。当今，地球上整个动物界物种的分布格局在人类活动，包括对环境污染的影响下，以前所未有的速度在改变，许多珍贵濒危物种的未来命运，是全球自然保护关注的焦点。

早在公元前500多年，我国古代哲人就主张"天人和谐"和"尊重生命"，认为人与万物同类，人与自然应和谐相处，主张利用生物资源时，要"取之有时，用之有节"。当今，建立自然保护区，保护整个生态系统，是我国的国策，迄今已建有2000多个各种类型的自然保护区，均有利于保护珍稀动物。同时，国家组织编写了《中国动物红皮书》，规定了濒危动物保护等级，广泛号召关爱动物。

我国动物分布的区域差异明显，各地区动物保护的特点各异，现按我国三大自然区及其动物地理区，阐述如下。

一、东部季风区

自更新世以来，我国未经受类似欧亚大陆北部大陆冰川对动物界的毁灭性影响，只是古北与东洋两界动物南北向的往返迁移。因此，我国东部季风区具有生物避难地性质。其中以地域宽阔的亚热带的条件最为优越，保留了许多古老或孑遗的种类。

东部季风区开发历史悠久，人类活动对动物界影响深刻。区内濒危物种普遍比西部非季风地区多。区内又以华北区最少，濒危动物数量占全国濒危动物总数的11.1%，华南区最多，占55%。

区内动物保护的主要对象可分三大类：①森林生态系统的珍稀濒危物种，其中有许多古老、孑遗种类，如大熊猫、金丝猴等；②湿地生态系统及季节性迁徙候鸟和旅鸟；③江河、海岸水域及海岛特殊物种。第三类保护对象是东部季风区所特有，在环境与生物多样性保护中，负担着特殊的任务，其中斑海豹（*Phoca largha*）、白鳍豚（*Lipotes vexillifer*）、江豚（*Neophocaena phocaenoides*）、中华鲟（*Acipenser sinensis*）及扬子鳄等，为世界所瞩目。

东北区：森林面积尚多，野生动物资源蕴藏量仍比较丰富。过去狩猎业发达。是野生动物毛皮和肉食以及冷水性鱼类的重要产地。

区内现有濒危动物占全国濒危动物总数的 12.6%。重要保护对象有猞狸、熊貂、紫貂、梅花鹿、驼鹿、麝、马鹿、斑羚（青羊）、雪兔、丹顶鹤、白鹤、白头鹤、白枕鹤、大、小天鹅、黑琴鸡、雉类和乌苏里白鲑（*Coregonus ussuriensis*）、鳇（*Huso dauricus*）等。本区素以林业称著，随着次生林的成长，自然种群有条件较快恢复。梅花鹿、马鹿等的驯养业和驯鹿半放养已稳定存在。但熊类数量近年来呈锐减趋势（张明海，2002），东北虎（*Panthera tigris altaica*）在区内已濒临绝灭状态，对冷水性鱼类的保护任务很重。

森林更新中的鼠害防治与林业措施的改进，关系密切。

华北区：开发历史久，森林极少，退耕还林以后，野生动物栖息环境可望改善。狍曾一度是黄土高原北部的狩猎对象，现已无法形成资源。白冠长尾雉（*Syrmaticus reevesii*）已经绝迹（郑光美等，1998）。过去，雉类和草兔的产量也不小。褐马鸡经过保护，现已渐有恢复。作为重点保护对象的濒危动物丹顶鹤、白鹤、白头鹤、白枕鹤、鸳鸯、天鹅等水涉禽南下越冬时经过本区，近年来有所增加。大鲵、麝、斑羚和石貂等仍是重要保护对象。处于残留状态的沟齿鼯鼠（*Aeretes melanopterus*）和复齿鼯鼠（*Trogopterus xanthipes*）应予大力保护。猕猴野生种群消失后，有再引进设想，如何合理引进，应从保护生物学方面予以考虑。

西北边缘和黄土高原地区鼠害问题比较突出，现已基本上得到控制。

西南区：山区森林面积大，资源动物和珍贵动物种类均多，蕴量仍大。本区的横断山区是受到国际关注的生物多样性保护热点，现有濒危动物占全国濒危动物总数的 27.6%，仅次于华南区与华中区。为保护大熊猫、金丝猴、牛羚（扭角羚）和白唇鹿，在四川西部设置了保护区，负有特殊的责任，为保护大熊猫特别实施了"走廊"工程。本区的小熊猫、雪豹、水鹿、麝、马鹿、梅花鹿、鬣羚（苏门羚）、斑羚（青羊）、石貂、金猫、云豹、猕猴、熊猴、角雉（*Tragopan* spp.）、虹雉（*Lophophorus* spp.）、藏马鸡、黑颈鹤、锦鸡（*Chrysolophus* spp.）等均属保护对象。此外，在喜马拉雅山南坡中尼边境可能还有犀牛分布，值得注意。

华中区：广大山地丘陵次生林灌丛仍不少。中、小型食肉兽黄鼬、貉、狐、鼬獾、猪獾、狗獾、小灵猫、果子狸，蟹獴等数量不少。小型食肉兽更常见于耕作区。其中黄鼬皮为优质毛皮产量的最大宗。现有濒危动物占全国濒危动物总数的 30.0%，仅次于华南区。大熊猫（秦岭）、黔金丝猴（贵州）、白鳍豚、扬子鳄和中华鲟（*Acipenser sinensis*）（长江中下游）受到特殊的保护。梅花鹿、大鲵、角雉、虹雉（西部）和本区特有的獐（河麂）均属重点保护对象。麝、水鹿、苏门羚、斑羚、金猫、云豹（西部、南部）、猕猴、短尾猴、穿山甲、红腹锦鸡（*Chrysolophus pictus*）、长尾雉（*Symaticus* spp.）等均列为保护的对象。我国特产黑麂和毛冠鹿在本区有些地方已很少见，应予以特殊保护。对来本区越冬的丹顶鹤、白鹤、白枕鹤、白头鹤、鸳鸯和天鹅等水涉禽的保护，在全国占重要的地位。华南虎已很难发现。前已述及，最近报道认为白鳍豚已不复存在。

华南区：偏僻山区森林尚有一定面积，是热带动物物种优越的栖息地。次生林灌丛环境较华中区多。从全国而言，本区资源动物种类最多，在生物多样性保护中，至为重要。现有濒危动物亦为全国之最（占全国濒危动物总数55%）。过去，麂类、果子狸、灵猫类、雉鸡、竹鸡、鹌鹑等曾为主要狩猎对象，麂类在野生优质皮张生产中占首要地位，现麂类、灵猫类、雉鸡均已列为保护对象。金丝猴、叶猴、长臂猿（云南、海南岛）、野象（云南）、野牛（云南）、坡鹿（海南岛）还受到特别的保护。懒猴、台湾猴（台湾）、水鹿、梅花鹿、蓝腹鹇（台湾）、原鸡、黑长尾雉（台湾）均属重点保护对象。豚鹿、马鹿、苏门羚、斑羚、金猫、云豹、熊猴、短尾猴、豚尾猴（*Macaca nemestrina*）、穿山甲、绿孔雀、原鸡、犀鸟等，亦受到保护。野生华南虎在本区已很难发现。

二、西北干旱区

本区在动物地理区划中属蒙新区。区内各种类型的荒漠和草原，在更新世时已经开始形成，历史悠久。动物区系，在整体上主要由中亚型成分所组成，而东、西部有一定的区域分化，东部有一些适应于相对湿润环境的种类，西部则具有更多的主要分布在地中海-中亚的适应于干旱环境的种类。与东部季风区相比，荒漠草原动物群落结构简单，大型有蹄类活动范围广泛，单位面积中数量低，相应的保护区面积较大。区内森林环境和"绿洲"，包括湿地，对某些非干旱区成分具有吸引力，特别是候鸟，动物种类相对丰富。

本区是我国重要的农牧业区，以牧业为主。由于放牧活动几乎遍及整个草原和荒漠，加之当地居民对燃料需求和野生药材等资源的开发，形成了人、畜与野生动物共享野生资源的状态。如何解决在此状态下物种保护与人类生存需求之间的矛盾，是本区经济发展和自然保护事业中突出的问题。现有濒危动物占全国濒危动物总数的10.2%，略多于全国最低的青藏区。

野驴、黄羊、盘羊、鹅喉羚、石貂、猞猁、山鹑（*Perdix*）、石鸡、沙鸡、雉鸡等过去均为野生动物中常见种类，现除几种鸟类外，大多列入濒危动物名单，属保护种类。为世人瞩目的野马在野外已绝灭，野骆驼极为罕见。在区内进行的对野马的驯养与回归野外，受到国际的重视。对在国境内几乎已绝灭的高鼻羚羊，现亦采取同样的措施驯养和回归野外。两栖类中的新疆北鲵（*Ranodon sibirica*）和爬行类中的四爪陆龟（*Testudo horsfieldii*）是孑遗种类，对其保护在学术界受到重视。新疆北部阿尔泰山区亚高山，类似东北大兴安岭，是欧亚大陆北方泰加林南界边缘伸入我国国境的地方，拥有一些欧洲-西伯利亚森林的动物成分，如驼鹿、紫貂、貂熊（狼獾）和雪兔等，在干旱地区内甚为特殊而受到重视。

各种类型的牧场和绿洲农田的鼠害，在大多数基本控制的情况下，仍须防止个别鼠类的大量发生，监视鼠情和继续在重点地区定期灭鼠，为经常性工作。

三、青藏高原区

本区在动物地理区划中属青藏区。区内整体上为高寒环境，生物生存条件严酷，高原腹心地区为广袤的高寒荒漠–草原，景观单一，还有大面积的无人区，是野生动物的"天堂"。现有濒危动物占全国濒危动物总数的9.9%，排名殿后。现已建立的三个特大型自然保护区（羌塘、可可西里、三江源）构成横贯高原中心的野生有蹄类连续保护带，其规模之大，世界罕见。重要的保护对象有藏羚羊、藏原羚、野牦牛、盘羊、岩羊、白唇鹿（东部）、藏野驴、雪豹（*Uncia uncia*）、石貂、猞猁、黑颈鹤、雪鸡、蓝马鸡（东部）。其中藏羚羊，这一著名的青藏高原特有动物，因其毛皮的的价值，曾遭到严重的偷猎。对上述动物的保护，受到世人特别的关注。青藏铁路的建设，依据藏羚羊、藏原羚和藏野驴等动物的活动规律，特别修建了动物的通道。近期估计全羌塘的野牦牛约有15 000头（Schaller, 1996），或约7 000多头，约有6万头藏羚，5万多头野驴，10万多头藏原羚（尹秉高等，1993）。高原上湖泊沼泽众多，夏季水禽于湖沼中岛滩繁殖，数量甚多。高原河湖鱼类，以裂腹鱼类最为集中。藏族同胞素有不食鱼的传统习惯，此项资源得到较好的保护。濒危鱼类中的裸腹重唇鱼（*Diptychus kaznakovi*）、骨唇黄河鱼（*Chuanchia labiosa*）、扁咽齿鱼（*Platypharodon extremus*）和似鲇高原鳅（*Triplophysa siluroides*）为青藏高原所特有。

高原牧场鼠害在某些地区相当严重。曾在局部多处地区（东北部）开展过连续灭鼠活动。

参 考 文 献

陈兼善. 1969. 台湾脊椎动物志. 台北：台湾商务印书馆

费梁等. 1990. 中国两栖动物检索. 重庆：科学技术文献出版社重庆分社

费梁等. 2005. 中国两栖动物检索及图解. 成都：四川科学技术出版社

费梁. 1999. 中国两栖动物图鉴. 郑州：河南科学技术出版社

高玮. 2006. 中国东北地区鸟类及其生态学研究. 北京：科学出版社

国家地图集编纂委员会. 1999. 中华人民共和国国家自然地图集. 北京：地图出版社

国家环境保护总局自然生态保护司. 2006. 全国自然保护区（2005）名录. 北京：中国环境科学出版社

乐佩琦，陈宜瑜. 1998. 中国濒危动物红皮书——鱼类. 北京：科学出版社

林俊义，林良恭. 1983. 台湾哺乳类的动物地理初探. （台湾 台北）省立博物馆年刊，26：53~61

裴文中. 1957. 中国第四纪哺乳动物群的地理分布. 古脊椎动物学报，1（1）：19~24

寿振黄. 1963. 中国经济动物志（兽类）. 北京：科学出版社

汪松. 1998. 中国濒危动物红皮书. 北京：科学出版社

王应祥. 2003. 中国哺乳动物种和亚种分类名录与分布大全. 北京：中国林业出版社

叶昌媛，费梁，胡淑琴. 1993. 中国珍稀及经济两栖动物. 成都：四川科学技术出版社

张明海. 2002. 黑龙江省熊类资源现状及其保护对策. 动物学杂志，37（6）：47~52

张荣祖. 1978. 试论中国陆栖脊椎动物地理特征——哺乳动物为主. 地理学报，33（2）：85~101

张荣祖. 1999. 中国动物地理. 北京：科学出版社

张荣祖. 2011. 中国动物地理. 北京：科学出版社

张荣祖等. 1997. 中国哺乳动物分布. 北京：中国林业出版社

赵尔宓，鹰岩. 1993. 中国两栖爬行动物学（英文）. 成都：蛇蛙研究会与中国蛇蛙研究会出版

赵尔宓，张学文，赵蕙等. 2000. 中国两栖和爬行纲动物校名录. 四川动物，19（3）：196~207

郑光美，王岐山. 1998. 中国濒危动物红皮书——鸟类. 北京：科学出版社

郑光美. 2002. 世界鸟类分类与分布名录. 北京：科学出版社

郑光美. 2005. 中国鸟类分类与分布名录. 北京：科学出版社

郑作新，张荣祖. 1956. 中国动物地理区域. 地理学报，22（1）：93~108.

郑作新. 1963. 中国经济动物志（鸟类）. 北京：科学出版社

中国科学院动物研究所. 1958. 东北兽类调查报告. 北京：科学出版社

周明镇. 1964. 中国第四纪动物区系的演变. 动物学杂志，6（6）：274~278

Dickinson E C. 2003. The Howard and Moore Complete Checklist of the Birds of the World（3rd edition）. Princeton：Princeton University Press

Wilson D E，A M Reeder. 2005. Mammal Species of the World. 3nd ed. Baltimore：The Johns Hopkins University Press

第二篇
中国综合自然地理区划

第九章　中国综合自然地理区划
——理论、方法与实践

第一节　中国综合自然区划

一、综合自然地理区划理论与方法

（一）区划原则

综合自然地理区划的原则是选取划分方法、建立等级单位体系和选取指标的基础。本次（节）综合自然地理区划的主要原则包括：

1. 地带性与非地带性相结合的原则

地表自然界的地域分异是地带性因素和非地带性因素相互制约、共同作用的结果。广义上地带性包括水平地带性和垂直地带性。水平地带性主要受行星 - 宇宙因素的影响，是较高级的规律；而垂直地带性则主要受地势和地形的制约，是较低级的规律。

从地球表层自然地域系统发展的时空角度来看，地带性与非地带性因素相互作用以后表现出来的形式，是地球表层最基本的分异规律。从地球表层自然地域系统的发展历史来看，有了太阳能沿纬度分布不均匀和地球分化为大陆和海洋，就存在着地带性和非地带性分异的对立统一体系。生物圈的出现和形成，完善了地理地带，增加了生物与非生物的对立统一关系。但是，地带性与非地带性的对立统一仍然是地域分异的基本关系。从地球表层自然系统的空间格局来看，不同尺度的空间分异反映着不同尺度的地带性与非地带性的组合关系。全球性的地域分异规律反映了海陆分布与大的温度带的对立统一关系；大陆尺度的地域分异规律反映了纬向地带性与距海远近的对立统一；区域性的地域分异规律反映了地带性与经向差异的对立统一；地方（局地）性地域分异规律已属于非地带性的分异占居主导，但亦充分隐含着地带性因素的强烈影响。

因此，在自然地域系统的划分与合并过程中，应该将地带性与非地带性有机结合，作为总的指导思想，这样才能较为客观的反映这种分异规律。尤其是在采用自上而下顺序划分的自然区划中，这一原则更应得到重视。

按照地理地带性的基本观点，由温度和水分条件的差异而导致的水平地带分异是第一性的，它决定了处于同一水平地带内垂直地带的性质。因此，较高级别的地域单元应按照生物 - 气候关系，即地带性原则予以划分，首先考虑的是主要受制于行星 - 宇宙因素的水平地带性，然后再考虑主要受制于地势的垂直地带性。

多山地和高原是中国自然界的突出特点之一。青藏高原的隆升、三大地势阶梯的轮廓格局以及不同走向的山系山脉，都在不同程度上引起中国地表自然界的复杂变化，给自然地理区域划分带来一些棘手的问题。我国山地高原区域包括垂直地带性明显的山地、具垂直－水平地带性的山原型高原山地、具高原地带性的高原－边缘和内部的山地具有明显垂直地带性等不同的类型。因此，比较研究各个山地的垂直带谱，分析带谱结构，确定其基带和优势垂直带并给予恰当的分类，不仅可以系统地认识垂直带谱的形成、特点，而且是高原山地地区自然地域划分的重要前提。对于山地和高原的区域分异，应从三维地带性出发，按照地表自然界的实际异同（含地势差异和地形结构），温度、水分状况的不同组合和地带性植被、土壤类型来进行区划，从而有利于认识和了解自然条件的有利和不利方面，以及充分利用和改造的可能性。

2. 发生同一性与区内特征相对一致性原则

区域分异是历史发展的产物，任何一个被划分出来的区域单位都应该被视为发生统一体，具有本身的发生和发展历史，一定的年龄，是自然界分异过程的结果。任何现代自然地域系统都是其自身发生、演化的产物。因此，仅仅考虑其现代特征、现代过程方面的相似与差异还不够，需要从发生学的角度给予透视。

作为自然地域系统划分与合并的发生学原则，是指一个区划单位之所以有异于同级其他区划单位基本特点的发生，并论证其发生的同一性与差异性。同一自然地理区应该具有发生同一性，是指作为整体的最基本和最本质特点的形成与发展历史具有共同性，是指这一自然地理区现代特征的形成过程，即最近地质历史时期中的地貌发育过程、气候过程、水文、土壤、植被发育过程相同，并不是指其全部地质历史相同或具有完全相同的地表岩石基础。

发生同一性原则并不意味着追溯漫长的历史，但毕竟是着眼于区域的自然历史发展过程。这一原则必须与区域特征相对一致性原则相结合，才能避免区划工作失之片面。

区域特征相对一致性是自然综合体的必要特点，划分和合并自然地域单元时必须注意其内部一致性。对于不同级别的自然地理区域单位，对其相对一致性的标准和内涵的理解是不同的。如温度带的一致性体现在温度条件及其对自然界的作用大致相同上；自然地区的相对一致性体现在大致相同的温度条件下，地带性水分状况等也大体相同。自然地域一致性的相对性质体现了自然地域系统一定的等级单位体系。因此，顺序划分和逐级合并便成为贯彻这一原则的重要方法。由地貌、地方气候、地表组成物质差异引起的中小尺度的地域分异必然造成高、中级自然地理区内部的差异，所以愈高级的自然地理区，其区域特征的一致性愈具有相对性质。正是这种相对性，才有必要和可能在高、中级自然地理区内部继续划分出较低级的自然地理区。

3. 区域空间连续性原则

也称为区域共轭（联系）原则。主要考虑自然地域系统之间的共轭关系和联系特性。共轭主要反映在毗连地域系统之间的互相作用，特别是一定的结构网络联结条件下的物质迁移和能量传输。如一组地形系列（分水岭、斜坡、河谷、水域）上化学元素的迁移，地表水、地下水之间的联系，风化物和侵蚀产沙的搬运、堆积过程等。

空间连续性原则对于进行自下而上合并的区域划分尤为重要。同时，在把一些数量"分类"方法改造为"分区"方法时，考虑地域联系条件下的地域毗连就成为重要的方法论依据。空间连续性原则要求各个自然地理区保持完整性而不出现"飞地"，除非行政区划界线使某个区被分隔。但即使在这种情况下，被分隔的区域在境外或域外仍然是连续的。

4. 综合分析和主导因素相结合的原则

与单一要素的分区不同，自然地理分区具有显著的综合性。任何自然地理区都应该既是由各自然因子组成的统一整体，又是由区内次级自然地理区组成的整体。在进行分区时，应全面分析所有自然因子及由它们组成的自然系统组合的地域分异，评价其地带性与非地带性的表现程度，据此确认自然地理区的存在并划定界线，这就是综合性原则。

所有自然因子不仅具有自身发展所获得的特性，同时也具有对其他因子的发展与性质产生一定程度的制约或协同作用的共性，在划分或合并过程中需要综合分析特性与共性之间相互作用的关系，在综合分析中注重各因子之间相互作用的性质、方式、过程、程度以及结果和总体效应。

但是，对任意一个自然地理区而言，在众多自然因子中，必然有某个因子对其本质特征的形成及与其他自然地理区的差别起着主导作用，主导因子原则由此引出。这一原则要求在区划时着重考虑地域分异的主导因子。但主导因子不能离开综合性孤立存在，而必须符合客观实际，在综合分析的基础上得到。一般说来，气候经常是大尺度地域分异的主导因子，但宏观地貌结构常常导致气候变化，进而造成若干自然地理区之间整体特征的差异，因而也常常成为大尺度非地带性地域分异的主导因子。从方法角度看，在综合分析的基础上选取主导因素，可以简化处理方法。高级自然地域单元范围大、地域广阔，自然综合体的结构错综复杂，内部的地域差异显著。因此，应当根据综合性原则采取综合指标来拟订或划定界线，但较低级别的地域单元，在同一等级别内的共同性大，综合性强，和邻近地域单元间的差异小，因此，划分界线可以根据主导性原则采用主要指标或标志，以分辨出其间的差异。

5. 自然地理区与行政区域界线相结合原则

各自然地理区的保护、建设与治理须由相关各级政府实施，适当调整自然地理区的界线，使之与相应的行政区域界线吻合是完全必要和可能的。行政区划界线的形成包含复杂的自然、历史、社会和民族等一系列因素，而自然地理区域的形成则主要是自然界地域分异规律作用的结果，要求两者完全一致并不切实际。以青藏高原为例，强求高原的界线与各省区的界线完全一致显然不合理。但与地州、甚至县乡界线保持某种一致性，在比例允许的情况下，仍然是能够做到的，尽管这样做的工作量会因此而增加。调整自然地理分区界线以适应某级行政区划界线是一种牺牲分区的客观性，以换取自然保护、建设和治理的可行性和有效性的举措。客观性损失最小而可行性、有效性最大，应是分区追求的目标。

（二）区 划 方 法

综合自然地理区划的方法与原则是密切相关的，方法是贯彻原则的手段。自上而下顺序划分和自下而上逐级合并是实现自然地理区域系统区域综合的两种基本方法。

通常进行大范围中高层次的自然地域划分，较多采用自上而下的演绎法。这也是本次综合自然地理区划采用的主要方法。其特点是能够客观把握和体现自然地域分异的总体规律，更适合于中高层次区划单位的划定，以要素分析为基础，并多采用主导要素指标及地理相关关系，所确定的界线一般较粗略。自上而下顺序划分的重要步骤和途径，是先在较高级单位中按照地带性分异规律进行类型区划，然后在较低级单位转化为区域区划。如温度带的划分、地带性水分状况的划分都属于类型区划的性质。把它们结合在一起则是由类型区划向区域区划的转变和过渡。

自下而上逐级合并的归纳法途径是最近20年的成果。尤其是景观（土地）类型及其与自然地理区域系统相结合的研究，提出了适合自下而上归纳法的理论与方法论基础、基本特点和工作步骤。自下而上逐级合并的归纳法应在考虑大的自然地域分异背景下，揭示和分析中低级地域单元如何集聚为高级地域单元的规律性。

在大中范围内进行自然地域划分时，区域划分的级序往往较多，既要有中高层次的区划单位，也要求有中低层次的区划单位。在这种情况下，不仅需要分别采用自上而下划分和自下而上合并两种途径确定不同层次级别的区划单元，更重要的是两者之间的衔接和协调。由于自上而下的自然地理区域对景观类型组的结构研究有宏观控制意义，而自下而上的自然地理区域组合给区域单位的精确程度予以补充。因此，问题在于确定在哪一级区划单位上衔接和如何衔接。协调的关键是区划指标和方法的协调，因为两种途径的有机结合，最终还是体现在具体的区划指标和方法上。

（三）区划的等级系统

自然地域分异规律有不同的尺度之别。由非地带性因素引起的海陆分异，由地带性因素导致的热力分带性，以及由海陆起伏引起的分异，均属于全球尺度。纬度地带性分异，干湿度地带性以及巨大的构造——地貌单元所导致的涉及不止一个大陆的地域分异，称为全大陆尺度。由区域性大地构造-地貌差别引起的景观分异，以及地带性区域内部的非地带性分异（省性分异），非地带性区域内部的地带性分异（段带性分异）属区域性地域分异规律。全球尺度、全大陆尺度和区域性尺度统属大尺度地域分异范畴。高原、山地、平原内部地貌变化及地方气候引起的地域分异和垂直地带性分异，属中尺度地域分异。而地貌部位、小气候、岩性、土质、排水条件变化等导致的分异，则为小尺度地域分异。地带性和非地带性等不同类别地域分异，以及大、中、小等不同尺度的地域分异交互作用的结果，使地表自然界分化为一系列大小不同、等级不同，但相互间具有并列或从属关系的自然地理区。因此，综合自然地理区划必须制定一个符合客观实际的分区等级系统，逐级划分自然地理区，以反映自然地理分区的多级性特征。

本次分区采用大区、温度带、干湿地区和自然区四级单位系统。其中，"带"的概念简单明确，自然色彩浓郁，不易混淆。"地区"在特定情况下表示二级行政区（近年大多已经撤销），但在更广泛的场合不与行政区相混。"区"在冠以地名和"自然"两字之后，也很清楚。因此，这个等级系统及各级区域的命名是符合我国国情的。自然区以下还可以划分小区。虽然本次分区未划出小区，但完全可以根据自然保护与建设的需要做更细致的划分。

（四）区划的指标

1. 温度带

温度是决定陆地地表大尺度差异的主要因素，对自然综合体的一切过程都有影响。温度条件的分布制约于行星－宇宙因素，人类不能有意识地使之大规模或长时间的改变，温度条件相同的地域，其土地潜在生产力是大体相近的。温度是植物生长的必要条件，制约着土壤形成过程、各种植物生理过程等，将地表按温度条件加以区分，对于了解自然界中物理、化学、生物等方面的现象和过程以及农业生产，都是必要的。据现有知识，温度对植物生长与分布的影响比热量的影响大得多，温度所代表的是热能的强度而不是它的数量；按温度的划分大体上还可以表达光强与日长对植物作用的地域差异。因此，可以用温度来近似地包括光和热两个因素，据此划分较高级的地域单元——温度带。

温度带划分所采用的主要指标是日平均气温≥10℃期间的日数（简称积温日数）和日平均气温≥10℃期间的积温。日平均气温10℃是比较重要的农业界限温度。当日平均气温稳定上升至10℃以上时，喜凉作物开始迅速生长，喜温作物也开始播种，树木生长也主要在这一时间内。积温日数与无霜期大体相近，可以把积温日数视为生长期。日均温≥10℃期间的积温本身表示了一定的热量强度，它在中高纬地区应用效果较好。积温日数和期间积温之间的关系并不一致。两者关系除取决于积温日数长短外，≥10℃期间的积温还与该期间内日均温的高低有关。同一温度带内积温值因海拔不同而异，但其积温日数却相同。不同温度带中的≥10℃期间积温值可因海拔不同而相近，但其积温日数则有差别。因此，采用积温日数来划分温度带更有普遍意义，≥10℃的积温则作为辅助指标。

最冷月平均温度往往与某些植物（特别是某些热带作物）能否生长、繁殖以及产品的数量、质量相联系。尤其是在中、低纬地区有较好的效果。所以采用最冷月平均气温及极端最低气温的多年平均值作为辅助指标。在青藏高原，由于暖季气温偏低，因而采用最暖月平均气温代表植物生长期间的温度，作为辅助指标（由于温度条件对其他自然因素有重要作用，又对植物生长有明显影响，因而必须对比温度指标和制约于温度条件的农业情况、植物分布、植被与土壤的分布来拟订温度带的界线）。由此可见，温度带界线并不完全与上述指标的等值线完全吻合或一致。在应用温度带的划分结果时，必须知道任何温度带的界线都是相对的，从而可以避免或减少实际工作中的错误，积极探索和寻找利用自然的新途径。

目前，作为温度带界线的温度指标存在着年际变化、较长期的波动和变化趋势，应当进行较系统的分析研究，对各个温度带要注意其 70% ~ 80% 的保证率。在多年生植物占重要地位的中亚热带、南亚热带和边缘热带则更应突出多年一遇的天气气候现象，如极端最低气温等。

温度带的界线只能划在变化有显著意义的地方。气温指标大都是在界线基本划定以后拟订的，这些指标大多数大体上与代表实际起作用的温度指标有某种联系，但不能在它们之间划等号。所列举的气温指标，只不过在地域分布上与实际起作用的温度指标约略一致，若将同一类地区所得到的指标引申到其他地区，则可能出入更大（黄秉维，1989）。参见表9.1。

表 9.1　中国温度带划分的指标

温度带	主要指标		辅助指标			备　注
	≥10℃积温日数/天	≥10℃积温数值/℃	1月平均气温/℃	7月平均气温/℃	平均年极端最低气温/℃	
寒温带	<100	<1 600	< -30	<16	（< -44）	针叶落叶林
中温带	100 ~ 170	1 600 ~ 3 200（3 400）	-30 ~ -12（-6）	16 ~ 24	（-44/ -25）	针、阔叶混交林
暖温带	170 ~ 220	3 200 （3 400）~4 500 （4 800）	-12（-6）~ 0	24 ~ 28	-25 ~ -10	阔叶林
北亚热带	220 ~ 240	4 500 （4 800）~5 100 （5 300） 3 500 ~ 4 000（云南）	0 ~ 4 3 （5）~ 6（云南）	28 ~ 30 18 ~ 20（云南）	-14 （-10）~ -6 （-4） -6 ~ -4（云南）	亚热带季雨林
中亚热带	240 ~ 285	5 100 （5 300）~6 400 （6 500） 4 000 ~ 5 000（云南）	4 ~ 10 5（6）~ 9（10）（云南）	28 ~ 30 20 ~ 22（云南）	-5 ~ -4 ~ 0（云南）	马尾松、常绿阔叶林
南亚热带	285 ~ 365	6 400 （6 500）~ 8 000 5 000 ~ 7 500（云南）	10 ~ 15 9 （10）~ 13（15）（云南）	28 ~ 29 22 ~ 24（云南）	0 ~ 5 0 ~ 2（云南）	香蕉、菠萝、木瓜、木薯、洋桃、荔枝、龙眼、柑橘；壳斗科、樟科占优势，伴有热带树种，橡胶树
边缘热带	365	8 000 ~ 9 000 7 500 ~ 8 000（云南）	15 ~ 18 13 ~ 15（云南）	28 ~ 29 >24（云南）	5 ~ 8 >2（云南）	热带季雨林
中热带	365	>8 000 （9 000）	18 ~ 24	>28	>8	热带雨林
赤道热带	365	>9 000	>24	>28	>20	赤道常绿阔叶林
高原亚寒带	< 50		-18 ~ -10（-12）	6 ~ 12		高寒草甸草原
高原温带	50 ~ 180		-10（-12）~ 0	12 ~ 18		针叶林、灌木、半灌木

注：上述指标的保证率都为80%；温度指标的年际变化情况将用其标准方差来度量，并将用于后面的自然地理小区的划分。

2. 干湿地区

一般来说，温度条件与水分状况的组合是决定陆地地表自然界大尺度地域分异的主要因素。温度条件的作用多随干湿状况不同而变化，温度引起的变化多半是在同一水分状况下的差异。广义地带性的水分状况取决于降水量与潜在蒸发量。降水量通常代表最主要的水分来源，而潜在蒸发则代表在水分充足条件下矮秆作物或短草的主要水分支出。降水量和潜在蒸发量的气候因素，目前看来实际上也是不能以人力改变的，只是在利用地表径流和地下水进行灌溉、排水时，采取措施改良土壤水文性质等，可能在一定限度内改变某一地区的干湿状况。

客观上，存在着按水分状况划分自然地域的需求，从全球角度出发，通常可划分为湿润、半湿润、半干旱和干旱4类地区，分别代表森林、森林草原（含草甸）、草原以及荒漠4类天然植被和自然景观。从总体上看，温度条件不同对自然界所产生的作用以湿润地区最为明显，而在干旱地区则最不明显。在干旱地区，如果采取人为措施改变水分状况则可呈现出与同一温度带的半干旱、半湿润或湿润地区相似的条件。

目前划分干湿地区普遍采用的指标是年干燥度，即年潜在蒸发量对年降水量的比值，它可以近似地表征某一地方的干湿程度。但年干燥度是一种不完全的概括，按水分状况划分的主要依据应当是与干湿程度有关的植被及其他有关的自然现象。将这种干湿地区的划分与年干燥度的分布进行比较，寻求较为接近的年干燥度数值，作为相应界线的指标：湿润地区年干燥度在1.0以下；半湿润地区与半干旱地区分界为1.5左右；干旱地区的年干燥度则在4.0以上（表9.2）。

表9.2　中国干湿状况划分的指标

指标 干湿状况	年干燥指数	天然植被	其他
湿润	≤1.00	森林	
半湿润	1.00 ~ 1.50	森林草原/（草甸）	（次生盐渍化）
半干旱	1.50 ~ 4.00 1.50 ~ 5.00（青藏高原）	（草甸草原）草原 （荒漠草原）	可旱作
干旱	≥4.00 ≥5.00（青藏高原）	荒漠	需灌溉

按水分状况的划分是十分概略的、粗线条的。许多地方性因素，如地势、地貌部位、地面物质的机械组成、地下水位、季节性冻层以及多年冻土等，都会使同一地区之内的水分状况产生很大的差异，而降水的强度、季节变化及年际波动也有重要的影响。所以，不同水分状况地区之间的界线也是过渡变化的。在具体分析时一定要了解和注意到这一点。

为了在原有工作基础上提高，引入了"参考性土壤"的概念。只有把降水、土壤水分性质、植被在蒸发中的作用和作为蒸发因素的大气性质结合起来，采用土壤水分平衡方法，才能比较确切地判别缺水的时期，区分不同地域的干湿程度。例如，在我国东部季风区原来将南方均划归湿润地区，但其中有许多地域存在季节性干旱，有些则属于半湿润或半干旱性质，这些都需要加以研究，做出较可靠的判断，予以划分。

3. 自然区

按照自然地域系统的划分原则及等级单位体系的要求，通常是在划分温度带与干湿地区之后，再按地形因素来划分自然区。这是因为，在不同的温度带和不同干湿地区内，相同地形的作用存在很大差别，另一方面是因为在同一温度带的某一地区内，地形的差异和变化较小，划分可以简化，比较容易理解和说明（黄秉维，1989）。

在各温度带的不同地区内，地形的差异可以引起气候、水文、土壤和植被等自然条件以及风化、侵蚀、堆积等过程不同程度的差异，并且还反映出岩石组成和内营力等因素的不同。除少数地方以外，地形通常也是人力所不能改变的，因此，它是我们要讨论的制约自然地域分异的重要因素之一。在干湿地区以下，由于地形是生物气候地域差异的主要因素，其地域划分单元多与一定地貌单位相符，因此自然区的划分也以地形为主要依据。

在地形的分类方案中，主要考虑基础地貌类型的起伏高度和海拔高度。起伏高度指它对大气环流和局地环流产生影响的差异，分为平原（包括台地）、小起伏丘陵地、中起伏山地和大起伏山地4类。海拔高度，从海拔对温度的影响程度和我国地貌面海拔高度的实际差异，可分为低海拔、中海拔、亚高海拔、高海拔和极高海拔5种，组合成16个基本自然地貌类型，作为自然地理区域系统中三级区域划分的重要依据。

二、中国综合自然区划方案

中国综合自然地理区划应当按照地表自然界地势特点和地貌结构的实际差异，温度水分状况的不同组合以及地带性植被和土壤类型来划分。中国综合自然地理区划运用自上而下的演绎法从高到低进行划分，划分出类型区划和区域区划两种。前者划分出较高级的地域单元，而后者则体现在较低级的地域单元。温度带和地带性水分状况的划分具有类型区划的特点，所形成的温度－水分区域是从类型区划向区域区划转变的过渡性的地域单元。在温度带和水分状况地域类型的划分中，考虑了气候、土壤和植被的关系，提出相应的温度和干燥度指标或者是指标综合体，以替代气候等值线作为划界的指标。中国综合自然地理区划采用地理相关法，强调比较各种自然地理要素的分布特点以及气候、生物群落、土壤及其对农业生产的重要性（黄秉维，1989）。

根据上述自然地理区域系统的划分原则、方法，采用的地域单元等级体系以及划分的指标体系，拟订出中国自然地理区域系统的框架方案，将全国划分出3个大区，11个温度带，21个干湿地区，49个自然区。其中，东部季风大区包括9个温度带，包括湿润、半湿润和半干旱地区，含30个自然区；西北干旱大区包括中温带、暖温带2个温度带，包括半干旱和干旱地区，含10个自然区；青藏高寒大区包括高原亚寒带、高原温带2个温度带，包括湿润、半湿润、半干旱和干旱地区，含9个自然区（图9.1、表9.3）。

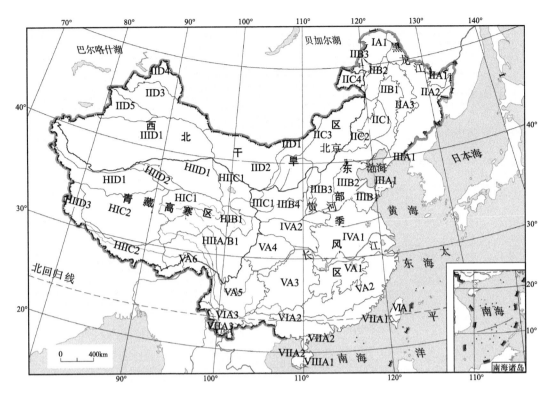

图 9.1　中国自然地理区域图（图例见表 9.3）

表 9.3　中国自然地理区域系统表

三大自然区	温度带	干湿地区	自然区
东部季风区	Ⅰ 寒温带	A 湿润地区	ⅠA1 大兴安岭北段山地落叶针叶林区
	Ⅱ 中温带	A 湿润地区	ⅡA1 三江平原湿地区 ⅡA2 小兴安岭长白山地针叶林区 ⅡA3 松辽平原东部山前台地针阔叶混交林区
		B 半湿润地区	ⅡB1 松辽平原中部森林草原区 ⅡB2 大兴安岭中段山地森林草原区 ⅡB3 大兴岭北段西侧丘陵森林草原区
	Ⅲ 暖温带	A 湿润地区	ⅢA1 辽东胶东低山丘陵落叶阔叶林、人工植被区
		B 半湿润地区	ⅢB1 鲁中低山丘陵落叶阔叶林、人工植被区 ⅢB2 华北平原人工植被区 ⅢB3 华北山地落叶阔叶林区 ⅢB4 汾渭盆地落叶阔叶林、人工植被区
		C 半干旱地区	ⅢC1 黄土高原中北部草原区
	Ⅳ 北亚热带	A 湿润地区	ⅣA1 长江中下游平原与大别山地常绿落叶阔叶混交林、人工植被区 ⅣA2 秦巴山地常绿落叶阔叶混交林区
	Ⅴ 中亚热带	A 湿润地区	ⅤA1 江南丘陵常绿阔叶林、人工植被区 ⅤA2 浙闽与南岭山地常绿阔叶林区

三大自然区	温度带	干湿地区	自然区
东部季风区	V 中亚热带	A 湿润地区	V A3 湘黔山地常绿阔叶林区 V A4 四川盆地常绿阔叶林、人工植被区 V A5 云南高原常绿阔叶林、松林区 V A6 东喜马拉雅南翼山地季雨林、常绿阔叶林区
	VI 南亚热带	A 湿润地区	VI A1 台湾中北部山地平原常绿阔叶林、人工植被区 VI A2 闽粤桂低山平原常绿阔叶林、人工植被区 VI A3 滇中南山地丘陵常绿阔叶林、松林区
	VII 边缘热带	A 湿润地区	VII A1 台湾南部山地平原季雨林、雨林区 VII A2 琼雷山地丘陵半常绿季雨林区 VII A3 西双版纳山地季雨林、雨林区
	VIII 中热带	A 湿润地区	VIII A1 琼南低地与东沙中沙西沙诸岛季雨林雨林区
	IX 赤道热带	A 湿润地区	IX A1 南沙群岛礁岛植被区
西北干旱区	II 中温带	C 半干旱地区	II C1 西辽河平原草原区 II C2 大兴安岭南段草原区 II C3 内蒙古高原东部草原区 II C4 呼伦贝尔平原草原区
		D 干旱地区	II D1 鄂尔多斯及内蒙古高原西部荒漠草原区 II D2 阿拉善与河西走廊荒漠区 II D3 准噶尔盆地荒漠区 II D4 阿尔泰山地草原、针叶林区 II D5 天山山地荒漠、草原、针叶林区
	III 暖温带	D 干旱地区	III D1 塔里木盆地荒漠区
青藏高寒区	HI 高原亚寒带	B 半湿润地区	HI B1 果洛那曲高原山地寒草甸区
		C 半干旱地区	HI C1 青南高原宽谷高寒草甸草原区 HI C2 羌塘高原湖盆高寒草原区
		D 干旱地区	HI D1 昆仑高山高原高寒荒漠区
	HII 高原温带	A/B 湿润/半湿润地区	HII A/B1 川西藏东高山深谷针叶林区
		C 半干旱地区	HII C1 祁连青东高山盆地针叶林、草原区 HII C2 藏南高山谷地灌丛草原区
		D 干旱地区	HII D1 柴达木盆地荒漠区 HII D2 昆仑山北翼山地荒漠区 HII D3 阿里山地荒漠区

对于面积广袤的地域单元的划分，所要考虑的因素众多，而各项因素的发展和分布并不完全一致，在同一区域单元内的一致性也有差异。所以，有些界线只能概略地代表自然界开始变化的地方，不可能是很准确的。

如前所述，按照温度条件或水分状况的差异来确定自然地域的界线，虽然也采用主要指标，但仍然要考虑综合因素和标志。例如，≥10℃期间的天数和活动温度总和被认为是体现植物生长持续时间和温度条件强度的指标，但它并不完善，且带有一定的条件性。植物生长发育与积温的关系可能是间接的，它还要受光周期、其他温度条件和土壤温度等的影响。所以，温度带的划分虽以温度为主要指标，衡量其对自然界的作用时则是考虑综合因素，划定界线也不是依据单一标志。又如，按水分状况的划分虽然是以干燥度为依据，但界线的拟订却不是单纯按干燥度的数值来划分，而是分析、对比干燥度等值线与土壤、植被、农业分布的关系以后才确定的。即使这样，干湿地区的界线也不完全和干燥度等值线相吻合，而是根据自然界的实际情况来确定的。

第二节 自然区划研究发展历程与未来趋势

一、中国综合自然地域划分的发展历程

我国的综合自然地域划分，可以 1950 年代前后为界分为两个具有明显特点的发展阶段。1950 年代以前，中国没有按照以自然综合体的发生、发展与区域分异规律拟定比较严密的区域划分原则和方法，并据此进行区划工作，更没有有关学科研究人员的共同参与，发表的文献也只有 10 余种。1950 年代以后，随着国民经济建设事业的迅速发展，迫切需要因地制宜地发展工农业及其他建设事业，因此，中国综合自然地域划分的研究得到了很大的发展，并进入了一个新的阶段。这一阶段的区划工作曾为我国社会主义建设事业做出过重要贡献。

（一）1950 年代前的综合自然地域划分

早在春秋战国时期，我国即有对地理空间进行分区描述的著作问世，《山经》就是这类书籍中的第一部，因而在我国地理学发展史上有着重要的意义。《山经》全书以山为纲，按山体所处的地理方位，将我国分为南、西、北、东、中五区，每区又分成若干山系。稍迟于《山经》的另一部地理著作《禹贡》也成书于战国之时，但其价值远在《山经》之上。书中依据自然环境中河流、山脉和海洋等自然界线，把全国划分为冀、兖、青、徐、扬、荆、豫、梁、雍九州，并进行区域对比。《禹贡》一书地理内容丰富，带有清晰的自然区划思想，是我国先秦时期一部杰出的区域地理著作，也是世界上最早的自然地理区划著作。

18 世纪末到 19 世纪初是区划研究的初期阶段。在此阶段，地理学家通过长期的实践积累，已经对地域分异有了初步的感性认识，发展了分区的概念和设想。地理学区域学派的创始人赫特纳（A. Hettner）指出，区域就其概念而言是整体的一种不断分解，地理区划就是将整体不断地分解成为它的部分，这些部分必然在空间上互相连接，而类型则是可以分散分布的。赫特纳还提出要把各个地点开始的归纳法途径和从地球整体开始的演绎法途径互相协调起来。19 世纪初，近代地理学的创始人、德国地理学家洪堡（A. von. Humboldt）基于对各种自然现象分布规律的感性认识，绘制等温线图，初步概括了自然地域分异规律。与此同时，霍迈尔（H. G. Hommeyer）也提出了地表自

然区划和区划主要单元内部逐级分区的概念，并设想出 4 级地理单元，从而开创了现代区划研究。1898 年，Merriam 对美国的生命带和农作物带进行了详细划分，这是世界上首次以生物作为分区的指标。俄国土壤学者道库恰耶夫（В. В. Докучаев）根据土壤地带性发展了自然地带学说，将地表划分为寒带、温带、副热带、赤道带等自然地带。

1929 年竺可桢发表《中国气候区域论》标志着我国现代区划研究的开始，黄秉维于 1940 年首次对我国植被进行了区划，李旭旦 1947 年发表的《中国地理区域之划分》在当时已达到了较高的研究水平，在国际上颇有影响。这期间，国内外其他一些学者也对我国的自然区划发表了见解，提出了不少区划方案。该阶段以统一地理学思想为指导的地理分区的研究工作较多，如 1934 年洪绂的《划分中国地理区之初步研究》和李长傅的《中国之地理区研究》、1945 年洪绂的《中国之地理区域》、1946 年张其昀在《人生地理教科书》中的中国地理区的划分和何敏求在《中国地理概论》中的区域划分等。

总体而言，尽管这个时期区划方案相对简略，主要停留在对自然界表面的认识上，缺乏对自然界内在规律的认识和了解，受客观条件和基本资料的限制，也缺乏对理论与方法的深入探讨。但是，上述开创性研究却为区划工作走向全面发展奠定了基础。

（二）1950 年代后的综合自然地域划分

众多区划方案的提出都有其深刻的历史背景，既是科学的总结，又与我国当时经济发展水平和需求有着千丝万缕的联系。大致说来，1950 年代以后的相当长一段时间，我国的区划研究主要服务于农业生产。1980 年代起兼顾为农业生产与经济发展服务。1990 年代起，区划的目的则转向为可持续发展服务。当前更多地应该是对实施科学发展观和构建和谐社会的重要支撑。

1950 年代后，主要的综合自然区划方案有：

1. 中国自然区划草案

罗开富（1954）将全国分为东半壁和西半壁：前者为季风影响显著的区域，后者为季风影响微弱或完全无季风影响的区域。提出最冷、最热、最干和空气稀薄 4 个相对极端的区域。在其间再划出几个过渡区，将全国划分为东北、华北、华中、华南、蒙新、青藏、康滇七个"基本区"，最后以地形为主要依据，划分出 23 个副区。其特点是注意到自然地域分异的状况，并对各类自然地理现象之间的相互关系、相互影响所表现的特点，作了一定的探讨，强调基本区是按自然特征而划分的，其含义、范围与行政上或经济上习惯所用的"区"不同。

2. 全国综合自然区划（草案）

黄秉维（1959）首次提出综合自然区划要突出显示出自然地理地带性规律，除两个零级区外，区划至第三级，将全国划分为 3 大自然区、6 个热量带、18 个自然地区和亚地区、28 个自然地带和亚地带、90 个自然省。阐述了第四、第五级和生物气候类型的划分，系统说明了全国自然区划在实践中的作用及在科学认识上的意义。1965 年补充修改了原有方案，明确将热量带改为温度带（黄秉维，1965）。1980 年代，又简化了原区划体系，重申温度与热量的不同，纠正热量带的错误称谓。首先将青藏高原与相对较低区域区分开，然后分别按温度、干湿情况和地形逐级划分。共分出 12 个温度带、21 个自然地区和 45 个自然区（黄秉维，1989）。该方案比较全面地总结了以往的经验，着重考虑了直接参与自然界物质和能量交换的基本过程，揭示了自然地域分异规律，明确规定区划服务的对象是农业生产。黄秉维方案是我国最详尽而系统的自然区划论述，一直为农、林、牧、水、交通运输及国防等有关部门作为查询、应用和研究的重要依据，影响巨大，有力地推动了全国和地方自然区划工作的深入。按照综合自然区划确定生态脆弱区、自然保护区等，可以避免偏倚，得到比较适合的方案。

3.《中国自然地理纲要》方案

任美锷等（1961）针对黄秉维的《中国综合自然区划方案（草案）》，提出了不同见解。依照自然情况差异的主要矛盾以及改造自然的不同方向，将全国划分为 8 个自然区、23 个自然地区和 65 个自然省。任美锷（1979）在《中国自然地理纲要》一书中，又对上述方案进行了补充和较为详细的阐述。在较高级单位中把地带性规律和非地带性规律统一起来，是任美锷方案的特色。

4.《对于中国各自然区的农、林、牧、副、渔业发展方向的意见》

侯学煜等（1963）首先按温度指标，将全国划分为六个带和一个区域（温带、暖温带、半亚热带、亚热带、半热带、热带、青藏高原区），各气候带具有一定的耕作制和一定种类、品种的农作物、木本油粮植物、果树、用材林木等。然后根据大气、水热条件结合状况的不同，分为 29 个自然区。每个自然区的划分一般是与距离海洋远近和一定的大地貌有关。水热状况、地貌和成土母质、土壤等都是决定发展农林牧副渔业的必要条件。这个区划方案从发展大农业的角度进行综合研究，对各个自然区的农业生产配置、安排次序、利用改造等方面提出了轮廓性意见。

5.《中国自然区划概要》方案

席承藩等（1984）在《中国自然区划概要》中，首先把全国划分为三大区域（东部季风区域、西北干旱区域和青藏高寒区域），再按温度状况把东部季风区域划分为 9 个带（寒温带、中温带、暖温带、北亚热带、中亚热带、南亚热带、边缘热带、中热带和赤道热带），把西北干旱区域分为两个带（干旱中温带、干旱暖温带），把青藏高寒区域分为三个带（高原寒带、高原亚寒带、高原温带），然后根据地貌条件将全国划分为 44 个区（东部季风区域 25 个区、西北干旱区域 11 个区，青藏高寒区域 8 个区）。在一定程度上，这一方案是对黄秉维 1959 年方案的简化。

6.综合自然区划方案

赵松乔（1983）通过对以往中国综合自然区划的各种方案的比较分析，提出了新的自然区划方案。把全国划分为 3 大区（东部季风区、西北干旱区、青藏高寒区），再按温度、水分条件的组合及其在土壤、植被等方面的反映，划分出 7 个自然地区，然后按地带性因素和非地带性因素的综合指标，划分出33个自然区。这一方案的突出之点，是提出了明确的分区原则，即综合分析和主导因素相结合、多级划分、主要为农业服务的三原则。除了自上而下的划分外，方案还探讨了自下而上的逐级合并和两种方法的结合。该方案是迄今我国综合自然地理区划的较为完善的一个，受到学术界的好评。

7.《中国自然区域及开发整治》区划方案

任美锷等（1992）划分了8个自然区（东北、华北、华中、华南、西南、内蒙古、西北、青藏），30个自然亚区，71个自然小区，以小区为重点进行说明，按自然区阐述资源利用与环境整治问题。该方案在区划指标应否统一、指标数量分析如何评价、区划等级单位的拟订和各级自然区域命名等方面，提出了与黄秉维方案不同的见解。

8. 中国生态环境区划

傅伯杰等（2001）根据社会 - 经济 - 自然复合生态系统特征，完成了中国生态环境区划。该方案的特色是既充分考虑生态因素和环境因素的特征，又考虑区域生态系统的功能，如生态系统服务功能、生态敏感性等。该区划将人类活动和人口分布作为重要的因子，研究不同类型的生态系统与人类活动之间的相互制约与相互促进。该方案将生态与经济结合，从区域功能的总体性出发，根据自然环境结构、经济结构及其地域分异规律进行划分。该方案对自然地域类型、生态资产、生态环境敏感性、生态退化的主要类型与特征进行了较为广泛的研究。更多考虑植被的影响和变化，考虑生态脆弱性、生态胁迫性和生物多样性。在强调自然地域分异的基础上，重点突出人类活动的影响。关注一些特殊生态类型的区域划分，并突出其主要环境问题。

9. 中国生态功能区划

2007年由国家环保总局和中国科学院共同编制完成《中国生态功能区划》，是在全国生态、环境现状调查的基础上，通过分析我国生态系统空间分布特征，明确每个区域的主要生态与环境存在的问题和产生的原因，以及生态系统服务功能重要性与生态敏感性空间分布规律，确定对保障我国生态安全具有重要作用的关键生态功能区与生态高度敏感区。据此方案，全国初步被划分为208个生态功能区，分为生态调节功能区、产品提供功能区和人居保障功能区三大类。国土面积的76%被划分为具有生态调节功能的生态功能区。此外，还确定了50个对保障国家生态安全具有重要意义的区域，涵盖了生物多样性保护、水源涵养、土壤保持、防风固沙、洪水调蓄等重点生态功能。这是我国首次提出基于生态系统服务功能的生态功能区划思路和区划方法，同时，综合运用GIS和遥感等技术手段，评价我国生态系统，研究生态系统服务功能。

（三）综合自然地域划分中存在的学术争议

在取得丰硕成果和经验的同时，我们也注意到了以往综合自然地域划分工作中的教训和不足。尤其是一些重大科学问题，在学术界仍然存在着分歧和争论。

（1）地带性学说的不同理解。黄秉维采用从广义来理解地理地带性分异规律，认为自然地理地带性包括纬度地带性、经度地带性和垂直地带性等 3 个组成部分；而胡焕庸等则主张地带性主要是指纬度地带性，经度地带性和垂直地带性是属于非地带性，这是地带性学说的狭义理解；就垂直地带性而言，也存在多种不同认识，认为属于非地带性，与水平地带性各自独立存在，随高度呈垂直结构图式，自下而上能重现从赤道向极地的纬度地带次序。这些争论至今仍然存在。

（2）区划原则的分歧。这是区划的核心问题之一。同一区域的区划方案之所以不同，主要在于区划工作者采用不同的区划原则或者对同一原则有不同的理解。迄今为止，不同作者提出的区划原则不下 10 余种，有地带性与非地带性原则、生物气候原则、发生学原则、区域共轭性原则，等等，不同原则形成不同方案，同一原则在具体应用中，分歧也依然存在。如区域共轭性原则在对柴达木盆地的实际应用上，究竟应该归属于蒙新高原或西北区，还是应该归属于青藏高原，尚有分歧。

（3）指标体系的差异。国际上较通常采用 Köppen 的气候 - 植被分类方案和 Holdridge 生命地带图式。前者划分的依据主要是与植被相关的气候指标，由于气候台站的有限性，所划分出的界线往往用植被界线去修正；后者则将潜在植被与气候联系起来，按照降水量、可能蒸发率和生物温度来进行划分。但由于缺乏统一的认识，所采用的指标各不相同，甚至忽视生态学意义和作用，只要能满足数理统计的需要即给予采纳。

（4）若干重要界线的争论。对于区划原则和等级单位体系存在观点分歧和方案的不同，集中地反映在各级区划单元界线的划定上。如关于中国热带范围和热带北界的问题，原来争议较大，经过数十年深入调查研究后，看法已渐趋接近；中国亚热带北界的问题，经过多方论证，虽然大部分学者认同以淮河—秦岭—白龙江一线为界，但界线的拟定（是以秦岭山顶为界还是以秦岭北坡山麓为界）依然存在分歧；中国的半湿润地区与半干旱地区无论是在客观实际还是在农业生产方面都有显著不同，但其界线如何划分至今仍存在较多的分歧和争议。

（5）山地的划分与归属问题。这是区划工作者经常遇到的一个普通而棘手的问题。青藏高原是这类问题的典型代表。青藏高原地域分异一直存在着不同的观点：或认为水平地带性被垂直地带性所掩盖，或认为高原上的地带性仅能由垂直带辨认，或强调高原非地带性明显，不应划分为自然地带等。

（四）若干重要科学问题

综合区划首先要解决自然与社会经济的结合，建立起严密完整的中国综合区划的理论体系，从典型地区入手，逐步建立中国综合区划系统。同时，必须进一步深入研究综合区划在区域经济可持续发展中的应用，在国家政策法规制定中的作用，以及对世界地域系统和国际全球环境变化人文因素等研究领域的贡献。其中的重大科学问题包括：

1. 研究目标

（1）国家目标。服务于国家宏观经济调控、社会可持续发展和国家安全；全面落实科学发展观，实现五个统筹；全面建设小康社会。

（2）科学目标。在研究主要地理要素变化过程及其相互作用基础上，构建综合区划方案理论体系，提出综合区划方案，为国家宏观调控和可持续发展提供科学决策依据；建设综合区划方案动态基础平台，为多维、多目标和多用户决策提供技术保障。

2. 综合区划的理论体系

综合区划理论体系包括区域分异与划分原则、指标体系、等级单位以及区划的方法论。进一步研究是在继承老一辈地理学家成果的基础上积极创新，在理论方法上有所突破。

（1）地域分异规律与区划原则。综合区划必须仍然以地域分异规律为理论基础。确定不同的理论和方法论准则，即以划分原则作为指导思想，并指导选取区划指标、建立等级系统、采用不同方法。需要继承的传统区划原则包括：发生统一性原则、相对一致性原则、区域共轭性原则、综合性原则和主导因素原则等。但由于综合区划首要解决的是自然与人文相结合，因此必须着重贯彻自然与人文因素同等重要的原则，即综合区划在进行区域划分时，同时考虑自然要素和社会经济要素，把自然要素与资源、社会经济作为同等重要的组成成分看待，不偏重于任何一方（吴绍洪，1998）。这也是实施经济可持续发展必须应用的公平原则的重要方面。没有这一原则，综合区划可能类同于综合自然区划或经济区划。考虑到综合区划研究目标和过程的复杂性，需要对综合区划的独特原则进一步探讨。

（2）综合指标体系。受资料、技术条件限制，早先的综合自然区划方案多在专家会商基础上，先确定界线，再探讨能够反映出界线的指标值，这是早年间的一种"权宜之计"。但在科学技术日新月异、海量数据积累的今天，在确定刻画区域指标的基础上划定区域界线就势在必行。关键要解决的是在不同的等级选取合适的指标。自然与人文因素的结合意味着每一区域划分等级单位都必须以自然和人文的指标进行刻画，还是在不同等级单位上有所侧重，这是一个值得深入研究的基础科学问题。

（3）区划的单位。确定与不同层次相对应的地域单位是综合区划的一项重要内容。不同层次的地域单位与相应的地域单元如何对应，是地域区划单位要解决的一个最基本问题。因为可以用于刻画自然区域差异的指标数据与刻画社会经济区域差异的数据来源和格式不同（社会经济数据以行政单元统计），因而必须解决这两种数据单元的统一，即通常所说的自然与行政界线的统一问题。该问题将在划分指标体系的基础上，寻找相应的制图技术突破来实现。

（4）区划的技术手段与方法。区划的技术手段主要有叠置法、主导标志法、地理相关法、景观制图法、聚类分析方法、遥感（RS）、地理信息系统（GIS）和全球定位系统（GPS）分析方法等。其中，3S 技术在区划研究中有广阔的前景，与可持续发展所面临新的更为复杂的综合区划与动态监测评估任务相适应，为综合区划研究从静态走向动态并充分考虑人类活动的影响提供了良好的技术基础。在具体地域单元的划分上，必须沿用经典的"自上而下"和"自下而上"的方法。随着科学技术的发展和区划研究的进一步深入，越来越多的技术手段将不断地被发掘出来。综合区划研究方案要涵盖自然与人文因子、陆地和海洋系统，需要在国内外相关研究文献分析与评估基础上，集成分析 1950 年代以来我国地表宏观格局、资源环境格局和社会经济发展格局的变化特点，探索把自然与人文要素、陆地系统和海洋系统结合在一起的具体可行的综合集成方法，确定综合区划的方法。

3. 地域系统主要要素的变化过程、格局及其相互作用关系

综合区划方案的编制需要辨识综合地域系统的主要自然和人文要素，研究主要地理要素的变化过程、时空格局及其相互作用机理。重点包括：主要自然要素变化过程、时空格局；辨识中国综合地域系统的地貌、气候、土壤、植被、水文等自然要素，研究其变化过程；整理已有部门及综合经济区划方案，辨识政策、人口、科技、消费等人文要素，研究其变化过程、时空格局。

4. 中国地域系统重要界线的确定

地域界线是区域划分的具体表现，与地域体系的划分原则和方法紧密联系，又与等级单位系统分不开。由于绝对的界线在自然界中很难寻觅，界线是在模糊的渐变客观中寻找变率最大的空间，可能是一条线，也可能是一条过渡带，因此历来在区划界线问题的确定上争论比较多，如关于亚热带界线（吴绍洪等，2000）及青藏高原的界线问题，等等。由于早期的区划多是专家集成的定性工作，若干重要界线的确定带有假定、推测的成分。在经济区的划分与界线确定问题上，对经济区是否应有一定的范围和有明确的界线同样存在很多争论（杨树珍，1990；吴传钧，1998）。由于自然界各种现象的发展规律不同，所处的发展阶段有别，加上科学资料的详略不一，因此只能在一定范围内选用叠置法来拟定有关区划单位的界线。

综合区划方案中重要界线的确定需要考虑：①选择人类无法大量改变的因素进行界线划分，但同时参考人类活动引起的地理环境界线变化；②界线必须反映客观的变化，同时考虑潜在的变化；③界线划分应是模糊的、动态的、量化的，可以考虑用 GIS 的缓冲区分析等有关功能来实现；④自然界线和行政界线相结合，变动行政区域界线对区划的影响。

5. 典型区域的辨识及其特征分析

根据综合地理学或统一地理学的观点，区域研究是体现自然和人文相结合的重要层次和有效途径。探讨区域单元的形成发展、分异组合、划分合并和相互联系，是地理学对过程和类型综合研究的概括和总结。从地理学角度看，可以认为抓住典型区域研究，深化对地域分异规律的认识，是与国际接轨、连接全球的桥梁（Zheng，1999）。综合区划研究方案需要识别综合地域系统若干典型地区，如黄土高原、青藏高原、南方丘陵、喀斯特地区、西北干旱区、农牧交错带、珠江三角洲、长江三角洲及京津经济区等，研究典型地理单元的地域特征。

6. 世界地理格局与中国综合地域系统的相互作用

世界地理格局与中国综合地域系统相互作用研究，要着重研究周边国家、发达国家的地理格局变化，以及全球环境变化对我国综合地域系统的影响等诸多问题：①中

国地域系统变化对全球环境变化的贡献以及全球环境变化在中国的区域表现；②几十年来中国综合地域系统变化对世界地理格局（产业布局、经济结构、地域分工、原料来源、人口分布等）的影响；③全球经济一体化对中国综合地域系统的影响，包括国际分工、地域分工、市场作用对产业布局的影响；④中国战略性宏观结构调整与区域发展新格局对中国综合地域系统的影响，包括产业经济调整与地区经济发展、农业结构调整与地区态势、城乡结构调整与城镇化发展、基础设施发展及其结构调整、能源结构调整、高速经济增长下的环境状况、技术创新与空间结构等。

7. 数据的采集、处理、量纲化

随着科学技术发展与区划研究工作的全面深入，我国积累了遥感数据、长期野外观测数据、实验室模拟与理化分析数据、社会经济统计数据等多源海量时空数据。在此基础上，有必要整理我国已有部门与综合自然区划方案，分析单要素区划的理论、方法、资料、应用前景、特点及局限性，整合原有区划方案成果及新增数据，建立中国综合地域系统研究数据库。利用这样的数据库，可以清晰了解目前我国现存自然与人文要素的状态、存量、格局、结构，准确把握我国资源环境与社会经济的瞬时变化，结合情景研制工作，实现我国综合地域系统变化的实时监测与监控，为更好地应对包括全球环境变化在内的国内外各种变化，提供知识储备与技术支撑。

8. 综合区划的集成方法

如何辨识、提取用于综合区划方案的代表性自然与人文因素指标，这些指标如何叠加进而构建合理的动态指标体系，是综合区划方案的重点和难点。GIS 重视对海量空间数据的有效管理，重视对拓扑结构的管理和拓扑关系的自动生成，强调与空间相关的查询统计、空间分析（多边形叠置、缓冲分析、网络分析等）和三维模型分析，提供多种空间数据录入和输出手段，等等，而这些功能正是中国综合区划研究方案及其动态基础平台应该具备的。利用 GIS 设计建立模型库、图形数据库，将各种类型图及等值线图按分布、类别、属性加以综合分析，可以为区划研究提供较为便捷的手段。在具体工作中，需要综合采用专家个人与团体智能、理念分析、模型应用和多学科集成等方法，探索区划的综合集成方法，构建中国综合区划的时空模型。

以往许多区划兼顾了自然与人文两大要素，如各时期的农业区划。由于农业生产具有自然再生产和经济再生产过程相结合的特点，因而农业区的划分不仅需要考虑自然条件，还要考虑农业经济条件。在本质上，农业区划是一种自然－经济区划。但这些区划方案的指标选取多为静态，而且很少考虑人类活动可能产生的影响及其反馈。

综合区域的划分应充分考虑经济社会要素。在自然地带性基础上反映经济要素很困难，但可以在基层单位（区划的二级、三级单位）加上人文/经济要素，往下划出区（吴绍洪，1998）。就可持续发展而言，研究区域可持续发展需要一个比较适当的区域划分，即按温度条件划分温度带，在此基础上再按水分条件划分为自然带，进而在上述两级区域框架上再叠加流域界线（黄秉维，1997）。在区域综合研究基础上，进行区域的比较研究和区域的联系研究，然后汇总为全国区划。当然，这只是其中一种思路，更加有效的综合集成方法尚需进一步研究。

9. 中国地域系统未来发展情景分析

进行综合区划研究，目的是为了更好地应对未来可能出现的包括全球环境变化以及国际政治形势变化在内的诸多潜在变化，中国综合区划方案应该对中国地域系统未来发展情景进行分析，做到未雨绸缪。中国综合区划研究方案拟根据未来经济全球化与全球环境变化、中国人口增长、经济增长、社会发展、资源开发以及环境保护等变化，对中国可持续发展时空变化的多种情景及其资源环境风险进行模拟，分析各种应对政策可能产生的时空效应并进行系统评估，为中国综合地域系统的功能优化及政策响应提供科学依据和决策平台。

10. 综合区划方案的动态演示系统

建立中国综合区划方案的界面友好动态演示系统，各种数据必须可以实时更新，能动态地反映区划的重要界线，并根据用户需求提供不同层面、不同要素的（专题）区划方案。综合区划方案动态基础平台应该包括系统总体设计、模块研制、区划方案演示与分析、系统更新与维护等功能，满足各级、各行业决策部门及不同区划单元的演示与分析需求，为我国发展资源环境综合分析、国民经济和社会信息化发展、国防和公共领域科技创新及多层面多目标决策服务（刘燕华等，2005）。

二、中国综合自然地域系统研究未来趋势

（一）发展方向

1990年代，从生态建设和环境保护的需要出发，地域系统的研究引入生态系统观点、生态学原理和方法论，特别是全球变化研究的兴起，需要将地域系统作为研究基础，从而生态地理地域系统的研究应运而生（Zheng，1999；倪健，2001；杨勤业等，2002；郑度等，2008）。该项研究的特点在于：①提出并完善了生态地理区域系统划分的原则和指标体系，该方案按照温度、水分、地貌组合的顺序，依次划分，建立了以生物地理学为基础的气候－植被分类系统；②系统揭示了不同生态地理区域土地退化及其整治的地域分异规律，并应用于生态与环境建设区域差异的论述与规划，阐明了各个生态地理区自然条件的差异、联系及其利用等问题；③在研究方法上考虑了全球环境变化对地域划分的影响，按照先水平地带，后垂直地带的方法来反映广义的地理地带规律，自上而下与自下而上相结合；界线拟定方面则是将传统的专家智能判定，与模型、数理统计和GIS的空间表达等结合。中国生态地理区域系统为地表自然过程与全球变化的基础研究以及环境、资源与发展的协调提供了宏观的区域框架，为土地生产潜力的提高、土地管理的政策分析、先进农业技术的引进与推广、自然保护区的选择与规划、自然规划的拟订等提供了必要的科学依据。这一时期生态地理区域系统研究的代表性成果有：郑度等（2008）的《中国生态地理区域系统》；杨勤业等（2002）的《中国生态地域系统研究》；侯学煜（1988）的《中国自然生态区划》；傅

伯杰等（2001）的《中国生态区划》，以及2008年中国环境保护部和中国科学院在北京联合发布的《全国生态功能区划》等。

随着地球系统科学和可持续发展研究的深入，20世纪末，黄秉维倡导开展综合区划研究，认为应当有一个顾及自然和社会经济两方面的综合区划以满足新形势的需要（黄秉维，1997）。过去50年，我国地表宏观格局、资源环境格局和社会经济发展格局发生了显著变化，全球环境变化与全球经济一体化对可持续发展和国家安全带来新的机遇和挑战，需要集成考虑自然与人文要素、涵盖陆地和海洋系统的综合区划来满足新的需求（刘燕华等，2004），众多学者先后在综合区划领域开展了探索研究（吴绍洪，1998；郑度等，1999；葛全胜等，2003；吴绍洪、刘卫东，2005）。

21世纪初，孙鸿烈、郑度、陆大道倡议和领导了"中国功能区域的划分及其发展的支撑条件"的研究，开始了中国功能区划的方法论与总体区划的前期研究。这是针对我国在城市建设、经济发展、资源利用、生态与环境中存在的问题而做出的全国性和地区性综合区划工作的积极探索，为自然、人文因子的综合研究提供了一条新思路。

基于地域功能属性、科学识别功能区、特别是合理组织功能区并进行功能建设，就需要在科学的发展观和价值观的指导下，协调好每个功能区自然系统内部关系、人文和自然系统内部的关系以及人与自然的关系、同一层级功能区之间的关系、功能区局部同整个区域整体的关系、不同层级区域的同一地域功能之间的关系，以及功能建设的长期效益和短期效益的关系（樊杰，2007）。

2006年，在我国"十一五"规划纲要中提出主体功能区的概念，要求根据资源环境承载能力、现有开发密度和发展潜力，统筹考虑未来我国人口分布、经济布局、国土利用和城镇化格局，将国土空间划分为优化开发、重点开发、限制开发和禁止开发四类主体功能区。优化开发区域是指国土开发密度已经较高、资源环境承载能力有所减弱，经济和人口高度密集的区域；重点开发区域是指资源环境承载能力较强、经济和人口集聚条件较好的区域；限制开发区域是指资源承载能力较弱、大规模集聚经济和人口条件不够好，并关系到全国或较大区域范围生态安全的区域；禁止开发区域是指依法设立的各类自然保护区域。主体功能区划强调资源环境对社会经济可持续发展的承载能力。可利用土地资源、可利用水资源、环境容量、生态系统脆弱性、生态重要性和自然灾害危险性，是反映自然状况的主要指标。

以上研究积极推动了综合区划工作的开展，但综合区划研究仍处在起步阶段，存在许多问题，在综合区划的理论完善和技术支撑等方面都有待深入。自然与人文要素的相互作用机制如何，采取何种有效技术手段将自然与人文要素融合，并借此合理反映自然与经济社会作为一个整体的地域分异规律，是综合区划面临的难题之一。

（二）研究方法的进展

随着地域系统研究的不断深入，地域系统相关理论和方法的不断探索求新，地域系统研究取得了重要进展和成果，特别是在技术与方法上，从专家集成到建立指标体系指导区域划分，直至运用数理统计、地理信息系统等技术手段建立模型等，地域系统的客观性和可推广性不断增强。在 1950 年代综合自然区划研究阶段，区域界线划分以定性为主，依据一定的理论与经验，采用专家集成的方法，对地域分异规律做出判断，寻找适宜的指标，拟定区划方案，主观性较强。黄秉维在划分全国综合自然区划时，第一级单位（自然地区）实际上是根据互相关联的热量条件、水分条件、土壤、植被、土地利用等方面的共同性划分的。干燥度指标是在分析、对比干燥度等值线与土壤、植被、农业分布的关系以后订定的，而且只是划定界线的大体标准之一（黄秉维，1980）。一般而言，区划方案在拟定温度带和干湿区的界线时，首先基于地表气候、植被、地形和土壤等自然要素的地域差异确定界线，然后再寻求较能体现地理相关性的界线指标。这种区划方法因学者不同的知识背景，在具体界线走向等问题存在较大分歧，如我国热带北界问题曾引起学者的热烈讨论（曾昭璇等，1980；何大章、何东，1988；任美锷、曾昭璇，1991；黄秉维，1993；丘宝剑，1993；吴绍洪、郑度，2000）。

在地域系统研究发展的同时，对地观测技术系统的进步和时空分辨率的提高，使全球准同步动态监测成为现实。随着遥感、全球定位系统与地理信息系统的发展与进步，地理科学的综合集成有了定量化的科学基础与先进技术手段的保证（陈述彭，2001）。因此，区划界线的划分不再是以传统的专家集成为主，而是以建立模型、采用数理统计与 GIS 的空间量化表达等相结合为主，采用反映气候、地形、土壤、植被等多因子的指标体系。现在地域系统界线的确定，是根据不同分区内容的各相关指标因子，首先在 GIS 技术的支持下生成等值线，然后进行各因子等值线的综合，确定划分区域的界线（吴绍洪、郑度，2000）。另外，一些界线的研究也在朝着定量化的方向发展。例如，以前对土壤因子的应用，大多都是使用土壤类型的界线，很大程度是依靠土壤的分类系统。目前已有研究应用土壤的理化性质指标在空间上的差异，来反映区域间的差异，避免了因土壤分类系统不同而带来的不便（刘晔等，2008）。日益丰富的中尺度对地观测系统数据资源的供给，向我国区划提出了具有信息时代特点的挑战，核心问题是在应用对地观测系统数据资源过程中，通过数据处理、数据计算、数据挖掘、数据验证、数据共享等一系列科学研究提出的区划新方法论问题（刘闯，2004）。随着多变量分析和地理信息系统科学的发展，模型被逐渐应用于区划研究，尤其是模糊聚类分析和人工神经网络方法应用更为广泛。还有采用人工神经网络模型进行秦岭地区生态地域系统的划分（李双成、郑度，2003）。以指标和模型为依据的区划方法比专家集成方法客观，也易于将成果推广用于相应的区域研究（吴绍洪等，2010）。

参 考 文 献

陈传康，伍光和，李昌文. 1993. 综合自然地理学. 北京：高等教育出版社
陈述彭. 2001. 地理科学的信息化与现代化. 中国科学院院刊，16（4）：289~2911
樊杰. 2007. 我国主体功能区划的科学基础. 地理学报，62（4）：339~350
傅伯杰. 2013. 中国生态区划研究. 北京：科学出版社
傅伯杰，刘国华，陈利顶等. 2001. 中国生态区划方案. 生态学报，21（1）：1~6
葛全胜，赵名茶，郑景云等. 2003. 中国陆地地表层系统分区——对黄秉维先生陆地表层系统理论的学习与实践.

地理科学，23（1）：1～6

何大章，何东. 1988. 中国热带气候的北界问题. 地理学报，43（2）：176～182

侯学煜，姜恕，陈昌笃. 1963. 对于中国各自然区的农、林、牧、副、渔业发展方向的意见. 科学通报，（9）：8～26

侯学煜. 1988. 中国自然生态区划与大农业发展战略. 北京：科学出版社

黄秉维. 1959. 中国综合自然区划草案. 科学通报，（18）：594～602

黄秉维. 1965. 论中国综合自然区划. 新建设，（3）：65～74

黄秉维. 1980. 有关综合自然区划的若干问题. 见：《黄秉维文集》编辑组编辑. 地理学综合研究——黄秉维文
集. 2003. 北京：商务印书馆. 307～316

黄秉维. 1989. 中国综合自然区划纲要. 地理集刊，（21）：10～20

黄秉维. 1993. 中国综合自然区划. 第一章总论. 见：《黄秉维文集》编辑小组编辑. 自然地理综合工作六十
年——黄秉维文集. 北京：科学出版社，93～112

黄秉维，郑度，赵名茶等. 1999. 现代自然地理. 北京：科学出版社

李双成，郑度. 2003. 人工神经网络模型在地学研究中的应用进展. 地球科学进展，18（1）：68～76

林超. 1954. 中国自然区划大纲（摘要）. 地理学报，20（4）：395～418

刘闯. 2004. 中尺度对地观测系统支持下中国综合自然地理区划新方法论研究. 地理科学进展，23（6）：1～9

刘燕华，葛全胜，张雪芹等. 2004. 关于中国全球环境变化人文因素研究发展方向的思考. 地球科学进展，
19（6）：889～895

刘燕华，郑度，葛全胜等. 2005. 关于开展中国综合区划若干问题的认识. 地理研究，24（3）：321～329

刘晔，吴绍洪，郑度等. 2008. 中国中温带东部生态地理区划的土壤指标选择. 地理学报，63（11）：1169～1178

罗开富. 1954. 中国自然地理分区草案. 地理学报，20（4）：379～394

倪健. 2001. 区域尺度的中国植物功能型与生物群区. 植物学报，43（4）：419～425

丘宝剑. 1993. 关于中国热带的北界. 地理科学，13（4）：297～306

任美锷，曾昭璇. 1991. 论中国热带的范围. 地理科学，11（2）：101～108

任美锷，杨纫章，包浩生. 1979. 中国自然区划纲要. 北京：商务印书馆

任美锷，杨纫章. 1961. 中国自然区划问题. 地理学报，27：66～74

任美锷，包浩生. 1992. 中国自然区域及开发整治. 北京：科学出版社

孙鸿烈，张荣祖. 2004. 中国生态环境建设地带性原理与实践. 北京：科学出版社

吴绍洪，刘卫东. 2005. 陆地表层综合地域系统划分的探讨——以青藏高原为例. 地理研究，24（2）：169～177

吴绍洪，尹云鹤，樊杰等. 2010. 地域系统研究的开拓与发展. 地理研究，29（9）：1538～1545

吴绍洪，郑度. 2000. 生态地理区域系统的热带北界中段界线的新认识. 地理学报，55（6）：689～697

吴绍洪，杨勤业，郑度. 2002. 生态地理区域界线划分的指标体系. 地理科学进展，21（4）：302～310

吴绍洪. 1998. 综合区划的初步设想—以柴达木盆地为例. 地理研究，17（4）：367～374

席承藩，张俊民，丘宝剑等. 1984. 中国自然区划概要. 北京：科学出版社

杨勤业，李双成. 1999. 中国生态地域划分的若干问题. 生态学报，19（5）：596～601

杨勤业，张镱锂，李国栋. 1992. 中国的环境脆弱形势与危急区. 地理研究，11（4）：1～6

杨勤业，郑度，吴绍洪. 2002. 中国的生态地域系统研究. 自然科学进展，12（3）：287～291

杨树珍. 1990. 中国经济区划研究. 北京：中国展望出版社

曾昭璇，刘南威，李国珍等. 1980. 中国热带界限问题的商榷. 地理学报，35（1）：87～91

赵松乔. 1983. 中国综合自然区划的一个新方案. 地理学报，38（1）：1～10

郑度，傅小锋. 1999. 关于综合地理区划若干问题的探讨. 地理科学，19（3）：193～197

郑度，杨勤业，吴绍洪等. 2008. 中国生态地理区域系统研究. 北京：商务印书馆

郑度，杨勤业，赵名茶等. 1997. 自然地域系统研究. 北京：中国环境科学出版社

中国科学院《中国自然地理》编辑委员会. 1985. 中国自然地理·总论. 北京：科学出版社

Bailey R. 1998. Ecoregions – The Ecosystem Geography of the Oceans and Continents. New York：Springer – Verlag

Bailey R. 2002. Ecoregion – Based Design for Sustainability. New York：Springer – Verlag

Boisvenue C，Running S W. 2006. Impacts of climate change on natural forest productivity——evidence since the middle of the 20th century. Global Change Biology, 12: 862 ~ 882

Grabherr G, Gottfried M, Pauli H. 1994. Climate effects on mountain plants. Nature: 369 ~ 448

IPCC. 2007. Summary for Policymakers. In Climate Change 2007: Impacts, Adaptation and Vulnerability. Contribution of Working Group II to the Fourth Assessment Report of the Intergovernmental Panel on Climate Change, Cambridge, United Kingdom and New York. NY, USA: Cambridge University Press

Jones R G, Noguer M, Hassell D C. 2004. Generating High Resolution Climate Change Scenarios Using PRECIS (Met Office Hadley Centre, Exeter, UK)

Nakicenovic N, Alcamo J, Davis G. 2000. Special Report of Working Group III of the Intergovernmental. Panel for Climate Change. Cambridge UK: Cambridge University Press

Root T L, Price J T, Hall K R, et al. 2003. Fingerprints of global warming on wild animals and plants. Nature, 421 (6918):57 ~ 60

UNFCCC. 1992. United Nations Framework Convention on Climate Change. http: //unfccc. int/resource/docs/convkp/conveng. pdf

Wu S H, Zheng D. 2001. Delineation of boundary between tropical/subtropical in the middle section for eco – geographic system of South China. Journal of Geographical Sciences, 11: 80 ~ 86

Wu S H, Yang Q Y, Zheng D. 2003. Delineation of eco – geographic regional system of China. Journal of Geographical Sciences, 13: 309 ~ 315

Wu S H, Zhao H X, Yin Y H. 2006. Recognition of Ecosystem Response to Climate Change. Impact Advance In Climate Change Research, 2: 59 ~ 63

Xu Y L, Zhang Y, Lin E D, et al. 2006. Analyses on the climate change responses over China under SRES B2 scenario using PRECIS. Chinese Science Bulletin, 51 (18): 2260 ~ 2267

Zheng D. 1999. A study on the eco – geographic regional system of China, FAO FRA2000. Global Ecological Zoning Workshop, Cambridge, UK

第三篇
东部季风区

第十章 寒温带/温带湿润半湿润地区

寒温带/温带湿润半湿润地区位于中国东北部，其北界和东界均为国界，西面大致以干燥度1.2等值线与内蒙古温带草原地区为界，南面以日平均气温≥10℃期间积温3 200℃等值线与暖温带湿润半湿润地区分界，不包括辽宁省南部地区在内。因而，与过去习惯上以长城为"东北"与"华北"的分界线颇为不同。在行政区划上，包括黑龙江省和吉林省的全部，辽宁省的北部及内蒙古自治区的东部边缘（图10.1）。

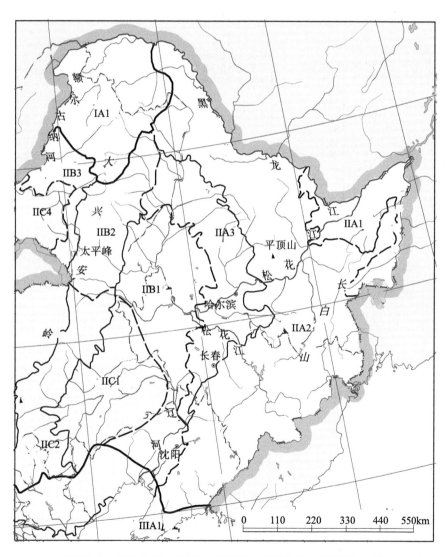

图10.1 寒温带/温带湿润、半湿润地区的位置（图例见正文）

第一节 自然地理特征综述

一、冬季严寒、夏季湿润而温和的气候

寒温带/温带湿润、半湿润地区位于中国东部季风区的最北面。在大气环流上全年受冬、夏迭换的大陆季风和海洋季风所控制，纬度位置比较偏北（约从 41°~53°N），气温在全国为最低，日均温≥10℃期间积温在 1 400~3 200℃之间。从南向北递减，大兴安岭及其附近地区为 1 400℃以下，是中国唯一的寒温带地区。漠河有保持全国绝对最低气温（-52.3℃）的纪录。如果以"候"（五天）平均气温≤10℃为冬季，则本地区北部冬季最长可达 230 天，南部也可为 200 天；按"候"平均气温≥22℃为夏季，哈尔滨夏季仅有 50 天，北部绝大部分地方以及东部山地的敦化、蛟河等地均无夏季。

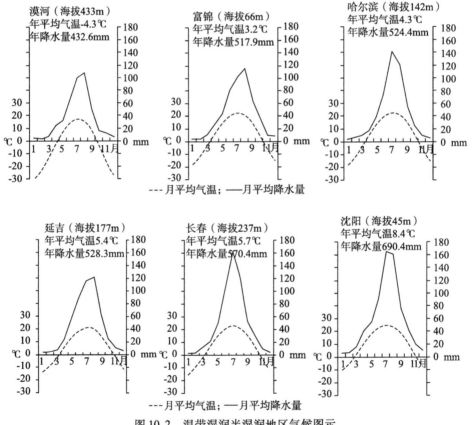

图 10.2　温带湿润半湿润地区气候图示

本地区冬季寒冷，夏温不高。最冷月（1 月）平均温度，南部在 -14~-10℃之间；松嫩平原和三江平原在 -22~-14℃之间；小兴安岭和大兴安岭山地在 -24℃以下。最热月（7 月）平均温度，大部分在 20℃以上。松嫩平原和三江平原为 20~24℃；东部山地和小兴安岭多在 20℃以下；大兴安岭北部 18℃以下。地区内部温度差异十分显著，基本规律是随纬度增加温度降低。此外，距海远近和地势高低亦强烈影响着温

度的分布趋势。一般平原较为温暖，山地较寒冷。等温线在山地与山脉的走向平行，近海处与海岸线平行。松嫩平原和三江平原年平均温度为 $0 \sim 4\,℃$。山地温度分布比较复杂，温度随高度增加而下降。长白山年平均温度直减率为 $0.52\,℃/100m$，天池气象观测站（海拔 $2\,669m$）多年年平均温度仅为 $-7.3\,℃$；大兴安岭北段山地，年平均温度在 $-4\,℃$ 以下，其东坡年平均温度直减率更大。与同纬度其他地区比较，冬季气温很低，夏季气温较高。因此，本地区气温年较差很大，居世界同纬度地区之冠。

大部分地区的年降水量在 $400 \sim 700mm$ 之间。年降水量空间分布的基本形势是自东南向西北随着距海里程的增加而递减，地形对降水的影响很显著，迎风坡降水高于背风坡。一般东部山地可达 $600 \sim 1\,000mm$ 以上，西北部的大兴安岭为 $500mm$ 余。在千山的东南坡，降水量 $1\,000mm$ 以上（宽甸 $1223mm$），越山后在辽河河谷减为 $700mm$，再往西北抵洮南、白城降至 $400mm$ 左右，到大兴安岭东南坡受地形抬升影响，山顶达 $500mm$ 以上，过大兴安岭又减少，到三河地区仅为 $350mm$。在一年之中，降水主要集中在夏半年（$5 \sim 10$ 月份），降水高峰出现在 7、8、9 三个月份，距海愈远集中程度愈高。通常 $5 \sim 10$ 月份降水占全年降水量 80%（$42°N$ 附近）$\sim 85\%$（$46°N$ 附近）。年降水变率不大，约在 20% 左右，和长江流域相似。本地区的干燥度在 1.0 上下，属湿润、半湿润地区。

总之，本地区的温度和降水形势形成了温暖季节与多雨时期相配、寒冷与干燥相配的季风气候特征。一般来说，本地区的降水可以满足一年一熟旱作农业的需要，只有少数地区稍嫌不足，如遇冬季少雪年份，加上春季风大，蒸发强烈，平原西部会出现严重春旱，5 月下旬及 6 月间的"卡脖旱"尤为严重，西部白城一带常由于春旱影响收成。因此，排涝和灌溉措施在不同地区和不同年份都有不同程度的需要。但对农业生产最大限制因素仍然是低温冷害，春季低温大致每三年一次，夏秋低温每五年一次，全生长期低温每 20 年一次。如遇到低温与早霜相结合，对农作物危害大（中国科学院《中国自然地理》编辑委员会，1985）。

二、三面环山的马蹄形地貌结构

在大地构造上，本地区东部山地为老爷岭台背斜和吉林准褶皱带，西部山地为大兴安岭褶皱带，中部大平原为松辽台向斜，而三江平原为内陆断陷。古生代不断有褶皱、断层及岩浆活动在大兴安岭及东北山地出现，新生代又有大面积玄武岩喷发，构造方向以北北东为主。

在地貌上，以组成东北大平原北半部的松嫩平原为核心，西、北、东三面均环山，成为一个巨大的马蹄形。在西北—东南向的综合自然地理剖面上，形成"两峰夹一槽"的曲线。西北部为大兴安岭的北段，走向北北东，海拔 $1\,000m$ 上下，西坡平缓而东坡陡峻，其向东延伸的伊勒呼里山耸峙于松辽平原的北面。东部山地从北而南包括一系列山地：最北面的小兴安岭为西北—东南走向的低山和丘陵，海拔在 $1\,000m$ 以下，准平原面保存较好；中间为一系列走向东北的平行山岭大黑山、吉林哈达岭、张广才岭、老爷岭、完达山等，海拔 $1\,000m$ 上下，其间分布一些宽广的盆地和谷地；南边的长白山为走向东北的巍峨山岭，最高峰白头山海拔 $2\,744m$。辽阔的松嫩平原则是一个巨大的宽浅盆地，四周为山麓洪积－冲积平原，海拔 250～300m 上下，盆地中心的哈尔滨—齐齐哈尔—白城三角形地区徐徐下降，后者海拔不到 200m，湖泊与沼泽广布。

三、水资源丰富

较多的降水和较低的蒸发以及植被茂密的山岭，保证了本地区有丰富的地表水资源。黑龙江及其两大支流松花江和乌苏里江，以及其他许多大小河川形成了一个稠密的水路网，而黑龙江与松花江、乌苏里江汇流处的三江平原，正是这个水路网的核心，也是中国最大的沼泽分布区之一。本地区源于山地的河流中、上游，坡降较大，河谷狭窄，水能资源蕴藏量较大。有许多适于梯级开发的优良坝址，尤以第二松花江水能蕴藏量丰富，除现有的丰满水电站外，其上游河段还有许多优良坝址，可供修建水电站。虽然目前正在有效地开发建设，但总体来说本地区水能资源利用尚不充分，还有许多大、中型库址可以修建水库。在山区，小型水库的库址则更多，如能充分利用，可做到防洪、蓄水并举，既兴利又除害（中国科学院《中国自然地理》编辑委员会，1985；伍光和等，2000）。

本地区的地表径流多寡主要决定于降水的分布状况，多年平均径流深以通化、蛟河一带为最高，可达 500～600mm。其北部伊春、方正一带为 300～400mm。再北，从延吉、穆棱直到三江平原都小于 200mm。除此之外，总的径流深度变化其实是从东南向西北减少，西部除大兴安岭北部年径流深高于 200mm 外，其余均在 200mm 以下。松辽平原的西部有许多湖泊，多形成闭流区。到大兴安岭山地年径流深又有所增加，达 250mm 上下。年径流变差系数（C_v）与之相反，通化、蛟河直至伊春一带较小，为 0.3～0.4；中部大平原部分较大，为 0.8 左右；三江平原为 0.6～0.7；大兴安岭北段又降至 0.3 左右。

本地区地下水资源丰富，水质优良，已建成或正在建设 20 多处大型矿泉水生产基地。

四、丰富的生物资源

本地区的群山遍布着森林，自古号称"树海"，是全国最大的木材产地。1950 年代后至 1990 年代，本地区为支援国家建设，提供了大量的木材及半成品。另外，本地区也分布着大面积草场。土特产品也很丰富，尤以"三宝"（人参、貂皮、鹿茸角）著称，灵芝、天麻、不老草、北芪及松茸、猴头蘑、田鸡油等，都闻名国内外。

本地区的植被类型复杂，充分反映出温带大陆东岸的特征。就地带性植被而言，大兴安岭北部属寒温带针叶林地带；东部山地属温带针阔混交林地带。这两个地带，与延续整个欧亚大陆的地带不同，赋有温带大陆边缘的特定表现形式，实际上是地带的一段。大兴安岭北部寒温带针叶林主要是兴安落叶松（*Larix dahurica*），有明显的垂直分布特征。东部山地温带针阔混交林地带，主要以红松（*Pinus koraiensis*）与阔叶树混交林作为基带，在此基带之上，有明显的植被垂直分布现象（图10.3）。

平原部分的植被为温带半湿润森林草原，再往西便是内蒙古的温带半干旱草原。

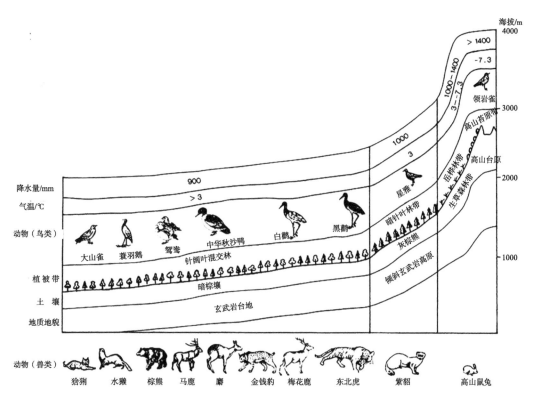

图 10.3　长白山的垂直自然分带

温带半湿润森林草原，位于森林草原过渡的地带，是榆树森林草原。更西则为羊草草甸草原，以羊草（*Aneurolepidium chinesis*）为主要成分。沿河两岸有许多沙地，发育着沙生植被。

五、丰富的宜农土地资源

　　按照中国土壤分区，本地区土壤属于东部季风土壤区域。包括正常灰土、寒冻雏形土地区和冷凉淋溶土、湿润暗沃土地区。前者只包含一个土区，即大兴安岭北部简育正常灰土、暗瘠寒冻雏形土、有机永冻潜育土区。而后者则包含大小兴安岭简育冷凉淋溶土、简育湿润暗沃土区、长白山漂白冷凉淋溶土、简育湿润暗沃土区、三江平原暗色潮湿雏形土、漂白冷凉淋溶土、有机正常潜育土区，松嫩平原东部简育湿润暗沃土、暗色潮湿雏形土区，松嫩平原西部暗厚干润暗沃土、暗色潮湿雏形土、潮湿碱积盐成土区和西辽河上游干润砂质新成土、淡色潮湿雏形土、钙积干润暗沃土区。土壤与植被分布规律基本一致。

　　本地区的宜农土地资源非常丰富。仅黑龙江省，现有耕地 870 万 hm^2，占全国耕地面积 1/12，生产全国商品粮近 1/6。近百年来，松嫩平原和三江平原是全国两大农垦中心，松嫩平原现有耕地占黑龙江省全省耕地的 2/3，有些地区的垦殖指数已达 50% ~ 60%，耕地多分布于肥沃的缓坡地，主要为黄土性母质的黑土（简育湿润均腐土）和黑钙土（暗厚干润均腐土）。值得注意的是，人们在无限度地索取过后，也使黑土地的状况发生了面积减少和土层变薄的现象，甚至出现了黑土逐渐向黄土演化的现象。据调查（水利部等，2005），本地区现有各类侵蚀沟 46 万多条，吞没耕地 48.3 万 hm²。在黑土区开发近百年的时间里，开垦 20 年的黑土地土层厚度减少为 60cm 至 70cm，有机质含量减少了 1/3 至 1/2；开垦 70 年至 80 年的黑土层一般土层只剩下 20cm 至 30cm，黑土区水土流失面积已达 27.59 万 km²，占全区总面积的 26.79%；黑土有机质下降 2/3 左右（中国科学院《中国自然地理》编辑委员会，1985；伍光和等，2000；蒙吉军，2005）。

第二节　地区内部差异与自然区划分

本地区涉及到寒温带和中温带等两个温度带。仅中温带跨纬度就达 12°之多。气候上南北的地域差异相当明显。全年的太阳总辐射一般为 502kJ/cm²，南部可达 544kJ/cm²，到北部仅为 460kJ/cm²。太阳总辐射的年变化在 5~6 月出现高峰，其前后逐渐减少。

日平均气温≥0℃的开始日期，一般在 4 月 5 日左右，但南北相差很多。南部 3 月末即可稳定通过，北部直到 4 月中旬才能稳定通过。日平均气温稳定通过 0℃ 的日期，正是这一地区内春小麦开始播种的日期。随着日平均气温稳定通过 0℃ 的日期由南向北逐渐向后推迟，春小麦播种日期也随之由南向北逐渐推迟。

日平均气温≥10℃的开始日期，一般在 5 月 10 日左右，南部较早，约在 4 月末到 5 月初，北部较晚，约在 5 月 20 日前后。日平均气温≥10℃的终日，一般在 9 月末，南部在 10 月上旬，北部在 9 月下旬。日平均气温≥10℃的稳定持续期一般为 135 天，南部可达 160 天，北部仅 120 天。日平均气温≥10℃期间的积温一般为 2 500℃，南部可高达 3 100℃，北部降至 1 400℃，这是中国唯一的寒温带所在。在漠河保持全国极端最低气温（-52.3℃）的记录。本地区初霜比日平均气温≥10℃的界限温度的终日约提早 10 天，因而实际生长季要比日平均气温≥10℃的持续期为短，一般生长季为 130 天，南部可达 150 天，北部只有 110 天。应该指出，以上所述都是根据气象台、站所积累的资料，而气象台站除个别山顶气象站外，多设在平地或河谷平地，因而无法代表山地气候特征。例如，长白山上的天池，日平均气温≥10℃的开始日为 7 月 26 日，8 月 5 日为其终止日，其持续期仅 10 天左右，可见山区的情况要复杂许多。

本地区北部，不仅纬度较高，而且北面与北半球的"寒极"——维尔霍扬斯克 - 奥伊米亚康所在的东西伯利亚紧紧为邻，从北冰洋暴发而来的寒潮，常常经过这里侵入，使本地区的气温骤减；西面是海拔千米的蒙古高原，西伯利亚寒流也常经过这里，以高屋建瓴之势，直袭本地区；东北面还有一个素称"太平洋冰窖"的鄂霍次克海，春夏季节从这里发源的鄂霍次克海气团，常常来到本地区，影响黑龙江下游一带，在不同程度上增加了致寒致冷的作用，使冷季气温较同纬度的大陆要低 10℃以上。

冬季在强大的蒙古高压控制下，寒冷而干燥。夏季短促而较热，7 月是一年中最热的月份，平均气温 21~25℃，南北温差很小，但降水集中，常有暴雨。当太平洋亚热带高压西伸且偏北时，可出现短期炎热天气，最高气温达 35℃以上。冬寒夏热，气温年较差之大，为世界同纬度地区之最。春季是大风出现最多的季节，8 级以上大风日数，哈尔滨为 25.5 天，长春 25.2 天。春季，每当贝加尔湖低压向东南移经本区并加深时，呈现南高北低的气压形势，往往形成强盛的西南大风，风速可达 10～20m/s，并且能持续 1～2 天。

受到距海远近和山势起伏的深刻影响。在东部山地，南部通化平均年降水量为894mm，最多达 1 217mm（1954 年）。中部延吉年平均降水量 515mm，最多 631mm，最少 396mm（1958 年）；到北部小兴安岭一带，年降水量为 450～550mm。夏季降水量占全年 60%～70%，其集中程度从东南向西北逐渐增大。全地区降水量自东向西递减，大部分地域年降水量为 400～600mm。降水变率各地均以春季为最大，南部达 50%，北部达 60% 以上。

中温带内存在湿润与半湿润之间的差别，亦存在半湿润与半干旱之间的不同。半湿润与半干旱之间的界线在沽源—围场—建平—北票—章古台—双辽—乾安—姚安—大安—泰来附近通过（郑度等，2008）。东西之间水分状况的差异，导致植被与土壤状况的不同。

寒温带在中国境内全属湿润地区，植被为森林。主要树种是落叶松。在低温条件下，落叶松生长很慢。木本植物的根系分布浅，凋落物不但数量少，而且灰分元素含量低，分解微弱。土层很薄，土壤呈酸性反应，养分含量不高，可给性更小。

中温带在湿润地区中，大部分天然植被为森林。主要树种是常绿针叶树和落叶阔叶树，比之寒温带种类较多，生长较快，残落物数量较大，并且富含灰分元素，分解亦较快。土壤微酸性至中性，土层也厚得多。这一地区面积广大，地形复杂，植被和土壤都有许多差异。较重要的差异有两类：一是在低平原、河谷阶地、山间谷地、熔岩台地和山前洪积台地上的土壤，群众称为白浆土（暗沃漂白冷凉淋溶土）。土内排水不良，表层 10～20cm，自夏初至秋初，干湿交替，其他时期常处于过湿状态。在滞水还原条件下，铁、锰处于低价状态，部分侧渗流失，部分在较干时的氧化状态下从低价状态渐变为高价状态。这是在表土底部形成白色白浆层的原因。在此种土壤上，盛长喜湿的树木和草本，根系密集于表层，能进入白浆层以下的很少。腐殖质含量一般为 8%～10%，多呈微酸性。除钾含量丰富以外，其他养分含量只在白浆层以上比较多。最主要缺点是表层以下土质黏重紧实。三江平原是白浆土分布最广的地域。另一类土壤是分布于松辽平原东部的黑土（简育湿润均腐土）。这里地势浅起缓伏，土层上部以黏土为主，中下部砂质增多，砂土黏土相间，底部多砂砾层。黑土主要发育于台地中上部。由于土质黏重，季节性冻土与三江平原相类似，因此土壤表层水分季节变化亦相似，但因下层土质较轻，不妨碍植物根系的发展。分布于其间的植被，由 25～50 种中生草本组成，无特别明显的优势种，生长茂密，高 40～50mm 以上，根系深达60～100mm 以下，当地称为五花草塘。每年形成约有机物质大半转化为腐殖质。黑土层厚度通常为 40～100mm，腐殖质含量约为 3%～6%，呈中性或微酸性，养分含量高。其内，土壤和植被也有不少差异。在地形部位较低的地方，因一年之中土壤含水过多的时期较长，植物种类较少，土壤性质亦向草甸土过渡，下接草甸和草甸土（普通暗色潮湿雏形土），更下为沼泽和沼泽土（有机正常潜育土）。在丘陵或台地顶部，可见到柞树、黑桦、山杨等树种的森林及前述森林下的土壤。在上下层土质都黏重的地方，可出现白浆土。半湿润地区水分较少，各年之间的变化也比较大。植被以羊草草甸为主。在丘陵及低山中，或森林与草原交错；或阳坡为草原，阴坡为森林。土壤中性至微碱性，有钙质积聚，土中有机质和养分含量高，土层深厚。在排水不良地方有盐渍土（普通潮湿正常盐成土）。

依据以上分异，寒温带温带湿润半湿润地区划分为 7 个自然区。即寒温带湿润地区的大兴安岭北段山地落叶针叶林区（ⅠA1）、中温带湿润地区的三江平原湿地区（ⅡA1）、小兴安岭长白山针叶阔叶林区（ⅡA2）、松辽平原东部山前台地针阔混交林区（ⅡA3），和中温带半湿润地区的松辽平原中部森林草原区（ⅡB1）、大兴安岭中段山地森林草原区（ⅡB2）、大兴安岭北段西侧丘陵森林草原区（ⅡB3）。

第三节　自然区自然地理特征

寒温带湿润地区

一、大兴安岭北段山地落叶针叶林区（ⅠA1）

寒温带湿润地区（ⅠA1）仅含一个自然区，即大兴安岭北段山地落叶针叶林区（ⅠA1）。范围北起黑龙江国境线，南至牙克石至绰汗山至大杨树一线，西抵额尔古纳河。行政区域包括内蒙古额尔古纳市、根河市、鄂伦春自治旗及牙克石市北部和黑龙江省漠河、塔河及呼玛 3 个县，总面积大于 14 万 km²。

大兴安岭山地是中生代燕山期（6 700 万年前）发生的新华夏系的断裂隆起而形成的地貌基本轮廓。出露有侏罗纪、白垩纪喷发的岩石。如南部低山广泛分布有白垩纪、侏罗纪喷发的流纹岩、石英粗面岩及玄武岩等。隆起的山体，经过长期剥蚀，趋于准平原状态。整个山地，中山面积不大，经过冻融、剥蚀、侵蚀的低山面积较大。山区谷地宽展。总的趋势是南高北低，地形波状起伏，山坡较平缓。山间有宽谷冲积、洪积平原和河谷冲积平原。谷地、丘陵相间分布。海拔 700 ~ 1 000m 左右。山脉西坡较缓，相对高差 500m 左右；东坡较陡，高差较大，自西向东呈阶梯状由中山、低山、丘陵下降到嫩江河谷平原。

寒温带是中国最冷的气候区域，年太阳总辐射均在 46 万 J/cm² 以下，5 ~ 6 月为太阳总辐射的高峰期，以后逐渐减少。气候的主要特点是冬季长而干冷。年平均气温在 −2℃ 以下，7 月平均气温在 19℃ 以下，1 月平均气温低于 − 28℃。按候平均气温 ≥ 22℃ 为夏季，≤10℃ 为冬季，则本地区大部分区域无夏季，而冬季可长达 240 天以上。除牙克石、柴河等谷地外，日平均气温 ≥10℃ 的积温一般低于 1 600℃。无霜期少于 90 天，积雪初、终间日数在 200 天以上，最大积雪深度 20 ~ 30cm。由于冬季漫长而严寒，降水又少，积雪很浅，使得最大冻土深度达 2.5m 以上，这也有利于多年冻土的形成。在 51°N 以北和 124°E 以西的范围内，从河谷到平坦山顶都普遍分布有多年冻土，尤以低洼谷地较为发达。年降水量大致在 350 ~ 450mm。东坡湿润，年降水量大于 400mm，西坡干旱，年降水量小于 350mm。降水的季节分配不均匀，11 月到次年 3 月 5 个月的降水量仅占全年降水量的 5% 左右，而 5 ~ 9 月的 5 个月降水量占全年降水量的 80% 左右；降水总量虽不算多，但由于温度较低，干燥度却小于 1.0。这是降水总量虽较一般森林地区少，却仍然能满足森林生长需要的主要原因。

本地区植被以兴安落叶松为主。其中，伊勒呼里山以北多为保存较完整的天然原始林（伊勒呼里山以南原始林已不多），森林树种组成除兴安落叶松外，还有樟子松和红皮云杉，但面积不大，呈片状分布。此外，东部边缘有蒙古栎、黑桦、白桦等阔叶树种。

大兴安岭兴安落叶松主要有以下几个林型。

（1）偃松–落叶松：在伊勒呼里山地以北分布在海拔≥800m 棕色针叶林土地带，向南则分布在海拔 >1 000m 的陡坡土层薄的山地上部。地表石质残积物多，土壤是粗骨性薄体针叶林土。林冠郁闭度 0.4 左右，树高 10~15m，树干尖削度大，树木年材积生长量 <1m³/hm²。此林型最突出的特点，是林冠下有以灌木状偃松为主的低矮小乔木亚层。偃松枝干低矮，偃伏状，一般高 3m 左右，根系发达。

（2）杜鹃–落叶松林：分布在海拔较高、坡度 10°~20° 的山坡中上部，土层较薄、肥力差的棕色针叶林土（暗瘠寒冻雏形土）上。林内偶有杜鹃–樟子松林，并常混生白桦。林下植被有杜鹃–越桔、红花鹿蹄草、薹草等。此林型是大兴安岭北部山地最基本的林型。按地貌海拔划分，上连偃松–落叶松林，下接草类–落叶松林。此林型在伊勒呼里山岭以北分布在海拔 450~820m，在根河分布在海拔 700~1 000m，再向南分布在海拔 1000m 以上地带。郁闭度 0.5~0.8。树龄整齐，50 年生树平均高 15.24m。年材积平均生长量 4.8m³/hm²，年最低生长量 1.5m³/hm²。

（3）草类–落叶松林：分布在山地中下部缓坡上（坡向多为北坡），海拔 450~1 000m，水土条件最佳的山地垂直地带，土层深厚、排水良好的生草化棕色森林土或草甸棕色森林土上。林分郁闭度 0.6~0.8。林下植物有越桔、薹草、野青茅、红花鹿蹄草、极地悬钩子、二叶舞鹤草等。较好的林分 56 年生树平均树高 20.8m。林龄 50 年材积年平均生长量 5.3m³/hm²。

（4）杜香–落叶松林：分布在海拔较低（450~1 000m）、坡度 <5°，阴坡、半阴坡坡麓。地下有永冻层，常有滞水、潜育泥炭化土壤或棕色针叶林土或泥炭沼泽土（有机正常潜育土）。林木生长不良，50 年生树平均高 12.62m。

（5）泥炭藓–杜香–落叶松林，真藓泥炭藓–落叶松林：这两个林型所占面积不大，其中后者更小。生态条件较之杜香–落叶松林更低湿。地下有永冻层，土壤贫瘠，林分生产力低下。

（6）溪旁落叶松林：此林型也属低湿系列林型和面积很小的林型。它发育在河流冲积土上，水分虽多，但常流动，林分生产力较高，下木也较发达。

另外，北段山地东部气候较湿润温和，向东流的呼玛河、甘河、诺敏河等各河上中游兴安落叶松林、樟子松林、白桦林分布在海拔 300~1 000m 的棕色森林土上。各河下游分布有蒙古栎、白桦林、黑桦林，阳坡、半阳坡分布有樟子松林及小片云杉林。河谷冲积地分布有甜杨林、钻天柳林等。再向东到十八站以东分布有水曲柳、春榆林和北五味子等，阳坡分布有黄波罗等（崔玲等，2003）。

本区以森林植被为主体，演替以白桦林为中心。白桦是喜光的耐寒树种，在大兴安岭北部其适应范围与兴安落叶松几乎一致，在战胜杂草方面比兴安落叶松强。采伐迹地和火烧迹地经反复火烧缺少兴安落叶松种源，深厚的藓类和草本植物妨碍兴安落叶松更新，但白桦靠其萌芽能力和种子的传播能力，迅速形成较纯的白桦林。白桦衰老、枯死或火烧后，兴安落叶松和白桦同时作为先锋树种出现，然后随林龄增长，兴安落叶松逐渐代替白桦恢复成兴安落叶松林。而兴安落叶松林随着分布地域海拔的升高而演变成了各类兴安落叶松林下（图10.4）。

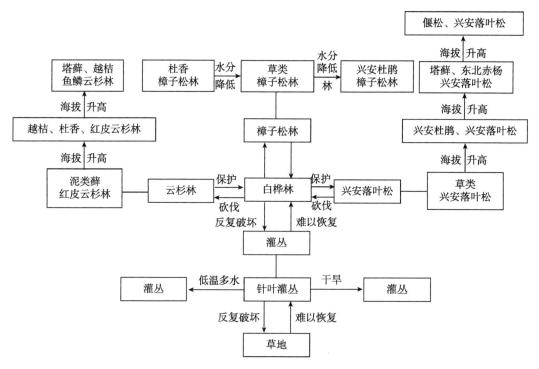

图 10.4　大兴安岭北部森林植被演替示意图

（杜晓明等，2002）

白桦林是一个不稳定的次生植被，在有种源的条件下，则恢复成各类针叶林，在不同的生境下，有3种情况：一是兴安落叶松取代白桦，这一演替方式在大兴安岭北部较普遍；二是由云杉取代白桦，其多见于谷地或高海拔地带；三是由樟子松取代白桦，常见于阳燥、陡坡的山地。上述3种演替过程持续时间一般为70～100年。在无种源又不断破坏的情况下，白桦林则逐渐形成灌丛、草地，而且较难恢复。

大兴安岭北部地区的白桦林，若再继续破坏下去，将演替成灌丛或草地，而且很难恢复成森林。故此，为确保该地区的森林演替，恢复森林植被，应对白桦林加强保护，需注意合理经营。

本区植被与土壤的分布，除受纬度位置及温带大陆东岸向内陆过渡的位置影响外，大兴安岭的隆起也有重要意义。由于本地区所处的地理位置，使得这里的冬季既长又冷且干，雨热同季且过分集中，永冻层与季节冻层相当普遍，沼泽化现象广泛存在，这些条件决定了兴安落叶松在植被构成中成为主要成分，形成大面积的落叶松林（中国科学院《中国自然地理》编辑委员会，1985）。从区系植物地理上来说，属大兴安岭植物分布区，除落叶松外，针叶树种还有樟子松、西伯利亚云杉、鱼鳞松、偃松、兴安桧等，这些树种除兴安落叶松生态幅度较广、适用性较强外，其他树种在本区都反

· 364 ·

映特定的环境条件。

本区地带性土壤是棕色灰化土（寒冻简育正常灰土），在不同海拔高度和不同坡向发育着不同的土壤。从黑龙江上游漠河以西开始至呼玛之间，沿岸高阶地及丘陵顶部发育着山地棕壤（简育湿润淋溶土）；平坦的低阶地为潜育棕壤和草甸土（普通暗色潮湿雏形土）；大兴安岭东侧发育着暗棕壤（暗沃冷凉湿润雏形土）；山间谷地以及缓坡的下部多泥炭沼泽土（有机正常潜育土）。

本区西部河流有额尔古纳河，北部为黑龙江，东部河流大部分属嫩江支流。多年平均径流深在 150~200mm 左右，由南向北增加，其中心在伊勒呼里山西部，多年平均径流深达 250mm。年径流变差系数 C_v 为 0.3~0.6，变化趋势是北部小而南部大，说明南部径流变异程度较北部为大。径流的年内分配很不均匀，主要集中在 6~9 四个月，这四个月的径流量占全年径流总量的 80% 还多，11 月至来年 3 月五个月的径流量则不足全年径流总量的 5%。河流封冻天数北部为 170~180 天，南部 150~170 天。从多年平均泥沙来量看，由南向北泥沙量有减少的趋势，诺敏河古城子以上的输沙率为 7.28kg/s，年侵蚀模数为 9.29t/（km^2·a），呼玛河二道盘以上的输沙率为 7.90kg/s，年侵蚀模数为 7.39t/（km^2·a），而额木尔河二十五站以上的输沙率只有 1.79kg/s，年侵蚀模数也只有 1.04t/（km^2·a）。这里的河流在春季融雪时形成春汛（5 月），雨季来临又有夏汛（7 月），河流封冻一般在 10 月下旬开始，而解冻常在 4 月末与 5 月初，平均封冻时间 150~180 天。由于本区存在永冻层和季节性冻层，及地面平坦排水不良等原因，沼泽分布相当广泛（赵济，1995）。

洮儿河以北大兴安岭北部山地东侧历经数次构造运动，裂隙丰富，岩石裂隙水及裂隙潜水丰富。纵横交错的河流都有第四纪冲积层潜水，丘陵坡脚、沟谷有孔隙水。尤其是河塘星罗棋布，乔木沼泽、灌木沼泽、草本沼地面积约占全区面积的 25% 左右。

本区较为严酷的自然环境条件，只有对环境要求不太严格的兴安落叶松能够适应。所以它在这里成为植被的主要组成部分，林木的始生苗较多，天然更新良好。兴安落叶松喜光，而这里的生长季节日照时间很长，日照百分率也高，对兴安落叶松的生长是有利的条件。在寒冷、干燥、土壤贫瘠、阳光充足的南向山坡，樟子松也可形成纯林，林下有始生幼苗，天然更新良好。人类合理利用自然资源，应该服从这种自然选择而不应轻易更动。

除此而外，利用这里的自然资源，还应该考虑：①东西坡的差异；②随高度不同发生的垂直带的不同；③多年冻土的广泛存在；④沼泽体的普遍发育；⑤土层浅薄；⑥长而严寒的冬季与短而日照充足的生长季。上述条件的综合，显然对于种植业经营是极为不利的，而森林不需要播种期、出苗期，春季很快放叶，迅速达到叶面积指数相当高的时期，对利用早春的太阳辐射来说，森林比农作物有更大的优势。寒冷季节到来前，农作物早已停止光合作用，森林仍可积累有机质，直到冬季落叶前都可进行光合作用，因而森林进行光合作用的时间比农作物要长得多，光合转化率比农作物要高得多。可见这里最好的利用方式只能是林业经营。在林业经营中，应该按环境条件和目前生长的自然林型，采取不同的经营、采伐方式，应仿效自然森林生态系统的结构和功能，注意人工更新与自然更新相结合，防止只采不造或重采轻造，以便建立符合自然规律的人工森林生态系统，其最终目的是保证这里的森林永续生产。在林业经营中，虽然这里的森林火灾较大兴安岭中部山地为轻，但火烧迹地也比较常见，尤其是西坡，因而森林防火问题也应该引起重视。

大兴安岭森林生态系统的自然资源还有许多有用的珍贵动物，如紫貂、麝、马鹿、驯鹿、驼鹿、猞猁、雪兔、银鼠、貂熊等，在森林生态系统中都有一定的地位。这些珍贵动物资源都属于保护动物，从森林生态系统出发，切不可滥捕乱杀，以便这些动物繁衍生息，防止生态平衡遭受破坏。在某些陡坡上，土层极薄，在进行采伐时，事前要估计到采伐后有无更新的可能性，以免因采伐而引起水土流失，变成岩石裸露而带来无法更新的后果。在河谷两旁有较茂密的草甸地，可发展畜牧业，但这里的畜牧业更有前途的是野外珍贵动物和野生经济动物的驯养，尤其鹿的驯养业有利条件更多，但以不影响森林更新为限。海拔700m以下的谷地，也可小块发展农业，但以种植蔬菜、粮食等满足本地居民需要为限。

大兴安岭山地森林是中国东北平原和呼伦贝尔草原及锡林郭勒草原的水源林区。北部山地是松花江水源林区的主体部分。北部北段山地是其中的重点区。但这里山地土层薄，有森林存在的时候，是维系松花江流域生态、经济平衡的主要组成部分，一旦失掉森林覆被，则山洪频繁，成为松花江流域水患的祸源地。而且到那时，本来就很薄的黑土层将被冲刷殆尽，再想恢复森林植被是不可能的，后果的严重不堪设想。因此，保护和建设大兴安岭森林植被、将为中国带来无法计量的多种效益，破坏大兴安岭森林植被就是极其严重的问题了。此外，还有不少荒地是建设森林植被的重要资源，应因地制宜地加快各种类型森林的建设。

大兴安岭北部山地森林生态系统中，森林占大部分土地。另外，还有占总面积约25%的湿地，包括乔木湿地沼泽、灌木沼泽和草本沼泽。这些沼泽分布在河谷、平坦洼地，土质黏重，地下有永冻层，排水不良，地表径流既不能排出又不能下渗而潴滞成沼泽。这些沼泽全部都是淡水，成为松花江上游的淡水蓄水库。这里沼泽动植物种类繁多，是重要的物种资源和牧业、副业基地。因此，这些湿地是大兴安岭森林生态系统的重要组成部分，保护好这些湿地具有重要的生态经济意义，试图改造这些湿地是欠妥的。

另外，还存在三个问题需要正确解决。一是针叶树比重下降；二是近半个世纪气候变暖，落叶松结实不正常，天然更新能力下降；三是近40年来林区涌入人口多，开荒种地，对森林构成严重威胁（杜晓明等，2002）。

中温带湿润地区

二、三江平原湿地区（ⅡA1）

本区属于中温带湿润地区。位于黑龙江省东北部，是由黑龙江、松花江和乌苏里江冲积形成的低平原，是中国面积最大的沼泽区。沼泽分布率高达20%，面积约11 300km² 多，沼泽化土地更多，约有13 300km²，占东北平原沼泽和沼泽化土地总面积的2/3以上（严登华等，2006）。

（一）自然地理特征

区内由北东走向的完达山脉将平原分为两部分。完达山以北的三江平原是一个大面积沉降区，第四纪以来经历了间歇性沉降，沉降幅度达200m以上。盆地内堆积千米以上的沉积地层。地势上总体是从西南向东北徐徐倾斜。平原西半部海拔高度为60～80m，坡降较大，地表组成物质较粗，黏土、亚黏土层很薄，或是亚砂土、砂、砂砾层直接出露地面，沼泽及沼泽化土地面积小；东半部海拔一般为45～60m，坡降多为1/5 000至1/10 000，各种洼地星罗棋布，地表覆盖有3～17m厚的亚黏土和黏土层，渗透性差，沼泽及沼泽化土地广泛分布。平原西面及南面邻接完达山等海拔500～1 000m的低山丘陵，还分布一些孤山。区内具备从河漫滩、阶地到丘陵低山的地貌系列，植被、土壤亦随之发生变化。

气候受季风控制。1月平均气温 –18～–22℃，无霜期120～145天，日平均气温≥10℃期间积温2 200～2 600℃，年降水量500～650mm。地带性植被和土壤分别是落叶阔叶林和暗棕壤（暗沃冷凉湿润雏形土）。沼泽土（有机正常潜育土）及白浆土（暗沃漂白冷凉淋溶土）等非地带性土壤也广泛分布。

完达山以南的平原，称穆棱–兴凯平原，也是一个沉陷区，海拔高度一般为55～95m，自西向东倾斜，坡降较小，表层一般覆盖有1～4m的亚黏土、亚砂土，沼泽率也较高。由于平原区地势低平，切割能力弱，因而河道稀疏，河网密度小。除黑龙江、松花江和乌苏里江外，有些河流发源于完达山或小兴安岭而穿行于平原沼泽之中，而有些河流则发源于沼泽洼地又流经于沼泽之中。这些中、小型河流均具有河流纵比降小、河道弯曲、枯水河槽狭窄、河漫滩宽广、排水不畅等平原沼泽性河流的特点。每年汛期，这些河流河水还受黑龙江、乌苏里江洪水顶托，回水距离一般为20～30km，最长达70km。由于洪水顶托，抬高了这些河流的承泄水位，使两岸低平地排水更为困难，因而促进了沼泽的形成和发展（汪爱华等，2002）。

本区年降水量多为500～600mm，季节分配不均，年际变化较大。一年之中降水集中于夏秋季，各地6～10月降水量占全年降水量的75%～85%，陆面可能蒸发量为550～650mm。三江平原新构造运动以下沉为主，在地势低平、土质黏重、夏秋多雨、排水不畅等多种因素综合作用下，在河漫滩、阶地和各类洼地上形成大面积集中连片的沼泽，沼泽面积达113.2万 hm^2。此外，还有季节性积水的沼泽化草甸131万 hm^2。

（二）三江平原的沼泽

1. 三江平原沼泽的成因

三江平原沼泽的形成是许多自然地理条件综合作用的结果。

（1）气候因素：土壤表层经常过湿是沼泽形成的直接原因，而土壤水分状况主要决定于气候。三江平原年平均降水量虽不多，但多集中于夏、秋两季，各地6～10月降水量占全年降水量的75%～85%。至10月末或11月初，气温下降，大量水分来不及排除，被冻结在地表或土壤层中，水分以固体状况保存下来，致使翌年春季解冻，导致地表积水或过湿，加之冻结期长，冻层厚（深达 1.5 ~ 2.11m），土壤黏重，不利水分下渗，因此地表经常过湿，沼泽广泛发育。

（2）地质、地貌因素：三江平原是新构造运动长期下沉的地区，造成三面环山、中间低洼平坦的地形。周围山区降水量多，丰富的径流向平原汇集，而平原区地势极为低平，由西南向东北缓缓倾斜，总比降为 1/10 000。在长期下沉过程中，地表堆积了第四纪河湖相黏土沉积物，厚度一般达 3 ~ 17m 左右，这种黏土的黏粒含量较高，并富有铁铝氧化物、次生氧化硅、蒙脱石与水云母等胶体矿物，在浸水膨胀的情况下，增加了土壤的持水性，阻塞了土壤的孔隙，形成了深厚的不透水层，从而减弱或阻止地表水向下运行，积存起来形成沼泽（邸志强等，2006）。

（3）水文因素：三江平原地形平坦，切割微弱，因而河道稀疏，河网密度小。除黑龙江、松花江和乌苏里江外，别拉洪河、挠力河中下游、浓江、穆棱河等中、小型河流，由于河流比降小、河道弯曲、狭窄平浅、多河漫滩，导致一些河流无明显河道，泄水能力低，排水不畅，大量水分补给沼泽。加之每年汛期，主要河流还受黑龙江、乌苏里江洪水顶托，提高了这些河流的承泄水位，使两岸低平地排水更为困难，促进了沼泽的形成和发展。

（4）人为因素的影响：人类经济活动对沼泽的形成和发展也起到一定作用。而且人为因素对沼泽的影响，与沼泽的自然演化相比较要快得多。开挖运河、进行农田灌溉、修建水利工程等活动，如处理不当，都会抬高地下水位，使土地逐渐沼泽化。1943 年，在穆棱河流域密山县境的湖北屯附近，向小兴凯湖修建分洪水道，有 14km 防洪堤没有修建，每年汛期，穆棱河洪水由此漫溢，积存地表，使水道东侧沼泽面积日趋扩大。

2. 三江平原沼泽的特点和类型

本区沼泽特点是：无泥炭积累的潜育沼泽居多，沼泽普遍有明显的草根层，以草本沼泽为主。主要有如下几种沼泽类型（郑旭含等，2007）。

（1）毛果薹草沼泽：分布在河漫滩及阶地上的各种洼地，是三江平原面积最大、分布最广的类型。一般年份地表积水大于 20cm，水化学类型为 $HCO_3 - Ca - Mg$ 型，pH 为 6.0 ~ 7.5，矿化度在 50 ~ 500mg/L 之间。植被以毛果薹草为主，覆盖度 50% ~ 70%，伴生植物有驴蹄草、睡菜、燕子花。由于本区水分条件不稳定，旱年积水消失，多无泥炭积累，发育为腐殖质沼泽土，表层有机质含量为 10% ~ 40%。发育在面积很小的深洼地上的毛果薹草沼泽有泥炭积累，泥炭层厚达 80 ~ 100cm，成为泥炭土（正常有机土）。

（2）薹草 - 小叶樟沼泽：分布于毛果薹草沼泽的边缘和一些平浅洼地。季节性积水，水深一般为 5 ~ 10cm，pH 值为 6.5 ~ 6.7，矿化度为 66 ~ 120mg/L，水化学类型为 $HCO_3 - Ca - Mg$ 型。春季积水往往消失，但土壤多被水饱和。植物以臌囊薹草、灰脉薹草、小叶樟为主，伴生植物有越桔柳、小白花地榆。土壤为草甸沼泽土，表层有 10 ~ 20cm 的草根盘结层，其下为 20cm 左右的腐殖质层，有机质含量为 10% ~ 30%，营养元素含量丰富，是最有开垦为农田前途的一类沼泽。

（3）漂筏苔草沼泽：分布于河床边缘，水线附近及牛轭湖等深洼地中。常年积水，积水深20～50cm。水化学类型为 HCO_3 – Ca – Mg 型，pH6.0～6.5，矿化度30～70mg/L。植物以漂筏薹草为主，覆盖度70%～90%，伴生植物有狭叶甜茅、大叶樟、槐叶萍。草根层厚一般为30～40cm，最厚达70～80cm。一部分漂筏薹草沼泽有泥炭积累，泥炭层厚约50～100cm，发育为泥炭沼泽土或泥炭土。由于积水较深，上层泥炭或草根层浮起，形成"浮毡"。当走进这类沼泽地时就会看到，远方地面慢慢升起，而脚下却缓缓下降，如果遇到浮毡层较薄处，就有掉进去的危险，群众称这类沼泽为"漂筏甸子"、"大酱缸"。

（4）芦苇沼泽：分布于小兴凯湖周围、都鲁河下游和七星河中游地区。由于水分条件的差异，芦苇长势各地不一。小兴凯湖东北部泄洪道附近的芦苇长势最好，群落纯，苇高2.5～3.0m，茎粗0.5～0.8cm。其他地区的芦苇沼泽，由于水分不稳定或因积水过深，无排水系统，长期处于还原环境，芦苇长势不好。伴生植物有狭叶甜茅、薹草、小叶樟等。一般无泥炭累积，仅在小兴凯湖周围的一些低洼地有泥炭堆积，但泥炭中掺杂一些泥沙，有机质含量不高。芦苇沼泽多发育为淤泥沼泽土和腐殖质沼泽土。

（5）乌拉薹草 – 灰脉薹草沼泽：分布在山前倾斜平原的地下水溢出带和阶地上的低洼地。积水深度不一，一般为0～20cm，水化学类型主要为 HCO_3 – Ca – Mg 型，pH 值为5.9～6.5，矿化度较低，为30～80mg/L。植物以乌拉薹草和灰脉薹草为主，覆盖度60%～70%，乌拉薹草和灰脉薹草形成草丘，丘高20～40cm，草丘直径为30～50cm，地表凸凹不平，群众称为"塔头甸子"。伴生植物有沼薹草、沼委陵菜、臌囊薹草等。这类沼泽多有泥炭积累，泥炭层厚30～50cm，有机质含量为30%～70%，形成泥炭沼泽土。完达山南麓大王家以北及兴凯湖大湖岗与太阳岗之间的乌拉薹草 – 灰脉薹草沼泽，伴生有泥炭藓，局部地区有20～40cm厚的泥炭藓层。沼泽中的水分被藓类吸附，水化学类型为 HCO_3 – Ca – Mg – Na 型，pH 为5.8～6.5。沼泽植物除乌拉薹草、灰脉薹草和泥炭藓外，还伴生有细叶杜香、甸杜、越桔柳。沼泽中有泥炭堆积，泥炭层厚20～70cm，发育为泥炭沼泽土和泥炭土。

3. 三江平原沼泽在生态平衡中的作用

三江平原开垦前，到处是茫茫无际的草甸和沼泽，素以"北大荒"称著。目前三江平原已拥有4 600多万亩耕地，成为国家重要的商品粮基地。但是，在自然因素和人为因素的影响下，三江平原环境发生了明显的变化，北大荒那种"棒打獐子瓢舀鱼，野鸡飞到饭锅里"的沼泽荒原景象已不复存在，并出现某些恶化现象。如气候趋干，旱灾增多；有些耕地遭到程度不同的风蚀；丘陵、阶地水土流失明显加重；珍稀动物减少等。为了防止一些不利因素的发展，应采取开发与治理相结合的方针，合理利用自然资源，建立排蓄结合的水利工程体系，用地与养地相结合，保护一定面积的沼泽。

三江平原沼泽发育于低平原上，在中国沼泽中独具特点，并有多方面作用。如河漫滩的沼泽能削减洪峰，均化洪水过程；沼泽率较高的别拉洪河流域，径流自然调节系数达0.647，其调节作用与森林相当；沼泽能使其广大的毗邻地区空气相对湿度增高；沼泽还影响大气圈的气体组成，地球上的沼泽植被每年向大气圈释放1.6亿t氧气。此外，沼泽还有净化环境的作用，沼泽增加地表糙率，防止侵蚀作用的发展。由此看来，沼泽在生态平衡中是不可缺少的因素（郑旭含等，2007；马占云等2007；师君等，2004；陈钢起，2000）。

三、小兴安岭长白山地针叶林阔叶林区（ⅡA2）

本区位于中国东北温带湿润半湿润地区的东部，包括长白山地、小兴安岭。其东北部与三江平原相邻，除与三江平原相邻的地区外，其东部及北部均为国界，南部以≥10℃积温总和3 200℃等值线与暖温带分界，西部界线以干燥度1.0等值线为界。

（一）自然地理基本特征

1. 山地与山间谷盆地相间排列

在地质构造上，东部山地主要有北部的老爷岭台背斜和南部的辽东台背斜，在它们的东缘有古生代褶皱区的太平岭褶皱带，西缘有过渡性的吉林准褶皱带。小兴安岭的东部属老爷岭台背斜，其西部则属于大兴安岭褶皱带，中间有孙吴地堑将两者隔开。东北东部山地在海西运动时曾发生全区的断裂活动，沿断裂带有花岗岩入侵。燕山运动除断裂活动、岩浆入侵外，并有中性和酸性火山喷发等内力作用。新生代又有广泛的拗曲、断层及玄武岩喷发。其构造方向基本上呈北东或北北东走向。大约在古近纪渐新世初期，东北东部山地在长期外营力作用下形成准平原。准平原地面为以后的玄武岩喷发所覆盖。在新近纪以后的内营力作用下，目前的地貌表现，除主峰海拔2 600m余周围有熔岩高原围绕的白头山外，由东而西有东北—西南向的几列山地与山间盆谷地相间排列，成为地貌上的主要特点，也影响自然环境的地域分异。

小兴安岭在海西期也曾发生断裂、褶皱以及岩浆入侵活动。新生代时，孙吴地堑发生，堆积有古近纪－新近纪陆相沉积，之后经过准平原化又发生隆起，但其方向为西北—东南向，随隆起发生的断裂和火山喷发，使部分准平原地面被玄武岩覆盖。在这样的内外营力作用下，目前小兴安岭的地貌表现为相对高度不大的低山丘陵及丘陵性高原。与长白山相比，除了山体的走向不同外，这里的隆起量比长白山地要小得多，地势也不如长白山地崎岖。小兴安岭具有断块隆起的性质，东西部隆起量不等，一般东部隆起量较大，地面起伏稍大，而西部及中部隆起量小，地面起伏也小，尤以中部古近纪－新近纪沉积地域地形起伏更为低缓。

2. 气候有明显的南北差异

本区所跨纬度达12°之多，气候上南北的地域差异相当明显。

日平均气温≥0℃的开始日期，一般在4月5日左右，但南北差异很大。南部3月末即可稳定通过，北部直到4月中旬才能稳定通过。日平均气温≥10℃的始日，一般在5月10日左右，南部较早，约在4月末到5月初，北部较晚，约在5月20日前后。日平均气温≥10℃的终日，一般在9月末，南部在10月上旬，北部在9月上旬。日平均气温≥10℃的稳定持续期一般为135天，南部可达160天，北部仅为120天。日平均气温≥10℃期间的积温一般为2 500℃，南部可高达3 100℃，北部则降至1 800℃。在本区，霜期比日平均气温≥10℃的界限温度的终日约提前10天，因而实际生长季要比日平均气温≥10℃的持续期短，一般生长季为130天，南部达150天，北部只有110天。应该指出，以上所述，都是根据气象台、站所积累的资料，而气象台、站除个别山顶气象站外，多设在平地或河谷平地，因而无法代表山地气候特征。

除受距海远近影响外，降水分布还受大地势起伏的影响。一般年平均降水量为600mm左右，南部通化平均年降水量为894mm，最多达1 217mm（1954）；中部延吉年平均降水量为515mm，最多613mm，最少396mm（1958年）；到北部小兴安岭一带，年降水量为450~550mm，为本区降水量最少的地方。本区日平均气温≥10℃期间的降水量约占全年降水量的60%~80%。因区内存在季节性冻土层，故秋季、冬季降水可作为前期储水供给生长季使用。春季风力很大。湿度较高，一般不易因春旱而减产，但若秋冬降水少，春季又干旱时，可影响水库储水，妨碍水田插秧，常使水田面积减少。有时因等大气降水插秧，因而延缓水稻的生长期，导致产量降低。

3. 水系发达，沼泽分布广泛

本区由于地形的影响，水系较为发达。白头山成为鸭绿江、图们江、松花江及许多支流的源头，呈放射状水系向四面八方流去；小兴安岭则是松花江和黑龙江的分水岭。

年径流深各地变化很大，最高在白头山南坡，高达500~600mm；在北坡，从延吉、牡丹江、依兰、汤旺、佳木斯一线以东，年径流深都小于200mm。一般年径流深在200~300mm左右。本区的年径流变差系数较小，一般在0.3~0.4，土壤水蚀模数一般较小，这是由于本区天然植被保存较好的缘故。但土壤侵蚀模数在白头山南北坡的变化很大。白头山以北，土壤年侵蚀模数一般为20~50t/（km² · a），白头山以南，土壤年侵蚀模数较大，在通化、浑江一带可达5 000t/（km² · a）。这一方面是由于通化、浑江一带年降水量较多，且为暴雨中心，另一方面也由于这里的天然植被破坏较重，因此土壤侵蚀模数较大。

沼泽在本区的分布相当普遍，在长白山地的沼泽多分布在河谷及平坦的玄武岩高原上，而小兴安岭则从河谷到平顶分水岭都有发育，高位沼泽也常见。

4. 以森林分布为主的植被

本区植被以森林为主，其地带性植被是温带针阔叶混交林带。在海拔500~1 000m的基带中，针阔叶混交林的针叶树种以红松为主，并与沙松、红皮臭、鱼鳞云杉、臭松及落叶树紫椴、蒙古栎、水曲柳、榆树、桦树、色木、簇毛槭、青楷槭等形成针阔叶混交林。

在基带以上为针叶林带。此带的下界一般具有过渡性质，植被为红松、臭松林，其分布高度自南而北逐渐下降。在白头山西坡，占据海拔1 000~1 200m范围，在张广才岭大秃顶子降至800~900m左右，再往北到小兴安岭更降至650~750m。红松、臭松林以红松为主，一般占立木的30%~50%，其次为臭松和红皮云杉等，间或有少量阔叶林树种，如枫桦、紫椴、花楸，并混有长白落叶松。针叶林带的上部为云杉、冷杉，其分布高度也是自南向北逐渐下降。在白头山西坡为海拔1 700~1 800m，在张广才岭大秃顶子为1 350～1 450m，到小兴安岭则降低到900～1 000m。云杉、冷杉林组成比较单纯，以鱼鳞云杉为主，其次为臭松、红皮云杉，红松较为少见，长白落叶松则有增加的趋势，间或有岳桦等阔叶树混生。

针叶林以上，为亚高山岳桦林带。在长白山主峰白头山上，亚高山岳桦林带分布于海拔1 800～2 100m。由于这里气候寒冷且多大风，适应性强的岳桦常形成纯林或与偃松混生，在避风处才有鱼鳞云杉和臭松及零星的长白落叶松。由于这里的环境条件比较严酷，长白落叶松呈匍匐状，臭松、鱼鳞云杉生长缓慢，实际上岳桦也由于生态、环境的影响而形成矮曲林。其下以越桔和牛皮杜鹃为主，一般多组成牛皮杜鹃岳桦林，在平缓的坡上常有高草岳桦林。

在白头山海拔2 000m以上，为高山苔原带，这里顶部一般比较平坦，风力强盛，温度很低，为无林带，一切乔木树种都不能生长，形成垫状灌丛。其组成为仙女木、越桔、牛皮茶、松毛翠、苞叶杜鹃、小叶杜鹃和长白棘豆等。在天池周围陡峻的山峰附近，风力更强，植物的生境更差，总盖度小于20%，许多地面岩石裸露，成为稀疏的高山草本群落，以长白倒跟草、长白虎耳草等为主。

5. 地带性土壤为暗棕色森林土

本区的地带性土壤为暗棕色森林土（暗瘠寒冻雏形土），分布在高阶地、丘陵及低山的斜坡上，母质不黏重和排水良好的地方。暗棕色森林土在本区的分布高度南北有明显的差异，在白头山附近分布在海拔1 000～1 200m以下，小兴安岭则分布在900m以下。在小兴安岭北部平坦分水岭、漫岗上排水较差的地方发育白浆化暗棕色森林土；在地势平坦母质黏重、草甸植被发育的地方有草甸暗棕色森林土；而在高阶地低平部分，平缓山坡排水不良的地方有潜育暗棕色森林土的发育。

在河谷平原、阶地等地面平坦、母质黏重，有季节性冻土及春夏有上层滞水的地方，常有白浆土（暗沃漂白冷凉淋溶土）发育。白浆土又有白浆土、草甸白浆土和潜育白浆土之分。白浆土表层较薄，养分贮量较低，开垦后肥力水平迅速下降。

在冲积平原、泛滥地和阶地上，地势平坦、径流微弱、排水不畅而生长喜湿的草甸植物的地方，发育成暗色草甸土（普通暗色潮湿雏形土）。暗色草甸土由于养分含量高，水分条件充足，是一种比较肥沃的土壤。目前除积水期较长的地方外，多已开垦为农田，是东北东部山地针阔叶混交林区的主要农业用地。

本区的河流泛滥地、低阶地、小兴安岭及长白山的平坦高原排水不畅的地方，为沼泽土（有机正常潜育土）发育的场所，季节性冻层与本区岛状永冻层的存在，为沼泽土提供了良好的发育条件，森林采伐迹地或森林火灾迹地也易引起沼泽化。小兴安岭由于地面切割较弱，平坦地面较多，岛状永冻层及季节性冻土的广泛发育，从宽阔的河谷到平坦高地都有沼泽分布。

在三江平原西部及延吉附近的阶地上，受地形影响，降水较少，干燥度大于1，是湿润森林地带中的半湿润森林草原气候，生草过程很强，有黑土（简育湿润均腐土）分布。

在基本的地带性土壤暗棕色森林土（暗瘠寒冻雏形土）之上，海拔1 400m以上为山地棕色森林土（暗瘠寒冻雏形土），在1 700～1 900m为山地生草森林土，植被为岳桦杜鹃林；1 900m以上则为高山苔原土（简育寒冻雏形土）。

（二）亚 区 划 分

本区可以划分为长白山地和小兴安岭两个亚区。

1. 长白山地亚区

含老爷岭、张广才岭及吉林哈达岭。一般海拔都在500~1000m左右,个别山峰可达1500m。长白山耸立在中朝边境,是鸭绿江、图们江和松花江的分水岭,海拔2500m以上的山峰有16座。长白山顶部统称为白头山,是一个典型的复式盾状火山锥体,其顶部的天池是典型的火山口湖,也是中国最深的湖泊,深达373m,面积约30km²。山地的垂直带十分发育(表10.1)。地带性的植被是以红松为主的针阔叶混交林。与小兴安岭亚区的差别是伴生有温性针叶树种冷杉及暖温性阔叶树种,如千金榆。没有寒冷性的兴安落叶松。从针叶林带以上,气候冷湿,地形陡峻,土层薄。海拔800~1200m为熔岩高原,地形较平坦,气候冷湿。河流两岸多有2~3级阶地,是良好农田所在。本亚区内有许多宽谷盆地,如延吉盆地、敦化盆地、宁安－世环镇盆地、依兰盆地、五常盆地及辉南－龙海宽谷等串连成珠,都是重要农区。本亚区内水利资源丰富,发电、灌溉等都具有相当前景,开发利用尚有很大余地。

表10.1 长白山的植被垂直带

海拔/m	植 被 类 型
<1100	红松为主的针阔叶混交林
1100~1800	以云杉、冷杉为主的针叶林
1800~2100	岳桦矮曲林与亚高山沼泽草甸
>2100	高山冻原

2. 小兴安岭亚区

小兴安岭东西长360km,南北宽100~300km,山势低缓,平均海拔400~800m左右。最高峰平顶山1429m。地势西北低而东南高。北部多丘陵盆地,南部多低山。小兴安岭是黑龙江水系与松花江水系的分水岭,东北坡短而陡,注入黑龙江的河流大多比较短小而流急。西南坡长而缓,发源的河流注入松花江。气候寒冷而湿润,很接近寒温带气候特征。季节性冻土非常发育,在西部还有岛状多年冻土存在。这里隆起量较小,准平原面保存较多,地面切割不甚强烈,排水不畅,加之冻土层的存在,使得本亚区沼泽发育。本亚区位于针阔叶混交林的北缘,被誉为"红松故乡"。植被以红松针阔叶混交林为主,与南部长白山相比,伴生的阔叶树种较少。兴安落叶松生长普遍,反映更为冷湿的生境。

四、松辽平原东部山前台地针阔叶混交林区（ⅡA3）

本区位于长白山、大小兴安岭的山前台地,自大、小兴安岭山麓向南,沿松嫩平原东部至长白山为止，呈南北向半弧形分布，是针阔叶混交林向草甸草原的过渡带。

1. 台地平坦面宽阔，边缘侵蚀较强烈

山前台地的地表为洪积层，上覆黄土状亚黏土物质，愈向北，黄土层愈薄。这一带近期曾有隆起，伴随产生切割。切割的密度和深度一般不大，但地区差异明显。嫩江左岸拉哈至纳莫尔河谷之间的台地和乌裕尔河与呼兰河间的台地最为宽阔，其前缘距山100km以上，海拔300m左右。台地表面切割较轻，仍保持相当广阔的平坦面。张广才岭和吉林哈达岭西麓的台地，侵蚀与切割均较强烈，台地较破碎，已呈现浅丘外貌。

山前台地的堆积作用范围较小，坡面及河流纵剖面由峻急而突然转平缓的情况不突出，所以坡积与洪积都不十分活跃。冲积作用因较大河流不多，河旁泛滥所能及的范围有限，所以也不发达。外营力的破坏作用虽然不断进行，但强度都不很大。冻裂和黄土状物质所固有的垂直裂解性质，则是这里地面组成物质遭受破坏的重要方式之一。这种破坏过程在台地边沿较容易产生，也较容易进一步发生物质移动与沿裂缝的流水侵蚀。离台地边沿稍远的地方，这种破坏作用即行微弱。因此，在台地边沿制止与预防土壤侵蚀是值得特别重视的问题。

2. 日照时间长、气温日较差大，有利于农作物生长

本区日平均气温稳定通过0℃的开始日期，一般在4月上旬，南北相差较大，南部在3月末，北部常常延迟到4月中旬。日平均气温≥10℃的时期，南部始于4月下旬，北部始于5月上旬，终于9月下旬至10月上旬，持续期为120~150天。日平均气温≥10℃期间的积温为2 400~3 100℃，一般随纬度增高而逐渐减少。从温度条件看，一般年份可以满足一年一季作物生长的需要。但由于纬度偏北，夏季短促，如遇气温偏低稍多的年份，就会引起大范围低温冷害，致使粮食产量下降。本区年降水量500~600mm，季节分配不均，主要集中于暖季（4~9月），占全年降水量90%。本区还具有夏季日照时间长、光照强度大、气温日较差大等对农作物光合作用十分有利的气候特征。

3. 以森林草原为主的植被

自然植被为森林草原。由于长期人类经济活动的影响，植被结构和组成方面均发生很大变化。绝大部分的森林已开垦为农田，只在局部沟谷、丘陵顶部和坡地，尚有零散分布的残余天然植被。森林草原下发育的土壤是黑土（简育湿润均腐土）。天然植被以多年生草本为主，冬季严寒，土壤冻结时间长，每年累积大量有机质，形成深达30~100cm的黑土层。如黑龙江省九三农场的"五花草塘"，地上部分干重每亩315kg，1m土层内的根重840kg。黑土中有机质含量一般为3%~6%，其分布随地区和开垦时间长短而显著不同，通常有机质含量从北向南逐渐减少，表层有机质含量嫩江为6.3%，海伦为5.6%，哈尔滨为3.4%，榆树为2.7%。黑土中的氮、磷、钾和微量元素均较高，0~20cm土层的含氮量约为0.20%~0.32%，全磷为0.08%~0.18%。20~40cm土层的全氮量为0.12%~0.23%，全磷为0.06%~0.14%，全钾含量也较高，约2%左右。黑土地阳离子交换量较高，表层约为35～45毫克当量/100g土，土壤保肥性能好。黑土地母质多为黄土状物质，大部分为黏壤土到粉黏土。由于有机质多，草本植物根系的穿孔，土壤有良好的团粒结构，大于0.25mm的水稳性团粒一般在70%～80%或以上。由于结构良好，土壤疏松多孔，蓄水性能强，对农作物需水的供应和调节起着良好的作用。

4. 宜农土地广布，但宜农荒地缺乏

本区的土地类型主要为适宜农业发展的黑土（简育湿润均腐土）岗地和草甸土（普通暗色潮湿雏形土）低平地，邻近东部山地处也有不少适于林业发展的暗棕色森林土丘陵，局部低洼处有不少适于农、牧、林综合发展的草甸土和沼泽土河滩地和沟谷地。

本区基本上没有盐渍化、沼泽化及河流泛滥危害，宜农土地资源广布，具有发展农业的优越自然条件。目前开发程度很高，已成为中国重要的商品粮基地之一。盛产大豆，是中国重要的大豆产区之一。粮食作物以春小麦、玉米、高粱、谷子为主，近年来水稻栽培也有很大发展。经济作物以甜菜、亚麻、向日葵为主。农垦已近100年，宜农荒地已不多，今后农业发展应以提高单位面积产量为主。营造农田防护林、防止水土流失、改良土壤、增施有机肥等，是本区农业生产中特别值得重视的问题。在这些方面，长期以来广大群众做了大量工作，取得显著成效。例如黑龙江省拜泉县兴安大队水土流失严重，水土流失面积占总耕地面积85%以上，黑土层由开荒初期的1.5m，降低到0.3m左右；自1965年以来，积极开展水土保持工作，逐步实行"田下川，林上山"，现已初步控制了水土流失，粮食产量逐步提高。

中温带半湿润地区

五、松辽平原中部森林草原区（ⅡB1）

本区东部与松辽平原东部山前台地针阔叶混交林区以800mm等降水量线为界，西线经过乌兰浩特市，该市以南与西辽河平原草原区以400mm等降水量线为界，以北则以大兴安岭东部为界，北部与寒温带以日平均气温≥10℃期间的积温1700℃等值线为界，南部与华北区以日平均气温≥10℃期间的积温3200℃等值线为界，包括松嫩平原和辽河平原东部。

1. 盆地式平原

本区在大地构造上处于松辽台向斜，从中生代以来就大量沉降，沉降幅度西部大于东部。堆积作用旺盛，沉积层深厚，一般达30～50m，以冲积、湖积物为主，洪积和风积物次之。表层为黄土状沉积物，接着为湖相亚黏土，厚度为10～16m，下部为沙砾层。在白城、齐齐哈尔和哈尔滨之间三角形内有沉降作用，至今仍在继续进行中。因此，本区地形为西、北、东三面环山的辽阔坦荡的大平原，称为松嫩平原，是东北大平原的主体。平原地势低平，地表起伏甚微，海拔多在200m上下。地势低洼处沼泽和湖泊广泛分布。松辽平原的第四纪新构造运动是不等量的，这成为内部地域分异的重要因素之一。三面环山、中部低平的地形轮廓，有利于海洋暖湿气流从南向北入侵（中国科学院《中国自然地理》编辑委员会，1985）。

松嫩平原是一个盆地式冲积平原，大体呈菱形。地势向西南倾斜，以嫩江与松花江汇合处附近地势最低，海拔只有130~140m左右。平原中部地形十分平缓，地表水系比较发达，河流纵横，湖泊星罗棋布。松嫩平原地形封闭，地势低平，坡降很小，地面径流排泄不畅，低湿地广布。平原上河谷宽阔，河曲发达，河漫滩宽广，并有不少牛轭湖。有些地方水道紊乱或分为若干分支或没于沼泽之中，成为无出口的无尾河，是一个特殊的半内流区。地下水位普遍较高，在地面强烈蒸发及地下深层承压水的作用下，形成相当普遍的盐碱化低地。碱水泡子（小湖）分布也很广泛，面积一般为50~100km²。

2. 冬长夏短，气候的大陆性显著

本区气候的基本特征是具有寒冷干燥而漫长的冬季，温暖湿润而短促的夏季，大陆性气候特征显著。这与上述东部山地区大体相似，唯春季气温回升较快，降水量较少，风力较强，蒸发旺盛，干燥度>1.0，已属于半湿润气候。冬季在强大的蒙古高压控制下，寒冷而干燥。日平均气温小于0℃的持续期长达5~6个月，1月平均气温-17℃~-24℃，极端最低气温-32.2℃（长岭）~-44.3℃（安达）之间，南北温差很大，河流封冻，土壤季节性冻层广泛分布，且持续时间很长，最低气温≤0℃的时期及结冰日数约为5个半月至6个月，土壤冻结深度为1~3m。稳定雪盖历时15~30天，北部最长可达40~50天，最大积雪深度15cm左右。日平均气温≥10℃的时期始于4月下旬至5月上旬，终于10月上旬，持续期为120~170天，日平均气温≥10℃期间的积温2500~3100℃。7月是一年中最热的月份，平均气温21℃~25℃，南北温差很小。当太平洋亚热带高压西伸且偏北时，可出现短期炎热天气，最高气温达35℃以上。春季是大风出现最多的季节，≥8级大风日数，哈尔滨为25.5天，长春25.2天。春季，每当贝加尔湖低压向东南移经本区并加深时，呈现南高北低的气压形势，往往形成强盛的西南大风，风速可高达10~20m/s，并且能维持1~2天。

总的说来，本区冬寒夏热，气温年较差之大，为世界同纬度地区之冠。夏季热量丰富，水分较多，农作物可一年一熟（崔玲等，2003）。

3. 夏雨集中，变率大，影响年径流变化

本区年降水量350~500mm。暖季降水量占全年降水量90%左右，夏雨集中程度较同纬度以东各地略高。春季降水少，气温回升迅速，而且风力较强，风沙日数达15天，春旱现象普遍，干燥度在1.0~1.5左右。夏季降水量占全年降水量的60%~70%，其集中程度从东南向西北逐渐增大。全区年降水量自东向西递减，大部分地区年降水量为400~600mm。降水变率各地均以春季为最大，南部达50%，北部达60%以上。年径流深较小，而且自东向西递减，东部一般在200mm左右，向西减少至25mm左右。由于降水变率较大，影响年径流深的年际变化也大，年径流变差系数大部分地方均大于0.8。土壤年水蚀模数大多在50t/（km²·a）以下（崔玲等，2003）。

4. 以黑土和黑钙土为主的土壤

在森林草原、草甸草原植被下，发育的土壤为黑土（简育湿润均腐土）和黑钙土（暗厚干润均腐土）。黑土有深厚的黑色腐殖质层，一般厚 60~80cm，个别可达 100cm 以上。黑土富含腐殖质，表层含量为 5%~6%，最多达 15%。有良好的团粒结构和黏粒结构，土壤剖面中无钙积层，也无石灰性反映，这与黑钙土有明显的差别，说明黑土的形成不仅有腐殖质积累过程，而且也有一些森林土壤形成过程，如盐基淋溶过程。黑土呈微酸性，pH5.5~6.5。黑土不仅腐殖质含量高，氮、磷等含量也很丰富，是自然肥力很高的土壤。从山前台地向松嫩平原，由于降水量逐渐减少，土壤中盐基淋洗不完全，在土壤剖面中形成淀积层，碳酸钙积聚明显，形成了黑钙土。黑钙土的自然肥力虽然不及黑土，但也是一种潜在肥力较高的土壤。由于黑钙土地区降水少，蒸发旺盛，土壤水分不足，除草甸黑钙土之外，常常发生干旱。风蚀也较黑土为重，开垦后有机质和细土削减较快。松嫩平原西部嫩江下游、洮儿河下游及松花江西岸等地区，则已进入干旱、暗栗钙土地带，气候更为干旱、流动沙地广布，不利于农业发展。土壤盐渍化也是农牧业生产中的一个突出问题。因此，在利用和改良土壤时，除注意用地养地、培肥土壤外，应大力营造农田防护林，积极发展灌溉，防止风蚀，提高抗御自然灾害的能力，促进农林牧业全面发展（崔玲等，2003）。

5. 地带性植被为草甸草原

松嫩平原草本植物群落占优势，植被类型属草甸草原，具有耐旱耐盐的特性。地带性植被为羊草草甸草原和杂类草草甸草原。植被组成中，最主要的建群种和优势种有大针茅、羊草、线叶菊、贝加尔针茅等。草原的组成成分大都是多年生草本，以禾本科为多。其中，羊草群落组成比较单纯，分布面积广。平原中地势较高的地方，有大针茅-兔毛蒿群落。在生长期内，随着气候的变化，主要杂类草开花盛期不同，不同时期出现不同颜色的艳丽花朵，当地群众称为"五花草塘"。进入平原中心，降水量相应减少，干燥度达 1.3 左右，已进入干草原（侯学煜，1988）。

松嫩平原草甸广布于河漫滩、丘间低地、碟形洼地等地形部位。有杂类草草甸、小叶章草甸等，覆盖度常在 50%~90% 之间，生长茂盛。植被的组成与分布和地形、气候有密切联系。平原东部与森林草原相毗邻的地方，有贝加尔针茅、叉分蓼（*Polygonum divaricatum*）、羊草，其他常见的植物有紫狐茅、西伯利亚绣线菊、花苜蓿、叶柴胡等。平原的中、西部，气候比较干旱，地势低平，植被则有相应的变化，主要植物种类有西伯利亚绣线菊、贝加尔针茅、兔毛蒿等。在地势低洼的平坦碟形地上，围绕泡子或碱斑，植物作同心圆状分布：在泡子或碱斑周围，是以蒙古碱蓬或碱蓬占优势的蒙古碱蓬群落，其次是芦苇群落；向外至洼地的斜坡上，是碱蒿和羊草群落（孙鸿烈，2005）。

6. 土地利用

本区应全面发展农、牧、林业。松嫩平原的天然牧草优良，加以农产品加工后的副产品丰富，具有发展畜牧业的物质基础。但近年草场退化严重，由过去的亩产干草

200~250kg 降到目前的 50kg 左右。所以有些地方首先要恢复、保护和提高草原的生产力，实行退耕还林。松嫩平原的光、热、水、土结合比较协调，许多地方具有发展种植业的优越条件。目前提高种植业单产是首要的问题。另外，应该因地制宜的营造防护林和薪炭林。在杂类草、羊草草原上，蕴藏着许多药材，应实行保护性采集，逐渐变野生为栽培（侯学煜，1988）。

六、大兴安岭中段山地森林草原区（ⅡB2）

本区是大兴安岭北部山地与南部山地之间的过渡地段（崔玲等，2003）。南部与温带半干旱地区以 400mm 等降水量线为界，北接大兴安岭北部北段山地区，与寒温带以日平均气温≥10℃期间积温 1 700℃等值线为界，东部与西部与两侧均以山地与平原分界。

1. 阶梯形地形明显

本区地貌与北段山地近似，地质构造也与北段山地近似。在海西运动时曾发生隆起及大规模花岗岩入侵。目前，大兴安岭的岩石组成中，比较广泛分布的海西期花岗岩均为此时的产物。中生代沿古构造方向发生断裂及岩浆活动，在断陷盆地内还有陆源碎屑堆积物，砂岩、砾岩分布广泛。新生代主要是断裂，并有玄武岩的喷发。新近纪末与第四纪初的上升运动，将喜马拉雅运动后形成的准平原抬升，由于这次新构造运动具有拗曲与倾动性质，故准平面保存尚好，顶面起伏较小。大兴安岭海拔一般在 1 000m 左右，个别山峰达 1 200~1 400m（中国科学院《中国自然地理》编辑委员会，1985）。

本区地貌主要特征之一，是两翼不对称现象。大兴安岭东坡陡峻，阶梯地形明显，由山前台地、丘陵、低山到大兴安岭轴部为中山。由于东斜面坡度较大，河流多切成较深的峡谷。地貌类型主要有侵蚀、剥蚀丘陵和山间冲积、洪积平原及河谷冲积平原。西坡由海拔 700m 的内蒙古高原面与山体相接，起伏比较平缓，分水岭与最近谷底的高差一般为 200~300m，为丘陵低山景象。山区谷底宽展，水流丰富，分布有较多森林。中山面积不大，坡面堆积大量岩屑，并常见裸露基岩。西半部山地海拔 400~900m，向东逐渐过渡到平原，海拔已不足 300m（中国科学院《中国自然地理》编辑委员会，1985）。

2. 水资源较丰

本区气候是由寒温带逐渐向温带过渡的气候，属于温带半湿润气候区。年平均气温 -2~4℃，日平均气温≥10℃期间的积温 1 600~2 400℃，年降水量 400~500mm，由北向南热量逐渐升高，年蒸发量 1 000~1 500mm，湿润度 0.6~0.8（崔玲等，2003）。

本区南部为洮儿河、绰尔河两大河流。洮儿河以北大兴安岭北部山地东侧是古生代、中生代形成的基岩，历经数次构造运动，裂隙丰富，岩石裂隙水及裂隙潜水丰富。纵横交错的河流都有第四纪冲积层潜水，丘陵坡脚、沟谷有空隙水（崔玲等，2003）。

山区侏罗纪、白垩纪火山岩系有丰富的裂隙潜水、自流水。岭东洮儿河有沉积岩潜水，扎兰屯、音德尔、索伦低山丘陵都有花岗岩、沉积变质岩裂隙潜水，莫力达瓦达斡尔族自治旗、扎赉特旗、科尔沁右翼前旗、五盆沟还有新近纪玄武岩裂隙水。科尔沁右翼前旗额尔格图一带还有第四纪更新世冰碛冰水、沉积沙砾石孔隙潜水。总体上水资源较丰富。

3. 地形对植被和土壤类型分布有重要意义

本区植被与土壤的分布，除受纬度位置及温带大陆东岸向内陆过渡的位置影响外，大兴安岭的隆起对植被、土壤的分布有重要意义。土壤的分布，南北明显不同，东西坡向也很不一致。西坡主要分布棕色针叶林土（暗瘠寒冻雏形土）、灰色森林土（黏化简育干润均腐土），南端有石塘落叶松林，生长在土层极薄或几乎无土的石塘中。海拔 1 500m 左右风寒山岭地区有偃松 – 落叶松林。海拔 500 ~ 1 000m 有蒙古栎、黑桦、白桦等阔叶混交林。海拔 1 200 ~ 1 450m 的阴坡低洼地、沟壑地区有杜香 – 落叶松林。除森林资源之外，还有大面积灌丛和一部分湿地资源。东坡自下而上分别为针阔混交林暗棕色森林土，海拔 800 ~ 1 200m 为森林草原山地淋溶黑钙土或山地灰色森林土，1 200m 以上为落叶松林山地棕色针叶林土。蒙古栎林下的土壤为灰棕色森林土，沟谷河漫滩有草甸沼泽土、泥炭沼泽土，过渡到平原为耕种黑土。东部山麓丘陵区是大兴安岭北段山地东南麓，属温性夏绿阔叶林地带。因气候变暖，土壤、植被都与西部、北部山地有明显不同。森林植被以蒙古栎为主。

4. 植被已由森林蜕变为草甸草原

20 世纪初，本区仍是森林植被。现在大部分土地已蜕变为草甸草原植被。残存的森林植被主要为团状分布的蒙古栎林及少量白桦、黑桦以及落叶松小片林（崔玲等，2003）。其内部差异受山地东西坡、山地垂直带及地方特征的影响，而出现不同的环境类型，表现出不同的自然结构。在山顶为偃松 – 岳桦矮曲林石质峰顶，许多地方岩石裸露，生境严酷。在海拔 1 200m 以上的山地为兴安落叶松 – 杜鹃林棕色针叶林土（暗瘠寒冻雏形土）陡坡山地（与大兴安岭北部相似）。在较低的山地，为针阔叶混交林，在东坡则有兴安落叶松、蒙古栎弱灰化暗棕壤（暗沃冷凉湿润雏形土）低山。在海拔更低的地区，由于人工采伐的影响，或是蒙古栎、山杨、白桦林暗棕壤低山丘陵，或是蒙古栎白桦疏林生草暗棕壤低山丘陵，在平缓坡地则有灌丛草甸暗棕壤丘陵。在西坡，海拔 1 200m 以下，有兴安落叶松杨桦灰色森林土山地，或草甸草原淋溶黑钙土山地。在更低的部分为羊草 – 贝加尔针茅普通黑钙土（暗厚干润均腐土）丘陵（中国科学院《中国自然地理》编辑委员会，1985），东南麓海拔 100 ~ 600m 为禾草 – 杂类草草原灌丛带，海拔 600 ~ 1 000m 为山地禾草 – 杂类草草原、落叶阔叶林和小叶林带，海拔 1 000 ~ 1 800m 为山地落叶针叶林和小叶林带。草甸草原主要为兔毛蒿草原、百里香草原两类，其优势植被为贝加尔针茅、兔毛蒿等。

5. 土地利用应考虑自然结构

大兴安岭中部海拔 1 200m 以上的兴安落叶松 – 杜鹃林棕色针叶林山地的利用，应与大兴安岭北部亚区一致。在山地森林草原和草甸草原有发展畜牧业的条件，畜牧业的比重较大，由于热量条件较大兴安岭北部为好，农业也有一定发展。但常受低温冷害的影响，只能种植生长期较短的作物。在丘陵、低山，应防止进一步过度采伐，或培育次生林使其天然更新，或采取人工造林措施，以尽快恢复针阔混交林。大兴安岭中部动物资源较北部为少，有驼鹿、驯鹿、马鹿及貂熊、猞猁、白鼬、雪兔等珍贵动物，应禁止捕杀。经济动物有麝、棕熊等，也较大兴安岭北部为少。野猪在本亚区的北部有一定数量的分布，南部少见。本亚区的土地利用仍然考虑自然结构特点，从高到低由林业、林牧业到农牧业，无论哪种方式，都必须利用自然生态系统合理结构，防止单一经营，防止对自然界取之过多——掠夺式开发，以免造成破坏自然生态系统而难以恢复的后果。

根据本区所处嫩江上游的位置和自然资源条件及人工林生长情况，应该发展水源涵养林。水源涵养林建设主要树种为兴安落叶松、樟子松和红皮云杉。建设途径一是人工造林，二是改造现有天然次生林。人工造林，既要对荒山荒地和灌木林地实行造林，也要对现有坡耕地一律实行造林。土层薄的坡地，一律实行种草种灌（崔玲等，2003）。

七、大兴安岭北段西侧丘陵森林草原区（ⅡB3）

本区位于大兴安岭山麓西侧，为大兴安岭山地向呼伦贝尔高原的过渡地带，半数土地属于呼伦贝尔高原东缘。本区东部以大兴安岭西线为界，西部与中温带半干旱地区以400mm等降水量线为界，北部与寒温带以日平均气温≥10℃期间的积温1 700℃等值线为界（崔玲等，2003）。

1. 地貌由低山丘陵与丘间谷地构成

本区地貌由低山丘陵和宽广的丘间谷地及沙地构成。地势东高西低，南高北低。北部海拔700~950m，南部海拔900~1 200m。发源于大兴安岭山地的海拉尔河的众多支流都流经本区。山地基岩是中生代火山岩，历经数次构造运动揉褶，裂隙丰富，有深厚丰富的基岩裂隙水。

2. 冬季严寒，夏季短促

本区年平均气温−1.5℃~−3.1℃，大部分地区年平均气温在0℃以下，只有大兴安岭以东和岭西少部分地区在0℃以上。最冷月（1月）平均气温在−18℃~−30℃之间，最热月（7月）平均气温在16~21℃之间。冬季寒冷漫长，夏季温凉短促，春季干燥风大，秋季气温骤降霜冻早。日平均气温≥10℃期间的积温1 700~1 950℃，无霜期短，日照丰富。年降水量370~450mm，年蒸发量<1 800mm，湿润度0.6~1，降水期多集中在7~8月。降水量变率大，分布不均匀，年际变化也大。冬春两季各地降水一般为40~80mm，占年降水量15%左右。夏季降水量大而集中，大部地区为200~300mm，占年降水量65%~70%，秋季降水量相应减少。

3. 草甸草原植被广布

本区大部分区域为草甸草原植被，山地森林植被只呈岛状分布在海拔较高的阴坡，树种以白桦、山杨居多，含樟子松、兴安落叶松、红皮云杉等针叶树种，下木有杜鹃、绣线菊、野刺梅等。

林地外围有柳灌丛、绣线菊灌丛。阴坡无林地段发育成为杂类草五花草甸，建群种主要有地榆、山野豌豆、山黧豆、日阴菅、野火球等。丘陵上部以绣线菊、狐茅草原为主，中部为贝加尔针茅草原，下部为羊草草原。这些草甸草原的土壤都是肥沃的黑钙土。沟谷、河滩低湿地上发育有草甸、沼泽及河岸灌丛等植被，植物种类有小叶章、塔头台草、散穗早熟禾、草地早熟禾、看麦娘、小糠草、无芒雀草、拂子茅等。有些河谷阶地有盐渍化地段，植被有野大麦、碱茅及羊草等群落复合体。南部红花尔基林区分布有较集中的天然樟子松林和白桦林、山杨林、兴安落叶松林。此外，还有与东邻两个类型区相同的林型：杜鹃－落叶松林和草类－落叶松林。在白桦林中，还有杜鹃－白桦林（崔玲等，2003）。

本区水资源条件优越，特别是樟子松天然林更新很快，森林植物种类很多，具备樟子松、红皮云杉和兴安落叶松 3 个主要树种生长条件。但是，由于无序砍伐破坏，形成了桦树、杨树等较多的低质林分，特别是白桦林，占林地面积比重偏大，且这种林分多占据着最好的生态条件类型。应该用兴安落叶松、红皮云杉、樟子松等珍贵树种更替白桦、山杨，使大部分森林成为以针叶树为主的针阔混交林。

为保证西部高平原牧业发展有足够的水源，本区应以建设水源涵养林为主。南部红花尔基是樟子松林集中分布区，是樟子松种源基地，应提高经营强度，扩大种子林、种子园建设，为北方适宜区引种提供足够数量的优质种子。土地利用布局应是：东半部低山丘陵地带建设水源涵养林，南部沙地樟子松林区建成樟子松种源林基地，西北部波状起伏高平原是优良天然草牧场，应建设多种类型的草牧场防护林，建成现代化畜牧业基地。对现有天然林应改建成为水源涵养林。本区的草类－白桦林是改建的重点（崔玲等，2003）。

第四节　区域发展与生态建设

一、区域发展的历史进程

本地区是国家重点建设地区之一。经过半个多世纪的发展建设，已经成为一个工农业发达，经济基础比较雄厚，具有鲜明地域特色的比较完整的经济区，是中国重要的重工业基地和农业基地，为经济、社会发展奠定了坚实的基础。

森林资源丰富是本区得天独厚的优势。据调查，19 世纪末至今，黑龙江森林覆盖率由 70% 降到了 35.55%，林缘平均后退 150km。第二松花江上游，1970 年代后的近 20 年森林覆盖率约降低了 10%，致使一些江河流量下降 25%。由于相当长一段时间以来，大量采伐森林，长白山和大、小兴安岭采育严重失调，森林日减，林相渐趋恶化，导致珍稀动植物濒临灭绝，物种减少。东北虎、梅花鹿、黑熊、野猪等已经不多见，生态平衡失调，气候变坏，水土流失加剧，旱涝灾害频繁发生。

近 50 多年来，开垦的荒地约为现有耕地的 30%。资源优势不断转化为生产优势，现已建成为具有全国意义的农业基地。松嫩平原在东北区农业开发历史较早，但是长期以来只用不养，地力下降。黑土侵蚀较重，土壤有机质含量逐渐降低。东部山前台地，年侵蚀模数约为 6 000t/（km²·a），黑土层越来越薄。三江平原开发历史较短，地广人稀，土地资源丰富。1949 年以来，以国营农场为主力军，开垦了大量荒地，耕地面积由 1949 年的 40 万 hm² 扩大到 1990 年代的 370 万 hm²。粮食品种结构，历史上以盛产大豆、高粱、谷子著称。1949 年以来，随着农田基本建设的改善，高粱、谷子逐渐为玉米、小麦、水稻取代。高粱、谷子所占面积已经由 40% 降到 20% 以下，玉米、小麦、水稻播种面积由 35% 上升到 65% 左右。玉米、水稻种植面积的扩展，对本区粮食总产量的提高起了重要作用。但水土流失加剧，土壤肥力普遍下降，有机质明显减少。

相对而言，本区畜牧业发展缓慢，与饲料资源丰富这一优势很不相称。但是，经过长期的开发利用，在草原畜牧方面，草原建设投资很少，而开垦草原，以农挤牧的现象严重，加上草原普遍超载过牧，导致土地沙化、碱化，草原退化日益加剧。

本区利用资源能源优势，主要发展了以能源生产为主的工业。包括煤、石油、天然气，以及有色金属等，成为中国重要的重工业基地。

二、得天独厚的资源优势

本地区资源非常丰富，在发展中具有得天独厚的资源优势。

（一）丰富的水资源

较多的降水和较低的蒸发以及植被茂密的山岭，保证了本地区丰富的地表水资源。集水面积在 1 000km² 以上的河流很多，黑龙江及其两大支流松花江和乌苏里江，以及许多大小河川形成了一个稠密的水路网，而黑龙江与松花江、乌苏里江汇流出的三江平原，正是这个水路网的核心，也是中国最大的沼泽分布地区之一（汪爱华等，2002）。

地表径流主要决定于降水的分布状况。长白山地东侧为年平均径流深高值区，径流深可达 300mm 以上。多年平均径流深以通化、蛟河一带为最高，可达 500～600mm，其北伊春、方正一带为 300～400mm，再北，从延吉、穆棱直到三江平原都 <200mm。总的径流深变化趋势是从东南向西北减少，西部除大兴安岭北部年径流深 >200mm 以外，其余都在 200mm 以下。松辽平原西部有许多湖泊，多形成闭流区，年径流深 <25mm。到大兴安岭山地年径流深又有所增加，达 250mm 上下。年径流变差系数与之相反，通化、蛟河直到伊春一带较小，为 0.3～0.4；大平原部分较大，为 0.8 左右；三江平原为 0.6～0.7；大兴安岭北段又降至 0.3 左右（戴全厚等，2005）。

由于本地区的地势是三面环山，中部为广阔的大平原，源于山地的河流中、上游，坡降较大，河谷较狭，水能资源蕴藏较多。水能资源主要分布在北部的黑龙江干流和东部的松花江。目前对水资源的利用还不充分，尚有许多大中型水库可建，如能充分利用则可以防洪、蓄水、发电，既兴利又可减轻洪涝灾害。

地下水资源也很丰富，并且水质优良。松辽平原自中生界以来为巨大的向斜式自流盆地，盆地北部第四系沉积岩层中的自流水非常丰富，矿化度通常小于 1g/L，为重碳酸盐类水。平原区地下水资源量约为 330 亿 m³。

本区水资源分布的特点是东丰西歉，北多南少，人均占有量少。

（二）丰富的生物资源

本地区的群山遍布着森林，自古号称"树海"，是全国最大的木材产地。辽阔的松嫩平原，古代是丰茂的草场，为广大牲畜及野生动物出没之地，目前虽多已农垦，仍盛产羊草等优良牧草以及芦苇等工业原料。本地区的土特产也很丰富，尤其以"三宝"著称（中国科学院《中国自然地理》编辑委员会，1985）。

本地区的植被分布，既受太阳能随纬度自南向北递减的影响，又受欧亚大陆东岸的地理位置以及地势地貌的影响，因而类型复杂，充分反映出温带大陆东岸的特征。地带性植被，大兴安岭北部属寒温带针叶林地带；东部山地属温带针阔混交林地带。这两个地带，与延续整个欧亚大陆的地带不同，附有温带大陆边缘的特定表现形式，实际上是地带的一段。大兴安岭北部寒温带针叶林主要是兴安落叶松林（*Larix dahurican*），有明显的垂直分布特征。东部山地温带针阔混交林地带，主要以红松（*Pinus koraiensis*）与阔叶树混交林作为基带，在此基带之上，也有明显的植被垂直分布现象。干燥度从沿海向内陆递增。平原部分的植被为温带半湿润森林草原，再往西是内蒙古的温带半干旱草原。温带半湿润森林草原，位于森林向草原过渡的地带，是榆树森林草原。更西则为羊草草原，以羊草（*Aneurolepidium chinesis*）为主要成分。沿河两岸有许多沙地，发育着沙生植物。

（三）丰富的宜农土地资源

本地区的土壤与植被分布规律基本一致。大兴安岭北部黑龙江上游河谷，有棕色针叶林土（暗瘠寒冻雏形土）分布。小兴安岭及长白山地主要是暗棕色森林土，但在河谷阶地上由于母质黏重及季节冻层的影响，有大面积白浆土（暗沃漂白冷凉淋溶土）发育，在排水不良的地方，则沼泽土（有机正常潜育土）分布普遍。在山前台地为黑土（简育湿润均腐土）地带；松嫩平原的西部则为草甸黑钙土（暗厚干润均腐土）的分布范围，平原的低平部分有苏打盐化草甸土及苏打盐土（普通潮湿正常盐成土）。在沿河两岸常有风积沙土及黑钙土型沙土。大兴安岭及长白山地都有土壤垂直带的明显反映。

据统计，耕地面积为 192 万 hm²，约占全国耕地面积的 19.7%，集中分布在松嫩平原、辽河平原和三江平原，其次分布于山前台地及山间盆地谷地，垂直分布上限一般为海拔 500m，少数可达 800m。按人均占有耕地计，本地区是全国最高的，人均耕地为 0.167hm²，相当于全国人均耕地的 2 倍。

土壤比较肥沃，广泛分布的黑土（简育湿润均腐土）、黑钙土（暗厚干润均腐土）、草原土等，都有深厚的暗色表土层。松嫩平原东部和北部山前台地为黑土分布区，富含腐殖质，表层含量 2.5%～7.5%，土层厚度可达 1m。松嫩平原中西部为黑钙土分布区，黑土、黑钙土的有机质是中国土壤中含量最高的。肥沃的耕地集中连片分布，使这里成为中国最好的一熟制作物种植区和商品粮基地。

（四）丰富的矿产资源

本地区矿产资源丰富，矿种比较齐全，已探明储量的有100余种，其中储量居全国前三位的达45种。主要金属矿产有铁、锰、铜、钼、锌、铅、金以及稀有元素等。能源矿产有煤、石油、天然气、油页岩。非金属矿产有菱镁矿、石墨、滑石、白云石、石棉、钾长石、硼、金刚石等。这些矿产资源储量大，种类多，是发展国民经济必需的基本矿种，而且资源分布范围广，相互配合良好，便于开发利用。但是一些矿种中贫矿多，共生矿多，为采矿、选矿和冶炼带来更高的要求（中国科学院《中国自然地理》编辑委员会，1985）。

三、生态与环境的百年巨变

自清朝康熙年代东北地区就实行封禁，厉行封禁长达200年左右，严禁内地人通过山海关进入东北。使东北地区生态与环境相对全国来说一度处于较好水平，资源丰富、山川秀美。但近百年大规模开发使得东北地区生态与环境不断恶化。自20世纪以来，东北地区资源环境发生了巨大的变化，成为全球范围内具有短时限人地关系高强度作用的典型地区之一。20世纪初、中期，俄日殖民者对铁矿、煤炭等，尤其是森林资源的疯狂掠夺，对东北地区资源、生态与环境造成了极大破坏。1949年以来，作为中国具有战略意义的老工业基地，大规模的工业开发与污染治理的滞后，使得东北地区的资源消耗极大，生态与环境严重恶化，甚至有学者指出东北地区生态与环境接近不可恢复的临界状态，如不及时"刹车"，将严重影响其可持续发展（张耀存等，2005）。

1930年代人类开始对平原西部地区进行农业开发，1980年代初期的大规模农业开垦强烈地改变了草原景观，使得植被破坏严重，1980年代中期林区全面进入可采森林资源枯竭的危难困境。同时，大部分天然原始林变成了次生林，质量显著下降，生态功能严重衰退。平原西部地区土地沙漠化、土地盐碱化日益严重。由于长期的"重采轻育"和"重取轻予"，近半个世纪以来的过度开垦，黑土地区大约2/3的耕地存在严重的水土流失，肥力下降，有机质含量迅速下降，土质严重退化；湿地面积锐减，再加上水利工程建设等人为因素的影响，使得湿地景观丧失，破碎化严重，湿地所具有的抵御洪水、调节径流、蓄洪抗旱、调节气候、防止水土流失和净化水质以及维持生物多样性等方面的生态功能严重衰退；主要流域的水污染问题已经相当严重，城市河段尤其突出；大城市空气颗粒物污染严重，部分地区酸雨污染突出，空气污染大多具有典型的煤烟型污染特征，采暖期的城市环境空气质量明显劣于非采暖期，颗粒物是影响空气质量的主要污染物；在矿产资源开发中，资源型城市由于不合理的开采方式、过度开发以及治理滞后等原因，对周围生态与环境的破坏在相当长时期内还将继续存在，且有逐年加重的趋势，较为严重的生态与环境问题主要包括土地资源破坏、环境污染、地面塌陷、滑坡和泥石流、海水入侵、地下水短缺等。

在全球环境变化的大背景下，近中期东北地区的生态与环境形势仍不容乐观。近百年来，温带湿润半湿润地区的平均气温呈明显的上升趋势，尤其是近20年表现出前所未有的强烈增温趋势。年降水量近百年来呈略微减少趋势，同时，全区可利用降水资源呈下降趋势。气温升高和雨水减少，给东北地区生态、环境的改善产生不利影响，尤其对东北西部地区干旱化趋势影响明显。

但近20~30年来，本地区经济增长缓慢，在全国的相对地位下降，这其中除了经济体制方面的原因以外，长期以资源消耗、环境损害为代价的粗放经济增长模式所引起的严重的生态与环境问题，也束缚了地区经济的发展。

四、流域水资源调控

本地区主要河流有辽河、松花江、黑龙江、乌苏里江、绥芬河、图们江、鸭绿江以及独流入海河流等。水资源总量 1 746.33 亿 m³，占全国水资源总量的 6.74%。地下水可开采量为 273.98 亿 m³（表 10.2）。

表 10.2 东北地区水资源分布情况表

分区名称	降水量 /mm	地表水 资源量 /亿 m³	地下水 资源量 /亿 m³	重复水量 /亿 m³	水资源总量 /亿 m³	地下水 可开采量 /亿 m³	人均水资 源量 /（m³/人）	亩均水 资源量 /（m³/亩）
黑龙江	520.70	1 209.27	625.53	164.46	880.28	116.8	1634	495.00
吉林	600.70	356.57	13.18	65.60	404.25	47.68	1521	672.00
辽宁	650.13	199.91	93.23	45.30	247.87	34.10	604	396.89
内蒙古东四盟	477.40	484.75	123.19	43.70	213.93	75.40	638	277.00

（一）水资源的问题和矛盾

东北地区多年平均水资源总量与中国北方华北地区、西北地区相比，是比较丰沛的。但东北地区水资源的空间分布极不均匀，呈现出"北丰南歉、东多西少"、"边缘多、腹地少"的特点。

1950年代以来，水利事业蓬勃发展，2000年农田有效灌溉面积达到 8 900 万亩，占全国的 11%，农业生产在全国具有重要地位，社会经济用水持续增长，由 1980 年的 351 亿 m³ 增加至 2000 年的 599 亿 m³，水利为老工业基地和农业生产提供了有力的保障。但由于忽视了生态与环境的保护，使中西部地区生态、环境受到严重损害。主要表现为：由于农业结构不合理，盲目发展灌溉农业，致使河湖干涸、地下水超采，造成西部地区严重的生态与环境危机；由于城市化和工业化发展，地表水源不足，导致中部地区大量超采地下水、废污水大量排放，河水污染严重，形成恶性循环。

（二）水资源开发利用潜力大

尽管存在以上问题，但只要及时调整，本地区的水资源开发利用潜力依然巨大。

首先，中国农业发展的一个重要制约因素是水土资源不匹配，南方水多地少、北方水少地多，唯有本地区水土资源匹配条件较好。其次，本地区特别是松花江水资源开发利用程度低，2003 年水资源开发利用率为 24%，黑龙江干流、乌苏里江等国际河流开发利用率仅为 16%，额尔古纳河不足 1%，基本处于未开发状态。大量水资源流出境外，本地区国际河流年均流入国际界河水量为 1 285 亿 m³，约占本地区水资源总量的 2/3。本地区的水资源条件完全有能力保障老工业基地振兴，同时还能保障实现国家粮食基地建设发展的战略目标。

（三）保护与合理配置水资源

在水资源配置中，首先必须扭转"重社会经济，轻生态与环境"，"重开发利用，轻节约保护"的观念，在充分考虑当地生态与环境需水的前提下，合理配置当地社会经济用水，生产力发展模式与布局要与当地自然环境相协调，为东北地区最终实现人与自然和谐发展的目标创造条件。

工业与城市发展要坚持节流优先、治污为本的原则，加大污水回用，雨水、海水等非常规水源的利用，形成多渠道开源、多水源利用的开发模式，全面推进节水防污型社会的建设。农业要合理控制发展规模，充分考虑生态、环境用水要求。

松花江流域水土资源条件较好，可以利用控制性工程，通过加大对未控洪水的调控能力，扩大灌溉面积。但为保证必要的生态与环境用水、航运用水和汛期维持河道稳定用水，发展规模要有所节制，应将社会经济耗水量占水资源总量比重严格控制在 40% 以内。松花江流域开发规模如有必要进一步扩大，需要进一步研究社会经济用水与生态与环境、航运用水的优化配置，或考虑"引呼济嫩"工程，调引国际界河丰富水资源为松花江流域补水。

对于水资源短缺的辽河流域，社会经济发展必须考虑水资源的条件，以水定发展，量水而行，坚持内涵式发展，进一步加大种植结构的调整力度，重视旱地节水农业建设，逐步缩减高耗水水田面积，使社会经济用水在 2030 年前后接近甚至达到零增长，并辅以必要的跨流域调水工程，实现社会经济系统的供需平衡，遏制辽河流域生态环境持续恶化的局面，并有所改善。从建设和谐社会的观点出发，未来社会经济用水比重还应进一步降低，还水于生态。因此，为从根本上扭转辽河平原经济用水与生态用水的激烈竞争，水资源严重短缺的局面，远期可通过扩大"东水中引"规模，甚至考虑从呼玛河向嫩江调水，完成"东水中引，北水南调"的水资源配置格局。

五、水土流失控制

据 2005 年统计，本地区土地总面积为 124.9 万 km²，占全国的 13%（其中分布有得天独厚的黑土资源 103 万 km²），现有水土流失面积达到 40.4 万 km²，占区域总土地面积的 32.3%。本地区总耕地面积占全国的 19.8%，粮食产量占全国的 17%，人口占全国的 9.2%，造船产量和原油以及原油加工占全国近 1/3，汽车和机床产量占全国的 1/4，在国民经济中占有重要的地位。考察（水利部等，2005）显示，本区域处于水土流失面积不断扩大，但速度减缓，强度增加，侵蚀沟的数量在增加，沟道继续扩展，向大沟方向发展，土壤养分下降，河流泥沙缓慢增加的态势中。研究加快东北地区水土流失修复治理步伐，是本区域经济社会发展的必然要求。

水土流失修复对策：

在科学发展观指导下，根据不同区域水土流失特点及治理工作的发展方向，突出重点，保护与建设相结合，针对不同侵蚀类型、地形地貌类型及水土流失危害，采取相应措施。

（1）坚持预防保护。对生态、环境状况良好的地区采取预防保护措施，有效控制新的水土流失的产生和发展，保护治理成果，建立和完善管理体系。重点是大兴安岭山地植被保护区、呼伦贝尔草原植被保护区，以及长白山预防保护区。治理方略主要是以预防管理为主，依法管护好现有植被，对森林采伐要做到合理、科学，并及时进行更新，同时对现有水土流失地区积极开展治理，陡坡耕地严格按要求退耕还林。

（2）强化监督管护。严格按照水土保持法和行政许可法及相关法律法规，完善规章制度的建设。水土保持工作的生命力在于监督管护，监督管护是充分发挥水土保持综合治理措施的有力保障，也是改善生态、环境的有效手段。为巩固治理成果，监督工作的重点应放在对开发建设项目、城市水土保持、生态修复以及重点治理工程监督指导上。抓好大型开发建设项目事前水土保持方案的编制审查，事中组织落实监督检查指导，和工程土建竣工事后的全面验收工作。近期的主要任务是建立充实建设项目的基本资料，制定阶段性指导检查办法，建设完善的执法程序和体系，做好水土保持法修订的调查研究，促进建设单位水土保持方案编制和落实工作。

（3）推广生态修复。坚持预防为主的方针，按照人与自然和谐相处的理念，对于自然条件相对比较好的水土流失区域，在采取适当的封禁保护措施及必要的工程措施后恢复生态、环境，同时对于封禁影响当地农民正常生产生活的区域，做好相应补助和配套措施。

（4）突出重点治理。重点是全面开展黑土区、西辽河上游生态脆弱区恢复和大凌河及柳河水土流失的防治。治理的主攻方向是治理和改造坡耕地，建设基本农田，提高单位面积产量，搞好商品粮生产基地建设，造林种草，增加地面植被，种植优良牧草，发展畜牧业，为商品粮基本农田提供优质农家肥，增加土地生产力，并适当地发展果树等经济林，解决群众近、中期经济收益，在侵蚀严重的沟壑适当修筑一批骨干工程，结合植物封沟，同时对原有林草资源加强管护，防止进一步破坏。

（5）开展动态监测。近期监测点重点布设选择在不同治理区较有代表性的典型要害区域内，分别在生态修复、重点治理、重点监督项目中布置监测设施，逐步扩大范围。通过监测数据统计，为及时考量措施配套提供科学依据，提高投资效益，加快生态、环境修复治理步伐。

六、草地恢复与盐碱地改良

中国草地面积约 4 亿 hm^2，约占陆地面积的 41.7%，是全国陆地上面积最大的生态系统。全国 2/3 以上的草地不同程度地存在退化、沙化、盐碱化的"三化"现象。中国温带湿润半湿润地区分布着科尔沁、呼伦贝尔、松嫩三大草原，是东北地区的绿色生态屏障，具有较高的经济价值和生态意义。然而，土地沙化、碱化所造成的草地退化已占草地总面积的 80% 以上，中、重度退化草场已达 188 万 hm^2，约占草地面积的 25%。碱化主要发生在松嫩草原和科尔沁草原，碱化面积达 2/3 以上，并有 1/3 的碱化土地沦为弃地，造成草地畜牧业单位面积产值的大幅降低。在 1950 年代，4~5 亩地可养一只羊，现在已退化到 15~20 亩地养一只羊。为了提高经济效益，人们又大幅度提高载畜量，对草地造成了更大的压力，形成了一种恶性循环。草地退化在生态效益方面的损失更不可计量，比如涵养水源和保持水土的功能日趋减弱，生物多样性受到严重威胁等。不仅严重影响区域畜牧业的健康发展，环境的恶化亦威胁到当地人们的生存。

恢复与改良措施。利用生态学的进展演替理论，即先锋植物阶段—过渡阶段—稳定植被阶段，在植被与土壤条件极差的重度盐碱化草地直接种植耐盐碱牧草，使草地植被盖度迅速提高，土壤表层盐碱度下降，土壤结构与肥力得到相应改善。主要有两种途径：一是对盐碱地实行封育，这是利用植被自然演替恢复理论，对盐碱化草地进行改良的最直接、最经济、最有成效的技术手段；二是对盐碱地进行种草恢复，可依靠当地的种源优势，并结合适宜的草种筛选、播种方法、牧草种植顺序与管理措施等加以实现。该模式的技术关键包括：①封育草地的最少施肥量；②草种的培育、筛选；③牧草播种方法（时间与保苗技术）；④不同盐碱化程度地段的种草顺序。

七、湿地开发与保护、恢复

湿地处于陆地生态系统（如森林和草地等）与水生生态系统（如海洋等）之间的过渡带，是水体系统与陆地系统相互作用过程形成的具有多种功能的生态系统，对环境变化反应敏感。

三江平原为主的湿地是中国和东亚最大的一片湿地。目前，三江平原有 28 个湿地保护区，其中 3 个被列为 Ramsar 公约有重要国际影响的湿地。三江平原湿地具有丰富的生物多样性，但随着近年来开发的加剧，三江平原湿地面临面积不断缩小、湿地生态环境逐步恶化。

在湿地的开发过程中，主要存在以下几个问题（邸志强等，2006）：

（1）湿地面积锐减功能退化。几十年的开荒，使湿地面积大幅度减小，尤以三江平原的湿地面积锐减严峻。随着湿地大面积开垦，湿地整体功能已出现退化，生态环境遭到严重破坏。

（2）生物多样性减少，珍稀野生动物生存环境受到威胁。三江平原湿地生物多样性丰富，是多种珍稀野生动物栖息之地。随着湿地的开发，原始真草甸植被、沼生及湿生植被遭到严重破坏，生态系统结构趋于单一化，野生动物栖息地和觅食范围大幅度减少，一些珍稀野生动物濒临灭绝。

（3）垦后土壤退化，风蚀严重。三江平原湿地土壤退化，风蚀严重，部分农场土壤已出现不同程度的次生盐渍化和土壤僵化现象，土壤理化性质恶化，肥力下降。

（4）农田大量施用农药化肥，水土受到污染。湿地开发后，土地演变成人工农田生态系统，必然施入大量的农药化肥，从而对水土产生污染。

（5）旱涝灾害频繁，危害加剧。近年来三江平原湿地面积减少，使抗灾能力减弱，旱涝灾害频繁发生，危害加剧。

对湿地进行保护可以通过改善流域的管理、加强湿地生境与生物多样性的保护与恢复、改变湿地周边地区居民的生活方式及强化湿地保护的能力建设等方法综合进行。具体保护对策有：①调整作物产业结构，充分挖掘现有耕地潜力，依靠科技进步，加大投入，加快中低产田改造，提高单产，控制开荒。②大力发展水田，增加人工湿地面积。补偿三江平源湿地面积，有利于保持大气湿润程度，调节小气候。③发展生态农业，加快绿色食品基地建设，合理利用当地资源，提高单位产值，坚持生态农业建设。④合理使用农药化肥。农业生产选用高效、低毒、低残留农药，减少化肥用量，增施有机肥、生物复合肥。⑤建立湿地自然保护区，保护现有湿地。强化现有湿地的管理，加快规划湿地保护区的建设速度。⑥植树造林，增加林地覆盖率。人工造林，提高森林覆盖率，有效保护农田，缓解土壤风蚀，进而调节小气候，涵养水源，减轻风害。

其中关键的一环就是湿地恢复。退化湿地恢复与生物多样性是当前国际湿地研究的热点。可以通过引进国外先进技术和成功经验，建立起符合温带湿润半湿润地区湿地实际的湿地生态恢复研究方法和技术，并选取各种典型退化湿地，开展生态恢复示范研究。

中国温带湿润半湿润地区江河源区的高寒湿地，不仅具有地理位置、气候特征及物种类型等方面的特殊性，而且农牧资源、生物资源及水利资源都极为丰富，特别是大兴安岭地区的高寒湿地，是嫩江水量的主要来源，起着天然蓄水池的重要作用。这些地区还分布着大量的特有物种和珍稀濒危物种，因此，对这些地区湿地生物资源的保护与生态恢复，具有重要的学术价值和维持区域经济可持续发展的现实意义。

八、黑土退化及其保育

东北平原的黑土带是世界三大黑土带之一。位于松嫩平原的中部，地跨黑龙江、吉林两省，包括 43 个县市，总面积约 1 100 万 hm²，占东北地区土地总面积的 8.9%（图 10.5）。黑土耕地约 815 万 hm²，占全区耕地面积的 32.5%。据有关资料，黑土地的粮食产量占全区粮食总产量的 44.4%，其中玉米产量和出口量分别占全国的 1/3 和 1/2。

黑土地有 100~300 年的开垦历史，大部分已开垦的黑土位于松嫩平原，目前这里已成为中国重要的商品粮基地。黑土耕垦以后，肥力性状发生了很大变化，有部分土壤是向着不断培肥熟化的过程发展，但大部分黑土自然肥力呈逐渐下降的趋势。据第二次全国土壤普查资料，吉林省 30cm 以下的薄层黑土面积已占黑土总面积的 42%，其中小于 20cm 的"破皮黄"占 14.6%。据有关资料，岗坡地的黑土年减少黑土层 0.3cm

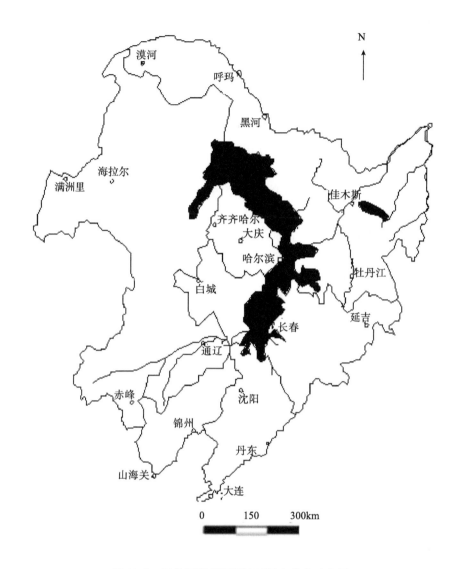

图 10.5　温带湿润半湿润地区黑土分布示意图

（崔玲等，2003）。黑土分布区的垦殖率已经达到0.6~0.7。坡耕地的土壤侵蚀可以占总侵蚀面积的87%，年土壤侵蚀模数可达5 000~6 000t/（km² · a）。作为粮仓的黑土资源因遭受侵蚀正面临日益衰退的危机，生态趋于恶化，不仅粮食产量下降，而且旱涝灾害亦趋严重。强化坡耕地侵蚀的治理是黑土区水土保持、生态建设的重点。

影响黑土退化的因素主要分为自然因素和人为因素两类。

1. 自然因素

纯自然因素引起的地表土壤侵蚀过程，速度缓慢，表现不显著，常和自然土壤形成过程处于相对稳定的平衡状态。中国黑土分布区属于北温带半湿润大陆季风性气候，冬季干冷，春秋两季干旱多风，夏季雨量充沛，占全年降水量的70%左右。降水因素包括降水强度、降水量和历时。虽然降水量相近，但降水强度不同，造成的侵蚀差异会很大（表10.3）。同时，黑土区多为农用耕地，天然植被较少，再加上黑土区的地势平坦，易造成黑土区夏季水蚀、春秋季风蚀为主的土壤侵蚀，尤其是在全球气候变化影响下，区域发生异常降水时，更容易导致土壤侵蚀发生（侯学煜，1988）。

表10.3　2004年鹤北小流域次降雨径流过程的产流产沙量（水利部等，2010）

| 小流域 | 日期 | 降水量 /mm | 径流历时/h | 流量/（m³/s） | | 含沙量/（kg/m³） | | 径流深 /mm | 输沙模数 /［t/（km²·a）］ |
				最大	平均	最大	平均		
鹤北2号流域 (3.59km²)	8月10日		0.75	0.12	0.11	22.00	12.00	0.08	1.01
	8月30日	12.3	10.5	0.24	0.09	3.47	0.74	0.91	0.98
	9月1日	12.9	17.0	0.28	0.12	1.84	0.79	1.56	1.48
鹤北8号流域 (2.07km²)	8月10日		0.03	0.29	0.2	275.00	218.8	0.01	2.49
	8月30日	12.3	10.5	0.90	0.27	13.02	2.07	3.46	13.11
	9月1日	12.9	7.0	0.03	0.01	0.94	0.31	0.18	0.17

典型黑土区地形多为地势平坦的波状起伏平原和台地低丘区，坡度虽缓，但仍随坡度增大，侵蚀增强（表10.4）。加之，坡长较长，一般500～2 000m，最长的达4 000m，汇水面积和径流量增大，侵蚀更盛。由于该区降水集中在夏、秋季，且多以暴雨形式出现，加之集雨面积大，故径流集中，冲刷力很大，水蚀严重（表10.5）。春季土壤解冻时，表层土壤疏松，容易被融雪径流冲刷，促使侵蚀沟的蔓延与发展。

表10.4　不同坡度的水土流失量（水利部等，2010）

| 年份 | 降水量 /mm | 坡度 /（°） | 顺坡垄小区 | | 横坡垄小区 |
			径流量/（万m³/km²）	冲刷量/（t/km²）	冲刷量/（t/km²）
1986	597.8	6	3.108	410.65	75.55
		9	3.502	687.13	213.45
1987	478.8	6	2.396	110.96	5.49
		9	2.370	339.47	15.88
1988	682.6	6	12.890	3 748.04	134.64
		9	10.750	5 184.17	201.53
1989	525.5	6	2.330	1 157.10	230.03
		9	3.320	1 847.20	663.75
1990	476.1	6	3.478	2 530.49	
		9	3.615	2 651.44	

表 10.5 **2004 年鹤北小流域不同坡长径流小区产流产沙情况**（水利部等，2010）

坡度/（°）	坡长/m	产流次数/次	径流深/mm	侵蚀量/（t/km²）
2.0	200	4	28.41	1 187.88
1.9	300	3	23.56	2006.47
1.6	100	6	56.00	809.99
1.4	50	4	38.29	72.43
1.3	20	1	7.52	5.57
1.3	15	8	115.18	304.21
1.3	10	7	54.04	443.38

2. 人为因素

主要是不合理的开发方式和不重视水土保持。东北地区的传统耕作方式是顺坡起垄，从坡顶到坡底的长垄，使表层黑土在暴雨后大量流失。而土地又是按垄承包，使这种耕作方式更难以改变。此外，大型农机具减少，翻耕深度变浅；在种植结构上单纯追求粮食数量，某些作物种植比例过大；有机肥施用量普遍减少，要依靠化肥维持产量，土壤养分亏缺严重，以及林地面积减少等，都加剧了黑土的退化。

由于黑土区人口的不断增加，岗平地生产的产品已不能满足人们的需求，从而转向坡地开发，出现毁林开荒，毁草开荒，造成水土流失加剧。土壤虽属于可再生资源，但其再生能力有一定限度，在少投入多产出的思想支配下，采取广种薄收的掠夺式经营，结果作物带走大量的土壤养分，而土壤养分的缺乏又没有得到很好的补充，从而造成土壤养分平衡失调，土壤肥力减退。黑土区耕地面大，是中国著名的粮食生产基地，为追求农产品产量，大量施用农药、除草剂和化肥，有机肥施用量很少，致使土壤物理性状退化，土壤硬化加重（侯学煜，1988）。随着工业的发展，"三废"排放量增加，土壤重金属污染严重，使滞留于土壤中的有害物质急剧增多。典型黑土区是黑龙江、吉林两省经济发达地区，随着经济的发展和城市化进程的加快，相当部分的农业生产用地被厂矿或基础设施建设占用，土壤使用功能转移，部分土壤发生永久性退化（中国植被编辑委员会，1980）。

黑土退化演替过程有三种模式：一是坡耕地在水土流失影响下，导致的退化演替过程；二是岗平地在风蚀和不合理耕作影响下发生的退化演替过程；三是低洼地在水分不平衡影响下的退化演替过程。

坡耕地植被演替过程是顶极群落→次生植被→杂类草群落→人工植被→荒芜不毛之地。植被演替改变了生态与环境状况，导致水土流失，土壤退化。土壤退化演替过程主要表现在黑土层的厚度，由厚层黑土到薄层黑土，最终导致生产力水平下降。岗平地除了黑土层变薄以外，主要的演替过程是耕层由疏松向硬化发展，有效养分含量由适量向不适量方向发展，从而出现土壤抗逆能力降低。由于岗平地耕种历史悠长，人为的破坏比较严重，薄层黑土面积不断扩大，在黑土区中南部出现破皮黄黑土。低洼地主要是草甸黑土和表潜黑土，退化演替过程主要表现在透水能力减弱，水分物理性状恶化,供肥能力降低,土壤上层滞水多,水分以表现湿润为主,并可见到明显的锈斑层,是黑土向沼泽土过渡的类型(崔玲等,2003)(表10.6)。

目前,东北黑土区的水蚀面积18.27万 km^2,占总面积的17.7%。水土流失还在发展之中,而且面积不断扩大,但速率减缓;强度增加,黑土层变薄,以面蚀为主;侵蚀沟的数量在增加,沟道继续扩展,向大沟方向发展;土壤养分下降;河流泥沙缓慢增加(水利部等,2010)。

表10.6 不同开垦年限黑土物理性质变化(自水利部等,2010)

开垦年限	深度/cm	密度/(g/cm^2)	容重/(g/cm^3)	总孔隙度/%	饱和持水量/%	田间持水量/%	植物有效水分/%	参透系数/($10^{-9}cm/s$)
5年	0~15	2.50	0.863	64.8	75.24	54.56	20.44	31.93
	15~25	2.56	1.042	59.2	61.65	43.20	18.60	20.61
40年	0~15	2.40	1.095	55.9	59.53	50.06	17.53	20.02
	15~25	2.50	1.121	52.2	50.64	36.26	6.25	17.83

黑土区的水土保持应重点开展坡耕地的水土流失治理,通过采取水土保持工程措施、农业耕作措施、植物措施和管理措施,控制坡耕地水土流失的发展。具体保育措施应包括以下几个方面:

(1)实行以保护黑土为主要内容的水土保持工程。东北黑土地区多处于漫岗坡地,因此,要结合治坡、治沟工程,建设一些小型的水利工程,如塘坝、小水库等,用以拦蓄径流和泥沙,淤积表土和有机质,减少土壤的侵蚀和冲刷。同时为机耕、灌溉创造条件(中国植被编辑委员会,1980)。

(2)以草田轮作为主体,建立科学的黑土轮作制度(中国科学院《中国自然地理》编辑委员会,1985)。转变传统的顺坡起垄耕作方式,建立沿等高线耕作和以深松免耕、少耕和地面覆盖、秸秆还田为主要内容的耕作制度。在耕地中可采用隔年交替耕翻,减少开垄。由于春季风比较大,春起垄可改在上一年的秋天进行,并及时镇压,以减少水土流失。在种植业结构上,可采用轮作、间作、混作、套作等形式,以调整不同作物间的种植比例和结构,来改善土壤的环境条件,促使土壤中的养分平衡、协调,有利于土地的利用和养护,并消除土地对无机肥的过分依赖(中国植被编辑委员会,1980)。

(3)有机与无机相结合的施肥制度(中国科学院《中国自然地理》编辑委员会,1985)。积造农家肥是提高土壤有机质含量最有效的途径。抓好农肥生产,不仅可以培肥地力,增强农业生产后劲,而且有提高作物抗灾能力、降低生产成本,增产增收的现实意义(中国植被编辑委员会,1980)。

(4)林网修复改造工程。为有效防止黑土的水蚀和风蚀,巩固水土保持工程和涵养水源,必须在田间、沟坡等地进行植树造林。在田间营造的农田防护林应以高大的杨树为主,在坡高较大、土壤瘠薄的地方应以营造苕条、紫穗槐等经济林和薪炭林为主,做到林成网、田成方,在田间形成一个良好的小气候,降低对农田的风蚀、水蚀,使农田抵御自然灾害的能力增强(中国植被编辑委员会,1980)。

总之，温带湿润半湿润地区黑土区水土流失有其特有的自然状况和特点，近几十年才显现出来，人们对黑土水土流失的认识还十分有限。虽然在治理上积累了一些经验，但还比较零散。无论是对黑土水土流失的认识还是对其进行综合治理，都是一个长期缓慢的过程。黑土区的水土保持工作是一项持续长期的任务（水利部等，2010）。

九、土地沙化及其治理

土地沙化作为一个生态与环境问题，引起全球重视。全球 70 亿人口受到沙化影响，全球 2/3 国家和地区，即 100 多个国家和地区受到沙化危害，陆地面积的 1/4，即 36 亿 km^2 土地受到沙化威胁，且土地沙化仍在继续发展之中。中国温带湿润半湿润地区是处在季风控制的地区，降水集中，干湿季节明显，干季与风季同步。在这种情况下，地表易出现类似沙漠化地区的沙丘起伏景观，称为土地风沙化（朱震达，1986）。松嫩平原的情况即属于这一类。它与干旱半干旱地区土地沙漠化有显著差异。其特点主要是风沙危害具有季节性，景观的季节变化明显，风沙化土地分布零星，风沙危害以农田土壤风蚀为主以及土地风沙化现象多出现在河流中下游或三角洲平原。在呼伦贝尔和松嫩平原沙漠化土地总面积分别为 20 893km^2 和 3 766km^2。

（一）土地沙化的成因

（1）自然因素。在土地沙化发生发展过程中，气候因素特别是年降水量的变化，往往可以影响沙漠化的进程。多雨年则有利于沙漠化逆转，少雨年则促进沙漠化的蔓延。气候因素对于土地沙漠化的发展进程只起影响作用，但不是决定作用。

（2）人类经营活动。在同一气候条件下，人类经营活动对土地沙漠化发生发展起决定作用。过度农垦、过度放牧、过度樵采和水资源利用不当等人类经营活动相互交错，相互影响，促进了土地沙漠化，其影响程度见表 10.7。

表 10.7 土地沙漠化人类经营活动影响程度

影响因素	占风力作用下沙漠化土地的百分比/%
过度农垦	26.9
过度放牧	30.1
过度樵采	32.7
水资源利用不当	9.6
工矿交通建设中不注意环境保护	0.7

（3）人口增长。人口增长过快是中国乃至东北土地沙漠化发生发展的重要诱导因素。目前，中国人口增长率虽控制在 1% 以下，但人口基数大、密度大。对于东北来说更不例外，人口的增长加大了土地资源利用的压力，从而造成进一步开垦草原或波状固定沙地，加剧了土地沙漠化。

可见，土地沙化发生发展的原因可以简要地归纳为：脆弱的生态与环境叠加人类不合理经营活动。由此可以看到，土地沙化不是一个单纯的自然过程，而是一个自然、经济和社会紧密相关的，以人类经营活动为诱导因素所引起环境变化的土地退化过程。

（二）温带湿润半湿润地区沙化土地治理技术

（1）建设防风固沙基干林带。为遏制沙地向周围地带侵袭，沿其外边界建设一条宽200~1000m（平均宽度600m）的防风固沙基干林带，形成遏制沙化土地推进的由乔、灌、草组合的复合立体人工生物防御系统。

林带结构模式：防风固沙基干林带建设要因地制宜，因害设防，林带结构模式为乔、灌、草复合立体结构模式。主要树种选择杨、柳、榆、刺槐、絮穗槐、胡枝子等。

（2）治理流动沙地和半固定沙地。流动沙（丘）地一般集中连片，且风口多，是风沙危害严重地区，也是治理的重点地区。流动沙（丘）地治理采用生物措施和工程措施、封沙育草和植树造林相结合的治理方式。保护措施采取工程围栏、生物围篱和专人管护。

先固后造，工程围栏设置在流动沙地周围，设置方式是在面积较大且相对集中连片的流动沙地外围架设铁刺线网，立柱采用钢筋混凝土筑成的水泥柱，规格为10cm×10cm×200cm，铁刺线选用104线。架设的模式为水泥柱间距3m，埋入地下0.5m，地上部分1.5m。刺线间距25cm，绕捆6道，柱间刺线交叉捆绑加固。

采用灌木固沙法，在工程围栏内设置生物围篱，生物围篱采用二年生壮苗裸根沙棘营造，带宽8~10m。

固后造林育草，在生物围篱内封沙育草和植树造林，同时设专人管护，做到固一片、成一片、绿一片。植树造林可采取雨季造林，网状撒播锦鸡儿、胡枝子、沙打旺或雨季埋杨树壮苗及二年生樟子松壮苗造林。

（3）治理沙化耕地。沙化耕地是沙化土地的主要组成成分，也是遏制沙化土地蔓延的关键部位。沙化耕地治理从两个方面入手：一是对于沙区现有的沙化耕地属非在册耕地和沙化较为严重的沙化耕地，全部营造防风固沙林；二是对于沙区其余的沙化耕地按300m×300m设置农田林网，对沙化耕地实施全部保护，防止沙化土地蔓延。

（4）治理固定沙地。固定沙地治理以生物措施为主，主要营造防风固沙林，实行带状或团状造林，形成乔、灌、草相结合的复层防护模式。适宜的主要造林树种有杨树、樟子松、赤松、色木槭、紫穗槐、胡枝子等。集中连片的地域采用飞播方式造林（种草）。

参 考 文 献

陈刚起.1989.三江平原沼泽性河流的特征.水文，（1）

崔玲，张奎璧.2003.中国北方地区生态建设与保护.北京：金盾出版社

戴全厚，刘国彬，刘明义等.2005.小流域生态经济系统可持续发展评价——以东北低山丘陵区黑牛河小流域为例.地理学报，60（2）：209~218

邱志强，苗英，贾伟光等.2006.东北地区湿地的特点及形成与演替机制.地质与资源，15（3）：218~221

杜晓明，周志强.2002.大兴安岭北部植被演替规律探讨.国土与自然资源研究，2：67~68

巩宗强.2006.国家"973"项目"东北老工业基地环境污染形成机理与生态修复研究"动态.地理学报，61（6）

关文彬，曾德慧.2000.中国东北西部地区沙质荒漠化过程与植被动态关系的生态学研究.生态学报，20（1）：93~98

侯学煜.1988.中国自然地理·中国植被地理.北京:科学出版社,205~213

黄秉维等.1999.现代自然地理.北京:科学出版社

黄秉维文集编辑组.2003.地理学综合研究.北京:商务印书馆

景贵和.1991.我国东北地区某些荒芜土地的景观生态建设.地理学报,46(1):8~15

李诚固,李培祥.2003.东北地区产业结构调整与升级的趋势及对策研究.地理科学,23(1):7~12

刘力,郑京淑.2003.东北地区生态消费水平的区域可持续性研究.地理科学,23(6):656~660

刘汝海,王起超.2002.东北地区煤矸石环境危害及对策.地理科学,22(1):110~113

马占云,林而达,吴正方.2007.东北地区湿地生态系统的气候特征.资源科学,29(6):16~24

蒙吉军.2005.综合自然地理学.北京:北京大学出版社

倪健,李宜垠.1999.从生态地理特征论中国东北样带(NECT)在全球变化研究中的科学意义.生态学报,19
(5):622~629

任国玉.1998.全新世东北平原森林-草原生态过渡带的迁移.生态学报,18(1):33~37

师君,张明祥.2004.东北地区湿地的保护与管理.林业资源管理,(6):40~43

时述凤,马成林,陈德勇.2006.东北地区水资源保护现状的研究.中国农学通报,162~165

水利部,中国科学院,中国工程院.2010.中国水土流失防治与生态安全·东北黑土区卷.北京:科学出版社

宋玉祥.2002.东北地区生态环境保育与绿色社区建设.地理科学,22(6):655~659

孙鸿烈.2005.中国生态系统.北京:科学出版社

孙鸿烈.2011.中国生态问题与对策.北京:科学出版社

吴正方.2002.东北地区植被过渡带生态气候学研究.地理科学,22(2):219~225

吴正方.2003.东北地区植被-气候关系研究.长春:东北师范大学出版社

伍光和.2000.自然地理学(第三版).北京:高等教育出版社

严登华,王浩,何岩等.2006.中国东北区沼泽湿地景观的动态变化.生态学杂志,25(3):249~254

杨金艳,王传宽.2005.东北东部森林生态系统土壤碳贮量和碳通量.生态学报,25(11):2875~2882

杨勤业,郑度,吴绍洪.2002.中国的生态地域系统研究.自然科学进展,12(3):287~291

尹奉月.2007.我国东北地区沙化土地治理技术研究.林业勘查设计,(2):25~27

岳书平,张树文,闫业超.2007.东北样带土地利用变化对生态服务价值的影响.地理学报,62(8):879~886

张耀存,张录军.2005.东北气候和生态过渡区近50年来降水和温度概率分布特征变化.地理科学,25(5):561~566

赵济.1995.中国自然地理.北京:高等教育出版社

郑度,杨勤业,吴绍洪等.2008.中国生态地理区域系统研究.北京:商务印书馆

郑旭含,蔡体久,王晓明.2007.东北山地沼泽湿地植物的多样性.东北林业大学学报,35(5):36~38

中国科学院《中国自然地理》编辑委员会.1985.中国自然地理·总论.北京:科学出版社

中国植被编辑委员会.1980.中国植被.北京:科学出版社

朱震达.1986.湿润及半湿润地带的土地沙化问题.中国沙漠,6(4):1~9

第十一章 暖温带湿润/半湿润地区

位于中国东半壁中部偏北位置的暖温带湿润半湿润地区，位于34.0°~23.5°N、92°~123°E之间。主要包括辽东半岛、胶东半岛、鲁中低山丘陵、华北平原、华北山地、汾渭谷地、黄土高原中北部等自然单元。在行政区域上，跨北京、天津、陕西、山西、河北、山东、河南等省市的全部或大部，辽宁、内蒙古等省区的南部，安徽、江苏等省的北部，习惯上称为华北地区（图11.1）。

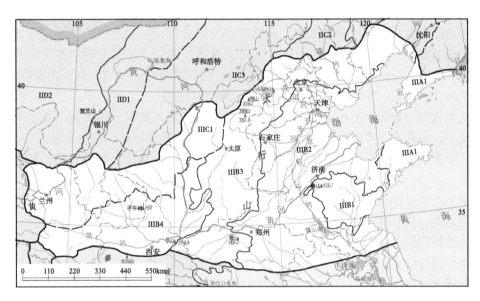

图 11.1　暖温带湿润半湿润地区的位置（图例见正文）

本地区东临海洋，西接中国西北干旱区，北邻寒温带/温带湿润半湿润地区，南部与北亚热带湿润地区相连，其分界线大致为秦岭—淮河一线。具体说，暖温带南部界线沿秦岭山脉的北坡向东延伸与淮河干流相连接。此线南北两侧无论地质、地貌、气候、水文、土壤、生物等自然地理要素都显著不同，俗称中国南方与北方的"地理界线"，通常所说的"南船北马"，"南人吃米、北人吃麦"，就是以此线划分南北的。这条界线，大体在气候上是最冷月太阳辐射热量收支相等、也是全年水分收支相等的界线。此线以北，最冷月均温低于0℃，土壤和河流冻结，有一个作物不能生长的"死冬"，基本上无常绿阔叶林；年降水量不到750mm，干燥度大于0.75，水分不足，作物以旱作为主；土壤成土过程以黏化过程、生草化过程为主，有盐碱化现象。此线以南，最冷月均温高于0℃，土壤和河流基本上不冻结，全年都可生长作物，有常绿阔叶树；年降水量大于750mm，干燥度小于0.75，水分有余，以水田作物为主；土壤无盐碱化现象，成土过程以砖红壤化过程为主。

关于暖温带和北亚热带西段的分界线以秦岭为界不存在争议，但是否为秦岭的山脊线却存在分歧。郑度等（2008）应用人工神经网络技术，构建一个非线性的分类器对秦岭地区的自然环境特征（主要是气候特征）进行分类。由此得到暖温带与亚热带的分界线在陕西秦岭地区位置的初步结论是：从综合的角度看，中国暖温带和亚热带在秦岭地区的分界线应标定在主脊。事实上，要对这个问题做出确切结论是非常困难的，甚至是不可能的。在实际工作中，难以寻找到一条精准的地理分界线，因为自然界并不存在人们仔细划定的界线（特鲁吉尔，1976）。

第一节　自然地理特征综述

一、早期海侵后期成陆的地质基础

本地区具有共同的地质发展史，其特点是早期为海侵，后期成为陆地，地质学上称为华北地台。基底形成于前寒武纪，由深变质的片麻岩、结晶片岩、花岗岩和浅变质的石英岩、硅质灰岩、板岩、千枚岩等组成。这些古老的变质岩，现在出露在辽东、山东半岛、五台山、中条山、吕梁山以及华北地区的边缘。

从寒武纪开始到中奥陶纪，是华北地区海侵的时期，沉积了很厚的以灰岩为主的海相地层，以燕山一带沉积最厚。在山西高原和华北平原的下面，也有分布。

从晚奥陶世到中石炭世，华北地台整个上升为陆地，是侵蚀剥蚀时期，缺乏沉积地层。

中上石炭世是海陆交替时期，有河湖相沉积、滨海与沼泽相沉积，其中夹有厚层的含煤地层。从二叠纪开始，华北地台海水全部退出，成为陆地。在低凹地区，有含煤层的陆相沉积。

中生代是华北地台剧烈的地壳运动时期，发生在侏罗纪和白垩纪的地壳运动，称为燕山运动。具体表现为强烈的隆起、拗折、褶皱和断裂，并形成许多断陷盆地。同时，有大规模的岩浆活动，有安山岩和流纹岩等喷发岩和花岗岩类的侵入。受到燕山运动影响最大的是燕山一带，其次是山东、辽东、山西、贺兰山和六盘山。中生代的沉积物主要为陆相的凝灰岩、灰质砂岩、石英砾岩和泥岩。经过燕山运动，华北陆台的构造轮廓已经形成。除了受到褶皱和断裂的山脉之外，华北平原是凹陷区；吕梁山与六盘山之间的鄂尔多斯地台是一块稳定的内陆盆地，堆积了湖泊沉积物和红色岩层。

新生代以来，华北地台进入大面积隆起侵蚀和沉降堆积的时期。在山地和高原是上升和侵蚀，并在间山盆地进行河湖相堆积。在辽河平原和华北平原直至渤海、黄海，则是沉降和接受沉积。华北平原下陷最深，沉积了厚达几千米的新近纪河湖相沉积物，其中夹有薄层的海相沉积物。在其上覆盖数百米的第四纪疏松河湖沉积物。有的地方新生代还发生过火山喷发，喷出玄武岩。

从更新世早期到晚期，华北地台广泛堆积黄土，以陕甘黄土高原分布最广，厚度最大。在山西高原，冀辽山地和辽东，山东山地和丘陵的山间盆地和山麓，也有黄土分布。在黄土堆积之后，经过河流的侵蚀和搬运，又把这些黄土携带到平原，形成次生黄土。在华北平原和渤海、黄海的沉积物中，都有黄土性物质。

根据地质构造的性质，华北地台内部分为下列构造单元：①辽东台背斜；②山东台背斜；③河淮台向斜；④山西台背斜；⑤燕山沉降带（燕山褶皱带）；⑥鄂尔多斯台向斜。这些地质构造单元，成为华北地区现代地貌分区的基础。其中，除河淮台向斜成为华北大平原之外，其他的都是近代隆起区，成为山地和高原。

应该指出，六盘山以西的黄土高原，在大地构造上不属于华北地台，而属于祁连山地槽褶皱带，是海西运动形成的。燕山运动时为陷落盆地，有陆相沉积。以后又有红色土和红色岩系的堆积。其后又接受了黄土堆积。

二、黄土广泛分布

中国黄土分布的广度、厚度和发育的完整性，都是世界其他地区无可比拟的，而中国的黄土分布又集中在华北，成为华北自然景观特征形成的重要因素。黄土及黄土状物质的广泛分布，除石质山地外，地表普遍为无层理、富含碳酸盐、大孔隙的黄土和具有层理的黄土状物质所覆盖，这是本地区最重要、最突出的特征。

本地区西部乌鞘岭以东，太行山以西，长城以南，秦岭以北的黄河中游地区黄土分布最集中，厚度大部分达 100 ~ 200m。在六盘山、吕梁山，黄土的分布高程可以达到海拔接近 3 000m 的高峰，形成黄土连续覆盖举世闻名的黄土高原。此外，该区东部的辽东丘陵、山东低山丘陵以及沿海岛屿，也有黄土发育。黄土经流水等营力的再搬运堆积，具有层理的次生黄土状堆积物，除了在华北平原及汾渭盆地大面积分布外，在黄土高原的河流及沟谷沿线也有分布。

黄土高原范围和面积存在争议。考虑到黄土分布的厚度和连续性是否具有景观意义，以及区域内部自然地理要素的一致性，确定其面积为 35.85 万 km^2（杨勤业，1988）。也有认为约 39.13 万 km^2，其中典型黄土高原面积 31.13 万 km^2（陈永宗，1988），是全国黄土的分布中心。这里黄土厚度大，除了高于黄土堆积面以上的山地之外，古老的岩层几乎完全为黄土所掩盖。黄土高原的黄土，层序完整，包括早更新世的午城黄土、中更新世的离石黄土和晚更新世的马兰黄土，以及全新世的新黄土。午城黄土分布面积较小，目前只在晋西午城、陕北铜川等局部地区有所发现。离石黄土土层深厚，且分布较广。马兰黄土和新黄土的土层较薄，但分布最广。

黄土是地质发展史上最新阶段的产物。黄土高原的黄土堆积，大约始于距今240万年前的早更新世，由于青藏高原的强烈隆起，冬季风势力增强，在西风环流和强劲的冬季风的推动下，把西北沙漠、戈壁中的粉尘吹扬搬运到黄河中游干草原和疏林草原环境中连续沉积，从而形成黄土深厚、集中广布的黄土高原。黄土堆积的厚度，以子午岭东西两侧的洛川塬和董志塬为最大，分别达到 180m 和 200m。甘肃兰州九洲台黄土堆积厚度达到 336m，为中国黄土堆积厚度之最。

三、平原和高原为主的地貌

本地区的地貌，以大面积的平原和高原为主，中间夹有一些较短的山脉。整个地势，从西向东逐渐下降，由高原和山地降为平原与丘陵，最后没于渤海与黄海。在排列的方向上，由于受到构造的影响，一般都作北东或北北东的方向。

大致说来，东部临海一带是丘陵地带，包活辽东和山东半岛以及鲁中低山丘陵，这是一片受到长期剥蚀的古老地块。在丘陵地带以西，为一大平原，包括辽河、海河、黄河、淮河下游的冲积大平原，海拔大部在50m以下。在山麓地带有洪积冲积扇，海拔稍高。华北平原以西和以北，是山地和高原，包括山西高原和冀辽山地。以山地为主体，夹有高原和间山盆地，平均海拔1 000m以上。盆地则只有数百米，山地可达2 000m以上，总称为晋、冀、辽山地。主要山脉有燕山山脉、太行山脉、吕梁山脉，走向一般为北北东。在吕梁山以西，是陕甘黄土高原，周围为高山所环抱，形成一大盆地。普遍受到黄土的覆盖，中央为纵贯南北的六盘山所分隔。高原面平坦，海拔在1 000m以上，边缘部分受到黄河支流的侵蚀，形成深沟与丘陵地貌。

上述丘陵、平原、山地、高原的分布，对于暖温带湿润半湿润地区的气候，尤其是对降水的分布、水系的发育和水文有重要影响。

四、气候季节差别大、气温较差大，降水不多但集中

暖温带湿润半湿润地区地处中国东部季风区的中纬度地带，位于高空西风带南部，地面的高、低气压系统活动频繁，环流的季节性变化非常明显，属于典型的大陆性季风型暖温带半湿润气候。其主要特点是季节差别大，热量充足，气温较差大，降水不多但集中。

本地区气温在季节上差别很大，冬季寒冷，夏季炎热。冬季受蒙古高压控制和极地大陆气团的影响，比较寒冷。1月平均气温为0 ~ -10℃之间，当强大寒潮过境时，常风雪交加，气温急降，形成各地低温严寒天气。极端最低气温北部可达-30℃以下，南部也可出现-20℃的低温，0℃以下的低温日数50 ~ 150天。夏季气温较高，7月均温全区大都高于24℃，>20℃的时期前后持续3个月，华北平原长达5个月。极端最高气温，除高原和沿海以外，可达40℃以上。渭河平原和华北平原是本地区的炎热中心，日平均气温>35℃的日数前者达38天，后者也在20 ~ 25天左右。

本地区不仅气温年较差大，而且日较差也很大，充分显示大陆性气候的特点。气温年较差大都在30℃以上。最大日温差一般超过20℃以上，以高原和内陆为最大，太原为29.2℃，兰州为30.2℃。沿海最小，青岛为16.3℃。每年日较差>20℃以上的日期，从沿海向内陆增长，济南为6.1天，北京为12.8天，榆林为31.3天，兰州为47天。

本地区降水不丰，绝大部分地区年降水量皆在700mm以下。在华北平原中部，山西高原间山盆地和黄土高原西部，年降水量不及500mm，大部分地区干燥度在1 ~ 1.5之间，为半湿润气候；年降水量超过800mm，干燥度在1.0以下可称湿润气候的地方，只有辽东、山东半岛东部和南部淮河流域一带。山西高原中部和黄土高原北部，干燥度在1.5以上，已属半干旱气候。

本地区降水在季节分配上高度集中，夏季（6、7、8月）降水占全年降水量的60% ~ 70%，冬季仅占5% ~ 10%，春季占15%左右，秋季占20%左右。7月是雨量最集中的月份，月均降水量可达200mm左右。1月为雨量最少月份，一般在5mm以下，降雨日数一般为50 ~ 60日。暴雨频繁，也是华北地区降水的特点，以冷锋型暴雨为最

多。暴雨强度很大，有时一天可下数百毫米。强大的暴雨，在山区可以引起山洪，发生泥石流，在平原可以发生洪水，造成严重灾害。降水年变率一般在 20% ~ 30%，以冬季和春季年变率最大。年降水量最大的年份，可达 1 400mm 以上，最小的年份只有百余毫米。这是导致暖温带湿润半湿润地区旱涝的根本原因。参见图 11.2。

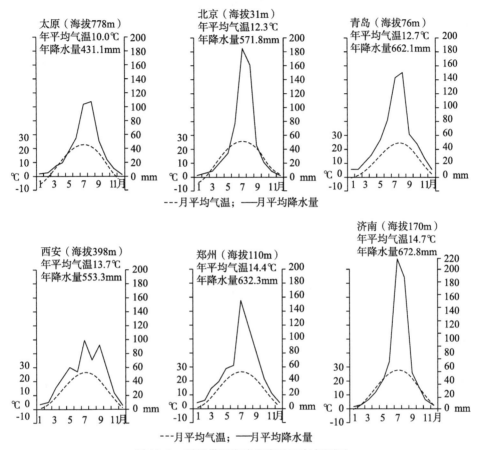

图 11.2 暖温带湿润半湿润地区气候图示

五、河流流量不丰，径流空间和时间分配不匀

本地区的河流，受到地势的控制，总的趋势是从西向东流。较大的河流有黄河、淮河、海河、滦河和辽河。除了淮河流入黄海之外，其余都流入渤海。各河的中上游，都流经山地和高原，侵蚀剧烈，河网密集，支流众多，沟壑深切。下游流入平原，堆积盛行，河网较疏，支流也少。

暖温带湿润半湿润地区各河的水文，受到降水少、蒸发大的影响，流量不丰，总径流量约 1 500 亿 m³（包括淮河），径流深几乎全部在 200mm 以下，有的在 50mm 以下，是中国东部季风区径流量最少的地区。从本地区人口多、耕地广、工农业用水多、大中城市多的情况看，缺水很严重。

径流的空间分布很不均匀。一般是南多北少，东多西少，山地多于平原。淮河流域和辽东、山东半岛为全地区径流最多的地方，径流深达150mm以上，辽东、山东半岛山地东部可达250mm以上，山西高原东部和冀辽山地局部地方也可达200mm以上。华北平原和陕甘黄土高原则在50mm以下。华北平原中部甚至只有25mm，成为本地区径流最少的地方，也是东部季风区径流量最少的地方。

径流的季节分配也很不均匀。由于径流的补给是以雨水为主，夏季降水集中，65%的年径流量亦集中于夏季三个月（6~8月）。8月是全年径流量最大的月份，径流量可占全年的20%~30%，形成夏汛。冬春两季是枯水期，径流量分别占全年的11%~14%和9%~12%。冬季径流量少是由于降水少，河流封冻。春季降水量也少，但在三月雪融冰消时，可以有短暂和少量的径流量回升，形成小规模的春汛。但春汛以后，由于温度增高，蒸发旺盛，出现一年最低的枯水位。夏汛结束后，9~11月，径流量渐少，但远远超过冬春两季，径流量占全年30%左右。由于径流量季节分配不均，夏季径流量集中发生洪峰时，易引起下游洪水泛滥、溃决堤坝和积水内涝，淹没作物。春季枯水，有的河流甚至断流，农田缺乏灌溉用水。

六、植被和土壤深受人类活动影响，有明显东西变化

本地区开发历史悠久，自古以来就是中国人口集中、农业发达和政治、经济、文化中心地带，经过长期的开拓垦殖、放牧、柴樵，农田不断扩大，以及栽培植被迅速发展，大规模地改变了天然植被的面貌。此外，在长期耕种下，土壤的性状发生了改变，产生了塿土（土垫旱耕人为土）、黑垆土（堆垫干润均腐土）等特殊的耕作土壤，这在世界上亦属少见。

暖温带湿润半湿润地区的温度条件南北差别不大，但水分状况从东到西逐渐变化，从湿润、半湿润到半干旱，植被也发生相应的变化，东部为落叶阔叶林，中间为灌木草原，西部为干草原。组成植被的植物，东西也有所不同，在落叶树中，东部的栎树种类较多，西部较少。松树的分布，也因湿润程度不同而有树种的差别。林相也有不同表现，东部树林茂密，越往西部，植被越稀疏。此外，地形对于植被分布的影响很显著。华北平原以散生的槐树、榆树、臭椿树等为多。在沿海盐渍土上有盐生植被，在沙地上有沙生植被，在洼地有沼泽植被。在山地随高度变化，植被的垂直分布明显。低山丘陵以栎林、杉林和灌木为主。山地上部，以杨、桦、槭、椴等组成的落叶林为主。更高的山地，为寒温针叶林和亚高山草甸所代替。在黄土高原的山地，有次生的落叶林（梢林），塬地与沟谷则以灌木草原及干草原为主。山地迎风坡与背风坡、阴坡与阳坡，植被也有所不同。华北地区，经过人类长期的利用与改造，人工栽培的植物，占很大的面积。在平原与山间盆地和平地，皆已开垦为农田，以农作物为主。丘陵与山麓，则多种植落叶果木。

本地区的地带性土壤，自东向西，依次是棕壤（简育湿润淋溶土）、褐色土（简育干润淋溶土）和黑垆土（堆垫干润均腐土）。在褐土地带中，还有因长期耕作形成的塿土（土垫旱耕人为土）。在黑垆土地带，则在不断遭受侵蚀的黄土上形成发育不成熟的绵土（黄土正常新成土）。华北平原内部，在积水或受到地下水浸润的地方，形成湿土类型。属于前者为沼泽土（有机正常潜育土），可称为水成土壤。属于后者为草甸土

（普通暗色潮湿雏形土），可称为半水成土。在滨海地方，由于海水的浸渍，形成盐土（海积潮湿正常盐成土）。在华北冲积平原低洼的地方，接近地表的含盐地下水在强烈的蒸发之下，使土壤有盐分积聚，也有局部盐土（普通潮湿正常盐成土）分布。在山地的间山盆地和高原的台地也有盐土的分布。华北平原和山地与高原的盆地和谷地绝大部分已由于长期耕作形成为耕作土壤。潮土（淡色潮湿雏形土）为华北平原主要的耕作土壤。在种植水稻的地方，则有水稻土（铁聚水耕人为土）。

在中国土壤区划中，本地区属于东部季风土壤区域的正常灰土、寒冻雏形土地区和湿润淋溶土、干润淋溶土、潮湿雏形土地区。包含干润砂质新成土、淡色潮湿雏形土、钙积干润暗沃土区，简育湿润淋溶土、简育湿润雏形土区，淡色潮湿雏形土、潜育水耕人为土区，淡色潮湿雏形土、简育干润淋溶土、潮湿正常盐成土区，淡色潮湿雏形土、钙积潮湿变性土区，简育干润淋溶土、简育湿润淋溶土、简育干润雏形土区，土垫旱耕人为土、淡色潮湿雏形土区，黄土正常新成土、堆垫干润暗沃土区，以及简育干润淋溶土、简育湿润淋溶土区。

尽管本地区的植被与土壤具有明显的经向递变性，但在长期人类活动影响下，自然面貌已发生巨大的改变，天然植被保存不多，平原、谷地、盆地和黄土丘陵大都已辟为农田，栽培植物广泛分布。在山麓和丘陵地带及村庄、田间、路旁等主要是人工栽培的果林。自然土壤也因长期耕种，轮作倒茬，施用肥料，向土壤补充有机质和矿质营养元素，改变了土壤化学性质和物理性状，而成为大面积的耕作土壤。

第二节　自然区自然地理特征

依据本区内部差异，暖温带湿润半湿润地区可以划分为辽东、鲁东山地丘陵落叶阔叶林耕种植被区（ⅢA1）、鲁中南山地丘陵落叶阔叶林耕种植被区（ⅢB1）、华北平原耕种植被区（ⅢB2）、华北山地丘陵落叶阔叶林区（ⅢB3）、汾渭盆地落叶阔叶林、人工植被区（ⅢB4）和黄土高原中北部草原区（ⅢC1）6个自然区。

一、辽东、鲁东山地丘陵落叶阔叶林耕种植被区（ⅢA1）

（一）自然地理基本特征

本区位于华北暖温带地区的最东部，临渤海、黄海，基本包括了辽东半岛和山东半岛的全部地域范围。全区暖温带季风气候特征明显，但由于受海洋影响，气候比同纬度温和、湿润。两半岛地势波状起伏，多为低山和丘陵，河谷平原错列其间；海岸曲折，港湾众多，海上交通便利，渔业发达。本区自然环境优良，自然灾害较少，和缓起伏而又肥沃的丘陵坡地与河谷、滨海平原，为农业生产发展提供了有利条件，成为中国北方的富饶之地。本区具有以下自然地理特征。

1. 地质构造基础

本区在大地构造上属华北地台的辽东台背斜和山东台背斜，基底主要由前寒武纪变质较深的片麻岩、片岩等组成。中生代燕山运动时期，全区发生大范围断裂拗折和花岗岩广泛侵入活动，自辽河口沿辽东半岛西岸，经过庙岛列岛至莱州湾，长期发育的北北东向大断裂活动，造成东侧隆起，西侧沉降，到新生代的古近纪时形成一系列狭长古湖泊，其后进一步下沉，海水侵入，形成渤海湾。喜马拉雅运动时期本区发生广泛的断块拗曲、隆升并伴随玄武岩喷发活动。新近纪中后期渤海海湾又进一步断陷，在这种构造基础和变动过程背景下，形成了渤海与山东半岛、辽东半岛，从而奠定了两半岛的地貌轮廓和山地走向。全区地面经过长期剥蚀，形成了以广阔波状起伏丘陵为代表的地貌特征，只有少数山峰海拔高出 1 000m 以上。

2. 多山的地貌，岸线复杂

辽东半岛地面组成以花岗岩、石英岩及硅质石灰岩为主，东北—西南走向的千山山脉纵贯半岛，构成了半岛地形的脊干，山脉中段的步云山，海拔 1 131m，为半岛最高峰，以其为中心形成中低山地区，向外围渐次降低为海拔 300 ~ 400m 的丘陵，向半岛两侧为 200 ~ 100m 的低丘陵，过渡至滨海平原。因而地势形成由山脊向东南、西北两个侧面，倾向于海洋。半岛海岸线长达 2 200km，东南沿海为沉降型海岸，沿东南斜面入海的河流有大洋河、英那河、庄河、碧流河、登沙河等；沿西北斜面入海的河流有复州河、岚崮河、熊岳河等。南部金州湾、大连湾为两个构造盆地，是在第四纪时期开始下降和切割海岸形成。东部海岸有大片退海滩涂，尤以庄河、丹东一带最为明显。

山东半岛地面组成主要为前寒武纪片麻岩、片岩，以及中生代花岗岩。半岛北部及庙岛列岛零星分布新近纪玄武岩。该区主构造方向为北东及北北东向，受多组断裂分割，形成大小不一的断块，长期处于隆升剥蚀状态。半岛地面总体为海拔 300m 以下的波状起伏丘陵，多数山峰海拔 1 000m 以下，仅有半岛南侧的崂山海拔 1 133m，尚有海拔 1 000 ~ 800m 的昆嵛山、牙山、艾山等低山，多由中生代花岗岩组成；艾山、牙山、大泽山等主要山脉均横亘于半岛北部，因而半岛分水岭偏于北侧。山东半岛的西侧为海拔 50m 以下的胶莱剥蚀－冲积平原。半岛区内水系多为独流入海，源短流急，南面河流较北侧相对多而长。本区内半岛海岸多由丘陵延伸入海中构成，形成岬角与入海河口的海湾，海岸曲折，海岸地貌类型复杂多样。

由于山东半岛陆上分水岭向北入海的河流短而急，渤海湾中强烈的盛行东北风大浪冲击北部海岸，沙砾沿岸运动明显，因此岸线比较平直且海岸多沙嘴、连岛沙洲等海积地貌，如龙口的刁龙沙嘴、烟台的芝罘连岛；南部海岸则多溺谷状海湾，如胶州湾、丁字湾、乳山湾、五垒岛湾等。辽东半岛海岸带则成层地貌特征明显，海岸阶地发育。辽东半岛的西北海岸与山东半岛西北相似，而东南海岸鸭绿江口到大洋河为淤泥质平原海岸，半岛南端为典型基岩港湾海岸，岬湾曲折，有大连湾、旅顺口等良港。

3. 受海洋影响的季风气候，湿润温和

本区属暖温带季风气候，受海洋影响较显著，其气候特点是气候温和、四季分明、暖湿同季、雨量集中、日照丰富。四季中春季少雨多风，夏季高温多雨，秋季天高气爽，冬季寒冷干燥，比同纬度其他地区温和、湿润。

辽东半岛热量丰富，全年日照时数在 2 600～2 900h 之间，≥10℃ 的积温 3 200～3 700℃，年平均气温 8～10℃，受海洋调节，夏季极端最高气温很少超过 35℃。气温由西南向东北逐渐降低。年平均降水量则相反，年降水量大部分地区为 600～900mm，辽东半岛东部低山区最高可达 1 200mm，如鸭绿江下游谷地，而半岛南端则不足 600mm。夏季降水占到全年的 60% 左右。年干燥度 1.0 等值线大致经过盖县—篦子窝一线，此线以东为暖温带湿润的季风气候，以西为暖温带湿润－半湿润的季风气候。

山东半岛气候与辽东半岛相似，与同纬度的内陆相比，气候湿润温和。半岛年平均气温 12.0～12.6℃，西部高于东部，北部高于南部，沿海高于内陆，其中西北部气温最高。但半岛最热月平均气温在 26℃ 以下，日平均气温 ≥0℃ 期间积温约 4 100～4 700℃，日平均气温 ≥10℃ 期间积温约 3 600～4 100℃，但其热量资源属山东省低值区。全年降水量多在 650～900mm，年降水量约 60% 集中于夏季，且强度大，常出现暴雨，降水年均相对变率约 20%，受海洋的调节，特别是夏、秋台风及地形的影响，由东南向西北降水量递减。平均日照时数半岛中东部在 2 600～2 800h 之间，南部 2 400～2 500h，从半岛南部、东部沿海向西北丘陵山地呈递增状态，西北的大泽山、龙口、蓬莱等地多达 2 834.4h。由于半岛内陆、东端与北部水分、热量条件的差异，可划分出半岛东端湿润温冷气候、中部半湿润温冷气候和半岛北部的半湿润温凉气候。

4. 河流短小，独流入海

辽东半岛降水量由西南向东北递增。千山山脉将辽东半岛分成地形上的两大斜面，东南坡较平缓，有大洋河、英那河、碧流河、大沙河等较长水系，注入黄海。西北坡较陡峻，有大清河、熊岳河、复州河等较短水系，注入渤海。这些河流均为独流入海。除大清河、碧流河外，大多数流程短、坡度大、水流急，调蓄能力差。辽东半岛年均径流深 200～400mm，径流系数多在 20%～40% 之间，辽东东部山地径流系数在 40% 左右，径流深超过 500mm。其中河流夏季径流量占全年 65%，以水位涨落迅速为特征。大洋河是该地区最大的河流，其流域面积 6 174km²，多年平均径流量 29.18 亿 m³；碧流河流域面积 2 814km²，多年平均径流量 9.39 亿 m³；英那河流域面积 9.14km²，多年平均径流量 4.61 亿 m³；复州河流域面积 1 628km²，多年平均径流量 3.53 亿 m³；大清河流域面积 1 482km²，多年平均径流量 3.36 亿 m³。半岛多年平均水资源量 88.05 亿 m³。

山东半岛诸河大部分发源于中部偏北的昆嵛山、艾山、牙山、大泽山等山地，向南流注入南黄海，北流注入渤海或北黄海。半岛各水系均属独流入海的山地河流，因此大都源短流急，雨季流量大，枯季流量小甚至干涸。全区流水侵蚀强烈，河网密度较大，达 0.43km/km²。全区多年平均年降水量一般为 600～900mm，高值区在中部的昆嵛山和南部的崂山，降水量在 900mm 以上。半岛流域面积 19 990.6km²，多年平均径流量 43.0 亿 m³，多年平均年蒸发量在 1 000～1 200mm 之间。多年平均年径流深一般为 100～300mm，处于最大径流中心的昆嵛山、崂山山地，年径流深超过 300mm。径流深空间分布趋势由东南向西北递减，向北至渤海沿岸平原减至 150mm 以下。该区径流规律与降水相同，集中于汛期的 6～9 月份，径流量占全年径流量的 84%～86%，且径流的年际变化剧烈，实测最大年径流量是最小年径流量的 9～46 倍。大沽河是胶东半

岛最大的河流，河长 179.9km，流域面积 4 161.9km²，流域多年平均年径流深
223.2mm，平均年径流量9.29 亿 m³，径流量集中于 7～9 月；五龙河，因由五条较大
河流相汇于莱阳的五龙峡口而得名，河长 128km，流域面积2 806.3km²，向南由丁字湾
汇入南黄海。全河流域多年平均降水量 754.6mm，多年平均年径流深 255.5mm，折合
年径流量 7.17 亿 m³。大沽夹河是半岛地区注入北黄海的最大河流，上游有内、外夹河
两支流，外夹河河长 80km，流域面积 2 295.5km²，内夹河河长 76.8km，流域面积
1 212.2km²。大沽夹河流域多年平均降水量 773.9mm，多年平均年径流深 267.9mm，
平均年径流量为 6.15 亿 m³。半岛地区东部最大河流是母猪河，系因支流众多而得名。
母猪河河长 58km，流域面积 1 260.4km²，流域多年平均降水量 885.5mm，多年平均
径流深为 354.6mm，平均年径流量为 4.47 亿 m³。全半岛多年平均地表水资源量（多
年平均年天然河川径流量）43.0 亿 m³，地下水资源量 11.68 亿⁸m³。

5. 棕壤广泛分布

本区的地带性土壤主要是棕壤（简育湿润淋溶土）。辽东半岛地区棕壤广泛发育，
基本分布于山地丘陵区，面积占全区面积的 80%以上。此外，区内尚分布有草甸土
（普通暗色潮湿雏形土）、风沙土（干旱砂质新成土）、滨海盐土（海积潮湿正常盐成
土）、沼泽土（有机正常潜育土）和水稻土（铁聚水耕人为土），共同组合成半岛地区
的土被结构。半岛土壤的空间分布上从山地、丘陵、山前平原到滨海，土壤依次分布
为粗骨土（石质湿润正常新成土）—棕壤—潮棕壤—草甸土—盐化草甸土—风沙土—
滨海盐土。区内北部山地区土壤绝大部分属棕壤，以粗骨土分布最广泛，多发育在基
岩残积母质上。普通棕壤发育在缓坡坡积层上，潮棕壤则多发育在坡麓带，草甸土主
要发育在河谷漫滩冲洪积物上，局部低洼地带有少量的沼泽土分布。在中部低山丘陵
区主要分布棕壤、草甸土，除粗骨土外，棕壤、潮棕壤、草甸土分布面积最大，只在
河谷低洼地有较少的沼泽土分布和形成少量水稻土。西南部的丘陵地区仍以粗骨土占
较大面积，其次为棕壤和潮棕壤，再次为草甸土，水稻土、沼泽土和风沙土分布面积
很小，但有盐土和盐渍化土壤的发育。而在东南部的沿海平原地区粗骨土分布减少，
只分布于低丘陵，棕壤和潮棕壤广泛分布于剥蚀平原到滨海平原，草甸土、盐化草甸
土及沼泽土、滨海盐土所占比重较小，且多经水耕熟化成为水稻土，沿海还有面积很
小的风沙土。由于半岛西北部沿海平原因内陆侧低丘陵常年阻拦了西北风携带的沙尘，
造成该区风沙土广为发育，但粗骨土、棕壤、潮棕壤的分布仍占较大面积。由于该区
气候比较干燥，水稻土很不发育，棕壤在低丘陵地区占相当比重。

山东半岛成土环境温暖湿润，成土母质有各类岩石风化堆积的残积、坡积、冲洪
积物，在西北部尚有黄土及黄土状物质。该区代表性土类为棕壤，分布广泛，类型复
杂，主要有普通棕壤、酸性棕壤、漂白棕壤和潮棕壤等。褐土（简育干润淋溶土）仅
发育在黄土母质及钙质风化物上。在平原洼地地区主要为无石灰性的潮土与普通砂姜
黑土，侵蚀严重的山坡地有石质土与粗骨土，侵蚀的低平地带常有白浆土分布，滨海
地带多有盐土与风沙土，平原区也有少量人为培育的水稻土，中山上部垂直带谱中有
小面积的山地暗棕壤与山地草甸土。位于半岛分水岭北部的丘陵、平原区为胶东半岛
比较干燥的地区，地势南高北低，由南侧丘陵至山前平原、滨海平原，土壤类型依次

为粗骨土—棕壤—潮棕壤—无石灰性潮土及小面积滨海的盐土和风沙土。该区西北部有少量淋溶褐土及普通褐土（简育干润淋溶土）分布。在半岛区中部、南部的昆嵛山、牙山、艾山、罗山、大泽山，以至崂山及其局部的山前平原地区，土壤类型组合多样。在中山区山地土壤类型组合规律一般是：自山麓基带棕壤起，向上有山地暗棕壤与山地草甸土分布，粗骨土、棕壤面积较大。河谷平原和波状起伏的低缓丘陵主要分布着棕壤、潮棕壤及无石灰性潮土（淡色潮湿雏形土），河谷洼地有少量砂姜黑土。此外，本区东南沿海一带的平缓岗地上往往有白浆土（暗沃漂白冷凉淋溶土）的分布，西部丘陵钙质砂页岩母质上还有少量淋溶褐土发育。在该区众多的土壤类型中，以潮棕壤、无石灰性潮土肥力最高，其次是普通棕壤、褐土等。

两半岛地区多种多样的土壤类型与良好的气候环境，为半岛地区农业生产的多种经营创造了良好的条件。经济林适宜栽培苹果等果林，是全国苹果最主要产区之一。

6. 原始植被荡然无存

由于长期农业开发，本区原始植被已经荡然无存，天然状态相对稳定的植被为温带落叶阔叶林，最主要的林木为栎属，如槲树（*Quercus dentata*）、麻栎（*Q. acutissima*）、辽东栎（*Q. Liaotungensis*）、蒙古栎（*Q. Mongolica*）与栓皮栎（*Q. variabilis*），针叶树以赤松（*Pinus densiflora*）为主。

辽东半岛典型植被为赤松栎林，但随地貌类型与所处部位、坡度、坡向的不同，组成结构有很大差异。山顶悬崖峭壁上常形成赤松纯林，林下优势灌木有迎红杜鹃、照白杜鹃、大字杜鹃、金刚鼠李等。地被植物很少，偶尔见有羊胡薹草、关苍术等。在阴坡栎树成分增加，形成本地区具有代表性的植被类型——赤松栎林。其中栎属以麻栎占主要优势，此外还有蒙古栎、辽东栎、槲栎、槲树、栓皮栎、抱栎、粟臭椿、小叶朴、刺榆等。在山麓，由于土壤深厚，水肥条件较好，多形成针阔叶混交林。沿沟谷地带分布有核桃楸林，在河流两岸常有赤杨林分布，林内常混有枫杨、旱柳等。辽东半岛的森林可以千山为代表，千山顶部主要为油松–杜鹃林，灌木主要是兴安杜鹃（*Rhododendron dauricum*）、溲疏（*Deulzia amurensis*），草本植物主要为柞薹草（*carex reventa*）。稍低处则广泛分布油松–落叶阔叶混交林，以栎林为主，其中夹有糠椴（*Tila Mand shurica*）、花曲柳（*Fraxinus rhynchophylla*）是千山的顶极群落。

辽东半岛的植被类型主要有以下几种：

（1）针叶林。包括赤松林、人工松林。赤松林主要分布在庄河县北部山区，天然纯林仅零星分布在海拔200～500m的石质山脊或向阳陡坡以及多石的山谷之中。赤松林下灌木层多为盐肤木，并伴有崖椒、榛子、锦带花、花木兰、照白杜鹃等，个别地方还有海州常山，草本层为早春薹草。

人工松林。包括日本黑松林、红松林、日本落叶松、樟子松。林下灌丛有崖椒、尖叶胡枝子、多花胡枝子、茅梅悬钩子、南蛇藤和朝鲜鼠李等。草本层以薹草为主。

（2）针阔混交林。包括赤松栎林、人工黑松栎林。赤松栎林。胡枝子–赤松栎林生长于贫瘠的山脊和山坡上，林下灌木以胡枝子占优势，混生有照白杜鹃、迎红杜鹃、花木蓝、三桠乌药、早锦带花、崖椒等；榛子–赤松栎林生长于山坡和山洼地，林木高大繁茂，林下灌木层以榛子为主，伴生灌木为胡枝子、花木蓝、尖叶胡枝子、南蛇藤等；盐肤木 - 赤松栎林，生长于沟谷、山坡下部较肥沃的土壤，阔叶树除了蒙古栎、槲栎以外，还有花曲柳，林下灌木以盐肤木为主，除此之外还有崖椒、榛子、白檀山矾、旱锦带花、花木蓝等。草本层以矮薹草为主，混生有龙牙草、委陵菜、兔儿伞、地榆、山萝花等。

人工黑松栎林。栎树以蒙古栎、辽东栎、槲树等，林下灌木以胡枝子、叶底珠为主，还伴生崖椒、南蛇藤、花木蓝、榛子、多花胡枝子等。林下草本植物以薹草为主，伴生有野古草、大油芒、朝鲜苍术、霞草、南玉带、委陵菜、蓝萼香茶菜、透骨草等。

（3）落叶阔叶林。麻栎林分布于海拔300m以下的阳坡丘陵地区，乔木层除麻栎外，还混生有栓皮栎、槲栎、蒙古栎等，林下优势灌木主要有照白杜鹃、山花椒、胡枝子和白檀山矾等。

栓皮栎林多分布在向阳陡坡，其中混生有蒙古栎、大叶朴等。

辽东栎林分布较广，以庄河县北部山地发育较为典型，伴生有蒙古栎、花曲柳等，林下灌层优势种为花木蓝，伴生有旱锦带花、三裂绣线菊等。草本层有地榆、糙苏、轮叶沙参、蒿属等。

蒙古栎林。暖性蒙古栎林分布于海拔200～500m的丘陵阴坡，伴生有槲栎、赤松、刺楸等，灌木层中以迎红杜鹃、胡枝子、榛子、三桠乌药为优势种，伴生有白檀、玉玲花、花木蓝、大字杜鹃、照白杜鹃、天女木兰、旱锦带花、小野珠兰等。草本层有宽叶薹草、盾叶唐松草、山萝花等。温性蒙古栎林以庄河县和新金县海拔500～700m的低山阳坡分布最多，伴生有色木械、春榆、紫椴、槲栎等树种，灌木层优势种为迎红杜鹃、榛子、胡枝子，草本层优势种为凸脉薹草、早春薹草、关苍术等，层间植物有山葡萄、五味子等。

其他还有槲栎林、鹅耳栎林、槲树林以及杂木林。辽东还分布有不少东北区植物，如赤扬、枫桦、小檗、欧稠李等。

（4）人工阔叶林。刺槐人工林广泛载培，林下灌丛有胡枝子、崖椒、酸枣等，草本植物主要有矮丛薹草、霞草、柴胡、地榆、水杨梅等；杨树人工林分布于本区西部各河流沿岸，林下灌木稀少，有时有旱柳、三蕊柳、胡枝子等。

（5）落叶阔叶灌丛。本区广泛分布的灌丛主要有崖椒灌丛、酸枣灌丛、三裂绣线菊灌丛、胡枝子灌丛、榛子灌丛等。

（6）灌草丛。本区广泛分布，主要有白羊草、黄背草、野古草、丛生隐子草等。

（7）非地带性植被。草甸植被主要为森林和灌丛群落退化形成的次生群落。细柄草 - 结缕草群落分布于黄海沿岸各岛屿丘陵的阳坡，薹草 - 结缕草群落主要分布于庄河县南部海拔250m以下的缓丘和台地。盐生植被以碱蓬和羊角草为主，广泛分布于沿海的盐渍化土地。沙生植被分布于沿海高潮线以上的沙地、河口沙地或流动沙丘上，主要有沙钻薹草、砂苦荬菜、无翅猪毛菜、肾叶打碗花、砂引草、刺沙蓬等。

山东半岛丘陵区的植物种类繁多，成分复杂，是山东省植物资源最丰富的一个区域。本区代表性的针叶树种为赤松，在山东半岛广泛分布，生长发育良好，形成大面积山东特有区域范围内代表性天然群落。

本区代表性的阔叶树种也主要是栎属植物，如麻栎、栓皮栎、蒙古栎、槲树、枹栎、短柄枹等，构成纯林或混交林，其中以麻栎林最多，分布于海拔 400m 以下的阳坡及半阳坡。黑松广泛栽植于海滩、低山丘陵，成为本区主要的针叶林之一。和山东省其他地区相比，该地区植物组成的特点是常绿成分、外来成分和特有种类多。自然分布的常绿植物有红楠、山茶、石血、扶芳藤、大叶胡颓子、鹿蹄草、全缘贯众等；栽培植物有大花玉兰、女贞、冬青卫矛、黄杨、构骨、木犀、月桂、石楠、南天竹、珊瑚树、凤尾丝兰、茶、桃叶珊瑚、棕榈等。本区由于自然环境条件优越，又因地质历史时期气候变迁和人类经济活动的影响，植物区系中有较多的东北、亚热带、日本以及欧美的成分，一些东北区成分植物见于半岛地区东部，如朝鲜槐、辽东楤木、紫椴、辽椴（糠椴）、蒙古栎、无毛溲疏、小花溲疏、小野珠兰、黑龙江酸模、灯心草蚤缀、北细辛、褐紫铁线莲、白藓、合掌消、展枝沙参、朝鲜苍术、长白鸢尾等。本区的南部与苏北相连，无天然障碍，气候温暖，雨量充沛，温差较小，有许多亚热带成分的植物延伸分布，如化香树、枹栎、短柄枹、榔榆、糙叶树、光叶榉、木通、山胡椒、狭叶山胡椒、红果山胡椒、三桠乌药、红楠、枫香、鸡麻、黄檀、华茶藨、竹叶椒、白木乌桕、胶东卫矛、垂丝卫矛、扶芳藤、多花泡花树、红枝柴、猫乳、算盘子、山茶、八角枫、瓜木、五加、刺楸、华山矾、野茉莉、玉玲花、白棠子树、海州常山、宜昌荚蒾、丝穗金粟兰、粟米草、臭荠、鹿藿、蜜甘草、丁香蓼、鹿蹄草、轮叶排草、蜈蚣兰、全缘贯众、芒萁等。此外，从南方引种在区内生长良好的还有水杉、杉木、柳杉、杜仲、鹅掌楸、厚朴、樟树、檫木、乌桕、川楝、油桐、茶、毛竹等。本区尚有许多引自国外的造林、绿化树种，属于日本成分的有日本冷杉、日本云杉、日本落叶松、日本五针松、黑松、日本柳杉、日本花柏、日本扁柏、日本厚朴、日本榧树，属于欧美成分的有刚松、加拿大杨、美国榆、啤酒花、北美鹅掌楸、美洲肥皂荚、刺槐、黄金树、欧洲云杉、火炬松、湿地松等。平原区常见栽培树种有杂交杨、毛白杨、加杨、刺槐、泡桐、旱柳、臭椿等。本区特有植物 17 种，主要有低矮山麦冬（*Liriope spicata*）、烟台翠雀（*Delphinium tchefoensis*）、宽瑞地榆（*Sanguiforba applanata*）、威海鼠尾草（*Sahia weihaiensis*）、紫花补血草、胶东桦（*Betula jiaodongensis*）、山东柳（*Salix koreensis* var. *shandongensis*）、胶东景天（*Sedun jiaodongense*）和山东峨眉蕨（*Lunathyrium shandongensis*）等。

山东半岛的主要植被类型有：

（1）针叶林。赤松林是最主要的针叶林之一，天然分布区是鲁东丘陵和沭东丘陵，在半岛垂直分布海拔可达 850～900m。

黑松林。黑松原产日本，20 世纪初引入山东，人工林主要分布于胶东丘陵及沭东丘陵的沿海沙滩。

华山松林。自 1950 年代初期引入山东，昆嵛山有栽植，在海拔 1 000m 左右生长良好。

其他针叶林，主要有水杉林、杉木林、红松林、樟子松林、池杉和落羽杉林、马尾松林、火炬松和湿地松林、金钱松林、日本柳杉林、北美圆柏林、日本扁柏林、柳杉林等。栽植面积小，尚处于试验阶段。

（2）暖温带落叶阔叶林。麻栎林是栎类林中最典型、面积最大的一类，山东主要分布于崂山和昆嵛山及其支脉岩浆岩山地。垂直分布至海拔 1 100m 处。

栓皮栎林是栎类林面积较大的一种阔叶林，山东主要分布于崂山、昆嵛山、大泽山、牙山。分布海拔在 1 200m 以下，以海拔 300～700m 处较为集中。

刺槐林，1898 年以后从德国引入青岛，迅速遍及全省，已成为"归化"树种。在海拔 900m 以下的山地、丘陵及平原广泛分布，为全省造林面积最大的一类落叶阔叶林。

杨、柳林，主要包括毛白杨林、欧美杨林、小美杨林；柳树林以旱柳林为主。

其他阔叶林有椴树林、水榆花楸林等杂木林和短柄枹林、槲树林、日本桤木林、枫杨林等。

（3）竹林。山东地处暖温带，受水、热条件限制，不存在原生竹类，所有竹类全部从南方引进，淡竹、毛竹、刚竹引种成功，并有一定面积的成林。另外一些竹类目前仍处在驯化试验阶段。淡竹自新石器时代开始在山东栽培，历史最久，至今有四五千年，面积最大，分布范围最广，主栽于山东丘陵和鲁南山地土壤肥厚、湿润地段。竹林主要包括淡竹林、毛竹林和刚竹林 3 个群系。

（4）灌丛。灌丛是由中生落叶、常绿灌木组成的落叶、常绿阔叶植物群落。在山地和平原均有分布，主要有 12 个群系。山地比较典型的灌丛有胡枝子、连翘、白檀、盐肤木、绣线菊等落叶灌丛和山茶、大叶胡颓子常绿灌丛。

（5）灌草丛。灌草丛是森林植被破坏后形成的次生植被，以中生或旱中生多年生草本植物为主。构成灌草丛的草本植物，主要是禾本科的野古草、白羊草、黄背草、结缕草等，其中以白羊草、黄背草占绝对优势；群落中常见的灌木有荆条、酸枣、胡枝子属、悬钩子属等。主要含有黄背草（菅草）灌草丛、白羊草灌草丛和其他灌草丛 3 个群系。

（6）草甸。草甸生长在水分适中条件下，以中生植物为主的草本植被。分山地草甸和平原草甸两种类型。

山地草甸主要分布于山区海拔 800m 以上的山顶坡，也属于森林植被破坏后的次生植被类型。组成植被的种类具有耐寒、耐风、喜湿等特性，如薹草属、拳蓼、地榆、乌苏里风毛菊等。

平原草甸分布广泛，常见于湖滨、河岸、地头田堰及小片平原荒地，以白茅为主的草甸分布于河滩及水分充足的沙土区，由马唐、狗尾草为主的草甸分布于田堰及荒地。主要有结缕草草甸、狗牙根草甸、芦苇草甸、白茅草甸、獐茅草甸、其他草甸 6 个群系。山东半岛植被状况可以崂山为代表，山顶生长有隔距兰、线叶玉凤花草甸植物，岩石裸露处有地衣、卷柏等。灌木有坚桦、锦带花等，稍下处为赤松林，更低处为栎榆、栋和赤松组成的混交林。林下灌木有拓、胡枝子、锦带花等。

7. 种植业发达

本自然区人工栽培植被以栎、落叶松、洋槐、榆、赤松、黑松等为主，各种果树、木本粮油植物种植更为普遍，是中国苹果、梨、桃、板栗、核桃等重要水果产地之一。

辽东半岛天然次生林和人工林多集中分布。人工用材林以长白落叶松和日本落叶松等速生丰产用材树种为主。经济林以板栗、核桃、柞（蚕）等为主，其中柞蚕产量居全国首位。此外，还有苹果、桃、梨、葡萄、山楂、樱桃等果树，均集中分布在半岛的东南部和南端。辽东半岛是辽宁省的重要商品粮基地。玉米、冬小麦、花生（油菜籽）主要分布在南部的滨海平原和洪积台地。大豆是辽东半岛的传统农作物，是中国大豆主要产区之一，玉米－大豆种植群落分布在辽东半岛的北部和中部的河谷平原。半岛东部沿海低平原是水稻的集中种植区。蔬菜种植群落分布在市、镇郊区。除此之外，经济作物有棉花、烤烟等。

山东半岛的林业生产以山区和沿海地带为主产区。主要栽培树种有栎、赤松、落叶松、黑松、杉、水杉、刺槐、白毛杨、泡桐、槭、枫等，平原上加拿大杨树栽培很普遍。依据自然资源和环境条件，山东半岛建设形成了山区林果生产基地，沿海与近海水产生产基地，平原粮油、畜牧、蔬菜生产基地等，在主要的农作物种植上形成了不同规模的专业化生产区。甘薯曾是本区的主要粮食作物，随着种植结构的调整，已为小麦和玉米所代替，并且以平原为主要产区。丘陵区土质疏松，气候适宜，生产的花生个体大，质量优，商品率极高，以青岛、烟台、威海为主要产地。由于特殊的丘陵地形和气候条件，山东半岛成为盛产水果的著名产地，如苹果、梨、桃、杏、柿、葡萄、樱桃、山楂等，其中苹果、梨、葡萄和樱桃等水果品质和特有的口味是国内其他地区水果无法相比的，如平度大泽山的葡萄、烟台的红富士苹果、莱阳梨，均驰名全国。其中山东半岛地区酿酒葡萄栽培面积最大、品种特优，著名的张裕、威龙、华东酒厂都在这个产区，王朝、长城在此区也有葡萄基地。

（二）亚区划分

本区可以分为辽东半岛亚区和山东半岛亚区。

1. 辽东半岛亚区

本亚区位于辽宁省东南部，以千山山脉为骨干，大部为丘陵，海拔一般在500m以下。峰顶可超过1 100m。山地较低，植被垂直带简单，千山顶部主要为油松杜鹃林，较低处则广泛分布以栎树为主的油松、赤松－落叶阔叶混交林。辽东半岛宽约150km，向南变窄至10km，最窄处仅5km（金县地峡）。地势由东北向西南倾斜，最后没入大海。半岛两侧不对称，西北较陡峻。所有河流均具源短流急、暴涨暴落的特点。河流流量变化较大，全年径流量的90%以上集中在夏、秋两季，最大水月出现在8月，冬、春枯水期径流量约占全年总量的5%。冬季河流封冻期不超过3个月。气候受海洋影响显著，温和湿润。西临渤海，东靠黄海，海岸线长，近海岛屿众多，滩涂广阔。本亚区盛产苹果，依靠天然柞树林繁育柞蚕，也是本亚区优势资源。

2. 山东半岛亚区

山东半岛三面临海，地表切割比较破碎，多海拔200～300m的波状丘陵，一般称为胶东丘陵。在丘陵之间有海拔500～1 000m的低山，主要有大泽山、艾山、昆嵛山、崂山，其中崂山最高，海拔1133m。亚区内平地不及1/3。河流源短流急，多独流入海，有潍河、胶莱河、大沽河等，夏秋水量占全年径流总量的80%以上，具暴涨暴落的特点。自然植被为落叶阔叶林，但多被人为破坏，目前大面积分布灌草丛。半岛广泛分布棕壤。大部分地区辟为农田，农业垦殖历史悠久，耕作比较精细，农业生产水平较高，盛产粮、棉、油、苹果、花生，沿海一带渔业发达。山东半岛水源不足，严重影响工农业生产和城市发展。"引黄济青"工程和南水北调东线工程对于缓解这一问题有重要意义。

二、鲁中南山地丘陵落叶阔叶林耕种植被区（ⅢB1）

鲁中南山地丘陵区以山东中部山地之山前平原为界，其西部、北部与华北黄泛平原以及小清河—弥河—潍河下游滨海平原相接，南为山东省界，与苏北丘陵区相接，东抵南黄海。区内发育广阔的山前平原与宽阔的山间河谷平原，为农业生产提供了有利条件。该区是华北平原东部地势最高的地区，海拔1000m以上的中山有5座（泰山、鲁山、沂山、徂徕山及蒙山），其中的4座位于北部，故区内地势北部最高，由北向南、向西、向东逐渐降低为低山、丘陵，过渡为山前平原。全区水系受地形影响，以近东西向展布的泰山—鲁山—沂山山地构成分水岭脊，水系以鲁山为中心向北、南、西呈放射状，多属径流季节分配悬殊的暴流性河流。由于山地相对高度较大，地面切割破碎，水土流失严重。周边石灰岩分布的山麓平原，地下水蕴藏丰富。

（一）自然区自然地理特征

1. 地质构造基础

本区与山东半岛同属华北地台山东台背斜，在大地构造上属于鲁中南断块隆起区，区内断块构造发育，沂沭深大断裂构造带纵贯东部，主要由四条主干断裂组成两地堑夹一地垒的构造基础，形成了平行的、自北向南流的沂河、沭河河谷；断裂带以西，断裂构造以北西向、近东西向为主，在鲁西组合构成略向北西散开的扇状，循这些弧形断裂形成相间的、一系列由北向南掀斜式隆起的单斜断块，断块的隆起部分组成泰鲁沂、徂徕山、蒙山、尼山等四条山地，断块的凹陷部分形成了与山地相间的谷地、盆地，这些构造构成了鲁中南山地区地貌的骨架。构造基底是由古老的泰山群组成，构造复杂，以紧密的复式褶皱为主。盖层构造简单，出露古生代以来的沉积物，以单斜构造为主，而在沂沭断裂带以东地区则为前寒武系基底长期侵蚀的断块隆起区。

2. 山地丘陵是主要地貌类型

由泰山、鲁山、沂山、蒙山、徂徕山及其周围的低山、丘陵组成的山地，其大势大致呈向西开口的马蹄形，前寒武系深变质的花岗岩类、片麻岩多构成中、低山的主峰，古生代的盖层石灰岩类构成了全区低山丘陵的主体，岩层倾斜的形成单斜断块山地，和缓水平的则形成块状山、塔状山或层状方山，古生代厚层石灰岩在本区形成的此类地貌被称为"崮"，以东部的沂蒙低山区的"七十二崮"为典型，为本区地貌的特色。全区南部、西部随盖层沉积岩的倾斜延伸，地势相对低缓，以石灰岩丘陵为主，地面切割和缓，为低丘宽谷。在石灰岩山地丘陵区各种喀斯特地貌发育比较普遍。在全区丘陵周边外缘形成了宽阔的山前剥蚀－堆积平原带，与周边的黄泛平原相接。这些平原带与山地内的河谷平原共同构成了全区富饶的主要农业生产区。沂沭断裂带以东相对稳定的基底断块，在长期的侵蚀剥移作用下形成了广泛分布的丘陵区，东南沿海零散分布马耳山、五莲山、九仙山、小珠山、铁橛山、河山等侵入花岗岩体形成的低山。

3. 光温同步、雨热同季的气候

本地区暖温带大陆性季风气候特征明显，寒暑适宜，光温同步，雨热同季。全区年平均气温大部分在13℃左右，7月份气温最高，平均约26.4℃，1月份最低，平均－2.6℃左右，济南市与西南部平均气温略高；年平均降水量大部分地区在600～700mm之间，临沂和枣庄的南部地区年降水量在800～848mm之间；东部的沿海地区是全区水热条件最优地区，年降水量800～950mm，局部可达1000mm。全区降水集中于夏季且多暴雨（暴雨降水量约占全年降水量的30%），其他月份降水量相对较少，尤其是春季降水量多在100～130mm左右，春旱严重。全年日照时数多在2400～2600h之间，年日照百分率58.3%，总体上本区水热条件配合比较好。区内气候由南向北、向西海洋性特点减弱，大陆性特征增强，由湿润过渡为半湿润气候，加之地形、地貌影响而形成的局部小气候区，使得这里气候条件复杂多样，孕育了许多特色景观与多种名优地方特产，为发展农业生产和旅游业提供了良好的条件。

4. 以山地为中心的辐射状水系

鲁中南山地丘陵区的地形复杂，雨量集中，河流比较发育，河网密度平均在0.2～0.3km/km²。以泰鲁沂山地为中心的辐射状水系，向南流的河流主要有沂河、沭河等，经江苏入海，西流的河流主要有大汶河、泗河等，分别注入黄河和南四湖，向北流的河流主要有为潍河、弥河、白浪河等，多独流注入渤海，向东流的河流集水面积较小，直接汇入南黄海。全区水文特征表现为，地表径流较为丰富，径流系数在40%左右，多年平均径流深为100～350mm左右。河川径流年际与年内变化大，全年径流量的80%～90%集中于夏秋两季，汛期锋高历时短，洪峰尖瘦，洪水迅猛，是山东省洪水灾害主要的发生区。

由于上述水系水文特征差异较大，依据径流特征与年径流分配、洪水特性，本区可大致划分为多个水文区，即黄河支流水文区、小清河水文区、潍弥白浪水文区、沂沭水文区、湖（南四湖）东水文区和东南沿海水文区。黄河支流水文区主要指黄河山东境内的大汶河及玉符河、大沙河，流域面积约13 076km²，多年平均径流总量21.8亿m³，地下水资源总量13.42亿m³；小清河水文区在本区北部，主要有小清河、支脉沟，多年平均径流量13.4亿m³，地下水资源量17.46亿m³；潍弥白浪水文区主要由弥河、潍河、白浪河组成，流域总面积12 696km²，多年平均径流量19.3亿m³，地下水资源量11.9亿m³；沂沭水文区主要指沂河与沭河流域及南部的中运河，流域总面积21 318km²，多年平均径流量59.7亿m³，地下水资源量17.85亿m³；湖东水文区主要包括鲁中南山地区由东向西汇入南四湖的泉河、洸府河、泗河、白马河等，总面积9 921km²，多年平均径流量17.8亿m³，地下水资源量15.27亿m³；东南沿海水文区主要包括了鲁东南沿海诸河流，均发源于五莲山、铁橛山等东北—西南向的低山丘陵区，较大的河流有傅疃河、白马–吉利河、潮河、绣针河等，该水文区总面积 5 370km² 多年平均径流总量 13.3 亿 m³，地下水资源总量约 3.98 亿 m³。整个鲁中南地区（含周边平原）地表水资源总量约为 165.3 亿 m³，地下水资源总量约 79.9 亿 m³。

5. 成土条件复杂，棕壤与褐土交错分布

鲁中南山地区成土母岩除大面积石灰岩和富钙质砂页岩外，还有较大面积的花岗岩、片麻岩，在本区北部山前地带黄土母质分布也很集中，古老的红土亦有广泛出露，成土条件复杂。区内棕壤（简育湿润淋溶土）、褐土（简育干润淋溶土）、潮土（淡色潮湿雏形土）和砂姜黑土（砂姜钙积潮湿变性土）4 个土类面积最大。地带性土壤除棕壤外，还有大面积的褐土，二者交错分布，因山地区土壤侵蚀严重，石质土、粗骨土比例较大，其次分布为普通棕壤、普通褐土与淋溶褐土。其中，普通褐土主要分布于本区的北部，而淋溶褐土则多分布于南部。在山间的河谷平原和盆地土壤多以潮棕壤、潮褐土为主或以无石灰性与石灰性潮土为主。在山地与河流的交接洼地带，土壤主要为石灰性砂姜黑土与普通砂姜黑土。在区内地势最高的中山区，有山地暗棕壤、草甸土分布。特别是碳酸盐岩分布较多的地区，土壤除黏化过程外，还有钙化过程。山麓也有黄土状物质堆积，受到强烈的淋溶作用，游离石灰大部分淋失，黏粒也下移，形成淋溶褐土。较高的山地则有山地淋溶褐土和山地棕壤的分布。

在耕地分布集中的平原、盆地及坡麓的梯田，均为潮棕壤、潮褐土、普通棕壤、普通褐土和淋溶褐土以及部分粗骨土。

6. 针阔混交林广布

鲁中南山地丘陵区的天然植被以落叶阔叶林为主，但由于地形差别，在地势高、坡度大而土层瘠薄之处针叶林或针叶落叶阔叶混交林则比较发育。全区森林面积较少且主要是次生林。大部分山丘区因森林破坏后成为荒芜的灌草丛，在平原及低缓丘陵则多垦为农田。

油松、侧柏为主组成的针叶林，以及生长在石灰岩丘陵上的榆、朴、大果榆、黄栌及中生的杨、柳、槐等阔叶树种，成为鲁中南山地丘陵植物区与其他各区植物相区别的重要特色。该区以棕壤为主的地区，自然植被主要为油松林和栎林，而褐土区则分布着侧柏林与黄栌、榆科植物为主的落叶阔叶林。在村庄聚落附近"四旁"栽种的人工片林的树种，主要是刺槐、加拿大杨等，并多散生旱柳与槐。本区植物种类丰富，约有 1089 种，是山东省含有中国特有种和华北特有种最多的地区。同时，因地处暖温带南缘水热条件好，所以亚热带成分也较多，共 108 种。油松是本区具有代表性的针叶树种，也是中国特有种，在泰山、鲁山、沂山、蒙山等中山均有大面积分布；另一具代表性的针叶树种为侧柏，为中国半特有种，主要分布于沉积岩丘陵及平原区，是石灰岩丘陵造林的主要树种之一。

在本区的南部和局部温湿条件较好的小环境中，常见自然分布或引种的亚热带植物以及常绿种类。自然分布的有青檀、黄檀、漆树、苦皮藤、垂丝卫矛、猫乳、竹叶椒、三桠乌药、山胡椒、五加、白棠子树、木通、白檀等；引种栽培的有黄连木、三角槭、全缘栾树、

油桐、乌桕、杜仲、檫木、厚壳树、水杉、三尖杉、马尾松、毛竹等。栽培的有女贞、冬青卫矛（大叶黄杨）、构骨、石楠、黄杨、南天竹、大花玉兰、凤尾丝兰等。

本区有两个明显的植物特有现象中心：鲁中的泰山及邻近的济南附近山地，共有30种，其中17种特产本区，如泰山谷精草、山东山楂、泰山花楸、泰山韭、泰山盐肤木等；鲁南的蒙山及邻近的塔山，共有19种，其中4种特产本区，如蒙山鹅耳枥、蒙山柳、山东鳞毛蕨。另外有蒙山粉背蕨、鲁山假蹄盖蕨、山东贯众、泰山鳞毛蕨、山东耳蕨、鲁中柳、大花瓦松、山东瓦松、山东枸子、棱果水榆花楸、白花米口袋、多花一叶萩、蒙山老鹳草、裂瓣老鹳草、济南岩风、蒙山附地菜、泰山母草、白花丹参、小马泡、矮齿韭、泰山韭等。

本区的主要植被类型有以下几种：

（1）针叶林。其中，油松林主要分布于鲁中南海拔700 m～1 500 m的最高山地。侧柏林在本区分布集中，广泛分布于山地、丘陵和平原，是石灰岩等沉积岩山地的主要造林树种。黑松林在本区海拔750 m以下的低山丘陵有栽培。赤松林在山地丘陵有栽培，垂直分布海拔至720 m。其他针叶林还有日本落叶松林、华山松林、水杉林、日本柳杉林、北美圆柏林、日本扁柏林、柳杉林等。栽植面积不大，多为引种。

（2）暖温带落叶阔叶林。麻栎林是栎类林中最典型、分布面积最大的一类，主要分布于泰山、鲁山、沂山、蒙山、徂徕山等中山，垂直分布至海拔1 100 m。栓皮栎林是栎类林面积较大的一种阔叶林，主要分布于泰山、蒙山、沂山。分布海拔在1 200 m以下，以海拔300～700 m处较为集中。刺槐林广泛分布在海拔900 m以下的山地、丘陵及平原地区。杨树林主要包括毛白杨林、欧美杨林、小美杨林；柳树林以旱柳林为主。槲栎林多分布于海拔500 m左右的山坡，面积较小，泰山、徂徕山、沂山、鲁山等山地有零星分布。其他有阔叶林，椴树林、朴树林、黄连木林、鹅耳枥林等杂木林和日本桤木林、辽东桤木林、枫杨林、榆林、楸树林、泡桐林等。

（3）竹林。本区竹林主要包括淡竹林和刚竹林2个群系。

（4）灌丛。山地比较典型的灌丛有胡枝子、连翘、绣线菊、黄栌、鹅耳枥、山楂叶悬钩子等落叶灌丛，以及酸枣、荆条等旱生灌丛；平原主要灌丛有柽柳、紫穗槐、杞柳等灌丛。

（5）灌草丛。主要有黄背草（菅草）灌草丛、白羊草灌草丛2个群系。

（6）草甸。山地草甸，主要有薹草属、地榆等2个群系。平原草甸，主要有马唐、狗尾草、结缕草、狗牙根、白茅草甸、獐毛草甸等6个群系。

7. 盛产粮、烟、麻、林、果

鲁中南山地区盛产粮、烟、麻、林、果，是山东省粮、烟、麻、林、果的重要产区，栽培植被主要种类有小麦、玉米、甘薯，其次为稻、大豆、谷子、高粱等，主要分布于山间平原、河谷平原与山前平原。人工林主要为刺槐，泡桐、杂交杨、毛白杨等。经济林树种有乌桕、杜仲、油桐等；果树以苹果、桃、山楂、柿子、葡萄、梨为主；干果类以板栗、核桃为主。近年来在东南部水热条件较好的地带，引进南方毛竹、茶成功。特别是经过50年的南茶北引的研究与经历，目前在本区东南部不仅种植茶树成功，而且还形成了独特的绿茶品牌品种。

(二) 自然亚区划分

本区南北地跨近 3 个纬度，东西近 4 个经度，距海远近相差甚大，加之区内地形、地势差异，区内分可为济潍山前平原亚区、鲁中中山亚区、尼枣丘陵谷地亚区、汶泗平原亚区、临郯苍平原亚区和沭东丘陵亚区。

1. 济潍山前平原亚区

本亚区位于本区最北部的泰山—鲁山—沂山山地的山前平原，地势总体向北缓倾。区内以褐土为主，土层深厚，排水良好，农田可自流灌溉。本亚区年降水量是鲁中南地区内较小的区域，多在 550 ~ 700mm 之间。但山前平原地区地下水较丰富，水质良好。温度条件也比较好，年均温 11.0 ~ 14.0℃。该区温度、水分条件适宜，土壤肥沃，自古以来是重要的粮食、蔬菜生产基地。

2. 鲁中中山亚区

以泰山、鲁山、沂山、蒙山、徂徕山等中山山地为主体，包括周围的低山丘陵及山间宽谷。本亚区山高谷深，自然景观已有较明显的垂直分异现象。因地形对水汽的阻挡、抬升作用，年降水量较多，在 700 ~ 850mm 之间，山地降水多于谷地，山地迎风坡可达 900mm 以上，因此山区的湿润状况好于平原。年均温 12.0 ~ 13.0℃，日平均气温≥10℃期间积温 4 000 ~ 4 300℃左右。热量随地形升高而减少的现象也很明显，如泰山顶部年均温仅 5℃左右。山区气温低、日照短、小气候差异大等山地气候特征明显。该区径流丰富，年径流深达 300 ~ 400mm，是全省高值区，但因下渗量大，径流季节性强，地表水仍缺少。植被以落叶栎类及油松为代表，因人为破坏严重，代之以次生的山地灌草丛及杂木林。缺水、水土流失严重是本亚区农业生产水平较低的关键所在。

3. 尼枣丘陵谷地亚区

位于蒙山以南，以尼山丘陵及平邑—费县谷地为主体。本亚区山低谷宽，地表破碎，为典型的丘陵地区。水热资源较丰富，年降水量 800 ~ 850mm，日平均气温≥10℃期间积温 4 400 ~ 4 500℃左右，可满足稻麦两熟的耕作需要，并可见到较多的亚热带树种。本区降水集中，强度大，夏季降水量占全年的 65%，加之丘陵区垦殖过度，水土流失严重，年侵蚀模数高达 6 000t/（km². a）。

4. 汶泗平原亚区

以汶河、泗河中下游平原及白马河冲积平原为主体，土层厚，土质好，以褐土和潮土为主，年降水量为 700 ~ 750mm，年平均气温 13.0 ~ 14.0℃，日平均气温≥10℃期间积温 4 400 ~ 4 600℃左右。平原区蕴藏有丰富的优质地下水，区内热量资源丰富，水分条件适中，且靠近大运河、鲁西湖泊带，有利于农业生产的发展，利于一年麦、杂或麦、稻两熟，是山东省粮食、蔬菜等的重要产区。

5. 临郯苍平原亚区

位于鲁中南低山丘陵区的最南部，以沂河、沭河中下游冲积平原为主体。北靠山地丘陵，地势北高南低，北部海拔可达 70 ~ 100m，郯城境内海拔 30 ~ 40m，地表起伏较小。本亚区是全省水热条件最好的地区之一。年均温 13.0 ~ 14.0℃，日平均气温 ≥10℃期间积温为 4 300 ~ 4 500℃，可满足稻麦两熟的农作需要。年降水量 850 ~ 900mm，沂河、沭河纵贯全区，地表水资源丰富，土壤水分较多，由于地势低平，排水不畅，雨季常形成渍涝。土壤以潮土比例较大，河间洼地砂姜黑土广布，质地黏重。全区水热充足，自然植被中，南方种类较多，如乌桕、油桐、黄檀、刚竹等，长势均好。

6. 沭东丘陵亚区

本亚区位于鲁中南山地丘陵区的最东部，为沭河以东的丘陵地区，东临南黄海。因区内山地走向与海岸近于平行，可直接拦截东南季风暖湿气流，加之位于山东省纬度位置最南部，因此是全省温度和水分条件最优越的地区之一。年降水量 800 ~ 950mm，山地迎风坡局部可达 1 000mm，日平均气温 ≥10℃ 期间的积温达 4 100 ~ 4 300℃左右，热量分布明显地高于山东半岛地区。由于水热条件优越，在植被区系中含有较多的亚热带成分，如天然生长的红楠、三桠乌药、盐肤木等，人工引种的茶、竹、杉等在小气候适宜之地也生长良好。

三、华北平原耕种植被区（ⅢB2）

华北平原是中国第二大平原，位于 32° ~ 40°N，114° ~ 121°E。西起太行山脉和豫西山地，东到黄海、渤海和山东丘陵，北起燕山山脉，西南到桐柏山和大别山，东南至苏、皖北部，以淮河为界线，与长江中下游平原毗邻，包括京、津、冀、鲁、豫、皖、苏等 7 省市，面积 34.97 万 km²。主要由黄河、淮河、海河、滦河冲积而成，故又称黄淮海平原。黄河下游横贯中部，将其分割为南北两部分，南面为黄淮平原，北面为海河平原。

（一）自然地理特征

华北平原是华北陆台上的新生代断陷区。平原的基底形成于太古代和元古代，地层构造主要受燕山运动影响。燕山运动使西部、北部隆起成山，东部沉降为海湾。在华北地区西升东降的同时，从北部、西部山地和高原上发育的滦河、海河、黄河等河流，把从黄土高原、太行山和燕山带来的大量泥沙堆积在山前，形成了一系列洪积冲积扇。随着地表形态的不断演进，洪积冲积扇相互连接，逐渐扩大，最终形成了广袤平坦的华北平原。华北平原在形成过程中接受了深厚的第四系沉积物，局部沉积可达千米。

华北平原地势低平，大部分海拔 50m 以下，自西向东平缓倾斜，依次为洪积倾斜平原、洪积－冲积扇形平原、冲积平原、冲积－湖积平原、海积－冲积平原和海积平原等地貌类型。河流在华北平原地貌塑造中起到了重要作用，按照流域可区分为黄河冲积扇平原、淮河中下游平原、海河中下游平原和滦河下游冲积扇平原。冲积扇之间洼地湖沼发育，北部有白洋淀、文安洼和大洼等，中南部有微山湖、东平湖等湖泊群。

华北平原属于暖温带湿润或半湿润季风气候。四季气候特征变化明显，夏季高温多雨，冬季干燥寒冷，春季干旱少雨，蒸发强烈，多风沙。年均温和年降水量空间分布由南向北随纬度增加而递减。黄淮地区年均温 14 ~ 15℃，京、津一带降至 11 ~ 12℃，南北相差 3 ~ 4℃。7 月均温大部分地区为 26 ~ 28℃；1 月均温黄、淮地区为 0℃ 左右，京津一带则为 -5 ~ -4℃。全区日平均气温≥0℃ 期间积温为 4 500 ~ 5 500℃，≥10℃ 期间积温为 3 800 ~ 4 900℃，无霜期 200 ~ 220 天。华北平原多年平均降水量 500 ~ 1 000mm，其中南部淮河流域为 800 ~ 1 000mm，黄河下游平原为 600 ~ 700mm，而京津一带则降为 500 ~ 600mm。各地夏季降水可占全年的 50% ~ 75%，且多暴雨。降水年际变化甚大，年相对变率达 20% ~ 30%，京津冀等地甚至在 30% 以上。

华北平原光热资源较丰富，本区年总辐射量为 4 605 ~ 5 860MJ/m²，年日照时数北部为 2 800h，南部为 2300h 左右。

华北平原河流众多，黄河、淮河、海河为平原最主要河流。河流受到地势的控制，总体趋势是从西向东流。因它们大多流经黄土覆盖区和水土流失严重的山地丘陵区，故河流含沙量高，加剧了下游河道泥沙淤积和发生洪涝灾害的风险。

黄河为华北平原最大河流，河南省孟津以下进入地势低平的华北平原，海拔不超过 50m，进入下游后河道平坦，平均比降只有 0.12%，水流变缓，泥沙大量淤积，高出地面 4 ~ 5m，故花园口以下的黄河有 "地上河" 之称。由于黄河多次改道，地面冲积出扇状的古河床和古自然堤，成为缓岗与洼地相间分布的倾斜平原，洼地比较开阔平展。黄河虽为中国第二大河，但水量仅及长江的 1/20，也小于珠江。黄河在华北平原的流域面积很小，流入黄河的河流很少。黄河的入海口河宽 1 500m，一般为 500m，较窄处只有 300m，水深一般为 2.5m，有的地方深度只有 1.2 ~ 1.3m。黄河径流年内和年际变化均很大，具有较大的洪涝灾害的潜在风险。

淮河中、下游处于华北平原南部。淮河北侧支流较长且密集，河道宽阔，水流缓慢；洪泽湖以下，大部分水流转经高邮湖而泄入长江，另一部分通过苏北灌溉总渠注入黄海。淮河干流的夏季水量占全年 50% 以上，7、8 月份常出现暴雨，淮河中游常于此时期出现洪峰，持续时间长，流量大，历史上发生洪涝灾害的频率很高。

海河是华北平原北部最大河流，主要支流有北运河、永定河、大清河、子牙河、南运河五等大水系，于天津附近汇聚入渤海。海河水系许多河流发源于西部的黄土高原，故携带大量泥沙，造成中下游河道淤积，使其淤决迁徙，其中的永定河就有 "小黄河" 之称。海河流域各河流 7 ~ 9 月的水量占全年 50% ~ 70% 左右，尤以 8 月水量最大，占全年 25% ~ 40%；冬、春为枯水期，特别在春季，某些河段于个别月份甚至断流。

上述河流将大量泥沙堆积于沿岸地带，使长期处于沉降的渤海凹陷不断被填充，平原不断向海湾伸展，形成了河口三角洲平原，其中黄河三角洲成为中国造陆速度最快的河口三角洲。

华北平原地带性土壤为棕壤（简育湿润淋溶土）或褐色土（简育干润淋溶土）。自太行山麓横穿华北平原直到滨海地区，依次在冲积扇分布着褐土（简育干润淋溶土）和潮褐土，平原分布着潮土（淡色潮湿雏形土）和沼泽化潮土（夹有盐化潮土和碱化潮土），滨海平原分布着潮土及滨海盐土（海积潮湿正常盐成土）。由于垦殖强度大，耕作历史悠久，各类自然土壤多已熟化为农业土壤。然而土壤类型因微地貌变化依然有空间上的差异。沿燕山、太行山、伏牛山及山东山地边缘的山前洪积－冲积扇或山前倾斜平原，发育有黄土（褐土）或潮黄垆土（草甸褐土），平原中部为黄潮土（浅色草甸土）。平原东部沿海一带的盐土，经开垦排盐，形成盐潮土。除此之外，在一些古河道及现有河谷分布有风沙土，在河间洼地、扇前洼地及湖淀周围有盐碱土或沼泽土，在黄河冲积扇以南的淮北平原未受黄泛沉积物覆盖的地面，大面积出现黄泛前的古老旱作土壤——砂姜黑土（砂姜钙积潮湿变性土）。经过长期的耕作，华北平原地区的土壤具有一些特定的型式，如土壤肥力高低与距村庄和城镇的远近呈现同心圆式分布、耕地空间格局呈现棋盘式分布等。

华北平原地区的地带性植被类型属暖温带落叶阔叶林，然而由于持续高强度长期的人类活动，人工植被早已取代原生植被，仅在太行山、燕山山麓边缘生长旱生、半旱生灌丛或灌草丛。典型植物种类有荆条、酸枣、白羊草等；在湖淀洼地生长有一些水生和湿生的植物种类，如芦苇、香蒲、藨草、莲、芡实、菱、眼子菜、金鱼藻等；在内陆盐碱地和滨海盐碱地上生长各类盐生植物，如盐地碱蓬、獐毛和补血草等；河道及古河道上则分布有一些沙生植物，如沙蓬、虫实、蒺藜等；平原的田间路旁，以禾本科、菊科、蓼科、藜科等组成的中生植物为主，如狗尾草、虎尾草、白茅、灰绿藜和苍耳等；在房前屋后和坟冢则散生着一些落叶或常绿的乔木，如杨树、榆树、侧柏和油松等。各种类型的防护林是华北平原地区成片森林的主要分布区，如农田防护林、河岸防护林和海岸防护林等，前两类防护林的建群植物种主要是杨树、柳树、榆树和洋槐，而后者除此之外还有柽柳等；林粮间作区的经济树种主要是枣树、苹果、梨树和桃树等。

（二）亚区划分

根据各自然地理要素及其综合特征所表现出的区域差异，可将本区划分为辽河下游平原、海河平原、黄泛平原和淮北平原4个亚区。

1. 辽河下游平原亚区

大体以山海关与黄淮海平原为界，介于辽东丘陵与冀北山地之间。它是在长期沉降条件下，由辽河等河流冲积物堆积而成的平原。疏松沉积物的厚度可达2 000m。沉积作用至今仍在继续进行，导致松辽分水岭逐渐向北推移。平原地势低平，北高南低，北部海拔达200m，南部海拔在50m以下，近海部分已不到10m。辽河是一条多泥沙的河流，辽河下游泥沙淤积旺盛，河床不断抬高，河道变迁频繁，平原上古河道遗迹和牛轭湖多有分布。辽河下游河面较宽，河曲发育，两侧滩地广阔，多沙洲，河水宣泄不畅，易泛滥成灾。沼泽亦较发育。过去曾为"十年九涝"之地，现经治理，面貌大为改观。

2. 海河平原亚区

燕山以南，太行山以东，黄河以北的区域。主要由海河水系的潮白河、永定河、大清河、子牙河、漳卫河沉积及黄河、滦河泥沙堆积而成。千里沃野，仅在边缘有一些丘陵山地。自海滨到太行山麓，东西相距数百千米，随着地势降低，有洪积冲积缓斜平原、冲积低平原和滨海平原的变化。海河平原大部地区海拔较低，多在30m以下，广泛分布河流泛滥、改道的古河床遗迹，一般宽2~5km，比附近地面高2m左右，常有沙丘和沙地出现。洼地、湖淀广泛分布，是海河平原的特色。在冲积平原与山前洪积冲积平原相邻地段的洼地，规模最大，如白洋淀、文安洼。渤海沿岸的滨海平原是河流泥沙淤积与海浪顶托堆沙而成，地表可见保留的贝壳堤。水分条件随地势而变化，导致地下水和土壤的变化。地处华北平原北部，温度、水分条件及生长季节均较南部黄淮平原差，春旱突出，旱涝灾害频繁出现。

3. 黄泛平原亚区

海河平原以南，淮北平原以北的区域。含黄河冲积扇及其外延的黄泛区，包括豫北平原、鲁西北平原、南四湖西平原等。地表主要是黄河泛滥而堆积的物质，地貌和水系均较复杂。黄河以北，地势由西南向东北平缓下降。这里是历史上黄河决口改道最频繁的地区，普遍分布古河道高地、古河道洼地、古河漫滩、古背河洼地，反映黄河变迁的地貌特征明显。黄河以南，地势向东南倾斜，有数条近似南北向的古河道和古泛道，平原上洼地很多，沙丘和盐渍化土地分布较为广泛，过去曾是低产田集中分布的区域，利用时需充分注意。

4. 淮北平原亚区

黄泛平原以南，淮河以北的区域，含豫东平原南部、皖北和苏北等地。地势低平，除靠近山麓分布有因河流切割形成的相对高度10~30m的平岗外，大部分地面平缓。本亚区是湿润半湿润地区温度、水分条件最好，生长季节最长的地区。主要问题是洪涝和土壤较为贫瘠。历史上，受黄河南泛的影响，破坏了原有水系，水旱灾害频繁，历史上是"大雨大灾，小雨小灾，无雨旱灾"的多灾地区。平原的洪灾与淮河水系状况密切相关。淮河本是一条独流入海的河流，但自1194年黄河夺淮以后，泥沙淤积严重，河床垫高，逐渐成为一条入海无路，入江不畅的河流，洪涝日益严重，常泛滥成灾。1950年代以后，在河流上游修建了众多水库拦截山区洪水，修建堤防，治理支流河道，整修入江水道，开挖入海水道，经流域整治，情况已大为改观。

（三）垦殖耕作历史悠久

华北地区人类活动历史悠久，早在五六十万年前，北京周口店龙骨山洞穴中就有"北京人"在繁衍生息。从距今六七千年以前开始，这一地区的先民们就逐渐从原始的采摘、狩猎为主的生活中，开始转向以垦殖为主的农业生产，到商代农业已成为社会经济中的重要支柱产业。随着人类活动强度的逐渐加大，天然植被分布地区开始萎缩。不过春秋时代华北平原人口仍然稀少，华北平原中部仍有一片宽阔的、空无聚落的地区。各城邦之间还存在着瓯脱地带（即缓冲地带）。人为垦殖范围不大，对自然植被生长及分布影响亦有限。

到战国时期，铁器工具普遍使用，加上各国普遍重视农耕，奖赏垦殖，天然植被破坏加剧。在河南中部地区已"无长木"，山东丘陵西麓的泗水流域已"无林泽之饶"。今冀、鲁、豫三省交界的东郡在公元前两世纪已缺乏薪柴（《史记·河渠书》）。在以后的 2000 多年间，这一地区战事频繁，和平时期的大规模垦殖和战争时期的大规模焚毁相交替，使自然植被一直处于难以恢复的状态。晋末十六国时代，长期战乱，大片农田荒芜，次生灌草遍布。与此同时灌溉渠网失修，盐碱化程度严重，农业歉收，地力下降明显，撂荒现象严重。隋唐时期，在华北平原大肆兴修水利，发展农业，大片栽培植被替代了次生的草地和灌木丛。宋、金以后黄河经常泛滥于河南淮北之间，沙地和盐碱地比比皆是，已无良好的植被覆盖，天然植被破坏殆尽。一直到清初以后，垦殖恢复，次生的自然植被又开始大片变为农业栽培植被，农业得到迅速发展（蔡运龙，2007）。

（四）耕作制度与种植业结构

华北平原是中国重要的粮食、棉花、油料生产基地。其耕作制度多种多样，一年两熟制分布最集中。

一年两熟制是华北平原主要的耕作制度，大面积连片分布。有水浇地一年两熟和旱地一年两熟两种类型。本区年均温 10 ~ 13.5℃，≥10℃积温在 3 600 ~ 4 800℃，无霜期 170 ~ 200 天。土壤深厚、地势平坦，适于耕作，生产潜力较大。种植业结构粮食作物以冬小麦、玉米为主，甘薯、谷子、高粱、稻等次之，经济作物主要有大豆、棉花、花生。复种指数 149.2%。作物轮作倒茬方式主要为冬小麦—玉米（或大豆）一年二熟；棉花、花生原以一年一熟为主，现正发展成为棉麦套种、麦套花生等间作套种两熟形式。

一年一熟制的地区，由于自然条件的限制，分布在一些洼地、河滩地、湖岸地区，或者是因特殊的作物需求。滨海地带地势低平，多洼淀，水涝频繁，土壤盐碱化严重，但光照条件较好，农作物以稻为主，高粱、向日葵次之。位于海河平原和淮北平原之间的黄泛平原，是黄河冲积形成的，平原地势大体以黄河大堤为分水岭，地面坡降平缓，微向海洋倾斜，盐碱化土地较多，但平均气温高，适合喜湿抗沙作物生长，主要作物有棉花、花生、水稻、枣等。

两年三熟制也有分布，种植结构以小麦为越冬作物，与此搭配的作物既有高粱、大豆、玉米、小米、甘薯等粮食作物，又有花生、芝麻、烟草等经济作物，轮种模式极为繁复。近年来为了增加粮食产量，种植业结构逐渐简化，高粱、甘薯等杂粮播种面积越来越小。两年三熟制主要分布在特种作物播种区，如烟叶、花生、芝麻等消耗地力过大不易连作，故常与粮食作物轮作，实现两年三收。

（五）耕作对于自然地理环境的影响

耕作使华北平原的天然植被被栽培植被所代替，实质上意味着大片森林的砍伐，使林地变为耕地。人为活动对耕地的影响有两重性，可以产生正效应使土壤高度熟化，也可能产生破坏性的负效应如土壤盐渍化、土壤板结、生物多样性减少、环境污染、降低生态环境安全等。

华北平原冲积母质经旱作耕种形成的潮土（淡色潮湿雏形土）上，若经常大水漫灌会出现盐渍化，使土质恶化，突出表现为 pH 升高，通常达 8.5 以上，降低土壤养肥有效性；钠离子进入土壤胶体表面，可将土壤胶体吸附的钙离子代换出来，致使土粒分散，结构破坏，土壤通透性降低，危害作物生长；造成耕地和草地生产力损失，轻度和中度的盐渍土造成农作物减产 10%~50%，重则颗粒无收。

裸露的盐渍化土地是沙尘暴的物质来源，与大风配合形成"白尘天气"，污染物在空气中扩散，危害人体健康。若与降水配合则造成水体污染和建筑设施被腐蚀。

华北平原是中国冬小麦等粮食作物的主产区，为了提高产量、防治病虫害，近年来大量施用化肥和农药，造成诸如土壤板结、理化性能变劣、有机质减少、肥力减退等严重后果。由于大量施用化肥和农药，土壤及农作物中积蓄起来的有害化学元素会越来越多，不但会造成环境的污染，而且会通过食物链的传递，影响人类健康。

华北平原上千年的耕作历史，农业开垦使大面积的自然景观转变为结构和功能都很单一的农业景观，致使生物多样性大量丧失，对区域生物多样性的影响非常严重。

（六）全球环境变化对于华北区种植业的可能影响和对策

全球环境问题已成为人类必须面对的事实，包括全球气候变化、物种加快灭绝、资源短缺、环境污染等。种植业对气候变化和波动最为敏感，全球气候变化和波动对于华北区种植业的可能影响有三个方面：①产量波动可能增大；②布局和结构将发生变动；③成本和投资将增加（于沪宁，1995）。

IPCC 第二工作组第四次评估报告在"未来的影响"一章中指出，如温度增加 1~3℃，多数地区农作物产量会下降；因为较高的温度有可能使作物徒长和缩短灌浆期，农作物干物质积累时间减少，造成粮食减产。气候变暖还可能使病虫害范围扩大，目前限于热带地区的病虫害种类可能北上影响到华北地区，华北地区原有的一些病虫害发生起始时间提前，害虫繁殖代数增加，病虫害生长季节延长，危害时间延长，作物受害程度加重，从而影响农业生产（肖国举，2007）。

气候变化同时也会对农作物的品质产生影响，在二氧化碳加倍的条件下，大豆、冬小麦和玉米的氨基酸和粗蛋白含量均呈下降趋势，对棉花纤维的影响则不显著。当大气中的二氧化碳浓度增加时，提高了光合作用率和水分利用率，有助于植物生长，尤其对包括小麦、水稻、大豆等在内的 C_3 植物，但对玉米、高粱、谷子等 C_4 植物的影响尚未确定。

研究表明，全球变暖可使温度带向极地移动，年平均气温增加1℃，日平均气温超过10℃的持续日数将延长15天左右，北半球中纬度的作物带将在水平方向北移150～200km，垂直方向上移150～200m（蔡运龙，1996）。在作物品种和生产水平不变的前提下，气候变暖将使大部分两熟制地区有可能成为三熟制适宜地区，两熟制北界也将北移。这意味着气候变暖后，华北平原主要作物布局也将发生变化。

利用作物模型评估研究表明，1951～2005年气候变化使冬小麦成熟期明显提前，说明由于气温升高，冬小麦生长发育速度加快，生育期缩短，成熟期提前，秋季作物生长期延长。这也说明随着气候变暖，华北平原冬小麦产区在冬小麦成熟以后，更适合播种生育期更长一些的农作物，使种植结构发生改变。

研究还显示，如果降水量不明显增加，气候变暖将导致中国农牧交错带南扩，其中华北北部农牧交错带将南移150km之多。农牧过渡带的南移虽然可增加草原面积，但新的过渡带地区如不加保护，则有可能产生沙漠化（丁一汇，2007）。

另外，气温升高可能导致微生物活跃，土壤有机质的分解将加快，降低土壤肥力。二氧化碳浓度增加，有利于小麦条锈病的越冬、越夏和南下流行，加重杂草蔓延，从而可能，增加化肥、农药和除草剂的使用量，导致农业生产成本和投资增加。

面对全球环境变化，华北地区种植业的适应对策应从两个方面入手：一是农民在面对环境变化时会自觉调整生产；二是在面临全球环境变化带来的减产或新机会时政府有关决策机构应促进农业结构调整，以尽量减少损失和实现潜在效益。

气候是农业生产的重要环境因素，只有把气候问题纳入华北农业的总体产业规划，才能最大限度地趋利避害。适应气候变化和波动的对策包括：改变土地利用方式，如调整作物类型、引进作物新品种；调整管理措施，如增加灌溉和施肥、防治病虫害；改变作物制度，如调整农时。

值得关注的是，目前科技界还不能提供有关气候变化对食物安全影响的综合定量分析数据，不能提供具有针对性的和可供选择的适应性对策。为此，针对未来气候变化对华北农业的可能影响，应分析未来光、热、水资源的重新分配和农业气象灾害的新格局，改进作物品种分布。充分利用气候变化带来的有利因素，进行与气候变化相适应的作物栽培技术与育种等方面的研究，科学地调整种植制度。加强极端天气和气候时间对华北平原种植业影响的研究，减缓气候变化对农业的不利影响。

气候变化和波动对农业的影响在相当的程度上是社会经济条件的产物，而不仅仅是气候本身的结果。为保障农业可持续发展和食物系统的长期安全，必须考虑气候变化对农业系统的影响和适应性对策，并为政府决策提供可靠的科学依据；应进一步加强农业系统对气候变化脆弱性和适应性的综合研究，评估气候变化背景下的粮食生产安全。增强应付气候变化和波动的能力，将扩大对潜在全球气候变化响应的选择范围和余地，应提高农业人员的教育水平和科技水平，加强农业系统实力，发展持续农业。

有研究表明，随着全球变暖，华北平原地下水位在下降，而华北平原赖以生存的农业水源是地下水，故节水农业在华北平原势在必行。在工程节水方面华北平原利用管灌可节水15%；在农艺节水方面可以进行秸秆覆盖以抑制农田蒸发；在生物节水方面可引进抗旱优良品种或使用微量元素肥料提高作物抗旱能力。

四、华北山地丘陵落叶阔叶林区（ⅢB3）

华北山地丘陵落叶阔叶林区位于华北平原与黄土高原以及内蒙古高原之间，包括北部的燕山山脉，西部的太行山脉、吕梁山脉和伏牛山脉，分列华北平原北部和西部，形成天然屏障。

（一）自然地理特征

本区气候属温带大陆性季风气候，四季分明，夏季炎热多雨，冬季寒冷干燥。年降水量500～1 000mm。降水能够满足多年生木本植物生长发育。冀北山地年平均气温4.0～9.5℃（表11.1），无霜期110～180天，日平均气温≥0℃期间积温为2 800～4 200℃，日平均气温≥10℃期间积温2 200～3 700℃。太行山、吕梁山山地丘陵地带，日平均气温≥0℃期间积温为4 200～4 800℃，日平均气温≥10℃期间积温3 700～4 700℃。

表11.1　华北山地的气温

地点	纬度/N	海拔/m	1月平均气温/℃	7月平均气温/℃	年平均气温/℃
运城	35°03′	370.9	0.6	29.1	15.7
太原	37°55′	781.6	-7.3	25.0	10.0
大同	40°00′	1048.8	-10.5	22.6	7.2
张家口	40°50′	760.0	-8.7	23.1	8.3
昌黎	39°41′	15.7	-5.1	25.7	11.4
承德	40°38′	375.2	-9.5	25.1	9.3
朝阳	41°33′	167.2	-11.0	24.5	7.9
围场	41°57′	850.3	-15.2	21.9	5.1
赤峰	42°16′	571.1	-12.9	23.8	6.6

本区降水量分布的总趋势是从东南向西北递减，迎风坡大于背风坡，山地多于盆地。降水的年内分配很不均匀，60%以上集中在夏季，且多以暴雨形式降落，往往在24小时内可达300～400mm。降水年变率也很大，达25%～30%。

河流主要有汾河、漳河、滹沱河、永定河、潮白河、滦河等。流量少，流量变化大，含沙量大，是它们的共同特点。

温带落叶阔叶林是本区地带性植被类型，构成群落的乔木全都是冬季落叶的阳性、半阳性阔叶树种，它们具有比较宽薄的叶片，秋冬落叶，春夏长叶，故这类森林又叫做夏绿林。群落的垂直结构一般具有四个非常清楚的层次：乔木层、灌木层、草本层和苔藓地衣层。林下灌木也是冬季落叶的种类；草本植物到了冬季地上部分枯死或以种子越冬；藤本和附生植物极少。各层植物冬枯夏荣，季相变化十分鲜明。

根据群落种类组成及群落环境特征，可分为落叶阔叶林和山地桦杨林两个群系纲。

落叶阔叶林发育在暖温带中、低山区，树种以温性阔叶林为生态生物特征，又分为典型落叶阔叶林（栎类林）、沟谷中生阔叶林、低山丘陵散生阔叶林三个群系组，建群种有栎属、胡桃属、漆树、刺槐属、鹅耳栎属等。

山地桦杨林群系纲发育在暖温带中山地区，树种以温性至寒温性、中叶至小叶阔叶为生态生物学特征。这一群系纲的植被多为山地植被垂直带谱中的类型，其占据的空间为落叶阔叶林中海拔最高的位置。建群种有桦木属、山杨属，分为桦木林和山杨林两个群系组。

华北山地丘陵落叶阔叶林区的土壤类型主要为棕壤（简育湿润淋溶土）和褐土（简育干润淋溶土）。棕壤又称棕色森林土，是在落叶阔叶林和温湿的生物气候条件下形成的山地土壤，主要分布在海拔600m以上（燕山）和1000m以上（太行山、吕梁山、伏牛山）的中低山丘陵。由于温暖季节较长，气温较高，冬季土壤冻结不深，冻结时间短，该土壤以黏化作用为主，表现为通体黏化；淋溶过程较为显著，使土体中易溶盐类和碳酸钙淋失，黏粒也沿剖面下移、淀积。褐土主要分布在燕山、太行山、吕梁山、伏牛山脉低山丘陵和山麓平原，在暖温带半湿润、半干旱气候及森林条件下发育而成，成土母质以黄土状物质为主。其成土过程的特点突出表现在两个方面：一是具有明显的黏化过程，以残积黏化为主，在土体的一定深度形成一个黏粒含量较高的黏化层；二是具有明显的钙化过程，受淋溶程度的限制，土体中的碳酸钙下移到一定深度后发生淀积，形成钙积层（刘濂等，1996）。

（二）自然地理环境的区域分异和组合

各山地丘陵所在地理位置不同，区域内部有分异。燕山山地落叶阔叶林区位于河北省东北部的山地、丘陵部分，北以坝头与温带草原地带相接，东以河北省界及七老图山与辽宁省相邻，西与冀西北和北京市接壤，南以海拔100m等高线为界与河北平原栽培植物农作物区相接。

燕山山地中生代末发生强烈构造运动，褶皱成山。山体呈东西走向，总地势北高南低，北部一般海拔1 300~1 500m，相对高度500~800m，向南逐渐降低，主要山峰有东猴岭、云雾山、雾灵山、大黑山、光头山等，主峰雾灵山海拔2 116m。

本区气候属于温带大陆性季风气候，年平均气温5~10℃，冬冷夏暖，年平均降水量420~776mm，集中于夏季。日平均气温≥10℃期间的积温2 400~3 800℃。棕壤分布在山地海拔1 000~1 600m，土壤比较肥沃，土层厚达50~10cm。地带性植被为落叶阔叶林，并混有温性针叶林以及经人为破坏而出现的大面积次生灌草丛。组成落叶阔叶林的代表树种有白桦、山杨、蒙古栎等；灌木有榛、虎榛子、胡枝子等，针叶林主要是油松林。

太行山山地落叶阔叶林区位于华北平原西部，北连冀西北，东北临北京市，东及东南大致以海拔100m等高线与华北平原栽培植物农作物区相接，西靠山西省，南部为伏牛山脉地区。本区地形复杂，山地、丘陵、河谷相交错，地势西高东低，山地一般海拔高度在1 200m以下，是一个低山丘陵为主的山地，小五台山最高，海拔2 882m。

本区气候属暖温带大陆性季风气候，光热条件优越，年平均气温8~13℃，日平均气温≥10℃期间的积温 3 700~4 400℃，年平均降水量 570~620mm，春季干旱，夏季暴雨集中，冬季少雪。土壤以褐土为主，在海拔 1 000m 以上的中山为山地棕壤，海拔 1 000m 以下为淋溶褐土。本区地带性植被为落叶阔叶林，在海拔较高的山地植被垂直变化较明显，以小五台山最为典型。太行山南端有喜温的南方植物侵入，如泡桐、漆树、领春木、苦木等。本区为海河流域，诸河上游由于植被长期遭受破坏，水土流失严重。

吕梁山位于 35°52′~40°43′N，110°24′~111°45′E，是一个南北走向的狭长山地。以燕山运动时期形成的山西断陷隆起为主体，地貌轮廓受地质构造控制和制约。本区气候具有明显的地区差异，年平均气温由北向南递增，平均都在 8℃以下，纬度和海拔较高的山区在 4℃以下，日平均气温≥10℃期间的积温为 4 000~4 500℃。大部分地区年降水量为 400~600mm，从东南向西北递减（蔡运龙，2007）。在中段的关帝山和南段植物群落具有多样性，主要树种有山杨、白桦林、辽东栎，分布在海拔 1 950~2 100m，土壤为山地棕壤（简育湿润淋溶土）。

吕梁山为天然次生林中、亚高山和各水系的发源地，黄河水系的清水河、昕水河、屈产河、南川河、北部鄂河等均发源于吕梁山天然次生林区。它对涵养水源、保持水土、调节气候、改善环境和提供林副产品起着重要作用。

伏牛山位于河南省西南部，属秦岭山脉东段，呈西北—东南走向，是中国北亚热带和暖温带的气候分区线和中国动物区划古北界和东洋界的分界线，也是华北、华中、西南植物的镶嵌地带，属暖温带落叶阔叶林向北亚热带常绿落叶混交林的过渡区。随着山体海拔的升高，气候、土壤等出现有规律的变化，森林植被也发生相应更替。由于伏牛山南北两侧的水热条件及其配合状况存在着明显的差异，因此形成了明显的垂直带谱。伏牛山南坡海拔1 200m 以下，主要是栓皮栎林，海拔 1 100~1 500m 主要是短柄抱林，海拔 1 400~1 900m 主要是锐齿槲栎林，海拔 1 800m 以上分布有锐齿栎和坚桦、红桦组成的山顶矮曲林群落。北坡海拔 1 100m 以下，主要是栓皮栎林。海拔 1 000~1 400m，处于栓皮栎与锐齿槲栎的垂直过渡带，有短柄抱林群落分布。海拔 1 300~2 000m，主要分布有锐齿槲栎林群落。海拔 1 400m 以上的局部地段，有以华山松和油松为主的群落。

根据以上分异，本区可以划分为晋南盆地亚区、晋东南高原亚区、晋中盆地亚区、吕梁山地亚区、永定河上游盆地亚区、冀北山地亚区、辽西低山丘陵亚区和豫西山地亚区 8 个亚区。

1. 晋南盆地亚区

包括汾河下游的临汾盆地和运城盆地。盆地内堆积河流相、湖相沉积物和巨厚黄土。地势平坦，有汾河和束水可供灌溉，温度条件较好，为农业发展提供了有利条件，适合棉花、冬小麦生长。但降水较少，春秋易旱。

2. 晋东南高原亚区

被太行山、太岳山和中条山所包围，海拔 800~1 200m。在地质上是太行山和太岳山背斜之间的向斜盆地。盆地内有低山丘陵。由于地势较高，温度条件逊于晋南盆地亚区，但降水较多，年降水量可达520~680mm。但地面起伏，不利于引水灌溉。太行山石灰岩分布范围较大，森林破坏较多。现在一些石灰岩地区已开发为旅游区。

3. 晋中盆地亚区

包括太原盆地和忻县盆地等。太原盆地是一个典型的断陷盆地，长200km多，宽12~40km，面积5050km²，海拔700~900m。汾河穿过其间，地势平坦，土质适宜，水分条件好，是重要的农业区。盆地周边还有一些黄土台地，土层深厚，多为旱地。

忻县盆地为五台山、云中山、恒山间的盆地。自然条件与太原盆地相似。

4. 吕梁山地亚区

包括吕梁山、云中山、芦芽山，海拔1500~2800m。南北长约400km。吕梁山是黄河与汾河的分水岭，最高峰关帝山海拔2873m。吕梁山向北分为两支：一支向正北往五寨、神池一带延伸，为管涔山、芦芽山；另一支向东北，往原平延伸，为云中山。吕梁山地东坡、东南坡多断层，山坡陡直，高出盆地1000m上下。西坡平缓，没入晋西黄土高原。山地自山下至山上有明显的垂直带。山地东侧迎风坡降水较多，可达650mm，西侧较干燥。除较高峻山地外，吕梁山的森林植被已被灌丛草地所代替。

云中山与芦芽山之间为静乐盆地，海拔约1500m，盆地南部被黄土覆盖。汾河上游流经盆地，提供了发展农业的灌溉条件。

5. 永定河上游盆地亚区

地质上是一个凹陷区，内部有许多盆地，如延庆盆地、大同盆地，由永定河上游支流串连。气候从暖温带向中温带、从半湿润向半干旱过渡。年平均气温6~8℃，年降水量400~500mm，是华北山地丘陵落叶阔叶林区年降水量最低的亚区。植被从落叶阔叶林向干草原过渡。

6. 冀北山地亚区

包括河北北部山地和北京西北部和北部山地。含七老图山与大马群山之间的山地。由中山和低山组成，南部以低山为主，北部以中山为主。海拔在1000m上下。少数山峰，如海坨山、云雾山、雾灵山，海拔超过2000m。河谷海拔一般在500m左右。滦河和潮白河流经本亚区，支流呈树枝状。山口建有水库，如密云水库、潘家口水库，是北京、天津、唐山等城市的重要水源地。属暖温带半湿润的山区气候。年平均气温5~9℃，年降水量500~700mm。植被在中北部山区有较大面积，以辽东栎、槲栎等为主，混生有油松的次生落叶林。中山顶部有针叶林和亚高山草甸。

7. 辽西低山丘陵亚区

分布于冀辽山地的最东部，以低山丘陵为主。北部是从暖温带湿润、半湿润地区向内蒙古高原过渡的区域，是地势较低的山区。受断裂褶皱控制，形成几条平行岭谷，地势由东南向西北逐渐升高。最东一列为医巫闾山，第二列为黑山岭，第三列为努鲁尔虎山，海拔均在1000m上下。温度和降水条件都较好，已接近湿润地区。残存的落叶林为蒙古栎，混生油松和赤松。北部降水较少，成为针茅草原。

8. 豫西山地亚区

包括中条山、崤山、熊耳山、伏牛山等断块山地及其间的间山河谷平原。豫西山地是秦岭山脉东段的延续部分。秦岭进入本亚区后山势显著降低，山脉分支解体，完整的山脉分成数支，分别向东北和东南方向呈扇形展开。最北面是小秦岭。北面俯视黄河，相对高差 1 000m 以上。稍南一支为崤山。在南面是熊耳山，介于伊河和洛河之间。熊耳山东面是外方山，南面与伏牛山相连。嵩山和箕山是孤立的断块山地。黄河、伊河、洛河流贯本亚区。伊洛河谷有较宽阔的冲积平原和黄土丘陵。地貌上基本上是以河流为轴，向南北两侧山地依次出现河漫滩、河流阶地、黄土台原、黄土丘陵。年平均气温在 12~14℃，年降水量 600~900mm。山地下部植被以栎树为主兼有山杨、白桦，并有油松、华山松和侧柏分布。山地上部有针叶落叶阔叶混交林。

（三）资源开发的态势及未来的变化趋势

森林植被不仅直接为工业生产提供木材和林产品，而且具有涵养水源、保持水土、防风固沙、调节气候、净化空气、减少噪声、防止污染、保护和美化环境，减少自然灾害，保护生物资源等作用，所以应该提高森林覆盖率，实现森林资源合理利用与保护。华北山地丘陵落叶阔叶林区由于人类活动频繁，自然植被破坏严重。本区森林资源的变化与发展经历了曲折的过程，在相当长的时期内，由于经营管护不当，或某些政策失误等原因，森林资源过量消耗，部分地区造林成效不高，采伐与培育失衡。部分林区林业改革滞后，重采轻育，为了个人或局部的经济利益，乱砍滥伐，造成林地减少，目前山区森林覆盖率仅为 15.17%。本区森林资源分布很不均匀，集中分布于燕山山系、太行山系、吕梁山系和伏牛山系地区仅有零星小片森林，植被稀疏，水土流失严重。林相结构不尽合理，单位面积木材蓄积量低。在整个林地结构中，树种构成单纯，天然林主要是桦、栎、山杨，人工林主要是刺槐、杨、柳、榆、油松和落叶松。这种状况有待通过引种、选种和育种，大力发展混交林。用材林比重偏大，防护林比重偏小，应适当调整各林种比例与搭配。

部分地区的林地面积呈现出增长的趋势，这主要是由于六大林业重点工程启动，以及 1998 年 8 月至 2000 年 1 月，国家明确要求"禁止毁林开垦、毁林采种"和"有计划有步骤地退耕还林、还牧、还湖"等政策的影响，局部地区的过量采伐和乱砍滥伐以及毁林开垦等现象得到一定程度的遏制，开始了大规模的造林活动，造林效果明显（刘纪远，2002）。

五、汾渭盆地落叶阔叶林、人工植被区（ⅢB4）

汾渭盆地落叶阔叶林、人工植被区指山西中部的汾河河谷、盆地和陕西境内的渭河谷地。其自然地理特征为：

1. 高原、山地和盆地相间的地貌

本区的地貌轮廓，由一系列平行的褶皱和断裂的山岭以及夹于其间的地堑式盆地和构造谷地所组成，包括晋南盆地、晋东南高原、晋中盆地和渭河谷地等自然单元。山西高原中部，为一系列新生代断陷盆地，包括晋南的运城盆地、临汾盆地，汾河中游的晋中盆地等，这些盆地与周边山地之间都有明显的断崖相接。盆地边缘第四纪黄土状堆积受到分割成为台地或阶地，盆地中部发育着平坦的冲积或湖积平原，这是山西高原主要的农耕地区。这些盆地之间为山地或新近隆起的台地所隔。运城盆地、临汾盆地、晋中盆地都是典型的地堑盆地，盆地之间的隆起部分，都被汾河切穿连贯起来，所以统称为汾河地堑。

2. 间断分布的黄土堆积

与陕甘黄土高原大面积连续堆积的黄土不同，本区黄土的堆积仅限于盆地与山间谷地。晋南谷地海拔 400～600m，现代冲积平原比较狭窄，分布于曲折河道两侧的土壤为潮土，局部显轻微盐化。两侧由洪积冲积黄土组成的多级阶地，作缓斜状向谷地倾斜。在山麓部分可见洪积冲积扇地形，阶地上冲沟发育。土壤以褐土（简育干润淋溶土）为主，无盐化现象。

3. 温度变化大的半湿润气候

本区属于大陆性季风型的暖温带半湿润气候。年平均温度在 5～15℃ 之间，≥10℃ 的积温在 3 000～4 500℃。等温线和山地形势大致吻合，呈东北—西南向。运城盆地年平均温度 15.1℃，积温 4 500℃，是全区温度最高的地方，适于种植喜温的棉花等作物。从此向北，温度逐渐递减。和暖温带其他自然区一样，本区的温度季节变化差别很大。7 月全区炎热，月均温均在 22℃ 以上，最热的地方在运城盆地，达 29.1℃。1 月平均温度在 −3～−12℃。年较差则达 30℃ 以上。极端温度差别更大，最高温度达 40℃ 以上，最低温度 −30℃，相差 70℃，显示其强烈的大陆性。

本区多年平均降水量在 400～700mm 之间。总的趋势是从东南向西北递减，迎风坡大于背风坡、山地多于盆地。降水的年内分配很不均匀。60% 以上集中在夏季，秋季占 20%，春季占 15%，冬季仅占 2%～4%。夏季降水多以暴雨形式降落，往往在 24 小时内可达 300～400mm。暴雨中心与多雨中心一致。夏雨太集中，可以引起山洪暴发和水土流失，春秋雨量太少，则影响到作物的播种、生长和成熟。本区年降水变率也相当大，达 25%～30%。为了保证作物稳定的良好收成，发展灌溉是必要的。

本区可以划分为汾河谷地和渭河谷地两个亚区。

六、黄土高原中北部草原区（ⅢC1）

1. 广泛分布的巨厚黄土和典型的黄土地貌

本区是传统的黄土高原主体部分。黄土在此区内大面积连续分布。陕北高原及陇东高原的黄土分布最集中，黄土特性最明显，黄土地貌形态最完备，黄土覆盖的厚度巨大。黄土覆盖的厚度平均为 30~60m，最厚处可达 200m，无论从平均厚度看，还是从最大厚度看，均是世界上覆盖最厚的黄土地区。现在一般认为，黄土高原主要为近200 万年以来，由于风成堆积作用所形成。黄土是由颗粒很细的粉沙（粒径约为 0.05~0.005mm）构成。由于大面积巨厚的黄土覆盖，缓和了原来的下伏地貌形态。黄土堆积的厚度在地域上有明显的变化，六盘山、吕梁山与渭河北山，在黄土高原内部形成了一个向南凸出的马蹄形界线，在这条线的内侧，黄土层总厚度（除黄河峡谷两岸地带为 60~70m 以外）从长城附近的 100m 左右，向南逐渐加厚，到子午岭西侧的董志塬和东侧的洛川塬，出现两个最大厚度中心，分别为 200m 和 180m。在这条马蹄形界线的外侧，黄土总厚度减为 50~100m。从整个黄土高原来看，黄土厚度的变化趋势是：从西北至东南，先由薄变厚，再从厚变薄，呈条带状分布。

该区广泛分布的典型黄土地貌，可以划分为两大部分：①其南部为表面比较平坦的黄土高原，其上发育有不少的冲沟，沟深可达 100m 以上，如洛川塬、董志塬等地区。该地貌形态以大面积的塬面和长梁为主。在侵蚀形态中，片蚀大于沟蚀。其中黄土塬与黄土梁的面积与沟壑面积之比为 7:3，破碎塬区该比例为 6:4。沟壑密度为3~5km/km²。②其北部为黄土丘陵区，分布面积比黄土高原要大，一部分系由原来的黄土高原切割而成，较大一部分则与其下伏地形有关。黄土丘陵区以破碎的黄土峁以及一部分黄土梁为主。在侵蚀形态中，沟蚀大于片蚀，沟头溯源侵蚀迅速，沟床下切与谷坡扩展也很快，沟头前进速度每年平均 2~3m，其沟间地与沟谷面积之比为 5:5，切割密度为 5~7km/km²，流水侵蚀强烈，年侵蚀模数很高。黄土丘陵的纵剖面以呈凸型为较多，顶部坡度在 5°以下，往下即可迅速增到 35°，相对高度较低，一般不超过100~150m，坡度小于 25°的面积不足 30%。陕西的绥德与米脂间，农田坡度超过 25°以上者，比任何黄土地区都多。

吕梁山、六盘山等岛状的石质山地，孤立挺拔，仅其峰脊部的岩石裸露于广布的黄土之上。黄土分布的高度，即所谓"黄土线"，在黄土高原的东部约在海拔 1 000m以上（如吕梁山）；向西到达六盘山，其东坡约为 1 800m，西坡为 2 400m；在陇西盆地，黄土线海拔高度在 2 000m 以上。这些呈岛状的石质山地，其上常生长一些次生林，植被比较茂密，水土流失比较轻微，并常常是穿过黄土高原的唯一巨大河流——黄河许多支流的发源地，成为一种独特的地貌形态。

2. 严重的土壤侵蚀

本区土壤侵蚀极为严重，除部分土石山区外，均属强烈水土流失区。由于黄土的土质疏松，人为破坏后，使得植被稀少，水土流失极为严重，河流泥沙含量极多。以黄河为例，其年平均含沙量为 37kg/m³，暴雨季节出现 1 000kg/m³ 以上的高浓度输沙现象，成为世界上携带泥沙最多的河流。全区总计年输沙量达 14.7 亿 t，占三门峡年输沙总量 16.2t 的 90.7%，足见黄河中游的泥沙主要来源于陕北、甘东和晋西的黄土高原。尤其是陕北高原面积 8.4 万 km² 内年输沙量有 8.4 亿 t，大部分地区侵蚀模数都在10 000t/（km². a）上。这种严重的水土流失，不仅对本区危害甚大，还一直影响到黄河下游（如黄河下游河道的淤积、泛滥、改道等）、黄河河口（河口三角洲的变化无常以及向海延伸），直至中国近海。

3. 夏季多暴雨，半湿润向半干旱过渡的气候

本区日平均气温≥10℃期间积温在3 200～3 600℃之间，全年平均降水量在350～650mm之间，约有90%的降水集中于日平均气温≥10℃期间，对农业生产有利。但由于夏季多暴雨，且强度很大（表11.2），因而容易引起土壤侵蚀。由于海拔高度大，夏季温度低，冬季处于反气旋南部，与华北平原同纬度相比，温度并不太低。另外本区云量少，晴天多、日光充足，均是气候上的有利条件。但雨量稀少，蒸发旺盛，从晋陕交界处向西越过六盘山到达陇西盆地，干燥度从1.5增加到4.0。全年水分不足，越向西，其亏缺程度越大。

表11.2　黄土高原的点雨量记录 （张汉雄，1983）

地点	时间/(年.月.日)	历时/min	降水量/mm	地点	时间/(年.月.日)	历时/min	降水量/mm
陕西周至黑峪口	1975.5.27	5	59.1	陕西洛川	1978.7.9	60	100.7
山西太原梅洞沟	1971.7.1	5	53.1	陕西汾河二坝	1969.7.27	90	137.8
陕西周至黑峪口	1973.5.27	10	59.1	山西屯留西河口	1971.6.23	60	115.1
山西太原梅洞沟	1971.7.1	10	53.1	山西太原周木庄	1969.7.27	60	100.0
陕西周至黑峪口	1978.5.27	15	59.3	山西静乐长平	1977.6.27	90	300.0
陕西周至黑峪口	1978.5.27	29	59.6	山西朔县大尹庄	1962.7.5	150	250.0
陕西旬邑职四村	1960.7.4	26	108.0	山西夏县如意	1969.8.21	180	400.0
陕西洛川	1978.9.7	45	96.0	山西霍县陷村堡	1970.8.10	360	600.0

4. 地带性的褐色土和黑垆土

本区的地带性土壤为褐色土（简育干润淋溶土）和黑垆土（堆垫干润均腐土）。其特点是：土层厚度及腐殖质层厚度都相当大，前者达2～3m，后者约1m左右；形态上不显黏化作用；质地一般较轻，呈暗棕褐色，向深层逐渐变淡，土中有不少虫穴、鼠穴，结构疏松，表土结构以团粒为主，但团粒含量不高，并缺乏稳固性；易溶盐和石膏已从剖面中淋失，但有明显的碳酸盐聚积层，有时有小石灰质结核。从表土起即呈石灰性反应，整个腐殖质层都有很多碳酸盐菌丝体，而以剖面的中部为最多，反应呈微碱性。吸收容量低仅5～17mg当量。在代换性阳离子中，钙和镁占绝对优势，钾与钠较少，各层胶体部的硅铝铁率均在2.5左右。含氮量及速效氮、速效磷含量均很低，速效钾含量丰富。黑垆土是古老耕种土壤，主要在陕西北部、陇东和陇中有比较普遍的分布，它常常出现在地形平坦、侵蚀较轻的黄土塬区，如董志塬、早胜塬、洛川塬等。在塬顶平坦处（1°～3°），为黑垆土，在塬畔坡度较大的地区（＞3°～5°）为侵蚀黑垆土，在地下水位较高地区多形成潮黑垆土（又称锈黑垆土）。在黑垆土上可以种植多种植物，如小麦、玉米、糜子、高粱、大豆及少量棉花。

第三节 以黄河为纽带的区域发展与生态建设

一、以黄河为纽带的区域联系

黄河流域是中国的第二大流域，面积约 75.2 万 km^2。除河源及上游地区在青藏高原外，黄河穿行在中国温带区域内，流域分属内蒙古高原、黄土高原和黄淮海平原等几部分。其上、中、下游的温度和水分状况有不少的差异。从大的自然区域而论，即分别隶属于中国青藏高原区、西北干旱区和东部季风区，其内部还有更进一步的差异。

通常认为，黄河托克托以上为上游河段，河长 3 472km。其中龙羊峡以上流经海拔 3 000～4 000m 以上的青藏高原。这里地势高亢，气候寒冷，虽然降水不多，但水分损耗极小。黄河在兰州以上河段的流域面积虽仅占花园口以上面积的 30.5%，但水量却占花园口径流量的 61%，成为黄河流域的主要产流区。龙羊峡至青铜峡河段，峡谷与川地相间，一束一放，蕴藏了丰富的水能资源，又有良好的坝址可供修筑水电站。目前已修建的若干水电站，对于提高流域及周边地区工农业生产水平意义重大。不仅如此，还可通过西电东送，解决华北缺电的部分问题，从而更促进了地域间的联系。

黄河出青铜峡后，至托克托河段，大多流经温带荒漠和半荒漠地区。由于气候干旱、降水罕少、无较大支流注入以及水面蒸发较大等原因，径流量非但未增加，反而减少了 5.6%，约合 32.2 亿 m^3。但是，这段河流河床比较平缓，沿河两岸有大片条带状冲积平原，即河套平原之所在，成为全流域的粮仓。在如此干旱的条件下，仍能充分利用这里的土地资源，发展农业生产，除地形条件外，重要的是远在秦汉时代就已开始渠道修筑，充分利用黄河水资源并取得成效，从而成为中国最古老的引黄灌溉，从秦代在青铜峡黄河东岸开凿秦渠起，至今已有两千多年的历史。由于长期灌溉而排水不畅，目前存在着不同程度的土壤次生盐渍化现象，这是这里农业生产中存在的严重问题之一。但总的来说，黄河上游虽有一定的水量，但受温度条件的制约，土地的垦殖受到一定的限制，除局部河谷地区外，向来以牧业为主。

托克托至孟津为中游段，流程 1122km。黄河中游流经的黄土高原被巨厚的第四纪黄土所覆盖，平均厚度为 30m～60m。最厚的地方在兰州附近的九洲台，厚度超过 200m。黄河干流及众多的支流，如渭河、泾河、洛河、无定河、汾河等，纵横交错于黄土高原上。由于黄土的土质疏松，富垂直节理，加上雨量集中，多暴雨，植被稀少，新构造运动活跃，以及人类不合理的土地利用，致使黄土高原沟谷发育，水土流失极为严重。据陕县水文站 1919～1980 年泥沙测量资料，黄河每年通过该站输向下游的悬移质泥沙量平均为 16.8 亿 t，为世界各河之最。其中，托克托以上的泥沙量为 1.47 亿 t，托克托至三门峡区间的悬沙量为 15.33 亿 t。托克托至三门峡间的悬移质年输沙量平均为 4 791t，即每年被侵蚀掉的土层厚度平均约为 0.63cm，陕北北部每年可达 3～5cm。远大于马兰黄土每年约堆积 0.01cm 的速率（刘东生等，1985），亦大于堆积速率与成壤速率之和，即允许土壤侵蚀量[①]。土地资源因此遭受严重地破坏，土地日

[①] 据陆中臣，该值为 350t/(km² · a)。

益贫瘠，生态与环境日益恶化，给当地工农业生产带来了巨大的影响。本区由于劳动生产率低，农民劳动所获无法满足其自身及其家庭成员生活最低限度的需要，迫使其不断扩大耕地面积，以补偿所需之不足，其结果陷入"愈垦愈穷，愈穷愈垦"的恶性循环之中。

由于强烈的侵蚀，黄土高原的水利设施淤积十分严重，使用寿命极短，许多库容达 100 万 m³ 的水库，建成不到几年就变成泥库。青铜峡水库库容 7 亿 m³ 多，基本上已全部被淤积，实际上目前已成为径流电站。宁夏海原已淤积库容 1.18 亿 m³，占总库容的 41.5%，相当报废了 11 个 1 000 万 m³ 库容的中型水库。固原县小型水库淤积损失的库容，折合人民币相当于该区 1950～1979 年间水土保持经费的 2.7 倍之多。人力、物力和财力的浪费是十分惊人的。黄土高原的侵蚀产沙是黄河下游河患的根源。历史上，黄河泛滥改道 1 500 多次，其中大改道 26 次，波及范围北抵海河，南到淮河，田园人畜屡遭灾害。每年通过三门峡下泄的泥沙，约有 1/4 淤积在下游河道中，使两岸大堤内的河床平均每年以 8～10cm 的速率抬高。目前，下游河床已高出附近地面 3～8m，最大处达 12m，成为举世闻名的"地上河"，泄洪能力逐渐降低。20 世纪 50 年代以后，虽然三次加高大堤，耗资数 10 亿人民币，但溃决的危险依然存在，且日趋严重。

尽管黄河流域的中、上游地区水土流失面积有 40 万 km² 余，但是，从中、下游之间的关系来看，淤积到下游河道内并产生深刻影响的，是粒径大于 0.05mm 的粗泥沙。这部分泥沙的 77% 来自河口镇至龙门区间和北洛河（金佛坪以上）流域、周河、马连河流域的 13 万 km² 范围内（陈永宗等，1989）。其中，晋、陕、蒙接壤地区的约 8.1 万 km² 范围内粗泥沙来量占总量的 58.8%（陈永宗，1988）。因此，问题的症结在于改变这 10 万 km² 的面貌。要确保下游安澜，需着力于中游水土保持，还要充分认识到水土保持工作的长期性和艰巨性。

另一方面，黄河多年平均含沙量高达 34.7kg/m³，为世界所罕见。然而正是由于黄土高原强烈的土壤侵蚀，才形成了今天广袤的黄淮海平原。据估算（陈永宗等，1983），全新世中期，黄河下游泥沙堆积量为 10.75 亿 t/a，前 1020～1194 年为 11.6 亿 t/a，1494～1855 年为 13.30 亿 t/a，1919～1949 为 16.8 亿 t/a，1949～1980 年为 16.30 亿 t/a。叶青超、杨毅芬等（1982）还根据前人的研究和钻孔资料，划分了下游冲积扇的范围和各时期冲积扇各部位的厚度。总趋势是三角洲逐渐增厚，顶点东移，造就了今天黄淮海平原的主体。平原多数地方新生代沉积的厚度为 700～800m，局部可达 5 000m 左右。黄河中游来沙决定了黄淮海平原沉积物的特性，频繁的河患、改道又是平原地貌形成的重要因素，这些都对平原的农业生产产生深刻的影响。

黄淮海平原属暖温带半湿润气候，温度条件能满足若干喜温作物生长需要，多实行一年两熟至两年三熟制，冬小麦均能生长，并正常越冬，但夏湿春旱对农作物极为不利。其地貌以层次分明、呈阶梯状为特征，以黄河为分水岭，向南北逐渐降低，岗坡洼微地貌发育，正负地形呈条带状分布。平原上的山前冲积洪积平原带，中部冲积湖积平原带和滨海海积平原带依次排列，地势由高到低，地下水埋藏由深到浅，地表水向低处汇集。一旦旱涝灾害发生，便形成山前干旱、低洼洪涝现象。岗、坡、洼等微地貌更使旱涝分布复杂化，高处干旱缺水，低处积水多涝。土壤盐分的运移积累与水紧密相关，一向有盐随水来、盐随水去之说。然而，在黄淮海平原，水的多寡与地貌条件密切相关。山前冲积洪积平原及地势较高的岗、坡地均为无盐碱化分布区，反之则都存在不同程度的盐碱化。盐碱化土地的治理宜加快地表水排泄速度、降低地下水位，一般都能取得较好的效果。河流两岸及古河床有面积不小的风沙土，这是黄河累次泛滥、改道遗留下来，经长期风力搬运和人类活动作用形成的，在农业上属低产土壤。其中，部分平沙地应注意种植喜沙低秆作物，逐步予以改造；部分沙丘、沙岗还必须进一步植树造林，发展果木，减少耕作与放牧。

综上所述，黄河的根本问题是泥沙。由于黄河下游的水灾和中、上游的土壤侵蚀，乃至中、下游的旱灾是互相关联的，从根本上讲都是由于没有能够控制洪水和泥沙的结果。因此，黄河下游能否保持安澜的局面，两岸农田和人民生命财产能否获得保障，虽与下游的自然和人文环境有一定的关系，但更重要的还是取决于中游黄土高原的水土保持能否取得卓有成效的成果，土壤侵蚀能否得到有效的控制。还也应该充分认识到，真正做到在大范围内取得明显的减沙效果，也不是一件容易的事，需要经过几代、甚至几十代人的艰苦努力才有可能实现。即使如此，土壤侵蚀作为一种自然现象仍将存在，在可以预见的将来，黄河仍然是一条多泥沙的河流。为了解决黄河的泥沙问题，除在上、中游采取多种途径和措施外，还必须在下游采取相应的途径和措施。总之，必须将上、中、下游紧密地联系起来，统筹考虑，否则认识将不会是全面的，解决问题的对策也不可能取得预期的成效。

二、黄土高原的土壤侵蚀与治理

（一）土壤侵蚀的严重性与危害

如上所述，黄土高原处于黄河的中上游，是中国西部开发，尤其是西北开发的关键地域。黄河及其许多重要支流，如渭河、泾河、洛河、无定河等，纵横于黄土高原之上。由于黄土的土质疏松，人为破坏后，使得植被稀少，土壤侵蚀极为严重，河流泥沙含量极大。黄河年平均含沙量为 $39.6kg/m^3$，暴雨季节出现 $1\,000kg/m^3$ 以上的高浓度输沙现象，多年输沙量 16 亿 t，居世界首位，成为世界上携带泥沙最多的河流。这些泥沙主要来自黄土高原的土壤侵蚀。陈永宗等（1990）根据泥沙输移比和分布特征，编制了黄土高原土壤侵蚀强度区域图，表明六盘山以东和吕梁山以西大部分地区年土壤侵蚀模数多在 $5\,000t/(km^2 \cdot a)$ 以上；风蚀水蚀交错区的土壤侵蚀模数多在 1.5 万 $t/(km^2 \cdot a)$ 左右，最高可达 2 万 $t/(km^2 \cdot a)$ 以上。

根据全国第一次土壤侵蚀遥感调查资料（1992），黄河流域风蚀和水蚀面积总计 46.5 万 km^2，占流域总面积的 58.84%。又据 1950 年代不完全的统计资料，当时黄河中上游的风蚀和水蚀面积为 43 万 km^2。历经 50 年的整治，尽管侵蚀强度有减轻的趋势，但土壤侵蚀的总面积变化不大。这种严重的水土流失，不仅对本区危害甚大，还一直直接影响到黄河下游（如黄河下游河道的淤积、泛滥、改道等）、黄河河口（河口三角洲的变化无常以及向海延伸），直至中国近海。由于新构造运动不断上升以及流经其间几条大河的不断下切，使得黄土高原丘陵区形成沟壑纵横、峡深崖陡的特殊黄土地貌形态，类似这样强烈切割的地形在世界上亦属罕见。如全球陆地地表的土壤侵蚀模数平均约为 14t/（km²·a），而陕北黄土高原的土壤侵蚀严重区高出此平均值约 1 800 ~ 2 000 倍。即以世界上侵蚀较剧烈的地中海地区来比较，其土壤侵蚀模数为 714t/（km²·a），仍然只及本地区的 1/40，足见黄土高原的土壤侵蚀严重性。据中国科学院黄土高原综合科学考察队遥感调查最新计算，黄土高原地区水土流失面积 34 万 km²，其中土壤侵蚀强度大于 1 000t/km² 的面积约 29.2 万 km²，大于 5 000t/km² 的面积约 16.6 万 km²（见表 11.3）。

黄土高原强烈的土壤侵蚀不仅给本区的社会经济和自然生态带来了严重的危害，而且还是黄河下游黄淮海平原旱涝盐碱、风沙灾害尤其是洪涝灾害的根源。

表 11.3　黄土高原及其毗邻地区土壤侵蚀面积（km²）（张青峰，2002）

| 省区 | 侵蚀模数/[t/（km²·a）] | | | | | | |
	>500	>1000	>5000	>10000	>15000	>20000	>25000
青海	13 789	11 814	2 977				
甘肃	87 680	82 410	48 791	10 898	1 544		
宁夏	29 286	19 074	8 669	58			
内蒙古	29 538	20 980	12 888	8 959	6 139	2 019	767
陕西	83 556	73 384	44 985	32 659	19 659	6 699	2 650
山西	86 189	75 707	47 638	23 756	12 956	1 665	
河南	11 748	8 228	308				
合计	338 787	291 597	166 254	76 330	40 298	10 343	3 417

1. 破坏土地资源，影响农业生产

剧烈的土壤侵蚀使耕地表层的熟化土壤大量流失，大大降低了土壤肥力，使土地日趋贫瘠。据调查，黄土高原的耕地每年流失厚约 0.1 ~ 0.2cm 的表土，个别地方超过了 3cm，甚至整个耕作层被冲走，耕种土壤基本上属于黄土母质。耕作层表土一般都是在黄土母质上发育成的较为肥沃的土壤，据绥德韭园沟流域资料分析，平均每吨表土含氮 0.5 ~ 1.5kg，磷 1.5kg 和钾 2.0kg，若以每年流失土层 1.0cm 计算，每年每公顷耕地将流失表土 120t，损失氮磷钾 2 700kg。照此下去，再过 3000 年，黄土高原就被冲刷殆尽。

土壤侵蚀沟的纵横发展，吞食、分割了大块耕地，使耕地面积缩小，耕作性能变差。水、肥、土的大量流失，破坏了土壤的良性结构，削弱了土壤的蓄水保墒能力，农作物赖以生长的基本条件急剧恶化，严重地影响了农作物的产量。如以 5°坡地与 17°坡地相比，后者侵蚀量为前者的 5.6 倍，生物量降低 22.2%。据中国科学院西北水土保持研究所推算，黄河年输沙量 16 亿 t 中至少有 8 亿 t 来自坡耕地，如以一般耕作层含氮量 0.1% 计算，8 亿 t 泥沙相当于流失氮素 80 万 t，合 174 万 t 尿素。若以每千克尿素产粮 2.5kg 计算，相当于每年损失 43.5 亿 kg 粮食。

2. 库、渠严重淤积，水利工程加速失效，水工效益降低

土壤侵蚀形成的大量泥沙进入水库、渠道等水工建筑物后，由于水流挟沙能力降低，输沙平衡遭到破坏，致使大量泥沙淤积。因泥沙淤积严重，在黄土高原上修建的水利设施寿命极短，许多库容百万立方米的水库，建成使用不到四年就变成泥库。据统计，陕、晋两省每年淤积库容达 13 亿 m^3，仅陕西黄土高原，由于水库淤积而损失的库容，折合人民币相当于该省 1950～1979 年 30 年间水保经费的 2.7 倍。三门峡水库修建时，淹地 6.7 万 hm^2，移民 25 万，耗资 9 亿元，库容为 96 亿 m^3。1958 年建成至 1964 年，淤积泥沙已达 38 亿 m^3，占库容的 1/3 强，从而不得不进行改建，又花了 31 亿多元，造成极大的浪费，并威胁库区下游安全。

渠道由于河水含沙量高，大量泥沙也淤积在渠道中，经常需要清淤，有时河水含沙量过高，还得停止引水灌溉。每年夏季农作物生长用水高峰期，各灌区往往因水流含沙量太大而关闸停水，这就加剧了供需水矛盾，加重了旱情，常形成"卡脖旱"，致使作物受害减产。

3. 生态与环境日益恶化，旱涝灾害加剧

林草植被的减少和大量水土流失，导致水源涵养能力下降，使河川径流年内分配愈加不均，丰枯比值加大，也使土地的抗旱能力削弱，最终使旱涝灾害日趋频繁及灾情增加，使脆弱的黄土高原生境日益恶化。黄土高原的旱涝灾害有愈来愈频繁、范围越来越广的趋势，这固然与大气环流异常有关，但土壤侵蚀的日益加剧无疑也是一个重要原因。

黄土高原侵蚀沟的恶性发育，使地表日益破碎，地表径流顺沟汇集，形成较大峰量的洪水。大量泥沙输入河流下游河道，淤塞河床，抬高河水位，减少了河流过水能力，加重了洪水威胁，加剧了洪水灾害。

地表径流的大量流失以及侵蚀沟纵横深切，造成地下水位的大幅度降低，导致黄土高原地区"三水"转换的严重失调，大大加剧了干旱的程度。

（二）植被恢复的可能性与必要途径

黄土高原的治理，首先以改善丘陵山区农业生产条件和减少泥沙入黄为主要目的。在承袭先人宝贵经验的基础上，1950 年代初将水土保持的措施总结归纳为工程措施、生物措施和耕作措施等三大措施。随着国民经济的发展和治理黄河的紧迫需要，水土保持三大措施的内容有了进一步的补充和拓展。但关键仍然是恢复植被。

1. 保护与恢复并重

过去相当一段时间对黄土高原历史时期的植被状况存在"森林茂密"的误解。一些历史地理学者根据有关文献记载和现今黄土高原地区残存的原始森林和次生林，提出黄土高原古代是森林和森林草原环境（史念海等，1985），并有人据此引申出森林覆盖率高达 53% 的结论。对此，应给予科学的分析。根据黄土沉积和孢粉分析结果，黄

土高原在有人类活动以前不是森林地带。大量研究证明，黄土是干旱、半干旱草原气候环境下的风尘堆积物，在该气候条件下，不能大面积生长茂密的森林。实际上，《诗经》中有很多诗篇都直接或间接地反映了古代黄土高原草地面积是广大的，其人文特点也证明灌丛和草地面积广大（王守春，1994）。同时，历史时期黄土高原内部也存在明显的区域差异，降水量或干燥程度的不同，使不同的地带分布着完全不同的潜在植被。如全新世晚期（距今约 1 万年），草原带的南界大致在固原、环县、靖边、榆林一线分布。

根据地植物调查和现代气候条件恢复的植被地带分布，黄土高原东南部气候适宜，降水量较丰，是农业发展和林业建设的主要区域，可以采取以乔木为主，乔灌草结合来恢复植被。西北部年降水量低于 400mm 已属于干草原地带，气候和环境条件较差，虽然目前有较多的耕地，但属于超地带性开垦，退耕以后所能够恢复的只能是草原，而不是森林，因此，应是将来退耕还草的主要区域，植被恢复只能以草为主，局部隐域环境下可种植少量灌乔木。目前，这类地域普遍反映"年年造林不见林"，原因就在于没有正确认识这样的自然规律。至于毛乌素沙地及其以北地区，属于半荒漠地带，年降水量更少于 250mm，原生植被中从来就没有森林出现，在绝大多数情况下，基本上不适宜于林业的发展。

干草原生态与环境是较脆弱的，因此黄土高原的生态建设和植被恢复，尤其是其中、北部更多的是应强调保护、恢复、重建和维持相结合。保护即首先要停止人为的负面干扰和破坏，并对其进行合理控制和有效利用，使其向好的方向转化。恢复即通过人工干扰建立一个原始的、过去曾经有过的生态系统，这是国际生态学领域的前沿课题。当然，要想确切地掌握某地原始存在的生态系统状况几乎是不可能的，更不用说要建立一个与原始生态系统一样的群落了。然而，应该把恢复定位在修复被破坏的或功能受阻的生态功能和特征上，即不一定要恢复到原始状态，也不可能恢复到原始状态，只要恢复到某一个比较稳定的中间状态即可以迅速、持久地提高生产力。对于退化比较严重的生态系统，尤其是自然植被已经不复存在或林下土壤条件已经发生根本变化的地区，应采取重建的途径。重建的生态系统应是高效的，应与改变了的生态系统相适应。而对于那些恢复和重建极其困难的地区，则要因地制宜，宜林则林、宜草则草、宜荒则荒。

2. 制订符合自然规律的规划

为了满足生态建设和退耕还林还草的需要，应该制定一个符合客观实际的生态建设规划。黄土高原地域分异明显，从理论上说，自然地域分异规律是地表自然地理要素和自然综合体有机结合并在空间地域上有规律分布的反映。它的显著特征，一是类型表现形式的多样性，二是空间尺度上的多级性，即类型的多样性和等级性反映了自然界是一个多级物质系统的镶嵌体系。各级物质系统都有相对独立的存在和运动规律，这是客观规律，不以人的意志为转移，是由某个地域所处的位置所决定的。本区根据不同的温度状况和水分条件的组合、不同地貌类型和地面组成物质，以及决定水土流失、风沙危害状况的地区性特点，可以划分为 3 个不同的自然地带（或者称为生物气候带）和若干个自然区。这个划分是认识生态与环境的一个宏观框架，可以也应该成为制定治理措施的基础。按照这个划分，大体上在吉县、延安、庆阳和天水一线以南地区是半湿润落叶阔叶林带。在这一区域内，只要是夏绿的乔木，如栎等一般都能正常生长成材，形成乔木林。在这一地区，倘若把坡耕地退下来，通过封育，也可以自然地生长出草本植物、灌木和乔木。而在上述一线以北至长城一线之间的区域，属于半湿润－半干旱的森林草原－草原带。除沟谷及部分阴坡水分条件较好，可以生长耐旱的乔木树种外，梁峁坡顶只能种植灌木和草本，乔木虽然能成活，但长不大，成为小老头树。长城一线以北属于半干旱－干旱的干草原和荒漠草原带。在这个地带内，除了局部汇水地段外，一般只能生长草本植物和半灌木、灌木。在上述各自然地带内，由于距海远近、地貌类型和地貌部位、地面组成物质等因素的影响，还有地方性的和微地域的差异。如同一个流域，山上山下、坡向、坡度不同，植被、土壤及小气候状况会有一定的差异，治理时都应采取不同的方式。如无定河流域的一个小范围内，自下而上就具有沟底地、沟谷坡地、三级梁峁地、二级梁峁地、一级梁峁地等不同的层性组合，水土保持规划、措施和农林牧配置均应按地域分异及地段层性规律进行。但实际情况往往是一哄而上，缺乏科学的指导，一提退耕，要么统统还草，也不管是否适宜种草；要么统统还林，也不管退下来的地是否适宜植树，更不问适宜种植哪种树。1950年代以来，在陕西绥德韭圆沟、陇中华家岭所种植的树，虽然活了下来，但至今胸径只有10cm左右，而且顶部开始枯萎。"三北"防护林建设到处都种植杨树（群众称之为"杨家将"），虽确有一些生长不错的杨树林，但也有大量的小老头树和枯死树，还有许多未成活的树根。个别地区造林，使土质变干，导致了更加干旱化的趋势，也是客观事实。植物与水的关系非常复杂，还有许多未知数需要研究。

黄土高原的生态建设务必改变无序的盲目状态，制定一个科学的生态与环境治理规划，既符合生态原理，也符合客观实际，既揭示生态与环境特点，又具有可操作性，以供决策使用。有了这样一个规划，才能高屋建瓴、统观全局，取得良好的效果。大量的实践表明，在年降水量450mm的山坡种植乔木可以成活，但不成林，在年降水量550mm的山坡造林可以成林，但不能成材。因此，在年降水量500～600mm的地区大规模推进造林工程时，应贯彻林跟水走的原则，把乔木配置在阴坡和集水的沟道里，阳坡种草或灌木。在年降水量500mm以下的地区，最适宜的是种草和灌木。柠条、沙棘等灌木在半干旱地区有很强的生命力和适应性，草田轮作，种草养畜，是半干旱地区很好的生态模式。

目前经济林过热的现象十分普遍，在生态十分脆弱的黄土高原及其毗邻地区，1998年新增造林面积的90%是经济林，近年这种趋势还在发展。还有大量种植葡萄作为保持水土、防止风沙的一种方法，都值得商榷。与生态林相比较，经济林虽然也具有防风固沙、保持水土的作用，但防护和控制能力较弱，每年还要除草松土。在一些位置偏北的地区，种植葡萄冬季来临前需要培土，春初又要松土，容易造成新的土壤侵蚀，甚至风沙灾害。此外，经济林的耗水量也比生态林大。在植树造林的社会效益和经济效益、生态建设与农民的利益之间，应建立有效的调节机制，坚持"谁种树、谁护林、谁收益"的原则。

成则在水，败也在水。遏制黄土高原及其毗邻地区生态、环境恶化的根本着眼点在解决水土流失问题，其中水是关键。黄土高原及其毗邻地区的北半壁是干旱半干旱地区，年降水量一般在 400mm 以下，荒漠地区则在 250mm 以下。随着全球环境变暖，降水量还可能减少。近几年连续干旱的状况已导致生态、环境的加速退化，因此水资源的保护和合理利用是非常突出的问题。部分地区水资源开发利用的程度超过水资源承载能力，生态用水被严重挤占，水管理粗放以及人为的水土流失极为常见。以往一提到水土流失、沙尘暴，就马上想到退耕还林还草，但退耕还林还草的具体举措是多种多样的，绝不能采取一刀切的办法。山西的降水量相对较适合于林木的生长，可以还林为主，但也应该重视林、灌、草的配合。陕西北部和陇中比较干旱，则应以还灌、草为主，而不宜盲目的强调还林。有关部门计划在今后 10 年造林 1.4 亿亩，按西北地区 7 000 万亩计算，按刺槐林耗水量测算，总耗水量在 350 亿 ~ 1 100 亿 m^3，这与目前西北的总可利用水资源量相当。也就是说，西北地区的水资源只能全部用作造林。中国草原无林是一个明显的特点，对大面积造林一定要慎之又慎。

3. 强调改善当地的生存环境

1950 年代以来，关于黄土高原治理的方针大略，一直存在争论。没有将群众的切身利益放在首位是问题的核心。没有将群众治理生态与环境的积极性长期持久地调动起来。没有群众长期持久的积极性，黄土高原的生态与环境建设就只能是一句空话。当前的生态与环境建设应该吸取过去经验教训，处理好生态效益与经济效益之间的辩证关系。应该说，过去很长一段时间，以牺牲生态效益换取经济效益固然不对，但只顾生态效益而忽视经济效益也不可取。没有经济效益，在现在和今后相当长的一段时间内，就得不到群众的支持，影响群众参与的积极性，治理成果难以巩固，生态效益难以持久。强调生态与环境建设的优先地位是应该的，但不能牺牲其他行业的利益，甚至不顾群众日常生活的需求。在处理生态与环境建设中的生态效益与经济效益的关系时，把生态效益放在第一位，而经济效益是第二位，这种提法和做法未必妥当。生态和经济两者不是矛盾的对立面，而是矛盾的统一体，实施上存在第一性与第二性，但效果应是两者相容相促的。经济效益是基础，生态效益是保障，两者应该并举，紧密结合，而不能偏废。在开发自然资源时，同时注意保护环境和生态；在考虑当代人利益时，注意不能剥夺子孙后代的发展机会和发展权利。黄土高原"害不除则利难兴，不兴利亦难除害"。

资源环境的保护和水土保持生态建设的可持续发展，是显示社会进步和发展的重要标志，是关乎中华民族繁荣和富强的千秋万代伟业，应该得到全社会、全民的关注，并共同投入资金和实力给予积极支持。

4. 恢复植被是一个长期的过程

恢复黄土高原的植被要靠水土保持，这是一项需要长期坚持、群众积极参与、地域性和综合性很强的复杂系统工程。它不仅包括种草种树等生物工程措施。也包括水利水保工程措施。这既需要水土保持部门主持，又需要其他相关行政部门协同完成。但是，长期以来，在计划经济的体制下，黄土高原以水土保持为中心的生态建设由多个部门承担、分别管理。在黄土高原开展水土保持工作十分艰苦，公益性很强。1990年代以前，受国家财力限制，水土保持的实际投资虽然年年有所增加，但总量有限，有些部门或领导自觉或不自觉地把水土保持视为包袱，并没有引起足够的重视。近年，情况发生了很大的变化，国家加大了投入力度。这种情况极大地激发了相关部门参与水土保持的积极性。但另一方面，应该防止条块分割、政出多门、各自为政的现象，存在重复投资，成绩重复统计，治理效益重复估算，成效远远低于实际的问题。应该打破现有的行政管理体制，贯彻整体性原则，在黄土高原应以水土保持为龙头，以土壤侵蚀的治理为基础，以县为基本组织和管理单元，农林水等部门相互配合。另外，应加速制定相应的法律法规，严明责任制，奖罚分明，对因失职渎职、瞎指挥所造成的损失应严肃处理。

三、土石山区水土流失防治

暖温带湿润、半湿润地区土石山区（还涉及大致河南信阳—安徽蚌埠一线以南北亚热带的部分区域）的水土流失包括水蚀、风蚀、重力侵蚀等几种类型。其中水蚀面积最大，2000 年有 13.33 万 km^2，约占山丘地区面积的 50%。第三次水土流失遥感调查的结果为 12.2 万 km^2（水利部等，2010）。强度以上侵蚀面积主要分布在：①潮白河流域密云水库上游；②永定河流域官厅水库上游；③滦河流域潘家口水库和大黑汀水库上游；④太行山东麓子牙河、大清河、漳卫河流域上游；⑤淮河上游的桐柏山、大别山地区；⑥洪河、汝河、沙颍河上游的伏牛山区；⑦沂河、沭河、泗河上游的沂蒙山区；⑧江淮、淮海丘陵区及黄泛平原风沙区。

海河流域是中国七大江河水土流失最严重的流域之一，1990 年代水蚀和风蚀总面积为 10.39 万 km^2，其中水蚀面积 9.90 万 km^2，占水土流失总面积的 95.28%。淮河流域的水土流失以水蚀为主，其次是风蚀、重力侵蚀和混合侵蚀，1990 年代末，水土流失总面积为 3.10 万 km^2，其中水蚀面积为 2.94 万 km^2，占水土流失总面积的 94.84%。

土石山区水土流失的成因涉及自然因素与人为因素两个方面。自然因素主要是降水集中、多暴雨、侵蚀力强，地形破碎、坡度大、沟壑密度大，土层薄、抗蚀力低，植被覆盖度低、林相结构差。人为因素主要是陡坡开荒、坡耕地面积大，林地萎缩，"坡林地"不合理经营，过度放牧以及工程建设导致新的水土流失。水土流失演变的主要特点，是深山区水土流失普遍减轻，山前丘陵区局部恶化，重点治理区普遍好转，部分经济落后地区水土流失仍很严重。

暖温带湿润半湿润地区土石山区人口多，耕地少，土地后备资源相对匮乏，人地矛盾突出，而水土流失使本来就十分珍贵的土地资源逐渐退化甚至丧失可利用能力。由于坡耕地面积大、分布范围广，每逢暴雨，地表土层流失严重，使耕作层变薄，同时土壤中大量的有机质和氮、磷、钾等植物养分随之流失，大大降低了土地的生产能力，导致群众生活贫困。而且下泄的泥沙与污染物会造成下游河道、水库的泥沙淤积和水质污染，降低了水工设施的蓄、排水能力，威胁着下游地区的水资源安全与生态安全。

暖温带湿润半湿润地区土石山区水土流失的治理，要坚持以小流域为单元，山水林田统一规划，综合治理。要封禁治理与生态恢复相结合，加快水土流失治理步伐。

控制人为水土流失，预防监督是有效措施。本区的治理经验表明，必须以小流域为单元，集中连片规模治理，才能发挥综合效益。同黄土高原水土流失的治理一样，在土石山区，水土保持也应与改善当地群众生产、生活条件相结合。

当前，土石山区坡耕地水土流失远未得到有效控制，坡耕地的水土流失也未得到应有的重视。在开展水土保持工作时，需要解决好上游水土保持对下游水资源的影响，水土保持的生态服务功能与生态补偿机制，以及土壤侵蚀治理标准与水土保持建设标准等重大问题。需要增强全社会对水土流失危害及其潜在威胁的认识。遵循地理地带性规律，实行分区治理，分类指导。科学规划，综合治理。加强封育保护，发挥生态自我修复能力，加快水土保持步伐。

参 考 文 献

蔡运龙. 2007. 中国地理多样性与可持续发展（中国可持续发展总纲）. 北京：科学出版社

蔡运龙，Smit. B. 1996. 全球气候变化下中国农业的脆弱性与适应对策. 地理学报，51（3）：202~212

陈红雨，欣金彪. 2002. 胶东半岛水资源开发利用现状分析. 水文，22（6）：56~58

陈灵芝，陈清郎，刘文华. 1997. 中国森林多样性及其地理分布. 北京：科学出版社

陈永宗. 1987. 黄土高原土壤侵蚀规律研究工作回顾. 地理研究，6（1）：76~85

陈永宗. 1988. 黄土高原国土整治中几个问题的探讨. 自然资源学报，（1）：6~12

陈永宗，景可，蔡强国. 1988. 黄土高原现代侵蚀与治理. 北京：科学出版社

大连市地方志编纂委员会办公室. 1993. 大连市志·自然环境志. 大连：大连出版社

董厚德. 1987. 辽宁植被区划. 沈阳：辽宁大学出版社

黄河水利委员会. 1993. 黄河水土保持志. 郑州：河南人民出版社

辽宁省地方志编纂委员会办公室. 2002. 辽宁省志·地理志. 沈阳：辽宁民族出版社

刘东生等. 1985. 黄土与环境. 北京：科学出版社

刘纪远等. 2002. 中国近期土地利用变化的空间格局分析. 中国科学（D辑），32（12）：1031~1040

刘濂等. 1996. 河北植被. 北京：科学出版社

全国农业区划委员会. 1991. 中国农业资源和农业区划. 北京：农业出版社

任美锷，包浩生. 1992. 中国自然区域与开发整治. 北京：科学出版社

山东省地方史志编纂委员会办公室. 1996. 山东省志·自然地理志. 济南：山东人民出版社

山东省土壤肥料工作站. 1994. 山东土壤. 北京：中国农业出版社

申元村. 2005. 黄土高原植被生态建设的反思与对策. 大自然，（1）：16~19

史念海，曹尔琴，朱士光. 1985. 黄土高原森林与草原的变迁. 西安：陕西人民出版社

水利部，中国科学院，中国工程院. 2010. 中国水土流失防治与生态安全. 北方土石山区卷. 北京：科学出版社

水利部，中国科学院，中国工程院. 2010. 中国水土流失防治与生态安全. 西北黄土高原区卷. 北京：科学出版社

孙鸿烈. 2011. 中国生态问题与对策. 北京：科学出版社

孙庆基，林育真，吴玉麟等. 1987. 山东省地理. 济南：山东省教育出版社

唐克丽，陈永宗，景可. 1990. 黄土高原地区土壤侵蚀区域特征及其治理途径. 北京：中国科学技术出版社

王建国. 2005. 山东气候. 北京：气象出版社

王守春. 1990. 论古代黄土高原植被. 地理研究，9（4）：72~79

王义凤. 1991. 黄土高原地区植被资源及其合理利用. 北京：中国科学技术出版社

王有邦. 2000. 山东地理. 济南：山东省地图出版社

肖国举，张强，王静. 2007. 全球气候变化对农业生态系统的影响研究进展. 应用生态学报，18（8）：1877~1885

薛丽俭，杨诣. 2001. 辽东半岛水资源合理利用与保护对策. 水资源保护，63（1）：21~23

杨勤业，景可，申元村. 2000. 黄土高原生态环境建设的四个问题. 科学时报，10月15日第三版：科学纵横

杨勤业，刘雪华，李国栋. 1994. 黄河中游地区环境脆弱形势. 云南地理研究，6（1）：32~44

杨勤业，王凤慧，李高社等.1993.黄河流域灾害环境的区域分异.见：杨勤业主编黄河流域环境演变与水沙运行规律研究文集.第六集.北京：气象出版社，4~13

杨勤业，袁宝印.1990.黄土高原地区自然环境及其演变.北京：科学出版社

杨勤业，郑度，孙惠南.1990.黄土高原自然地理区划的若干问题.地理集刊，(21)43~50

杨勤业、郭绍礼.1990.黄土高原及其毗邻地区环境问题之我见.干旱区资源与环境，(4)：1~10

杨勤业.2002.中国的生态地理区域与黄土高原的植被恢复.见：中国地理学会自然地理专业委员会编：土地覆被变化及其环境效应.北京：星球出版社，293~299

杨勤业等.1988.关于黄土高原空间范围的讨论.自然资源学报，(1)：1~5

杨勤业等.2002.黄土高原的植被恢复与建设.科学新闻，(1)

于沪宁.1995.气候变化与中国农业的可持续发展.生态农业研究，3(4)：38~43

张汉雄.1983.黄土高原的暴雨特性及其分布规律.地理学报，38(4)：416~425

张青峰.2002.黄土高原的土壤侵蚀与保护.山西水土保持科技，(1)：21~23

赵德三，尹泽生，张祖陆等.1991.山东沿海区域环境与灾害.北京：科学出版社

赵善伦，吴志芬，张伟.1997.山东植物区系地理.济南：山东省地图出版社

中国科学院《中国自然地理》编辑委员会.1985.中国自然地理·总论.北京：科学出版社

《中国自然资源丛书》编撰委员会.1995.中国自然资源丛书·辽宁卷.北京：中国环境科学出版社

《中国自然资源丛书》编撰委员会.1995.中国自然资源丛书·山东卷.北京：中国环境科学出版社

第十二章　北亚热带湿润地区

北亚热带湿润地区位于 28~33°N，104~123°E，北界大致以秦岭主脊和淮河为界，南界大致相当于大巴山和长江中下游平原南部边缘，总面积约为 57 万 km² （图 12.1）。

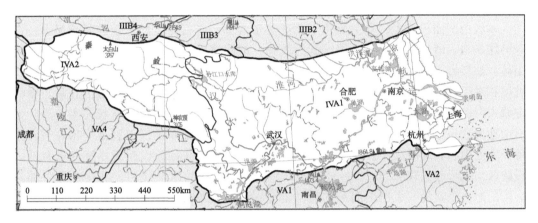

图 12.1　北亚热带湿润地区的位置（图例见正文）

北亚热带的北部界线沿秦岭山脉向东延伸与淮河干流相连接，该线大体是最冷月太阳辐射热量收支相等、全年水分收支相等的界线。此线南北两侧地质、地貌、气候、水文、土壤、生物等自然地理要素都存在显著差异。北亚热带北界西段的秦岭挡住了由东南往西北吹来的太平洋季风水汽，以及北方频频南下的冷空气，使秦岭以北气候渐趋干旱，千沟万壑的黄土高原是其典型的景观；而秦岭以南的汉中盆地则气候宜人、降雨充足。秦岭之北的渭河含大量泥沙；而秦岭之南的汉江却因两岸植被繁茂，土地侵蚀较弱，因此水质较好，河流泥沙含量小。秦岭之南珍稀动植物种类较多，如大熊猫、朱鹮和金丝猴等，而秦岭之北，却基本上见不到这些动物的踪影。秦岭以南多茶园、橘园、稻田等；而秦岭之北则多苹果园、枣园、麦田等。北亚热带北界东段是淮河干流，本区域缺乏山地屏障，地形平坦，因此自然景观是逐渐过渡的，但南北仍存在很大差别，比如淮河以南各地都有天然或人工栽培的马尾松，生长良好，并能见到种子萌生的天然更新苗，靠近界线的南侧，亚热带经济作物如杉木、油桐、毛竹、茶、橘等亦有栽培；而淮河以北很少见到马尾松，亚热带经济作物则生长困难或基本无法生长。

行政上，北亚热带湿润地区主要涉及陕西、河南、江苏、安徽、湖北、湖南、甘肃 7 省和上海市。

第一节　自然地理特征综述

一、丰富多样的地貌

北亚热带湿润地区处于中国地势的第二与第三级阶梯，海拔高度相差较大，地貌类型丰富，不仅分布有山地和丘陵，也有平原和盆地等基本地貌类型。其中，平原、丘陵和山地分别占总面积的 1/3 左右。具体来讲，北亚热带主要包括秦巴山地、淮阳山地、汉江谷地、南阳盆地、长江中下游平原和江淮平原等地貌单元。

本区山区面积较大，且主要位于北亚热带西部，岩石对区域地貌的影响显著，古老的结晶岩一般比较坚硬，抗侵蚀能力较强，常构成褶皱山系的核心，从而形成高峻山体，如秦岭。秦岭基本呈东西走向，地势较高。秦岭南坡位于北亚热带湿润地区，坡度相对于北坡较平缓，向南延伸至汉中盆地边缘，高度不断降低至低山丘陵。秦岭主峰太白山以东山势逐渐趋于平缓，在陕西省商洛地区山势结构如掌状向东分开。大巴山地大致呈西北—东南走向，海拔低于秦巴山地，而又高出汉江谷地千米左右。秦岭、大巴山和其间的汉江谷地呈两山夹一川的特点。汉江谷地以西属嘉陵江上游低山丘陵区，地势起伏较和缓，谷地较开阔，是陕川间主要的水陆通道。北亚热带中部为淮阳山地，是秦岭、大巴山向东的延伸部分，西起桐柏山，向东至大别山。淮阳山地经长期剥蚀，山体破碎平缓，仅大别山地势较高。

在秦巴山地和淮阳山地之间，是秦岭褶皱带内所形成的最大内陆构造盆地——南阳盆地。南阳盆地，又称南襄盆地，西靠秦岭、大巴山，东有桐柏山、大别山，北是伏牛山，南为武当山，从而形成为盆地。南阳盆地位于中国地势第二级阶梯与第三级阶梯的过渡区，秦岭挡住了北方的沙尘与冷空气，同时隔离了南方的炎热与潮湿。盆地内除现代冲积平原地势低平外，大部分均被河流切割成丘陵或阶地，当地称为岗地。

位于北亚热带南部和东部的长江中下游平原是在一系列断陷盆地上冲积形成的平原，在三峡以东，沿长江中下游两岸呈带状分布，间或有丘陵分布。长江中下游平原位于淮阳山地以南，江南丘陵和浙闽丘陵以北，东西绵长，而南北宽窄不一，总面积约 16 万 km²，仅次于东北平原和华北平原，属全国第三大平原。

早在古近纪–新近纪，受喜马拉雅运动的影响，断陷作用增强，在今长江中下游地区形成了若干盆地，如洞庭–汉江盆地和鄱阳盆地，并在盆地内部发育了向心状水系。进入第四纪，在新构造断块差异运动的作用下，间隔洞庭–汉江盆地与鄱阳盆地的黄石–武穴及湖口两道分水岭发生断陷，加之流域转入冷热相间潮湿气候环境，流水侵蚀等切割作用活跃，盆地之间分水岭随之消失，水系贯通，长江中下游水系始形成。这一构造–气候–地貌事件，标志着中国西高东低巨地貌阶梯和巨水系格局的最终奠定，盆地水系贯通形成统一的长江水系，大量物质携带进入中下游地区，随着物质空间分布的变化，开始了江湖关系演变、长江三角洲建造、陆架堆积扩展的历史（范成新等，2007）。平原区地貌的总体特征是地势平缓开阔，海拔基本小于 50m，平原边缘阶地发育，也包括低山丘陵、盆谷、湖泊洼地和沿海滩涂等地貌类型，主要由江汉平原、洞庭湖平原、苏皖沿江平原、长江三角洲和里下河平原等组成。

二、四季分明的气候

北亚热带湿润地区受东亚季风的影响较大，气候的基本特征表现为热量条件较优，四季分明，水热同季，水热资源能充分被各种植被和作物利用。

北亚热带各地日平均气温≥10℃的日数达220~240日，其间积温为4500~5100℃。本区温度从南到北递减。北亚热带各地年平均温度约12~17℃，秦岭山地是一个低值区，仅有12~13℃，长江中下游平原略高，大致为14~17℃（图12.2）。气温年较差相对较大。最冷月（1月份）平均气温大多在0℃以上，平均为3℃，因秦岭的阻隔作用，北方冷空气不易入侵，秦巴山地冬季温度与东部同纬度地区相比较高，而与东部较低纬度的长江沿岸相似。如陕西石泉与江苏溧阳最冷月平均气温均为2.8℃，陕西汉中与江苏南京最冷月平均气温相同，为2.4℃。本区夏季受副热带高压的控制，最热月（7月份）平均气温约27℃，西部山地温度相对较低，最低为22℃，东部平原丘陵区相对较高，可达27℃，特别是在长江下游沿岸高达29℃，普遍高于秦巴山地3~5℃。与世界同纬度地区比较，中国北亚热带夏季温度明显偏高，1970年代至21世纪初，陕西安康和河南南阳的年极端最高气温均高达41℃（表12.1），长江中下游主要城市。如武汉、合肥、南京和杭州的年极端最高气温也接近40℃；武汉6~8月多年平均日最高气温大于或等于35℃日数为18天，南京为16天。平原区夏季日较差很小，最低气温也常在26~30℃。北亚热带最冷月气温等值线的南北差异明显，而最热月平均温度东西差异较大。

北亚热带东部的长江下游地区冬、春两季极易受冷空气入侵影响。特别是冬季有强冷空气南下时，不但全区性降温剧烈，温度较低，还时常伴有大风和冰雪天气。由于冬有寒潮，夏有伏旱高温，因而长江中下游地区气温年较差大，四季分明。若遇寒流南下的情况，则可能发生"倒春寒"或秋季"寒露风"，这对水稻、棉花、蔬菜等喜温作物造成危害，而冬季在强烈寒潮侵袭下，对部分地区农作物也会产生一定危害。

中国北亚热带湿润地区属副热带高压带控制的范围，但地处大陆东岸的海陆位置，以及青藏高原隆升导致该地区温压场改变，强大的东亚季风环流改变了近地面层行星风系的环流系统。因此，中国北亚热带并不具有世界上其他副热带高压带控制地区的干燥气候，（如大陆西岸同纬度的撒哈拉地区），反而因季风影响而形成湿润气候。

北亚热带湿润地区年平均降水量大多在600~1600mm之间，但降水量季节分配不均，其中70%以上的降水量集中在4~9月份，夏季6~8月的降水一般占全年总降水量的40%以上，是防汛的重要时期。降水从西北向东南增加，秦岭地区为600~1000mm，大巴山地区为800~1200mm，淮河流域为800~1000mm，长江中游为1200~1600mm，长江下游为1000~1400mm。年最大日降水量基本在100mm以上，湖北武汉可高达300mm（表12.1）。

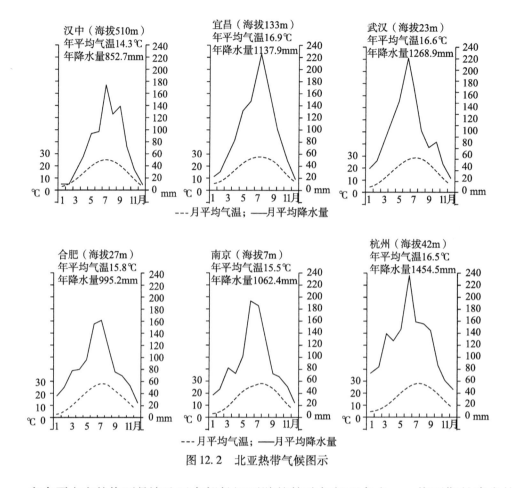

图 12.2　北亚热带气候图示

在春夏之交的梅雨是该地区东部长江下游的特殊气候现象之一。梅雨期是降水的主要集中期。长江下游地区梅雨季节常年在 6 月中旬至 7 月上旬，具有暴雨多、雨区广、雨时长的特点。长江下游干流地区的江西九岭山至黄山一带是长江流域暴雨区之一。但因夏季风年际变率较大，故一些年份的梅雨可提早到 6 月上旬初甚至 5 月下旬末入梅，而有些年份结束期亦可推迟到 7 月底甚至 8 月初出梅。梅雨结束以后，受大平洋副热带高压控制，7~8 月份降水相对减少，有些年份易发生伏旱，这与季风活动直接有关，但由于夏季风空气湿度较大，因而出现局地性的雷雨，同时也常受热带气旋外围风系（甚至热带气旋本身）的影响，因而 7~8 月的降水也仍占较大比重，对缓解该地区的伏旱具有极为重要的作用。

由于夏季风每年的强弱、进退不同，因此该地区的降水年际变率较大。梅雨持续期和降水量的年际变化影响该地区洪涝干旱的发生，在梅雨持续时间长、降水量多的年份，易形成洪涝，反之则易发生干旱。如 1959 年夏季因暖湿的季风势力较强，其前沿大雨带反常地迅速北移，使长江下游地区几成"空梅"，晴热天气达两个月之久，发生了严重的干旱；而 1954 年情况正好相反，暖湿季风势力较弱，使其前沿大雨带长期停滞在江淮流域，稳定少变，故使长江下游地区出现了百年少有的洪涝。

表12.1 北亚热带主要城市气候特征（1971~2000 年）

台站	年平均气温/℃	年极端最高气温/℃	年极端最低气温/℃	年降水量/mm	年日照时数/h	年最大日降水量/mm
陕西汉中	14.4	38.3	−10.0	852.6	1 568.9	117.8
陕西安康	15.6	41.3	−9.7	814.2	1 649.2	161.9
河南南阳	14.9	41.4	−17.5	777.9	1 897.3	193.7
湖北武汉	16.6	39.3	−18.1	1 269.0	1 928.6	298.5
安徽合肥	15.8	39.1	−13.5	995.3	1 902.3	238.4
江苏南京	15.5	39.7	−13.1	1 062.4	1 982.8	179.3
浙江杭州	16.5	39.9	−8.6	1 454.6	1 756.7	136.4
上海	16.6	37.8	−7.7	1 184.4	1 798.8	157.9

三、水系发达，河流湖泊密布

北亚热带湿润地区水系发达、河流湖泊密布，径流较丰，但年内分配不均。

北亚热带湿润地区的河流主要包括长江中下游及其支流，淮河及其支流（图12.3）。

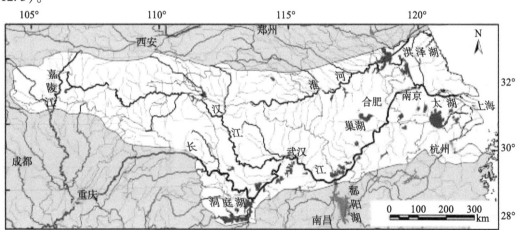

图 12.3 北亚热带湿润地区水系结构图

长江中下游干流全长 1 893km，河道坡降较小，水流平缓，并与众多大小湖泊相连，许多支流首先流入湖泊，然后再汇入长江干流，形成密布的河网。长江干流从湖北宜昌南津关以下，经湖北、湖南至江西湖口为中游河段，长 955km。本段沿程汇集清江、沮漳河、洞庭湖、江汉湖群、汉江、鄂东诸河等水系的来水。中游段河床坡降小，水流平缓，平均坡降为 0.03‰ 左右。

长江干流自湖口至江苏镇江为下游河段，长 938km。沿程有皖河、巢湖、青弋江、水阳江、滁河、太湖等水系汇入。长江在上海市吴淞口接纳入海前最后一条支流黄浦江后汇入东海。下游段江阔水深，多洲滩，河道分汊呈藕节状。长江干流南岸丘陵、山地较多，因此多石质山地直接矗立江边或伸进江中，称之为矶头，此处河床则变窄，如南京的燕子矶、湖北的城陵矶和安徽的采石矶。安徽省铜陵市大通站以下 600km 开始受顶托的海潮影响，水势变得和缓，但受潮汐影响，是坍岸最严重的河段。

自江苏江阴长江开始进入河口段。在江阴附近江面宽 1.4km，至徐六泾江面则扩宽至 5.7km，再向东南至崇明岛以东的长江口宽达 90km。整个长江河口段呈喇叭形，全长约 200km。长江口水量较大，但因河床比降小，故流速平缓，加之受海潮顶托的影响，长江从上游挟带来的大量泥沙在河口附近沉积，继而形成沙洲和河坝，并在两岸形成沙嘴。长江口河道在径流、海潮、泥沙和地转偏向力诸多因素的影响下，以及由此引起局部河床的冲淤变化，均导致河口汊道不断发展演变，河口三角洲便不断延伸扩展。长江口河道被崇明岛分隔为南支和北支，南支又被长兴岛、横沙岛分隔为南港和北港，南港再被九段沙分隔成南槽和北槽。

长江上游进入中游的水量为 4 183 亿 m³，至大通站年平均径流量达到 8 865 亿 m³，中游流量占长江总径流量的一半。长江在宜昌至城陵矶间为东南流向，其间接纳洞庭湖湘、资、沅、澧四水，水量大增。城陵矶至武汉间，流向折为东北，其间接纳长江最长的支流汉江后，水量约占全流域水量的 80% 以上（表 12.2）。

表 12.2 2001~2005 年长江和淮河主要水文控制站平均水沙特征值（中华人民共和国水利部，2006）

水文站	多年平均年径流量/亿 m³	年输沙量/亿 t	年平均含沙量/(kg/m³)	输沙模数/[t/(km²·a)]
宜昌站	4 183.0	1.60	0.38	159.0
沙市站	3 942.0	1.83	0.47	
汉口站	7 167.0	2.00	0.28	134.0
大通站	8 865.0	2.24	0.25	131.0
息县站	40.1	174.0	0.43	171.0
鲁台子站	248.3	256.0	0.10	28.9
蚌埠	320.3	500.0	0.16	41.2

长江中下游河势走向总的轮廓基本保持稳定，但局部的往复摆动仍然存在。历史上摆动明显的河段为武汉河段、官洲河段、安庆河段、贵池河段、马鞍山河段、镇扬河段等。近代界牌河段主流左右往复摆动；武汉河段主流由北岸摆向南岸，天兴洲北汊分流比逐年减少；镇扬河段目前主流摆向北岸；南京河段八卦洲北汊呈萎缩趋势。蜿蜒河段在下荆江蜿蜒变形幅度达 20~30km，在演变过程中发生裁弯，近代沙滩子发生自然裁弯，上车弯、中洲子采取了人工裁弯，石首弯道 1994 年发生向家洲切滩。在主流摆动、裁弯等过程中，都伴随着顶冲点变化（洪庆余，1999）。

长江含沙量较少而输沙量较大。长江上游来沙进入中游，经洞庭湖等平原湖区有些沉积，含沙量和输沙量均有所减小。多年平均含沙量在宜昌站为 1.19kg/m³，螺山为 0.68kg/m³，汉口为 0.59kg/m³，大通为 0.504kg/m³；多年平均年输沙量在宜昌为 5.21 亿 t，螺山 4.35 亿 t，汉口 4.21 亿 t，大通 4.72 亿 t。泥沙输移主要集中在 6~10 月，约占全年的 80%。但长江水量大，年入海沙量仍近 5 亿 t，相当于黄河入海沙量 11

亿 t 的 45%（洪庆余，1999）。长江中游干流的地表水矿化度低，pH、总硬度适中，水体中主要离子含量在正常范围以内，一般说来水质是良好的。但城市江段由于工业废水与生活污水的排放，水体的污染日益严重，特别是岸边水域已形成污染带，并扩展延伸，急需采取有力的防治措施。

在长江的众多支流中，汉江（又称汉水）为长江最长的支流，它发源于秦岭南麓陕西宁强县，在汉口注入长江，全长 1 577km，流域面积约 16 万 km²（仅次于长江支流嘉陵江）。汉江按地形地貌和河流特性等因素可分为上、中、下游三段。丹江口以上为汉江上游，河谷狭窄，长约 925km，河流主要穿行于秦巴山地之间，水流较急，峡谷和盆地交替出现，一般盆地段河宽为 200～300m，而峡谷段河宽则仅数十米。丹江口至钟祥为汉江中游，河谷较宽，沙滩多，长约 270km，河流流向从东西方向转变为西北至东南；汉江中游穿行于低山、丘陵、岗地间，因此流速减缓，河谷略见开阔。丹江口水库是南水北调中线工程的供水水源。钟祥至汉口为汉江下游，长约 382km，穿行于江汉平原间，水流缓慢，河床淤浅，河曲发育，河道淤塞的情况普遍而严重。汉江上、中、下游的平均比降不断降低，上游为 0.6‰，中游降为 0.19‰，到下游则仅为 0.09‰。汉江由于上中游来自山区，水流急骤，冲刷较强，水土流失严重，是长江中下游区间来沙量最大的支流，多年平均含沙量 3.24kg/m³（皇家港站），但输沙量最高的是嘉陵江。汉江中下游地区，是长江中游重点保护区之一，其河槽泄洪能力与洪水来量严重不平衡，洪水灾害较严重。

淮河位于北亚热带北部，发源于河南省境内的桐柏山，干流全长约 1 000km，总落差近 200m。淮河东流经河南南部、安徽中部，注入江苏中部的洪泽湖，最后向南、向东分别注入长江和黄海。淮河流域地貌的形成主要是地壳运动的作用，其次是由黄河和淮河本身大量泥沙堆集而成。淮河干流北岸支流多而长，水流平缓，河床平浅；南岸支流少而短，河床比降大，流量较多，水流急促。淮河的径流量较大，多年平均径流量为 600 亿 m³ 余，但季节分配不均，7～8 月集中了全年径流量的 50%～70%，年际变化也较大。淮河干流可分为上、中、下游三个河段。从豫、皖两省交界的洪河口以上为上游，长 360km，地面落差 178m，两岸山丘起伏，河水穿行于丘陵、岗谷间。从洪河口到洪泽湖出口中渡为中游，长 490km，由于大多数河道穿行于平原之中，河床坡度较为平缓，地面落差 16m，众多支流主要在中游汇入。从中渡以下至三江营为下游入江水道，长约 150km，地面落差约 6m。洪泽湖的排水出路，除入江水道外，还有苏北灌溉总渠和向新沂河相继分洪的淮沭新河。

淮河支流众多，南岸多山丘，支流基本发源于大别山区及江淮丘陵区，河床比降大，源短流急，汛期极易酿成洪水灾害。为扩大淮河洪水出路，提高洪泽湖防洪标准，确保淮河下游地区的防洪安全，2006 年建成淮河入海水道近期工程，标志着淮河结束了 800 年没有入海通道的历史。淮河入海水道位于江苏省淮安市、盐城市境内，与苏北灌溉总渠平行，西起洪泽湖二河闸，东至黄海之滨扁担港，全长 163.5km，为淮河下游地区的国民经济和社会发展提供了有力的保障。

北亚热带湿润地区河川年径流深的分布各地差别较大，大巴山地区径流丰富，年径流深达 600～700mm，北部边缘及汉江中、下游只有 200～300mm。径流的年内变化也很大，径流年内分配不均匀系数最多可达 0.45。全区有同时出现丰（包括偏丰，如 1964 年、1975 年）、枯（包括偏枯，如 1978 年）的现象，也有西丰东枯（如 1968 年汉江上中游为丰水，而长江中下游为枯水）和东丰西枯（如 1969 年）的情况。对同一河流（站）还有连续丰枯年的出现。如嘉陵江略阳站，1961~1964 年连续 4 年为丰（偏丰）水年，而 1971~1974 年为连续枯（偏枯）水年。区内洪水与暴雨的分布有密切的关系。洪峰流量的规模，以大巴山地区最大，而嘉陵江上游的规模较小。最小月径流量常发生在 1 月，有的出现于 12 月或 2 月，其规模一般东部大于西部。在泥沙径流方面，以嘉陵江上游地区的水蚀模数最大，达 500~1 000t/（km²·a），说明水土流失较为严重；其次为汉江上游地区为 200~1 000t/（km²·a），长江下游地区只有 50~100t/（km²·a）。洞庭湖地区以及长江三角洲是泥沙的沉积区。本区河流是全国河流封冻的南限，也是河流冰清的过渡地带。在寒潮强烈的 1956 年与 1957 年，淮河流域全部封冻，汉江、巢湖、洞庭湖水系的局部河段也出现封冻。但在寒潮较弱的年份如 1954 年，则淮河流域的河流几乎不封冻。本区河流的初冰发生在 1 月 1 日以后，终冰日期为 2 月 1 日左右。淮河流域一般 1 月上旬封冻，1 月下旬即解冻（汤奇成，1998）。

长江河段所经之地为冲积平原，两岸地势低洼，大多有堤防控制，河宽多为 800~1 200m；河道坡降平缓，为 0.048‰~0.02‰。干流两岸平原广褒，河网纵横，水势变化缓和，但遇天气异常、暴雨集中时，长江流域容易渍涝成灾，特别是荆江河段。对于淮河，由于历史上黄河长期夺淮，加上特定的气候条件，历来洪、涝、旱、风暴潮灾害频繁。在淮河下游地区还极易遭遇江淮并涨、淮沂并发、洪水风暴潮并袭的严重局面。淮河流域不仅水患频发，旱灾也较为严重，经常出现一年内旱涝交替或南涝北旱现象。据历史资料，从 16 世纪至 20 世纪中期，淮河共发生旱灾 260 多次，旱灾出现的频次为 1.7 年发生一次。

北亚热带分布众多的湖泊与洼地，具有调节江、河洪枯的能力，同时也是中国淡水水产资源的宝库。中国五大淡水湖中的四个都分布在北亚热带，包括长江中下游流域的洞庭湖、太湖、巢湖和淮河流域的洪泽湖（表 12.3）。本区湖泊的成因主要是在构造断陷的基础上，由河流或河海冲淤而形成，或者是河流泥沙淤塞古河道的结果，它们都与长江有密切的关系。这些湖泊大多数与长江相通，湖水位随长江水位高低而涨落。长江中下游平原及其上发育的密布的河湖洼地形成了复杂的河湖水网，千百年来深

表 12.3　北亚热带的主要湖泊

湖泊	所在省份	面积/km²	湖面高程/m	最大水深/m	容积/亿 m³
洞庭湖	湖南	2 820	34.5	30.8	188.0
太湖	江苏	2 420	3.0	4.8	48.7
洪泽湖	江苏	2 069	12.5	5.5	31.3
巢湖	安徽	820	10.0	5.0	36.0
高邮湖	江苏	775	7.0	3.2	22.3
洪湖	湖北	402	25.0	3.5	7.5
梁子湖	湖北	334	17.0	4.5	5.7

刻地影响着生态系统的形成和人类的经济社会活动。该地区湖泊有利于长江中下游平原的防洪，但因长江泥沙大量入湖沉积和长期人工围垦，湖泊面积不断缩小，调蓄洪水的能力普遍降低，有些湖泊甚至完全消失。

洞庭湖位于湖南省北部，是中国的第二大淡水湖，水域面积2 820km^2，具有极为重要的调蓄洪水的作用。在洞庭湖南部和西部，有湘江、资水、沅水、澧水四水汇入，在北边，有松滋、太平、藕池、调弦（1959年封堵）四口与长江相通，吞纳长江洪水，湖水最后在岳阳城陵矶注入长江。由于长江"四口"和"四水"的泥沙来量大，湖区又大量围垦，洞庭湖已分割为东洞庭湖、南洞庭湖、目平湖和七里湖等几部分。洞庭湖是五大淡水湖泊中水源最为丰富的湖泊，据多年监测资料统计，洞庭湖年平均入湖径流量3 034亿m^3，其中"四水"为1 649亿m^3，"四口"为1 129亿m^3，区间为256亿m^3（窦鸿身等，2003）。洞庭湖水位变差较大，不但受其自身流域降雨径流过程、湖泊调蓄、入湖径流功能强弱的影响，还与长江水情息息相关。正常年份，洞庭湖洪峰早于长江，彼此错开后可发挥其较强的调蓄功能，有利于减轻长江荆江段的防洪压力。长江洪水通过洞庭湖调蓄，一般可削减30%左右，因此对长江中下游平原防洪起着重要的调洪、滞洪作用。同时，环洞庭湖区也是中国重要的农业生产基地，对维护长江中下游水域生态平衡、保证生态安全也极其重要。

太湖位于江苏和浙江两省交界处，是长江三角洲平原上众多湖泊中最大的一个，是中国第三大淡水湖，湖泊面积2 420km^2，容积近50亿m^3。太湖是冲积平原上的河道因洼地宣泄不畅、积水扩大而形成的潟成湖。流入太湖的河流主要有源于天目山区的苕溪水系和源于界岭山地的荆溪水系，其次是京杭大运河来水，运河纵贯太湖北部和东部各支流港汊。太湖的出水口集中分布于湖的东部和北部，小部分水量向东北经江阴、太仓间的一些河港泄入长江，大部分水量向东经苏、沪间湖泊的调蓄后由黄浦江排入长江。太湖流域总面积约为3.7万km^2，流域内河网纵横交织，湖泊密布，组成了庞大的灌溉系统和内河水运网，是典型的江南水乡泽国，著名的鱼米之乡，中国沿海地区经济最发达的地区之一，盛产粮、棉、油、蚕丝、茶、果等多种作物。但是，由于太湖流域人口稠密、城市集中、经济发达，目前该流域及其周围河网的水污染形势严峻。

巢湖位于安徽省江淮丘陵中部，湖泊水域面积约820km^2，是中国第五大淡水湖。巢湖起源于英、霍二山，流域四周为丘陵山地，水系发达，呈放射状汇入巢湖，主要入湖河流有丰乐河、杭埠河、兆河等，入湖径流量为37亿m^3。裕溪河为巢湖唯一出口。巢湖在1960年以前是与长江、淮河相通的过水型湖泊，长江入湖水量多年平均为13.6亿m^3，其吞吐水量较大，补给部分占总入湖径流量的98%。1960年巢湖建闸，使巢湖成为人工控制的半封闭性水域，长江入湖交换水量降低为多年平均约1.6亿m^3，基本上已失去吞吐作用。流域内各水系主要以雨水补给，由于灌溉需要，修建的大量水库更使巢湖入湖径流量大大减少。

淮河中下游的湖泊约有20多个，大多数是黄河决口夺淮入海时形成，如位于江苏省洪泽县西部淮河中游的冲积平原上的洪泽湖，原是淮河下游的湖群，黄河决口南泛而来的泥沙淤塞淮河下游出海通道，致使淮河下游泄水不畅，加以人工筑堤蓄堵而形成今日的大湖。洪泽湖是淮河中下游结合部的巨型平原水库型湖泊，承泄淮河上中游15.8万km^{2}的来水。洪泽湖是一个浅水型湖泊，水深一般在4m以内，最大水深5.5m。

湖区总面积为 2 069km^2，流入洪泽湖的河流有淮河、濉河、汴河和安河等。洪泽湖入湖径流量为 294 亿 m^3，其中淮河占总入湖径流量的 87% 以上（窦鸿身等，2003）。洪泽湖具有巨大的调洪蓄洪能力，水位升降迅速，1931 年和 1954 年最高水位曾达到 16.5m 和 15.23m。历史上最大入湖流量达 1.98 万 m^3/s（1931 年）。洪泽湖出口有入江水道、苏北灌溉总渠、入海水道和淮沭新河，是一个调节淮河洪水、提供农田灌溉、航运、工业和生活用水，并兼有发电、水产养殖等综合利用的湖泊（毛信康，2006）。

四、过渡性的土壤与动植物

北亚热带湿润地区发育的典型土壤类型为黄棕壤（铁质湿润淋溶土）和黄褐土（铁质湿润淋溶土），具有较强淋溶、黏化和弱富铝化作用。本区由于雨量较为充沛，在排水良好的情况下，地球化学过程大大加强，土壤和风化壳中易溶性盐类多被淋失，难以迁移的硅铝铁等元素，在一定条件下也发生迁移和聚积，黏化过程和富铝化过程占主导地位，从而发育了硅铝风化壳和铁铝风化壳，产生黄棕壤和黄褐土。2001 年中国科学院南京土壤研究所制定的《中国土壤系统分类检索》中，黄棕壤和黄褐土二者同属淋溶土纲，但分属于湿润淋溶土亚纲和半干润淋溶土亚纲（中国科学院南京土壤研究所土壤系统分类课题组，2001）。

黄棕壤 pH 为 5.0～6.7，呈微酸性，盐基饱和度 <75%，无石灰结核存在，具有暗色有机质，含量不高的腐殖质表层，亮棕色黏化层，母质可有花岗岩、片麻岩、玄武岩等风化物的残积物和坡积物。黄褐土 pH 为 6.8～7.5，盐基饱和度 >75%。在同一地区，钙质母质多发育为黄褐土，反之则发育为黄棕壤，因而往往形成黄棕壤与黄褐土的镶嵌分布。这两种土壤的特殊肥力性状和生态环境，在改良利用方面应当根据其环境条件和土壤肥力特征发展经济林业与农业，发挥其综合生产潜力。

北亚热带湿润地区的山地较多，山地土壤类型丰富，具有明显的垂直地带分异规律。如大别山的土壤垂直带谱是：<750m 分布黄棕壤（铁质湿润淋溶土），>750m 为山地棕壤（简育湿润淋溶土），>1 350m 为山地暗棕壤（暗沃冷凉湿润雏形土），>1 450m 为山地草甸土（普通暗色潮湿雏形土）；大巴山北坡的土壤垂直带谱是：>600m 发育山地黄褐土（铁质湿润淋溶土），>1 100m 为山地黄棕壤，>2 300m 为山地棕壤和腐棕土（赵济，1980）；秦岭南坡的土壤垂直带谱是：>500m 发育黄棕壤，>1 300m 为棕壤，>2 200m 为暗棕壤，>3 000m（3 350m）局部山地有沼泽土（有机正常潜育土），>3 700m 发育山地草甸土（普通暗色潮湿雏形土）。

此外，受成土母质、地下水和人为耕作的影响，该地区形成了多种非地带性土壤。如平原区发育的水稻土（水耕人为土），江源地区和湖泊附近的沼泽土（有机正常潜育土），长江及其支流两岸的沙岗和洲地的潮土（淡色潮湿雏形土）等。水稻土是人为影响明显的人工土壤，在长期种稻条件下，经人为的水耕熟化和自然成土因素的双重作用，土壤经常处于淹水还原、排水氧化、水耕黏闭状态，从而产生特殊层段的土壤。水稻土的剖面构型一般具有水耕熟化层、犁底层、渗育层、水耕淀积层和潜育层，有利于有机质的积累，腐殖质化系数比旱作土壤高。水稻土主要集中分布于太湖平原、洞庭湖平原、江汉平原，是中国水稻主要产地。沼泽土是指地表长期积水或季节性积水，地下水位高（在1m以上），具有明显时生草层或泥炭层和潜育层，且全剖面均有潜育特征的土壤。潮土是近代河流沉积物受地下水影响，经长期旱作而成的土壤，可分为灰潮土、潮土、盐化潮土3个亚类，分布面积不大，却是蔬菜、瓜果、棉麦种植基地。江汉平原、苏北平原均有大片分布。

北亚热带湿润地区属于典型的季风型气候，该地区的地带性植被类型为常绿落叶阔叶林，以落叶阔叶树为主，也杂生一些常绿阔叶树。

常绿落叶阔叶林是落叶阔叶林和常绿阔叶林之间的过渡类型，首先是常绿阔叶林下逐步出现落叶阔叶灌木，然后在林内乔木层出现落叶乔木。常绿落叶阔叶林的上层建群种大多为壳斗科种类，其中常绿的有青冈属、栲属，落叶的有栎属和水青冈属等。此外，分布比较普遍的常绿种类还有樟科的樟属、润楠属、楠木属、新木姜子属、山胡椒属和山鸡椒属，山茶科的木荷属、山茶属、柃属、红淡属以及交让木科、山矾科、冬青科、杜鹃科、蔷薇科、山茱萸科和五加科等常绿树种。落叶阔叶树种有槭树科的槭属，桦木科的桦木属、鹅耳枥属，漆树科的盐肤木属、漆属及黄连木属，金缕梅科的枫香属，青风藤科的泡花树属，樟科的胡椒属，胡桃科的化香属，含羞草科的合欢属，安息香科的安息树属，山茱萸科的灯台树属等（李文华等，1996）。在北亚热带湿润地区，常绿落叶阔叶林主要分布于低海拔区域，垂直海拔最高1 800m。优势物种包括栓皮栎、麻栎、青冈、木荷和水青冈等类型。

本区有少数马尾松林和杉木，但生长不好，多属于次生林或栽培后形成的半自然林。马尾松林能耐干燥贫瘠的土壤，而杉木林则在土壤深厚、阴湿的环境下生长良好。杉木是中国特有树种，是优良建筑木材。

本区经济林包括多种树种、竹类和果品植物等，主要有毛竹、油茶、油桐、柑橘等人工林；暖温带果树，如柿、板栗、梨、桃、杏等也能栽培。农业利用以旱作与水稻为主，是中国主要粮食、茶叶与蚕桑的重要生产基地。多数地方冬季没有季节性冻土，小麦、大麦，还有一些其他作物在冬季亦能继续生长，主要作物制度是一年两熟，少数地方可以一年三熟。

本区动物分布具有南北方种类过渡的特征。大部分地区动物组成是由北方的古北界和南方的东洋界种类各占一半。在秦岭南坡，既有刺猬、麝鼹、鼢鼠等北方种类，也有毛冠鹿、小灵猫等南方种类。两栖爬行类南、北方种类混杂比例约为3∶1（张荣祖，1999）。

本区野生动物资源和种类较多，尤其是秦巴山地有兽类40多种，鸟类230多种，还有部分两栖、爬行类及鱼类；属于国家一类保护动物的有6种，保存了世界著名的大熊猫、金丝猴，还有羚牛、朱鹮和黑鹳等，是中国生物多样性的重要组成部分。世界稀有的扬子鳄和中华鲟仅见于长江，是中国重点保护动物。

本区河网密布，河流、湖泊的水生生物资源丰富（表12.4）。本区湖泊因其具有通江达海的发达水系和内部复杂的环境条件，故集中体现了环境多样性和生物多样性的统一，不仅孕育了以青、草、鲢、鳙四大家鱼为代表的数十种中国特有的经济鱼类，而且水生植物茂盛，虾、蟹、螺、贝等其他水生生物种类繁多，同时又是中国著名的鱼米之乡和重要的淡水渔业基地，仅湖泊中的天然水产品捕捞产量就接近全国淡水捕捞产量的20%。洞庭湖有鸟类158种，洪泽湖有鸟类181中，珍稀鸟类众多，属于国家一级保护的鸟类有鹳科的白鹳和黑鹳，鸭科的中华秋莎鸭，鹰科的金雕，鹤科的白头鹤、白鹤、丹顶鹤，鸨科的大鸨等（窦鸿身等，2003）。

表 12.4　北亚热带湿润地区主要湖泊水生生物资源（全国农业区划办公室，1998）

| 湖泊 | 浮游植物 | | | 浮游动物 | | | 底栖动物 | | | 水生维管束植物 | |
	种类/个	数量/（万个/L）	生物量/（mg/L）	种类/个	数量/（万个/L）	生物量/（mg/L）	种类/个	数量/（个/m²）	生物量/（g/m²）	种类/个	生物量/（kg/m²）
洞庭湖		8.7	0.47				14.1	61.13			
太湖	97	6.9	0.16	79	2 100	0.69	65		44.8	66	
洪泽湖	128	11.5	0.27	69	2 100	0.70	39		172.4	30	2.8
巢湖	72	16.4	1.45	46	480	0.3	55	394	103.45	50	1.37

第二节　北亚热带内部的南北分异与东西差别

一、地区内部的南北分异

北亚热带湿润地区的气候南北差异最为显著。受纬度地带性影响，低纬度地区温度高，向北部高纬度地区温度则递减。受季风影响，南部降水量相对较多，北部降水量相对偏少。随着夏季风和极锋的进退，梅雨期在南部开始较早，北部开始较晚，长江河谷在6月中上旬开始，7月上旬结束，淮河流域大致在6月底开始，7月中旬结束。

由于热量和水分条件的南北差异，北亚热带北部的江淮平原一般只适宜于稻、麦或麦、棉两熟，南部的洞庭湖平原冬季比较温暖，可种双季稻或冬油菜、双季稻或冬小麦、双季稻，一年可三熟。亚热带经济林如毛竹、柑橘等，在两湖平原多能正常生长，江淮平原则不能种植。北亚热带南部和北部的马尾松林的伴生乔木树种、灌木层和草本层具有明显差异。在秦岭、大巴山地以及长江以北丘陵，马尾松林的伴生乔木由落叶阔叶树，如枫香、白栎等组成，灌木层为落叶阔叶树种，草本层没有常绿的铁芒箕。在大别山和长江以南，马尾松林的伴生乔木有甜槠栲、青冈栎、木荷等常绿阔叶树，灌木层是毛冬青、油茶等组成的常绿阔叶树种，草本层以常绿铁芒箕为主要类型。

受夏季风的影响，长江中下游径流的季节变化存在南北差异。一般情况下，长江洪水在流域内发生的时间是南部早于北部，各支流汇集到干流的洪水先后错开，使长江中下游干流洪水历时较长且稳定。如南部洞庭湖的洪水多发生在5~7月，而北部汉江洪水的起止时期大致是7~9月。由于各地的降雨及来洪时间错开，一般年份不致造成灾害性洪水。但如遇大气环流反常年份，洞庭湖雨季持续延后，汉江洪水提前，遭遇组合即可发生洪水，如1931年、1954年以及1998年全流域型大洪水。

北亚热带南部和北部的湖泊在其分布特征上存在明显的差异。南部以特大型湖泊为核心形成湖群，主要是洞庭湖和太湖两大湖群，其特征是水系多、集水面积广、来水量大、水文变化复杂。南部大湖群具有一定的调蓄洪水功能，其水域面积和贮水量不稳定。虽然北部的湖泊较多，有江汉湖群、皖西南湖群和江淮湖群，但却没有主导性湖泊，受人工节制，北部湖泊水系较少，集水面积小，来水量不大。6万 hm² 以上的湖泊有洪泽湖、巢湖和高邮湖，其他湖泊水域面积多介于 1 万~3 万 hm² 之间。湖泊水域面积相对稳定，可调节的水量相对较少，但湖泊基本上分布较为集中，整体调蓄功能较强。

北亚热带湿润地区发育的典型土壤类型为黄棕壤和黄褐土，是暖温带棕色森林土、褐色土向中亚热带的红、黄壤的过渡类型。地区典型的地带性植被类型为常绿落叶阔叶林，是北方落叶阔叶林和南方常绿阔叶林之间的过渡类型。与土壤和植被的分布相似，本区动物分布具有南北方种类过渡的特征。大部分地区动物组成是北方的古北界和南方的东洋界种类各占一半。

二、地区内部的东西差别

北亚热带湿润地区存在东西差异，主要体现在地形和气候上。

北亚热带湿润地区地势整体上西高东低，东部位于中国地形三大阶梯的第三级，以低山、丘陵、较大面积的平原为主，地势低平，平均海拔 500m 左右，只有部分低山可达 800~1 000m，少数山峰超过 1 000m，长江中下游平原地区海拔多在 50m 以下。而西部地区则属于中国地形的第二级台阶，地势起伏较大，多数地面海拔在 1 500m 以上，山地以中山为主，山地与盆地、谷地相间分布。

北亚热带湿润地区东西部同属北亚热带季风气候，但西部地区因地势较高，地形复杂，离海较远，加之受大气环流影响，水热组合状况与东部地区有明显的差异。

西部地区北侧有秦岭屏障，冷空气不易侵入，加之距海远，受寒潮及季风影响较小，而东部地区则相反。因此，在气候上，东西部同纬度地区相比，西部冬季气温较高，夏季气温较低，降水相对较少，季节分配不均匀（表 12.5）。西部地区 5~10 月集中了全年降水量的 80% 以上，具有夏湿冬干的特点，并且秋雨多于春雨，春温高于秋温。而东部地区则全年降水分配比较均匀，春雨多于秋雨，上海、武汉地区，春季降水量约占全年降水总量的 1/3，春温低于秋温。

表 12.5　北亚热带气温的东西差异（北纬 33°）

项目	西部			东部		
	石泉	汉中	略阳	驻马店	寿县	蚌埠
东经/(°)	108.3	107.0	106.2	114.0	116.8	117.4
北纬/(°)	33.1	33.1	33.3	33.0	32.6	33.0
海拔/m	484.9	508.4	794.2	82.7	22.7	18.7
最冷月平均气温/℃	2.8	2.4	2.2	1.3	1.4	1.8
最热月平均气温/℃	25.4	25.2	23.5	27.2	27.4	27.9
年平均气温/℃	14.5	14.3	13.3	14.9	14.9	15.4
年降水量/mm	874.8	852.8	792.1	979.2	905.5	919.9

第三节　自然区自然地理特征

一、淮南与长江中下游耕种植被常绿落叶阔叶林区（ⅣA1）

本区位于 29°~34°N，111°~123°E，全区面积约为 40 万 km²。本区地势相对平缓，以平原、丘陵和低山为主。长江中下游平原自西而东可以分为 3 个部分。西部宜昌至武汉是湖泊性平原，是古云梦泽的一部分。武汉至湖口是沿江湖积冲积平原。受两岸山地丘陵约束，平原面积收窄，南北两岸山地紧逼江岸。湖口以下，河流分支纵横，是三角洲平原。此外，区内低山丘陵有宁静山脉、茅山山脉、张八岭低山丘陵等。

本区季风气候显著，四季分明、夏季炎热，降水充沛，受梅雨影响显著；河湖纵横，水网密布，湖泊众多；长江中下游干流贯穿本区，加上其众多支流，构成密布水网，是本区地貌形成的基础。

淮南与长江中下游耕种植被常绿落叶阔叶林区，可以划分为长江中下游与江淮平原、淮阳山地和长江三角洲平原 3 个亚区。

1. 长江中下游与江淮平原亚区

长江中下游平原是由长江及其中下游支流挟带的泥沙历经漫长时间沉积而成的堆积平原。江淮平原是由地质构造的沉降与淮河、长江水流携带泥沙搬运堆积共同作用而形成，地势低洼。平原内河网稠密，湖泊众多，是中国著名的鱼米之乡。

总的来说，长江中下游与江淮平原气候、植被等自然条件优越。平原区大部分地区年平均气温在 15~17℃之间。最冷月 1 月平均气温长江中下游大部分地区为 3~5℃，江淮平原为 1~3℃，最热月 7 月平均气温长江中下游地区普遍在 27℃以上，江淮平原在 26℃左右。长江中下游年降水量在 1 000~1 600mm，江淮平原略低，约 800~1 200mm。在本区，地带性土壤仅见于低丘缓岗，主要是黄棕壤（铁质湿润淋溶土）或黄褐土（铁质湿润淋溶土），分布面积不大。大面积的土壤为广泛分布于冲积淤积平原的草甸土（普通暗色潮湿雏形土）、沼泽土（有机正常潜育土）、盐渍土以及经水耕熟化而形成的水稻土。本区植被类型主要是由壳斗科的栎属和常绿阔叶树的苦槠、青冈等组成的落叶-常绿栎类混交林。适生树种较多，树木生长较快。岗地丘陵除部分地区栽种亚热带经济林和果园、茶园或垦为耕地外，其余的主要为次生灌木林或人工栽培的马尾松林。洞庭湖平原边缘丘陵岗地地带性植被主要为常绿阔叶林，以壳斗科常绿树种为主要建群种，其次为樟科、山茶科、木兰科、冬青科等树种组成。该平原区内鱼类资源繁多，还有中华鲟、扬子鳄、白鳍豚等世界珍稀物种。

受长期人类活动的影响，长江中下游与江淮平原土地垦殖指数高，农业发达，是中国重要的粮、棉、油生产基地，盛产水稻、棉花、油菜、桑蚕、苎麻、黄麻等。本区是淡水养殖高产区，尤其是两湖平原淡水鱼产量高，素产鱼、虾、蟹、莲、菱、苇等。但是随着人类活动对自然生态系统干扰的加剧，长江生态系统也在不断退化，物种不断减少，国家级保护动物白鳍豚难觅踪迹，长江鲥鱼不见多年，中华鲟、白鲟数量急剧减少。长江水域天然捕捞量从 1950 年代的 43 万 t 下降到 1990 年代的 10 万 t 左右。

长江中下游平原的两湖平原以荆江为界，以北称江汉平原，主要由长江和汉水冲积而成；以南为洞庭湖平原，主要由通过"四口"输入的长江上游来的泥沙冲积而成。两湖平原上较大的湖泊有 1 300 多个，包括小湖泊，共计 1 万多个，面积约 1.2 万 km²，占两湖平原面积的 20% 以上。江汉平原在构造上属第四纪强烈下沉的陆凹地，在此基础上发育形成了古代著名的云梦泽，但由于长江挟带泥沙长期充填的结果，至先秦战国时代，云梦泽演变为平原—湖沼形态的地貌景观。两湖平原海拔不足 200m，中部、东部沿江一带最低，海拔在 35m 以下。

2. 淮阳山地亚区

淮阳山地主要包括西北—东南走向的桐柏山、大别山与大洪山，以及西部的南阳盆地。燕山运动对本区影响较大，不仅有断裂，而且有花岗岩浆侵入和安山岩浆等喷发，喜马拉雅运动期，本区又有新的断裂发生，在大别山地有第四纪冰川的遗迹。大洪山为切割破碎的石灰岩山地，桐柏山为近代侵蚀作用并不显著的花岗岩与变质岩山地。该地区整体上山势较低矮，大部分属低山丘陵，一般海拔在 200～500m，地面坡度大。个别山峰海拔在 1 000m 以上，如桐柏山的太白顶 1 140m，大别山的白马尖 1 774m，大洪山最高峰海拔 1 055m。

淮阳山地年平均气温为 14～16℃，最冷月平均气温达 0～4℃，最热月平均气温约 27～30℃，年降水量为 800～1 000mm，东部相对较多，大别山区可达 1 300mm。本区降水主要集中在夏季，占全年降水量的 50% 左右，多暴雨，加之天然植被遭到严重破坏，水土流失较为严重。该地区的水土流失防治对于控制江淮流域的旱涝灾害至关重要。

桐柏山与大别山是长江和淮河的分水岭，是淮河的发源地，由于地势高、河道深，水灾一般不重，属于易旱区，但在雨季，也会出现洪水灾害。大别山山体雄厚，属强烈切割的中山区，南坡水土流失较北坡更为严重。大别山区是淮河流域年径流深最大的地区，达 1 100mm，其年径流系数较大，为 0.65。南阳盆地为古近纪 – 新近纪断陷的盆地，海拔 100～150m，是重要的耕作区。

淮阳山地在植被组成上充分显示出北亚热带自然景观的过渡特征，植被组成比较复杂，既有马尾松、杉木、乌桕、油桐、茶、油茶等亚热带树种和经济林木，也有槲、栎、梨、苹果、枣、板栗等暖温带树种和经济林木。相对秦岭山地，由于大别山山体破碎，植物的垂直分带不明显。

3. 长江三角洲平原亚区

长江自镇江以下的河口段发育了长江三角洲。镇江至江口，长约 312km，该段江面更为开阔，长江口是个喇叭状河口，平均比降 0.005‰。长江三角洲平原面积约 5 万km²，地势低洼低平，海拔多在 10m 以下，长江北岸有些地方海拔仅 2m，比滨海部分还要低。长江三角洲以第四纪松散堆积物形成的广阔的水网平原为主，西部和南部零星散布着一些山体不大的山地和丘陵，如天目山与莫干山、宁镇丘陵与宜溧山地等。

这些山体大都由泥盆系石英砂岩构成，少数由二叠系灰岩和燕山期花岗岩构成，久经侵蚀、剥蚀，具有峰顶浑圆、坡度平缓的特征，海拔大都在 100~300m 之间，少数山峰可突起在 300m 以上。宁镇丘陵在白垩纪有明显的断裂和岩浆活动，古近纪又有断裂升降活动，其后主要为垂直的震荡运动，并伴有玄武岩浆的喷发。因此，山地往往被许多次成河切割为许多方山、单斜山、断块山等地形。

长江三角洲是冲积平原，它经历了漫长而复杂的海陆变迁，是在江、海互相作用下发育起来的。长江夹带的泥沙，到入海处，因流速减缓和受海水顶托，容易沉积，经过较长的年代逐渐形成三角洲平原。长江三角洲在成因上属复式三角洲，即全新世沉积叠盖在更新世沉积层之上，现代河口三角洲镶嵌在古长江三角洲之中，现代河口边滩与河口沙洲共同组成位于三角洲南部的太湖流域。三角洲东西部大致以江阴—常熟—昆山—嘉兴一线为界，界线以西的全新世沉积层厚 3~5m，界线以东的新三角洲沉积层厚度为 25~30m。扬州—泰州—海安—李堡一线以南的苏北平原是现代长江河口沉积物的主要堆积场所，堆积厚度为 30~50m。沉积类型为河口边滩，以河口沙洲为主。沉积物北粗南细、北厚南薄的组成特征，说明数千年来长江主流曾长期从苏北南部入海。在长江三角洲前缘海岸紧接大陆架处，水深达 90~130m，宽约 200km，在大陆架上叠盖有一扇形长江古水下三角洲（北起废黄河口，南止杭州湾），面积 7 万 km²，深小于 50m，坡降为 6/10 000。位于长江三角洲中心以北，在古三角洲上叠盖了长江近代水下三角洲及废黄河河口三角洲，两者约在江苏如东附近分界。近代水下三角洲的较高部分露出海面，因此，长江口水流缓慢，当涨潮和洪流顶托的时候，成为大量沙泥沉积的场所，形成大小不等的沿海沙滩、沙嘴和沙岛，其中以崇明岛、南汇嘴、五条沙等最大（冯绳武，1989）。长江流至三角洲处，输沙量巨大，每年挟带入海近 5 亿 t 泥沙在长江口至杭州湾一带落淤，形成许多暗沙和沙洲，平原向海伸展迅速，每 60 年伸长约 1km。太湖原是海滨的潟湖，如今已距海 120km 以上。

长江三角洲水网稠密、湖泊众多。长江在本区范围内，先后接纳秦淮河、滁河、里运河、江南运河、淮河入江水道和太湖水系以及通扬运河以南、以东的全部沿江小型河流的来水，再经上海市与南通启东县间注入东海。所有支流中，当以处于长江三角洲核心之内的太湖水系流域面积最广、流量最大（佘之祥等，2007）。根据统计，三角洲河网密度平均为 4.8km/km²。平原上的湖泊，除太湖外，还有位于太湖上游的洮、涌湖群，位于太湖下游的有吴江湖群、淀泖湖群、阳城湖群等，共 200 多个。河网湖荡最多的吴江县，千亩以上的湖荡有 50 多个，水面积占全县土地面积 38% 左右。

长江三角洲年平均气温为 14~16℃，最热月平均气温为 27~28℃，最冷月平均气温约 2~4℃。该地区冬季受寒潮影响较大，寒潮来临时，气温可降低至 -10℃ 左右。该地区雨量丰富，一般年降水量大于 1 000mm，如上海为 1 184mm，南京为 1 062mm。夏季降水量占全年降水量的 50%，主要形式为梅雨。该地区水热条件有利于水稻、小麦、棉花等作物生长。

长江三角洲平原是中国人口最密集的地区之一，是一个经济快速发展、高强度开发地区，人类活动对自然的干扰显著，天然植被和自然土壤残留很少。该地区土地资源开发强度高，具有土地垦殖指数高、综合产出率高、建设用地比重大、扩展速度快、耕地流失强度大、年均递减率高的特点，因此导致耕地负载不断增加，土地质量有所下降，土地利用结构不尽合理。长江三角洲基本保持耕地数量减少和建设用地增加的趋势。长江三角洲平原自然条件优越，气候温和湿润，分布于平原上的低山丘陵，不呈脉络，但是与湖泊、水网相配合，加以名胜古迹甚多，构成了风景旅游的极为重要的资源（佘之祥等，2007）。

二、汉中盆地秦巴山地常绿落叶阔叶林区（IV A2）

本区位于 29°～34°N、111°～123°E，全区面积为 17 万 km²。本区主要由低山、中山和高山组成，其间夹有一些河谷盆地和丘陵地，有"两山夹一川"之势。秦岭是一个宽大的纬向褶皱山地，岭脊海拔多在 2 000～3 000m，最高峰太白山，海拔 3 767m。秦岭褶皱带以断块活动为主，断层下陷的地方成为盆地或谷地，如成县、徽县、两当、凤县、洛南、商洛、山阳。不少盆地被河谷串起来，成为串珠状盆地群。秦岭向东延伸是桐柏山和大别山。均较低矮，且显破碎。秦岭南侧的大巴山，包括米仓山、大巴山、武当山、荆山。山势较秦岭低，海拔自西向东由 2 0000～3 000m，降至 1 000m 左右。高峻山峰往往在山岭的脊部，并以山大谷小为特征。

秦岭、大巴山在本区北部，有明显的气候屏障作用，使本区的温度条件优于华北暖温带。气候上四季分明，雨热同季，降水变率大，主要集中在夏季，旱涝灾害交替发生，垂直自然气候明显，生物资源丰富多样。

本区可进一步划分为秦岭山地、大巴山地和汉江谷地 3 个亚区。

1. 秦岭山地亚区

秦岭山地大致位于 32°30′～35°N，104°～112°E，大致呈东西走向，长达 1 600km，横亘于黄土高原以南，渭河和汉水之间，是南方与北方以及亚热带与暖温带的界山，主体在陕甘两省，海拔多介于 1 500～3 000m，主峰太白山海拔 3 767m。

秦岭山地具有独特的森林类型与分布，森林资源丰富，植被类型复杂多样。该地区森林主要分布于高中山区的中西段，典型树种为华山松。华山松林分布海拔高度较高，常分布于 1 100～1 800m 的山地阴坡和半阴坡，上限可达 2 200m；常与落叶栎类或其他阔叶树种组成混交林。

秦岭南坡山地垂直带发育，垂直自然带可分 6 带，在海拔低于 600m 处，分布有亚热带的柑橘、棕榈、楠、香樟、油桐、乌桕等植物，还有马尾松和杉木；土壤以典型的褐土（简育干润淋溶土）为主，一般呈微酸性至中性反应，土壤流失较为严重。在海拔 600～1 300m 间多栎树，下段以马尾松为主，上段以栓皮栎为主；土壤以典型的褐土为主。在海拔 1 300～2 300m 间，主要为华山松、锐齿栎、栓皮栎的混交林；上段出现华山松、油松和红桦的混交林；土壤为山地棕壤（简育湿润淋溶土）。在 2 300～2 650m 间主要树种为红桦组成的桦木林；土壤为山地棕壤。在海拔 2 600～3 400m 间，由于气候湿冷，植被主要有落叶松和冷杉等，土壤为山地生草灰化土（寒冻简育正常灰土），酸性反应强。在海拔 3 400m 以上，灌木有高山柳、金腊梅等，此外有蒿草属、薹草属、丛生草本和龙胆科、菊科等草本的分布；土壤为高山草甸土（普通暗色潮湿雏形土），亦有部分高山石质土（石质湿润正常新成土）（冯绳武，1989）。

秦岭的南坡坡面长、坡度较平缓，从山麓到分水岭脊在100km以上。基带植被为含常绿树种的落叶阔叶混交林。高山特征的常绿阔叶木本植物在南坡多出现在海拔1 000~1 500m。由于人工垦种，常绿树已大减，在海拔1 500m以上多分布针叶阔叶混交林。辽东栎以秦岭为其南界，常绿阔叶植物乌桕、化香树则以秦岭为其北界。在伴生的次生乔木、灌木和草本植物中，有华南和西部高原的种类。山谷中的藤本植物具有南方湿润型的特点。秦岭绝大部分为次生林，原始林主要分布在太白、佛坪、宁陕等县人迹罕至的高山区。东部的商洛地区，森林破坏更为严重。秦岭动物种属成分与植物区系成分同样具有明显的过渡性和复杂性。

2. 大巴山地亚区

大巴山在秦岭以南，主要呈西北—东南向，略带向西南突出的弧形。从西向东分布有米仓山、大巴山、武当山和荆山，主峰为神农顶，海拔3 105m，位于湖北省神农架林区，是长江与汉水的分水岭。在山体海拔1 000~1 400m处有新近纪剥蚀面，在海拔2 000~2 400m处有古近纪剥蚀面，局部地区曾受第四纪冰川作用，分布有第四纪冰川遗迹。大巴山地主要是由褶皱的、多悬崖峭壁的石灰岩组成的中山，喀斯特地形发育，山体受河流切割强烈，多陡峭峡谷。

巴山松、巴山冷杉为大巴山地的特有树种，亦分布有红桦、红杉、冷杉、栓皮栎等茂密原始林，经济林木以油桐、白蜡树、茶树、竹类为主。

3. 汉江谷地亚区

秦岭大巴山之间为汉江谷地，由一系列东西向断裂构成，基本由古生界变质杂岩组成，主要包括汉中盆地和安康盆地。

汉中盆地由汉江冲积而成，盆地中河流阶地发育，有四级阶地，北岸阶地较宽大。第一、二级阶地高出汉江近15m，组成汉中盆地的主要川地，地面平坦开阔，土地肥沃。第三级和第四级为侵蚀阶地，地面起伏，由红色亚黏土和黏土所构成，土质黏重，透水性很差，常夹带有砾石，对农作物十分不利，是改良低产土壤的重点。盆地周围系低山丘陵，丘陵中又分布着许多大小不等的坪坝。汉江南岸为丘陵，向南过渡到大巴山地，海拔700~1 000m，主要由花岗岩、花岗杂岩组成，经流水长期侵蚀，岗丘起伏，坡度和缓，形成星罗棋布的大小宽谷盆地或坝子。盆地北侧由外向内依次是变质岩中山、低山和红土丘陵，也有花岗岩中山、低山交错分布。安康盆地位于汉中盆地东侧，内部堆积有厚20~200m的第四纪松散覆盖层，并蕴藏着丰富的地下水资源。

汉江谷地气候温暖湿润，水热同季，水分充足，年平均气温约14~16℃，最冷月平均气温为2~3℃，最暖月平均气温可达26~28℃，年降水量750~800mm，东部相对丰沛，加之该地地势平坦，土壤肥沃，有利于农业生产。因此，汉江谷地是农业生产的精华地带，素有"小江南"之称，该地以稻麦两熟制为主。粮食作物是这里农业生产最重要的部门，其中水稻占有突出地位，是陕西省稻谷集中的产区和商品粮基地；其次是小麦、玉米、薯类。但该地夏季干旱频繁，冬季低温与霜冻等气候变化，会给这里的农业生产带来不利影响。

第四节　区域发展与生态建设

一、制约区域发展的重要生态问题

（一）森林植被破坏，水土流失加剧

北亚热带湿润地区，尤其是在西部山地，制约区域发展的主要生态问题是森林植被破坏严重，水土流失加剧。

山区森林资源过度利用和水土流失现象较为严重。秦巴山区的森林长期受到毁林开荒、乱砍滥伐、陡坡垦种等人类不合理活动的干扰，同时政府缺乏强有力的生态保护监督管理机制，导致秦岭山地森林面积较 1950 年代减少 12.3 万 hm^2，森林分布的下线上升了 300~500m。本区植被退化，森林覆盖率下降，森林生态系统的结构和功能遭到破坏，天然林面积大幅度减少，主要的森林类型被次生林代替，蓄积量下降 70% 以上。森林的破坏直接导致其水源涵养功能的下降，不少地方大面积水土流失问题严重，崩塌、滑坡和泥石流等自然灾害随之加剧。许多珍稀濒危物种的生存环境恶化、缩小，生物多样性遭到严重破坏。大别山地区森林覆盖率相对较高，是河流发源地及水库水源涵养林。制约本区发展的主要生态问题是水土流失严重，受自然和人为因素共同影响，崩塌、滑坡等地质灾害频发。

丹江口水库是中国南水北调中线工程的起点，水库主要由发源于秦巴山区的汉江、丹江及其中上游支流供给，因此汉江及丹江源头所在地的秦巴山区是南水北调工程的水源涵养地。汉江、丹江流域以山地、丘陵为主，约占总区域面积的 90% 以上。本区域规划林业用地面积为 449.29 万 hm^2，占总面积的 68.1%，表明土地利用结构以森林为主体。但由于长期的森林采伐、植被破坏和毁林开荒，造成天然林面积减少、森林生态功能破坏和水土流失等问题。1990 年代与 1959 年代相比，本区域天然林的面积下降了 6%，森林储量下降了 70%，森林分布下线上提了 300~500m，后退了 10~20km。由于低山地带的常绿阔叶林与落叶阔叶林被破坏，低山区、巴山区域森林覆盖率只有 34%，从而使局部区域气候失调，降水量与山区河道径流量减少。秦巴山区的毁林开荒或反复樵采使林地退化，25° 以上的坡耕地占耕地面积的一半以上（53.9%）；荒山占林业用地面积近 30%。这些不仅大大降低了森林涵养水源的功能，同时造成严重的水土流失。秦岭南坡耕作 8 年的坡耕地（25°），在一次 40mm 的强降水过程中，每公顷耕地上流失的泥土达 88t 左右（史鉴，2004）。

严重的水土流失，不仅恶化了当地生产生活条件和生态环境，而且对下游地区造成极大危害，进而对国民经济社会的可持续发展产生严重影响。水土流失导致耕地减少，土地退化严重；影响水资源的有效利用，加剧了旱情的发展；导致生态恶化，加剧贫困程度；并且造成泥沙淤积，加剧洪涝灾害。由于大量泥沙下泄，淤积江河湖库，降低了水利设施调蓄功能和天然河道的泄洪能力，加剧了下游的洪涝灾害①。

---

① 鄂竟平. 2006.1.16. 我国的水土流失与水土保持. 中国水土保持学会第三届会员代表大会暨学术研讨会上的讲话。

（二）洪涝灾害严重

制约北亚热带湿润地区平原区发展的另一个主要生态问题是洪涝灾害严重。

本区河流湖泊密布，长江中下游平原地区，地面高程普遍低于长江及其支流尾闾，汛期洪水位数米至十多米，在气候反常，大雨、暴雨持续不断的情况下，则易发生严重的洪涝灾害。长江1998年洪水和1997年暴发的百年来最强的厄尔尼诺现象有密切的关联。一般来说，长江中下游流域雨量集中于5～9月，雨区一般是从下游向上游、从东南向西北移动，正常情况下，长江上中下游干流及各主要支流的汛期可以先后错开，不会造成大灾。但在气候反常的年份，各支流洪水出现的时间比正常情况提前或推后，各区域洪水在干流遭遇叠加时则有可能形成大洪水。

河湖蓄泄能力不足也是本区洪涝灾害形成的另一个重要原因。长期的大雨和暴雨，使长江洪水来量大，江汉平原湖区的河湖蓄泄能力又极其有限，在大洪水年，如果不分洪溃口和无湖泊调蓄，洪峰流量则大大超过河湖安全泄洪量；由于泄洪能力不足，一旦上游来水与中下游集水遭遇，就会发生洪水泛滥，造成严重的水灾，被淹时间可长达数月之久。长江中下游地区由于地势低洼，暴雨后集流迅速，若排水不及，可形成内涝；由于长江及其支流洪水集中汇聚湖区，水位上升，淹没土地，则造成外涝。

由于长江中游来水量增加，江湖蓄泄变化较大，洪水威胁严重，特别是湖北枝城至湖南城陵矶的荆江河段，有"万里长江，险在荆江"之说。其中枝城至藕池口称上荆江，长约175km，系一般性弯曲型河道，洲滩汊河发育，外形较稳定；藕池口至城陵矶的下荆江河段长约162km，河道水流缓慢，属典型的蜿蜒型河道，河道长160km余，而直线距离仅80km，因此泥沙淤积严重，河床日益抬高，汛期洪水位高出地面6～10m，极易溃堤成灾。荆江以北为地势低平的江汉平原，汛期全靠平均高10m余的荆江大堤抵御长江洪水；荆江南岸有松滋、太平、藕池、调弦（已堵塞）四口分长江水入洞庭湖，水道繁杂，长期以来，又受长江从上游挟带来的泥沙沉积影响，河湖淤浅，荆江两岸地势呈南高北低的形势，蜿蜒的荆江河床泄洪不畅，防洪形势非常严峻。由于荆江河段洪水比降平缓，因此城陵矶的水位高低对荆江的泄洪能力有较大影响。

长江中下游流域曾发生数次较大规模洪涝灾害，灾害的发生对流域自然环境造成了严重影响，不但影响了河流湖泊生态和环境，同时损坏了业已处于相对稳定的水生态系统。洪水对人民生产生活、生命财产及国民经济社会发展也造成了巨大的直接和间接损失。

在20世纪长江发生了1931年、1935年、1954年、1981年和1998年等大洪水，其中1954年和1998年为该时段第一、第二位全流域性大洪水，造成极大损失（窦鸿身等，2000）。1931年长江发生洪水，汉口站出现最高水位28.28m，长江中下游地区淹没农田5000余万亩，受灾人口约2855万人，死亡约14.5万人。1935年洪水主要来自长江三峡地区、清江、澧水和汉江，7月初最大洪峰流量丹江口站为50000m³/s，短时段洪量集中，荆江大堤溃决，共淹没农田2263余万亩，受灾人口1000万人，淹死14.2万余人。1954年洪水较前几次来势更加凶猛，此次洪水大大超过堤防防御标准，汉口站最大洪峰流量为76100m³/s，大通站为92600m³/s，长江中下游分洪溃口水量共计 1 023 亿 m³，淹没农田 4 755 万亩，受灾人口 1 888 万人，死亡 3 万余人。1991 年入汛前后，长江中下游平原地区发生了 4 次连续较大范围的暴雨过程，造成广大平原地区的大面积渍涝和一些支流暴发山洪；巢湖、太湖等地区洪水均超过或接近当地 1954 年最高水位。1996 年洪水主要来自中游地区，因持续暴雨，汉口洪峰水位 28.66m，超过了 1931 年最高水位，洞庭湖"四水"中的沅水和资水出现了超历史纪录的洪水。1998 年汛期天气异常，暴雨频繁，覆盖面广，发生了流域性的百年罕见特大洪水，仅次于 1954 年水情，第一次洪峰沙市水位 43.97m，其后相继而来的洪峰流量一次比一次大，洞庭湖水系的洪峰流量或水位也超过 1954 年峰值；中下游干流洪峰水位之高、次数之多，高水位持续时间之长都是空前的。此次洪水造成中下游平原区涝灾面积远远大于受洪灾面积，淹没了部分洲滩民垸、耕地，但远小于 1931 年和 1954 年洪灾损失，中下游溃决堤垸总计淹没耕地 359 万亩，受灾人口 232 万人（洪庆余，1999；方子云等，1999）。

淮河流域 1991 年雨季提前，强降雨集中，历时长，正阳关到洪泽湖之间的沿淮、淮南山丘区和里下河区降水量接近或达到 50～100 年一遇的标准。降雨走向与洪水走向同步，加之大别山区山洪暴发，源短流急，很快充满河槽，中下游排水不畅，与干流洪水遭遇，造成严重的洪涝灾害。2003 年淮河流域淮河水系发生了近几十年以来仅次于 1954 年的流域性大洪水，淮河干流息县控制站以下 750km 河道水位均超过警戒水位，造成了严重的经济损失（毛信康，2006）。

湖泊对调蓄洪水有较大的作用，在本区的洞庭湖承纳了"四口"与"四水"的洪水，经湖泊调蓄后在城陵矶汇入长江，"四口"分流及洞庭湖的调蓄对湖区与荆江地区的防洪意义重大。但是目前洞庭湖面临的问题严峻，洪水威胁严重。洞庭湖承受长江和湘资沅澧四水来水量大，而螺山河段安全泄量小的双重压力，多次出现超过 60 000m³/s 的组合入湖洪峰流量，而最大出湖流量仅 43 500m³/s，直接导致汛期有几十亿到几百亿立方米的超额洪水滞留湖内并泛滥成灾。此外，长江和洞庭湖"四水"洪水遭遇的情况时有发生，今后"四水"与长江洪水遭遇的概率依然很大，因此洞庭湖分蓄洪的任务严峻。据分析计算，如重现 1954 年型洪水，城陵矶附近地区超额洪量将大于 320 亿 m³，即使三峡工程可实行补偿调度，按现状，城陵矶附近超额洪量仍将大于 218 亿 m³。

（三）湿地不断萎缩

制约北亚热带湿润地区发展的主要生态问题之三是湿地不断萎缩。

湿地具有涵养水源、净化水质、调蓄洪水、调节气候和维护生物多样性等重要生态功能。健康的湿地生态系统是国家生态安全体系的重要组成部分，是实现经济社会可持续发展的重要基础。长江中下游湿地是中国及世界同纬度地带水网密度最高的地区，湖泊众多，江湖连通，平原河网密集。被列入全球最重要湿地名录的洞庭湖是长江中下游地区两个通江湖泊之一，承担着调蓄长江以及湘、资、沅、澧四水的重要功能。目前洞庭湖湿地结构尚相对较完整，生物多样性丰富，是长江流域重要的物种基因库，其生态保护具有世界意义。但由于围湖造田、泥沙淤积等多方面原因，湿地面积不断萎缩、水质污染日益加剧，进而导致湿地生态功能退化、生物多样性下降、渔业资源濒临枯竭等问题，这些问题已对区域生态安全构成严重威胁。

导致长江中下游流域湿地面积不断缩小的主要原因包括泥沙大量入湖沉积和长期人工围垦。根据生产发展和经济条件变化，在一定时期为了适应自然条件变化，对湖泊湿地进行合理的垦殖，开发利用湖区资源，扩大耕地面积，促进农业生产的发展，创造良性人工生态环境是必要的，符合自然规律和经济客观要求；但同时也导致湿地水面锐减，不仅使湖区环境和生物资源遭受严重破坏，生物多样性降低，促使湿地功能退化，也影响了湖泊天然调蓄功能，降低防洪排涝能力，导致汛期长江洪水位抬升，使洪涝灾害加剧。虽然 1998 年长江大水以后，中国实施了退田还湖、平垸行洪工程，一些湿地面积有所扩大，但整体上长江中下游流域湿地面积一直呈缩减趋势。

北亚热带内的主要湖泊均有不同程度的泥沙淤积和人工围垦现象。洞庭湖的淤积和围垦最为严重。据统计，每年流入洞庭湖的泥沙量达 1.55 亿 m^3，由长江干流荆江三口（松滋口、太平口、藕池口）入湖泥沙量约占入湖总泥沙量的 77%，"四水"入湖泥沙量大致占 23%。而每年输出的泥沙量只有 2 500 万 m^3，因此，洞庭湖近 30 多年来泥沙淤积总量达到了 40 亿 m^3，湖底不断淤高。西洞庭湖泥沙淤积最为严重，基本已淤积成陆地，仅剩一条狭窄的洪水过道。1831 年，洞庭湖范围约 6 270km^2，号称"八百里洞庭"。1896 年，洞庭湖面积为 5 400km^2，容积为 420 亿 m^3，到 1995 年面积缩减到 2 625km^2，容积相应降至 167 亿 m^3，减少了 50% 左右。从而导致洞庭湖分裂成许多小湖，调蓄洪水能力随之减弱。洪泽湖入湖泥沙 75% ~ 90% 来自淮河，1960 ~ 1965 年平均年入湖、出湖和淤积量分别为 1752 万、1032 万和 720 万 t，1977 ~ 1982 年相应为 769 万、493 万和 276 万 t。洪泽湖因泥沙淤积，湖底已高出东侧里下河平原数米，在洪水期对下游地区威胁很大。太湖由于淤积和大量围垦，湖面急剧缩小，自 20 世纪中期以来，太湖地区被围垦的湖泊占原有湖泊总数的 34%，建圩面积占原有湖泊总面积的 13%（全国农业区划办公室，1998；窦鸿身等，2003）。长江中游大通水文站以上中游地区的湖泊面积由 1950 年代初期的 17 198km^2 减少到目前的不足 6 600km^2，近 2/3 的湖泊面积因围垦而消失。围湖垦殖加之自然演化的结果，使长江中下游湖泊面积锐减（蔡述明等，2002）。

湖泊湿地面积的迅速萎缩极大地削弱了其蓄洪、调洪、减灾能力。如太湖流域围垦使洮湖、滆湖洪水位抬高 15 ~ 20cm，阳澄湖洪水位抬高 5cm。太湖最高洪水位 1954 年为 4.65m，1991 年为 4.79m，1999 年抬高至 5.07m。自 1950 年代初以来，洞庭湖区历史最高洪水位记录不断突破，1998 年洞庭湖口城陵矶站最高洪水位分别比 1954 年、1996 年高出 1.39m 和 0.63m，为历史最高纪录（范成新等，2007）。

湿地面积大量萎缩和质量下降，导致长江流域湿地生态功能退化严重。湖北省湖泊从 1950 年代的 1066 个减少到目前的 182 个，湖泊水面减少了 60%。由于湖泊容积减小，调蓄能力下降，因此洪水灾害频繁。随着泥沙淤积，河床抬高，湖区田面高程相对下降，使得地下水位逐年升高，导致稻田盐渍化和次生盐渍化面积不断扩大。湖区水域面积的迅速减小还严重破坏了生物的生存环境，致使鱼类资源逐渐衰竭。大量泥沙淤积，加之人类对湖泊的不合理开发利用，加剧了血吸虫和其他流行性疾病的传播，危害人类身体健康。

（四）水质不断恶化

水质污染是国内外河流、湖泊面临的共同生态/环境问题。本区湖泊污染的主要特征是水体富营养化。长江中下游地区浅水湖泊水体污染和富营养化现象极为严重。工农业生产发展迅速，人口剧增，各种工业废水、生活污水、农业面源污染物质不断排放以及大规模的湖泊养殖等，引起了日益严重的水体污染和富营养化问题，使水质日益恶化。

长江中下游地区集中了中国约2/3的淡水湖泊，极大部分都面临富营养化的威胁（表12.6），并造成了巨大的经济损失。如太湖苏南地区，1990年代由于水污染导致的水环境损失占GDP的6%（范成新等，2007）。太湖目前全湖已无Ⅱ类水质，Ⅲ类和Ⅳ类水质分别占水域面积的81.2%和18.4%。由于营养负荷不断增加，导致藻类大量繁殖蔓延，溶解氧含量下降，透明度降低，使水生生态系统的平衡和稳定遭受破坏，不仅严重影响了水体景观和正常的渔业生产，还对湖区人民生存环境构成威胁。进入1990年代，太湖蓝藻水华暴发有明显增加趋势，面积逐年扩大，危害日益严重。巢湖和洪泽湖的污染也十分严重。洞庭湖由于水量丰富，稀释自净能力较强，湖泊总体污染和富营养化问题并不十分突出，但是局部水域污染危害也不罕见（窦鸿身等，2003）。

表12.6　北亚热带主要湖泊营养类型评定（范成新、王春霞，2007）

湖名	透明度/SD	总磷/TP	总氮/TN	高锰酸盐指数/COD$_{Mn}$	叶绿素a/Chla	平均得分	营养类型
梁子湖	60.2	55	55.2	52.9	41.8	53	中
洞庭湖	75.9	57.2	68	50.3	38.5	58	中-富
洪湖	64.2	61.9	65.2	62.8	55.6	61.9	中-富
太湖	72.9	67.3	74.1	63.9	46	64.8	中-富
巢湖	89.5	69.8	78.1	63.4	49.3	70	富

长江三角洲平原各江河支流及河网，除处于上游丘陵山区各江河支流及河网外，水质状况普遍不良。黄浦江1999年全年水质整体情况为上游Ⅲ～Ⅳ类，下游劣于Ⅴ类。大运河与平原河网区的严重污染已成为影响生活和生产的焦点。中小河流水质呈持续恶化状态，小城镇正在成为新的水环境污染中心。湖泊水体中的氮磷和耗氧性有机污染物逐年增加，太湖的水质约10年下降一个级别，水域富营养化近15年上升一个营养级别（佘之祥等，2007）。土地利用和人类活动加剧所导致的营养元素输入的增加，是引起湖泊富营养化趋势增强的重要原因，如巢湖富营养化开始恶化大致始于1970年代（姚书春等，2004）。

1970年代后期，淮河流域开始受到严重的污染，到1994年，即公布《淮河流域水污染防治暂行条例》的前一年，淮河流域的污染河段长度已占评估河长的72.6%，仅略次于太湖72.8%。淮河干流中游300km余的河段1989年、1992年、1994年和1995年均发生了污染水体传播问题，污水所经之处，水环境严重恶化，水质突变，鱼虾死亡，城乡生活用水发生危机。2002 年实测跨省河流域 31 个省界河段，Ⅳ 类和超过 Ⅳ 类水的断面占 89%，淮河流域已无 Ⅰ 类水，Ⅱ 类水只占 15.4%；同年全年监测评价污染河的长度占评价河道长度的 66.3%，比 1994 年的 72.6% 略有下降，但水污染形势仍十分严峻，已由局部发展到全流域，由下游蔓延到上游，由支流延伸到干流，由城市扩散到乡村，由地表波及地下。因此，淮河流域的污染治理和水资源保护工作仍很艰巨（毛信康，2006）。

水质和富营养化污染最直接的后果是造成水质量的下降，优质水源地不断减少，难以满足各地区经济发展和生活水平提高对水资源的要求，水质性缺水问题十分严重。以太湖为例，1990 年代以前，全流域的水资源状况基本上能满足居民生活饮用、工农业生产和一般景观用水的要求。1990 年代以后，尽管水资源的总量变化不大，但由于水质污染和富营养化水平不断上升，太湖流域地区水质型缺水问题十分突出。1990 年代，太湖一次水华大暴发引起水荒，导致无锡市 112 家工厂停产，居民饮用水发生困难，直接经济损失达 1.6 亿元。类似的水质型缺水在其他地区也时有发生。同时，湖泊水质恶化和水体的严重富营养化，还造成了湖区自然景观恶化，影响到观光旅游事业的发展（范成新等，2007）。

二、生态保护与建设

（一）加强水土保持、保护自然植被

在北亚热带湿润地区的秦巴山区和淮阳山地等地区，加大森林植被保护和恢复力度，控制水土流失，是该地区生态保护和建设的重点。秦岭山地是中国重要的森林分布区之一，在土壤保持和水源涵养方面具有极为重要的功能。一般来说，中低山和丘陵是严重水土流失的主要分布区，水土流失必须加强治理，才能得到有效控制和减轻。

在水土流失程度较轻、降雨条件适宜、人口密度小的大别山等地区，可通过封山禁牧，转变生产方式，多能互补，减轻人为活动对自然的干扰，充分依靠大自然的生态修复能力，配合预防保护和综合治理措施，促进植被恢复，减轻和控制水土流失。在水资源配置中，确保生态可持续维护的用水量，有效保护和合理利用水资源，避免生态退化。在水土流失严重、人口密度大、人口资源环境矛盾突出、对群众生产生活和经济社会发展影响较大的长江中游、洞庭湖等区域，应实施国家水土保持重点工程，突出抓好人工治理，加大水土保持综合治理的力度（鄂竟平，2006）。

丘岗山区的水土保持建设主要是治理坡耕地。安徽安庆市通过坡改梯，在该市主要坡耕地大面积建立了"板栗—茶叶"立体种植模式，在多层经营管理下，减少了土壤侵蚀，增加了经济效益。湖北省大别山与黄冈市山区，均在坡改梯的开发治理中，取得了良好的社会效益与经济效益。但存在的问题是，在大面积的坡耕地上种植果园、茶叶，每年需 2~4 次翻耕，必然加剧水土流失。同时不少地区在大于 25° 的坡耕地上开垦，必须退耕还林，但实际落实的难度大，有不少地区已大量发现耕后抛荒现象（赵其国，2006）。退耕 25° 以上的陡坡耕地，进行坡耕地综合整治工程，改变乱垦滥种、广种薄收的传统耕作习惯，因地制宜对现有坡耕地进行全面改造，减免坡地土壤侵蚀,是山区治理水土流失的根本措施之一。

　　总之,在本区加强水土保持的主要生态措施,包括禁伐林木,在山丘岗地封山育林育草,逐步进行退耕还林还草,实施天然林保护工程、荒山造林工程等,推广水土保持耕作法,有计划地进行小流域综合治理,逐步恢复和改善植被,保护生物多样性,提高森林水源涵养能力,增加森林覆盖率,通过综合治理,搞好水土流失地区的生态保护与建设。此外,健全的工作机构是开展水土保持工作的基础,需要设置水土保持监督管理机构,建立水土流失监测评价网络,及时准确地反映水土流失的时空变化,以及水土流失的综合治理与生态建设等各项措施的效果。同时加强宣传,依法治山治水,提高全民水土保持意识。

（二）保护湿地生态功能

　　在长江中下游流域和淮河流域开展综合治理,保护和恢复北亚热带湿润地区的湿地生态功能,应重点实施退田还湖、加强生物多样性保护以及水环境保护等生态建设措施。

　　严格禁止围垦,有计划地继续开展退田还湖,是保护湿地生态功能重要的有效措施。据在江汉平原的典型调查,退田 1 亩,可保收 10 亩,而大约每围垦内湖 $25km^2$ 的水面,就要增加一级电排站,排涝面积 10 000km²。洞庭湖从 1998 年开始实施退田还湖,至 2001 年湖区面积比 3 年前增加了 554km²。加强湿地生态系统的保护,应在河流中上游地区有计划开展退耕还林,提高流域植被覆盖率,发挥植被涵养水土功能,并采取其他有效措施,尽量减少入湖泥沙的淤积量,有利于加强堤垸的蓄洪安全建设,增加江湖调蓄能力,有效防治洪涝灾害。

　　根据湿地水质污染状况、水生物种生长实际情况,制定合理的生态规划和生态功能分区,建设湿地自然保护区。加快湿地生态系统的研究和监测工作,整治河道,加大水污染防治,加强水环境保护,对污染物的排放实施总量控制和达标排放。保护湿地生物多样性,加强湿地生态建设。

　　在实施一系列湿地生态保护措施的同时,更重要的是遵循生态和经济规律,正确把握好保护与利用的关系,处理好环境与经济的矛盾,从根本上解决湖区环境问题。在保护优先的前提下,对湿地资源进行合理利用,充分挖掘湿地资源的经济潜力,推进湿地产业发展。维系生态平衡,建立和谐的人地关系,是保护湿地生态功能的可持续发展之路。

参 考 文 献

蔡述明,杜耘,曾艳红.2002.长江中下游水土环境的主要问题及其对策.长江流域资源与环境,11（6）: 564~568

邓先瑞.2012.中国亚热带.北京:中国国际广播出版社

丁一汇.2013.中国气候.北京:科学出版社

窦鸿身,姜加虎.2003.中国五大淡水湖.合肥:中国科学技术大学出版社

范成新,王春霞.2007.长江中下游湖泊环境地球化学与富营养化.北京:科学出版社

方子云,邹家祥.1999.长江地区环境对策与可持续发展.武汉:武汉出版社

冯绳武 . 1989. 中国自然地理 . 北京：高等教育出版社

高冠民，窦秀英 . 1986. 湖北省自然条件与自然资源 . 武汉：华中师范大学出版社

龚高法，张丕远，张瑾瑢 . 1987. 历史时期我国气候带的变迁及生物分布界限的推移 . 历史地理，第五辑：1~10

洪庆余 . 1999. 长江防洪与 98 大洪水 . 北京：中国水利水电出版社

李文华，李飞 . 1996. 中国森林资源研究 . 北京：中国林业出版社

毛信康 . 2006. 淮河流域水资源可持续利用 . 北京：科学出版社

全国农业区划办公室 . 1998. 长江中下游地区大中型湖库资源调查与综合开发研究 . 北京：气象出版社

余之祥，骆永明 . 2007. 长江三角洲水土资源环境与可持续发展 . 北京：科学出版社

史鉴 . 2004. 关于建设南水北调中线优质水源涵养地综合保护工程的建议 . http://www.sxjzw.gov.cn

水利部，中国科学院，中国工程院 . 2010. 中国水土流失防治与生态安全·北方土石山区卷 . 北京：科学出版社

孙鸿烈 . 2011. 中国生态问题与对策 . 北京：科学出版社

汤奇成 . 1998. 中国河流水文 . 北京：科学出版社

杨勤业，郑度，吴绍洪 . 2002. 中国的生态地域系统研究 . 自然科学进展，12（3）：287~291

杨勤业，郑度，吴绍洪 . 2006. 关于中国的亚热带 . 亚热带资源与环境学报，1（1）：1~10

姚书春，李世杰 . 2004. 巢湖富营养化过程的沉积记录 . 沉积学报，22（2）：343~347

张兰生 . 2012. 中国古地理——中国自然环境的形成 . 北京：科学出版社

张荣祖 . 1999. 中国动物地理 . 北京：科学出版社

赵济 . 1980. 中国自然地理 . 北京：高等教育出版社

赵其国 . 2006. 我国南方当前水土流失与生态安全中值得重视的问题 . 水土保持通报，26（2）：1~8

中国科学院南京土壤研究所土壤系统分类课题组 . 2001. 中国土壤系统分类检索 . 合肥：中国科技大学出版社

朱士光 . 1994. 历史时期华北平原的植被变迁 . 陕西师范大学学报（自然科学版），22（4）：79~85

竺可桢 . 1972. 中国近五千年来气候变迁的初步研究 . 考古学报，2（1）：15~38

第十三章　中亚热带湿润地区

中亚热带湿润地区纵横在 23.5°～33.0°N，92°～123°E 之间，面积约占全国陆地总面积的 16.5%，是亚热带中最宽广的一个地区。主要包括江南丘陵、云贵高原、四川盆地、粤桂北部及浙闽沿海山地丘陵等自然单元。在行政区域上，跨湖南、江西、浙江、福建、贵州、四川、重庆等省市的全部或大部，湖北、安徽等省的南部，广东、广西、云南等省（区）的北部，向西延伸至西藏自治区东喜马拉雅山南麓（图 13.1）。

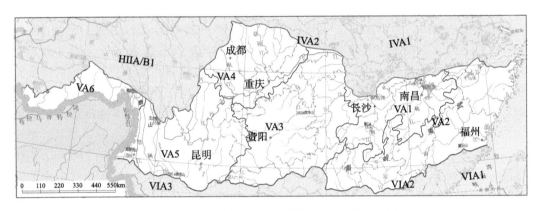

图 13.1　中亚热带湿润地区的位置（图例见正文）

本地区东临海洋，西接青藏高寒区。北部与北亚热带湿润地区相连，其分界线西起米仓山、大巴山、武当山的南麓，沿鄂西山区的东侧（江汉平原西缘）折向南，再沿洞庭湖平原的南缘折向东，然后沿长江南岸丘陵盆地的北缘向东北，一直延伸到长江三角洲平原南缘，在湖州以东和杭州附近的钱塘江口、宁绍平原南缘，止于东海。该分界的温度指标为最冷月（1月）平均气温 5℃，极端最低气温多年平均值 −5℃。此界线也是柑橘适宜种植区的北界以及稻、稻、油（麦绿肥）一年三熟制的区域北界。本地区的南部与南亚热带湿润地区接界，其分界线西自喜马拉雅山南麓海拔约 2500m 为上限，东接云贵高原，大致在 25°N 左右，向东则沿南岭山地南缘和戴云山，直到福州东南海滨。此分界的温度指标为最冷月平均气温 10℃，极端最低气温多年平均值 0℃。

中亚热带湿润地区自然条件优越，气候温暖湿润，土地类型多样，生物资源丰富，是一个山清水秀、景色秀丽、风光宜人的地区。

第一节　自然地理特征综述

一、类型齐全的复杂地貌

本地区处在中国的第二级和第三级地形阶梯，地势自西向东降低，广泛分布着以山地、丘陵与盆地为主的各类地貌。从地貌单元看，自东向西主要包括闽浙沿海山地丘陵、江南丘陵、南岭山地、云贵高原和四川盆地等。

地处本地区东缘的闽浙沿海山地丘陵，海岸线曲折，岛屿众多；在东南沿海山地与丘陵中，仙霞岭、武夷山、括苍山、戴云山是主要的山脉，山地海拔多在1 000m上下，部分峰脊达1 500~2 000m。江南丘陵，主要由一系列北东—南西向雁行式排列的山地和夹于其间的众多丘陵、盆地组成。山地主要由花岗岩和浅变质岩组成，平均海拔500~1 000m，少数山峰可超过1 000~1 500m。主要山地有幕阜山、九岭山、武功山、九华山、黄山、天目山等。盆地主要由红色砂页岩或石灰岩组成，海拔100~400m，规模较大的有湘中的湘潭盆地、衡阳-攸县盆地、赣中的吉（安）泰（和）盆地、浙西的金（华）衢（州）盆地等。这些盆地，由边缘到盆地轴部的河流两岸，地貌类型组合排列的顺序是山地（中山、低山）—丘陵（高丘、低丘）—岗地—冲积平原。其中，山地和平原面积较小，丘陵所占比重很大。南岭山地为本地区南部断续的东西向山地，南岭古称"五岭"，包括大庾岭、骑田岭、萌渚岭、都庞岭、越城岭等山地，东西长达600km多，山地高度一般在1 000m上下，高峰可达1 600~2 000m。山体之间有一系列东西排布、北东向的断陷盆地，普遍堆积了白垩纪—古近纪红色碎屑岩系，海拔400~500m，甚至更低，自古是南北交通要道。四川盆地是东部季风区内最大的丘陵式盆地，它被山地和高原环绕，盆地中部的白垩纪红色砂岩、页岩近于水平，红层构成的地貌形态以方山丘陵为主，海拔平均约500m。它虽是一个古老的陆台，但白垩纪末的四川运动，使盆地里的地层普遍受到变动，新生代以来主要表现为上升。盆地西缘的山前地带，是断陷而成的成都平原，这里第四系的沉积厚度达数百米，土质肥沃，水源充足，早在两千多年前就开辟了著名的都江堰灌区。云贵高原海拔在2 000m上下，在地形上是东南丘陵向西南高山高原的过渡地区。地面的构造形态主要产生于燕山运动时期，新生代初期准平原化，在后期的上升过程中，受到河流的强烈切割，高原面已经很破碎。

本地区地表红层广布，"丹霞"地貌典型。这里从中生代以来长期处于湿热环境，加之广大地区的构造运动自古近纪以来就以整体轻微上升为主，在相对拗陷的浅小盆地中，第四纪沉积不发育，因此白垩纪—古近纪堆积的红色岩层广泛出露，并在第四纪以来的湿润气候条件下，被流水雕塑成独特的红层地貌。红岩盆地广布，红层地貌发育。在地貌上主要表现为坡度浑圆和缓的丘陵，部分地区形成峭壁陡崖、顶部平坦的台地、方山和石峰，即所谓"丹霞"地貌。红层地貌地域差异较为明显。在本区东部，浙江和湖南境内，一般以丘陵地貌为主，如金衢盆地、衡阳盆地等。但江西、福建和广东等境内的红色盆地中，除丘陵地貌外，"丹霞"地貌很普遍。这是因为这些山地丘陵常由新生代红色岩层所构成，往往被侵蚀成相对高度数十米至百余米的特殊的红色峰林状地形,"赤壁丹崖",姿态万千,成为东南名胜,分布相当广泛,著名的有福建武夷山、广东丹霞山、江西龙虎山、安徽齐云山和浙江江郎山等。"丹霞"地貌以粤北仁化的丹霞山最为典型而得名。在本地区西部的四川盆地,由于红色砂岩在盆地内随处可见,土壤亦受母质的影响,故四川盆地又有"红色盆地"之称。位于盆地西部山前地带的著名成都平原,是历史上"天府之国"所在地。

本地区岩溶地貌发育,峰林、洞穴奇特。贵州、广西以及云南东部碳酸盐岩广布,一般占地表面积的50%以上,总厚度可达数千米,是中国岩溶地貌最为发育的地区,峡谷幽深,地面崎岖,石峰、石林、溶洞、伏流广布。特别是广西境内,岩溶地貌十分发育,造就了风景甲天下的"桂林山水"。从云贵高原边缘向广西盆地内部过渡,可以依次见到峰丛、峰林、孤峰、残丘等地貌形态,它们代表了广西岩溶从不成熟到成熟的几个主要发育阶段。在川东、鄂西、湘西、浙江以及皖南碳酸盐岩分布也较广泛,地表形态以缓丘和各种洼地、漏斗、谷地为特征。

此外,本地区花岗岩低山、丘陵分布广泛,尤其在福建、广东以及桂东南、湘南和赣南一带更为集中。武夷山、戴云山等花岗岩的球状风化和层状剥落进行迅速,因而形态浑圆,缺少尖峭的山脊;南岭山地是花岗岩穹窿山地;天目山、衡山等山地花岗岩的岩性坚硬,抗蚀力强,具有陡崖峭壁的山峰;黄山为巨大的花岗岩株,群峰林立,山体雄伟,自古为游览胜地。花岗岩还由于节理发达,地表水和地下水沿节理活动,每每发育成谷地甚至盆地,江西、福建、广东的一些花岗岩山地就有当地称之为"峒田"的小盆地。

二、受赐于季风环流的温湿气候

按行星风系的气候分带,本地区处于副热带高压带控制的范围内,但由于海陆差异及青藏高原隆起所导致的温压场的改变,其形成的季风环流改变了近地面层行星风系的环流系统,遂使这里具有了温暖湿润的亚热带季风气候,自然景观亦深深打上了气候的烙印。

本地区气候温暖,热量丰富(图13.2)。年平均气温多在15~20℃之间,日平均气温≥10℃期间的积温,东部在5300~7000℃之间,西部在5100~6500℃之间。全年无霜期为260~340天,适合多种作物生长。在东部,冬季最冷月平均气温,江南丘陵在2~10℃之间,南岭一带10~12℃;绝对最低气温,长江以南多在-7~-10℃之间,南岭以南亦可降至-5℃。在西部的四川盆地因有高山围绕,阻滞北方冷空气的入侵,夜间云量又多,辐射冷却大为减弱,温度可达6~8℃,是中国同纬度上冬季最暖的地方。贵州高原气温4~6℃。全地区冰雪很少,冬季不算太冷。夏季本地区进入高温季节,除云贵高原和山地区域外,7月平均气温均达28℃左右,有些地区超过29℃。5~9月常出现35℃以上的炎热天气,其中7~8月因受副热带高压控制,晴天多,日照时间长,高温出现的频率最大,绝对高温常超过40℃,如修水44.9℃,吉安44℃,重庆42.2℃,浙江金华、江西玉山、湖南安化等地也都有41℃以上的高温记录。春秋两季气温比较适中,4月和10月的平均气温为16~21℃,江南、华南等地秋温高于春温。

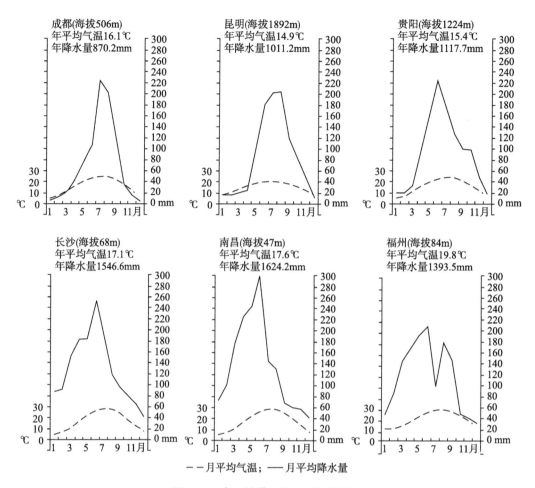

图 13.2　中亚热带湿润地区气候图示

　　本地区降水丰沛，但季节分配不均。年平均降水量一般在 1 000 ~ 1 600mm 之间，比暖温带地区多 1 ~ 2 倍。降水量由东南向西北递减。浙闽沿海山地年降水量 1 300 ~ 2 000mm，南岭山地和江南丘陵 1 400 ~ 1 600mm，四川盆地 1 000 ~ 1 200mm。地形对降水的影响也很显著。山地降水的分布，一般是自山麓向上逐渐增加（指在最大降水高度以下范围）。由表 13.1 可见，年降水量和降水日数都是山顶多于山麓，每上升 100m，年雨量约增加 40mm 以上，降水日数增加 2 ~ 3 天（《中国自然资源丛书》编委会，1995）。同时，降水量向风坡多于背风坡。如武夷山向风坡，年降水量超过 2 200mm，往往比背风坡的降水量多出几百毫米。再就是气旋经过的地带，雨量有所增加，如南岭山地、闽浙山地雨量较多。

　　本地区降水量的季节分配，以夏雨最多，春雨、秋雨次之，冬雨最少，但冬季的降水量亦可占年降水量的 10% 以上。本地区降水内部差异较为明显。以江南丘陵为中心，包括 100°E 以东、32°N 以南的广大地区是中国的春雨区。江南丘陵春季降水多、雨期长，大部分地区春雨从 4 月上旬开始，5 月下旬结束，雨期长达 60 天，春雨可超过秋雨。湖南长沙、江西南昌、福建崇安以及广东韶关等地，春雨比率都在 40% 左右。25°N 以北、35°N 以南的江淮流域及川黔部分地区，梅雨是重要的降水来源，正常年景

表 13.1　中亚热带部分山地（山顶）及山麓站的降水量及降水日数

站点		海拔高度/m	年降水量/mm	年降水日数/天
黄山	黄山	1840	2065.1	182.2
	屯溪	147	1641.7	155.0
衡山	南岳	1266	1998.1	192.0
	衡阳	101	1325.3	159.6
庐山	庐山	1164	1916.0	171.4
	九江	32	1395.3	138.9
峨眉山	峨眉山	3047	1856.8	261.0
	峨眉	447	1519.0	184.0

梅雨降水可占全年降水总量的 40% 左右。南岭山地 5 月下旬进入梅雨期，6 月下旬结束，江南丘陵大致从 6 月上旬开始，6 月下旬结束，为期约 1 个月；长江下游一带 6 月下旬开始，7 月下旬结束，雨期也是 1 个月左右。梅雨季节来临的早晚、梅雨期的长短、降水量的大小，对本地区旱涝影响很大。7 月下旬至 8 月中旬，在 108°E 以东的长江流域以及南岭山地的广大地区，深受副热带高压所控制，常常出现晴热少雨天气，这就是一般所称的"伏旱"。初秋，地面副热带高压势力减弱，位置南移，夏季风随之南撤，冷空气进入本地区，可产生短期的降水过程。东部沿海一带，受台风影响，此时如果北方有冷空气南下，可形成 30 天左右的秋雨期。雨期一般 8 月下旬开始，9 月中旬结束。如果地面为冷空气控制，高空的副热带高压又未南撤，即呈现高、低空高压稳定重叠，则会出现秋高气爽的天气，甚至发生秋旱。在川黔地区，因北方冷空气南下产生的锋面受阻，出现华西秋雨，降水也相对较多，秋雨多于春雨；云南高原受西南季风影响，干湿季分明，雨季自 5 月上旬开始，10 月初结束。

本地区夏半年（4~10 月）降水占全年降水总量的 70% 以上，6、7 月为降水量高峰。年降水量的相对变率一般为 15%~20%，很少地方超过 20%，较暖温带的华北地区为小。降水量年际或月际变化幅度受距海远近的影响，愈向内陆变率就愈大，同时它也是酿成旱涝灾害的主因。例如，梅雨期间雨量集中，降水时间过长，即易造成洪涝灾害。

三、河湖密布的水文环境

本地区河网密集，且多属长江水系。该区河网密度一般均在 0.3~0.4km/km² 以上，成都平原达到 1.23km/km²。长江自宜昌以上划属中亚热带湿润地区，流域几乎覆盖西部全境。在长江上游段，有著名的岷江、沱江、嘉陵江、乌江等支流；在中下游段有鄱阳湖水系的赣、抚、信、饶、修诸河汇入干流；中游的洞庭湖虽划属北亚热带，但该水系的湘、资、沅、澧诸水却为本地区提供了丰富的水资源。此外，本地区最西缘属于澜沧江、怒江和元江流域，东南沿海属于富春江、瓯江、闽江、九龙江和珠江，以及浙闽沿海的大小诸河流域。

本地区河流的主要特点是水量丰富，汛期较长。这里处于丰水区范围，地表径流丰富。径流深一般在 500 ~ 1 200mm 之间，其分布趋势与降水大体一致，从东南向西北递减。径流深最大处为武夷山，超过 1 600mm，九岭山、罗霄山、雪峰山以及长江三峡以南山地在 1 200mm 左右。赣江盆地、湘江盆地、川黔山地为 500 ~ 700mm，四川盆地不足 350mm。就径流系数而言，江南丘陵、浙闽山地、南岭山地等在 60% ~ 70%；而贵州高原和四川盆地等不足 50%。总体来看，河流水量丰富。贯穿本地区的长江（上游干流段）是全国最大的河流，其支流岷江、嘉陵江、乌江，还有湘江、沅江、赣江等，径流量都超过黄河（表 13.2）。钱塘江流域面积只及黄河的 6.2%，而平均流量和径流总量却达黄河的 67%（赵济、陈传康，1999）。

表 13.2　中亚热带湿润地区主要河流与黄河水量比较

河流名称	流域面积/km²	河流长度/km	径流深/mm	平均流量/(m³/s)	径流总量/亿 m³
岷江	133 000	735	698.5	3 010	949.0
嘉陵江	160 000	1 120	439.4	2 200	694.0
赣江	83 000	764	791.0	2 030	640.3
湘江	94 230	817	781.9	2 010	633.7
沅江	90 410	1 060	800.9	2 130	677.0
钱塘江	47 300	466	1 005.2	998	315.0
黄河	752 440	5 464	61.9	1 480	465.7

本地区河流主要以雨水为补给来源，其径流量受季风进退造成的雨带移动影响明显，雨带自南向北推移，河流亦自南而北先后进入汛期。江南地区的河流大部分 3 月开始增水，4 月水量大增，5、6 月出现最大洪峰（即"梅汛"）；长江上游及江北，洪峰期一般出现在 7、8 月。东部沿海河流，如瓯江、闽江、珠江等，在夏讯之后，常出现一个"台汛"，汛期持续到 9 月。中亚热带河流汛期由 4 月持续到 9 月，为期达半年之久。与北方河流相比，本地区河流径流的年内分配比较平衡，洪枯水位相差较小。从径流的季节变化看，境内的河流基本上属于以下三种类型：春、夏类的湘赣多雨型，春、夏、秋类的江淮多雨型和东南沿海台风雨型。整个地区径流的年际变化不大，为全国最稳定地区之一。

本地区拥有中国当今第一大淡水湖——鄱阳湖，按湖口水位（吴淞高程）21m 计，湖面面积约为 3 840km²，蓄水量 262 亿 m³，相应于 1998 年 7 月 31 日的最高水位 22.59m 的湖面面积为 4 070km²，容积 320 亿 m³。它汇纳流域内赣江、抚河、信江、饶河、修河五大河及其他小支流的来水，调蓄后经湖口汇入长江，1950 ~ 2001 年平均每年入江径流量 1 509 亿 m³，占大通站长江同期平均径流量（9 207 亿 m³）的 16.4%，超过黄河、淮河、海河三河入海水量的总和（王晓鸿，2004）。鄱阳湖平均水深 8.4m，流域面积 162 225km²，占长江流域面积的 9.0%，多年最高最低水位差高达 15.79m，最大年变幅为 14.04m，最小年变幅也达 9.59m，在国内淡水湖中罕见。同时，由于鄱阳湖高低水位之间的湖岸带为缓坡凹地，水位的显著变化导致湖面面积与湖容的巨大变化，以至呈现"高水是湖，低水似河"的独特景象。由于鄱阳湖地势略高于长江，正常情况下，江水一般不入湖；而在长江水少时，大量湖水倾入长江；在长江水位高涨时，江水能倒灌一部分入湖，因此鄱阳湖是长江沿岸重要的调节湖泊，具有调节长江水量和湖区气候以及蓄洪、滞洪、航运等多种功能。

在本地区西部的云贵高原湖泊，大多为地层断裂陷落而成的构造湖和石灰岩溶蚀湖，海拔较高，湖水较深。如著名的滇池、洱海、抚仙湖都是地堑式湖盆，湖面高程在1 800m以上，湖水深度超过6m。其中，抚仙湖深达151.5m，居全国深水湖泊的第二位。岩溶湖以贵州为多，其湖面较小，湖水较浅，形状近似圆形或椭圆形，地面一般无排水道，地下往往与暗流相通。

四、典型的地带性植被与土壤

本地区植被类型与土壤类型复杂多样，其中常绿阔叶林和红壤（黏化湿润富铁土）、黄壤（铝质常湿淋溶土）是这里的代表性植被和土壤，分布极为广泛。

中亚热带常绿阔叶林，是中国亚热带的典型地带性植被。它以层片多、四季常绿为其明显的林相特征。林内还有藤本、附生植物，由地面伸展至高层。乔木一般高15~20m，总郁闭度0.7~0.9以上，上层乔木以壳斗科、樟科、山茶科和木兰科的常绿树种为主，如苦槠、甜槠、罗浮栲、细叶青冈、红楠、木莲、木荷等。林中经常混入一些针叶树种，如粗榧、江南油杉、白豆杉、银杉、刺柏等。由于生境条件不同，树种组成各地也有差异。例如，栲槠属中苦槠、米槠、栲、甜槠等是亚热带东部的建群种；高山栲、元江栲是云南高原、四川西南部常绿阔叶林的优势种或建群种；青冈属中的青冈、曼青冈是东部常绿阔叶林的优势种或建群种，而滇青冈则是西部常绿阔叶林的建群种；石栎中的包石栎、多变石栎、多穗石栎也是东西部常绿阔叶的建群种。本地区南部南岭山地丘陵，虽然海拔在500~600m以下的天然植被亦为常绿阔叶林，但其组成成分中已含有若干热带植物，林相上层比较稀疏，中层较为茂密，由于树种繁杂，树高不同，因此林冠参差不齐。又由于阳光不足，地被物不甚发达，蕨类颇多。此外，本地区还有许多经济价值很高的植物，如樟、楠、栲、槠等，都是上等工业木材和建筑用材；杉木是优良的用材树种，材质好，易于加工；马尾松是一种适于土壤瘠薄环境的速生树种，木材抗腐力强，是荒山造林、水土保持的先锋树种和薪炭林树种；广泛分布的竹类，特别是毛竹，3~5年即可成材，是工业、工艺和建筑的重要用材；油桐、乌桕、油茶是木本油料植物；杜仲、厚朴是贵重药材；区内茶的分布广，其产品种类很多；还盛产水果，尤以红橘、甜橙等最为著名。

本地区占优势的地带性土壤是红壤（黏化湿润富铁土）和黄壤（铝质常湿淋溶土）。长江以南的广大地区乃至南岭，凡500~900m以下的低山、丘陵多属红壤和山地红壤分布所在，黄壤大多散见于较高山地。在湖南、江西境内，湘江、赣江沿线的起伏丘陵、阶地区，红壤分布尤为集中。红壤是中亚热带具有中度富铝风化的红色酸性土壤，其形成以脱硅富铝化过程为主。土体内原生矿物分解，氧化硅与盐基强烈淋出土体，形成以高岭土、水云母为主，含有少量三水铝石的次生黏土矿物。氧化铁、铝相对富集，致使硅的迁出量达20%~80%，钙、镁、钾、钠迁出量达40%~90%（席承藩等，1994）。由于盐基大量淋失，钙、镁、钾、钠、磷等化学成分的含量很少，磷约为0.06%，有些地方甚至已全无速效磷。铁、铝氧化物从风化壳到土壤，都有明显聚积，铁的富集量达7%～15%，铝达10%～12%。黏粒硅铝率在2.0～2.8之间，整个土体都比较黏重。pH4.5～5.5，呈酸性至强酸性反应。在有森林植被的情况下，土壤有机质含量可达4%～6%，表土呈灰棕色，称为暗红壤，自然肥力较高；森林遭受破坏后有机质含量迅速下降，草地红壤仅1%～2%；土壤侵蚀比较严重的地方，有机质含量则不足1%。黄壤是亚热带性湿润条件下，富含水合氧化铁的黄色酸性土壤，多分布于地势较高（海拔600～800m以上山地）、气温较低、湿度较大的地方，除富铝化作用外，还有黄化作用。由于成土环境条件相对湿度大，土体经常保持潮湿，致使土壤中的氧化铁水化，形成以含水的针铁矿、褐铁矿和多水氧化铁为主的铁水化合物，使土体出现黄色或蜡黄色土层。黄壤多为湿润亚热带常绿阔叶林被覆，土壤有机质含量较高，一般可达5%～10%。此外，在本地区的四川盆地、浙江的金衢盆地分布有大面积的紫色土（灰紫色湿润雏形土），广西、贵州和云南碳酸盐岩母质上广泛发育着石灰土（黑色岩性均腐土）。本地区由于长期受人类活动的影响，也是中国水稻土分布集中的区域之一。

在中国土壤分类分区中属于东部季风土壤区域的湿润富铁土、常湿淋溶土地区，包括了简育湿润富铁土、简育水耕人为土区，简育湿润富铁土、铝质常湿雏形土区，简育湿润富铁土、铝质常湿淋溶土、滞水常湿雏形土区，铁聚水耕人为土、黏化湿润富铁土区，黏化湿润富铁土、铁聚水耕人为土、紫色湿润雏形土区，简育湿润富铁土、铝质常湿淋溶土区，铝质常湿雏形土、铁质湿润淋溶土区，铝质常湿淋溶土、钙质常湿雏形土、简育水耕人为土区，铝质常湿淋溶土、钙质常湿雏形土、铁质湿润雏形土区，紫色湿润雏形土、铝质常湿润淋溶土、铁渗水耕人为土区，铁渗水耕人为土、淡色潮湿雏形土、铝质常湿淋溶土区，钙质湿润淋溶土、铁聚水耕人为土区，富铝湿润富铁土、铁聚水耕人为土、铝质湿润雏形土区，以及铝质湿润雏形土、铝质常湿雏形土区等。

五、深受人类活动影响的自然景观

随着人口增长与科学技术的不断进步，人类经济活动对自然界的干预程度与范围不断扩大和深化，从而深刻影响了自然环境各要素和整个自然界。其中，人类活动对自然环境的影响既有合理、积极的方面，也有不合理的方面。

（一）耕种土壤取代自然土壤

土壤既是自然资源的重要组成部分，也是种植业赖以发展的基地。在自然状态下，土壤的生成与演变可以千万年计。然而自六七千年前农业肇始，在长期的农业生产活动中，逐步改变了土壤的生成与演变方向，形成人为土壤。人类活动对土壤的影响是多方面的，包括平整土地、改造地表、灌溉排水、施肥与耕作等。本地区农业生产历史悠久，自然土壤经过长期的种植，肥力不断增加，大都成为宜于农作物生长的农业（耕作）土壤。这些土壤又可分为水稻土（铁聚水耕人为土）和旱地耕作土两大类。

水稻土是在人类生产活动过程中，通过水耕熟化过程而形成的特殊土壤，是一种人工水成土。水稻土形成于各种条件下，发育于各种母质，性质千变万化，但氧化还原交替过程是共同的特点。本地区以红壤母质发育的水稻土，一般可一年种两季水稻，冬作物为小麦、油菜或绿肥。水稻土处于淹水状态的时间长达 7 个月之久，因而其理化特性，主要表现为铁、锰的淋溶淀积现象十分强烈，有机质积累作用较明显，含量较高（1.5% ~ 2.8%）。由于起源土壤富铝化，因此水稻土胶体部分硅铝率也多在 2.2 以下。土壤的阳离子交换量低，盐基不饱和，pH 为中性或微酸，黏粒矿物以高岭石为主。以紫色土为母质发育的水稻土，黏粒部分硅铝率较高，在 2.9 左右，一般呈中性、微碱性反应，矿物营养元素含量丰富。成都平原大油砂土是著名水稻土，耕作层深厚，保肥、保水，因此该地区成为中国历史上著名水稻高产区之一。红壤地区淹水种稻，常变成淹育型水稻土，并逐渐向高产稳定的潴育型水稻土方向发展。这类演化方式主要发生在丘陵地区，多形成梯级稻田。但是，由于本地区土壤的抗蚀力较弱，加之降水强度大，如果耕垦不合理，则会导致水土流失和土壤资源退化。旱地耕作土，在人类活动干预下，也随熟化程度不同而发生变化，最明显的是耕作层由薄变厚，表层有机质含量由少增多。如熟化红壤耕作层从不足 20cm 增加到 30cm 左右，有机质由少于1% 增至 1.5% ~ 2.5%。

（二）人工林替代天然林

本地区因开发历史悠久，地带性的常绿阔叶林原始植被久经人类活动的破坏，现已保存甚少，取而代之的是人工林或农田植被景观。川东平行岭谷，地带性植被受到破坏后，现在多为以马尾松、柏树、各类竹类为主的人工林或次生林；滇东黔西石灰岩山地，地带性常绿阔叶林遭到破坏后，次生的马尾松分布较广，竹林成为特色优势资源；川中丘陵由于人类活动强度大，现几乎无天然林，植被多为人工林或次生林（刘邵权，2006）。东部平原丘陵区的自然植被更是普遍遭到破坏，代之而起的是人工培植的马尾松、杉木和竹林等，更多部分则已辟为耕地或次生草灌荒坡。在居民点附近和河湖沿岸，有成带或成片的阔叶乔木林，常见的有枫杨、垂柳、小叶杨、合欢、桑、楝等。湖沼地区有沼泽草本植物和水生植物。

（三）毁林开荒，生态恶化

历史上，本地区的西部曾古木参天，森林茂密。据史料记载，四川在元代时期森林覆盖率大于 50%，但随着人口的增加，人类活动的加剧，特别是乱砍滥伐和毁林开荒，使森林资源遭到严重破坏，天然林面积明显减少，森林覆盖率不断下降，1935 年为 26%，1949 年减为 19%，1962 年更下降为 14%。1980 年代后期以来，由于采取了一系列封山育林措施，森林覆盖率有所上升，1990 年恢复到 19%，但仍未达到 1935 年的水平（陈宜瑜，2005）。随着森林植被的破坏，导致动植物种类减少，生物多样性受损；水土流失加剧，土壤肥力下降，土地退化加重；影响局地气候，诱发和加剧局部地区灾害性天气等。

（四）围湖垦殖与湖泊萎缩

随着人口不断增长，人们早已开始围湖垦殖，与水争地，尤以近半个世纪更为严重。长江中游是中国围湖垦殖最多的区域。位于江西省北部、长江中下游分界处南岸的鄱阳湖，1970 年代前由于湖的南部大面积围垦和三角洲加速充填湖盆，使面积急剧缩小。由表 13.3 可见，1954～1998 年，鄱阳湖因围垦而使面积减小 1 210km²，容积大致减少 60 亿 m³。1998 年洪灾后，实行"平垸行洪，退田还湖"方针，退田还湖总面积约 210km²，至 2002 年围湖面积还有约 1 000km²（王晓鸿等，2004）。围湖造田，使湖泊萎缩，导致调蓄洪水能力骤降，削弱了湖泊的生态功能，生物多样性受损，野生动植物种类和数量大为减少，珍贵鸟类少见。同时也影响局部地区的气候，并可能使血吸虫病再呈上升趋势。

表 13.3　鄱阳湖历年围垦面积变化 *

年份	面积/km²	容积/亿 m³	围垦面积/km²
1954	5 050	321	150
1957	4 900	314	310
1961	4 590	295	260
1965	4 330	281	370
1967	3 960	261	8
1975	3 952	269	112
1978	3 840	260	0
1998	3 840	260	−210
2002	4 050	—	
			合计：1 000

* 表中面积、容积为吴淞高程 21.0m 时的量算数字。

第二节　中亚热带内部的南北分异与东西差别

中亚热带位于中国亚热带居中位置，南北跨度近 10 个纬度，东西跨度超过 30 个经度，是一个幅员甚为广阔的地域，在其内部自然要素和自然景观的地区性变化十分明显，并在总体上呈现出递变的南北分异和显著的东西差别。

一、递变的南北分异

中国亚热带的三大自然地带及其内部的南北分异，都是受纬度地带性规律所控制的。随着纬度增加，本地区由南向北气温逐渐降低，年平均气温渐次减少。据研究，南岭—武夷山区年平均气温 18.5～19.5℃，最冷月气温 6.0～8.5℃，日平均气温 ≥

10℃期间的积温 5 500 ~ 6 300℃，无霜期 280 ~ 310 天；江南丘陵年平均气温 16.5 ~ 18.5℃，最冷月气温 4.0 ~ 6.0℃，日平均气温≥10℃期间积温 5 300 ~ 5 800℃，无霜期 260 ~ 290 天；湘西及鄂西南年平均气温 16 ~ 17℃，最冷月气温 4.5 ~ 5.0℃，日平均气温≥10℃期间积温 4 800 ~ 5 000℃，无霜期 275 ~ 290 天（孙鸿烈和张荣祖，2004）。若从本地区处于 110° ~ 115°E 之间南北各站点的温度来看，气温随纬度变化而南高北低、热量南多北少的趋势更为明显（表 13.4）。

表 13.4 中亚热带湿润地区温度的南北变化

站点	纬度/N	年平均气温/℃	最冷月均温/℃	极端最低气温/℃	日平均气温≥10℃期间积温/℃
常德	28°55′	16.9	4.7	−13.2	5 315.27
长沙	28°12′	17.2	4.7	−11.3	5 465.03
衡阳	26°56′	18.0	5.9	−7.9	5 649.80
郴州	25°45′	18.0	6.2	−6.8	5 577.13
韶关	24°48′	20.4	10.2	−1.4	6 626.00
河源	23°44′	21.5	12.7	−0.7	7 537.70

本地区降水的总体分布呈现自东南向西北递减的趋势。浙闽沿海山地年降水量 1 300 ~ 2 000mm，南岭山地和江南丘陵 1 500mm 左右，云贵高原除北部外多在 1 000 ~ 1 500mm，四川盆地在 1 000 ~ 1 200mm 之间，盆地中心略低于 1 000mm。但因受地形和季风的影响，纬向性受到干扰和破坏，出现了高低值闭合中心。以东部而言，在年降水量 1 200 ~ 2 000mm 的区域内，非地带性分布最为突出，平原河流以及山系的纵横交错，把区域内分割成高低相间的几大片，黄山、雪峰山、武夷山、罗霄山、南岭、戴云山等山系为常年降水高值区；而在雪峰山、罗霄山、武夷山之间的湘江流域、赣江流域和赣南盆地为相对低值区，鄱阳湖也是个相对低值区，降水量已明显偏少。

本地区地带性植被为典型常绿阔叶林，但南北仍有所不同。一般来说，植物区系成分随纬度地带性自南向北逐渐过渡，东部大致以 27°10′ ~ 27°30′N 的湘赣中部为界，此界以北逐渐渗入稍多的暖温带区系，落叶阔叶成分增多，到湘、赣北部逐渐过渡到接近北亚热带的常绿阔叶与落叶阔叶混交林类型，多以壳斗科树木为建群种，落叶层片主要成分有栓皮栎、麻栎、槲栎等，常绿层片的主要成分有苦槠，还有青冈、石栎，以及冬青属、女贞属等。往南常绿树种逐渐增加，在浙闽山地、江南丘陵、南岭山地以及西部的贵州高原等地，广泛分布着典型常绿阔叶林，其分布的海拔高度在东部为 1 000 ~ 200m 以下，在西部大约在 1 000 ~ 1 500m 之间，群落外貌四季常绿，一般呈暗绿色，因上层大树的树冠浑圆而使林冠呈微起伏状。常绿树种有如上节所述。到达本地区的南部边缘，已具有较多的热带植物区系。如南岭山地 1 200m 以下分布有含热带树种的常绿阔叶林，主要树种有罗浮栲、南岭栲、鹿角栲、钩栲、榕树、米槠、甜槠、红楠、木荷等，其中含有较多的樟科成分，如厚壳桂属、琼楠属、樟属、楠木属、润楠属等，次为山茶科的茶科、大头茶、石笔木、舟柄茶、银木荷等。本地区盛产的具有经济价值的林果、特产也与特定的气候特征密切相关，因而南北亦有所差异。以柑橘而言，北部是宽皮橘较适宜栽培区，南部是甜橙适宜栽培区，且利用局地温暖的小气候还可试种夏橙。此外，北部毛竹生产优于南部，而南部山地是杉木最适宜的产区；北部可以栽培果蔗，南部可以栽培糖蔗等。

红壤（黏化湿润富铁土）是本地区具有中度富铝风化的红色酸性土壤，分布广泛。它随着热量自北向南增加，土壤中铝的富集作用和生物积累作用不断加强，土壤则由红壤向南亚热带的赤红壤（简育湿润铁铝土）方向发展。再则，由于干热和温湿的气候条件对富铝化作用的影响，因此在某些地域又可形成燥红土（简育干润富铁土）和黄壤（铝质常湿淋溶土）。本地区分布范围最广、面积最大的土壤亚类是普通红壤，主要分布于赣、湘、闽、浙等山地丘陵，以及黔东南高原。此外，北部边缘（如皖南、赣北）还有向黄棕壤（铁质湿润淋溶土）或黄壤过渡的棕红壤或黄红壤分布；云南高原中部及其边缘的深切河谷及残丘地带，分布有接近南亚热带赤红壤（简育湿润铁铝土）的褐红壤。

二、显著的东西差别

由于距海远近及地形起伏的影响，本地区以110°E武陵山、雪峰山一线为分界线，东部和西部的自然地理特征有显著差别。

（一）地表结构迥异

本地区东部位于中国地形的第三级阶梯，广泛分布着以低山、丘陵为主的多种地貌形态，其地貌结构大多是北东或北北东向排列，隆起带与凹陷带相间排列。总体来说，地势低平，平均海拔500m左右，只有部分低山可达800~1000m，少数山峰超过1000m，鄱阳湖平原则海拔低于50m。而西部属于中国地形的第二级阶梯，地势起伏较大，地面海拔多为1500~2000m，山地、高原与盆地、河谷相间分布。山地以中山为主，包括侵蚀中山、侵蚀溶蚀中山和溶蚀中山三种类型。高山主要分布在滇西、川西和滇东北一带，山岭海拔多超过3000m，相对高度在1000m以上。低山多分布在四川盆地内部及其周围以及黔东、黔南、滇南等地，其中黔南为溶蚀低山，其余多属侵蚀剥蚀低山。丘陵和平原规模均不大，有散布在宽谷两岸的谷旁丘陵和四川盆地中部的川中丘陵。平原最大的是成都平原。高原有丘原和山原两种类型，丘原的峰顶线平齐，高原面明显，低山缓丘呈波状起伏，相对高度在200m以下，主要分布在滇中、滇西南、黔西等地；山原起伏较大，相对高差在300m以上，高原面显得支离破碎，主要分布在黔西南、黔西北、川西等地，其中贵州西南部为侵蚀溶蚀山原，其余多为剥蚀侵蚀山原。

（二）气候特征不同

本地区东部临近海洋，夏季受副热带高压南侧东风气流及海洋气团影响，盛行东南季风；冬季受极地大陆气团影响，常受南下冷空气的影响。西部距海较远，地形复杂，北有高山屏障，冷空气不易侵入，受寒潮及东南季风影响小，而受西南季风影响大，此外，还受到高原季风的影响。因此，东西部气候特征明显不同。

1. 东部冬温夏热，热量丰富；西部冬温夏凉，热量丰度不一

东部，年平均气温为 16~20℃，最冷月均温多在 5~10℃，最热月均温 26~30℃，极少有结冰期，几乎全年均是农耕期。在副热带高压控制下，晴天多，日照长，特别是低洼的湖盆地区，加上空气湿度大，往往形成炎热中心。日平均气温≥10℃期间的积温为 5 300~7 000℃，能满足各种喜温作物生长期的需要。西部，大部分地区年平均气温在 14~24℃之间，但空间分布形式非常复杂，川南—重庆长江谷地年均温 18~20℃，贵州高原年均温在 15℃上下，云南高原因境内海拔相差悬殊（南北可差3 000m），年平均气温由元江谷地的 22℃向西北递减到 4℃，南北气温相差达 18℃。最冷月均温，四川盆地在 6~8℃之间，是中国同纬度上冬季最暖的地方。贵州高原约在4~6℃之间，而云南高原气温则从南部的 16.6℃向西北递减到 -3.8℃。最热月均温，川南—长江谷地在 26~28℃以上，平均最高温度甚至可达 34℃，云南大部在 20~24℃，川黔大部约 24~26℃，但滇东黔西低值区不足 20℃。由于西部大多冬温夏凉，故年较差也小于东部。日平均气温≥10℃期间的积温，四川盆地达 5 500~6 000℃，比东部同纬度地区的积温高 500℃左右；云贵高原海拔较高，多不足 4 500℃，比同纬度东部地区要低些。

2. 东部降水丰沛，春雨多于秋雨；西部降水相对较少，秋雨超过春雨

东部是全国雨量最多的地区之一，年降水量可达 1 300~2 000mm，约为世界同纬度地区的 1~3 倍，也比本区西部地区多。山区形成多雨中心，海拔 1 000~1 500m 以上山区一般比东部同纬度平均降水量高 400m。全年降水 120~140 天，而且雨量超过50mm 的暴雨多，尤以山区更甚。降水量季节分配，冬季降水量占年降水量的 10%~15%，春季 40% 以上，夏季 35% 左右，秋季 15%~20%，是中国春雨最多且超过夏雨的地区。尤以湘赣和闽浙西部最为明显。

表 13.5 中亚热带湿润地区各地各季降水量占年降水量的百分比（%）

站名	季节			
	春季（3~5月）	夏季（6~8月）	秋季（9~11月）	冬季（12~次年2月）
南昌	44	31	13	12
长沙	42	29	16	13
福州	35	>36	>16	12
贵州	29	47	20	4
昆明	11	60	25	4
成都	约16	约63	18	4

西部，贵州高原和四川盆地年降水量一般为 1 000~1 400mm。除滇西北外，云南高原年降水量从金沙江河谷地区向四周增大，滇南为 1 400mm 以上，滇中和滇东为600~800mm。区内降水量的季节分配极不均匀。位置偏东和偏南的贵州高原，因以东南季风降水为主，季节分配较为均匀，夏季降水量最多，占全年降水量的 40%~50%，春

雨比例也较高（约25%~30%）；四川盆地夏雨集中，约占年降水量60%左右，冬雨不足10%，秋雨多于春雨。这里秋雨强度小，雨日多，秋雨绵绵为突出特点。此外，这里与贵州部分地区降水量的日变化也有显著特点，即夜雨多，年夜雨量可达60%~70%，春季甚至可多达80%，所以自古就有"巴山夜雨涨秋池"的诗句。以西南季风降水为主的云南高原，冬季受西风南支急流控制，热带大陆气团经过的都是干旱地区，在其控制下天气干燥晴朗，日照充足，相对湿度低，形成干季（11~4月）；夏半年的西南季风来自印度洋或南海热带海洋，而且比较深厚，可达5 000~6 000m，秉性高温高湿，降水丰沛，形成雨季（5~10月）。雨季降水量集中了全年降水量的80%以上，具有夏雨冬干、秋湿春旱的特点，干湿季节十分明显，且秋雨远多于春雨（表13.5）。

3. 东部光照较多，光能总量中等；西部光照不足，光能总量偏低

东部年日照时数1 500~2 200h，年日照百分率30%~50%，年总辐射量为40亿~50亿J/m²，在国内是光能中等偏少地区，但日平均气温≥10℃期间的辐射总量占年总量的75%以上，即生长季辐射总量较丰富，所以这里具有较高的光能生产潜力。西部川黔地区是全国云雾最多、日照最少的区域，年日照时数不超过1 500h，川西和黔北地区还不到1 200h，相对日照在30%以下。"蜀犬吠日"、"天无三日晴"的谚语，生动描述了当地天气阴沉、日照稀少的气候现象。年总辐射量在四川盆地东南部还不到40亿J/m²，峨眉山以33亿J/m²低值而成为全国之最。以此为中心，远及滇东北、贵州全境和湘西、鄂西南山区均为中国年总辐射低值区。

（三）土壤、植被差异突出

本地区东部自然土壤类型较为单一，以富铝化显著的红壤占优势，一般在海拔500~900m以下的低山、丘陵多属红壤和山地红壤分布地带。而西部土壤类型较为复杂，既有地带性土壤又有类型多样的岩成土类。云贵高原以红壤（黏化湿润富铁土）、赤红壤（简育湿润铁铝土）、燥红壤（简育干润富铁土）和黄壤（铝质常湿淋溶土）等地带性土壤占地最广，四川盆地以深受紫色砂岩、页岩和泥岩等岩性影响的紫色土（紫色湿润雏形土）分布最为集中，贵州、广西、川南、滇东等地以碳酸盐岩风化物上发育的石灰岩土（钙质湿润雏形土）分布较广。此外，土壤垂直带性分异显著，各垂直带土壤大大丰富了这里的土壤类型。

本地区东西虽有相同的地带性植被，但其丰富程度和分布界限等仍有差异。东部代表性的亚热带常绿阔叶林原始植被久经人类破坏，保存甚少，而人工植被替代天然植被的现象相当普遍，故广泛分布着次生植被和耕种作物。西部，由于山地阻隔，人类活动的影响相对较小，植物十分丰富，如云南省以426科、2 597属和13 278种居中国各省区市第一，被称为"植物王国"。在这里一些古老生物在温暖湿润的河谷区得以保存、扩展、集聚、演化和发育，其孑遗种、特有种属多，在全国的地位突出。从常绿阔叶林的分布来看，东部北界位置约处于30°~33°N之间，而西部由于冬暖，北界可伸至33°N，高于东部2~3个纬度。垂直分布高度的差异更为明显（表13.6），东部分布高度为海拔1 000m或400m以下，西部大约为海拔1 200~2 800m之间，即东部比西部分布上限要低得多。

表 13.6 中亚热带湿润地区东西部常绿阔叶林分布上限比较

东部		西部	
地点	海拔高度/m	地点	海拔高度/m
浙江北部	400	贵州高原	1200
江西北部	800	峨眉山	1800
安徽黄山	1000	滇中高原	2800

（四）主要自然灾害的种类和强度不尽相同

本地区东部水文气象灾害频繁，每当冬夏季风的强弱和进退时间出现异常，并有其他因子叠加时，就往往会出现暴雨、洪水、渍涝、干旱、冷害、风害等各种灾害，尤以洪涝与台风危害最为严重。如1931年和1935年发生的特大洪水对湘赣等省造成惨重损失；1949年以来这里洪涝灾害仍然不断，特别是1980年代以后更为频繁，1991、1993、1995、1996、1998年连续发生大的洪涝危害十分严重。台风对闽浙沿海影响至深，在台风盛行的7~9月三个月中，这里各月的台风雨比重均在50%以上。据研究，1990年是福建省一个百年罕见的台风多见、暴雨多发年，该年共有五次登陆台风，暴雨最严重者有六次，尤以9 009、9 012和9 018三个台风降水最大，危害最为严重（鹿世瑾，1999）。而西部以滑坡、泥石流等地质灾害为突出。如1930年代四川茂县境内因地震而发生的巨型崩塌体阻断岷江干流，形成了迭溪海子，至今依然存在。1985年6月12日，西陵峡新滩北坡发生巨型崩滑，为自上而下的整体滑移，新滩镇全部被摧毁，造成严重的生命财产损失。云南东川蒋家沟每年发生泥石流10余次至数十次，以至被称为中国暴雨泥石流之王。

第三节　自然区自然地理特征

中亚热带湿润地区，跨幅宽广，自然环境复杂多样。按照地表形态的主要差异，并考虑到温度、水分条件的时空变化及植被状况，本地区可进一步分为江南丘陵常绿落叶阔叶林耕种植被区、江南与南岭山地常绿阔叶林区、贵州高原常绿落叶阔叶林区、四川盆地耕种植被区、云南高原常绿落叶阔叶林松林区、东喜马拉雅南翼山地常绿阔叶林区等6个自然区。

一、江南丘陵常绿落叶阔叶林耕种植被区（ⅤA1）

本区位于约25°~30°N之间，西起武陵山、雪峰山东麓，东界天目山、怀玉山和武夷山，南接南岭与罗霄山，北达洞庭湖盆地南缘以及幕阜山、九岭山和黄山。主要包括湖南中南部及其以东地区，江西大部以及皖南浙北部分地区。是以低山丘陵盆地为主、以常绿阔叶与落叶阔叶混交林及耕种植被为特色的自然地理区。

（一）自然区自然地理特征

1. 以丘陵、盆地居多的地貌形态

本区以湘江谷地和赣江谷地为拗陷中心，周边环以雁阵式山岭，主要山脉有雪峰山、幕阜山、九岭山、武功山、罗霄山、怀玉山、黄山、天目山等。这些山岭一般海拔1 000m左右，少数山峰在1 500m以上。在山岭之间的向斜谷地或断陷盆地中，普遍堆积着白垩纪到新近纪红色岩系，形成许多大小不同的由红色岩系构成的丘陵性盆地。较大的红岩盆地主要分布在湘江和赣江流域。湘江流域有衡阳盆地、株洲－渌口盆地、湘潭－湘乡盆地、长沙－浏阳盆地、攸县－醴陵盆地、永兴－茶陵盆地；在赣江流域有赣州盆地、于都盆地、信丰盆地、宁都盆地、瑞金盆地、吉泰盆地、龙南盆地、南城盆地等。红岩盆地受构造控制，多呈东北—西南向排列。红层岩性一般强弱相间，岩层倾角不大（一般为5°~15°），富垂直节理。当盆地及周围地面整体抬升后，露出地面的红层经湿热气候风化，并受河流切割与冲蚀，雕刻成各种形态的丘岗。红岩丘陵相对高度常小于100m，低于周围其他岩石所构成的高丘或低山，因此呈现出"盆地性"丘陵景色。在水平的红色岩系分布地区，常发育陡崖壁立的"丹霞"式山丘，如江西境内宁都盆地的金靖山、兴国盆地的东面山等；在水平层理软硬相间的红色岩系分布地区，常发育成"方山"地形，以湖南衡阳盆地等较为显著。红岩盆地之间的高丘和低山，多由前泥盆纪变质岩系及花岗岩组成，地形破碎。丘陵海拔300m左右，相对高度100~200m；低山海拔500~600m，个别山峰可超过1 000m，如衡阳盆地与湘潭－湘乡盆地间的衡山，海拔1 290m，主体由花岗组成。

本区平原也占有一定面积。鄱阳湖平原面积达2万km²，平原同低丘、岗地相互交错，地势低平，大部分地区海拔在50m以下。其主体为冲积湖积平原，广阔低平，海拔多在20m以下，由自南汇入鄱阳湖的"五水"（赣江、抚河、信江、饶河、修水）冲积三角洲及湖体泥沙淤积而成。冲积湖积平原周边的红土岗地，相对高差20m左右。鄱阳湖平原河网湖泊交错，为江西最富饶的农业区和水产基地。此外，本区在较大的河流两岸，普遍发育着多级阶地及冲积平原，沿湘江和赣江可见到10~15m、25~30m、40~60m三级阶地，其中最高一级多已被侵蚀为浅丘。大小河流的沿河冲积平原呈带状展布。湘江在株洲以下，赣江在峡江以下，其冲积平原已相当宽阔。

2. 温暖湿润且春季多雨、盛夏炎热的气候

本区年平均气温在16~20℃之间。冬季不太寒冷，1月平均气温4~8℃，通常只有在强寒潮侵袭时，冷空气从汉江河谷经两湖平原可进入本区，致使冷空气南下通道的气温陡降，极端最低气温在-5℃以下。夏季相当炎热，特别是盛夏因受副热带高压控制，晴天多，日照长，常出现连续高温天气，7月平均气温29~30℃，年极端最高气温在40℃以上，如零陵出现过43.7℃（1951年8月7日）、修水出现过44.9℃（1953年8月15日）的记录。全年日最高气温≥35℃的天数，湘江谷地和赣江谷地都达35~50天，是中国夏季炎热中心之一。区内热量资源丰富，各地日平均气温≥10℃的持续时期多在240~260天左右，日平均气温≥10℃期间的积温为5 300~6 000℃。

全区年平均降水量多在 1 400 ~ 1 700mm 之间。每年 3 ~ 6 月份的降水量占年降水总量的 50% ~ 60%，因为此期间特别是 5、6 月份，这里正处在南北气流频繁交绥地带，降水量猛增，月平均降水量可达 200 ~ 350mm。而且春雨多于夏雨，如长沙春雨占年降水总量 42%，南昌占 44%。7 ~ 9 月本区受副热带高压控制，除地方性雷阵雨和受台风影响的降水外，雨水不多，月平均降水量一般在 100mm 以下。全年降水量最少月份为 12 月或 1 月，月平均降水量一般只有 40 ~ 60mm。

3. 与山湖相依的稠密河网水系

本区水系十分发育，主要河流有湘江、资水、汨罗江、赣江、抚河、信江、饶河、修水等。仅在江西省境 16 万 km² 多的土地上，就有大小河流 2400 余条，平均每平方千米河长 115m。由于湘、赣境内都是东、南、西三面地势高起而北部低凹，故湘江、资水、汨罗江由南、西、东三面聚汇注入洞庭湖，赣、抚、信、饶、修等河流注入鄱阳湖，并分别以洞庭湖和鄱阳湖为中心形成两个完整的扇形水系。每条干流在地形的影响下，各自与支流又形成了树枝状水系。地表水资源丰富，河川多年平均径流总量湘、资流域为 900 亿 m³ 多，赣、抚、信、饶、修流域为 1380 亿 m³ 多；多年平均径流深 700 ~ 900mm，其中鄱阳湖水系为 853mm，洞庭湖水系的湘、资流域为 760mm 左右。江河水源补给主要来自降水，径流量和水位年内变化与降水变化趋势一致：每年春末夏初水位急剧上升，往往形成洪涝。4 ~ 9 月（部分站在 3 ~ 8 月）多年平均径流量占年径流总量的 70% ~ 80%，而每年 9 月至翌年 2 月却为江河枯水期，其中 12 ~ 2 月径流量只占全年径流总量的 10% ~ 12%，最大月径流量可达最小月的 8 倍左右。年径流变差系数 CV 值一般在 0.4 以下，山地较小，平原丘陵较大。

区内主要河流含沙量一般不大。特别是流经山区的河流上游，河床多卵石，滩险甚多，因植被状况较好，常年流水清澈见底。但在红色岩系，花岗岩及红壤分布较广的丘陵，植被稀疏，暴雨洪水冲刷作用较强，汛期含沙量较高。特别是涓水、蒸水、涟水、赣江、修水、信江等河流上游的花岗岩地区，因汛期水土流失严重，使年平均侵蚀模数可达到 300t/（km² · a）以上。

4. 丘岗广布红壤，耕作土壤首推水稻土

区内主要土壤类型以红壤（黏化湿润富铁土）和水稻土（铁聚水耕人为土）为主，间有一定面积的紫色土（紫色湿润雏形土）。成土母质为第四纪红色黏土、砂岩、页岩、千枚岩和花岗岩等。红壤广泛分布于第四纪红色黏土缓坡丘陵与岗地，红壤土深厚，一般在 1 ~ 2m 以下才有网纹层和砾石层，土质黏重，呈强酸性反应。母质风化程度高，土体具强富铝化特征，黏粒部分硅铝率在 2.0 ~ 2.5 之间，黏土矿物组成以高岭石为主，其次是石英、蒙脱石及少量赤铁矿和水云母。此外，区内还有由红色砂页岩、花岗岩、千枚岩等母质风化物发育的红壤，分布在地势较高的高丘和低山，土层的厚度随地势而异，陡坡往往不足 50cm，缓坡则可达 1m 以上。本区红壤面积占各类土壤之冠。江西省红壤总面积 930 万 hm²，湖南省约为 853 万 hm²，是中国红壤分布最为集中的地区。由于水热条件较好，这类红壤适宜粮食作物及亚热带经济作物和经济林木生长。但在利用中应采取水土保持措施和培肥措施，注意用养结合，提高土壤肥力。

水稻土是本区主要的耕作土壤，面积大，所占比例也大。湖南省和江西省水稻土面积均占其全省耕地总面积的80%左右。区内水稻土大多是以红壤为母质发育的，因此，黏粒部分的硅铝率低，黏土矿物以高岭石为主，富含铁锰氧化物，pH低，土壤呈酸性反应。土壤经水耕熟化，常年施入有机肥和种植绿肥，在渍水条件下形成了独特的腐殖质，有利于土壤有机质积累；施肥和灌溉水中所含的盐类，有利于土壤复盐基。如施用石灰和盐基性肥料，土壤发生复盐基作用，盐基饱和度一般可达50%~70%；在淹水条件下铁、锰被还原淋溶，使土层发生分化，一般耕作层铁、锰含量低，淀积层含量高。由于铁的还原，减少了对磷的固定，提高了磷的活性，而且由于亚铁离子的增加，部分交换性阳离子被置换出来，从而引起钾、磷、钙、镁等元素的活化和迁移，对水稻土的肥力产生深刻影响。

5. 日益增多的次生植被，多种多样的植被类型

本区地带性植被为中亚热带常绿阔叶林，主要由壳斗科，其次为樟科、山茶科、杜英科、金缕梅科、冬青科、桑科、灰木科、木兰科的常绿阔叶树种组成，如青冈栎、苦槠、栲树、大叶锥栗、甜槠、米槠、南岭栲、木荷等。大致在27°10′~27°30′N的湘赣中部以南，常绿阔叶林混杂着较多的热带区系成分，沟谷还有南亚热带马尾松－岗松－芒萁群落和季雨林分布。以北则逐渐渗入较多的暖温带区系，落叶阔叶成分增多，到湘赣北部逐步过渡到接近北亚热带的常绿阔叶与落叶阔叶混交林类型。常绿阔叶林群落结构均在3层以上至6~7层，其中立木3层，下木1~2层，地被物1~2层，并有较多的层外植物。常绿阔叶林分布上限，在湘赣南部可达海拔1 200~1 500m，在湘赣北部和浙北皖南仅为300~800m。向上过渡到常绿与落叶阔叶混交林、山地针叶与阔叶混交林、山顶常生长着夏绿矮林及山地草甸植被类型。区内常绿落叶阔叶混交林，组成种类有多脉青冈、绵石栎、包石栎、亮叶水青冈等常绿树种，以及锥栗、茅栗、枹树、栲、香果树、大穗鹅耳枥、椴树、花楸等落叶树种。自然森林植被遭到破坏后，除不少辟为耕地外，平原丘陵主要为人工培植的马尾松林、杉木林、竹林等，或为次生草灌荒坡。区内经济林种类较多，主要有油茶、三年桐、千年桐、乌桕、茶、沙梨、桃、橙、橘、柚、枇杷、板栗等。

6. 著名的粮油产区与鸟类自然保护区

本区自然条件优越，农业自然资源丰富，适宜种植多种作物，也为鸟类栖息提供了有利的环境条件。区内稻田面积大，是中国水稻种植最集中的地区之一，湘中南和赣中南都是以水稻为主的重要耕种植被区，也是著名的粮油产区。特别是鄱阳湖平原，不仅是江西省最富饶的农业区，而且是中国最大的淡水渔业基地之一。它自1950年代后取代洞庭湖成为中国最大的淡水湖，湖中有鱼类、蟹类、螺蚌类、龟鳖类等水产品，年平均产量在2万~4万t之间波动。鱼类多达140种，分属21科，其中鲤科鱼类65种，占总种类的53.3%；沿湖还盛产一些水生经济植物。鄱阳湖鸟类资源十分丰富，种类300多种，其中水鸟达159种，占全国水禽225种的53%，保护区内属于国家Ⅰ级重点保护的鸟类有白鹤、白头鹤、大鸨、白鹳、黑鹳、中华秋沙鸭等10种；属于国家

II级重点保护的有小天鹅、鹈鹕、白枕鹤、灰鹤、加拿大鹤、白额雁、白琵鹭等44种。其中，被列入《濒危野生动植物种国际贸易公约》（CITES）的世界濒危物种白鹤，1994年在区内观察到近3 000只。近年来，白鹤的越冬数量都稳定在2 000只以上，占世界总数的95%以上；东方白鹳2 800只以上，占世界总数的80%以上；鸿雁达3万只，占世界总数的60%等（王晓鸿，2004）。可见，鄱阳湖是一个珍稀鸟类资源的物种基因库，也是国际迁移性珍稀候鸟最重要的越冬栖息地。素有"白鹤王国"和"鸟的乐园"之称。

（二）自然亚区划分

根据自然环境的区内差异，本区可划为下列5个亚区：

1. 湘中南丘陵亚区

位于雪峰山以东、幕阜山和武功山以西、洞庭湖平原以南、阳明山和八面山以北。区内为一系列东北—西南走向的狭长山岭与盆地的交错区，多为波状起伏的丘陵盆地，海拔200～500m，以广谷浅丘为主，盆地众多，并为河谷所沟通。红岩丘陵一般谷地比较开阔，有较大的冲积平原，如衡阳盆地的河谷平原，宽度达5km以上。盆地周围为前震旦纪变质岩系及古生代灰岩、页岩组成的高丘、低山。个别山峰可达1 000m以上，如突兀于湘南的衡山，主峰祝融峰海拔1 290m，山势雄伟，风景优美，号称"南岳"。气候温暖湿润，但气温年较差大于东西两侧。这是因为呈南北走向的湘江河谷，冬季冷空气易入侵，且滞留时间长，温度偏低，甚至发生雪冻。而夏季热量不易散发，气温较高，特别是每年7、8月炎热少雨，常有干旱发生。自然土壤以红壤最为集中；地带性植被为常绿阔叶林，但如今只在部分沟谷可见。红色盆地多为马尾松稀树草地和油茶林等。盛产粮、油，是湖南省的主要农业高产区。这里要重视防治红壤侵蚀，保持水土，防止干旱，改良低产田，加强农田生态建设。

2. 湘赣低山丘陵亚区

地处湖南与江西两省之间的山地丘陵，西邻洞庭湖盆地及湘江谷地，东界鄱阳湖盆地及赣江谷地，北连长江中游平原，南接南岭山地。山地大体为北北东—南南西或北东—南西走向，山地与其间的河谷、盆地呈雁行排列，岭谷相间，山峰陡峭，山地中的谷地宽阔而平缓。山地海拔多在1 000m上下，其间也有1 500m以上的山峰，如幕阜山（1 596m）、连云山（1 774m）、武功山（1 585m）等，成为湘赣两水系的分水岭。各山脉之间为复向斜谷地，依岩性不同而分别发育为岩溶地貌（如宜春）和红岩平缓低丘（如铜鼓）。山地外围以丘陵为主，经风化侵蚀，呈低缓浑圆状，海拔一般200m，接近边缘山地部分为高丘，海拔300～500m，其相对高度多在50～80m。丘陵之中，间有盆地，多沿河作带状延伸。气候温暖多雨。植被、土壤具有一定的垂直分布，天然植被已遭破坏，以马尾松、杉、毛竹为主的人工林最为常见，还盛产茶、麻、油茶等。这里应采取有效措施，封山育林，植树造林，防治水土流失，优化农林结构。

3. 赣中南丘陵亚区

位于江西省中南部的丘陵,处在九岭山、武功山、万洋山、诸广山以东,武夷山以西,鄱阳湖平原以南,南岭山地以北。自然地理特点与湘中南亚区相似。由一系列东北—西南走向的山岭与盆地相交错。由于河流切割,地形破碎,多呈散丘。丘陵多由红色砂页岩及部分千枚岩等松软岩石构成,经风化侵蚀,呈低缓浑圆状,海拔一般200m。山丘之间分布着由白垩纪—古近纪 – 新近纪红色岩系构成的许多盆地,如吉泰盆地、永丰盆地、赣州盆地等。第四纪红土多出现于丘陵坡脚、河谷及山间盆地。因质地疏松,侵蚀强烈,水土流失甚为严重。据调查,赣州地区是江西省土壤侵蚀最严重之地,该地区的侵蚀面积在 1980 年代中期占全省侵蚀面积的 1/3,达到 116.5 万 hm²。气候为典型中亚热带湿润气候,且汛期多暴雨,盛夏高温。尤其在赣州一带也是长江流域夏季热中心之一。红壤广布,自然植被已多为人工植被取代。加强绿色生态建设和水土保持,防治红壤侵蚀,是本亚区最为紧迫的任务。

4. 赣北鄱阳湖平原亚区

位于江西省北部,长江中下游分界处的南部。是由鄱阳湖及其周围地区构成的一个面积广大的湖积冲积平原。鄱阳湖是中国第一大淡水湖,面积 3 840km²,包括入江水道(又称北、西鄱阳湖)、湖盆(又称南、东鄱阳湖)和尾闾河道(入湖河流)三个部分。由于该湖的位置略高于长江,因而无大量江水倒灌,对长江洪水的调节不及洞庭湖,但能拦蓄江西境内各河的洪水,从而减轻了对长江下游的威胁。湖泊水面夏涨冬落,呈现"洪期茫茫一片,枯期沉沉一线"的变化特色。

湖周靠圩堤保护免遭洪水危害的大小圩堤区达 430 多座,呈现以水稻田、人工湖和水塘为主,间有岗地、道路和村落的景观。鄱阳湖湿地周围为丘陵山地和平原,北部和东北部主要是丘陵山地,西南、南和东南部主要是各河流入湖三角洲平原,三角洲总面积 1.3 万 km² 左右,其中赣江三角洲面积 4 200km² 左右,是中国最大的现代湖泊三角洲。四周和湖中还零星分布着一些岗地和孤岛,为残留的第四纪阶地。湖盆自东向西、由南向北倾斜,高程一般由 14m 降至湖口约 3m(王晓鸿,2004)。该亚区气候温和,降水丰沛,适于各种生物生长,既是江西省最重要的农业区,又是中国陆地淡水生态系统中的重要物种基因库,也是中国重要的鸟类自然保护区。

5. 浙皖低山、丘陵亚区

位于鄱阳湖平原亚区的东北,主要包括安徽南部和浙江西北部。地貌类型以构造侵蚀作用所造成的低山为主。山体呈东北—西南走向,海拔高度一般在 1 000m 以下,只有个别山峰超过 1 000m,如皖南浙西的九华山(主峰十王峰 1 342m)、黄山(最高峰莲花峰 1 873m)、天目山(清凉峰 1 787m)等。岩性和构造强烈地影响着这里的地势起伏,较高山地由于处在上升量较大的江南古陆轴部,构成山峰的岩石为坚硬的流纹岩、花岗岩、火山岩等,所以特别高峻,河流强烈下切成峡谷深沟,往往形成奇峰怪石、悬崖陡壁。以怪石、奇松、云海、温泉四绝闻名于世的黄山最为典型。其山南面雄伟,诸峰壁立千仞,如一石削成,巍峨挺拔,气贯长虹;北面秀丽,巍岩深堑,峰头玲珑剔透，引人入胜。山地与盆地交错分布，盆地内地面破碎，岗丘起伏，河谷宽展，还有面积不大的冲积平原。山间盆地主要有青阳盆地、南陵盆地、屯溪－歙县盆地等，为山区工农业和交通运输的基地。这里气温温和，四季分明；土壤植被垂直分异较明显。区内林木茂密，以常绿阔叶林为主。但在海拔800m以上的山地上生长着常绿与落叶阔叶混交林。今后应加强山区资源的合理开发、利用与保护，进一步促进区域可持续发展。

二、江南与南岭山地常绿阔叶林区（ⅤA2）

本区位于东部北亚热带湿润地区之南，西靠贵州高原，其范围相当于除ⅤA1区以外的中亚热带湿润地区东部，主要包括湘西雪峰山地区、浙闽沿海山地以及南岭山地。

（一）自然区自然地理特征

1. 低山、丘陵为主的复杂地貌特征

除北部鄱阳湖平原及其以东沿长江南岸的冲积平原外，本区主要是海拔500～1 000m左右的低山丘陵。在新华夏系构造的控制下，区内有东北—西南走向的山脉共三列：最西的一列是武陵山和雪峰山，成为中亚热带东部与西部地区的分界。山脉海拔均在1 500～2 000m之间，山体雄伟，其背斜部分比较陡峻。武陵山部分的石灰岩地段发育成喀斯特岩溶地貌。第二列是湘赣边界的幕阜山、九岭山、武功山、罗霄山等，山体海拔1 000m左右，不少山峰在1 500～2 000m之间，大多由古生代变质岩系及花岗岩组成。第三列是浙闽沿海山地，其中发育有三列大体与海岸线平行的山脉：西为天目山和千里岗山；中为会稽山、仙霞山和武夷山；东为天台山、括苍山、洞宫山、鹫峰山和戴云山。山地以海拔500～1 000m的低山为主，但海拔超过1 000m的中山也占有一定比重。其中以武夷山、仙霞岭地势最高，多崇山峻岭，武夷山主峰黄岗山高达2 158m，是中国大陆东南部的最高峰。山地主要由古老变质岩系及古生界地层所组成。

在江南丘陵与湘、赣流域山地之间，红岩盆地广泛分布，丘陵面积广大。在湖南境内盆地边缘多单斜式丘陵，中央多方山或丘陵；江西境内则丹霞式丘陵较发育。在浙闽沿海山地，地势较高，散布在连绵不断、纵横交错的山地周围的，则是海拔较低、起伏相对和缓的丘陵。在广袤的山地中，镶嵌着许多山间盆地，它们大都是由断裂拗陷形成，又多为江河贯穿连接。河流通过山地和盆地，形成峡谷与宽谷相间的排列形式，似串珠一般，这为水利建设提供了良好的库址和坝址。沿河两岸宽窄不一的冲积平原和数级阶地是农业发达、人口集中的地方，聚集着许多城镇，较大的盆地有金衢、新嵊、丽水、宁化、永安、崇安等。山脉以东，逐渐过渡到沿海丘陵和台地；沿海一带港湾、岛屿众多。海岸曲折，如福建曲折率高达1∶6.2，居全国首位。

横亘在本区南部的南岭山地是一条东西向的构造带，活动性较大，曾经历多次造山运动旋回，而以燕山运动的影响为最甚。这里以山地丘陵为主，间有盆地及谷地，山体大部分是海拔1 000m左右的中低山，与海拔300～500m的丘陵和盆地交错分布，最高峰猫儿山海拔2 143m。南岭山地是长江流域与珠江流域的分水岭，同时也是华中

与华南之间的气候屏障。

2. 典型的亚热带湿热气候

本区靠近东南沿海地带，深受海洋湿热气流的影响，气候资源较为丰富，尤其是热量资源。日平均气温≥10℃期间积温多在5 500～6 300℃之间，最南部高达7 000℃；全年无霜期为260～310天；年平均气温16～20℃，冬季南北温差较大，最冷月平均气温自南向北由12℃到4℃左右，南部因所处纬度较低，又有武夷山、南岭等山地的屏障，一般冷空气不易侵入，故1月均温可达10℃以上，如韶关10.2℃，福州10.3℃。但若遇强冷空气南下，也可出现0℃以下低温。北部因是通南北向的湖盆宽谷，绝对最低气温可降至4℃以下。夏季气温的南北差异甚少，最热月（7月）均温为26～30℃。因此，这里生长期长，适合多种作物生长，并能满足一年三熟或两年五熟制的作物生长。但是，山区热量资源随海拔高度增高呈线性递减，年平均气温递减率为0.4～0.6℃/100m。气温递减率冬小夏大。山区生长季和夏季热量的垂直差异显著，海拔每升高100m，日平均气温≥10℃期间的积温减少150～250℃，日平均气温≥20℃期间的积温减少200℃～300℃，生长季天数减少4～6天。土壤、自然植被、农业生产结构都有相应的垂直变化，气候和农业的立体层次性十分明显（中国亚热带东部丘陵山区农业气候资源及其合理利用研究课题协作组，1990）。

本区受季风影响，冷暖气团交替频繁，是中国多雨地区之一。年降水量平均为1 100～2 000mm。降水量的季节分配，以夏、春雨最多，秋雨次之，冬雨最少。但冬季降水量一般仍可占全年降水量10%以上，是全国冬雨比例较高地区。春雨多是本区的突出特点，每年从3月开始，南来的暖湿气流逐渐增强，降水频率和降水强度增加，甚至出现春雨绵绵的天气。区内春季降水量一般在500～600mm，占年降水总量的30%～40%，有的地区甚至春雨超过夏雨。春、夏之交与5月末至7月初是本区阴湿多雨的时期，此期降水量占年降水总量40%～50%。而且雨季长，一般3～7月的各月降水量都超过月平均降水量，雨季长达5个月以上，不少地区可达6个月以上。其中，闽浙沿海地区全年降水主要集中在3～6月和8～9月两个时期，前期雨量占年总量一半以上，后期占年总量20%～40%，分别受春雨及梅雨和台风的影响，从而导致绝大部分河流水文过程线具有明显的双峰型特点。南岭山地春、冬季节冷空气南下常受阻于南岭北坡，可形成长达一两个月的寒风细雨天气，称为"寒流雨"。年降水量分配在南坡出现两个高峰值：5、6月最高，8月次之；北坡出现三个高峰值：夏初锋面停滞，形成4月的雨期，6月锋面活动强盛，降水量多，8、9月受台风影响降水亦丰。降水地区分布的总趋势是由东南沿海向西北递减。浙闽沿海山地年降水量1 100～2 000mm，南岭山地和江南丘陵1 500mm左右。地形对降水的影响十分显著，一般山地多于平地，向风坡多于背风坡。山区往往形成多雨中心，海拔1 000～1 500m以上，山区比同纬度地区平均降水量高400mm以上。如武夷山向风坡降水量普遍高于背风坡，是本区降水量最高的地区。

3. 水网密布，流程较短

除受湘、赣水系的部分影响外，本区主要都是发源于东南沿海山地的水系，一般流程较短，并与山脉走向垂直，许多河流独流入海。浙闽沿海山地水系十分发育，尤以中上游更为密集，河网密度一般在 0.1km/km² 以上。主要河流有发源于武夷山，经福州入海的闽江，发源于仙霞山与武夷山，经温州入海的瓯江，发源于浙、皖、赣山区，经杭州入海的钱塘江等。它们受地形的限制，长度都不大，最长的闽江干流也不过 541km。南岭山地从东至西主要河流有韩江、东江、浈水、武水、恭城河与灵渠。其中韩江发源于广东紫金，全长 325km，流域面积为 3.43 万 km²，流量为 286 亿 m³，为粤东第二大河。

本区河流的主要特征：一是径流资源丰富。区内河流多属雨源性河流，河水受到丰沛雨水的充足补给，径流深度大部分在 1 000mm 以上，因此尽管河流长度和流域面积不大，但河流水量丰盈。如闽江的年总径流量达 654.89 亿 m³，远远超过黄河。二是河流汛期长。区内降水主要由夏季风和台风带来，时间有先有后，故雨季长且呈双峰型。4 月随雨季的到来，河水开始上涨，到 5～6 月，形成春汛（前汛）；7～9 月，登陆的台风又带来丰沛的雨水，形成台风汛（后汛）。因此，河流汛期从每年 4 月开始持续到 9 月。在浙闽山地由于降水比较稳定，多年径流变差系数一般在 0.20～0.40 之间，为全国较小的地区之一，但降水季节分配不均，年内径流量变化较大，洪枯水量相差可达 10 倍，尤其是沿海山系的短小河流受台风雨补给的影响更为显著，枯水季节甚至有断流现象。三是水能资源丰富。区内河流大都是流经丘陵山地，谷深坡陡，滩多水急，河床比降大，水能资源丰富，有利于水电的梯级开发。四是河流涨落大。通常山区河流涨落远比平原地区大，同一条河流，上游比降大、集水面积小，所以水位变化涨落时间短促，幅度较大；河流下游，因河口受潮汐影响很大，故水位周期日变化非常明显。区内受潮汐影响最大的，首推世界闻名的杭州湾钱江潮。钱江潮潮势汹涌怒激，浪涛壁立，这是由于江湾平缓、河床较浅，以及海潮极猛，潮脚前进迟钝，后部潮流继续涌至；同时，为喇叭形港湾，更加剧了潮势猛涨。在秋季潮位高达 8m，潮势惊人。每年农历八月中旬是观潮时节，海宁盐官镇是观潮最佳处。起潮时只见茫茫大海，一条长长的银练奔腾翻滚而来，如千军呐喊，万马奔腾。到达窄处，潮头涌起，极为壮观，几经回旋后，又飞逝而去。

4. 叠加垂直变化的地带性植被与土壤

本区地带性植被类型是常绿阔叶林，主要分布在海拔 1 000m 以下的山地和丘陵，大致与年平均气温 13℃线相吻合。典型树种为青冈属、栲属、石栎属，其次为樟科的阔楠属、楠木属、樟属，以及山茶科的木荷属等。在浙闽地区，植物群落的乔木层中还有南岭栲、藜蒴、罗浮栲、泡花润楠、大叶槠等成分，也常见棕榈科、桃金娘科、榕属等热带性植物。发育良好的常绿阔叶林，林冠郁密，有明显的分层现象，林内湿度大，树干附生的苔藓植物较为丰富，藤本植物也相当繁茂。在海拔 1 000～1 500m 则有常绿阔叶林与落叶阔叶混交林出现，主要树种有甜槠、米槠、木荷、曼青冈等较为耐寒的常绿栎类，以及水青冈属、槭属、椴树属、桦木属等落叶树种。常绿阔叶林与落叶阔叶混交林林相颇为复杂，植物茂密，季相演替较明显，特别是冬夏两季。在海拔 1 000～1 200m 以下的丘陵山区还广泛分布着毛竹，以及被称为亚热带三大针叶林的杉木、马尾松与柏木等森林植被。武夷山、雪峰山、罗霄山以及南岭的中低山是中国江南的重要林区。特别是南岭山地还具有植被生长茂密、南北植物混杂交汇的特点。在其南坡一些避风且湿热的沟谷，发育了亚热带雨林，树木有板根和茎花现象。木质藤本植物很多，并含有相当数量的植物区系成分，如瓜馥木、紫玉盘、白桂木、胭脂、倪藤等，标志着南岭山地南部中亚热带与南亚热带及热带的交汇、过渡特性。本区丘陵低山区广泛分布人工林，包括茶叶、油茶、油桐、乌桕、棕榈等经济林木，以及柑橘、桃、梨、枇杷、杨梅等果树。此外，还有大面积的农业植被类型。

本区土壤主要为红壤（黏化湿润富铁土）与黄壤（铝质常湿淋溶土）。在湿热气候条件下，土壤中铝的富集作用高度发育，土体中的铝硅酸盐矿物彻底分解，钙、镁、钾、硅等不断淋失，而铁、铝、锰、钛等成分相对富集，尤以铝的富聚最为突出。铁铝氧化物明显聚积。黏粒硅铝率在 1.8～2.2 之间，整个土层都比较黏重。pH 一般在 4.5～5.5 之间，呈酸性反应。由于有机质的分解与矿化作用非常强烈，而且可以终年进行，因此红壤的自然肥力一般不高，在草本植被下表土层有机质含量只有 1%～2%，而在土壤侵蚀较严重的地方，有机质含量则不足 1%。故在利用中，应根据红壤有机质分解迅速的特点，注意用养结合，不断补充有机质。黄壤，有机质分解和矿化作用比红壤缓慢，表土层有机质含量可达 5%左右。由于黄壤广泛分布在较高海拔地方，因此应注意因地制宜实行综合利用。

本区山地植被与土壤的垂直变化比较明显。森林植被和土壤自下而上通常是从较暖热的类型逐渐过渡到较凉冷的类型。如南岭山地在海拔 400m（或 1 000m）以下为常绿阔叶林－山地黄红壤，1 000～1 600m 为常绿与落叶阔叶混交林－山地黄壤，1 600m 以上一些高大中山的顶部为南方的山地苔藓灌丛草甸－山地灌丛草甸土。又如武夷山主峰黄岗山，其土壤的垂直分布为：海拔 200～500m 为红壤，500～700m 为黄红壤，700～1 400m 为黄壤，1 400～1 900m 为暗黄壤，1 900m 以上为山地草甸土。

5. 最负盛名的有色金属矿藏

本区矿产资源品种多样，尤以有色金属矿藏最负盛名。南岭山地地处环太平洋成矿带西部，地质历史上构造岩浆活动频繁，特别是燕山运动，活动强烈，广泛产生岩浆侵入和喷发活动，带来了丰富的钨、锡、钼、钽等有用元素，再加上该地区有大量的碳酸盐岩地层沉积，从而形成了中国南方赣、湘、粤、桂以及黔、滇六省区内居世界第一、二位的钨、锡、锑、锌、汞、铅等矿产，包括世界上最大的层控锑矿、大型层控铅、锌矿以及斑岩型钨矿和钨钼矿。湖南、江西两省是有色金属、稀有金属和稀土资源丰富的地区，是铜、钨、锑等的主要产地。此外，本区沿海还有非金属综合成矿带，它属于中国东南沿海中生代火山岩活动带，主要集中分布有萤石、明矾石、黏土类矿床、花岗岩等多种非金属矿。因此，本区丰富的矿产（主要是有色金属矿床）是经济发展的一大资源优势，值得进一步发挥。

（二）自然亚区划分

根据地表形态和自然景观的区域差异，本区可划分为湘西雪峰山亚区、浙闽沿海山地亚区和南岭山地亚区 3 个亚区。

1. 湘西雪峰山亚区

本亚区处在中国大地形第二级阶梯的东部边缘，云贵高原东坡过渡到江南丘陵的东侧边幅，湖南省的西部，是较独特的地理单元。雪峰山脉南起湖南与广西边境，与八十里大南山相接，北止洞庭湖滨。整个山体两侧，大致呈现出东坡陡峻，西坡缓倾的地势。雪峰山为沅江与资水之间的分水岭，呈东北—西南走向，属褶皱断块山。南段山势陡峻，北段被资水切穿后，渐降为丘陵，总长 350km，平均海拔 1 000m 左右，主峰罗翁八面山苏宝顶海拔 1 934.3m。山地有多级夷平面，山间多峡谷、盆地地形。气候冬冷夏凉，湿润多雨。和同纬度湘江中游的衡山相比较，雪峰山区气候温暖，其西侧山区冬暖的特征十分明显。土壤以黄壤为主，多分布在海拔 500～1 200m 之间，其下部为红壤，其上部为山地黄棕壤。植被以亚热带常绿阔叶林及多种杉木为主，垂直分布明显，森林资源占湖南全省的 50% 左右，还是全国杉木中心产区之一，号称"杉木之乡"。柑橘栽培历史悠久，黔阳以南各地是甜橙的主产区；夏橙可在优良小地形范围发展。成片草山、草坡多分布在中低山地带。此外，水资源丰富，山区筑有柘溪、黄材、水府庙等水库。

2. 浙闽沿海山地亚区

面临东海，以武夷山、仙霞岭和天目山为西界，南至福建省福清、永春、永定一线，北抵杭州湾以南。包括浙江和福建两省大部分陆地与岛屿，总面积约 15 万 km²，是一个较独特的自然地理单元。区内山丘广袤，峰峦逶迤，河流纵横，海岸曲折，岛屿众多，四季常青。地质构造作用显著，尤以北东、北西向两组断裂对地貌格局起着控制作用，绝大部分山地具有明显的华夏式构造特征，山岭海拔多为 1 000～1 500m，少数山峰可达 2 000m 左右。花岗岩、流纹岩分布范围大。主要河流均显示格状水系特色。分布在山地中的小型山间盆地为河流所串联，峡谷与盆谷相间排列。气候温暖，深受台风影响。水网密度大，河流源短流急，独流入海，构成典型的多元水系。生物资源丰富，是中国东南部的主要林区。地带性植被类型为常绿阔叶林，主要见于海拔 1 200m 以下。这里还是中国茶叶生产的重要基地，茶叶质量好，品种多，尤以"乌龙茶"、"铁观音"、"武夷茶"驰名中外。

该亚区内，通常还可进一步划分为四个小区，即①仙霞岭－括苍山小区。位于该亚区北部，山地有垂直自然带变化，具有综合发展农林牧业的良好自然条件。②武夷山－戴云山小区。大部分海拔在 500～1 000m 之间，素有"东南山国"之称。盘踞于西部和中部的武夷山和戴云山，平均海拔 1 000m 左右，具有明显的垂直自然带。是中国重要的林、茶生产基地。③金衢盆地小区。是一个由众多小盆地群组成的，呈西南—东北向延伸的狭长大盆地。盆地长 200km 余，宽约数十千米不等。天然植被多被人工植被所代替，农业发达。④沿海丘陵小区。受海洋直接作用和河流广泛的侵蚀和堆积，特色鲜明。宜于亚热带果树生长，也有利于水产养殖业的发展。

3. 南岭山地亚区

南岭山地古代称"五岭"（大庾岭、骑田岭、萌渚岭、都庞岭、越城岭），但实际上不限于五岭，是一个比较完整的自然地理单元。它大体位于北回归线稍北的地方，自西向东分布于湘桂、湘粤、赣粤至闽粤交界处，西部连接云贵高原，中部与罗霄山脉相连，东部延续至武夷山系。东西长 600km 余，南北宽约 200km，总面积 13.7 万 km²。境内山地高度一般在海拔 1 000m 上下，高峰可达 16 00～2 000m。南岭为长江水系与珠江水系的分水岭，在中国自然地理上具有重要意义。南岭的地质构造相当复杂。总体上看，可列为东西褶皱带，但东西向构造常被华夏式的北东—南西走向的褶曲构造和断层所干扰，有的地方表现为弧形构造，甚至并无明显走向，从而整个山体走向杂乱，地形显得十分破碎。南岭曾经历过多次造山运动旋回，尤以燕山运动的影响最为显著。燕山期侵入的花岗岩构成山地的主体，簇状的花岗岩山体海拔多在 1 500m 左右。山体之间则为一系列东西排布、北东向的断陷盆地，其中普遍堆积了白垩纪和古近纪 - 新近纪的红色碎屑岩系，形成红色盆地，如英德盆地、南雄盆地、韶关盆地、连县盆地等。新近纪以后这里随着地壳上升，遭受侵蚀、剥蚀，形成以低山为主的破碎山地。自西向东，南岭山地可以分为三段：西段包括越城岭、海洋山和都庞岭等，是南岭的最高部分，山峰达海拔 2 000m 左右，花岗岩侵入体广泛分布。在越城岭与海洋山之间为一低平的石灰岩向斜谷地，称"湘桂夹道"。湘江与漓江分水岭处是一片低矮的台地，最低处高出谷地平原仅 6m，秦代在此修筑的灵渠（或称兴安运河），沟通了长江和珠江水系，在灌溉、交通上均有重要作用。湘桂夹道也是南北气流的通道，尤其是冬季寒流经此南下，使桂北冬季气温下降程度超过同纬度其他地方。中段主要包括萌渚岭、九嶷山，骑田岭和瑶山，山势较西段低，一般海拔在 1 000m 多。这里有大片花岗岩侵入体，多东西走向，以九嶷山为最宏伟，最高峰达 1 959m。瑶山则为东北走向的古生代背斜。该背斜被北江支流武水切穿，形成著名的乐昌峡，过去是湘粤水运要道，现在是京广铁路所经之地。东段主要包括大庾岭、滑石山、青云山和九连山，山势更低，一般海拔在 1 000m 以下，山势破碎，花岗岩侵入体广泛发育。在大庾岭南侧，有几个红岩盆地，如南雄、始兴、仁化等盆地。北江上游的浈水在这里顺走向流过盆地，造成著名的丹霞地貌。南岭山地属中亚热带南部边缘，气候湿润，春夏多雨，秋旱而冬有冻害（如 2008 年初的 50 年未遇的雪灾即是一例）。地带性土壤以红壤、黄壤为主，植被为中亚热带常绿阔叶林，是南方主要林区之一。天然植被表现出南北交错的现象。南岭有多类型气候生态环境，形成一个庞大的自然植物库；这里野生动物、珍稀动物种类繁多，已逐步建成近 20 个各种类型的自然保护区。

三、贵州高原常绿落叶阔叶林区（ⅤA3）

本自然区以贵州省为主体，东北方向延伸至鄂西—渝东山地河谷与北亚热带湿润地区汉中盆地秦巴山地常绿落叶阔叶林区（ⅣA2）毗邻，西靠云南高原常绿落叶阔叶林松林区（ⅤA5），北邻四川盆地耕种植被区（ⅤA4），东连江南与南岭山地常绿阔叶林区（ⅤA2）和北亚热带湿润地区淮南 - 长江中下游耕种植被常绿落叶阔叶林区（ⅣA1），南接南亚热带湿润地区闽粤桂丘陵平原常绿阔叶林耕种植被区（ⅥA2），总面积逾 40 万 km²。

（一）自然区自然地理特征

1. 复杂的地质构造，出露齐全的地层，丰富的矿产

贵州高原地质历史复杂。根据现有资料，大约在 10 亿年前的中生代及其前期，贵州高原除梵净山为岛弧火山外，其余地区皆一片汪洋。距今 10 亿～8 亿年间，形成自北而南依次排布的陆棚海、弧后边缘海和岛弧海。早震旦世洲际冰山作用席卷本区，形成自北而南有规律分布的近东西延展的不同类型的冰成岩石组合；晚震旦世气候转暖。早古生代早期，海侵范围进一步扩大，贵州高原自西而东分别为浅海台地、海底斜坡、海盆。奥陶纪末，台地上升露出海面，形成黔中东西向隆起，与江南古陆连成一片。志留纪末期，世界范围发生了强烈的加里东运动，此后贵州高原全境均上升为陆。泥盆纪和石炭纪时黔南发生海侵，形成广阔的浅海台地，其间出现裂谷型半深海至深海盆地。贵州高原北部仍隆起为陆地，陆上矮丘成群，气候湿热。至中石炭纪时，高大的森林遍布于大陆内部。二叠纪时贵州高原海水进退频繁，西部有大规模的火山活动，喷溢出大量玄武岩。这时气候炎热而潮湿，形成茂密的热带型森林植被，这就是贵州高原丰富的二叠系煤层的来源。三叠纪前期发生广泛海侵，境内一片汪洋。到中三叠世时，黔东的江南古陆升出海面，尔后黔东、黔北、黔西北相继上升成陆，海水退至黔西南、黔中及黔南。晚三叠世的印支运动结束了贵州高原的海侵历史，贵州高原全境上升为陆地。三叠纪时气候逐渐干旱，蕨类植物逐渐衰退，裸子植物则迅速发展。侏罗纪时由于沉积盆地下降，有一支湖水由北而南进入贵州高原，黔西北形成一望无际的内陆湖泊，贵州高原气候一度转暖湿，植物种类十分丰富。侏罗纪至白垩纪，贵州高原在燕山运动影响下，发生了强烈褶皱，并伴有断裂发生，地理环境急剧变化，现代构造和地貌轮廓已具雏形。白垩纪时气候又趋干热，植物界仍以蕨类和裸子植物占统治地位。白垩纪后，被子植物以惊人的速度遍布全区。

进入古近纪后，贵州高原大部分地区进入侵蚀期。始新世末，喜马拉雅运动兴起，贵州高原受极大影响，构造活动非常活跃。中新世以后进入相对稳定期，经过长期侵蚀，地表形态出现壮年和老年期侵蚀面（此期的剥夷面和风化壳至今仍有残留）。上新世以来，贵州高原处于亚热带范围，气候暖湿润，发育了常绿阔叶林、落叶阔叶林和针叶林等植被类型。同时，新生代古热带植物区系成分进入贵州高原，与北部的温带区系成分广泛混杂，贵州高原境内的植物种类大大丰富起来。第四纪新构造运动使贵州地区急剧上升 1 000m 以上，河流强烈下切，贵州高原形成。第四纪冰期、间冰期的出现，贵州高原则并无大面积冰川覆盖，而且低陷的谷地仍然可保持着比较温热的环境，从而成为若干动植物的"避难所"。晚更新世以后，贵州高原的生物气候和自然景观已大体和现代相当，全新世后，地带性景观已属于亚热带常绿阔叶林黄壤景观。

贵州高原地质构造位置特殊，褶皱断裂发育，构造形式多样，地层出露齐全。总的看来，以海相稳定沉积类型为主，海底台地相碳酸盐岩组合的分布最广，其间夹有多种陆相碎屑沉积，以及玄武岩、细碧岩－石英角斑岩系和各时期超基性－酸性 20 余种侵入岩。各类岩层镶嵌分布，格局错综复杂。复杂的地质条件提供了多种成矿环境，贵州高原矿产资源比较丰富。仅贵州省就已发现矿产 82 种，其中探明储量的有 64 种，

已编入储量表的有 59 种。其中储量居全国第一位的有汞、化肥用隆石、光学水晶；居全国第二位的有磷、碘、稀土、方解石；居全国第三位的有铝、锰、锑矿；居全国第四位的有煤、熔炼水晶、砖瓦黏土；居全国第五位的有镓、水泥配料（贵州省情编辑委员会，1986）。

2. 形态多样复杂的切割喀斯特高原

贵州高原位处中国南岭复杂纬向构造带之北，川滇经向构造带之东，新华夏构造体系第三隆起带西南段，正居中国东部与西部不同地质构造的转变地带，构造应变格局非常复杂。贵州高原在大地构造上均属于扬子准台地范畴，新生代以来自西向东大面积、大幅度掀斜上升，使贵州高原海拔高于广西、四川盆地、湖南达 1 000m 以上，且地势由西向东成为一个梯状大斜坡，使贵州高原处于中国第二大梯级（西部高原山地）向第一大梯级（东部丘陵平原）的过渡部位。这种高原地势全面而深刻地影响着贵州高原的自然地理环境的性质，其直接结果是使贵州高原在温度条件上比同纬度低地势地区为少，从而使土壤、植被、水文等要素也独具特征。差别侵蚀剧烈，地表十分破碎。贵州高原大部分地区在古生代及中生代为海相沉积区，新生代以来转为上升区。这就使贵州高原大地构造背景所形成的地貌具有另一个特点，即碳酸盐岩广泛分布。在湿热气候的外力作用下，大部分地区都有不同程度的喀斯特发育，成为中国乃至世界著名的喀斯特地貌区。

贵州高原平均海拔在 1 100m 左右，西部最高达 2 200～2 400m，实际上是云南高原的东延部分；往东逐渐降低到黔中的 1 400～1 200m，这是贵州高原的主体部分，再往东、北、南降低为 800～500m，分别向湘西低山丘陵、四川盆地和广西丘陵过渡。这样，贵州高原境内在大地势方面呈现出明显的三大梯级。主要河流如赤水河、乌江、清水江、都柳江、北盘江等亦由西部、中部向北、东、南呈帚状散流。由于河流的强烈侵蚀切割，贵州高原地势起伏较大，除在上游分水岭地区溯源侵蚀未及，因而高原面保存较好，地面起伏较小外，其余广大河流中、下游地区大多河谷深切，相对高度常达 300～700m。省内最高点黔西北韭菜坪海拔高度 2 900m，最低点黔东南都柳江出省处海拔仅 137m，高差达 2 763m。

由于碳酸盐岩岩层分布广（在贵州省的比例达 73%），总厚度达 6 200～8 500m，使贵州高原成为一个喀斯特非常发育的地区，几乎可以见到喀斯特区所有的地貌形态，从地表的石芽、溶沟、漏斗、落水洞、竖井、洼地、溶盆、盲谷、槽谷、峰林、峰丛、溶丘、喀斯特湖、多潮泉，到地下的溶洞、暗河、伏流、暗湖和丰富多彩、千姿百态的钙质沉积如钟乳石、石笋、石柱、石花、石幔、边石、石瀑布、莲花盆、卷曲石及洞穴溶蚀微形态如流痕、贝窝、边槽、石吊（倒石芽）等。这些喀斯特景观成为贵州高原旅游资源的重要组成部分。

3. 多阴雨的高原亚热带季风气候

贵州高原主要受太平洋东南季风控制，西部还受印度洋西南季风的影响。夏季，在东南季风和西南季风的影响下，是年中雨量最大的时期。7、8 月间西太平洋高压脊西伸常控制该自然区大部地区，造成夏旱。秋季太平洋副热带高压逐渐南撤，北方冷气流逐渐加强，常形成准静止锋并形成气旋波，导致低温阴雨天气。冬季多冷锋过境，也容易致雨，出现雨凇灾害性天气的概率为全国之冠。春季，热带海洋气旋开始到达，大气层结不稳定，如有低槽或低涡过境，引来冷暖平流形成锋区，常带来春雨；加上西藏高压也开始活跃，其东北气流与太平洋副热带高压的西南气流在贵州高原上空也会形成静止锋，产生持久性的春寒阴雨天气；而当暖性高压系统滞留省内时，则多日不雨，发生春旱。此外，海拔1 500m高空是多云带之一，贵州高原大部分地势正处这一高度，这也是全年多阴雨的一个原因。这样的环流背景造就了贵州高原如下气候特点：

（1）多阴天，少日照。贵州高原是中国多云量少日照中心之一，年平均云量达8成以上，阴天日数（按总云量>8成）达200~240天，自西南向东北递增。年平均降水日数在170天以上，西部最多达200天以上，最少的南部边缘红水河流域也达150天以上，"天无三日晴"之说由此而来。日照时数为1 200~1 600h，自西向东递减。年日照百分率多在25%~35%之间，自西、西南向东北递减。

（2）冬暖夏凉，生长季长。贵州高原最冷月（1月）平均气温多为3~6℃，极端最低气温一般为-6~-8℃，作物越冬期的热量条件比国内同纬度东部地区优越，冻害也轻得多。最热月（7月）平均气温大部分在22~26℃之间，极端最高气温一般为34~38℃，没有国内同纬度东部地区那样酷热天气。大部分地区日平均气温≥10℃期间的积温为4 000~5 000℃，日平均气温≥10℃期间的日数220~250天，无霜期多在270天以上。

（3）降水丰沛，小雨日多。年降水量多在1 000~1 300mm之间，由南向北、由东向西递减。年降水量相对变率较小（10%~15%），年降水日数一般都在170~200天。年降水强度平均为4.6~7.9mm/日，<10mm/日的小雨日占80%左右。降水量季节分配：春季占26%，夏季占47%，秋季占21%，冬季占6%。全年降水量大于蒸发量。

（4）光、热、水同季。夏半年（4~9月）集中了全年日照时数和太阳年总辐射的70%，年降水量的73%。

（5）四季皆有灾害性天气。春季有倒春寒、春旱，冰雹也多集中在春季；夏季有伏旱和暴雨；秋季有低温秋风和绵绵细雨；冬季有凌冻。

1990年代以来年降水量有增加趋势（张宇发，1998），近40年来夏季降水呈上升趋势（张艳梅等，2005）。根据多年观测的降雨数据及全球气候变化背景资料分析，发现贵州高原近44年来汛期平均日降水量、最大日降水量、连续3日、5日、7日无雨的出现频率呈明显上升趋势，未来100年内夏秋两季径流的增加，将有可能导致洪涝灾害加剧；冬季径流的明显减少，将会使春旱趋于严重（张志才等，2007）。1981~2003年年平均气温呈增加的趋势，其增率约为0.245℃/10a[①]。

4. 丰富的水资源和水能资源

贵州高原河流以中部苗岭为界，以北属长江流域，以南属珠江流域。长于10km的河流共有1 000余条，河网平均密度17.1km/km²。主要河流有乌江、赤水河、涟江、清水江、北盘江等，主要湖泊有红枫湖、百花湖以及草海等。平均年径流深

---

① 王钧. 2007. 20世纪80年代初以来贵州省植被变化对气候变化的响应. 北京大学自然地理教研室研究报告。

589mm，分布与降水量分布一致。地表水资源总量年平均为 1 040 亿 m³，平均每平方千米产水量 58.9 万 m³，为全国平均单位面积产水量的 2.1 倍。河川径流年内分配不均衡，汛期（4～8 月）流量占全年的 60%～68%，枯水期（9～3 月）流量占全年的 31%～32%。

贵州水能理论蕴藏量为 1874 万 kW，在国内仅次于西藏、四川、云南、新疆和青海。可开发水能资源为 1 523 万 kW，分布较均衡，东、南、西、北、中均可建设大、中型水电站。

地下水资源非常丰富，有第四系孔隙水、基岩裂隙水、喀斯特水，其中喀斯特水占地下水资源的 80% 以上。

5. 黄壤和石灰土为主的多种土壤

在贵州高原阴湿、暖热的中亚热带高原气候下，形成的地带性土壤以黄壤为主。但贵州高原碳酸盐岩出露面积大，石灰土的分布也很广泛。黄壤以砂页岩母质上发育的最有代表性，其次为发育在古老红色风化壳（第四系红色黏土）和玄武岩母质上的黄壤（铝质常湿淋溶土）。此外，石灰岩风化物及小面积的紫色砂页岩风化物经长期淋溶也会发育黄壤。石灰土（黑色岩性均腐土）多形成于石灰岩和白云岩上坡度较大的地形部位。这种地形部位常有面蚀过程，使土壤发育程度总是保持在幼年阶段，成土受母岩影响深刻。

此外，垂直带谱上部发育了山地黄棕壤（铁质湿润淋溶土）、山地棕壤（简育湿润淋溶土）和山地灌丛草甸土（叶垫潮湿雏形土），低热河谷地区形成红壤（黏化湿润富铁土）和砖红性红壤（简育湿润铁铝土），紫色砂页岩出露地区形成紫色土（紫色湿润雏形土），长期水耕熟化又造就了水稻土。

6. 种群丰富、喀斯特生境特征明显的湿润亚热带植被

贵州高原地形复杂，小气候环境和土壤种类多样，形成了丰富多彩的生境；加之自然史上经历了复杂的演变过程，第四纪冰期又成为生物避难所，故贵州高原植物种群丰富、地理成分复杂、植被类型多样，适应喀斯特生境的喀斯特植被特征明显。

贵州高原植物种类之丰富，在国内仅次于云南、四川、广东。其中有大量起源古老的科属，并保存着许多孑遗植物。如蕨类植物中的松叶蕨、观音鹰莲蕨、铁角蕨、紫萁、桫椤、蚌壳蕨、芒萁、里白、瘤足蕨；裸子植物中的苏铁、银杏、柳杉、冷杉、杉木、台湾杉；被子植物中木兰科的鹅掌楸、观光木、水青树、拟单性木兰，金缕梅科的马蹄荷、红苞木。此外，壳斗科、胡桃科、桑科、榆科等，都是古老的科属或古近纪－新近纪残遗植物，贵州高原也有分布。贵州高原特有植物也较多，国产四个特有科：杜仲科、钟萼木科、银杏科、珙桐科，贵州高原都有分布。

贵州高原发育的植物群落适应喀斯特地区的生境，具有岩生、旱生、喜钙的特征，表现为根系常穿插于岩缝之中，叶小而硬、角质层厚，具藤刺，多出现钙质土指示植物；乔木种类较少，灌木及藤状灌木种类多。

上述各自然地理要素在空间分布上错综复杂，要素间的相互作用又有多种多样的组合方式，故使区域景观呈现丰富多彩的面貌，内部自然地域分异非常复杂。

（二）内部差异与自然亚区划分

贵州高原常绿落叶阔叶林区南北跨越近 7 个纬度，在同一海拔高度上，每由南向北增加一个纬度，日平均气温≥10℃期间的积温减少约 280℃，贵州高原纬度差异引起的活动积温差值可达近 2 000℃。贵州高原东西跨越近 5 个经度，西部受西南暖流影响，有一个相对干季，东部则完全受太平洋季风影响，干季不明显。而垂直方向上的高差有 2 760m，高度每升高 100m，日平均气温≥10℃期间的积温减少 200℃，区内高差所引起的活动积温变化可达 5 520℃。而以上这些因素相互叠加，使境内区域自然分异呈现非常复杂的面貌。此外，地貌形态组合、垂直亚带、地表组成物质等的差异，导致地方尺度的自然分异，初级地貌形态和地貌部位差异、土质差异和小气候差异，还导致局地尺度的自然分异。

贵州高原常绿落叶阔叶林区划可分为黔中丘原亚区、黔北山地峡谷亚区、黔东山地丘陵亚区、黔南低山河谷亚区、黔西山地峡谷亚区（蔡运龙，1990）、鄂西 - 渝东山地河谷亚区 6 个自然亚区。

1. 黔中丘原亚区

一般海拔高度在 900～1 500m 之间，相对高度多在 300m 以下，亚区内石灰岩分布面积达 80% 以上，地貌类型以峰林盆地、峰丛谷地、峰丛洼地、溶丘洼地、构造盆地、断块山地、构造平台为主，地势起伏较缓和，高原面保存较完整。除乌江横贯本区形成峡谷外，其他较大河流只在下游深切为 100～300m 的峡谷，其余大多数地区谷宽水缓，阶地广布、坝子连片、耕地集中。土壤类型以黄壤（铝质常湿淋溶土）为主，次为黄色石灰土（黄色岩性均腐土）。农耕历史悠久，土壤熟化程度相对其他亚区较高。原生植被为典型的亚热带常绿阔叶林。除粮食作物外，亦是重要的茶叶产地。

2. 黔北山地峡谷亚区

本亚区处于向四川盆地过渡的斜坡地带。地势南高北低，河流向北流入长江。大娄山皱褶带轴大致成东北 - 西南向，背斜宽广开阔，往往形成高山峻岭，地层以碳酸盐岩为主；向斜狭窄而陡峻，常为狭谷或狭长盆地所在。海拔高度除北部边缘河谷低于 500m 及部分山地、台地高于 1 500m 外，多在 800～1 500m 之间，相对高差一般为 500～700m。呈现河谷幽深、层峦叠嶂的喀斯特山地峡谷景观。平坦地面较少，宜耕地分布面积有限，但宜林、宜牧地很多。自然土壤主要为黄壤，其次是黄色石灰土，零星分布有紫色土（紫色湿润雏形土）、山地黄棕壤（铁质湿润淋溶土）。耕作土肥力多在中等水平以下（磷的含量尤缺），中低产田面积较大。地形复杂，气候垂直差异比较明显，农、林、牧多种经营综合发展的条件较好。林业生产潜力很大，经济林种类多、产量大、分布广，种植历史悠久，其中尤以乌桕、油桐、盐肤木、桑树、茶叶、中草药材、漆树有重要地位。酿酒业在全省乃至全国都有重要地位。

3. 黔东山地丘陵亚区

为贵州高原向湘西、桂西北丘陵过渡的斜坡地带。地势西高东低，海拔多在800m以下，相对高差一般 200～500m，以低山丘陵、河谷盆地为主；亦有一些高耸的断块山体，海拔可达 2000m 以上。受舞阳河、锦江、清水江、都柳江等水系及其支流的切割，沟谷纵横，河网密度大，侵蚀、冲刷强烈，山坡陡峻，山体之间广泛分布低矮丘陵和小型山间河谷盆地。地表组成岩石，除北部有较大面积的碳酸盐岩外，大部分为轻变质岩，风化层较发育，土层较为深厚。土壤类型以黄红壤、黄壤为主，山体上部亦可见山地黄棕壤，呈明显的垂直带性分布。山麓、河谷地区多已开垦，几条河流中下游沿岸的一些河谷坝子、宽谷盆地中，土层深厚，耕作历史较长，土壤肥力较高。山地、丘陵上森林立地条件较好。梵净山东麓和雷公山东麓是两个多雨中心。地带性原生植被为常绿阔叶林，垂直分异明显，中山上部出现常绿落叶阔叶混交林、针阔叶混交林、亚高山针叶林和亚高山灌丛草甸。本亚区是传统用材林基地，也是中国南方杉木基地之一。经济林以油桐、油茶为主。稻田养鱼普遍。

4. 黔南低山河谷亚区

是贵州高原向红水河谷下倾的斜坡地带。地势北高南低、西高东低，海拔500～1400m，相对高差 300～700m，起伏较大。本亚区东部和西部碳酸盐岩广布，背向斜是南北走向、条状相间的隔槽式构造。向斜往往形成一些狭长的河谷盆地；背斜常常是宽平的分水岭地区，喀斯特地貌发育强烈，分布着山原丘陵洼地、丘陵盆地、峰林洼地、峰丛槽谷、石灰岩山地。中部三叠系边阳组砂页岩出露广泛，形成侵蚀低山、丘陵和小型河谷盆地，间有峰丛山地和灰岩盆地。侵蚀、溶蚀作用强烈，南盘江、北盘江、红水河及其支流切割较深，山峦起伏、地貌破碎，山高坡陡，水土流失严重，碳酸盐岩区裸岩面积较大，地面干旱缺水。自然土壤有砖红壤性红壤（简育湿润铁铝土）、红壤、黄壤（铝质常湿淋溶土）、红色石灰土、黄色石灰土、黑色石灰土多种。耕作土有机质含量低，速效磷含量不足，中低产田比例较大。由于纬度偏南，海拔较低，加之河谷深切，走向东南，有利湿热气流深入，故成为贵州高原热量、水分和光照条件都较好的亚区。地带性植被一般为中亚热带湿性常绿阔叶林，西缘有局部的中亚热带偏干常绿阔叶林，北盘江下游、南盘江和红水河沿岸则表现出南亚热带河谷山地季雨林景观。是主要的苎麻、黄麻、红麻产区，油桐、板栗、柑橘、芭蕉、香蕉、荔枝、菠萝、黑木耳、柞蚕等产量也较大。

5. 黔西山地峡谷亚区

为云南高原向黔中丘原的过渡地带。地势西高东低，除东部河谷海拔低于 1000m 外，大部分地面海拔 1500～2400m，是贵州高原地势最高的地区。本亚区内除河流上源分水岭一带保存有小块较完整的高原面（当地称梁子）外，其余切割深度一般达400～600m，最深可达 1000m。地表基质除石灰岩外，尚有玄武岩和砂页岩，呈条带状镶嵌于灰岩地层间。山地海拔常达 2000m，谷地海拔 900～1700m。地面坡度一般

20°~25°，页岩山地则常达35°以上。地貌呈现山高、谷深、坡陡的特点。土壤复杂多样，黄壤、山地黄棕壤、山地棕壤、黄色石灰土、棕色石灰土、黑色石灰土、紫色土皆有分布，以黄壤（铝质常湿淋溶土）和山地黄棕壤（铁质湿润淋溶土）分布面积最大。耕作土以旱作为主。水稻土较少，仅分布于海拔1900m以下的河谷、山间盆地和喀斯特洼地中。多数土壤酸度较大，质地黏重，土层较薄，肥力不高，速效养分尤缺，中低产田面积占相当大比例。气候温凉湿润，热量条件较差，素有"高寒山区"之称。气温日较差大，太阳辐射强，有利于光合作用产物积累，马铃薯、甜菜、苹果、梨品质良好。冬春干旱较频繁，春夏又常有冰雹。自然植被表现出由湿性常绿阔叶林向干性常绿阔叶林的过渡特征，树种复杂多样，但现仅局部残存，多数地方已变为草坡，发展畜牧业和林业的潜力很大。矿产资源丰富，六盘水煤矿是中国长江以南目前最大的煤炭工业基地，贵州高原储量最大的织纳煤田主要部分亦在本亚区内；磷矿及其伴生的重稀土元素、大理石、重晶石、铅锌等矿种，在贵州乃至全国都有重要地位。水能资源也较丰富。

6. 鄂西–渝东山地河谷亚区

为贵州高原东北部延伸地带，主要包括鄂西南、渝东以及湘西北一角。境内及毗邻的武陵山、大娄山、巫山、大巴山等海拔多在1000~1500m左右，处于中国地势第二级阶梯的东缘，是地形转折带。河流切穿时多形成峡谷，是修建水利枢纽的良好场所，举世瞩目的三峡工程以及葛洲坝、隔河岩等工程均位于这些山地之中。本亚区内石灰岩广布，岩溶地貌发育，地表的峰丛、漏斗、洼地、落水洞、溶蚀地、喀斯特湖等普遍可见，在鄂西南地下溶洞和伏流更具特色，在渝东背斜条形山地中发育了特有的岩溶槽谷景观。江河纵横，水网密布，长江干流横贯全境，在境内与两侧支流及众多中小河流构成近似向心状的辐合水系。水能资源丰富，开发条件好，风景旅游资源优势突出。这里有以峡谷水道为主的河川风景名胜区——长江三峡，壮丽雄奇，举世闻名；还有发源于齐岳山、贯穿鄂西南的清江，该流域山清水秀，素有"八百里清江，八百里画廊"之称。气候温暖湿润，年平均气温为17~18℃，河谷冬季温暖特点明显；年降水量为1100~1800mm，以山地降水最为丰富，如鄂西南的五峰、鹤峰以及湘西北的桑植都可达1800mm以上；多云雾少日照。自然土壤以红黄壤为主，山体上土壤随高度而呈现黄红壤—黄壤—黄棕壤—棕壤—山地草甸土的垂直带谱。拥有丰富的生物多样性资源，植物区系显示出南北、东西区系的相互渗透，种类复杂多样，为中国史前残余植物的中心，保存了白垩纪时期大量发展的被子植物和现代裸子植物，如水杉、珙桐、银杏、金钱松、三尖杉、鹅掌楸、水青树、杜仲、大血藤、巴东木莲等。宜于农林业的综合发展，盛产茶叶、桐油、生漆、柑橘、猕猴桃、、榨菜、药材等。丰富的水电以及磷、铁、石灰石等资源，有利于发展电化工、磷化工、电冶金等高耗水工业。

（三）区域发展与生态建设

根据贵州高原多处古人类遗址的研究，证明贵州高原在几十万年前就有人类生息繁衍。在秦代，中原地区先进技术传入贵州高原，促进了早期农业的发展。三国时代，有大批彝民在贵州高原西部从事畜牧业。唐朝时在遵义一带已开始兴修塘、库、堰，水利灌溉有一定发展，耕作水平也相应提高（周春元等，1982）。贵州高原各族人民世世代代在这块土地上劳动、生息，既受到自然环境的恩泽，又深刻地改变着自然环境的原始面貌。原始土地大量被开垦为农田，人工栽培植物群落取代原始植被。在漫长的历史进程中，人类活动逐渐强化，使森林破坏日益严重。尤其是近几十年来，人口压力剧增，政策几度失误，经营管理不善，导致乱砍滥伐、毁林开荒、森林火灾等，使森林急剧减少。很多地区地表覆被经历了常绿阔叶林—暖性针叶林—灌丛—草坡—裸露荒山这样的逆向演替阶段。另一方面，近年来植树造林、封山育林等活动，又使森林面积得以逐步恢复。

从自然地理角度看，本区域发展和生态建设中的主要问题是：

1. 水土流失与喀斯特石漠化防治

贵州"高原"实为山原、丘原，而边缘多为高山峡谷，地形崎岖，山高坡陡。加之地处亚热带季风气候区，降水丰沛，多暴雨，水土流失十分严重。贵州高原碳酸盐岩广布，是中国乃至世界上喀斯特分布最广、发育最为典型的地区之一。同时也是中国生态环境最为脆弱、水土流失和石漠化最为严重的地区之一（蔡运龙，1996）。

境内长江水系水土流失程度大于珠江水系。长江水系中又以乌江流域水土流失最严重，珠江水系以南、北盘江流域最为严重。东南部土壤侵蚀面积最小，其次为黔南石质低山地区和黔中石质丘陵盆谷地区，但石质低山、丘陵地区土壤侵蚀潜在危险程度高。此外，土壤侵蚀现象随着坡度的增加而变得严重（安和平，1996）。水土流失强烈地区主要分布在赤水河流域、乌江流域下游、毕节地区及六盘水地区的煤系地层和玄武岩区；而极危险区域整体分布于黔南、黔西南地区和毕节地区（高华端、李锐，2006）。

在喀斯特地区，水土流失最严重的恶果就是喀斯特石漠化。喀斯特基质成土过程十分缓慢，当土壤被雨水侵蚀掉后，下伏基岩直接暴露地表，形成典型的石质荒漠化景观。在贵州全省 176 167km^2 的土地上，轻度以上石漠化面积为 35 920km^2，占全省面积的 20.39%，占贵州碳酸盐岩出露区的 33%，石漠化还在扩展（熊康宁等，2002）。

喀斯特石漠化的形成和扩张，有岩性、气候等自然因素。在林地、草地和平缓耕地，土壤物理性状良好，能缓解土壤侵蚀的发生和发展，而坡耕地和裸坡地的土壤物理性状差，促进了山区土壤侵蚀的发生与发展（张喜，2003）。季节性降水和微地形也是重要的影响因素，坡度越大，侵蚀模数越大，侵蚀等级也越大。但不合理的土地利用是导致喀斯特地区水土流失加剧的主要人为因素（林昌虎、朱安国，1996）。由于长期历史上乱砍滥伐、烧山垦种，坡耕地和荒山上存在着较严重的面蚀和沟蚀。在过去的数十年间，由于人口增长、政策变动、经济发展、市场需求、消费观念变化，以及农村能源需求等方面的影响，森林被大量砍伐，很多不适宜耕作的土地被开垦，导致土地覆盖发生显著变化，植被覆盖度急剧下降，成为水土流失的主要动因。

本区水土流失与喀斯特石漠化的问题已引起国家的高度重视，已投入了大量的人力、物力进行广泛的生态重建；学术界也在开展石漠化形成机制和防治措施的研究，以期为其防治提供科学依据。

石漠化的治理，除了分类划片、分类指导外，需要以喀斯特小流域为单元的综合治理。喀斯特地区水文生态系统小型分散，地质、地形特别是地下水文网条件复杂。近些年来选择不同类型的喀斯特生态系统作山、水、田、林、路综合治理示范，取得了许多经验。其共同性的经验是，要在查明喀斯特地下水系网的基础上，注意兼顾上下游的利益；兴利与防害相结合；注意土地利用结构与水资源的关系；以及生态效益与经济效益的结合。

喀斯特峰丛山区地下水埋深数十米到数百米，难以用来解决西南喀斯特山区尚有1 000多万人的饮水问题。近年来大力修建水柜以解决此问题，但水柜位置上若无常流水，则在湿热条件下，微生物极易繁衍，难以保证饮水质量安全。而有些地区把水柜与表层喀斯特泉水结合起来，则可解决此问题。

总之，1990年代以来，通过小流域综合治理、封山育林、退耕还林等多种综合措施，水土流失治理取得了一定成效，土壤侵蚀面积在减少（周忠发，2001；高华端、李锐，2006）。

2. 水电开发与生态保护

贵州高原蕴藏着十分丰富的水能资源，乌江、清江、南北盘江的梯级水利枢纽开发已全面展开，不仅为当地经济社会发展提供了良好的机遇，也成为中国西电东送的重要能源基地之一；不仅为当地提供充足的廉价电力，并能以电代材，保护森林，而且这种清洁能源也避免了火电造成的严重环境污染。然而，水电开发也会造成一定的生态与环境问题。首先，水电开发需要在河流上筑坝建库，改变河流自然生态与环境，对水生生物的生长繁殖造成一定的不利影响；其次，水库建成后，必然会淹没相当一部分地区，淹没区的动植物生存环境会直接或间接地受到破坏；再次，水库建成后，滑坡、地震等地质灾害发生的可能性亦会相应增大。

3. 生物多样性保护

贵州被誉为"公园省"，生物资源十分丰富，局部植被保存相对完好，又有许多珍稀物种。但在过去的数十年间，土地和生物资源开发已对当地生物多样性造成了明显的破坏，如今生物多样性保护显得尤为迫切。现在已开始采取种种措施，已建立各级、各类自然保护区116个，占全省国土面积的5%。

4. 消除贫困

贵州高原自然条件较差，生态与环境脆弱，地理位置远离经济发达地区，是中国贫困人口集中分布的地区之一。1994年，全国有贫困人口7 000万，贵州就有837.38万。贵州有国家级贫困县50个。贵州南部的麻山、瑶山是中国著名的贫苦山区，贫困面广，贫困程度深，脱贫难且返贫率高。中国政府大力消除贫困，采取的方式主要有以下几种：输血式扶贫，即对贫困地区提供无偿的救助；造血式扶贫，即通过投资开发当地优势资源，改善地区产业结构，通过产业建设推动地方经济发展，如旅游扶贫、产业扶贫等；移民式扶贫，当区域生态与环境崩溃，无法适合人类居住时，将原住居民迁往他地，如贵州瑶山地区。其中，造血式扶贫是当前认为最有效的扶贫方式，通过资源开发来带动当地经济发展。但资源开发不当也会与生态保护相冲突，如何处理好二者的关系，做到发展经济与保护环境双赢，是贵州高原区域开发中的关键问题。

四、四川盆地耕种植被区（ⅤA4）

四川盆地耕种植被区总面积 24.55 万 km²，包括盆底 16.4 万 km² 和盆周山地 8.15 万 km²。前者主要由丘陵和平原组成，海拔在 300~700m 之间；后者由中低山组成，海拔在 1 000~1 300m 之间。盆周山地西部是青藏高原东缘，东部是川东鄂西山地，从西到东跨越中国第二级阶梯。盆地北部的大巴山属北亚热带，它和秦岭一起构成中国暖温带与亚热带的界线，是北方干旱、半干旱区与南方湿润区的分界线。

四川盆地是中国四大盆地中唯一处于亚热带湿润区的盆地，也是唯一的外流流域盆地，大部分地区处于长江干流以北，但"不是江南胜江南"，历史上一直是中国重要的农业耕作区。盆地受人类活动影响强烈，并且是世界上出露侏罗系、白垩系红色岩层和紫色土面积最广的红色盆地。因此，盆地的完整性，气候的特殊性，地质岩层的独特性，使四川盆地成为一个特色鲜明的盆地。

（一）自然区自然地理特征

1. 复杂的地质背景

在大地构造上，四川盆地处于扬子克拉通（扬子准地台）、松潘甘孜造山带和秦岭造山带三大构造单元的结合部。盆地及周缘山地属扬子克拉通的西缘，其西紧邻青藏高原东部的松潘甘孜造山带，北部紧邻秦岭造山带。盆周构造运动强烈，包括有峨眉山-凉山褶皱带，龙门山前推覆带、米仓山前缘隆起带和大娄褶皱带，大都以早古生代、早中生代火山岩、海相碳酸盐岩出露。

盆地内部构造较简单，自西向东由四个北东—南西向的次级构造单元组成：

川西前陆盆地：为西部造山带前缘推覆构造作用下形成的前陆断陷盆地，以巨厚的晚中生代—新生代陆相红色碎屑岩、蒸发岩及山前磨拉石建造，以及第四纪松散沉积物发育为特征，奠定了成都平原的基本格局。

龙泉山前缘隆起带：系晚中生代陆相红色碎屑岩建造组成的复式背斜构造，形成龙泉山脉。

川中陆内拗陷盆地带：以巨厚的晚中生代陆相红色碎屑岩建造为主，具有宽缓的短轴背轴构造，成为川中丘陵红色盆地主体。

华蓥山滑脱褶皱带：为一系列以晚中生代陆相红色碎屑岩建造为主的平行分布的隔档式褶皱，背斜狭窄，向斜宽缓，深部具有一系列逆冲滑脱构造，构造成著名的川东平行岭谷。

在地质构造演化上，四川盆地是晚中生代构造盆地。它原是一个内陆湖盆，后来由于地壳运动，湖盆上升，湖水沿东侧的缺口流出，湖底逐渐干涸形成盆地。在其表层的晚中生代陆相建造之下，为广布于川、滇、黔、湘西、鄂西以早中生代海相为主的巨厚碳酸盐岩、碎屑岩建造，以及下伏古生代海陆交互相建造和太古宙岩浆杂岩、片麻岩结晶基底。这表明，以陆相红色建造为标志的四川盆地，雏形形成于三叠纪末期结束（约1.55亿年前）的中国西南大范围海洋沉积的印支运动，建造期为侏罗纪—白垩纪，结束于白垩纪末期导致盆周褶皱隆起的燕山运动。现在广泛出露的红色岩系，正是这个时代的产物。它是一套厚达数千米的紫红色红砂岩、页岩、泥岩相互交替沉积的产物，代表一个湿热的沉积环境；是以裸子植物和翼龙类动物为统治的生物王国，现在四川盆地发现的大量恐龙化石，仅自贡大山铺发掘的2 800m^{2}内，就有恐龙个体100多个，完整骨架30多具，计有3个纲、11个目、15个科近20种，是四川红色盆地古生物镇世之宝。今日所见的低海拔的盆地与高海拔的川西高原地貌之巨大反差，则是盆地期后晚新生代晚期青藏高原相对于四川盆地整体快速隆起的结果。

2. 海拔高度和地貌形态不对称的盆地

与地质构造相对应，四川盆地的地貌大体上可分为盆周山地和盆底丘陵平原两大部分。盆周山地从四周形成封闭的屏障，海拔1 000～3 000m左右，北面为大巴山，西面是龙门山、邛崃山、大凉山，南面是大娄山，东面是巫山。

四川盆地底部地形大体上可分为三部分：龙泉山以西的成都平原，面积约7 200km^2，是岷江、沱江、青衣江及其支流挟带泥沙长期堆积而成的扇形冲积平原，平均海拔500～600m；介于龙泉山和华蓥山之间的川中丘陵是一个真正的红色盆地，盆地中紫红色砂页岩广布，倾角很小，近于水平，受河流切割之后，形成大片平顶方山式丘陵，海拔一般在350m左右，相对高度不足百米；华蓥山以东，是由大小20余条东北—西南走向山脉所组成的川东平行岭谷，山形细长，顶部平缓，两翼陡峻，海拔约700～1000m。以华蓥山为最高，主峰1 700m，山岭之间被河谷所隔，长江从西向东横切平行岭谷，形成峡谷和宽谷相间的特殊景观。

四川盆地地貌的特点是海拔高度与地貌形态的不对称。盆地西部是"天府之国"成都平原，成都市区属典型的平原城市，海拔500m左右；而龙泉山脉与华蓥山脉之间为川中丘陵，海拔300～400m左右，低于成都平原；至川东平行岭谷，地貌上表现山的特色，重庆市为典型山城，但除歌乐山外，其海拔却低于川中丘陵。因此，平原城市成都市海拔远高于"山城"重庆市，形成海拔与地形的反差。同样，盆地西部大邑、绵竹、江油一带平原海拔500～700m；盆地中部射洪、乐至、贵阳、仁寿一线丘陵海拔约400～500m；东部泸县、合江等地河谷海拔仅220m，重庆、长寿、忠县、开县等河谷大都在200m以下，但呈山地或山谷的景观。可见，从盆西向盆中、盆东，地貌上呈"平原、丘陵、山地"的变化，海拔却呈高、中、低的变化。

3. 云雾多日照少的温湿气候

四川盆地处于亚热带，具有中国亚热带季风气候的一般特征，例如气候温和，年降水量较丰富，降水集中于夏季，无霜期长等。其与周边自然地理区特别是长江中下游地区比较，更具有几个突出的特点：

（1）气温比同纬度的长江中下游地区高。由于受秦岭、大巴山的阻挡，冬季北方寒潮和冷空气对盆地的入侵受到较大的削弱，使得四川盆地冬无严寒，年均温、1月平均气温和日平均气温≥10℃期间的积温等都明显高于长江中下游同纬度地区。从表13.7可见，盆地年平均气温比长江中下游同纬度地区高1℃左右，1月气温高1~3℃，日平均气温≥10℃年期间积温高100~500℃左右。

（2）风速小，静风频率高，日照少。四川盆地气候受大尺度全国气候波动的影响较小。盆地东部受巫山、武陵山等山脉阻挡，夏季虽受中国东南季风的影响，但能带来大风狂风的热带气团和台风，却影响不到四川盆地，是台风的"禁区"。

四川盆地北部是秦岭、大巴山，冬季有来自北方并往往伴随大风（大于5~6级）的降温过程，因山系阻隔，风势减弱，偶尔产生4~5级的大风，时间很短，真正成为有破坏性的7~8级以上狂风甚为罕见。西部为青藏高原，虽然也有大风、狂风产生，但一旦进入四川盆地，气流下沉，下垫面性质改变，高原的大风也就失去持续的能量。因此，四川盆地气流、大气层一年四季处于比较稳定的状态，风速小，年均风速小于1.5m/s，静止风频率高达50%。

表13.7 四川盆地与长江中下游气温比较

地点	纬度/N	海拔高度/m	1月平均气温/℃	7月平均气温/℃	年平均气温/℃	日平均气温≥10℃期间的积温/℃
金华	29°07′	64.1	4.9	29.6	17.4	5 520.4
温州	28°01′	6.0	7.0	27.9	17.9	5 670.2
南昌	28°40′	46.7	4.9	29.7	17.5	5 571.5
吉安	27°05′	78.0	6.2	29.6	18.3	5 805.3
长沙	28°12′	44.9	4.6	29.5	17.2	5 449.8
云阳	30°56′	206.5	7.5	28.8	18.8	6 216.7
丰都	29°53′	214.8	7.2	29.0	18.3	5 996.1
沙坪坝	29°35′	260.6	7.5	28.6	18.3	5 939.1
巴县	29°23′	205.0	7.9	28.9	18.6	6 069.0
北碚	29°50′	242.9	7.4	28.7	18.3	5 960.2
江津	29°16′	209.4	7.7	28.5	18.4	6 028.0
泸州	28°53′	336.3	7.7	27.3	18.0	5 789.4

四川盆地是中国亚热带地区低日照区域之一，年平均云量达8.0，为全国之最，成都、重庆的平均雾日达100天，多年平均日照仅1 000~1 300h（南部）或1 400~1 500h（北部），大部分地区年太阳总辐射量小于7.8亿J/m²。每年进入10月份之后至第二年3月，是阴湿、微雨、多雾的季节，能见到阳光的时间很少，所谓晴天，往往也是几小时的太阳"露脸"，中秋能见到月亮的概率也很低，故自古有"蜀犬吠日"之称。日常生活中所谓较好的天气就是"阴转多云"。

（3）春旱、秋绵雨。中国东部江南地区，春夏之间，因受北方干冷气团与南方海洋湿润气团相互作用的影响，在两气团交汇的锋面地带形成降雨。当两大气团势力相当时，其锋面往往会停留于某一区域，形成连续多日的绵雨天气，俗称梅雨。而这种天气在四川盆地极少见，甚至没有。相反，在春季或春夏之交，四川盆地多是一年中阳光灿烂的日子，是春旱发生的时期。

到了秋季，一般9月中旬之后至第二年3月或4月，当长江中下游处于"天高气爽"、秋光灿烂、秋月明媚的时候，四川盆地开始进入秋绵雨期，绵绵细雨，阴霾潮湿，天低云密，与东部的春梅雨相似。

（4）四川盆地内部气候差异明显。从纬度变化上看，四川盆地主体是中亚热季风气候，但在四川盆地南部、长江沿岸，却已近于南亚热带的气候，但又不典型，可称之为准南亚热带气候，这里盛产荔枝、龙眼、香蕉，甚至芒果等典型南亚热带作物。四川盆地北部，大巴山麓，则已进入北亚热带的范畴，年均温、1月气温、日平均气温≥10℃期间的积温、无霜期等也较典型的中亚热带低。如泸州1月平均气温为7.8℃，日平均气温≥10℃期间积温达5 793.8℃；到遂宁1月平均气温下降为6.5℃，日平均气温≥10℃期间积温仅为5 630.7℃；往北至阆中，更分别下降为6.1℃和5 500.0℃。因此，四川盆地实际上是一个包含着准南亚热带、中亚热带、北亚热带的亚热带湿润季风气候区。

从经度变化上看，则从川东至川西也有某些明显的变化（表13.8），川东的气温总的说来比川西高，1月气温重庆市为7.0℃，而成都市仅为5.6℃，都江堰市为4.6℃。而夏季高温天气差异更明显，重庆是典型的长江三大"火炉"之一，7月平均气温28.0℃，而成都市却较凉爽，7月平均气温25.6℃，是无酷暑的城市，至青城山麓山前一带，成了避暑胜地。内江市可被看作是四川盆地东西部差异的中转点，其东为夏酷热天气，其西为无酷夏天气。

垂直气候变化，最明显的是盆地南部川江河谷与两岸山地的垂直变化，从川江河谷到毗邻的盆周丘陵，山地呈现从准南亚热带、中亚热带的垂直变化。

表13.8 四川盆地由西到东气温变化

地名	经度/E	1月平均气温/℃	7月平均气温/℃	年平均气温℃	日平均气温≥10℃期间积温/℃
都江堰	103°37′	4.6	24.4	15.2	4 677.1
成都	104°04′	5.6	25.6	16.2	5 300.0
简阳	104°32′	6.5	26.5	17.0	
内江	105°02′	7.4	27.2	17.5	5 598.0
广安	106°63′	6.0	27.8	17.1	5 600.0
重庆	106°45′	7.0	28.0	18.0	5 880.0
万州	108°21′	7.0	29.0	18.1	6 080.0

4. 河网发达的河川

受地貌和气候的影响，四川盆地的水文特点是径流较丰富，河川发育，区域分异明显。

（1）四川盆地河川发育。有"千河之省"的称谓，除了嘉陵江、沱江、岷江、金沙江等长江一级支流之外，还有许多支流的支流（如嘉陵江的支流渠江和涪江都形成较大的支流流域），形成巨大的河流网络；其中成都平原的河渠更密如蛛网。与此相应，近年在盆地内部，修建了许多水利工程，形成为数众多的人工湖泊，它们星罗棋布遍及盆地各县，成为河湖相连的江河水乡景观。最大的升钟水库，库容达13.69亿 m^3。

（2）四川盆地的水源，在盆周山地主要为降水和冰川补给。盆地底部主要由降水和过境水补给。从盆周山地与盆地底部的关系上看，山地是重要的水源补给区，而盆地底部既是过境区，又是水资源消耗区。两者之间水文条件有巨大差异，盆周山地降水量较盆地内部丰富，又是暴雨区，其中川西山地、龙门山前降水量多在1 000mm以上，主要集中于夏季，雅安地区年降水量超过2 000mm，俗称"天漏"；盆周山地有大巴山暴雨区、龙门山暴雨区、川南小暴雨区、三峡暴雨区等几个暴雨分布区。受地形控制，在盆周山前的河流，即上述各大支流的中上游，河流坡降大，水流急，是洪水的重要形成区，洪峰形成快、过程短，大江大河洪水涨峰时间约10~30h，洪水历时3~7h，洪水位涨幅约10~30m，洪水流速约5~7m/s。而洪水或急流一进入盆地内部，因地形较平缓，流速迅速降低，故在盆地丘陵区和平原区，往往造成洪水泛滥。2004~2005年达州地区的洪灾，就是大巴山暴雨造成的洪峰进入盆地后河流排洪不畅所致，并引发严重的崩岸、溢洪等灾害。因而盆周山地暴雨在盆中成灾，是四川盆地水文过程的重要特征。

（3）盆地各大支流水量较大，挟沙能力较强，加之四川盆地红色岩系结构疏松，易风化，在暴雨的冲刷下，土壤侵蚀严重。因此，河流泥沙含量高，输沙量大，多年平均宜昌站输沙量为5.3亿t，其中除金沙江不属四川盆地外，都主要来自四川盆地。历史上嘉陵江流域是长江上游重要的产沙源和入江泥沙源。1990年代以前，盆地森林覆盖率不足10%，嘉陵江流域的不少支流成为水土流失的严重区，如琼江流域，年土壤侵蚀强度在5 000~1 0000t/（ km^2 ·a）。自从退耕还林之后，森林植被恢复快，现覆盖率已达30%左右，加之大量山区、丘陵的小塘库建设，起着蓄水拦沙作用，近年嘉陵江泥沙含量下降，但金沙江流域河流含沙量仍在增加，对于四川盆地河流泥沙的变化及其对三峡库区的影响，仍然需要密切关注，长期监测。

（4）四川盆地是长江上游的水量汇总区。长江上游100万 km^2 的径流最终都在盆地汇入长江。因此，长江上游的水情变化，直接对长江中下游的水安全造成影响。长江上游的暴雨和洪水是否会给中下游造成危害，取决于几个因素：①上游的暴雨若发生于横断山、龙门山或大巴山等金沙江、大渡河、岷江、沱江、涪江、渠江、嘉陵江上游，即使暴雨强度大、洪峰流量大，只要重庆以下地区（特别是三峡江段）不同时下暴雨，一般不构成对中下游大的危害。②只有三峡地区暴雨，没有三峡以上大的洪峰相加，也不造成对中下游大的影响。例如1982年三峡地区发生历史上的特大的洪灾，损失极其严重，万县地区冲毁水电站217座，仅云阳县就倒塌房屋近5万间，但中下游并不成灾。③长江上游的洪水，没有中下游洪峰的顶托，一般对中下游影响较弱，可能不致灾，如1981年上游洪水，四川盆地损失惨重，但对中游未构成威胁。

（5）水资源缺乏和水污染严重。总体上四川盆地水资源较丰富，多年平均地表水资源量达1 590亿 m^3，但分布不均，盆周山地较多，盆地较少。盆地内人口密集，工农业发达，现人均水资源量仅700 m^3，已属缺水区，其中自贡、遂宁、南充等城市属严重缺水城市。广大农村多年来也陷入人畜饮水困难的境地。近年通过红层找水，才缓和了农村的饮用水紧张局面。

四川盆地河流和大部分水库都受到污染,其中,成都、自贡、内江、南充等城市的内河水质都为 V 类或劣 V 类,沱江、岷江中下游都达不到 III 类水质要求。上述水库,据 2006 年对其 12 个监测点其 33 个水样的分析,水库全部水域均超过地表水功能区划要求的水质标准,其中主要污染物为 TN、TP、COD$_{Cr}$、高锰酸盐指数,超标率分别为 100%、100%、87.9% 和 72.7%。盆地河流水污染事故不时发生,近年虽然加大治理力度,但随着工业化,城镇化进程加大,农业化肥、农药施用量增加、养殖业(猪、家禽、网箱养鱼等)发展,排污量还会增加,盆地河流湖泊的纳污量还会增加,水污染的形势不容乐观。

5. 典型地带性植被是亚热带低山偏湿性常绿阔叶林

四川盆地典型植被类型为亚热带低山偏湿性常绿阔叶林。主要建群种植物有山毛榉科的甜槠栲、刺果米槠、栲树、峨眉栲、包石栎、青冈,樟科的桢楠、润楠、小果润楠、油樟以及山茶科的四川大头茶、大苞木荷等。主要分布于盆地边缘山地,海拔 800~1 800m,呈小片分布。

次生的植被类型有亚热带低山常绿针叶林和低山、丘陵竹林,主要建群种有马尾松、川柏木、杉木、柳杉、楠竹、斑竹、慈竹等。近几十年来,人工栽培了大量的水杉和日本落叶松。

盆地植被呈一定纬度地带性变化。盆地南部长江及其支流河谷水热条件好,常绿阔叶林的建群种除刺果米槠和大苞木荷外,还混生了很多亚热带南部的植物,有的还能构成建群种,如樟科的厚壳桂、广东琼楠、贵州琼楠,山茶科的银木荷,林下有桫椤、小羽桫椤、华南紫萁等;经济林木中,代表性的有荔枝、龙眼等。盆地中部丘陵地区开垦较早,常绿阔叶林仅在局部地区残留分布,建群种有刺果米槠、栲树等;次生林的建群种有马尾松、川柏木;经济林木中,代表性的有红橘、甜橙等。盆地北部丘陵和低山地区常绿阔叶林,建群种植物中增加了很多耐寒的种类,如包石栎、青冈、曼青冈等;次生林的建群种除马尾松、川柏木、杉木外,还有巴山松等;经济林木中,代表性的有梨、核桃等。

盆地植被还呈经度地带性变化。盆地西缘龙门山地区,组成常绿阔叶林的建群种有耐寒的青冈、曼青冈、包石栎、川桂、油樟、桢楠等;次生林的建群种有马尾松、川柏木、柳杉等。盆地东部平行岭谷地区,常绿阔叶林的建群种有刺果米槠;次生林的建群种为马尾松和川柏木。

盆周山地由于海拔的高差,引起水热条件的变化,植被分布出现了有规律的垂直变化。其中,盆地东部、南部和北部山地最高海拔仅 2 000m 左右,仅有 2 个垂直带:海拔 1 600m(东部)、1 800m(南部)、1 400m(北部)以下为基带植被,代表类型为常绿阔叶林带;常绿阔叶林带以上为常绿和落叶阔叶混交林带。盆地西部海拔高差大,植被的垂直带比较完整:海拔 1800m 以下为基带植被,代表类型为常绿阔叶林带;1 800~2 200m,代表类型为常绿和落叶阔叶混交林带;2 200~3 400m,代表类型为亚高山针叶林带;3 400~4 000m,代表类型为高山灌丛草甸带;4 000m 以上,代表类型为高山流石滩稀疏植被带。

四川盆地地质历史悠久，植物区系起源古老，珍稀、濒危植物种类丰富。属于一级重点保护的野生植物有：光叶蕨、桫椤、小羽桫椤、珙桐、光叶珙桐、红豆杉、南方红豆杉、伯乐树、峨眉拟单型木兰、莼菜、独叶草等。属于二级重点保护的野生植物有：扇蕨、篦子三尖杉、岷江柏木、福建柏、四川红杉、秦岭冷杉、四川苏铁、梓叶槭、连香树、台湾水青冈、香樟、油樟、润楠、桢楠、野大豆、红豆树、厚朴、凹叶厚朴、圆叶玉兰、西康玉兰、红花绿绒蒿、香果树、川黄檗等。

6. 以紫色土为特点的土壤

四川盆地的地带性土壤是黄壤（铝质常湿淋溶土），但由于受成土母质的岩层的影响，占主导地位的是紫色土（紫色湿润雏形土），其次才是黄壤、水稻土（水耕人为土）和部分石灰性紫色土（石灰紫色湿润雏形土）、黄棕壤（铁质湿润淋溶土）等。黄壤主要分布于盆周山地低山区或山麓地带阶地的老冲积土上，海拔在 $800 \sim 1\,000\text{m}$ 左右，最高可分布至 $1\,700 \sim 2\,000\text{m}$，$2\,000\text{m}$ 以上大多发育为黄棕壤或棕壤（简育湿润淋溶土）。

水稻土集中分布于成都平原和各地级市（如南充、遂宁、绵阳、广元、达州、乐山、内江）及大部分县域（如梁平、开县、江津等）附近小规模的冲积平原上，其中以成都平原面积最大，约 1 万 km^2，其余冲积水稻土面积多在几百至几千平方千米之间，目前是主要粮食产区。

紫色土是一个大土类，其发育的成土母质为紫色（或者灰色）泥岩、页岩、砂岩。四川盆地紫色土的分布面积大，主要在三叠系、侏罗系、白垩系三大系组成的紫色岩层及风化壳基础上形成。与其他土壤比较具有明显的特点：

（1）土壤颜色。以紫色为主，在全球所有土壤颜色中，是较特殊的一种颜色。它既明显不同于灰色、白色、黑色、棕色、黄色等土壤，也与红色、砖红色、棕色有差异。与红壤特别是与砖红壤比较，紫色土的"红"较淡，砖红色属深红，红壤属正红，紫色土属淡红。其次，紫色土的"紫"主要受母质和风化壳影响，变化较大，紫色土中的砂、砾、泥往往夹杂其他颜色，"纯"度不如红壤和砖红壤。再次，紫色土在不同地带（有亚热带、中亚热带、北亚热带）、不同母质背景下，虽以紫色（红）为主调，但发育的土壤颜色也不完全一致，大致包括紫红、暗紫红、紫黄、淡粉红、淡黄紫、棕紫、灰紫、淡紫灰、青紫等，是较为广谱的带杂色的紫色。

（2）土壤酸碱性。四川盆地地处亚热带，按理土壤应呈酸性或微酸性，但是由于紫色土中含钙矿物多，富铝化不明显，故大部分土壤呈微碱性或中性。但受成土年龄和成土母质差异的影响，紫色土的酸碱度各地仍有差别：一般说来，幼年紫色土受淋溶时间较短，钙、镁、钠、钾等元素受淋溶丧失的程度较轻，紫色土中钙含量较高，多为碱性；相反，钙被淋失较多，SiO_2/CaO 比率较高，呈酸性。而发育于富含钙母质的土壤，也以碱性土为主，而发育于富硅、铝母质的土壤，以酸性为主，介于两者之间以中性为主。盆地北部和中部紫色土含碳酸钙较高，达 $2\% \sim 19\%$，pH7.3～8.3，为钙质紫色土，呈碱性；盆地东部含碳酸钙较低，约 $0.2\% \sim 0.9\%$，pH6.5～7.5，为中性紫色土；盆地南部 pH4.5～5.5，为酸性紫色土。

（3）成土速度。紫红色砂页岩及其所形成的风化壳，结构疏松，极易风化、侵蚀。

加上在丘陵坡地上耕种，水土流失严重。由于成土快，边侵蚀、边种植的现象十分普遍，因此历来是长江上游重要的产沙区之一。如若不加大植被覆盖，按传统的坡地开垦耕种，让紫色土边种边侵蚀的过程不断进行下去，则约 18 万 km^2 的紫色土区有可能成为红色产沙区，长江有变成"红河"的危险。所幸 1990 年代以后实施天然林保护、退耕还林工程和小流域综合治理工程，丘陵植被恢复较快，大大缓解了水土流失，泥沙入江量减少。

（4）土壤肥力。紫色土矿物质丰富，全磷、全钾含量较高，其中中性紫色土含磷量达 0.15% ~0.16%，全钾最高者含量多于 2.0%，加之，紫色土土质疏松，容易成土，土壤剖面发育不明显，即使土层被侵蚀、剥削掉，新土也会较快形成。因此，表土被冲刷流失后，土壤依然可以得到母质补充，继续耕种。

紫色土的有机质一般含量不高，但耕作土在人工施肥、管理条件下，肥力依然较好，除了岩层母质的因素外，与亚热带气候的水、热综合作用也有关系。

（二）区内差异与自然亚区划分

从综合自然地理角度上分析，四川盆地作为一个独立的自然地理生态单元，以亚热带湿润季风—常绿阔叶林—紫色土为主导特征，与其周边的自然地理区域，如北边的秦巴山地、东边的长江中游平原、鄂西山地，南边的云贵高原，西边的青藏高原都有明显的差别，是一个很有"个性"的大型盆地。但在盆地内部依然有比较明显的区域差异。造成这种差异的因素主要是地质构造引起的地形差异，区位引起的纬度差异。可以分为成都平原、川中丘陵、川东平行岭谷、盆南喀斯特和盆周山地 5 个亚区。

1. 成都平原亚区

本亚区是盆地中的盆地，夹于龙门山脉与龙泉山脉之间，总面积约 7 000km²。地质构造上既与四川盆地相联系，又具有独特的地质背景。在喜马拉雅构造运动中，青藏高原强烈抬升，川西一带缓慢下降，形成内陆湖盆，岷江和沱江带来的砾石（冰碛、水碛物）、泥沙在湖盆沉积，形成深厚的冲积、沉积层，构成川西平原。到了新生代第四纪，这个盆地继续下陷，河流上游带来大量冰川物质与洪水冲积物质继续充填，经河流的不断冲积，逐步形成重叠复合的平原地貌。平原具有由西北向东南斜倾的特点，坡度大约 2% ~5%，沉积厚度由西北向东南逐步变厚，沉积最厚的地区大约在今温江—郫县一带，可达 100m 左右。

成都平原是典型的中亚热带常绿阔叶林分布区，是全国最早有人类活动的地区之一，产生过三星堆、金沙文明，秦代都江堰水利工程开发之后，更成为"水旱从人，不知饥饿"的"天府之国"，一直是人口稠密区，人类活动强烈区。自然的面貌已保留不多，原始地带性植被已被农业植被和园林所替代，平原自然土壤已基本上为水稻土所替代；平原景观中，城市景观、工业景观、农村聚落景观、农业景观已占主导地位。中亚热带温湿气候在城区已受到热岛效应的影响，气温增高，雾日增多，空气质量降低；都江堰水系也在人类干扰下，河道被渠化，水体在城镇江段严重污染；水资源的利用范围扩大，都江堰灌区面积从解放初的 300 万亩扩大到 1 100 多万亩；成都市已成为缺水的城市，地下水位下降；人地矛盾突出，原来的农业商品基地功能逐渐丧失。

2. 川中丘陵亚区

是四川盆地的主体，红色岩层、紫色土壤、丘陵地貌、中亚热带气候和植被是其典型的自然地理特征，从某种意义上说，是四川盆地的缩影。川中丘陵内部以丘陵为主体，丘陵间也分布有小面积的冲积平原，俗称"坝子"。少部分丘陵海拔较高，特别是与盆周山地交汇地带，海拔超过500m以上，称为低山或深丘。

川中丘陵是重要的农业区，丘陵坡面或丘陵顶部开发为旱地，丘陵之间的"坝子"或丘陵下部开发为水稻田。原始植被已很少保留，多为人工植被。只在零星分布的省级风景名胜区或庙宇周边保留有百年以上的亚热带常绿阔叶林，例如遂宁广德寺、金堂云顶山、资中重龙山、内江云顶山寨、邻水罗家洞森林公园、射洪花果山森林公园、安岳千佛寨森林公园、简阳丹景山、白云山、内江长江森林公园、荣县高石梯森林公园等。1970年代以后森林覆盖率降至10%以下，近年恢复至20%～30%之间。但森林的组成较单调，多以竹林、桤柏林、马尾松林为主，也有不少山丘发展成柑橘林、桃、李、梨、枇杷等经济林（如龙泉山等）。

3. 川东平行岭谷亚区

本亚区是盆地较为特殊的地貌单元，介于华蓥山和巫山之间，由十多条东北—西南走向的山脉和山谷相间平行分布，成为与横断山相似的小型"横断山"。也就是说，是一组山－谷－河流相间的山系，当然与横断山比较，平行岭谷的山没有那么高（海拔一般只有700～1 600m），谷没有那么深，河流没那么大，水流没有那么急。但近南北的走向是相对一致的。与川中丘陵亚区比较，河流的走向有较大的差异，川中丘陵几大支流嘉陵江、涪江、沱江、岷江下游都呈西北—东南走向；而川东平行岭谷，以渠江（西）和长江干流（重庆以东）为代表，基本上都呈东北—西南走向。

气候上，川东平行岭谷的谷区年均气温比较高，夏季炎热；长江河谷和平行岭谷的谷区南部，具有准南亚热带的特征，该区既有暴雨区分布又是川东伏旱的高发区，农业的灾害较多，土壤相对平原和丘陵区较为贫瘠，但其中若干小平原，如梁平－垫江平原、开县平原等主要由河流冲积而成，历史上是川东重要的粮食生产基地。

4. 盆南喀斯特亚区

位于四川南部，实际上与贵州高原是连为一体的。其地貌特征是石灰岩的广泛出露，发育有著名的"天坑"（大型喀斯特漏斗）、大型溶洞、石柱、石笋、石林等，是一类耕地零散、土壤贫瘠、水资源缺乏的生态脆弱区。居民贫困，但景观秀丽。

本亚区地处盆地南部，热量丰富，日平均气温≥10℃期间的积温在6 000℃以上。降水量也不少，大多在1 000mm以上，但由于化学溶蚀强烈，形成地缝、暗河，地表径流严重缺乏。地表土壤流失，石漠化极为严重，耕地少，农业的发展受到很大的障碍。水虽流失但因土不多，入江泥沙较少。此类地区退耕还林几乎已没有空间，耕地不少是见缝插针散布于石头之间的小块土地，退耕难以还林。因而这里既不能再开垦荒地，也不必强求退耕还林，但防止乱开乱挖是首要任务。

5. 盆周山地亚区

盆周山地亚区的特点，是有明显的自然垂直地带变化，特别是龙门山脉，有较完整的自然垂直带谱，植被从亚热带常绿阔叶林基带，向上分别发育有常绿阔叶与落叶阔叶混交林、常绿阔叶与针叶混交林、针叶林、亚高山草甸等。

因盆周山地是环盆底分布，故盆周山地的纬度和经度差异较大，北部盆周山地已属北亚热带，南部山地基带为准南亚热带，西部山地具有青藏高原的特征，山体高大，而东部山地海拔多在 1 000m 左右，最高也仅 2 000m 左右。但盆周山地相对于盆底而言，却有着共同的生态功能，就是盆地底部的生态屏障。盆周山地是盆地的水源涵养区，水情调控区，是生物多样性分布中心，当前是国家级、省级自然保护区、风景名胜区、森林公园乃至世界自然遗产的集中分布区。

五、云南高原常绿落叶阔叶林松林区（ⅤA5）

本区包括云南省北半部，贡嘎山以南的川西南山地，如锦屏山、小相岭、大凉山、鲁南山、贵州西部乌蒙山地和广西最西端右江源区。

（一）自然地理特征

本区除边缘地区地形比较破碎外，大部分地区高原面保存比较完好，尤以金沙江与元江、南盘江分水岭区，梁王山和南盘江源流段以东的曲靖地区中东部，南盘江、大马河、盘龙江分水岭高原面最为清晰，平均海拔 1 800 ~ 1 900m。滇中为典型的红色高原，滇东黔西广布碳酸盐岩和喀斯特地貌，而高原各地湖盆众多。湖盆内堆积了巨厚的第四纪河湖相沉积。此外，云南高原还发育有火山地貌。

冬半年，本区受西风南支急流控制，热带大陆气团长途跋涉，经北非、阿拉伯半岛、伊朗、巴基斯坦、印度北部等沙漠或大陆干燥区，加上北部湾的西南暖流，性质较稳定，使其天气干燥晴朗、日照充足，最冷月均温在 8 ~ 10℃，河谷地区可达 15℃左右。气温的垂直变化明显。夏季受西南季风的影响，降水集中，年降水量在 1 000mm左右，其中 80% ~ 90% 集中在 5 ~ 10 月。云南高原海拔高，夏季又多云雨，故夏季温度较低，7 月平均气温滇中一带在 20℃左右，滇东南在 22℃上下。云南高原冬暖夏凉，年均温为 14 ~ 17℃，年较差在 12 ~ 16℃，有"四季如春"的美誉。参见表 13.9。

表 13.9　云南高原气温随高度的变化

地点	纬度/N	海拔/m	年平均气温/℃
东川新村	26°02′	1 234	20.2
东川汤丹	26°11′	2 252	13.0
东川因明	26°17′	2 410	11.5
东川落雪	26°14′	3 180	7.1

本区在全国三级地势中处于第二级阶梯内。在水系分布上承接了发源于第一阶梯的青藏高原的一些大河,源于青藏高原的长江、湄公河、萨尔温江、伊洛瓦底江等的上游河段都流经此境内,即分别为金沙江、澜沧江、怒江、独龙江等。所有这些大河,大体循着地势的总体倾斜向南、东、西南三个方向散开,分别接纳了众多的大小支流的丰富来水,使这些河流的水量倍增。流出境后,在中下游又汇集了更多的水流,最终发育成亚洲以至世界著名的水量丰富、源远流长的大江,分别注入太平洋和印度洋。纵向岭谷区水系的空间分布格局和水系的形态特征,都受到区域地质构造和地貌格局的深刻影响,各大河流的流向和河网发育,都受到深大断裂构造的引导和控制。在滇西北的三江并流地区,各大河谷之间的分水岭十分狭窄。这个高山峡谷区水系格局的形成,就是以排列十分紧密的褶皱和深大断裂的地质构造为基础的。大约到25°30′N一线以南,随着构造线呈辐射状展开,各大江也逐渐向两侧展开,形成帚状水系的分布格局,它们的支流因发展余地较大也渐趋发达,形成树枝状水系形态。

本区气候条件非常有利于植物生长繁衍。第四纪时本区未曾遭受冰川侵袭,残留了许多古老孑遗植物,加上地处几种植物区系成分的交汇地段,因而植物种类异常繁多,植被类型十分复杂。地带性植被以壳斗科的常绿阔叶林和云南松林为主,还常见亚热带常绿落叶灌丛和疏林,亚热带常绿针叶林、稀树灌木草原等。主要土壤为红壤(黏化湿润富铁土)、山地红壤、紫色土(紫色湿润雏形)等。坝子(盆地)和湖盆密集是本区地貌环境的又一特征,滇池、洱海等湖泊是水生生态系统集中分布区。坝子是本区农业生产的主要区域,作物一年二熟。粮食作物主要有水稻、玉米、薯类,经济作物有烤烟、油菜、甘蔗等。

常绿阔叶林是以壳斗科、樟科、茶科、木兰科、金缕梅科为主形成的常绿阔叶林植被。这种森林的大树,一般叶片面积偏小、光亮、富革质而坚硬,树皮粗糙开裂,树干分枝低而扭曲。云南的常绿阔叶林,是在西南季风与山原地貌双重影响下形成的,与中国东部同类型森林比较,其植物种群组成有较大的不同,相反与印、缅山地植被十分相似。云南常绿阔叶林遍布全省各地,尤以滇中高原山地和南部山原地区最为集中成片,海拔1 100~2 800m范围都有分布。在各地的植被垂直带中它占有大约1 000m高的带谱,既分布在典型的亚热带中纬度地区,也分布于热带山地,还零星分布于更北的地区。因此,整个类型的生境变化多种多样,在群落的生态外貌、种类组成和结构等诸方面都存在较大差异。

植被垂直带明显,带谱随山体大小、海拔高低以及坡向差异而不同。丽江玉龙山,海拔5 596m,从河谷到山顶相对高度4 000m多。有5个垂直分带:海拔2 000m以下的金沙江河谷为稀疏灌丛草地,由扭黄茅、香茅组成,间有旱生性仙人掌(*Opuntia monacantha*)霸王鞭(*Eaphorbia royleana*)、木棉(*Gossampinus malabarica*)等散生植物,林下透光,草类高大茂密;基带2 000~3 100m为云南松林;3 100~3 800m为冷杉林,局部为丽江云杉林;3 800~4 500m为高山草甸和杜鹃灌丛,呈阴阳坡分布;4 500~5 000m为永久积雪。

（二）自然亚区划分

云南高原常绿落叶阔叶林松林区，可以划分为滇东黔西喀斯特高原、滇中川西高原湖盆和横断山平行岭谷3个亚区。

1. 滇东黔西喀斯特高原亚区

本亚区包括云南小江断裂以东和贵州北盘江以西地域。地表主要分布碳酸盐类岩层，在云南境内分布的面积占总土地面积的50%，贵州境内更占到80%左右。喀斯特地貌分布十分普遍，类型多样。地表水渗漏作用强烈，地表河流很少，出没无常。

本亚区内地表干燥，生长常绿栎林或灌丛草地。由于喀斯特地貌发育，地表渗漏严重，土壤干旱，森林过度采伐，生态平衡遭到破坏，恢复植被是当务之急。本亚区内旱地多、水田少，土层薄、肥力低，水土流失严重。

2. 滇中川西高原湖盆亚区

本亚区是金沙江、南盘江、元江水系的分水岭，高原面完整，起伏和缓。高原按其形态可分为丘状高原和切割高原两类。前者多分布在离江河较远的分水岭地带，分布连续，由宽谷和浑圆丘陵组成，地面高差在300～400m，有深厚残坡积覆盖。后者分布在近河流两岸，高原面分布不连续，在新构造运动差异抬升的影响下，高原面被解体为4 000～4 100m、3 600～3 700m、2 400～2 500、1 800～2 100m不同高度的夷平面。由于断裂陷落还形成许多盆地，有的构成断层湖。湖泊以滇池、抚仙湖、阳宗湖等较著名，是高原的天然水库。滨湖地区，俗称"坝子"，是云南的"鱼米之乡"。区内河流均沿断层发育，为宽谷与峡谷相间分布的形态。

本亚区冬夏短暂，春秋特长，"四季如春"，年平均气温14～17℃．最冷月8～10℃，最热月19～22℃，是中国冬季最温暖的地区之一。夏季又是中国东部较凉爽的地方。全年可分为干、湿两季。每年11月至来年4月为干季，5月至10月为湿季。干季被强劲西风控制，西南暖流在昆明以东与冬季几乎控制大半个中国的西伯利亚气团相遇，形成了昆明准静止锋。此时，云南高原天气晴朗，而贵州高原受锋面影响多阴雨。湿季受西南和东南季风的双重影响，降水丰沛。

3. 横断山平行岭谷亚区

位于点苍山、哀牢山以西地域。地貌上表现为典型的高山深谷平行排列。自西向东山脉有哀牢山、点苍山、云岭、怒山、高黎贡山，怒江、澜沧江、金沙江深谷镶嵌其间。山顶与谷地的相对高度达2 000～3 000m以上。但在峡谷之中，也有局部由阶地和较平缓洪积坡组成的平坝和面积较广的山间盆地，皆为农区所在。大致从保山、下关以南，山脉呈帚状向南展开。

气候垂直变化明显，有"一山四季"的现象。高原面上年平均气温14～16℃，最冷月6～9℃。谷地中年平均气温可达20℃以上。南北走向的山体，屏障了西部水汽的进入，山体东西坡之间的降水明显不同。27°N附近的福贡、兰坪、剑川、宾州相比较，相邻两地年降水量差值均超过200mm（杨勤业等，1984）。植被、土壤亦依地势而发生垂直变化。

本亚区地面崎岖，高原和山地丘陵约占总土地面积的96%。大部分土地瘠薄而森林茂密，森林覆盖率超过25%。

（三）主要生态与环境问题

云南高原的区域位置、发展历史、生产力水平及自然和人文等因素，使云南的生态与环境问题突出。主要表现在局部地区由于人类长期不恰当的开发造成生态平衡严重破坏，生态与环境恶劣；自然灾害频繁，水土流失、滑坡、泥石流、洪涝、干旱、低温霜冻等灾害频发，给人民财产带来严重的损失；局部地区污染严重，全省一半以上城市的大气环境质量低于国家三级标准；生产方式落后导致水土流失严重；环境保护的观念淡薄。

今后生态保护与建设，应重点抓好调整土地利用结构，处理好发展农林牧业之间的矛盾，保护珍稀物种和生物多样性，保护水体尤其是滇中各大小湖泊的水体，治理水土流失尤其是金沙江流域的泥石流，制止碳酸盐岩山地的石漠化趋势等紧迫任务。

六、东喜马拉雅南翼山地常绿阔叶林区（ⅤA6）

本亚地处青藏高原东南隅，海拔很低，具有热带北缘、亚热带气候的特征，不同于高原气候。藏东南为喜马拉雅山南翼外缘低山地区，谷地海拔多在1000m至百余米，为热带北缘山地。夏季受西南气流影响，降水丰沛，冬季寒冷气流受高大山体阻挡，气温远较同纬度地区高，全年日平均气温几乎均>10℃。这里气候异常温暖湿润，低处为热带常绿雨林、季雨林，可种植热带水果和经济作物，农作物一年三熟。背崩以南海拔500m以下的雅鲁藏布江谷地内，气候湿热，年均温在20℃以上，年降水量可达2500~3000mm，具有热带、亚热带气候特征。有利的地形和环流形势，使区内的气温远远超出同纬度其他地区的气温，因而使该地区成为中国热带的最北地区。这里冬季十分温暖，比同纬度东部地区气温高3~5℃，干季降水虽少，但云雾缭绕，湿度大，有利于热带、亚热带作物的生长。本区气温年较差小、日较差大，且春温低于秋温。本区降水丰沛，降水随海拔升高而呈线性递增，最大降水高度约在海拔3000~3500m处，南部降水量在2500mm以上，湿舌沿雅鲁藏布江向北伸入高原，构成一个狭长的多雨带。由于降水日数多，平均降水强度大，暴雨时有发生，易酿成山地灾害。尽管本区气候资源丰富，但沿雅鲁藏布江大峡弯及其支流的谷地可耕地甚少，限制了热带、亚热带作物的种植和发展。

本区位于西藏最南端，它是中国东部亚热带常绿阔叶林的西延部分。东喜马拉雅山脉山体不高，平均海拔不到6000m，南迦巴瓦峰位于东喜马拉雅的东端，现代冰川不甚发育，在山谷冰川较发育的东南坡，冰川最长仅15km。岗日嘎布山脉海拔较低，但在东不日峰冰川较发育，其中南坡阿扎贡拉冰川规模较大，古代冰川侵蚀堆积地貌遗迹较普遍，不少河流的上游发源于古代冰川U形槽谷中。从古代冰川谷地到现代河谷，地形普遍由"U"形宽谷急转为"V"形谷，河流侵蚀作用十分强烈，河流深切，谷坡多为50°~70°，有些几乎壁立，地势十分险峻。由于高原强烈隆起，"谷中谷"的形成相当普遍。又由于河流侵蚀能力的差异，支流多以跌水、瀑布的形式汇入主流。构造运动强烈，山崩、滑坡、泥石流比较频繁而普遍。

雅鲁藏布江下游及察隅河河谷两侧保存有二级古夷平面和2~3级较平坦的阶地。察隅河西支贡日嘎布曲河谷宽达1~2km，分布有三级洪积台地。土层较厚，多已辟为农田。

喜马拉雅山脉的存在，阻碍了印度洋湿润气流进入山脉的北翼，迫使湿润的西南季风偏着高原东侧北上，在这里近南北向的雅鲁藏布江深切河谷却成为西南季风输送的水汽与能量的天然通道，故低谷热带景观可循河谷伸展到北纬29°附近，成为世界上热带景观达到纬度最高的地区。

本区海拔1 100m左右以下的地区属热带景观，夏季湿热，但无酷暑；冬季温暖，罕见霜冻，极端最低温在0℃左右。年均温在16℃以上，最热月均温22~25℃，最冷月均温10~13℃，无霜期330~335天。海拔1 100m处的墨脱，日平均气温≥10℃期间积温在5 340℃以上，海拔780m的背崩，日平均气温≥10℃期间积温在6 250℃，全年气温均在10℃以上，年降水量可达2 000~3 000mm，全年雨日达200天，降水年变化呈双峰型。春季处于西风带南支急流带，500hpa上空常有来自中亚的低压系统，在高空槽前带来暖湿气流，易引起降水，同时春季对流活动加强，也常导致较大降水，所以4~5月降水显著增多，山前地带一般可占年降水量的60%~70%，其中以6月降水最多。11月至翌年1月降水较少，但雾日甚多，湿度较大，沿河谷地区更为明显，弥补了冬季降水的不足。降水随高度有一定的变化规律，但最大降水带出现的海拔高度依山体位置和地势而不同，东喜马拉雅南翼降水带出现于海拔2 000~3 000m。这里雨季期间多大雨和暴雨，如墨脱地区几乎每月都可能出现暴雨，年暴雨日数约12天，6月份曾出现过日降水量90mm的大暴雨。常易引起山洪、泥石流，造成严重危害。

由于多云、多雾及山地的屏蔽，年日照时数多在1 800~1 500h以下，日照率低达35%~40%，太阳年总辐射仅42亿J/m²左右，均为西藏地区最低值。

自然景观以准热带季雨林和亚热带常绿林为其主要特征。季雨林中植物种类十分丰富，含有不少印度、缅甸的热带成分。群落的层次不明显，上层的高大乔木大多具有旱季落叶的习性，下层乔木则以常绿林为主，结构比较复杂，有板状和茎花现象，藤本和附生植物较丰富。亚热带常绿阔叶林具有典型的中国－喜马拉雅区系的特征，林冠呈浑圆的波浪，郁闭度大，层次较多，藤本和附生植物不少。海拔较高的凉亚热带常绿阔叶林，处于最大降水带之内，林内相当潮湿，苔藓满布，具有苔藓林的特征。随着海拔高度的增加，气温降低，植被逐步向针叶林和高山草甸方向更迭。本区由于气候湿热，以生物化学风化为主，因此土壤淋溶作用十分强烈，呈酸性至强酸性反应。因新构造运动强烈，河流急剧下切，山坡陡峻，土壤形成的相对时间均较短，土层一般较浅薄，发育程度较差。随着海拔高度的增加，富铝化过程减弱，并分别被灰化过程和草甸过程所代替，硅铝铁率逐渐增大，土壤有机质的含量不断增加。

生物资源丰富，森林覆盖率在50%以上，除部分地区进行采伐外，尚保存有较完整的原始森林。森林中主要的用材树种有云杉、冷杉和高山松等，是本区最主要的商品木材。林中有不少经济林木和珍贵特有树种，药用植物也相当丰富，但交通不便，开发利用困难。茶树已有种植，其上限约 2 500~2 800m，热带和亚热带果树的种植和引种也有一定发展。农田主要分布于河谷两侧阶地和台地，水稻田面积占西藏的 1/4 以上。水利和水能资源特别丰富，有利于发展灌溉和水电事业。

第四节　区域发展与生态建设

区域发展必须依靠资源支撑和环境承载。中亚热带地区，由于幅员辽阔，自然环境优越，自然资源丰富，农业开发历史悠久，早已成为中国重要的农业生产基地。区内有素称"天府之国"的成都平原，也有共享"两湖熟，天下足"美誉的鄱阳湖平原，还有"人间天堂"的杭州等。然而随着人口的不断增加，人类活动的加剧，特别是不合理的开发利用自然资源，导致环境受损，资源枯竭，生态恶化，已危及到人类自身，严重影响了区域发展。1978 年以来国家出台了一系列保护环境、进行生态建设的政策和措施，本地区在经济快速发展的同时，已着手开展了环境保护和生态整治工作，并取得较显著的成效。但是，仍面临着严重挑战，特别是诸如水土流失、红壤侵蚀、滑坡、泥石流和洪涝灾害等许多生态、环境问题亟待进一步解决。因此，为了加快区域发展，使人类社会及其生存的环境在友好和谐的气氛中共同持续发展，必须坚持生态文明理念，以生态的可持续性为基础，对我们人类生存的环境进行保护和建设。

一、长江上游的水土流失及其防治

（一）严重的水土流失

长江上游地区位于中国青藏高原东南的延伸部分和一级阶梯向二级阶梯的过渡地区，形成一个由西北向东南的倾斜面，总面积达 100.54 万 km²。这里地质构造复杂，特别是新构造差异运动幅度大，断裂带发育，地形起伏，山高坡陡，岩层破碎，地势高低悬殊；地貌类型由山地、高原、丘陵、盆地构成，其中山地与高原占土地总面积的 90% 以上，坡面坡度一般均超过 15°；气候上大部分地区温暖湿润，雨量丰沛，雨季降水强度大且多暴雨，水力作用强烈，地表坡面物质稳定性差，是典型的环境脆弱带，从而具有导致水土流失的许多自然因素。只是在自然状态下，由纯粹自然因素引起的地表侵蚀过程非常缓慢，因此这里历史上森林茂密，生态与环境优良，向人们展现了"青山行不尽，绿水去何长"，以及"两岸猿声啼不住，轻舟已过万重山"的景象。但近代以来，随着人口不断增长，人类活动的影响加剧，特别是砍伐森林、破坏植被、坡耕地垦殖等人为因素与自然因素相叠加，致使水土流失日益严重。长江上游 1950 年代水土流失面积约 30 万 km²，到 1985 年增加到 35.2 万 km²，水土流失量 15.68 亿 t/a，占长江流域侵蚀量的 65%（丁维新、曹志洪，1999）。按照 2000 年的遥感调查资料，长江上游水土流失面积已发展到 43.83 万 km²（水利部等，2010）。长江上游水土流失严重地区主要集中在长江源头区、金沙江下游、嘉陵江流域、乌江上游和三峡库区。金沙江流域水土流失面积为 13.5 万 km²，占流域面积的 36.4%；嘉陵江流域水土流失面积达 9.2 万 km²，占流域总面积的 57.8%；三峡库区水土流失约占总面积的 58% 左右，且侵蚀强度大，中度以上的侵蚀约占水土流失总面积的 65%，其中强度和极强度侵蚀占 39% 左右（马毅杰、董元华，1999）。以长江上游部分省市而言，四川省水土流失面积由 1950 年代的 9.5 万 km² 增加到 1985 年的 24.9 万 km²，比 1950 年代初期增加约 1.6 倍。尤其是四川盆地紫色土分布区，无论是侵蚀面积还是侵蚀强度增加都很快。云南省本是一个山清水秀的好地方，如今随着坡地的大量开垦，其侵蚀面积也达到 14.4 万 km²，占全省土地面积的 37%。贵州省水土流失更为严重，水土流失面积到 1980 年代已扩大到占全省土地面积的 43.5%（景可等，2005）。

（二）水土流失的危害

长江上游严重的水土流失，必然会对本地的生态与环境和社会经济发展产生重大影响和危害。

1. 减少耕地面积，降低土壤肥力和土地生产力

水土流失造成大量肥沃土壤流失，土层减薄，耕地面积减少。研究表明，长江上游水土流失区的土壤侵蚀速度远大于成土速度，大多数县市土壤侵蚀的平均流失量为土壤允许流失量的 4 ~ 10 倍，土壤有效土层减薄，有机质及营养成分降低，土壤的物理性状恶化，土壤沙质化和砾石化现象严重，裸岩和石山面积不断扩大。四川省土地"石化"面积达 7 800km²，全省坡耕地因水土流失每年减少粮食产量 490 万 t。贵州省"石漠化"面积已达 13 300km²，占耕地面积的 7.5%，并且每年还以 900km² 多的速度在不断扩大。乌江流域的"石化"面积达到 4 600km²，因水土流失每年土壤肥力损失约相当于 82 892t 标准化肥（周运清，2005）。由表 13.10 可见，三峡库区土壤侵蚀厚度在 50cm 以下者占总面积的 91%，25cm 以下者约占 55%（杨艳生、史德明，1994）。库区土壤有机质同 1950 年代相比，平均下降 0.5% ~ 1%，耕层一般变浅 3 ~ 4cm，中度和强度土壤退化面积占库区土壤总面积的 67.5%。上述情况使这里本来就有限的土壤资源因破坏而减少，土地生产力下降，甚至失去农业利用价值，进而危及农业生产，威胁粮食安全。

表 13.10　三峡库区侵蚀土壤不同厚度的面积比（杨艳生等，1994）

土壤厚度/cm	< 10	10 ~ 25	25 ~ 50	50 ~ 100	> 100
占土地总面积比例/%	2.5	52.1	36.5	6.6	2.3

2. 降低土壤抗灾功能，加剧旱涝灾害发生

水土流失使地表组成物质遭受破坏，土壤物理性质恶化，水分渗透能力与蓄水能力下降，从而加剧了洪、旱、风等灾害。据四川省 1951 ~ 1997 年 47 年旱情资料显示，除 1954 年、1965 年两年不旱外，其他年份均出现不同程度的干旱。1950 年代三年一大旱，1960 年代两年一大旱，1990 年代几乎年年是大旱。四川省干旱面积，1950 年代不

到 50 万 hm²/a，1960 年代增至 87 万 hm²/a，1970 年代为 121 万 hm²/a，1980 年代高达 159 万 hm²/a。长江上游洪灾与旱灾发生频率十分接近，四川省 1956~1988 年的洪灾频率达 94%，洪涝损失也直线上升，1981 年上游特大洪灾致使四川省 138 个县市受灾，灾民 2 000 万，受灾农作物面积 117 万 hm²，直接经济损失 25 亿元；1998 年长江特大洪水，四川省有 168 个县（市、区）受灾，受灾作物面积超过 14 万 hm²，直接经济损失 100 亿元（陈国阶，1999）。

3. 淤积河湖，抬高水位，降低调洪泄洪能力

因上游生态与环境的破坏，加剧水土流失，江水含沙量增加，泥沙在河道、湖泊年复一年的淤积，使河床抬高、湖泊容积减小，泄洪或调蓄能力降低。据有关部门统计，长江上游平均每年流失的土壤达 15.68 亿 t，相当于每年损失 30cm 厚的土壤 38.7 万 hm²。金沙江和嘉陵江是长江来沙最多的河流，宜昌站多年平均输沙量 5.3 亿 t，其中金沙江来沙量 2.4 亿 t，嘉陵江 1.45 亿 t，两者共占宜昌站输沙量的 72.6%。占长江主长度 1/3 的金沙江自 1950 年代前到 1985 年，江水含沙量增加了 0.8kg/m³，且呈加剧的趋势。1976 年以前的 35 年中，江水中含沙量增加 0.2kg/m³，1976 年至 1981 年 5 年时间含沙量便增加了 0.2kg/m³，而 1982 年至 1985 年仅 3 年江水中含沙量增加到 0.4kg/m³。同以往多年平均值相比，在 1980 年代嘉陵江含沙量增加了 6.8%。由于上游江水含沙量增加，中下游江段和湖泊泥沙淤积日益严重，致使河床抬高，湖泊萎缩，洪峰水位上升，抗洪压力增大，洪水威胁加大。荆江河段由于泥沙淤积，洪水位不断抬升，近两千年以来共抬升了约 13.40m，其中最近 800 年以来共抬升了 11.10m，明末清初以来抬升约 5m，所以目前荆江河段已成为"悬河"。鄱阳湖因受水土流失的影响，每年入湖泥沙达 1 500 万~2 280 万 t，湖底每年抬高 0.2cm，现在的湖面比 1954 年缩小了 1 000km² 余。

4. 对水环境造成污染

水土流失除挟带大量泥沙外，还会携带大量养分、重金属、化肥、农药进入江河湖泊，为水体富营养化提供物质，污染水体，使水质变差，导致水库生态系统与水功能受阻和破坏，给水资源的利用造成困难。据研究，水土流失形成的面源污染已成为中国氮、磷、钾污染水的主要途径。长江上游宜昌水文站每年输沙量 5.3 亿 t，推算其中含氮、磷、钾元素约 500 万 t。水土流失严重的地方，往往土壤更为贫瘠，农民对化肥、农药的使用量更大，因此随水土流失进入水体的各类化学污染物质也会更多（杜佐华，1999）。

（三）水土流失的防治

水土流失早已引起社会各界的广泛关注，1950 年代以来，特别是 1978 年以来，中国水土保持与生态建设取得了巨大成就。实践证明，水土保持是中国生态建设的主体工程，是可持续发展战略的重要组成部分。

1989 年国务院批准实施长江上游水土保持重点防治工程，拉开了治理长江流域水土保持的序幕，奠定了长江流域水土保持事业的基础。长江上游水土流失治理是一个复杂的系统工程，涉及面广，问题多，难度大。除了要解决或整合治理的主体问题、加强水土保持及开发利用的综合研究以外，还应有科学的防治措施。

1. 水土保持措施

水土保持措施是依据水土流失产生的原因，水土流失类型、方式和流失过程以及水土保持目标而设计的防治土壤侵蚀的工程。水土保持措施很多，通常分为生物措施和工程措施两大类。生物措施是指通过植树造林和种草，增加植被覆盖度以保持水土。目前，长江上游林地为 2 793.33 万 hm^2，实际有林地 1 333.33 万 hm^2，森林覆盖率 8.2%，低于全流域和全国平均水平，且分布不均，70% 集中在西部高山高原区（丁维新、曹志洪，1999）。因此，必须大力开展植树造林，实行封山育林，种树种草，减少雨滴对土粒的击溅动能，改善土壤的团粒结构，保持水土。当然，在具体实施时，还要注意乔、灌、草相结合，以草灌为主；在治理安排上，应沟坡兼治，以治坡为主；在防治措施布局上，应依"头戴帽、腰系带、脚穿靴"的模式；并要防治并重，以防为主。

工程措施是重要的水土保持措施之一，特别是在水土严重流失区或生物措施一时难以控制的地方，水土保持必须先采取工程措施。它涵盖治坡工程和治沟工程。鉴于坡耕地是长江上游水土流失的重要源地，因此要改变陡坡（>25°）开荒和顺坡垦殖的落后生产方式，应用水土保持原理，推广梯级（梯田）耕作的生产方式。在有条件的地方修筑高标准梯田，将陡坡耕地改成良田或高产经济林；在财力弱的地区，根据当地资源特点，可采用植物篱笆措施，如秭归县的研究表明，采用新银合欢植物篱笆技术改良紫色坡耕地，对于推动三峡库区水土流失治理、提高坡地持续生产能力、扩大三峡库区环境容量、改善生态环境，具有实际应用价值。在面蚀区，应沿等高线修筑截流沟、梯田、鱼鳞坑，以拦截地表径流和泥沙，控制片流发展。

当然，工程措施与生物措施都有各自的保水保土功能，相互不能替代、又不排斥，只有将它们结合起来，才能收到工程保生物、生物护工程，保持水土、改善生态与环境的效果。

2. 小流域综合治理模式

在长江上游地区水土保持生态建设中，应以小流域为单元，采取综合治理措施，处理好治山、治水、兴林的关系，把治水与治土、治水与兴林、治水与治穷相结合，山水田林统一规划，全面治理。位于川中丘陵腹地的四川省遂宁市中区的老池小流域（流域面积 12.6km²），属强水土流失区，治理前有水土流失面积 8.19km²，土壤侵蚀模数为 713t/(km²·a)。后来采取建立坡面水系为骨干，科学合理配置各种措施的综合治理模式，提出沟、渠、凼、窖、池、塘、平、厚、壤、固、乔、灌、草、经、封、禁、管、育、垄、间、套、盖，"二十二字诀"治理模式（刘震，2003）。即建立坡面水系工程骨架：修建沟（蓄水沟）、渠（排水渠）、凼（沉水凼）、窖（蓄水窖）、池（蓄水池）、塘（山平塘）；科学配置措施与质量要求是：坡改梯做到平（梯土面平）、厚（梯土耕作层厚度）、壤（壤土）、固（埂牢固）；造林时合理配置乔（乔木）、灌（灌木林）、草（草类）、经（经济林果）；幼林地实施封（封山）、禁（禁牲畜上山和人为破坏）、管（落实管理人员和管理措施）、育（施肥抚育）；在坡耕地普及垄（等高沟垄耕作）、间（间作）、套（套种）、盖（覆盖）。

通过综合治理，老池小流域水土流失面积下降到 3.38km²，减少了 53.68%，年泥沙流失量由治理前的 5.84 万 t 下降到 1.12 万 t，减少了 81%。年拦蓄径流量 162.43 万 m³。综合治理提高了土地生产率。经调查测算，该流域治理后与治理前相比，土地生产率由 2413 元/hm²，增加到 17 094 元/hm²，提高了 608.4%。粮食总产增长了 31.9%，粮食单产增长了 30.4%。人均纯收入增长 5.81 倍，治理区较非治理区人均纯收入高出 31%。在一定程度上改善了生态与环境。

二、滑坡、泥石流及其治理

滑坡、泥石流同为中亚热带危害极大的环境灾害现象。前者是指山体斜坡上岩土物质在重力作用下沿着一定的软弱带（或面）向下作整体滑移运动；后者是指斜坡上或沟谷中的松散物质被暴雨或冰雪融水所饱和，沿斜坡或沟谷流动的泥石混杂的洪流。它们经常伴生或并发在一起，对人们的生命财产和社会的经济发展造成很大危害。

（一）滑坡、泥石流的分布与危害

滑坡、泥石流在中国各地山区都有发生，只是规模、类型不同而已。从青藏高原西端的帕米尔高原向东延伸，经喜马拉雅山，向东南经滇西、川西的横断山区，再折向东北，沿乌蒙山、大凉山、邛崃山，过秦岭再折北上，经黄土高原南缘及太行山，直达长白山山地，是中国滑坡、泥石流分布最密集的地带。中国中亚热带特别是其西部地区，由于处在我国一二级阶梯地形转折明显的部位，新构造运动活跃，山高谷深，岩层风化破碎，坡陡流急，并多暴雨，因此本区几乎涵括"中国滑坡、泥石流最密地带"的南部，是基岩滑坡、暴雨泥石流发生的主要区域。近代以来加上人类活动的加剧，诸如乱砍滥伐、陡坡开垦、开矿弃渣等对生态、环境的破坏，使本区滑坡、泥石流更趋严重。

中亚热带的滑坡、泥石流分布，尤以四川西部和云南一带最为突出。这里已进入三江（长江、澜沧江、怒江）上游的横断山区，山高坡陡，降水比较充沛，又有丰富的松散固体物质堆积，因此滑坡和泥石流普遍发育，特别在农业活动集中的"干旱河谷"。它们的活动和爆发经常造成江河堵塞、道路中断、农田破坏，甚至给人民生命财产造成巨大的损失，已成为当地的一种环境灾害，并严重影响位于下游的地区（孙鸿烈、张荣组，2004）。据不完全统计（水利部等，2010），长江上游及西南诸河流域有滑坡约 2 万处，泥石流沟约 1 万条。其中，云南东川泥石流发生频率之高、种类之全、规模之大、危害之烈均为世界所罕见，故有"中国的泥石流王国"、"世界泥石流天然博物馆"之称。其中又以蒋家沟为最甚。蒋家沟流域面积为 48km²，沟长 14km，大小支沟 78 条。这里地形陡峻，坡岩裸露，崩塌、滑坡强烈，雨季泥石流爆发频繁，年均 15 次，最多 30 多次。蒋家沟泥石流平均每年有 200 万~300 万 m³ 的固体物质输入小江

（金沙江支流），形成小江与金沙江河口的大片滩地。1968年10月爆发的一次泥石流，冲垮了排洪堤坝，堵塞了小江，使小江断流，水位上涨10m，沿江的公路、铁路及桥梁、涵洞都被淹没（周运清等，2005）。

滑坡、泥石流在中亚热带形成的危害，可分为三类：①原生灾害：发生时因重力和水流侵蚀产生的泥沙，给人类社会经济和自然环境造成严重的危害。例如，1988年7月上旬，四川盆地华蓥山连降暴雨，导致该山中段发生滑坡型泥石流，体积达100万m³，霎时间就吞没了6个厂矿企业的221人和许多建筑物（吴积善，1993）。1980年7月3日发生在成昆铁路铁西车站的大滑坡，滑坡体积约200万m³，将160m长的铁西车站全部覆盖，埋深14m，造成铁路中断1058h，整治工程费用2300万元。②次生灾害：因滑坡和泥石流而形成的堵断江河、壅塞成湖，使上游泛滥成灾，溃决后又冲蚀下游沿江地带，甚至诱发重力地震；引起水库、湖泊、海洋等水体的涌浪等。例如，1967年4月29日，四川南坪县（现名九寨沟县）叭啦沟爆发泥石流，将白水江推向对岸，压缩过流断面1/3；1969年5月3日，重庆巫山长江边赤溪沟泥石流，将大量泥沙堆在沟口下马滩，仅10分钟，滩体向长江江心延伸23m，滩势突然变险，对长江航运安全造成严重威胁（崔鹏，1999）。③伴生灾害：主要是因地震、洪涝灾害和台风而伴生的滑坡和泥石流灾害。据有关调查，震级4.7级的地震，或者地震烈度6度的地震，可能使处于临界状态的滑坡体，在地震力的作用下突然滑移。一次震级5~6级的地震能诱发滑坡崩塌的范围可达360km²，一次8级地震诱发滑坡的范围涉及30000km²。例如，以往在云南、四川两省，6级以上地震已诱发的滑坡（表13.11）（景可等，2005）。2008年，汶川地震亦诱发了范围广泛的滑坡、泥石流。再如2010年8月一次强降雨引发了较大规模地质灾害75处（其中滑坡30处、崩塌6处、泥石流39处），576万人受灾，四川全省因灾直接经济损失约68.9亿元（四川省人民政府2010年8月20日通报）。预计今后5年仍然是因汶川地震引发滑坡、泥石流的高发时段。

表13.11　云南省与四川省地震引起的滑坡统计

时间（年.月.日）	地点	震级	山崩滑坡总数/个
1955.4.4	康定折多塘	7.50	30
1955.9.23	云南会理	6.50	20
1970.1.5	云南通海	7.80	30
1970.2.24	四川大邑	6.75	60
1973.2.6	四川炉霍	7.90	137
1974.5.11	云南昭通	7.10	67
1976.8.16	四川松潘、平武	7.29	65

（二）滑坡、泥石流的防治对策

滑坡、泥石流的形成既有自然因素的作用，又有人为因素的影响，因此对其灾害的防治必须以更新观念为先导，进而采取综合技术对策。

1. 建立滑坡、泥石流预警系统

地处长江上游的中亚热带西部地区，滑坡、泥石流点多面广，分布集中，灾害最为严重。为此，1990 年为配合长江上游水土保持重点防治工程的全面开展，长江上游水土保持委员会初步组建了长江上游水土保持重点防治区滑坡、泥石流预警系统。到 1994 年，预警系统已有 1 个中心站、3 个一级站、9 个二级站、59 个监测预警点、5 个群测群防试点县，开展了 3 个综合治理实验工程，组织开展了有关预警技术的研究。预警系统涉及重点防治区 6 省、14 个地（市、州）、36 个县（区），拥有 300 多名监测预警人员，监控面积达 11.34 万 km^2，保护着 30 万人和数十亿固定资产的安全。

预警系统采用滑坡、泥石流动态监测法，已成功预报了多处滑坡、泥石流灾害。1991 年 6 月 29 日地处西陵峡的秭归县郭家坝镇鸡鸣寺发生了一起较大规模的山体滑坡。该滑坡长 250～300m、宽 150m、厚 15m，体积 60 万 m^3，整个滑坡滑程历时 4 分钟，掩埋、摧毁民房 295 间、柑橘树 12 000 株、耕地 1.6 万 m^2，造成直接经济损失 39.7 万元。由于预警系统秭归二级站对该滑坡监测准确、预警及时、避灾措施得力，使险区无一人伤亡，财产损失也降到了最低限度。

2. 采取综合治理措施

滑坡、泥石流的防治，对直接危害的通常采用一次性根治，而对于那些间接危害的，则采取有节制地控制性防治，但两者均须遵循综合防治原则。事实上，在四川、云南、重庆、湖北等地应用生物措施与工程措施相结合的综合治理措施已取得良好效果。云南省巧家白泥沟即是一个成功的实例（陈雪英等，1999）。

白泥沟为金沙江右岸的一条泥石流支沟，自 1953 年发生泥石流后，爆发频率逐年增大。近 40 年来几乎每年都有泥石流发生，严重威胁 100 多农户和 67 万 m^2 农田的安全。长江流域治理办公室规划处于 1981 年提出白泥沟泥石流治理的设想，1991 年完成了白泥沟泥石流治理工程。该工程包括：①坡面水土流失的开发性治理：按水土保持规划，在泥石流形成和流通区开展了坡改梯，营造经果林、水保林，封禁治理和配套水利等开发性治理。②引洪截流工程：在泥石流形成区海拔 1 400m 处，修建了一条长 1 300m、宽 5m、纵坡 50%、引洪流量 18m^3/s 的浆砌沿山排洪沟，将部分水引到相邻的黑水沟流域。③拦挡工程：在地形、地质条件相对较好的流通区下游沟道内，修建了高 10.5m 的一座浆砌石拱形重力坝。④排水工程：在下游堆积扇上，修建了长约 300m 的泥石流排导槽，保护下游房屋、田地和开发区的安全。⑤滩地开发：在堆积扇上建成了 20 万 m^2 高标准梯田，营造了 33 万 m^2 防护林。白泥沟治理后，取得了显著的生态、经济、社会综合效益。泥石流爆发规模降低、频率已逐渐减少，区内已营造 100 万 m^2 水保林和 33 万 m^2 经果林，年均产值 13 万元；白泥沟治理开发区已成为观光旅游的小流域。

三、江南丘陵红壤侵蚀与防治措施

红壤广泛分布于中亚热带，其中以江南丘陵最为突出，在湘、赣境内的湘江、赣江沿线起伏丘陵、阶地区红壤分布尤为集中。红壤是中国水热条件好、面积大的土壤资源，适宜常年种植作物。但有的红壤地区，由于利用不当，土壤侵蚀比较严重，故应采取各种有效措施，进行改良与合理利用，以不断提高其土壤肥力和生产潜力。

（一）水土流失状况[①]

红壤地区水、土、温、光与生物资源丰富，传统农业发达，是中国农、林、牧、渔农产品的重要生产基地。由于人口密集，耕地不足，超强度乃至掠夺式经营土地，致使丘陵山区坡地植被覆盖度变差与森林质量显著下降。年降水量大，季节分配不匀，暴雨频繁，尤其是台风带来的暴雨影响，年径流系数大，平原丘岗区为 45%～50%，丘陵区 55%～70%以上，山区大于 50%（水利部水文司，1989），造成严重水土流失现象。

红壤地区明显水土流失面积 13.65 万 km^2，占土地面积的 17.9%（中国科学院南方山区综合考察队 1989；张桃林，1999）。其中以中部丘陵区与湘西山区流失最为严重，次为桂西北属中度流失区，再次为北部平原丘岗和南部山地属轻度流失区（表13.12）。

（1）中部丘陵与湘西山地严重水土流失区。中部丘陵包括湘中丘陵、赣中丘陵、金衢盆地，湘西山地指湖南境内的武陵山与部分雪峰山地。该区土地面积 23.6 万 km^2，占红壤地区的 30.9%，地貌除湘西属山地外以丘陵为主，水土流失面积达 5.96 万 km^2，占区内土地面积的 25.3%，其中强度、中度、轻度流失面积比例为 21∶33∶46。该区水土流失严重的主要原因是毁林开荒，破坏原有自然植被所致。

表 13.12　红壤地区水土流失状况

水土流失区域	土地面积/万 km^2	占本区面积/%	水土流失面积/万 km^2	占区域面积/%	水土流失程度					
					强度流失		中度流失		轻度流失	
					面积/万 km^2	占流失面积/%	面积/万 km^2	占流失面积/%	面积/万 km^2	占流失面积/%
中部丘陵与湘西山地严重流失区	23.60	30.9	5.96	25.3	1.24	20.8	1.99	33.4	2.73	45.8
桂西北中度流失区	7.39	9.7	1.41	19.1	0.24	17.0	0.46	32.6	0.71	50.4
北部平原丘岗与南部山地轻度流失区	45.35	59.4	6.28	13.9	0.79	12.6	1.50	23.9	3.99	63.5
全区	76.34	100.0	13.65	17.9	2.27	16.6	3.95	29.0	7.43	54.4

---

① 本节内容引自：孙鸿烈主编 . 2011. 中国生态问题与对策 . 北京：科学出版社 . 368～370。

湘中丘陵（湖南山河库湖综合治理与开发规划办公室，2001）含 45 个县市，土地面积 4.52 万 km^2，占湖南全省面积的21.3%。该区多为红岩、灰岩盆地丘陵，人口稠密，丘岗坡地开发面积大，水土流失十分严重，面积达 1.48 万 km^2，土壤侵蚀模数一般在 3 000~4 000t/（$km^2 \cdot a$），严重的达 7 000~8 000t/（$km^2 . a$），出现了"红色沙漠"现象。水土流失严重发生区主要在坡耕地。湖南全省坡耕地 127.64 万 hm^2（大于 25°的坡耕地面积达 20.85 万 hm^2），主要分布在湘中丘陵区。全省土壤年侵蚀量 1.7 亿 t，其中一半以上来自坡耕地。农民形容这些坡耕地是"50 年代犁耕地，60 年代锄挖地，80 年代晒薯米"。由于水土流失，河库淤积，目前洞庭湖面积比 1949 年的 4 350 km^2 缩小了 40%，只有 2 625 km^2，湖容减少了 43%。赣中丘陵（张桃林，1999，唐克丽，2004）含 20 余县市，包括丘陵、盆地和断续山地，成土母质为第四纪红黏土、紫色砂页岩、花岗岩，亦由于乱砍滥伐、毁林开荒和不合理经营，水土流失十分严重，沟道纵横、地形破碎，一般土壤侵蚀模数为 3 000~8 000t/（$km^2 \cdot a$），最严重的达 13 500 t/（$km^2 \cdot a$），1996 年调查区内水土流失面积约 2 万 km^2 多，其中强、中、轻度流失面积约各占 1/3，是中国南方水土流失最严重的地区。如水土流失严重的兴国县，全县土地面积 3 215 km^2，水土流失面积达 1 899 km^2，占 59%，其境内的赣江河段几乎被泥沙淤塞。据江西省水保部门介绍[1]，全省土壤年侵蚀量达 2 亿 t，大河上游水库每年淤积 1 000 万 m^3，相当一座中型水库库容。1949 年后的几十年来，江西主要河流河床抬高 1m 多，有的抬高 4~5m，鄱阳湖每年淤积 2 000 多万吨。金衢盆地[2]是浙江省的严重水土流失区，以金衢盆地为中心的浙中南丘陵山地，土地面积 6.8 万 km^2，水土流失面积 1.4 万 km^2，占该区土地面积 20% 以上，占全省水土流失面积 73.6%。区内集中了全省大部分坡耕地、荒丘、荒山和疏林地，成为水土流失多发之地。湘西山地位于湖南省西北部，是中国由西向东递降的第二级阶梯，主要为武陵、雪峰两大山脉，山高谷幽，地势陡峻，岩溶地貌遍布，山原边缘坡度多在 30° 以上。该区由于适耕地少，陡坡开荒种粮，大规模挖山扩种油桐，加之暴雨多、雨强大，植被毁坏，冲蚀和溶蚀现象普遍，因此造成严重水土流失。据调查，区内旱地面积中 74.5% 为水土流失地，占湖南耕地流失面积的 32.8%，油桐林地水土流失面积达 90% 以上，且多为强度流失，全区水土流失面积约 1 万 km^2 多。

　　（2）桂西北中度流失区。位于广西西北部，土地面积 7.39 万 km^2，区内基岩多系灰岩，其面积占土地面积的 58%，是广西主要的岩溶地区。区内以山地丘陵地貌为主，由于毁林开荒种粮和乱砍滥伐等多种原因，区内荒山荒丘面积占 30%，达 2.16 万 km^2，出现大量的荒山秃岭，山丘坡陡，暴雨多，产流量大，坡面侵蚀成为主要的水土流失方式，各种类型水土流失面积约 1.41 万 km^2，占区内土地面积的 19.1%，其中中、强度流失面积达 50%，严重的基岩裸露，已无土可流。

　　（3）北部平原丘岗和南部山地轻度流失区。该区包括湘赣浙北部和皖南平原丘岗以及南岭浙南闽北山地，土地面积 45.35 万 km^2，水土流失面积 6.28 万 km^2，占区内土地面积的 13.9%。其中北部平原丘岗土地 17.92 万 km^2，平原面积大，坡地平缓，植

---

① 新华社，2001.11.10. 水土流失使江西省每年损失一座中型水库，中国网。

② 浙江省人民政府，2001. 浙江省水土保持总体规划。

被较好，是中国主要的农产品商品生产基地，经济比较发达。水土流失面积 3.05 万 km²，占土地面积的 17.0%，以轻度流失为主（占水土流失面积的 60% 以上）；南岭山地土地面积 15.28 万 km²，日平均气温 ≥10℃ 期间的积温达 6 000℃ 左右，降水量 1 500 ~ 2 000mm，水热条件好，植物资源丰富，生长量大，是中国南方主要林区之一，森林覆盖率高达 80% 之多，水土流失面积 2.25 万 km²，占土地面积的 14.7%，轻度流失面积占 63.1%，强度流失面积只占 11.6%。浙南闽北山地土地面积 12.15 万 km²，年均温度为 18 ~ 19℃，降水量 1 800 ~ 2 000mm，热量足，雨量充沛，植被良好，水土流失面积 0.98 万 km²，占土地面积的 8.1%，轻度流失面积占 71.2%，强度流失面积只占 10.4%

红壤地区土层薄，一般只有 0.5 ~ 1m 厚，紫色砂页岩和一些灰岩地区土层更浅，甚至基岩裸露，已不堪冲刷。在这种人口密集、农业发达的农区，保护水土资源特别是土壤资源，已是十分紧迫的任务。

（二）红壤侵蚀的类型及原因

江南丘陵红壤区是中国土壤侵蚀严重的地区之一。水土流失面积有 13.12 万 km²（水利部等，2010）。其中，强度、极强度和剧烈 3 类土壤侵蚀的面积有 1 1595.5km²。按其严重程度，大致可分为三种类型区（孙鸿烈、张荣祖，2004）：①山地丘陵严重侵蚀区。主要分布在赣东南和闽西南一带，即赣江流域的 6 个县和相邻的福建省长汀县。这里的母岩以花岗岩为主，其特点是植被稀疏，地面有较大面积的裸露和基岩出露，并有深切的大侵蚀沟。②山地丘陵中轻度侵蚀区。除前一类型之外的所有山地丘陵区均属此。这里的母岩岩性较杂，花岗岩、浅变质岩和沉积岩均有。地面有一定程度的植被覆盖，但有较多的坡耕地，有一定厚度的土层，沟蚀比较普遍。③低山侵蚀区。包括鄱阳湖平原和洞庭湖平原向山地丘陵的过渡部分。这里的海拔较低，地面起伏也比较平缓，大部分已被开发利用。土层较厚，土壤侵蚀沟虽不及山地深邃，但面积广泛，因而"劣地"遍布。

导致土壤侵蚀的原因，既有自然因素，也有人为因素。在自然因素中，首先是降水量和降水强度。通常随着降水增加，径流深随之增大，土壤流失量也增大；降水强度对土壤侵蚀的影响更为明显。江南丘陵红壤区，年降水量约为 1 000 ~ 1 500mm，4 ~ 6 月降水量又占全年降水量的 50% ~ 60%，许多地区一日最大降水量可达 100 ~ 250mm，月降水量 ≥50mm 的多年平均暴雨日数在 3 天以上，因此降水侵蚀力非常之大。其次，深受地貌形态的影响。在山丘地区，特别是深切割的低中山地，造成地表径流汇集，具有很多强的冲刷力，并产生侵蚀条件。山丘地区大面积的坡耕地，是土壤侵蚀的主要源地。据测定，在花岗岩区，坡度由 17° 增至 21° 时，径流量和冲刷量分别增加 8% 和 14.8%，湖南省耒水上游坡度较大，侵蚀模数为 572t/(km²·a)，坡度较小的丘陵区为 297t/(km²·a)，前者为后者的 1.92 倍。再次，与岩性特征及土壤本身的渗透性、抗蚀性和抗冲性大小有关。据测定，发育于变质岩的红壤耐冲性最强，发育于花岗岩的红壤耐冲性最小，发育于第四纪红土上的红壤的耐冲性则介于两者之间。因此在红壤区中，以花岗岩母质上发育的红壤侵蚀程度最为严重。在严重的侵蚀地段，每年流失的土体，每平方千米高达 13 500t 以上，地表土层平均丧失约 1cm，沟谷密度占坡面面积的 30% ~50%，切割深度达 10 ~30m，形成沟壑纵横、支离破碎的"劣地"地形。例如，江西兴国县全县水土流失面积约占总土地面积的 74.64%；福建惠安花岗岩山地的流失面积竟占全县山地流失面积的 91%（任美锷等，1992）。在人为因素中，主要是指不合理的人为活动，特别是不合理的农牧生产结构和土地利用方式。江南丘陵区人均耕地不足 0.06hm²，人多地少，人地矛盾突出，迫于生存压力或受眼前利益的驱使，往往造成对土地的不合理利用。单一的粮食生产、陡坡开垦以及过度采伐森林等，都是引起红壤加速侵蚀的重要原因。

红壤区的侵蚀土壤，主要特点是：①土体构型劣化，保水保肥极差。通常，随着侵蚀程度加大，土层变薄，构型劣化。特别是花岗岩易风化，土壤有的由原来 A、B、C 层排列的完整剖面变成没有 A 层甚至 B 层的母岩，以致仅存粗砂层和碎屑层，被喻为"南方沙漠"。同时，薄土层又影响根系向土层的深度和广度伸长，故土体构型劣化的土壤，往往流失量大，有机质含量减少，无机营养淋失，土壤退化，保肥能力差，既易涝易旱，又影响养分供应，从而造成作物减产。②土壤沙质化和石质化。像江西省兴国、宁都、赣县、信丰和福建省安溪、惠安等县的严重侵蚀流失区见到的"白沙岗"，即是沙质化和石质化的结果。③土壤持水容量和抗蚀能力降低，且侵蚀程度愈重，降低愈甚。由此可见，在土壤侵蚀严重的地段，生态系统必然恶化，以致一些地方出现荒山秃岭，千沟万壑，连马尾松、油茶等亚热带林木都难以生长。而侵蚀下来的泥沙在沟谷和下游的河流内沉积下来，迅速淤塞山塘水库，抬高河床，缩短航程，造成危害。

（三）红壤侵蚀的防治措施

防治土壤侵蚀，保持水土，是利用和改良红壤资源、维护良性生态平衡的根本措施。在防治土壤侵蚀中，必须贯彻"预防为主，全面规划，综合防治，因地制宜，加强管理，注重效益"的方针，将治理和开发融为一体，做到治理保护与开发利用相结合，经济效益与生态效益相结合，近期与远期相结合。要以中、小流域为单位，全面规划，综合治理，尤其要以调整产业结构为突破口，迅速发展林果业，繁荣农村经济。

防治红壤侵蚀的具体措施很多，诸如：

（1）植树造林，保持水土。对已遭砍伐的秃山丘地区，应根据当地地形和土壤情况，有计划、有步骤地通过试点，植树造林，建立人工植被系统；在疏林地区要实行封山育林和人工补植相结合；在河流两岸坡地，要大力营造水源涵养林，防止水土流失。中国科学院小良试验站 20 多年的实践表明，在寸草不生的花岗岩荒丘上，通过植被恢复和建立良性生态循环体系，使试验区生态、环境发生了根本变化，植被由原来的寸草不生变为多层多种阔叶混交林，土壤有机质含量从原来的 6.0g/kg 增到 17g/kg（中国科学院红壤丘陵开发战略研究小组，1990）。有植被覆盖与无植被覆盖水土流失状况迥然不同（表 13.13）。

表 13.13　不同植被覆盖度坡地侵蚀量比较　（曾国华，1993）

项目	1985 年		1986 年		1987 年		1988 年	
	土壤侵蚀量/ (t/km²)	对比减少/%	土壤侵蚀量/ (t/km²)	对比减少/%	土壤侵蚀量/ (t/km²)	对比减少/%	土壤侵蚀量/ (t/km²)	对比减少/%
裸露地	11 509.9	0	3 769.0	0	3 264.0	0	4057.0	0
覆盖度 40%	4 365.0	37.9	2 580.0	33.5	3 098.0	5.1	2 638.0	35.0
覆盖度 50%	4 159.0	63.0	3 310.0	12.1	213.0	95.3	108.0	97.3
覆盖度 80%	521.0	95.5	276.0	92.7	369.0	88.7	24.0	99.9
当年降水量/mm	1 888.4		1 301.8		1 491.9		1 373.1	

（2）因地制宜，合理利用。首先要针对红壤区的具体情况，因地制宜地调整农业结构，确定土地利用方向，进行生态建设。例如在红壤侵蚀严重、自然环境条件恶劣、社会经济落后的地区，应建立以林业为重点的生态性持续农业系统；在人地系统矛盾尖锐、土地利用过度的地区，建立复合农业性持续农业系统；在人口密集、经济发达、农田基本建设及其配套体系有一定基础的地区，建立集约性农业系统（田亚平，2000）。其次，鉴于丘陵是一个不可分割的整体，为了合理利用以提高红壤生产力，必须发展"一丘多用"的生态农业。如湖南农民总结的"岗顶松，窝里杉，山坡种油茶"，江西的"丘顶薪炭林，山腰果、茶、桑，丘脚棉、油、麻"，就是"一丘多用"生态农业的实例（龚子同，史学正，1992）。此外，根据红壤丘陵区局部地形、气候和土壤条件的差别，还须注意因地制宜、适地适种。例如在树种选择上不能搞一刀切。一般来说，杉木宜选择水土条件较好的地方种植，而在瘠薄的地方则应栽种先锋树种马尾松；至于柑橘，因其对温度条件要求较高，则宜种植在海拔低的丘陵和低山的南坡。红壤在合理利用下，不但可以得到改良，而且还可以建成一个个柑橘、油茶、茶叶、油桐等生产基地。

（3）以小流域为中心进行综合治理。江西省兴国县塘背河小流域属江南山地丘陵花岗岩区，赣江上游贡水的二级支流。流域面积 16.38km²，水土流失面积 11.53km²，土壤侵蚀模数高达 1.3 万 t/ (km²·a)。严重的水土流失，加剧了贫困，阻碍了小流域经济的可持续发展。1980 年，长江水利委员会在该流域开展综合治理试点，总结出"山上林，山腰田，山下果"的综合治理模式。即在坡度 25° 以上的剧烈强度侵蚀区，开挖竹节沟，拦沙、截水。竹节沟内及台地上种阔叶树种，沟埂外坡种胡枝子、马尾松、葛藤等；凡有松土层的地方，播种硬骨草、八月草等，形成乔灌草相结合的立体结构。在 15° ~ 25° 的坡面，修建台地或反坡梯田，挖控制性环山水平沟，排灌结合，建设基本农田。坡度 15° 以下，立地条件较好的坡面以及山窝等处种植杉木、泡桐、桉树、油茶、油桐、茶叶、柑橘等用材林和经济林；四旁地种植芭茅、芦竹、胡枝子、桃、梨、柿、柑橘、黄竹、万竹等植物，建成用材林和经果林基地。经过 10 多年的治理，到 1999 年底，治理保存面积 11.53km²，治理程度达 100%。由于措施的优化配置，形成了层层立体防护体系，塘背河严重的土壤侵蚀和水土流失基本得到了控制。光山秃岭开始变绿了，生态与环境改善了，生产发展了，群众生活提高了。据研究，该模式适宜在江南山地丘陵风化花岗岩地区推广。

参 考 文 献

安和平. 1996. 贵州省水土流失现状及防治对策. 水土保持通报, 16 (5): 57~64

蔡运龙. 1990. 贵州省自然区划与区域开发. 地理学报, 45 (1): 41~55

蔡运龙. 1996. 中国岩溶石山贫困地区的生态重建研究. 地球科学进展, 11 (6): 603~606

陈国阶. 1986. 川江河谷淮南亚热带农业的开发. 自然资源, (4): 52~59

陈国阶. 1999. 长江上游洪水对中下游的影响与对策. 见: 许厚泽、赵其国主编. 长江流域洪涝灾害与科技对策.
    北京: 科学出版社

陈雪英等. 1999. 长江流域重大自然灾害及防治对策. 武汉: 湖北人民出版社

秦大河等. 2005. 中国气候与环境演变 (下卷: 气候与环境变化的影响与适应、减缓对策). 北京: 科学出版社

邓先瑞, 刘卫东, 蔡靖芳. 1998. 中国的亚热带. 武汉: 湖北教育出版社

邓先瑞. 2002. 长江农业文化的自然生态条件. 华中师范大学学报 (自然科学版), 36 (4): 512~515

丁维新, 曹志洪. 1999. 洪灾对长江流域可持续发展的冲击及其对策. 见: 许厚泽, 赵其国主编. 长江流域洪涝灾
    害与科技对策. 北京: 科学出版社

杜佐华. 1999. 水土保持是三峡库区生态环境建设的主体工程. 见: 王波主编. 中国中部资源环境与可持续发展对
    策. 武汉: 中国地质大学出版社

高冠民, 窦秀英. 1981. 湖南自然地理. 长沙: 湖南人民出版社

高华端, 李锐. 2006. 贵州省地质背景下的区域水土流失特征. 中国水土保持科学, 4 (4): 26~32

龚子同, 史学正. 1992. 我国热带亚热带土壤合理利用和土壤退化的防治. 见: 中国科学院红壤生态实验站编辑.
    红壤生态系统研究 (第一集). 北京: 科学出版社

《贵州省情》编辑委员会. 1986. 贵州省情. 贵阳: 贵州人民出版社

湖南省山河湖库综合治理与开发规划办公室. 2001. 湖南省山河湖库综合治理与开发规划. 长沙: 湖南科学技术出
    版社

景可, 王万忠, 郑粉莉. 2005. 中国土壤侵蚀与环境. 北京: 科学出版社

林昌虎, 朱安国. 1996. 贵州喀斯特山区土壤侵蚀与防治. 水土保持研究, 6 (2): 109~113

林之光, 张家诚. 1985. 中国的气候. 西安: 陕西人民出版社

刘邵权. 2006. 农村聚落生态研究——理论与实践. 北京: 中国环境科学出版社

刘震. 2003. 中国水土保持生态建设模式. 北京: 科学出版社

鹿世瑾. 1999. 福建气候. 北京: 气象出版社

马毅杰, 董元华. 1999. 面对洪水威胁的反思: 三峡库区及上游地区生态环境建设刻不容缓. 见: 许厚泽. 赵其国
    主编. 长江流域洪涝灾害与科技对策. 北京: 科学出版社

任美锷, 包浩生. 1992. 中国自然区域及开发整治. 北京: 科学出版社

水利部, 中国科学院, 中国工程院. 2010. 中国水土流失防治与生态安全. 南方红壤区卷. 北京: 科学出版社

水利部, 中国科学院, 中国工程院. 2010. 中国水土流失防治与生态安全. 长江上游及西南诸河区卷. 北京: 科学
    出版社

水利部水文司. 1989. 水资源评价论文集. 北京: 中国水利电力出版社

孙鸿烈, 张荣祖. 2004. 中国生态环境建设地带性原理与实践. 北京: 科学出版社

唐克丽等. 2004. 中国水土保持. 北京: 科学出版社

田亚平. 2000. 江南丘陵区的红色荒漠化现象及其防治措施. 衡阳师范学院学报 (社会科学), 5 (21): 39~42

王晓鸿等. 2004. 鄱阳湖湿地生态系统评估, 北京: 科学出版社

吴积善等. 1993. 泥石流及其综合治理. 北京: 科学出版社

席承藩等. 1994. 长江流域土壤与生态环境建设. 北京: 科学出版社

熊康宁等. 2002. 喀斯特石漠化的遥感-GIS典型研究——以贵州省为例. 北京: 地质出版社

杨勤业, 沈康达. 1984. 滇西北横断山地区的垂直自然带. 地理学报, 39 (2): 141~147

杨勤业, 郑度, 吴绍洪. 2006. 关于中国的亚热带. 亚热带资源与环境学报, 1 (1): 1~10

杨勤业，郑度，吴绍洪. 2002. 中国的生态地域系统研究. 自然科学进展，12（3）：287~291

杨艳生，史德明. 1994. 长江三峡土壤侵蚀研究. 南京：东南大学出版社

张家诚，林之光. 1985. 中国气候. 上海：上海科学技术出版社

张俊民，蔡凤歧，何同康. 1990. 中国土壤地理. 南京：江苏科学技术出版社

张桃林. 1999. 中国红壤退化机制与防治. 北京：农业出版社

张喜. 2003. 贵州喀斯特山地坡耕地立地影响因素及分区. 南京林业大学学报（自然科学版），27（6）：98~102

张艳梅，江志红，王冀等. 2005. 贵州地区夏季降水特征及其预测方法. 气象科技，33（2）：156~159

张宇发. 1998. 贵州降水近五十年变化趋势及突变. 贵州气象，22（5）：19~21

张志才，陈喜，王文等. 2007. 贵州降雨变化趋势与极值特征分析. 地球与环境，35（4）：351~356

赵济，陈传康. 1999. 中国地理. 北京：高等教育出版社

曾国华. 1993. 花岗岩丘陵区其实地的植被工程建设及其效益. 见：中国地理学会地貌与第四纪专业委员会. 地貌
    过程与环境. 北京：地震出版社，100~106

郑度，杨勤业，吴绍洪等. 2008. 中国生态地理区域系统研究. 北京：商务印书馆

中国科学院《中国自然地理》编辑委员会. 1985. 中国自然地理·总论. 北京：科学出版社

中国科学院成都分院土壤研究室. 1991. 中国紫色土（上篇）. 北京：科学出版社

中国科学院红壤丘陵开发战略研究小组. 1990. 东南红壤丘陵的综合开发. 中国科学报，122

中国科学院南方山区综合科学考察队. 1989. 中国亚热带东部丘陵山区水土流失与防治. 北京：科学出版社

中国科学院云南热带生物资源综合考察队. 1964. 云南省农业气候条件及其分区评价. 北京：科学出版社

中国亚热带东部丘陵山区农业气候资源及其合理利用研究课题协作组（沈国权主编）. 1990. 中国亚热带东部山区
    农业气候. 北京：气象出版社

《中国自然资源丛书》编撰委员会（张家诚主编）. 1995. 中国自然资源丛书·气候卷. 北京：中国环境科学出
    版社

周春元，王燕玉，张详先等. 1982. 贵州古代史. 贵阳：贵州人民出版社

周运清等. 2005. 长江流域的生态环境. 武汉：武汉大学出版社

周忠发，游惠明. 2001. 贵州纳雍县土壤侵蚀遥感调查与 GIS 空间数据分析. 水土保持研究，8（1）：93~97

第十四章　南亚热带湿润地区

南亚热带湿润地区北起南岭和武夷山、南至雷州半岛北缘，是一个横贯东西、略带弧形的狭长地带，北回归线横贯其中。包括台湾中北部山地平原、福建、广东沿海丘陵平原、广西南部和云南南部除西双版纳等热带地带以外的地区，面积约占中国陆地面积的3.8%（孙鸿烈、张荣祖，2004）。南亚热带湿润地区的南界大致东起珠江三角洲西南端的阳江，向西经茂名、合浦、防城、崇左、睦边、个旧、思茅、景洪、勐海、澜沧和沧源，止于云南镇康西部的中缅边界，呈向南凸出的弧形分布；北界大致西起云南盈江西部的中缅边界，向东经梁河、临沧、镇沅、开远、广南、百色、梧州、清远、河源、平远、福州附近，越过台湾海峡后止于台湾北部岛屿（图14.1）。

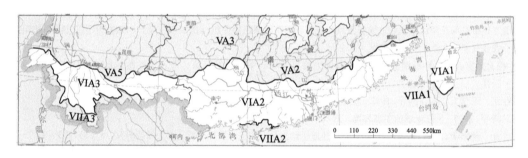

图14.1　南亚热带湿润地区的位置（图例见正文）

第一节　自然地理特征综述

一、温暖湿润、台风盛行的季风气候

南亚热带湿润地区南部与湿润热带地区接界，北部与中亚热带地区相邻，地处东亚季风盛行的低纬度北回归线附近。区内气温高，湿度大，降雨多。大体而言，四季无冬但偶有奇寒，区内的年平均气温多在16～22℃左右（表14.1），平均约为20℃，其中1月份气温一般为9～14℃，7月份气温一般为21～28℃，日平均气温≥10℃期间的积温为5 000～8 000℃。

本区域是全国降水量最为丰富的地区之一，年平均降水量平均约为1 600mm，一般在1 200～2 200mm，但区内不少地方的年降水量超过2 500mm，而且降水强度大，暴雨为常见的降水形式。如台湾中北部，受季风、地形雨和台风雨等的影响，年平均降水量大多超过2 500mm，中部地势较高山区的平均年降水量多在3 000mm以上，部分山脉迎风坡的年降水量可达4 000～5 000mm。基隆南部山地阳明山鞍部测站4 892mm的年平均降水量是台湾年均降水量最多的地方，而1974年宜兰东山乡（新寮站）曾创下

9 513mm的年降水纪录（涂建翊等，2003），为我国降水量最多的地点。参见图14.2。

表14.1 南亚热带气候特征

台站	1月均温/℃	7月均温/℃	年均气温/℃	10℃积温/℃	≥10℃积温持续日数/天	年均降水量/mm
龙岩	11.2	27.2	19.9	6526.4	303	1692.4
上杭	10.0	27.9	19.9	6474.0	289	1603.8
河源	12.0	28.2	21.2	7065.8	310	1889.4
佛冈	11.4	28.1	20.8	7041.3	315	2201.4
梧州	11.9	28.3	21.1	6881.0	299	1503.6
蒙山	9.7	27.8	19.7	6388.0	284	1738.7
河池	10.7	27.9	20.3	6711.3	298	1490.3
百色	13.3	28.6	22.1	7747.0	338	1114.9
广南	8.2	22.5	16.7	5105.6	264	1061.8
临沧	10.7	21.1	17.2	6068.1	343	1159.1
阳江	14.6	28.1	22.3	7786.2	341	2252.8
北海	14.3	28.7	22.6	7810.2	333	1636.3
龙州	13.9	28.1	22.1	7691.0	339	1344.0
澜沧	12.5	22.7	19.0	6913.2	363	1626.4

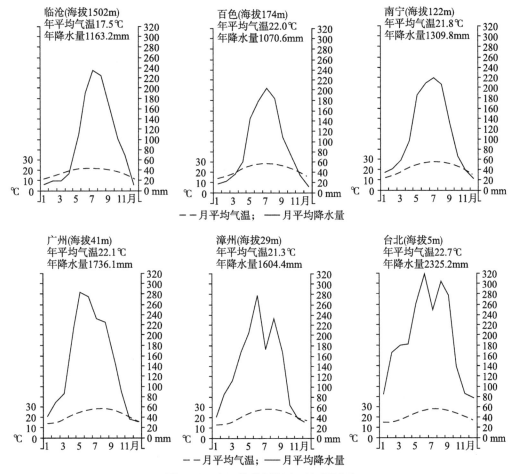

图14.2 南亚热带湿润地区气候图示

由于地处沿海，南亚热带湿润地区热带气旋活动频繁，受台风影响比较大，是我国台风最为盛行的地区。根据对全国 1949～2006 年间热带气旋与台风登陆的统计（表14.2），包括热带低压（中心风速≥10.8m/s）在内的所有热带气旋，1949～2006 年只统计第一次登陆我国的有 527 个，平均每年登陆 9.09 个，同期登陆我国有关省份的热带气旋合计共有 680 个，其中登陆南亚热带湿润地区内的广东、台湾、福建和广西四省（区）的热带气旋就有 465 个，占登陆我国各个省（区）的热带气旋总数的 68.38%，其中以登陆广东为最多。就登陆时中心风速达到≥32.7m/s 以上的台风而言，1949～2006 年只统计第一次登陆我国的台风有 184 个，平均每年登陆 3.17 个，占登陆我国的热带气旋总数的 34.91%，同期登陆我国有关省份的台风共有 208 个，其中登陆南亚热带湿润地区内的广东、台湾、福建和广西的台风有 149 个，占登陆我国有关省份台风总数的 71.63%，其中以登陆台湾为最多。

表 14.2　1949～2006 年我国热带气旋和台风登陆区域统计

区域	热带气旋			台风		
	登陆次数/次	占全国/%	年登陆频数	登陆次数/次	占全国/%	年登陆频数
广东	218	32.06	3.76	49	23.56	0.84
台湾	120	17.65	2.07	69	33.17	1.19
海南	135	19.85	2.33	37	17.79	0.64
福建	97	14.26	1.67	30	14.42	0.52
浙江	40	5.88	0.69	21	10.10	0.36
广西	30	4.41	0.52	1	0.48	0.02
其他地区	40	5.89	0.69	1	0.48	0.02
全国合计	680	100.00	11.73	208	100.00	3.59

二、山地为主、多种地貌交错分布

南亚热带湿润地区北靠南岭和武夷山，南临浩瀚南海，区内多列中、低山地平行排列，自东向西主要有莲花山、罗浮山、九连山、云雾山、云开大山、十万大山、哀牢山、无量山、怒山和高黎贡山等，构成本区地形的骨架。众多的丘陵，主要沿山前分布，山脉较矮的部分也表现为丘陵类型。各山脉之间，则是河谷、盆地和岗台地，面积比较大的盆地多有构造成因，其中面积较大的盆地有兴梅盆地、五华盆地、灯塔盆地、罗定盆地、怀集盆地、玉林-博白盆地及浔江盆地等，盆地内除有河流冲积平原外，低丘与台地也广为分布。沿海在河流入海处则有多片冲积三角洲平原，主要有厦漳泉沿海平原、韩江三角洲、珠江三角洲、南流江三角洲和钦江三角洲等，其中以珠江三角洲面积最大。三角洲平原往往是本区经济最为发达的区域。

区内石灰岩分布广泛，在气温高、降水多等因素的作用下，岩溶地貌（喀斯特地貌）发育，岩溶地貌的形态典型、类型齐全，其中闻名全国的著名风景旅游胜地广西桂林和广东肇庆，就因其风景如画的典型的峰林等岩溶地貌而令人瞩目。

同时，南亚热带湿润地区地处板块交汇地带和多地震带上，地壳活动剧烈，故地震较为频繁，火山与温泉分布较为密集。特别是东部的台湾岛，在喜马拉雅期曾有强烈的造山活动，近期新构造运动仍十分活跃，断层、火山、地震都很普遍。本地区最西端的则有一些休眠火山，但地热活动仍很旺盛。

综上所述，南亚热带湿润地区是一个以山地为骨架，山地、丘陵为主体，山地、丘陵、盆地、三角洲平原、岩溶地貌、台地、河流与火山等相间、交错分布的复杂地区（中国科学院南方山区综合科学考察队，1989）。

三、常绿阔叶林、赤红壤的自然景观

南亚热带湿润地区为高温多雨的气候，使得区内既无严寒的威胁，也不受酷旱的限制，很多植物种类可以常年生长发育，全年可开花结果，为植物的生长发育提供了优越的自然环境，造就了本区以常绿阔叶林为主的自然景观（孙鸿烈等，2004）。区内常绿阔叶林的结构与组成中，上层树种繁多，树高不同，树冠参差不齐，优势树种以栲、槠属为多，其次为青冈栎，还有许多混生树种；中层优势树种以樟科为主，混生树种为数也相当多，还包括热带植物和少数落叶树种；下层则灌丛生长甚密，幼树多为耐阴树种，灌丛种类较多，有黄檀子、桃金娘、野牡丹、梅叶冬青和石斑木等，特别是由于林下阳光不足，蕨类植被多；各层间的藤本植物与附生植物亦十分常见。区内山区生物群落的垂直变化现象比较普遍，其中尤以台湾植物群落的多层次的垂直分布最为明显。

南亚热带湿润地区与热带和中亚热带南北相邻，受二者的影响，生物组成具有一定程度的混交特点，故在本地区既可以见到一些热带代表性动物，如长臂猿、树鼩、懒猴、花白竹鼠、鹦鹉、孔雀、太阳鸟等，也能见到分布于北方和华中的多种雁、鸭类、云雀（越冬）、河麂和藏酋猴等。但是，其中又以受热带的影响比较大，如其多层的植物群落结构和含有热带树种，生物多样性的基本特征是热带生物多样性的简化，次生植被也带有一定的热带性特征，一般南亚热带森林破坏后，次生的桃金娘、岗松、野牡丹和大沙叶等灌丛与典型热带的情况基本相似。

受制于高温多雨的气候、常绿阔叶林为主的植被环境等，南亚热带湿润地区的风化强烈，风化过程中硅酸盐矿物分解强烈，硅和盐基多淋失，铁铝等氧化物则明显地聚积，黏粒与次生矿物也不断形成，从而形成在区内广泛分布的、深厚的红色风化壳。以红色风化壳为母质，区内赤红壤（简育湿润铁铝土）发育典型，形成南亚热带湿润地区自然景观的另外一个重要组成部分。赤红壤的剖面发育完整，风化层多在1m以上，多呈淡棕红色，表层厚度多在14cm以上。赤红壤的土壤富铝化作用和生物积累强度介于砖红壤（暗红湿润铁铝土）和红壤（黏化湿润富铁土）之间，一般其富铝化作用和生物积累较砖红壤弱，但比红壤强，且剖面发育过程中还表现有强淋溶、黏化过程，且腐殖质层下的B层表现为黏化层，与砖红壤的氧化B层有别。赤红壤的黏粒硅铝率一般在1.7~2.0之间，铁的游离度一般在39.6%~58.1%之间，黏土矿物以高岭石为主，次为伊利石、蛭石、三水铝石和少量针铁矿、赤铁矿等。在高温多雨的环境中，虽然元素的淋失和富铝化过程很强烈，但由于生长旺盛的植物，使生物富集过程处于优势地位,大大丰富了土壤养分物质的来源,所以在自然植被条件下赤红壤的有机质含量仍比较高,一般表土有机质含量在2%左右,pH5.0左右(曾昭璇、黄伟峰,2001)。

南亚热带湿润地区在中国土壤分类分区中属于东部季风土壤区域的湿润富铁土、湿润铁铝土地区和湿润铁铝土、湿润富铁土、岩性暗沃土地区,包括强育湿润富铁土、简育湿润变性土、铁聚水耕人为土区,强育湿润富铁土、简育湿润铁铝土、铁聚水耕人为土区,铁渗/铁聚水耕人为土、泥垫旱耕人为土、简育湿润铁铝土区,简育湿润富铁土、铁质干润雏形土、简育水耕人为土区和简育湿润铁铝土、铁渗水耕人为土区,暗红湿润铁铝土、铁聚水耕人为土区,黄色湿润铁铝土、富铝湿润富铁土区,黄色湿润铁铝土、简育湿润富铁土区等。

区内的栽培作物主要有稻、木薯、甘蔗、玉米等。水肥条件充足情况下,本地区在双季稻收割后尚可种一季喜温的冬甘薯、冬烟草等,木薯和甘蔗在南亚热带内全年可以生长,而且甘蔗可开花,甘蔗含糖量大大高于中亚热带,中亚热带甘蔗一般含糖量不超过10%,而南亚热带的甘蔗含糖量可达13%~14%,且单产也高1~2倍(孙鸿烈、张荣祖,2004)。栽培的果树主要是荔枝、龙眼、芒果、番石榴、黄皮、阳桃、菠萝、番木瓜、香蕉、橄榄等,这些果树的品质优越,产量与质量优良。

四、河流众多、径流丰富的水文条件

本地区的河流众多、水系复杂(孙鸿烈、张荣祖,2004)。东部的台湾中北部有众多发源于其中部山地的河流,中部有韩江、珠江以及粤西和桂南的沿海小河流,西部云南的河流多流经中南半岛而入海。中部的珠江是区内最大也是最重要的河流,其流域范围包括本地区的大部分区域。珠江全长2 214km,流域面积45.37万km²,水量丰富,仅次于长江居全国第二位。珠江是由西江、北江、东江和珠江三角洲河网区四个水系所组成,其中西江是珠江流域的最主要河流,为珠江正源,其上游南盘江发源于云南马雄山,流经贵州汇北盘江后称红水河,至广西汇柳江后分别称黔江、浔江,至梧州纳桂江后始称西江入广东;北江和东江分别发源于江西省信丰县和寻乌县,80%以上流域面积在广东,入广东后与西江汇合纳入珠江三角洲河网区;珠江河网区内河道纵横交错,流向不定,最后由崖门、磨刀门、虎门等八大口门注入南海,年入海水量3 260亿m³。东部台湾中北部河流发源于中部山地,向四方分流入海,河流坡度大,流量大,多险滩和瀑布。而西部云南省境内的元江、澜沧江、怒江和独龙江,由于山高谷深,往往河床深切,水流急湍,均属山地嶂谷型河流。同时,区内广西与云南东南部境内石灰岩地貌分布广泛,尤其是桂东北、桂西南、桂中等地岩溶地貌比较集中与典型,发育了比较多的地下河,主要分布在红水河中下游、右江、左江、柳江水系,其中红水河流域都安县内的地苏地下河是广西目前已发现的最大岩溶地下河系之一。

由于降水充沛,南亚热带湿润地区的河川径流十分丰富,其中在粤东沿海莲花山脉东南迎风坡、粤北山地、粤西沿海等地,年径流深约1 200~1 800mm,桂北兴安、融水一带以及大瑶山、云开山区的年径流深为1 600~2 000mm,最高达2 400mm。即使在径流较少的区域,年径流深一般也在500mm以上,只有桂西的邕宁、大新、宁明、百色上游一带以及云南南部苍山与哀牢山一线以东区域径流深较低，这与其溶岩地貌发达导致降水很快成为地下水有关。因此，本地区的水资源十分丰富，总量高达 5 735.4 亿 m^3，产水模数在 46.68～184.57 万 $m^3/(km^2 \cdot a)$ 之间。

本地区的河川径流完全由降水补给，受降水的影响，径流的年际变化不大，为全国最稳定地区之一。每年汛期的出现也与降水年内变化一致，各地汛期均出现在春季至秋季之间，与径流年内高值期大体相同，仅在程度上略有不同。

第二节　内部区域差异及其划分

受纬度、地形与地表组成物质等因素的影响，南亚热带湿润地区的自然要素与综合景观，在东西与南北方向也呈现出一定的差异性。

1. 南北的差异

自北向南，纬度地带性的特征明显，温度逐渐升高，热量条件有所提高。南亚热带湿润地区的北界，在福建、广东与广西境内的东段大致与 1 月份 10℃ 等温线、日平均气温 ≥10℃ 期间积温 6 400℃ 等值线相符，在云南境内的西段大致与 1 月份 9℃ 等温线、日平均气温 ≥10℃ 期间积温的 5 000℃ 等值线一致；南亚热带湿润地区的南部界线则大致与日平均气温 ≥10℃ 的 8 000℃ 积温等值线、1 月份 16℃ 等温线相当（郑度等，2008）。

2. 东西的分异

南亚热带湿润地区内的东西差异，在地貌类型的分异方面表现比较明显。在东部的台湾中北部区域，山地面积大、山体高大，山山脉集中分布在台湾岛的中部和东部，以中央山脉为骨干，自东到西有台东山脉、中央山脉、雪山山脉、玉山山脉、阿里山脉等。在中部的闽、粤、桂地区，山地海拔高度多在 1 500m 以下，受构造控制呈现为 9 条彼此平行排列的东北—西南向的山脉系统，其间广布丘陵、河谷、盆地和岗台，近海地带为沿海平原，丘陵为该区域地貌的主体。西部地区，哀牢山、把边江、无量山、澜沧江及怒山、高黎贡山等东西并列，山岭与谷地交错分布，山岭与峡谷相对高度自数十米至数百米不等，绝对高度多在海拔 3 000～3 500m，山顶往往有宽达几十千米的残留高原面，多已切割成波状起伏的丘陵与盆地（孙鸿烈、张荣祖，2004）。另外，由于距离海洋远近的不同、地形与台风的影响等，区内东西方向的差异还明显地表现在降水量以及由此引起的地表径流的不同，相对而言降水量和径流量东部较西部为多。东西方向的地貌、降水等变化，造成区内最为显著的区域自然特征的变化。

3. 地方性差异

受区域气候条件、岩石组成等一系列因素的影响，南亚热带湿润地区的生物群落也有一定的地区差异。如在广西南部盆地，受石灰岩岩性的影响，植被种类多为常绿阔叶树与落叶阔叶树的混交树种青冈栎、硬叶樟等。在比较干燥的一些阳坡及土层瘠薄的山坡上分布有松林，这常是因为栎林遭受破坏后的次生演替，一般在区内西部以云南松为主，东部以马尾松为主，常形成纯林。另外，在区内沿海的一些浅海湾的海滩，还生长有红树林。

在南亚热带湿润地区内的差异中，东西方向的分异所导致的区内自然景观和生态与环境的区域差异占据主导作用。据此，可以把南亚热带湿润地区划分为三个自然区：台湾中北部山地平原耕种植被常绿阔叶林区；闽粤桂山丘平原常绿阔叶林耕种植被区；滇中山地丘陵常绿落叶阔叶林松林区

第三节 自然区自然地理特征

一、台湾中北部山地平原耕种植被常绿阔叶林区（ⅥA1）

台湾为中国最大岛屿，位于中国大陆棚的外缘，台湾海峡宽约 80km²，水深不过100m。本区包括台湾省的大部，除台南及澎湖列岛划入边缘热带外均属于本区。

（一）自然地理特征

1. 地势东陡西缓、山地为主且海岸地貌复杂

台湾位于太平洋板块与欧亚大陆板块的相互交接与转化的接触带及环太平洋的火山带上。其地质构造的形成大约可追溯至 1.5 亿万年到 1 亿年前之间，当时太平洋板块隐没入欧亚大陆板块之下，巨大的挤压力量使得原本堆积在大陆架的沉积物隆起，形成最早的台湾岛。在 6 500 万年到 2 000 万年前，因为古太平洋板块的完全隐没，欧亚大陆板块开始向两侧张裂，火山活动、岩浆喷发形成大面积的玄武岩平台，构造了今日的澎湖群岛。在距今约 2 000 万年前左右，欧亚大陆板块向东隐没到台湾东侧的太平洋板块之下，形成一连串包括海岸山脉、绿岛与兰屿的火山岛链。约 300 万年前，北端的火山岛链，也就是现今的海岸山脉开始与台湾岛发生碰撞，从而加速台湾岛的隆升与扩大，同时这次的弧（火山岛弧）陆（欧亚大陆板块）碰撞中海岸山脉与台湾岛连接在一起，从而使台湾岛具备了现今的雏形。在 200 万年前，台湾岛的东北方海上产生了一连串的火山，即现今的大屯火山群、基隆火山群以及位于海洋中的火山岛。作为太平洋板块上的火山岛弧与欧亚大陆板块碰撞所产生的隆起岛屿，台湾岛现今由东向西的海岸山脉、花东纵谷、中央山脉、西部山麓带、台地与海岸平原这六大地貌单元的形成，就与弧陆碰撞作用有着密切的关系。其中，海岸山脉是板块碰撞时形成的火山岛，花东纵谷是海岸山脉与中央山脉碰撞时在其间形成的东北向狭长谷地，中央山脉则是因板块的碰撞而被推挤隆起的山脉，西部山麓带是近百万年以来刚隆起的新生山脉，西部山麓带的西侧外缘有一连串台地地形，而台地的外缘则是尚未隆起、仍在堆积的西部平原。

台湾岛位于亚洲大陆大陆架的东南边缘，西侧是台湾海峡，深度一般在 200m 以内，最浅的地方只有 100m 多，但面临太平洋的东侧则地形急剧下降，在 40km 的短距离内，地形面降至 4 000m 以下，西岸的平原、沙洲、浅滩与潟湖等地形与东岸陡立的岩石崖岸形成强烈的对比。台湾中北部地形是中间高两侧低，地势以中央山脉

为分水岭向东、西两岸逐渐降低，但因高山多集中在距离海岸较近的中部偏东地区，故形成了该区东陡西缓的地势特点。广泛分布的山脉，使得台湾山地面积广大，全岛海拔在 500m 以上的山地约占总面积的 45%（表 14.3），其中台湾中北部高度在 1 000m 以上的山地就有中央山脉、玉山山脉、雪山山脉、阿里山山脉和海岸山脉等。其中中央山脉、雪山山脉和玉山山脉海拔均在 3 000m 以上，阿里山山脉海拔在 1 000 ~ 2 000m 之间，海岸山脉高度则在 1 000m 以下，其大致呈东北—西南走向彼此平行排列。山脉之间有狭长的低洼谷地，都是地质上重要的纵向断层线，延伸长且直，呈现出山脉、谷地相间分布的特点。同时，区内的相对地势亦比较高（陈正祥，1993），台湾相对高度低于 100m 的不足总面积的 25%，约有 32% 的相对高度在 500 ~ 1 000m 之间，相对高度超过 1 000m 的高达 22% 多，且有相对高度高出 2 000m 的区域。平均而言，台湾的平均海拔为 660m，平均坡度为 14°40′，平均每平方千米的相对高度为 312m（王鑫，2004）。

表 14.3　台湾地形高度与所占面积比例（郭大玄，2005）

高度/m	< 100	100 ~ 500	500 ~ 1000	1000 ~ 2000	2000 ~ 3000	> 3000
占总面积/%	31	24	14	20	10	1

台湾岛内丘陵和台地面积较大，平原和盆地面积较小，高度在 100m 以下的平原和盆地占全岛面积 31%，丘陵和台地则占约 40%。区内的丘陵和台地，大致分布在山地西侧与平原过渡的山麓地带，海拔高度一般在 100 ~ 500m，由松软的砂岩和页岩组成，多经河川切割，而表层则多覆盖红土层。其中主要有基隆竹南丘陵区、丰原丘陵区、嘉义丘陵区以及林口、桃园、湖口、后里、大肚和八卦台地等，是台湾园艺作物和水果的主要种植地带。台湾的平原多为河川冲积土所覆盖，主要有嘉南平原、宜兰平原、台东纵谷平原等。其中嘉南平原为最大的平原，该平原北起彰化，南至高雄，南北长约 180km，面积约 4 550km²，平原整体地势平坦，土地肥沃，灌溉便利，平均海拔在 100m 以下，是台湾最早开发的地区。台湾中北部的盆地数量少且面积小，其中面积较大的有台中盆地、台北盆地、埔里盆地以及台东的泰源盆地。

台湾海岸线长 1 139km，东西两岸平直，缺少弯曲，但由于板块构造运动以及不同气候状态与岩层软硬的影响，使得各地海岸地貌景观各具特色。其中，北部海岸由于山脉走向与海岸线相互垂直，岬角与海湾交互出现，故海岸属于比较曲折的谷湾海岸；西部海岸，濒临台湾海峡，大部分以沙质或泥质海岸为主，单调平直，多沙滩、沙洲及潟湖；东部海岸，均是因断层作用而形成的断层海岸，其北段断层海岸紧临深海，因波浪直袭海崖成为典型的侵蚀后退型海岸，南段的海阶地形、海蚀平台和海蚀洞随处可见，显示出地层曾有不断隆起的现象。

2. 气候温暖湿润、台风盛行且区域差异明显

影响台湾中北部地区的气候因素很多，其中主要是地理纬度、海陆分布、大气环流、地形和洋流。台湾岛位于 22° ~ 25°N 之间，北回归线横越其南部，深受东北季风与西南季风的控制，每年 10 月至翌年 3 月台湾北部及东北部受东北季风影响较大，每年4月至9月西南季风盛行形成台湾的主要雨季。同时，台湾全年处于台湾暖流包围之中，其中暖流东支势力较强，性质上盐分较少且温度较高（经过台湾东部的水温平均超过25℃），使得台湾东部平均温度比西部的高且较为湿润。特别是地形对台湾气候的影响至为重要，台湾中部及东部的高大山脉，形成十分明显的温度垂直变化，气温随海拔增高而递减，降雨多少则与坡向关系密切。因此，台湾中北部地区气候表现出温暖炎热、潮湿多雨、台风盛行等特征（郭大玄，2005）。

台湾中北部位于北回归线南北两侧，日照充足，全年接受太阳辐射能量丰富，各地年辐射量大约355~540kj/cm²，平原地区年日照时数为2 100h，且受台湾暖流影响，使得本区经常处于高温环境，除山区外的平地夏季普遍高温炎热，南北温差小，冬季北部较凉爽，南部较温暖。台湾全岛平地地区年平均气温皆超过20℃，中部约为22~24℃，北部地区在20~22℃；最热月（7月）平均气温约在28℃左右，南北温差不到1℃，甚至有北部稍高于南部的现象；最冷月（1月）月均温则皆在15℃以上，平均最低温度也皆高于10℃，因此无严寒季节，只有北部地区在冬季连续多天降雨或大陆强烈寒潮来袭时，天气才比较寒冷。高山地区的气温，其温度的垂直变化远大于南北气温的变化，一般气温随着山势的增高而降低。例如，玉山海拔3 845m的气候观测站平均气温7月为7.5℃、1月为 -1.5℃、年平均为3.8℃，山下海拔约27m的嘉义的平均气温7月为28.4℃、1月为15.9℃、年平均为22.7℃，但年温差较平地小，日温差则较大。自有气候观测纪录以来，台湾的最高气温曾出现在台东，温度为39.7℃，平地最低温度出现在台中，温度为 -1.0℃，山区的玉山则曾出现过 -18.4℃的低温纪录。

台湾中北部全年多雨，雨量充沛，年平均降水量超过2 500mm，但地区分布与降雨季节的分布存在明显差异。首先，由于地形的影响，各地差异很大，一般是山地多于平地、东部多于西部。中部较高的山区，年平均降水量多在3 000mm以上，而部分山脉迎风坡的年平均降水量可达4 000~5 000mm。东部沿海各地，年平均降水量1 500~3 000mm不等，而中央山脉至西海岸之间的降水量随高度降低而递减，接近山麓地带年平均降水量约在1 500~2 000mm。西海岸大多低于1 600mm，尤以嘉南平原中西部的降水量较少，其中彰化县竹塘的年均降水量不超过1 183mm。因此，台湾降水中心和地形上的高山区一致，雨量和地形起伏大小量成正比关系。即雨量最少在西部平原，而起伏量最大的中央山地区雨量最多，故区内最多雨的两个地方：一是基隆南部山地，正对东北风来向，冬天可以全无晴天，阳明山鞍部测站的年平均降水量达4 892mm。1974年宜兰东山乡（新寮站）曾创下9 513mm的年降水纪录（涂建翊等，2003），为我国降水量最高的地区；二是中部高山区，如能高山降水量的历年平均值达5 821mm，最大为8 093mm。在季节的分配上，大致上从2月份开始即陆续降下春雨，5月中旬至6月中旬的梅雨是台湾夏季雨水的主要来源，6~8月由于不时有台风侵袭而常常带来暴雨，每年11月至次年2月在冬季季风影响下区内东北部地区相对多雨，其降水量约占全年的60%，但南部地区则属干季，因此区内的降水主要集中在5~9月，即5~6月的梅雨和7~9月的台风雨，特别是台风的影响深远。

台湾地处台风主要路经之处，因此台风侵袭的次数多、频率高、强度大，是本区气候的重要特征。影响台湾的台风（热带气旋）主要有两个路径：一是西行路径，一般在加罗林群岛海域形成后向西移动，逐渐稍稍偏北，经菲律宾的吕宋岛进入巴士海峡在台湾登陆，对台湾影响最大；另一个是转向型路径，即在加罗林群岛海域形成后，不久便向西北偏西移动，一般在北纬20°~30°之间转向东北方向。1897~2003年的107年中，一共有375个台风侵袭台湾，平均每年约有3.5个。根据1897~1998年的统计（表14.4），7~9月为台风侵袭台湾最多的季节，7月份占24.4%、8月份占31.1%、9月份占22.8%，故被称为台风季。台风所带来的狂风、暴雨、巨浪和海潮等的危害，严重地影响工农业生产、海运交通、渔业捕捞和人们生命财产的安全。

表14.4　1897~1998年台风侵袭台湾频率（林俊全，2004）

月份	总次数/次	年均次数/次	占年均次数比例/%	一年内最多次数/次
1	0	0	0	0
2	0	0	0	0
3	0	0	0	0
4	2	0.02	0.6	1
5	13	0.13	3.7	2
6	26	0.26	7.3	2
7	87	0.85	24.4	3
8	111	1.09	31.1	4
9	81	0.80	22.8	3
10	29	0.26	8.1	3
11	7	0.07	2.0	2
12	0	0	0	0
合计	356	3.48	100	

3. 植被与土壤类型典型，垂直分异特征显著

台湾中北部低海拔地区为典型的南亚热带常绿阔叶林特征，但整体上受制于地形的影响，植被的垂直分异十分明显。植被的垂直带谱自上而下主要有：

高山灌丛：分布在雪线上的高山地区，如玉山、雪山、南湖大山、中央尖山及关山等。冬天积雪，终年受强风侵袭，植物及土壤的蒸发量高，土壤保水力差，山脊陡峻，形成寒冷而干燥的环境。这个地区的植物群落以香柏、高山杜鹃、刺柏、玉山小檗、红毛杜鹃、高山金银花等为主。

亚高山针叶林：分布在高山灌丛下方至海拔3 000m处，迎风地带因为受到强风暴雨的侵袭，地面有裸露的岩石，土层浅薄而干旱，但在背风地带与缓坡的谷地则较阴湿，因此形成两种截然不同的植物群落。干旱与裸石地常被高山薹草或高山芒所占据，阴湿的谷地则植物群落丰盛，主要植被为香杉、冷杉、云杉、铁杉等，主要的地被植物以箭竹为主。

山地冷温带针叶林：分布在海拔2 500~3 000m之间，温度比高山寒原带及亚高山针叶林带稍高，7月平均气温约10℃，1月为2℃。山脊地方常受强风吹袭，故土壤较

为干燥。植被主要以铁杉和云杉为主，伴生有冷杉、黄桧、红桧、台湾杉、香杉等，并可见到广大的箭竹林。

山地暖温带针叶林：分布于山地冷温带针叶林的下方，海拔在 1 200 ~ 2 000m 之间，约为台湾云雾带所分布的高度，除了针叶林还混杂着阔叶树林。迎风面的温度较高，夏天平均气温在 14.3 ~ 17.8℃ 之间，冬天平均气温则为 5.4 ~ 12.8℃ 之间，气候凉而潮湿。植物群落中主要的针叶树种有红桧、台湾杉、香杉、黄桧、铁杉，主要阔叶树种有红楠、米槠、赤栎树、厚皮香、校栗、台湾榉和槭树等。

山地温暖带常绿阔叶林：在台湾北部地区分布在海拔 700 ~ 1 800m 之间，中南部则分布于 900 ~ 2 100m 之间，气候温暖潮湿，夏天平均气温为 15.9 ~ 26.4℃，冬天平均气温则为 6.4 ~ 14.7℃，平均年降水量为 2 500 ~ 5 000mm 之间。主要树种是樟科与壳斗科，种类近 70 种之多，它们都是阔叶树，故组成常绿阔叶林。主要有樟树、臭樟、栳樟、牛樟、沉水樟、乌心石、白校欑、山龙眼、柏拉木、台湾山毛榉、栓皮栎、台湾杨桐、琼楠、阿里山楠、虎皮楠等。另外还有很多人工培育的竹林，其中以孟宗竹和桂竹为常见。桂竹生长在北部可达 1000m 处，孟宗竹可达 1600m 处，且多为纯林。此外，还有矢竹、观音竹、绿竹等。

亚热带常绿阔叶林：该群落分布在台湾中北部海拔较低的平地、坡地和台地，终年温暖多雨，年均温高达 25℃，年雨量在 2 000 ~ 4 000mm 之间。主要为阔叶林，包括香楠、大叶楠、榕树、笔筒树、台湾树蕨、山榄、大叶山榄、大香叶树等。

海岸林：台湾四面环海，海岸林具有保护海岸线的功能，多分布在风平浪静的河口或海湾，属于海潮植被。台湾的海潮植被有两种，一为红树林，一为海岸林。红树林群落以西海岸为多，且多在有静水沉积环境的潟湖地区或在海湾顶部少浪地区，如基隆湾、新竹等。红树林植物种主要有红树科木榄、角果木、红茄冬、使君子科榄李、马鞭草科茄冬和海茄冬等。海岸林植被较红树林复杂，草本与木本植物都有，但以狼牙根为最优势种类，其次有白茅、芦苇、五节芒及海埔姜等。

广大的台地平原区则以农作为主，主要为水稻、甘薯、甘蔗、花生、大豆、香蕉、茶叶、菠萝等。其中，北部以台北和新竹为中心，水田分布甚广，作物以水稻为主，其次为亚麻、苎麻、花生等，茶叶和柑橘类水果的生产在台湾占有重要地位。以台中、彰化为中心的区域水稻种植也较为普遍，甘薯种植较北部区为多，甘蔗以及香蕉、菠萝的种植均甚广，茶叶和柑橘的种植面积较小，但山麓丘陵有新兴的茶园。

在气候、地势、植被及母质等因素的综合作用与复杂影响下，台湾中北部主要形成了三大类型的土壤，即冲积土、红壤和山地土壤。

冲积土类是在本区沿岸平原和谷地中平原上形成的主要土类，台湾岛四周沿海平原和河谷内泛滥平原地区都是冲积土壤，目前为主要水稻区和其他农作地区。同时，也包括在沿海岸风力堆积形成的沙质土即风成沙土（砂质新成土）以及盐碱土（普通潮湿正常盐成土）。台湾四周海岸上，由于海水盐分的内渍，或由于地势低洼，排水不易，每为盐碱积聚地点，形成了面积较大的盐碱土。

红壤（黏化湿润富铁土）类土壤是发育在更新世洪积期古沉积物深厚红土层上的地带性土壤，基本分布于台地和低山，分布范围广泛。按台湾土壤分类标准，该类土壤包括砖红壤（暗红湿润铁铝土）、赤红壤（简育湿润铁铝土）、灰化红壤和准红壤等，但主要是地带性的赤红壤。该类土壤中一般二氧化硅（SiO_2）含量较高，可达70%以上，三氧化物约为20%，全磷（P_2O_5）、全硫（SO_3）含量很低，盐基已完全流失，土壤呈酸性反应。典型剖面上，表层是黄棕色砂黏土层，为目前耕作层，下为暗红和棕红色黏土层，不时见有铁层存在，母质为砾石层，其上为铁质和黏土聚积地点。该类土壤由于淋溶强烈，钙、钾等养分流失，土质呈酸性反应，表土又常被冲刷流失，故肥力不高，但由于土层深厚，因此水土流失后仍有土层可资种植。

本区山高林密，平原台地红壤（黏化湿润富铁土）到山地后，在森林环境下可产生漂灰作用形成灰化红壤，而在湿度较大的山坡上则由于铁质的含水而变红壤为黄壤（铝质常湿淋溶土），故区内土壤以地带性的赤红壤（简育湿润铁铝土）为基带，随海拔升高由赤红壤依次出现山地灰化红壤及黄壤、棕壤（简育湿润淋溶土）、漂灰土（漂白暗瘠寒冻雏形土）、草甸土（普通暗色潮湿雏形土）和砾质土（石质湿润正常新成土）等。

灰化红壤：灰化红壤一般分布于低山林区（海拔 600m 以下），但可上升到 1 000m 高处的向阳坡地。表层（A 层）为黑灰层的腐殖质层（A_0），其下的漂灰层颜色为炉色或灰白色，即为淋溶作用的洗滤层，大量的铁质、活性铁、锰、腐殖质、铝氧化物、黏粒淀积在 B 层，故呈黏重的红棕色心土层。灰化红壤总面积分布不广，因表土层不厚，其漂灰层易于冲刷消失，当表土层被冲去后 A_2 层即不易保存。

山地黄壤：山地黄壤（铝质常湿淋溶土）多分布在山区下部，海拔一般在 1 000 ～ 3 000m 之间，植被条件和阔叶林带相当。其形成是由于山体在不断上升过程中，本来在低处的红土层随着山地上升后，成土气候环境由红壤环境转化为黄壤成土环境，故使红壤转化为黄壤的面积大为扩展，成为今天广大黄壤分布地区。

山地棕壤：山地棕壤（简育湿润淋溶土）分布地区和植被针、阔叶混合林相合。土壤表面有近期枯枝落叶层，具有厚层腐殖质，土层有适度淋溶故呈酸性反应，心土由于有机酸下渗染色呈棕色，但淀积层不发育，故全剖面分层并不十分清晰。

漂灰土（灰化土）：在山地温带针叶林带形成了山地灰化土（寒冻简育正常灰土）。在冷湿气候环境下，有机质分解十分缓慢，故土壤表层只有厚 10cm 的粗腐殖质层，之下出现了一层灰白色漂灰层，可厚达 10cm，为粉砂或细砂组成，略有层理，未见黏粒积聚。B 层有腐殖质淀积，呈暗棕褐色，还有黏粒、铁、铝氧化物。

高山草甸土和石质土：在高山则有高山草甸土（有机滞水常湿雏形土）和石质土（石质湿润正常新成土）。高山草甸土表层在灌丛区仍有枯枝落叶层，但在草甸区则形成了草甸土特有的草根层，表层腐殖质积累明显，但一般黏粒少，矿物分解程度不高，土层一般浅薄，质地轻粗，剖面属 AC 型，即没有心土（B 层）。石质土是在低温、大风、冰裂作用强的反复融冻环境下形成的原始型土壤，只有地衣、苔藓和少数耐寒植物生长，故有机质累积微乎其微。

4. 河川短促、湖泊较少且存在东西差异

台湾地势高且雨量丰沛，故河流较为发育，独流入海的大小河川有 150 条之多。但由于幅员不广，加之受地形限制和气候的影响，区内河流呈现为河川流短水急、流域面积狭小的特点（表 14.5），有 3/4 以上河川的流域面积不到 $10km^2$，全岛只有 16

条河川的流域面积在 500km² 以上，而台湾中北部地区流域面积最大的浊水溪的流域面积也只有 3 115km²；区内河川主流长度多在 10km 以内，长度超过 100km 的仅有浊水溪、高屏溪、淡水河、大甲溪、曾文溪和大肚溪等河流，最长的浊水溪也仅有 186km。

受地势的控制，上游地区因山势高峻、相对高差大，区内河川的坡度比降极大，山地区域河床坡降多在 5% 以上。如大甲溪的源地标高 3640m，而全长仅 140km，平均比降达 1/39；区内最长河流浊水溪的平均坡降为 1/46；在较大溪流中河床比降较平缓的曾文溪的平均比降也有 1/57。因此，台湾中北部的许多河流中上游水流急湍多峡谷，又因土壤质地脆弱，雨季洪流侵蚀两岸。上游侵蚀力强，而河川进入平地后河道多分汊，堆积作用旺盛，淤积量大，年输沙量达数百万至数千万吨，故在下游形成宽广的冲积地貌。

河川洪枯流量悬殊。台湾中北部河流的流域面积小，各河流上游雨量大且甚集中，再加上溪流流程短促，中途又无湖泊可以蓄积，遂形成巨大的洪水量，在多雨季节易酿成洪水，泛滥成灾。例如，浊水溪的洪水量就达 22 000m³/s，其单位面积内可能产生的洪水量远超过世界各大河流。但是，受降雨季节分配不均的影响，枯水季节雨量稀少，大多数河流呈现为涓涓细流或完全干涸，故台湾的河川除淡水河及其支流基隆河平时水量较丰而称作"河"外，其余皆被称作"溪"。

东西部的河流特征差异明显。以中央山脉为分界，发源于中央山脉东麓的河流，因有海岸山脉阻挡，多由台东纵谷向南北两端注入太平洋，不利于河流的发育，故其河流数量、流域面积、河流长度等方面都相对较小，东部较大的溪流皆发源于中央山脉之东，河床比降特大，各主要河川水流顺坡下泄，大小不等的急湍、瀑布、河阶、冲积扇等地形随处可见。中央山脉西部河流的数量、流域面积、河流长度等均超过东部河流，河流流程普遍较长，超过 50km 以上的河流就有 14 条，其中有 6 条长度超过 100km。

表 14.5　台湾河流一览表（林孟龙等，2002）

河流	发源地	流域面积/km²	主流长度/km	坡降	河流地形特色
兰阳溪	南湖北山	979	73	1/21	河口湿地、冲积扇、埋积谷
淡水河	品田山	2726	159	1/25	红树林河口湿地、河流阶地、曲流
头前溪	霞喀罗大山	566	63	1/28	红树林河口湿地
中港溪	苗栗县乐山	445	54	1/21	河口湿地、沙丘地形
后龙溪	苗栗县乐山	536	58	1/22	河口湿地、背斜构造
大安溪	苗栗县大霸尖山	758	96	1/29	峡谷、火炎山
大甲溪	台中县南湖大山	1236	124	1/39	峡谷、河流阶地、水库
乌溪	南投县合欢山	2026	119	1/45	火炎山、河流阶地、盆地、河口湿地
浊水溪	南投县合欢山	3155	186	1/55	冲积扇、水库、河口湿地
北港溪	云林县樟湖山	645	82	1/159	河口湿地、冲积平原、沙洲
朴子溪	嘉义县四天王山	400	76	1/53	河口湿地、冲积平原、沙洲
八掌溪	嘉义县奋起溪	475	81	1/42	河口湿地、冲积平原、沙洲
急水溪	台南县大栋山	378	65	1/118	河口湿地、冲积平原、沙洲

河流	发源地	流域面积/km²	主流长度/km	坡降	河流地形特色
会文溪	嘉义县东水山	1176	138	1/57	河口湿地、冲积平原、沙洲、泄湖
二仁溪	台南县山猪湖	350	65	1/142	曲流、劣地、牛轭湖、环流丘
高屏溪	高雄县玉山	3256	71	1/43	火炎山、环流丘、河流阶地
东港溪	屏东县日汤真山	472	42		河口湿地、平原
卑南溪	台东县关山	1603	84	1/23	河口冲积三角洲、冲积扇
秀姑峦溪	花莲县崙天山	1790	81	1/34	曲流、环流丘、峡谷、河流阶地

台湾最大的天然湖泊是位于南投县境内的日月潭,是由玉山和阿里山之间的断裂盆地积水而成。另外,在中央山脉和雪山山脉的山脊两侧还有十多个高山湖泊,其中面积最大的是亡彩湖,湖面海拔2 900m,面积约2hm²,水深10m。台湾海拔最高的高山湖泊是翠池,位于雪山主峰的西侧,是由冰川作用产生,湖面海拔高约3 520m,面积约100 ~ 130m²,深约3 ~ 10m,是大甲溪支流的源头,被称为是东南亚地区最高的水池。其他高山湖泊,面积不大,约数百平方米至1hm²不等,均位于海拔2 000m以上的高山中。

5. 灾种多样、发生频繁且灾情十分严重

台湾位处太平洋板块与欧亚大陆板块的交汇地带,地壳活动剧烈,地震频繁,又因属幼年期不稳定地质条件而易发生滑坡、崩塌、泥石流等灾害,且频繁的台风所带来的强风和暴雨又往往引发风灾、水灾等,故本区几乎每年都受台风、暴雨及地震等自然灾害不同程度的影响。据统计,1958 ~ 2001年44年间,共发生自然灾害218次,其中台风153次、水灾41次、地震18次、其他自然灾害6次。自然灾害造成的人员伤亡合计31 545人(死亡5 973人,失踪1 588人,受伤23 984人),其中地震伤亡15 086人,台风伤亡13 881人;房屋倒塌(含全倒或半倒)541 936间,其中台风造成倒塌341 133间,地震造成倒塌149 524间,平均每年发生4.95次自然灾害,平均每发生一次自然灾害,就造成145名人员伤亡、倒塌房屋2 479间,灾情十分严重(林俊全,2004)。

特别是由于台湾位于西太平洋的台风路径所经之处,台风虽然带来了丰沛的雨量,可以缓解部分旱象,但也往往造成灾害。根据对1897 ~ 2003年107年的统计,一共有375次台风侵袭台湾,平均每年有3 ~ 4次,最多曾达到一年有9次台风侵袭(2001年)的纪录,而也有二年无台风侵袭(1941年及1964年)的情况。其中,共有177次台风在台湾登陆,登陆次数以台湾东岸宜兰、花莲一带为最多。台风的侵袭,以及地形抬升作用的影响,常造成罕见的暴雨,许多降雨的数量非常接近于世界纪录,这些降雨往往带来严重的洪水灾害等,时常造成严重的损失。

特别是台湾位处环太平洋地震带,断层多,地壳很不稳定,地震发生的频率高、强度大。根据文献记载和仪器观测记录的统计资料,台湾西部地区从1604年至2002年的近400年中,共发生过36次规模7.0级以上的大地震。自1901年至今,共发生了93次灾害性地震,几乎1 ~ 2年一次。1935年新竹至台中的地震,震中在新竹关刀山附近,地震规模为7.1级,但震源深度只有5km,属破坏性大的浅层地震,造成新竹至台

中一带 3 276 人罹难、近 2 万栋房屋倒塌，为台湾第一大灾害性地震。1999 年的 "九二一" 大地震，是由车笼埔断层活动引起的地震，车笼埔断层地震中垂直上升最大值达 9.8m、水平位移最大约有 8.5m，地震规模为 7.3 级，震源深度只有 8km，震中位于日月潭西南方 12.5km，即在人口稠密的集镇附近，且除了主震外还发生了 500 多起大小余震，甚至出现规模 6.8 级的强烈余震，本次地震共死亡 2 413 人、受伤 11 305 人、失踪 29 人，房屋全倒 51 711 户、半倒 53 768 户，经济损失超过 3 500 亿新台币，被称为台湾 20 世纪的最大浩劫。

（二）区内差异与亚区划分

在台湾中北部，就其地质特征而言，可以区分出包括大屯火山群的北部火成岩区、中央山脉东翼、包括雪山山脉的中央山脉西翼、海岸山脉、海岸山脉与中央山脉间的花东纵谷、西部山麓与滨海平原区等几个地质区域（吴文雄等，2005）。

地形是台湾中北部区域特征及其分异的主导因素，即自然地理环境特征深受地形条件的制约。在地形的主导作用下，区内中部山区和西部平原区的自然地理特征迥异，但在山地和平原区的过渡地带又是大片丘陵区，在山地区东侧又出现了台东纵谷。由此，台湾中北部区划分出西部沿海平原、西部平原和山地间丘陵、中央山地、台东纵谷和海岸山脉 5 个地形区域（曾昭璇，1993）。

综合分析本区的区域差异，结合比较传统的台湾地理分区方法（陈正祥，1993），可将台湾中北部区划分为特征明显的中部山地亚区、北部丘陵盆地亚区、西部平原亚区、台东纵谷亚区和海岸山脉亚区 5 个亚区。

1. 中部山地亚区

本亚区是面积最大的一个区域，也是台湾山脉的集中分布区域，所有山岭近于南北走向，地势高而坡度陡，年降水量在 2 000mm 以上，且海拔愈高降雨愈多，部分山坡的年均降水量可达 5 000mm，但气温明显较四周平地低。区内植被以森林为主，下部主要是所占面积较广的阔叶树，中部是针阔叶混交林，上部主要是针叶林，土壤亦随之分别为山地灰化红壤、山地黄壤、山地棕壤和漂灰土等。由于受地势和气候的限制，加之土壤侵蚀的影响，本亚区耕地很少，人工植被多为栽培茶树和果树。

2. 北部丘陵盆地亚区

本亚区是最北的一个区域，地形多属丘陵，除最北的大屯火山群外，海拔不足 500m，包括宜兰三角洲平原、基隆丘陵、大屯山、台北盆地、林口台地、桃园冲积扇、新竹平原台地和苗栗丘陵等。其中，新竹平原台地、林口台地等以红土台地旱作为主、经济作物为辅；台北盆地和基隆丘陵是以平原灌溉水田为主的区域。

3. 西部平原亚区

本亚区是大安溪口以南的平原区域，由于接近中部山地亚区，东部以丘陵为主，包括大甲平原、台中盆地、大肚山台地、八卦丘陵、浊水溪平原、嘉义平原、集集竹崎丘陵等。区内地势相对较为平坦，气候条件适宜，故耕作指数较高，基本上以台地中谷地平原、台地旱作与经济作物、平原灌溉水田、平原区城市、海岸水田平原等景观为主，是台湾的主要农业地区，都市也甚为发达。

4. 台东纵谷亚区

台东纵谷是指花莲与台东之间的纵谷地带，其西侧为中央山脉，东侧是海岸山脉，二者之间为一狭窄平原，其海拔高度在 500m 以下，全长约 183km，平均宽度约 8.5km，最大宽度为 12.5km，但最窄处仅有 4.5km。台东纵谷内的河川数量较多，但皆短而湍急，主要有花莲溪、秀姑峦溪和卑南溪三个水系。这三个水系冲积形成的冲积扇就成为本亚区的区域差异。台东纵谷虽然称为谷地，但平原不多，洪积扇、台地相对较多，故景观上以红土台地旱作、台地经济作物、平原旱作以及平原灌溉水田为主。

5. 海岸山脉亚区

本亚区因位于台湾东部海岸，包括海岸山脉和海岸台地平原两个部分。其中海岸山脉部分是垂直森林土壤带，主要呈现为中山针叶林灰棕壤、中山混交林棕壤、低山阔叶林黄壤景观类型；海岸台地平原部分则属平原台地水稻两造区，主要以台地旱作和台地中谷地平原景观等为主。

二、闽粤桂山丘平原常绿阔叶林耕种植被区（ⅥA2）

（一）自然地理特征

本区包括两广中南部和福建东南沿海，北依戴云山、南岭和贵州高原，南接南海和雷州半岛，西邻南亚热带的滇中南区，东南部濒临台湾海峡，呈东西向带状分布，面积约 30 万 km^2。

1. 以切割破碎的山地丘陵为主，多种地貌类型呈斑块状交错分布

本区大地构造主要属华南台块的滇桂台向斜和华夏台背斜的南段。除桂西以北西向构造体系为主外，其余大部分地区均属北东向和北北东向的华夏和新华夏构造体系。在中生代以前海相为主的沉积和褶皱、断裂基础上，中生代逐步退出海侵环境。燕山运动强烈的断裂与地壳差异升降、火山喷发和岩浆侵入，奠定了本区地貌的基本框架。燕山运动之后，本区地表在古近纪的相对稳定中遭受侵蚀剥蚀，地势趋于和缓。新近纪以来，在原先断裂构造带控制的高地和低地框架的基础上，地壳产生继承性、差异性和间歇性升降运动。上升的地块在高温多雨的气候条件下侵蚀切割成以破碎的低山丘陵为主的地貌。据资料统计（《广东地貌区划》[①]、郑达贤和汤小华（2007）、莫大同（1994）等），本区丘陵山地约占 62%，其中山地约占 26%，丘陵占 36% 左右；盆谷平地和河口与滨海平原约占 25%，还有 13% 左右的台地和阶地。由于构造上升幅度中等，

[①] 中国科学院华南热带生物资源考察队和广州地理研究所，《广东地貌区划》，1962，92~349。

构造线密集交叉，雨量充沛，地面河谷水系密布，河流把地面切割得相当破碎，使本区既无连绵雄浑的高大山脉，也无广袤的平原，而是山地、丘陵和河谷平地呈斑块状依水系格局而交错镶嵌。

本区山地一般不高，除个别山峰海拔在 1 500～1 800m 之间、少数山峰在 1 000～1 500m 外，大部分山地海拔在 1 000m 以下。中山比例约占 12%，低山约占 14%。除桂西山地属云贵高原的东南坡面、主要呈西北—南东走向外，其余山地均属五岭和戴云山脉向南延伸的余脉，呈北东—南西走向。主要山地自西而东有西大明山、大明山、四方山、十万大山、罗阳山、六万大山、大容山、云开大山、云雾山、天露山、九连山、罗浮山、莲花山、博平岭和戴云山。山地多为小起伏和中起伏的构造侵蚀山地，山体主要由花岗岩、砂页岩、砂砾岩和石灰岩构成，部分由变质岩和火山岩构成。花岗岩山地主要分布在桂东南至闽东南的广大区域内，多为断块山。一般山体较为庞大，山势雄浑，山顶浑圆，山脊不甚明显，但切割较深，山坡陡峭；砂页岩砂砾岩山地主要分布在粤西桂东南区域，部分分布在桂中桂西南和粤东，多为折皱断裂中低山，山的走向多与构造方向一致，山顶由坚硬的砂岩或石英岩组成，硬砂岩构成山体的骨干，坡面往往与层面一致，山坡多不对称或成单边山，山势峭峻，山稜尖锐，硬岩侵蚀崩塌面多成悬崖；变质岩山地主要分布在粤西桂东南地区，山稜一般较为圆缓，谷地也较开朗，但仍呈 V 形，部分峡谷区成陡峭坡面；火山岩山地主要分布在粤东闽东南地区，多由中生代的流纹岩、石英斑岩组成，由于岩石坚硬、结构紧密且断裂节理密集，故多呈现金字塔形尖锐山峰和深谷，山坡陡峻，山脊多呈锯齿状；碳酸盐岩山地集中分布在桂西和桂中，在长期湿热条件下，发育为热带喀斯特地貌。山地以峰丛石山和峰林石山为主，个别为孤峰山。峰丛山体多为条带状，基部较大，分离不明显，山顶多呈簇状密集的石峰，峰顶齐平，上坡陡峭，下坡有较多塌积物，山间多为溶蚀洼地和槽谷，并发育各种溶洞、溶斗、地下河、小喀斯特湖和出水洞；峰林石山基部已经分离，呈多个突起的石山，山上石芽、石沟发育，并有多层溶洞和地下河、地下湖。由于第四纪以来多次间歇上升，本区山地上残留有多级夷平面，大致有 250～350m，400～450m，600～800m 和 1 000～1 200m 四级。因各地构造上升幅度不同，同一级的高度各地有所差异，但总体上呈自北向南倾斜的趋势。

丘陵广泛分布，类型多样。高丘比例略大于低丘，二者分别占 20% 和 16% 左右。砂页岩砂砾岩丘陵和花岗岩丘陵面积最大，分别占丘陵总面积的 42% 和 34% 左右，其次为石灰岩丘陵、变质岩丘陵和火山岩丘陵，分别占 10%、8% 和 6% 左右。砂页岩丘陵主要分布在桂西至粤东的广大区域内，一般沿褶皱走向呈垄状展布，为明显的平行岭谷状态，有岩脉侵入穿插其中时常成顶部陡崖；红色砂砾岩丘陵主要分布于中生代构造断陷盆地中，如梅县、兴宁、东莞、广州、三水、罗定、南宁、百色等地，以低丘为主，有的发育成丹霞地貌；花岗岩丘陵主要分布在粤西、桂东南、粤中、粤东和闽东南地区，多呈馒头状成片分布，排列混乱，风化壳深厚，丘顶丘脊圆缓，坡度较小，沿海半岛岛屿区域的花岗岩丘陵多呈石蛋丘陵地貌；石灰岩丘陵主要分布在桂西和桂中区域，多为分散的孤峰、残峰、溶丘、石芽，石灰岩与其他岩石交互沉积区域多为喀斯特化缓坡丘陵，以半土半石山丘为特征；变质岩丘陵主要分布在粤西桂东南，其中片岩片麻岩组成的丘陵风化深厚，山势和缓，谷地开阔，石英岩、板岩组成的丘陵则有明显的山脊，坡度较大；火山岩丘陵分布于粤东闽东南，多有深厚风化壳，丘体浑圆，坡度较和缓。

平原多而分散，沿河谷并与山丘相间成串珠状分布，或形成于河口三角洲及海湾周围。其中连片较大的平原有珠江三角洲平原（面积 13 000km² 多）、郁浔平原和漳州平原（面积均在 1 000km² 左右）。其余平原均属几十至几百平方千米的小平原。平原类型较多，主要有河谷冲积平原、三角洲平原、海积和海积 – 冲积平原、洪积坡积平原、喀斯特溶蚀平原和溶蚀洼地，滨海有少量风积平原。绝大部分平原海拔在 200m 以下。大部分冲积平原分布在珠江干流及其支流的河谷中，其次分布在韩江、榕江、九龙江、晋江和木兰溪中下游；珠江、韩江、九龙江等河流的河口及各大海湾周围发育有大小不等的海积平原；广西中西部分布大量的碳酸盐岩溶蚀平原和溶蚀洼地。在部分山地夷平面上残留有少部分面积不大的盆谷平地。

台地的广泛分布是本区地貌的显著特征。本区台地多有厚层 $Q_1 \sim Q_3$ 红土，海拔大多在 200m 以下，比高各地不一，其中 15～20m 和 40～50m 两级最明显。台地表面微受切割，起伏和缓，多与低丘、平原交错分布。主要类型有滨海台地，系由海积平原、海蚀平台因地壳上升或基面下降而成的海岸阶地，一般海拔 10～60m 左右，上面有几米至 10 多米厚的红色风化壳，多分布在粤东闽东南沿海地区；侵蚀阶地和高平原，主要分布在河谷盆地中，系由年代较老的剥蚀或堆积平原因地方侵蚀基面下降而残留下来，台面多受切割，基底为岩石或砂砾土层，上面为数米厚的红土，其中有许多中生代构造盆地，如河源、兴宁、梅县、广州、云水、清远、怀集、开建、罗定、高要、白沙、钦江等地，分布有红色岩系台地；在桂中和桂西广泛分布有碳酸盐岩溶蚀台地和喀斯特化台地，多与喀斯特残丘和溶蚀平原交错分布；在合浦、北海以东，铁山港以西分布有大面积的洪积台地。

2. 漫长曲折的沉降山地型海岸线，海湾、岛屿众多

本区海岸线为中国大陆岸线的南段，从福建闽江口至广西北仑河口，除广东西南段闸坡湾以西至广西铁山湾之间属热带区域外，其余均属本区岸线范围。海岸线呈弧形向东南突出，弧线长近 1 200km，而实际大陆岸线长近 6 000km，曲折率 5.0 左右，是我国最曲折的岸段之一。海岸线总体表现为沉降山地海岸。在多字型构造支配下，半岛、岛屿和沿岸山丘的走向或与海岸走向垂直，或与之平行，使海岸线或具纵海岸特征，或具横海岸特征。在一个个向海延伸的半岛之间形成众多深入内陆的海湾。大大小小的海湾有数百个，其中著名的海湾有福清湾、兴化湾、湄洲湾、泉州湾、围头湾、同安湾、九龙江口 – 厦门湾、浮头湾、东山湾、诏安湾、柘林湾、汕头湾、海门湾、神泉湾、碣石湾、红海湾、大亚湾、大鹏湾、深圳湾、珠江口、磨刀门、黄茅海、广海湾、镇海湾、北津湾、闸坡湾、铁山湾、北海湾、钦州湾、防城湾和珍珠湾等。许多海湾港阔水深，有山丘的环绕和岛屿的拱护，大型海轮停泊和避风条件都很好。

本区岸线虽然总体表现上属沉降型海岸，但第四纪冰期之后，地壳相对于海面的变动仍有间歇性的振荡上升，只是上升幅度还未能抵消原来较大幅度的相对沉降形成的沉降海岸特征。因而，普遍存在多级具海蚀痕迹的阶地和台地。由于强烈的季风、台风长期的风浪侵蚀作用，本区侵蚀海岸和堆积海岸都很发育，形成蚀积性海湾海岸。

同时，一些较大河口区域受大陆河流的影响，散流暴流作用和河口堆积作用强烈，使海岸变化急剧。此外，受南亚热带气候和南海热带海洋的影响，滨海湿地中海洋生物生长条件优越，使本区发育了不同于温带及中亚热带海岸的红树林海岸。总体而言，本区海岸以构造侵蚀海岸为主，其中海积－海蚀的岸线有砂砾沉积的基岩港湾海岸和多岛屿海岸，主要分布在闽江口至东山湾和珠江口至闸坡湾岸段；海蚀－海积的岸线有砂砾质堆积的台地平直海岸，主要分布在韩江口至陆丰碣石湾及广西北部湾沿岸岸段；海蚀为主的基岩港湾海岸，主要分布在汕尾红海湾至珠江口的深圳湾岸段；在珠江口和韩江口主要是河流冲积的淤泥粉砂质三角洲型冲积淤涨海岸；在许多淤泥质海湾内发育有红树林海岸（孙鸿烈，1999）。作为沉降山地型海岸，沿海岸线分布有大量的岛屿。估计本区海岸线沿岸分布有 5 000 个以上的岛屿，其中高潮面以上，面积≥500m² 的岛屿近 2 100 个，>50km² 的较大岛屿有海坛、金门、厦门、东山、南澳、达壕、香港、大屿山、横琴、三灶、上川、下川、海陵等岛。众多的海湾、深水航道、深水岸线和良好的避风环境，为本区的大型港口的建设、海洋产业的发展和对外交流提供了十分优越的条件。

3. 暖热湿润，长夏无冬和多台风暴雨的南亚热带海洋性季风气候

本区夏季处于西太平洋副热带高压、亚洲大陆低压和北移的热带辐合带三大环流的交替影响，冬季处于强大的西伯利亚－蒙古高压南沿和东亚大槽底部西翼的两大环流交互进退地带，从而形成了夏季西南季风与东南季风和冬季东北季风的交替，在冬末春初往往因南北冷暖气团的相持而形成华南准静止锋，导致较长时间的低温阴雨天气。这种环流和风场形势决定了本区暖热湿润且多变的海洋性季风气候特征。在环流基础上，横亘于北边的南岭和武夷山脉对冷暖气团和地面天气系统的移动起着一定的屏障阻滞和干扰调节作用，从而加强了本区的湿热特征。而北东—南西走向的山脉和南岭中几个隘口以及区内山丘平原交错分布格局和地面海拔高低等多种因素，则构成了区内水热条件的地方性分异。故本区基带气候以湿润南亚热带海洋性季风气候为主，局部区域有潮湿南亚热带气候和半湿润南亚热带气候，而山地中上部则形成湿润或潮湿的中亚热带型山地气候岛。

本区各气候要素的主要特征（鹿世瑾，1990；曾昭璇、黄伟峰，2001；曾从盛，2005；中国科学院《中国自然地理》编纂委员会，1985 如下：本区气候基带丘陵、台地、平原和山地下部区域的年平均气温 20～23℃，7 月平均气温 28℃左右，夏季长达 6～7 个月，极端最高气温 40℃左右；最冷月均温 10～15℃，1 月平均最低气温 8～12℃，极端最低气温大部分地区在 −4～2℃之间，正常年份无霜或少霜冻。以候均温 <10℃为冬季标准，本区北部有 1～2 候的冬季，中南部则完全无冬，因而是一个长夏无冬或基本无冬的地区。但由于南岭山脉相对低矮破碎，并有一些隘口（如赣粤间的梅岭隘道、湘粤间的新岭隘道和湘桂间的兴安隘道等），使冬季强寒潮可以长驱直入，因而每年寒露至清明间仍常受北方冷空气侵袭，气温骤降，产生寒害。北部和西部极端低温可达 −4～0℃，出现静水结冰，偶然下雪，表现出气候上的过渡特征。

本区日平均气温≥10℃期间积温 6 500～8 000℃，日平均气温≥10℃的日数大多在 300～350 天之间，广东沿海和广西百色盆地则在 350 天以上，是我国热量条件最好的

地区之一。因而,一些非典型的热带性果树和多年生热带作物(龙眼、荔枝、香蕉、菠萝、芒果、番石榴、杨桃、木瓜、剑麻、肉桂等)在本区可以安全越冬和开花结果,在南部一些朝南开口的马蹄形小地形区甚至典型的热带作物橡胶也可以生长。

来自西南印度洋和南海的暖湿气流提供了大量的水汽,本区降水丰富。各地年均降水量大多在1 400~1 800mm之间,局部向风坡,如福建戴云山、博平岭、粤东莲花山、北江中下游山地,粤西云雾山和广西十万大山等山地的东南坡及珠江口的两翼一带,年降水量可达2 000mm以上。其中陆丰的公平和北仑河口的东兴,年降水量分别达2 951mm和2 823mm,为最高的降水量区。而福建平潭至东山的沿海半岛岛屿区和桂西的左右江河谷年降水量则在1 200mm以下,为本区降水量最少的区域。降水量季节差异明显,干湿季分明。夏半年(4~9月)降水量约占70%~85%,冬半年(10~次年3月)只占15%~30%。降水多属双峰型。雨季按成因可分两期:以锋面雨为主的前汛期(4~6月份),占全年雨量的40%~45%,主峰在5~6月份;以台风雨为主的后汛期(7~9月份),降水量占35%~40%,主峰在8月份,7月份则为两峰之间的低谷,时而出现伏旱。降水变率相对较小,大多只有12%~14%,沿海部分地区在15%~20%之间。但本区大雨、暴雨的强度和频率较大,在全年120~170天的雨日中,日降水量≥25mm的大雨日数约占9.5%~17.8%,其中日降水量≥50mm的暴雨日数约占2.3%~8.3%,东兴的年暴雨达14.6d。日最大降水量大多在200mm以下,但一些地方则在500mm以上,如最大24小时雨量,陆丰的石门达884mm(1977.05.30),台山镇海851mm(1955.07.12),福清高山738mm(1974.06.21),东兴老虎滩738mm(1960.07.21)。故本区是我国洪涝灾害频繁多发的地区之一。但秋季和早春则往往由于降水量少和作物需水量大而发生秋旱和春旱。

本区大部分地区干燥度在0.5~1.0之间,但上述降水量>2 000mm的区域及中山中、上部降水量>1 800mm的区域干燥度大多<0.5,且全年或绝大部分月份干燥度<1.0,属潮湿区域,而闽东南沿海和桂西年降水量<1 200mm的地区干燥度在1.0~1.5之间,属半湿润区。这些区域干旱灾害较为频繁。

本区是我国热带气旋(热带低压、热带风暴、强热带风暴和台风)登陆最频繁和影响最大的地区之一。1949~1985年登陆本区的热带气旋217次,年均5.9次,占登陆我国的热带气旋的48%。其中热带风暴、强热带风暴和台风193次,年均5.2次。影响本区的热带气旋年均12.5次,其中影响最多的是广东,影响次数426次,年均11.5次,最少的是广西,仅284次,年均7.7次。登陆时间5~12月份,但集中分布在7~9月份,占登陆总次数的79%。各年影响本区的热带气旋次数变化很大,最多年有19次,最少年仅7次。热带气旋的强度和多寡对本区各年天气状况、特别是夏秋天气状况影响很大,太多则涝,太少则旱,数量适中则能为夏秋提供足够适量的雨水,对植物生长具重要意义。但强热带风暴和台风登陆往往以其狂风暴雨和巨浪暴潮给沿海地区带来严重的破坏。

4. 河流密度较大,河川径流丰富

本区主要河流有珠江、韩江、九龙江,其余均为短小溪流。珠江发源于云南霑益马雄山,流域面积453 690km²。其中、下游均在本区,在本区面积有近22万km²,约

占本区面积的 70%。韩江和九龙江为粤东和闽东南主要河流，流域在本区的面积分别约为 1.9 万 km² 和 1.0 万 km²。由于降水丰富、山地丘陵切割破碎，因而河网密度较大，大部分地区在 0.7~1.0km/km² 之间（孙鸿烈，1999），是我国河网密度较大地区之一。其中珠江三角洲、潮汕平原、郁浔平原和左右江河谷平原在 1.0~2.0km/km² 之间，但桂西喀斯特区域由于石灰岩裂隙渗水和溶洞、地下河的排水，水系密度较小，只有 0.3~0.5km/km²。本区径流丰富，径流系数多在 0.5~0.7 之间。局部年降水量在 2 000mm 以上的地区径流系数达 0.7~0.8，而西江中游谷地和左右江谷地则在 0.4 以下。大部分地区径流深在 600~1 400mm 之间，水资源相当丰富。特别是珠江，不但输送区内近 22 万 km² 各支流的径流，而且还接受区外 20 万 km² 余区域的汇水，年径流总量达 3 260 亿 m³。粤东山地、北江中游山地、粤西南云开大山区域和桂东南十万大山区域径流深在 1 400mm 以上，其中十万大山东坡达 2 000~2 500mm，是本区径流深度最大的地区，而桂西左右江之间山地丘陵区域径流深度则在 400mm 以下，是本区单位面积水资源量最少的区域。

5. 湿润铁铝土、湿润富铁土和水耕人为土为主的土壤组合

本区土壤具有明显的过渡特征。表现为热带代表性土壤湿润铁铝土和亚热带代表性土壤湿润富铁土的交叉镶嵌分布。土壤的成土母质主要是花岗岩等结晶岩和砂页岩的残积红色风化壳及其搬运再堆积物。红色风化壳是岩石在热带、亚热带湿润环境中经长期脱硅富铝化风化过程、原生矿物彻底地分解和淋溶而形成的。在矿物的分解淋溶过程中，碱金属、碱土金属（K、Na、Ca、Mg 等）遭到快速强烈的淋溶，Fe、Al 等金属元素氧化成难溶的氧化物和氢氧化物以无定形或稳晶形的次生矿物形态残留下来，大部分 SiO_2 也遭淋溶，部分与残留的 Fe、Al 氧化物、氢氧化物相结合，形成湿热环境中的次生黏土矿物，主要代表为高岭土。风化壳的厚度和风化程度取决于岩性、新构造运动性质、局域水热条件、剥蚀作用、植被状况和风化壳发育历史等许多因素。各地风化壳厚度不同，从 1m 至数十米不等。最大厚度可达 100m 左右，如陆丰大安圩钻进 80m 未到基岩。花岗岩等结晶岩台地缓坡上发育的红色风化壳通常比较深厚完整，剖面一般可分三层：红土层、网纹层和构造残积层。红土层为高度风化的土层，以紫红、红黄或棕红色的亚砂土、亚黏土为主，厚几十厘米至数米；网纹层厚可达数米，由形状不规则的斑纹和条纹组成。斑纹如豹斑，大小 1cm 至数厘米不等，被条纹所包围，边缘有颜色较深的晕圈。条纹一般宽数毫米至 1cm 左右，紫红色或褐色，呈条带状或根须状。条纹相接而成网纹。沿剖面向上网纹逐渐密集，向下逐渐疏散而尖灭于构造残积层中。在风化程度深且剖面保持较好的地方，网纹层上部常见有铁质结核层；构造残积层厚度可达数十米，黄至黄白色，为未完全风化层，保持着原岩石的结构、构造，但疏松易碎。玄武岩上发育的风化壳在同等条件、同等发育时间下，通常比花岗岩风化壳风化强度更深，但缺网纹层，而代之以球状风化层。沉积岩属经过风化作用在近地表环境下重新沉积成岩的岩石，因而较岩浆岩有较强的抗风化能力，通常形成碎屑堆积，只在条件特别有利的情况下才发育和保存较完善的红色风化壳，但一般发育不良、厚度较小。由于处在长期的湿热环境，本区第四纪未胶结的沉积堆积物，除全新世晚期的地层外，均发育不同程度的红色风化层，又由于风化作用时间较短，

因而富铝化程度也相对弱一些（黄镇国、张伟强等，1996；中国科学院南海海洋研究所，1976[①]）。在岩石风化富铝化形成的红色风化壳向深部不断发展的同时，风化壳上层也在植被的作用下进行成土过程，逐步形成与热带－亚热带过渡生物气候条件相适应的特征土层——铁铝层或低活性富铁层及特定的诊断特性：铁质特性、富铝特性和铝质特性等。深度风化过程中形成的聚铁网纹层虽然不具泛土层的土壤性质，但由于固有的高铁铝低硅特性，更利于土壤铁质特性、铝质特性的发育和铁铝层、低活性富铁层的形成。由于区域内部不同地域岩石基础及其所发育的红色风化壳不同，以及不同的水热条件、植被覆盖层和土壤发育历史，因此本区形成了铁铝土和富铁土的交错分布，但铁铝土的比例要比热带区域小得多，似乎可以看成是铁铝土分布区的北部边缘，体现了从热带性土壤到亚热带性土壤的过渡性（图14.3）。在红色风化壳深度风化，高温湿润和南亚热带雨林长期稳定发育的地方，形成了相当于热带区域代表性的土壤铁铝土。如广东鼎湖山发育于花岗岩低丘红色风化壳上的简育常湿铁铝土，土壤的风化母质层厚度在5m以上，土层深厚，Ap层0～15cm，AB层15～30cm，B层30～95cm，BC层95～200cm。土壤干态橙色、橙黄色（A层7.5YR7/6～7，B层5YR7/7），湿态橙色（A层7.5YR6/8，B层5YR6/8）。质地为黏土和黏壤土，100cm以上黏粒含量400～500g/kg，细粉/黏粒比0.15～0.28；100cm以下黏粒含量为270～400g/kg，细粉/黏粒比0.44～1.05。土壤高度风化淋溶，B层细土三酸消化全量中，K、Na、Ca、Mg氧化物仅占7‰～8‰，其中K_2O含量仅4‰～5‰，表明已极少有未风化原生矿物。黏粒活性很低，0～120cm土层表观阳离子交换量（CEC_7）仅9.7～13.1cmol（＋）/kg黏粒，表观实际阳离子交换量（ECEC）5.8～9.9cmol（＋）/kg黏粒，盐基高度不饱和，饱和度仅14.4%～17.8%，pH4～5，而交换性阳离子中Al占优势，铝饱和度高达68.7%～80.0%。Fe、Al、Ti等元素高度富集。B层细土三酸消化的全量中Fe、Al、Ti氧化物含量达55%～57%，SiO_2/Al_2O_3值为1.69～1.91，游离铁比例很高，Fe_d/Fe_t值达70.8%～79.3%。

但在本区许多山丘坡地和部分台地上，由于岩石和局部水热环境的关系，特别是坡面侵蚀和再堆积作用，致使许多土壤赖以发育的母质还未达到高度风化和彻底淋溶阶段，或者土壤发育因时间关系只达到中度富铝化程度，因而只形成在中亚热带广泛分布的富铁土。如广东从化横楼花岗岩丘陵坡地轻度片蚀的残积坡积常绿针阔混交林下发育的腐殖－黏化强育湿润富铁土，A层0～25cm，AB层25～38cm，B层38～150cm。干态亮黄棕至橙色（A层10YR6/6，B层5～7.5YR6/5～8），润态棕、亮红棕至橙色（A层10YR4/4，B层5YR5－6/8）。土壤质地A层为黏质，黏粒含量461g/kg，B层为黏质至黏壤质，黏粒含量158～569g/kg，细粉黏粒比80cm以内为0.20～0.36，80～140cm为0.63～1.32。土体中高度风化淋溶，细土三酸消化全量中K、Na、Ca、Mg氧化物含量占20.4‰～25.9‰，其中K_2O占13.8‰～16.3‰，表明尚残存少量可风化原生矿物。表观阳离子交换量（CEC_7）为14.2～22.3cmol（＋）/kg黏粒，表观实际阳离子交换量（ECEC）为7.1～13.4cmol（＋）/kg黏粒，表明黏粒活性较低，盐基高度不饱和，A层26.0%～42.3%，而B层低至

———————————
① 中国科学院南海海洋研究所：华南沿海第四纪地质调查研究报告，1976，58～107。

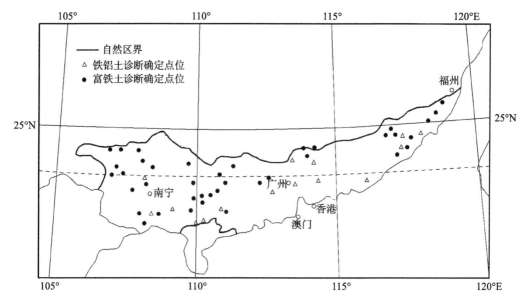

图 14.3 闽粤桂山丘平原常绿阔叶林耕种植被区铁铝土和富铁土交错分布示意图
（根据龚子同等《中国土壤系统分类》图 9 - 1 和图 15 - 1b 综合）

13.9% ~ 18.2%，PH 仅 4.5。交换性阳离子中 Al 饱和度 A 层 26.1% ~ 51.6%，而 B 层高达 60.1% ~ 70.6%。Fe、Al、Ti 等元素大量富集，B 层细土中 Al、Fe 和 Ti 的氧化物含量占 56% ~ 59%，游离铁含量达 57.0 ~ 78.2g/kg，Fe_d/Fe_t 为 79.2% ~ 92.4%，表明其具有典型的低活性富铁层。此外，细土三酸消化 SiO_2/Al_2O_3 为 1.57 ~ 1.88，表明其呈富铝特性。值得注意的是，这一剖面 A 层有机碳含量高达 24.1 ~ 26.8g/kg，B_1 层（38 ~ 60cm）8.2 ~ 9.2g/kg，腐殖质含量较高，土壤比较肥沃（龚子同、陈志诚等，1999）。说明南亚热带区域的代表性土壤在未受人类强烈干扰的条件下是可以培育并保持较高肥力状态的。现在大部分土壤有机碳含量在 10g/kg 以下，是由于人类活动强烈干扰而退化的结果。

本区铁铝土和富铁土的交错分布为土壤分布的特征，同时耕地大部分为水耕人为土。在珠江三角洲的基塘区分布有泥垫旱耕人为土，在西部石灰岩区域多分布钙质湿润锥形土，在中生代红色砂砾岩盆地则较多地分布紫色湿润锥形土。在福建沿海玄武岩分布区和广西左右江谷地降水少、四季分明的区域，分布有变性土。

6. 亚热带 - 热带过渡类型的植被，古老和特有植物种类丰富

本区处于我国亚热带最南部与热带相邻接的区域。自中生代起，就基本处于比较稳定的热带、亚热带气候环境中，第四纪冰期的冰川对本区可能没有直接的影响，使本区成为古热带区系成分和冰期南迁的温带成分的避难所，保存了大量古老植物种类，残存了许多稀有和特有植物，同时，也成为许多喜热植物的源地。冰期和间冰期的冷暖交替促使南北植物种类在本区竞争和混合，使本区成为亚热带 - 热带植物的过渡区域。因而，本区的植被虽然仍属湿润亚热带植被类型，但与典型的亚热带常绿林有所区别，也不同于热带雨林和季雨林。根据有关的研究和资料（廖文波，1995；中国科学院《中国自然地理》编纂委员会，1985；赵济，1995；曾昭璇、黄伟峰，2001；徐俊鸣，1956；林鹏、丘喜昭，1987，1990；莫大同，1994；杨加志①，2005），本区植物的过渡性、古老性和特有性有如下主要表现：

首先，从植被的区系组成上看，本区代表性群落南亚热带雨林的优势科属，特别是群落上层的主要优势科属，与中亚热带群落基本相似，如樟科、山茶科、金缕梅科、壳斗科，以及山矾科、冬青科、杜英科、梧桐科、芸香科、豆科等。但由于本区处于古热带植物区马来亚植物亚区北缘和泛北极植物区中国－日本森林植被亚区南缘的交界区域，因而热带、亚热带分布成分的比例远高于中亚热带地区。本区植被中有65%以上的属为热带、亚热带分布成分。位于25°N附近，本区北部的福建和溪南亚热带雨林的成分中泛热带分布和热带分布的成分占科、属总数的比率高达70%和80%。在广东的乡土阔叶树种中，除4个世界分布属外，热带分布、泛热带分布和中国特有分布中的热带、亚热带特有分布有200个属，占总属数的70%左右。在群落上层，混生有不少桃金娘科和大戟科、桑科、栋科、木兰科的热带种属，乔木层的中下亚层具有更多的热带成分，如茜草科、紫金牛科、棕榈科等以及古老的木本树蕨。而一些在中亚热带区域存在的温带常见植物，如椴树属、檫树属、栾树属、小檗属、赤杨属以及山毛榉属的某些种则基本上未能扩散到本区。本区的植物有丰富的古老种类和特有种。以广东为例，历史悠久的孑遗植物有88科，有中国特有植物40科75属128种；有72个单型属，其中绝大部分是中国特有属且是古老的木本属；乡土阔叶树中有特有种15科23属40种，这些特有种在占广东最大面积的南亚热带区域均有分布，而且不少是南亚热带雨林中的主要成分，如伞花木、华南木姜子、鼎湖钓樟、观光木、辛木、旁杞木、红车、红花荷、红皮紫陵等；有一些是南亚热带山地垂直带中上部常绿阔叶林和混交林中的重要成分。本区还残存许多源于中生代甚至更古老的蕨类植物，如松叶兰、卷柏、石松、观音座莲、原始观音座莲、阴地蕨、七指蕨、膜蕨、双扇蕨、刺桫椤、黑柄桫椤、乌毛蕨、苏铁蕨、紫萁、芒萁、假芒萁、里白、木贼、水龙骨、薄囊蕨等。

其次，从群落的结构和外貌上看，群落有较明显的分层结构，可分乔木、灌木和草本三层，乔木层一般有2~3个亚层，与中亚热带常绿阔叶林相似。但是，也具有许多热带雨林所具有而中亚热带常绿阔叶林没有的特征。如优势种不明显，林冠高低错落，有板根、支柱根、老茎生花等现象；层间植物发达，有繁多的附生植物和多种绞杀植物，有许多木质藤本和棕榈科藤本植物，特别是径粗几十厘米，单径长100~200m的大型热带藤本植物，如花皮胶藤、蜜花豆藤、榼藤子、藤黄檀、扁担藤和酸叶胶藤等等；大型叶和中型叶普遍，全绿叶居多，常见滴水叶尖，如鼎湖山南亚热带雨林中型以上叶级占83%~90%，全绿叶占81.5%，六斗山南亚热带雨林大型叶占10.4%，中型叶占56.6%，全绿叶占67.9%。另外，由于冬季温度较低，植物有一段时间生长较慢，在春季回暖后，一些植物有一集中换叶期，新叶先生长展开，老叶接着凋落，嫩绿的新叶和黄褐老叶的更替使林冠颜色有一定变化，加上壳斗科等树种雄花花序的黄白色的斑点，因而表现出一定季相。但这与季雨林干季落叶的季相变化显著不同，故与热带季雨林在成因和表现上也明显不同。

① 杨加志：广东乡土阔叶树种生物地理格局研究，华南农业大学硕士学位论文，2005。

再次，在海岸带，本区是典型热带滨海湿地植被红树林分布的最北部区域，是红树植物从繁茂生长到消失的过渡区域。在本区海岸带南段粤桂滨海湿地有红树科的木榄、角果木、秋茄、红海榄、红茄冬，马鞭草科的白骨壤，紫金牛科的桐花树，使君子科的榄李，大戟科的海漆，爵床科的老鼠筋和半红树植物海芒果、黄槿、银叶树、许树、莲叶桐、卤蕨、水黄皮、苦槛蓝、草海桐等，共13科19属20种，到闽粤边界，剩下老鼠筋、桐花树、木榄、秋茄、白骨壤、黄槿、滨海木槿和苦朗树等6科7属8种，而到本区北缘闽江口，则只剩下秋茄一种。红树林的高度也从南部10m左右往北逐步矮化，至本区北缘只有1~2m，呈现明显的热带—亚热带的过渡特征。

最后，从栽培植物上看，本区是亚热带多年生作物，如茶叶、柑橘、杨梅、枇杷优越的种植区，也是多种多年生热带性作物正常年份可安全越冬和开花结果的最北地理区，如荔枝、龙眼、香蕉、凤梨、杨桃、番石榴、番木瓜、番荔枝、橄榄、蒲桃、苹婆、印度榕、桂木、木棉、蒲葵、鱼尾葵、苏铁、剑麻、香茅等。这些植物在中亚热带是基本不能生长或不能开花结果的。巴西橡胶在本区南部局部小气候环境中也能生长。但一些更喜热怕寒的热带作物，如椰子、菠萝蜜、胡椒、咖啡、可可、人心果等则不能越冬，或不能开花结果。同样的，一些温带果树，如苹果、杏等，也因冬季温度太高，花药不能分化，不能完成春化阶段，在本区不能开花结果。呈现出热带至亚热带的过渡特征。

7. 受人类活动强烈干扰改变的自然景观

由于长期人类活动的影响，本区自然景观已经发生巨大变化。首先是原先覆盖全区绝大部分地面的森林已大大缩减，而且现存的森林生态系统的组成和结构绝大部分也发生了根本的变化。有林地面积占全区面积的比例不到40%。在现有的森林生态系统中，南亚热带雨林绝大部分已经消失，其中70%以上转变为人工种植或次生的针叶林生态系统，常绿阔叶林生态系统比例不到20%；而在常绿阔叶林中，具有一定雨林特征的原生植被主要只残存在广东的肇庆鼎湖山、封开黑石顶、郁南同乐大山、龙门南昆山、河源新港、博罗罗浮山、惠东古田，福建的南靖虎伯寮，广西的上思十万大山、隆安西大明山、博白那林、龙州青龙山、平果达洪江、百色大王岭等自然保护区中，总面积不到4 000km²，而石灰岩常绿和半常绿季雨林则主要残存于桂西南的隆安龙虎山、宁明陇瑞、龙州春秀、大新下雷和弄梅等自然保护区中，总面积不到1 000km²，二者合计面积不到5 000km²，还不到全区总面积的2%。其他常绿阔叶林基本上属于砍伐破坏后次生的或人工抚育恢复的常绿阔叶林或针阔叶混交林，基本处于演替的早期阶段，以阳生树种为主，组成成分和群落结构都较单一，在群落结构、外貌以及种群数量特征等方面与中亚热带常绿阔叶林已没有多大区别（曾昭璇、黄伟峰，2001；莫大同，1994；赵昭昞，2001）。本区大部分的森林是以马尾松为主的阳生性针叶林，少部分杉木林和针阔叶混交林。在这些森林中，除了灌木层和草本层的组成成分以热带区系的桃金娘、野牡丹、芒萁等为主，而与中亚热带的以檵木、杜鹃、芒等为主的灌木层、草本层相区别外，在建群种和群落特征上已经和中亚热带植被没有多少区别。至于本区广泛分布的灌草丛生态系统，除了西部石灰岩地区石山上的一些灌草丛外，都是原来的森林生态系统经多次严重干扰破坏后演替形成的，与本区生物气候条件相适应的南亚热带雨林生态系统有根本的区别。

其次，在土地利用上，由人类干预控制和半控制的生态系统已占本区大部分土地。其中转化为不透水硬质地面的城镇、工矿、乡村居民点和交通用地等的土地占全区土地面积的5%以上；完全由人工控制的农田、茶果园和水产养殖场占土地总面积的20%以上；大部分的林地则是以木材和经济林产品生产为目的人为半控制的生态系统；大量的滨海湿地已被改造为水产养殖场，或被围垦为农田或建设用地。天然湿地已大大缩小，红树林大部分被毁灭，仅残存极小部分。

再次，随着森林生态系统的破坏、变更和地表植被覆盖的降低，本区多丘陵山地和多台风暴雨因素在土壤侵蚀中的作用被不断地释放出来，流水侵蚀地貌过程不断地加剧，使本区山地丘陵和台地区域水力侵蚀强度大多处于中度至较强水平，侵蚀量大多在2 500~8 000t/（km^2·a）范围，为南亚热带雨林植被良好区域的5~10倍。有些地区甚至达到强度侵蚀程度，侵蚀量达8 000~15 000t/（km^2·a）（孙鸿烈，1999）。南亚热带原生的湿润森林生态系统一个重要特征，是强烈的生物小循环和生态系统中植物营养物质大多保持在植物的地上部分。而森林的破坏和长期不断的经营和砍伐，物质的自然生物小循环不断被打断，加上中－强度的土壤侵蚀作用，导致土壤表层受到相当程度的破坏，有机质含量明显下降，从未受或少受干扰影响的南亚热带雨林土壤表层有机质含量4%~6%，减少到当前大部分地区土壤表层有机质含量仅1.5%~3.0%，严重侵蚀区在1.5%以下。由于地被物的破坏、土壤结构的变化和森林植被的退化，区域水文调蓄能力明显下降，从而导致区域水文状况相应地发生一定变化，如洪水量的增加、洪峰的加剧和枯水期径流量的减少，反过来又影响生态系统的水分平衡和对植被的供水能力。因此，本区实际上已远远地偏离了南亚热带原生稳定的自然景观，取而代之为受人类活动强烈干扰而改变了的景观。

（二）区内差异及亚区划分

根据内部差异，本区可分为粤东闽东南山地丘陵亚区、珠江三角洲亚区、粤西桂东南丘陵亚区、桂中盆地亚区和桂西南石灰岩山地亚区5个亚区。

1. 粤东闽东南山地丘陵亚区

本区位于惠东－河源一线以东，是闽粤桂区的最东段，最北达26°N附近，也是我国南亚热带区域向北延伸纬度最高的地区。背山面海，地势从西北向东南倾斜。受华夏构造所控制，山地多呈北东—南西走向，山丘台地多由花岗岩构成，其次为流纹岩、石英岩等，在漳浦、惠东等地有小面积的第四纪玄武岩丘陵台地。山地和丘陵面积分别占28%和39%左右，而平原面积仅占21%左右，还有12%左右的台地。本亚区海岸线是全区最长、最曲折和岛礁最多的岸段。虽然纬度位置偏北，但由于其北部、西北部受到武夷山—南岭和戴云山的双重保护，因而冬季受寒潮的影响较弱，甚至轻于比其纬度低3°~4°的粤中地区。受局部环境的影响，降水量区内差异较大，闽粤桂中最大和最小降水量的区域均出现在本亚区，陆丰莲花山东坡降水量近3 000mm，而闽东南沿海半岛、岛屿区域的降水量最低仅1 000mm左右。本亚区也是全区受台风影响最大的地区，台风暴雨的影响比其他亚区都大。本亚区的原生植被可以博罗罗浮山和南靖虎伯寮自然保护区的植被为代表。群落均具典型的雨林特征。但在区系成分上泛热带成分比例较高，而有些印度马来亚成分和云贵高原成分只扩散到广西和粤中而未扩散到本区，如凸脉榕、大花五桠果、黄牛木、狭叶坡垒、广西青梅、见血封喉、蚬木、格木、望天树、剑叶龙血树等。在土壤方面则富铁土分布面积比例更高，铁铝土分布更少，在漳浦沿海玄武岩台地丘陵上出现有变性土。

在长时间的社会经济发展中，在自然环境的基础上，本亚区的自然和人类社会经济活动不断地交互作用，大致上顺着地势从西北至东南，形成了排列有序而又交错分布的三类自然—人文复合景观或社会经济－自然复合生态系统：山地－高丘－盆谷地人工林－茶果园－农田复合景观，低丘－台地－平原果园－农田复合景观；海岸带环海湾城镇与城郊农业、海洋产业带景观。在山地盆谷区域森林覆盖率较高，但大部分是以马尾松为主的人工林，部分为次生杂木林。植被土壤有一定垂直结构，山地海拔600m（南部）至200m（北部）以上坡地为中亚热带常绿阔叶林或针阔混交林富铁土带，植被多为马尾松、杉木和竹类人工林，或以檵木、乌饭、映山红、石斑木、五节芒、芒等为主的灌丛和灌草丛；下部坡地和盆谷周围丘陵地为南亚热带雨林带，目前多为茶园和以柑橘、龙眼、枇杷为主的果园，以及以桃金娘、小叶赤楠、山芝麻、野牡丹、黑果算盘子和芒萁为主的灌丛、灌草丛；盆谷平地多为乡镇、村落和农田景观，以双季稻－冬蔬菜种植为主。这一区域的局部位置尚残留几片天然地带性植被和土壤保持较好的区域，在生物多样性保护上有重要价值，因而已建立多处自然保护区，如虎伯寮自然保护区、牛姆林自然保护区、戴云山自然保护区、藤山自然保护区、老鹰尖自然保护区、罗浮山自然保护区、古田自然保护区、新港自然保护区、黄茅嶂自然保护区、丰溪自然保护区等。低丘－台地－平原区位于山区与海岸带之间，宽度不大，自东北向西南延伸，是一条繁荣的产业带，表现为以农田、果园为基质，密集城镇、村庄与分散丘陵林地为斑块和交错的交通网为廊道的自然－人文复合景观，连绵分布着龙眼、荔枝、香蕉、橄榄、菠萝、芒果、番石榴、杨桃、余甘等热带性果树，柑橘、枇杷、杨梅、青梅等亚热带果树和水稻、甘蔗、剑麻等热带、亚热带作物。现代工业和乡镇企业的快速发展，推动着城镇的扩展与乡村的城镇化和总体上的城乡一体化，聚集吸引着大量的外来劳动力和人口，创造了一条在自然基础上基本上由人工调控的全新人文－自然复合景观带。海岸带区域，地貌上是一条由不断重复的海湾和海湾之间及顶部低丘、台地与小面积海积－海积冲积平原及沿海岛屿近海湿地组成的链条。丘陵多为岩石裸露的花岗岩石蛋地貌；年均风速大，大风日数多；多数地方降水少，供水条件差；除少量红树林残存外，原生植被基本上已经消失。人工林多为以台湾相思、黑松和木麻黄为主的旱中生植被。经过长期的深度开发，已形成一个个以海港－城镇及其郊区为中心、以发达的对外经济和海洋经济为特色的产业带（余显芳、唐永銮等，1962；郑达贤、汤小华等，2007）。

从地域共轭和生态关联的角度，本亚区的三种地域是相互关联的整体：山丘盆谷区是整个亚区的生态屏障和水源涵养区，因而，其常绿阔叶林生态系统的恢复和相应的水源涵养能力的提高，对于整个亚区人与自然的和谐发展具有重要意义。为此，必须把其林业从以生产功能为主逐步转移到以生态服务为主的方向上来，并全力保护其向下游输送水的质量。海岸带区域是整个亚区甚至亚区之外更大范围的内陆腹地对外联系的界面和以强大的经济力量支持全亚区生态环境建设、创造人地和谐环境的区域。沿海带，特别是近岸海域的环境保育对于亚区的发展意义重大。中间的低丘－台地－平原带是山区－沿海之间的衔接带，其良好的自然－人文复合景观的调控和建设，微观和宏观环境的保育及相应的资源环境承载力的提高，一方面将减少山区人口对环境的压力，另一方面将维护海岸带海域的健康，促进整个亚区的和谐发展。因而，应对整个亚区进行统一的规划、建设和管理。

2. 珠江三角洲亚区

本亚区位于广东中部珠江下游与入海口，粤东闽东南亚区以西，天露山以东。地貌上平原约占 50%，丘陵台地占 44%，是全区平原面积最大和最低平的一个亚区。中部由西江、北江、东江和潭江下游平原和三角洲组成，平原中散布许多孤丘和台地，外侧为丘陵和少量低山，为外围山地的延伸部分。东江、北江、西江和潭江从东、北和西部向中南部喇叭形的珠江口、磨刀门和崖门等海湾辐合入海，年径流量达 3 492 亿 m³，并带来 827.8 万 t 泥沙在河口海湾堆积，推动三角洲不断向海伸展，其中最快的延伸每年约 100m 上下（万顷沙、灯笼沙）。珠江三角洲在构造上为断陷下沉区，现代沉降仍继续进行。本亚区大部分处于北回归线以南，热量条件优越，大部分地区年均温在 22℃ 以上，1 月均温 13～15℃，平均年极端最低气温 2～3℃，全年无冬，但由于其北部的山地对冬季冷气团的屏障阻滞作用相对较弱，因而冬季冷冻寒害仍时有发生；年降水量在 1 600mm 以上，水分热量配合很好（曾昭璇、黄伟峰，2001）。

由于自然条件优越且配合协调，加上优越的区位，本亚区历史上就已发展成为繁荣富庶之地。1978 年以来，发展更为迅猛，成为全区经济最发达、人口最密集和城镇化程度最高的一个亚区。与环渤海、长三角并列为全国三大产业中心和增长极。相应地，自然景观发生了巨大的变化。人类在相对稳定的地形和气候的基础上，对土地覆被层进行了根本性的改造，形成了以广州－佛山、深圳－香港、澳门－珠海、江门、中山、东莞、惠州、肇庆等大中城市和星罗棋布的县城、乡镇、村镇为主要斑块和节点，以密集的水网和交通网为廊道和以平原基塘田园和台丘果园为基质，点缀片片园林山丘地的人工和半人工景观生态格局。大中城市群的形成使原先相对均衡的下垫面水热环境发生变化，形成一片片热岛和不透水地面；原先以桑基鱼塘、蔗基鱼塘和稻海蔗林为特色的农业景观已基本消失，基塘生态系统面积不断缩小并改变为杂基鱼塘，基面多改变为蔬菜、果树、花卉和象草等塘鱼饲料，养殖品种也从四大家鱼为主改变为虾、鳗、蟹、鲑、鲍、鲈、龟、鳖等优质水产品，外来饲料比例大大增加，明显地改变了原来的物质循环系统，导致水体富营养化水平的提高；工业污染、城镇生活污水和农业面源污染日益严重，使珠江三角洲主要河流水体质量严重下降，珠江和西江水系水质一般为 Ⅲ～Ⅳ 类，而主要支流多为 Ⅴ 类或劣 Ⅴ 类。珠江三角洲已从以农业和水乡为主的牧歌式田园景观，转变为以工业城市群为主导、交通网密布的城市平原景观，生态系统中人与自然的和谐关系面临新的考验和整合（吴传钧，2008；周立三，2007）。

3. 粤西桂东南丘陵亚区

东与珠江三角洲亚区相邻，西至广西的大容山、十万大山。地貌上以丘陵为主，高低丘分别占21%和19%左右，其次为山地，低山和中山分别占17%和11%左右，台地面积不小，约占20%左右，平原占12%左右。五列山丘和四列谷地呈北东—南西走向以平行岭谷雁行状排列。自东而西为天露山、新兴江－汉阳江谷地、云雾山、罗定江谷地、云开大山、北流江－南流江谷地、大容山－六万大山与罗阳山、钦江谷地、铜鱼山－十万大山。西溪自西而东切过北东—南西向的山脉，形成许多峡谷急流，而两侧的支流则顺构造线发育成较宽的谷地和山间盆地。南部是桂东南丘陵山地的南坡，地势自北向南倾斜向北部湾，是一片以台地、低丘和滨海平原组成的地貌区。本亚区大部分处于北回归线以南，又有多道山脉的屏障，因而热量条件很好，其南部钦州、合浦、北海、防城一带许多温度指标已达边缘热带标准。本亚区内，降水量局部变化很大，云雾山东南坡的阳春、四会一带年降水量在2 000mm以上，十万大山东南坡的东兴、防城一带近3 000mm，而罗定、封开、岑溪等山间谷地，年降水量仅1 350～1 500mm。本亚区植被虽然大部分仍属次生和人工植被，但森林覆盖率较高，达55%以上，是全区森林覆盖率最高的一个亚区，主要是松、杉林和竹林，局部地域尚保存有相对完整的南亚热带雨林和山地常绿阔叶林，北部湾沿海还残存一定面积的红树林。其中部分地方已建立自然保护区。

本亚区与平行岭谷的地形结构相一致，景观也主要是由不同类型的景观呈条带状相间分布，分别为：山地针叶林与次生常绿阔叶林富铁土景观；丘陵（高丘为主）马尾松－桃金娘－芒萁疏林灌丛富铁土、铁铝土景观；低丘台地灌草丛与热带、亚热带经济林与果园铁铝土、富铁土景观；台地、河谷平原甘蔗与双季稻水耕人为土景观。本亚区丘陵台地上种植大量的热带性经济林，如八角、茴香、砂仁、肉桂等，是我国热带香料植物的主要种植区，热带果树荔枝、龙眼、香蕉、杨桃等也广泛分布；在平原台地上则广泛种植甘蔗和双季稻，成为珠江三角洲甘蔗的主要转移种植区。北部湾沿岸的各个海湾都有优良的深水岸线，加上钦江平原、合浦平原及周围广阔的低丘台地，提供了发展大型海港和港口工业区的优良自然条件，而且通过铜鱼山与十万大山之间的低丘台地走廊与桂中地区之间方便的交通联系，使之可以与广西中部结合成发展前景广阔和经济综合体，并将成为中国西南各省通过海洋对外联系的重要港区（汪晋三、易绍桢等，1964；曾昭璇、黄伟峰，2001；莫大同，1994）。

4. 桂中盆地亚区

本亚区位于广西中部。大致上是大瑶山和粤西桂东南亚区以西，罗山、宜山、忻城、马山、平果、天等、大新、崇左等县城以东，是广西盆地盆底部分的主体。地貌上以丘陵和平原为主，其中高丘和低丘分别占16%和22%左右，平原约占34%，台地约占15%，还有13%左右的山地。平原的比例仅次于珠江三角洲，丘陵和平原中喀斯特地貌十分显著，平原中溶蚀平原、溶蚀谷地和溶蚀侵蚀平原约占51%。著名的广西弧中段的大明山—镇龙山—莲花山和大瑶山南段以断续的向南凸出的弧形山脉自西而东沿北回归线南侧穿过本亚区中部，山脉宽度仅20～50km，弧形山脉以北为广西盆地中心，有柳州溶蚀侵蚀和冲积平原、来宾溶蚀平原、迁江宾阳冲积平原和平原之间及外围的丘陵台地。红水河、龙江、融江、洛清江及柳江在此交汇成黔江并穿过大瑶山与莲花山之间的大藤峡谷流出弧外与郁江汇合注入浔江。弧外的右江—邕江—郁江—浔江组成一条自西北向东南然后转向东北的弧线环绕在广西弧的外侧，并在长期的侵蚀中形成一条向南突出的弧形的丘陵、台地、平原相间分布的河谷带：平果隆安冲积和溶蚀侵蚀平原—武鸣盆地（冲积平原、溶蚀平原和石灰岩残丘）—坛洛溶蚀侵蚀平原—扶绥崇左喀斯特化和砂页岩丘陵台地—苏圩溶蚀侵蚀平原—南宁盆地（冲积平原和台地）—昆仑关镇龙山山前台丘地—邕宁横县砂页岩和喀斯特化台丘地、横县冲积平原—郁江冲积平原与贵港平南台地—浔江冲积平原。本亚区气候虽然属于南亚热带范围，总体上温度条件较好，日平均气温≥10℃的积温大多在7 000℃以上，比粤东闽东南亚区的大部分地方还高。但是，由于北连寒潮主要通道湘桂走廊，因而受寒潮的影响比较严重，日最低气温≤0℃的天数年均0.3～2.8天，大部分地区极端低温在−4～−0.2℃之间，柳州郊区沙塘1955年极端低温甚至低到−5.8℃。年降水量大多在1 500mm左右，虽然不算很高，但西江干流及其支流郁江和柳江从区外带来大量客水。郁浔平原河道纵横，河网密度达1.00～1.99km/km²。此外，本区处于广西喀斯特的低位地貌区，有极丰富的喀斯特岩溶承压水，因而本区域水资源十分充沛且稳定。本亚区土地资源丰富，占全亚区土地面积70%左右的平原、台地和低丘大部分属于很好的宜农和宜开发的土地，其比例仅次于珠江三角洲，加上暖热的气候与丰富、稳定的水资源，是一个农业生产和经济发展都很优越的地区，因而成为广西最发达繁荣的经济中心区域。与弧形的地貌格局相应，本亚区也形成了相应的三带弧扇形景观结构：盆地中心是以扇形水系为框架，呈现丘陵针叶林常绿阔叶林富铁土、台地旱作与果园富铁土、钙质湿润雏形土和平原稻田蔗田水耕人为土景观的镶嵌分布；第二带是弧形山丘地的南亚热带雨林和常绿阔叶林暖性针叶林铁铝土与富铁土景观；第三带是弧形山地外侧沿龙江—邕江—郁江—浔江成弧形交错分布的丘地甘蔗、旱作与果园富铁土、铁铝土及钙质湿润雏形土和平原水稻甘蔗田水耕人为土与冲积新成土景观。本亚区已成为我国最大的甘蔗和蔗糖生产区（莫大同，1994）。

5. 桂西南石灰岩山地亚区

本亚区位于桂中亚区和十万大山以西，云贵高原的东南边坡，是一个以石灰岩山地为主的区域，喀斯特地貌十分发育。全亚区山地约占86%，丘陵约占9%，台地和平原只分别占3%和2%左右。本亚区北部区域和西部左、右江之间三角区域为峰丛石山区，海拔一般为800～1 200m，1 000m上下古夷平面广泛分布，广西弧西翼都阳山西南至右江河谷两侧山丘地为石灰岩低峰林石山和砂页岩低山、丘陵分布区，峰林石山海拔400～900m左右，峰林槽谷和溶蚀洼地很发育；南部左江流域为石灰岩低峰林石山、砂页岩低山丘陵和宽谷盆地的溶蚀台地平原、侵蚀台地平原交错分布区、海拔多在500m以下，其中盆谷地平原海拔80～200m，有多级阶地。红水河从西北向东南穿过本区北部，在峰丛石山中穿流，河谷狭窄、谷坡陡峭、滩多水急，谷中耕地少而分散；右江从西北向东南穿过本区中部，形成宽度2～10km，长80km余的平原和台地农业区；左江从西南向东北穿过本区南部的丘陵区，形成一系列的侵蚀和溶蚀平原，成为本亚区人口较密集，农业生产较发达的区域。本亚区北部为贵州高原，有多道北西—南东走向的山脉自北而南层层阻挡冬季寒潮的入侵，因而温度条件较好，冬季寒害较轻，但夏季既长又热。因焚风效应，左右江谷地成为广西酷热天气最集中的地方，百色极端最高气温达 42.5℃，多年平均日最高气温≥35℃的天数百色达 44.0 天，龙州、宁明、田东分别达 29.6 天、29.0 天和 27.4 天。降水偏少，年降水量多在 1 100 ~ 1 500mm 之间。其中左右江谷地在 1 200mm 以下，已属半湿润区域。较少的降水加上喀斯特山地丘陵使大量地表水向深层渗透，因而地表水严重不足，时有干旱发生。本亚区在植物区系上处于泛北极植物区中国 – 日本森林植物亚区、中国喜马拉雅森林植物亚区和古热带植物区马来亚植物亚区的交界区域，加上石灰岩广布，喀斯特地貌发育及降水相对较少、干湿季分明，使本区植被比其他亚区有所不同。一方面具有较多的印度、马来亚成分和云贵高原成分；另一方面又具有一定中旱生特征，混生有一定的落叶成分；还有一些钙质指示植物。原生植被除了以中国无忧花、人面子、见血封喉、肖韶子、乌榄、橄榄、三角榄、榕属多种、广西拟肉豆蔻、风吹楠、海南大风子、子京、狭叶坡垒、广西青梅、八宝树、水石梓、鸭脚木、鱼尾葵、桃榔树、大叶山楝、望天树等乔木为代表的南亚热带雨林外，石灰岩常绿季雨林和半常绿季雨林为本亚区的代表性植被。代表性乔木金花茶、蚬木、擎天树、金丝李、肥牛树、广西樫树、广西马兜铃、密花美登木、鸡尾木、枚辣柿、广西大风子等。在森林遭不断砍伐破坏之后，植被演替为灌丛和灌草丛，其中非石灰岩区域常见的植物是桃金娘、岗松、山芝麻、灰毛浆果等，而石灰岩区域则多演替为藤刺灌丛，常见的植物有假鹰爪、红背娘、剑叶龙血树、斜叶澄广花、潺稿、番石榴等。主要灌草丛有芒萁灌草丛、五节芒灌草丛和龙须草、扭黄茅灌草丛。在左右江干旱的谷地上，演替为稀树草地或旱中生灌丛草坡。峰丛石山、峰林石山和石灰岩丘陵，由于土层瘠薄，水分条件差，生态系统十分脆弱，经受破坏后现植被多相当稀疏，主要为灌丛草坡所覆盖，石漠化非常普遍。本亚区是广西生物多样性最丰富的地区，在全国也有重要地位。在植物方面，有维管束植物 4 000 多种。在广西的 113 种国家重点保护植物中 70% 以上在本亚区均有分布或主要分布在本亚区。在植物中多种金花茶、擎天树、蚬木、狭叶坡垒、金丝李、广西青梅、铁力木、肥牛树、密花美登木、广西樫树及众多的南药和芳香植物，均有重要价值。在动物方面，有近 500 种的陆栖脊椎动物，其中有不少热带种类和珍稀动物，国家重点保护珍稀动物 36 种，如白头叶猴、黑叶猴、懒猴、熊猴、长臂猿、小爪水獭、水獭、冠斑犀鸟、中华秋沙鸭、山瑞鳖、大壁虎、巨蜥、蟒、虎纹蛙等。为此，建立了弄岗、田林圭山、西大明山、龙虎山、弄瘭、罗白、陇瑞、春秀、青龙山、澄碧河、下雷、弄梅、达拱江、大王岑和百东河等自然保护区，总面积达 4 000km² 多。与碳酸盐岩广泛分布相一致，本亚区土壤除湿润铁铝土和富铁土外，还广泛分布湿润钙质雏形土。在左右江河谷，由于蒸发大于降水，干湿更替明显，在泥岩、黏土岩、钙质页岩等基岩和河湖相沉积物基础上，发育了具明显变性特征的变性土（莫大同，1994，唐永銮、余显芳等，1959）。

由于处于云贵高原的边坡位置，因而本亚区以高原边坡景观结构为特征。景观从西北高原边缘边坡向东南边坡下部和坡麓依次更替。西北为岩溶山原景观，地貌上主要是峰丛洼地，密集峰丛海拔 1 000m 左右，洼地 500 ~ 800m 左右，植被具明显云贵高原区系特征，主要是山地常绿落叶阔叶混交林、针叶林和灌丛、灌草丛，主要植物有滇青冈、亮叶栎、白椎、黔稠、贵州毛榉、亮叶水青冈、缺萼枫香、云贵山茉莉、细叶云南松、樟叶荚迷、竹叶椒、羊蹄甲等；边坡中部为峰林谷地景观，海拔 150 ~ 800m 左右，山体基部分离清楚，谷地切割至地方基准面，代表性植被为石灰岩常绿半常绿季雨林、藤刺灌丛和灌草丛，河谷地有较多农耕地；东南边坡下部和边缘主要为喀斯特残峰台丘和溶蚀、侵蚀平原景观，低山、丘陵、台地和平原交错分布，代表性植被为典型的南亚热带雨林和石灰岩灌丛灌草丛，植物中中南半岛区系成分很显著，广泛种植热带性果树和经济林木。

三、滇中山地丘陵常绿落叶阔叶林松林区（ⅥA3）

（一）自然地理特征

滇中山地丘陵常绿落叶阔叶林松林区位于我国南亚热带的最西部，是一个包括广西西部部分地区和云南省中南部的德宏州、临沧地区、思茅地区、红河哈尼族彝族自治州和文山壮族苗族自治州大部在内的东西向带状地区，其北侧与云南高原相接且界线比较平直，南侧则较为曲折的与滇南谷地丘陵区相联（郑度等，2008）。

1. 以山原为主，地貌组合复杂

本区地势总体呈现出北高南低的特点，北部山地海拔约在 2 000 ~ 2 500m 之间，到南部降低到约 1 500 ~ 2 000m 左右，一些高耸山体海拔约在 3 000m 左右，少数山峰可达 3 500m，盆地海拔多在 1 100 ~ 14 00m 之间，河谷多近南北向，其底部海拔约在 700 ~ 1 100m 之间，海拔最低的元江谷地约为 300 ~ 500m。以元江谷地为界，东西地貌特点分明，西部是一广大的中山山原，滇西横断山脉向南进入本区构成地貌的基本骨架，中山与河谷相间，地势起伏较大；东部则是以岩溶山原为主，少有绵延的山脉，盆地较为发达，峡谷不多，起伏较小。

2. 气候温暖湿润但季节分明

区内年平均气温 17 ~ 20℃，日平均气温 ≥10℃ 期间的积温约为 5 500 ~ 6 500℃，持续天数在 300d 以上；最冷月平均气温多在 10 ~ 12℃ 之间，霜期较短，平均霜日大多不到 10d；最热月平均气温都多在 22 ~ 24℃ 之间。区内西部一些南北向河谷，由于焚风的作用，气温高而相对湿度低，故除少数河谷内部年降水量不到 1 000mm 以外，大多数地点的降水量在 1 000 ~ 1 500mm 之间。同时，在西风南支热带大陆气团与印度洋西南季风赤道气团的季节交替控制作用下，东部还受东亚季风的影响，致使本区干湿季分明，湿季（5 ~ 10 月）降水量占年降水量的 80% 左右，干季（11 ~ 4 月）降水少，温度低且后期暖热干燥。

3. 自然景观呈双向垂直带分异

季风常绿阔叶林为本区域的地带性植被类型，分布广泛，其范围一般在海拔

1 000～1 500m 之间，树种以常绿阔叶的壳斗科、樟科、茶科为主，尤以喜暖的栲属、石栎属、木荷属、茶梨属、润楠、楠属等为常见，植物区系上主要属于印度－马来亚成分。常见的乔木上层树种中，栲属有刺栲、印栲、思茅栲等10余种；石栎属有截果石栎、小果石栎等10余种；茶科树种中以红木荷、毛木荷、茶梨等为常见。林下树种，在较干旱的生境中多见云南银柴、糙叶水锦树、密花树和余甘子等，在较湿润生境下出现较多的是茜草科、紫金牛科、大戟科、芸香科等，草本层常以毛果珍珠茅为标志或为优势。同时，大约以哀牢山为界，以西思茅松林大片成林，以东则主要为云南松林。

地带性的自然土壤为赤红壤（简育湿润铁铝土），为本地带的主要土壤类型，主要有赤红壤和黄色赤红壤两个亚类，广泛分布于山丘。本区在不同的各类母岩上一般大多发育为赤红壤，但由于大致在澜沧江以东与哀牢山之间紫红色岩系分布较广，而哀牢山地以东碳酸盐岩类面积较大，故区内紫色土和红色石灰土也有较多分布，山地上部则分布有红壤（黏化湿润富铁土）和黄壤（铝质常湿淋溶土）。

本区山体相对高差较大，自然要素与景观的垂直分异明显，一般是以常绿阔叶林—赤红壤构成基带，其范围通常在海拔1 000～1 500m 之间，在1 500～2 500m 间为山地常绿阔叶林—红壤（或黄壤）带，约海拔2300～2900m 间为常绿针叶与阔叶混交林—黄棕壤（铁质湿润淋溶土）带，海拔3 000m 以上有常绿针叶冷杉林分布。但是，基带以下的河谷大都比较干热，有落叶树种占优势的河谷季雨林片断及稀树灌木草丛分布，土壤为红褐土（铁质湿润淋溶土）及燥红土（简育干润富铁土），构成反垂直带系列。

4. 农作以水稻及果树与茶为主

本区气温水平较高，一般都能满足大、小春两熟而有余，部分地区可以一年内喜热作物两熟，但由于夏季气温不高，难以满足普遍发展双季稻的需求，加之干季较长也难以满足双季稻栽培对水分条件的要求，所以本区的农作物栽培就不同于南亚热带东部的双季稻为主或双季稻加冬作的三熟制。一般，区内海拔1 000～1 400m 左右的盆地、河谷为主要的农作区，水田集中，以水稻种植为主，旱地则以玉米为主，越冬作物以小麦为主，有双季稻和再生稻、旱稻的栽培。经济作物甘蔗、花生、黄豆、红薯等栽培较多，果树主要有芭蕉、香蕉、石榴、芒果、柑橘等，茶在区内具有重要地位。干热河谷则以甘蔗、咖啡为主要经济作物，有较大面积的双季稻，冬作蔬菜发展，但需较好的灌溉条件。

（二）区内差异及亚区划分

大致以哀牢山为界，本区东西两个区域之间在多个方面存在明显的差异（杨一光，1990）：

（1）西部以较为破碎的山原地貌为主，地势起伏较大，坝子较少，紫色岩系、变质岩、岩浆岩分布较广；东部的偏西半部为高原地貌，盆地发达，其偏东半部以岩溶山原为主，地势起伏较和缓，碳酸盐岩及砂页岩等沉积岩相间分布。

（2）西部单一受西南季风影响，干、湿季分明，年温差较小；东部仍以西南季风影响为主，但从西向东，北来冷空气活动和东南暖湿气流的影响显著增强，年温差增大，冬、春季的干燥度明显下降。受大气环流与地形的影响，西部的年降水量明显多于东部，故西部的年径流深较大，径流系数也较东部为高，年干燥度较东部为低。

（3）西部的常绿阔叶林比较发达，森林较多，群落结构与缅甸、泰国等地的山地森林相似，思茅松分布较广，山地垂直自然带较为发达；东部的季风常绿阔叶林，种类组成与越南北部山地和我国广西等地的季风常绿阔叶林比较接近，其分布的海拔范围向东亦有明显下降，森林保存很少，暖性针叶林为云南松林。

因此，可以将滇中山地丘陵常绿落叶阔叶林松林区划分为两个特征显著的自然区域，即西部的滇西南中山山原亚区和东部的滇东南岩溶高原山原亚区。

1. 滇西南中山山原亚区

本亚区地貌上主要属滇西南中山宽谷，是横断山脉的余脉无量山、哀牢山、邦马山等向东南方向延伸扩展的地区，山丘起伏较北部和缓，横断山系山脉和河流在构造线走向的控制下逐渐向两侧展开，山川间距越向东南越开阔，山脉与河谷相间分布，各大河的支流都较为发达，高原面在河流的分割下形成广大的中山山原，造就了以切割山原与丘状谷间高原交错分布为主的地貌，并呈现出层状的地貌结构。区内各河流谷底的海拔约 500～800m，山间盆地多分布在海拔 1 100～1 400m，其上的山原面和丘状谷间高原面的海拔高度一般在 1 800～2 000m 之间，最高层的则是山地，如大雪山、无量山、哀牢山等的主峰都在海拔 3 000m 以上。同时，由于山原（分割高原）较为发达，深切河谷的谷形已较宽，所以高原的轮廓已显得比较破碎。

本亚区在单一西南季风的控制下，北来冷空气影响已很少波及，除了海拔高度不同引起的垂直差异颇为显著外，地区内的气温差异不大，大部分地区年平均气温大于19℃，日平均气温≥10℃期间的积温 5 500～7 800℃，最冷月平均气温 11～14℃。区内的年降水量较为充沛，平均约在 1 300mm 左右，哀牢山以东多于以西，但一般在西南季风迎风坡山前降水较多，高者可达 2 000mm 以上，而背风坡侧的降水量则明显减少，局部少雨地点年降水量仅有 1 000mm 左右。年干燥度大都较低，在 0.5～1.0 之间，年径流深大都在 400～800mm 之间，不过局部少雨地点年干燥度可达到 1.00 左右，年径流深也较低，如澜沧江谷地两侧局部低到 300mm 左右，但这些低值区的范围都不大。另外，本地区地势起伏较大，地形雨发达，山地雨量很多，生境较为潮湿，但在河谷深切海拔较低地点的干、热特点较为明显，气温较高，降水量偏少，年干燥度大于1.0。因此，本亚区从以山原为主构成的暖热湿润的基带向上到高耸山地和向下到深切河谷，水、热条件明显地分别向冷湿和干热两个极端方向递变。

土壤以赤红壤（简育湿润铁铝土）为主，在干热河谷（如元江等地）有燥红土（简育干润富铁土）分布，水稻土（水耕人为土）多集中在坝子和河谷平原。区内的森林覆盖率较高，树种以思茅松占优势，多为纯林，主要分布在海拔 1 200～2 000m 之间，在海拔 1 500～2 500m 之间亦有以思茅松或云南松为主的针阔混交林分布，海拔2 500m 以上常为常绿栎类林，而在海拔 1 000m 以下的低湿河谷则生长有以樟科、栎类为主的常绿阔叶林。

区内的农作物栽培，主要为甘蔗、花生和水稻等，经济作物以甘蔗为主，油菜次之。本区是重要的茶叶产区，主要产于海拔 1 000 ~ 2 000m 之间的山丘缓坡，得益于区内常年气候热湿或温湿、云雾多、湿度大和雨量充沛，茶叶品质优异，闻名中外。

2. 滇东南岩溶高原山原亚区

本亚区包括云南的东南部和广西西部的小部分地区。区内沉积岩分布很广，尤其是石灰岩的广泛出露形成为岩溶地貌发达的高原和山原，发育成峰林（峰丛）、石沟、石芽、溶蚀洼地、槽谷等多种岩溶地貌。其中，东部石灰岩和砂页岩分布较广，是地形比较破碎崎岖的岩溶山原，地势较低；中部为以岩溶高原湖盆为主的地貌，地势较高，高原形态大体保存；最西部的元江谷地峡谷发达，其西为哀牢山东侧的变质岩高、中山地。

本亚区因位置偏东，受东亚季风的影响比较明显。降水的水汽来源主要为东南暖湿气流，雨量集中在每年的 7、8 月，雨热同季，各地年降水量约在 800 ~ 1 200mm 之间，其中东部年降水量约有 1 200 ~ 1 400mm，但西部因处于哀牢山地东侧，既是西南暖湿气流的背风雨影区，又在东南暖湿气流的背风雨影区内，故年降水量为 800mm 左右。最南部的老君山、大围山、哀牢山南侧的屏边等地，恰迎东南暖湿气流来向，年降水量可达约 1600 ~ 2400mm，为区内著名的多雨区之一。因此，区内西部干燥度较高，径流深较低；岩溶高原盆地部分及红河谷地北段的年干燥度大都在 1.0 ~ 1.5 之间，年径流深仅 100 ~ 300mm 之间，而东部则较为湿润，年干燥度普遍 <1.0，年径流深多在 300 ~ 500mm 之间。但是，本亚区的冬、春季仍主要受热带大陆气团的控制而属于干季时期，雨量少，晴朗干燥，但因常有冷空气的入侵而形成降温和阴冷天气，并可形成一定量的降水量。向东随着地势逐渐下降，冬春季受北方冷空气层的影响也逐渐加深，同海拔的地方冬季气温明显下降，从西向东年温差明显增大，冬季的总辐射和日照百分率明显下降。

区内土壤有赤红壤（简育湿润铁铝土）、黑色石灰土（黑色岩性均腐土）、棕色石灰土等，海拔较高的砂岩或页岩山地还有黄壤（铝质常湿淋溶土）分布。由于开发历史较早，岩溶地区的植被经破坏后，不易恢复，如滇东南地区的森林覆盖率仅 15%，但仍保存一些珍贵的树种，如擎天树、蚬木、金丝李等。区内旱地多于水田，玉米多于水稻，经济作物有油菜、花生、甘蔗等。

第四节　区域发展与生态建设

一、自然条件与区域发展

（一）优越的自然条件与资源组合

南亚热带湿润地区自然条件优越，资源优势明显，区位作用突出，为区域的社会经济发展奠定了良好的自然基础（孙鸿烈、张荣祖，2004；全国农业区划委员会《中国自然区划概要》编写组，1984；中国科学院南方山区综合科学考察队，1989）。

1. 农业自然资源优势明显

南亚热带湿润地区季风气候特征显著，气候温暖，基本无冻害，雨水充沛，且雨热同季，光、热、水资源丰富，作物可一年三熟，双季稻等典型的南亚热带作物和荔枝、龙眼、香蕉、甘蔗等水果等非常适宜于本区生长，土壤和生物区系也都表现出南亚热带特有的性质，这为提高农业土地利用率、增加作物复种指数、提高作物单产，创造了极为有利的气候条件。同时，区内地形复杂，山地、丘陵占地比例高，中山、低山、丘陵、台地、河谷、盆地与三角洲平原等交错分布，内陆水域面积大，耕地后备资源的不足，但却有类型多样、丰富的非耕地农业资源可供开发。

2. 海陆资源组合优势突出

本区东接太平洋，濒临南海，有着丰富的海岸与海洋资源，如滩涂资源、生物资源、能源资源、滨海砂矿资源、港口资源等，特别是本区的海岸生物包括各种鱼、虾、贝、藻、珊瑚和红树林的种类之多居于全国前列，海岸线曲折优良港湾多，海洋油气资源在全国占有重要地位，从而大大丰富了本区的资源种类，海陆资源的相互补充是本区自然资源的重要优势。例如，本区矿产资源种类较为齐全，尤其是化工原料矿产和建筑材料矿产最为丰富，在全国占有重要位置，稀有金属、贵金属和黑色金属铁、锰、钛等也比较丰富。总体而言，陆地常规能源矿产缺乏，除少数大型矿外，大多以中、小型矿居多，但本区濒临南海，南海大陆架丰富的石油、天然气资源等具有广阔的开发前景，将对本区的社会经济发展产生深远的影响。又如，单就旅游资源而言，除区内的古寺庙、古建筑，以及古文化遗址、古墓葬、革命纪念地、少数民族风情和特产风味佳肴等人文旅游资源外，在南亚热带高温多雨的气候条件下，本区的自然景观、地貌形态、植被等都表现出南方独特的风貌，成为重要的陆地自然旅游资源，如广东肇庆鼎湖山的森林，是带有热带色彩的南亚热带常绿季雨林，已建立自然保护区并被列入世界自然保护区网；区内石灰岩分布区，广泛发育了各种类型的喀斯特地貌，著名的如广东肇庆七星岩等；此外，本区还有独特的火山地貌等。同时，本区靠山面海，既有众多奇、秀、怪、险、幽的名山胜景，分布于漫长的海岸线，海景资源极为丰富，也有不少风光秀丽的海滩可供旅游开发。目前，广东汕头、惠阳、深圳、珠海、中山、台山、阳江、电白、湛江和广西的北海等都已开辟海滨旅游区。

3. 独特的地理与区位优势

本区位于中国的南大门，是中国通向世界的重要门户，又属中国沿海开放地带，是中国开放最早、开放程度最高的地区，保证了其与香港、澳门十分密切的经济联系，有利于对资金、技术、信息、人才的引进，从而为本区社会经济的发展提供了十分有利的条件。同时，本区商品经济发展有较长的历史，对外贸易一向比较发达，历史上人们就有经商习惯，商品经济意识较强，改革开放后本区这种商品意识优势得到了恢复和发扬。另外，本区作为全国最主要的侨乡，广大华侨和海外华人对家乡经济建设的作用巨大，加之丰富的、具有较好劳动素养的劳动力资源，特别适宜于发展劳动密集型和劳动密集型与技术密集型结合的企业。因而，优越的地理位置、区位与人文社会条件相配合，构成了本区社会经济发展最有利的条件与基础。

（二）区域社会与经济的快速发展

在上述优越的自然条件与资源优势的支撑下，改革开放以来本区的社会经济快速发展，尤其是区内的珠江三角洲地区，面积仅 41 596km²，但其社会经济发展突飞猛进，取得了举世瞩目的成就，一跃成为全国社会经济发展水平最高的地区之一。据统计，1980～2005 年间，珠江三角洲的国内生产总值由 119.19 亿元增加到 18 059.13 亿元，国内生产总值年均递增约 15%。2005 年，珠江三角洲地区的人均国内生产总值为 41 990 元，已超过中等收入国家 4860 美元的平均水平，恩格尔系数也已接近 40% 的水平，珠江三角洲的居民总体已进入富裕水平。2005 年，珠江三角洲地区第一、第二、第三产业的构成分别是 2.76：50.92：46.32，与 1980 年 25.79：45.30：28.91 和 1995 年 8.08：50.19：41.73 的产业结构相比，珠江三角洲地区第一产业比重大幅度下降，第二产业比重逐渐上升，第三产业比重迅速提高，其中工业结构调整也取得新进展，形成了电子信息、电器机械和石油化工三大新兴支柱产业，尤其是高新技术产业发展迅猛，成为第一经济增长点。同时，长期以来，珠江三角洲的进口总额、出口总额、实际利用外资，均稳居全国各大经济区域的首位，是广东及全国出口创汇的重要基地，其经济发展的外向型特征明显，经济国际化水平较高。另外，经过长期的基本建设投资，珠江三角洲目前已经初步建成一个以广州为枢纽，公路、铁路、水运、港口、航空等多种运输方式相结合、沟通省内外及港澳、便利快捷的交通运输及通信网络，从而在珠江三角洲地区已基本形成了城乡一体化和城镇高度密集的城镇群，密集于环珠江口一带，包括广州、佛山、中山、珠海、东莞、深圳、江门及新会等，城镇密度超过 100 个/万 km²，城镇间平均距离不到 10km，有些城镇建成区已连成一片，是广东省城镇体系的核心，集中了广东省近 50% 的城镇人口。改革开放以来，珠江三角洲逐步实现了以工业化为主要内容和标志的经济起飞，总体上已达到比较富裕的水平，为率先基本实现现代化打下了良好的基础，是南亚热带湿润地区内社会经济迅速发展的典型代表。

二、资源开发与生态管护

南亚热带湿润地区是我国经济发达地区，人口众多，对自然资源的开发利用压力和强度很大，由此引发了一系列的问题，重视自然保护，实行生态管护势在必行。

（一）原始天然林遭到破坏，水土流失问题不容忽视

由于长期以来对自然资源的开发利用，植被破坏的规模大、程度深，区内的地带性原始天然林——南亚热带常绿阔叶林或石灰岩地域内的常绿阔叶林与落叶树混交林，实际上已不复存在，仅在个别的大山、深山里还可见到部分森林。例如，十万大山、勾漏山、云开大山、云雾山、哀牢山和台湾中部山地等尚有原始森林分布。同时，原

始森林破坏后，出现的次生植被生长情况也因破坏程度不同而异，若处于轻度砍伐的林木，常导致次生杂木林的形成，较喜阴的树种被喜阳的树种代替，林下植被发生很大变化，层次结构也变得比较简单。若处于强度砍伐或焚烧的林木，则次生林木全部被破坏，此时林木迹地出现，成为马尾松、木荷的混交林地或者成为灌木群落，有些地区甚至变成草灌群落（全国农业区划委员会《中国自然区划概要》编写组，1984）。

在亚热带高温多雨的气候条件下，各种自然过程十分强烈，物质和能量循环迅速，其森林生态系统具有脆弱性，森林植被一旦遭受破坏，原有的物质、能量循环就随之被破坏，其直接后果是造成水土流失。因此，在本区人多地少而平原可耕地更少的情况下，丘陵山地就成为农业耕种的目标，尤其是在 20 世纪中期的农业学大寨的年代，山地与丘陵开垦严重，坡地地表植被大面积被砍伐或烧毁，在区内降水量丰富、降水强度大且暴雨频繁的作用下，常造成强烈的土壤侵蚀，水土流失不断发生。同样，在石灰岩地区的土壤侵蚀也不容忽视，水土流失后形成"石漠化"荒山，几乎完全丧失生产能力。此类荒山在南亚热带湿润地区占相当大的比例。严重的水土流失，造成土壤养分大量流失，河流含沙量增加，河床淤高，水旱灾害频繁，对工农业生产以致人民生命财产带来很大危害。例如，广东省韩江上游的梅江流域是本区水土流失最严重的区域之一，其中广东省梅州市的五华、兴宁、梅县的水土流失面积都达到 200 ~ 600km²。据五华县 1980 年代末的调查分析（中国科学院南方山区综合科学考察队，1989），严重侵蚀的山地年均流失表土 6270t/km²，相当于每年每亩流失氮素 2.6kg、磷 4.0kg 和钾 35.1kg，土壤有机质层逐渐变薄，甚至全部流失。同时，五华站的径流平均含沙量由 1970 年代前的 0.581kg/m³ 增加到 1980 年代的 0.785kg/m³，琴江和五华河床通航里程缩短了 260km 多，许多水库也淤积报废。由于韩江流域上游的水土流失，下游部分海床出现严重淤塞，汕头港以前大部分海床的水深在 10m 以上，但到 1990 年代初水深只有 5m，每隔数年即需疏浚。

近年来的人为开发建设活动，尤其是开发区建设、修路、采石取土及其他基础设施建设等，在施工过程中都会破坏原有的地表、植被和水系，产生大面积裸露的地表或坡面，引发水土流失，而且建设规模越大，对地表及周边环境的扰动破坏作用就越大，所产生的水土流失强度也越大。据野外调查，广州市采石取土和开发区建设产生的土壤侵蚀模数均在 5000t/(km² · a)，广州市现共有水土流失面积 248.42km²。据统计，广东的深圳、珠海、中山、东莞、佛山、江门、惠州等珠江三角洲城市，人为水土流失面积有 845.70km²，所造成的直接经济损失达 9.50 亿元，间接经济损失达 17.2 亿元。

但是，本区丰富的光照热量与水分资源为植被的恢复与重建提供了有利的气候条件。同时由于本区经济发展迅速，吸收了大量农村人口，减轻了对土地的压力，因农业垦殖造成水土流失的问题有所减轻，特别是各地通过退耕还林、绿化和封山面积的逐步扩大，地表植被得到了一定的恢复。总体而言，本区的水土流失已经逐步得到控制，水土流失的严重程度也有所降低。不过，恢复植被，治理水土流失，仍是本区一项十分重要的任务。综合考虑影响水土流失的自然与社会因素，今后应在大力开展天然林保护的基础上，将水土流失的治理与开发相结合，以治理保障开发，以开发促进治理，使治理同群众的切身利益挂上钩，从而调动广大群众治理水土流失的积极性；工程措施与生物措施相结合，以生物措施为主，并通过工程措施，为生物措施的实行创造条件和提供保障，同时在实施生物措施时必须重视乔、灌、草相结合；实行分类治理，对不同类型的水土流失，采用不同的治理措施。

（二）耕地占用形势较严峻，制止耕地危机刻不容缓

由于山地多平原少、人口密度高，本区的耕地数量十分有限，相对数量也少，全区的人均耕地量远低于全国平均水平，尤其是在区内沿海的一些三角洲平原区，耕地不足的问题更为突出。例如在广东的潮汕平原，人均耕地仅 $0.02hm^2$。与此同时，本区后备耕地资源也并不丰富，河谷平原区耕地资源已基本开发完毕，占全区面积大部分的丘陵和山地，多因坡度陡可开垦作为耕地的面积十分有限，目前的荒地资源主要是台地荒地、滨海平原荒地、沿山荒地和山坡荒地等，但分别因干旱缺水、低洼易涝、坡度陡峻等原因而垦殖条件困难，作为耕地后备资源的潜力不大。

在本区，随着改革开放以来社会经济的快速发展，伴随城市、村镇的扩大，工业和交通的不断发展，耕地被占用现象十分普遍，一般经济越发展，人口越集中，建设项目就越多，耕地被占用也越多，甚至围海造田，向森林、陡坡和滩涂要地，从而导致生态与环境的恶化和自然灾害的加剧。例如，珠江三角洲地区，在迅速工业化、城市化过程中，非农建设迅速扩大，尤其是前些年在经济过热环境下，普遍出现盲目圈地、超前征地、过分转让土地的现象，甚至征而不用、用而不当，使珍贵的耕地大量减少。同时，珠江三角洲地区在农业结构调整过程中，又有大量耕地转为园地、养殖水面等，使耕地面积持续减少。1980 年，珠江三角洲年有耕地 96.766 万 hm^2，但到 2003 年时耕地面积仅存 56.857 万 hm^2，其间耕地面积平均每年减少 1.719 万 hm^2，人均耕地早已减到警戒线（$0.04hm^2$）以下。另外，由于城镇化进程以及农村二、三产业的迅速发展，比较效益十分明显，因此农民种田的积极性不高，农田基本建设投入不足，粗放经营甚至丢荒的问题突出，耕地资源的利用率较低，复种指数只有 188，粮食单产水平低于广东省的韶关、梅州等山区，农田有效灌溉面积、旱涝保收农田面积不增反减，地力情况普遍恶化。因此，耕地危机已经显现，保证耕地数量，提高耕地质量，提升耕地生产水平，是制止耕地危机必须要采取的策略。

（三）加强自然保护区建设，保护环境与生物多样性

本区自然条件优越，自然环境多样，生物资源种类繁多，还保存有不少珍稀野生动植物种属，但由于长期以来对森林乱砍滥伐以及对野生动物乱杀滥捕的结果，使生态、环境发生变化，越来越多的野生动植物物种濒于绝灭。为了维护生态平衡，保护生物多样性，必须在天然林保护的同时，大力开展自然保护区建设工作。目前，本区已建的主要自然保护区有肇庆鼎湖山自然保护区、封开黑石顶自然保护区、龙门南昆山自然保护区、深圳内伶仃猕猴保护区、大亚湾沿海水产资源自然保护区等，其中鼎湖山、黑石顶，南昆山都位于北回归线附近，被誉为"北回归线上的绿宝石"，鼎湖山自然保护区也是国家级重点自然保护区，并已加入世界自然保护区网，是我国参加联合国组织的"人与生物圈"定位研究点之一。同时，在本区建立了 27 个湿地自然保护

区（孙鸿烈、张荣祖，2004），其中包括国家级自然保护区 6 个、省级 11 个，其中对沿海的红树林给予了充分的关注。红树林是天然的防护林，不仅可以防风挡浪，保护海堤与农田，而且是虾、螃蟹、鱼类、海鸟栖息生活的繁殖场所，是海岸生物多样性极为丰富的生物群落，应严加保护。今后，应在加强、巩固和提高已建自然保护区的基础上，还应根据实际情况进一步作好规划，增加自然保护区的数目，扩大自然保护区的类型与面积，形成全区的自然保护区网，保护本区的生态、环境与生物多样性。

三、经济建设与环境整治

（一）环境污染问题较严重，制约区域可持续发展

南亚热带湿润地区人口密集，工业、农业、交通、海洋渔业、海岸工程等发展迅猛，"三废"排放急剧扩大，农业化肥、农药等造成的水污染也十分突出，尤其是沿海大中城市和三角洲平原区，工业和城市污水的大量排放已造成环境严重污染，物种多样性不断受到损害。以珠江三角洲地区为例，随着经济的发展和城市化的推进，珠江三角洲城市生活污水和工业"三废"排放量激增，导致生态与环境恶化：①大气环境质量下降，酸雨频繁。区内的广州、深圳、佛山、东莞等市，氮氧化物、二氧化硫、总悬浮微粒超过三级标准，全区近年酸雨频率在 60% 左右，广州达 70%，佛山达 80%，酸雨酸度平均 pH4.57。②水体污染普遍，情况十分严峻。据统计，珠江三角洲地区河流水质等级为 V 级和大于 V 级的占 31.6%，Ⅳ 级的占 21.1%，Ⅱ ~Ⅲ 级的占 47.3%。目前主干河流的水质主要为 Ⅱ ~Ⅲ 级水，然而流经各中心城市的河流或河段的水质污染已日益严重，其水质类别大部分为 V 级或大于 V 级，其中属于严重污染的有深圳和佛山的城市河流，属于中等污染的有中山、东莞和广州的城市河流，属于轻度污染的有江门、肇庆和珠海的城市河流以及肇庆主干河流——西江，属于尚清洁的多数为各主干河流。从 5 种主要污染指标溶解氧、高锰酸盐指数、生化需氧量、非离子氨和石油类的情况来看，流经深圳、东莞和佛山中心城市的河流全部指标均超标，中山、广州、江门、肇庆和珠海等各市的城市河流均有不同的指标超标，主干河流中石油类超标较严重。近几年监测资料表明，主干流河水中主要污染指标的平均年超标率也正在增大。严重的环境污染，对区域的可持续发展构成一定的威胁。例如，尽管南亚热带湿润地区降水丰沛，径流量大，水资源丰富，是一个多水的地带，但由于污染严重可利用的水资源并不高，在区内的一些大城市，如广州，未来还面临水资源缺乏问题，可以说还存在水资源危机问题，如果不关注节水和污水排放的整治，南亚热带湿润地区的水资源优势将会丧失。

（二）开展环境保护与整治，实现区域的协调发展

面对日益严峻的环境问题，环境保护与建设已经成为当前南亚热带湿润地区必须给予充分关注的重大问题。实际上，本区在大力促进经济发展的同时，也对上述环境问题给予了充分的重视，基于良好的社会经济条件，各地已经开展了一系列的环境保

护与整治建设，并取得了明显的成效。以地处珠江三角洲的广州市为例，近年广州按照现代化城市发展的要求，大力建设绿色广州，开展了"青山绿地、蓝天碧水、固体废物处理"等七大工程建设，广州每年环保资金的投入占其 GDP 的 2% 以上。目前，广州市的城市生活污水总处理能力达到每日 155.3 万 t，截污管网 230km，整治河涌 29 条，中心城区城市生活污水处理率达到 70.16%，绿化覆盖率 35%，人均公共绿地 10.34m²，生活垃圾无害化处理率 100%，对占全市污染负荷 80% 以上的重点企业执行严格的排污许可制度。2004 年，广州在新增工业总产值 1 000 亿元的情况下，工业废水排放量比十年前减少了 30%，主要污染物排放总量减少 60%～90%，珠江广州河段水质污染指数比 10 年前下降 9 个百分点，基本消除了 1990 年代初珠江广州河段水体发黑发臭现象，空气质量除个别指标外均控制在国家二级标准之内，部分指标比 10 年前明显好转。

南亚热带湿润地区经济比较发达，人口相对集中，从环境保护的角度来分析，为了获得社会经济的可持续发展，必须立足长远发展目标，解决区域内人口、资源、环境、经济、社会的协调问题。首先，针对人口过快增长快、人口严重超载问题，本区应优化人口条件和人口环境，控制人口的快速增长尤其是控制大城市人口的过快增长，应适时发展中、小城市，把人口分散于中、小城市，对于人口的分散、环境的保护、资源的合理利用以及交通运输和粮食的供给等都是有利的。其次，应根据区域自然特点，建立和实施环境保护与建设的综合方案。包括制定以保护生态、环境为目标的总体规划以指导开展经济建设；在资源优势与供需态势分析、资源可持续利用与支撑程度评价的基础上，适度开发利用水资源、土地资源、矿产资源、海洋资源，进行经济建设；根据不同地方生态功能要求划定区域生态功能区，经济建设要适应功能区的要求，以确保社会经济的可持续发展。另外，通过近 30 多年的发展，南亚热带湿润地区的社会经济已跃上一个新台阶，具备了启动和加速现代化进程的宏观经济形态和条件，但其宏观经济结构和经济关系方面尚有一些需要高度重视并应及早解决的问题，其中调整产业结构、保证第三产业稳步增长，在南亚热带湿润地区尤其是在沿海经济发达地区十分重要。今后应在大力提升重化工业发展水平的同时，应着力通过物流业水平的提升，现代化的商业和餐饮业的建设，金融、证券、保险、信息咨询、科研教育、医疗、影视、传媒、社会中介服务和居民生活服务等的发展，大力发展第三产业，提高社会经济发展水平，实现区域的协调与可持续发展。

四、自然灾害与减灾建设

受制于区域自然特征，南亚热带湿润地区存在台风、寒潮和地震等难以控制的自然灾害，不但灾害类型多、分布范围广，且灾情重、危害大，是本区社会经济发展、生态与环境保护和建设的重要制约因子。

首先，本区常受各种灾害性天气的影响，如每年春季的低温阴雨、降水季节分配不均匀和年际变化较大造成的干旱、寒露季节遇冷空气入侵的寒露风、北方冷空气入侵形成的寒潮以及每年夏秋季节的台风侵袭等，加之沿海平原地区地势低平、咸潮入侵，区内几乎洪、涝、风、潮、旱、咸灾俱全，所造成的危害严重。每年春季北方冷空气南侵与北上暖湿气流对峙，多造成长时间的低温并伴有连绵阴雨的天气，对水稻等农作物产生不利影响，常可导致程度不同的烂秧或死苗。寒潮时短时的低温，会使区内的越冬作物或冬种作物遭受冻害，尤其是对典型的南亚热带果树以及本区南缘种植的一些热带作物会造成致命性危害。特别是在本区登陆的台风多、强度大，强台风带来狂风、暴雨和风暴潮，多会造成海堤崩决，田地受渍面积大，常给工农业生产造成严重破坏，给人民生命财产带来巨大的损失，该问题在台风侵袭严重的台湾中北部区域最为突出，台风年年都会造成严重的危害（表14.6）。

其次，本区山地、丘陵面积大、分布广，地势崎岖，地表起伏不平、坡度大，加之气候温暖湿润，地表风化剧烈，并受地质构造与新构造运动的影响，在丰沛尤其是高强度降雨的作用下，区内滑坡、泥石流灾害等较为普遍。

表14.6　台湾历年重大台风灾害统计（林俊全，2004）

台风名称	侵台时间 （年.月.日）	死亡人数/人	受伤人数/人	屋毁间数/间	农业损失金额 （当年价，新台币）
波密拉	1961.09.12	293	1847	38 791	约3亿元
葛乐礼	1963.09.09	363	450	21 733	约4.3亿元
艾尔西	1969.09.25	105	371	36 043	约33亿元
贝蒂	1975.09.21	20	47	2 755	约25亿元
赛洛玛	1977.07.25	72	306	32 240	约16亿元
薇拉	1977.07.31	44	85	4 057	
安迪	1982.07.29	21	24	1 157	约2.2亿元
韦恩	1986.08.21	87	422	38 156	约123亿元
艾贝	1986.09.17	14	39	410	约75亿元
莎拉	1989.09.00	52	47	1 190	约61亿元
杨希	1990.08.18	30	15	141	约29亿元
提姆	1994.07.10	23	70	361	约57亿元
道格	1994.08.08	15	42	72	约89亿元
贺伯	1996.07.31	73	463	1 383	约379亿元
瑞伯	1998.10.13	38	27	20	约81亿元
碧利斯	2000.08.21	21	434	2 159	约1.9亿元
象神	2000.10.30	89	65	–	约35亿元
奇比	2001.06.23	30	124	7	约5.5亿元
桃芝	2001.07.30	214	188	2 617	约10亿元
纳莉	2001.09.16	104	265	–	约20亿元
敏督利	2004.07.03	29	16	–	约23亿元

另外，本区特别是台湾的地震灾害严重。台湾1901年至今规模7～8级之间的强震共有20余次（表14.7），所造成的人员伤亡和财产损失难以估量，往往对区域社会经

济的发展造成毁灭性的危害。

表 14.7　台湾近代规模超过 7 级以上的大地震（林俊全，2004）

排序	时间			震中位置			震源深度/km	震级	破坏情况	
	日期（年/月/日）	时	分	纬度	经度	区域			死亡人数/人	房屋全毁/间
1	1920/06/05	12	22	24.0	122.0	花莲东方近海	20	8.3	5	273
2	1910/04/12	8	22	25.1	122.9	基隆东方近海	200	8.3		13
3	1966/03/13	0	31	24.2	122.7	花莲外海	42	7.8	4	24
4	1922/09/02	3	16	24.5	122.2	苏澳近海	20	7.6	5	14
5	1999/09/21	1	47	23.9	120.8	日月潭西方 9km	8	7.3	2413	51711
6	1951/10/22	5	34	23.9	121.7	花莲东南东 15km	4	7.3	68	
7	1951/11/25	2	50	23.2	121.4	台东北方 30km	36	7.3	17	1016
8	1909/04/15	3	54	25.0	121.5	台北附近	80	7.3	9	122
9	1957/02/24	4	26	23.8	121.8	花莲	30	7.3	11	44
10	1963/02/13	16	50	24.4	122.1	宜兰东南方 50km	47	7.3	3	6
11	1908/01/11	11	35	23.7	122.3	花莲万荣附近	10	7.3	2	3
12	1972/01/25	10	07	22.5	122.3	台东东南 120km	33	7.3	1	5
13	1909/11/21	15	36	24.4	121.8	大南澳附近	20	7.3		14
14	1922/09/15	3	32	24.6	122.3	苏澳近海	20	7.2		24
15	1935/09/04	9	38	22.5	121.5	台东东南 50km	20	7.2		
16	1935/04/21	6	02	24.4	120.8	竹丝关刀山附近	5	7.1	3276	17907
17	1906/03/17	6	43	23.6	120.5	嘉义县民雄	6	7.1	1258	6769
18	1941/12/17	3	19	23.4	120.5	嘉义市东南 10km	12	7.1	358	4520
19	1959/08/15	16	57	21.7	121.3	恒春	20	7.1	16	1214
20	1951/10/22	11	29	24.1	121.7	花莲东北东 30km	1	7.1		
21	1936/08/22	14	51	22.0	121.2	恒春东方 50km	30	7.1		

因此，本区应该针对上述灾害类型及其特点，逐步建立和完善全方位、系统的减

灾防灾体系，以减少灾害损失，确保区内人民的生命财产免遭灾害的侵害，为本区未来社会经济的持续、稳定与快速发展提供基础保障。

参 考 文 献

蔡衡，杨建夫.2004.台湾的断层与地震.台北：远足文化事业股份有限公司

陈正祥.1993.台湾地志（上、中、下册）.台北：南天书局

陈尊贤，许正一.2005.台湾的土壤.台北：远足文化事业股份有限公司

龚子同等.1999.中国土壤系统分类.北京：科学出版社

郭大玄.2005.台湾地理——自然、社会与空间的图像.台北：五南图书出版股份有限公司

黄镇国等.1986.中国南方红色风化壳.北京：海洋出版社

林俊全.2004.台湾的天然灾害.台北：远足文化事业股份有限公司

林孟龙，王鑫.2002.台湾的河流.台北：远足文化事业股份有限公司

林鹏.1990.福建植被.福州：福建科学技术出版社

林鹏，丘喜昭.1987.福建南靖县和溪的亚热带雨林.植物生态学与地植物学学报，11（3）：161～170

鹿世瑾.1990.华南气候.北京：气象出版社

莫大同.1994.广西通志·自然地理.南宁：广西人民出版社

全国农业区划委员会《中国自然区划概要》编写组.1984.中国自然区划概要.北京：科学出版社

任美锷，包浩生.1992.中国自然区域及开发整治.北京：科学出版社

孙鸿烈.1999.中华人民共和国自然地图集.北京：中国地图出版社

孙鸿烈.2011.中国生态问题与对策.北京：科学出版社

孙鸿烈，张荣祖.2004.中国6生态环境建设地带性原理与实践.北京：科学出版社

唐永銮等.1959.广西僮族自治区东半部石山区自然地理特点和石山区景观类型及其评价.地理学报，25（5）：357～372

涂建翊，余嘉裕，周佳.2003.台湾的气候.台北：远足文化事业股份有限公司

汪晋三，易绍桢.1964.我国南亚热带、热带、赤道带景观.见：中国地理学会自然地理专业委员会编辑.中国地理学会1962年自然区划讨论会论文集.北京：科学出版社.205～212

王鑫.2004.台湾的地形景观.台北：度假出版社有限公司

吴传钧.1998.中国经济地理.北京：科学出版社

吴文雄，杨灿尧，刘聪桂.2005.台湾的岩石.台北：远足文化事业股份有限公司

徐俊鸣.1956.广东自然地理特征.中山大学学报，（2）：170～204

杨勤业、郑度、吴绍洪.2006.关于中国的亚热带.亚热带资源与环境学报，1（1）：1～10

杨一光.1990.云南省综合自然区划.北京：高等教育出版社

余显芳，唐永銮等.1962.广东汕头专区综合自然区划.见：中国地理学会和中国科学院地学部编辑.一九六〇年全国地理学术会议论文选集北京：科学出版社，58～187

赵济.1995.中国自然地理.北京：高等教育出版社

赵昭昞.2001.福建省志·地理.北京：方志出版社

曾从盛.2005.福建生态环境.北京：中国环境科学出版社

曾昭璇.1993.台湾自然地理.广州：广东省地图出版社

曾昭璇，黄伟峰.2001.广东自然地理.广州：广东人民出版社

郑达贤，汤小华.福建省生态功能区划研究.北京：中国环境科学出版社

郑度，杨勤业、吴绍洪等.2008.中国生态地理区域系统研究.北京：商务印书馆

中国科学院《中国自然地理》编辑委员会.1985.中国自然地理·总论，北京：科学出版社

中国科学院南方山区综合科学考察队.1989.中国亚热带东部丘陵山区自然资源开发利用分区.北京：科学出版社

周立三.2000.中国农业地理.北京：科学出版社

第十五章　热带湿润地区

　　热带是一个以温度条件为主要依据划分的地域，植被和土壤的分布受温度长期作用，反映了热带区域的环境特征。中国热带地区的陆域总面积不大，约 8 万 km² 多，占全国陆域总面积约 0.8%。该地区东西狭长，从滇西南的中缅边界向东一直绵延到台湾岛南部，横跨 15 个多经度，向南又作无数岛屿星散于浩瀚无际的南海之上，纵跨 20 多个纬度（包括赤道带），所处地理位置十分重要。热带湿润地区自然条件复杂多样，自然资源异常丰富，在社会主义建设中具有独特的意义。

　　本章采用 1959 年《中国自然区划（初稿）》的热带界限，即从珠江三角洲西南端向西沿阳江、茂名、合浦、防城、崇左、睦边、个旧、思茅、芒市等地迄止陇川西南的中缅边界，大致与日平均温度≥10℃期间 8 000℃积温等值线以及 1 月平均气温 16℃等温线相符。从北到南大致可分为：边缘热带、中热带和赤道热带（图 15.1）。

图 15.1　热带湿润地区的位置（图例见正文）

第一节　自然地理特征综述

一、地形、地势与区域轮廓

中国的热带区域包括三块地方：一块是上升的大陆山地；一块是下沉的南海海盆；一块是海陆之间的过渡地带——下坳的沿海低地。海洋辽阔，陆地分散，岛屿众多，海岸线长是中国热带区域的最大特点。由于地势内陆山地高，沿海和南海诸岛低，南海海盆深，地貌形成过程各有特点：山地物理风化强烈，下切作用明显，地形起伏大；沿海地区地势低矮，化学风化强，切割浅，堆积多；南海海盆以下沉作用为主，也有火山喷发和珊瑚礁的形成。

受地质构造的控制，滇南热带的山河走向主要是西北–东南向，平行相间排列。整个地势从北向南降低，至西双版纳和河口地区山河呈扫帚状向南辐射散开，形成许多宽窄有别、高低不一的河谷盆地（当地称"坝子"）。华南沿海热带地势比较低矮，兼有起伏不大的低丘和小片分散的冲积平原，热带北部界线呈向北凸出的半弧状分布。台湾南部的热带因中央山脉自北向南延伸，热带北界向南凹进迫近海岸。海南岛全部位于热带范围内，由于海南山地中部崛起，导致热带特征有明显的地域分异：在山地，热带上限南部为海拔 400m，北部为海拔 350m；在平地，南部为中热带，北部为边缘热带。南海海阔水深，大部分属中热带，南部属赤道热带，北部属边缘热带。

二、地貌类型多样

中国热带地区，地貌类型多种多样。在陆地方面有山地、坝子盆地、台丘地、平原谷地；海底地形由大陆边缘和深海盆地两大单元组成。山地主要包括中山（海拔 > 800m）、低山（海拔 500~800m）和山丘（300~500m）。山地海拔高、起伏大、坡度陡、地形复杂；景观垂直分异明显，生态系统比较脆弱；从经济角度评价，山地自然资源比较丰富，但交通不便，开发利用难度较大。中国热带山地主要分布在滇南和海南岛。滇南的坝子和华南的盆地，一般分布着河漫滩、河岸阶地、河谷平原、台丘地，呈同心圆状结构或对称组合结构，具有发展多种经营的优越条件。本区域缺乏大河流，平原发育较差，其中台南的屏东平原面积为 1200km²，是中国热带最大的平原。南海的海底地形可分为大陆边缘、大陆架和深海盆。琼雷地区还有奇特的火山地貌和珊瑚礁地貌。

三、高温高湿的气候特征

本地区的气候特征主要表现为高温和湿润，绝大部分地区多年平均 ≥10℃ 积温天数都接近 365 天，积温在 8 000℃ 以上，最冷月平均气温 ≥15℃，年平均极端最低温 ≥5℃，年平均降水量 990~2 500mm，干燥度不到 1.0，几乎全年都适合农作物生长，水稻不需另地育秧，就可一年连作三熟。从世界范围来说，本地区的地理位置大部分处于热带北部边缘，其热带景观不如马来西亚、印度尼西亚等地区那样典型，温度比较偏低，冬季时，甚至海南岛北部也可出现霜冻；又因位于季风控制范围，冷热和干湿的季节变化均较显著，所以又有季风热带之称。参见图 15.2。

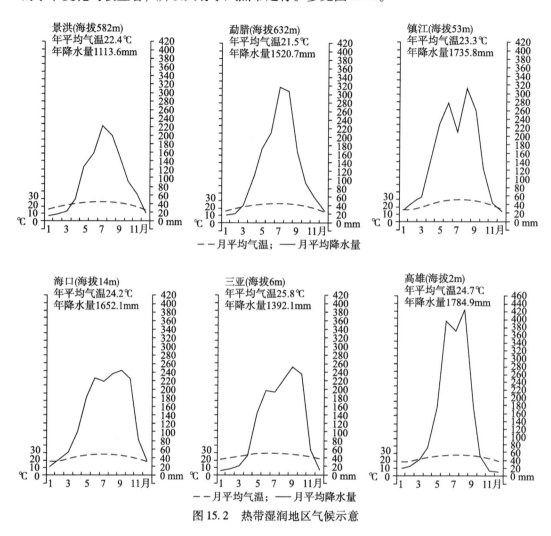

图 15.2　热带湿润地区气候示意

　　本地区季风气候东西差异显著，有东、西季风热带之分。滇南低热河谷属于西部季风热带。夏季水汽主要来自孟加拉湾和印度洋的西南季风，没有台风影响。冬季受到青藏高原的屏障作用，这里受寒潮的影响很小，温度变化比较和缓，以辐射型降温为主，逆温现象显著。热带界线沿低热河谷向北可伸至 23°~25°N，海拔高度上升到 700~900m，夏温不高、冬温不低的山原性热带特点比较突出。两广沿海、海南岛和南海诸岛则属于东部季风热带。夏季水汽主要来自太平洋和南海的东南季风，以及西南季风，夏秋季台风频繁。地形破碎低矮使冬季西北风寒流可影响到海南岛，兼有平流－辐射混合型急剧降温的特点，冬夏温差较大。热带界线因受冬季寒潮低温的影响向南压缩，在寒潮通道之处，热带界线向南凸出（达 21.5°N 附近）。

　　本区降水不均匀，干湿季分明。全年降水量的 80%~90% 均集中在雨季（5~10

月），而旱季（11~4月）降水量很少。西部季风热带，干湿季对比特别明显，雨季多对流雨，降水过程呈明显的单峰型，以8月为最高峰，降水强度超过100mm的次数少，且旱季多雾露，降水有效性较大。东部季风热带，夏秋季节多台风暴雨，降水过程呈双峰型，6月为次高峰，9月为最高峰，降水强度大，旱季很少雾露，降水有效性较差。由于地形、距离海洋远近，以及迎风与背风等因素的影响，导致东西部的干湿状况也有很大的差异。例如近海迎风区以及山区多雨，相反区域则少雨。总体来说，西部热带的降水量比东部热带少，相应干旱程度也较显著。热带区域内部南北干湿差异也很明显，如果以月降水量≤50mm作为旱季的标准，则赤道带全年无旱季；南沙和西沙旱季较短，大约3~4个月；琼雷地区旱季较长，约3~6个月。

南北温度差异也颇显著。最冷月气温和极端低温，从北到南逐渐增加。以年平均气温为例，湛江15.7℃、三亚20.5℃、西沙22.8℃、南沙26.5℃，接近赤道的哥打巴鲁为25.3℃。若以月均温 >22℃ 为夏，一般达7~10个月，全年无冬，气温年较差8~13.3℃；西沙和南沙全年皆夏，气温年较差3~5℃；靠近赤道处终年炎热，气温年较差仅1~3℃。中国赤道热带区别于季风热带的另一个特点是既没有干季，也没有台风。冬季盛行与热带东北季风一致的东北信风，风力增强；夏季则以西南风占主导，这是受穿越赤道气流的影响，与赤道无风带有所区别。

除滇西南以外，中国热带大部分地区，在东、南两个方面面临着西太平洋西南角的暖水洋面，温湿条件优越，境内季风常绿林郁郁葱葱，各种喜热植物应有尽有，是中国境内开发热带植物资源的最好基地，海南岛是橡胶的主要产地，南海诸岛是我国著名的渔场。

四、河流众多、水量丰富的水文特征

中国热带地区河流众多，水系河网多样，水量、水力资源丰富，但时空变化大，丰枯水差异悬殊。集水面积在3 000km² 以上的河流在琼雷地区（包括台湾）有5条，滇南地区有4条，流域面积分别为1 092km² 和2 779km²。河网呈现多层次结构辐散状、多条干支流形成的编织状以及不对称树枝状结构。年径流量丰富，但地区分布、季节分配和年纪变化差异很大。滇南诸河的平均流量和径流总量大于琼雷诸河，而径流深和径流模数则相反。

地下水资源丰富，水质较好，矿化度低，可作为灌溉及生活用水。水资源开发利用情况各地不一。农业是海南岛最大的用水户，但随着社会经济建设的迅猛发展，工业和城市用水正在急剧增加。目前对水的需求尚在全岛供水能力之内（据水利部门统计，目前全岛水库有效蓄水量为42.3亿 m³；据《海南环境与自然资源总体规划》（英国环境资源公司，1992），目前全岛水库可利用水量为32.63亿 m³，地下水开采量11.19亿 m³，总供水能力为43.55亿 m³。滇南地区水资源和水能资源都较丰富，但开发利用难度大，且易受山洪、塌方影响。

南海岛屿具有潟湖形式的地表水，矿化度高；地下水咸淡分层，水量丰富，单位流量一般在2~8L/(s·m)。由于地下淡水体位于深部咸水层之上，而深部咸水层又与海水相通，因此，地下淡水层的埋深会随着潮汐涨落而呈动态变化。受到季风的影响，南海海洋海流的水平和垂直运动非常明显，对于物质能量交换、促进生态良性循环有重要作用。

五、热带的动植物和土壤

热带雨林是本地区典型的地带性植被。在干季明显的地方是热带季雨林，较干的地方如海南岛有较大面积的热带稀树草原和稀树灌木。中国热带雨林分布在华南热带海拔350~400m以下、滇南热带海拔400~800m以下的低山丘陵和沟谷地区。热带雨林又分为湿润雨林和季节雨林两类。湿润雨林分布在地形雨较丰富（年雨量1 800~2 000mm以上），土壤湿润的低山沟谷，如海南岛南部的鸡毛松、蝴蝶树，滇南河口的龙脑香、毛坡垒等，平均树高20~35m，高者达50~60m，乔木分3层。季节雨林分布在地形较开阔，降水量较少（1 400~1 800mm），有明显的雨季和旱季的低丘台地上，以青梅、番龙眼、望天树等为代表树种，树高较湿润雨林稍低。热带季雨林常与热带雨林镶嵌分布，又分为常绿季雨林和落叶季雨林两类。前者主要分布在琼东、哀牢山以西的西双版纳，以荔枝、全毛榕等为代表，树高10~25m，乔木2~3层；后者主要分布在琼西南和滇西南的干热河谷，以鸡占、厚皮栎和刺桐、木棉等为代表，树高7~10m，乔木1~2层。热带雨林和季雨林是中国热带区域的典型植被，同时，由于热带优越的水热和土壤条件，使得本地区植被表现出众多植物种类混生，优势种不突出，形成层界不明显的"多层林"结构，群落外貌和季相变化表现为"季雨林"型等特点。

热带森林环境，气候适宜，食源丰富，栖息条件多种多样，有利于热带动物的生存和发展。本地区动物的种类繁多，尤其是灵长类、爬行类、鸟类、昆虫等。有许多珍稀和特有动物，如长臂猿、叶猴、熊猴、猕猴、红脸猴、直冠蛇雕、海南蛇雕等。由于滇南具有较复杂的生境，四邻又有广泛的地域联系，使得动物种类和数量都多于海南热带，例如还有大型食草动物如大象和野牛，以及大型食肉动物豺、狼、虎、豹等存在，而海南则没有。热带森林动物成层分布，小、中型动物多于大型动物，树栖动物多于地栖动物，动物生态现象的季相不明显。此外，本区域的海洋中，还有大量的水生生物资源，如鱼类、贝类、虾类、藻类、两栖类等。

气候特征有利于土壤中物质的强烈风化、分解和生物物质的迅速循环，富铝化过程显著，形成富铝化的热带土壤——砖红壤（暗红湿润铁铝土）。砖红壤是中国热带的地带性土壤，分布在台湾南部、广东的雷州半岛、海南岛和云南最南部，呈窄长条状，它是强烈的富铝化过程和生物富集过程相互作用的结果。随着热量由南向北的减少，上述两种过程作用即随之减弱，土壤由砖红壤向赤红壤（简育湿润铁铝土）方向发展，甚至形成燥红土（简育干润富铁土）或者黄壤（铝质常湿淋溶土）。此外，由于特殊地貌条件的影响，土壤类型和分布极为复杂，但仍有明显的分布规律。就海南而言，四面环海，中高周低，形成环状结构地貌，岛的最外环形成现代滨海砂土（砂质新成土），次外环为砖红壤。滇南热带地区土壤则呈现明显的垂直地带性，砖红壤地带的垂直带谱为砖红壤—山地赤红壤（简育湿润铁铝土）—山地黄壤（铝质常湿淋溶土）—山地灌丛土（叶垫潮湿雏形土）。南海诸岛，由于母质的影响，形成的是磷质石灰土（磷质钙质湿润雏形土）。中国热带区域土壤淋溶迅速，土壤侵蚀严重；地质大循环和生物小循环过程快。土壤肥力的形成与演变过程，可以朝着迅速分解—迅速吸收—迅速补充的良性方向发展；或朝着迅速分解—迅速淋失的养分贫瘠化方向发展。这个过程取决于生物积累过程与物质淋溶流失过程的相互作用。

在中国土壤分类分区中属于东部季风土壤区域的湿润铁铝土、湿润富铁土、岩性暗沃土地区，包括简育湿润铁铝土、铁渗水耕人为土区，暗红湿润铁铝土、铁聚水耕人为土区，黄色湿润铁铝土、富铝湿润富铁土区，黄色湿润铁铝土、简育湿润富铁土区，富磷岩性暗沃土，湿润正常新成土区等。

第二节　自然区自然地理特征

依据自然地理特征的差异，中国的热带湿润地区可以划分为：台湾南部低地季雨林雨林区（ⅦA1）、琼雷山地丘陵半常绿季雨林区（ⅦA2）、滇南谷地丘陵季雨林雨林区（ⅦA3）、琼南低地与东沙中沙西沙诸岛季雨林雨林区（ⅧA1）和南沙群岛礁岛植被区（ⅨA1）5个自然区。

一、台湾南部低地季雨林雨林区（ⅦA1）

本区包括台湾西南缘的台南平原中南部和屏东平原，即浊水以南的安平、台南、高雄一带；台湾岛南端的恒春和东南缘的台东以南平原部分；此外，还包括澎湖列岛。台南平原与屏东平原主要为河流沉积物构成，台南平原向西南倾斜，屏东平原向南倾斜，与陡峭的山地连接。东面为中央山脉山麓地带至太平洋的海岸的狭长地带，断层崖壁直落太平洋。台南平原南部的丘陵地上可见到珊瑚礁，反映近代新构造运动的隆起现象。

气候温暖而潮湿，最冷月平均气温在16℃以上，月际温度较差小，一般在3℃以下。降水丰沛，西部台南、屏东平原年降水量在1 500mm以上，东部由于山地的屏障，大陆冷气团的影响小，主要受到西北太平洋暖流的影响，年降水量在1 800~2 000mm。

地带性植被为热带雨林和具有常绿树种的季雨林，原始的热带雨林所剩无几，只残存在少数山麓和河岸坡地。植被结构接近菲律宾群岛的热带雨林，但优势种群有所不同，常见的有肉豆蔻、铁榄、合乌木、长叶桂木等，林内有许多木质大藤本植物，与棕榈纤缠。在耕作线以下的季雨林都已被开垦利用，山丘上也只残存次生的季雨林，上层树种多为阳性耐旱落叶种类，海拔500m以上则是亚热带常绿阔叶林。

澎湖列岛由大小64个岛屿和许多小岩礁组成，分布范围南北约60km，东西约40km，实际陆地面积约127km^2，其中面积最大的澎湖本岛为64km^2。整个群岛主要为玄武岩的熔岩蚀余台地。各岛屿内部地势平坦，海拔最高不超过80m，是冬夏季风往来交替的地带，强风多而降雨少，年平均降水量在1 000mm左右。有时降雨是咸雨，地表水和地下水都比较缺乏。土壤发育也较差，土层薄，不利于水稻和甘蔗栽培，农作物以甘薯和花生为多。除了人工栽培的榕树以外，澎湖列岛上缺乏高大的乔木。

台南边缘热带温度高水分足，水稻一年可以三熟，甘蔗产量高，蔗糖畅销海内外。此外，还可以种植橡胶、椰子等经济作物。由于长期的砍伐，森林面积缩小，如樟树的过量砍伐已经影响到樟脑的生产。植被的破坏也导致了严重的土壤侵蚀。台风和地震是造成这里人员伤亡和财产损失的两大主要自然灾害，每年6~9月份是台风高发期，尤其以8月份频率最高。澎湖列岛常有地震发生，最多时一年（1906年）发生18次。

二、琼雷山地丘陵半常绿季雨林区（ⅦA2）

琼雷山地丘陵半常绿季雨林区，范围包括广东省雷州半岛、海南岛的中北部和广西南部，即合浦—阳江—上川一线以南至海南南部的佛罗—保亭—万宁一线以北区域。区内地形复杂，山地、丘陵、台地与谷地、盆地交错，火山地貌发育，气候属热带季风气候，发育了地带性的砖红壤和季雨林，并因山势而出现明显的垂直分异，滨海沿岸还分布有典型的珊瑚礁与红树林生物海岸景观（郑度等，2008）。

（一）自然地理特征

1. 地貌以山地、丘陵与台地为主，火山地貌发育

本区的地貌可以分为北部的海南岛北部和雷州半岛，南部的海南穹窿山地两个主要区域。

南部的海南穹窿山地属花岗岩穹窿构造，分布在海南岛的中部到中南部，形成于中印造山运动五指山花岗岩入侵隆起，后受到多次间歇性的隆起和剥蚀，层状地形和断裂凹陷清晰可见，东北－西南向的山间盆地和谷地很普遍，山脉长度不大、海拔不高，以丘陵台地为主。其中海拔超过1 000m的山峰有81座、1 500m以上的有5座，分别为是海拔1 867m的五指山、1 811m的鹦哥岭、1 655m的猕猴岭、1 546m的马或岭和1 518m的雅加达岭。昌化江和万泉河将整个山体分为东西两大系列。东系以五指山为中心，包括东南的吊罗山和东北的白马岭；西系则以鹦哥岭为中心，包括西南的尖峰岭和北面的黎母岭。山地主要由花岗岩、花岗闪长岩以及流纹岩和红层组成，东西两侧有古生代的石英岩、片岩、千枚岩、片麻岩和中生代的砂页岩和砾岩等，对土壤的形成和发育有很大的影响。

北部属于琼雷地洼，表现为广阔的琼雷台地和阶地。琼雷台地的主要成分是玄武岩台地，由第四纪火山岩流凝固而成，从边缘向中部升高成盾状，最高处一般是火山锥。多次的火山喷发形成了不同高差的台地，从海拔10m到150m可分为几组高差不同的台地。台地上的火山锥有的形成火山湖，其中面积达3.6km^2、水深超过20m的湛江市湖光岩就是本区域最大的火山湖。雷州半岛最高的火山锥是海拔272m的石卵岭，海南岛最高的火山锥是海拔257m的多文岭。

另外，本区海岸线长，沿海具有适宜造礁珊瑚发育的环境条件，形成了不同类型的珊瑚礁海岸。如雷州半岛岬角的岸礁、海南岛西北大铲和邻昌的离岸礁等，为本区域的一种特有海岸景观。

2. 雨量充沛且与高温同期，热量丰富但偶有寒潮

气候属热带季风气候，雨量充沛，年平均降水量在1 700mm左右，部分地区可超过2 000mm，但也有部分地区不足1 000mm（东方），年降水量有东高西低的趋势；雨季与高温同期，并有明显的干湿季，如海口12月到次年的2月为旱季，3～11月为雨季，雨季的降水量可占到全年的90%。但是，区内降水的年际变化比较大，如海口1982年的年降水量为2 342.7mm，而1977年只有874.4mm。另外，7～10月是台风的多发期，强劲的台风往往带来暴雨甚至特大暴雨，特大暴雨时日降水量可达700mm以上，造成严重的洪涝灾害。

地处低纬，热量丰富，长夏无冬，但偶有寒潮。年太阳总辐射在5 020.8～5 857.6 MJ/m²，年平均气温23～25℃，最冷月平均气温15～18℃，日平均气温≥10℃期间积温一般8 000～9 000℃，年温差在10℃以上，夏季长达7～12个月，春秋季相连，没有冬季。一般年份平均极端最低温度为5～8℃，没有霜冻。但是，当较强寒流南下时，北部和山区极端最低温度可能降到3℃，甚至可能出现短暂的霜冻，对热带作物产生一定的危害。

3. 植被类型复杂，热带种类多，地带性特征显著

本区植被类型复杂多样。主要植被类型有热带雨林、热带季雨林、落叶季雨林、山地常绿阔叶林和红树林等。区内有部分不够典型的低地热带雨林，分布在海南岛东部，主要有蝴蝶树、青梅、荔枝、坡垒及次生青梅纯林；热带季雨林是本区的主要地带性植被，主要分布于海南岛和雷州半岛年雨量1 600mm以上的丘陵台地，以常绿阔叶树占优势（80%以上），树高25～30m，乔木2～3层，主要由鸭脚木、胆八树、春花、黄桐等组成，其遭破坏后的次生林有黄把、中平树、楂树等阳性树种，林下多大戟科和茜草科的种类；落叶季雨林，主要分布于海南岛西部和西南部比较干热的海拔500m以下丘陵盆地，组成种以豆科、壳斗科、大戟科、使君子科、番荔枝为主，落叶树占50%～70%，一般树高7～10m，乔木分2层，主要树种以麻楝、平脉稠、厚皮树、眉柴、鸡占等为主，林内郁闭度一般不高，林下多旱生有刺灌木；山地雨林，一般分布在年降水量2 000mm以上、海拔400～800m的山地，如五指山、尖峰岭、坝王岭等，一般乔木高25～30m，最高达40m，以壳斗科的栲属、石柯属和常绿的栎属以及青梅、荔枝等为主，有鸡毛松、陆均松等特殊的热带裸子植物，在沟谷潮湿环境下常有山芭蕉、树强和海芋之类组成沟谷雨林下层结构；山地常绿阔叶林，分布于海拔1 000（1 200）m以上的温凉湿润山地，乔木树高可达15～20m，除了常绿阔叶树种以壳斗科、樟科、山茶科和金缕梅科等为优势外，还有松、油杉和粗榧属等种类的针叶树，但分布的海拔较高，土层较浅，露岩多，常风大，亚热带植物成分增强，山地雨林的热带植物成分显著减少，亚热带针叶树松属、油杉属及粗榧属占较大优势；山顶矮林，分布在海拔1 300m以上的山顶地段，植物区系成分和森林结构简单、矮小，乔木仅一层，高度一般5m左右，最高不超过10m，胸径5～10cm，常见树种有猴头杜鹃、厚皮香、三果石栎、细叶车轮梅、山矾和密花树等，下层主要由一般高0.5～1.5m的海南青篱竹和林仔竹所组成，地表、树干和树枝上常有许多苔藓植物；红树林，在海南岛和雷州半岛沿岸断续分布，主要由喜温耐盐的红树科植物组成，其中海南岛的红树林有 11 科 18 种，一般是 8~10m 高的乔木，在雷州半岛仅有 10 种左右，且是 4~5m 高的灌木林。

由于没有受到第四纪冰川的影响，本区有较多古老植物保存下来，植被的热带种类丰富，共有 40 多科，其中典型热带科有龙脑香科、番荔枝科、肉豆蔻科、棕榈科、无患子科、红树科等，世界广布种有木棉、中平树、酸豆和杨树等，海南热带特有种有海南栲、海南赤杨、脑脂木、细子龙等。区内木本植物约有 1 400 多种，为全国树种的 30%，其中乔木 800 多种，热带珍贵用材林近 50 种，草本植物相对较少。本区植物群落的主要特点是多层、多种、混交、同林异龄、常绿、干高、树冠参差不齐，以及多木质藤本和大型附、寄生植物及大型真菌等。单纯由一种乔木形成纯林的只有龙脑香科的青梅林和南亚松林。

4. 风化强烈，地带性砖红壤发育，垂直变化显著

在高温多雨的气候条件下，化学风化作用强烈，土壤成土过程主要表现为淋溶脱硅 - 富铝化过程和有机质积累过程，所发育的地带性土壤为砖红壤（暗红湿润铁铝土）。砖红壤分布在区内的低丘和台地上，风化程度深，发育层次不明显，分解淋溶强烈，富铝化特征明显，黏土矿物主要是高岭石，也有三水铝石和赤铁矿等，硅铝率在1.5 左右，普遍含有铁锰结核和铁盘，呈酸性反应，有机质含量与植被关系密切。根据脱硅 - 富铝化过程的程度，区内的砖红壤有铁质砖红壤、黄色砖红壤、褐色砖红壤等亚类，土壤理化性质存在一定差异。

除地带性的砖红壤外，还有非地带性的水稻土、燥红土（简育干润富铁土）和滨海沙土（滨海砂质新成土）等土壤类型，这些非地带性土壤也具有热带的特点。本区的水稻土与亚热带和温带的相比，由于高温多雨和成土母质的原因，心土和底土层有较多的网纹或锈斑，或其至是铁结核，一般质地较轻，砂质含量高，可达到 40%~50%，耕作层大多不到 20cm，有机质含量一般不足 1%，稻田 pH 约 5.0~5.5，土壤改良提高产量的难度较大。燥红土分布于海南岛西南与乐东滨海稀树草原台地或海成阶地有刺灌丛分布，土壤发育时间短，矿物风化程度低，表土灰棕色、团粒结构，心土红褐色、团块或棱块状结构，底土红棕色或黄棕色，原生矿物分解不彻底，脱硅富铝作用不明显，碱金属和碱土金属淋溶不强烈，土壤盐基饱和度达 70%~90%，土壤pH >6.0，有机质含量可达 3%~4%。

受制于地势海拔的影响，山地土壤的垂直变化显著，山地垂直带上分布山地赤红壤（简育湿润铁铝土）、山地黄壤（铝质常湿淋溶土）和矮林草甸土（叶垫潮湿雏形土）等。

（二）区内差异及亚区划分

区内存在南北分异。首先，琼雷山地丘陵半常绿季雨林区的南部是海南岛，北部是雷州半岛，两者都是完整的自然地理区域单元，但两者之间大致以王五 - 文教断裂带为界明显分野，其南是以中等高度山地为主的海南穹窿山地，其北是以平缓低台地为主的琼雷台地，二者在地貌形态、海拔高度、组成物质、形成历史上均有明显的差异。其次，受纬度的影响，气温在南北方向上也有明显的不同，本区南界的年平均气温可达25℃、1月平均有20℃，中部海口分别为23.8℃和17.2℃，徐闻为23.3℃和16.4℃，北部的湛江则分别为23.1℃和15.6℃，自南到北气温明显下降。由此自然植被中的热带雨林，主要分布在海南岛南部山谷中，而向北演变为季雨林和半常绿季雨林；农业植被中的橡胶、槟榔、椰子、可可、腰果等在南部的海南岛面积较大且品种较多。

区内东西之间也存在差异。东西方向的变化主要体现在年降水量上，以地形屏障效应明显的海南岛东、西部最为显著，如海南岛东部的琼海多年平均降水量2 072.8mm，而西部的东方仅993.3mm，所以海南岛西部出现了热带稀树草原景观，农业上有耐旱作物的种植园（如腰果等）。雷州半岛地势平坦，水平空间不大，但在东西方向降水也有不同，如徐闻年降水量1 364.1mm，而西部的苞西盐场仅1 122.4mm。

总体而言，琼雷山地丘陵半常绿季雨林区的自然地理地域分异以南北方向最为突出，且从自然地理区域的完整性考虑，可以琼州海峡为界划分出雷州半岛和海南岛两个亚区（钟功甫等，1990；任美锷、包浩生，1992）。

1. 雷州半岛亚区

雷州半岛地处中国大陆南端，其北依云开大山之南坡，南隔琼州海峡与海南岛相望，东临南海，西濒北部湾。雷州半岛地质构造上位于雷琼凹陷的北部，区内北东东、东西、北西向活动断裂构造发育，自古近纪－新近纪以来本亚区一直处于沉降状态（聂宝符等，1997；詹文欢等，2002），接受了超过1200m厚的海相沉积，沉积了湛江组海陆过渡相砂砾层和北海组冲洪积相砂砾沉积层，新近纪以来火山活动频繁，有多期多次喷发，可分为10期、58个喷发回次，最晚一期是全新世早期（李招文，2002）。频繁的火山活动，在雷州半岛形成多级熔岩台地。但是，对于将海南岛与雷州半岛分离的琼州海峡成因与时代看法不一（赵焕庭等，2007），成因有海岸侵蚀说、构造断裂说和海侵低地说，形成时代有上新世、第四纪初、中更新世之前、中更新世之后或全新世等几种说法，新近赵焕庭等提出，琼州海峡并不是一个断裂谷，其前身是常态低地，是在全新世中期全球性海侵淹没峡区原来的常态低地而形成的，主要形成时段为（1 0570 ± 560）～（7 125 ± 96）aBP。同时，在全新世海进时，在半岛周围形成海崖和溺谷。在上述地质条件下，区内地表物质以中更新统洪积砂砾层、第四纪各期玄武岩及其风化壳为主，局部有下更新统滨海相砂砾及黏土层。

雷州半岛地势大致北高南低，地形主体是玄武岩台地和河湖相堆积台地。玄武岩台地海拔多在80~100m以下，由晚更新世喷发的橄榄玄武岩组成，北部分布在螺岗岭（海拔233m）、湖光岩一带，南部以石卵岭（海拔259m）为核心，面积较广，两岭均为火山锥，同时也是雷州半岛南北两个最高点。堆积台地海拔在25m以下，多由下更新统河湖相碎屑建造的湛江组以及中更新统的北海组组成，集中分布在半岛的北半部，尤以北部偏西部分为典型。

雷州半岛三面环海，西部岸线平直，以砂质岸为主，东部岸线较曲折，沙岸和淤泥质海岸相间（任美锷等，1992）。雷州半岛港湾的腹地主要是湛江组、北海组沉积和玄武岩喷溢的宽平台地，故台地溺谷海岸的特征十分明显。雷州半岛东北侧的湛江港（湾），就是一条大规模的溺谷型潮汐水道，沿南三岛与东海岛之间的通道深入陆地50km，水域总面积263km²，其中有23.6km²水深超过10m，并间断出现20m深槽。湾口口门宽2.1km，最大水深40m以上。湛江溺谷港阔水深，边界条件稳定，泥沙来源少，潮汐作用强，长期以来港湾形态稳定，是华南天然良港之一。另外，雷州半岛西南部珊瑚礁海岸较为发育（聂宝符等，1997；詹文欢等，2002），珊瑚种类主要是角孔珊瑚、滨珊瑚、蜂巢珊瑚、鹿角珊瑚、盔形珊瑚、牡丹珊瑚等。尤其是近几十年来全球气候变暖，导致雷州半岛西南部珊瑚礁开始新的小规模生长发育。

雷州半岛属热带北缘季风气候，光热资源丰富，但干旱等气象灾害问题十分突出。年平均太阳辐射为4 563～5 210MJ/m²（何东，1992），年日照时数多年平均为2 000h，年平均气温在22.7～23.3℃之间，最热月平均气温为28.2～28.9℃，最冷月平均气温15.0～16.4℃。由于云开大山的屏障作用，除局部地方极端最低气温可低于0℃外，大部分地方为1～3℃，一般年份橡胶等热带作物可安全越冬。气温年较差为12.0～13.5℃，大于中国热带其他各地，日较差6.2～8.0℃。日平均气温≥10℃期间的积温为8 147～8 458℃，持续日数352～361d，水稻种植双造有余而三造不足。年平均降水量为1 364～1 771mm，地形对降水分布的影响十分明显，迎风坡多于背风坡，山地多于平原台地。处于云开大山东南坡的高州、化州、廉江等地的年降水量均在1 700mm以上，而沿海的电白、湛江等地不足1 600mm，南端的徐闻仅1 364mm。但是，季风气候特征明显，降水量年际与年内变化较为明显（曹基富等，2002）。降水量的变差系数一般在0.25～0.30之间，最大年降水量与最小年降水量的比值在3.0左右。最大比值为湛江站的4.05，最大与最小年降水量的极差在1 300～2 000mm之间，极差最大的湛江站达1 979.0mm。全区记录到的年降水量最大值为唐家站的2 889.0mm，最小值为迈陈站，仅530.5mm。降水量年内分配也极不均匀，干湿季明显，4～10月的月均雨量超过100mm，而6～9月的月均雨量几乎超过200mm，其中4～10月降水量占年降水量的90%左右，而6～9月份降水量又占65%左右；12月～次年2月的降水极少，仅占年雨量的5.0%左右，月降水量最小值一般出现在1月份，降水量常常不足年降水量的2.0%。由于雨季较迟，常在5月份才开始，因此十年有七八年发生春旱。降水量相对较少，时空分布不均，日照时间长、蒸发量大，三面倾斜的"龟背"地形一般对蓄水不利，以及植被破坏、土壤质量下降、水分利用率低等，造成雷州半岛的旱灾非常普遍和严重（杜尧东等，2004；曹基富等，2006），干旱一年四季均可发生（黄月琼等，2001），常见的干旱季节有春旱、秋旱和冬旱。以春旱影响最大，最严重的几个干旱季节同时出现，成为冬（秋）连春旱，连旱日数可达80～130天，最长连旱日达170天以上，1959～1960年连旱日数达228天，雷州半岛有85%以上的年份发生冬连春旱，重旱年占60%～80%，无旱年仅为6%～15%。1977年2月至6月，全区平均降水量仅为280mm左右，比往年同期偏少4～6成，旱期超过70天，特别是雷中大部分地区旱期达100天左右，农作物受旱面积约11万hm²，失收面积约1万hm²（曹基富，2006）。另外，本亚区也是中国受台风袭击最多的地区之一，5～11月都可有台风影响，平均每年影响次数有6～7次，带来相当严重的灾害。如1980年第7号台风登陆雷州半岛，最大风速达44m/s，降水量200～400mm，并带来特大暴潮，仅海康（现雷州市）、徐闻两县就崩塌堤围247km，1.67万hm^{2}农田受海水浸淹，16.71万间房屋被损坏，40%~50%的橡胶树被吹断或吹倒，导致200多人死亡；又如9615号强台风，正面袭击湛江，登陆时台风最大风速超过57m/s（17级），造成雷州半岛人员重大伤亡和130亿元的经济损失（张羽等，2006）。本亚区每年从10月至翌年4月会受强冷空气影响2~3次，以12~2月最多，其中寒潮出现的概率北部平均为一年两遇，南部约为一年一遇。低温寒害时有发生，如1955年1月的强寒潮袭击，雷州半岛南部的徐闻极端最低气温降至−1.8℃，80%以上的橡胶幼树被冻死。

雷州半岛河流较多（肖仕鼎，2008），南部玄武岩台地由中部向东、南、西三面倾斜，发育有放射状水系，但大多数属于集水面积小、源流短、水量小、落差不大的小溪和小河，其中集水面积在100km^{2}以上的干支流共40条，100~1 000km^{2}以上的河流有1条，1 000km^{2}以上的河流共6条，独流入海的有22条。东北部的鉴江、西北部的九洲江，流域面积分别为9 464km^{2}和3 113km^2，由北向南出境入海。源于中部的南渡河，是半岛中部最长的河流，全长97.2km，由半岛的西北向东南流入大海，流域面积为1 444km^2。

雷州半岛砖红壤（暗红湿润铁铝土）发育，是地带性土壤，亦为中国砖红壤4个主要分布地区之一。雷州半岛砖红壤有机质、全氮、全磷、碱解氮和速效钾含量均居中等水平，速效磷含量较高，全钾含量缺乏，盐基交换量总量少，饱和度低，土壤缓冲性能较差，保水保肥能力也较差，容重、孔隙度居中，质地属中壤土，物理性黏粒含量、物理性砂粒含量平均值分别是32.0%和68.0%（罗凯，1997）。但是，养分含量一般变幅较大，如有机质含量最高的是玄武岩黄色砖红壤，达54.9g/kg，最低的是浅海沉积黄赤沙地，为5.4g/kg，前者是后者的10倍，平均为25.0g/kg（表15.1）。另外，由于海岸线较长，陆地泥沙被河流等运移入海后，在近岸流、波浪、潮汐以及海湾生物参与下形成海涂土壤，称为潮滩土（张希然等，1994），主要见于雷州半岛东海岸南部和西海岸贴岸海域，高程一般在−2m以上，多呈带状分布，其中主要是砂泥和泥质潮滩土，分布于湛江港、雷州湾、安铺湾以及深入内地的狭小海湾。

表15.1　雷州半岛砖红壤养分含量（罗凯，1997）

取样地点	土壤名称	土层深度/cm	全量养分/（g/kg）				速效养分/（mg/kg）		
			有机质	全氮	全磷	全钾	碱解氮	速效磷	速效钾
海康英利	玄武岩砖红壤	0~14	41.1	1.71	0.99	1.6	151	5	48
海康英徙	玄武岩赤土地	0~17	27.9	1.28	1.27	1.8	97	26	36
遂溪北坡	浅海沉积黄赤土地	0~14	15.3	0.62	0.27	0.5	49	3.5	15
遂溪北坡	浅海沉积黄赤沙地	0~15	5.4	0.25	0.24	0.2	27	26	19
吴川覃巴	花岗岩砖红壤	0~7	12.9	0.45	0.30	13.2	38	5	78
吴川覃巴	麻红赤泥地	0~14	11.3	0.52	0.48	5.8	57	67	34
廉江石城	砂页岩砖红壤	0~9	16.8	0.76	0.19	12.6	77	5	83
遂溪大岭	页红黄赤土地	0~9	8.2	0.41	0.54	1.8	45	4.1	24
徐闻曲界	玄武岩黄色砖红壤	0~15	54.9	2.31	1.58	2.2	215	11	68
徐闻曲界	耕型玄武岩黄色砖红壤	0~21	42.4	1.75	2.20	2.4	173	29	53

取样地点	土壤名称	土层深度 /cm	全量养分/(g/kg)				速效养分/(mg/kg)		
			有机质	全氮	全磷	全钾	碱解氮	速效磷	速效钾
徐闻大黄	粗骨砖红壤	0~8.5	44.8	2.21	1.66	2.8	207	11	140
徐闻大黄	耕型粗骨砖红壤	0~12	18.8	0.93	1.94	1.1	74	13	51
平均		25.0	1.10	1.38	3.8	101	20	54	

雷州半岛的自然植被原为热带季雨林（任美锷等，1992），半岛南部徐闻一带玄武岩台地 1950 年代初尚有一定的残存，而半岛北部海康、遂溪等县早在 1950 年代前就已沦为灌木草地，生长着旱中生性的鹧鸪草、蜈蚣草、华三芒、红裂稍草和毛画眉草等禾本科矮草，以及山芝麻、鸡骨香、坡柳、蛇婆子等灌木。但是，雷州半岛海岸线长达 1300km 多，海湾多，尤其是一些海湾和海岸段有横卧的岛屿庇护，深入内陆形成半封闭的空旷腹地，相对隐蔽，风平浪静，滩涂广而深厚，利于红树林生长繁衍，红树林分布较广。1989 年雷州半岛有红树林 0.788 万 hm^2（蔡俊欣，1991），主要集中于通明海湾、海康港、英罗港等 8 个港湾。红树林呈不连片的分布，每片面积数十至数百公顷不等，一般不超过 $200hm^2$。红树林群落高度 1.5~3.0m，覆盖度 30%~85%，结构较简单，多为单层林分。红树林植物有紫金牛科的桐花树，马鞭草科的海榄雌，红树科的红海榄、秋茄树、木榄、角果木，使君子科的榄李，爵床科的老鼠簕，大戟科的海漆，夹竹桃科的海杧果，锦葵科的黄槿等，其中以桐花树和海榄雌分布最广、面积最大，约占现有红树林总面积的 70% 以上。湛江国家级自然保护区的红树林是中国面积最大、种类最多、分布最集中的红树林群落（刘周全，2007），现有面积 20 278.7hm^2，约占全国红树林总面积的 33% 和广东红树林面积的 79%，红树林种类有 15 科 24 种，区系为东方类群，属亚热带性质，大多为嗜热广布种，分布最广、数量最多的为海榄雌（白骨壤）、桐花树、红海榄、秋茄和木榄，群落的外貌简单，为灌木或小乔木，林木平均高度 1~2m，少数为 5~6m，没有分层现象。但是，由于忽视红树林的生态效益，近年来红树林被毁改做农田、养殖地、盐场甚至建设港口等，人为破坏导致红树林面积急剧减少。另外，为保持水土和抵抗风灾，雷州半岛自 1950 年代以来也营造了大面积的人工防护林，防护林多以木麻黄、桉树、台湾相思为主，也引进母生、麻楝及其他经济林木，尤以桉树人工林基地最见成效。同时，还引进栽培了规模比较大的热带经济作物橡胶、剑麻等。

2. 海南岛亚区

海南岛亚区是指海南南部佛罗—保亭—万宁一线以北的海南岛区域，四周低平，中间高耸，总体呈穹形山地，基岩多为花岗岩类的岩石及古老变质岩系和白垩纪至古近纪的红层。地貌区域特征明显，以王五－文教断裂为界大致可以分为琼北玄武岩台地和琼中南环状地貌两个区域（张军龙等，2008）。王五－文教断裂是海南岛一条重要的断层，由数条规模不等、大致平行的断裂组成，横贯海南岛北部，西起南华寺，东达铜鼓岭，全长约 200km，总体呈东西走向，倾向北。其中，琼北及琼西地区位于王五－文教断裂北侧，新近纪以来有 10 期 59 次火山喷发，其中 5 期在第四纪，熔岩面积近 4 000km², 构成琼北大片的玄武岩台地及分散的火山丘, 在接近东西方向或北西方向上呈线状排列着数十个玄武岩残丘(火山口), 成为华南火山地貌的典型代表。断裂南侧则由丘陵过渡到山地, 琼中南中山地区, 以五指山(1 867m)和鹦哥岭(1 811m)为中心, 山体庞大, 1 000m 以上的山峰有 667 座, 构成中部的穹状山体, 地形从中部山地向外围逐级递降, 依次为中山、低山、丘陵、台地、滨海平原, 构成层状垂直分布和环状水平分布(何大章, 1985; 袁建平等, 2006)。山地丘陵有多级剥蚀面和山间堆积面, 发育着大小不等的断陷盆地, 如通什(现五指山市)盆地、营根盆地、东方盆地、乐东盆地等。沿海沿河还有 2~4 级台地和阶地, 层状地貌极为显著。本亚区三面环海, 在沿海地带, 除个别地方山脉迫近海岸外, 其他地方多为滨海平原, 有山前洪积台地、河流阶地以及河口的冲积–海积平原、海积平原, 以及沿海强风搬运大量沙粒堆积于沿岸地带而形成的大片沙地。在琼东北、琼西北、琼西南都有大片风成地貌, 沙地宽达数千米, 有些地方数条沙堤并列, 构成沙堤潟湖平原。同时, 沿海岸带生长的珊瑚与红树林, 种属繁多, 为我国典型的珊瑚礁与红树林海岸, 主要分布在文昌市铺前港、清澜港、冯家港, 临高新盈港, 儋州新英港和澄迈马枭港等地。

海南岛亚区的地形结构使其河流呈放射状的短小独流。区内水系以南渡江、昌化江和万泉河为代表, 特点是河流不长, 流域面积不大, 但流量丰富, 落差也较大。南渡江是海南岛最大的河流, 发源于白沙县的南峰山, 河流长 311km, 流域面积 7 176.5km², 落差 703m, 年平均流量 209m³/s, 年径流深 894mm, 年径流量 61.2 亿 m³。万泉河发育于五指山的林背村南岭和黎母岭的峰门岭, 在博鳌港出海, 全长 196km, 流域面积 1 683km², 落差 523m, 年平均流量 166m³/s, 年径流深 1 575mm, 年径流量 51.2 亿 m³。昌化江发源于五指山西北部, 于昌化港入海, 全长 230km, 流域面积 5 070km², 落差 1 272m, 有利于发展水电, 年平均流量 122m³/s, 年径流深 801mm, 年径流量 37.2 亿 m³。此外, 还有许多小河流, 但无论长度、集水面积、流量都较小, 有的是季节性河流(郑度等, 2008)。

海南岛亚区深受季风影响, 属季风热带气候(何大章等, 1985; 何大章主编, 1985), 冬半年受极地冷高脊控制, 较为干冷。夏半年则为季风低压、热带气旋所影响而高温多雨。气候特征是:

(1)全年高温, 冬偶有阵寒。由于地处低纬, 太阳高度角大, 太阳总辐射量大, 日照时数多, 气温高, 积温多, 生产潜力大。太阳总辐射量年平均约 4 602.4~5 857.6 MJ/m², 以西部的东方一带为最大; 大部分地区年平均日照时数在 2 000h 以上, 其中西部的东方为最高, 达 2 700h 多, 最少的中部山区也在 1 700h 以上; 各地年平均气温在 22.4~25.5℃之间, 因地势影响, 在海拔 400m 以上的地方年平均气温在 22℃以下, 在海拔较低的山区周围的广大丘陵、盆地及沿海台地、平原的年平均气温都在 23℃以上, 大部分地区年中各月平均气温都在 10℃以上, 积温在 8 200℃以上; 受冬夏季风影响, 冷热差异大, 致使年温差大, 年温差较世界热带同纬度地区要大, 多数地区达 10℃以上, 北部地区年温差最大, 临高为 11.5℃, 海口为 11.2℃。尤其是在深冬时节, 北方冷空气频频南下, 也常入侵海南, 有些年份冷空气特别强大, 入侵海南后使各地气温大幅度下降, 部分地区地面凝霜, 中部山区还出现过静水结冰, 对橡胶和水稻造成较大损失。但是, 随着全球气候变暖, 海南岛气温也在上升, 50 年来年平均气温约上升0.7℃，气温的提升主要是由冬季气温的增加而造成的，1月份平均气温同比约上升了2.1℃（何春生，2004）。

（2）雨量丰富，暴雨多，雨强大，干湿季节分明。大部地区平均年降水量在1 000～2 000mm（席承藩，1986），但降水量的地区分布极不均匀，且多暴雨。东部、中部年降水量2 000～2 500mm，降雨集中在五指山东南坡，琼中年平均降水量2 438.8mm（王胜等，2007），其最大年降水量高达5 525mm（1964年）。向西至岛的西部沿海一带东方，由于五指山的雨影影响，降水最少，仅961.3mm。东部的琼海与西部的东方相距仅200km，而年降水量却相差1倍，因而形成东湿西干的水分分布状况。降水量的季节差异很大，一般8～10月占全年的80%左右，而11～2月不到全年的10%，因此海南岛旱季很长，有春旱、夏旱，还有冬旱。降水的年际变化也很大，如岛内西部的东方，年平均降水量虽然可达900mm，但最旱的年份只有275mm（1969），故海南岛西南部干旱更为严重。由于雨源主要是夏季风雨、台风雨和热雷雨等，多是阵性雨，在台风入侵高峰期的8～9月多暴雨，最大日暴雨量一般达200～300mm，最大暴雨量尖峰岭达734mm（1963年9月8日），大雨（＞30mm/d）日数一般30～40d，大雨、暴雨量全年总计大多超过500mm，琼中达700mm，占全年降水量的比例很大，一般约达40%。

（3）台风影响大。台风季节长。从5～12月长达7个月都有可能受台风影响，台风路径多数作南北方向摆动，台风登陆次数各地差异较大，但登陆主要集中在东岸各县，尤以东北部最多。夏秋多台风暴雨，热季和雨季同期有利于作物的旺盛生长，干季和冷季结合又较适宜作物越冬，这样优越的气候条件不仅形成天然植物种属多，而且从外地引进的许多热带作物和其他农作物也适宜生长。

海南岛亚区优越的热带气候，为生物生长繁育提供了有利条件，是中国热带雨林最集中和热带生物多样性最丰富的地区之一（覃新导等，2007）。海南岛的天然林约占全岛陆地面积的11%，其中原始天然林占4%。天然林主要分布于海南岛中部、西南部和东南部的山区，物种丰富，海南岛拥有全国13%、世界1%以上的物种。区内有高等植物4 200多种，其中药用植物1 000多种、乔木800多种，其物种约占全国的30%；列入国家级保护植物有48种；海南岛红树林种类分别占我国现存红树林种类的94%以上、世界的35%。海南岛陆栖脊椎动物561种，占全国18.8%，其中海南黑冠长臂猿、海南坡鹿等102种珍稀动物列入国家级保护动物；已记载与森林有关的昆虫种类5 840多种，约占全国已知昆虫种类的1/10；蝶类609种，比被誉为"蝴蝶王国"台湾省还多200余种；此外，还有大量丰富的藻类、蕨类、真菌和各类海洋生物。海南岛物种的区域性明显，在4 200多种高等植物中，有3 500种为海南岛原产，630多种为海南岛所特有；在561种陆栖脊椎动物中，32种为海南岛特有种和典型本地亚种；在37种两栖类中，有11种仅见于海南岛，8种已列入国家特产；在76种兽类中，有21种为海南岛特有种；在5 840种与森林有关昆虫种类中，特有种800种以上。

区内植被的热带特征显著（陈树培，1982）：

（1）植被的种类组成丰富多样和富于热带性，约3500多种维管束植物中有83%属于泛热带种和亚热带种。由于处于低纬度地区，受第四纪冰期的影响较小，使一些古老的植物得以保存下来（颜家安，2006），自新生代以来便孕育和繁衍了非常丰富的植物，组成了现代植被。其中组成低海拔地区的森林植被主要树种有龙脑香科的青皮、坡垒、梧桐科的蝴蝶树、翅子树、野苹婆，楝科的樫木、红罗、米仔兰，桑科的榕树、桂木，无患子科的滨木患、细子龙、荔枝，天料木科的红花天料木（母生），桃金娘科的蒲桃，番荔枝科的海南阿芳，使君子科的鸡占，大戟科的黄桐木、重阳木、樟科的厚壳桂、琼楠，及蝶形花科的降香黄檀等；组成山地森林植被的树种则以热带山地和亚热带的科属比较多，其中主要是壳斗科的锥、红槠，樟科的润楠，杜英科的杜英，木兰科的绿楠、苦梓，金缕梅科的蕈树，山榄科的马胡卡，远志科的黄叶树，茶科的杨桐和裸子植物的陆均松、海南五针松、海南松、广东松和粗榧属等；蕨类植物有350多种，棕榈植物连栽培的达28种之多，此外还有滨海植被中的红树林12科24种，为全国之冠，且与马来西亚和非洲东海岸相似，也是热带植被特征之一。

（2）地带性植被热带常绿季雨林的类型典型。由于地形的作用，在水分条件优越的沟谷地段和山地区，发育着与雨林相似的沟谷雨林和山地雨林，但在背风坡的西部地区，环境干热，亦出现落叶季雨林的典型类型。过去原生林分布很广，1950年代初，海南岛的森林覆盖率达25.7%。但目前森林覆盖率不足10%，且多分布在海拔700～800m以上，大面积为次生林、灌丛或丘陵山地草原等次生类型。

（3）植被与景观类型多样。主要植被类型有（王伯荪等，2002）：热带雨林，是以龙脑香科树种为优势的混合青皮林，组成树种以青皮、坡垒为主，分布于海南岛东南、中南和西南部海拔700～900m以下的低地；热带山地雨林，是海南岛热带森林植被中面积最大、分布集中的垂直自然地带性的植被类型，主要分布在吊罗山、五指山、尖峰岭、黎母岭和霸王岭等林区海拔700～1300m的山地；热带季雨林是热带气候湿度梯度的一个植被类型，是介于热带雨林与热带疏林之间的一个过渡类型，也是本亚区的地带性植被类型；热带山地常绿林，只分布在海拔1000～1300m以上的部分中山地带，面积不大，除了常绿阔叶树种以壳斗科、樟科、山茶科和金缕梅科等为优势外，还有松、油杉和粗榧属的种类为常见的针叶树；在海拔1300m以上的山顶地段，是山地矮林，乔木树种组成有猴头杜鹃、厚皮香、三果石栎、细叶车轮梅和密花树等，下木层主要由海南青篱竹和林仔竹所组成，林内草本植物少，仅有小块状草丛散生；热带针叶林，在山地尤其是五指山的山脊或陡坡地段，海南五针松、广东松、海南油杉占有绝对优势，形成热带山地针叶林；海南岛海岸线蜿蜒曲折，河口海湾甚多，自然分布着较大面积的红树林群落。

（4）植被的外貌和结构，具有浓厚的热带景观。原生森林外貌上终年常绿而茂密，乔木高大，常达35m，一些巨树高达40m余，树干粗大、挺直、呈柱状，胸径一般在50～60cm，大者达1.5～2m；具有明显的板状根，林中的茎花现象常见，如大戟科的枝花木奶果、桑科的榕属、桂木属等；森林植被一般有6～7层，单位面积植株的数量多，优势种不显著；林中还有丰富多样的木质藤本植物、附生植物、寄生植物和"绞杀植物"等组成不同的层片，使群落形成复杂的结构。

（5）热带人工植被亦日渐发展，原来的次生植被已逐步变成了郁郁葱葱的各种经济林、防护林和用材林等，其中主要的经济林有橡胶林、腰果林、椰子林、胡椒园等。这些人工植被不仅在改良环境、促进生态平衡方面起了一定作用，同时也丰富了本岛的植被资源。海南岛亚区多种多样的生物，不同类型的植被，以及热带经济林和人工林等交错镶嵌，使得区域景观类型丰富、多样而复杂（王伯荪等，2007）。但是，随着人为干扰的加剧，区内自然植被面积呈减少趋势（表15.2），其中海南岛的红树林已由1953年的10 308hm^{2}减少到1998年的4 776.27hm^2，减少了53.7%。

表15.2　1998年和1987年海南岛植被面积变化（马荣华等，2001）

植被类型	季雨林	雨林	常绿阔叶林	针叶林	灌丛	草原	人工植被
变化面积/hm^2	−32 569	−6 940	−694	−3 313	−270 672	−193 497	+207 069
%	6.4	6.3	2.3	25.5	43.9	53.8	35

注："−"表示面积减少，"+"表示面积增加。

土壤以浅海沉积物、玄武岩、花岗岩、砂页岩、变质岩等为母质发育而成的砖红壤（暗红湿润铁铝土）为主（席承藩，1986）。土壤特点是：①化学风化度高，富含铁铝二、三氧化物，呈酸性反应。土层深厚，一般在2m以上，发育于玄武岩台地上的土壤，其风化层尤为深厚，可达10～20m。土壤是脱硅富铝风化过程长期作用的产物，在高温多雨的气候条件下，在强烈的化学风化作用下硅酸盐类及其他盐基遭到强烈的分解和淋洗，黏粒和次生黏粒不断形成，土壤中铁铝氧化物累积明显，可高达30%以上，而硅酸盐则大量破坏迁出土体，迁移量达40%～70%，钙、镁、钾、钠等碱金属与碱土金属元素几乎全部迁出土体，土壤pH4.5～5.0。黏土矿物主要为高岭石，黏粒含量可达50%～84%。②有机物质分解迅速，累积量较少。土壤有机质层一般比较薄，厚度一般2～5cm，有机质含量最高为4%～5%，土壤综合质量为中等偏上。但是，土壤养分有效性普遍较差，养分供应和保持能力弱。土壤的生物累积量虽高，但一般开垦利用后，有机质分解迅速，常使地表红色土层裸露，土壤肥力，很快下降到到1%以下，其中尤以旱耕地土壤质量下降最明显，其土壤质量指数已经降低了17%，土壤有机碳含量下降了40%（赵玉国等，2004）。③土壤分布规律明显，区域差异大（邹国础，1983）。随着亚区内地形地貌从中部山地向四周海洋逐渐降低，土壤分布也从山地向四周变化，呈环状分布。如北部从沿海到中部山地，分布着四个土壤环带，依次为近代滨海沉积物发育的滨海砂土，阶地上浅海沉积物发育的砂质砖红壤和玄武岩发育的铁质砖红壤，丘陵上发育于花岗岩母质的硅质砖红壤，以及最内环的山地砖红壤性红壤和山地黄壤。土壤垂直分布也很明显，由低至高依次为砖红壤（暗红湿润铁铝土）、砖红壤性红壤（简育湿润铁铝土）、黄壤（铝质常湿淋溶土）、山地灌丛草甸土（叶垫潮湿雏形土），从而构成中国热带土壤较完整的垂直带谱。另外，作为地带性土壤的砖红壤，是垂直带谱的基带，往往也会由于水热状况的区域变化，导致砖红壤亚类水平分布的区域差异。如琼西南气候干热，以东方的气候为例，年平均气温在24～25℃以上，日平均气温≥10℃期间积温在9 000℃左右，年降水量约960mm多，年蒸发量比年降水量大1倍多，干燥度达1.8～1.9，属半干旱地区类型，故不但有燥红土（简育干润富铁土）的形成分布，而且尖峰岭土壤垂直带谱基带土壤为褐色砖红壤。琼东南是海南岛水湿条件较好的区域，年降水量在2 000mm以上，年蒸发量仅为降水量的50%～60%左右，干燥度在0.8～0.9之间，属湿润地区，因此位于该区的吊罗山的土壤垂直带谱以黄色砖红壤为基带。

本亚区虽然同是热带区域，但内部自然条件的南北、东西与垂直差异比较明显（何大章主编，1985）。①南北差异。南北区域自然差异的原因，主要是热量差异，因南部纬度较低，地表接受太阳辐射热量较多；冬季南下的寒潮，渡海后已大为减弱，海南南部更难到达。具体表现为：热量水平南部比北部高，南部年平均气温 >24℃，最冷月平均温 >18℃，绝对最低气温也在5℃以上，月平均温 >20℃的月数达10个月以上，日平均气温≥10℃期间的积温在8 700℃以上，但北部区域的各项热量值均在上述以下，气温自北向南由低到高作弧形分布；自然植被热带特征南部区域比北部强，南部热带雨林、季雨林的种类组成和群落结构均比北部地区完整而复杂；发展热带农业和热带作物的热量条件南部比北部优越。②东西差异。东西自然景观的差异，主要为水分差异，根本原因是中部五指山的阻隔以及台风登陆地点的不同，东部是湿热气流的迎风坡和多台风而降水量大，西部则是背风的雨影区和少台风故降水量显著减少。主要表现在：水分条件东湿西干，降水量自东向西由多到少，沿着潮湿—湿润—半湿润—半干旱的趋势发生变化，相距不足200km的琼海与东方，前者年降水量超过2 000mm，后者仅961.3mm，年降水量相差近1 000mm；台风的影响东强西弱，侵袭海南的台风，多自东部登陆向西部出海；土壤和植被随水分条件发生变异，在东部偏湿区域分布有砖红壤和黄色砖红壤，还有对水湿条件要求较高的热带雨林和常绿季雨林，海岸红树林也较普遍且生长茂盛，西部偏干区域则分布着褐色砖红壤和燥红土，还有相适应的落叶季雨林和稀树干草原，红树林也因干旱少雨和缺乏泥滩而极少分布；在农业方面，东部雨量丰富、水源充足，水田耕作面积大，各种热带作物对水分的要求也能满足，土地开发利用程度相对较高，而西部区域特别是西部沿海阶地，雨量稀少、蒸发旺盛及水源缺乏，水田较少，许多热带作物没有灌溉就很难生长，土地开发利用程度相对较低。③垂直分异十分明显。一般在海拔超过1 400～1 800m且森林植被保存较好的山地，大多可分出热带雨林、季雨林砖红壤带（海拔400m以下），山地雨林、季雨林赤红壤（简育湿润铁铝土）带、黄壤（铝质常湿淋溶土）带（海拔400～1 000m)和山地常绿阔叶林黄壤带（海拔1 000～1 400m以上）。如在霸王岭（余世孝等，2001），有热带低山雨林、热带山地雨林、热带云雾林、热带山地矮林等垂直带。尖峰岭的垂直分带（胡婉仪，1985；黄全等，1985；曾庆波等，1985；杨继镐等，1983；黄成敏等，2000），海拔 <100m地带，属刺灌丛－热带稀树草原，海滨为木麻黄，向尖峰岭方向则为禾本科为主的稀树草原，间有高大乔木，如木棉、酸豆等，土壤为砂土（干旱砂质新成土）和燥红土（简育干润富铁土）；热带半落叶季雨林分布于海拔 <250m的山前丘陵，因人为活动，原始林破坏严重，边缘地带形成多刺灌丛，如蚝壳刺、柞木等，向内则分布有森林，主要树种有黑格、龙眼、鸡尖、厚皮树等，土壤为褐色砖红壤（暗红湿润铁铝土）；热带常绿季雨林分布在海拔200m～700m的低山，以龙脑香科和无患子科树种为主，其次有桑科、橄榄树以及金缕梅科等树种，林下灌木以棕榈科藤本为主，土壤为黄红色砖红壤（暗红湿润铁铝土）；热带山地雨林分布于海拔700m～1000m的中山，树种以壳斗科的栲、栎及石栎为主，其次为竹柏科、山茶科和山榄科等，林下灌木除棕榈科藤本外还有藤本化竹类，土壤为砖红壤性黄壤；海拔1 000m～1 350m的山岭顶部为山顶苔藓矮林，树种较单纯，层次少，以桃金娘科、蒲桃属和壳斗科树种为主，林下为杜鹃花科灌木，土壤类型为黄壤（铝质常湿淋溶

土）。由于人类对森林资源的盲目开发与破坏，五指山山区的热带低地雨林已经遭到严重的破坏（杨小波等，1994），目前仅分布在海拔700~1 000m地段，主要以青梅、蝴蝶树、鸡毛松等占优势，包括青梅＋蝴蝶树＋三角瓣花群系、蝴蝶树＋千层椤＋海南柿群系、海南柿＋高脚罗伞＋蝴蝶树群系和鸡毛松＋三角瓣花＋蝴蝶树群系四个主要群系；海拔1 000~1 400m地段分布的是热带山地雨林，在五指山非主峰的一些山头海拔920m也开始有该植被类型的分布，主要以陆均松、鸡毛松、红椆和竹叶青冈等占优势，有陆均松＋线枝蒲桃＋红椆群系、陆均松＋竹叶青冈＋线枝蒲桃群系和鸡毛松＋陆均松＋线枝蒲桃群系三个群系；海拔1 400~1 700m地段，为热带亚高山矮林，是海南分布最高的森林植被之一，林木矮小，植物区系成分和森林结构简单，植物种类以亚热带成分为主，该植被类型主要由硬壳柯＋厚皮香＋厚皮香八角群系构成；海拔1 700~1 867m地段及山顶，分布的是热带山顶灌丛，主要包括崖柿＋南华杜鹃＋红脉南烛群系和广东松单优群系两个群系。同时，山地垂直带结构及其分布上下限，会因所处地理位置及干湿程度而有差异。如尖峰岭（1 412m）位于岛的西南，气候较干热，垂直带的基带为落叶季雨林褐色砖红壤，其上的山地雨林季雨林砖红壤性黄壤带的上下限一般较高（海拔500~1 100m），而位于岛的东南部的吊罗山（1 290m）气候较湿热，其基带为常绿季雨林黄色砖红壤带，其上的山地雨林砖红壤性黄壤带的上下限一般比尖峰岭约低100~200m。另外，垂直带谱中的带幅也因山地的相对高度及其所处的地理位置不同而异，如黄壤的带谱，五指山比吊罗山和尖峰岭都宽（何大章，1985）。

三、滇南谷地丘陵季雨林雨林区（ⅦA3）

（一）自然地理特征

本区位于云南省的西南缘，包括西双版纳地区的景洪、勐腊、孟连和普洱市的澜沧江间山宽谷；红河州元江干流地区；怒江－萨尔温江支流南棒河谷地区。

这里是横断山脉向南延伸区域，怒江、澜沧江、元江－红河与老别山、邦马山、无量山、哀牢山等相间分布。由于河流几乎呈南北纵向伸展，一年中既接受来自印度洋的暖湿气流，也接受来自太平洋的暖湿气流，因此即无酷暑，亦无严冬。虽然在纬度和海拔高度上不是典型的热带地区，但总体的景观呈现热带区域的特征。

本区地处云贵高原西南，横断山脉的南端。气候主要为南亚热带季风气候和湿润气候，气候温和，降水充沛，干湿分明，气候类型多样，垂直气候带有北热带、南亚热带、中亚热带、北亚热带、南温带5个气候带的气候类型。年平均气温在15~22℃之间。年平均降水量约1 500mm，其中普洱市的西盟县降水最丰沛，年平均降水量高达2 772.3mm；而临沧地区的云县年平均降水量为912.0mm，是本区降水最少的地区。本区自然资源丰富，以生物资源、水能资源、矿产资源和旅游资源较为突出。

滇南的热带雨林和季雨林分布于滇东南、滇南、滇西南的低海拔地区，它们是热带区的地带性植被。和境外的越南、老挝、缅甸的同类植被一样，植被的主要区系组成是热带东南亚成分,其次是热带的其他成分。温带成分很少,仅见于热带山地的高海拔之处。植被以木本植物为主体,其中许多科属都是古近纪－新近纪古热带区系的直接后裔或残遗。所以,在云南各类植被中,素以热带雨林和季雨林的植物区系最为古老和丰富。

热带雨林中以龙脑香科为特征,以隐翼科、四数木科等东南亚特有科的一些种类为标志,虽然它们属、种的数量不多,但足以显示与东南亚典型热带雨林的亲缘关系。

云南南部各处热带雨林可分为湿润雨林、季节雨林、山地雨林三类,它们之间除了上层种类组合不同外,全部植物区系成分的组成格式则比较接近。从此三类雨林中常见的乔木和灌木(实为小乔木)的科属组成统计看,显见有一定的热带科属。除前述三个重要的科外,像肉豆蔻科、山榄科、藤黄科、番荔枝科、天料木科、使君子科、红树科、金刀木科、橄榄科、黄叶树科等,都是热带的科。

在热带属种中,与热带美洲和与热带非洲有联系的属很少,这也许是云南省雨林区系的特点之一。其热带雨林的植物种的区系成分,以热带亚洲的成分(主要是热带东南亚成分)占绝对优势。

热带季雨林的植物区系组成与热带雨林中的季节雨林比较接近。它们之间有许多共同的成分。然而,作为反映热带季风干旱生境的季雨林,仍然有其自身的植物区系特点。特别是季雨林中的落叶季雨林和雨林中的湿润雨林差别较大,而半常绿季雨林与季节雨林的差别较小。

季雨林也是由热带的科属组成,部分为常绿成分,多数为落叶成分。它们之中,仅仅分布于热带的热带科较少,有木棉科、橄榄科、海桑科、龙脑香科等,而大多数为一些既有热带属又分布较广的科,如楝科、紫葳科、大戟科、桑科、苏木科、梧桐科、马鞭草科、杜英科、茜草科等。植物属也以热带的属占绝对优势。总的来说,季雨林的种类组成比热带雨林混杂而联系面广。

(二) 跨境生态安全

本区是中国与东南亚国家的主要陆路通道,拥有超过 4 000km 的边境线。从元、明、清时代起就有 5 条驿道通往东南亚国家,并在 1895 年设置了思茅海关。目前,已有国家一类口岸 9 个、二类口岸 10 个,出境公路 20 多条。区内建有多个国家级和省级自然保护区。近些年来,随着国际政治经济形势的变化,国家高度重视与该区极为关键的地缘政治经济合作,将"大湄公河次区域经济合作"(Great Mekong Subregional Cooperation,GMS)、"中国—东盟自由贸易区建设"(中国＋东盟 10 国,简称"10＋1")、"中、日、韩—东盟区域合作"(中、日、韩 3 国＋东盟 10 国,简称"10＋3")等作为民族振兴和持续繁荣的重要战略"窗口"和"通道"。随着这些跨境区域合作的开展,促进了边境贸易的持久繁荣和发展。但同时也带来了一系列的跨境资源环境问题,如跨境生态系统多样性的结构和功能正受到沿边境地带的过度开发、森林消失和生境片段化的威胁。同时,上游开发所引发的一些跨境生态影响,已受到下游地区的关注,应加以重视。

（三）社会经济发展

本区位于云南省的西南部，行政单元涉及西双版纳傣族自治州、临沧市、普洱市和红河哈尼族彝族自治州。南部、西部分别与越南、老挝、缅甸接壤。

本区人口密度较低，有些地区处于开发初期，有些地区还处于待开发状态，其发展的现状与特征主要是经济规模小，经济密度低，产业结构落后，农业经济突出，能源交通等基础产业滞后。

本区地处澜沧江中下游，是澜沧江－湄公河次区域经济合作的地区；水能资源丰富，开发潜力巨大，是中国十大水电基地之一；土地资源丰富，水热组合条件好，是中国热带、亚热带生物资源宝库；区位优越，澜沧江－湄公河次区域合作中拟建的昆曼高速公路（国内段即213国道），将把中国西南地区与泰国海岸联系起来。因此本区的区域优势在于资源优势和区位优势，资源优势以生物资源、水电资源、旅游资源最为突出，区位优势表现为是中国面向东南亚开放的前沿和窗口。这样本区的发展方向是发挥资源优势和区位优势，建成云南省的水电基地、热带和亚热带生物资源开发利用基地、热带风光和民族风情的旅游基地，以及面向东南亚开放的通道和窗口。今后的发展重点是：根据云南省建成面向东南亚、南亚的国际大通道的战略目标，加快面向东南亚的通道建设，发展国际经济技术合作；加快大朝山电站、小湾电站建设，尽快建成澜沧江水电基地；以西双版纳机场改造和旅游度假区建设为龙头，发展国际旅游业；开发思茅（现普洱）林区，发展森林工业；开发热带生物资源，培植蔗糖、茶叶、药材、香料、水果、饮料、花卉等优势产业。

（四）主要环境问题

1. 森林面积大幅度下降和森林生态系统退化

1950年代初期，西双版纳的森林面积未经普查，无确切数字。1959年初步勘察的森林面积为81.2万hm^2，占土地总面积的42.5%；1973年普查结果是65.2万hm^2，占土地总面积的34%；到1980年林业部门掌握的数字为56.93万hm^2，森林覆盖率已下降到了29.8%。从1959年至1980年的22年间森林面积共减少24.27万hm^2，平均每年减少1.10万hm^2，而这期间灌木林、疏林草地面积却由32.13万hm^2增加到54.07万hm^2。1980年代以来森林面积虽呈下降趋势，但降幅较小。1993年森林覆盖率为27.8%。

2. 野生动物资源种类和数量减少，自然保护区面积下降

随山区森林生态系统的退化和被次生灌木林、疏林草地生态系统的取代，濒危的野生动植物资源种数在不断增多。目前已列入国家重点保护的植物52种，重点保护动物47种。为保护热带雨林和珍贵的动植物资源，1958年曾划定了总面积为5.73万hm^2的4个自然保护区，到1972年缩小到只有4.58万hm^2。其中，大勐龙自然保护区已全部被破坏，失去了保护价值。为保护仅剩的4.58万hm^2有价值的核心区，国家不得不

扩大自然保护区范围，1981 年将保护区总面积扩大到 24.18 万 hm²。

3. 水土保持能力减弱，已出现水土流失现象

西双版纳大于 25°的坡地达 65.33 万 hm²，占土地总面积的 34.2%，加之降雨强度大，山区森林植被遭破坏后，水土极易流失。典型调查结果表明，热带雨林单位面积年流失土量为 63kg/hm²；纯橡胶林年流失土量为 2 694kg/hm²，而森林毁坏裸地年流失土量达 4 920kg/hm²，是热带雨林的 77.3 倍。西双版纳已存在严重水土流失的面积近 2 万 hm²，导致河水含沙量增大，水库淤积速度加快。如澜沧江支流流沙河含沙量每年增加 2 万 t，曼满水库建成不到 6 年，泥沙淤满，填死库容。大面积森林生态系统的退化和水土保持能力的减弱导致旱季山泉流量减小，甚至断流。流沙河枯水期平均水位比1950 年代降低 1/3，最小流量减少了 1/2。

4. 土壤肥力下降，地方性气候出现劣变趋势

森林植被破坏，枯枝落叶量的减少和表土的流失，必然引起土壤肥力的下降。目前西双版纳土壤有机质含量分别是：热带雨林为 3.21%、橡胶林为 2.48%，而裸地仅为 1.5% ~1.79%。森林系统的退化和地表裸露恶化了水源涵养条件，减少了水分蓄积量，加大了水分蒸发强度，加快了水分转换和循环过程，缩短了水分在区内滞留的时间。如今西双版纳空气湿度下降、雾日减少及雾日持续时间缩短等气象要素的变化，正是这种不良机制作用的结果。

四、琼南低地与东沙中沙西沙诸岛季雨林雨林区（ⅧA1）

（一）自然地理特征

1. 海域范围辽阔，陆地面积窄小

琼南低地与东沙中沙西沙诸岛季雨林雨林区，包括海南岛南部五指山南麓的佛罗—保亭—万宁一线以南的滨海地区与东沙、西沙、中沙群岛及其周围的海域（全国农业区划委员会《中国自然区划概要》编写组，1984；郑度等，2008），最北界线东沙群岛的东南可至 22°N，最南至 14°N 与赤道热带湿润地区的南沙群岛礁岛植被区相接，南北最宽横跨 8 个纬度，东西最长约跨 8 个经度，区域十分辽阔，其中主要是面积巨大的海洋水体，陆地仅是形状狭窄的海南岛南部五指山以南的滨海低地和面积十分小的东沙、西沙、中沙群岛中的岛屿，陆地面积窄小。

2. 热量条件充沛，降雨多强度大

本区属于中热带，气候具有季风热带气候特征。夏半年受太阳直射两次，终年辐射强，年平均太阳总辐射约 4 602.4 ~5 857.6MJ/m²。其中，西南部莺歌海可达5 857.6MJ/m²。热量高，冬季气温较高，年较差小，最冷月气温 20 ~24℃（表 15.3），年温差陵水为 8.2℃、三亚为 7.6℃，日平均气温≥10℃期间的积温高于 8 700℃，最高的莺歌海一带高达 9 200℃，积温可完全满足一年三造水稻的热量要求。热季（高温

季）长，若以候平均气温≤10℃为冬季、≥22℃为夏季和10~22℃为春秋季的划分，广大地区全年没有真正的冬季，日平均气温的日数（80%保证率）全年均稳定通过10℃（何大章，1985）。

表15.3　中热带区域部分气象台站温度与降水（1981~2000年）

站名	东经/E	北纬/N	海拔/m	最冷月气温/℃	最热月气温/℃	年降水量/mm
三亚	109°31′	18°14′	5.5	21.8	28.6	1422.4
陵水	110°02′	18°30′	13.9	20.4	28.3	1696.8
西沙永兴岛	112°20′	16°50′	4.7	23.4	28.9	1502.6
西沙金银岛	111°37′	16°32′	4.0	23.5	29.0	1526.6

本区深受季风影响，又多台风，降水丰沛，年降水量一般在1 500mm以上，但受地形等影响，年降水量的地区差异大。在海南岛南部区域，东部多西部少，西部的莺歌海等地年降水量仅有1 000mm左右。同时，由于本区的雨源主要是夏季风雨、台风雨、热雷雨等，多是阵性雨，故降雨强度大，暴雨多，陵水最大暴雨量达470mm（1958年8月10日），万宁曾有暴雨连续3天达793mm（1972年11月18~21日）。因此，区内的降水变率大，尤其在旱季更为突出，旱季降水变率一般都在40%，陵水、三亚、万宁为44%~45%（何大章，1985）。

由于地处热带海域，深受台风的影响，从5~12月都可能发生台风，台风季节长达7个月。

3. 热带景观典型，热作种植发达

优越的气候条件为生物的发育与生长创造了良好的条件，非常适宜热带植被的发育和海洋生物的生长繁殖，陆地呈现为典型的热带雨林、季雨林与砖红壤自然景观（全国农业区划委员会《中国自然区划概要》编写组，1984）。本区的自然植被为热带雨林和沟谷雨林，自然状态下植被茂密，树种繁多，植物生长四季常青，但由于一再受到破坏后多沦为稀疏的次生林。地带性土壤则是土层深厚的砖红壤，区内的砖红壤淋溶作用强烈、酸性强，但由于生物积累作用旺盛，一般土壤肥力仍较好。

本区基本免受寒害威胁，冰霜非常罕见，即便偶尔出现也为时十分短暂，不会对热带作物产生致命的危害，故喜热的热带作物，如橡胶、椰子、油棕、可可、胡椒等，都能在本区生长良好，不但产量高，而且质量好，热带作物种植面积大、类型多，是中国的热带作物种植基地。同时，区内丰富的热量条件，使其成为中国的农作物南繁基地，在中国杂交、繁育良种中具有十分重要的作用和地位。

4. 海陆差异明显，内部分异较大

本区面积大，海洋与陆地的差异明显，特别是约8个纬度和8个经度的巨大范围跨度，致使本区内部的分异十分明显。例如，本区的热量条件十分充沛，降水量大，但受海陆差异的影响，土壤成土母质差异巨大，发育了海、陆明显不同的土壤。在琼南低地区域自然发育了典型的砖红壤（暗红湿润铁铝土），但在西沙群岛、中沙群岛和东沙群岛由珊瑚、贝屑组成的岩土母质基础上发育的主要是磷质石灰土（磷质钙质湿润雏形土）等，土壤一般富含钙、磷。又如，在琼南低地区域，东部背山面海，降水量大，砖红壤发育，热带雨林、季雨林分布广，但在西部同样甚至更好的热量条件下，由于相对干旱少雨，则出现稀树灌丛景观。

（二）区内差异及亚区划分

根据内部分异特点，大致可以把本区分为琼南低地亚区、东沙群岛亚区、西沙群岛 – 中沙群岛亚区 3 个自然亚区。

1. 琼南低地亚区

本亚区包括海南岛五指山以南的万宁、陵水、三亚、保亭和乐东等地，地势北高南低，由北向南地貌大致呈环形分布、成层状阶梯，北部为海拔较高的丘陵盆地，南部近海部分则是低海拔的台地平原（何大章，1985）。南部近海的台地平原，由山麓洪积台地、海积阶地和河积海积平原构成，最外侧的河积海积平原，以陵水河下游陵水平原、宁远河下游崖城平原为较大，是重要粮作区；分布于沿海一带的海积阶地，有 10～20m 和 20～35m 两级；再内侧的山麓洪积台地可分 35～45m 和 50～75m 两级。北部则由许多丘陵盆地组成，包括保亭盆地、保国等山间丘陵盆地，是中国的热带作物集中分布区。保亭盆地位于吊罗山之南、大本山之东，是一个三面环山向东南开口的花岗岩丘陵盆地，盆地内部海拔 100～200m，按相对高度分为 25～40m 和 60～80m 二级，多为 6°～12° 之间的缓坡地。

气候长夏无寒，年平均气温在 23℃ 以上，月平均温度 >20℃ 的月数有 11～12 个月，日平均气温 ≥10℃ 期间的积温高于 8 700～9 200℃，最冷的 1 月平均温度亦在 19℃ 以上，极端最低温一般在 8℃ 以上，基本没有寒害霜冻。年降水量约 1 000～1 700mm，但分配不均，月降水量 >100mm 的月数 6～7 个月，而月降水量 <50mm 的亦有 4～5 个月，旱季较长，平均最大月降水量 260～300mm 以上，平均最少月降水量则在 10～20mm 以下，春旱秋雨极为明显。本区紧靠海岸，近海区域风较大，年平均风速 2.4～2.9m/s。总体而言，本区台风较少、较轻，故大部分地区常风小、台风少、风害轻，有利于橡胶林和热作林（油棕、腰果、椰子等）的生长与生产。

东部、南部的自然植被类型为热带季雨林，沟谷是热带雨林，林相郁闭，以青梅、荔枝、英哥木和黄桐等为优势树种，树种多，结构复杂，林内攀缘植物发育，板状根、老茎生花等现象普遍，沿海红树林发达。在丘陵台地发育着风化程度很深的砖红壤，还有小面积的热带滨海沙土和盐土，同时在滨海台地和冲积平原上分布有一定的水稻土。作为"天然温室"，该区域水稻种植面积大且成片分布，一年三造，是海南的重要粮食基地和闻名全国的南繁育种基地。同时，由于热量丰富无寒害，雨量充足，水热结合好，台风少、风轻，土层深厚，土壤肥力高，橡胶林、油棕林、腰果林、椰子林、槟榔林等需要热量高的热带经济林木分布普遍，是闻名全国的高产、安全热作区。但是，西部由于位于山地的背风坡，年降水量不足 1 000mm，而年蒸发量却达 1 500～2 000mm，且主要集中在夏秋之间，故气候具有干热特点。自然植被主要是以仙人掌、露兜树、白茅、扭黄茅等为主的热带稀疏草原，土壤为土体干燥、表土有机质含量低的燥红土（简育干润富铁土）和一些热带滨海沙土（滨海沙质新成土）和盐土（海积潮湿正常盐成土），可以发展剑麻、番麻等热带纤维作物，主要种植旱作花生、甘薯、旱稻和西瓜等，但产量不高。

2. 东沙群岛亚区

本亚区位于广东海岸带水深20m以外，东南至22°N，南至18.5°N，水深2 500m以浅的范围内（赵焕庭等，1999）。地形主要为南海北部大陆架和大陆坡的上、中部。大陆架宽达240～278km，在水深25～30m、35～40m、80～90m和110～120m处分别有4级水下阶地，其中以80～90m级最为发育。大陆坡上1 000m和2 500m的两级阶梯将大陆坡划分为上、中部。水深300～350m处有一东沙台阶，其北东向长180km、北西向宽100km。东沙群岛（包括东沙岛、北卫滩和南卫滩）就坐落在东沙台阶之上。东沙群岛的岛礁，集中在东沙环礁，东沙环礁形状近圆形，直径20.4～24.1km，面积417km²，其上是本亚区唯一的岛屿灰沙岛——东沙岛。东沙岛，长2.8km，宽0.7km，面积1.74km²，四周沙堤环绕，平均高出海面6m，其中东北面高12m，西南面高8m，中部低地积水成潟湖，潟湖水深1～1.5m（任美锷、包浩生，1992）。

东沙岛的年平均气温25.3℃，最冷月1月气温为20.6℃，极端最低气温约11.2℃；最热月7月气温28.8℃，极端最高气温36.1℃。年降水量1 545mm，但5～10月雨季的降水量达到1254mm，占全年的87%，夏秋多台风和台风雨。由于常有台风袭击，又盛吹季风，冬季强劲的东北季风与信风一致，加之位于台湾海峡南口外，风力加强，区内风力强劲，多年平均风速6.5m/s，10月至翌年2月风速高达8.0～9.8m/s。东沙岛地当风口，常风风速可达8～10m/s。

本亚区内海面环流结构复杂，主要有季风海流，夏季流向东北，冬季流向西南；太平洋黑潮暖流可影响到东沙群岛一带水域；冬季又有逆风的流向东北的南海暖流，掠过东沙群岛水域；夏季从大陆坡上部向大陆架有上升流；东沙群岛的西南方，终年存在着气旋型的冷涡。海洋渔业资源丰富，台湾浅滩、韩江口外、珠江口外和东沙群岛等是著名的渔场。东沙岛磷积石灰土（磷质钙质湿润雏形土）上生长常绿乔灌林，潟湖特产藻类海人草（*Dugenea simplex*）。

3. 西沙群岛－中沙群岛亚区

本亚区约位于18.5°～14°N之间，主体是位于南海北部大陆坡之中陆坡的西沙－中沙台阶的西沙群岛和中沙群岛及其海域，并包括琼南部分大陆架和群岛南部的部分深海盆（赵焕庭等，1999）。

中沙群岛和西沙群岛处于大陆型地壳与大洋型地壳过渡的边缘，是新生代从南海北部华南陆块拉张出来的漂离岛块，其基底为新元古界的花岗片麻岩和混合岩类，基底以上为厚度达近1 000m的巨厚珊瑚礁体，是构成岛屿主体的礁盘，所有礁体均以造礁石珊瑚为主体，均属珊瑚礁，有复合环礁（如永乐环礁、宣德环礁、宣德东环礁等）、独立小环礁（如北礁、玉琢礁、华光礁等）和台礁（如金银台礁、中建台礁）。区内第四纪全新世以来地壳以上升为主，新近纪所产生的西北—东南向断裂为火山活动创造了条件，形成了在西沙至中沙群岛之间一个隐伏在水下的火山群，但仅有高尖石岛露出水面，故火山岩仅见于高尖石岛。珊瑚礁岛地貌十分发育，绝大多数岛屿是在礁盘上发育而成，除高尖石岛外都是由珊瑚、贝壳砂为主组成的珊瑚岛。根据岛屿组成物质的差异，可分为火山岛（高尖石）、灰砂岩石岛（如石岛）、灰砾岩石岛（如石屿）、灰砾岛（如鸭公岛、咸舍岛、羚羊礁岛）和灰砂岛。岛屿的形成可归结为火山成岛作用、风成作用和潮汐与波浪作用三种成因，其中风成（力）作用与潮汐波浪加上适宜的礁坪位置，是碳酸盐岩岛屿形成的主要控制因素（业冶铮等，1985；曾昭漩等，1985）。总体而言，本亚区海岛陆域面积狭小，地形平坦，地势最高的是高程为15.9m 的石岛（赵焕庭，1996a），其余岛屿高程大都在 5m 以下。其中，西沙群岛有海岛 32 个（杨文鹤，2000），包括宣德群岛海区 12 个海岛、永乐群岛 16 个海岛、宣德群岛东南部的东岛和高尖石两岛以及永乐群岛南的中建岛和盘石屿两岛，海岛陆域总面积为 7.174km^2，面积大于 1km^2 的海岛仅有 3 个，大于 0.1km^2 的 11 个，而小于 0.1km^2 的海岛有 18 个，其中以陆域面积约 2km^2 的永兴岛面积为最大。西沙群岛，在各沙岛沿岸均分布有砂砾滩，一些沙洲的主体是阶地，地形平坦，而岩滩仅分布于石岛和高尖石岛。中沙群岛由中沙大环礁、黄岩岛（民主礁）、中南暗沙和宪法暗沙等 20 多个礁滩沙组成，主体为中沙大环礁，大部分岛礁均淹没在水下，黄岩岛是中沙群岛唯一在高潮时可以露出水面的岛屿，其环礁礁坪北宽南窄，北部最宽可达 3.3km，南部最窄处为 900m，环礁总面积 150km^2，礁坪上是众多的珊瑚礁石群，但均无沙洲发育。

热带海洋性气候特征显著，气温高，全年皆夏，年平均气温 26 ~ 27℃，各月平均气温高且差别不大，1 月份最冷月平均气温 22.4℃，最热月（6 月）平均气温 28.9℃，年平均温差仅 6℃。雨量充沛，年降水量约 1 498mm（林爱兰，1997），干湿季节明显。6 月至 11 月为雨季，降水量占全年的 86%，其中 9、10 月的降水量最多；12 月至次年 5 月为旱季，其中 2 月降水量最少，只有 10mm。全年平均日照时数可达 2901h，雾日极少。除了 7 ~ 10 月经常遭受台风袭击外，其他时间风力均较弱。受气候影响，西沙群岛海域的海水表层温度较高，月平均温度均在 29℃ 以上，变化幅度介于 29.4 ~ 30.5℃ 之间。中沙群岛海域表层水温 25 ~ 27℃，北低南高、冬低夏高，冬季北部 25 ~ 26℃、南部为 27℃，夏季北部表层水温为 29.5℃、南部则为 30.5℃。由于缺乏径流，海水的盐度分布较均匀，海域一般表层盐度在 33.4 以上，表层稍低，底层较高，但存在一定的季节变化，如中沙群岛海域内海水的春季表层盐度为 33.6 ~ 33.9，秋季在33.7 以上。西沙海面风速大，波浪也普遍较大，10 月至次年 1 月平均波高均在 1.5m以上，台风期间波高可达 7 ~ 9m。西沙群岛海域的潮差小，3 月份平均潮差为 92cm，但潮汐变化比较复杂。

植被属热带植被类型，为独特的热带珊瑚岛自然植被。调查表明（邢福武等，1993a，1993b），植物共有 89 科 224 属 340 种，内含大型真菌 6 科 11 属 22 种、地衣 1科 1 属 1 种、蕨类 4 科 4 属 5 种、双子叶植物 61 科 147 属 224 种、单子叶植物 17 科 61属 88 种，其中有野生维管束植物 52 科 148 属 213 种，包括木本植物 33 种、草本 162种和藤本 18 种。在所有的野生被子植物中，有关热带的属共 128 个，占总属数（除去广布属）的 98.46%，其中又以泛热带成分所占的比例最大，占总属数的 70.00%，说明热带植物区系的特征典型。但是，由于岛屿成陆时间短，植物群落尚处于初期发育阶段，群落结构简单，乔木群落主要是由白避霜花、海岸桐、榄仁树等组成，灌丛主要以草海桐、银毛树、海巴戟为主，滨海沙生植被主要由厚藤、海滨大戟、蔓茎栓果菊、孪花蟛蜞菊等组成。

本亚区丰富的光热条件为海洋生物的生长繁衍提供了良好的条件，有典型的礁盘环境，造礁石珊瑚发育良好，这些又为鱼类、软体动物、棘皮动物、甲壳动物等提供了优良的生长条件和栖息场所，故海域的生物种类十分丰富，西沙近岛海域就有各类海洋生物 1 617 种（杨文鹤，2000），其中浮游植物 219 种、浮游动物 281 种、潮间带生物 679 种、底栖生物 139 种和游泳生物中的鱼类 702 种。由于特殊的生态环境，珊瑚礁区礁栖性的鱼类是主要的经济种类，仅西沙群岛的珊瑚礁鱼类就有 423 种。调查表明（孙典荣等，2005a，2005b），在西沙群岛捕获的 48 科 261 种鱼类中，礁栖性鱼类占 78.93%，主要有鲨鱼、裸胸鳝、石斑鱼、笛鲷、裸颊鲷、鹦嘴鱼和绯鲤等。海域鱼虾生物繁多，为海鸟提供了丰富的食物来源，使鸟类云集，东岛已被划为白鲣鸟自然保护区（高荣华，1993）。

在珊瑚、贝屑组成的岩土母质基础上，发育的土壤类型主要有磷质石灰土（磷质钙质湿润雏形土）、风沙土（干旱砂质新成土）、滨海盐土（海积潮湿正常盐成土）、粗骨土（石质湿润正常新成土）、沼泽土（有机正常潜育土）和草甸土（普通暗色潮湿雏形土）等，土壤一般富含钙、磷，但保水保肥能力很差。同时，受地势的影响，土壤性质有从海向陆的变化，如西沙群岛土壤磷的含量有从海岸向内陆递增的趋向，0~30cm 土层全磷量，滨海沙土为 1.53%，过渡带为 6.96%，岛屿内部高地或盆地为 19.58%（张少若等，1995）。

五、南沙群岛礁岛植被区（IXA1）

（一）自然地理特征

南沙群岛礁岛植被区，主要包括南沙群岛及其周围的海域，其范围从南海南部14°N 左右以南到中国最南端的曾母暗沙岛（约 3°58′N），是中国南海诸岛中位置最南、数目最多、分布范围最广的岛屿群，散布在水深约 1 800~2 000m 的海底高原上，北面是南海深海盆，南面是其他大陆架，东面为巴拉望海槽。

1. 海底地貌与海洋沉积发育，礁岛面积较小

研究表明（谢文彦等，2007），南沙群岛礁岛植被区形成于华南陆缘白垩纪末开始的裂谷作用，南沙地块自此开始裂离华南陆缘，受欧亚板块、太平洋 - 菲律宾海板块和印度 - 澳大利亚板块的联合作用向南运动，其间经历了早期的主要受拉张作用控制、中期的主要受拉张和走滑应力控制，以及晚期的主要受压剪应力控制三个地质构造演化阶段。一般认为（赵焕庭主编，1996），中渐新世发生海底扩张形成了现代的南海中央海盆，南沙群岛陆块就是新生代从南海北部、中沙、西沙群岛附近的华南陆块拉张出来而形成的，其地质构造大体上是南北分带、东西分块的格局。南沙群岛南部的曾母地堑带则是紧靠加里曼丹和纳土纳群岛发育的盆地，为新近纪走滑拉张形成，是一种复杂的构造带，与南沙断块差异较大，岩石层和地壳厚度均薄（杨文鹤，2000）。因此，南沙群岛及其邻近海区中更新世以来地质活动减弱，仅表现出微弱的断块差异升降运动，地震活动微弱，区内珊瑚礁岩芯分析表明，晚渐新世以来长期处于构造沉降状态（余克服等，2004），区域稳定性大多为次稳定区，部分为次不稳定区，是稳定程度较好的地区（钟建强，1998）。但是，其间受全球气候变化制约和本地新构造运动的影响，海平面经历了多次振荡运动变化（赵焕庭等，1996），对永暑礁礁坪上南永1井岩芯的研究表明，永暑礁地区的海平面自早更新世晚期以来经历了4次上升和间隔的3次下降，即早更新世晚期海平面上升、早更新世晚期海平面下降、早更新世末—中更新世初海平面上升、中更新世中期海平面下降、中更新世末—晚更新世初海平面上升、晚更新世末海平面下降、全新世海平面上升，形成了个4沉积旋回及其间的3个沉积间断。

经过长期的地质演化，区内形成了典型的海底地貌，海洋沉积发育（赵焕庭，1996b；杨文鹤，2000）。南沙群岛海区的海底地形为自南向北递降的三级阶梯地形，即大陆架、大陆坡（分上陆坡、中陆坡－南沙台阶、下陆坡）和深海盆，海区地形复杂，槽谷纵横交错。区内海域的海洋沉积尤其是珊瑚礁沉积十分发育，珊瑚礁沉积主要集中在其中的南沙台阶上。南沙台阶是一座海底高原，高出深海平原2 000～2 500m，其上分布有高达1 500m的珊瑚礁和露出水面的灰沙岛，还有海山和海丘，共同构成了南沙海岛。南沙海岛全部为海相磷酸盐生物骨壳沉积，并以造礁珊瑚为主，多形成环礁类型，并以大环礁为主，台礁次之，塔礁及礁丘则较少。目前，南沙群岛包括230多个岛屿、暗礁、暗沙和暗滩（杨文鹤，2000），但在高潮时露出水面的海岛和沙洲仅25个，面积共约2km^2。其中以太平岛陆域面积最大，面积为0.432km^2、海拔4.18m。最高的鸿麻岛海拔6.1m。礁体一般平面上呈椭圆形，礁体受基底构造格局的制约和季风浪的影响，多呈东北－西南向展布，雁行排列。灰沙岛则是礁坪上的生物碎屑被波浪和叠加风的堆积作用生成的，一般经历海滩、裸沙洲、草被灌丛沙洲和岛屿4个阶段，地貌上呈同心圆分圈，从外到内为海滩、沙堤、沙席和洼地。

2. 气候高温多雨、季风显著，暖化趋势凸现

本区地处赤道附近，每年受太阳直射两次，日照时数可达2 400～3 000h，日平均总辐射17 754kJ/m^2（赵焕庭等，1996）；终年高温。平均气温和表层海水温度均在28C以上（杨文鹤，2 000），且气温和表层水温季节和日夜之间变化幅度较小，年平均振幅气温2.9℃以下，海表水温1.7℃以下，天气炎热，四季不分明，是"四季皆夏，常夏之海"；属赤道雨型，终年多雨，除北部海区2～4月降水量不足50mm外，其他地区及其余各月属雨季，6～11月平均月降水量在200mm以上，年平均降水量2813.5mm（赵焕庭等，1996）。

受季风影响大，夏半年盛吹西南风，冬半年盛吹东北风，在一年中可分为四个时期，即东北季风期（11～3月）、东北季风向西南季风转换期（4、5月）、西南季风期（6～9月）和西南季风向东北季风转换期（10月）。就区域而言（郭小钢等，2003），南沙群岛礁岛的季风随纬度的变化趋势明显。在一年之中，南沙群岛海域北部受东亚

东北季风的控制时间长于中部和南部,东北季风出现的频率从北向南递减,西南季风出现的频率则从北向南递增。在中南半岛东南一侧海域风速超过 8m/s 的风频率最大,最大值为 30%,为南沙群岛海域的一个比较显著的强风区。一般而言,本区的风场在东北季风期间达到最强,风向多为偏北或东北。另外,本区也是台风经常发生和经过的地区,既接受台风带来的雨水惠泽,也经常受其危害,出现在本区的热带气旋平均每年有 2~3 个,主要源于本区和源于热带西北太平洋,但曾母暗沙海域极少产生过强烈热带气旋和较强的热带低压。

当前,在全球变化的背景下,本区增温、增湿的趋势比较明显。根据南沙群岛永暑礁滨珊瑚月-季分辨率的稳定同位素分析结果表明(余克服等,2002),1950~1990年,南沙群岛年总日照时数呈减少的趋势,但年平均总云量和年降水量呈增加的趋势。同时,利用近 50 年来温度资料,对南沙海域夏季表层海水温度的长期变化趋势及其与全球温度变化的关系进行分析,结果表明(时小军等,2008)南沙海域年均夏季表层海水温度的增温率为 0.016±0.002℃/a(1950~2007 年),高于全球 1950~2007 年温度的增温率(0.012±0.001℃/a),最热月 5 月份夏季表层海水温度增温率也达 0.011±0.003℃/a(1950~2007 年),且南沙海域夏季表层海水温度与全球温度存在显著的正相关性,预计到 2030 年南沙 5 月份夏季表层海水温度将达 30.3~30.8℃,5 月份夏季表层海水温度将达 30.6~31.4℃。

3. 双层环流模式、潮汐复杂,营养盐含量低

区内的海洋环流主要由季风所控制和驱动(方文东等,1997;1998),有显著的季节变化。东北季风期,其西部主要由气旋式环流所控制,东部则受较弱的反气旋式环流控制,在二者结合部形成强的逆风海流;西南季风期,海区大部分受反气旋式环流控制,其北侧为一气旋式环流,二者结合部形成强的东向离岸流。同时,其环流水平结构存在上、下两层模式:上层(0~400m)环流主要受季风的驱动,西南季风期,上层环流为一水平尺度约 400km 的反气旋式环流所控制,并伴随着两个较小尺度的局部涡旋,即位于万安滩东南侧的中尺度气旋式涡和南沙海槽西北侧较弱的小气旋式涡;东北季风期,上层则是 3 个尺度不一的环流,即位于中西部的大尺度气旋式环流、东南部的反气旋式环流、北部的北南沙反气旋式环流,其中位于研究海区中西部的气旋式环流,水平尺度最大,占据主导地位,其中心位于研究海区南半部分的西南大陆坡附近。下层(400~1 000m)环流,西南季风期,下层的环流水平结构表现为北部的气旋式环流、西南部万安滩东南气旋式环流、东南部南沙海槽的反气旋式环流;东北季风期,下层的环流结构比较简单,主要是西部的大尺度气旋式环流和东部的大尺度反气旋式环流所控制。在上述环流特征的影响下,波浪季节变化较大(赵焕庭,1996):11~4 月盛行东北向风浪和涌浪,风浪月平均波高一般大于 1.1m,12 月为 1.8m,平均周期 3~4s,涌高月平均在 1.6m 以上,11、12 月则大于 2.0m,平均周期为 7~8 秒;6~9 月盛行南与西南向风浪和涌浪,风浪月平均波高为 1.0~1.2m,周期为 3~4 秒,涌高月平均为 1.5~1.9m,周期为 7 秒。

南沙群岛海区潮汐现象复杂,南部自南薇滩和皇路礁以南为日潮,以北为不规则日潮,曾母暗沙以西一小部分海区为不正规半日潮,潮差变化幅度一般在 0.5~2.3m

之间，故其区内的潮流性质有日潮流、不规则日潮流和不规则半日潮流。

区内海域各季节表层盐度值的变化范围大部分在 30.0 ~ 34.0 之间（赵焕庭，1996），秋季最低，春季最高；近岸低，外海高。表层溶解氧含量长年呈饱和状态，常年在 4.2 ~ 4.8mL/L 之间。表层海水 pH8.2 以上，总二氧化碳的含量小于 2.0mol/m³。但是，海水营养盐含量较低（林洪瑛等，2001），甚至在表层检测不出无机磷酸盐、硝酸氮或无机硅酸盐，而在次表层约 75 ~ 200m 深度营养盐含量明显增大。营养盐含量低的主要原因是南沙群岛海域属热带海区，终年存在温度跃层，各季节的温跃层强度均大于 0.05℃/m。，温跃层的阻隔使上、下层海水的混合作用较弱，上层海水中的营养盐被浮游生物吸收后，难以得到来自下层海水营养盐的补充，因此造成表层海水的营养盐含量较低。过低的营养盐含量，加上过强的光照，抑制了浮游植物的生长，使热带海区的表层海水初级生产力维持在较低的水平。

4. 海洋生物多样、资源丰富，但植物种类缺乏

初步调查表明（赵焕庭等，1996），本区有各门类海洋生物近 4 000 种，大多数种类属于印度洋 – 西太平洋热带区系性质，在动物地理区划上属于印度 – 西太平洋区域的印度 – 马来西亚区的中心，包括珊瑚礁生物类群、大洋性生物类群、深海性生物类群和热带大陆架浅海生物类群等。尤其是珊瑚礁生物特多，如造礁石珊瑚、柳珊瑚、软珊瑚、黑角珊瑚和海葵、珊瑚藻和仙掌藻、软体动物、棘皮动物、多毛类、海绵等，其中造礁石珊瑚估计就有 50 多属 200 多种。鱼类十分丰富，珊瑚礁鱼类种类十分丰富，在礁前水深 80m 以内有经济鱼类 36 种，主要有鹦嘴鱼、隆头鱼、雀鲷、鳗、笛鲷、蝴蝶鱼等。深水海区上层有丰富的大洋性鱼类金枪鱼、旗鱼、剑鱼、头足类、鲨鱼、海豚以及海龟和齿鲸等。热带大陆架浅海生物种类也十分丰富，软珊瑚、深水石珊瑚、海绵各有一二十种，软体动物和棘皮动物各有约 200 种，蟹类 100 多种，虾类等也多；下层鱼类以蛇鲻属、大眼鲷属等为主，有 500 多种（钟智辉等，2005），中、上层鱼类有飞鱼、鲹、鲱、沙丁鱼、小公鱼和头足类等。但是，本区的鱼类资源目前尚处于轻度开发的状态（李永振等，2004），开发潜力巨大。在南沙群岛岛礁水域，目前捕捞的主要是鲨鱼和石斑鱼，大多数珊瑚礁鱼类和珊瑚礁水域的中上层鱼类，如鹦嘴鱼科、刺尾鱼科、雀鲷科、隆头鱼科、颌针鱼科和飞鱼科等几乎尚未开发，而南沙群岛岛礁水域鱼类资源的开发潜力至少不会低于 2.1t/（km² · a），以年生产量的 50% 估算，年潜在渔获量不少于 5.5 万 t。现今大陆架浅海区主要的 40 余种经济鱼类的开发量也十分有限，保守的估计，本区西南部大陆架水深 50 ~ 145m、面积 10.23km² 范围内，年可捕获量应有 8.9 万 t（赵焕庭，1998）。

由于南沙群岛出露海面的地质历史不长，面积小、海拔低，限制了植物的特有化发展，又因远离大陆不利于植物的传播，全部植物都是从附近大陆或岛屿通过海流、鸟类、风及人类传播过来的，加之钙质多磷的土壤也不适宜于多种植物的生长与发育，故南沙群岛的岛屿和沙洲虽然大都覆盖有天然植被，太平岛天然乔木林尚较茂密，而其他各岛洲则只有灌木林和草丛，植物种类不多、群落结构简单（邢福武等，1994）。同时，由于太阳辐照强烈，风大，蒸发强，有季节性干旱，以及岛低、地下水浅等原因，岛上植物树冠一般不高，树根不深，且具有耐旱的形态特征（陈史坚，1982）。调查发现（赵焕庭，1996），南沙群岛有草本 64 种、木本 24 种和藤本 13 种，珊瑚岛植物区系的特点突出，一些典型的热带科，如莲叶桐科和玉蕊科，则体现了本区系的热带性。因此，区内的植被类型总体而言较为简单，大致可划分出以莲叶桐、榄仁树和海柠檬占优势的珊瑚岛热带常绿乔木群落，以草海桐、银毛树和海岸桐占优势的珊瑚岛热带常绿灌木群落，以厚藤、海马齿、海滨大戟、羽芒菊、鲫鱼草、铺地黍、马齿苋等为主的珊瑚岛热带草本群落，由海生沉水草本组成的海水生草本群落，以及以蔬菜及果树种类为主的人工栽培植被，如椰子、香蕉、菠萝蜜等。

5. 土壤发育年轻、类型不多，景观类型独特

由于成陆时间不长，土壤发育的时间极为有限，经 ^{14}C 测定南沙群岛土壤的年龄不足 2 000 年，土地发育十分年轻。南沙群岛的岛礁下部是由珊瑚、贝壳等沉积成的生物灰岩组成，上部是珊瑚、贝壳等砾屑或砂屑层，是土壤发育的母质。因此，本区土壤发育在生物骨壳砂屑之上，在鸟类和植物等成土因素的作用下，通过有机质的积累和分解过程、磷的聚积和淋移过程以及积盐和脱盐过程等，形成了磷质石灰土（磷质钙质湿润雏形土）、扰动土、粗骨土（石质湿润正常新成土）以及潮间带的盐土（海积潮湿正常盐成土）四类土壤（赵焕庭，1996）。其中，磷质石灰土形成过程中先后经历滨海盐土、磷质粗骨土和磷质石灰土三个阶段，可分为普通磷质石灰土和硬盘磷质石灰土等；扰动土则是一种人工从大陆搬来的"客土"，或由甘蔗渣、泥沙人工混成的"人工合成土"，包括普通扰动土和厚熟扰动土。

南沙群岛邻近海域是新生代热带海洋，间冰期（或冰后期）海侵使海岸带低地热带雨林景观突变为大陆架热带浅海海洋生物繁生景观后，热带海洋造礁生物与附礁生物繁生，古近纪晚渐新世后生物礁发育，全新世中期以来自然景观的发育与演化分为两个路径（赵焕庭等，1995）：一是由于热带浅海造礁石珊瑚生长，逐步形成水下礁丘热带海洋生物繁生景观和环礁（含台礁）热带海洋生物繁生景观，最后在波浪和风的作用下堆积出露成岛，形成灰沙岛，热带常绿珊瑚岛乔灌林植被生长，热带珊瑚岛磷质石灰土土壤发育，构成了灰沙岛热带常绿乔灌木磷质石灰土景观；另一路径则是由于地壳下沉，成为热带海洋景观，即分大陆架热带浅海海洋生物繁生景观、深海上层热带大洋性与深海盆深海性海洋生物景观。其中，灰沙岛热带常绿乔灌木磷质石灰土景观以拥有岛屿陆地生态系为主要特征，还兼具珊瑚礁水面与水下生态系，是本区发育程度最高、内容最丰富、组构最复杂的一种自然景观类型。

（二）区内差异及亚区划分

受纬度的影响，南沙群岛礁岛植被区的南北分异较大。大约以 6°~7°N 为界，北部属热带季风气候区，南部属赤道带季风气候区；北部受东亚东北季风的控制时间长，南部东南风所占比例最大；一般 7°N 以南大风极少，以北则多台风、热带低压等。在此条件下，处于深海的北部和中部，生物礁在海面下降时出露成小岛，而当海面上升时小岛则在逐渐被淹没的同时，造礁生物跟着生长，形成环礁，而台风、热带低压、飑和季风潮等引起的风暴就在礁坪上产生灰沙岛，7°N 以北常见灰沙岛不同阶段的地形

地物，故环礁热带海洋生物繁生景观大部分分布在北部和中部深海中，灰沙岛热带乔灌林磷质石灰土景观集中在北部和中部，南部则无。本区南部处于大陆架，低海面时期是海岸带，海面上升时，造礁生物在广布的陆源松散堆积物上难以附着生长，只在局部基岩露头附着生长，使得礁丘热带海洋生物繁生景观仅零星分布于南部。根据上述差异，可以把南沙群岛礁岛植被区分为南沙群岛北部热带深海和灰沙岛常绿林亚区和南沙群岛南部赤道大陆架浅海和珊瑚礁亚区两个自然亚区（赵焕庭，1996；赵焕庭等，1996；赵焕庭等，1999）。

1. 北部热带深海和灰沙岛常绿林亚区

本亚区位于南海南部 14°N 左右以南，南界在 6°~7°N 左右，呈东西向带状分布（赵焕庭等，1999）。亚区内以水域为主，陆域很小，岛礁星罗棋布，水深普遍达 2 000~4 000m，地势反差大，地形为南海中央深海盆的南部和南海南部大陆坡的中陆坡（南沙台阶）和上陆坡，以及西南部大陆架，面积逾 60 万 km²。南沙群岛大部分珊瑚礁和全部灰沙岛集中在本该亚区，有 43 座干出环礁、11 座水下环礁、7 座干出台礁和 5 座大陆坡水下礁丘，还有若干水下台礁和水下塔礁，以及全部 23 座堆积在礁坪上的灰沙岛。面积 0.432km² 的最大岛屿太平岛分布在本亚区。亚区内礁顶面积有 23 791km²，一般礁顶（含礁坪和潟湖）面积有数平方千米到 100km²，大环礁如九章群礁为 619km²、礼乐滩水下环礁达 9 400km²。珊瑚礁的物质组成为本地生源堆积，围区来的火山灰和其他陆源物质极少。

本亚区内年平均气温 25.7~28.9℃，比赤道热带略高。日平均气温 ≥10℃ 期间的积温 9 800~10 300℃，年中一般有 2~9 个月的月平均气温在 28℃ 以上，最冷月 1 月均温 24.3~27℃，最热月在 4 月，比赤道热带早 1 个月，气温为 27.4~30.6℃，也比赤道热带略高。气温年较差小，常年皆夏。在季风作用下，亚区内夏季盛吹西南风，冬季盛吹东北风。有热带气旋生成或路过，平均每年 2.65 个。干湿季较分明，雨季（月降水量 >50mm）长达 9 个月，干季 3 个月（2~4 月），月降水量小于 50mm。最热月 4 月时降水量最小，为 24.4mm。

本亚区内大海海洋生物种类和数量相对较少，但珊瑚礁区热带海洋生物种多量大。珊瑚礁存在多种生态环境，物种繁多。初步调查，浅水造礁石珊瑚类有 120 多种，软珊瑚 35 种，黑角珊瑚 15 种，贝类 200 多种，甲壳动物蟹、龙虾和虾有 200 多种，鱼类数百种，还有头足类章鱼和乌贼，棘皮动物海星、海参，以及海百合、海蛇尾、多毛类、海绵和海龟等。藻类有珊瑚藻 12 种，仙掌藻 8 种。礁前水域常见海豚和鲨等。

本亚区内由生物骨壳碎屑在珊瑚礁顶上堆积成的灰沙岛，成岛时间短，面积小，地势低平，高不过 6m，大不及 0.5km²，没有溪流，有维管束植物 57 科、121 属、151 种，乔木层高可达 20m，发育了茂盛的以莲叶桐、海岸桐、海柠檬、榄仁树和白避霜花为优势种的常绿乔灌林，鲣鸟、燕鸥等多种海鸟群栖，林、鸟构成了灰沙岛生机勃勃景象，发育了磷质石灰土（磷质钙质湿润雏形土）。土壤已有部分被垦殖栽培果、蔬类，个别礁坪上有人工岛，如永暑礁，从掺和大陆运来的客土和本地礁砂土，辟为菜园，还栽培花草树木。

2. 南部赤道大陆架浅海和珊瑚礁亚区

本亚区北界在 6°N~7°N 之间的 150m 等深线，南至 3°25′N 的中国断续国界线，呈马蹄形，是中国的最南疆，面积约 12 万 km² （赵焕庭等，1999）。处在南海南部大陆架的外陆架，水深 40~150m，地形平坦，坡度 1′~2′30″，有水深 42~47m、55~60m 和 100m 几级阶地，区内几乎全为水域，其中只有南屏礁隐现水面，其面积为 2km²。珊瑚礁集中分布在中南部 3°25′~6°N、112°~113°E 之间，约由 19 座珊瑚礁构成，除台礁南屏礁外，其余有 11 座水下环礁和水下台礁（分布在北康暗沙和南康暗沙）、1 个暗沙群（曾母暗沙等 8 个水下陆架礁丘），统计其中 13 座暗沙与暗礁的总面积为 2 666km²，礁群连片范围大约有 10 000km²，这些珊瑚礁均由本地生源物质堆积，但含一些陆源碎屑物。

本亚区南距地理赤道约 400km，属典型的赤道高温湿润气候，终年高温。气温参考加里曼丹岛北岸，年均温在米里为 26.5℃，古晋为 27.2℃。古晋气温年较差极微，为 0.5℃，极端高温 36.1℃，极端低温 17.8℃。日平均气温 ≥10℃ 期间的积温为 9 700~10 000℃。本亚区多雷阵雨，平均年降水量介于 3573.33~3799.60mm，平均年雨日 253 天，干湿季不分，盛吹西南季风和东北季风，但基本上无台风活动。海洋表层海水水温高，年平均 28.3℃，最冷月 26.9℃，最热月 29.3℃，终年暖热，是常夏之海。

本亚区拥有大陆架热带浅海生态系和珊瑚礁生态系，海洋生物种类繁多量大。海底底栖生物有软体动物 200 多种，棘皮动物 200 多种，蟹类 100 多种，还有蔓足类、端足类、海绵、软珊瑚和深水石珊瑚、角珊瑚等。鱼类有 500 多种，其中有 50 多种是底拖网渔业的主要经济鱼类。此外，还有多种虾类、海蛇类和海龟。

参 考 文 献

蔡俊欣．1991．雷州半岛的红树林资源及对其保护发展措施．广东林业科技，(2)：31~33

曹基富，吴德平．2002．雷州半岛降水特性分析．广东水利水电，(6)：36~37

曹基富，吴瑞钦．2006．雷州半岛干旱浅析及减灾对策．广东水利电力职业技术学院学报，4 (1)：42~44

曹基富．2006．雷州半岛水旱特性初探．水资源与水工程学报，17 (3)：86~88

陈史坚，锺晋梁．1989．南海诸岛志略．海口：海南人民出版社

陈史坚．1982．南沙群岛的自然概况．海洋通报，11 (1)：52~58

陈树培．1982．海南岛的植被概要．生态科学，(1)：29~37

杜尧东，刘锦銮，宋丽莉等．2004．雷州半岛干旱特征、成因与治理对策．干旱区农业研究，22 (1)：28~31

方文东，方国洪．1998．南海南部海洋环流研究的新进展．地球科学进展，13 (2)：166~171

方文东，郭忠信，黄羽庭．1997．南海南部海区的环流观测研究．科学通报，42 (21)：2264~2271

高荣华．1993．我国位置最南的自然保护区——东岛白鲣鸟保护区．野生动物，(4)：46

郭小钢，靖春生，李立．2003．南沙群岛海域风场特征．热带海洋学报，22 (4)：18~25

何春生．2004．海南岛 50 年来气候变化的某些特征．热带农业科学，24 (4)：19~24

何大章．1985．海南岛农业自然资源与区划（论文集）．北京：科学出版社

何大章，张声骏．1985．海南岛气候区划．地理学报，40 (2)：169~178

何东．1992．高雷热带气候资源与区划．资源科学，(2)：74~79

侯向阳．2001．温带–亚热带过渡带的景观变迁及其生态意义．应用生态学报，12 (2)：315~318

胡婉仪．1985．海南岛尖峰岭的植被垂直带及林型．植物生态学与地植物学丛刊，9 (4)：286~296

黄秉维．1984．竺可桢同志与中国热带和海南岛的科学研究（一）——我国热带、亚热带界线问题．地理研究，(1)

黄秉维.1985.中国综合自然区划的初步草案.地理学报,24（4）：348~365

黄秉维.1992.关于中国热带界线问题：I.国际上热带和亚热带定义.地理科学,（2）：97~104

黄成敏,龚子同.2000.海南岛尖峰岭地区山地土壤发生特性.山地学报,18（3）：193~200

黄全,李意德,郑德璋等.1985.海南岛尖峰岭地区热带植被生态系列的研究.植物生态学与地植物学学报,
　　10（2）：90~105

黄月琼,周畅.2001.雷州半岛干旱的成因及对策.广东农业科学,（2）：49~50

李永振,陈国宝,袁蔚文.2004.南沙群岛海域岛礁鱼类资源的开发现状和开发潜力.热带海洋学报,23（1）：
　　69~75

李招文.2002.浅析雷州半岛区域新构造运动及不良地质现象.广东水利水电,（4）：76~78

林爱兰.1997.西沙群岛基本气候特征分析.广东气象,（4）：17~18

林洪瑛,韩舞鹰.2001.南沙群岛海域营养盐分布的研究.海洋科学,25（10）：12~14

刘周全.2007.湛江红树林自然保护区湿地生物多样性现状及保护.林业调查规划,32（6）：22~24

罗凯.1997.雷州半岛砖红壤的理化性质.热带亚热带土壤科学,6（2）：140~142

马荣华,贾建华,胡孟春.2001.基于RS与GIS方法的海南植被变化分析.北京林业大学学报,23（1）：7~10

聂宝符,陈特固,梁美桃等.1997.雷州半岛珊瑚礁与全新世高海面.科学通报,42（5）：511~514

任美锷,包浩生.1992.中国自然区域及开发整治.北京：科学出版社

沈雪芳,丁裕国,石明生.1996.全球变暖对我国亚热带北界的影响.南京气象学院学报,19（3）：370~373

时小军,刘元兵,陈特固等.2008.全球气候变暖对西沙、南沙海域珊瑚生长的潜在威胁.热带地理,28（4）：
　　342~368

孙典荣,林昭进,邱永松.2005.西沙群岛重要岛礁鱼类资源调查.中国海洋大学学报,35（2）：225~231

孙典荣,林昭进,邱永松等.2005.西沙群岛重要珊瑚礁海域鱼类区系.南方水产,1（5）：18~25

覃新导,刘永花.2007.海南岛生物多样性及其保护对策.热带农业科学,27（6）：50~53

王伯荪,彭少麟,郭泺等.2007.海南岛热带森林景观类型多样性.生态学报,27（5）：1690~1695

王伯荪,张炜银.2002.海南岛热带森林植被的类群及其特征.广西植物,22（2）：107~115

王胜,田红,吴坤悌.2007.海南岛与台湾岛农业气候资源比较.中国农业气象,28（1）：25~28

席承藩,丘宝剑,张俊民等.1984.中国自然区划概要.北京：科学出版社

席承藩.1986.海南岛综合自然资源特点与热带农业生产的发展.自然资源学报,1（1）：56~64

肖仕鼎,黄其叙,陈红宏.2008.湛江市水文特征.广东水利水电,2（2）：52~54

谢文彦,王涛,张一伟.2007.南沙群岛海域断裂体系构造特征及其形成机制.热带海洋学报,26（6）：26~33

邢福武,李泽贤,叶华谷等.1993.我国西沙群岛植物区系地理的研究.热带地理,13（3）：250~257

邢福武,吴德邻,李泽贤等.1993.西沙群岛植物资源调查.植物资源与环境,2（3）：1~6

邢福武,吴德邻,李泽贤等.1994.我国南沙群岛的植物与植被概况.广西植物,14（2）：151~156

颜家安.2006.海南岛第四纪古生物及生态环境演变.古地理学报,8（1）：103~115

杨继镐,卢俊培.1983.海南岛尖峰岭热带森林土壤的调查研究.林业科学,19（1）：88~94

杨勤业,郑度,吴绍洪.2006.关于中国的亚热带.亚热带资源与环境学报,1（1）：1~10

杨文鹤.2000.中国海岛.北京：海洋出版社,265~276

杨小波,林英,梁淑群.1994.海南岛五指山的森林植被.海南大学学报（自然科学版）,12（3）：220~235

业冶铮,何起祥,张明书等.1985.西沙群岛岛屿类型划分及其特征的研究.海洋地质与第四纪地质,5（1）：
　　1~13

余克服,刘东生,陈特固等.2002.中国南沙群岛海滨珊瑚高分辨率的环境记录.自然科学进展,12（1）：65~69

余克服,赵建新.2004.南沙永暑礁表层珊瑚年代结构及其环境记录.海洋地质与第四纪地质,24（4）：25~28

余世孝,臧润国,蒋有绪.2001.海南岛霸王岭垂直带热带植被物种多样性的空间分析.生态学报,21（9）：1438
　　~1443

余显芳,黄远略,郭恩华.1987.中国的热带.广州：广东人民出版社

袁建平,余龙师,邓广强等.2006.海南岛地貌分区和分类.海南大学学报（自然科学版）,24（4）：364~370

詹文欢,张乔民,孙宗勋等.2002.雷州半岛西南部珊瑚礁生物地貌研究.海洋通报,21（5）：54~60

张军龙，田勤俭，李峰等 . 2008. 海南岛西北部新构造特征及其演化研究 . 地震，28（3）：85~94

张少若，梁继兴，林电 . 1995. 西沙群岛土壤磷的分布、形态和性质 . 热带作物学报，16（1）：48~54

张希然，罗旋，陈研华 . 1994. 雷州半岛的海涂土壤 . 海洋学报，16（4）：130~136

张养才，谭凯炎 . 1991. 中国亚热带北界及其过渡带 . 地理研究，10（2）：85~91

张羽，牛生杰，吴德平等 . 2006. 雷州半岛气象灾害及防御对策 . 海洋预报，23（增刊）：27~33

赵焕庭 . 1996a. 南沙群岛自然区划 . 热带地理，16（4）：304~309

赵焕庭 . 1996b. 西沙群岛考察史 . 地理研究，15（4）：55~65

赵焕庭 . 1998. 南沙群岛开发区划初步研究 . 热带地理，18（3）：221~226

赵焕庭，孙宗勋，宋朝景等 . 1996. 南沙群岛永暑礁90多万年以来的海平面变化 . 海洋与湖沼，27（3）：264~270

赵焕庭，王丽荣，袁家义 . 2007. 琼州海峡成因与时代 . 海洋地质与第四纪地质，27（2）：33~40

赵焕庭，温孝胜，孙宗勋等 . 1995. 南沙群岛景观及区域古地理 . 地理学报，50（2）：107–117

赵焕庭，张乔民，宋朝景等 . 1999. 华南海岸和南海诸岛地貌与环境 . 北京：科学出版社

赵焕庭等 . 1996. 南沙群岛自然地理 . 北京：科学出版社

赵玉国，张甘霖，张华 . 2004. 海南岛土壤质量系统评价与区域特征探析 . 中国生态农业学报，12（3）：13~15

曾庆波，丁美华 . 1985. 海南岛尖峰岭热带植被类型垂直分布与水热状况 . 植物生态学与地植物学丛刊，9（4）：297~305

曾昭璇，丘世钧 . 1985. 西沙群岛环礁沙岛发育规律初探 . 海洋学报，7（4）：472~483

郑度，杨勤业，吴绍洪等 . 2008. 中国生态地理区域系统研究 . 北京：商务印书馆

中国科学院《中国自然地理》编辑委员会 . 1985. 中国自然地理·总论 . 北京：科学出版社

钟功甫，黄远略，梁国昭 . 中国热带特征及其区域差异 . 地理学报，1990，45（2）：245~252

钟建强 . 1998. 南沙群岛新构造分区及其稳定性初步分析 . 东海海洋，16（1）：18~24

钟智辉，陈作志，刘桂茂 . 2005. 南沙群岛西南陆架区底拖网主要经济渔获种类组成和数量变动 . 中国水产科学，12（6）：796~800

竺可桢 . 1958. 中国的亚热带 . 科学通报，（17）：524~528

邹国础 . 1983. 海南岛土壤资源的利用问题 . 生态科学，（1）：34~39

第四篇
西北干旱区

第十六章　温带半干旱地区

温带半干旱地区位于 37°~50°N 和 101°40′~123°50′E 之间，是一个呈北东—南西方向延伸的狭长地带，包括大兴安岭北段西麓的呼伦贝尔平原，大兴安岭南段及其东西两侧的西辽河平原与内蒙古高原东部、大青山地、鄂尔多斯高原东部（图 16.1）。由于国界的分隔，呼伦贝尔平原并未与其他部分连成一个整体，但其自然特征与本区其他部分的相对一致性是十分显著的。

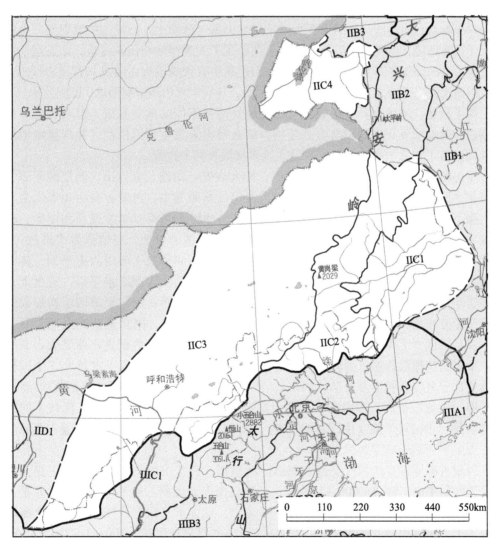

图 16.1　温带半干旱区的位置（图例见正文）

第一节 自然地理特征综述

一、和缓起伏的高原地貌

本区北部和中部属内蒙古－大兴安岭褶皱系，地质构造比较活跃；南部属中朝准地台，相对稳定。内蒙古－大兴安岭褶皱系最早于华力西运动中褶皱隆起，其后在燕山运动中仅发生了和缓的挠曲运动，侏罗纪地层被剥蚀夷平，同时有大量中酸性火山岩喷发和花岗岩侵入，构成了内蒙古高原地表组成物质的基础。古近纪和新近纪期间，高原曾发生缓慢的升降运动，沉降中心时有转移，而高处则多次发生夷平作用，因此至今保存了较好的高原地貌特征。与内蒙古－大兴安岭褶皱系同属一个褶皱区的吉黑褶皱系只有很少一部分，即发生于晚中生代的松辽拗陷属于本区，其西南部相当于西辽河平原。

中朝准地台自奥陶纪晚期到石炭纪早期均出露于海面上，石炭纪中晚期至二叠纪早期处于滨海环境，但晚二叠纪至三叠纪早期形成了大规模陆相沉积盆地，印支运动中又形成了大型的鄂尔多斯陆相沉积盆地，燕山运动中有大规模火山喷发和花岗岩侵入，新生代以断块升降活动为主，并伴以玄武岩喷溢，还在大青山地南侧形成了断陷盆地。

综上所述，本区虽具有褶皱带与稳定地块两种不同的地质基础，但两者自中生代末期以来的地质发展史却没有显著差别，褶皱带再未发生褶皱活动，并与稳定地块一起共同经历了玄武岩喷发、花岗岩侵入及多次地表夷平过程。

中国温带半干旱区虽有山地和平原，如大兴安岭南段、大青山，西辽河平原、呼伦贝尔平原、前套平原等，但基本地貌类型仍以高原为主。内蒙古高原和鄂尔多斯高原占据了本区的绝大部分，地表切割轻微，起伏和缓，间或有剥蚀残丘和岗阜，相对高度一般不超过100m，且顶部浑圆，其间分布有宽浅的盆地，当地称为"塔拉"。中生代末期以来，地壳间歇性上升并随之遭受剥蚀，因而形成了多级古夷平面，其中最老的是白垩纪以前的夷平面，分布在地形最高部位，其次为蒙古准平面，再次为喜马拉雅运动中喷发并覆盖在蒙古准平面上的玄武岩平面，而新近纪到第四纪初形成的戈壁准平面分布最广，形态也最完整，戈壁准平面上的洼地，则是最新的夷平面（中国科学院自然区划工作委员会，1959）。尽管其他一些学者依据内蒙古高原缺失古新统地层、下白垩统地层普遍遭到剥蚀等理由，认为最老的夷平面形成于古新世（中国科学院内蒙古宁夏综合科学考察队，1980）；或认为古近纪夷平面（蒙古准平面）、新近纪夷平面（戈壁准平面）都因断块运动而发生了严重解体或变形，形成了海拔不同的多层梯级面（中国科学院《中国自然地理》编辑委员会，1980），但对于内蒙古高原广泛存在古夷平面则形成了共识。

内蒙古高原本身地貌特征也表现出区域差别，大青山以北的高原实际上是大青山地北麓倾斜平原，海拔1 000～1 400m，地势自南向北倾斜，地表组成物质主要是古近系砂砾岩、泥岩、新近系泥岩、砂岩、泥灰岩、发育干河床和风蚀洼地。层状高原大致分布于113°E以西，海拔950～1 500m。由南向北出现海拔1 100～1 500m、1 050～1 100m、1 040～1 050m、980～1 020m和950～1 000m五级台地。而113°E以东则为波状高原，地势自东南倾向西北，地貌类型较多，除波状高原外，还有熔岩台地、沙地和剥蚀残丘等，构造上为中新生代沉降区，后期缓慢隆起，地层倾角一般不超过2°。

熔岩台地面积广阔是本区又一突出的地貌特征。锡林郭勒高原北部和中部分布着新近纪至第四纪初由玄武岩构成的熔岩台地，其面积达12 000km²，台地上广布死火山锥。其中巴彦图嘎熔岩台地位于阿巴嘎旗北部，面积约2 200km²，在接近中蒙边界处有40余座死火山锥。阿巴嘎熔岩台地呈阶状，面积超过6 300km²，分布有206座死火山锥。达里诺尔熔岩台地亦呈阶状，面积约3 100km²，有102座第四纪初形成的死火山锥。

风成地貌发育普遍也是中国温带半干旱区的地貌特征。本区西部风蚀作用强烈，而东部和南部风蚀与风积并重，以致形成了科尔沁沙地，呼伦贝尔沙地、浑善达克沙地和毛乌素沙地等（表16.1）。与真正意义上干旱区的沙漠相比较，这些沙地降水量相对较多，植物生长良好，除草本植物及灌木外，还可生长乔木，因而大部分沙丘为固定、半固定沙丘，流动沙丘只是小面积斑点状分布（朱震达等，1980），且大部分是在半干旱气候条件下在历史时期由人类活动导致的沙漠化土地。

表16.1 2000年本区沙漠化土地分布面积（孙鸿烈，2011）

地区	监测面积/km²	潜在和轻度沙漠化土地面积/km²	中度沙漠化土地面积/km²	重度沙漠化土地面积/km²	严重沙漠化土地面积/km²	沙漠化总面积/km²	占监测面积比/%
呼伦贝尔沙地	83 615.0	17 890.00	852.00	1990.00	161.00	20 893.00	25.0
松嫩沙地	51 588.0	1809.76	1386.25	460.43	8.94	3765.00	7.3
科尔沁沙地	105 603.8	30 669.32	9008.79	5815.42	4673.99	50 167.52	47.5
锡林郭勒盟	181 309.8	20 999.21	11 300.09	7274.83	5595.37	45 169.49	24.9
乌兰察布盟	60 967.9	9079.36	3782.65	278.44	41.57	13 182.02	21.6
毛乌素沙地	97 352.0	20 509.82	14 333.78	7949.56	10 679.33	53 472.49	54.9

1. 科尔沁沙地

本沙地主要部分散布于西辽河干支流沿岸的冲积平原上，北部亦有部分分布在冲积–洪积平原台地上。固定半固定沙丘占90%，流动沙丘仅占10%。新开河以北，以沙垄为主的固定沙丘常与沼泽湿地相间分布。新开河与西辽河的河间地上，沙丘与古河床低湿洼地相交错。而西辽河干流以南，自巴林桥至双辽间，沙地占整个科尔沁沙地的60%，且自西向东逐渐由以流动沙丘为主转向以固定、半固定沙丘为主，瓦房、余粮堡一线以东，流沙仅有零星分布。目前流动沙丘占沙丘总面积的10.4%，固定、半固定沙丘分别占75.24%和14.36%。

科尔沁地区在早中更新世就已出现沙地（董光荣等，1994），但沙地的扩张主要在最近1 000年。在10世纪上半叶的辽代，大规模强制性垦荒开始造成这一地区的土地沙漠化。其后，金代的垦殖政策加剧了沙漠化进程。18世纪初，清康熙年间进行了新一轮大规模垦荒。因而18世纪末和19世纪初，科尔沁的沙漠化已很严重。20世纪上半叶，大量难民涌入这一地区。而1950年以后，垦荒甚至实行了机械化作业，故1950年代末至1970年代中期，沙漠化土地扩展迅速，总面积增加了9 084km²，1970年代中期至1980年代后期，又增加了9 624km²，进入1990年代才出现逆转趋势。科尔沁地区

1959 年沙漠化总面积为 42 300km²，1975 年增为 51 384km²，1987 年更达 61 000km²，2000 年减为 50 142km²（王涛等，2004）。

2. 浑善达克（小腾格里）沙地和乌珠穆沁沙地

浑善达克沙地主要分布在锡林郭勒高原南部，即苏尼特左旗、阿巴嘎旗、锡林浩特一线以南，大兴安岭以西，苏尼特右旗、大光顶子山（2 037m）一线以北地区。60 年前，固定半固定沙丘占 98%，流动沙丘仅占 2%。现在流动沙丘已增至 12.1%。西部以半固定沙丘为主，东部以固定沙丘为主，共同特点是丘间低地广阔，并有 110 处积水成湖，固定沙丘大致呈北西西—南东东方向排列，并以沙垄和沙垄－梁窝状沙丘为主，一般高 10～15m，少数可达 25～30m。半固定沙丘散布于固定沙丘间，迎风坡常发现风蚀窝，沙粒裸露。沙地东西长 360km，南北宽 30～100km，面积约 2.14 万 km²，最早形成于上新世（李孝泽、董光荣，1998）。

乌珠穆沁沙地主要分布于东、西乌珠穆沁旗境内的冲积湖积平原上，也以固定半固定沙丘为主，流动沙丘约占 1/4，沙丘类型也以沙垄和梁窝状沙丘为主，高 5～15m，但多数在 8m 以下，沙地在巴彦乌拉与贺根山之间呈东西向带状延伸达 150km。

3. 呼伦贝尔沙地

主要分布在呼伦湖以东，海拉尔河以南和辉河以西的冲积湖积平原上。沙丘类型以固定、半固定的梁窝状及蜂窝状沙丘为主，高 5～15m，多生长榆、樟子松等植物。丘间低地广阔，并发育风蚀地貌，如风蚀洼地和风蚀残丘。沙地可分为三部分：北部沙带自嵯岗牧场至海拉尔西山，大致沿海拉尔河延伸 190km，宽 5～35km；中部沙带主要在鄂温克旗境内，沿伊敏河分布；南部沙带自甘珠尔庙到东南部的头道桥，绵延 150km，宽 15～70km。1990 年代后期的 1:10 万 TM 卫星遥感资料显示，沙地总面积已达 4.3162 万 km²，其中除 5 576.77km² 已沙化土地外，还包括 1.013 万 km² 正在沙化的土地和 2.7454 万 km² 潜在沙化土地。呼伦湖岸还发育一个南北向的湖滨沙丘带，乌尔逊河故河道上也发育有沙丘。

4. 毛乌素沙地

分布于东自伊金霍洛旗，西至鄂托克县之间，南起靖边县，北至杭锦旗。原以固定半固定沙丘为主，但目前固定半固定沙丘仅占 1/3，而 2/3 为流动沙丘，且主要分布于比较湿润的东南部。主要沙丘形态为新月形沙丘，高 5～10m 或 10～20m，丘间低地大部为沼泽或草甸。南部边缘区沙丘覆盖在黄土梁状丘陵和台地上，一般只有 3～5m 高，东南部河流阶地分布较广，是沙地中主要的农业区。沙地面积近 4 万 km²。研究认为，毛乌素地区中西部的梁地、东南部的洼地和黄土丘陵，早在第四纪初就已存在风蚀、风积和流沙侵袭现象（董光荣等，1988）。

毛乌素沙地属于鄂尔多斯高原的一部分。鄂尔多斯高原位于黄河北干流与长城之间，大地构造上主要部分属中朝准地台华北台块之鄂尔多斯台向斜。中生代开始沉降，第四纪以来一直保持缓慢上升状态。高原除边缘部分被河流切割外，其余大部分切割轻微，一般海拔 1 300～1 500m，东胜区与杭锦旗间可达 1 450～1 600m，而最低处不超过 1 000m。西部的南北向山地——桌子山主峰阿玛瑙苏山海拔 2 091m，是这个高原的最高峰。北有库布齐沙漠，南有毛乌素沙地，高原上还分布有上百个湖泊洼地。乌拉特前旗—鄂托克县一线以东属温带半干旱区，该线以西属温带干旱区。

二、气 候 特 征

日照充足，冬季漫长而寒冷，夏季温暖但为时极短，降水量偏低，多风沙活动，是中国温带半干旱区普遍的气候特征。

温带半干旱区年太阳总辐射量普遍在 5 340MJ/m² 之间，高于同纬度的东北、华北湿润、半湿润区，也高于温带干旱区中的阿尔泰山地、准噶尔盆地和天山山地。年日照时数普遍在 2 800h 以上，呼和浩特（2 968.6h）、林西（2 955.5h）均超过 2 900h，二连浩特更达 3 168.5h，除略低于柴达木盆地、阿拉善高原、东疆戈壁及西藏阿里等少数地区外，在中国亦为高值区，显著高于东北，华北同纬度地区，更远高于南方各地，尤其是四川盆地与贵州高原。参见图 16.2。

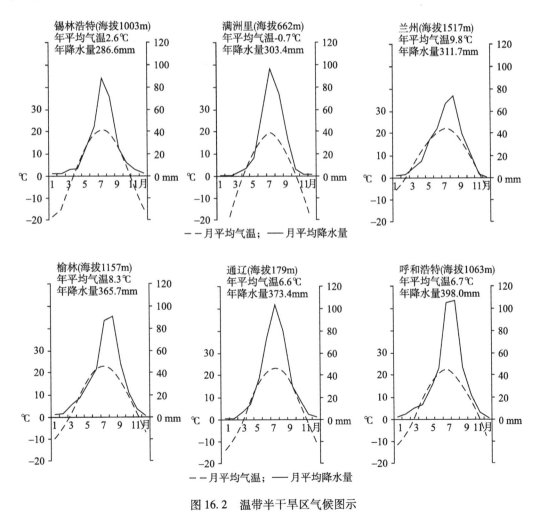

图 16.2　温带半干旱区气候图示

本区跨越 13 个纬度（37°~50°N），且纬度较高，冬半年几乎完全被极地大陆气团控制，北部地势开敞，坦荡，正当寒潮南下的要冲，因此，温度较低，年平均气温介于 8 ~ -2℃ 间，1 月均温 -8 ~ -24℃，7 月均温 20 ~ 24℃。年均温、1 月均温与 7 月均温都低于同纬度东北、华北地区，均与其海拔较高且易受冷空气影响有关。日平均气温 ≥10℃ 期间的积温 3 000 ~ 2 000℃，南多北少，但全区仍属典型的中温带，气温年较差 30~49℃，也维持随纬度增高而增加的格局，其中，海拉尔（49.1℃）和满洲里（46.9℃）为年较差最大的两个地区。无霜期 180~120 天，也是北少南多态势。

相对远离海洋的地理位置和大兴安岭、冀辽间山地、晋蒙间山地的阻隔作用，使本区降水量明显少于同纬度东部沿海地区。本区等雨量线基本上保持北东—南西方向，400mm 等雨量线较为曲折，使大兴安岭南段及以东的西辽河平原进入了半干旱范围。北东—南西走向的大兴安岭以西降水量普遍低于以东 100~200mm，冀辽间山地、晋蒙间山地北侧降水量也比南侧少 200~250mm，充分说明了暖湿气流被山地阻挡的情况。

年降水量显著集中于夏季，通常 6~8 月降水量即占全年 2/3 甚至 70%，且夏季暴雨强度较大，有时一个月的降水量就可占全年降水量的 50%，而一日降水量也可占全年的 1/3，11 月至次年 3 月降水量则往往不足全年的 10%。降水量的年际变率也很大，最大年降水量可达最少年降水量的 3 倍或更多。

温带半干旱区多风和多大风，某些指标甚至超过了干旱区。年平均风速除鄂尔多斯高原东部多在 2~3m/s 间以外，锡林郭勒高原西部则达 5m/s 以上，比准噶尔盆地、塔里木盆地、甚至河西走廊西段还高。年平均大风日数 10~75 天，其中西辽河平原、呼伦贝尔平原、前套平原、鄂尔多斯高原东部都在 25 天左右，而锡林郭勒高原普遍达 50~75 天甚至更多，略逊于西藏西部，而与准噶尔西部山地、东经 100° 附近的青海湖盆地西部、阿尼玛卿山南达日—甘德一带及四川甘孜北部地区相当。在半干旱气候背景下，年平均风速偏高和大风日数多，无疑促进了风沙作用。

本区冬季盛行寒冷干燥的西北风，北部地势开敞，使得冷空气长驱直入。春季增温迅速，但降水仍少，风沙活动频繁。夏季海洋气团进入本区时势力已大为减弱，但仍是本区降水的主要来源，秋季降温较快并常出现逆温现象。

三、河湖众多而水资源贫乏

本区河流分属外流与内流两大水系。外流河，如额尔古纳河注入鄂霍次克海，黄河、洋河（永定河上游）、闪电河（滦河上游）、西辽河等流入渤海。内流河，如辉河注入呼伦贝尔平原，乌拉盖尔河、彦吉嘎郭勒、高力罕部勒、巴嘎吉仁高勒（小吉林河）、伊和吉仁高勒（大吉林河）、锡林郭勒、巴音河等均源出大兴安岭而注入锡林郭勒高原；塔布河、艾不盖河源出大青山，而往北注入呼和淖尔和腾格淖尔。大兴安岭和大青山是内外流域的分水岭。内流河流程短，径流量小，河网稀疏，主要靠上游降水补给。外流河通常源远流长，水量也较丰富。

作为过境河的黄河流经本区西南部，流程约 310km，其间仅北岸有支流大黑河注入，河谷宽浅易淤积，河流弯曲，春初的凌汛常造成灾害，年径流量约 250 亿 m³。丰镇市饮马河、兴和县后河、银河等，经桑干河和洋河注入官厅水库，归属永定河流域。

闪电河（上都音高勒）原为内流河，被袭夺后归属滦河流域。西辽河为辽河上游，主要支流有老哈河、西拉木伦河、教来河、乌力吉木伦河等，但后者只在洪水较大时通过莲花泡子低地汇入新开河。老哈河、西拉木伦河年径流量均不足 6 亿 m^3。霍林郭勒亦曾被认为是一条内流河，实际上洪水较大时可经回民屯、胡家窝堡而进入嫩江干流。呼伦贝尔平原的海拉尔河及其支流伊敏河、莫勒格尔河属额尔古纳河水系。克鲁伦河、乌尔逊河分别从西南和东侧注入呼伦湖，而呼伦湖原以木得那雅河与额尔古纳河相通，1965 年后则以新开的人工河道连接海拉尔河，因此也应属外流河额尔古纳河水系。额尔古纳河与石勒喀河会合后称黑龙江。呼伦贝尔河年径流量可达 45 亿 m^3。

　　内流河中，以乌拉盖尔河最大，干流发源于大兴安岭宝格达山的巴润青格勒台（1 461m），自东北流向西南，年径流量约 1.2 亿 m^3。五条支流除色野勒吉高勒自右岸来汇外，其余 4 条即宝日嘎斯台郭勒、彦吉嘎郭勒、高日罕高勒、巴拉嘎尔高勒均自左岸汇入。下游河槽不明显，比降仅 0.03‰ ~ 0.05‰，最终以内陆湖乌拉盖高壁为归宿。伊和吉仁高勒和巴嘎吉仁高勒又称大吉林河与小吉林河，发源于大兴安岭西侧，自南向北流，伊和吉仁高勒流程较长，最后消失于东乌珠穆沁旗境内，巴嘎吉仁高勒则注入哈拉图苏木西北的一个小湖。锡林河发源于黄岗梁以北，向西北流至锡林浩特市以北注入巴音诺尔，年径流量 2 029 万 m^3。塔布河又称希拉莫日高勒，发源于大青山北麓，北流入四子王旗，历史上曾以呼和诺尔为尾闾，现在则在四子王旗中部即已断流，年径流量为 2 237 万 m^3，下游已进入温带干旱区。艾不盖河源出大青山北坡而北入腾格淖尔，年径流量 1 525 万 m^3，其上游属温带半干旱区。

　　与河流稀少而短小的情况相对照，温带半干旱区湖泊面积虽不大但数量众多。统计表明，本区共有各类湖泊 2 808 个，面积 6 311.74 km^2（李容全等，1990）。按成因划分，本区湖泊可分为 4 类：

　　（1）构造湖。主要由断陷作用形成，湖盆形状受断陷的边界断裂所限，轮廓多呈比较规则的菱形，面积和水深均居各类湖泊之首，但湖泊数最少。中国温带半干旱区，仅有 5 个构造湖，面积最小的仅 77.5 km^2，最大者超过 2 300 km^2，总面积接近本区湖泊面积的 50%。

　　（2）熔岩湖。为熔岩阻塞河道或火山口积水形成的湖泊。这类湖泊平面形状不规则，主要分布于大兴安岭以西锡林郭勒高原的熔岩台地上。本区此类湖泊共有 308 个，总面积 498.7 km^2，平均每个湖的面积为 1.617 km^2。其中最大的熔岩湖是达里诺尔，面积达 233.75 km^2。

　　（3）河迹湖。主要指水系变迁而形成于古河道上的小湖。此类湖泊本区共有 1 555 个，总面积 1 610.24 km^2，平均每个湖泊的面积不超过 1.03 km^2，但有 15 个河迹湖面积在 10 ~ 100 km^2，总面积达 500.75 km^2。

　　（4）风成湖。主要是指风蚀洼地或沙丘间低地积水形成的湖泊。区内此类湖泊共有 940 个，总面积 1 092.3 km^2，平均每个湖的面积为 1.16 km^2，其中有 9 个湖面积在 10 ~ 100 km^2 之间，面积共为 337.75 km^2。

　　温带半干旱区湖泊的形成与当地的地质和自然地理背景有着密切的关系。例如，近期地质历史上多次夷平作用，使本区保持了渐新世初期地势坦平、河谷宽浅、山丘低矮浑圆的特征；间歇性玄武岩喷发及断块活动造就了一些洼地与断陷盆地；河流改道或裁弯取直，废弃河道也可形成湖泊，风沙作用形成风蚀洼地和沙丘间低地，也都可能积水成湖。湖泊众多与半干旱区的气候水文条件也有密不可分的关系，如果降水充分，河网密布且水量巨大，本区则早已形成密集的水文网并与海洋相通。正是由于河网稀疏，流程短，侵蚀力有限，才使各小河形成了独立的内陆流域，并形成各自的尾闾湖和众多河迹湖。

本区较大的湖泊主要有：

（1）呼伦湖，又称达赉诺尔。蒙语海湖之间。位于呼伦贝尔平原西北部，是一典型的构造断陷湖，湖面海拔 545m，南北长近 100km，东西宽 20～26km，面积达 2 315km²，平均水深 6m，最深处约 15m，蓄水量在 130 亿 m³ 以上，是本区第一大湖。湖岸有高出现代湖面 50m 的阶地和高出湖面 5～10m 的含贝壳砾石堤，表明过去湖面积比现在大得多。

（2）查干诺尔。位于浑善达克沙地北缘，辉腾高勒（巴音河）与努格斯高勒分别从东西两端注入，故查干诺尔是这两条河共同的尾闾湖，湖呈东西向，长 22km，宽 5～15km，面积 230km²，其西侧的若干小湖系原来的大湖缩小，分解而成。

（3）达里诺尔。位于浑善达克沙地东北边缘，大兴安岭南段主峰黄岗梁西南，是内陆河公格尔郭勒的尾闾湖，另一小湖岗更诺尔也有水道与之相通。湖盆因玄武岩阻塞河道而成。湖面海拔 1 226m，面积 233.75km²。西北侧的杜东诺尔、东南侧的岗更诺尔、达更诺尔等小湖，都曾经是达里诺尔的组成部分，据研究最高湖面高出现代湖面 64m，大约出现在距今 22 万～25 万年前。现代湖面与最高湖面之间，有多级湖蚀平台和四级湖滨基座阶地（李容全等，1990）。

（4）岱海。位于长城以北的乌兰察布市凉城县境内，湖盆轮廓被一组北东东走向和一组北西走向的断裂带严格限定，表明湖盆是断块作用和新构造运动的产物。湖盆形成后于更新世积水成湖。湖面海拔 1 223m，东西长 20km，南北宽 8～10km，面积 160km²，有弓坝河、五号河、目花河、天成河、步星河、索代沟、园子沟、石窑沟、大沿河等从西、南、东三面注入。平均水深 9m，蓄水量超过 130 亿 m³。最高湖面高出现代湖面 99m，湖滨可见高出现代湖面 97～99m、81～95m、68～85m 和 47～51m 的四级湖蚀台地，三苏木、五苏木一带洪积扇也可分为四级，表明湖面曾有过四次相对稳定和四次强烈下降的时期。

（5）黄旗海。位于察哈尔右翼前旗南部，京包铁路以东和国道 110 以南，也是一个断陷盆地，并与岱海同时形成湖泊。第四纪湖相地层最厚约 400m，并有多旋回特征，湖面东西长 25km，南北宽 5～18km，面积 107km²，平均水深 3～5m，最深处达 10m，蓄水量超过 5 亿 m³。有呼和乌素河等十余条常年河和季节河注入，湖滨亦有阶地，但近百年来湖面基本上保持扩大趋势，湖南岸并有一座死火山。

四、草原植被与土壤

温带半干旱区的地带性植被为典型草原，区系成分以亚洲中部成分和蒙古草原成分为主。作为本区特色的蒙古草原成分，除小针茅等旱生禾草外，还包括本区特有的小叶锦鸡儿、矮锦鸡儿、中间锦鸡儿、蒙古莸等中生类型的旱化类型，以及著状亚菊、女蒿、多根葱、蒙古葱，还有所谓兴安－蒙古成分的贝加尔针茅、大针茅、双齿葱、细叶葱、窄叶蓝盆花、柴胡、草芸香、线叶菊等。东南部常有华北成分的油松、荆条、文冠果、地锦等加入。欧亚草原共有的糙隐子草、木地肤、日阴薹草、拂子茅、无芒雀麦、黄花苜蓿等，欧亚草原与北美草原共有的冷蒿、寸草苔、菭草、草地早熟禾等，在本区也都可以见到。但内蒙古高原以比较耐寒的大针茅、克氏针茅、戈壁针茅、羊草、线叶菊等群系占优势。大针茅草原是地带性植被的代表群系，分布面积很广，并分化为大针茅＋羊草＋杂类草原、大针茅＋糙隐子草草原和小叶锦鸡儿灌丛化的大针茅草原等群落类型，而后者乃是本区特有的。放牧草场和交通线附近以克氏针茅草原占优势，丘陵坡麓和干河谷则多为羊草草原。

鄂尔多斯高原因为位置偏南，喜暖的亚洲中部草原成分在植被组成中起主导作用，长芒草、短花针茅群系占优势。东亚成分尤其是其中的耐旱成分占较大比重，如白羊草、中国委陵菜、多种胡枝子、茵陈蒿、铁杆蒿、菱蒿等。长芒草、白羊草和短花针茅乃是鄂尔多斯草原植物的代表。

典型草原是大青山地植被垂直带的基带。分布于大青山南坡 1 390m 以下和北坡 1 160m以下，南麓主要是长芒草草原、百里香草原。山地表现出明显的垂直带性分异，南坡 1 390～1 850m、北坡 1 160～1 600m 为栎林带。南北坡分布高度不同，但带幅宽度相近。南坡 1 850～1 900m、北坡 1 600～2 100m 为针叶林，表明北坡比南坡带幅宽得多。南坡 1 900m 以上、北坡 2 100m 以上为亚高山草甸带，南坡宽而北坡窄的特点很明显。

地带性典型草原植被并非在温带半干旱区的所有地方都占优势，西辽河平原只有大兴安岭东南麓的山前丘陵平原上大针茅草原、克氏针茅草原分布较广，以大针茅＋丛生小禾草草原、大针茅＋羊草草原、山杏灌丛化的大针茅草原为最常见的群落类型。其余地方，草原植被与沙生植被、草甸共同形成复杂的植被组合。不仅西辽河平原的科尔沁沙地、浑善达克沙地、毛乌素沙地及呼伦贝尔沙地的固定半固定沙丘上，均以半灌木群落占优势，而且含有沙生草本植物层片，流动沙丘上则生长沙米、沙竹、白草。低洼的湖岸、河岸和沼泽湿地隐域生境发育芨芨草、马蔺、薹草、杂类草、芦苇等。

与植被相适应，温带半干旱区的地带性土壤为栗钙土（黏化钙积干润均腐土），其中呼伦贝尔还发育暗栗钙土和草甸土（普通暗色潮湿雏形土），鄂尔多斯分布有淡栗钙土和流动风沙土（干旱砂质新成土），大青山山麓有山地栗钙土，西辽河平原主要发育暗色草甸土和半固定风沙土，锡林郭勒高原除暗栗钙土、栗钙土、淡栗钙土外，也分布大面积固定风沙土、半固定风沙土和小片盐土（石膏干旱正常盐成土），前套平原和土默川一带还有带状延伸的绿洲土（普通灌淤旱耕人为土）。在中国土壤地理分区中，该区属于干润暗沃土、正常干旱土地区。

第二节　区内地域分异

一、纬度差异对区内温度状况分异的影响

中国温带半干旱区从宁夏河东沙地东南边缘到呼伦贝尔平原北部边缘，南北相差近 13 个纬度，势必引起自然条件的纬度地带性分异，并且首先表现为温度状况的差

别。不仅年均温，而且 1 月均温、7 月均温、≥10℃积温都随纬度增加而降低，无霜期明显减少，严寒天数（−10 ~ −19.9℃）和大寒（−20 ~ −29.9℃）天数从无到有且渐次增加。例如，温带半旱区南端的盐池（北纬 37°46′）和北端的海拉尔（北纬 49°13′），两者纬度相差 12°27′，前者比后者年均温高 9.4℃，1 月均温相差 18.8℃，7 月均温相差 3.3℃，≥10℃积温相差 1 076.7℃，无霜期相差 55 天，盐池没有严寒和大寒日，而海拉尔却分别有 129 天和 60 天。可见，纬度差异对温度状况地域分异的影响是深刻的，而且通过对温度的影响还使植被土壤受到间接影响。本区虽属典型草原地带，但北部多耐寒种类南部多喜暖成分，就是明显例证。

二、非地带性因素的影响

1. 地质、地貌因素

地壳运动在本区东部、东南部和南部边缘或外侧造成了一系列北东—南西走向的山脉，如大兴安岭、努鲁儿虎山、燕山、恒山和吕梁山，在区内形成了大青山脉，并使本区成为总体上向西或向北倾斜的高原，除呼伦贝尔和西辽河平原外，海拔多在 1 000m 以上，在中生代以来的地质地貌发展史上，呼伦贝尔和西辽河平原持续沉降，锡林郭勒高原却断续上升、夷平，大青山地断裂隆起，前套平原断裂拗陷，鄂尔多斯进入新生代后亦保持上升趋势。所有这些都对区内进一步的地域分异产生了重要影响。

2. 降水量的地域差别

中国温带半干旱区年等雨量线既不与纬线平行，也不与经线平行，而是基本上维持南西—北东走向，并且引人瞩目地在 44° ~ 46°N 间向东突出，从而使大兴安岭南段和西辽河平原被划入半干旱区范围。

全球陆地降水量的 89% 来自海洋上空的湿润气流，中国东部季风区包括温带半干旱区在内这个比例可能更大。温带半干旱区等雨量线偏离纬线而与中国北部海岸大致平行并在与海岸垂直的南东—北西方向上递减，表明离海洋愈远，季风影响愈弱，同时也表明晋北山地、冀北山地和辽西山地作为暖湿气流屏障对本区降水量的影响。这些山地的迎风坡阻挡了暖湿气流，背风坡不同程度的焚风效应使降水量进一步减少。曾经相当流行的中国北方年降水量自东向西随经度变化而减小，自然景观亦随经度变化而由森林向森林草原、典型草原、荒漠草原和荒漠递变的表述方式，既不准确也不科学。

在温带半干旱区内，由于降水量自东南向西北方向递减，东部与西部虽同属典型草原，但东部山前地带已有森林草原出现，而西部接近干旱区，植物种的荒漠成分渐多，已呈现向荒漠草原过渡的征象。

3. 风沙因素

风沙作用对温带半干旱区土地沙漠化有着重要的影响。正是由于年平均风速偏大、起沙风频次高和年大风日数多，在天然植被覆盖率较低和人为活动造成地表裸露的情况下，地表覆盖沙粒形成沙丘、沙丘链和沙垄。温带半干旱区内，呼伦贝尔平原、西辽河平原、锡林郭勒高原和鄂尔多斯高原都发育了沙地，与未被沙粒覆盖的地方形成了鲜明的对照，导致了温带半干旱区内部中小尺度的地域分异。

第三节　自然区自然地理特征

一、西辽河平原草原区（ⅡC1）

西辽河平原西北和北界为大兴安岭和松辽分水岭，南界七老图山和努鲁儿虎山，东界东北平原，是中国温带半干旱区中位于大兴安岭以东的一个区。大地构造上主要属吉黑褶皱系之松辽拗陷，自晚中生代至今均保持下沉趋势。地貌上则是沿西辽河及其支流乌力吉木伦河、西拉木伦河和教来河等谷地发育了冲积平原。嫩江支流洮儿河，松花江支流霍林郭勒冲积平原也部分属于本区。

本区北、西、南三面环山，地势西高东低，最低处海拔仅120m，西北边缘的大兴安岭山麓分布有低山、丘陵和台地，地形呈阶梯状，海拔约200～1 000m，北部边缘的松辽分水岭海拔200m左右，而相对高度仅50～100m，南部边缘的七老图山和努鲁儿虎山前黄土丘陵侵蚀强烈。平原本身海拔120～320m，东西最宽处约500km，南北最长处约580km，地势平坦，低洼处发育草甸或湖泊，风沙作用和土地次生盐渍化严重。

冲积平原沿西辽河、霍林郭勒和洮儿河呈带状分布，通常只发育一级阶地，阶地高出河面不超过10m，阶坎明显，阶面多发育沙垄、沙丘或缓起伏沙地，超河漫滩高出河面3～5m，亦覆盖沙粒。河漫滩多由细沙和亚砂土组成，河间地则呈波状起伏。西辽河平原上已形成著名的科尔沁沙地，其面积近4万km²。其中固定沙丘高度5～10m，有盾状、垄状和类新月形沙丘等，迎风坡和背风坡坡度差异很小，延伸方向也不明显，主要分布于开鲁—科尔沁左翼后旗一线以东；半固定沙丘主要分布于该线以西；流动沙丘以新月形沙丘和新月形沙丘链为主，高8～10m，个别可达20～30m，主要分布于河流两岸和交通线两侧，并散布于居民点和农垦区周围。西北部沙丘呈北西—南东向，东部沙丘以东西向和南西—北东向为主。当地称高于2m的沙丘为"坨"，不足2m的称为"甸"，坨、甸间的低洼地称为"甸"。坨、甸、甸相间分布是西辽河平原景观的一大特色。1950年代末期沙漠化土地尚只占土地面积的20%，1970年代中期已增至53%，1980年代末期更发展到77.6%（刘新民等，1973）。2000年西辽河平原的沙地比1950年增加2.35倍（王西琴等，2007）。辽代前期西辽河平原还被称为"辽泽"，10世纪后半叶或10世纪末，沙漠突然扩大，以致1021年才有"聚沙成堆"的记载（王守春，2000）。

西辽河平原年太阳总辐射量为5 200～5 400MJ/m²），其中4～9月占全年的65%，年平均日照时数为2 900～3 100h，日照率达65%～70%，年平均气温3～7℃，日平均气温≥10℃期间的积温2 200～3 200℃，无霜期约为90～140天，年降水量350～450mm，其中夏季达250～320mm，约占70%，年平均风速3.4～4.4m/s，但春季平均风速可达4.2～5.9m/s，≥5m/s的起沙风日数多达210天以上甚至330天，而≥8级的大风日数达25～40天。多风和多大风是西辽河平原发育沙地最重要的客观原因。

西辽河及各支流的年径流总量约22亿～30亿m³，但其中60%～70%集中于6～9

月，3～5月径流仅占20%～25%，冬季则常发生断流现象。1981～2005年的25年间，西辽河共断流25次4 865天，最长断流河段达400km，其支流以教来河断流现象最严重，新开河次之，老哈河又次之。断流原因与气候变化、上游水库蓄水和沿岸用水增加有关。洮儿河、霍林郭勒水文特征与西辽河相似。全区曾有600多个湖泡，近年一半已经干涸，但地下水位通常只有1～4m，矿化度一般在1g/L以下，近年因开采过度，个别地方已形成漏斗。

本区地带性土壤为栗钙土（黏化钙积干润均腐土）和灰褐土（简育干润淋溶土）。并且是栗钙土在欧亚大陆分布的最东界，主要分布于西拉木伦河干流以北地区。灰褐土的形成与深厚的黄土母质紧密相关，故主要分布于南部。隐域土壤则以风沙土（干旱砂质新成土）和草甸土（普通暗色潮湿雏形土）为主，前者发育在各沙丘上，后者则主要分布于河漫滩和丘间低地上。

主要由旱生和中旱生植物种构成的独特的沙地疏林草原，是西辽河平原的原生植被。重要植物种包括大果榆、白榆、元宝槭、山楂、山杏、胡枝子、鼠李、铁杆蒿、麻黄、冷蒿、羊草、隐子草、线叶菊等，群落组成相对丰富，结构也较稳定，层片发育明显。发育较好的疏林草原，乔木、灌木和草本三个层片的盖度可达30%、40%和70%至80%。近200年来，疏林草原景观已变成坨甸交错的沙地景观，乔木层消失，灌木层强烈发育，草本层退化，主要植物种是沙生和旱生植物，如黄柳、杠柳、小叶锦鸡儿、达乌里胡枝子、差巴嘎蒿、白草、棉蓬、苍耳等，群落种类组成减少，结构趋于简单，植丛发育不良，盖度只有10%～40%，且可食牧草比重很小（刘新民等，1993）。

一个原来本是草原的地区却在半干旱背景下形成了大片沙地，其中既有自然因素也有人为因素的作用。周边山地森林樵采过度以致水土流失加剧，平原内部大量开垦土地和过度放牧导致的植被覆盖度下降，地表沙粒裸露并在风力作用下被侵蚀、搬运、堆积，在西辽河平原上形成了科尔沁沙地及其典型的坨甸景观。

针对年平均风速较大，起沙风日较多，而大兴安岭海拔不够高且发育横向河谷，因而西辽河平原极易受风沙作用的实际，应大力营造防风林，形成完整的防护林体系，减轻风沙危害。

自1970年代以来，进入平原的径流量逐年减少至不足10亿 m^3，耕地的适时适量灌溉已成问题，一半以上耕地得不到灌溉。因此应编制全流域统一的用水规划。同时，又因平原地下水储量丰富且水位不深，应提倡井灌实现渠灌与井灌相结合，健全排灌系统。井灌既可缓解地表水灌溉不足的矛盾，还可适当降低地下水位，减轻土壤次生盐渍化程度。

西辽河平原耕地至少有1/3为低产田，有报道说每公顷粮田产量不超过750kg，因此应提倡粮草轮作，既扩大饲草产量，促进畜牧业发展，又扩大肥源，增加土壤有机氮，还可改良盐碱土，可谓一举多得。

坨、甸地是西辽河平原土地沙漠化最严重的地区，目前有一半多耕地分布于此。沙漠化由开垦引起，反过来又造成区域环境的进一步恶化。为此，应逐步减少坨、甸地上的耕地，使之恢复原有植被，而甸子上的耕地则应实行精耕细作。

二、大兴安岭南段草原区（ⅡC2）

大兴安岭是松辽平原与内蒙古高原间的中山。大兴安岭南段指洮儿河上游谷地以南的大兴安岭。本区除大兴安岭南段外，还包括七老图山，东南直抵努鲁儿虎山麓。行政区划上除内蒙古兴安盟、通辽市、赤峰市、锡林郭勒盟大部或一部属本区外，还包括河北省北部及辽宁省西北一隅。

大兴安岭南段从前称为苏克斜鲁山，分为罕山和黄岗梁两支，虽仍保持东北—西南走向，但山体狭窄，海拔不高，主要为中生界流纹岩、粗面岩构成，山顶多为平坦熔岩台地或花岗岩台地，并有40余座与山脉走向一致排列的、形态多样的火山，海拔多在1 000～1 500m，只有主峰黄岗梁达2 029m。主山脊和主分水线皆靠近西翼，为内蒙古高原内陆流域和松辽平原外流水系的分界线。山地东西两侧明显不对称，东侧呈阶状结构，东麓有宽阔的台地，西侧坡度平缓，渐向内蒙古高原过渡。本区呈北北东—南南西方向延伸的带状分布，长600km以上，而宽仅120～200km。山地内广泛发育山间盆地。华力西运动中褶皱成山，燕山运动和喜马拉雅运动也曾发生褶皱和断裂活动。

本区年太阳总辐射量为5 000～5 400MJ/m²，年日照时数超过2 800h，年平均温度为0～8℃，气温年较差34～38℃，年降水量300～400mm，东坡比西坡略多，年平均风速3～4m/s。与大兴安岭北段相比较，明显具有气温较高，降水量偏少，年平均风速尤其是春季风速偏大等特点。

大兴安岭南段河流较多，东坡各河流程较长，除分别注入嫩江、西辽河外，也有流入查干湖、红山水库或没入沙地的。西坡各河普遍较短，最后注入乌珠穆沁盆地、锡林郭勒高原或达里诺尔。所有河流春夏之间均有显著枯水期，7、8月出现最大流量，而最大流量往往为最小流量的10倍以上。西拉木伦河流出大兴安岭时年径流量仅约5.64亿m³（巴林桥），含沙量也仅有9.39kg/m³。老哈河中上游年径流量虽为5.76亿m³，但河流含泥沙量却高达55kg/m³以上（赤峰），侵蚀模数高达2 000～3 000t/（km²·a）。

主要植被为多种针茅、羊草、糙隐子草、冷蒿等建群种组成的草原，其下发育钙积层深厚、石灰质含量较高、有机质占2.5%～4%的栗钙土。但老哈河流域黄土丘陵台地上发育虎榛子、铁杆蒿和长芒草群落，大兴安岭南段东坡1 500m以上出现了以兴安落叶松、兴安白桦、山杨、蒙古柳和油松等组成的森林草原，并相应地发育山地棕色森林土。

大兴安岭南段是辽河平原的生态屏障。但山体狭窄，海拔不够高，多条河谷形成了冷空气侵袭的通道，从而削弱了这一生态屏障的作用。加上春季平均风速大，植被覆盖度低，不仅其东西两侧分别形成了科尔沁沙地和浑善达克沙地，而且山地内也形成了零星分布的沙丘。因此，营造防风林乃是势所必然。本区宽阔的山间盆地和谷地，除已垦耕地外，尚有大量优质可耕地，在土地开发上应特别注意防止水土流失。

三、内蒙古东部草原区（ⅡC3）

本区北界为乌兰呼都格和宝格达山林场间的中蒙边界，东界为大兴安岭、冀北、晋北山地，南界为陕北长城，西界为乌兰呼都格、鄂托克至宁夏东部一线。从东北至西南延伸 1 500km，平均宽 300 ~ 400km，是中国温带半干旱区中面积最大的一个区。除主体在内蒙古自治区外，还涉及冀北、晋北、陕北和宁夏东部一隅。其西界同时也是中国温带半干旱区与干旱区的分界。

大地构造上，北部属内蒙古大兴安岭褶皱系，南部属中朝准地台。地貌上则包括乌珠穆沁塔拉、锡林郭勒高原、浑善达克沙地、大青山地、前套平原、鄂尔多斯高原、毛乌素沙地等。

乌珠穆沁塔拉即乌珠穆沁盆地，北为靠近中蒙边界的宝格达山，东为大兴安岭，为四周高、中间低的一个碟形盆地，中央最低部分海拔仅 500m，四周可达 1 000m 以上。大兴安岭西坡各河流以间歇性流水形式汇入盆地中部形成大片沼泽、湿地和众多湖泊，河流两岸发育现代冲积平原。除洪积、湖积物外，地表组成物质还有大量风沙堆积物。

锡林郭勒高原位于乌珠穆沁塔拉西南，海拔 1 000 ~ 1 300m，北部为熔岩台地、方山及高 75 ~ 150m 的火山丘群，其火山口、熔岩流皆清晰可辨。南部为浑善达克沙地。此沙地东西长 360km，南北宽 30 ~ 100km，面积达 2.14 万 km²。沙地基础为新近系湖相黏土和沙砾质黏土，地势东南高，西北低，沙丘、湖泊、河流交错分布使地面呈波状起伏。其西部和中部以固定、半固定沙垄、梁窝状沙丘为主，东部以半固定梁窝状、蜂窝状沙丘为主，散布流动沙丘和沙丘链。

大青山是阴山的一部分，位于昆都仑河以东，在包头和呼和浩特以北呈东西向延伸，山体由片麻岩、大理岩、石英岩、砂页岩及砾岩组成，一般海拔仅 2 000m，最高峰可达 2 338m。北坡和缓，以丘陵形式没入蒙古高原，南坡陡峻，显然与断裂活动有关，亦分布有侵蚀山前丘陵和倾斜平原。

前套平原又称土默特川，位于包头、呼和浩特、托克托三角区内，地表组成物质为黄河及其支流大黑河的近代冲积物，之下为深厚的湖相地层。东西长约 170km，南北宽约 20 ~ 75km，海拔约在 1 000m 上下，北部为大青山山前倾斜平原，中部为沉陷低地，南部为黄河冲积平原。

鄂尔多斯高原大地构造上属华北台块的鄂尔多斯台向斜，新构造运动中不断抬升，北部边缘已高出黄河谷地 100m 以上。虽然西、北、东三面被黄河包围，但大部分为内流区或无流区，地表形态比较破碎，风沙地貌分布很广，高原南部的毛乌素沙地海拔 1 200 ~ 1 600m，面积达 3.12 万 km²。毛乌素沙地有几种地貌类型，即由中生界砂岩组成，梁顶相对平坦的"硬梁"；由第四系沉积物构成，海拔和相对高度均较低的"软梁"；分布于梁地间，地表覆盖流沙，并发育湖泊、沼泽的"滩地"。

本区年太阳辐射总量为 5 400 ~ 6 200MJ/m²，年日照时数为 2 800 ~ 3 000h。由于地理位置南北相差 10 个纬度，加之海拔差别较小，因而南北温度状况迥异，年均温 9 ~ 2℃，南高北低，温度年较差 32 ~ 42℃，即随纬度增高而增加。气候表现为：南部冬冷夏热四季分明，北部长冬无夏春秋相连。年降水量 200 ~ 400mm，等雨量线呈北东—南西走向，西部边缘接近干旱气候状态。年平均风速 3 ~ 5m/s，大风日数 25 ~ 75 天，以锡林郭勒高原最大和最多。而 1 月平均风速 4 ~ 6m/s，甚至达 6m/s 以上，居全国之冠。这应当是草原地带形成浑善达克沙地的主要原因。

本区除小部分属西辽河、滦河、桑干河、黄河干流及其支流无定河流域外，绝大部分为内流区，大兴安岭西麓各河流及大青山北麓河流皆极短小，没入高原、盆地、沼泽、草甸或汇为小湖。乌兰盖高毕、柴达木诺尔、达里诺尔、岗更诺尔、查干诺尔、黄旗海、岱海等都是内蒙古东部草原区著名的湖泊，甚至毛乌素沙地中也有许多碱湖。

地带性植被为典型草原，主要由针茅、羊草、百里香群落组成，隐域性沙生植被有沙蒿、冷蒿、锦鸡儿群落。地带性土壤为栗钙土（黏化钙积干润均腐土），隐域土壤有草甸土（普通暗色潮湿雏形土）、盐土（普通潮湿正常盐成土）等。

作为内蒙古草原的代表，本区面临的突出问题是土地沙漠化、草原退化、滩地川地盐渍化、水土流失加剧以及与此相关的地下水位下降、土壤肥力下降、湖水变咸、草原鼠害猖獗等。因此，培育和健全防风林带，合理利用草原并选择适宜地段实行人工种草、粮草轮作、退耕还草，发展新能源以逐步取代秸秆、灌木、枯草、畜粪等传统燃料，恢复被采矿破坏的草地等，都是必不可少的。

四、呼伦贝尔平原草原区（ⅡC4）

呼伦贝尔平原位于内蒙古自治区东北部，东邻大兴安岭，北至中俄边界，西面和南面为中蒙边界。大地构造上是大兴安岭褶皱系与额尔古纳褶皱系之间的一个断裂与挠曲带。东部为大兴安岭西麓的低山丘陵，由古生界喷出岩与中生界花岗岩构成，顶部浑圆，坡度和缓，切割微弱，谷地宽阔，地表多覆盖黄土状物质，海拔仅 750 ~ 1 000m。伊敏河至呼伦湖之间为平原，最低处呼伦湖附近海拔 539m，其余部分多在 650 ~ 750m 间，地势自南而北缓倾，地面平坦并呈波状，广泛覆盖第四系河湖相沉积物。海拉尔河以南，伊敏河以西及乌尔逊河以北地区还发育三条东西向沙带，沙丘形态以蜂窝状沙丘、沙垄、灌丛沙丘及缓起伏沙地为主，高 5 ~ 15m，多为固定半固定沙丘。风蚀洼地分布很广，不仅造成地面起伏，其下风方还常积沙形成沙带。海拉尔河及其支流伊敏河自大兴安岭流入呼伦贝尔平原后，河谷宽敞，曲流非常发育，沿岸广泛分布沼泽、湿地。海拉尔以西，河流沿岸发育二级阶地，河谷宽度可达 4 ~ 10km。呼伦湖以西则为南北走向的，由火成岩组成的低山丘陵，海拔约 750 ~ 1 000m。

太阳辐射年总量约 5 000 ~ 5 400MJ/m^2，年日照时数在 2800h 上下，年均温 -2 ~ -4℃，1 月均温 -24℃，而 7 月均温 20℃，年较差达 44℃，仅次于黑龙江漠河、塔河一带，长冬无夏，春秋相连的特点非常显著。日平均气温 ≥10℃ 期间的积温 1 800 ~ 2 000℃，无霜期 100 ~ 110 天。年降水量 250 ~ 350mm。年平均风速 3 ~ 4m/s，但春季风速可达 4 ~ 5m/s，年大风日数 25 ~ 50 天。

呼伦贝尔平原虽然位处大兴安岭西麓，但海拉尔河及其支流莫勒格尔河、伊敏河最终汇入额尔古纳河。克鲁伦河、乌尔逊河先注入呼伦湖，水位较高时，也可汇入额尔古纳河，从而纳入黑龙江水系。海拉尔河年径流量 45 亿 m^3，乌尔逊河 5.3 亿 m^3，克鲁伦河 0.8 亿 m^3，各河均出现春汛和夏汛，冬季河水封冻。

呼伦贝尔是一个多湖的平原。呼伦湖（达赉湖）湖面海拔 539m，湖面积广达 2315km^2，蓄水量 132 亿 m^3，湖岸有高出现代湖面 3 ~ 5m 的砂砾堤。中蒙边界上的贝尔湖面积约 610km^2。各旗、市境内共有小湖 200 余个，其中有 57 个面积大于 1km^2。

地带性土壤为栗钙土（黏化钙积干润均腐土），地势低洼处为草甸土（普通暗色潮湿雏形土）和盐土（普通潮湿正常盐成土），海拉尔河沿岸，乌尔逊河以东及辉河沿岸与三个沙带相应分布着风沙土（干旱砂质新成土）。植被则为典型草原，如大针茅 - 羊草 - 杂类草草原、大针茅 - 糙隐子草草原、灌丛化的大针茅草原等。河湖沿岸多生长芨芨草、马蔺、薹草、杂类草、芦苇。固定半固定沙丘上则发育樟子松疏林，沙生灌丛和小半灌木群落。

历史上的移民开垦、修边壕和筑城堡，曾对呼伦贝尔草原造成了巨大的破坏。而1950年代后期至1970年代的两次垦殖，更对这个草原的生态与环境变化带来了严重影响。1958~1962年共开垦草原19.8万hm²，1963年弃耕15.1万hm²，失去了植被保护的裸露撂荒地在土地沙漠化过程中成为新的沙源地。1970年代，呼伦贝尔草原沙漠化土地尚只有47万hm²，1982年竟达到116万hm²，沙漠化速度之快可见一斑。

矿产开采对生态与环境的破坏也不可忽视。呼伦贝尔平原煤炭、石油、黑色金属、有色金属、非金属矿藏都很丰富，矿藏勘探、开采使数十万公顷草原遭到影响甚至破坏。

针对这些事实，当务之急，一是禁垦；二是严格控制超载过牧，防治草原退化；三是营造防护林，减轻风沙危害；四是以法律措施保证矿产资源开发中的草原保护。

第四节　生态保护与生态建设

一、生态敏感性与脆弱性

中国温带半干旱区的生态既敏感又脆弱。敏感表现在易受自然和人为因素的影响；脆弱主要是典型草原自然景观结构比较简单，生物多样性不丰富。在自然和人为因素影响下易发生植被覆盖度下降、植被类型减少、物种进一步减少、土地沙漠化、盐渍化等情况。

气候条件如年降水量不多且变率大、多春旱、多风和大风，地貌条件如地势起伏小、地面平坦、地表组成物质多以沙粒为主，植被条件如典型草原覆盖度低、种属不丰富，动物方面多鼠害等，是导致本区生态敏感与脆弱的主要自然因素。本区各地年平均降水量只有200~400mm，而最大降水量是最小降水量的2~3倍，少雨年植被覆盖度明显下降，产草量仅及正常年份的50%~60%，风蚀作用加剧。如前所述，本区年平均风速普遍较大，其中的锡林郭勒高原与呼伦贝尔平原超过4m/s，锡林郭勒高原西部甚至达5m/s以上，年大风日数达25~50天甚至更多。春季地表解冻后，风蚀作用加剧，仅乌兰察布北部6667hm²严重沙化土地，每年即吹蚀细土1.5万t。随着土地沙漠化现象日益加重，起沙风速也由轻度沙漠化土地的8.3m/s到中度沙漠化土地的6.3m/s，重度沙漠化土地的5.4m/s，严重沙漠化土地的4.5m/s。起沙风速的降低，意味着即使年平均风速和大风日数不变，沙粒也更易吹扬。地面平坦少起伏，显然有助于风沙活动。植被覆盖度低，也为就地起沙提供了有利条件。

温带半干旱区的地表组成物质主要是更新统和全新统洪积、冲积、湖积和风积物质，含沙量均很大。西辽河平原边缘部分覆盖华力西晚期和燕山期花岗岩及古近系玄武岩，其风化物也多为沙物质。呼伦贝尔平原海拉尔河以南和呼伦湖以东，几乎全被第四系冲积、湖积物和风成沙覆盖，呼伦湖以西则为白垩纪火山岩组，其风化物亦多为沙物质。锡林郭勒高原以古近系和新近系泥岩、砂岩、泥灰岩出露较广，阿巴嘎镇广泛出露第四系玄武岩、华力西晚期斑状花岗岩、黑云母花岗岩，高原南部的浑善达克广泛覆盖第四纪风成沙。大青山地主要出露加里东期斜长花岗岩、花岗闪长岩、石英闪长岩等。鄂尔多斯高原除大面积分布第四纪风成沙堆积物外，还有黄土状物质，并呈斑状出露下白垩统岩石。这些地层自中生代以来长期遭受风化，细粒风化物与风沙堆积物一样成为本区主要的沙源，不仅对温带半干旱区，而且对下风方更广大地区形成现实威胁。

鼠害和病虫害对生态脆弱的草原的破坏也是致命的。一只沙土鼠每年吃掉牧草和草籽 3.11kg，破坏草原 3.6m^2。伊金霍洛旗草原每年每公顷因鼠害损失牧草和草籽 300kg，以受鼠害的草原面积 20 万 hm^2 计，每年损失牧草和草籽 6 万 t，相当于 1 万头牛 1 年的饲料。整个温带半干旱草原区因鼠害蒙受的损失可想而知。鼠害还促使草原植被成分发生重大变化。如新巴尔虎旗的针茅、羊草、隐子草草原，无鼠害地区黄蒿仅占 0.21%，布氏田鼠为害地区却占 55.07%，而针茅、羊草、隐子草产量却从 43.78% 下降为 15.03%。病虫害对草原的危害也很严重，鄂尔多斯高原即有一半以上草原遭受过蝗灾。

人为因素也在很大程度上助长了温带半干旱草原区的生态敏感性并强化生态脆弱性。过度垦殖、过度樵采与过度放牧则是其中最重要的三个方面。

温带半干旱区的很多地方一直以来是农牧交错带。辽代于 10 世纪上半叶在西辽河平原实行大规模强制性开垦，金代也在这一地区进行了垦殖（王守春，2000）。18 世纪中叶，清政府推行"放价招民耕种"政策，又开始了新一轮大规模垦荒（吴薇，2005）。这种开垦先是造成了人为活动影响下土地沙漠化的开端，后是不断加剧了土地沙漠化。而垦荒势头并未终止。西辽河平原 1950 年仅有耕地 82.07 万 hm^2，1950 年代中期至 1960 年代中期短短 10 年间即增至 106.9 万 hm^2（王涛等，2004）。而 2000 年耕地又比 1985 年增加 21.2 万 hm^2，同期草原面积减少 21.4 万 hm^2。林地面积也有所减少。科左后旗在 1984～1993 年间，榆树疏林由 29 743.8hm^2 减为 20 493.9hm^2，9 年共减少 9 249.9hm^2；科左中旗在 1988～1996 年间榆树疏林和灌木林地由 13.412 万 hm^2 减至 5.28 万 hm^2，8 年共减少 8.132 万 hm^2（邹受益，2001）。巴林右旗曾大量开垦草原，1990 年代初所谓粮料地仅有 3.33 万 hm^2，1990 年代末即达到 6 万 hm^2，其中的 1998 年就开垦 9 300hm^2（张英杰等，2004）；奈曼旗 1960～1965 年累计垦荒 64 700hm^2，耕地面积达 13.95 万 hm^2（包慧娟等，2006），此后又不得不撂荒一部分。

呼伦贝尔平原在历史上一直是水草丰美的牧场，清末为扩大耕地而进行的开垦和 19 世纪末 20 世纪初修建滨洲铁路，不仅破坏了草原，还使海拉尔河沿岸固定沙地上的樟子松林、白桦林及杨树林被砍伐殆尽，导致地表因失去植被保护而迅速沙化。1950 年以后又进行了四次大规模开垦。1949 年仅有 17.2 万 hm^2 耕地，而 1998 年耕地面积达 125.6 万 hm^2，为前者的 7.3 倍。其间的 1986～1996 年即新垦荒地 36.13 万 hm^2。耕地分布中心向西北移动 33.5km（张德平，2007）。1990 年，当时的呼伦贝尔行署曾把 7 个旗市划入禁垦区，但此后违法垦荒面积仍达 12 万 hm^2（金良等，2004）。新垦荒地并未稳定用于农业，其中一部分已被撂荒。如陈巴尔虎旗呼和诺尔苏木，1960 年曾进行大面积开垦，但仅两年后即因遭遇黑风暴而弃耕。

温带半干旱区的其余地区也同样存在过度垦殖问题。商都县 1949 年耕地仅约 9.82 万 hm²，1980 年代末却达到 21.947 万 hm²，致使草场面积减少一半（薛娴等，2005）。和林格尔县 2000 年土地调查结果表明，耕地面积竟占全县面积的 34.33%，远高于内蒙古自治区（5.97%）和全国（13.3%）的比例，与县域地貌特征很不相称（李素英等，2005）。而至今仍只有 4 万人口的阿巴嘎镇，1961 年就开垦耕地 1.533 万 hm²。一项统计表明，在 1949~1999 年的 50 年间，内蒙古耕地由 433.1 万 hm² 增加到 754.2 万 hm²，净增 319.3 万 hm² 之多（张连义，2006）。开垦不仅造成草原面积急剧减少，而且在作物一年一熟制的情况下形成大面积冬春裸露地，作为沙尘源地而促进了土地沙漠化。更严重的是，开垦一至三年以后，由于风蚀和土壤肥力下降，又不得不撂荒。撂荒地缺乏植被保护，很快被沙化。乌兰察布市约有 230 万 hm² 草场，其中即有 100 万 hm² 撂荒草场。鄂尔多斯市在 1957~1961 年间开垦草场 23 万 hm² 余，不仅粮食产量没有增加，牲畜递增量却明显下降（孙金铸，2003，1983）。当地以"毁草开荒、农牧两伤"概括过度垦殖活动的损失，确实恰当。

过度放牧是由草原面积减少、单位面积载畜能力下降和牲畜头数增加三方面原因促成的。前已述及，垦殖面积扩大即意味着牧地面积缩小。而由于生态恶化，单位面积草原载畜能力下降，同时牲畜头数迅速增加，在本区表现也很突出。以呼伦贝尔平原为例，五花草塘覆盖度可达 95% 以上，每公顷产鲜草 7 500kg，甚至 11 250~15 000kg；羊草草原每公顷产鲜草 3450~6000kg；羊草、大针茅草原产鲜草 1 950~3 450kg/hm²；克氏针茅、丛生小禾草草原一般也可产鲜草 1 500~2 700kg/hm²。但因土地沙漠化的影响，植被覆盖度下降，植物种类尤其是可食牧草种类减少，产草量也降低，而且随着沙漠化由轻度、中度向重度、严重的方向发展，以上各指标的变化也愈来愈大。且在草原面积减少、载畜能力下降的情况下，实际载畜量却有增无减。显然，过度放牧使草原遭到了进一步破坏。西辽河流域的奈曼旗，1983 年可食草量为 84 万 t，理论载畜量为 60.79 万羊单位，而实际载畜量为 118.8 万羊单位，是理论载畜量的 1.9 倍（包慧娟等，2006）。正镶白旗 1949 年的载畜量仅为每公顷 0.262 头，1958 年达到 0.612 头，1977 年更达到 1.276 头。鄂尔多斯草原 1949 年每头牲畜占有草场 3.6hm²，1974 年即已降至 1.07hm²。问题的严重性在于过度放牧并非个别现象，而是带有普遍性。其后果是强化了区域生态敏感性与脆弱性，进一步加剧了草原沙化。

为满足农村生活能源与盖房、修棚圈、围库伦、甚至拧草绳等需求而进行的砍伐、樵采，对植被的破坏作用实际上超过过度开垦，对土地沙漠化起了重要促进作用。就全国土地沙漠化而论，过度樵采、过度放牧和草原开垦造成的土地沙漠化面积分别占 31.8%、28.3% 和 25.4%（朱震达、王涛，1992）。可见，过度樵采是一个不容忽视的问题。在奈曼旗的调查表明，土地承包到户前，农村燃料的 35.5% 为灌木及树叶，31.3% 为杂草，22.3% 为秸秆，还有 10.2% 为畜粪，而煤仅占 0.7%（包慧娟等，2006）。砍伐树木、刨树根、打草、搂柴等对植物地上及地下部分造成了严重破坏，近年，奈曼旗、科左后旗、科左中旗和库伦旗牧区使用牛粪作燃料的比例逐渐增加，但树枝、树叶和树根仍占 20%~30%。冬季寒冷而漫长也使燃料需用量增加，从而强化了过度樵采活动。中国科学院原综合考察委员会 1975 年在乌审旗的调查表明，全旗每年用于燃料的沙蒿达 5 362.5t，仅此一项平均每年破坏草原 3 万 hm² 余。而正蓝旗一个乡为了围库伦曾一次砍伐榆树 25 000 株。

进入 21 世纪后，由于中央和地方政府出台了许多生态保护和建设政策，提供大量资金启动了治理沙漠化等一系列工程，非政府组织和当地居民也积极参与，温带半干旱草原区沙漠化土地已开始减少，生态恶化局面已得到扭转，森林覆盖率开始增加，草原重新披绿，水土流失面积缩小一半以上，境内黄河及其支流输沙量也大为减少。

二、生态保护与生态建设

（一）保护和恢复地带性草原植被、隐域性森林和草甸植被

草原是半干旱区的地带性植被。事实已经证明，以任何方式毁坏草原都将招致土地退化和生态破坏的恶果，造成区内的巨大损失和广泛的域外负面影响。因此应积极提倡和具体实施保护草原植被，例如，以法律、法规形式禁止草原开垦，防止潜在的沙漠化，实施大部分耕地的退耕还牧。对已经沙漠化的草地，应实行封育。本区作为草原区而出现了科尔沁、呼伦贝尔、浑善达克和毛乌素四大沙地，这是与其原本自然景观极不和谐的现象。如前所述，除自然因素外，人为因素起着重要的作用。自然因素暂不可控，但人为因素可以及时改变。例如，除草场禁垦外，为防止过牧现象的普遍发生，应严格实行以草定畜、划区轮牧与季节轮牧、建设人工草地、增加草被覆盖度以减轻沙害等。

森林和草甸都是本区的隐域性植被类型。森林常遭砍伐，而草甸则多为开垦对象，前者往往直接导致沙丘活化，后者则成为潜在沙漠化土地。今后应使这类活动变得符合科学发展观、符合可持续发展行为。在这一类地域，造林要注意正确选择造林树种。目前使用最多的是杨树，从生物学特性看，杨树速生，挺直高大，在条件适宜的情况下，7~15 年就能成材，因此受到普遍欢迎。但是，杨树又属于高耗水肥树种，在土壤比较贫瘠，降水量又少的情况下，生长发育得不到满足，往往长成"小老头"树。应选择樟子松、落叶松、油松、榆树、山杏等比较适宜。如果考虑经济效益，也可以选择沙棘、枸杞等适应性较强的乔灌木。此外，造林还需要注意空间分布格局，不宜过密，注意区域林灌草的搭配。

（二）矿产开发、城镇化和道路建设中要注意生态与环境保护

本温带半干旱草原区及其周边相邻地区矿产资源十分丰富，不仅矿藏种类多、分布相对集中，而且共生伴生矿床甚多。除金属矿藏多见于周边山地外，煤炭已探明储量超过 2 000 亿 t，且密集分布于从鄂尔多斯到锡林郭勒、西辽河平原和呼伦贝尔的广阔草原地下，为全国所罕见。矿产开发及相应的城镇、道路建设已在一定程度上造成草原的破坏。矿区、新兴城镇和道路建设除直接占用草原外，其建设中的地面塌陷、尾矿堆放、垃圾处理、空气和水体污染等，也是影响生态与环境的问题，应及早提上议事日程。沙漠化的治理是一个长期的过程，需要持之以恒，长期坚持。干旱区的沙坡头地区采用以固为主，固阻结合的防沙体系，坚持几十年取得了明显效果（图

16.3)，其经验可以借鉴。具体措施包括：

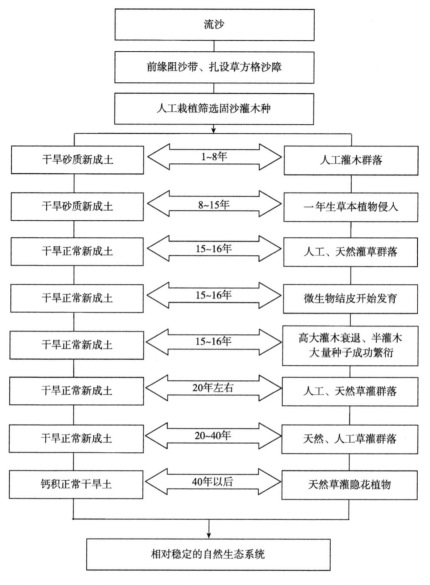

图16.3 沙坡头铁路方沙体系内植被和土壤的演变序列（曲建军，2004；孙鸿烈，2011）

（1）阻沙工程：在主风方向防护林带外缘与流沙接壤处设置高立式栅栏，栅栏高度 0.8 ~ 1.0m，孔隙度 30% ~ 40%，栅栏与主风向垂直，可阻截风沙流，防止流沙埋压固沙带。

（2）固沙工程：根据风向的不同及沙丘移动速度，设计固沙带的宽度。首先在设计地段全面扎设麦草方格沙障。沙障以 1m×1m 和 1m×2m 的半隐蔽式方格为宜，一般用草 6 000kg/hm^2。根据沙丘部位和麦草的腐烂程度，一般 4 ~ 5 年要重新修补扎设，是一种临时性固沙措施。

（3）在机械固沙作用的同时，人工植被的固沙作用随着时间的推移，逐渐在沙坡头地段起固沙主导地位。由于人工植被的作用，地表粗糙度增大，改变了植被区风沙流的特征，空气中的尘埃被截留或沉积地表，在地表形成细土层，加之植物枯枝落叶、沙层表面结皮层厚度逐年增加，伴随着流沙成土过程，而大量侵入一年生植物和苔藓、藻类等隐花植物，促使生态与环境向草原化荒漠地带性方向发展。这些低等植物和微生物的生长发育，又加速了结皮层的发育，形成更加牢固的生物结皮层。结皮层的发育是沙漠化土地逆转的一个重要标志。

随着人工植被的建立和演变，动植物种群也逐渐增加、丰富。现已查明，沙坡头地区现有脊椎动物 30 余种，鸟类 66 种，昆虫 314 种，蓝藻 46 种，以及大量的土壤微生物，逐渐形成更适应于地带性环境，比人工植被更稳定、固沙功能更强的人工 – 天然复合生态系统。

（4）保护工程：根据风向的不同，在路基坡脚处迎风侧 20～30m、背风侧 10～20m 范围内，建立卵石平台，保护路基免遭风沙流风蚀和防止积沙。

（三）改变牧区生活用能结构及建筑用材

牧区生活能源耗用大量草木，毡房、围栏建设耗用大量木材，是导致本区植被破坏的重要原因之一。为此，应尽快改变牧区生活能源消费结构，以水泥制品取代木材作围栏，培育用材林满足生活用材。本区拥有丰富的煤炭资源，完全有条件以煤代草木作燃料。还有丰富的风能，不仅可供发电照明，还可供烹煮和取暖用。改变能源结构既有主观需要，也有客观优势。

参 考 文 献

包慧娟等.2006.沙漠地区可持续发展研究.呼和浩特：内蒙古教育出版社

北京大学地理系等.1983.毛乌素沙地自然条件及其改良利用.北京：科学出版社

曹军等.2004.科尔沁沙地的土地利用与沙漠化.中国沙漠，24（5）

常学礼等.2005.科尔沁沙地生态环境特征分析.干旱区地理，28（3）

陈永宗.1981.呼伦贝尔高平原地区沙漠化的演变特点及其防治对策研究.地理集刊 第13辑.北京：科学出版社

陈佐忠等.1985.内蒙古锡林河流域栗钙土形成的植被条件与栗钙土形成过程初步研究.地理科学，5（4）

董光荣.1998.中国北方半干旱和半湿润地区沙漠化的成因.第四纪研究，（2）

董光荣等.1983.鄂尔多斯高原的第四纪古风成沙.地理学报，34（4）

董光荣等.1988.毛乌素沙漠的形成、演变和成因问题.中国科学（B辑）：（6）

董光荣等.1994.科尔沁沙地沙漠化的几个问题.中国沙漠，14（1）

郭绍礼.1980.西辽河流域沙漠化土地的形成和演变.自然资源，（3）

韩广等.2000.30多年来呼伦贝尔草原沙漠化土地的综合整治区划.中国沙漠，20（1）

胡孟春.1989.全新世科尔沁沙地环境演变的初步研究.干旱区资源与环境，3（3）

蒋德明等.2003.科尔沁地区荒漠化过程与生态恢复.北京：中国环境科学出版社

金良.2004.呼伦贝尔市土地利用动态变化研究.干旱区资源与环境，18（2）

李爱敏等.2007.21世纪初科尔沁沙地沙漠化程度变化动态监测.中国沙漠，27（4）

李青丰等.2001.浑善达克地区生态环境劣化原因分析及治理对策.干旱区资源与环境，15（3）

李容全等.1990.内蒙古高原湖泊与环境变迁.北京：北京师范大学出版社

李孝泽等.1998.浑善达克沙地的形成时代与成因初步研究.中国沙漠，18（1）

刘树林等.2006.浑善达克沙地春季风沙活动特征研究.中国沙漠，26（3）

刘树林等.2007.浑善达克沙地的土地沙漠化过程研究.中国沙漠,27（5）

刘新民等.1993.科尔沁沙地生态环境综合整治研究.兰州：甘肃科学技术出版社

刘新民等.1996.科尔沁沙地风沙环境与植被.北京：科学出版社

吕世海等.2005.呼伦贝尔草地风蚀沙漠化演变及其逆转过程.干旱区资源与环境,19（3）

那平山等.1997.毛乌素沙地生态环境失调的研究.中国沙漠,17（4）

内蒙古国土资源编委会.1987.内蒙古国土资源.呼和浩特：内蒙古人民出版社

裘善文等.1989.试论科尔沁沙地的形成与演变.地理科学,9（4）

任鸿昌等.2004.科尔沁沙地土地的沙漠化的历史与现状.中国沙漠,24（5）

任纪舜等.1985.中国大地构造纲要.北京：科学出版社

任健美等.2005.鄂尔多斯高原近40a气候变化研究.中国沙漠,25（6）

孙鸿烈.2011.中国生态问题与对策.北京：科学出版社

孙继敏等.1995.2000aBP来毛乌素地区的沙漠化问题.干旱区地理,18（1）

孙继敏等.1996.五十万年毛乌素沙漠的变迁.第四纪研究,（4）

孙金铸.2003.内蒙古地理文集.呼和浩特：内蒙古大学出版社

王牧兰等.2007.浑善达克景观格局变化研究.干旱区资源与环境,21（5）

王守春.2000.10世纪末西辽河流域沙漠化的突进及其原因.中国沙漠,20（3）

王涛.2003.中国沙漠与沙漠化.石家庄：河北科学技术出版社

王涛等.2004.科尔沁地区现代沙漠化过程的驱动因素分析.中国沙漠,24（5）

王铁娟等.2008.内蒙古大青山种子植物区系研究.干旱区资源与环境,22（1）

王西琴等.2007.西辽河断流问题及解决对策.干旱区资源与环境,21（6）

王永利等.2007.内蒙古典型草原区植被格局变化及退化导因探讨.干旱区资源与环境,21（10）

乌兰图雅等.2002.科尔沁沙地风沙环境形成与演变研究进展.干旱区资源与环境,16（1）

乌云娜等.2002.内蒙古土地沙漠化与气候变动和人类活动.中国沙漠,22（3）

吴薇.2003.近50年来科尔沁地区沙漠化土地的动态监测结果与分析.中国沙漠,23（6）

吴薇.2005.现代沙漠化土地动态演变的研究——以科尔沁地区为例.北京：海洋出版社

吴征镒等.1983.中国植被.北京：科学出版社

杨根生.2002.黄河石嘴山—河口镇段河道淤积泥沙来源及治理对策.北京：海洋出版社

张连义等.2005.锡林郭勒典型草原植被动态与植被恢复.干旱区资源与环境,19（5）

张连义等.2006.内蒙古典型草原植被动态与植被恢复.干旱区资源与环境,20（2）

赵烨等.1988.内蒙古鄂尔多斯高原的土被及其全新世以来的演变.北京师范大学学报（自然科学版）,增刊1

中国科学院《中国自然地理》编委会.1980.中国自然地理·地貌.北京：科学出版社

中国科学院《中国自然地理》编委会.1985.中国自然地理·总论.北京：科学出版社

中国科学院内蒙古宁夏综合考察队.1980.内蒙古自治区及东北西部地区地貌.北京：科学出版社

中国科学院内蒙古宁夏综合考察队.1982.内蒙古自治区及其东部毗邻地区水资源及其利用.北京：科学出版社

中国科学院内蒙古宁夏综合考察队.1985.内蒙古植被.北京：科学出版社

中国科学院自然区划工作委员会.1959.中国综合自然区划.北京：科学出版社

中国自然资源丛书编委会.1995.中国自然资源丛书·内蒙古卷.北京：中国环境科学出版社

朱震达.1994.中国土地沙质荒漠化.北京：科学出版社

邹受益等.2001.科尔沁沙地荒漠化土地初析.中国沙漠,21（1）

第十七章 温带干旱地区

温带干旱地区西北和北界分别为中哈（哈萨克斯坦）、中俄（俄罗斯）和中蒙（蒙古国）国界，东以二连浩特洼地东缘、乌梁素海南端、鄂托克、甜水堡一线与温带半干旱区为界，南以天山南麓、马鬃山西麓与塔里木盆地为界，以祁连山北麓与青藏高原为界，以黑山峡、甜水堡一线与暖温带半干旱区为界。主要包括鄂尔多斯及内蒙古高原西部、阿拉善高原、河西走廊东 – 中段、北疆和天山山地，面积 140 万 km² 余，约占全国陆地面积的 15% 左右（图 17.1）。地表以波状起伏的戈壁荒漠为主要特征，其间矗立着一些山地，如阿尔泰山、准噶尔西部山地、天山山地、马鬃山、贺兰山、桌子山。

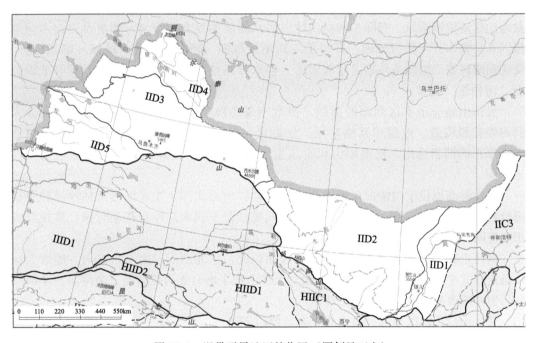

图 17.1 温带干旱地区的位置（图例见正文）

本区与暖温带干旱区最根本的差别在于各项气温指标都低于暖温带，同时山区降水相对比较丰富，特别是在本区西段表现更为突出。天山、阿尔泰山及准噶尔西部山地的中山带年最大降水量可达到 600 ~ 1 000mm。与中温带半干旱地区的主要区别则是降水量普遍偏低。

第一节　自然地理特征综述

一、山盆地貌特征明显

本区东西跨越约 33 个经度，区内地势坦荡，但山地海拔较高。因地理位置和水分条件的差异，导致从东到西、由南到北山地垂直景观发生明显变化。

阿尔泰山地位于本区西北部，是一个巨大的山系，自奎屯山（塔本波格达乌拉）的 4 082m 高峰至青格里河与布尔津河分水岭长约 450km 的山脉南坡位于我国境内，最高峰友谊峰海拔 4 374 m。山脉呈北西—南东走向，山坡具阶梯状结构。

准噶尔西部由萨乌尔山、塔尔巴哈台山、乌尔嘎萨尔山、谢米斯台山、巴尔雷克山、马里山和加依尔山等组成，发育多级古夷平面。山脉间分布有断陷盆地或谷地，并覆有黄土。

准噶尔盆地位于阿尔泰山和天山之间，酷似一个巨大的三角形，地势由东向西倾斜，西侧地势较低，最低点海拔 180m（艾比湖）。盆地中部为古尔班通古特沙漠占据，盆地边缘是荒漠草原。有降水和高山冰雪融水灌溉的地方为绿洲，如奇台 – 吉木萨尔绿洲、乌鲁木齐 – 昌吉绿洲、石河子 – 玛纳斯绿洲、阿勒泰绿洲、塔城 – 额敏绿洲、艾比湖绿洲等。温度条件略逊于暖温带，但水分条件相对较优越，自然景观有荒漠类型"博物馆"之誉。

天山山地位于本区西部的南侧，由数十条山脉组成，西宽东窄，西高东低。人们习惯按照构造、地貌和其他差异，分为北天山、内天山和南天山三部分，但乌鲁木齐以东的博格达山、巴里坤山和哈尔里克山均呈东西方延伸于准噶尔和塔里木盆地之间。

阿拉善高原位于内蒙古自治区西部和甘肃省的西北部，发育巴丹吉林沙漠和腾格里沙漠。地面流沙广布，沙丘高大，沙丘间湖泊星罗棋布。沙丘移动较快，常埋没农田、庄园。

河西走廊位于阿拉善高原以南，祁连山以北，呈北西西—南东东走向。地形为一长条走廊式平原，长达 1 000km。黑山和大黄山把走廊分隔为疏勒河、黑河与石羊河流域，但并未改变走廊地形的连贯性。

贺兰山位于本区东部，呈南北走向延伸约 270km。平均海拔 280 ~ 3 000m，最高峰达 3 556m。山幅宽 20 ~ 40km，东西两坡不对称，西坡和缓，东坡陡峻且高差较大，切割破碎。

温带干旱区山地盆地相间分布的结构，使盆地内形成了洪积倾斜平原和河流冲积平原。不仅广布细粒物质，而且易于接受出山径流灌溉，形成了水土条件的最佳匹配。天然绿洲和人工绿洲也得以发育。

二、西风气流下的干旱气候

温带干旱区气候受亚欧大陆中心地位、特殊地形即高亚洲山地和高原的影响，对太平洋和印度洋两大洋海气过程受阻产生直接影响。由西风气流带来的水汽受山地拦截,大部分水汽经伊犁河谷和额尔齐斯河谷进入准噶尔盆地,形成较多降水。能够达到阿拉善高原和河西走廊东部的水汽很少,从而导致本区在气候上存在明显东西差异。

本区位于北半球中纬度盛行西风带内,对流层上部的西风气流。可从大西洋带来一些湿润水汽,当遇到山地障碍时可形成一定降水,这是本区内降水的主要来源。夏季太平洋暖湿气流翻越秦岭和黄土高原而影响本区东部(周琴南,1983),西南气流可把印度洋和孟加拉湾等南亚洋面的湿润水汽输入本区东部(王可丽等,2005;俞亚勋等,2003)。正是由于西部大西洋和北冰洋的水汽输送方向是自西向东,又因为西部地势较低,且存在一些缺口,水分容易进入,所以本区降水量和径流量都是从西向东减少。冬季,本区在蒙古-西伯利亚高压控制下显得格外寒冷和干燥。

干旱是本区的主要气候特征。大部分地区降水在200mm左右,而且变率大,山地降水丰富,成为干旱区的"湿岛"。同时,风大、气温年较差与日较差均大,日平均气温≥10℃期间积温2 100~4 000℃,蒸发旺盛。正是由于干旱的原因,本区内出现了广阔的砾漠和大面积的沙漠,荒漠景观成为主体景观系统,并明显地影响农牧业生态条件(表17.1,图17.2)。

表17.1　温带干旱区内部的气候差异

地区	年降水量 / mm	≥0℃期间积温 /℃	年日平均风速 ≥5m 的日数/天	气候特点	农业生产特征
河西走廊	40~250	2 000~3 000	30~40	温暖、干旱、风沙、干热风、风资源丰富	两年三熟,小麦、玉米、甜菜、水稻,牧业
阿拉善高原	40~70	3 000~3 500	>100	冬寒夏酷热、干旱、风沙重、温差大、太阳辐射强	荒漠,以牧为主
准噶尔盆地	100~240	3 000~3 500	50~100	温暖、干旱、干热风	一年一熟,小麦、棉花、玉米、杂粮、瓜果,牧业

准噶尔盆地的温度条件比属于暖温带的塔里木盆地差,但水分条件较优,年降水量100~250mm,可种玉米、水稻等,盆地南部可种早熟棉花。盆地东南部冬季逆温现象明显,如天山小渠子(海拔2 160m)1月平均气温比乌鲁木齐(海拔917.5m)高出4.5℃。此逆温层高限可达海拔3 000m,维持时间达半年之久。

阿拉善高原年平均降水量不超过50mm,潜在蒸发量为2 800~4 100mm,局部高达4 213mm。本区太阳能与风能资源丰富。年平均风速3.44~4.74m/s,最大风速可达34m/s,年平均风速≥3.0m/s的天数在165~300天以上。风能资源最优的季节是3~5月。河西走廊靠祁连山一侧年降水量在100~250mm,靠阿拉善高原一侧降水一般均在100mm以下。

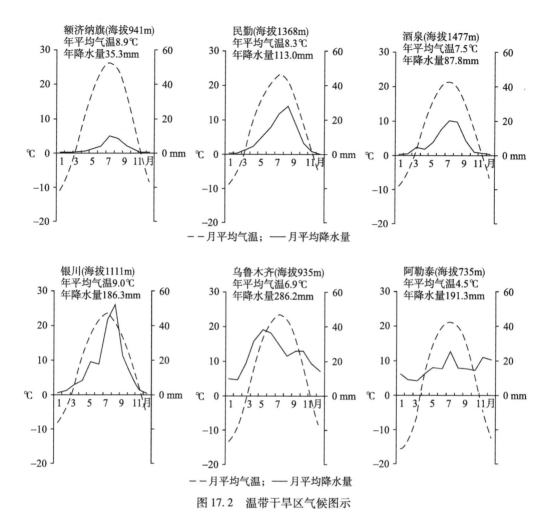

图 17.2　温带干旱区气候图示

本区最大降水期从西向东依次延后，即由春季向夏季滞后。且降水量自西向东和由东向西逐渐减少，到马鬃山一带降水量最少，仅 60 ~ 70mm。最大降水期不是冬季，而是夏季，特别是西部更加明显。从气温变化看，夏季炎热，冬季寒冷。本区这种特殊的内陆干旱气候的形成，首先是受高亚洲山地和高原的影响，海洋气团被阻挡，水汽很难入境；其次是戈壁荒漠下垫面的热源使对流加强，蒸散发量增大，很难产生局地有效降水。因此，本区气候属于干旱区特殊的内陆山盆荒漠气候类型。

山地较之平原盆地气温明显偏低，降水量则偏多。以博格达山为例，海拔 1 200 ~ 1 500m 间年均温仅 2 ~ 4℃，年降水量达 300 ~ 500mm；1 500 ~ 2 800m 间年均温 -3 ~ 2℃，年降水量 500 ~ 600mm；2 800 ~ 3 200m 间年均温 -5 ~ -3℃，年降水量 600mm；3 200 ~ 3 500m 间年均温 -5℃左右，年降水量超过 600mm；海拔 3 500m 以上地区年均温低于 -6℃，年降水量 600 ~ 700mm；海拔 4 000m 以上年均温低于 -9℃，年降水量达 670mm。阿尔泰山地气温更低。高中山带年平均气温均为负值，降水量较高，西段高山带甚至可达 800mm，且降雪比例较大。额尔齐斯河流域的阿尔泰山南坡，降水量随海拔的递增率为30mm/100m左右（表17.2）。

表17.2   阿尔泰山南坡降水量随高度的变化

站名	海拔/m	年降水量/mm	递增率/（mm/100m）
巴里巴盖	518	110.1	
阿勒泰	735	181.0	32.7
森塔斯	2000	535.8	28.0

三、独特的内陆河流域水分循环体系

区内的河流，除额尔齐斯河是本区，亦为全国唯一的一条流入北冰洋水系的国际河流外，其他均属内陆河流域。这些河流发源于山区，流出山口后进入径流散失区，沿途蒸发或渗漏进入地下，水量变小，有的引入农业灌区，只有水量较大的河流才可流到盆地平原低洼处形成尾闾湖。水量小的最终消失于盆地中。一些小河则是季节性干涸的时令河。河流携带的泥沙、有机质及盐分全部沉积在低洼处或内陆湖中，河水水质从出山口后开始明显变坏。在这里地表水与地下水有着密切的相互转换关系，特别是河西走廊地区这种转换关系尤为明显（丁宏伟等，2006）。

山区产水，盆地平原用水是本区河流的基本特征，内陆河流凡是得到高山积雪冰川融水和降水补给的，其年径流量丰富且较稳定。相反，则地表径流贫乏，给水资源的开发利用带来一定难度（表17.3）。

表17.3   温带干旱区水资源量统计

地区	水资源/亿m³	山地	冰川面积/km²
新疆北部	439.0*	阿尔泰山	293
准噶尔盆地	43.38	天山北坡	918.96
河西走廊	70.0	祁连山	1931.5
阿拉善高原	11.60**		

＊新疆北部流到国外的水量占年径流量的60%，主要集中在伊犁河和额尔齐斯河流域；
＊＊为河西走廊注入阿拉善高原的水资源量。

本区的河流除额尔齐斯河外，均为流程短、流量小但水质优良的内陆河。据统计，年径流量超过10亿m³的在新疆北部和西北部有9条，河西走廊3条。

（1）伊犁河。伊犁河发源于汗腾格里峰北坡，下游向西流入哈萨克斯坦东南部，最后注入巴尔喀什湖。在我国境内长442km，是我国内陆河中径流量最大的河流。全流域多年平均总径流量228.4亿m³，70%产自中国，30%产自哈萨克斯坦。径流年际变化比较稳定，很少出现大旱年和大涝年，所以伊犁盆地是干旱区中最著名的丰水区。参见表17.4。

表17.4 伊犁河及中国境内三条支流的年径流量

河名	站名	年径流量/亿 m^3
伊犁河	雅马渡	115.0
喀什河	乌拉斯台	31.7
巩乃斯河	则克台	15.7
特克斯河	卡甫其海	80.3

（2）额尔齐斯河。额尔齐斯河是中国唯一流入北冰洋的国际河流。发源于阿尔泰山南坡的齐格尔台达坂，流经富蕴、福海、阿勒泰、布尔津、哈巴河等地，出国境进入哈萨克斯坦，在俄罗斯境内汇入鄂毕河，最后注入北冰洋。从河源到国界全长633km，年径流量119亿 m^3，最大径流量出现在6月。额尔齐斯河流域大小支流众多（表17.5），均发源于阿尔泰山区，河水含沙量小，水质好，上游矿化度还不到0.1g/L。

表17.5 额尔齐斯河主要支流的水文特征（陈曦，2010）

河名	站名	流域平均高程/m	集水面积/km^2	年径流量/亿 m^3	年径流深/mm	C_v
库依尔特斯河	富蕴	2 567	1 965	7.07	359.8	0.35
卡伊尔特斯河	库威	2 457	2 429	7.85	314.7	0.34
喀拉额尔齐斯河	（河口）	1 992	6 669	17.90	268.4	0.35
克兰河	阿勒泰	2 257	1 655	6.05	365.5	0.34
布尔津河	群库勒	2 170	8 422	42.00	498.7	0.25
哈巴河	克拉他什	1 826	6 111	21.50	351.4	0.30
别列孜河	渠首			3.80		

（3）黑河。黑河流域地跨青海、甘肃、内蒙古3省（区），是祁连山北坡的最大河流，发源于走廊南山南坡，流经甘肃，下游进入内蒙古自治区的额济纳旗后称额济纳河，最后注入居延海，是温带干旱区最大的内陆水系，主河道全长821km，流域面积13万 km^2，年径流量38.1亿 m^3，有大小支流35条，如讨赖河、洪水河、梨园河、海潮坝河、童子坝河及山丹河。黑河上游有两源。西源称西岔，为主源，源出鹅腰掌，向东流，长175km左右。东源又称东岔，出于景阳岭，向西流，河长100km以上。两者在黄藏寺汇合后向北流，进入深山峡谷始称黑河。到莺落峡出山口，干流长约95km。河流出山口后进入河西走廊平原。

黑河中、下游自然条件相差很大，中游为甘肃河西走廊，年降水量100~250mm，是流域内工、农业最发达的地区，下游为内蒙古的额济纳平原，年降水量小于50mm，属极度干旱气候区，经济以牧业为主。近年来中游地区随着工农业生产的发展，引用地下水量的不断增加，渠系利用率的逐步提高，导致地下水总补给量不断减少，水化学空间分异特征明显变化（温小虎等，2004）。据计算，地下水总补给量已由 1980 年的 30 万 m³，减少到 1998 年的 28 万 m³。

温带干旱区还有一些河流和湖泊对当地国民经济的发展、环境的保护及维护具有一定的作用，如新疆的乌伦古河、玛纳斯河、乌鲁木齐河和乌伦古湖、艾比湖、巴里坤湖；河西走廊的石羊河；阿拉善高原的居延海及巴丹吉林沙漠中的 144 个无名湖泊（丁宏伟等，2007）。

四、以荒漠为主的植被类型

本区植被类型以荒漠为主，西部和东部差异明显。土壤水分比较多的地段，还镶嵌着非地带性草甸或沼泽草甸。周边山地的植被，垂直带性明显，从下而上依次是山地荒漠、山地草原、山地森林草原、高山灌丛和高山草甸等多种植被类型。

（1）荒漠。主要分布在阿拉善、河西走廊和准噶尔盆地。荒漠植物的区系组成、荒漠类型的组成、分层、层片结构等群落学特点都很复杂。东部的植物区系属于亚洲中部，西部则以中亚植物区系成分为主。阿拉善高原为红砂、珍珠、短叶假木贼荒漠，河西走廊高平原为合头草、泡泡刺、膜果麻黄荒漠。植被稀疏，裸露地面面积大于植物覆盖面积。准噶尔盆地平原及沙漠等荒漠类型有梭梭、白梭梭、琵琶柴、多种沙拐枣、地白蒿等；山前倾斜平原上则有博乐蒿、喀什蒿、盐生假木贼、小蓬等。准噶尔盆地有较多的冬季积雪，所以伴生有约 200 多种短命和类短命植物。仲春季节这些植物可以形成明显的层片，其种类总数和在群落中的优势度与哈萨克斯坦荒漠特别相似。干旱荒漠地区由一些微小耐旱的地衣、藻类和苔藓植物组成的微型生物结皮，是天然植被中特有的。这些结皮生物通过其假根、菌丝、藻丝及分泌物将沙土微粒缠结成团，从而起到固定沙尘的作用（魏江春，2005）。

（2）草原。以多年生草本植被占优势，而且最主要的是丛生禾草，其次是根茎禾草和杂草类，以针茅群系为主，还有一些小灌木和半灌木成分。在西部山地，温性草原一般发育在山地荒漠垂直带之上，天山北坡、准噶尔西部山地、阿尔泰山南坡等，植物组成以多年生禾草为主。

（3）荒漠草原。主要分布在内蒙古西部和北疆的低山坡麓地段。草群组成以多年生草本植物占优势，小半灌木占有一定比重，同时也有一年生植物及地衣和藻类发育。

（4）草原化荒漠。分布在准噶尔盆地北部和内蒙古荒漠等边缘地区。草地植物群落组成以小半灌木和小灌木为主，伴生有一定比例的多年生草本植物和一年生植物，如合头藜、红砂、圆叶盐爪爪和白茎绢蒿、沙生针茅等。

（5）山地草甸。主要发育在地势倾斜，排水良好的中山和亚高山山坡上，具有垂直分布特点。植被由温性中生的多年生草本植物组成，中生禾草和杂类草起重要作用。

（6）高山草甸。发育在天山、阿尔泰山地的上部，形成山地垂直带的一部分。植被主要由冷中生、多年生草本植物组成，常伴生有多年生杂类草，如高山早熟禾、高山嵩草、矮生嵩草以及赖草等。

五、悠久的绿洲文化

本区历史上曾是中原通往西域、中亚、西亚以至非洲、欧洲的通道，是闻名于世的丝绸之路重要干线之一。

本区历来以绿洲为人类活动和经济发展的中心。自西汉以来，本区人民利用其特有的自然资源，开发绿洲，建设家园，为生存繁衍和社会发展创造着文明和财富。在数千年的开发中，人们创造了灿烂的古代绿洲文明。然而，由于历史的局限，滥垦、滥牧、过度樵柴，对水资源的过度利用等不合理的开发经营，又给绿洲环境酿成诸多恶果，从而导致了沙漠化、次生盐渍化的发生、发展，使绿洲向荒漠演替。为此，从人类活动和绿洲自然环境的关系出发审视绿洲土地开发的全过程，揭示历史上绿洲环境问题的根源及形成机制，正确认识在人类活动作用下的绿洲自然环境的历史演变规律，预测今后的发展方向，是制定本区国土开发和整治战略的任务（樊自立等，2002）。

第二节　自然区自然地理特征

依据温带干旱区的地域分异特点，划分为鄂尔多斯及内蒙古高原西部荒漠草原区（IID1）、阿拉善与河西走廊荒漠区（IID2）、准噶尔盆地荒漠区（IID3）、阿尔泰山山地草原针叶林区（IID4）和天山山地荒漠草原针叶林区（IID5）5 个自然区。

一、鄂尔多斯及内蒙古高原西部荒漠草原区（ⅡD1）

鄂尔多斯及内蒙古高原西部荒漠草原区是中国温带干旱区中地理位置最偏东的一个区。西以 108°E 附近的中蒙边界—狼山西麓—乌兰布和沙漠西部边缘—贺兰山西麓—黄河黑山峡一线与阿拉善及河西走廊荒漠区为界；东界 113°E 以东的中蒙边界—包头西北—乌梁素海南端—鄂托克前旗—甜水堡一线，这一界线同时也是我国温带干旱区与半干旱区的分界线。全区呈南西—北东向延伸的狭长带状，宽 100 ~ 200km，长可逾 1 000km。

（一）自然地理特征

本区北部在大地构造上属内蒙古兴安褶皱系，中部和南部属中朝准地台，地貌上包括内蒙古高原西部、阴山山地西部、后套平原、乌兰布和沙漠、贺兰山地、宁夏平原及鄂尔多斯高原西部。

内蒙古高原西部主要指漠南高原、二连塔拉和锡林郭勒高原三部分。漠南高原位于阴山以北，海拔为 1 000 ~ 1 500m，地势自南向北倾斜，地面起伏小，有相对高度 100 ~ 200m 的小丘及大量南北向干河床，间有小片流动沙丘分布。二连塔拉是一个盆地，南连漠南高原，海拔 880 ~ 1 000m，地面广布深 20 ~ 60m 的风蚀洼地，最低处可积水成湖。亦有相对高度20m左右的残丘，盆地中虽有零星小沙丘分布，但多数已趋于固定、半固定。锡林郭勒高原西部指二连塔拉东北、苏尼特左旗西部，其西南、西和北三面为中蒙边界，海拔1 000～1 370m，广泛分布干燥剥蚀丘陵，但丘顶通常较浑圆，相对高度一般不超过200m。

阴山山地西部是指狼山、色尔腾山和乌拉山。狼山是呈南西—北东走向并呈弧形的山脉，长370km，海拔1 500～2 200m，主峰呼和什巴格海拔2 364m。北翼较平缓，南坡较陡峻，常发生滑坡，谷坡发育多级阶地，山麓有洪积倾斜平原，狼山是后套平原的屏障。色尔腾山和乌拉山均位于狼山以东，但分别地处安北盆地（乌梁素海盆地）北侧和南侧，两山平均海拔均不足2 100m，相对高度不超过1 000m。乌拉山主峰大桦背山海拔2 324m，山脊狭窄，南翼发育断层崖与三级阶地。

后套平原地处磴口至乌梁素海之间，是在沉降盆地基础上，因黄河河道不断南移而形成的黄河冲积平原，海拔1 050m，东西长约170km，南北宽约40～75km，面积近1万km²，地势西高东低，但高差仅数米。西北部边缘为狼山山前洪积倾斜平原，地表组成物质极少砾石，但有少量半固定沙垄和小片流动沙丘。

乌兰布和沙漠位于狼山以南和黄河以西。北部为古黄河冲积平原，现仍保留有南东—北西向古河床遗迹，即断续分布的低湿地和湖泊，地表零散分布高1～3m的沙垄和半固定白刺沙堆。东南部多为流动沙丘，一般高5～20m，有的高达50～80m；西部为古湖积平原，地表主要是固定半固定沙丘和沙垄、风蚀洼地和盐渍地。

贺兰山地是内蒙古自治区与宁夏回族自治区的界山，也是我国温带荒漠与温带荒漠草原的界山，还是内外流域分界线。它位于银川平原西侧与阿拉善高原东部边缘，山脉呈南北走向，长250km，宽20～60km，主峰敖包圪达海拔3 556m。中段山势雄伟，海拔2 000～3 000m，南北两段较低矮和缓。山脉两侧不对称，西坡缓而切割较浅，山麓海拔较高；东坡较陡，切割较深，山麓海拔较低。

宁夏平原包括宁卫平原和银川平原两部分。宁卫平原地处黑山峡至青铜峡河段间。银川平原地处青铜峡向北至石嘴山之间，大致呈南北走向，长165km，宽10～50km，海拔1 100～1 200m，由黄河冲积平原及贺兰山山前洪积倾斜平原组成，地势平坦少起伏，自南向北缓倾，因灌溉农业发达，被誉为"塞上江南"。

鄂尔多斯高原西北东三面被黄河包围，南侧毗邻黄土高原，海拔1 100～1 500m，大部分为内流区和无流区，其西部属于干旱区。鄂尔多斯西北部的库布齐沙漠东西长270km，南北宽15～20km，西部甚至达70km，沙丘密集，流动沙丘占80%以上，新月形沙丘链高12～30m，同时发育多种形态类型的风蚀地貌。高原西部还有桌子山，海拔1 600～2 000m，山麓发育沙砾质洪积平原，其上分布有高6～8m或10～15m的固定半固定沙丘。

本区太阳辐射较强，除少数地区年总辐射量约5 800～6 200MJ/m²之间外，其余大部分地方均超过6 200MJ/m²，磴口和二连浩特均达6 400MJ/m²以上。日照时数除宁夏平原不足3 000h外，大部分地方均在3 000h以上，漠南高原和锡林郭勒高原西端更达3 200h以上。

本区1月平均温－8～－20℃，基本上自南向北递降，7月均温20～24℃，年均温8～2℃，也以南部最高而北部最低，气温年较差则变动于29℃至42℃间，从西南端向东北端呈有规律地增加。无霜期 100 ~ 200 天。季节分配基本上属于冬冷夏热四季分明类型。年降水量除山区外，普遍在 200mm 以下，降水等值线也呈南西—北东走向，年降水量最少处约 150mm，但山区年降水量略多，如阴山山地可达 250mm，贺兰山 290mm，最多甚至可达 430mm。多风和多大风也是本区重要的气候特征之一。除宁夏平原和鄂尔多斯高原西部年平均风速约 2 ~ 4m/s 外，阴山山地以北普遍增至 4m/s 以上，而中蒙边界不少地方超过 5m/s。大风日数南部多为 25 天，阴山以北达 50 ~ 75 天，局部地方可超过 75 天。

河网稀疏、自产径流极少是本区的突出特征。虽有黄河流经本区南部和中部，但除清水河、苦水河及都斯图河等河流外，再无支流注入。黄河干流年径流量约 280 亿 m³，为宁夏平原和后套平原提供了方便的灌溉条件。鄂尔多斯西部和阴山以北，则基本上是无流区或内流区。

荒漠草原是本区的地带性植被，棕钙土（钙积正常干旱土）则是地带性土壤。种类贫乏、特有成分显著、覆盖度小、植株低矮是本区植被的四大特征。荒漠草原植被中包含蒙古和亚洲中部的一些植物种。而戈壁针茅、沙生针茅、石生针茅、短花针茅、无芒隐子草、多根葱、蒙古葱则是显著的优势种或建群种，小半灌木的女蒿、蓍状亚菊也是优势成分。此外，荒漠植物如红砂、珍珠、盐爪爪、白刺、短叶假木贼、松叶猪毛菜等，典型草原成分如克氏针茅、冷蒿、阿氏旋花等，沙生植物如籽蒿、柠条、沙米、沙竹等也都常见。宁夏平原和后套平原还可见芨芨草、马蔺等。东来的典型草原成分，西来的荒漠成分以及南来的暖温型草原成分的侵入，反映了本区与相邻地区的密切联系和荒漠草原的过渡性特点。

山地植被和土壤分布具有垂直地带性。以贺兰山为例，地带性的荒漠草原在其东坡海拔 1 500m 以上即被山地草原取代，1 800 ~ 2 000m 为榆林，2 000 ~ 2 400m 为油松和云杉林，2 400 ~ 3 000m 阳坡多为落叶阔叶林和针阔叶混交林，阴坡为青海云杉林，3 000m 以上则为高山灌丛。

宁夏平原、后套平原及鄂尔多斯高原中的低洼地，则分别发育草甸草原、草甸、盐渍化草甸及相应的土壤。

（二）生态保护与建设

本区地貌条件差异巨大，除黄河干流外，普遍缺乏地表水，植被覆盖度低，风蚀沙化严重，生态系统十分脆弱，因此必须特别注意生态保护和生态建设。

首要问题是确保后套平原和宁夏平原绿洲的生态安全。黄河在流经宁夏平原和后套平原时，形成了广阔的天然绿洲。千百年来，通过修建灌溉渠系和培育防护林带，已建设成繁荣的人工绿洲。但因易受邻近沙漠侵袭，易发生冰凌洪灾和次生盐渍化等，土地退化现象非常普遍。这就需要合理利用土地，建设节水农业，并在贺兰山和狼山之间的缺口和贺兰山以南建成人工屏障，以弥补贺兰山天然生态屏障之不足，抵御来自阿拉善高原的风沙，还要改善灌排设施，防止土壤次生盐渍化。

对贺兰山、狼山等山地实施水土保持，减少从地面和空中两方面的入黄泥沙。流经本区的黄河泥沙含量较大，即使保守计算每年输沙量也在 1 亿 ~ 2 亿 t 之间。近年的研究表明，通过土壤侵蚀进入黄河的泥沙约占91%，其中大部分来自更上游河段，但9%是由风吹扬沙尘在本区直接进入黄河的，所以实施水土保持，从两个方面减少入黄泥沙量，减缓黄河河床堆积速度，实属必要。

防止腾格里沙漠和乌兰布和沙漠危害。腾格里沙漠在西北盛行风作用下，沙丘每年向东南方移动10m左右，严重危及中卫、中宁北部地区，在沙坡头已逼近黄河北岸。半个世纪以来，沙坡头的治沙工作保证了包兰铁路的畅通，但这一个点的经验还必须推广到一个面，即必须在卫宁平原北部建成一道生态屏障，减轻风沙作用对这一地区的危害。乌兰布和沙漠的东扩威胁着后套平原的安全，同样应采取适当措施保证这块绿洲的安全。

合理利用土地，对扩大耕地面积持慎重而有节制的态度。卫宁平原、银川平原和后套平原现有水浇地面积均已不少，人均耕地面积已高于全国平均数。在这种情况下，没有必要继续扩大耕地面积。当前发展农业应在改变农业产业结构，推广先进农业科技，提高单位面积产量上多下功夫，对扩大耕地面积持慎重而有节制的态度。

二、阿拉善与河西走廊荒漠区（ⅡD2）

本区东起巴彦淖尔市北部、呼和巴什格（2364m）、乌兰布和沙漠西缘、贺兰山西麓至黑山峡一线，西至镜泉、明水、马鬃山南、疏勒河洪积扇以东一线，北起中蒙边界，南迄祁连山麓。主要包括阿拉善高原、河西走廊东中段和马鬃山山地三部分。

（一）自然地理特征及亚区划分

地质上，本区北部为天山褶皱系和内蒙古大兴安岭褶皱系，两者大致以100°E线为界，中部为塔里木地台与中朝准地台，两者约以98°E线为界，南部为祁连褶皱系。

阿拉善高原海拔800～1 600m，地势向北倾斜。大量分布于高原内部的干燥剥蚀低山残山和丘陵，强烈地破坏了高原的平坦外貌。多数低山呈条带状延伸，组成四列高地带。走向一般为东西或北东—南西向。由北而南，第一列称为洪果尔扎（或汪格尔吉）高地带，它延伸于居延海以东的中蒙边界附近，略成东西走向。其次一列为阿克雷山高地带，西起额济纳河分叉处，东至105°E附近没于流沙。第三列为宗乃山与雅布赖山高地带，宗乃山海拔1 400m，相对高度100～200m，雅布赖山海拔1 600～2 200m，相对高度350～700m，西北坡和缓而东南坡险陡，两侧显然不对称。最后一列为北大山，海拔1 800～2 600m，东西走向，长65km，山坡亦不对称，与雅布赖山情况相似，北与雅布赖山之间仅以霍拉力斯沙地相隔，南与龙首山之间只有一条狭窄的山谷。

干燥剥蚀低山间常常分布着大大小小的盆地。北部主要是山间沙砾盆地，有时候基岩出露甚至形成剥蚀残丘。另一类盆地中地表几乎完全被流沙覆盖，但盆地中心却有湖泊。这些盆地往往也共同组成一系列低地带，与上述高地带相间排列。例如，银根低地带位于洪果尔扎与阿克雷山之间，自西而东，由归德苏、银根和三德庙3个盆地组成。这个低地带底部海拔仅820～850m，与居延海盆地同为本区最低的部分。古

龙乃 - 雅马雷克低地带位于阿克雷山与雅布赖山之间。古龙乃洼地从额济纳河东岸一直向东延展至阿拉善中心的哈拉苏怀附近，过哈拉苏怀略向北即为雅马雷克低地。它是一个东西走向的盐沼带，但东部覆有流沙。广阔的巴丹吉林沙漠和雅马雷克沙漠，都在这个低地带范围之内。腾格里低地在雅布赖山东南和贺兰山以西，自西而东海拔由 1 500m 降至 1 080m，腾格里沙漠分布于这里。

本区沙漠面积约 10 万 km²，最常见的沙丘类型有单个新月形沙丘、新月形沙丘链和格状新月形沙丘三种。阿拉善各沙漠中，沙丘高度相差悬殊，但排列方向较为一致，皆与盛行的西北风向垂直。

乌兰布和沙漠位于东北部，面积约 1.4 万 km²。这里新月形沙丘一般高 6 ~ 8m，最高者达 15m，多以每年 12 ~ 15m 的速度向东移动。

雅马雷克沙漠在乌兰布和西北的雅马雷克低地中，那里新月形沙丘连成平行的北东—南西向带状分布，沙丘通常高 5 ~ 6m，最高者可达 20 ~ 25m。

腾格里沙漠位于东南部，面积约 4.27 万 km²，新月形沙丘链高 10 ~ 30m 或 30 ~ 50m。沙丘向东南移动，高 10 ~ 30m 的新月形沙丘链每年移动约 7m，高 1m 的低矮沙丘链移动 10 ~ 12m。

巴丹吉林沙漠恰好在本区中部，面积约 4.43 万 km²，其中心有高达 200 ~ 300m 甚至 400m 的复合型沙山，多作北东 30° ~ 40°方向排列，移动速度很小。西部和西北部边缘，沙丘仍高达 80 ~ 100m。巴丹吉林东南还有一小片沙地——霍拉力斯沙漠，沙丘仅 2 ~ 3m 高，著名的雅布赖盐池即在其西北部。

额济纳河以西还有楚库尔沙漠、修尔腾霍勒雷沙漠等，面积较小，沙丘规模一般也不大。

冲积湖积平原也是阿拉善的主要地貌类型之一，其最典型的代表就是额济纳河下游的居延海冲积湖积平原。但因四周地势较高，它实际上具有盆地的形势。居延海盆地北邻蒙古国，盆地中部原有嘎顺、索果两湖，湖滨以外依次为湖积平原和砾质戈壁。额济纳河东岸的砾石戈壁带南北长 140km，东西宽 90km，存在砾石磨圆度很好和石英岩粒分布均匀的现象，表明了它在成因上与河流的联系。

河西走廊因位于黄河以西，且南北分别有祁连山、北山山地和走廊北山夹峙而得名。它历来就是我国内地通往新疆、中亚和印度等地的交通要道。走廊东、中、西三段自然景观有着明显的差异，但其自然景观和经济发展，都与其山前地理位置分不开。

自祁连山向北，走廊在地貌上明显而有规律表现出如下分带：①祁连山北麓坡积带；②洪积扇带；③洪积冲积带；④冲积带；⑤北山南麓坡积洪积带。地表主要物质为砾石和黄土，在砾石戈壁和黄土平地之上，沙丘、干燥剥蚀低山与残丘也有出现，地下水出露带常常形成一片绿洲。

戈壁是荒漠和荒漠草原气候条件下的山地经过剧烈剥蚀、侵蚀或洼地经过堆积作用而形成的一种独特景观类型。地表比沙漠更为平坦，组成物质以粗大砾石或基岩为主。河西走廊可以划出两种戈壁类型，即剥蚀 - 堆积类型和堆积类型。

走廊内堆积类型的戈壁占有主要的地位，它包括洪积砾石戈壁、洪积冲积砾石戈壁、冲积洪积沙粒戈壁三个亚类，较之剥蚀 - 堆积类型的戈壁，其不同之处在于砾石磨圆度更好，粒径更小（通常不大于 10cm），地势更平坦，地下水较浅等。

各种沙地地形在走廊中的出现，主要与走廊北山被河流所切断，从而形成缺口有关。这样的缺口为起沙风敞开了通道，有利于沙粒从阿拉善吹入。

绿洲的广泛存在，也应视为走廊中自然条件的重要特征之一，有灌溉条件、地下水出露、地表平坦、组成物质细小等一系列水土条件的优良结合，使得绿洲成为荒漠环境中人类生产活动的中心。

走廊北侧的龙首山、合黎山，合称走廊北山，侵蚀切割较剧烈，但仍保留着夷平面特征。这是走廊区与阿拉善的自然界限。至于走廊中的山地，则主要是断块隆起而成，主要有大黄山（胭脂山）、宽台山、黑山和三危山等。

阿拉善高原是仅次于柴达木盆地的中国第二个日照时数最长的地区，额济纳旗日照时数多达 3 325.1h，居西北干旱区之冠。本区也是仅比青藏高原西南部略少的中国第二个太阳总辐射量大的地区，年太阳总辐射量大都在 6 200MJ/m² 以上，额济纳旗则达 6 400MJ/m²。

由于河西走廊高平原最高处海拔超过 2800m，而阿拉善高原最低处海拔仅 800m 左右，地势的南高北低导致了温度的北高南低现象。走廊南缘年平均温度 2 ~ 4℃，而随着海拔降低，到阿拉善高原北部则可达 8℃ 以上，气温的这种南北倒置现象分外引人瞩目。

年平均气温大多在 0℃ 以下。日平均气温 ≥10℃ 期间的积温一般在 3 000 ~ 3 500℃，无霜期多在 140 ~ 180 天。西部金塔、瓜州（安西）、敦煌 ≥10℃ 期间的积温一般在 3 300 ~ 3 500℃，无霜期多在 180 ~ 210 天。

降水量少是本区气候的又一显著特征，南部除古浪、民乐年降水量超过 300mm 外，自东南和南部向西北和北部迅速递减，额济纳河下游及居延海一带已降至 50mm 以下，额济纳旗年降水量仅 37.9mm，为本区年降水量最少的地方。

区内具有多风和多大风的特点，河西走廊东中段年平均风速 2.0 ~ 2.4m/s，阿拉善高原尤其是其北部邻近中蒙边界附近，年平均风速达 4m/s 以上，每年出现风速 ≥6m/s 的起沙风可达 300 ~ 400 次之多。

本区概属内流区，只有两条内陆河——黑河（额济纳河）和石羊河发源于祁连山地。黑河流经河西走廊而后向北穿越阿拉善高原直抵居延海，石羊河则仅抵达阿拉善高原南缘（图 17.3）。黑河干支流出山径流量约 36.9 亿 m³，1920 年代末，每年尚有 3 亿 ~4亿 m³ 水注入居延海，目前在正常年景下有 9.5 亿 m³ 经正义峡下泄，但其中只有一小部分可注入东居延海。石羊河干支流出山径流量约为 15.7 亿 m³，但河流尾闾只及于阿拉善高原南缘的民勤盆地，红崖山水库建成后，其下游已处于断流状态。

常年径流贫乏，暂时性径流却并不少见。阿拉善的各个高地都有许多长度约 5 ~ 20km 的干沟，每遇暴雨即出现洪水，但很快渗入地下。

与河流稀少的情况相反，这里湖泊众多。腾格里沙漠和巴丹吉林沙漠中已查明的湖泊，总数近 400 个。这些湖泊可以分为三个湖群，即腾格里湖群、巴丹吉林湖群和额济纳河下游湖群。湖泊形状大多呈椭圆或长条形，彼此很类似。湖水位一般是冬春上升，夏秋因蒸发量大而下降甚或成为沼泽草甸。民勤盆地从白垩纪起就已成为内陆湖盆。据研究，在更新世时，白亭海还长达 120km，当时的来伏山、苏武山及狼跑泉山可能是半岛或湖中岛屿，以后湖泊逐渐干缩、分离，先后形成芨芨湖、昌宁湖、马

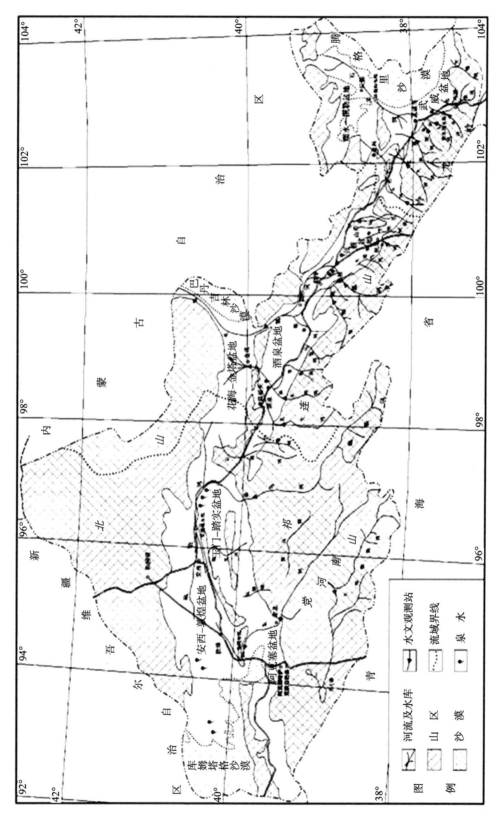

图 17.3 河西走廊水系及盆地平面图

营湖、青山湖、柳林湖、白亭海等，而目前则已完全干涸。

居延海是本区最大的湖泊，根据保存完好的古湖岸阶地判断，它曾经是一个统一的广阔水域，面积数倍于今，后来缩小分离为二，西为嘎顺湖（意为苦湖），东为索果诺尔（意为母鹿的湖，亦称苏泊诺尔），现在两湖相距已达 30km 之远。嘎顺湖面海拔820m，面积 560km^2，湖水碱性大而有毒，含钠、镁甚多，沿岸 5～10km 为沼泽地带，现已完全干涸。索果诺尔（湖）海拔 879m，不久前面积尚有 75km^2，湖水最深处约3m，1959 年后水质剧烈变坏，不能食用，渔场等已相继撤销，后完全干涸，近年因人为注水才重现波光。

古龙乃湖（古尔遒、古鲁纳）位于巴丹吉林沙漠与哈拉木林戈壁之间，南北长80km，东西宽 10km，水深约 1m。大多数湖泊水中含食盐、苏打和芒硝，因而分别有盐湖、碱湖和硝湖之称，吉兰泰、雅布赖就是著名的盐湖，中泉子则为无数硝湖之一。

阿拉善的地带性土壤为灰棕漠土（钙积正常干旱土），东部邻近贺兰山地及河西走廊南部洪积倾斜平原发育小面积淡棕钙土（钙积正常干旱土），河流冲积平原及湖滨低地还发育盐土（普通潮湿正常盐成土）、沼泽土（有机正常潜育土）及草甸土（普通暗色潮湿雏形土）。

亚洲中部荒漠成分是组成本区植物区系的核心成分，重要的建群种、优势种或特征种的 70% 属于亚洲中部成分，且其中不乏阿拉善特有成分，其次则为地中海成分和中亚荒漠广布成分。

植物种类仅有 60 余种，其中以沙生或盐生类型居多，这是气候干燥、地形起伏不大、盐渍土和沙漠、砾石广泛分布等一系列条件所造成的必然结果。

在流动新月形沙丘上，有生长稀疏或以单株形式出现的沙芥、沙蓬、戈壁沙蓬、花棒、圆头蒿、籽蒿等沙生植物，沙冬青、霸王、棘豆等亦可见到。半固定和固定沙丘主要植物为多种白刺和多种柽柳。

灌木和半灌木荒漠以蒿属荒漠最为发达，分布于腾格里沙漠的风蚀洼地中，与沙生针茅、圆头蒿、冷蒿等共同组成一种荒漠化草原群落，盖度可达 25%～50%；另一些洼地中，为白沙蒿群落，盖度可达 80%；固定沙地上则有冷蒿群落。

荒漠草甸在居延海盆地、巴丹吉林和腾格里的湖盆中为主要植被类型，组成种类以禾本科、莎草科为主，主要植物有拂子茅、芨芨草和芦苇等。芨芨草草甸盖度达80%～100%。芦苇草甸中，盐生植物如碱蓬、盐爪爪和唐古特白刺等较多。在地势平坦、地下水位较高，并且土壤为草甸沼泽土的地方，发生许多变体，形成盖度 70%～90% 的绿色草甸，当地群众称为寸草滩。

盐生荒漠主要分布于沙漠盆地和洼地，建群种为里海盐爪爪，另外还有多种白刺、芨芨草等。

沼泽草甸主要见于常年积水的浅水湖盆里，植物种类极为单纯，主要为芦苇、阔叶香蒲。

胡杨林是本区唯一的天然森林，主要分布于额济纳河谷及古龙乃湖沿岸一带，林相残破稀疏，盖度仅 10%～40%。

河西走廊的植被属于荒漠草原和荒漠类型。膜果麻黄、沙拐枣、泡泡刺、骆驼刺、琵琶柴等随处可见，武威盆地荒漠草原中除灌木荒漠成分外，干草原成分为数不少，覆盖度接近30%，走廊中段琵琶柴、珍珠群落很广泛。

无论土壤还是植被，由走廊两侧至中央低洼部分都有相应的变化，从山前洪积带至走廊中心之河湖沿岸，植被由灌木荒漠演变为沼泽草甸，而且两侧皆有相应的类型，这是"走廊"式地形所决定的特有现象。

根据以上差异，阿拉善与河西走廊荒漠区分为阿拉善高原、马鬃山地和河西走廊中东段3个亚区。

1. 阿拉善高原亚区

由剥蚀山丘与山间盆地相并列，以盆地为主，实为高原面。地面以剥蚀石质戈壁和洪积砾石戈壁为主，盆地中心还有一些沙砾戈壁和盐沼，其中吉兰泰盐池和雅布赖盐池是中国重要池盐产地。阿拉善高原边缘的较大山间盆地，则是沙漠，主要有巴丹吉林沙漠、腾格里沙漠、乌兰布和沙漠。石羊河和黑河下游有广阔的冲积、湖积平原。亚区自然条件严酷。

2. 马鬃山地亚区

自北而南有4组山地：跃进山－七角井子山、马鬃山、小马鬃山和大青山。海拔以马鬃山最高，主峰2 791m，一般山脊2 000m以上。长度以小马鬃山为最，达500km多。

马鬃山地海拔不高，起伏不甚剧烈，植被和土壤没有明显的垂直分带现象，整个山体呈现荒漠景观。

3. 河西走廊中东段亚区

河西走廊介于青藏高原与内蒙古高原之间，南北分别被走廊"南山"（祁连山和阿尔金山）和"北山"（龙首山－和黎山和马鬃山）所夹持。走廊平地从乌鞘岭到玉门关附近，东西近1 000km，南北宽近数千米至数十千米。其间还有胭脂山和黑山—宽台山所中断，从而可以分为三段。东段属石羊河流域，中段属黑河流域，西段属疏勒河流域。

本亚区东西狭长，除胭脂山外，地面坦荡，海拔1 500m上下，从祁连山山麓向北徐徐倾斜，砾石戈壁、沙砾戈壁、土质荒漠和绿洲、固定半固定沙地以及流动沙丘递次出现。本亚区历来是国防重地兼屯垦、放牧中心，古"丝绸之路"的枢纽。

（二）环境退化与生态保护

阿拉善与河西走廊都面临着严重的环境退化问题。黑河和石羊河下泄水量逐年减少，东西居延海及民勤的湖泊早已干涸。阿拉善高原绿洲面积由6 500km^{2}减少到近年的3 300km^2，梭梭林亦由113.3万hm^{2}减少到38.6万hm^{2}残林，胡杨林更从1950年代初的5万km^{2}减少到2.94万km^2。土地沙漠化加剧，巴丹吉林沙漠以每年20m的速度前移，巴丹吉林和腾格里沙漠已在雅布赖山两端"握手"，腾格里和乌兰布和沙漠则在吉兰泰附近交汇。1940～1990年间阿拉善每两年发生一次沙尘暴，1990年代每年发生

5~6次，而2000年和2001年却分别发生20和27次。2000年北京地区出现的9次沙尘天气，其沙尘有8次即来自阿拉善高原。而黄河内蒙古河段来自阿拉善高原的风沙已占河流泥沙含量的9%。

阿拉善高原与河西走廊荒漠区在生态保护与建设方面应注意：

实行流域综合管理，保护内陆河尾闾绿洲。本区大部分地区属无流区，西部和南部属黑河和石羊河两个流域。两河下游均发育河岸林，其尾闾有湖泊并形成大片绿洲。近百年尤其是近半个世纪以来，尾闾湖先后干涸，河岸林亦趋向衰退甚至消失。河流下游断流、尾闾湖干涸皆因中上游用水过多所致，因此必须实行流域综合管理，统一分配流域水资源并实施合理灌溉，确定适当的耕地面积，保证生态用水需要，必要时进行流域外引水（如引硫磺沟济金昌，引黄河水济民勤）等。

防止新沙尘源地的形成。阿拉善高原本来就是一个沙尘源地，近数十年腾格里沙漠和巴丹吉林沙漠均有新扩张，而石羊河与黑河下游经常处于断流状态，内陆湖干涸，干河床与干湖床成为新的沙尘源地，以致沙尘暴危害逐年加重，近则影响河西走廊，远则波及西北东部及华北地区。防止新沙尘源地形成乃是本区生态保护与建设的重大使命。

全流域建设节水型社会。张掖绿洲和武威绿洲耗水过多是黑河、石羊河下泄水量锐减、尾闾湖消失的重要原因，因此，必须在全流域建设节水型社会，改变灌溉方式，减少灌溉用水量，合理确定工矿企业和城市居民生活用水量，充分考虑生态用水量，彻底改变缺水和浪费水资源并存的怪现象，明确节约用水才是根本出路。

落实退耕还林、还草政策。把沙化土地、盐渍地上的耕地退下来，依据小尺度地域分异规律，分别还林、还草甚至还荒，让其自然恢复植被。

适当进行生态移民。通过高标准建设生态绿洲和城镇，吸引农牧民退出生态脆弱的沙漠化土地，向李井滩、巴彦浩特镇、塔木素镇、盐湖农业开发区、沙漠旅游开发区、额济纳河沿岸等地迁移，这既不增加迁入区的压力，又可保护迁出区，一举两得。

三、准噶尔盆地荒漠区（ⅡD3）

准噶尔盆地荒漠区并不包括准噶尔盆地的全部，而是仅指准噶尔西部山地以东、乌伦古河以南部分，同时包括博格达山、巴里坤山和哈尔里克山等东天山，最东端以淖毛湖洼地边缘与阿拉善及河西走廊荒漠区为界。地势向西倾斜，北部略高于南部，西南部的艾比湖湖面高程189 m，是盆地最低点。

（一）自然地理特征

准噶尔盆地在地质构造上为准噶尔褶皱系，可进一步划分为西准噶尔优地槽褶皱带、东准噶尔优地槽褶皱带和准噶尔拗陷三个二级构造单元。这个地槽以系多旋回构造运动显著，构造迁移清楚，地槽分化强烈，经华力西运动而结束地槽型沉积，二叠纪时产生大型拗陷（任纪舜，1985）。本区东南部则为天山褶皱系。

天山的存在对于本区地形的特征产生了重要的影响。作为巨大山系的无山地貌垂直分带在山前地区的必然延续，使本区在地貌上自南而北普遍而有规律地表现出了带状变化。

天山北麓洪积冲积扇带：地表以 5°～8°的坡度向北倾斜，河流至此皆渗入地下，在北部边缘才出露，形成一带较潮湿的区域。低处成为沼泽和湖泊，即湖泊沼泽带。这里土壤肥沃，水分较充足，是绿洲农业所在。再向北则为冲积平原带，地表组成较细，且在河流冲积物之上覆有薄层黄土。冲积平原以北，风力作用在地貌塑造上占优势，玛纳斯河下游湖区和艾比湖一带都是风蚀区域，发育着大小不一的风蚀洼地。最北部则是一个干燥剥蚀高平原，地面切割微弱，平缓地向南倾斜，多沙砾物质。乌伦古河下游切割较强，形成了各种奇特的方山，远望如一座座城堡，故有"风城"之称。

博格达山北麓与北塔山之间有一个海拔超过 1 000m 的块状剥蚀高原，这就是地理文献中所说的"奇台桥"。诺明戈壁盆地即位于奇台桥东侧。

准噶尔盆地有面积约 4.88 万 km² 的古尔班通古特沙漠，它位于盆地中部，由 4 片沙漠组成：西部玛纳斯河流域为索布古尔布格来沙漠，中部三个泉子以南为德左索腾艾里松沙漠，东部天山与北塔山之间为霍景涅里辛沙漠，北部与阿尔泰山前平原邻界处为阔布北沙漠。

德左索腾艾里松沙漠是古尔班通古特沙漠的主要组成部分，东西长 200km，南北宽135km。其中部和北部分布着树枝状沙垄，走向近于南北，沙垄高约 20m，间距可达 1～2km。南部有蜂窝状沙丘，高约 40～50m。霍景涅里辛沙漠东西长 220km，南北最大宽度约 40～50km，西部以垄状沙链和树枝状沙垄为主，高仅 10m 余，最高者亦不超过 30m余。索布古尔布格来沙漠北部主要为垄状沙链，稀疏而低矮，高只有 5～6m，呈北西走向。但玛纳斯河与马桥河两岸的冲积阶地垄状沙链和纵向沙垄高可达 10～20m。

此外，艾比湖谷地中也有垄状沙链和灌丛沙丘，精河沙泉子附近有新月形沙丘，但高度大都在 10m 以下。

盆地南面的天山，对西北风有屏障作用，从而在山前形成了一个回流涡动带，它阻止了沙粒向南移动。天山对气流的抬升作用又使沙漠南缘具有较多的降水，因而植物生长良好，形成了一个完整的固定沙地带，这也阻碍了沙漠向南扩展。准噶尔盆地中沙漠南缘与山地间有较大距离，而且沙漠南界与山麓线大致平行，是有着深刻的自然地理原因的。正是因为流动性较大的沙丘距居民点和农田较远，准噶尔盆地的沙害才较其他地区为小。

盆地太阳年总辐射量约为 5 650MJ/m²，年日照时数北部约 3 000h，南部为 2 850h。南部年平均气温 5～7.5℃，北部西部年平均气温 3～5℃，南部夏季气温高于我国同纬度其他地区。盆地东部为寒潮通道，冬季气温是我国同纬度最低的地区。日平均气温≥10℃期间的积温，南部为 3 000～3 500℃，北部不超过 3 000℃，持续日数 150～170天。年平均气温日较差 12～14℃（表 17.6）。盆地北部每年有 8 级以上的大风 33～77天，西部 70 天以上，阿拉山口 165 天，东部三塘湖为 95 天。由于盆地植被覆盖度较大，因此大风天数虽多，而沙丘移动现象却远逊于塔里木盆地。但艾比湖东南沙泉子至托托段，大风移动沙丘，阻塞交通，危害农田，破坏通信设备。

表 17.6　准噶尔盆地气候要素统计表

站名	海拔/m	降水量/mm	平均气温/℃	日照时数/h	≥10℃期间积温/℃	无霜期/d	最大积雪深度/cm
精河	320.1	95.0	6.0	2 685.4	3 539.1	181	13
乌苏	479.0	166.0	7.1	2 869.2	3 588.6	180	41
石河子	442.9	225.0	7.9	2 936.1	3 500.8	174	
乌鲁木齐	935.0	286.0	6.5	2 773.6	3 301.8	149	
昌吉	577.0	181.7	6.3	2 763.9	3 468.1	161	39
阜康	547.0	243.4	7.1		3 509.5	164	29
奇台	793.5	180.0	4.5	3 042.6	3 075.7	155	42
木垒	1271.5	288.0	5.0		2 526.0	149	37
巴里坤	1677.2	202.3	1.0	3 170.4	3 440.0	104	28
淖毛湖	479.0	13.6	9.8	3 356.4	4 162.0	258	5.0

本区水汽主要来自西风气流，降水西部多于东部，边缘多于中心，山地迎风坡多于背风坡。盆地冬季有稳定积雪，冬春降水量占总降水量 30% ~45% 不等。

本区河流均为内陆河，以盆地低洼部位为归宿。河流补给主要来自山区，春季平原融雪水亦有补给。盆地水系有艾比湖水系、玛纳斯湖水系、巴里坤水系及天山北坡小河独立水系。所有水系河流都消失于灌区中。由于灌区引水，入湖水量均急剧减少，如玛纳斯湖 1962 年干涸。受气候暖湿变化的影响，21 世纪初重现。

盆地地下水的补给来源仍是山区。主要来自山口以下河床、渠道及田间渗漏，共有动储量约 25 亿 m³。从农业用水供需关系看，基本无缺水之虞。

盆地显域植被主要是小半灌木荒漠和小半乔木荒漠。由于冬、春降水较多，因而荒漠植被中普遍发育着短命植物层片和多年生短命植物层片，而且长营养期的一年生草本植物层片也得到发育。

盆地北部主要土壤是棕钙土（钙积正常干旱土），中部以荒漠灰钙土（钙积正常干旱土）为主，南部以棕钙土为主。冲积扇缘有草甸沼泽土和草甸盐土，扇缘以下为盐碱化的荒漠灰钙土。以水定土地开发，以水定经济发展规模，发展农业是本自然区的基本建设经验。提高光能利用率，合理布局冬作物，营造农田防护林带是发展绿洲农业的重要问题。

盆地内矿产资源丰富，石油、天然气及煤炭均大有开发前景。

（二）区内差异与亚区划分

本自然区可分为三大部分，即东部山间盆地、中部古尔班通古特沙漠和东天山带三个亚区。

1. 东部山间盆地亚区

包括伊吾 – 淖毛湖和巴里坤 – 三塘湖盆地。本亚区位于天山最东段喀尔里克山和巴里坤山以北，阿尔泰山最东段南麓。地势南高北低，南部最高的喀尔里克峰海拔4 925 m，中部为淖毛湖 – 三塘湖盆地，海拔低于 500m，北部边界海拔 1 000m 左右。梅欣乌拉山将淖毛湖与三塘湖分为东西两个小型山间盆地。

本亚区位于温带干旱区中间地带，新疆最东部，进入新疆的西风气流，到达本亚区时水汽含量已经很少，年降水量由西（三塘湖）边的 35mm，减少到东（淖毛湖）边的 13.6mm。本亚区地处北风进入新疆的通道，每年春季 8 级以上大风，淖毛湖 78 天，三塘湖 95 天。6 ~ 7 月间三塘湖 – 淖毛湖的干热风亦较突出，是中国温带干旱区热量资源最丰富的地区。年平均气温三塘湖 8℃，≥10℃ 期间的积温 3 450℃，无霜期 256 天；淖毛湖年均温 10℃，≥10℃ 期间的积温 4 182℃，无霜期 258 天。由于降水稀少，地表径流只有发源于喀尔里克山北坡的伊吾河，但地下水储量相对较多，表现为区内还存在约 2.0 万 hm^2 的胡杨林带，尤以淖毛湖为最多，达 1.15hm^2。山地降水多在300mm 以上，植被覆盖度较高，是主要的牧场分布地区。矿产资源丰富，三塘湖、北山、红柳泉、淖毛湖的（长焰煤）和牛圈湖的石油已经开采。还有锅底山的钛铁矿、明矾矿、盐、铜矿、锰矿及芒硝、天然碱和砂金等资源。

2. 古尔班通古特沙漠亚区

古尔班通古特沙漠位于准噶尔盆地腹地（44°11′ ~ 46°21′ N，84°31′ ~ 90°00′ E），面积 4.88 万 km^2，96% 以上为固定、半固定沙丘，年平均气温 5.0 ~ 5.7℃，日平均气温 ≥10℃ 期间的积温 3 000 ~ 3 500℃，年平均降水量 70 ~ 150mm，沙漠中心年降水量在100mm 以上。降水季节分配较为均匀，冬季稳定积雪日数 100 ~ 160 天，最大积雪深度在 20cm 以上，3 月中旬积雪融化，冬春两季降水量占全年的 30% ~ 45%，年潜在蒸发量约 2 000mm（陈荣毅等，2008）。沙漠内部存在多种短命、类短命植物和灌木，其覆盖度达 30% ~ 50%。同时，广泛分布着不同类型的生物结皮，其中一年生浅根草本植物与生物结皮共同对沙面的固定发挥着决定性的作用。主要沙丘为高达 10 ~ 30m 以至50 ~ 100m 的梁窝状和树枝状沙垄，近南北走向。沙垄中下部和垄间普遍分布小乔木和小半灌木，如白梭梭、梭梭柴、沙蒿、苦艾蒿等，短命植物如沙生四齿芥、小车前、施母草等或一年生草本植物角果藜、沙蓬、猪毛菜和发育良好的生物结皮，沙面呈固定状态。古湖积平原和河流下游三角洲上分布有面积达 1.0 万 km^2 左右的梭梭丛林。沙漠西缘的甘家湖梭梭林自然保护区，为中国唯一以保护荒漠植被而建立的自然保护区。

近年沙漠中发现许多大油气田，准东油气田和玛纳斯气田已经开采。沙漠东部发现的大型煤田也已经开挖。另外，沙漠中修建公路、铁路及大型水利工程等人为活动不同程度地破坏了天然植被，特别是 2006 年以来的煤田无序开挖，对当地已经脆弱的环境造成了灾难性的破坏，必须给予制止。

3. 东天山带亚区

东天山是指博格达山、巴里坤山和喀尔里克山。区内自然景观的垂直带性分异规律明显，从南向北依次分为中高山带、前山带、绿洲区、北部沙漠区以及绿洲荒漠过渡带等景观类型。中高山带包括高山带和中山森林带，海拔在 1 600m 以上。区内山地与平原气候环境差异较大。山区降水丰富，一般在400mm以上，冰川发育，冻融作用明显；平原区降水较少，但光照充足，热量丰富。东部日平均气温≥10℃期间的积温在2 500~3 400℃之间，无霜期170天左右；西部温泉县博乐日平均气温≥10℃期间的积温在2 400~3 100℃，无霜期150天以上；中部日平均气温≥10℃期间的积温在3 500~3 700℃，个别地方可达4 000℃，无霜期200天左右。

天山北坡冬季普遍存在坡地逆温现象。海拔440.5m的蔡家湖站（位于沙漠边缘）与海拔3804.6m的乌鲁木齐河1号冰川区空冰斗气象站，高差3 300.0m，但冬季气温却完全一样，均为－16.2℃，而位于两站之间的其他气象站气温均高于这两个站，中山带达到－9.0℃左右（表17.7）。这就是坡地逆温现象。其原因一是天山北坡冬季为蒙古高压所控制，二是冬季准噶尔盆地积雪深厚，雪的导热率低，而反射率强，形成低温天气。冬季山顶冷空气温度低于山下，冷空气沿山坡下滑，在其运动的过程中，产生隔热增温效应，导致山腰升温，形成逆温层。冬季逆温层高度上限可达到海拔4 200m，其厚度为3 500m（1月份）。逆温层形成于每年11月上旬，消失于翌年3月上旬，历时120天左右。它是一项非常有利有益的气候资源，对该地农牧业生产、社会经济发展具有重要作用。

天山北坡海拔1 500m以上年降水量在400mm，1 500~2 700m的中山带能自然形成稠密的云杉林；1 500~3 000m为优质草场（包括森林草原），单位面积草原的载畜量比南坡高出1倍以上。本区有大小河流近100条，产生年径流总量近80亿m³。

表17.7　天山北坡年、季气温垂直分布（℃）

站名	海拔/m	冬季气温 12~2月	春季气温 3~5月	夏季气温 6~8月	秋季气温 9~11月	年均气温
空冰斗	3 804.6	－16.2	－8.0	2.3	－6.3	－7.1
一号冰川	3 693.0	－15.6	－8.9	3.0	－6.7	－6.7
大西沟	3 543.8	－14.7	－7.7	4.0	－1.9	－6.7
牧试站	2 355.6	－9.0	0.9	11.2	－1.9	1.3
小渠子	2 161.0	－9.6	－2.2	13.9	2.1	2.1
天池	1 935.2	－10.5	1.5	14.1	2.6	1.9
板房沟	1 750.0	－8.7	3.3	15.5	3.6	3.4
永丰乡	1 480.0	－9.8	4.1	17.3	3.9	3.9
达坂城	1 103.5	－8.9	7.6	20.0	6.1	6.2
乌鲁木齐	918.7	－12.1	8.5	23.0	7.5	6.8
昌吉	577.2	－13.9	9.3	23.6	7.4	6.6
蔡家湖	440.5	－16.2	8.9	23.5	6.4	5.9

天山北坡的土壤类型主要是灰漠土（钙积正常干旱土），山前洪积扇断续分布有棕钙土（钙积正常干旱土），东部分布有灰棕漠土（钙积正常干旱土），靠近沙漠有风沙土（干旱砂质新成土），扇缘溢出带分别有草甸土（普通暗色潮湿雏形土）、沼泽土

（有机正常潜育土）和盐土（普通潮湿正常盐成土）。土质以中壤、轻壤为主，有机质含量较低。土层厚度在1m以上，个别地方可达6m以上，石砾含量小于15%，土壤普遍含盐量高，是其开发利用的主要限制因素。

山地、绿洲、荒漠共同构成了相互依存和相互作用的完整的地理系统，而维护这一系统的相对稳定性，对于维护绿洲的生态平衡和实现区域社会经济的可持续发展至关重要。为此，应建立"三区一线"，即北坡艾比湖前沿防护区、克拉玛依－玛纳斯湖－艾比湖沙漠西部防护区、玛纳斯－木垒沙漠东南部防护区，以及供水沿线的生态防护体系。以水土平衡、水盐平衡和绿洲内部的生态平衡3个平衡为环境保护、生态恢复的方针发展生产。坚持宜林则林，宜草则草，宜荒则荒的"原生态"治理原则。完善流域水资源保护、开发、利用规划，建立统一管理体制，是实现上述目标的关键所在，必须予以落实。

四、阿尔泰山山地草原针叶林区（ⅡD4）

本区位于中温带干旱地区西北隅，西邻哈萨克斯坦，北连俄罗斯，东与蒙古国接壤，南以乌伦古河至准噶尔西部山地东部和南部山麓线为界。行政区划上包括阿勒泰地区的清河、富蕴、福海、布尔津、哈巴河、吉木乃、阿勒泰等7县市，塔城地区的额敏、裕民、托里、塔城等4县市与新疆生产建设兵团农十师各团场。

（一）自然地理特征及区内差异

阿尔泰山是亚洲宏伟山系之一，地跨中、哈、俄、蒙4国，从西北向东南绵延达2 000 km余，宽250~350km。主要山脊线高度在海拔3 000m以上，北部的最高峰为友谊峰，海拔4 374m。中国境内阿尔泰山属中段南坡，山地走向北西－南东，山体东西长450 km余，南北宽150~180km。自北而南、自西而东有沙尕美山、巴拉额尔齐斯山、卡拉巴勒齐克山、卡拉哲尔山、卡拉布拉山、沙依库姆山、昆盖特山、赛卡桑山、克孜勒塔斯山、卡拉克格尔山等。此外，在西部和中部还有走向近南北和近东西向的山地，如卡赛山、铁美尔巴坎山和乌衣齐里克山。阿尔泰山自西北向东南降低，往东到青格里河源山地高度下降在3 000m以下，个别只有2 200m（袁方策等，1994）。

在地质构造上，阿尔泰山属阿尔泰地槽褶皱带。山体最早出现于加里东运动，后经长期侵蚀为准平原。喜马拉雅运动时期再度急剧上升，同时发生巨大断裂成为若干断块，而各断块的隆起量不同，从东北国境山脊线向西南到额尔齐斯河谷地，明显有四级阶梯（图17.4），这种层状地貌结构成为阿尔泰山主要自然特点之一（袁方策等，1994）。

随着阿尔泰山的大幅度隆起与断陷，沿西北、北北西向断裂带形成了海流滩与琼库尔盆地、可可托海－吐尔洪盆地、青河盆地和河谷平原。

阿尔泰山麓平原区由洪积扇、洪积倾斜平原和冲积平原组成，并沿山麓呈条带状分布。洪积倾斜平原地表起伏，有许多小冲沟。东部的阿魏戈壁是古老洪积平原，年轻的洪积扇叠加其上并紧贴山前。冲积平原包括额尔齐斯河、乌伦古河冲积平原，地

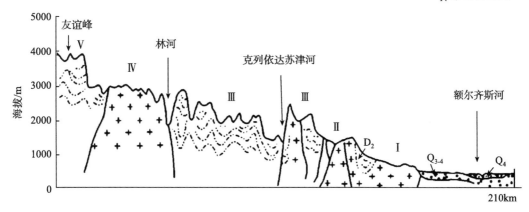

图 17.4　阿尔泰山南坡地貌－地质剖面图
（Ⅰ～Ⅴ分别代表山地层状地貌的级数）

势平坦，由东向西倾斜，组成物质以粉砂、砾石为主。

　　额尔齐斯河与乌伦古河间平原地面由东南向西北倾斜，坡降4.4‰，切割深度0.20～1.10m 之间，下伏的新生界地层埋藏很浅或出露地表。

　　准噶尔西部山地阶梯地形明显，夷平面比较完整，断块山地与断陷盆地相间。北部为吉木乃地堑洼地，中部为塔尔巴哈台山、萨吾尔山，南部为和布克赛尔断陷盆地。海拔2 600m 以上，为冰缘作用的高山。萨吾尔山有多年积雪和小型冰斗冰川。海拔1 600～2 600m，为流水侵蚀的中山，侵蚀切割强烈，河谷均呈 V 形，切割深度约 500m 左右，谷坡陡峭。

　　2 200m 左右的夷平面比较完整，发育有许多积水洼地和沼泽草地、季节性冻融作用形成的多边土等。海拔1 500～700m 低山丘陵区，分布在吉木乃、黑山头东部、哈森—加米尔、谢米斯台山一带，山顶平缓，边缘陡壁，切割深度约 50～100m，干燥剥蚀、风蚀作用强烈，残积、坡积物发育（樊自立等，1995）。

　　塔城盆地介于塔尔巴哈台山与巴尔鲁克山之间，北、东、南三面环山，盆地向西敞开，以中哈国境为界，为一山间断陷盆地，海拔400～1 000m，面积 8 400km²。盆地内主要由洪积扇、黄土丘陵和冲积平原组成。大致以 600m 等高线为界，600m 以上砾石广布，以下为亚砂土质平原，山麓地带分布有薄层黄土。

　　准噶尔西部山地山麓平原在吉木乃盆地、和布克赛尔断陷盆地、加依尔山－谢米斯台山麓地带，为冲洪积扇倾斜平原，平原上部为砾石、粗砂；下部为粉砂、黏土，地表切割微弱。和布克赛尔盆地的洪积扇前缘有泉水溢出，发育了两条东西向延伸的沼泽带。和什托洛盖以东形成了一个复合三角洲。三角洲上部由砾石夹砂层组成，坡降大，河流切割强烈；下部为砂黏土，坡降小，地形平坦。

　　在加依尔山以东和以南一带，发育干燥剥蚀的石质平原与洪积平原，主要呈北东—南西至北西分布，地表平坦、切割微弱，但暴雨形成的冲沟发育，地表有洪积物堆积其上，为薄层残积、洪积物。

　　区内气温平原高于山区，南部低于北部，东部高于西部。年降水量山区多于平原、东部少于西部，南北相差不大（表17.8）。发源于阿尔泰的额尔齐斯河和乌伦古河以及萨乌尔山的额敏河均自东向西流动，进入哈萨克斯坦。

表 17.8　阿勒泰 - 塔城地域主要气候要素

地名	海拔/m	年平均温度/℃	年均降水量/mm	最大积雪深度/cm	≥10℃ 积温/℃	8 级以上大风/d
阿勒泰	735.3	4.0	180.8	73.0	2 794.7	33.1
哈巴河	534.1	4.7	179.0	33.0	2 678.6	54.7
吉木乃	984.0	4.0	203.3	32.0	2 242.5	53.7
布尔津	475.6	4.5	133.8	24.0	2 837.6	31.0
福海	502.1	4.0	119.6	28.0	2 890.7	34.7
富蕴	826.7	2.7	183.9	54.0	2 619.8	32.6
青河	1 220.1	0.5	167.8	81.0	1 983.9	10.9
北塔山	1 654.8	2.7	171.0			27.0
裕民	716.3	6.9	277.8	57.0	3 042.0	99
塔城	536.7	6.9	281.8	75.0	2 858.1	58
额敏	522	5.5	277.0	62.0	2 808.0	39
托里	1 077.8	5.1	234.0		2 336.4	27.0

区内山地森林草原—绿洲—荒漠呈带状分布，构成典型的温带干旱区山盆景观格局。其内部自然环境条件存在较大差异。

阿尔泰山是中国唯一北冰洋水系——额尔齐斯河的发源地。中国境内流域面积 5.0 万 km²，全长 5 46km。降水、冰雪融水为主要补给来源。多年平均径流量占阿尔泰地区地表径流的 89%。额尔齐斯河自东向西流出国境，流经哈萨克斯坦和俄罗斯最后注入北冰洋。阿尔泰山森林分布面积大，林木资源丰富，生物多样性保护较好，寒温带垂直带谱明显。高山积雪冰川带（海拔 3 000 ~ 3 500m）以上植被为苔藓类垫状植物；高山 - 亚高山草甸草原（2 600 ~ 3 500m）带分布有极柳、圆叶桦等组成的冰沼冻原植被类型；由冷杉、云杉、红松、落叶松及众多阔叶树种组成的纯林或混交林位于 1 300 ~ 2 600m；800 ~ 1 300m 为灌木草原。植被分布下限由西向东升高，如森林下限为 1 200 ~ 1 900m，灌木草原下限为 500 ~ 1 500m，荒漠上限则为 500 ~ 1 100m。阿尔泰山西部具有典型南西伯利亚区系植被类型。

阿尔泰山自然资源丰富多样，有多种矿产资源，如金、镍、铜、锂、铌钽、宝石等。还是我国重要的畜牧业基地，水能资源也很丰富。

本区纬度较高，气温低下，冬季日气温在 0℃ 以下的天数多达 150 天左右，富蕴达到 205 天。1960 年 1 月 21 日富蕴极端最低气温达 - 51.5℃，是我国最冷的地区之一。区内降水形式以降雪为主，9 月下旬或 10 月上旬为初雪，至翌年 5 月下旬为终雪，雪深平均达 100cm 左右，风雪灾害繁多。特别是风口风吹雪经常中断交通，并造成人民生命财产损失。

低温、积雪和有利的山地地形相结合，使本区发育了丛生禾草草原，自高山向低山依次有黑穗薹、高山香茅、紫羊茅、马先蒿、看麦娘、点地梅、龙胆、乌头、石竹、针茅、早熟禾、沙生冰草、鹅冠草、麻黄、寸草薹等，为我国重要的畜牧业基地之一。

塔城盆地珍贵的子遗植物有野生巴旦杏林（1.0 万 hm²）。此外，还有野苹果林、野核桃等。

区内风景秀丽，有被誉为"东方阿尔卑斯"的喀纳斯湖国家级自然保护区。喀纳斯湖海拔 1 374m，面积 37.7km²，湖水最深 176m。植物垂直结构与中亚山地类似，中山带属寒温带针叶林，上部为西伯利亚云杉和西伯利亚红松，下部为西伯利亚落叶松。阴坡为西伯利亚冷杉。有高等植物 500 多种，其中百余种可作药用，鹿草、岩白菜等为本区所特有。亚高山为草甸草原。

喀纳斯湖产哲罗鲑（又称大红鱼）和红鳞鲑、江鳕、阿尔泰姆、北极鲷、西伯利亚斜齿鳊等珍贵冷水鱼类，后两种为在中国唯一产区。珍稀动物有盘羊、雪豹、北山羊、紫貂、马鹿、兔狲、扫雪、猞猁、雪兔、黑琴鸡、花尾榛鸡等，还有本区及附近特有的松鸡、岩雷鸟、花鼠、灰鼠、胎生蜥蜴、林蛙、棕熊、貂熊、獾猪、狐狸、旱獭、狍鹿、狼等。

本区可以分为阿尔泰山区、额尔齐斯河－乌伦古河平原、准噶尔西部山地、布克赛尔河谷地和塔城－托里盆地 5 个自然亚区。

1. 阿尔泰山区亚区

阿尔泰山是亚洲中部宏伟山系之一，跨哈萨克斯坦、俄罗斯、中国、蒙古国等 4 国，长 1 650km。山势自西北向东南降低。分水岭一带，有几座高达 4 000m 以上的山峰，山体高度一般为 2 500～3 500m。西部布尔津河源友谊峰海拔最高，达 4 374m。

山体呈现不同的垂直自然分带。海拔 3 200m 以上为现代冰雪作用的高山带，地势和缓，波状起伏，山峰突出。冰川规模不大，发育有冰斗冰川、悬冰川和山谷冰川等 110 条，冰川面积 30km² 余。海拔 2 400～3 200m 为亚高山草甸带，苔藓地衣、高山草甸植物生长良好，是较好的夏季牧场。海拔 1 500～2 400m 为森林带，有五针松、新疆冷杉、新疆云杉生长，有很好的森林木材和优质夏季牧场。海拔 1 000～1 500m 为剥蚀低山荒漠草原带，生长蒿类－狐茅草原、狐茅草原、灌木－针茅草原，是春夏牧场，亦可适当用于发展种植业。海拔 700～1 100m 为剥蚀丘陵荒漠草原带，生长蒿类－狐茅荒漠草原、短叶假木贼荒漠。

2. 额尔齐斯河－乌伦古河平原亚区

额尔齐斯河－乌伦古河河谷平原宽度不大，主要由河漫滩、河流阶地组成。地势平坦，土质优良，水源便利，发展种植业条件优越。由于地下存在不透水层，垦殖后易引起地下水位上升，并导致严重的沼泽化和盐渍化。

3. 准噶尔西部山地亚区

山地垂直带不明显。海拔 2 600m 以上为冰缘作用的高山，可见杂类草－薹草和杂类草高山草甸。海拔 1 600～2 600m，阴坡有森林，余为草地。海拔 700～1 500m 有针茅草原和狐茅草原。中、低山是重要的冬、春牧场。

本亚区内庙儿沟风大，一年之中 8 级以上大风日数有 70 天，还有 7.3 天/年的冰雹天气，对公路交通有不良影响。加依尔山－谢米斯台山山麓地带为冲积、洪积扇倾斜平原，天然植被为针茅草原、蒿类－狐茅荒漠草原、蒿类－盐柴类－针茅荒漠草原，局部生长有胡杨林。在加依尔山以东和以南一带，发育干燥剥蚀的石质平原与洪积平原，可见蒿类－盐柴类－针茅荒漠草原、禾草－蒿类草原化荒漠，植被较稀疏。

4. 和布克赛尔河谷地亚区

谷地位于萨吾尔山与谢米斯太山之间，海拔1 300～2 000m，东西长约180km，西窄东宽。天然植被主要是杂类草禾草草甸、蒿类－盐柴类－针茅荒漠草原。谷地内的河流均发源于萨吾尔山南坡，水量不大，沿断层呈线状出露和扇缘带泉水汇流后形成和布克赛尔河，为农业垦殖提供了水源。谷地地势平坦，土质良好，水源较丰，为和布克赛尔县城镇分布所在，亦为该县农牧业生产的主要地域。

5. 塔城—托里盆地亚区

本亚区介于塔尔巴哈台山与巴尔鲁克山之间，三面环山，向西敞口。为山间断陷盆地，海拔400～1 000m之间。天然植被主要有短生多年生植物——蒿类荒漠、芨芨草盐化草甸、杂类草禾草河漫滩草甸等。地势低洼处为沼泽地。

盆地内有大小河流48条。北部多于南部。额敏河自东而西从盆地中部穿过，流出国境，注入阿拉湖。

托里盆地位于巴尔雷克山和扎依尔山、玛立山之间，亦为断陷盆地，海拔1 000～1 900m。天然植被主要有短生多年生植物——蒿类荒漠、蒿类－狐茅荒漠草原、狐茅草原等。盆地内土层薄、土质差，加之气候寒冷，水源有限，发展农业困难。但盆地及周边山地草场良好，是托里县发展牧业的主要区域。

（二）自然地理环境演变

1. 河流的变化

100余年来，额尔齐斯河和乌伦古河的河网密度、水量、径流年际变化等都有明显改变。

额尔齐斯河和乌伦古河有非常明显的丰、枯水年连续交替现象。据研究，1928年以来乌伦古河丰水年和平水年次数减少，枯水年次数增加，丰水年持续年数缩短，枯水年持续年数延长，这种变化在1960年代以后更为显著（中国科学院额尔齐斯河流域水资源开发利用专题组，1994）。

额尔齐斯河北部支流发源于阿尔泰山区，出山前多由北向南流，出山后即向西南偏移，在与干流相汇处多为急转弯。对比不同时期的地图可以发现，几条主要支流与干流相汇点都逐渐西偏，即各支流在出山口以下河段，河道流向更加偏向西南。它们的古河道均出现于河床东侧，新老河道与干流的相汇点相距可达10～20km。

1864年以前，乌伦古河直接流入布伦托海，入湖区遗留有古三角洲。1864年以后由于洪水将引水渠道冲为河道，河流改入吉力湖。这种变化显然也与河流水量有一定关系，尤其近几十年来，乌伦古河水量日益减少乃至断流，使湖泊生态恶化。

2. 湖泊的变化

湖泊是水文变化最敏感的实体。阿尔泰山前平原近100多年来有许多湖泊消失。

如额敏河下游和乌伦古湖周围原有 10 多个小湖, 现在已经消失或缩小。在别列则克河和哈巴河之间, 原有巴各斯太水、麻里勒塔巴水、加更布拉克水、沙拉布拉克水, 现已全部消失, 仅有部分地段留有盐渍化低地。在原哈布干河西侧近额尔齐斯河处有一约 20km² 的无名湖, 现在仅为 0.5km² 的咸水湖。

乌伦古湖西侧 25km 的范围内, 原有 6 个面积 10 ~ 20km² 不等的湖泊, 现均已消失。在布尔津河与哈巴河之间, 原有一湖为通浣, 其北部还有一小湖, 总面积近 20km², 现在仅剩几个几乎干涸的小水体, 周围盐渍化强, 稍远的地方土壤均沙漠化。布伦托海从 1959 ~ 1979 年的 20 年间, 湖水位下降达 3m, 1980 年代比 1959 年约下降 5m。1944 年布伦托海的面积为 832.7km², 1972 年缩小为 778.9km², 1980 年仅 730km²; 考勒湖 1960 年为 182.4km², 1980 年仅 165km²; 乌伦古湖 1980 年比 1960 年湖面积缩小了 108km², 湖区沼泽地面积也随之缩小 (中国科学院额尔齐斯河流域水资源开发利用专题组, 1994)。温带干旱区北部的艾比湖, 20 世纪初期湖面为 1 310km², 1950 年代缩小到 1 200km², 1980 年代仅为 550km² (王秉义, 1991)。

3. 植被的变化

1930 ~ 1940 年代, 额尔齐斯河河谷两岸泛滥平原生长芦苇与白杨。布尔津河河谷广大, 水量丰富, 夏季洪流而下, 两岸平地尽成泽国。1940 年代出版的地形图上所标出的河谷林的分布范围较现在宽广。1949 年前, 河谷林十分茂密, 人和大牲畜均难随意进入林地, 林中有野猪等动物出没。1950 年后, 河谷林面积日益减少, 林地退化, 其中以 1960 年代以后最为显著。

1940 年代初期, 不但河谷林茂密, 平原、山前等其他地区的自然环境也较今日为好。之后, 可可托海、喀拉通克植被退化明显; 阿魏戈壁因生长大量药材, 以阿魏而得名, 现在这里是一片以蒿类植物为主的荒漠草原, 伴生少量长得较矮小的阿魏; 柯可苏沼泽内, 原来芦苇高达 3 ~ 4m, 由于地下水位下降, 现在芦苇已很低矮; 额敏河与乌伦古河河间平原原生长有大量梭梭林, 林下还有草层, 冬季可以保持积雪, 现已多数成为假木贼荒漠区。另外, 山区森林也变化较大, 吉木乃县内的萨吾尔山北坡针叶林分布零星, 现残存面积仅为 1940 年代的 1/3, 与邻近哈萨克斯坦国境内较茂密的森林截然不同。

自古以来, 阿勒泰草原居民以游牧为主, 逐水草而居, 但近期草场有一定退化。主要表现在覆盖度降低、产草量减少和牧草质量下降 (表 17.9)。近 30 多年, 森林草原草场、干草原草场、半荒漠草场、荒漠草原草场、河谷草甸沼泽草场、沙丘沙地荒漠草场都有不同程度退化, 其中以干草原草场类型退化最显著 (康相武等, 2004)。

随着当地植被覆盖度的降低, 风沙灾害逐渐加重。由于区内西北风较频繁, 布尔津、哈巴河、吉木乃、福海和阿勒泰等县市风速平均在 3 ~ 4.8m/s 之间, 哈巴河全年 ≥3m/s 的风速出现频率为 60% ~ 70%, 风口风力可达 10 ~ 12 级。本区西部吉木乃、哈巴河县 8 级以上大风年均在 60 天以上, 最多年份约 117 天, 且冷空气活动频繁, 常造成灾害。春季大风刮走种子或掩埋禾苗, 造成禾苗受伤, 甚至缺苗断垄, 哈巴河和布尔津两县有 2 700hm² 农田受风沙危害不能耕种; 夏季山谷阵风导致农作物倒伏, 山麓平原干热风造成小麦灌浆不饱满而减产。

表 17.9　阿勒泰地区 1982 年与 2007 年严重退化区草地生物量变化对比

植被类型	年份	草高/cm	生物量/(kg/hm²)
山地草甸类	1982	60.6	5 798.85
	2007	37.5	3 300.00
山地草甸草原类	1982	32.5	3 374.40
	2007	30.0	1 119.75
山地草原类	1982	27.5	1 724.50
	2007	22.5	592.50
草原化荒漠类	1982	35.0	1 083.45
	2007	17.5	388.95
荒漠草原类	1982	27.5	991.05
	2007	10.0	827.00

近年来，塔城市、裕民县、额敏县的库鲁斯台草原、奥布森、库沙河、库尔吐等地草原植被退化，土地沙化加剧，土地沙化面积已达 1.0 万 hm²。

（三）生态恢复及可持续发展对策

1. 加强工矿管理

随着山区矿业不断发展，若不及时采取有效防范措施，环境污染将日趋加重，不但影响山区人畜安全，还会危及绿洲生态、环境的恶化。因此，必须加强工矿管理，防治生态、环境进一步恶化。

2. 控制牲畜数量，保育草场森林

由于牲畜数量的剧增导致草场超载，草场退化，同时春、秋、冬季节牲畜大量涌入河岸林及人工林，使其遭受严重破坏。为此，应科学规划畜牧业发展，确定合理的草场载畜量，实行草场围栏封育与分区轮牧，大力发展人工草场，使草场资源能永续利用。

3. 加强低产田改造，适当退耕还林还草

区内的中低产田面积大，阿勒泰地区 1998 年占耕地面积的 75.8%（杨发相，2001）。阿尔泰山前平原的土层较薄，而且其下伏含盐的不透水层，易发生土壤沼泽化、盐渍化。因此，加强中低产田改造，提高农作物的单产，限制垦荒并适当退耕还林还草，是防治区域环境退化与可持续发展的措施之一。

4. 控制农业开发规模，防止地下水位降低引起土地荒漠化

塔城盆地库鲁斯台草原优美，由于农业过度开发，大量打井抽水，致使地下水位

下降引起草场退化及土地荒漠化,风沙灾害加重。因此,在保障生态用水的前提下,以水定地,控制农业发展规模,防止地下水位降低引起土地荒漠化,是保障区域可持续发展的重要途径。

5. 保护喀纳斯自然保护区,发展生态旅游业

喀纳斯湖自然保护区原始生态、环境优美,图瓦民族的民族风情具有地方特色,是国家4A级风景名胜区,为我国著名风景区之一,旅游人数在逐年迅速增加。宜大力发展生态旅游业,限制进入景区人数,切实保护环境,是这一国家4A级风景名胜区可持续发展的唯一途径。

6. 进行生态/环境的动态变化监测

利用遥感和GIS技术监测区生态与环境的动态变化情况,观测生态建设的实际效果,及时采取防止环境退化的措施,以保障区域社会、经济的可持续发展。

五、天山山地荒漠草原针叶林区 (ⅡD5)

亚洲中部最大的山系——天山山系,西起图兰平原,向东倾没于中蒙边境的戈壁荒漠。从65°E以西,东至95°E以东绵延3 000km多,在哈萨克斯坦巴尔喀什湖至中国新疆喀什一带,山体最宽达820km左右。天山山系地跨乌兹别克斯坦、吉尔吉斯斯坦、塔吉克斯坦、哈萨克斯坦和中国5个国家。山脊线平均海拔为4 000m左右,最高的托木尔峰达7 443m,位于中国新疆境内。人们习惯将中国新疆境内的天山山系部分称为"东天山",将中亚地区的天山山系部分称为"西天山"。本区不包括东天山的全部,其东界仅止于乌鲁木齐市以南。博格达山、巴里坤山和喀尔里山皆划入准噶尔盆地荒漠区。

在大地构造上,天山山地属于天山褶皱系,中生代晚期被夷蚀为准平原,白垩纪末期重新断裂成块状隆起,新生代断块运动剧烈,形成巨大的山结。同时形成了许多大小不等的盆地、谷地和山间平原。天山是古生代褶皱带,包括晚期加里东褶皱的北天山槽背斜、中天山地背斜、早期海西褶皱的科克沙尔槽背斜、晚期海西褶皱的玛依丹塔格槽向斜四个构造单位。海西运动以后处于宁静状态,至中生代晚期因长期剥蚀而成为准平原,白垩纪末重新断裂隆起。新生代时断块运动加剧。准平原经过掀升和拗陷断裂,才形成现代天山。

天山西起费尔干纳盆地,东至中国甘新交界附近的诺明戈壁,但在蒙古国又以戈壁天山的形式隆起,并与戈壁阿尔泰斜交。中哈两国边界附近的汗腾格里山结把山系分成了两个大致相等的部分,在哈萨克斯坦境内者称为西天山,中国境内者成为东天山。中国境内的天山山地,外形酷似一朝向东方的箭簇。所以,在总的东西走向的情况下,北部多北西走向的山脉,南部多北东走向的山脉。

东天山是一个由数十条山脉组成的褶皱断块山,主要山脉的海拔高度都在4 000m以上,山峰有超过5 000m的。其西段山势更高,山幅也更宽,山脉之间有规模较大的构造谷地和山间盆地发育。

天山山地具有非常突出的地貌垂直分带现象。最主要的垂直带为现代冰川和常年积雪的极高山带、古冰川作用的高山中山带以及干燥剥蚀与河流侵蚀的中山低山带。

东天山北坡雪线高度约海拔3 500～4 000m，南坡约4 000～4 250m，有许多山脊和山峰高出雪线。汗腾格里山结、哈尔克山等地冰川多成辐射状分布，并且以大型山谷冰川占优势，如卡拉格玉勒冰川长达35km，木扎尔特冰川长达26km。伊连哈比尔尕山北坡冰川呈树枝状分布，南坡呈掌状分布，最长者仅7km。总的来说，冰川分布具有北坡多于南坡、山地轴部多于两侧、特别是西段多于东段的特点。角峰、刃脊、冰川侵蚀和堆积地貌、雪蚀地貌以及寒冻风化地貌都是这一带最常见的地貌类型。

古冰川作用的高山中山带，指雪线以下海拔2 000m以上的地方。古冰川遗迹如U形谷、残余冰斗，其他各种古老冰蚀和冰碛地貌，广泛发育坡积物等都是这个带特有的现象。

干燥剥蚀和河流侵蚀的中山低山带，高度大致在海拔2 600～2 100m以下，西段河流侵蚀作用显著，山体破碎，东段干燥剥蚀作用显著，风化碎屑分布较广。

在整个天山山系中，人们习惯于根据构造、地貌和其他方面的差异，划分出北天山、中天山和南天山三大部分（图17.5、图17.6）。

（1）北天山通常包括婆罗科努山、阿吾拉尔山、伊连哈比尔尕山、阿尔善山、喀拉乌尔山等。主要山脉的高度达海拔5 000～5 500m，但是分开各山脉的鞍部或山口则仅1 700～2 500m。

婆罗科努山长450km，除中部较低外，有很长距离的山段保持在海拔4 500～5 000m的高度。北坡较南坡更长，切割也更复杂，而且有很多与山脉走向一致的垄岗形隆起，使坡形进一步复杂化。阿吾拉尔山在南面和婆罗科努山平行延伸，长约200km，愈向东南愈宽，海拔升高，以致和婆罗科努相会于伊连哈比尔尕山结时形成典型的高山地形，山脊和山峰都很陡峭，冰川和积雪面积也较宽广。从山结向外伸出许多东北向的短山脉。山结以东的阿尔善山，长约200km余，山坡也不对称，特点与婆罗科努山相似。

（2）中天山包括一系列山脉（克特美尼山、那拉提山、萨阿尔明山、塔什喀尔塔格）和山间盆地（伊犁盆地、特克斯盆地和大、小尤尔都斯盆地）。山地海拔一般不超过3 500m，冰川作用面积不广。盆地和山间谷地既大且多，是中天山地形的特征。

那拉提山起于汗腾格里山结而止于峏吉斯河源，长约350km，山势往往不连续。东段因南邻哈尔克山，故南坡较北坡更短。克特美尼山大致沿纬线延伸，位于伊犁河谷与特克斯河谷之间，北面遥对婆罗科努山和阿吾拉尔山，南面紧邻那拉提山。在我国境内部分长约200km，分水岭宽阔而起伏不大，最高峰位于中哈边界上。

塔什喀尔塔格、博尔脱乌拉和觉罗塔格是一条连贯的山脉，只不过不同段落具有不同名称。这条山脉西起小尤尔都斯盆地边缘，向东南一直延伸至嘎顺戈壁内部，西段的塔什喀尔塔格较为陡峻。中段博尔脱乌拉高度呈阶梯状下降，最后止于白泉山口（阿格布拉克），再向东南即称为觉罗塔格。

萨阿尔明山隆起于小尤尔都斯盆地与开都河谷地之间，在博斯腾湖以北高度大大降低，由积雪山脊而成为荒漠山地。

山间盆地在中天山占有很大的面积。伊犁盆地大部分在海拔750m左右，轮廓似楔

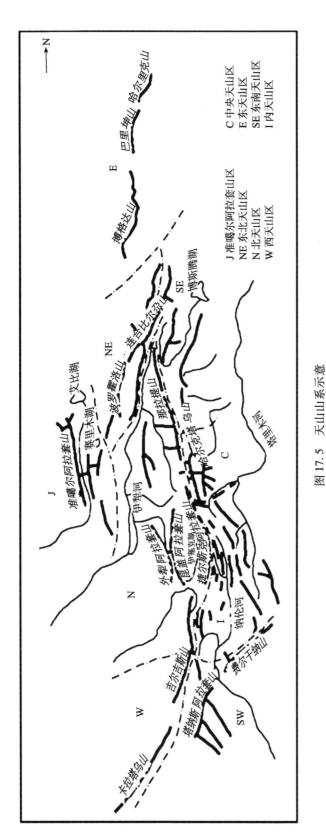

图 17.5 天山山系示意

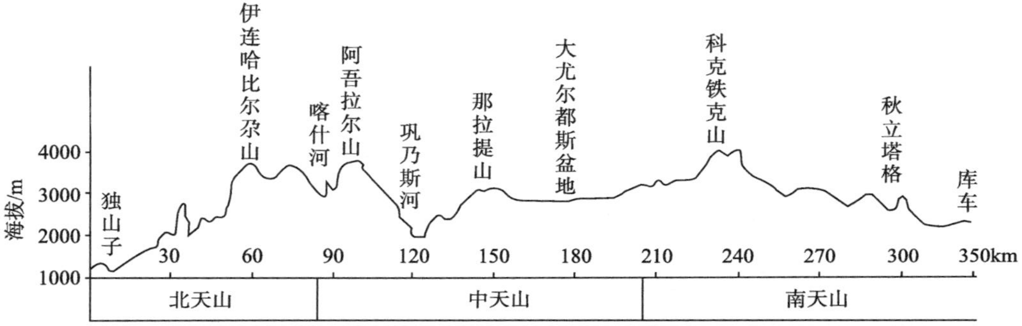

图 17.6 天山山系三列山地

形，中哈边界附近宽可达100km以上，向东逐渐变窄，过东经82°以东分为两部分顺喀什河与峏吉斯河延伸，宽度各为20km。邻近伊犁河与开都河的分水区域，其高度达到2060m。特克斯盆地是克特美尼山以南的另一个较大盆地，海拔2000m左右至1000m。地势自西向东倾斜，特克斯河纵贯中部。在特克斯河穿过克特美尼山的地方，地势最低，比较宽展的河谷地带就成为与伊犁盆地相连续的环节。大、小尤尔都斯盆地海拔高度分别为2350~2500m和2450~2700m，两者都与开都河支流相通，四面皆被雪山环绕，盆地内部有沼泽化现象。

（3）南天山主要包括帖列克山脉、科克通山、科克沙尔套、玛依丹塔格和哈尔克山脉，其特点是山体高大，冰川作用面积广（陈曦，2010）。

科克通山脉是费尔干山脉在我国的延续，呈北西走向，最高位于西部。山脉在两个地方曾被强大断裂所斩切。玛依丹塔格是一个复杂的块状隆起，由一些被狭窄谷地分开的地垒山所组成。山脉呈北东走向。南坡高而陡，包括许多阶地。有的地方山脊与谷地相对高度可达2000m；北坡则较和缓，高出山前平原仅约700~1000m。分水岭切割微弱，具有高原状外貌，主峰海拔高约4300m。

汗腾格里山结是南天山的最高处，汗腾格里峰（6995m）和托木尔峰（7443m）即位于此。自山结以东，南天山分为两支，科克沙尔套和哈尔克山，其主峰丹科夫峰和塔姆加塔什峰海拔分别达5982m和6877m。山脊和山峰都极陡峭，山坡切割强烈，巨大深谷和冰川的组合等形成了这里高山地形的代表特征。山脉北麓为海拔2500~3000m的谷地，南麓为1500~1800m高的塔里木边缘低山，南坡高而长，有许多地方山脉被河谷所切穿，最大的山口则多出现于与山结相交的部分，例如科克沙尔套的萨雷查兹山口、哈尔克山的木扎尔特山口。

自上述两山脉以东，南天山依次转为东西走向和东南走向，山体呈阶状下降，地形渐趋缓和。科克帖克套是南天山的东南支脉。山体切割微弱，具高原状分水岭，最后以荒漠低山形式落入博斯腾湖盆地。

天山山地中还分布有众多山间盆地，其中伊犁盆地和尤尔都斯盆地是最重要的两个。伊犁盆地位处科古琴山、婆罗科努（博罗霍洛）山与乌孙山、那拉提山之间，东西长150km，南北宽50km，向西开口呈喇叭形，海拔500~780m，地表广布第四纪沉积物，尤其是黄土。尤尔都斯盆地是一高位山间盆地，盆地海拔2400~2600m。其中小尤尔都斯盆地位于伊连哈比尔尕山与艾尔宾山之间，大尤尔都斯盆地位于前者西南，那拉提山与科克贴克山之间，东西长100km，南北宽25km，开都河蜿蜒其中。

地形对天山的气候和水文特征影响重大。所以尽管天山被夹于准噶尔与塔里木这两个巨大的沙漠区之间，它仍然具有冷而湿的气候特征，并且是许多河流发源地。

天山山麓的气温状况与盆地差异并不显著，但随着海拔的升高，温度逐渐降低。年平均温度0℃的等温线在北坡自西向东变化于2200~2700m间，在南坡变化于3000m以下。在这个海拔高度以上的地方，全年有7~8个月的月平均温度<0℃。3800m高度上最冷月可以出现-40℃的低温，而最暖月的平均温度往往还不足5℃。冬季天山山地2000m高度附近常有逆温层形成。这种逆温现象使天山中山带形成了良好的冬牧场。

天山的降水来源主要是西风急流和北冰洋气流，降水集中于夏季各月。温湿气团越过准噶尔西部山地后，可以到达天山北坡。另一方面，它又可以经由伊犁河谷深入天山内部。这样一来，天山的降水分布就表现出西部较东部丰富、北坡较南坡丰富的特征。同时，降水分布还有海拔高度的变化。一般来说，最大降水带位于中山区海拔1500~3000m间。天山南坡降水量全年随海拔高度增加而上升，北坡则冬季中山降水最多，高山带明显减少，夏季仍以高山带为最多。

整个山地年平均降水量为410~450mm，较南北两侧盆地高数倍。其中，西段高山区约1000mm，中段600~700mm，东段600mm左右。固态降水占很大比重是天山的又一特征。北坡2700~3000m、南坡3000~3500m以上地区终年积雪，这个海拔高度就成为夏季固态与液态降水的分界线。

天山山地河网最密集，并且是重要的径流形成地区之一。凡是天山的主要河流几乎都有冰川和常年积雪的补给，但是只有发源于主要冰川群，如汗腾格里、哈尔克山和伊连哈比尔尕的河流，这种补给所占的比重才比较高。高山河流的第二个补给来源是冰雪融水渗漏形成的地下水，有时候它可以占年径流总量的20%~25%。在高山带下部即现代雪线以下，季节积雪和半季节积雪的补给很重要，婆罗科努、那拉提山、科克帖克套山，这种形式的补给在河流年径流总量中多半要占50%~70%。至于中山、低山和山前带，则雨水和地下水补给比较突出。在天山（尤其是北坡）前山带，经常可以看到几乎完全由地下水补给的特殊类型的河流——泉水河，和中亚细亚的喀拉苏具有同样性质。

因为所有主要河流都穿过大多数甚至全部补给地带，所以天山的河流都具混合补给特征。补给来源有着明显的垂直带性，但是积雪融水在所有河流年径流中占的比重都大于60%，可见积雪对于天山河流补给的意义很大。

每年从天山流向山外的地表径流量约400亿~500亿 m³。与年降水量分布状况一致，河流的单位水量也自西向东减少，自下而上增多。

伊犁河是天山山地中最大的河流，发源于汗腾格里峰北部，最后流入哈萨克斯坦的巴尔喀什湖，全长达1500km。上游有三条较大的支流：南支特克斯河长度大，水量丰富，年径流总量84.74亿 m³，为伊犁河正源；中支峧吉斯河（巩乃斯河）发源于那拉提山与阿尔善山之间的阿敦库加，长约250km，年径流总量24.5亿 m³；北支喀什河位于婆罗科努与阿吾拉尔山之间，长320km，年径流量为39.38亿 m³，水势较湍急。伊犁河每年1~2月份为低水期，4~5月因冬雪融化而形成春汛，6~8月复因上游冰川大量消融而形成夏汛。春夏汛期相连接，故丰水期最长。水文变化兼具阿尔泰型与天山型河流的特点。全流域年径流总量为154.63亿 m³。

就年径流总量而论，开都河（39.24亿 m³）仅次于伊犁河而居第二，再次则为玛纳斯河（14.58亿 m³），托什罕河（12.35亿 m³），等等。

天山山地不仅河网密，湖泊也很众多。成因多少与冰川有关的小型湖泊则无以计算，其中较大的湖泊主要有赛里木湖。赛里木湖位于婆罗科努山的广阔山间盆地中，湖面海拔2073m。除了西北岸较陡，并密布深6~10m的冲沟之外，其余皆很和缓。由于水位上升，冲沟和干沟口沉没于水下，形成了溺谷。并且，湖水也开始迅速淡化。冬季降水的增大和来自西面与西南面山地中的大量吹雪是造成水位上升的主要原因。

天山东西延伸绵长，山体高大复杂，由此造成了多样性的植被土壤垂直带谱。北坡的垂直带通常包括荒漠和灰棕漠土—山地荒漠草原与山地棕钙土—山地草原与山地栗钙土—山地森林与山地典型棕褐土或淋溶棕漠土—亚高山、高山草甸和山地草甸土。南坡通常包括荒漠与棕色荒漠土—山地荒漠草原与山地棕钙土—山地草原与山地栗钙土—山地草甸草原与山地草甸草原土—高山草甸与山地草甸土，与北坡最大的不同之处在于缺乏森林和相应的土壤带。中天山的特点则在于不同林型的云杉林及林带下部有落叶阔叶林带出现。

天山北坡西段因受艾比湖热风的影响，显得比较干旱，荒漠上限较高（1 700m），但雪线又较低，因之各垂直带一般较狭窄，东段因山麓海拔较高，垂直带也有相应抬升。伊连哈比尔尕山地带性荒漠通常止于1 000m以下，因而垂直带起始高度较低，各带宽度较大，但上部各带与东西两段高度差已逐渐缩小。

草原带通常位于海拔1 200～1 700m间，但婆罗科努北坡可上升至2 500m。此带植物以针茅、沟狐茅为主。赛里木湖南北还有萨氏针茅、冷蒿等。森林带通常分布于1 700～2 700m间，在婆罗科努山高至2 000m以上，在乌鲁木齐河谷低至1 200m，是以雪岭云杉为主的原始阴暗针叶林，因高度、坡向和土壤条件不同而表现为灰藓–云杉，灰藓–草类–云杉和草类–云杉等林型。林下有小叶芹、乳苣、西伯利亚拟铁线莲、几种早熟禾等草类和变灰柳、灰柳、铺地悬钩子、桃叶桦、忍冬、枸子、蔷薇等灌木。林带下部有草原化草甸出现，上部常有疏林草甸与高山草甸相交错。

亚高山草甸局部出现于海拔2 300～2 700m间，线叶嵩草、高山早熟禾、无芒雀麦和多种龙胆，是主要组成植物。个别湿润地段则以斗篷草为主。高山草甸一般在海拔2 700～3 600m以上，植物以旱生类型的细叶嵩草为主。湿润地段以黑穗薹草、珠芽蓼为主，此外有棘豆、虎耳草、龙胆、老鹳草等。婆罗科努山一般没有高山草甸。

海拔3 500m以上为高山垫状植物带，以岩梅状蚤缀、垫状施巴花、大花虎耳草、火绒草、鹅冠草和早熟禾为主。剥蚀山坡上还可见雪莲、飞莲，高山葶苈等。

天山南坡荒漠上限比北坡高得多。山地草原带出现于海拔1 800～2 400m间，主要建群种为针茅、冰草、糙隐子草、蒿、二穗麻黄、野葱、棘豆，木紫菀也比较常见。亚高山草原带出现于海拔2 400～2 800m，主要建群种有紫细柄茅和天山针茅等，冰草、秀草、赖草和各种杂类草也比较常见。高山草甸则位于海拔2 850～3 500m高度上，以嵩草和薹草为主要建群种，伴生早熟禾、细柄茅、三毛草，阴坡并混生少量杂类草。海拔3 500m以上，仅有乌足叶毛茛、唐古拉毛茛、阿尔泰紫菀、紫堇、大花虎耳草、老鹳插草等。

中天山伊犁盆地四周山坡上，在海拔1 700～2 700m间有不同林型的云杉林，林带下部由新疆野苹果和山杏组成的落叶阔叶林狭带，是古亚热带残余阔叶林。林下有山楂、鼠李、欧洲山杨等。

山杏、准噶尔山楂、准噶尔鼠李、哈萨克鼠李、天山卫茅、天山樱桃、天山槭等常见于天山西段的植物，属于中亚山地区系。东段森林带内的落叶松，则又属于西伯利亚区系，它们反映出天山山地两端植物区系的形成和发展都有所不同。

第三节 区域发展与生态建设

一、人类活动对区域发展与生态系统的影响

本区环境干旱、生态系统脆弱，按土地面积计算，水资源大大低于全国平均水平，过度开垦和放牧、毁草、毁林、水资源的不合理利用等，使本来很脆弱的生态系统和环境遭到破坏，大片土地沙漠化。如乌伦古湖三角洲沙漠面积由 1960 年的 117.8km² 发展到 1980 年的 463.3km²。艾比湖上游来水被过多用于灌溉新开垦的人工绿洲，直接导致湖水位下降，到 1980 年代，湖面面积降到最低值（王亚俊等，2003）（表17.10），而且湖滨天然灌木林、次生胡杨林和芦苇草地的面积减少了 1/3 以上，湖周干涸面积成为重要的沙尘源地。大风使新的沙堆和沙丘不断出现。更值得注意的是，尽管河西走廊已建成防风固沙林带，但沙丘仍以每年 3~5m 的速度前移。整个河西走廊的严重荒漠化土地面积有 18.3 万 hm²。正在发展中沙漠化土地面积为 2.27 万 hm²（王涛，2003）。位于布尔津以下额尔齐斯河沿岸的阿克库姆沙漠不断扩大。

乌伦古湖在 1959~1979 年湖水水位下降了 3.7m，至 1980 年代与 1959 年相比约下降了 5m。黑河下游的尾闾湖居延海，在 1930 年代，西居延海水深 1.9~9.7m，水域面积 189.4km²，东居延海水深 1.2~4.1m，水域面积 58.4km²。西居延海于 1961 年首先干涸，东居延海水域面积也急剧萎缩，于 1997 年干涸。新疆玛纳斯湖 1962 年干涸。见表 17.10。

表 17.10　中国温带干旱区主要湖泊 1950~1980 年代面积变化

湖泊名称	1950 年代/km²	1980 年代/km²	资料来源
艾比湖	1 070	550	实地调查、卫片
布伦托湖（海）	835	765	1987 年实测
玛纳斯湖	550	0	1962 年后干涸，2000 年复苏，2003 年 100km²
赛里木湖	454	457	1986 年 7 月卫片
巴里坤湖	140	90	1988 年卫片
嘎顺诺尔（西居延海）	262	0	1961 年干涸（内蒙古地质队）
苏里诺尔（东居延海）	352	58	1992 年干涸，2000 年略有苏缓，2006 年 38.6km²

1950 年代初，河岸林茂密，人畜难以穿行，林中有野兽出没。但随着灌溉引水过量及人为的乱砍滥伐，河岸林面积逐年减少。据调查，整个阿勒泰地区河谷林面积 1963 年合计为 3 660hm²，1972 年减为 2 100hm²，1980 年则减为 1 500hm²，17 年间减少了 43.9%。艾比湖湖滨天然灌木林面积从 1950 年代的 12.4 万 hm² 减少到近年的 4.8 万 hm²，减少了 38.8%；次生胡杨林也减少了 30%。

草地植被衰退的原因则主要是由于地下水位下降、过度放牧和滥垦。如河西走廊平原区因大量提用地下水，造成地下水位下降，1958~1980 年累计下降 6~10m，部分地区

达 10~15m。由于水源严重不足，致使大量牧草和人工林枯死。石羊河林场9 300hm² 人工沙枣防护林因地下水位下降，自 20 世纪 80 年代以来退化和死亡面积达 60%。由于开垦和过度放牧而导致草场严重退化的现象更多，如张掖市 1988 年退化的草场面积占整个草地面积的 42.6%，酒泉瓜州县踏实以东的草地覆盖度由 1950 年代的 61% 下降为 1993 年的 40%，平均草高由 70cm 下降为 30cm，产草量为 1950 年代的 1/3。

本区耕地土壤盐分一般较重，新垦土地必须采取洗盐措施。如果灌溉或排水不合理，就很容易产生次生盐渍化。如阿勒泰地区在 1950 年代很少有次生盐渍化土地，至 1980 年代末该地区所属 7 县（市）盐渍化面积超过 5.3 万 hm²，沼泽化面积超过 6.67 万 hm²。河西走廊 1980 年代末耕地受次生盐渍化威胁的面积比较广泛，其中尤以石羊河流域为最甚。

二、生态恢复与可持续发展

（一）草地恢复的生态工程

温带干旱区共有草地面积 1.2 亿 hm²，占全国草地面积的 31%。天然草场是发展畜牧业生产的基础，还可开辟特色生态旅游业。同时，它在干旱半干旱环境中具有不可替代的生态功能，如调节空气、防风固沙、保持水土、保护生物多样性等。对草地资源的合理开发利用和保护，直接关系到这一地区的生态平衡、畜牧业持续发展和边疆建设、各民族共同发展繁荣昌盛的大业。

干旱区的草地生态系统十分脆弱，遭到破坏后很难在短期内得到恢复。近几十年来的经验教训提示我们，一些地区从制定草地适宜载畜量、发展人工草地、征收草地使用费等做起，在改善畜牧业经营模式、增加饲草饲料生产和遏制草地退化等方面都取得了长足的进步。然而，点上治理、面上破坏，局部改善、整体环境恶化的趋势仍在发展。所以，从长远与大局利益出发，强化法制观念与管理体制，理顺人 - 草 - 畜的关系，还有大量工作要做。加快生态恢复，实现草畜平衡，确保草地生态系统良性循环，充分发挥草地资源、保护环境和促进经济发展的综合功能，仍是本区开发中的重要任务。

首先，强化草地管理与保护。国家和地方各种草地管理法规的建立和推广，切实明确责、权、利，理顺人 - 草 - 畜三者之间的关系，才能有效地调动广大牧民的生产积极性和保护草地的意识。然而，由于经济利益的驱动，当地的载畜量仍然高居不下，成为维持草地生态系统良性循环和提高畜牧业生产水平的最大障碍。

其二，实现草地利用科学化与制度化。对不同的地区牧场按季节放牧，划分为春秋牧场和冬牧场，同时要把一些大牧场划分为若干块小牧场，分场轮牧，让草地适时休闲，以保持其旺盛的再生能力。要实行定居放牧、圈养和游牧，以及农牧业相结合的多种方式，充分利用农副产品喂养牲畜，使畜牧业的发展多样化，这有利于保持草地的持续发展，有利于牧民增收及其生活规范化和现代化。高山带的高寒草甸一般作夏秋牧场，山下扇缘地段可作冬场，也可作割草地，中山草地可作割草地和冬季牧场。在每个季节牧场内，进一步分成若干地段（大区）实施分段依次轮牧，使之制度化。

第三，切实贯彻执行"退耕还草"工程。本区只有在局部水分条件较好的田间和道路旁有可能栽种树木。所以，就全区而言，退耕还草、还灌木，恢复天然草地植被是重要任务。干旱区退化荒漠生态系统具有较强、较快的恢复能力，应因地制宜，选择适当的草、灌品种进行种植，同时还可以通过牧民迁出措施实现自我恢复。

第四，加快草地生态恢复工程。本区有约90%的退化草地属冬春牧场。为此，改善草地品质，提高饲草（种）生产能力；增加冬春草料储备，减轻冬春牧场的压力，加快退化草地治理成为首要任务。生态工程的具体内容包括：

（1）天然草地的培育与保护，主要包括封育、灌溉、施肥与补播等措施，其中封育与灌溉为重点。

（2）人工草地建设包括完全人工草地和半人工草地两种类型。今后，应进一步加强技术体系建设，合理布局资源基地，开展不同类型的人工草地建设。其中，半人工草地是在不破坏或基本不破坏原有植被的情况下，通过松耙、浅耕、补播优良牧草等措施，改善原有植被组成结构，提高其产量和质量。完全人工草地一般是在条件较好的退化草地上，经过耕翻土地，像经营农作物一样，单播或混播多年生和一年生优质牧草，或在退耕还草的土地上以优质牧草替代农作物，形成新的人工植被，生产优质、高产饲草（料）为目的的草地。

（3）发挥山地－绿洲－荒漠系统农林紧密结合的优势，建立综合饲料生产基地，是实现草地生态恢复工程的重要组成部分。本区西部各地具有独特的山地－绿洲－荒漠复合农业系统，在进行生态恢复工程建设时要充分利用大农业生产系统中诸元素互动的功能，有效利用农业副产品和林业副产品，开辟与建设畜牧业饲草（料）生产基地，建立饲草收获、运输、贮存、加工等服务体系，增加草畜平衡可靠度，确保天然草地的综合功能得以正常发挥。

（二）面向生态的区域水资源合理配置

本区土地资源丰富，光热条件较好，发展农牧业具有潜力，在粮食、棉花和肉类等农牧产品的生产方面能够起到重要的战略后备作用。但内陆地区的陆地生态系统稳定性主要受控于水分因素，因此，需要以流域或盆地为单元进行总体的水资源消耗平衡与生态平衡规划，科学配置水资源，支持区域经济社会的可持续发展。

本区的发展既受干旱缺水和生态与环境脆弱的制约，又具有很多优势条件。要按照科学发展观，实现可持续发展的战略目标，必须坚持走人与自然和谐相处的道路。水是人类生存发展和生态系统与环境维持较好状态的核心因素，人与水的和谐是人与自然和谐的关键。要达到这一目标，提高人对自然环境演变规律的认识，约束人类活动中违反客观规律、自然法则的各种不良行为，又是首先需要解决的问题。在内陆干旱区的水资源利用中，应优先考虑不侵占生态与环境耗水总量的原则；保护应以人工绿洲和现存天然绿洲（包括湖泊、河道）为主要对象，对荒漠化土地应以限制利用、回归自然为目标，依靠自然能力使其不继续退化。生活、生产用水，要以水资源的供给能力，确定供水标准和生产规模，必须改变以需定供的传统模式；要尽量节约用水，采用节水型生活、生产设施，推行定额管理。制定内部法规，不断提高水的重复利用率，并确定合理供水价格，开征水资源调节税，用经济杠杆促进节约用水；地区之间应明确水权，总量控制，严格控制高耗水产业的发展项目和高耗水景观的建设。要充分考虑污水和其他劣质水处理后的再生水利用。

必须明确在本区内无论土地开发，还是矿产资源利用，均要以水资源为基础。在水资源短缺情况下，不提高用水效率而采取外延式发展，为局部利益而扩大灌溉面积，其后果只能是"效益搬家"和进一步破坏生态平衡，环境恶化。

必须正确认识，在经济发展滞后和生态系统与环境脆弱地区，水资源不仅同时具有自然属性、社会属性和经济属性，而且其生态属性更为突出和显明，往往起到控制性的作用。本区，经济用水挤占了生态用水，导致天然生态系统不断萎缩。尽管经济用水会促使人工生态有所发展，但人工生态系统较之天然生态系统更为脆弱。自然生态系统的大面积消失，和人工生态系统的有限增长必须限定在合理范围内，才能满足未来生存和发展的基本需求。

农牧业不仅是本区的传统产业，也是目前经济发展的支柱产业。同时，还是和生态系统与环境关系十分密切的产业。实践证明，本区农业的可持续发展，必须要处理好农林牧三者之间的关系。在土地利用模式上农林牧面积比例要合理，在结合方式上以林业发展，保护农业和牧业；在用水方式上利用灌溉系统维持林带用水，在传统农区内部通过饲草饲料基地和灌溉草场建设来发展农区畜牧业，利用农业为牧区畜牧业提供饲料，以弥补冬春季牧场牧草的不足，以畜牧业发展增加农业生产的附加值并增加土壤有机成分，同步实现提高生产力和保护生态系统与环境的目标。

本区河流蕴藏着丰富的水能资源，开发潜力巨大。可建设山区水库，通过水力发电，输送到平原提取地下水，增加对水资源的重复利用。

总之，本区生态系统和环境保护的基本原则是：以维持水资源的可再生性和生态系统的可持续性为目标，以现代生态保护为基础，以水为纽带，以绿洲为中心，以植被保护为重点，综合权衡经济价值与环境需要。

参 考 文 献

陈荣毅，张元明，魏文寿等. 2008. 不同沙丘部位和不同结皮类对土壤种子库的影响. 干旱区研究，25（1）：107~113

陈曦. 2010. 中国干旱区自然地理. 北京：科学出版社

程维明. 2002. 天山北麓经济发展与绿洲扩展. 地理学报，57（5）：562~568

戴尔阜，方创琳. 2002. 甘肃河西地区生态问题与生态环境建设. 干旱区资源与环境，16（2）：1~5

丁宏伟，赫明林，曹炳媛等. 2000. 黑河中下游水资源开发中出现的环境地质问题. 干旱区研究，17（4）：11~15

丁宏伟，尹政，李爱军等. 2001. 疏勒河流域水资源特征及开发利用存在的问题. 干旱区研究，18（4）：48~54

丁宏伟，张举，吕智等. 2006. 河西走廊水资源特征及其循环转化规律. 干旱区研究，23（2）：241~248

丁宏伟，王贵玲. 2007. 巴丹吉林沙漠湖泊形成的机理分析. 干旱区研究，24（1）：1~7

樊自立，侯宗贤. 1995. 新疆1：100万土壤图. 西安：西安地图出版社

樊自立，穆桂金，马英杰等. 2002. 天山北麓灌溉绿洲的形成和发展. 地理科学，22（2）：184~189

侯博，许正. 2005. 天山伊犁谷地珍稀野果林资源研究. 西北植物学报，25（11）：2266~2271

侯博，许正. 2006. 中国伊犁野果树及近缘种研究. 干旱区研究，23（3）：453~458

胡汝骥. 2004. 中国天山自然地理. 北京：中国环境科学出版社

胡汝骥，姜逢清. 1989. 中国天山雪崩与治理. 北京：人民交通出版社

胡汝骥，马虹，樊自立等. 2001. 近期新疆湖泊变化所示的气候趋势. 干旱区资源与环境，16（1）：20~27

胡汝骥，姜逢清，王亚俊等. 2002. 新疆气候由暖干向暖湿转变的信号及其影响. 干旱区地理，25（3）：194~200

胡汝骥，姜逢清，王亚俊等. 2003. 新疆雪冰水资源的环境评估. 干旱区研究，20（3）：187～191

胡汝骥，姜逢清，王亚俊等. 2005. 亚洲中部干旱区的湖泊. 干旱区研究，22（4）：424～430

胡汝骥，姜逢清，王亚俊等. 2007. 论中国干旱区湖泊研究的重要意义. 干旱区研究，24（2）：137～140

加帕尔·买合皮尔，A. A. 图尔苏诺夫. 1998. 亚洲中部湖泊水生态学概论. 乌鲁木齐：新疆科技卫生出版社（K）

姜逢清，胡汝骥. 2004. 近50年来新疆气候变化与洪、旱灾害扩大化. 中国沙漠，24（1）：35～40

康相武，吴绍宏，杨勤业等. 2004. 新疆阿勒泰地区的生态环境问题及解决对策. 地理科学进展，23（4）：19～27

蓝永超，丁永建，沈永平等. 2003. 河西内陆河流域出山径流对气候转型的响应. 冰川冻土，25（2）：188～192

罗格平，陈曦，胡汝骥. 2003. 基于AVHRR/NOVA影像的天山北坡近10年植被变化. 冰川冻土，25（2）：237～242

潘世兵，路京选，张建立等. 2006. 黑河流域水资源开发与生态保护中的几个问题. 干旱区研究，23（2）：236～240

申元村，杨勤业，景可等. 2000. 中国的沙暴、尘暴及其防治. 干旱区资源与环境，14（3）：11～13

苏宏超，魏文寿，韩萍. 2003. 新疆近50年来的气温和蒸发变化. 冰川冻土，25（2）：174～178

苏建平，仵彦卿，张颖等. 2004. 祁连山及河西走廊西段土壤和土地适宜性特征. 干旱区研究，21（3）：240～245

陶希东，石培基，李明骥等. 2001 西北干旱区水资源利用与生态环境重建研究. 干旱区研究，18（3）

王秉义. 1991. 北疆东部近500年来温度变化及其趋势研究. 新疆大学学报（自然科学版），1：8～62

王可丽，江灏，赵红岩. 2005. 西风带与季风对我国西北地区的水汽输送. 水科学进展，16（3）：432～438

王涛. 2003. 中国沙漠与沙漠化. 石家庄：河北科学技术出版社

王涛，陈广庭，钱正安等. 2001. 中国北方沙尘暴现状及对策. 中国沙漠，21（4）：322～327

王亚俊，孙占东. 2007. 中国干旱区的湖泊. 干旱区研究，24（4）：422～427

王宗太. 1991. 天山中段及祁连山东段小冰期以来冰川与环境. 地理学报，46（2）：160～168

魏江春. 2005. 沙漠生物地毯工程——干旱沙漠治理的新途径. 干旱区研究，22（3）：287～288

温小虎，仵彦卿，常娟等. 2004. 黑河流域水化学空间分异特征分析. 干旱区研究，21（1）：1～6

新疆自然灾害研究课题组. 1994. 新疆自然灾害研究. 北京：地震出版社

杨发相. 1986. 塔城盆地内的坡地分类与水土流失分析. 干旱区地理，9（3）：13～17

杨发相. 2001a. 新疆阿勒泰地区土地"三化"分析. 青海环境，11（1）：17～20

杨发相. 2001b. 新疆阿勒泰地区中低产田研究. 乌鲁木齐：新疆科技卫生出版社

俞亚勋，王劲松，李青燕. 2003. 西北地区空中水汽时空分布及变化趋势分析. 冰川冻土，25（2）：149～156

袁方策，毛德华，杨发相等. 1994. 新疆地貌概论. 北京：气象出版社

张百平，周成虎，陈述彭. 2003. 中国山地垂直地带信息图谱的探讨. 地理学报，58（2）：163～171

张佃民，刘晓云，刘速. 1990. 新疆植被区划的新方案. 干旱区研究，7（1）：1～10

张新时. 1973. 伊犁野果林的生态地理特征和群落学问题. 植物学报，15（2）：239～253

中国科学院额尔齐斯河流域水资源开发利用专题组. 1994. 阿勒泰地区科学考察论丛. 北京：科学出版社

周琴南. 1983. 新疆降水水汽来源分析. 新疆气象，（8）：

周聿超. 1999. 新疆河流水文水资源. 乌鲁木齐：新疆科技卫生出版社（K）

朱震达等. 1989. 中国的沙漠化及其防治. 北京：科学出版社

Yuan Yujiang, Li Jiangfeng, Zhang Jiabao. 2001. 348 years precipitation reconstruction from tree rings for the north slope of the middle Tianshan Mountain. Acta Meteorologica Sinica, 15（1）：95～104

第十八章　暖温带干旱地区

暖温带干旱地区（ⅢD1）包括塔里木盆地、吐鲁番盆地、哈密盆地、北山山地西部及甘肃省河西走廊西段的瓜州－敦煌盆地，约占全国总面积10%左右。行政范围包括新疆维吾尔自治区南部（南疆）的巴音郭楞蒙古自治州、阿克苏地区、克孜勒苏柯尔克孜自治州（简称克州）、喀什地区、和田地区和新疆维吾尔自治区东部（东疆）的吐鲁番地区、哈密地区哈密市区以及甘肃省酒泉地区的敦煌、瓜州、玉门的全部或一大部分（图18.1）。

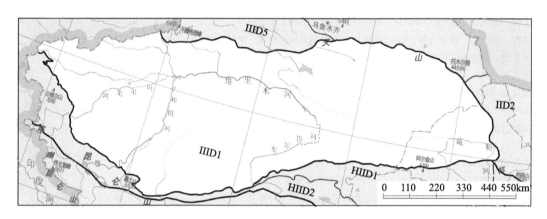

图 18.1　暖温带干旱地区的位置（图例见正文）

第一节　自然地理特征综述

一、山间盆地的地貌格局

中国的暖温带干旱地区是巨大的山间盆地。这个盆地以塔里木盆地为主体，还包括吐鲁番盆地、哈密盆地、博斯腾湖盆地和瓜州－敦煌盆地。

塔里木盆地是位于天山、帕米尔和昆仑－阿尔金山间的一个巨大的、典型的高原式内陆盆地，轮廓为椭圆形。四周山地一般高达海拔4 000m以上，且不乏5 000m以上的高峰，但盆地海拔仅1 400~800m，地势由西向东倾斜，最东部有沟通河西走廊的狭隘缺口。

盆地东西长1 500km，南北最宽处约为500km，由盆地边缘向中心，地貌类型的环状更迭表现得最为典型，在洪积冲积砾石戈壁平原以内，就是浩瀚的塔克拉玛干沙漠，该沙漠面积约33.76万km²。塔克拉玛干沙漠主要发育在第四纪砂质平原之上，中心为高50~150m的综合新月形沙丘，其间杂有较为低矮的垄岗沙丘，边缘部分则以高10~

30m 的新月形沙丘链为主。大沙漠东西两部分情况也有所不同，克里雅河以东水分较差，植物稀疏，以综合新月形沙丘为主，一般高 70 ~ 80m 以上，最高可达 250m；克里雅河以西河流较多，地下水位较高，植物亦较茂密，故玛扎塔格以北为 50 ~ 100m 的裸露金字塔形沙丘和综合新月形沙丘，山南则以高 20 ~ 25m 的裸露综合新月形沙丘和垄岗沙丘为主。因为盆地东部和西部分别受东北和西北两大风系的影响，所以东部沙丘移向西南，西部沙丘移向东南。

塔里木盆地东端，阿尔金山麓与阿奇克谷地之间，还有另一个沙漠——库姆塔格沙漠，其面积为 2.28 万 km²，以发育羽状沙丘闻名，并因其东扩将危害敦煌绿洲和西湖湿地而备受关注。

沙漠以外的山前地带，地貌特点因地而异。若羌至皮山间的昆仑山山前地带，是一片有沙丘分布的洪积冲积平原。上部为砾石带，宽 30 ~ 45km，且末西南最宽达 86km，上限可至海拔 1 200 ~ 2 300m 高度。下部为冲积土质平地，宽仅 5km，地下水在上下部交界处出露，使后者发育为肥沃的绿洲，如和田、于田、策勒、且末和若羌绿洲等。

盆地西部喀什、莎车和巴楚三角地带，是一片冲积洪积平原和旱三角洲。绿洲发达，两侧并有沼泽发育。喀什内陆三角洲还分布有托克拉克和布古里两片沙漠。前者新月形沙丘和垄状沙丘一般高 8 ~ 10m，最高 15 ~ 20m，后者为典型新月形沙丘链，但高度仅 5 ~ 6m 到 20 ~ 30m。其余散布于绿洲中的沙丘，通常仅高 2 ~ 3m 或 7 ~ 8m。

天山山前冲积洪积带上部砾石戈壁上限可至海拔 970 ~ 1 300m，宽 8 ~ 15km，下部冲积土质平地宽 10 ~ 20km，上限在海拔 920 ~ 1 050m 之间。其下限则与塔里木河中游冲积平原相连接。塔里木河中游冲积平原宽度可达 100km，局部有沙丘覆盖，废河道常潴为湖泊，凹陷地方发育沼泽。

盆地东部的塔里木河下游三角洲和罗布泊洼地一带，是本区海拔最低的地方。罗布泊洼地最低处海拔仅 780m，面积约 2 万 km²，四周有为干沟切割的阶地，高 20 ~ 30m 或 50 ~ 100m 不等。有的形似南东—北西走向的方山，为新近纪和第四纪沉积物组成。洼地北部风蚀地形分布很广，水平的松软湖积层在风蚀作用下形成了风蚀穴和风蚀残丘，相对高度一般在 20m 以下。这种以风蚀为主并有流水参与作用形成的平行土脊，就是著名的白龙堆，即维吾尔语所谓"雅丹"地形。

无论从构造上还是从地形上说，吐鲁番 - 哈密盆地都是天山山地中的一个山间盆地。但由于盆地具有异乎寻常的低海拔，南缘山脉如觉罗塔格、库鲁克塔格都不高，自然条件的现代特征无疑更接近于塔里木盆地。

吐哈盆地的西部 - 吐鲁番洼地，是我国陆地上的最低洼之处，地表主要为砾石戈壁和土质平地。洼地北部博格达山与火焰山之间的洪积冲积带，称为肯特戈壁和塔尔兰戈壁，某些地理文献中也叫做鄯善坡地。海拔由博格达山前的 1 300 ~ 1 000m 到火焰山前的 300 ~ 200m，地势向南倾斜，每千米水平距离海拔约降低 20 ~ 30m。戈壁宽度为 15 ~ 30km，砾石层常被干河床所切割，东北部并有雅丹地形发育。在托克逊、喀拉尤兹和七格台附近，有一些阶地和穹状隆起，使地形略微复杂化。

马依布拉克山崖—雅姆申塔格—火焰山（吐兹塔格）—七格台山垄纵贯盆地中部，断续延伸近 200km，马依布拉克山崖北侧较平缓，南侧却呈 100m 陡壁朝向艾丁湖平原。在此以东的雅姆申塔格，呈北西走向延伸约 20km，宽 2 ~ 2.5km，北坡相对高度 70 ~ 80m，南坡达 250m。向东一直伸展到吐鲁番城郊。再向东则为长 80km，宽 6 ~ 7km，相对高度 500 ~ 800m 的火焰山。它呈一个向南突出的弧形，山坡剥蚀严重，横剖面不对称。北麓高海拔约 250 ~ 350m，南麓却基本上与海平面等高线相吻合，是这一系列低山中之最高者。但它不止一次被断层谷所穿过，向东低降于鄯善城郊。再向东 15km 又有七格台山垄隆起，长 30km，宽 3 ~ 4km，相对高度 120 ~ 150m，因切割破碎而成为许多小山丘，至南湖附近完全消失。

在这一系列低山以南的吐鲁番洼地最低部分，是冲积扇联合而成的向觉罗塔格缓倾的艾丁湖平原。它东西长 110km，南北宽 39km，约有 4050km^2 的面积低于海平面。艾丁湖即位于低地南部的觉罗塔格山麓艾丁湖最低处 –154cm。

吐哈盆地的哈密部分，是一个海拔由北向南变化于 1 700 ~ 200m 之间，地表呈阶梯式下降的倾斜平原。哈密城西南的南海子和沙兰诺尔低地是这部分的最低之处，海拔在 250m 以下，沙兰诺尔湖（沙尔湖）面海拔只有 81m。巴里坤山和喀尔里克山南麓的洪积扇可以一直分布到海拔 750m 甚至 500m 高度附近，组成物质由北向南逐渐由粗变细。在这个主要是砾石和砂质壤土的平地上，普遍存在着间歇性河谷，哈密以西且因这种间歇性河谷的切割，形成了一个顶部平坦而四周陡峻的桌状山丘带。觉罗塔格只有在吐鲁番和库米什盆地之间的一段才能成为山脉。在那里，它的北坡漫长而高峻，山麓海拔 –130m，分水岭却高达海拔 1 800 ~ 2 100m，南坡则短而低，与库米什盆地毗连处高度为 850m，坡长仅及北坡之半。

敦煌 – 瓜州盆地是暖温带干旱区的组成部分。盆地以北为北山山地，以南为祁连山地。盆地中心部分海拔不足 1 000m，除狭窄的疏勒河、党河冲积平原地表为细粒物质外，其余多为洪积倾斜平原的砾石戈壁。盆地中有三危山、尖山子等干燥剥蚀山地隆起，西部弯腰墩一带发育有雅丹地貌。

二、独具特色的荒漠气候

中国暖温带干旱区远离海洋，四周高山环抱，深居内陆腹地，降水稀少，日照充足，太阳辐射强烈，空气极端干燥。境内由大面积沙漠戈壁构成的下垫面，加剧了白天强烈增温与夜间强烈散热降温的日气温变化过程，同时，促使热力对流与动量下传的发展，导致沙尘暴天气频繁发生，特别是在春季。形成了本区独特的夏季干热、冬季干冷的荒漠气候（李江风，2003）。

本区是中国也是亚洲中部降水量最少的地区之一。根据最新研究，本区降水量以和田—尉犁县铁干里克划一线，此线东南即塔里木盆地东半壁年降水量一般在 40mm 以下；此线西北即塔里木盆地西半壁年降水量在 40 ~ 100mm（图 18.2）。塔克拉玛干沙漠中心并非降水最少的地方。而本区东北部（即东疆）年降水量在 20mm 以下，其中托克逊（海拔 1.0m）年平均只有 6.9mm，极端最低年降水量仅有 0.5mm。这不仅是中国年降水量最少的地方，也是亚洲大陆年降水量最少的地方。河西走廊西段和北山年降水量为 50 ~ 70mm，其中玉门 62.5mm，敦煌 37.7mm。降水的年内分配不均衡，主要集中在夏季，冬季降雪很少。塔克拉玛干沙漠腹地不仅有降水（塔中年降水量

26.2mm），而且冬季有积雪。年际变率也很大，一般为 30% ~ 50%，瓜州 – 敦煌最多年降水量与最少年降水量之比相差达 10 倍以上。

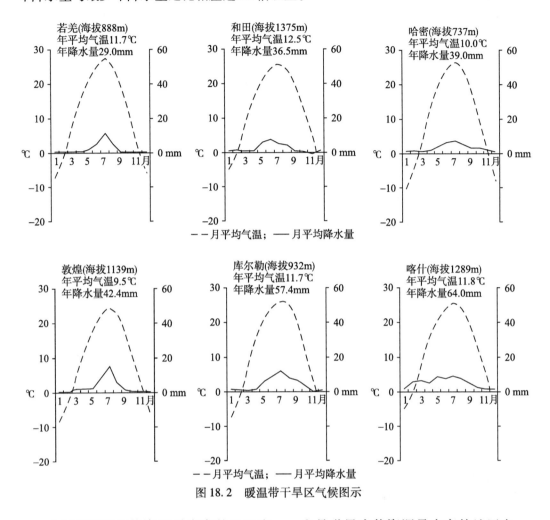

图 18.2　暖温带干旱区气候图示

本区是我国光能资源最丰富的地区之一，也是世界光能资源最丰富的地区之一。全年日照时数为 2 470.4 ~ 3 549.4h，日照百分率为 56% ~ 76%，北部多于南部，东部多于西部。与日照丰富相联系的是全年太阳总辐射量也很高（表 18.1），可达 5 862 ~ 6 785.25MJ/m²，分别比同纬度的华北、东北多 800MJ/m²，比长江中下游多 1 200 ~ 2 100MJ/m²，总辐射量最大的月份，一般为 6 月或 7 月。

表 18.1　中国暖温带干旱区全年日照与年太阳总辐射量

地区	日照时数/h	年太阳总辐射量/[MJ/(a·m²)]
吐鲁番 – 哈密盆地	3050 ~ 3360	6042 ~ 6414
河西走廊瓜州 – 敦煌盆地	3000 ~ 3300	5800 ~ 6400
塔里木盆地	>3200	6100 ~ 6400

由于降水少，太阳辐射强烈，蒸散发量大，年相对湿度低于 50%。4 ~ 6 月相对湿

度不到 40%，空气干燥。年平均气温为 8～13.9℃，气温年较差多在 30℃ 以上。≥10℃ 期间积温 4 000～5 548℃，无霜期 150～242 天，全年有 80～100 天以上的日最高气温大于 30℃ 的高温日。不仅气温高，而且春季气温回升快，3 月份为 7～8℃，4 月便回升到 15℃ 以上，5 月份已大于 20℃。因此，本区适于喜温作物生长，农作物可一年两熟。年平均风速 2～3m/s，≥8 级大风日数 5～25 天，但由于地形"狭管效应"的影响，瓜州、玉门一带年平均风速可达 3m/s 以上，大风日数则达 42～68 天。年日平均风速≥5m/s 逾 40 天。40m 高空年平均风速 7.57m/s。民间有"一年一场风，从春刮到冬"之说，有"风库"之称。当平均相对湿度小于 30%、日平均气温在 30℃ 以上时，常形成干热风，对作物产生危害。如若羌每年平均有 10 个干热风日，吐鲁番 6～7 月干热风日可达 40 天，河西走廊西段干热风日出现更多。

沙尘暴是本区的主要气候灾害之一，风是起沙的主要因素，同时风又有利于干旱地貌的塑造。风还是重要的天然清洁能源。根据全国风能区划（朱瑞兆，1998），本区属风能较丰富区。吐鲁番、哈密盆地及河西走廊西段有效风能密度大于 150W/m²，全年可利用小时数在 5 000h 以上。其中河西走廊西段有效风能密度为 170W/m²，可利用小时数在 6 000h 以上。风能正被充分利用，截止 2010 年 9 月，这里风电装机已达 380 万 kW。

三、水分循环以流域为特征的河流与湖泊

干旱区河湖水系是一个独特的自然地理系统，不仅无地表径流和地下径流与全球大洋相通，而且也不与其他集水区域相连，其水分循环以流域为特征。中国暖温带干旱区的河湖水系都是以河流系统为独立单元进行水分循环的，每一个流域系统都有其自己的径流形成区（山地）、自己的水系和自己的尾闾湖。如博斯腾湖是开都河的尾闾湖，台特玛湖、罗布泊是塔里木河的尾闾湖。

暖温带干旱区山脉与盆地地貌格局特殊，高山流水汇聚于平原低地，形成湖泊湿地景观，构建成一个以内陆河流域为主体，以水流为纽带，并与生态过程相结合的完整的内陆水分循环体系。

山区是我国干旱区惟一的产流区，其水资源量占总水资源量的 90% 以上（地下水只占 10%）。在自然条件下，山区水资源进入下游盆地平原后，经过多次转化形成地下水资源，并使地下水资源分布达到自然平衡。

本区水资源总量约为 450 亿 m³，地表水占 90% 左右，地下水量较少，这与全国的情况一致。山区积雪冰川分布面积大，同时降水相对较多，是本区径流形成区。盆地平原是径流散失区。喀喇昆仑山、昆仑山和阿尔金山及天山南坡，年降水量一般在 200～400mm，少数年份或高山地段接近 500mm。

本区山前平原是地下水资源的汇集地，山前平原地下水来自于山区地表径流的转化。特别是塔里木盆地南北两侧的狭长地带及疏勒河流域地下水资源储量丰富。

高山积雪和冰川融水是本区河川径流、盆地平原地下水的主要和最基本的补给来源（表 18.2）。本区有许多河流的生命与高山积雪和冰川融水的命运息息相关。如在塔里木河流域上游区域中国境内的冰川有 11 711 条，面积 19 889km²，占中国全境冰川总

面积的34%，中国境内面积大于100km² 的26条冰川中有21条就分布在塔里木河流域（施雅风等，2000）。

表18.2 中国暖温带干旱区主要河流雪冰融化补给量占河川径流量的比例（施雅风等，2000）

河流	比例/%	河流	比例/%
天山南坡	<50	疏勒河水系	<50
台兰河	64	昌马河	30
木札提河	80	党河	40
盖孜河	75	玉龙喀什河	60
叶尔羌河	58	阿克苏河	42

本区有10km² 以上的湖泊18个，占中国干旱区面积10km² 以上湖泊的62%（王亚俊等，2007）。

塔里木河是本区最大的内陆河，发源于塔里木盆地周边山地，由开都河－孔雀河水系、迪那河水系、渭干河与库车河水系、阿克苏水系、喀什噶尔水系、叶尔羌河水系、和田河水系和塔里木河干流八大水系组成，全长2 437km，其中干流长1 321km（何文勤，1998）。多年平均径流量398.3亿 m³。流域山区降水丰富，一般年降水量可达400～900mm。流域内年降水量有1 173亿 m³，有高山积雪冰川面积（包括国外部分）2.3万 km²，冰川储量24 040亿 m³，每年冰雪融水量可达172亿 m³，占塔里木河流域地表径流总量的44.0%（施雅风等，2000）。平原区地下水天然补给量为44.55亿 m³。径流年际变化稳定，但年内洪枯水变化悬殊。参见图18.3。

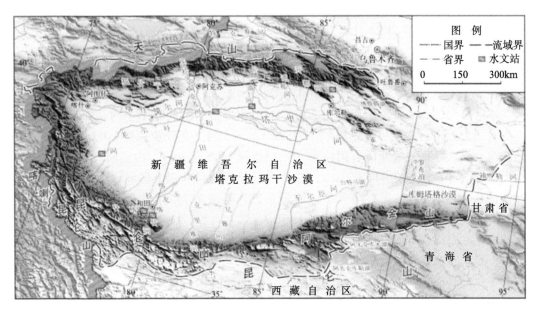

图18.3 塔里木河流域水系图

1940年代以前，由和田河、叶尔羌河、喀什噶尔河等源流河，汇集于阿克苏南部的阿拉尔附近，构成塔里木河流域的近代干流，并在群克折向东南流入台特玛湖。1940年代以后，喀什噶尔河、渭干河也脱离干流，形成目前阿克苏河、叶尔羌河、和田河和开都－孔雀河4条源流和塔里木河干流，即"四源一干"。塔里木河流域主要源流之一的叶尔羌河，自1963年第一次出现全年断流，无水输入塔里木河干流后的40多年中，有20年断流，特别是自1986年后的20年中，仅有1994年、1999年和2001年3年，共计有3.21亿 m³ 的水量输入塔里木河干流，其余年份断流。和田河也只在洪水期的7~9月份才有水到达塔里木河干流。开都河－孔雀河是通过孔雀河的库塔干渠的恰拉水库分水闸向塔里木河干流下游输水。1970年代，塔里木河干流下游建成大西海子水库后，河水仅能到达英苏，以下河段完全断流。目前，唯有阿克苏河是一条长年有流水补给塔里木河干流的源流河，对塔里木河流域水系生命安全及其演变具有重要作用（王顺德等，2006）。

土地开垦使河流中下游流程缩短，河道干涸，无流水补给终端湖泊；输入塔里木河干流上游阿拉尔水文站的流量从1930~1940年代的60亿 m³，减少到1980年代的44.8亿 m³。到20世纪末，塔里木河干流从大西海子水库到台特玛湖的320km河道一直处于干涸状态（雷志栋等，2003），河道及其周边的地下水位下降达9.44~12.65m。

罗布泊过去曾是塔里木河流域的尾闾湖，1930~1931年实测湖水面积为1 900km²，到1962年缩小为660km²，而在1972年的卫片上已经干涸。位于塔里木河干流下游的大西海子水库1975年第一次无水下泄至台特玛湖，至2002年的27年间，仅有1978年、1979年、1984年、1985年、1989年和1995年9月有水输向最下游，年输水量仅0.5亿~1.0亿 m³，最下游320km的河道断流20余年，台特玛湖于1974年干涸。地处塔里木河干流的恰拉站1982年起出现断流，1982~1996年平均断流时间每年20~90天不等，1997年至2002年增加到100天，2000年为125天。位于干流中游的英巴扎站1998年7月18日~7月22日第一次出现断流（丛振涛等，2006）。

本区最东端的疏勒河发源于祁连山系疏勒南山山坡，至昌马峡出山进入暖温带干旱区，向西消失于哈拉诺尔，河流全长945km，干流出山口年径流量10亿 m³。历史上曾西注罗布泊。主要支流有党河、榆林河等。

本区东北部有来自哈尔里克山、巴里坤山和博格达山的若干小河，如流入哈密盆地的有西山五道河（年径流总量5 233万 m³）、工上河（年径流总量5 011万 m³）等15条小河，流入吐鲁番盆地的有阿拉沟（年径流量1.15亿 m³）、白杨河（1.14亿 m³）、柯柯亚河（年径流量0.944亿 m³）、二塘沟（年径流量0.751亿 m³）、大河沿河（年径流量0.944亿 m³）、煤窑沟（年径流量0.751亿 m³）、塔乐郎（年径流量0.727亿 m³）等17条小河。

本区东南部还有源自昆仑山与阿尔金山分界处的车尔臣河，但水量甚少，且经常断流，具有季节性河流性质。

干旱区湖泊表现出水分循环的独特性。①博斯腾湖、艾丁湖等与天山山区产流系统之间的循环；罗布泊、台特玛湖与昆仑山、天山南脉产流系统之间循环等。②干旱区湖泊水浅量小，宽比深大几个数量级（表18.3），其形状酷似浅碟形，在风力作用下，上下层水充分混合搅动，所以湖泊垂直方向各层次的水温、矿化度、水流速度等都有着惊人的一致性。③干旱区的湖泊分布区常有8级的大风出现，在气流与水表层摩擦力的作用下，形成风成湖流。在风成波和沿岸风压流的综合作用下，形成湖底沙堤、近湖岸沙嘴、沙堤、水下浅滩等。④干旱区湖泊水温一般不超过 23～25℃，如博斯腾湖夏季水温 18.2～19.7℃，为水生生物能够接受。⑤干旱区湖泊生态系统由湖泊中的生物和水两大亚系统组成，相互作用而又相互联系。

干旱区湖泊不仅是干旱气候的指示器，而且对干旱区河流流域生态与环境状况的反应极度敏感。罗布泊、台特玛湖的消亡，博斯腾湖、艾丁湖地区生态恶化带来的灾难警示人们，保护湖泊，就是保护人类自己。

表 18.3　中国暖温带干旱区主要湖泊物理要素表

| 湖名 | 海拔/m | 面积/km² | 水深/m | | 夏季水温/℃ | 透明/m | 水面蒸发量/mm |
			平均	最大水深			
博斯腾湖	1 048.0	1 160.0	8.1	16.5	18.2～19.7	1～2	1 140.0
台特玛湖	807.0	200.0	0.4	2.5	20.0～25.0	0.3	2 600.0
艾丁湖	−155.0	245.0	0.3	1.5	22.0～25.0	0.3	2 540.0

四、典型的荒漠生物群落

我国暖温带干旱区作为地带性植被类型的荒漠植物，不仅广泛分布于低山、冲积平原、山前洪积扇、干三角洲，而且上升到中山带。生长繁茂的荒漠植物种类有琵琶柴、盐穗木、白刺、苏枸杞、肉苁蓉（大芸）、骆驼刺、铃铛刺、沙拐枣、沙棘、麻黄、梭梭、蒿属、假木贼、合头草、戈壁藜、泡泡刺、木霸王、驼绒藜、蒿叶猪毛菜、胶黄黄芪状棘豆等。河流两岸，湖泊四周和地下水位埋深浅的地区有胡杨和灰杨构成的吐加依林，以及沙枣、柽柳、芦苇、拂子茅、芨芨草、甘草、野麻、花花柴、疏叶骆驼刺等。

哈顺戈壁与塔里木盆地周围的洪积扇一样，植物更加贫乏，更加稀疏，以致出现了广阔的砾漠。

河流为荒漠带来了生命。塔里木河水系是我国最长的内陆河水系，从源头（叶尔羌河的拉斯开木河河源）到台特玛湖，全长 2 437km，流域面积 102 万 km²。受其水流的滋润，沿河两侧形成了世界干旱地区面积最大的"吐加依林"，或称"荒漠河岸林"。构成这一天然植被带的主要植物为胡杨和沙枣，是荒漠地带依靠洪水或潜水供给水分，适应一定盐渍化土壤的森林、灌丛和草甸植物群落的复合体，是荒漠地区特有的隐域植被。

荒漠河岸林，但生长是我国暖温带干旱区最重要的植被。早在 100 多年以前，塔里木河流域有着大片大片的胡杨林，如和田河、叶尔羌河和阿克苏河 3 河汇合处的阿拉尔，形成长达上 100km，宽数十千米的茂密天然胡杨林，叶尔羌河、和田河及塔里木河干流两侧也有宽数千米到数十千米的胡杨林带。当地维吾尔族人民称这种荒漠河岸植被为"吐加依"（Togay）。

吐加依林是荒漠中的天然绿洲。它主要有两类植物：一部分主要是土著植物——

古地中海成分的后代,如几种乔木胡杨(胡杨,灰杨,小叶胡杨、沙枣、柽柳等;另一部分为灌木植物,多数具有较深而广的发达根系,利用上层滞水和由潜水层上升的毛管水或直达潜水。它们一般具有适应荒漠条件的抗旱、耐盐、喜光和抗热的生态特点。

塔里木河流域胡杨林(含灰杨林)分布之广,面积之大,不仅居全国之首,而且举世罕见。疏勒河中下游两岸也发育胡杨林,因昌马水库拦截河水,近20~30年亦渐趋衰败。

红柳主要生长在较为平坦的盐碱地上。塔克拉玛干沙漠南缘绿洲边缘地带的红柳多形成高大的红柳包。红柳包是红柳将风带来的沙滞留堆积而成。这表明红柳这种植物具有极强的固沙能力。塔里木盆地北缘轮台和库车县境内的冲积平原上分布有一望无际的红柳灌木林。此外,还生长一些盐穗木、盐爪爪、碱蓬、滨藜、合头草、盐节木等。这些植物不但可以固沙,还具有一定的放牧价值。

五、自然环境演变概述

近两千年以来,本区自然环境的变化可以概括为"两扩大","四减少"。

"两扩大",即绿洲化与沙漠化并存,均有增长。从表18.4和表18.5可以清楚地看出,塔里木河干流的绿洲农业用地面积由1959年的22 870.6hm²,到1996年增加为37 691.7hm²,增加14 821.1hm²。同一时期阿拉尔地区沙漠(化)土地由1 371.22km²到1996年的1 494.20km²,净增122.98km²,其中,轻度沙漠化面积减少,而极度和强度沙漠化面积大大增加。

表18.4 塔里木河阿拉尔地区土地利用状况变化 (hm²)

土地利用类型 \ 年份	1959	1983	1992	1996
耕地	22 870.6	29 524.1	33 792.8	37 691.7
林地	38 690.3	38 690.3	38 690.3	38 690.3
草地	49 238.1	46 330.0	45 568.9	42 078.6
盐渍碱地	4 119.1	4 340.1	4 267.1	4 267.1
沙漠	32 123.9	31 314.1	31 071.1	30 967.5
总计	147 042.0	150 198.6	153 390.2	153 695.2

"四减少"。首先,是自然水域面积和湿地减少。塔里木河干流河岸湖旁的芦苇现已成为风蚀地和沙漠化土地。塔里木河干流1980年代有湿地5.52万hm²,而到1990年代末减少为2.9万hm²,减少了近一半。其次是林地减少。塔里木河两岸的胡杨林由1950年代的46万hm²,到1970年代末减少为17.5万hm²。第三,草地退化,面积缩小。天然草场80%以上出现不同程度的退化,其中严重退化面积占1/3以上,产草量下降30%~60%不等。草地盐化和退化,导致鼠虫害的快速发展,每年损失牧草数亿千克。由于无序开垦土地种植棉花而减少的优良草地在塔里木河流域可达20%左右,

超载放牧幅度一般在20%~50%，部分地区达到1倍以上。塔里木河流域由于滥挖而破坏的草场面积竟达11万hm²。由于缺水灌溉，草场面积减少了15万hm²。第四，野生动物的灭绝和减少。由于人类经济活动的频繁，掠夺式的开垦土地，侵占了野生动物的生存和繁衍空间，加之无序捕猎，蒙古野马和赛加羚羊离境迁移，新疆大头鱼成为濒危物种，鹅喉羚、马鹿、天鹅等数量减少，野骆驼、野驴等的分布范围缩小。

表18.5 塔里木河流域干流沙漠化面积统计

年份	图幅总面积/km²	极度沙漠化		强度沙漠化		中度沙漠化		轻度沙漠化		沙漠化总面积	
		面积/km²	比例/%	面积/km²	比例/%	面积/km²	比例/%	面积/km²	比例/%	面积/km²	比例/%
1959	1 576.53	476.15	30.20	95.78	6.08	393.42	24.96	405.87	25.74	1 371.22	86.98
1983	1 576.53	497.63	31.58	96.58	6.13	454.95	28.86	411.13	26.08	1 460.29	91.63
1992	1 576.52	532.24	33.76	145.01	9.20	438.01	27.78	372.00	23.60	1 487.26	94.34
1996	1 576.52	583.35	37.00	235.05	14.91	417.80	26.50	257.81	16.35	1 494.20	94.78

大规模的水资源开发利用，加速了区域生态系统与环境的演变，这种改变往往成为区域自然环境演变的主要驱动力。

中国暖温带干旱区自然环境的演化以平原绿洲与荒漠生态系统最为显著。其演变过程表现为绿洲化与荒漠化并存。绿洲化过程主要是人类通过对水资源，土地资源和生物资源的控制与利用，实现了人工绿洲生态代替自然生态的过程。荒漠化过程是由于人类对自然资源的掠夺式的开发利用，导致水资源、土地资源与生物资源发生退化的过程。其演变历史可以分为自然水系时期－生态系统自然平衡阶段，半自然半人工水系时期－生态系统平衡失调阶段，完全人工水系时期－生态系统受损恶化阶段。

第二节 区内地域分异与亚区划分

暖温带干旱地区（ⅢD1）位于亚洲中部，以山盆体系构成其地貌格局，并控制着区域景观特征、资源分布，调节着气候等自然条件。塔里木盆地荒漠区除传统意义上的塔里木盆地外，还包括博斯腾湖盆地、吐鲁番盆地、哈密盆地、罗布泊洼地和瓜州－敦煌盆地，其内部地域分异主要表现在以下几方面：

1. 山、盆地貌差异显著

亚洲中部主要山系发育在古板块边缘构造带的基础上，然而盆地的成因具有多样性，主要盆地如塔里木盆地的基础多为拼接前的古板块，但也有部分盆地形成于裂张、走滑（或拉分）过程（吐鲁番盆地等）。虽然山盆体系的地貌格局十分清晰，但它们的演化过程、形态特征、景观格局差异悬殊。

印度大陆对古亚洲大陆的碰撞力，通过板块等的刚性传递，影响到亚洲中部地区，促成山盆体系发育和发展，进而形成了亚洲中部规模巨大的诸多山系。同时，一系列的对应压陷、走滑和裂陷盆地应运而生。盆地的成因是多样的，塔里木盆地主要表现为压陷兼走滑性质，吐鲁番和哈密盆地则属走滑性质，其他许多小型山间盆地多为断陷盆地。

塔里木盆地东西长约 1 300km，南北宽 500km，面积达 54 万 km²，而吐鲁番盆地（东西长约 245km，南北宽 75km）面积仅有 4 050km²。塔里木盆地地表物质结构由边缘向中心呈环状分布明显，其中心主体物质是沙漠，面积达 33.7 万 km²；吐鲁番盆地地表物质以砾石戈壁为主，沙漠面积只有 2 500km²。另外，海拔差异也很大，塔里木盆地的平均海拔约为 1 000～1 200m，而吐鲁番盆地则处于海平面以下，最低处海拔为 −155m，是中国海拔最低的地方，也是世界仅次于死海的第二低地。

2. 水资源区内分布不平衡

受地质构造、地形等自然地理因素的综合作用，本区水资源的 96.14% 高度集中分配在塔里木河和疏勒河流域内。哈密地区为 3.86%，吐鲁番盆地仅占 1.64%。本区山前平原地下水均来自山区地表径流的转化。因此，在塔里木盆地南北两侧的狭长地带以及哈密、吐鲁番和疏勒河流域是地下水资源的汇集地与富集区，如拜城 – 库车有地下水水库之称。

河流是本区最重要的水源。河流是以塔里木盆地为最集中，加上疏勒河、党河，其数量达 146 条，流域总面积超过 102 万 km²。其中，哈密盆地的地表径流十分贫乏，盆地水系主要分布在于东天山南坡，流域面积约 8.0 万 km²，由 29 条相对独立的山沟流水组成。吐鲁番盆地河流更少，流域面积不到 6.0 万 km²。

3. 大山环绕，区内各地垂直带性明显不同

高山环抱的地形，对区内水分来源及分布的影响，不次于远离海洋的影响，影响最大的是青藏高原。因为青藏高原平均海拔在 4 500m 以上，宽度为 700～1 500km，直接阻挡了夏季西南季风深入本区，形成水汽少、湿度低、云量稀少的干旱气候。本区的西部和北部是高峻的帕米尔高原和天山山脉，最低的垭口海拔超过 2 500m，西风气流虽然能越过天山进入本区，但大部水分已在迎风坡降落；再则，从高山上下降的气流，降水机会极少；加上冬、春季塔里木盆地遇到干冷空气"东灌"，因此常常加重了塔里木盆地的干旱程度。

气候的垂直带性产生植物和土壤的垂直带性分布。本区荒漠已上升到周边山地的 2 000m 以上的高度，个别地区达到 3 000m 以上的高度。在世界干旱区也十分罕见。同时，周边的山地的最上部都分布着冰川和积雪，构成了山地冰雪世界。荒漠与冰雪共存于我国暖温带干旱区，在世界干旱区也是独一无二的。稳定而优良的淡水从高山源源不断地流入盆地，滋润着荒漠绿洲，形成独具一格的荒漠与绿洲共存的景观。

4. 沙漠化与绿洲化

我国暖温带干旱区的山麓和山间盆地中，经过长期生产活动，形成了一个个人工绿洲。历史时期的绿洲，有的目前仍然存在，有的已经消失。绿洲兴衰的原因是多方面的，有自然因素，也有社会经济原因。

在人为因素作用或自然条件影响下，绿洲位置往往发生上迁或下移。绿洲上迁是指原来处于河流下游的绿洲，因为上游引水截流或其他原因，导致下游水量减少或断流，迫使绿洲向上游迁移。例如，在今轮台县城南数十千米的卓果特沁古城，原是汉初"使者校尉"屯驻所在，置数百名"田卒"，从事大规模屯田、种田积谷。轮台县城南不远的黑大叶城及城西南的拉伊苏，是唐代的屯田遗址。从汉朝到现在，绿洲从南向北（即从下游向上游）迁移非常清楚。其原因或是由于迪那尔河上段截水灌溉，下游水源不足，引起土地沙漠化；或因下游缺乏农田排水设施，导致土地次生盐渍化，或交通路线的迁移等原因所致。

另一种是绿洲下移，在水源条件允许的情况下，绿洲可以不断地向河流下游扩展。这种情况是随着生产力的不断发展，生产技能的相应提高而出现的。1950 年以来，新疆生产建设兵团在塔里木河干流中、下游开垦灌区就是一个例证。

水源是制约绿洲生存、发展的主导要素。在一般情况下，如果水源稳定，绿洲也相对稳定，环境会向好的方面转化；相反，绿洲的变化加速，环境就有可能恶化。吐鲁番绿洲是绿洲稳定扩大的一个实例。吐鲁番绿洲早在西汉时即已存在，到隋唐时，仅高昌（现吐鲁番县城东 40km）一地，最盛期就有耕地面积（包括林地、果园）2.28万 hm^2。塔里木河下游的卡拉 – 铁干里克绿洲，是不稳定绿洲的一个实例。这个绿洲建于 1950 年代末，当时塔里木河在卡拉站的多年平均径流量达 13.15 亿 m^3（1957~1963年），灌溉耕地 1.7 万 hm^2。随着塔里木河上游拦蓄引水和中游大量的引水灌溉，使水量大减，到 1974 年以后，卡拉站的年径流量减少为 5 亿 m^3，后几年又降到 3.5 亿 m^3左右，绿洲耕地缩小到 1.33 万 hm^2，弃耕 3 300hm^2，部分地方已就地起沙。沙漠化与绿洲化成为本区地域分异的重要因素。

正是由于存在上述内部地域分异，暖温带干旱地区虽只有塔里木盆地荒漠区一个区，但其内部却可以划分为以下几个亚区。

1. 塔里木盆地北部亚区

主要指叶尔羌河、塔里木河干流以北地区。降水量略多，河网相对密集，绿洲分布较广，有阿克苏、库车、库尔勒等较大绿洲。沙漠较少。

2. 塔克拉玛干沙漠亚区

叶尔羌河以东和塔里木河干流以南，直到 95°E 的罗布泊洼地边缘。这里是中国最大，也是世界第二大流动性沙漠。其主要特点是降水量少，气候极端干旱，风沙危害严重。流动沙丘面积约为 28 万 km^2，占沙漠总面积的 85%。沙丘高大，形态复杂。沙丘一般高 100~200m。沙丘类型呈规律性分布，沙漠外缘以新月形沙丘为主，向沙漠内部依次为新月形沙垄、复合垄状沙山，还有复合型沙垄、复合型沙丘链、金字塔沙丘等。河网稀疏，地表很少植物生长。

3. 吐鲁番 – 哈密盆地亚区

位于本区东北部，北至天山博格达山、巴里坤山和哈尔里克山南麓，东至北山山地，南至罗布泊低地边缘。是欧亚大陆最干旱，戈壁分布最集中的核心地段。本亚区是一个典型的山间断陷盆地。盆地地形高差悬殊，北部的博格达山，海拔 3 500~4 000m，主峰博格达峰 5 445m；西部的喀拉乌成山，最高峰也在 4 000m 以上；南部的觉罗塔格山，海拔 600~1 500m；紧邻南部山麓的最低部分低于海平面，是全国海拔最低的洼地，盆底艾丁湖低于海平面约 155m。深处内陆，远离海洋，降水罕少，年降水量多在 50mm 以下，甚至 25mm 以下。托克逊曾出现年降水量 3.9mm 的最低记录。风力强劲，有"陆地风库"之称。在著名的 30 里风区和百里风区，8 级以上大风频繁，12 级以上飓风也屡见不鲜。雅丹地貌发育，沙地只零星分布。

4. 罗布泊低地与敦煌-瓜州盆地亚区

位于塔里木盆地东缘和河西走廊西段。海拔多在 800~1 000m 之间，地表为干涸湖盆、沙漠和古河道，北部发育雅丹地貌，南部为以羽毛状沙丘著名的库姆塔格沙漠，东部有湿地及人工绿洲。年平均降水量 40~60mm，荒漠植被覆盖率低且种类少，但疏勒河沿岸有带状胡杨林。

敦煌-瓜州被称为"世界风库"，是西北干旱区的另一个大风口。北侧有马鬃山东西方向延伸与天山余脉相连，中部形成一个向西敞开的喇叭口，东北方向而来的西伯利亚强大高压气流进入谷地，顺势向西直泄，形成东北大风，并发生"狭管效应"加速，经敦煌直抵塔克拉玛干沙漠。

第三节　区域发展与生态恢复

一、科学发展绿洲经济

暖温带干旱区是我国重要的棉花基地和能源后备基地。由于气候极端干旱，降水稀少，地表植被稀疏，沙漠戈壁面积广阔，生态与环境脆弱。农业生产主要依靠人工灌溉，形成了世界上独具特色的"荒漠、绿洲共存的农业灌溉绿洲"生态系统和社会经济体系。水是人类生存和发展的生命线，是国民经济与环境的命脉，是可持续发展的物质基础。

吐鲁番-哈密地区荒漠化面积已达 36.36 万 hm²，占该地区国土总面积 127.31 万 hm² 的 28.56%。疏勒河流域有荒漠戈壁 6.8 万 hm²，占河西走廊荒漠化土地的 31.9%。荒漠植被的恢复，是防止荒漠化发展的关键。我国干旱地区是全国森林覆盖率最低的地方，如和田地区仅为 0.47%，瓜州-敦煌盆地所在的酒泉仅为 0.66%，疏勒河流域只有 0.5%。森林覆盖率低主要是自然的原因，而荒漠植被的破坏主要是人为的原因。

本区有大小绿洲共 10 片，即阿克苏绿洲、渭干河绿洲、孔雀河三角洲绿洲、焉耆盆地绿洲、吐鲁番-哈密盆地绿洲、喀什噶尔河三角洲绿洲、叶尔羌河绿洲、和田河流域绿洲、东昆仑-阿尔金山山前平原绿洲、河西走廊疏勒河流域的瓜州-敦煌盆地绿洲。它们都是本区农业的命脉所在。保护绿洲、防止风沙侵袭，无疑十分重要。

本区与内地，特别是经济发达地区相比，水利建设相对滞后，控制性水利设施不多，水资源开发利用和管理水平较低。水资源的有效利用率低，浪费严重，水资源供需矛盾尚未得到根本解决，水资源开发利用导致的生态与环境问题突出。随着人口增长和西部大开发的要求，增加可利用水资源量和提高水资源利用效率是关键。从目前的分析看，重点应该在如何提高水的有效利用率，即提高水资源的承载能力上。

其一，本区多数河流天然来水年内分配极不均衡，主要集中在夏季，"春旱夏洪"的问题比较明显。同时，水资源区域分布差异很大。因此，应结合水资源的时空分布特点，采取各种有效措施提高水资源的承载能力，合理开发，优化配置，科学管理水资源。塔里木河流域水资源总量为 392 亿 m^3，但由于水资源管理欠妥，干流因河道漫流耗水达 18 亿 m^3，特别在夏秋洪水季节，大量洪水无效消耗在沙漠中，并导致洪灾和土地盐碱化。若能建设山区水库替代平原水库，并整治河道和开发地下水资源，除用于农业灌溉外，还可拨出一部分水用于人工绿洲及其外围的绿化。这样，塔里木河流域农业生产用水与生态建设用水的比例可维持在 3∶1 的合理水平（樊自立等，2000）。

其二，提高渠道输水利用系数，减少渠道渗漏损失。塔里木河流域渠系利用系数只有 0.45 或更低，疏勒河流域渠系利用系数为 0.49，即一半多的水在渠道输送过程中就已经白白浪费。防止渠道渗漏在技术上并不困难，只是灌渠的建设需要一定的投入。

其三，提高田间灌溉水利用效率。按先进灌区水平，田间灌溉水平均定额为 4 500 ~ 7 500m^3/hm^2（300 ~ 500m^3/亩，毛灌溉额，下同），而塔里木盆地为到 15 000m^3/hm^2（1 000m^3/亩），疏勒河流域为 6 750 ~ 7 500m^3/hm^2（450 ~ 500m^3/亩）。因此，在塔里木河流域若采用常规节水办法至少可节约一半以上的灌溉水量。按每立方米水生产粮食计，以色列达到 2.32kg，发达国家均在 2.0kg 以上，我国平均为 0.84kg，而本地则只有 0.15 ~ 0.30kg，相差数倍。可见，本区对灌溉水的利用，无论是扩大灌溉面积或是提高灌溉效益，均有很大潜力。

其四，合理利用深层地下水资源。塔里木河流域地下水主要分布在塔里木盆地南北两侧狭长地带，水量丰富，水质好。其中盆地北缘的渭干河流域存在巨大"地下水库"。塔里木河 3 源流地区地下水水位高（0 ~ 2m），面积为 7 500km²，年蒸发量 47.7亿 m^3，可开采量达 61.2 亿 m^3，现仅利用 2.0 亿 m^3。浅层地下水蒸发易导致灌区次生盐渍化，如疏勒河流域浅层地下水蒸发损失达 90.4 亿 m^3，导致灌区次生盐渍化面积达39%。开发地下水可充分利用水资源，并可避免发生盐渍化。

满足本区生态系统及经济社会的需水要求，一方面要坚持因水制宜，量水而行，在满足生态与环境最低需水要求的前提下，以水定经济社会发展规模，以水定产业结构和经济发展布局，优化配置水资源，避免水资源的过度开发；另一方面要通过节水，提高水资源的利用效率，使有限的水资源发挥最大的使用效率和效益，这是解决本区水资源短缺问题的必由之路。本区以绿洲经济和灌溉农业为主，农业用水量占国民经济总用量的 95%，因此，农业节水是节水型社会建设的重点。

二、生态恢复与可持续发展

100 多年前，塔里木河流域两岸的胡杨林带一直延伸到罗布泊，塔里木河的源流叶尔羌河和和田河两侧都有宽达数千米的胡杨林带；塔里木河干流阿拉尔，形成长达100km 以上、宽达数十千米的茂密天然胡杨林带；塔里木河尾闾的楼兰，其植被"多柽柳、胡杨、白草"；塔克拉玛干沙漠南缘的车尔臣河、尼雅河等也有大片胡杨林带分布。恢复和保护塔里木河流域的胡杨林带是发展本区绿洲经济，构建人与自然和谐的物质基础。

塔里木盆地周边山地每年向盆地输送近 400 亿 m^3 的地表径流。仅塔里木河 3 条主要源流阿克苏河、叶尔羌河、和田河就有地表径流资源 171 亿 m^3。汇集到干流的水源也有 46.3 亿 m^3。此外，还有丰富的地下水资源尚未得到有效利用，开发利用潜力大。若在山区修建控制性水库，既可用于灌溉，又可用于发电，还可为地下水开发提供能源。

要坚持以生态系统恢复和保护为根本，以水资源合理配置为核心，源流与干流统筹兼顾，工程措施与非工程措施紧密结合，兼顾生产和生态恢复用水，加强流域水资源统一管理和科学调度，使塔里木河流域河道生命安全得到修复和保护，实现塔里木河流域水道畅通，保持至台特玛湖常年有水流、河流两岸胡杨林带得到恢复。为此，必须首先改变叶尔羌河近 20 多年不供给干流水源的人为局面，使叶尔羌河与干流阿拉尔间近 320km 河道干涸、胡杨枯萎、农田周边植被衰败、死亡的趋势彻底改变。同时，要实现阿拉尔多年平均下泄水量 46.5 亿 m^3，大西海子下泄生态水量 3.5 亿 m^3，水流到台特玛湖，显著改善塔里木河流域胡杨林带系统。

除了重要交通干线的防护林、灌丛草带外，生态恢复的重点是在绿洲周围建立乔灌屏障带，防止沙漠向绿洲的侵袭。利用绿洲农田灌溉的余水进行生态恢复是可行的，因农田灌溉余水盐度较大，不适合再用于作物灌溉，但可以用于灌溉胡杨树、红柳等乔木和灌木。因此，在绿洲边缘地带建起一道生态屏障是有可能的。

为化害为利。塔里木河流域试验将夏季洪水引入荒地，使洪水携带的柽柳种子落地发芽，大面积恢复柽柳林。经努力，试验区内柽柳林覆盖率达 60% 以上，流沙基本被固定。另外，在塔克拉玛干沙漠南缘的策勒、于田、民丰等县内，经人工培育的 4.7 万 hm^2 柽柳已经成林，1 万 hm^2 流沙趋于平静，黄沙后退了 4km。

水是绿洲的"命脉"，而山则称得上是绿洲的"命根"。山地是径流形成区，森林、草地和土壤蓄积大量雨水和冰雪融水，并源源不断地输送到沙漠和绿洲。从长远的角度看，保护山地的冰雪以及森林、草地和土壤，不但保护了环境本身，而且保护了绿洲生存和持续发展的根本。反之，山地的破坏，会导致水土流失，山区牧场面积缩减，河流含沙量增大，水库淤积行洪不畅，山地向平原和盆地输送更多的泥沙和盐分，并引起泥石流灾害和洪灾发生。同时，山地还孕育着丰富的动植物资源，因此山地资源的永续利用，对绿洲的稳定和发展有着十分重要的意义。

塔里木盆地有丰富的油气资源，哈密地区还有煤炭资源，对当地经济建设和支援区外能源建设有十分重要的意义。盆地周边山地河流、水库蕴藏着较丰富的水能资源，新能源中太阳能丰富，局部地区如峡谷和风口，风能资源开发有较大潜力。太阳能温室种养结合，利用畜粪在塑料大棚内生产沼气已在当地取得很好效果。此外，利用冬秋闲水、农田灌溉余水、夏季洪水和盐碱度较高的地下水种植乔木和灌木，既可抵御风沙，又可为当地农牧民提供一部分生物质能源。要尽可能减少农村能源单纯依赖樵采自然植被，对于风沙灾害的治理具有决定性的意义。如和田、墨玉、洛浦 3 县 60% 的居民做饭取暖靠烧柴，按每户每年最少烧 2.5t 计，1.9 万户每年需薪柴 47.5 万 t，而 3 县灰杨、柽柳和其他疏林年总生长量（生物量）为 5.75 万 t，仅为需求的 12%，势必导致滥伐荒漠植被，引起风沙灾害频繁发生。为此，除普遍推广节能灶外，要重视多种能源的利用，最大限度地减少或停止对自然植被的破坏。

在沙尘暴中心进行风沙危害的整治，首先应停止人为干扰，逐渐恢复自然植被。在重点整治地区采取相应的生物措施、机械措施和化学措施，或3种措施相结合的综合措施（朱震达等，1991；王涛，2003）。

（1）生物措施。荒漠植被有顽强的生命力，如果消除人类活动的干扰，其逆转能力，可使沙漠化过程逐渐自行终止。因此，限制人类活动的干扰是防止风沙根本性的措施。如果进一步采取人工措施植树造林种草，在较短时间内更能取得显著效果。在本区利用夏季洪水和地下水营造大片柽柳、大芸、沙枣、沙拐枣林均已取得成功。通过封育和人工植树种草可以在绿洲外围构筑第一道防线；第二道防线是在绿洲外围和沿河两岸保护和恢复天然次生林；第三道防线是在绿洲边缘建设基干林和农田防护林。实行"网、片、带"，"乔、灌、草"，"管、造、封"相结合的造林和育林措施，对绿洲农业生态系统进行改造和重建。经验表明，绿洲内部植被覆盖率达13%左右，就能有效抵御风沙的危害。从长远的角度考虑，应保护和恢复沙区周边山地的森林植被，使森林植被覆盖率达到30%以上，乔木、灌木和草被覆盖度达到60%左右，在山地就能形成一个良好的生态系统和环境，为沙漠绿洲提供优质和稳定的水源，为沙漠绿洲的整治提供良好的物质保证。

疏勒河流域植被保护和恢复格外重要。疏勒河流域有比较丰富的地表水资源和地下水资源，现又在上游修建9.24亿m^3库容的昌马水库和3座水电站（装机3.05万kW）。但目前当地对水资源开发与利用的程度低，浪费大，需要加强水资源的开发利用和科学管理，如推广农业节约用水技术措施，降低灌溉定额，扩大灌溉面积，并利用夏季洪水、冬秋闲水、农田余水以及地下微咸水，就有可能留出足够的生态用水。在绿洲内部要建设窄林带、小网格的农田防护林网，使绿洲的林木覆盖率达到13%以上，才能充分发挥其生态效应。

（2）机械措施。在水源缺乏和风口地区宜采用机械措施。主要技术措施有：草方格、机械防风沙障，用乳化沥青、黄土盖沙，以及其他材料沙障如塑料网拦沙屏障等。草方格防风固沙被广泛应用并收到很好的效果，特别是在铁路、公路沿线被普遍采用。但草方格等机械防沙易被沙埋和腐烂，仅能维持2~3年，多则4~5年。在沙区机械防风沙障材料也不易找到。

（3）化学措施。保水剂的应用是1950年代美国首先开发的一种高分子物质，所持水分85%以上能被植物利用。因价格较高，目前仅应用于林木、果树和牧草育苗，在植树坑树苗根系范围内土壤中施入保水剂，可提高成活率30%~50%，保水剂本身无毒无害、不污染环境。我国自己生产的黄腐酸"旱地龙"对抗旱保水也有显著效果。

（4）生物、机械、化学措施相结合并有机衔接，快速有效治理流动沙丘的综合技术措施。此项技术措施能吸取上述各项技术措施的优点，弥补其不足之处，但存在生物措施与机械措施不能及时衔接的问题。如在草方格内种植乔木、灌木和牧草，在草方格林木和牧草尚处在幼苗时草方格已经失效，仍避免不了沙打、沙埋的结局。因此，风沙危害防治必须在技术上获得突破时才能收到良好、持久的效果，而且投资效益显著。

参 考 文 献

陈曦. 2008. 中国干旱区土地利用与土地覆被变化. 北京：科学出版社

陈曦. 2010. 中国干旱区自然地理. 北京：科学出版社

程同福，张雄文，张洪. 2003. 塔里木河流域生态环境恶化的水文效应. 干旱区研究，20（4）：266~271

丛振涛，倪广恒，雷志栋等. 2006. 塔里木河干流河道水均衡模型研究. 冰川冻土，28（4）：543~548

邓铭江，王世江，董新光等. 2005. 新疆水资源及可持续利用. 北京：中国水利水电出版社

樊自立. 1998. 塔里木河流域资源环境及可持续发展. 北京：科学出版社

樊自立，马映. 2000. 干旱区水资源开发及合理利用的几个问题. 干旱区研究，17（3）：6~11

樊自立，陈亚宁，王亚俊. 2006. 新疆塔里木河及其河道变迁研究. 干旱区研究，23（1）：8~15

方行，经君健，魏金玉. 2000. 中国经济通史（清代经济卷＜上＞）. 北京：经济日报出版社

方英楷. 1989. 新疆屯垦史. 乌鲁木齐：新疆青少年出版社

冯绳武. 1992. 区域地理论文集. 兰州：甘肃教育出版社

何文勤. 1998. 塔里木河流域的水资源. 见：毛德华主编. 塔里木河流域水资源、环境与管理. 北京：中国环境科
    学出版社，21~28

胡汝骥. 2004. 中国天山自然地理. 北京：中国环境科学出版社

胡汝骥，樊自立，王亚俊等. 2002. 中国西北干旱区的地下水资源及其特征. 自然资源学报，（3）：321~326

胡汝骥，王亚俊，姜逢清. 2003. 哈密——一个典型的地下水补给型荒漠绿洲区. 干旱区地理，26（2）：136~142

胡汝骥，王国亮，冯国华等. 2004. 怎能让塔里木河下游干涸的悲剧重现中游——2002年塔里木河流域3条源流区
    间耗水分析. 干旱区研究，21（3）：199~203

胡汝骥，姜逢清，王亚俊. 2005. 亚洲中部干旱区的湖泊. 干旱区研究，22（2）：137~140

黄盛璋. 1995. 新疆历史上水利技术的传播和发展. 新疆经济开发史研究，（10）：59

纪大椿. 1993. 新疆历史词典. 乌鲁木齐：新疆人民出版社

雷志栋，甄宝龙，尚栋浩等. 2003. 塔里木河干流水资源的形成及其利用问题. 中国科学（E辑），33（5）：
    473~480

李江风. 2003. 塔克拉玛干沙漠和周边山区天气气候. 北京：科学出版社

李香云，杨君，王立新. 2004. 干旱区土地荒漠化的人为驱动作用分析——以塔里木河流域为例. 资源科学，
    26（5）：30~37

李新. 1995. 吐鲁番盆地水资源及其特征分析. 干旱区地理，18（2）：76~79

申元村，汪久文，伍光和等. 2001. 中国绿洲. 开封：河南大学出版社

施雅风. 2000. 中国冰川与环境——现在、过去与未来. 北京：科学出版社

施雅风，沈永平，胡汝骥. 2002. 西北气候由暖干向暖湿转型的信号、影响和前景初步探讨. 冰川冻土，24（3）：
    219~226

王雷涛，尹林克，孙霞等. 2005. 塔里木河中下游退耕还林还草的评价方法研究. 干旱区研究，22（4）：537~540

王树基. 1998. 亚洲中部山地夷平面研究——以天山山系为例. 北京：科学出版社

王顺德，王彦国，王进等. 2003. 塔里木河流域近40a来气候、水文变化及其影响. 冰川冻土，25（3）：315~320

王顺德，陈洪伟，张雄文等. 2006. 气候变化和人类活动在塔里木河流域水文要素中的反映. 干旱区研究，23（2）：
    195~202

王涛. 2003. 中国沙漠与沙漠化. 石家庄：河北科学技术出版社

王亚俊，侯博. 2000. 中国绿洲研究文献目录索引. 乌鲁木齐：新疆人民出版社

王亚俊，孙占东. 2007. 中国干旱区的湖泊. 干旱区研究，24（2）：137~140

王永兴. 1998. 吐鲁番绿洲可持续发展研究. 乌鲁木齐：新疆人民出版社

王钟翰. 1987. 清史列传18 尹继善传. 北京：中华书局

王遵亲等. 1993. 中国盐渍土. 北京：科学出版社

吴秀芹，蒙吉军. 2004. 塔里木河下游土地利用/覆盖变化环境效应. 干旱区研究，21（1）：38~43

夏德康. 1998. 塔里木河干流泥沙运动及河道变迁. 见：毛德华主编. 塔里木河流域水资源、环境与管理. 北京：

中国环境科学出版社，114～120

新疆社会科学院民族研究所.1980.新疆简史（一）.乌鲁木齐：新疆人民出版社

姚正毅，王涛，陈广庭等.2006.近40a甘肃河西地区大风日数时数分布特征.中国沙漠，26（1）：65～70

张志强，孙成权，王学定.2001.甘肃省生态建设与大农业可持续发展研究.北京：中国环境科学出版社

赵兴有，乔木.1994.哈密盆地区域地貌的基本特征.干旱区研究，17（1）：39～45

郑度，杨勤业，吴绍洪等.2008.中国生态地理区域系统研究.北京：商务印书馆

中国科学院新疆地理研究所.1986.天山山体演化.北京：科学出版社

周华荣，肖笃宁.2006.塔里木河中下游河流廊道景观生态功能分区研究.干旱区研究，23（1）：16～20

周立三.1948.哈密——一个典范的沙漠沃洲.地理，6（1）：21～29

朱瑞兆.1988.中国太阳能、风能及利用.北京：气象出版社

朱震达，王涛.1991.中国北方土地沙漠化问题.科学导报，37（4）

Zhang IH，Liou LG，Colemam RG. 1984. An outline of the plate tectonics fo china. Bulletin of Geological Society of America，
95（3）：295～311

第五篇
青藏高寒区

第十九章　自然特征和自然地域分异规律

　　巍峨雄伟的青藏高原是地球上一个独特的地理单元，其周边基本上是由大断裂带所控制，并由一系列高大山系和山脉组成。喜马拉雅山脉自西北向东南延伸，呈向南突出的弧形耸立在青藏高原的南缘，与印度、尼泊尔和不丹毗邻，俯瞰着印度次大陆的恒河与阿萨姆平原。高原北缘的昆仑山、阿尔金山和祁连山与亚洲中部的塔里木盆地及河西走廊相连。高原西部为喀喇昆仑山脉和帕米尔高原，与西喜马拉雅山的克什米尔地区、巴基斯坦、阿富汗和塔吉克斯坦接壤。高原东南部经由横断山脉连接云南高原和四川盆地。高原的东及东北部则与秦岭山脉西段和黄土高原相衔接。

　　中国境内青藏高原的总面积约 250 万 km²，约占中国陆地总面积的 1/4。在行政区划上它包括西藏自治区和青海省大部，云南省西北部迪庆藏族羌族自治州、怒江傈僳族自治州，四川省西部阿坝藏族羌族自治州、甘孜藏族自治州、木里藏族自治县，甘肃省西南缘的甘南藏族羌族自治州、天祝藏族自治县以及肃南裕固族自治县、肃北蒙古自治县、阿克塞哈萨克族自治县以及新疆维吾尔自治区巴音郭楞蒙古自治州、和田与喀什地区南缘及西南缘的塔什库尔干塔吉克自治县等（这里所列的是青藏高寒区所包括的主要州和县的名称，并不都包含其行政区的全部范围）（张镱锂等，2002）。

第一节　自然环境的基本特征

　　青藏高原的形成与地球上最近一次强烈的、大规模的地壳变动—喜马拉雅造山运动密切相关，表现为大幅度的近代上升，平均海拔超过 4 000m，且有许多超过雪线、海拔 6 000~8 000m 的山峰。在中国西高东低的地势总轮廓三级阶梯中，青藏高原是最高一级阶梯，是亚洲许多大河的发源地，由此向东逐级下降。青藏高原区与西北干旱区、东部季风区并列为中国三大自然区，在主要的自然特征方面表现出十分明显的差异。晚近地质时期的强烈隆升，高亢的地势、广袤的幅员和中低纬度的位置决定着青藏高原自然环境的基本特征。

一、自然地理过程的年青性

　　青藏高原是地球上形成地质历史最新的高原。自然环境的发育过程仍处于年青性的阶段，在地形与土壤发育上表现尤为突出。自上新世末至今大约 300 万~400 万年的时间内，青藏高原大面积、大幅度地抬升，达到今天平均海拔超过 4 000m 的高度。高原的强烈抬升隆起，地形发育的年青性主要表现为高原边缘山地活跃的外营力作用和强烈切割的地形，内、外流水系的转变以及广泛的现代侵蚀与堆积。

　　在高原边缘，河流纵剖面普遍存在三级侵蚀裂点、河流横剖面存在多级的谷中谷形态。每一侵蚀裂点形成过程均使河流强烈下切并向上游方向推进，使侵蚀裂点以下地形的切割程度更加明显。正是由于隆起抬升的速度快、幅度大，导致高原边缘山地地貌外营力以侵蚀作用占绝对优势。陡峭的山地、深切的河谷、间断的古高原夷平面残留，是边缘山地的主要地貌类型。

高原的隆起导致大气环流状况的变化，改变了地形发育外营力条件的地域格局，使得高原内、外流水系发生显著的变迁。青藏高原南部和东南部面向南来的暖湿气流，地势高度自南向北逐渐抬升，降水较为丰沛，河流切蚀能力强，水系朝溯源侵蚀的方向演进。如高原东部金沙江、澜沧江和怒江等均溯源侵蚀至接近于高原腹地，高原南部阿龙河切穿喜马拉雅山延伸至山脉北麓。高原东部与南部边缘深切割山地地形分布范围宽阔，由地表物质不稳定而导致的坡面滑塌、土壤水蚀及泥石流等则是这一区域普遍的地形发育现象。与上述情况相反，北部和西部边缘山地深切割地形范围相对较窄。在高原内部以及受巨大山脉屏障的雨影区，气候偏干，河流水量减少，部分外流水系转变为内流水系，出现时令河，有的河流、湖泊甚至退缩消失。

青藏高原现代土壤发育仍处于新的成土过程中。由于高原迅速的抬升，使成土条件分阶段向高寒方向转化，土壤发育也在不断与新的环境相适应。在活跃的山地侵蚀与堆积作用下，地表物质迁移频繁，土壤发生层的物质组成相当不稳定，土壤发育常受到土层剥蚀或掩埋，成土过程多具间断性。受高寒作用的影响，或由于湖泊、冰川退缩，地表物质风化过程缓慢或新出露地面风化度很浅，许多土壤刚开始发育。在青藏高原独特的成土环境下，大部分土壤具有土层薄、粗骨性强、风化程度较低的特点。越是干旱、高寒和坡度陡峭的地域，土壤发育的这些特点越突出。在青藏高原干旱、半干旱地区，土壤砂砾化现象普遍，风沙的堆积和推移也往往造成原始土壤发育过程不连续。在大陆性土壤系统土壤发育过程中，有机质在土中的积累明显较少，物理风化占优势，淋溶作用弱，碳酸盐在土体中积累，土体物质粗骨性强，土壤发育的进程缓慢。季风性土壤系统的土壤剖面发生层次不明显，土壤黏化程度低，剖面中 Fe_2O_3、Al_2O_3 含量较稳定，黏土矿物以水化云母为主等，均反映了土壤发育的年青性（张荣祖等，1982；高以信等，1985）。

二、高寒气候的特殊性

青藏高原是地球上同纬度最寒冷的地区。高亢地势的垂直差异对气候的影响远超过水平地带性的作用。因此，高原气候具有太阳辐射强、气温低、气温日较差和年较差大等特点，与周围及同纬度其他地区迥然不同。

高原所处纬度较低、海拔高、空气稀薄、大气干洁、多晴天，这些因素均决定着太阳辐射的特点，即太阳总辐射强，直接辐射值高，有效辐射值大。青藏高原是全国太阳总辐射的高值区，太阳总辐射超过 6 700MJ/（$m^2 \cdot a$）的区域主要分布于高原的中、西部，在喜马拉雅山北翼雨影区，太阳总辐射最高值超过 8 500MJ/（$m^2 \cdot a$），高原其他大部分地区太阳总辐射均超过 5 000MJ/（$m^2 \cdot a$）。高原地区太阳总辐射平均高达 5 400 ~ 7 900MJ/（$m^2 \cdot a$），比同纬低海拔地区高 50% ~ 100% 不等。在全球范围内，青藏高原与北非的撒哈拉沙漠、南美的安第斯山脉中部、和澳大利亚的大沙漠等同属太阳辐射最强的地区。在太阳总辐射分量中，青藏高原地区太阳直接辐射值占有较大比重，年平均值一般超过 3 800MJ/（m² · a）。在高原西部狮泉河附近大于 6 280MJ/（m² · a）。高原地区直接辐射占总辐射比例平均为 60% ~ 70%，最高可达 78%。与全球的平均状况（直接辐射占总辐射的 47%）相比，青藏高原的太阳能资源是相当丰富的（孙鸿烈等，1996）。

高海拔所导致的相对低温和寒冷突出。青藏高原地表气温远比同纬度平原地区低，为全国的低温中心之一。高原面上最冷月平均气温低达 - 10 ~ - 15℃，与中国温带地区大体相当。暖季，中国东部夏季风盛行，最热月平均气温大多在 20 ~ 30℃ 之间，且南北差异不大，唯独青藏高原成为全国最凉的地区，大部分地区最暖月均温 < 10℃。7 月平均气温竟与南岭以南的 1 月平均气温相当，比同纬度低地地区要低 15 ~ 20℃。高原气候的另一显著特点是气温的日变化大，且暖季与冷季气温日较差变化明显，并存在区域差别。1 月高原气温日较差变幅在 12 ~ 20℃ 左右，最大日较差中心分布在藏南雅鲁藏布江中段和藏北地区。7 月气温日较差变幅在 8 ~ 12℃ 左右，最大日较差中心在高原西北部的狮泉河、改则一带。与同纬度低地地区相比，高原上气温日较差大 1 倍左右，具有一般山地与高山的特色。因受强烈大陆性气候的影响，气温年较差也不小，或与中国同纬度低地地区接近，表明它与热带高山有根本不同的温度特点。气温低、气候寒冷虽然是高原地区农业生产的主要限制因素，但由于形成低温的原因不同，加上太阳辐射强和显著的热力作用，高原上的温度条件对自然地理过程及植物生长发育而言，和高纬度低海拔区域的相同气温数值有着不同的意义。

三、冰雪与寒冻作用的普遍性

随着地形的抬升和气候向寒冷变化，青藏高原已成为地球上中、低纬度最大的冰雪与寒冻作用中心。高原的现代冰川面积 4.9 万 km²，占全国冰川总面积的 85% 以上。多年冻土面积约 150 万 km²，占全国冻土面积的 70%。高原上受寒冻作用影响的地域更为广阔。

与分布在高纬地区，如南极和格陵兰岛的大陆冰盖不同，青藏高原上的冰川均属山岳冰川，主要分布在极高山区。念青唐古拉山冰川群和西昆仑山冰川群是高原上两个冰川作用中心，冰川面积分别为 5 000km² 和 4 300km²。大致以松潘—德格—丁青—嘉黎—工布江达—措美一线为界，其东南部属湿润、半湿润气候，发育着海洋性冰川。海洋性冰川补给量大、消融快，冰川的运动速度较快，冰川的地形作用明显，切蚀地形也很普遍。在冰雪消融量、地形条件、地表物质组成等因素的配合下，巨大的冰川泥石流也时有发生，成为当地常见的自然灾害现象。该线西北基本上为半干旱、干旱气候，发育着大陆性冰川。这类冰川固体降水补给量少，因温度低，消融速度缓慢，所以冰川运动不活跃，对地形的作用也不显著。

与气候特点相一致，青藏高原冰川、雪线高度呈有规律的地域变化。高原南部喜马拉雅山南翼降水充沛，为海洋性冰川，雪线高度在海拔 4 500m 左右，冰舌可延伸至海拔 3 000m 左右。而在喜马拉雅山北翼的雨影区，降水稀少，发育着大陆性冰川，现代雪线高度在海拔 6 000m 左右，冰川规模较小，冰舌末端最低高度在海拔 5 000m

以上。

青藏高原是世界上中低纬地区冻土分布范围最广的区域。按冻土的性质与分布特点，青藏高原有连续多年冻土、岛状多年冻土和季节性冻土 3 种冻土类型。一般来说，冻土分布海拔高度的下界随纬度的降低而升高，自北向南每推进 100km，冻土层的温度上升 0.5~1.0℃，冻土层厚度减薄 10~20m。连续多年冻土分布于藏北和青南高原，厚达 80~120m，成为中低纬度巨大的冻土岛。随所处纬度的不同，高原上多年冻土分布高度有一定差异。岛状多年冻土呈不连续分布于高原周围切割山地的高山带。季节性冻土发育于雅鲁藏布江中游谷地等海拔较低的地方，该地区融冻作用外营力对地形发育的影响比多年冻土区更显著。

寒冻作用是青藏高原上非常普遍的地貌营力，主要包括寒冻风化作用、融冻作用和冻胀作用等。高原上太阳直接辐射强，使地表物质在白昼增温很快，但由于空气稀薄，地表物质在夜间迅速冷却。在广大的高寒区，地表温度日变化大（一般超过20℃），且经常出现正负温频繁交替的变化，这就使地表物质热力胀缩和水分冻胀、剥裂作用得到加强，使物理风化过程加快。高原上主要受寒冻风化作用影响而形成的地貌类型多分布于海拔 4 500m 以上岩石出露的山地，石柱、土柱经风化和重力作用形成岩屑锥、岩屑裙和岩屑坡，还有石质山地山顶或坡麓形成的石海、石河等。主要受融冻作用影响而形成的地貌类型广布于冻土区。由地形条件和地表物质组成特征所决定，融冻作用或使土体产生移动，或使地表物质发生分选聚集，有融冻泥流和融冻滑坡。在融冻分选作用下形成的微地貌形态，如石多边形、斑状土、石堤和石带普遍发育。由冻胀作用所形成的地貌形态分布于多年冻土区和现代冰川的表碛丘陵上，如冻胀石笋、石林、冻胀丘和冰锥等。

四、生物区系和群落的多样性

按照生物种类的地理成分，青藏高原上生物分布的区域差异很明显。就植物区系而言，青藏高原除其南缘划归古热带植物区外，其余部分均属泛北极植物区。在陆栖脊椎动物区划中，喜马拉雅山至横断山脉中南部一线以南属东洋界，其北属古北界。即历史古老的喜暖湿成分占据东南部，而较年轻的耐寒旱种类则分布于高原内部。喜马拉雅山是南北分布上的明显屏障，而横断山脉的纵向谷地则便于南北交流，且垂直分带明显，类型繁多，是世界高山植物区系极丰富的区域，又是第四纪冰期中动植物的天然避难所，保存了许多古近纪以前的孑遗种类，成为现代不少生物种类的分布中心。与复杂的自然环境相适应，青藏高原区内包括了除极地冻原以外中国大部分主要植被类型。森林主要分布于喜马拉雅山南翼、念青唐古拉山东段和横断山区，针叶林是分布最广的森林类型。阔叶林主要分布于高原南部和东南部湿润、半湿润地区，从地质历史和植物类群特点分析，山地硬叶常绿阔叶林是古老的残余类型，保留了旱生生态适应特征。

高寒灌丛是具有垂直带性意义的原生植被，多位于山地针叶林带以上，常和高寒草甸镶嵌分布，包括革叶灌丛、针叶灌丛和落叶灌丛等。由适低温中生多年生草本植物为主组成的草甸植被通常分布于高寒灌丛草甸带或高寒草原带以上，是山地垂直带谱的组成部分。最典型和分布最广的是各种嵩草（*Kobresia* spp.）高寒草甸，它们具有植株低矮、密集丛生、具地面芽、赖短根茎行营养繁殖等特点，能适应生长期短、融冻作用频繁及低温寒冷等不利条件。高寒草原广布于青藏高原内部地区，由耐低温、旱生多年生草本和小半灌木组成，是高原上占据面积最大的植被类型。这类草原草丛低矮、结构简单、草群稀疏、覆盖度小，生物产量也很低。高寒草原和山地草原可按生活型分为：丛生禾草草原、根茎薹草草原、小半灌木草原和根茎禾草草原。高原西北部气候严寒干旱、土壤贫瘠且常含盐分，分布较广的是超旱生的小半灌木和垫状小半灌木荒漠，组成简单，覆盖稀疏。高山座垫植被具有生长低矮、呈垫状、莲座状或半莲座状、根系发达、适应于严酷寒冻条件的特性。这类植被适应高原和土壤贫瘠的环境，生长低矮，具密集须根或长的根系，生长期很短，行营养繁殖或胎生繁殖方式。

高原动物分布既与其起源有联系，又与动物对高原隆起后环境变化的适应能力相关。第一类能够适应高寒环境的动物沿着山脉扩大自己的活动范围，从高原向外扩展或从外围山地扩展到高原上。如高原上的雪豹（*Panthera uncia*）、岩羊（*Pseudois nayaur*）、藏雪鸡（*Tetraogallus tibetanus*）、旱獭（*Marmota*）等扩展至中亚山地；又如沙蜥（*Phrynocephalus*）、西藏毛腿沙鸡（*Syrrhaptes tibetanus*）、三趾跳鼠（*Dipus sagitta*）和藏原羚（*Procapra picticaudata*）等，通过青藏边缘山地扩展到高原上。第二类是受山脉屏障作用影响，以山脉作为分界线。如温带动物长耳跳鼠（*Euchoreutus naso*）、大沙鼠等，多止于阿尔金山—祁连山一线；又如树蛙科（Rhacophoridae）、太阳鸟科（Nectariniidae）、灵长目（Primates）、灵猫科（Viverra）等动物不能越过高山带，而只分布于喜马拉雅山以南。鸟类中的岩鹨科（Prunellidae）、兽类中的鼠兔科（Ochotonidae）等动物也只分布于喜马拉雅山以北及其附近山地。第三类是一些动物逐步适应高原环境演变，演化为青藏高原的特有种。如高山蛙（*Altirana parkeri*）、温泉蛇（*Thermopsis baileyi*）等是高原隆起后适应局部环境残留而演化成的。喜马拉雅旱獭（*Marmota himalayana*）、藏羚（*Pantholops hodgsoni*）、野牦牛（*Poephagus mutus*）等在青藏高原分布相当广泛。兽类中的鼠兔属动物以高原东南部为现代繁殖中心。

五、人为因素对自然环境影响较弱

由于自然条件和社会历史原因，本区人类活动对高原自然环境的影响相对较弱，主要体现在人类开发历史较短，活动范围具有局限性；人口分布稀疏；交通不便利，远离经济发展的偏远区；人类生产活动仍以较粗放的畜牧业和种植业为主，其对环境影响的范围和程度仍很有限。

青藏高原是藏族和其他民族世代繁衍生息的地方。从远古时代起，青藏高原的藏北、藏南、藏东和青海东部地区就已有人类活动，原始的游牧活动经历相当长的一段时间。由于历史的原因，青藏高原地区自9世纪中叶至20世纪中叶期间的人口和生产发展速度很慢。从1950年代开始，青藏高原地区进入经济开发的阶段，人为因素对自然环境的影响逐渐增强。但与中国东部季风区相比，青藏高原地区人类活动对环境的作用与影响，无论在规模和强度等方面都弱得多。

青藏高原人口稀少。在占全国1/4的土地面积上，人口不足全国人口0.84%，平均 4.0 人/km²，相当于全国平均人口密度的 1/25。高原上人口分布差异很大，西藏的人口密度最低，为 1.8 人/km²，青海和横断山区人口密度略高，为 5.5 人/km²，比全国其他地区低许多。青藏高原上河谷农业区人口较集中。如青海东部农业区自然条件优越，农业较发达，人口密度接近 80 人/km²；雅鲁藏布江中游地区是西藏最主要的农业区，其面积不足西藏自治区的 1/7，但人口占西藏人口总数的近 1/5，河谷区平均人口密度达 18 人/km²。其余，青藏高原大部分地区人口相当稀少，羌塘高原人口密度不足 0.2 人/km²，在中昆仑山腹地及可可西里山脉一带基本上还是无人区。

由于高大山脉的阻隔，青藏高原与其周围地区的交通联系受到限制。至目前为止，高原与内地的物资交流仍主要依靠公路，近几年青藏铁路才开始运营。由于路途遥远，运输成本高，且货流量较小，进出物资运量不平衡，因此青藏高原的经济还保持在依靠自然资源，以自给为主的生产发展水平。资源的全面开发利用和规模商品经济生产还有待于发展。

青藏高原是我国开发程度较低的区域，自然资源的利用仍处于初期阶段。土地利用方面以畜牧业为主，农林业次之。粗放的、分散的生产方式仍在农业生产中占主导地位，而工、矿业生产才刚起步。虽然近 50 年来青藏高原地区农业有了很大的发展，但仍未摆脱以游牧为主的畜牧业，以旱作（无灌溉保证）为主的种植业和以对原始森林砍伐为主的林业。正是由于土地利用程度低，经过人为改造的面积小，以及农业生产主要依赖人力、畜力等原因，青藏高原人类生产活动对自然环境的影响还相对较弱，影响的范围也比较局限。

值得指出，青藏高原自然环境既有资源丰富和利用较低一面，也有生态与环境相对脆弱的一面。在近代，由于经济开发、交通改善，人为因素对自然环境的影响逐渐增强。如雅鲁藏布江中游谷地，垦殖历史较长，农田基本建设较好，耕地大多有水利设施，是农业较发达、经济较繁荣的地区。这里人口密度较大，燃料缺乏，居民大量砍伐冷季牧场的灌木充作薪柴，不仅影响冷季草场的数量和质量，还造成严重的土壤水蚀和风蚀现象。在高原东南部森林区域内由于不合理的开发利用和经营管理，导致森林的破坏、干旱河谷灌丛带的扩大，引起自然环境的进一步恶化。这是经济发展、资源开发利用过程中值得密切关注的问题。此外，由于对高原东南部水能资源开发缺乏总体规划，导致无序开发问题突出；矿产资源开发也由于环境影响评价未得到足够重视，而引发自然环境遭到破坏的现象日趋严重。

第二节　自然地域分异规律与区域划分

青藏高原是全球高海拔区域垂直自然带十分发育的区域。在边缘山地各具特色的垂直自然带与毗邻的水平地带有密切的联系，而高原内部也发育着不同的垂直自然带，具有高原自然地带的特点。因而阐明垂直自然带谱，划分其结构类型，阐明其地域分异规律，是揭示高原水平地带性的基础，也是高原自然地域划分的关键。

一、垂直带谱系统及其分布

决定山地垂直自然带结构类型的因素比较复杂，如山地所处的自然地区或自然地带的位置，大气环流特别是湿润气流的作用，山体地势结构特点、地势及坡向差异以及自然历史背景等。

按照生物气候原则，不同的水平自然地带有相应的垂直自然带结构类型。山体所在的自然地域单元通常决定着垂直带谱的基带，反映出其所在的温度水分条件组合。如横断山区东缘以山地常绿阔叶林为基带，具有亚热带湿润山地垂直带谱的特色，而高原北缘诸山系北翼山地垂直带则多以小灌木及半灌木荒漠为基带，具有温带干旱山地的特点。受到自然历史的明显影响，山地垂直自然带谱的结构、基带的优势类型等与毗邻地区联系密切。如藏东川西山地的硬叶常绿阔叶林和喜马拉雅山南翼的类型相近，与古地中海的演变有关。而青藏高原中东部各山系高山带的种群则与北温带及中国－喜马拉雅成分紧密相连（吴征镒，1979；郑度，1985）。

在宏观尺度上，自然地区或自然地带的形成受气候条件的制约。因而湿润气流对山地垂直自然带谱的特点有重要影响。如青藏高原东南部受夏季湿润气流的作用，形成以山地森林各分带为主体的垂直带谱；而在夏季风难以到达的高原腹地及西北部的山地，则以高山/山地草原及高山/山地荒漠各分带占优势。

通常所在山体的走向及地势特点对湿润气流的作用有重要影响。如高原东部的横断山区，高山峡谷南北骈走相间，与湿润气流方向相交，形成东西两翼的明显差异并引起峡谷底部基带的变化，在垂直带谱结构类型上也有明显的反映。又如横亘在高原南部的喜马拉雅山脉中段成为南来湿润气流的巨大屏障，南北两翼的垂直带谱迥然不同。南翼以湿润，半湿润结构类型为主，北翼处于雨影地带，具有高寒半干旱的特色（郑度等，1975）。

山体地势差异和结构对垂直带谱的结构类型也有显著影响。如喀喇昆仑山东段南北翼的山体地势差异悬殊，空喀山口附近山地南翼面向班公错盆地，以山地荒漠带为基带，而北翼则以高山荒漠带为基带；冈底斯山南北翼分属不同的垂直带谱类型，南翼以山地灌丛草原带为基带，北翼则以高山草原带为基带。这与其地势结构、位置及坡向均有一定的关系。又如西、中昆仑山地由若干列近于平行的山地组成，外侧山地通常比山体腹地略湿润，从而形成带谱结构类型的差异。

（一）垂直带谱结构类型系统

根据对青藏高原各山系垂直自然带谱的比较研究，我们认为，对于独特自然地域单元的青藏高原，其垂直自然带谱结构类型的划分应当遵循统一的原则。从影响垂直自然带的因素分析可以看出，垂直自然带谱的基带，即各垂直带谱所处的自然地带对带谱结构类型具有决定性的意义。它们能反映出所处的温度、水分条件组合，既可与毗邻自然区域的垂直自然带谱相比较，又能体现高原自然地带的特点。

山体地势结构的不同会引起垂直带谱的基带发生变异。因此，要选择各垂直带谱中具优势的或具特征的垂直分带，作为带谱结构类型划分的重要依据。如横断山区山峦起伏，垂直带谱的基带有明显变化。有的以山地针阔叶混交林带为基带，不少谷地则以干旱河谷灌丛为基带，但它们都以山地暗针叶林带为主组成优势垂直分带。据此可将它们进一步归并和区分。

根据青藏高原各山系垂直自然带谱的基带、类型组合、优势垂直带以及温度水分条件等特点，可将它们划分为大陆性和季风性两种性质迥异的带谱类型系统。其下可按温度水分状况及带谱特征进一步划分为不同的结构类型组。

青藏高原主体上广泛分布的高山草甸、高山草原和高山荒漠具有水平地带性意义，因而将具有相应地带为基带的垂直带谱结构类型组冠以"高寒"两字命名，以示其具有的特色。未冠以"高寒"的结构类型组则分别以山地森林带、山地草原带和山地荒漠带为基带。除了这种由垂直带高度引起的温度条件的差异外，还分别按照水分状况来划分相应的结构类型组，如以山地荒漠为基带的可列入干旱和极干旱结构类型组，以山地草原为基带的划归半干旱结构类型组，而半湿润结构类型组则由不同的山地森林分带为基带。

1. 大陆性垂直带谱系统

大陆性垂直带谱系统广布于青藏高原腹地、西部和北部。它以高山草原、高山荒漠、山地草原和山地荒漠各分带为主，主要植被则以旱生及超旱生植物占优势。物理风化过程强烈，发育着高山草原土（寒冻钙土及寒钙土）、高山寒漠土（寒漠土）、山地栗钙土（黏化钙积干润均腐土）、山地棕漠土（钙积正常干旱土）和山地灰漠土（钙积正常干旱土）等，呈中性至碱性反应。受温度、水分状况地域差异的影响，可再划分为6种不同的结构类型组（郑度等，1989，1990）。

1）高寒半干旱结构类型组

这是以高山草原带为基带的结构类型组，见于藏南喜马拉雅北翼及羌塘高原诸山地。其带谱结构是高山草原带—高山草甸/座垫植被带—亚冰雪带—冰雪带。主要植被类型是以紫花针茅（*Stipa purpurea*）为代表的丛生禾草草原、蒿属小半灌木草原，发育着高山草原土（寒钙土）。由于气候偏干，以小嵩草草甸为主的高山草甸带常发育不好，或代之以高山座垫植被。在连续植被以上地带，分布着一些适冰雪的风毛菊（*Saussurea* spp.）、红景天（*Rhodiola rotundata*，*R. sinoarctica*）、蚤缀（*Arenaria* spp.）等植物组成的稀疏不连续的斑状植被，可一直分布至雪线附近。

2）高寒干旱结构类型组

高山荒漠是垂直带谱的基带，其带谱结构简单，通常为高山荒漠带－高山荒漠草原带－亚冰雪带－冰雪带。主要见于喀喇昆仑山东段北翼的羌塘高原西北部，可以熊彩岗日北翼剖面为代表。高山荒漠带以垫状驼绒藜（*Ceratoides compacta*）荒漠占优势，高山荒漠土剖面发育差，土层浅薄、粗骨性强，表层有多孔结构，有机质含量低，有碳酸钙聚集。根据基质的差别，形成不同类型的镶嵌组合。高山荒漠基带以上可见有高山荒漠草原带。在这一结构类型组中垂直带不再出现高山草甸带，高山草原带则具荒漠化特征。

3）高寒极干旱结构类型组

这一结构类型组也以高山荒漠为垂直带谱的基带，其带谱结构更为简单，即高山荒漠带—亚冰雪带—冰雪带。它主要见于西昆仑山东段南翼、中昆仑山南翼及喀喇昆仑山中段北翼一带。与高寒干旱结构类型组的差别主要在于缺失高山荒漠草原带。

4）半干旱结构类型组

以山地灌丛草原带/山地草原带为基带的垂直自然带谱属于半干旱结构类型组，在局部山地阴坡可有山地针叶林分布，其上接高山灌丛草甸带（或高山草原带）。青海东部、祁连山东段及藏南山地多属于这一结构类型组。

5）干旱结构类型组

山地荒漠带是干旱结构类型组垂直带谱的基带，其上的山地草原带占有较宽的幅度。分带的组合系列是：山地荒漠带—山地荒漠草原带—山地草原带（或含山地针叶林）—高山草甸带—亚冰雪带—冰雪带。这一结构类型组的垂直带谱在青藏高原北部和西部有较广泛的分布。根据垂直带谱组合的不同及分带配置特点，可以再区分为旱中生型、中旱生型和旱生型3种结构类型（郑度等，1989）。

6）极干旱结构类型组

这一结构类型组以山地荒漠带占优势，基本上缺失山地草原带，常直接与高山荒漠带相接，发育着高山荒漠土，其上为亚冰雪带。其组合系列为：山地荒漠带—高山荒漠带—亚冰雪带—冰雪带。主要见于昆仑山与喀喇昆仑山之间的干旱谷地、中昆仑山腹地以及阿尔金山部分地段。

2. 季风性垂直带谱系统

季风性垂直自然带谱系统以山地森林各分带为主体，如山地常绿阔叶林带、山地针阔叶混交林带、山地暗针叶林带等。植被多属中生类型，生物化学风化作用占优势，发育着山地森林土壤，为硅铝土和铁硅铝土，多呈酸性反应。由于水分条件较好，属湿润、半湿润气候，温度条件在垂直分异中起主导作用。这一带谱系统主要分布于受湿润气流影响比较大的青藏高原东南部，如喜马拉雅山南翼、念青唐古拉山及唐古拉山东段和横断山区等。可进一步划分为湿润、半湿润和高寒半湿润3种结构类型组。

1）湿润结构类型组

这一结构类型组以喜马拉雅南翼山地为代表。热带雨林或季雨林为基带，山地常绿阔叶林带为优势垂直带。带谱结构比较完整，自下而上依次为山地针阔叶混交林带—山地暗针叶林带—高山灌丛草甸带—亚冰雪带—冰雪带。山地森林土壤以各类富铝化土和淋溶土占优势，山地森林带之上发育有棕毡土（亚高山灌丛草甸土）（叶垫潮湿雏形土）和黑毡土（亚高山草甸土）（有机滞水常湿雏形土）等。整个带谱结构显示出热带北缘及亚热带湿润山地垂直自然带谱的特征。

2）半湿润结构类型组

此结构类型组的垂直自然带谱广泛分布于高原的东南部，如中喜马拉雅南翼部分地区、西藏东南部察隅以及藏东川西的横断山区等。由于属季风性带谱系统，所以垂直自然带谱的结构与湿润结构类型组相似，差别在于类型组合的变化。且因所处位置不同，基底地势变化，有不少地段缺失山地常绿阔叶林及其以下各带，而多以山地针阔叶混交林带为基带，山地暗针叶林带常成为优势垂直带。在横断山区由于若干谷地气候干旱，常出现旱中生落叶灌丛作为垂直带谱的基带。土壤类型自下而上相应分别为：山地黄壤（铝质常湿淋溶土）—山地黄棕壤（铁质湿润淋溶土）—山地褐土（简育干润淋溶土）—山地棕壤（简育湿润淋溶土）—寒毡土及初育土等。

3）高寒半湿润结构类型组

主要分布于高原中东部。高山灌丛草甸带及高山草甸类型在缓切割高原的谷地及河间分水岭的高原面上广泛分布，成为具有过渡色彩的高寒半湿润结构类型组的基带。一方面它反映出季风性湿润气流对高原腹地外缘的影响，另一方面则表现出大陆性寒旱化的作用。由于高山灌丛草甸带是湿润/半湿润结构类型组山地森林带上部的垂直分带，是水平地带和垂直带相互交错的地段，因此归入季风性带谱系统。土壤为亚高山灌丛草甸土（寒毡土）。带谱结构比较简单，为高山灌丛草甸带—高山草甸带—亚冰雪带—冰雪带。

（二）垂直带谱系统的分布规律

青藏高原各垂直自然带结构类型的区域分异明显。随着所处位置的不同、形成条件的差异，垂直自然带谱的基带、分带数目、带内类型及其组合，以及森林上限、现代雪线等都呈现有规律的变化，并且反映了山地和高原的若干地生态学特点（孙鸿烈等，1996）。

1. 垂直自然带结构类型分布模式

青藏高原垂直自然带结构类型的分布模式是，从边缘山地到高原内部腹地，随着所处位置的不同，地面海拔逐渐增高，地势起伏渐趋和缓，形成条件有很大的差异，垂直自然带谱不仅基带有所不同，而且带谱结构由繁及简，分带数目也相应减少。如南缘的中喜马拉雅山南翼自低山热带季雨林带向上经山地森林各分带、高山灌丛草甸带、高山草甸带、亚冰雪带至冰雪带，共有 8 个自然分带。北缘的昆仑山从山地荒漠带至冰雪带也有 5~6 个分带。但在高原内部腹地一般只有 3 或 4 个分带，如唐古拉山南翼以高山草甸带为基带，其上只有亚冰雪带和冰雪带。

在青藏高原上，大陆性和季风性两类性质迥异的垂直自然带谱的对比十分鲜明。大陆性带谱系统以荒漠和草原各分带占优势，山地森林带仅局部出现。森林上限有自半干旱类型向干旱类型升高的趋势，其上的高山灌丛草甸带逐渐分异为高山草甸带及高山草甸与座垫植被带，亚冰雪带的分布高度向高原腹地升高。季风性带谱系统在地域上则以东南部占优势，山地森林各分带组成垂直带谱的主体，随着水分状况的类型不同，基带出现分异，各分带内类型组合也有变化。各分带的界线，特别是森林上限有自湿润类型向半湿润类型逐渐升高的趋势。高山带由高山灌丛草甸向高原内部逐渐发展并分异出高山草甸带，显示出高原的特色，高山带及其以上的亚冰雪带和冰雪带则具有趋同的特点。

冠以"高寒"的几个结构类型组分别以高山草甸、高山草原和高山荒漠为基带。它们在高原腹地展布，反映出基带的温度、水分条件组合，体现出高原自然地带的分异。各自然分带界线大体上都指向高原腹地逐渐递升，反映出高原热力作用及巨大的山体效应。

2. 森林上限与雪线的分布规律

森林上限是垂直自然带谱中区分高山和山地的一条重要界线，其分布高度也随区域不同而变化。在藏东半湿润的工布江达、洛隆等地森林上限高达海拔 4 400m（阴坡）至 4 600m（阳坡），分别由川西云杉（*Picea balfouriana*）林和大果圆柏（*Sabina tibetica*）林组成，是世界上海拔最高的森林上限。整个青藏高原森林上限高差变幅达 1 000~12 00m（阴坡）。通常在湿润地区分布低，在半湿润地区则较高；而偏北的纬度位置也对其分布高度有重要的影响。

森林上限分布的海拔高度既取决于组成森林树种的生态生物学特性，又与所在位置的外界因素有关。前者包括树木本身在高海拔环境中有利季节的生长能力，以及不利时期内耐干寒、抗风雪等性能。后者则包括地势、气候、土壤、生物及人类影响等。

组成青藏高原森林上限的树种是不同的。通常认为，在决定森林上限分布的外界因素中生长季的温度起主导作用，从而把森林上限视为温度条件不足的（或寒冷的）界线，并指出在中纬度温带山地森林上限的分布高度和最暖月平均气温10℃等值线的位置接近或大体吻合。据中东喜马拉雅山区的观测资料分析，森林上限附近的最暖月均温变动于 9~10℃左右。存在着因地势和风等因素引起森林上限分布高度下降的现象，如东喜马拉雅山东段多雄拉山口南侧，森林上限可下降至海拔 3 500m，但这不应作为简单否定森林上限和温度关系的根据。

和全球高山地区相比较，青藏高原东部山地森林上限居世界之冠。除了它所处亚热带的纬度位置（30°~31°N）外，还和高原上的热力作用及与其相联系的山体效应有密切关系。至于个别地点森林上限偏低或分布异常，则要考虑地形气候条件，如风、积雪、山顶效应以及人类活动等因子的影响。

组成森林上限树种的不同，表明它们对当地条件的适应特点。如在高原的南部及东南部，阴阳坡都有森林分布，各类冷杉（*Abies* spp.）林、云杉（*Picea* spp.）林连片生长，形成明显的垂直分带，带幅宽度可达 800~1 000m。而在森林分布区的西北部，森林逐渐呈斑块状零星分布，且仅在阴坡有川西云杉（*Picea balfouriana*）林出现，带幅宽度也缩小至 400~500m，继续向西北，该带逐渐变窄以至消失。因此，从地域水平分异角度看，森林地区边缘的分布界线还可以看成是由于温度和水分条件的限制而形成的一条寒干界限。此外，长期以来人类的生产活动，如采伐林木、放牧牲畜、开山筑路以及森林火灾等，都对森林上限的分布有明显的影响。

垂直自然带中另一条重要界线是作为冰雪带下界的现代雪线。其分布高低主要决定于温度和水分条件。青藏高原东南缘的雪线位于海拔达 4 500~5 000m。至高原内部，中喜马拉雅山北翼、冈底斯山等雪线海拔达 5 800~6 000m。珠穆朗玛峰北侧东绒布冰川及羌塘高原的昂龙岗日雪线可达海拔6 200m，是北半球分布海拔最高的雪线。可以看出，青藏高原范围内现代雪线分布高度相差达1 600～2 200m，大体上有从边缘向内部、自东南向西北升高的趋势。从大范围看，降水条件的不同对雪线分布的海拔高度有重要的影响。高原东南部降水丰沛、云量多、雪线偏低；高原内部降水较少、云量少、太阳辐射强、雪线也较高。但雪线所在的温度条件有较大的差异，东南部海洋性冰川雪线附近年均温变动于0～-6℃，而高原内部的大陆性冰川则小于-6℃。

第四纪冰期雪线普遍下降，在高原东部和东南边缘最低的古雪线为海拔3 600m；向西北逐渐上升至海拔5 500m以上，最高的古雪线出现在阿里地区。末次冰期雪线分布高度与现代雪线高度的比较表明，古今雪线分布的趋势一致，都是从高原东南向西北升高，由外缘向高原腹地升高。这说明末次冰期气候差异与现代近似，为东南湿润、西北干旱。古雪线下降值在东南部和边缘山地最大，一般为500～800m，最大可超过1 000m；而高原腹地及西北部古雪线下降值一般仅200～300m，说明末次冰期时降水分布梯度更大。

3. 垂直自然带的地生态特点

青藏高原边缘山地垂直自然带的形成和类型组合的变化与温度、水分条件的组合有密切的关系。除森林上限和雪线外，还涉及山地最大降水带、垂直带倒置以及高山带趋同等地生态特点（孙鸿烈等，1996）。

一个地点降水量的多寡决定于大尺度的地理因素、地形高度、山脉走向和坡度。在高差很大的山地，通常至少有一个"极大降水高度"。其分布颇有规律，从高原外围向内部逐渐增高。

山地最大降水带及其与垂直自然带的关系在喜马拉雅山脉有明显的表现。喜马拉雅山系绵亘于青藏高原南缘，通常可分成东、中、西三段。东喜马拉雅山脉是整个山系最湿润的部分，具有独特而完整的湿润类型的垂直带谱。相比之下，中喜马拉雅山脉湿润程度略差，而南北翼差异十分明显，至西喜马拉雅山脉则气候更趋干旱。就降水量来说，喜马拉雅山南翼的最大降水带在东段较低，向中、西段略有升高。据东喜马拉雅山脉的观测资料推算，最大降水带位于海拔2 000m左右，年降水量可达3 000mm。这与山地常绿阔叶林带上段相当，林内十分潮湿，具有苔藓林或雾林的特征。由于山体走向不同，局地变化也不小，如多雄拉南侧支沟中则以海拔3 000m的拿格附近降水量最高，年降水量可达3 500～4 000mm（彭补拙等，1996）。

据推算，西昆仑山西段北翼海拔3 000～3 500m一带，年降水量可达350～400mm，策勒至于田之间的西昆仑山东段北翼，年降水量也可达400mm。这反映出高山地形对降水形成过程的作用以及高山区局部环流的影响，与高山草甸带的出现相联系（杨利普等，1987）。

湿润或半湿润结构类型中，云杉林常位于冷杉林之下。如察隅阿扎谷地，在高原东南边缘山地，丽江云杉（*Picea likiangensis*）林之上为长苞冷杉（*Abies georgei*）林。在横断山区部分山地针叶林带中存在着云杉林位于冷杉林之上的现象，过去曾以逆温层的存在或提出所谓"倒置"排列来解释。实际上这种分布趋势原因较复杂，它既与冷杉喜冷湿、云杉偏寒旱的生态生物学特性及树种生态型有关，也与其所在的位置、坡向以及温度水分状况有联系。对照在北半球云杉属（*Picea*）的分布比冷杉属（*Abies*）偏北的事实，上面所提的垂直分布关系应当是一正常现象（管中天，1982）。在横断山区冷杉林更多分布在边缘及较湿润地段，而云杉林占据横断山森林区域的内部，并且往往组成森林向西北方向尖灭的林地建群树种，表明其更适应大陆性高原寒干化的影响。

应当指出，在分布图式中，高山带以上的亚冰雪带和冰雪带是互相联通的，并不再按干湿状况予以划分。例如，对珠穆朗玛峰南、北翼垂直自然带的研究表明，从地面组成物质、主导成土过程和植被类型结构等自然地理特点来看，南、北翼的同名垂直自然带〔如高山寒冻冰碛地衣带（即亚冰雪带）和高山冰雪带（即冰雪带）〕都有较大程度的相似和类同，高山草甸／垫状植被带的组成相近，以及高山草甸土具有融冻泥流现象等特点。南、北翼出现这种相近的自然分带类型，是与高海拔处生长期气温低、降水量差异并不明显，干燥度较低等气候条件密切相关的（郑度等，1975）。

二、自然地域的水平地带变化

关于青藏高原的自然地域分异有不同的观点。有人主张高原上存在着水平地带性，但被垂直地带性所掩盖；有的认为高原上的地带仅能由垂直带来辨认；有人指出，高原面起伏不大，南北伸展很宽，客观上有着水平地带的差异；也有的强调青藏高原非地带性较显著，不应划分为自然地带等。意见分歧固然与对地带性的不同理解有关，但主要是科学资料较少，人们对其缺乏全面了解所致（张荣祖等，1982）。

（一）自然地理剖面的比较

青藏高原上的主要山脉呈近东西向延伸，自帕米尔"山结"向东，呈扇形展开。西北部保存着比较完整的羌塘高原，东南部转为南北向平行骈走的横断山脉，组成高原基本的地文格局，呈西北高、东南低的地势特点。由于高原冬半年为高空西风带所制约，夏半年受湿润气流的影响，形成了东南湿润、西北干旱的显著差异。加上西北毗连着极端干旱的亚洲中部荒漠，北来的可降水汽甚微，这种地域分异就更为突出。

对比自南向北和从东到西穿越青藏高原的两条自然地理剖面可以明显看出，高原自然环境的这种地域分异变化：

（1）沿 87°E 剖面（图 19.1）。中喜马拉雅山脉南翼山地，以热带季雨林为基带，自然景观的垂直变化明显。北翼以半干旱的高山草原和山地灌丛草原为基带，反映出喜马拉雅山脉的巨大屏障作用。冈底斯山脉以北的羌塘高原自然景色异于藏南，以高山草原为代表。至北羌塘及昆仑山则为高山荒漠草原和高山荒漠，向北过渡到塔里木盆地的暖温带荒漠。这一剖面显示出由湿而干的变化，自然景观则从山地森林—山地／高山草原—高山／山地荒漠的带状更替变化。

这条南北向的剖面清楚表明，青藏高原的水平地域分异既受温度条件的制约，更受水分状况的影响。喜马拉雅山脉地势高耸，成为湿润气流的屏障，是高原南缘山地森林和高原内部草原的分界；而冈底斯—念青唐古拉山则成为藏南山地灌丛草原与羌

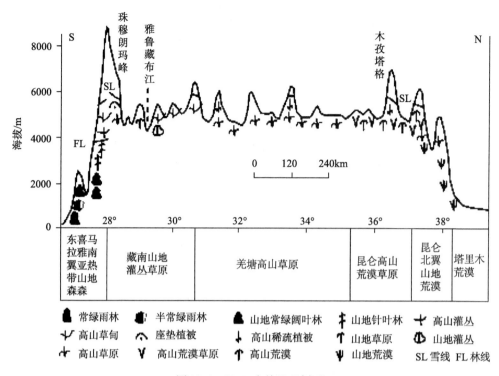

图 19.1　87°E 自然地理剖面

常绿雨林　　半常绿雨林　　山地常绿阔叶林　　山地针叶林　　高山灌丛
高山草甸　　座垫植被　　高山稀疏植被　　山地草原　　山地灌丛
高山草原　　高山荒漠草原　　高山荒漠　　山地荒漠　　SL 雪线　FL 林线

塘高山草原的分野，更北至昆仑山则以高山荒漠和山地荒漠为主。

（2）沿 32°N 剖面（图 19.2）。东起横断山区北部山地及怒江河源，经羌塘高原，至昂龙岗日以西的阿里，代表青藏高原东西向的水平地域分异，自然景观的变化很明显。东缘的四川盆地为亚热带常绿阔叶林，横断山区以山地针叶林为主，经高山灌丛草甸至高原腹地为高山草原，西部的阿里以山地荒漠和荒漠草原为主，向西与克什米尔的山地亚热带森林草原及灌丛草原相连，充分反映出从湿润至干旱的水分状况的地域差异。

（二）水平自然地带的分异

青藏高原不仅边缘高山环绕、高差悬殊，而且高原内部也广布许多山脉，起伏不小。在山地与高原区域，由于海拔高度的差异和地势起伏而引起温度水分条件的变化。主要的景观生态类型依据其适宜的幅度往往在一定的海拔高度范围内组成不同的垂直自然分带。它们在各山系的不同地段，自低至高、由下而上地组合成各种垂直自然带谱。在前述垂直自然带谱及其分布一节中，已将它们划分为大陆性和季风性两类性质迥异的带谱系统。

在高原边缘地区形成的垂直自然带，与毗邻的水平地带有密切的联系；而在高原内部许多高山上也发育着不同的垂直自然带，它们的基带或优势垂直带在高原面上连接、展布，反映出自然地带的水平分异，反过来又制约着其上垂直自然带的一系列特点。这样，青藏高原上自然地带的水平分异和自然带的垂直变化犬牙交错、互相结合，

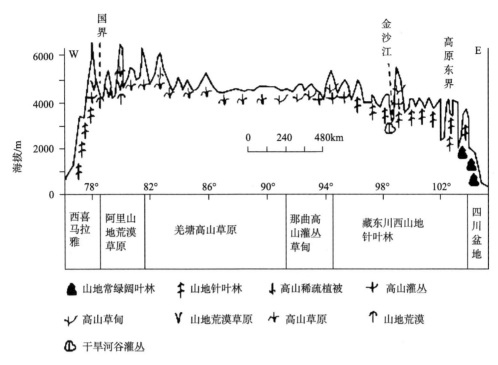

图 19.2　32°N 自然地理剖面

是三维地带性原则在广袤高原基础上的发展，显示出自然地域分异的独特性，是一般范围狭小的高原山地所不能比拟的。

位于高原南缘的喜马拉雅山脉南翼，垂直自然带比较完整，分带数目多。从基带、带谱结构和优势垂直带看，充分体现出所处地理位置的深刻烙印，具有湿润热带北缘垂直自然带谱的特征。相反，高原北缘的昆仑山脉北翼处于暖温带的地理位置，深受亚洲中部极端干旱荒漠的影响，具有大陆性气候特征。其垂直带以山地荒漠为基带，其上为山地草原和高山草甸，山地森林仅局地分布于山地阴坡。同样，高原东缘的横断山区毗邻湿润亚热带的四川盆地，其边缘大雪山主峰贡嘎山的垂直自然带便具有亚热带山地的特色。

青藏高原内部高山发育着独具的垂直自然带。根据其基带性质、优势垂直带、带谱组合配置以及温度水分条件组合，分属于不同的结构类型。如高山灌丛草甸基带、山地灌丛草原基带、高山草原基带、山地荒漠基带、高山荒漠基带等结构类型。以果洛、那曲一带为例，这里的高山灌丛草甸地带可以看作是横断山区北部山地垂直自然带的一个分带，即高山灌丛草甸带在海拔4 000m左右的高原面上的扩展。垂直分带一旦扩展并表现为水平地带以后，它又成为进一步发生垂直分异的基础，即成为高原内部山地垂直带谱的基带，如高山灌丛草甸地带的垂直带有高山草甸带、亚冰雪带和冰雪带等分带。

地处腹地的羌塘高原地势坦荡、幅员辽阔，高原面上分布着以紫花针茅为主的高山草原，成为青藏高原上具优势有代表性的高寒草原地带。在这一地带内的山地具有大体相同的垂直自然带，即高山草原基带、高山草甸带、亚冰雪带和冰雪带。这说明高原自然地带对垂直自然带的制约作用。相反，依据山地垂直自然带的基带和带谱类型组合，可以作为辨认水平自然地带的依据和标志。

（三）高原的水平地带分异

青藏高原的隆起明显地破坏了欧亚大陆纬向地带分异的一般规律，因而它成为与东部季风区、西北干旱区并列的中国三大自然区之一。在地势高亢、面积巨大的高原上，其自然景观类型、特征以及自然界的地域分异，不仅有别于同纬度低地，也与高纬度地区不同，充分反映出地形因素的重要作用。这与按纬向地带性将青藏高原区分为亚热带山地、亚热带山地/高原、温带山地/高原的观点是迥然有别的（张经炜等，1980）。

尽管如此，在南北跨越纬距约 12° 的青藏高原范围内，纬向地带性的烙印依然存在。如高原南缘山地具有热带北缘和亚热带山地垂直带谱的特征；而高原北侧的昆仑山和祁连山则分别具有暖温带和温带干旱区山地垂直带谱的色彩。作为纬向地带性主要因素的太阳辐射仍然显示出它的重要影响，表现为温度（年均温、最冷月均温等）自南向北递减，垂直自然分带界线的海拔高度也沿同一方向降低。对比青藏高原南北缘山地森林上限和雪线的海拔高度，中喜马拉雅南翼山地的界线要比祁连山中段北翼分别高出 600~1 000m 左右。如果除去水分状况对温度的影响（前者湿而后者干），纬向变化所引起的差异将更为突出（张荣祖等，1982）。

青藏高原辐射平衡和温度等项要素以高原西北部为中心的环状分布，在空间上呈"同心弧状"的分布态势，则在更大程度上反映出地势结构和海拔等因素的作用，即是说，这是以平均海拔大于 4 700m 的羌塘高原北部和昆仑山为中心向周围地区递降而引起的。所以高原的水平地带与一般的纬向地带性分异明显有别。

可见，耸立在对流层中部的青藏高原以其高大突起的陆面所产生的热力、动力作用，不仅深刻地制约着大气环流形势的变化，支配着亚洲季风的许多特色，而且通过不同的大地势结构对高原自然地域的分异有着决定性的影响。青藏高原温度、水分条件地域组合呈现从东南暖热湿润向西北寒冷干旱递变的趋势，表现为山地森林—高山草甸—山地/高山草原—山地/高山荒漠的带状更迭，具有明显的水平地带分异特点。

青藏高原上自然景观由森林—草甸—草原—荒漠的带状更迭，和中国大陆由东南到西北的经向地带性规律十分相似，具有水平地带分异的特点。但是高原上这些自然地带与低海拔地区相应的水平地带有着质的差别。如前所述，高原上有一系列迥异于低海拔区域的自然特征。高原上大气洁净、水汽含量少，太阳辐射通过大气的光程较短，是中国年总辐射量最大的地区之一。由于有效辐射也很强，地表辐射平衡值与同纬度低海拔地区接近。高原中、北部 1 月均温低达 −15~−18℃，即使在最暖的 7 月也有大片地域平均气温低于 10℃，均比同纬度低地降低约 15~20℃，而气温日较差则比同纬度低地大 1 倍左右。因此可以认为，青藏高原上自然地带的水平分异是亚欧大陆东部低海拔区域相应水平地带在巨大高程上的变异，地势和海拔引起的辐射、温度和水分条件的不同是这一变异的主导因素。将青藏高原与中国温带相应自然地带的温度、水分条件组合进行对比，不难发现它们在水分状况特点上是相似的，但均以温度条件明显偏低而表现出共有本身的特色（张荣祖等，1982）。

三、自然区域的划分

青藏高原是由一系列高大山系和山脉组成的一个巨大的构造地貌单元。它既具有垂直－水平地带性的山原型的高原山地，又具有高原地带性的高原腹地。其边缘及内部的山地又有明显的垂直地带性。以太阳辐射为代表的纬向地带性因素，对高原南北温度条件的差异有一定的影响，但高原西北高、东南低的地势格局却改变了这种纬向分布规律。在大地势格局和大气环流的共同作用下，形成了东南温暖湿润、西北寒冷干旱的明显分异，呈现出由森林—草甸—草原—荒漠的地带性变化。

（一）地域划分的原则和方法

同低海拔区域一样，青藏高原自然区域的划分采用和地表自然界地域分异规律相适应的原则和方法。对于山地高原的区域划分应按照地表自然界的实际异同，温度、水分条件的不同组合和地带性的植被、土壤类型来进行。较高级单位的划分遵循生物气候原则，即地带性原则，要求先表现出水平地带性，然后反映出垂直地带性。较高级单位的划分着重以自然界中的现代特征与进展特征为主要依据，着重考虑不能改变或很难改变的自然要素；较低级单位的划分着重以残存特征为主要依据，着重考虑较易改变的要素（黄秉维，1959）。比较研究青藏高原各山地的垂直自然带谱，分析其带谱结构，确定其基带及优势垂直带并给予恰当的分类，不仅可以系统地认识垂直自然带谱的特点，而且是高原自然地域系统研究的重要前提。

为了先使水平地带性得到充分的反映，然后再体现垂直地带性的差异，需要对高原山地的各种地貌类型组合与基面的海拔高度进行分析研究，按不同区域确定代表基面及其海拔高度范围，使生物气候的资料数据得以对照比较。例如，羌塘高原以广阔的湖成平原和山麓平原为代表，海拔4 500～4 800m；而藏南则以海拔3 500～4 500m的宽谷盆地为代表部位。这也考虑到人类聚居和从事生产活动的主要地段在河谷盆地这一事实。根据所确定的代表基面的海拔高度范围来比较各个区域的温度、水分条件组合以及地带性植被和土壤，进而划分为不同的自然地带或区域单元（郑度等，1979）。又如地势起伏，高差悬殊的横断山区中北部，则结合垂直自然带谱，把优势垂直带分布的高度和主要河谷、盆地结合起来考虑代表基面的海拔高度范围。在这一地区山地暗针叶林带的幅度最宽，占有优势地位，而当地人类聚居和主要生产活动则多集中在宽谷盆地中，因此将海拔2 500～3 500（4 000）m的河谷盆地作为川西藏东山地针叶林地带的代表基面（郑度等，1987）。

按演绎途径自上而下进行高原自然地域系统研究，可以区分为类型区划和区域区划两种。先在较高级单元中进行类型区划，然后在较低级单元中转变为区域区划。如温度带的划分、地带性水分状况的区划都具有类型区划的性质。它们结合形成的自然地区/自然地带，则是由类型区划向区域区划转变和过渡的地域单元。在温度带及水分状况区域的划分中分别拟订了有关的温度和干燥度指标（林振耀等，1981），但却不应将气候等值线作为区划的标准，而是以气候、土壤、植被的地理相关关系为基础，提出可以作为划定界线依据的指标或指标综合体。

（二）划分指标的选择

和低海拔地域一样，大体上可依次按温度条件、水分状况和地形将青藏高原加以划分。

（1）温度条件。温度是影响植物生长和分布的重要因素，人为措施不易大规模或长时间地改变它。以日均温稳定≥10℃的日数作为主要指标，最暖月平均气温为辅助指标，可将青藏高寒区划分为高原温带和高原亚寒带（郑度，1996）参见表19.1。

表 19.1 青藏高寒区温度带的划分

温度带＼指标	日均温≥10℃日数/d	日均温≥5℃日数/d	最暖月平均气温/℃	基本特征
Ⅰ. 高原亚寒带	＜50	＜120	＜10（12）	树木生长困难，无天然森林；局地可种青稞，以牧为主
Ⅱ. 高原温带	50～180	120～250	10（12）～18	有天然森林或可植树造林；农作一年一熟，喜凉作物为主

（2）水分状况。在一定的温度条件下，水分成为植物生长和分布的限制性因子。采用年干燥度（年蒸发力与年降水量之比）作为主要指标，年降水量为辅助指标，划分出湿润、半湿润、半干旱和干旱等地域类别（郑度，1996）参见表19.2。

表 19.2 青藏高寒区水分状况地域类型的划分

地域类型＼指标	年干燥度	年降水量/mm	基本特征
B. 半湿润	1.0～1.50	800～401	森林；中生灌丛草甸；土壤呈酸－中性反应
C. 半干旱	1.51～6.0	400～200	草原为主；土壤呈碱性，具碳酸盐残留特征，有盐渍化
D. 干旱	＞6.0	＜200	荒漠为主；土壤呈碱性，无灌溉则无农作

（3）地形分类。在任何干湿地区/自然地带内，地形的差异可以引起气候、水文、土壤、植被等自然条件与风化、侵蚀、堆积等过程的差异变化，并反映出岩石组成和内营力等因素的不同。地形也属于人力难于改变或不能大规模改变的，是区划的重要因素。相同地形在不同自然地带内的作用差别很大。因此，依据温度、水分条件划分温度带及干湿地区后，可按地形差异进一步划分出自然区。

（三）等级单位和区域方案

青藏高原自然地域系统的拟订，采用比较各项自然地理要素分布特征的地理相关法，着重考虑气候、生物、土壤的相互关系及其在农业生产上的意义。采用的等级单位及其含义同全国一样，为温度带－干湿地区－自然区（郑度，1996）。

根据上述原则、方法和指标，可将青藏高寒区划分为 2 个高原温度带，其下分别划为 3 个类别的干湿地区。青藏高原共划分出 10 个自然区。参见图 19.3。

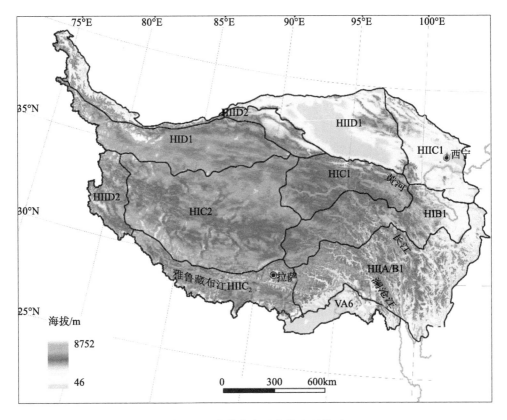

图 19.3　青藏高寒区自然地理分区

参 考 文 献

刘燕华 . 1992. 西藏雅鲁藏布江中游地区土地系统 . 北京：科学出版社

申元村，向理平 . 1991. 青海省自然地理 . 北京：海洋出版社

孙鸿烈，郑度 . 1998. 青藏高原形成演化与发展 . 广州：广东科技出版社

孙鸿烈 . 1996. 青藏高原的形成演化 . 上海：上海科学技术出版社

王秀红，何书金，张镱锂等 . 2001. 基于因子分析的中国西部土地利用程度分区，地理研究，(6)：731~738

伍光和 . 1989. 青海省综合自然区划 . 兰州：兰州大学出版社

杨勤业，郑度，刘燕华 . 1989. 世界屋脊 . 北京：地质出版社

杨勤业，郑度，吴绍洪 . 2002. 中国的生态地域系统研究 . 自然科学进展，12（2）：287~291

杨勤业，郑度 . 1989. 横断山区综合自然区划纲要 . 山地研究，7（1）：56~64

张荣祖 . 1992. 横断山区干旱河谷 . 北京：科学出版社

张荣祖，郑度，杨勤业等 . 1997. 横断山区自然地理 . 北京：科学出版社

张荣祖，郑度，杨勤业 . 1982. 西藏自然地理 . 北京：科学出版社

张镱锂，李炳元，郑度 . 2002. 论青藏高原范围与面积 . 地理研究，2002，21（1）：1~9

郑度.1996.青藏高原自然地域系统研究.中国科学（D），26（4）：336~341

郑度.1999.喀喇昆仑山–昆仑山地区自然地理.北京：科学出版社

郑度，张荣祖，杨勤业.1979.试论青藏高原的自然地带.地理学报，34（1）：1~11

郑度，杨勤业，刘燕华.1985.中国的青藏高原.北京：科学出版社

郑度，张荣祖，杨勤业.1985.青藏高原地区.见：中国自然地理编辑委员会.《中国自然地理·总论》.北京：科学出版社

郑度，杨勤业，吴绍洪等.2008.中国生态地理区域系统研究.北京：商务印书馆

第二十章　高原亚寒带自然地区

高原亚寒带自然地区北起昆仑山脉，南抵冈底斯山和念青唐古拉山，西讫喀喇昆仑山，东达若尔盖高原东缘的岷山，东南部与横断山区的山地针叶林区接壤，大体位于 36°30′~30°20′N，73°30′~103°40′E 之间（图 20.1）。本自然地区地域辽阔，包括西藏羌塘高原、那曲高原至青南高原三江源地区，平均海拔 4 500~4 800m。境内分布有可可西里山、唐古拉山和阿尼玛卿山等山脉，山峦起伏，连绵不断；其间为盆地平原。地势高亢、但相对高差不大，开阔平坦，气候寒冷，地下发育着多年冻土，排水不畅，湖泊和沼泽湿地广布。区内寒冻风化和风蚀作用强烈。属长江、澜沧江和怒江等河流上游，东南流向横断山区时侵蚀切割逐渐加剧。本区东部受夏季风润泽，高原面上发育以高山嵩草、矮嵩草和珠芽蓼等构成的高寒草甸为主。中、西部以内流区为主，属高寒半干旱气候，分布着以旱生的紫花针茅为优势的高寒草原。西北部则为高寒干旱气候，是以垫状驼绒藜占优势的高寒荒漠，高山上则分布着高山垫状植被。广阔的草场适于放牧牦牛和绵羊，但草层相对低矮，草场载畜率低，冬季草场严重缺乏。广阔的高原腹地气候寒冷，人类放牧活动受到影响，成为野牦牛、藏羚羊和藏野驴等野生动物群活动的空间，已划为国家级和省区级的自然保护区。

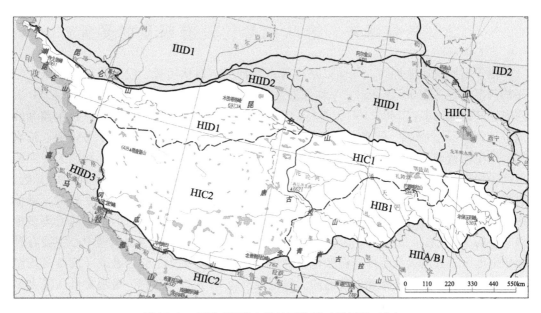

图 20.1　高原亚寒带自然地区位置（图例见正文）

第一节　自然地理特征综述

一、相对和缓的丘状高原

本地区地势为西高东低，从东部海拔3 000m左右的若尔盖高原向西，地势逐渐升高，经海拔4 000m多的果洛与玉树，海拔4 500m左右的玛多和那曲，海拔4 500～5 000m以上的江河源地和羌塘高原，及海拔6 000m左右的昆仑山主脊，构成较为明显的梯级地势。形成了一个起伏相对较为和缓的丘状高原。但区域内部也纵横分布若干高大山脉，这些山脉平均海拔均在5 500～6 500m左右。包括北西—南东走向的巴颜喀拉山、阿尼玛卿山及横断山脉的北段，近东西走向的可可西里、唐古拉、冈底斯、喀喇昆仑等众多高大山脉。本区内的喀喇昆仑山主峰乔戈里峰，海拔8 611m，是世界第二高峰。本区冰川发育，冰缘地貌分布广泛。由于气候严寒和地势高耸，使本区发育有较大面积的现代冰川、冻土及与之相伴的各种冰缘地貌。在念青唐古拉山、唐古拉山、冈底斯山，冰川合计约6 000km²。在西昆仑冰川面积达4 300km²。喀喇昆仑山的冰川面积超过4 800km²。冰储量巨大，是本区河流重要的补给水源。由于受寒冻风化和冻融泥流作用，形成了大量的冰锥、冻胀丘、石流、石海、融冻泥流、热融洼地等冰缘地貌。在山脉之间有众多错杂分布的湖盆与宽谷。在冈底斯山脉北麓东西向凹陷构造带内集中分布了纳木错、色林错、扎日南木错等大湖，以及许多星罗棋布的小湖泊，形成了罕见的高海拔内流湖泊区。

二、气候寒冷，春秋短暂，没有明显的夏天

由于高原腹地地势高，气候以寒冷为主要特征。春秋短暂，没有明显的夏天。年平均气温基本多在0℃以下，日平均气温≥0℃的日数在东部若尔盖高原为170～200天左右，其他地区多在140～160天左右。日平均气温≥10℃日数则很短，在若尔盖和红原等地为50天，果洛、玛多、曲麻莱、那曲等地仅20天左右，而安多、五道梁、清水河、沱沱河等地不足5天。年平均气温 –3～ –5℃。北羌塘、阿里北部和通天河河源以西平均海拔高度4 800～5 100m的地区，全年均不出现气温稳定通过>10℃的日数，气温日较差大，为15～19℃，甚至可达23℃以上。最热月平均温度为5～15℃，低值区主要分布在青海的五道梁、沱沱河、西藏的安多一线及青南高原的清水河、玛多地区，平均7℃左右。最冷月均温 –10～ –17℃，由南向北逐渐减少，低温中心主要在高原中部地区。五道梁最冷月均温较低，约为 –17℃，但与国内东北地区（最冷月均温为 –25℃左右）相比还是相对较高的。极端最高温21～29℃左右，极端最低气温大多 –43～ –30℃左右，没有绝对无霜期。

受青藏高压、西风急流和西南季风等大气环流系统所控制，高原亚寒带年降水变化总的趋势是由东向西逐渐减少。东部的红原、若尔盖、玛沁等地是高原的一个多雨区，年平均降水量在700mm左右，年平均相对湿度60%～70%，降水强度不大，夏季

降水占全年降水的 80% 左右，冬春季节多大雪。中部的玛多、曲麻莱、安多、那曲、改则等地，受西南暖湿气流影响逐渐减弱，年平均降水量也随之减少，由 400mm 下降到 160mm，年平均相对湿度由 50% 降至 35%，5~10 月份降水占全年降水量 90% 以上，冬春多有暴风雪，对牧业影响较大。降水多为固态，那曲全年雹日数高达 35 天，较为罕见。高原西北部地区，地势更高，因地形阻挡，受西南季风影响更弱，降水也趋于减少，多年平均降水量约在 100~200mm。在羌塘高原北部地区的年平均降水量小于 100mm，以固态形式降雪、霰、冰雹为主，冬春多大风，酷寒，气候十分恶劣。参见图 20.2。

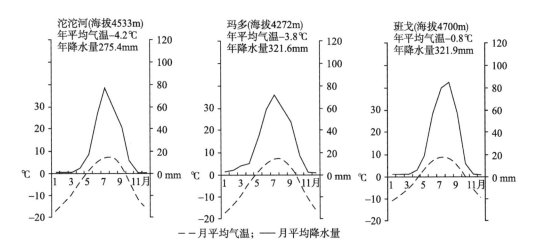

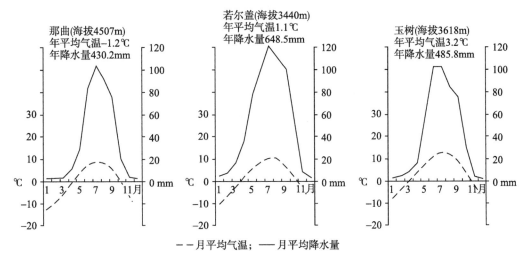

图 20.2　高原亚寒带自然地区气候图式

三、冰川与冻土广布

本地区的现代冰川主要分布在昆仑山、念青唐古拉山、喀喇昆仑山、唐古拉山、羌塘高原、横断山及冈底斯山等各大山脉。现代冰川发育的类型主要有悬冰川、冰斗

冰川、冰斗山谷冰川、复式山谷冰川、山谷冰川、冰帽和平顶冰川等。不同冰川类型反映了各地气候和地形条件的特点。现代冰川的规模一般不大（远比古冰川规模要小），多存在于山体的内部或龟缩于山岭上部或河谷的源头。现代冰川的分布，随着由东南到西北、从高原外围向大陆内部深入，温度和降水量逐渐递减，气候的大陆性增强，雪线的高度也由低变高，雪线的等值线由平均海拔4500m左右（高原外围）上升到6000m左右（高原内部）。本地区冰川主要有两种类型：亚大陆性冰川主要分布于高原东北部和南部；极大陆性冰川主要分布于高原西部。亚大陆性和极大陆性冰川，它们的补给和消融以及运动的速度较慢，随着深入高原内部，气候大陆性增强，冰川发育的大陆性亦增强。在藏北，冰川表面洁净、表碛很少、冰面水流较多，冰舌末端有污化现象，并有壁龛、冰柱、冰帘等现象。内流河大都处于青藏高原的腹地，距海洋远、气候干燥、降水稀少，冰雪融水在补给水源中更具有特殊意义。参见图20.3。

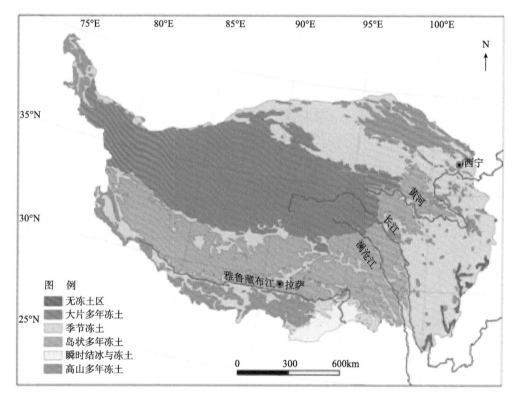

图20.3　青藏高原的冻土分布图

　　高原亚寒带自然地区是高原冻土最为集中的分布区域，仅唐古拉山与昆仑山间连续分布的冻土宽度就达550km。高原隆升对青藏高原多年冻土形成，地域分异规律，以及历史演变亦有重要作用。由于高原巨大的海拔高度，使其具备了形成和保存多年冻土的低温条件，年均气温−3.0～−7.0℃，与同纬度的中国东部地区相比，年均气温要低18～24℃。晚更新世冰盛期时，青藏高原气温普遍更低，形成了现今存在的高原多年冻土的主体。但与国内东北及俄罗斯西伯利亚、北美高纬度多年冻土相比，其稳定性不高，对气候变化的响应较为敏感。

冻土的季节融化深度约 1~4m，每年 5 月上、中旬地表开始融化，至 8 月下旬或 9 月上旬达到最大融化深度，9 月下旬又开始冻结。在同一气候条件下，山地因其海拔高于盆地、谷地、平原，所以温度更低，再加上地势高耸有利于热量散失，同时裸露的基岩具有较大导热率等原因，从而形成的多年冻土温度较低，厚度较大；高平原、盆地、谷地由于地势较低，气温相对较高，加上形成时间较晚，以及地表水、地下水影响等，因此形成了温度较高、厚度较薄的多年冻土层。

四、亚洲大江大河源头，湖泊众多

本地区降水丰沛，冰川广布，这就使其成为亚洲主要河流的发源地。高原上河流按其归宿分外流和内流两大水系，其界线以青藏公路以南沿念青唐古拉山、冈底斯山，再往西止于冈底斯支脉昂龙岗山、亚龙赛龙山。此线西北为内流水系，东南为外流水系。外流水系包括长江、黄河、澜沧江、怒江等各大水系的发源地，是中国最重要的江河源区。外流水系中有少数湖泊，多为淡水湖，主要分布在长江和黄河的源头，除黄河源头的鄂陵湖、扎陵湖、青海湖 3 大湖外，面积均较小，在河源区湿地分布亦较为集中。内流水系的发育受湖盆地形的影响，大部分流域面积不大，通常在几十至几百平方千米。绝大部分属季节性或间歇性河流。常流河大多短浅，只有极少数的径流量较丰，注入色林错的扎加藏布主干长近 400km，注入扎日南木错的措勤藏布主干长 140km。内流水系分布主要以羌塘高原为主，约占 60 万 km^2。内流区湖泊较多，其中 95% 以上为咸水湖。藏北内陆湖区湖泊面积为 2 万 km^2 多，占青藏高原湖泊总面积的 48%，是中国湖泊面积最大、最集中的地区之一。

外流水系可分为太平洋水系和印度洋水系。长江是中国第一大河，金沙江是长江上游，其源头有楚玛尔河、沱沱河、通天河、布曲和当曲五条较大的河流。河源区地势平坦开阔，河流比降小，流速慢，中小型咸淡水湖泊众多。湖周围有沼泽化草甸分布，流至玉树的直门达，河流开始下切，地势相对高差变大，成为高山峡谷地貌。黄河是中国第二大河，发源青海省玛多县，其正源卡日曲位于姿各雅山北坡 4 800m，其上游有约古宗列曲、卡日曲等。两河各自东流，流经宽阔的谷地，由于河流比降小，两岸地下水位较高，沼泽化草甸发育。约古宗列曲相汇卡日曲于星星海北部。澜沧江水系发源于青海唐古拉山北麓，海拔 5 200m 的吉富山（位于玉树藏族自治州杂多县扎青乡）（刘少创，2010），其上源扎曲、予曲与长江源头之一的当曲仅一山之隔，但其流向却与当曲相反，它朝向东南方流去，至西藏昌都与右岸支流昂曲汇合后，称澜沧江。印度洋水系主要为怒江，它发源于唐古拉山中段海拔 5 200m 的将美尔山（颜园园，2007），通过拉山南麓，穿行在唐古拉山脉和念青唐古拉山之间，先后有索曲和姐曲汇入。怒江上游河谷大致呈东西走向，平均海拔 4 000m 左右，两岸地势平缓，河谷较宽，湖泊、沼泽广布。高寒灌丛和高寒草甸为主要分布的植被类型。

内流水系为羌塘水系，主要由藏北羌塘内陆诸河流域和可可西里内陆诸河流域组成，是高原最大的水系。该水系北部有昆仑山、唐古拉山，南部有冈底斯山、念青唐古拉山，东部和西部也有高山分布，形成了一个巨大的封闭区域。水系内部高原面保持比较完整，低山和丘陵纵横交织，形成众多的向心水系。该水系远离海洋，乃本区降水量最少的地区，加之蒸发强度大，造成地表径流贫乏，河流一般短小，大部分是季节性河流，多注入内陆湖泊。还有不少河流汇集水量被入渗与蒸发损耗。内流水系区湖泊面积大、湖泊率高，最为典型的就是藏北大湖区，包括纳木错、扎日南木错、色林错、当惹雍错、塔若错、昂拉仁错等大湖。它们依次沿班公—东巧—怒江大断裂带排列，其中以纳木错最大，湖面面积 1 920km²。藏北内陆湖区还有中、小型湖泊较集中分布的藏北北部湖泊区，较大的有班公错、阿翁错、洞错、达则错、色林错和兹格塘错等，其中色林错最大，湖面面积 1 640km²。

五、耐寒草本及小灌木占优势的植被

本地区环境以高寒为主要特点，而降水从东向西逐渐减少，随之湿润程度逐渐降低，相应植被类型也变化为高寒灌丛草甸—高寒草甸草原—高寒草原—（高寒荒漠草原）—高寒荒漠。植被类型主要以耐寒草本及小灌木占优势。在东南的阿坝、果洛、玉树和那曲等半湿润区，植被生长茂盛，以嵩草、薹草、蓼和早熟禾等组成的草甸及金露梅、高山柳或小叶杜鹃等组成的灌丛或草甸占优，覆盖度较高，达90%以上，为当地的优良牧场。土壤类型主要包括亚高山草甸土、高山草甸土、亚高山灌丛草甸土。受低温限制，土壤微生物分解作用较慢，土壤表层通常累积了10~20cm厚的草皮层，表层经常有冻胀裂缝，土层较薄，表土层以下常有大量砾石。由于土层有机质含量较高，生长的牧草耐牧性强。但若草皮层被破坏，则较易受风蚀而沙化。

在羌塘高原与青海西南部的半干旱地区，植被以紫花针茅或羽状针茅等针茅属植物为主，为伴生有白草、早熟禾、火绒草、棘豆等杂类草的高寒草原，覆盖度30%~50%。受低温影响，土壤发育程度较差，土层浅薄，砂砾含量高，腐殖质含量少。而在以青藏薹草与垫状驼绒藜等组成的荒漠草原，生境更为严酷，植被稀疏，覆盖度不超过20%，土壤微生物作用弱，腐殖质层薄，一般不超过10cm，粗骨性强、淋溶作用弱，通体石灰反应强烈，碳酸钙表聚，普遍有孔状结皮和层状结构。

在羌塘高原北部、昆仑山南部地区，气候条件极为严酷，植被以青藏薹草与垫状驼绒藜的高寒荒漠草原与垫状驼绒藜为主的高寒荒漠占优势。针茅属植物在这里明显减少，伴生的植物仅有少量的风毛菊、藏叶芥及苔状蚤缀等，覆盖度一般为15%左右。昆仑山与喀喇昆仑山之间的寒冻与干旱更为突出的高地，是典型的高寒荒漠地区，植被稀少，多为裸露的砂砾质地面，风力吹蚀作用强烈。与之相对应的土壤类型是高寒荒漠土（简育寒冻雏形土）和高寒荒漠草原土，层薄而多砾石，腐殖质积聚作用极其微弱，有机质含量低于1%。淋溶作用弱，使土体碳酸钙等易溶盐下移不显著，表聚现象明显，在部分土壤剖面中甚至出现石膏积聚现象。

第二节　自然区自然地理特征

一、果洛那曲高寒草甸区（HIB1）

（一）自然地理特征

本区由地势陡峻的深切峡谷向一望无垠的高原腹地转变，是具有高原亚寒带半湿润气候的自然地域单元。山地森林在这一地带的边缘有局部分布，高山灌丛草甸和高山草甸呈水平方向展布延伸。本区东起若尔盖、阿坝，向西展布经果洛、玉树至那曲。巴颜喀拉山和唐古拉山山体宽厚，其间多宽谷、盆地和缓丘，地面切割较浅，是从高原东南部高山峡谷向高原腹地过渡的丘状高原区域。

1. 西高东低、切割较深、曲流发育

东部地势较低，约海拔 3 500m 左右，西部较高，多为海拔 4 000～4 600m。东南部河谷切割较深，地势起伏稍大，愈向西北部高原面保存愈好。这里流水侵蚀作用仍占重要地位。高原面上曲流发育、山坡后退、山麓平原扩展等均反映出和缓、稳定的特点。但寒冻风化作用比较显著，冰缘地貌发育，且有岛状冻土区存在。

2. 日照较少、寒冷低温、降水适中

本区气候寒冷，暖季气温明显偏低。自东向西气温逐渐降低，年平均温度为 1.5～－3℃，最冷月平均温度为 －10～－15℃，其中，极端最低温度可以达到 －40℃ 以下，最暖月平均温度为 8～11.5℃。气温的年较差约 21～23℃，无霜期只有 20～60 天。因地处高原中部东西向切变线所在，暖季多受低涡天气系统影响，故是高原上降水较多的区域（Zheng Du, 1996）。年日照时数较少，在西藏那曲高原地区为 2 200～2 900h（其他地区也比较接近），是青藏高原上日照时数最低的地区之一。本区年平均降水量约 400～700mm，东南部可达 800mm，降水多集中于 6～9 月。

3. 水流和缓、曲流发育

宽谷盆地中的低洼河滩地或山前积水的扇缘低地，由于地势平缓，受多年冻土或季节冻土层的影响，排水不畅，地下水埋深仅 20～40cm 左右。区内河流上游水流和缓、蜿蜒曲折，曲流发育，牛轭湖很多。低地湿地广布。

4. 高寒草甸连片展布

由适低温的中生多年生草本植物组成的高寒草甸，广泛分布于高山带上，在东南部出现于森林带之上，而在高原内部则位于高山草原带之上。在高原中东部果洛、那曲一带缓切割高原上高寒草甸连片展布，成为占优势的地带性植被。可分为高寒嵩草草甸、高寒杂类草草甸和高寒沼泽化草甸等主要类型。其中，高寒嵩草草甸以嵩草属（*Kobresia* spp.）植物为建群种，分布广、面积大，普遍见于各山系，是构成高寒灌丛草甸地带景观的主要类型。高寒杂类草草甸以蓼（*Polygonum* spp.）、香青（*Anaphalis* spp.）、黄总花草（*Spenceria ramalana*）等为建群种，外貌华丽，季相变化显著，主要见于比较湿润的高原南缘喜马拉雅山、东南部横断山区以及祁连山一带，本区分布范围极小。高寒沼泽化草甸以嵩草（*Kobresia* spp.）、薹草（*Carex* spp.）等为优势种，所占面积虽小，但分布范围稍广，多位于河滩、湖滨和扇缘洼地，是重要的冬春牧场。在本地带占优势的高山草甸植被，主要有矮型莎草和杂类草草甸。草类虽较矮小，但生长密集，藏族牧民通称为"邦扎"，是适合放牧牦牛的良好牧场。宽谷盆地中的低洼河滩地或山前积水的扇缘低地，地表常有 5 ~ 15cm 起伏的草墩子，以及由藏嵩草等为主组成的沼泽草甸，成为本地带优势的景观类型之一。这类草场藏族牧民称为"那扎"，通常作为冬春牧场，有的也可刈割作为冬贮饲草。高寒草甸区草地面积大，放牧条件好，牧草营养价值高，具有营养成分"三高一低"（粗蛋白、粗脂肪和无氮浸出物含量高，而粗纤维含量低）和牧草热值较高的特点。另外，辽阔的丘状高原上分布着高山灌丛。占优势的高山灌丛有常绿革叶灌丛和落叶阔叶灌丛等，多分布于山地阴坡。高寒革叶灌丛结构比较简单，以北温带成分杜鹃属（*Rhododendron*）植物为主，主要有百里香杜鹃、头花杜鹃、尖叶杜鹃等，灌丛生长较茂密，盖度达 80% ~ 90%。高寒落叶灌丛以耐寒中生或旱生的冬季落叶的毛枝山居柳、积石山柳、金露梅、箭叶锦鸡、狭叶鲜卑花等为建群种，在水热条件较好的阴坡，植株相对比较高大，生长茂密，总盖度可达 85% ~ 90%。随着海拔的升高植株逐渐变得低矮、稀疏。在阳坡除部分落叶灌丛外，还可见常绿针叶灌丛分布，主要建群种有高山柏、高山香柏和滇藏方枝柏。在结构上以常绿针叶层片为建群层片，同时伴有小檗属、蔷薇属、绣线菊属，以及忍冬属和少量高山柳属组成的落叶阔叶灌丛属层片（李文华等，1998）。

5. 高山草甸土土层浅薄，表层为草皮层

高山草甸土（草毡寒冻雏形土）属 AC 型，最主要的特征是土壤表层有一草皮层（AC 层），其下是腐殖层（A1），B 层发育不明显，C 层则明显地受基岩性质所制约。草皮层由小嵩草（*Kobresia pygmaea*，*K. humilis*）等死根和活根密集纠结而成，厚约 10cm 左右。草皮层的成因主要在于低温条件下，植物生理干旱的持续时间较长，微生物活动受到抑制，植物残体分解缓慢，嵩草等庞大根系因而缠结成层。在植物萌发及生长期间，土壤中温度水分条件较好，植物残体的分解得以进行，有腐殖质的积累，土壤结构在腐殖质层较为优良。但长期低温使物理风化作用占优势，矿物分解程度不高，黏粒含量甚低，向下逐渐减少，黏土矿物以水化云母为主。相应地，草甸土的土层浅薄、质地轻粗，剖面中矿物组成的差异较小。高山草甸土表层常有冻胀裂缝，沿裂缝土体常在向阳面翘起，而形成草皮层块。由于不同物质胀缩程度和导热速度的不同，造成草根与其下土层断开并形成滑面。草皮层块常向下滑塌，有些草皮层块甚至滑离土面，形成斑块状脱落。由于植毡强大的蓄水能力，在相对温暖的夏季雨季，土体处于嫌气状态，不利于有机物的强烈分解。雨季结束后，土层含水量逐渐降低，通气条件有所好转，但土温亦随之下降，冬半年土壤长期冻结，同样有碍于有机物的矿化。寒毡土有机物质的存在状态和数量比例与同纬度平原地区土壤有很大的不同，主要表现为有机物的数量多和根系比例高（鲍新奎，1992）。

从人类活动角度看，高寒草甸地带与苔原带也有很大的不同。据粗略测算，青藏高原的高寒草甸地带面积达 26.9 万 km^2，占高原区域总面积的 10.7%，人口密度为 3.0 人/km^2。虽然在整个高原平均来看偏低，但在高原亚寒带中却远高于高寒草原和高寒荒漠区域。至于苔原带则基本上属于无人区，人类活动的影响极其微弱。高寒草甸地带是青藏高原重要的畜牧业生产基地。草场资源的特点是以小嵩草占优势的高山草甸为主，牧草低矮，产量低，但营养价值较高，适于牦牛的生活需求。草地植物中可采食牧草比重大、利用率高。此外，大多数草地具有富于弹性的草皮，耐放牧、耐践踏。放牧家畜组成主要为牦牛、马和绵羊，其中牦牛在畜群中（按绵羊单位计）比例高，是青藏高原牦牛的集中分布区。畜牧业生产的主要限制因素是：青草期短、枯草期长，季节不平衡严重；抗灾能力弱，冬春雪灾较多，牧业生产不稳定；冷季牧场超载，限制暖季牧场的充分利用；牧场过度采食，草地退化现象普遍；草原毛虫（*Gynaephora qinghaiensis*）、高原鼠兔（*Ochotona* spp.）和鼢鼠（*Myospalax* spp.）等危害严重，引起逆行演替，影响草地的生产力（孙鸿烈等，1996）。

（二）生态脆弱性

高寒草甸资源的优点是草地面积大，放牧条件好，牧草营养价值高，营养成分具有粗蛋白、粗脂肪和无氮浸出物含量高，而粗纤维含量低的"三高一低"和牧草热值较高的特点。据中国科学院海北高寒草甸生态定位站对 29 种植物热值的测定，其平均去灰分热值为 18.5kJ/g，高于世界陆生植物的平均去灰分热值（17.8kJ/g），与北欧挪威草甸植物热值和北美华盛顿高山植物热值较接近。这与在高寒气候条件下牧草含粗蛋白质和粗脂肪较高有关（杨福囤等，1983）。高寒草甸资源的不足之处是，初级生产力水平很低，牧草现存量和营养成分的季节性变化和年际变化显著，容易造成草畜供需之间的矛盾。牧草产量年际的差异在受灾年份和丰产年份更加显著，受灾年与丰收年份的产草量几乎相差1/3。据研究一般在 3~5 年中，必然会出现一年丰年，一年歉年，其他为正常年景。15 年中，丰、平、歉年各为 5 年，常为 3 年一小灾。这种波动特点，使牧草的能量和物质转化效率很低（王启基等，1991；青海省草原总站，1988）。

高寒草甸分布坡度较大的地区或地段，成土环境极不稳定，一日之中昼夜之间的冻融和干湿交替，以及一年之中不同季节之间的冻融和干湿交替，极易破坏草毡表层的完整性。草皮层经冻融剥离后，水土流失现象严重，加上冬春季的大风，风蚀作用使秃斑裸地扩大和连片，最终使草地变为"黑土滩"。青藏高原草场鼠害常有发生，面积大约为1300 万 hm^2。鼠类猖獗的地区，鼠洞密布，鼠道纵横，表土疏松，夏季暴雨之后，洞穴塌陷，表土流失，草皮层连片剥蚀，很快形成鱼鳞状秃斑。

过高的载畜量往往是草地退化的基本原因。由于人为的过牧，会造成土壤养分的大量输出，使表土层本来贫乏的有效养分更加短缺，牧草生长受到严重影响。人类对草场的破坏还表现在不能根据草地的质量和数量，在时间和空间上合理利用草场。牧草生长和营养特点的明显季节性与牲畜营养需要的相对稳定性之间形成供求关系的尖锐矛盾，使不少地方冷季草地利用时间过长，而夏秋牧场又未被充分利用，亦即造成草畜供求在时间上的不平衡,枯草期供不应求,而青草期供过于求,季节性草地的不合理分配或牲畜不能按时转场以及牲畜出栏率低,极大地影响了冷季牧草的生长,不仅损坏了草地的生产力,而且造成大部分牲畜掉膘,造成巨大的经济损失(中国科学院青藏高原综合科学考察队,1992;黄文秀,1996)。

本区合理的围栏轮牧不普及,致使冬春草场利用过度,夏秋草场利用不足;但又有不少牧民为了围栏轮牧,利用的却是珍贵的草毡层作为"土墙",使失去草皮层保护的草地易风蚀和鼠害加重,这显然是一种短视的行为。人为的开矿、修建道路和破土取沙等活动,也使不少草场失去了保护层,加上高原风速大,极大地加速了草地的退化速度(周兴民等,1995)。据青海省1988年11月份统计,全省采金人数达58 411人,占用草地面积达113 000hm²(青海省草原总站,1988)。近年来,随着交通系统的大规模建设,这种工程性破坏草地现象有恶化的趋势。另外,由于人们的"致富思想"与"惜售思想"和技术落后之间的矛盾,造成的牲畜出栏率、产品加工率、商品率低等问题,都严重影响到草甸草地的可持续利用。

(三) 生 态 建 设

本区对天然草场必须因时、因地、因草质草量以及管理条件而确定畜种数量、分布和畜群结构。特别是注意缓解冷季放牧强度、减少暖季牧草浪费是当务之急。面对高寒草甸草场严重退化的现状,有些学者提出对青藏高原高寒草场全面封育的消极对策,但适宜的放牧强度不仅不会破坏草场,反而会促进牧草的生长和地上净生产量的提高(王启基等,1995a)。为了保护草地生态平衡,缓解草畜之间季节不平衡,减少冷季家畜体重下降、死亡所造成的损失浪费,必须以牧草储存量、家畜的营养需要和饲养标准,确定合理的载畜量。充分利用高寒牧区水热同季的生长优势,开展季节畜牧业生产,提高牲畜出栏率和商品率,加快畜群周转率,使牧草尽快转化为畜产品。在秋季放牧家畜膘肥体壮时,应及时出栏老、弱、病畜和短期育肥的当年羯羔,这样不仅可以减轻冷季草场的载畜量,缓解草畜矛盾,而且可以优化畜群结构,提高草地生产效率和畜牧业经济效益。

开展种草养畜,建立稳产高产的人工草地,可以缓解对天然草地(特别是冬春草场)的压力,协调草地利用在时间和空间上的不平衡。它不仅可以提高光能利用率和物质的转化效率,而且可以减少牧草资源的损失和浪费。对海北站地区家庭牧场示范户的研究结果表明,在高寒牧区实行种草养畜,加强冷季补饲对促进草地畜牧业发展具有重要作用。人工草地青干草产量为10 277kg/hm²,光能利用率为0.298%,较天然草地光能利用率提高2.11倍。藏系绵羊在冷季补饲后成畜死亡率下降34.80%,羔羊成活率和经济效益明显提高(王启基等,1991)。但人工草地的建立必须考虑具体的自然环境条件和当地的经济、社会和文化发展水平。

只有"养",才能保持持续的"用",特别是对正在退化的草地,采取封育、施肥、补播、松耙、优良牧草的选育和群落优化结构的配置和灭除杂毒草等人工措施,是帮助草地避免继续退化或及时越过低谷的有效方法之一(王启基等,1995b)。对高寒退化草地进行不同调控处理的试验表明,人工合理的影响不仅能改善草地的生态环境，提高草地光能利用率，而且使植物群落的种类组成、覆盖度、优良牧草比例和土壤有效养分含量明显增大，提高了植物对营养元素的吸收利用率和归还率，促进了物质的良性循环。积极开展草地灭鼠虫工作，过去单用药物消灭的办法有一定的效果，但对生态、环境造成一定的危害，因此综合采用机械的、化学的和生物的方法，是治理鼠虫危害、保护生态与环境的方向。

只有不断调整农、牧业的生产建设布局和结构，促进综合发展，才能促进畜牧业的持续发展；片面地靠天养畜，盲目追求载畜量，惜售思想严重，只能使畜牧业发展受阻。同时，其他各业的发展必须以维护草地的生态、环境为前提。在自然条件独特的青藏高原上，为了保持牧草较高的生产量和转化率，必须注重综合发展。综合发展，首先是高原牧区生产的机械化程度和技术含量不断提高，这对于解放劳动力，使牧民免于过重的体力劳动，提高劳动者素质，具有重要意义；其次是草地总体生产力提高，出栏率提高，也使冬春草场的压力得到缓解，草场管理水平得到改善，整个草地系统与外界的物质、能量和信息交流加强，草地系统的抗干扰力加强，脆弱性减弱。

二、青南高寒草甸草原区（HⅠC1）

（一）自然地理特征

本区地处青海省南部，北至中昆仑山系博卡雷克塔格山—唐格乌拉山—布尔罕布达山以南，南止于唐古拉山以北，西界在长江水系与羌塘内流水系交接地带，东北至阿尼玛卿山，是一个高原亚寒带半干旱气候的自然地域单元。本区为缓切割高原，切割成具有宽阔谷地、波状起伏的高原面，也是中国最大河流长江和黄河的河源地区。

1. 地形完整，具波状起伏的高山与高原山原地貌

高原面上耸立着许多著名高山，海拔均在 5 000m 以上，其中本区最高峰是海拔 6 960m 的博卡雷克塔格山主峰布喀达坂峰，是青海省与新疆维吾尔自治区的界山。唐古拉山最高峰各拉丹冬峰 6 621m，是青南高原区与西藏自治区的界峰。阿尼玛卿山的最高峰阿尼玛卿峰，海拔 7 160m，是本区与祁连山自然区的界山。其他高山，如巴颜喀拉山（主峰海拔 5 267m），是黄河与长江发源地的界山。澜沧江亦发源于本区唐古拉山的北侧，因此本区又是中国三江源的重要发祥地（申元村等，1991）。本区高原面海拔 4 000m 以上，地形面完整，波状起伏，形态和缓；高原面上有许多低平洼地，湖泊众多，如多尔改错、特拉什湖、库赛湖、玛璋错、雀莫错、多尔改错等湖（李炳元，1996）。

2. 高原特色的季风气候

本区气候受高原隆升、大气环流、地理位置、地形作用的影响明显。首先是青藏高原的巨大隆升阻挡了西风带的气流，改变了高原行星环流系统，使高空气流在青藏区域进行分流，从而形成了具有高原特色的季风气候。高耸的地势使气压降低，含氧

量减少，温度降低，形成大范围高寒、低氧的气候特点。同时，由于地理位置深居内陆，巨大的高原阻挡了来自印度洋西南气流携带的水汽，降水从东南向西北减少。东南部曲麻莱一带为高寒半湿润气候，西北部为高寒半干旱气候，是青南高原最主要的气候类型。海拔4 000～4 500m 的高原面上，年平均气温＞1℃，最热月（7月）平均气温5～8℃，无霜期不足30天，日平均气温≥10℃期间的积温不足100℃，不少区域无日平均气温≥10℃期间的积温，年冻结时间超过8个月，属高寒区域。年平均降水量400～100mm，东南部的曲麻莱350mm，属半湿润类型，西北部五道梁西侧150mm，属半干旱类型（申元村等，1991）。

3. 河流与湖泊众多

本区是长江、黄河和澜沧江的发源地，水源靠冰雪融水补给，唐古拉山、昆仑山、阿尼玛卿山、祖尔肯乌拉山发育了巨大的大陆性冰川。长江发源于本区唐古拉山各拉丹冬冰川。黄河发源于本区巴颜喀拉山北麓的姿各雅山（海拔4 800m）。澜沧江发源于本区唐古拉山北侧的吉富山（海拔5 200m）冰川。除三江水系属外流水系外，本区还有众多高原型湖泊。主要湖泊有著名的扎陵湖、鄂陵湖。两湖均为构造型湖泊。扎陵湖面积526.1km^2，最大水深13.1m，平均水深8.9m。鄂陵湖面积610.7km^2，最大水深30.7m，平均水深17.6m。两湖合计储水量154.3亿m^3，对黄河水源的供应与调蓄十分重要。

4. 高寒草原为主的高寒植被

本区的植被具有高寒生态习性，主要植被类型为高寒草甸、高寒草甸草原和高寒草原三种类型。由于广泛分布极高山，垂直地带性分异突出。从高原面向极高山脊的冰川，相对高差约1 000m，东南侧的高寒草甸与高寒草甸草原区域，高寒草甸、高寒草甸草原从高原面沿山体而上可一直分布到海拔4 800m 的高度。紧接着为稀疏垫状植被与寒漠土极高山类型。海拔5 000m 以上则为永久积雪冰川带。本区中部和北部高寒半干旱草原区域，极高山地海拔4 900m 以下为高寒草原，4 900～5 100m 为高寒草甸，海拔5 100m 以上为稀疏垫状植被寒漠土极高山，海拔5 200m 以上为永久积雪冰川极高山。其中，高寒草甸植被仅分布在东南部高寒半湿润区曲麻莱一带，所占面积小。另外，在高寒半干旱区极高山的垂直带上也有少量分布。植被由半湿生、中生草本组成，主要群落类型有高寒嵩草草甸（小嵩草、矮嵩草、线叶嵩等）和薹草草甸（粗喙薹草、黑穗茅、珠芽蓼、圆穗蓼）。

高寒草甸草原植被分布于本区的东南部高寒半湿润区域，面积小，呈条带状分布于曲麻莱至唐古拉山北侧温泉连线以南。植被由中生草本组成，群落种属主要有紫花针茅、薹草、圆穗蓼，珠芽蓼、嵩草、龙胆等，覆盖度60%～90%，是重要的高山牧场。

高寒草原植被分布于本区中部和北部，是本区主要的植被类型，生态习性为耐寒半旱生、中旱生草本，群落主要由丛生禾草和根茎薹草构成。主要种属有紫羊茅、紫花针茅、异针茅、矮羊茅、扁穗冰草、青藏薹草、棘豆、薹草、扇穗茅、垫状驼绒藜等。植被盖度30%～60%，为重要的高山牧场。

坡地上常见高山草甸分布，主要位于 4 000 ~ 4 800m 的向阳缓坡，由莎草科的嵩草、薹草，以及蓼科和菊科等植物组成，并含有较多的花色鲜艳的杂类草。草层低矮，平均高约为 10cm，但盖度较大，可达 80% 以上。牧草营养价值高，耐牧性强，是良好的牦牛牧场。

5. 土层浅薄、生产潜力较低的高寒草甸、草原土

本区的土壤具有高寒生态习性。高山草甸区域土壤发育为高山草甸土，发育过程兼具强生草过程、融冻过程和高山草甸化过程，土壤剖面具有 O – Ah – AhB – C 构型（O：生草层或草皮层，根系致密具弹性；Ah：有机质层，腐殖质含量 >4% ；AhB：淀积过渡层，为具有碳酸钙的淀积层；C 为母质层，为半风化的砾石层）。高山草甸草原区域土壤为高山草甸草原土，土层分化良好，具 A、B、C 等基本层次（A：腐殖质层，有机质含量 >4% ；B：淀积层，含碳酸钙菌丝体，碱性反应；C：母质层，风化残积物）。高山草原区域土壤为高山草原土，土层较薄，具有 A、B、C 等基本层次，有机质含量 <1% ，B 层具 CaCO₃ 积聚，碱性反应，盐酸泡沫反应强烈，是生产潜力较低的类型。

（二）生态脆弱性与生态建设

青南高原高寒草甸草原区生态、环境脆弱，生态稳定性差、抗干扰能力低，是生态容量低、易在受干扰条件下迅速退化的生态极脆弱区域。目前本区域的生态状况是先天不足、典型地域受人为破坏突出、生态与环境退化明显，是亟待加强保育和急需治理的区域。

1. 自然环境脆弱

生态与环境好与不好，是由生态质量决定的。生态质量好坏取决于生态各组成要素的物质成分和能量大小及彼此之间的组合形式和作用强度（申元村等，1993），如果各要素间的物质构成是协调的，联系是紧密的，能量又处于平衡状态，则生态与环境良好且稳定；如果各要素间的物质构成不相匹配、能量波动大，则生态系统容易受到破坏，生态与环境脆弱和不稳定。衡量生态质量高低优劣，一是要从物质能量结构去分析各组成要素的物质关系是否协调，能量结构是否稳定；二是应从抗外部干扰能力，如抗风蚀、水蚀及人为破坏能力，去分析生态与环境质量。

青南高寒草甸草原区的生态质量较低，先天不足。首先表现在本区域海拔高，虽然太阳辐射能较高，但有效辐射低，物理风化弱，土层浅薄，土质轻粗；全区域气温低，处于寒温带类型区，只有耐寒性强的生物才能适应。植物生长期短，生物多样性受到限制。本区深居内陆、降水稀少、干旱明显，只能生长半干生、中旱生植物，因而生物种群数量少，生产能力低。地势高耸、寒冷、干旱的生境条件，使能适应此环境的生物种群大大减少，使本区生态质量远低于地球同纬度低海拔区域，是生态质量先天性不足的具体体现。

本区是地壳仍在隆升的高海拔区域，生境条件差，寒冷、冻结期长；土壤成土年龄短、土层浅薄、土质轻粗；降水稀少、干旱、多风，风蚀严重，冻融作用突出；水蚀问题普遍。这种生态失调、土地基质稳定性差、水分对植物供求能力低下的生境条件，使生物难以构建覆盖度高、种群丰富、层次结构复杂、生物产量高的稳定群落。一旦某一个要素产生变异，使环境退化。如果人类生活、生产活动改变生境或过度利用生物资源，则会引发生境和生物联系结构的破坏，产生生态灾害，制约经济和社会的可持续发展。

2. 人类不合理利用资源对生态与环境的影响

本区气候条件不适宜种植业的发展，而天然草场广阔，是青海重要的放牧畜牧场之一。近50余年来，由于人口增加和经济利益驱动，牧民放养的牲畜大幅增长，导致草场负荷过重，草场退化问题突出，环境正在向恶化方向发展。表现在草场质量下降、生物量减少、鼠害加剧、黑土滩面积大幅增加等方面。例如，本区的玛多县，主要分布高寒草原草场，理论载畜量为66.7万只羊单位，1999年草场实际载畜量为130.16万只羊单位（刘峰贵，2006），实际载畜量是理论载畜量的两倍。超载过牧的结果是优良牧草得不到及时恢复，产量明显降低。典型研究表明，退化严重类型黑土滩已由嵩草草甸、紫花针茅草甸草原退化为囊吾（*Ligularia virgaurea*）、铁棒槌（*Aconitum anthora*）、甘肃棘豆（*Oxytropis kansuensis*）、绿绒蒿（*Meconopsis sp.*）、马先蒿（*Pedicularis sp.*）等杂草。产草量下降为未退化草场的13.2%，覆盖度下降至53.16%，地下的活根数量亦明显下降（刘峰贵，2006）。草场退化亦与鼠害加剧关系密切，本区环境适宜高原鼠兔和高原鼢鼠生长，繁殖性强，在草场总生物量减少而鼠的数量又增加的情况下，鼠兔和鼢鼠对草根和茎叶的嚼食，导致草场失去修复功能，草场会迅速退化。目前，青南高原的草场已处于持续退化中，加强草场保育和修复已十分迫切。

3. 采矿偷猎和交通建设对生态与环境的破坏不容忽视

在青南高寒草甸草原区，滥挖乱采黄金，不仅破坏了黄金资源，更为恶劣的后果是严重毁坏了草场资源，从而导致土地沙化和水土流失。如玛多县1980~1994年全县非法采金流失沙金2.8t，破坏草地面积21.33万hm²，水土流失和荒漠化演替进程加快。1999年，全县有沙漠、沙砾地、裸地266.67万hm²，已占总土地面积的47.8%。无序采金，使曲麻莱县3033万hm²的草场遭到彻底破坏，仅1988年6万多名采金者涌入曲麻莱县进行采金和砍挖灌草，就约有4.4万hm²草场被毁。从青藏公路的昆仑山口至鄂陵湖畔长达300km范围内，20世纪80~90年代每年有数万人采金，直接造成草场沙漠化面积达4.0万hm²。在黄河源与可可西里一带，近年涌入数十万名采金者无序采金和滥挖薪柴，严重毁坏草场，酿成大片草地沙化。与此同时，在淘金者所到之处，生活垃圾废品到处堆积，污染环境，并留下一道道数十或上百千米长的车道，车道上植被荡然无存。

青南高原是青藏公路、青藏铁路的重要通道，沿途有重要的车站和居住地，运输量大，人类活动日益加剧。区内矿产资源（如金、银）丰富，又是珍稀动物如羚羊、野马种源地。滥采金矿和偷猎羚羊等非法活动猖獗，已成为该区生态破坏的主要驱动因子。加强生态保育，防止交通建设对生态破坏和依法惩治盗猎盗挖行为，已成为该区生态建设关键。

三、羌塘高原湖盆高寒草原区（HⅠC2）

本区南起冈底斯山—念青唐古拉山，北至喀喇昆仑山 - 可可西里山，东界沿安多 - 当雄内、外流分水岭一线，西以公珠错—革吉—多玛一线与阿里山地为界，包括羌塘高原的大部分腹心地区。行政上隶属那曲地区和一部分阿里地区。海拔高与四周高山的围挡，使羌塘高原成为同纬度寒冷干旱的独特区域，由紫花针茅为主组成的高寒草原是本区分布最广的地带性植被。

（一）自然地理特征

1. 高原、湖盆为主的地貌形态

本区地势南北高中间低，山地丘陵与宽谷湖盆交错分布，呈明显的带状格局。高原面北部海拔4 900m左右，南部为4 500m以上。西部海拔6 000m以上的高峰较多，而且集中。大约自东经83°以东，除了羌塘高原南缘的冈底斯山和北缘的昆仑 - 可可西里山以外，海拔6 000m以上的高峰大为减少，大多是彼此相隔遥远的孤峰。山地多为断续分布，被众多湖盆分隔，往往连山脉的走向亦不易判明。黑阿公路以南和本嘎各波—阿木岗日—普若岗日一线以东，最高山峰几乎全在6 000m以下。发育有现代冰川的高峰，在西部屈指可数，且规模很小；进入东部则明显增多，其中以布若岗日（6 436m）、藏色岗日（6 460m）、普若岗日（6 482m）、本嘎各波（6 289m）冰川规模较大。至东端唐古拉山的各拉丹冬峰，冰川规模最大。羌塘高原上的几条大河，如甜水河、江爱藏布、扎加藏布等均是源自现代冰川的河流。

2. 寒冷、半干旱的高原亚寒带季风气候

区内气候属高原亚寒带季风气候。高寒缺氧，空气稀薄，四季不分明，冬长无夏，干湿季明显。气候寒冷，气温的年、日变化大。年平均温度0~3℃，最暖月平均气温6~10℃，局地可达12℃，最冷月平均气温在 -10℃以下。雨季集中于6~10月，年降水量150~300mm，6~9月占90%左右，自东南向西北递减。冬春多大风，如尼玛县年大风日数超过250天。自然灾害为旱灾、风灾、雪灾、雹灾等。其中，雪灾平均3~4年发生一次，旱灾每年均有发生，风灾多发生在2~4月。

3. 湖泊退缩、淡水缺乏的水文状况

本区高原湖泊集中分布，内陆湖泊星罗棋布，是著名的高海拔湖群区。据粗略统计，超过2km²的湖泊有400多个，大多数湖泊成因均与断陷构造有关。大湖集中分布在黑阿公路以南。其中纳木错水域面积1 920km²，它与玛旁雍错、羊卓雍错并称为三大圣湖，湖面海拔高达4 718m，是世界上海拔最高的大湖。而色林错和当惹雍错两湖面积都在1 000km²以上，色林错是藏北高原第二大咸水湖。另外，格仁错、吴如错、

达则错、木纠错、果忙错、昂孜错、赛布错等湖泊面积都在 100km² 以上。其他小型不知名的湖泊更是星罗棋布。全新世以来本区气候干旱化，湖泊退缩现象十分明显，湖泊的发育大都进入盐湖或碱湖阶段，淡水湖极少。河流以内流、季节性河流为主，有些河流的水流在下游即消失或潜入地下。高山冰川不发育，淡水资源贫乏。

4. 垂直分带简单的高山草原

本区主要的植被类型是高寒草原，在海拔 5 100m 以下广泛分布，主要建群种为紫花针茅。在黑阿公路沿线湖盆带以南，伴生有固沙草和三角草等，以北消失。但向北青藏薹草明显增加，与紫花针茅共同成为植物群落的建群种。以紫花针茅为主的群落能适应多种环境，其覆盖率一般为 30%～50%，是本区最主要的牧场。植被垂直分带比较简单，在海拔 5 100m 以上的山地生长以青藏薹草为主的群落。接近 5 500m 山地则为高山稀疏植被带。在冈底斯山—念青唐古拉山北坡有高山草甸分布，是高原东部高山草甸带向西的延伸，但到本地区已呈退化状态，草皮剥落现象普遍。在黑阿公路以南的其他一些山地也可见到这一高山草甸带，但大多狭窄。愈向西退化现象愈明显。在广阔的退缩湖岸，草原植被分布在古砂砾堤上，在一些洼地则为沼泽草甸。本区植被受地面组成物质的影响，在坡麓多砾石地上生长着以羽柱针茅为主的群落，湖周一带砾石地以垫状嵩草为主；在南部覆沙地上固沙草成丛，北部代之以青藏薹草，洪积扇和河湖边藏嵩草生长较密。

5. 类型简单的高山草原土壤

本区土壤腐殖质含量低，普遍低于 1%～1.5%，植被残体分解不完全。另外，稀少的降水使风化过程和成土过程的可溶性产物淋溶不彻底。随着降水量向西北方向降低，气候越趋于干旱，淋溶作用也越弱，钙积层越趋不显著，黏粒的下移亦较弱，铁、铝等氧化物移动也不显著。寒旱的气候条件，使寒冻风化强烈，地表砂砾化现象十分明显，风蚀是表层黏粒减少的重要原因。黏土矿物组成以水化度低的水云母为主，矿物分解程度低。剖面性状受母质影响甚大，通常在剖面中含有大量石砾。由于季节性冻层的融冻搅动作用，在高山草原土壤中经常能发现一种特殊的鲕状微粒结构，粒径多在 0.5～1.0mm，成层出现。薄片观察为泥团滚裹的圆粒，表面多为黏粒或碳酸钙胶结层，内部垒结致密，可出现在土壤的表层，也可能在底层。

6. 丰富的动植物和矿产资源

区内珍稀濒危野生动物较丰富，除藏羚羊外，还有野驴、黑颈鹤、熊、獐、雪豹、雪鸡、岩羊、狐狸、秃鹰等。此外，还有较多的药用植物，如角苗伞根、虎耳根、大叶秦艽、麻黄、红花、刺参、葫芦苗、高山党参、青活麻、大黄等 40 余种。无疑，要实施严格的管护。但是，在野生动物保护过程中，也出现藏野驴数量增多现象，由此带来草场的破坏，该区各县均有反映。所以，在保护野生动物的同时，也要适度限制野生动物繁殖的数量。

矿产资源有硼砂、砂金、锡、铬铁、盐、油页岩、玉石、云母、紫水晶等。区内除矿业外，无工业、农业，牧业相对较发达。因此，加大自然保护区的管理和建设力度，矿产资源的开发利用要尽最大限度地保护生态与环境，并对破坏的环境进行整治，以保证自然保护区生态系统的健康发展。区内分布许多盐湖，近年来，捕捞卤虫十分猖獗。为保护盐湖的生态系统，须对卤虫资源进行评估后制定科学开发对策，以免造成资源枯竭。

（二）生态脆弱性

本区天然草地面积大，由于气候高寒干旱造成的生态系统脆弱性问题突出，草地生长量和载畜量均很低。受经济利益驱使，牲畜数量增加，使能被利用的单位草地面积牲畜数量增加。羌塘地区草地类型简单、冷季草场缺乏、产草量低、耐牧性差，草地牲畜数量增加，使牧草难以休养生息；本区人口稀少，草地广阔，放牧方式简单、粗放，如牧民常把牛羊赶入一地，不加看管，任牲畜四处游走，反复觅食适口性好的牧草，严重影响牧草春季返青，造成草地退化较严重。加上鼠害、虫害、沙害等的影响，进一步加剧了草场的退化。而干旱、多风、年降水量少、潜在蒸发大等因素制约着草场的自然恢复。在纳木错湖盆周边由于牧业生产规模逐年扩大，草地过牧问题日趋突出，导致草地出现不同程度的退化。据《西藏自治区那曲地区草地退化研究》的结果表明，班戈县草地退化面积已占可利用草地面积的70%左右。

虽然区内湖泊众多，但由于植被条件差，表现出区域水源涵养能力较好而局地水源涵养能力有限的矛盾，大气降水和冰雪融水在短时间内（雨季）即汇入湖泊中，夏季形成大面积淹没区，漫长的枯水季节湖面蒸发极为强烈，水分散失严重，湖水盐分增加，湖周形成大片盐渍化土地。土地盐渍化多发生在区内各大小湖泊周边。由于湖水含盐量高而枯水季节湖面蒸发量极大，季节变动引起的盐渍化十分严重，植被发育也较差，土地利用价值较低。土地盐渍化、人为活动造成的水土流失，致使对野生动物栖息环境的破坏，过牧引起草地植被的退化。该区有较多特有野生动物，国家一、二类的保护动物近20种，其中包括藏羚羊、藏原羚、野驴、盘羊、雪豹等。区内大部分地区为无人区，但盗猎野生动物现象时有发生，使珍稀野生动物资源的数量受到影响。

受地貌条件和气候的影响，区内山地坡面土壤侵蚀敏感性程度较高，具有水力侵蚀和融冻侵蚀综合作用的特点。高山地区降水相对丰富，加之强烈的风化和冻融作用，坡面碎屑物质十分丰富，冈底斯山脉的北部大小沟谷发育，沟口冲洪积扇广泛分布。区内人为活动引起的水土流失主要来自于矿山开采，大小矿山普遍存在开挖和弃渣，对草场、湖泊以及河谷都构成严重影响。此外，该地区有狮泉河—那曲等重要公路通过，每年过往的各类车辆较多，草原公路没有明确的路线，在一些地段的公路碾压带宽达数百米，这类原因引起的草场破坏也较为严重。矿业开发和其他人类活动对当地的草场造成破坏，虽然面积十分有限，但破坏后几乎没有恢复的可能。

本区的盐湖众多，部分盐湖的不当开发带来了环境污染。最明显的如尼玛东边杜加岭一带盐矿区，在1960年代曾兴盛一时，如今废弃多年的遗址上矿渣遍地，白茫茫一片，人兽绝迹，荒寂凄凉。而由于这里地势高亢，生境严酷，脆弱的环境一经破坏将很难恢复，生态重建工程难度很大（孙鸿烈等，2004；李明森，2000）。

（三）生态建设

针对这一地区的生态与环境问题，当务之急是改变传统的畜牧业经营方式，科学合理地利用有限的草地资源，坚持以草定畜、草畜平衡，草地围栏、轮牧放养的方针，对已发生明显退化的草地须采用封育或人工改良、抚育、退牧还草等措施，使之尽快恢复，以此提高草地水源涵养能力。对草地条件较好的地区，发展草场灌溉，建立一定数量的高质量人工草场。草地恢复与保护是一项复杂的工程，不仅需要加强对草地的投入，还要结合草地情况合理制定牲畜放养量，同时对一些人为破坏要加强管理，部分草场破坏严重而生态功能重要地区可采取退牧还草措施。

位于本区的纳木错是西藏第一大湖泊。纳木错周边滩涂众多，是西藏许多雁鸭类的夏季繁殖地，每年6～7月斑头雁、中华赤麻鸭、黑颈鹤等野生雁、鸭类等短迁距候鸟，大量集中于湖区周边繁殖。保护纳木错水生生态系统及其周边滩涂沼泽湿地生态系统，对维系该区生物多样性的健康发展具有十分重要的意义和较高的科学价值。因此应加大自然保护区的建设，完善管理措施和制度，划分特殊功能保护区，实施专项生态保护办法，在以保护为主的前提下，适度开发利用草地资源和旅游资源，通过旅游收益，资助保护区的建设。申扎湖盆区是以黑颈鹤为主的生物多样性保护区，该区是黑颈鹤以及斑头雁、中华赤麻鸭等野生涉水鸟类的夏季繁殖区，同时还有国家一、二类的保护动物近20种，其中包括藏羚羊、藏原羚、野驴、盘羊、雪豹等，应加大自然保护区的管理和建设力度，加强对维护湖泊湿地水源与水体有重要功能作用的山地高寒草地生态系统的保护。

除纳木错和申扎地区已保护的动物外，区内还拥有较多国家级保护动物。保护这些动物除不能盗猎外，还须重视这些动物赖以生存的高寒草原生态系统的保护与建设。对当地的旅游事业，应加大投入和管理，对旅游者的活动范围和行为进行适当限制和规范，使人为活动对生态与环境的干预减少到最小的程度。对于生物多样性的保护，特别是国家重点保护的野生动物，不能仅仅依靠专业人员的工作，还要加强宣传与相关法律法规的贯彻落实，使得每一个当地居民和进入这一地区的临时居民，都自觉成为保护野生动物的宣传者与执行者，杜绝一切破坏野生动物栖息环境和捕杀野生动物的行为。近年来，当地经济发展和人口的增加，对野生动物的生存环境构成了一定的威胁，使部分野生动物生存空间变小。因此加强该地区湿地生态系统的保护刻不容缓。

由于高山地带与湖盆区之间存在着强烈的土壤侵蚀作用，应采取一定的人为工程，沿途可以修筑相应的挡蓄工程、固沙工程等措施，以起到直接减少水土流失的作用，使入湖泥沙减少，同时可以涵养水源，促进植被的恢复，使环境状况得到改善。如对水土流失严重区，力所能及地采取一些适当的工程防治措施。对沟蚀严重区采取一些简单的工程措施拦截泥沙，减少山前淤积对草场的淹埋，同时布置适当的引水工程，建设部分高质量的人工草场。

四、昆仑高山高原高寒荒漠区（HⅠD1）

（一）自然地理特征

位于青藏高原主体西北部地势最高的部分，包括羌塘高原北部、喀喇昆仑山区、昆仑山南翼和可可西里山地，主要由高山、宽谷和盆地组成。气候严酷寒冷，属高原亚寒带干旱气候。高寒荒漠和高寒垫状植被是本区的主要植被类型。行政上隶属于西藏那曲、阿里的部分地域，小部分属新疆维吾尔自治区南部。

1. 多横向湖盆切割的高山高原地貌

本区北部是昆仑山脉，海拔一般在4 800～5 000m，是青藏高原中最高寒的区域。昆仑山地极不对称，北坡陡峭，降落至海拔低于1 000m的塔里木盆地，高差达4 000m，地势极为壮观。但在高原面上，它与高原湖盆之间的相对高差仅1 000多米，较为平缓。南部是喀喇昆仑山的东延部分，高峰多在6 000m以上，多被横向断陷盆地所分割，山势显得断断续续。可可西里山位于上述两山脉之间的东部，是昆仑山分出的一条支脉，也呈东西向延伸。山脉形势相当清楚，但山势不高。山峰多在5 500m左右，只有少数山峰在6 000m以上。

东部山地之间沿东西构造凹陷发育，呈长条形的湖盆洼地，海拔多在4 800m左右。面积小于1km²的小湖星罗棋布，多数由较大的湖泊退缩分离而成。湖泊退缩十分明显，每个湖盆几乎都呈向心水系，季节性河道向湖盆集中，有些湖泊已退缩成为季节性积水洼地，湖周阶地和退缩沙砾堤十分发育。高度较大的山地从南至北有冬布勒山、绥加日山、萨玛绥加山，横云山、玉尔巴钦山和木孜塔格山地，山体明显受断裂控制，南陡北缓，北麓形成广阔的高原地势。可可西里山有两处冰川比较发育，即西部的耸峙岭（6 371m）和东部的拉若岗日（6 036m），冰川规模不大。昆仑山主脉的木孜塔格峰（6 973m）附近，冰川规模较大，达79条，冰川呈放射状分布，雪线高度5 500～6 000m，冰川末端4 600～5 300m，冰缘作用十分强烈。

西部的昆仑山和喀喇昆仑山山脉走向不明显，为许多横向湖盆所切割，湖周阶地比东部昆仑山地发育，一般有8～9级，最高阶地达150～200m，湖泊退缩强烈。这里的山地较高，愈往西6 000m以上的高峰愈多。在喀喇昆仑山，冰川较发育的高峰有土则岗日（6 356m）、美马错西部的高山、窝尔巴错南部高山和熊彩岗日（6 444m）。冰川宽度多在200～300m，最长可达20km，冰川下限低于5 500m。由于冰川融水的汇入，郭扎错湖水北淡南咸。

2. 寒冷干燥、冬春多大风的气候

本区属高原亚寒带干旱大陆性气候，气压低、辐射强、降水少、温差大、寒冷干燥。据短期观测，在可可西里山以北的涌波湖（海拔4 880m），8月曾出现-18.0℃的最低气温。巴毛穷宗至喀拉木伦山的最低气温很少在0℃以上。但6～8月期间气温日较差大，白天气温可上升至8～10℃，平均可达5℃左右。区域年均温-3～-8℃，一

年中有 8~9 个月均温低于 0℃。年降水量小于 50~100mm，年平均相对湿度 30%~40%。冬春多大风，一年中 ≥8 级大风日数在 150 天以上。严寒、劲风、干旱决定了区内生态系统具有极度脆弱性特征。但是，由于本区雨暖同季，光照条件较好，并有冰雪融水滋养，耐寒、旱植被仍能生长繁衍。

3. 青藏薹草和垫状驼绒藜为主的高寒荒漠植被

恶劣的气候条件，使这里的植被由羌塘高原的高寒草原逐渐过渡到高寒荒漠草原，植被群落是以青藏薹草和垫状驼绒藜为主的旱生群落，覆盖度不足 30%。

青藏薹草广泛分布于本区，在沙质、砾、砂砾质和黏土状古湖相沉积物上均能生长，但在沙地上生长最好。垫状驼绒藜生长在山坡上，生长矮小、紧伏地面、叶面长满绒毛，即使在生长季也呈灰绿色，常与青藏薹草一起生长，而且愈往西，它所占的比重愈大。到本带西部宽阔湖盆中则变成以它为优势的高寒荒漠。此外，出现由轮叶棘豆（Oxytropis chiliophylla）、簇生柔籽草（Thylacospermum caespitosum）、糙点地梅（Androsace squrrosa）组成的垫状植被，是高山湖盆上主要植被类型。这里河湖岸边的沼泽化草甸并不发育，通常呈退化或残留状态。盐生草甸分布广泛，以细叶蓼为群落主要建群种，覆盖度不高。

4. 浅薄贫瘠的高山寒漠土壤（简育寒冻雏形土）

受本区构造运动频繁、抬升剧烈、气候严寒、寒冻机械风化作用与干旱剥蚀作用强烈、风化壳原始、生物作用弱等的影响，土壤发育滞留在幼年阶段。本区干旱少雨，低温冰冻，以寒冻机械风化为主的物理风化作用强烈，母质风化度和土壤发育度都很低，母岩和矿物质分解大多滞留在粉粒阶段。通常，直径 >2mm 的石砾含量为 300~500g/kg，下部高达 700~800g/kg。黏粒含量仅为 100~150g/kg，而粉粒相对较高，约为 200~300g/kg，并多以表层含量最高，往下减少。粉粒表聚，可作为极地和高山等寒冷地带风化过程及其产物的特征之一。高山地带气候严寒，寒冻机械风化作用十分强烈，化学和生物风化作用微弱，土壤中的原生矿物以黑云母、角闪石为主。黏土矿物以水化度低的水云母为主，伴有蛭石、蒙脱石、高岭石、绿泥石等，说明土壤黏土矿物处在水化、脱钾阶段。土壤表层易受高寒干旱气候的影响，而亚表层的水热状况则相对较为稳定，促进了黏化和铁质化过程。表层或亚表层游离铁和活性铁含量较高，2~6cm 游离铁和活性铁含量分别为 4.5g/kg 和 1.2g/kg，高于上下土层。土壤由于长期处于冻融交替作用下，形成了独特的冰冻结构。土壤表层为 3~4cm 的多孔弱片状的冻胀结壳，中下部为粒状和鳞片状结构，甚至出现浅蓝灰色潜育化现象，都是冻融交替的结果。

（二）生态脆弱性与生态建设

本区地势高亢，气候寒冷干旱，发育了具有极高保护价值的高寒特有野生动植物种类。区内野生动物以哺乳类为主，主要有藏羚羊、藏野驴等重点保护动物和荒漠草原珍稀特有物种。此外，高山特有的种子植物多达近百种，具有很高的保护价值。当前，本区受到来自人类的侵扰已经日益广泛和频繁，对局部自然环境和生态系统的破坏和影响已经十分严重。特别是对高原一些动物特有种的捕杀，使其种群生存已面临威胁。而从事非法采金和其他活动的人员不断进入，也对环境造成不同程度的破坏。

气候严寒和生态极为脆弱以及整个区域都为冻融作用区，受放牧活动和全球气候变暖的影响，本区出现的生态退化问题也日趋凸显。表现为土地沙化面积在扩大、草地生物量和生产力下降、病虫害和冻融滑塌及气候与气象灾害增多，严重威胁高寒特有生物的生存环境。

因此，要停止一切导致生态继续退化的人为破坏活动，加大自然保护区建设与管理的力度，禁止捕杀野生动物，防止偷猎行为。在生态极脆弱区实施生态移民工程，草地退化严重区域退牧还草，适度发展高寒草原牧业，加大资源开发的生态保护监管力度，限制新增矿山开发项目。为研究青藏高原提供自然生态系统的天然"本底"，需要监测人类开发活动对高原生态系统的影响。

参 考 文 献

鲍新奎 . 1992. 青海寒毡土有机物质的积累 . 见：龚子同主编 . 中国土壤系统分类探讨 . 北京：科学出版社，195 ~ 201

黄文秀 . 1996. 青海省草地资源开发与可持续发展 . 见：中国青藏高原研究会，青海省科学技术委员 . 青海资源
　　环境与发展研讨会论文集 . 北京：气象出版社，106 ~ 109

李炳元 . 1996. 青海可可西里地区自然环境 . 北京：科学出版社

李明森 . 2000. 藏北高原草地资源合理利用 . 自然资源学报，15（4）：336 ~ 339

李文华，周兴民，石培礼 . 1998. 青藏高原生态系统分布规律及其与水热因子的关系 . 见：李文华，周兴民主编青
　　藏高原生态系统及优化利用模式（第二章）. 广州：广东科学出版社 . 21 ~ 57

刘少创 . 2010. 大河之源 . 百科知识，（3）：4 ~ 8

申元村 . 1991. 青海省自然地理 . 北京：海洋出版社

申元村，张永涛 . 1993. 我国脆弱生态形成演变原因及其区域分异探讨 . 见：刘燕华主编 . 生态环境综合整治与恢
　　复技术论文集（第一集）. 北京：科学技术出版社

孙鸿烈 . 1996. 青藏高原的形成和演化 . 上海：上海科学技术出版社

孙鸿烈，张荣祖 . 2004. 第十八章 高原亚寒带（五、六）. 见：孙鸿烈主编 . 中国生态环境建设地带性原理与实
　　践 . 北京：科学出版社

孙鸿烈 . 2011. 中国的生态问题与对策 . 北京：科学出版社

王启基等 . 1991. 高寒草甸草地畜牧业特点及对策研究 . 见：中国科学院海北高寒草甸生态系统定位站 . 高寒草甸
　　生态系统 – 3. 北京：科学出版社，275 ~ 284

王启基等 1995a. 放牧强度对冬春草场植物群落结构及功能的效应分析 . 见：中国科学院海北高寒草甸生态系统定
　　位站 . 高寒草甸生态系统 – 3. 北京：科学出版社 . 353 ~ 363

王启基等 . 1995b. 不同调控策略下退化草地植物群落结构及其多样性分析 . 见：中国科学院海北高寒草甸生态系统
　　定位站 . 高寒草甸生态系统 – 4. 北京：科学出版社，269 ~ 280

王秀红，郑度 . 1999. 青藏高原高寒草甸资源的可持续利用 . 资源科学，21（6）：38 ~ 42

颜园园 . 2007. 中国科学家初步证实：怒江变"长"了 . 新华每日电讯，9.19

杨福囤等 . 1983. 高寒草甸地区常见植物热值的初步研究 . 植物生态学与地植物学丛刊，7（4）：280 ~ 288

杨勤业，郑度，刘燕华 . 1989. 世界屋脊 . 北京：地质出版社

杨勤业，郑度，吴绍洪 . 2002. 中国的生态地域系统研究 . 自然科学进展，12（3）：287 ~ 291

郑度，杨勤业，吴绍洪等 . 2008. 中国生态地理区域系统研究 . 北京：商务印书馆，286 ~ 287

中国科学院青藏高原综合科学考察队 . 1992. 西藏草原 . 北京：科学出版社

中国科学院青藏高原综合科学考察队 . 1999. 喀喇昆仑山 – 昆仑山地区自然地理 . 北京：科学出版社

周兴民等.1995.青藏高原退化草地的现状、调控策略和可持续发展.见：中国科学院海北高寒草甸生态系统定位站.高寒草甸生态系统－4.北京：科学出版社，263～268

Zheng Du. 1996. A preliminary study on the zone of alpine scrub and meadow of Qinghai – Xizang (Tibetan) plateau. The Journal of Chinese Geography, 6 (3)：28～38

第二十一章　高原温带自然地区

青藏高原温带自然地区范围包括阿里高原湖盆、昆仑山北翼与帕米尔高原东南端、柴达木盆地、祁连山与阿尔金山地区、青海湖盆地与河湟谷地、横断山区、藏南高原湖盆与雅鲁藏布江上中游干支流谷地（图21.1）。本自然地区在高原上呈环形分布，地势由东南向西北逐渐升高。西藏境内的冈底斯山、念青唐古拉山、巴颜喀拉山东段一线，为高原温带与高原亚寒带的气候分界线，是青藏高原的一条重要的气候界线。由于地区内不同地域海拔高差悬殊，气候分布特点也各不相同，但共同特点是年均温和最热月均温偏低，而最冷月均温偏高。降水由东南向西北逐渐减少。本自然地区是青藏高原最重要的农业区，主要作物有小麦、青稞、豌豆、油菜等。藏南谷地、柴达木盆地周边地区种植小麦能获得高产，局地小气候比较温暖可种植喜温作物，灌溉有明显增产效果。主要气象灾害是春旱和低温冻害。

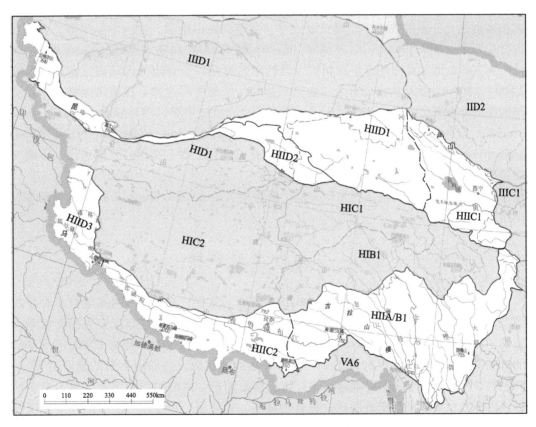

图21.1　高原温带自然地区的位置（图例见正文）

第一节　自然地理特征综述

高原温带似弧状从北、东、南三面环绕高原亚寒带，地势西北高、东南低。西部海拔在 3 300 ~ 4 300m，东部在 2 800 ~ 4 000m。气候则由东南部的温暖 – 温凉、湿润逐渐过渡为西北的温凉 – 寒冷、干旱。东南部为以南北纵向岭谷为特色的横断山区，海拔高差大，属湿润 – 亚湿润气候，是长江、澜沧江、怒江等大江大河的源头区，是世界上高山植物最丰富的区域，生长着各种类型的山地森林和高山灌丛草甸植被，在深切谷地的下部普遍出现干旱河谷灌丛景观。

在气候上，藏南山地和青东祁连属于高原温带半干旱气候。藏南山地区是以雅鲁藏布江流域为主的灌丛草原分布区，高山、谷地、湖盆相间分布，多高大山峰，降水少，但由于夜雨率高、辐射强，是重要的农作物集中分布区。而青东祁连地区是以黄河 – 湟水谷地及青海湖为主的山地森林草原区。这里纬度偏北，平均海拔较低，是青藏高原向黄土高原的过渡区，暖季降水较多，草场类型多样，适于发展牧业，海拔较低的河谷地区种植业较发达，是高原东北部农业最发达的区域。

高原西部的阿里山地、西北部昆仑山地和北部的柴达木盆地属于温带干旱地区。阿里山地荒漠区位于青藏高原的西部，地形复杂，高山、盆地和宽谷相间分布。该区太阳辐射强，日照时数长，气候温暖干旱，受周围高山阻隔，境内干旱少雨，分布着以沙生针茅（*Stipa glareosa*）、驼绒藜（*Ceratoides latens*）和灌木亚菊（*Ajania fruitculosa*）为主的山地荒漠和荒漠草原植被。柴达木盆地是一个封闭的内陆高原盆地，海拔 2 600 ~ 3 100m，盆地内形成有大片盐壳和盐沼，盆地的西北部是我国风蚀雅丹地貌类型的主要分布区之一。由于气候干燥、降水稀少，植被主要以膜果麻黄（*Ephedra prze-walskii*）、红砂（*Reaumuria* spp.）、蒿叶猪毛菜（*Salsola abrotanoides*）及合头草（*Sympegma regelii*）等荒漠植被为主。昆仑山山地荒漠区位于青藏高原的北部边缘，山峰多在海拔 6 000m 以上，山峰与盆地高差达 4 000m，是高原一个巨大的冰川作用中心，气候温暖，年降水少，植被主要为合头草、琵琶柴（*Reaumurea soongorica*）、驼绒藜等荒漠植被。

一、地貌类型多样

本地区地貌类型丰富，有高山、峡谷、山地、宽谷、湖盆、内陆盆地等多种地貌类型。东南部为高山峡谷区，受金沙江、澜沧江、怒江及雅鲁藏布江中下游支流等河流的切割，地形破碎、山势险峻，高山峡谷之间相对高差很大，常达 1 500 ~ 2 500m。河流的发育普遍受到断裂构造的影响。河谷地形的发育，一般由上游的高原性宽谷，转为峡谷和窄谷。窄谷水流湍急，坡谷物质移动活跃，滑坡和泥石流等频繁。高山峡谷区西部为雅鲁藏布江中游谷地，包括尼洋曲、拉萨河、年楚河和多雄藏布等大支流的中下游谷地，是青藏高原海拔较低的区域。沿雅鲁藏布江干流谷地，海拔高度从萨噶附近 4 500m 至米林派区附近降为 2 800m，整个中游地区的河谷地形受区域地质构造的控制。干流的发育除局部河段外，均沿喜马拉雅山与冈底斯山之间的东西向断裂带发育。本地区西南部为喜马拉雅山地及其北麓的湖盆区。喜马拉雅山地由许多平行的山脉组成，山脉走向自西段的西北—东南走向，到东段转为东西走向，并向南突出呈一大弧形，向南最突出的地点在金城章峰。山脉全长 2 400 km 多，宽 200 ~ 300km。从南至北分为山麓地带、小喜马拉雅和大喜马拉雅。大喜马拉雅是整个山系的主脉，平均海拔约 6 000m，其间分布有数座高大山峰。喜马拉雅北麓的湖盆区，东起羊卓雍错湖盆，经喜马拉雅中段北麓，接雅鲁藏布江上游地段，西至阿里地区西南部，平均海拔大多在 4 500m 左右。在地质构造上，位于喜马拉雅轴部以北的相对凹陷带。其中有一系列受近东西向和近南北向的两组断裂所控制的凹陷，构成湖盆发育的基础，盆地之间大多为现代河流或古河道所沟通。

高原温带北部主要包括昆仑山北翼地区、柴达木盆地、祁连山与阿尔金山地区。昆仑山北翼指昆仑山主脊线以北，地势陡峭，从海拔 5 000m 降落至海拔 1 000m 左右的塔里木盆地，高差达 4 000m，极为壮观。昆仑山北翼区东部与柴达木盆地相连，柴达木盆地是青藏高原北部边缘的一个巨大的山间盆地。它是一个构造盆地，周围山地的上升与柴达木盆地的相对下陷，是形成盆地地形的决定因素，地表结构大致呈环状，山麓地带以洪积扇为主。柴达木盆地内有沙漠分布，但比较零散，面积都不大。阿尔金山与祁连山位于柴达木北部，阿尔金山是一条北东东——南西西方向延伸的山地，长约 750km，由一系列雁行状的山岭和谷地组成，平均海拔 3 600 ~ 4 000m，是塔里木盆地与柴达木盆地的天然屏障。祁连山是青藏高原东北部一个巨大山系，包括一系列北西西—南东东走向平行山脉和谷地，主要包括走廊南山、冷龙岭、托来山、达坂山、疏勒南山、大通山等。大部分山脉海拔 4 000m 以上，西北部各山脉海拔可达 5 000m 以上。

二、全年无夏，降水时空差异大

在高原温带东部—东南部—南部，年平均气温 4 ~ 9℃，最冷月均温 0 ~ -8℃，日平均气温 ≥0℃ 的日数基本都在 220 ~ 300 天，种植冬小麦可以安全越冬。而西部—北部地区，年平均气温 0 ~ 6℃，≥0℃ 持续期间的活动积温一般都在 1 500 ~ 2 100℃，作物生长受到限制。气温的年较差一般在 15 ~ 25℃，东南小，西北大，表现出随湿润程度减少而增大的趋势，但较我国温带草原区（29 ~ 46℃）要小。然而由于高原海拔高，空气稀薄洁净，透明度大，昼间太阳辐射强烈，增温快，夜间散热冷却迅速，所以气温日较差较大，一般在 12 ~ 18℃（中亚热带地区一般为 7 ~ 9℃；温带草原区一般在 12℃ 以上，少数地方可达 15 ~ 16℃）。

高原温带降水量的时空差异较大，由东南向西北逐渐减少。在本地区的东南部，夏季盛行偏南风，水汽充沛，全年降水量一般为 500 ~ 1 000mm，降水多在中雨以下，少有暴雨，但降水的季节分配高度集中，6 ~ 9 月的降水量一般占全年降水量的 80% 以上，湿润系数（$K = P/ET$）大致为 1 ~ 1.35，发育着以山地森林垂直带为代表的植被。本地区的东北部，气候寒冷而较湿润，年降水量 400 ~ 700mm，夏季多冰雹与雷暴，冬春积雪亦较丰厚，湿润系数 0.60 ~ 1.10，为寒冷半湿润区，分布着高寒灌丛和高寒草甸植被。在柴达木盆地东部地区，降水不足 200mm，而蒸发量在 900mm 以上，是降水量的 4 倍以上。西部降水不足 50mm，蒸发量却在 1100mm 以上，是降水量的 20 多倍。以盆地为整体计，年平均降水量为 120mm，平均蒸发量在 1 000mm 以上，因而是超干旱生态区域。西南和西北部地区降水量为 30～70mm，降水集中在 7～8 月份，且终年多大风，持续时间长，区内年均风速大多在 3.0m/s 以上，一些地区风季的月均风速高达 6.0m/s 以上，累年最大风速达 40m/s，大部分地区 8 级和 8 级以上大风日数在 50 天以上，狮泉河地区平均大风日数可达 137 天，大风携沙力强。在大风和冻融作用下表土剥蚀严重，地表粗化，下伏砾石层出露，致使原有植被在贫瘠的土壤条件下难以天然恢复。参见图 21.2。

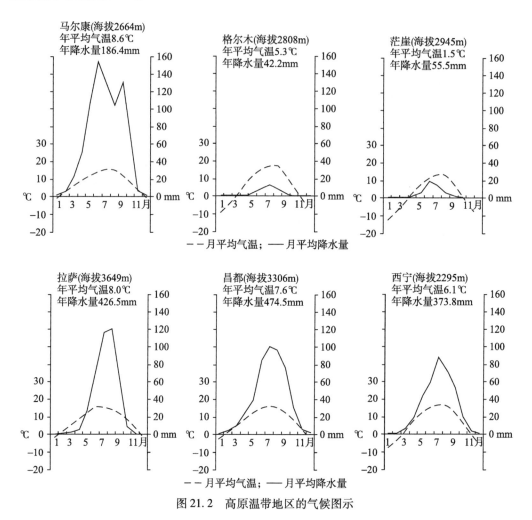

图 21.2　高原温带地区的气候图示

三、植被垂直分异明显

高原温带地区由东南往西北，随着地势逐渐升高，地貌类型显著不同，气候也有由湿到干的巨大变化，相应地发育着不同的植被类型，依次分布着山地森林—灌丛草原—山地荒漠，植被组成的区系成分也有明显的地区差异。

高原温带地区东南部为森林区，地势稍低，一般海拔3 000~4 000m（河谷最低处为2 000m余），受西南季风影响，气候温暖湿润。植被以暗针叶林为主，主要由云杉属（*Picea*）和冷杉属（*Abies*）树种所组成。横断山区的东部边缘以岷山冷杉、峨眉冷杉为主，三江流域以川西云杉（*Picea likiangensis* var. *balfouriana*）为主，尤其北部地区分布较广。在念青唐古拉山东段有喜马拉雅冷杉（*Abies spectabibis*）林、长苞冷杉（*Abies georgei*）林分布。雅鲁藏布江及尼洋曲、帕龙藏布谷地则广泛分布林芝云杉。落叶针叶林通常位于冷杉林的上部，由落叶松属（*Larix*）植物为建群种组成，有些地段可构成林线植被。山地温性针叶林以松林为代表，高山松（*Pinus densata*）是这里分布最广的松树。主要由川滇高山栎（*Quercus aquifolioides*）组成的硬叶常绿阔叶林多位于阳坡，而且其垂直分布的带幅很宽。由于地势高差大，有明显的垂直带谱结构，山地森林带—高寒灌丛草甸与高山垫状植被带—高山亚冰雪稀疏植被带—永久积雪带由低及高递次分布。愈往西北方向深入，垂直带谱的结构愈趋简化，阴阳坡的差异愈小，甚至完全没有差异。山地针叶林下发育山地灰化土，随着海拔的增加，灰化作用增强，灰化层较为明显，土壤腐殖质层较厚，淋溶作用较强，呈酸性反应。自东缘的横断山脉经南缘的喜马拉雅山至西缘的喀喇昆仑山，许多深切谷地气候温暖湿热，普遍出现干旱河谷灌丛景观。它们分别由旱中生小叶落叶具刺灌木或肉质具刺灌木及耐旱草本（禾草为主）植物组成，通常具有生长稀疏、覆盖度较低等特点。土壤以山地碳酸盐褐土和山地褐土为主，腐殖层较薄，淋溶作用弱，具有明显的黏化层，黏化层下常有碳酸盐淀积。

在海拔较低的藏南谷地，气候温凉干燥，在海拔4 400m以下的河谷、谷坡和宽谷、盆地，出现温性草原和温性干旱落叶灌丛植被，建群种为中温性禾草和西藏狼牙刺、细刺兰芙蓉、薄皮木等灌木；海拔4 400~4 700m以上为高山草原和高山灌丛，建群种为紫花针茅、蒿属和变色锦鸡儿、香柏等，上限可达4 700m；海拔4 700~5 300m则为以小嵩草为优势种的高山草甸。植被垂直分布为：山地灌丛草原—高山草原—高山草甸带，在局部山地阴坡可有山地针叶林分布。土壤主要为山地灌丛草原土和高山草原土。土壤腐殖质累积作用较明显，表层有机质的含量高。由于降水集中，具有一定强度的淋溶作用，碳酸钙主要淀积在40~50cm深处。

在本地区的西部和北部，海拔稍低，平均在4 200~4 500m左右，又是夏季热低压的中心，气候相对较温和，但很干燥，发育着以山地温性荒漠或荒漠化草原为基带的植被垂直分布系列，建群种为超旱生的小半灌木驼绒藜、灌木亚菊以及优势成分沙生针茅等。荒漠化草原，一般草丛比较低矮，高度15~25cm，主要有戈壁针茅（*Stipa gobica* Roshev.）、沙生针茅（*Stipa glareosa*）、短花针茅（*S. brevifolra*）、芨芨草（*Achnatherum splendens*）等。垂直分带的组合系列是：山地荒漠带—山地荒漠草原带—山地草原带（或含山地针叶林）—高山草甸带—亚冰雪带—冰雪带。

四、土壤侵蚀严重

由于土壤侵蚀影响因素存在明显的区域变化，不同地区的土壤侵蚀类型和方式也表现出明显的地域分异。气候因子是高原温带区发生土壤侵蚀的主要外营力，也决定了土壤侵蚀发生的类型和空间分布。降水的时空分布决定了表现为地表切割密度和深度的水蚀作用，自东南向西北减弱，而风力侵蚀作用则逐渐加强。川西藏东地区降水量大，山高谷深，地形破碎，新构造运动活动强烈，同时也是水利水电工程和交通建设频繁的区域，工程活动造成植被破坏严重，土壤流失、岩层裸露，同时区内降水量大、降水时间集中，大量的降水入渗、软化岩土体，降低了边坡的稳定性，导致滑坡、泥石流频发。

藏南和青东祁连地区是高原的主要的农业区，土壤较发育。而区内天然草地植被大多稀疏低矮，受风力和水蚀的共同作用，区域土地退化严重。黄河－湟水谷地降水量较多，平均可达500mm，这里也是青藏高原向黄土高原的过渡区，阶地发育，大部分地区土层薄且多砂砾松散堆积物，受降水和流水作用，沟、川、坡、谷并存，水蚀所造成的影响较大。土地沙化主要分布于藏南谷地雅鲁藏布江中上游及主要支流年楚河下游、拉萨河中下游、尼洋曲下游宽谷内，以及共和盆地和青海湖周边。随着土地沙漠化面积的扩大和程度的增强，土地沙漠化所产生的大量沙尘物质在强劲风力作用下随风而起，甚至遮天蔽日，对环境造成严重污染，并扩及其他地区，成为影响范围大、危害较为严重的污染源。

高原的隆起，阻挡了北上的印度洋西南季风，因此位于高原西北部的阿里、昆仑山和柴达木盆地区干旱程度较为严重。质地轻粗，沙源物质丰富，在多大风、干燥气候条件下，便为沙漠化土地的发生和扩展提供了物质条件和动力条件。同时，使得高原阿里、昆仑山和柴达木盆地大部分地区的气候侵蚀力较强，年风蚀气候因子指数多在50以上，达到非常严重的程度。

第二节　自然区特征

一、川西藏东高山深谷针叶林区（HⅡA/B1）

本区位于青藏高原东南部，大致在尼洋曲与拉萨河分水岭以东，北部以那曲附近怒江上游为界，南面与喜马拉雅南翼相接。包括四川省的西部，西藏自治区东部三江（金沙江、澜沧江、怒江）的中游及雅鲁藏布江中下游的部分地区，以及云南省的西北角。

（一）自然区特征

1. 山高谷深、岭谷并列的地貌

青藏高原东南部受金沙江、澜沧江、怒江及雅鲁藏布江中下游支流等河流的切割，高原较破碎。按照高原被切割的程度及河谷的海拔高度，青藏高原东南部从西北向东南，大致分为三类地貌：西北部丘原，河流切割很浅，谷地平坦宽广，切割深仅100～300m，谷底海拔一般大于3 000m；中部山原，高原受河流深切，但河间山岭的顶部仍保留一定面积的高原或夷平面（海拔3 500～4 500m），谷底海拔可降至2 500m左右，相对高差达1 000～2 000m；东南部高山峡谷，高原面受到强烈切割，被破坏殆尽，谷底海拔多在 2 000m 以下。

河流的发育几乎均受断裂构造控制。东部的横断山区，河谷沿近南北向平行的断裂发育，如怒江大断裂、金沙江大断裂等。雅鲁藏布江支流帕龙藏布以反向河汇入主流，尼洋曲以顺向流入雅鲁藏布江，均属构造河谷。

横断山区中部"两山夹一川，两川夹一山"，自西向东平行排列：伯舒岭—怒江—他念他翁山；怒山—澜沧江—达马拉山；芒康山—金沙江—沙鲁里山—雅砻江—大雪山—大渡河—邛崃山。金沙江以东山脉整个地势由西北向东南倾斜，山势较低，地形较破碎，冰川不很发育。贡嘎山屹立于大雪山中南段，山体南北向延伸，长 90km，宽 60km，主体山脊在 5 000m 以上，主峰海拔 7 556m，是横断山系的第一高峰。这里山峰高差悬殊，海拔 6 000m 以上的有 28 座，山坡多在 30°以上，易于雪崩。受东南季风和西南季风的影响，贡嘎山地区降水丰沛，是我国海洋性冰川最发育的山区之一，现代冰川有 159 条，冰雪覆盖面积约 360km²。冰川类型多样，其中山谷冰川最为发育，最长达 16km，末端伸入森林带内，海拔达 3 000m 左右。横断山区主流河谷地貌大致以北纬 30°为界，以北流向为南南东，江面较宽，坡降略小，阶地和河漫滩发育，一般 1～3 级，多者达 6～8 级；以南流向近南北，江面狭窄，水流湍急，江中多险滩，零星分布 1～3 级基座阶地，在支沟口洪积扇颇为发育。居民点和耕地大都集中于阶地洪积冲积扇上。郭喀拉日居是雅鲁藏布主流与拉萨河、尼洋曲的分水岭，山峰多在海拔 5 500～6 000m 以上，少数山峰上发育了以冰斗冰川为主的小型冰川，其规模可与念青唐古拉和岗日嘎布山地相比。

岗日嘎布山脉北坡的冰川也较发育，据统计，冰川达 77 条之多，面积 661.16km²。其中，亚龙冰川长 36km，冰川末端 3 960m，面积 175.57km²，是我国最大的海洋性冰川。

帕龙藏布在念青唐古拉主脉南侧沿断裂发育，其上游为古冰川谷，尚留有古冰川湖——然乌错。中游河谷较宽（1～2km），普遍发育阶地和洪积扇台地。两侧谷坡较陡峻，物质移动非常强烈，频繁发生山崩、滑坡、泥石流等地质灾害，然乌错、古乡错就是由于上述作用使河流堵塞而形成的湖泊。

雅鲁藏布江中下游的山脉和谷地自北而南依次为念青唐古拉、帕龙－易贡藏布、尼洋曲、郭喀拉日居。它们大体平行，呈北西西—南东东走向，念青唐古拉主脊山势最高，山峰海拔多在 6 000m 以上，冰川发育的规模较大，特别是在东段，海洋性冰川最为发育，冰川面积可达 5 000km² 以上，是青藏高原海洋性冰川最集中的地区。雅鲁藏布江中下游河谷区宽窄相间，宽处达 3km 左右，窄处仅 300m，全长达 300km，海拔从 3 250m 下降至 2 800m，落差达 450m。雅鲁藏布江中下游主要沿雅鲁藏布江断裂带发育，受断裂和地层走向影响，河谷走向呈北东和东西向交错延展。河谷内阶地常见 3～4 级，高阶地常见河湖相的地层。

尼洋曲中下游谷地较宽敞，可宽达 2～3km，阶地和洪积台地发育，一般发育 2～3 级阶地，居民点和农田主要分布在支沟洪积台地和高阶地上。八一镇以下河道分汊，沙洲发育，为辫状水系。

2. 温暖湿润－亚湿润为主的气候

气候以温暖湿润－亚湿润为其主要特征，年平均气温 8～12℃，≥10℃日数 150～

180 天，最暖月平均气温 10～18℃，年极端最低气温多年平均值在 –23℃以上，年降水量 600mm 左右，干燥度 1.0～1.5。

由于东南季风、西南季风和西风急流南支的影响，以及地理位置、山脉走向及海拔高低的不同，区域气候差异较为明显。以代表横断山脉西部三江中游地区干旱河谷气温情况的澜沧江谷地的昌都为例，其海拔 3 240m，年平均气温 7.6℃，最冷月（1月）平均气温 –2.5℃，最暖月（7月）平均气温 16.3℃，极端最低气温 –18.6℃。而横断山区东部的大渡河河谷地区的小金，其纬度与昌都相近，但海拔较低，仅 2 465m，年平均气温达 11.9℃，高于昌都。西部尼洋曲河谷的林芝，海拔 3 000m 左右，年平均气温为 8.6℃，1 月平均气温 0.2℃，7 月平均气温 15.6℃，极端最低气温 –15.3℃，除最暖月气温低于昌都外，其余时间气温均较昌都为高。

暖季受海洋性湿润气流的影响，特别是受西南季风的影响，雅鲁藏布江下游河谷地区雨季通常从 5 月开始，大雨、暴雨日数也稍多。降水量从雅鲁藏布江大拐弯处向东西两侧逐渐减少，易贡的年平均降水量为 958.8mm，向东至波密减至 849.6mm，水汽越过他念他翁山到昌都、邦达，年降水量分别减至 495.6mm 和 477.7mm；向西至林芝减至 634.2mm，米林为 662.1mm。而横断山区东缘的小金主要受东南季风的影响，其年平均降水量较昌都地区高，达 617.2mm。

3. 河流水量较大

本区主要河流的水量均较大。横断山区三江一带年平均径流深度与径流模数由西向东逐渐减少，其与年降水量的规律基本一致。其中，金沙江年流量为 911m³/s，年径流深度 153mm，年径流模数为 4.86L/（km² · s），年平均流量最大值（1 270m³/s）与最小值（564m³/s）之比为 2.25，年径流变差系数 0.21，季径流量以夏季最大，占年径流量的 50.8%，冬季仅占年径流量的 7.1%；澜沧江昌都站年平均流量为 487m³/s，年径流深度 317mm，年径流模数 10.1L/（km² · s），年平均流量最大值（716m³/s）与最小值（294m³/s）之比为 2.44，年径流变差系数 0.24，径流量夏季的最大，占 50.3%，冬季仅占 7.9%；怒江扎那站年平均流量 452m³/s，而中下游高达 1 654m³/s，年径流深度 493mm，多年平均径流模数 13.9L/（km² · s）。

西部地区年径流深度和年径流模数由东向西逐渐减少，亦与年降水量的分布规律基本一致。帕龙藏布支流易贡藏布贡德站，其多年平均流量 377m³/s，年径流深度高达 1 090mm，年径流模数 34.6L/（km² · s），夏季径流量占全年径流量的 63%，冬季最小仅占 4.5%。尼洋曲久巴站的多年平均流量为 460m³/s，年径流深 930mm，年径流模数 29.5L/（km² · s），夏季径流量占全年径流总量的 62.2%，最小的冬季仅占 5.4%。

4. 高山植物区系丰富的植被

本区植物区系属于中国喜马拉雅森林植物亚区横断山脉地区，是世界上高山植物区系最丰富的区域，生长着各种类型的山地森林和高山灌丛草甸植被。垂直自然带分异明显且普遍发育，基本上属于季风性系统的湿润—亚湿润结构类型。垂直自然带中的山地针阔叶混交林带由高山松林、川滇高山栎林、铁杉林等森林组成。高山松林广布于雅鲁藏布江、尼洋曲和帕龙藏布谷地中，巨柏疏林则见于雅鲁藏布江朗县日敏一带覆沙山坡上；山地暗针叶林带则以丽江云杉、川西云杉、林芝云杉、多种冷杉及圆柏等树种占优势，以暗针叶林景观为其主要特征。森林由东南边缘的连片成带分布逐渐过渡到内部和西北边缘的块状、斑状分布。森林上限在本地区高达海拔4 400m（阴坡）至4 600m（阳坡），为世界之冠。云杉林种类较多，林芝云杉林广布于雅鲁藏布江及尼洋曲、帕龙藏布谷地，也见于东喜马拉雅北翼气候偏干的三安曲林；帕龙藏布谷地还有油麦吊杉林；川西云杉林广布于三江流域，尤以北部更占优势。冷杉林主要分布于本地区的南部。念青唐古拉山东段以南区域，有喜马拉雅冷杉林、苍山冷杉林、长苞冷杉林等。以大果圆柏和密枝圆柏组成的圆柏林见于本地区山地上部阳坡，尤以三江北部地区更多。川滇高山栎林主要见于念青唐古拉山东段以南，在三江流域东南部也有一些分布。此外，易贡、通麦以下有以青冈为主的常绿阔叶林及铁杉林分布。带内森林颇为复杂的地区性变化与气候上的地区性差异明显有关。森林带以上，分布着高山灌丛草甸带，主要由雪层杜鹃、髯花杜鹃、高山柳、金露梅、箭叶锦鸡儿等组成灌丛，由各种嵩草、圆穗蓼、珠芽蓼、龙胆、凤尾菊等组成草甸。高山带上部的小嵩草、圆穗蓼草甸是本地区夏季优良的高山牧场。

受大地构造与大气环流的制约，本地区西自雅鲁藏布江谷地的朗县至东北岷江上游的理县、茂汶等，分布着一系列不同类型的干旱河谷，白刺花、鼠李、灰毛莸、角柱花等干旱河谷灌丛占据峡谷底部。在更低的河谷普遍分布多刺和肉质灌丛，有仙人掌、金合欢、清香木等组成（郑度等，2008）。

5. 棕壤和褐土为代表的土壤

棕壤（简育湿润淋溶土）和褐土（简育干润淋溶土）是本地区的代表性土类。棕壤发育于云杉林或云杉为主的暗针叶林下。棕壤区的林下气温较高，落叶较易分解，具有中等厚度的凋落物层，其下为腐殖层，生物作用较强，有大量海绵状结构的粗腐殖质，真菌繁生。该层厚薄程度视上层分解程度而异。土体有一定淋溶。腐殖质层以下有机质含量向下逐渐减少。土壤呈酸性反应，pH 在 4.2 ~ 5.7，A 层酸性较强，其他各层差别不大。可溶性盐和碳酸盐有相当部分受到淋洗，有机酸随水下渗，土体呈棕色。全量分析中，剖面各层 Fe_2O_3、Al_2O_3 的含量较稳定。全剖面发生层次不明显，淀积层不发达。土壤黏粒低，只有轻度黏化现象，B 层无黏化胶膜。粉砂含量在土壤上层高，黏土矿物以水化云母为主，反映土壤发育的年轻性。

褐土发育于谷地灌丛草原环境，有明显的 A、B、C 剖面。受峡谷中干旱气候的影响，土壤具有明显的黏化层，黏化层下常有碳酸盐淀积。受地理位置、水热条件和植被主要成分改变影响，褐土的发育存在区域差异。在 30°N 以南，干流谷地水分条件很差，淋溶作用弱，腐殖层较薄，全剖面呈碱性反应，自表层起即有泡沫反应，腐殖质下部即有碳酸钙假菌丝体，下层碳酸钙聚集更趋明显，称为碳酸钙褐土；在 30°N 以北，水分条件较好，A 层呈淋溶状态，中性反应，B 层有黏化作用，黏化层下有碳酸盐淀积，逐渐过渡至 C 层，发育较为典型，称为典型褐土；海拔较高地段灌丛下发育的褐土，水分条件更好，腐殖质层较厚，淋溶过程明显，黏化层下的碳酸盐淀积多在 70cm 以下，称为淋溶褐土。

（二）生态与环境的脆弱性和生态建设

1. 生态与环境的主要问题

川西藏东是青藏高原自然环境最复杂、生态与环境最脆弱、自然灾害最频繁的区域，也是高原自然保护区十分密集的区域，保护区面积所占比重高、生物多样性丰富，是全球 25 个生物多样性热点区之一。川滇森林生态及生物多样性功能区被国家定为限制开发区，境内的非经营性国家级自然保护区、经营性的国家森林公园、国家重点风景名胜区、国家地质公园与世界自然文化遗产 5 类区域则为禁止开发区。区域地势高差大，山峦起伏，河谷深切，地形破碎，新构造运动强烈，地震活动频繁，分布有龙门山断裂带、鲜水河断裂带、安宁河断裂带和松潘断裂带等。地震灾害频繁，如 2008 年 5 月 12 日的汶川大地震，造成近 7 万人遇难，1.8 万人失踪，3 万多人受伤，经济损失 9 000 多亿元。泥石流、滑坡、崩塌等山地灾害极为频繁，尤其是在雨季，严重威胁人民生命财产及交通安全。

本区山脉绵亘，河流众多，落差大，蕴藏着极其丰富的水能资源，在全国具有绝对优势。仅甘孜州，水能资源理论蕴藏量就达 4120 万 kW，占四川全省水能资源总储量的 29%。除水电资源外，本地区还是矿产资源富集区，煤矿、磁铁矿、钒钛矿、金矿、银矿以及钡、镍、锂等储量丰富。但是资源的不合理开发，造成了严重生态与环境影响，如地表植被破坏、弃渣堆积等直接的环境影响，以及尾矿与尾矿安全、水土污染、矸石堆放引发的环境问题。由于西部地区地质、地貌环境特殊，建设水坝以及大型料场的开山取石、引水涵洞与大型基坑的开挖、弃渣堆放等一些配套项目的实施，都会造成严重的地质灾害隐患。

本区是我国第二大林区——西南林区的主体，其森林一直是我国重要的商品木材来源。由于长期过量采伐，导致区域森林急剧缩减，目前森林消失面积已占全区森林面积的 50%～60%。森林采伐改变了林地环境状况，导致采伐迹地地表环境严重退化；地表与地下土壤环境温度变幅增大，土壤持水能力衰退，趋向干旱化，肥力衰退；迹地地表土壤退化，导致微气候环境变化，以致适应林下稳定的阴、湿环境的植物种类的衰退。本区的高山植物区系最丰富，但开发利用水平低，应在保护生态、环境的前提下，积极发展林区副业生产。如名贵药材及食用菌生产，发展苹果、梨、桃、核桃等温带果木和木本油料，加工利用杜鹃类芳香油、松脂、松香等。

2. 环境建设对策

森林资源是本区最具优势的资源，区域森林生态系统是江河上游地区生态屏障的重要组成部分，本区环境与经济协调发展，关键是恢复和重建森林生态系统。所以，应加强天然林的保护和自然保护区建设和管理力度，禁止陡坡开垦和森林砍伐，应以天然林保护和退耕还林（草）两大工程为龙头，加强森林资源保护，搞好林地抚育更新、封山育林、荒山造林绿化等工程，尽快提高森林覆盖率，促使森林资源快速增长，为林业及林产品的综合开发打下良好基础。

本区坡耕地面积大，加之天然林面积逐渐减小，暴雨季节造成耕地水土流失加重，对当地农业生产造成严重影响。除保护现有天然植被，及时进行迹地更新外，还应以"坡改梯"为重点，对坡度6°~25°的坡耕地进行坡改梯，对>25°的坡耕地实施有计划的退耕还牧还林；大力加强中低产田改造，积极推广农业科学技术，加强生态农业建设，提高粮食自给能力；除农作外，苹果、梨、核桃等温带果树和木本油料生长良好，生产基础较好，可以进一步发展；加强对水土流失的综合治理，植树种草，加强荒山、荒沟、荒滩和荒丘绿化，控制水土流失。

本区生物物种资源丰富，在世界遗传基因库中有重要位置。被联合国教科文组织和我国政府列为保护的植物超过100种，动物有50多种，其中有著名的大熊猫、金丝猴。由于森林的破坏，野生动物栖息环境的变迁，对动物资源的破坏更甚于直接的狩猎，从而面临着种群减少、物种灭绝的严峻态势，需要加强研究、管理和保护。

二、青东祁连山地草原区（HⅡC1）

（一）自然区特征

本区位于青藏高原东北部，包括西倾山以北的青海东部、祁连山地以及洮河上游的甘南地区。本区北部紧邻西北干旱区的河西走廊（ⅡD2），西部邻接柴达木盆地荒漠区（HⅡD1），南部与果洛那曲干旱草甸区（HⅠB1）相邻。行政上属于青海海北、海南和海西东部，以及甘肃的张掖西部和甘南北部部分地区。

1. 岭谷相间的北西西和北西走向的地貌结构

祁连山地的地质基础是祁连褶皱带，在地质构造上它是一个较为完整的构造单元和完整山系。古生代以前，这里仍是古特提斯海的一部分，古生代晚期加里东造山运动时褶皱成山，脱离海侵，中生代燕山运动及新生代喜马拉雅造山运动时与青藏高原一道整体抬升，形成了高海拔高原和山地。其构造走向北西西和北西，幅员宽广，东迄乌鞘岭，西至当今山口，连绵800km多，南至青海南山，北抵河西走廊的走廊南山，宽约200km多。褶皱基轴在党河南山-疏勒南山，上升幅度最高点为祁连山最高峰团结峰，海拔为5 808m。

由于在褶皱抬升中伴随着许多断陷作用的发生，因此在祁连山区形成众多盆地和谷地。其中，最大的为走廊南山北麓的河西断裂，它是划分祁连山与河西走廊地貌结构的重要界线。山系内部的断裂作用更为普遍，且断裂线与地质构造线平行，把祁连山体分割成岭谷相间的地貌格局，统称为祁连山系。大断裂的结果，往往构成大的湖泊，青海湖、哈拉湖均是构造作用形成的大湖。依据岭谷组合特征，祁连山系大至可划分为西、中、东三段（表21.1）。

受地质构造褶皱幅度差异影响，祁连山西部高于东部，西部高原面完整，东部地形较为破碎。以最高峰疏勒南山为中轴，西部为山原地貌，东部为山谷地貌。

表 21.1　祁连山系岭峪分异

西段	中段	东段
鹰咀山 – 照壁山	走廊南山	冷龙岭
昌马盆地	黑河谷地	大通河谷地
大雪山 野马河谷地	托来山 北大河谷地	达坂山
野马南山		湟水谷地
党河谷地	托来南山	拉脊山
鹰咀山 – 照壁山	走廊南山	冷龙岭
党河南山 大哈尔腾河谷地	疏勒河谷地、 大通河上游谷地	
土乐根达坂	疏勒南山 – 大通山	
塔塔棱河谷地	哈拉湖 – 布哈河谷地、青海湖盆地	
柴达木山 – 中吾农山	哈乐科山 – 青海南山	

2. 高寒和干旱的高原温带半干旱气候

本区气候为高原温带半干旱气候。气候特点主要是高寒和干旱。根据地理位置，36°~40°N 的区域应属暖温带，但受海拔高度影响，成为温带和寒温带。东段山间盆地和谷地，气温较高，属高原温带，如大通河谷的门源，海拔 2 707m，年平均气温 0.6℃，7 月平均气温 12.3℃，≥10℃ 年积温 1 000℃ 以上，年降水量 300~400mm，湿润系数 0.67~0.25，属温带半干旱类型。中段和西段区域气温较低，属寒温带。

气候的垂直带性十分明显。海拔 2 600m 以下河谷为温带半干旱类型；2 600~3 200m 山地属山地温带半温润类型，气温降低，年平均降水量增加至 400mm 以上；海拔 3 200~3 900m 地区属寒温性湿润类型，日平均气温 ≥10℃ 期间的积温降至 500℃，年降水量增至 550mm 以上；海拔 3 900m 以上山脊属寒冷湿润类型，无绝对无霜期，年降水量 550~600mm；海拔 4 200m 以上山脊属寒冻气候类型，常年积雪与冰川覆盖。祁连山中段和西段，属山原型地貌，气温低，降水量减少，更为干旱，中段年平均气温 0~–2℃，日平均气温 ≥10℃ 期间的积温 <100℃，年降水量不足 100mm，湿润系数 <0.25，属高原寒温带干旱类型。气候的垂直变化呈寒温性半干旱、干旱至寒冷型半干旱、半湿润至寒冻型半湿润的递变。

3. 内流水系和外流水系并存

本区内流水系和外流水系并存。内流水系包括河流向北流进河西走廊的黑河、北大河、昌马河；还有向西与西南进入柴达木盆地的巴音郭勒河、布特哈河、鱼卡河、大哈尔腾河等水系，流入青海湖河流约有 50 余条，但大部分为间歇河，仅甘子河、哈尔盖河、沙柳河、泉吉河、布哈河、黑马河和倒淌河 7 条河流为主要的常年性河流。外流水系包括向东和东南注入黄河的大通河、湟水等。

祁连山水系各河多发源于高山冰川，以冰雪融水补给为主，其中西部的冰川补给比例远大于东部。河流流量年际变化较小，但季节变化和日变化较大。

4. 东西分异和垂直分异明显的植被

在地貌、气候、水文等自然地理要素的区域分异和地段分异规律制约下，本区植被分布存在明显的东西分异和垂直分异规律。

植被分布以东西间分异明显。根据东、中、西的水平分异规律，东段海拔较低，为温性半干旱干草原植被，以草原植被为主，长芒草、短花针茅、阿尔泰针茅、火绒草、二裂委陵菜、铁杆蒿等是主要种群。中段的祁连山为高寒草原和干草原，河谷发育为干草原，高原面上发育了高寒草原，其主要群落有紫花针茅草原和硬叶薹草草原，伴生种多见紫羊茅、异针茅、羊茅、冷地早熟禾、沙生蒿等。西祁连山植被为高寒荒漠草原，群落主要有硬叶薹草、垫状驼绒藜群落，覆盖度低，约15% ~ 40%，伴生种有藏芥、粗壮蒿草、垫状棘豆、高原毛茛等，生产潜力低下，可利用率低。

与气候垂直变化相适应，植被垂直分异规律亦十分明显。东段，祁连山植被土壤垂直地带为具有温性半干旱山地草原地带、温性半湿润落叶阔叶林与草甸草原地带。温性半干旱山地草原地带，代表性类型为干草原、小灌木草原。阔叶树山杨、白桦、青扦、青海云杉、祁连圆柏等是温性半湿润落叶阔叶林与草甸草原地带的主要树种。再上为高山草甸地带，为高寒落叶阔叶灌丛草甸高山和嵩草草甸高山地，再上为垫状植被。中段，祁连山寒温半干旱高寒草原带的植被从高原面向高山带，则具有寒温半干旱高寒草原—高寒草甸—垫状植被和冰川永久积雪极高山地带。西段，祁连山高寒干旱荒漠草原区从高原面基带至极高山，具有高寒荒漠草原（海拔 < 4 300m）—高寒草原（4 300 ~ 4 600m）—垫状植被和冰川永久积雪极高山地带（海拔 > 4 600m）。

5. 与植被分异规律相适应的土壤分异

祁连山的土壤分布规律与植被分异规律相适应，也十分明显，体现在土地类型上，则具有相应的土地结构（图21.3）。

祁连山东段，海拔较低，土壤为山地栗钙土（黏化钙积干润均腐土），成土过程具有明显的钙化过程，土壤剖面具有 Ah（腐殖质层），有机质含量1% ~ 1.5%，BK 层（淀积层），$CaCO_3$ 积聚明显，强碱性反应，CK 层（母质层），为黄土状堆积与半风化残积物。中段，基带土壤为石膏正常干旱土（灰棕漠土）。随着海拔升高，钙积干润均腐土和暗厚干润均腐土占据广阔的中山带。阴坡钙积干润淋溶土和林线以上的暗沃寒冻雏形土带幅较窄，或缺失。再向上是在新老冰碛物上发育的草毡寒冻雏形土和寒冻砾质新成土。整个垂直带谱旱化程度比较突出，草原土壤占主体地位。西段基带土壤是石膏正常干旱土（棕漠土）。基带土壤上线可达海拔2 800m 以上，再向上是简育钙积正常干旱土（棕钙土）、钙积寒性干旱土（高山草原土）和石膏寒冻新成土（高山漠土）。各垂直土壤带谱全由干旱土壤组成，带谱简单，土壤中含石膏和易溶盐。

（二）环境脆弱性与生态建设

本区的生态基础是高海拔高原与高山，气温低、降水少、干旱、风大、生态幅度

1	杂类草草甸平地
2	中生杂类草黑钙土平地
3	高寒草原平地
4	灰钙土河川沟谷地
5	草原栗钙土河川沟谷地
6	中生杂类草黑钙土河川沟谷地
7	高寒草原河川沟谷地
8	高寒草甸河川沟谷地
9	灰钙土黄土台地
10	草原栗钙土台地
11	中生杂类草黑钙土台地

12	高寒草甸台地
13	小灌木草原栗钙土低山丘陵地
14	草原栗钙土低山丘陵地
15	针阔叶混交林灰褐土中山地
16	落叶阔叶林灰褐土中山地
17	中生灌丛杂草淋溶黑钙土中山地
18	中生杂类草淋溶黑钙土中山地
19	针茅杂类草黑钙土中山地
20	高寒蒿草蓥草草甸高山地
21	高寒落叶阔叶灌丛草甸高山地
22	垫状植被寒漠土极高山地

图 21.3 祁连山区土地类型图

较窄，因而生境条件较差，生物适生种群少，生产潜力较低，抗干扰能力低下，破坏后重建恢复较难，是生态十分脆弱区域。环境的主要问题是：水土流失严重、草场持续退化、森林涵养水源功能退减等方面。生态建设的方向是防治水土流失、调整农牧业结构、建设科学用地结构体系，按照草畜平衡协调原则，搞好草场生态、环境建设，封山育林、搞好水源涵养林体系建设等。

1. 环境的主要问题

祁连山东段大通河、湟水流域，光温条件好，适宜农业发展，是青海省主要农区，集中了青海全省61%人口，人口密度为189.5人/km²，陡坡开垦，毁林毁草开荒，顺坡种植，由此引发的生态灾害，如旱灾、洪灾、泥石流、滑坡等频频发生。

本区东部农业区内，人们做饭、取暖几乎都采用林草灌木作为燃料，经调查，区内人均每天需生物燃料2.5kg，年均需销毁林草生物资源900kg。全农区305万人需要生物资源280万t。除农作物秸秆外，大部分燃料取自农民聚居的村镇周围的林草灌木，使浅山地区的林地退化为灌木草地，草地退化为裸地半裸地，水土流失十分严重，环境退化普遍而严重。

祁连山中西段是天然草场，是牧业区，草场退化问题也十分突出，尤其是中段青海湖、刚察县一带的高寒草原草场，由于畜群数量大、超载过牧、草场建设力度低及旅游开发等原因，草场退化明显，表现在大量紫花针茅草原、异针茅草原被芨芨草草场所取代，沙漠化土地面积扩大，青海湖东侧流动沙地持续扩展等。

祁连山地的中山地段，大致2 600～3 200m山体上，降水较多，温度适宜乔木树如山杨、白桦、红桦、青扦、青海云杉、祁连圆柏的生长，为祁连山林区分布区域，也是祁连山水源的主要涵养区。受气候变暖、历史上人为砍伐林木和低山区水土流失加剧等的影响，森林资源减少明显，林线退缩，水源涵养和调节气候能力减退，表现在大雨条件下洪水量增加、洪害加重、旱季径流量减少等。

2. 生态建设对策

水和土是生物生长的基础。土壤是植物生长的温床，植物体是碳水化合物，有水才能经过光合作用得以生存与发展。因此，保持水土便成为环境建设的基本方向。祁连山地水土流失严重，东段以水蚀为主，中西段风蚀普遍，因而，要因地制宜地开展水土流失防治工作，根据成因制定防治方针十分重要。东部水蚀区应通过调整农业结构、退耕还林还草、修筑梯田、构建坡地生物篱笆、修筑沟谷坝系等措施，可以取得良好效果。中西部祁连山风蚀为主区域，应以草定畜、封育轮牧、防风固沙、发展草原优良牧场来进行水土资源生态建设。

人类不合理利用土地是环境恶化的基本动力，农牧业土地利用结构不合理是其基本体现。在农业区域，用地结构不合理的主要形式是农用耕地比重大，陡坡开垦普遍，林草用地不足，土地负担过重。土地利用调整方向是依据土地资源的农林牧适宜性进行土地利用结构调整。低山丘陵区的沟谷和平缓地发展种植业，丘陵坡地发展水土保持灌木林，牧业用地应大大减缩，改变成舍饲畜牧业，农耕地适当扩大经济作物和饲草饲料用地。中山发展水源涵养林，限制发展种植农业。

草场退化主要表现在草地利用过度、超载过牧、优良牧草锐减、畜牧破坏草场及沙地扩张等方面。应按照草畜平衡、协调发展的原则进行土地利用结构调整。主要是扩大基本草场的围栏规模，进行轮休轮牧；以草定畜，控制牲畜数量；根据草场类型确定放牧对象，如荒漠草场发展骆驼，禾草草场发展绵羊，限制山羊的发展等；流动沙地草场封禁，半固定沙地封育，固定沙地适度放牧等。

祁连山中山地段（海拔2 500～3 200m）的生境是温性和寒温性落叶阔叶林与针阔叶混交林的立地条件，是祁连山地区的主要水源涵养林区域。建设良性高效水源涵养林对于河西走廊及黄河上游生态建设意义深远。应从生态系统体系建设出发，首先是搞好封育，严禁采伐中幼林；二是恢复重建退化林地，在已退化为灌木草地的原生林地造林或抚育恢复为次生林地；三是进行林分改造，将纯林改造为针阔叶混交林；四是在林区实施禁猎，促进动植物种群的有机演替，保障林区生物世界的自然协调发展，水源涵养功能将能持续增强。

三、藏南山地灌丛草原区（HⅡC2）

本区包括北起冈底斯山，南至喜马拉雅山，东以加玉—芒雄拉一线，西至阿里公珠错的狭长地区。它包括喜马拉雅主脉的高山及其北翼高原湖盆和雅鲁藏布江中上游谷地。行政上包括西藏自治区的日喀则、山南地区和拉萨市的部分地区。

（一）自然区特征

1. 高山宽谷相间分布的地形地貌

藏南宽谷盆地呈东西向，雅鲁藏布江横贯其中，为西藏高原地势最低之处。泽当以下海拔低于3 500m，向西至拉孜一带为海拔4 000m左右，实属西藏高原部分，只是由于冈底斯山–念青唐古拉山的阻隔，才将它与藏北高原分开，成为一个明显的自然地理区域。

雅鲁藏布江干流两侧流域不对称：北侧平均宽达84.5km，流域面积约占70%；南侧平均宽度37km，流域面积约占30%。干流河谷地形宽窄相间，著名的峡谷有曲水以上的约居峡谷、泽当以下的加查峡谷等。重要的宽谷盆地沿干流主要有拉孜、日喀则、泽当等；沿支流则有拉萨河的聂当、拉萨，年楚河的江孜等。雅鲁藏布江上游马泉河谷地是由一系列谷地和盆地串联而成，谷地宽广，河道曲折多分汊，河床宽浅，谷底海拔4 550m以上。中游宽谷处，河道曲折分汊，河谷两侧洪积扇受到切割，常形成5～10m的一级洪积台地，大都尚未被利用，而高约3～5m的河漫滩，多已垦为农田。

雅鲁藏布江谷地以北的冈底斯山–念青唐古拉山脉是高原内外流水系的主分水岭。冈底斯山宽60～100km，平均海拔5 500～5 800m，地形较破碎。念青唐古拉山势地较低缓，主峰海拔7 177m，冰雪覆盖，南麓地段地势较陡，北侧支流汇入干流处，往往发育巨大的冲积扇。雅鲁藏布江谷地以南的拉轨岗日山脉是一条不大明显的分水岭，主脊海拔5 500m左右，最高的拉轨岗日峰海拔6 457m。其地形比较破碎，河谷纵横，雅鲁藏布江的南侧支流年楚河、布曲及萨迦冲曲等均切过主脊。此山脉以南则是藏南湖盆区域,西部大部分为朋曲流域所贯穿,湖盆相通、谷地开阔,海拔多在4 000m以上。沿朋曲干支流的大盆地有孔错、定日、长所、定结、岗巴。区内大湖除羊卓雍错外,还有普莫雍错和希夏邦马峰北麓的佩枯错。湖盆以南的喜马拉雅山脉北翼,山原面广泛分布,古冰川遗迹较多,山体部分现代冰川发育,河流大都发育冰川谷地中,如朋曲、绒布曲等。

2. 干湿季明显、气温差异大的气候

地形对本区的气候影响十分明显。首先,不同区域降水差异较大。受来自东南方向水汽丰沛的气流沿谷地上溯的影响,东部雅鲁藏布江谷地夏季降水较多。如泽当至日喀则年降水量为400mm左右。在隆子以西则由于喜马拉雅山脉的阻挡,水汽在南麓大量丧失,及至本地区的藏南高原湖盆,形成一个"雨影带",年降水量只有200 mm多。雅鲁藏布江河源地区位置偏西,降水量减少至200mm左右。其次,干湿季十分明显。年降水量的90%集中在6~9月,从10月至次年的4月是明显的干季。同时,夜雨率高达80%以上。各地不同的海拔高度对气温的影响也比较明显,气温差异较大。一般来说,夏季温暖,最暖月(6或7月)平均气温在10~16℃,冬季不很寒冷,最冷月(1月)平均气温0~ -12℃。日照时数比较多,拉萨年日照时数为3 021h,被誉为"日光城"。而日喀则、江孜年日照时数更多,都在3 200h左右,高原湖盆的定日一带更高达3 400h左右。各地的日照百分率都在60%~70%,定日附近接近80%。由于日照丰富、太阳辐射强烈,即使在严寒的冬季,日出后仍感到比较暖和。

3. 一江三河,水量丰富

本区河流主要有一江三河。其中,雅鲁藏布江是世界上海拔最高的大河,其主要支流有年楚河、拉萨河和尼洋曲三河。雅鲁藏布江流域年径流分布有两个特点,一是多样径流带,二是径流的垂直梯度变化。区内年径流深从东南向西北减少,从雅鲁藏布江出口到源头,年径流深从5 000mm降至1 500mm以下,垂直梯度变化大。径流年际变化主要受降水影响,年径流变差系数较小,变化在0.12~0.35。受补给水源影响,以冰雪融水补给为主的尼洋曲径流变差系数值只有0.12,而以降水补给为主的拉萨河径流变差系数为0.27。径流年内分配不均,径流量以6~9月最丰,可占到全年总径流量的65%以上,最大水月出现在7月或8月,干流的洪水比较大;枯水期在每年11月至次年4月。

区域水资源相对丰富。本地区水资源总量为161.0亿 m^3(不包括客水),折合流量为510.5 m^3/s。其中地下水51.6亿 m^3。按流域划分:拉萨河流域109.9亿 m^3(全流域,含客水),折合流量为348.5 m^3/s;年楚河流域13.4亿 m^3(全流域,含客水),折合流量为42.5 m^3/s;雅鲁藏布江拉孜至羊村区间(拉萨河与年楚河除外)为103.3亿 m^3,折合流量为327.6 m^3/s。全地区人均占有水量20 160 m^3(不含客水,下同),每亩耕地占有水量6 098 m^3。由于受人类活动影响较小,一般河水的矿化度小于300mg/L,属弱矿化水,适宜饮用和灌溉。

4. 灌丛草原和草原广布的植被

本区分布最广的植被类型是灌丛草原和草原。典型的灌丛草原景观由分布在雅鲁藏布江中游谷地阶地、洪积扇及低山上的西藏狼牙刺灌丛与三刺草草原构成。西藏锦鸡儿和变色锦鸡儿灌丛则在藏南高原湖盆中分布比较普遍。海拔较低处（约4 100m以下）以三刺草草原为主，沙性地段有固沙草草原和白草草原，其上界可达4 500~4 700m。湖盆周围山麓平原及山坡上则以紫花针茅草原和各类蒿属草原占优势。4 700~5 300m为小嵩草草甸，在冈底斯山—念青唐古拉山前山一带分布较广。雅鲁藏布江上游的马泉河谷地，海拔在4 700m以上，谷底是紫花针茅草原，向上直接与冈底斯山的高山小嵩草草甸相连，沿河沼泽化草甸普遍发育。

5. 山地灌丛草原土和高山草原土为主的土壤

本区土壤主要为山地灌丛草原土和高山草原土。其中，灌丛草原土的腐殖质累积作用较明显，表层腐殖质以富里酸为主，胡敏酸与富里酸的比值为0.59，腐殖物质的复杂程度较低。其表层有机质含量一般在2%左右，高者可达3%~4%左右，下层有机质含量降低很快。同时，由于降水量不多但却很集中，土体具有一定强度的淋溶作用，碳酸钙一般在40~50cm深处大量淀积，厚度达20~40cm，含量从2%~3%到30%~40%不等，比其上、下土层碳酸盐含量高3~5倍。剖面中部黏粒含量增多，具有一定程度的黏化作用。各层土体和黏粒的化学组成中，硅铝率和硅铝铁率一般变化不大。

高山草原土地区生物作用相对更加旺盛，腐殖质的累积也多，表层有机质含量在2%左右，高的可达3%以上。淋溶作用旺盛，土体中易溶盐大部分被淋失，碳酸盐淀积于剖面中、下部，形成碳酸钙积聚，碳酸钙含量为3%~17%，全剖面呈中性至微咸性反应，土壤质地较粗，石砾含量较高。

本区这两种土壤很多已被开垦为农田，原来的腐殖质层成为疏松的耕作熟化层，沿河谷地区的灌丛草原土或高山草原土成为西藏主要的农业区。因土质肥沃，地形平坦，易于灌溉，河谷中的草甸土是西藏开垦最早、也是最主要的耕种土壤。

（二）环境的脆弱性与生态建设

1. 环境的主要问题

本区降水量少，蒸发量大，土层薄而质地粗，广大山坡地水源涵养差，制约了植被的生长发育，在天然条件下植被生长量不及同纬度其他地区的1/10。由于长期的过度开发，过去的天然乔木林和高大阔叶灌木林，已退化为覆盖度很低的灌丛草坡。每年有大量的灌木林遭到樵采和刨根等毁灭性破坏，从河谷坡麓线到海拔4500m的山体下部，原有的草原植被发生退化，覆盖率下降，导致山体物理风化和水土流失加剧，出现了大面积沙化和石砾化稀疏草原植被。植被覆盖的锐减和局部枯竭，山麓灌丛生态系统退化，导致生态、环境质量随之变差，水土涵养和调节气候的功能降低，生物群落、动植物种多样性遭到严重破坏。

风沙作用强烈，流沙面积不断扩大，活动、半活动沙丘和沙丘链随处可见，相连成片，局部地段已向山前冲洪积扇及山坡上扩展。雅鲁藏布江河谷地区沙漠化土地面积占西藏地区沙漠化土地总面积60％。导致土地沙漠化固然与干旱环境和强劲的西风吹扬有关，而人类对植被过度樵采和掠取，也扩大了沙漠化的面积，推进了沙漠化进程。每年有上百公顷土地、草场被流沙覆盖、吞噬，公路被沙埋。土地沙漠化严重危害植被、农田、牧场、水利设施、交通运输、民航，埋压城乡建筑物和污染环境，使该地方生存环境质量下降。

高原地壳的急剧抬升、强烈的风化剥蚀作用、天然植被的锐减、道路修建和边坡开挖等人类工程经济活动的增加，加剧了水土流失过程的发展。大面积日益加剧的水土流失导致耕地土层变薄，板结而贫瘠化，土壤肥力降低，土质变坏；每到雨季，交通沿线崩塌、滑坡、泥石流频频发生，不断毁坏城镇、水利设施和道路交通，每年有上百至数百公顷农田被冲毁或淤埋；水库（塘）因淤积难以发挥效益。日益加剧的水土流失使原本就十分脆弱的环境进一步恶化。

本区畜牧业生产历史悠久，虽然农牧结合区土地利用长期以牧草为主，但区内草地生产力水平低下，尤其是冷季草地的载畜能力极低，在不断增长的牧畜压力下草场往往严重超载。草场退化的主要表现为草场可食饲草减少，毒草繁衍，鼠害严重，土壤沙化。造成退化与草地超载过牧有关，但更重要的是，对区内天然灌木林和温带草原的灌木过度与不适当的樵采，对草场退化起到了很大的促进作用。草场退化严重阻碍了牧业的发展，也使环境质量进一步形成恶性循环。

2. 生态建设对策

合理调整土地利用结构，保护水源涵养林。应避免盲目开荒，合理调整土地利用结构。对现有数量有限的山地森林应加强经营管理，保护水源涵养林，加强人工更新，科学合理地利用水资源。以生物技术为主，结合工程措施，建立完善的耕地防风固沙林草体系。防护林带，包括沿江、河适度营造防风林带和农田防护林，不仅能够有效地防治风沙，还能提供薪材，替代畜粪作为燃料，使畜粪返还于农田。扩大冬小麦、冬青稞、油菜和豆科作物、豆科饲料的种植面积，通过间作和轮作模式提高复种指数，尤其是增加冬春季节农田地表的作物覆盖度，以减少季节性风蚀发生。半干旱河谷地区原生植被以灌丛草原为主，在生态建设过程中应尊重自然规律，不宜在坡地植树造林，因为受水分条件限制，树木难以自然生长。若在这些区域植树造林将造成人力物力的浪费，难以达到改变环境的目的，生态建设应选择适宜本地区生长的灌草品种。强烈风沙作用严重影响区域交通正常运行，除进行植树种草改善环境、减少沙源外，应在一些易受风沙袭扰的交通干线附近，采取生物、物理和化学相结合的防沙治沙措施，以保证交通干线在风沙季节的正常运行。

本区发展农区草业、绿肥饲草和农作物的复种，可以利用该区的水热资源，提高耕地的复种指数和光热资源的利用率，既可保养耕地的肥力，又可为农区畜牧业提供优质饲草料，进而改善环境，促进农区种植业和畜牧业的有机结合和草地农业生态的良性发展。

应大力培育和推广蛋白质含量高的豆科饲用牧草以及青稞等经济作物，在广辟畜牧业发展饲料来源的基础上，大力发展人工草地，积极改良天然草地，农、草、牧紧密结合，提高对农副产品的利用率。坚持草业先行，选育优良畜种，推广秸秆养畜、短期育肥、舍饲圈养，建立适度规模的专业饲养小区，大力发展农区和城郊畜牧业。

本区旅游资源丰富，旅游业发展潜力巨大。随着基础设施的逐步完善，游客人数愈来愈多，规模愈来愈大，已可以适应不同层次的国内外游客要求。随着旅游业的发展，对本区的餐饮和肉、乳、奶等产业的发展也提供了一个良好的机遇，市场需求将日益扩大。小麦、青稞、油菜籽等粮油及肉类、奶类、皮毛等畜产品加工，以及其他野生动植物资源的采集和加工等，将成为本区以后发展的优势产业。为此，应重视旅游业发展对环境的可能影响，加强规划与管理。

四、柴达木盆地荒漠区（HⅡD1）

（一）自然区特征

本区位于青藏高原北部，青海省西北，介于祁连山－阿尔金山以南，昆仑山支脉祁漫塔格山和布尔汗布达山以北，鄂拉山以西，盆地东西长850km，南北宽250km，面积约20万km²。

1. 小盆地众多的高原内陆盆地地形

柴达木盆地是在青藏高原整体抬升背景下发生拗陷而形成的大型断陷盆地。盆地内由于还存在次一级的地槽褶皱带，因而又存在若干低山山地，如赛什腾山、绿梁山、锡铁山、俄博山、牦牛山、阿勒格尔尕尔山等，它们与盆地周围的高大山系间又形成若干较小的山间盆地，如苏干湖盆地、德令哈盆地、乌兰盆地、都兰盆地、依克柴达木湖盆地等（伍光和等，1990）。因此，柴达木盆地是一个由大盆地包容了众多小盆地的高原内陆盆地。盆地最低处海拔约2 600m，盆缘的洪积扇顶端海拔约3 300m，从盆地中心低地向盆缘洪积扇，地貌类型组合逐渐由湖积平原—湖积冲积平原—冲积平原—冲积洪积平原—洪积倾斜平原过渡。盆地均为内流盆地，长期接受积盐过程，在气候干旱、蒸发强烈条件下，柴达木盐泽广布，蒙语将盐沼泽称为柴达木，柴达木盆地由此得名。盆地矿产资源丰富，因而又被誉为聚宝盆。氯化钾、氯化钠、氯化镁、锂、碘、溴储量均占全国第一，天然碱、钙、芒硝、硼等储量名列我国前茅，铅、锌、石油、天然气储量亦很丰富，是我国少有的多矿种富集区域。

2. 多大风、降水稀少的温带气候

柴达木盆地所处36°~39°30′N，年均气温0~4℃，最冷月（1月）平均气温－10~－15℃，最热月（7月）平均气温15~17℃，日平均气温≥10℃期间积温1 000~1 500℃，最低洼处的察尔汗为温度高值区，其≥10℃期间积温可达2 292.5℃。柴达木盆地因深居内陆，远离海洋，降水稀少，年降水量东部约200mm，向西北和向盆地中心逐渐减少，西北部的冷湖年降水量仅17.6mm，最低洼处的察尔汗仅23.4mm（表21.2）。大风多是柴达木盆地的另一气候特点，年平均风速一般在3.0m/s以上，年大风日数超过20天，西北部是强风分布区，茫崖年均风速达到5.1m/s，大风日数109.9

天。在干旱、大风、地表物质质地轻粗条件下，柴达木盆地的荒漠化土地面积广大，沙漠、戈壁广泛分布，在西北部茫崖—冷湖一带还形成了面积广阔的雅丹地貌。

3. 高山冰雪融水补给的水文

本区水资源基本来自盆地周围的高山冰雪融水。流向盆地的河流共约 70 条，出山口后河水均没入山麓洪积扇戈壁中，最后完全汇集于盆地中心的盐湖沼泽。年地表总径流量合计 45.11 亿 m^3。其中大河有鸟图美仁河（11.5 亿 m^3）、格尔木河（7.3 亿 m^3）、花海子河（4.0 亿 m^3）、香日德河（3.67 亿 m^3）、德令哈河（3.3 亿 m^3）、诺木洪河（1.8 亿 m^3）、都兰河（1.64 亿 m^3）、鱼卡河（1.1 亿 m^3）。此外，地下 120m 内的浅层地下水资源有 57 亿 m^3，但可利用的浅层地下水仅为 17.97 亿 m^3（申元村，1998）。由于空间上南部的昆仑山冰川储量和融水量较祁连山多，同时西段又比东段多，因此水资源分布西部多于东部、南部多于北部，水资源对于维系柴达木盆地的生态稳定和社会经济发展起着决定性作用。

表 21.2　柴达木盆地不同气象台站气候要素表

台站	海拔/m	北纬	东经	1 月平均气温/℃	7 月平均气温/℃	≥0℃积温/℃	≥10℃积温/℃	≥10℃持续天数/天	年平均相对湿度/%	年平均降水量/mm	年平均蒸发量/mm	年平均风速/(m/s)	年平均大风日数/天
都兰	3191	36°13′	98°06′	-10.6	14.9	2045	1189.4	84.9	40	179.1	2088.8	3.1	31.6
香日德	2905	36°04′	97°48′	-10.1	16.0	2345	1489.9	101.7	41	163.0	2285.4	3.5	20.9
德令哈	2982	37°22′	97°22′	-11.0	15.6	2373.1	1688.3	112.7	36	118.1	2242.9	2.6	22.4
诺木洪	2790	36°22′	96°27′	-10.3	17.2	2563.0	2113.0	126.2	33	38.9	2716.0	3.8	53.6
格尔木	2808	36°12′	94°38′	-10.9	17.6	2570.0	1913.0	130.2	33	38.8	2801.5	3.2	22.4
大柴旦	3173	37°51′	95°22′	-14.3	15.1	1947.3	1209.6	85.5	35	82.0	2186.4	2.1	24.0
冷湖	2733	38°50′	93°23′	-13.1	17.0	2307.2	1728.3	112.1	29	17.6	3297.0	4.0	43.1
茫崖	3139	38°21′	90°13′	-12.4	13.5	1810.2	911.4	67.7	32	46.1	3072.0	5.1	109.9
察尔汗	2679	36°48′	95°18′	-10.4	19.1	2821.4	2292.5	138.5	28	23.4	3518.5	4.3	41.1
鸟图美仁	2843	36°54′	93°10′	-12.4	15.7	2117.5	1481.3	102.5	40	25.2	2381.2	3.6	13.5

4. 干旱类型的植被

柴达木盆地的植被表现为干旱的生态特色，洪积、冲积平原植被的生态习性均为旱生、超旱生种群，冲积湖积及湖积平原均为耐盐和盐生种群。由于盆地面积广阔和东部降水量较西部多，植被东西部有所差异。以东部脱土山（香日德农场西侧）—德令哈西侧怀头他拉为连线，东部属高原温带干旱荒漠草原区，西部为高原温带极干旱荒漠区。西部荒漠区是柴达木盆地的主体。植被主要由超旱生灌木、小半灌木组成。建群种属有柽柳、麻黄、梭梭、红砂、合头草、沙拐枣、木紫花等，覆盖度不足 10%，生产潜力极端低下。东部的建群植物为短花针茅、珍珠，伴生种有优若藜、驼绒藜、沙生针茅、冰草、沙蒿、木紫花等。群落结构简单，覆盖度低（30% 左右），亩产鲜草量约 50~70kg。

植被特征反映的自然地理环境的垂直分异明显，如格尔木南的昆仑山体，沿盆缘戈壁而上，具有高寒剥蚀荒漠地带（海拔 3 500m 以下）—高寒荒漠草原高山地带（3 500 ~ 3 900m）—高寒草原高山地带（3 900 ~ 4 200m）—高寒草甸高山地带（4 200 ~ 5 300m）—寒漠与冰川极高山地带（5 300m 以上）。

5. 东西分异的干旱土壤

柴达木盆地土壤突出表现为干旱的生态特征。由于盆地面积广阔和东部降水量较西部多，土壤东西部存在差异。以东部脱土山（香日德农场西侧）—德令哈西侧怀头他拉为连线，西部荒漠区是柴达木盆地的主体，土壤成土母质主要由洪积砾石和洪积冲积细砂、粉砂组成，成土过程为盐分（石膏等）积聚过程，土壤发育为灰棕荒漠土（钙积正常干旱土）。土壤形成过程受地下水位高和咸水动态制约，从湖中至盆缘，依次发育了盐湖沼泽—沼泽盐土—草甸盐土—盐化草甸—荒漠化草甸至灰棕荒漠土的转变。东部的土壤为棕钙土（钙积正常干旱土），土质砂性，剖面分化不够明显，表层有机质含量 <1%，强碱性反应。

柴达木盆地土地类型体现了区域自然地理特征。依据相关文献（刘燕华，2000）计算得知，在土地类型结构中，各类型土地所占的比例分别是：绿洲 0.4%，河湖滩地和低湿地 12.4%，山前洪冲积平原及山前洪冲积倾斜平原 11.7%，台地 3%，山间沟谷地 0.4%，沙地 10.6%，戈壁 17.2%，低山丘陵地 4%，中山、高山和极高山 39.4%，湖泊水面 0.9%。体现了以荒漠化为主的环境特征。

（二）环境问题与生态建设对策

本区存在降水稀少、蒸发强烈、盐分富集、干旱多风等不利于植物生长的生境条件，因而生物种群少，生物覆盖度低，自然生产力低下，是一个极端脆弱的生态区。主要环境问题是：降水稀少、蒸发强烈、干旱严重；土壤质地轻粗、大风频繁、沙漠化扩展严重；不合理利用水土资源造成绿洲生态不断恶化，城市污染和交通设施建设对生态环境破坏严重。生态建设方向是：防治荒漠，发展绿洲。具体对策是：按地域结构理论构建柴达木盆地宏观生态建设体系；以水资源为考量，建设节水型水资源利用体系；以生物防治为主，搞好沙漠化土地的综合防治体系建设；合理利用水资源，搞好盐渍化土地的治理；综合应用现代科学技术，建立可持续发展绿洲体系。

1. 主要环境问题

柴达木盆地生态与环境的主要障碍因素是干旱、降水稀少、蒸发强烈，这是导致干旱和生态脆弱的关键。生物只有耗水量小、生长慢、超旱生的灌木小半灌木才能生长。天然生态下，植被盖度不足 10%。植被抗干扰能力低，一旦受到破坏，恢复困难，是生态极端脆弱的区域。

柴达木盆地四周山地以寒冻机械风化为主，产生的风化物主要为砂性物质，在夏季流水作用下，这些风化物最后被带至盆地内沉积。沉积厚度达几千米，其中第四纪松散沉积物厚度就有 1 000m 左右。质地轻粗，沙源物质丰富，在大风多、干燥气候条件下，便为沙漠化土地的发生和扩展提供了物质条件和动力条件。在人们不合理利用土地的情况下，沙漠化土地更有发展趋势。据调查，1959～1994 年间，柴达木盆地沙漠化土地面积已由 580.0 万 hm^2 增至 1 025.4 万 hm^2，各类沙丘面积亦由 112.0 万 hm^2 增至 362 万 hm^2（王秀红等，2001）。

绿洲是柴达木盆地社会经济的承载主体，德令哈、香日德、都兰、乌兰、格尔木、茫崖、大柴旦等城镇，都是依据绿洲而生存。绿洲是干旱区水、土、气、生物协调匹配的良好地域，适宜人类生产与生活。绿洲水源基本固定，水量稳定，细土带分布亦有相应空间。水土资源匹配良好的地段往往只局限在洪积扇前沿地下水溢出区域。绿洲上部紧邻的是砂砾戈壁带，下部紧接的是盐生草甸带，绿洲外侧是水源不足的沙漠。因此，绿洲在分布空间、形成规模上都以水、土的配合为条件。如果水源得不到保障或过度开发土地资源，则绿洲生态难以维系。在人类利用开发绿洲中不合理利用水、土资源而导致绿洲生态破坏的行为累见不鲜。例如，因上游过量开发水资源而使输往绿洲水资源减少，导致绿洲规模萎缩的有都兰县青年农场；因绿洲排灌体系不健全，尤其是排水系统不良而导致绿洲下侧农田盐渍化加重的有格尔农场、诺木洪农场；以扩大开垦规模，在绿洲边缘开垦因得不到灌溉保障而撂荒，导致沙漠化土地发展的现象在 20 世纪 50～60 年代更为普遍；在绿洲边缘因滥伐灌木草木而使沙漠入侵绿洲，导致绿洲萎缩的现象至今仍然存在。

柴达木盆地的城市化发展速度强劲，交通事业发展迅速，但对开发中的生态保护重视不够，措施跟不上。格尔木、德令哈、冷湖、滑土沟等发展中的城市，水资源过度开发、生活污水无处理排放、生活垃圾随意堆放、生活烟尘污染等问题普遍，对环境影响十分突出。交通建设中的破坏土地、裸地扩展、交通废弃物污染等问题，在南北主干公路及输油管线路径上更为严重，铁路沿线，尤其车站一带交通引发的生态问题十分突出。

2. 生态建设对策

柴达木盆地是青藏高原地区唯一具有温带特色的大盆地，生态区位十分重要。建设良好环境对于柴达木盆地来说极为重要；柴达木盆地是青藏高原矿产、能源、社会经济发展的主要依托区域，环境好坏将关系到柴达木盆地能否可持续发展。根据柴达木盆地自然生态特点及环境现状与问题，生态环境建设应主要重视如下问题：

水资源在柴达木盆地是短缺资源，生态用水、农业用水、工业用水、城市居民生活用水都要依托水资源。而水资源的总量在柴达木盆地是相对不变的。相关研究表明柴达木盆地地表水资源量 44.10 亿 m^3，地下水资源量 38.97 亿 m^3，地表水与地下水重复量 31.11 亿 m^3，总水资源量 51.96 亿 m^3（不包括新疆入境客水）（刘燕华等，2000）。这就是柴达木盆地目前可利用的全部水资源量。随着生态建设和社会经济的发展，需水量会大大增加，如果考虑到水资源地区分布的不平衡性，则不同区域的用水紧缺问题还会有所不同。目前水资源紧缺区域主要是茫崖-冷湖区域、格尔木区域和大柴旦—锡铁山区域和乌兰区域。从战略高度上进行节水社会的建设与水资源调控，是柴达木盆地实现可持续发展目标的关键。一要分别从生态、城市发展、农业发展、工业发展等多方面进行水资源的部门合理分配；二是对各部门都要从技术层面上有针对性实施节水措施，包括二次用水、三次用水、循环用水的技术实施；三是要从水资源的空间分布格局上实施以流域为单元的水资源调控，搞好流域规划；同时要实施区际间的调水工程，如将乌图美仁河水调往滑土沟石油城和冷湖的调水工程等。

荒漠化在柴达木盆地是最主要的环境问题。其中沙漠化危害最为突出。防治沙漠化的发展，防风固沙是主要手段，构建综合风沙防护体系，能持久防止沙漠化的扩展。防护体系包括：①搞好人类行为准则调控：制定防沙治沙规划；实施荒漠化防治法规；规范人类开发利用沙地资源行为，控制开发强度；②搞好生物工程为主、非生物工程为辅的防护体系建设，要因类实施防治技术，对流动沙丘、半固定沙丘全封育，固定沙丘半封育及保护沙生植被的体系建设；③选择风沙危害严重区段为治理重点，生物措施应着重建立草灌乔阻沙带，突出灌木的阻沙作用，以及适当运用草方格，挡风栅栏等措施；④搞好适沙旱生植物种群物种的培育。

盐渍化防治是柴达木盆地生态、环境建设的重要环节。在柴达木盆地，次生盐渍化和盐渍化荒漠的出现与扩展主要源自农业用水不当。盐渍化防护体系建设主要应包括如下方面：①健全排灌体系，重点是搞好排水排盐渠系的建设；②发展耐盐植物，尤其是具有高经济价值的品种植物，如枸杞、沙棘等；③实施工程改盐措施，如农用薄膜覆盖、配套机井、耕作层下设置隔离盐层，渗沙改土等；④实施农业改盐技术，如垄带种植、秸秆还田、增施有机肥等。

柴达木盆地绿洲面积小，约占盆底（不包括盆地周围山体）面积的3.7%，但却集中了全盆地95%人口和GDP的90%的产值。因此，建设绿洲、发展绿洲意义重大。绿洲的建设方向是建立能与时代发展相协调的可持续发展体系。关键措施是综合应用现代科学技术于绿洲的各个层面。在战略层面上，第一是构建PRED（人口、资源、环境、发展）协调发展体系，处理好PRED间的矛盾，形成联动互促的关系；第二是分别对P、R、E、D自身进行协调设计，形成具有消化自身矛盾的功能，其中的关键是对内部构成因子进行结构性调整；第三是要从技术体系上建立完善的P、R、E、D技术体系；第四是建立PRED信息系统调控模型，跟踪区域发展体系中出现的问题，根据发展目标进行全局的或局部的调整，形成化解矛盾、促进发展的推进模型。

五、昆仑山北翼山地荒漠区（HⅡD2）

（一）自然区特征

本区位于青藏高原的西北，指昆仑山主脊线以北，克孜勒苏河与且末河之间的地区。行政上属于新疆的喀什地区、和田地区、巴音郭楞蒙古自治州。其南界西起红其拉甫山口，经西昆仑山的主脊东延，沿麻札－康西瓦纵谷南侧山地经慕士山及中昆仑山主脊至阿其克库勒湖北侧分水岭，转向布喀达坂峰沿中昆仑南支主脉东延至昆仑山垭口。

1. 向南突出东西走向的弧形地形

本区自塔里木盆地向南急剧上升至海拔6 000m左右，山峰与盆地高差达5 000m左右，山势巍峨，极为壮观，地貌垂直分带现象异常明显。海拔3 500m以下为弱风化剥蚀中山带，气候干旱，降水稀少，多在100mm左右。山地多呈浑圆状，保持比较完整，地表多有黄土覆盖。海拔3 500~4 500m为高山强风化剥蚀带，坡度较陡，加之强烈的昼夜温差对比，物理崩解作用强烈，形成较多的风化物，为地质时期山前大规模洪积冲积平原的形成提供了重要物质基础。海拔4 500m至雪线附近的山地为高山冻融作用带，多为古冰川作用地区，冰缘作用占主导地位，石条、石环、冻胀丘等发育。现代雪线以上为极高山冰雪作用带。以西昆仑山的高峰公格尔山（7 649m）和慕士塔格（7 609m）为中心，分布了众多的高大山峰。据初步统计，公格尔山峰周围海拔6 000m以上的山峰多达53座，7 000m以上山峰21座。绵延的山峰大多高出雪线以上，成为昆仑山现代冰川的发育中心之一。公格尔山有现代冰川327条，面积达640km²；慕士塔格有现代冰川139条，面积为258km²。这些冰川融水是塔里木盆地南部叶尔羌河、和田河和克里雅河等河流的重要水源，滋润和灌溉着山麓前缘富饶的绿洲。

2. 低温干燥的荒漠气候

本区气候寒旱，降水稀少，大风频繁，年大风日数超过100天，生境恶劣。年平均气温0~6℃，1月平均气温约-4~-12℃，7月平均气温12~20℃。日照丰富，年太阳总辐射量为670~740kJ/cm²，日照时数3000~3600h，但降水量不足100mm，西部年降水量在40~60mm，东部仅20~40mm，年径流深度极小。终年偏西风强劲，加之极为干旱的气候和稀疏植被，风沙危害严重，每年有沙暴20~40天，浮尘115~200天，地表形成广大的风蚀和流沙地貌。

3. 土壤成土强度弱

本区寒冷、冰冻和干旱，因而极大延缓了土壤的形成和演化过程，阻碍了土层的完全发育。严寒、冰冻、大风是寒冻土形成的主要环境条件。寒冻风化和冰雪剥蚀作用强，生物和化学作用微弱，土壤发育原始。该区冷季漫长，土壤全年冻结期长达半年以上，微生物活动停滞，暖季持续时间短，气温日较差大，表土冻融交替频繁，土壤成土过程强度很弱，土壤发育仍滞留在幼年阶段。由于脱离冰川时间较晚，气候寒旱，成土年龄短，强度弱，随着高原不断抬升，干旱化加剧，冰川、湖泊退缩，河流缩短，冰碛物、湖积物与冲积物不断出露，又开始新的成土过程。因此，该区原始成土过程十分普遍。寒冻土（简育寒冻雏形土）是脱离冰川影响最晚、成土年龄最短的原始土壤，其分布的海拔高度各地不一，大致由北而南、由西而东上升。如在慕士塔格山其分布高度为4 400~4 600m，在界山达坂则升至5 300m以上。

寒漠土分布区地表覆砾，常见白色盐霜，风化作用和成土过程微弱，土层浅，粗骨性强。土体干燥，淋溶作用弱，盐分表聚，铁质化和石膏聚积现象明显。

高山草甸土主要分布在海拔3 500~3 900m的高山带阴坡，以西昆仑山分布相对较多，海拔较低，至克里雅河以东则分布高度渐升，带幅渐窄，呈斑片状散布。土体湿润，腐殖质积累，氧化还原和钙积过程强烈，冻融作用对土壤形态和结构塑造明显。

高山草原土主要在海拔3 300~4 200m的垂直带内，主导成土过程是强烈的腐殖质积累过程。地表多砂砾和粗砂，见有黑色地衣。地表腐殖层明显，粒状、团粒状结构发育。

4. 稀疏的荒漠植被

昆仑山北翼大部分山地为稀疏的荒漠植被，以合头草（*Sympegma regelii*）、琵琶柴（*Reaumurea soongorica*）、驼绒藜（*Ceratoides latens*）、蒿叶猪毛菜（*Salsola abrotanoides*）、高山绢蒿（*Seriphidium rhodantha*）等为主，其分布上限可达海拔3 200～3 500m。其上分布有山地草原带，主要是以沙生针茅（*Stipa glareosa*）、短花针茅（*S. breviflora*）、紫花针茅（*S. purpurea*）、座花针茅（*S. subsessiliflora*）、银穗羊茅（*Festuca olgae*）为建群种的丛生禾草草原。根茎薹草草原以青藏薹草（*Carex moorcroftii*）为优势种，小半灌木则以高山绢蒿（*Seriphidium rhodantha*）为建群种。高处还有高山草甸和座垫植被分布。高山草甸的建群种主要有线叶嵩草（*Kobresia capilifolia*）、窄果嵩草（*K. stenocarpa*）、针叶薹草（*Carex duriuscula*）、小嵩草（*Kobresia pygmaea*）等。其他植被类型很少。其中天山云杉（*Picea schrenkiana var. tianshanica*）林仅分布在昆仑山西段北翼局地海拔2 900～3 600m的中山带阴坡，自西而东逐渐减少。昆仑方枝柏（*Juniperus centrasiatica*）和昆仑圆柏（*J. jarkendensis*）疏林在昆仑山西段北坡断续分布，常在天山云杉林的周边地区或林内半阳坡甚至阳坡分布。在昆仑山北翼山地、海拔3 000m以下的山间盆地及宽谷地段可种植农作物，山地草场则为塔里木盆地居民就近利用来放牧骆驼和羊等。

（二）环境脆弱性与生态建设

传统的农牧业开发利用。昆仑山地区是唯一具有农林牧各业生产条件齐全的山段。这里的种植业和放牧业受到开发能力和经营水平的限制，属传统的资源型生产。在空间分布、利用方式以及生产条件方面，尚有许多制约生产力和利用率的问题和困难。今后，应在各地综合农业区划的基础上，总结近年来改革开放的经验，修正指标，落实措施，求得实效。不论种植业或畜牧业，应以水利为中心，搞好农田、草地基本建设。搞好水利，对克服干旱和防止水土流失、草地退化以及培肥土壤、建立人工草地、开发新牧场、造林防风等诸多方面，均具有绝对保证作用。同时要重视作物和牲畜优良品种的引进和选育，调整内部结构，使水土和草畜均达到基本平衡。积极发展山区教育和培养技术队伍，也应是重要措施之一（郑度，1999）。

西昆仑山的林区，由于经营管理的原因，部分有运输条件的地区，濒临毁灭的边缘。这里森林生态系统脆弱，一旦遭到破坏，很难恢复。在交通不便的边远地区，却存在成过熟林严重浪费的现象。今后，应以发挥其水源涵养林的作用为重点，倍加珍惜并落实保护措施，有计划地利用成过熟林，促进自然更新，发展人工育林，恢复和扩大森林资源面积。从地理条件看，在干旱山地能够具备森林分布的自然生态环境，实属不易，因此应合理利用，树立营林的观念和意识。况且，林区还分布有昆仑圆柏等稀有种源，拟建立昆仑圆柏自然保护区是完全必要和正确的。保护资源与保护环境双管齐下，才能真正保护以林为栖息地的野生动物和各类植物资源。应努力加强保护措施。同时还应在所有宜林区大力发展人工林，包括防护林、薪炭林等。

昆仑山的非金属矿藏较为丰富多样。主要有玉石、水晶石、大理石、云母、硫磺、石膏等，均有不同程度的开采。矿产资源亟待进一步探明和开发。如矿业中的金铜开采，早在历史上盛行。目前开发规模较大的主要是能源矿藏。如在莎车山区建成年产15万 t 的煤矿；在昆仑山北麓，1970 年代建成石油开采业及石油化学工业，对当地各业的发展起到了主导作用，并造就了工业相互依托、共同发展的局面。昆仑山是新疆玉石产区之一，而昆仑山的玉石矿又以和田－于田山地为主要分布带，其开采约始于新石器时期。其他已开采的矿藏还有云母以及杜瓦和布雅的煤。今后应加强改革管理制度，实行以科技为先导，狠下功夫，生产将可望有新的发展。山区迄今无公路，交通极不便利，无疑将成为一切经济、文教、科技活动的制约因素。

山地的自然灾害，如干旱、洪水、暴风雪，致使牧业生产往往（甚至连续）受到灾害损失。如 1990 年冬和 1991 年初的干旱，接着 3～4 月份连降大雪，草地积雪厚达60～120mm，给牲畜采食造成严重困难。

六、阿里山地半荒漠荒漠区（H Ⅱ D3）

本区位于西藏的最西端，北起喀喇昆仑山，南至喜马拉雅山，东界大致沿纳木那尼峰，革吉东侧至那布达达坂一线。行政上属于西藏阿里地区。区内包括孔雀河（马甲藏布）、象泉河（郎钦藏布）、狮泉河（森革藏布）3 大流域。其中，象泉河流域最广，贯穿了一系列古湖盆。

（一）自然区特征

1. 山地与湖盆、宽谷相间分布的地形

本区地形受地质构造控制明显。北部的冈底斯山主脉是断块褶皱山体，由白垩系、侏罗系以及规模宏大的中酸性侵入岩组成。拉昂错－玛旁雍错湖盆位于东南端。北翼地势较缓，山体宽厚，逐渐过渡至羌塘高原。南翼地势陡峻，山前是一条深大断裂，主要由狮泉河支流噶尔藏布所贯穿，此深大断裂带是雅鲁藏布江－噶尔藏布深断裂带的一部分，不仅是切穿地壳的深断裂，而且是印度板块与欧亚板块的碰撞边界——地缝合线。北部的班公错又名错木昂拉仁波，位于喀喇昆仑山与冈底斯山的北侧支脉阿龙干累山之间的槽谷之中。班公错深断裂槽地，向东可延伸至色林错一带，它控制了南北两侧地层的发育。断裂以南则主要为海相白垩系，是冈底斯山燕山晚期褶皱带和唐古拉山早期褶皱带的界线。以北主要为三叠系—侏罗系，带内有超基性岩，为古地块的地缝合线。此断裂以西为阿依拉山，是一个南陡北缓的断块山。作为喜马拉雅山脉北侧的一条支脉，其走向与主脉一致，为北西一南东向。

班公错，东段有麻嘎藏布与多玛曲等较大支流汇入，湖水较淡，可饮用；西段补给水量较小，逐渐过渡为半咸水与咸水湖。湖面海拔 4241m，面积 346.5km²，湖体东西狭长，长约 150km，在我国境内约 110km，南北宽仅 2～5km，最宽达 10km 以上。

冈底斯山山地在狮泉河河谷以南。其南段的冈仁波齐峰海拔 6 656m，山体全部由砾岩组成，厚约 2 000m，底部不整合于燕山期花岗岩之上。岩层平缓，山体受几组断层切割影响成为金字塔式山体，山势雄伟，顶峰有冰雪覆盖。这一区域附近有很多海

拔 6 000m 以上的高大山峰。区域内古冰川谷直达山麓，谷口的古冰碛形成起伏和缓的垄岗地形。

冈底斯山以南和喜马拉雅山支脉阿依拉山之间，是一个构造凹陷地带，包括噶尔藏布宽谷和两湖盆地。它在第四纪初期是水量充沛的河湖地带，谷地宽坦。现代河道狭窄，基本在 20～40m。两岸洪积冲积扇十分发达，常连成广阔的山麓平原。作为狮泉河最大支流，噶尔藏布源于冈底斯山南坡，其谷地宽广，最宽达 12km。谷地的冈底斯山一侧，水量较大，洪积扇发育。噶尔至朗玛一带谷地更为开阔，河漫滩十分广阔，与山麓平原直接相连，没有台地或阶地。噶尔藏布以南是象泉河的河源地区，水量较丰沛。西支的支流源自阿依拉山，水量较小。在冈底斯山与喜马拉雅山西段之间，有一对孪生湖——玛旁雍错和拉昂错。前者面积 412km²，海拔 4 587m，最大深度 77m；后者面积 268.5km²，海拔 4572m。两湖主要靠南侧喜马拉雅山西段纳木那尼峰北坡的冰雪融水补给，为淡水湖和微咸水湖。玛旁雍错湖透明度极高，湖水清澈，贮水量达 200 亿 m³，为地球上高海拔地区淡水贮量最多的湖泊之一。

阿拉依山脉长 300km 余，宽 20～30km，平均海拔约 5700m。其最高峰郭拉则松海拔 6 554m。附近有数座 6 000m 以上的高峰并有小型冰川发育。山脉北翼地势较缓，5 000m 左右古夷平面保存较好。在古夷平面上发育了宽阔的盆地，分布在由噶尔至香孜途中的且吾拉分水岭以南，海拔 4 900m，盆地中河道分汊，水流浅缓，山麓洪积扇发育。

西喜马拉雅山脉沿本区国境线，全长约 400km，平均海拔 6 000m 以上，有十多座 6 000m 以上的高峰，超过 7 000m 的山峰有 7 座。其中，在国境内的只有一座，即位于普兰县北的纳木那尼峰。位于国境线的也只有一座，即达巴南部的卡美特峰，海拔 7 756m，高山上的现代冰川多发育于南翼的国境线外。纳木那尼峰冰川群是我国境内西喜马拉雅最大的冰川群，与其他高峰明显不同，由于北侧的拉昂错、玛旁雍错湖面蒸发而导致北坡降水较多，而位于阴坡又使冰川的消融减弱，有利于冰川的发育，所以其北麓冰川最多。另外，作为天然通道的山口有 10 多处，最为著名的是东部的孔雀河口和西部的朗钦藏布河口，都是重要的交通和通商通道。

2. 干湿季明显的干旱气候

①降水很少。本区位于西藏的最西端，是西藏气候最干旱的地区。同时，由于北高南低的地势以及喜马拉雅山脉及其支脉阿依拉山和冈底斯山脉的影响，区内西南部与东北部气候差别较大，由西南向东北降水逐渐减少。西南部的札达、普兰一带年降水量达 134mm，降水的季节分配相对均匀，1～3 月有较大的降雪，是区别于北部地区的重要特征。狮泉河年降水量为 65mm，至日土县只有 40mm 多，再往北翻越昆仑山至阿克赛钦仅为 20mm 多。②区域降水比较集中，干湿季分明，如北部降水量 85% 以上集中在 6～9 月，其中 8 月的降水量占年降水量的 40% 以上，常有连续数日降雨，9、10 月秋高气爽。③本区多夜雨，仅次于雅鲁藏布江河谷。④无霜期短，北部狮泉河 90 多天，南部的普兰近 120 天。⑤气温日较差大。气温日较差以冬季最大，普兰 1 月气温日较差为 16.9℃，噶尔为 16.7℃，低于其他自然区。雨季的 7、8 月的气温日较差最小，7 月噶尔为 15.3℃，高于其他自然区。空间上气温的年较差也有差异。气温的年较差南部较小，北部较大，其特点虽然与其他地区雷同，但其值均大于青藏高原同纬

度其他地点。气温季节变化较明显。冬季寒冷,北部的狮泉河最冷月均温 - 12.4℃,年极端最低气温多年平均值为 - 29.1℃,极端最低气温达 - 33.9℃;南部相对较好,最冷月极端最低气温的多年平均值为 - 25.3℃。夏季较暖,北部狮泉河最暖月均温 13.6℃,南部的普兰略高于狮泉河。⑥本区冬、春季大风频繁,风力强。北部 3~5 月大风日数均在 20 天以上,是青藏高原大风最多的地方之一。

3. 地下水补给为主的水文

区域内河流的径流补给以地下水补给为主。其中,北部的狮泉河地下补给量占径流量的 67%,而融水和雨水补给量仅占年径流量的 33%;南部的朗钦藏布的地下水补给量占年径流量的 40% 以上。由于气候十分干旱,区域内降水稀少。朗钦藏布与狮泉河均属印度洋水系,二者的流域面积分别为 22 760km² 和 27 450km²,年平均径流量分别为 9.1 亿 m³ 和 6.9 亿 m³,分别占西藏外流区水系年径流量的 0.3% 和 0.2%。同时,区域内河川径流差异较为明显。南部降水相对较多,朗钦藏布的平均径流深为 40mm,流域平均径流模数 1.27L/(km² · s);北部降水少,狮泉河的流域平均径流深仅 25mm,流域平均径流模数 0.80L/(km² · s)。

4. 垂直分异明显的植被

自高山群峰至湖周平原和谷地,自然景观垂直分异十分明显。海拔 6 000m 以上为高山冰雪带,现代冰川发育;该带以下至海拔 5 000~4 600m 左右主要为山地灌丛草原,以变色锦鸡儿灌丛占优势,湖边和曲流地区则为山地嵩草草甸或沼泽草甸带,此带下限在普兰可达海拔 4 100m;海拔 4 600m 以下的广大宽谷、盆地和山麓地区,则为荒漠草原景观,干旱化特征明显,区域差异亦较显著。在普兰谷地植物以藏北锦鸡儿、沙生针茅和驼绒藜占优势,而在两湖地区则以沙生针茅最普遍;札达盆地中植物以驼绒藜、木亚菊、石生黄麻和猪毛菜占优势。

5. 剖面分化不明显的山地荒漠土

本区发育着山地荒漠草原土和山地荒漠土,剖面分化不明显,表层显著沙砾化,有机质、黏粒及碳酸钙含量在剖面中的分布均表现出上层少、中层多、下层又少的特点;有机质含量在 0.5%~1.0% 上下。宽谷盆地中的堆积过程旺盛,许多土壤剖面还保留了原始堆积性质。

(二) 环境的脆弱性与生态建设

1. 环境的主要问题

本区气候干旱,寒冷多大风,生态系统结构比较简单,食物链单一,生态平衡脆弱,生态破坏难以恢复。区内植被和土壤的破坏往往起着牵制全局的作用。本区土壤发育以物理风化为主,土层薄、质地轻、有机质积累少。干旱、多大风的自然条件,加上过牧现象,为土壤石砾化、植被荒漠化创造了条件。土壤经过旱、洪、风、沙及过牧等外界因素的破坏后,易恶化成裸岩石砾地及风沙土,长期寸草不生,难以自然恢复。

由于气候、地形等自然条件和历史条件的限制，农牧业生产水平低，草地生态破坏严重。本区冬春积雪时间长，放牧利用季节短，加上土壤多砾质，水分蒸发快，易发生春旱而使植物返青迟，产草量低，密度稀，限制了牧业生产。四季草场不平衡，夏季草场虽然广阔，但放牧时间短，而冬春草场面积小，产草量低。一方面尚有天然草场未被利用，另一方面又过牧现象严重。加上本区畜牧业仍未摆脱"逐水草而居"的原始游牧方式，草场利用不均衡，导致部分草场质量差、生产力低，甚至严重退化。由于本区宜牧地多为高寒荒漠草原、草地，植被稀疏，产量低，单位面积载畜能力低，土层薄、砾石多，影响了牧业生产力的发挥，同时农牧民为了保证基本生活，提高收入，不得不增加牲畜头数，造成草场载畜量大，草地退化的趋势明显。例如，在班公错及周围的河流为班公错湖滨农耕地提供了灌溉水源及饮用水源，因此人口相对集中在班公错周边湖滨平原，牲畜密度大，从而导致草场退化严重。同时，随着班公错作为旅游景点开发，旅游人数逐渐增加也影响到本区生物物种的生存。周边的农牧业的不合理生产方式亦造成草地退化，弃耕弃牧严重，植被减少，湿地生态系统受到破坏。

本区土壤侵蚀严重。由于地貌类型的作用，使土壤侵蚀具有明显的垂直分异，山顶部为冻融侵蚀区，中下部为水力侵蚀区，河谷为水力与风力侵蚀区，海拔在5 200m以上的地区主要为季节性积雪区域或永久性积雪区，以冻融侵蚀为主。其中永久积雪区终年积雪覆盖，以微度侵蚀为主；季节性积雪区由于湿季积雪、干季消融，常形成轻度和中度侵蚀。海拔5 200m以下的山坡及坡麓地带为水力侵蚀区，河谷岸坡的坡麓地带，基本无植被覆盖，土壤表层细颗粒物质侵蚀殆尽；只有河谷地带植被覆盖较高，土壤发育较好。由于河流的下切作用强烈，对两岸的冲刷作用大，老冲积阶地正在受着郎钦藏布冲刷的威胁。例如，本区内札达县政府所在地托林镇就位于郎钦藏布岸边，河流对两岸的侵蚀作用越来越强，河岸崩塌，严重威胁着岸边居民的生命和财产安全，急需治理。河谷盆地及山前洪积冲积扇地区仍是当前本区的主要夏季牧场，由于过度放牧，造成原本稀疏的草地植被严重退化，加大了冻融侵蚀作用对土壤的影响，使该区的生态环境日趋恶化。

2. 生态建设对策

长期以来，由于牧业不合理的生产利用方式，过牧造成大片草地退化，影响了草地的载畜能力。因此，本区在发展畜牧业时，需充分发挥现有牧场潜力，均衡调整季节性天然牧场，保护和改良天然草场，提高草地生产力，充分利用地形，截引雨季山地流水灌溉缓坡草地。建立人工饲草基地，解决冷季饲草不足问题，实行轮牧，防止过牧，减少放牧压力。同时可通过改良草种提高产草量，增加载畜能力，防止草地退化，保持并提高草地盖度。

本区亚高山、高山荒漠植被广布，构成荒漠的植物主要以低温旱生的藜科、菊科为代表，总覆盖度不到5%。因此，防止草场退化，合理利用与保护土壤资源，对该区的生态系统的稳定尤为重要。主要措施是防止草场过牧，严重退化草地要实行封育及退牧还草，建立人工围栏，对荒漠草原加以保护，加强生态功能恢复建设，防治荒漠化扩大。在山沟、山坡、台地及其山前倾斜平原上灌丛资源丰富，灌丛的秋叶夏果均可供牲畜食用,是较好的宜牧土地资源,应严禁砍伐,合理开发利用。河谷地带具有发展牧业的有利条件,表现为用水较便利,沟谷草甸土上的嵩草品质好,产量高,是牧民主要的定居地,可重点发展和建设高质量的人工灌溉草场。

本区的札达土林具有分布集中、规模宏大的特征,是世界上罕见的高原土林地貌类型。但是随着该地区旅游业的发展、旅游规模的扩大,人为因素对札达土林及古建筑群的破坏越来越严重,加上水力侵蚀、风力侵蚀等自然因素的影响,土林及古建筑群的保护越来越重要。因此,应加大自然保护区管理和建设力度,重点防止人为影响因素的破坏。班公错是禽候鸟的栖息地,尤其是夏季,天鹅、鹤鸟、大雁、野鸭等种类繁多,湖中的鸟岛更是各种鸟类的聚集地。湖中有高原裂腹鱼、斜齿裸鲤鱼,具有重要的保护与开发价值。在做好保护和管理工作的同时,可开放这些景点,发展旅游业及民族手工业,拓宽收入渠道,从而减少环境的生产压力,减小过度放牧对环境的破坏。

参 考 文 献

李萍,杨改河,冯永忠.2007.西藏一江两河地区农牧复合生态系统结构分析.干旱地区农业研究,25(3):180~184

刘燕华,2000.柴达木盆地水资源合理利用与生态环境保护.北京:科学出版社

任美锷,包浩生.1992.中国自然区域及开发整治.北京:科学出版社

孙鸿烈,张荣祖.2004.中国生态环境建设地带性原理与实践.北京:科学出版社

王建林,邓小军,余永新.1994.西藏一江两河地区农业生态环境问题及其对策.环境监测管理与技术,6(4):20~22

王秀红,申元村.2001.柴达木盆地耕地荒漠化及其防治.中国沙漠,21(S1):43~47

王作堂.2005.西藏"一江两河"地区生态环境地质问题与防治对策.四川地质学报,25(1):16~18

杨勤业,郑度,刘燕华.1989.世界屋脊.北京:地质出版社

杨勤业,郑度,吴绍洪.2002.中国的生态地域系统研究.自然科学进展,12(3):287~291

张荣祖,郑度,杨勤业.1982.西藏自然地理.北京:科学出版社

郑度,杨勤业,吴绍洪.2008.中国生态地理区域系统研究.北京:商务印书馆

郑度,杨勤业,刘燕华.1985.中国的青藏高原.北京:科学出版社

郑度.1999.喀喇昆仑山-昆仑山地区自然地理.北京:科学出版社

中国科学院《中国自然地理》编辑委员会.1985.中国自然地理总论.北京:科学出版社